THERMODYNAMIK DER MISCHPHASEN

MIT EINER EINFÜHRUNG IN DIE GRUNDLAGEN DER THERMODYNAMIK

VON

ROLF HAASE

PRIVATDOZENT FÜR PHYSIKALISCHE CHEMIE AN DER
TECHNISCHEN HOCHSCHULE AACHEN

MIT 72 ABBILDUNGEN

SPRINGER-VERLAG BERLIN HEIDELBERG GMBH

1956

© BY SPRINGER-VERLAG BERLIN HEIDELBERG 1956
URSPRÜNGLICH ERSCHIENEN BEI SPRINGER-VERLAG 1956
SOFTCOVER REPRINT OF THE HARDCOVER 1ST EDITION 1956

ISBN 978-3-662-22547-9   ISBN 978-3-662-22546-2 (eBook)
DOI 10.1007/978-3-662-22546-2

Vorwort

Durch den Titel „Thermodynamik der Mischphasen" soll derjenige Teil der klassischen Thermodynamik gekennzeichnet werden, der sich auf Systeme bezieht, die aus einem oder mehreren homogenen Körpern bestehen und zwei oder mehr Stoffe enthalten. Oberflächenerscheinungen, anisotrope Körper und äußere Kraftfelder sind dabei von der Betrachtung ausgeschlossen. Es werden jedoch die wichtigsten Gesetzmäßigkeiten der Einstoffsysteme behandelt, da sie zum Verständnis der Grundlagen und als einfache Beispiele für kompliziertere Gesetze unentbehrlich sind. Ebenso sind chemische Reaktionen und galvanische Ketten in der vorliegenden Darstellung enthalten.

Mit dem Untertitel soll zum Ausdruck gebracht werden, daß die Grundlagen der Thermodynamik ausführlich erörtert werden und nicht anderen Büchern entnommen zu werden brauchen. Ich habe mich bemüht, die Darstellung der Grundlagen so allgemein zu halten, daß sie als Einführung in das Gesamtgebiet der Thermodynamik dienen kann. Dabei wurde eine kritisch-axiomatische Darstellungsweise der Hauptsätze nicht gescheut, obwohl hier manche Schwierigkeiten sowohl sachlicher als auch didaktischer Art liegen. An zwei Stellen des Buches (§ 19 und Anhang 4) finden sich Exkurse in das Gebiet der „Thermodynamik der irreversiblen Prozesse".

Vom 4. Kapitel an war aus Platzmangel eine Begrenzung des Stoffes erforderlich: Es konnten Systeme mit drei und mehr Komponenten nur bei den grundlegenden Gesetzmäßigkeiten, nicht aber bei den speziellen Ansätzen für die thermodynamischen Funktionen berücksichtigt werden. Trotzdem hoffe ich, alle Klassen von Mischphasen in einigermaßen ausgeglichenem Verhältnis beschrieben zu haben.

Hinsichtlich der Statistischen Mechanik der Mischphasen habe ich mich auf qualitative Ausführungen mit Literaturangaben und auf eine thermodynamische Diskussion derjenigen Formeln beschränkt, die heute unumstrittenes Allgemeingut der Wissenschaft sind. Die molekularstatistischen Rechnungen unterliegen ja – genau wie die experimentellen Daten für spezielle Systeme – einem ununterbrochenen Prozeß der Revision und Erweiterung. Daher sind die in den letzten fünf Kapiteln abgeleiteten Gesetzmäßigkeiten – soweit sie eine Folge spezieller Ansätze sind – mehr dem Wandel der Zeiten unterworfen als der Inhalt der ersten drei Kapitel.

Alle Hinweise auf Irrtümer, mangelhafte Darstellung, Druckfehler usw. werde ich sehr begrüßen.

Herr Dr. G. Rehage hat das Manuskript kritisch durchgesehen. Herr Dipl.-Phys. H.-J. Schönert fertigte Abbildungen an und führte numerische Rechnungen durch. Die Herren cand. phys. E. Hemmer, Dipl.-Phys. R. Kosfeld und Dipl.-Phys. H.-J. Schönert waren mir bei der Durchsicht der Korrekturen sehr behilflich. Ihnen allen sei an dieser Stelle herzlich gedankt.

Herrn Prof. Dr. E. Jenckel bin ich sehr zu Dank verpflichtet, weil er mir in seinem Institut die Möglichkeit zur Abfassung dieses Buches gegeben hat.

Mein besonderer Dank gilt meinen Lehrern, Herrn Prof. Dr. K. F. Bonhoeffer und Herrn Prof. Dr. W. Jost, die mir den Weg zur Physikalischen Chemie gewiesen haben.

Dem Springer-Verlag schulde ich Dank für das Eingehen auf alle meine Wünsche, insbesondere für die Zustimmung zu einer erheblichen Überschreitung des vorgesehenen Umfanges.

Aachen, im Mai 1956 R. Haase

Inhaltsverzeichnis

3. Kapitel

Die Differentialgleichungen für koexistente Phasen

4. Kapitel

Gase

5. Kapitel

Kondensierte Phasen (Allgemeines)

6. Kapitel
Nichtelektrolytlösungen

7. Kapitel
Elektrolytlösungen

8. Kapitel
Mischkristalle

Die wichtigsten Naturkonstanten

Loschmidtsche Konstante	$N = 6{,}02380 \cdot 10^{23}$ mol^{-1}
Boltzmannsche Konstante	$k = 1{,}38057 \cdot 10^{-16}$ erg grad^{-1}
Gaskonstante	$R = Nk = 8{,}31439$ Joule grad^{-1} mol^{-1}
	$= 1{,}98719$ cal grad^{-1} mol^{-1}
	$= 0{,}0820544$ l atm grad^{-1} mol^{-1}
Elementarladung	$e = 4{,}80223 \cdot 10^{-10}$ Franklin
	$= 1{,}601864 \cdot 10^{-19}$ abs. Coul.
Faradaysche Konstante	$\mathfrak{F} = Ne = 96\,493{,}1$ abs. Coul. mol^{-1}
Lichtgeschwindigkeit (im Vakuum)	$c = 2{,}997902 \cdot 10^{10}$ cm sec^{-1}
Plancksche Konstante	$h = 6{,}62377 \cdot 10^{-27}$ erg sec

Nach F. D. Rossini, F. T. Gucker Jr., H. L. Johnston, L. Pauling u. G. W. Vinal: J. Amer. Chem. Soc. **74**, 2699 (1952).

1. Kapitel

Die Hauptsätze der Thermodynamik

§ 1. Definitionen einiger Grundbegriffe

Ein *thermodynamisches System*, im folgenden kurz als *System* bezeichnet, ist jedes materielle Gebilde, dessen meßbare Eigenschaften vollständig durch makroskopische Variable beschrieben werden können. Der Unterschied zwischen einer *mechanischen* und einer *thermodynamischen* Beschreibung eines Systems sei an einem Beispiel erläutert. Die Eigenschaften einer ruhenden Flüssigkeit gegebener Menge und Zusammensetzung werden bei einer Beschreibung mit den Begriffen der *Mechanik* (Hydrodynamik) durch Angabe *einer* Variablen, z. B. des Volumens oder des Druckes, festgelegt, während die Beschreibung mit Hilfe der *Thermodynamik* berücksichtigt, daß die Eigenschaften der Flüssigkeit auch davon abhängen, ob die Flüssigkeit „heiß" oder „kalt" ist. Ohne Vorwegnahme des Begriffs „Temperatur" können wir sagen: Die vollständige oder thermodynamische Beschreibung des betrachteten Systems erfordert die Festlegung von *zwei* Variablen, z. B. des Volumens und des Druckes.

Die makroskopischen Variablen, die ein System vollständig beschreiben, heißen *Zustandsvariable*. Bestimmte Werte der Zustandsvariablen charakterisieren einen bestimmten *Zustand* eines Systems. Ist der Zustand eines Systems zu zwei Zeitpunkten verschieden, so sagt man: Innerhalb des Systems sind während der betrachteten Zeit *Prozesse* abgelaufen. Findet nach beliebig langem Warten kein Prozeß in einem System statt, so gibt es zwei Möglichkeiten, die man dadurch voneinander unterscheidet, daß man das betreffende System von allen Einwirkungen der Umwelt (stationäre äußere Kraftfelder ausgenommen) isoliert. Läuft auch nach dieser Isolierung kein Prozeß mehr ab, so befindet sich das System im *Gleichgewicht*. Laufen aber nach der Isolierung des Systems noch Prozesse ab, so lag ein „stationärer Zustand" vor: In diesem Falle wurde die zeitliche Konstanz der Zustandsvariablen durch eine dauernde Einwirkung von seiten der Umwelt hervorgerufen, wie etwa bei einer strömenden Flüssigkeit mit zeitlich konstantem Druckgefälle. Oft kommt es vor, daß ein Gleichgewicht nur teilweise erreicht wird. Man spricht

dann von einem „gehemmten Gleichgewicht", weil ein geringfügiger äußerer Eingriff (Zugabe eines Impfkristalls, eines Katalysators usw.) das endgültige Gleichgewicht herstellt, während bei Fehlen eines solchen Ein-
griffs das System unbegrenzt lange im gleichen Zustand bleiben kann.

Ein System, das vollständig von allen Einwirkungen der Außenwelt
abgeriegelt ist, heißt *abgeschlossen*. Ein System, das lediglich der Bedingung unterliegt, daß seine Begrenzungsflächen undurchlässig für Materie
sind, nennt man *geschlossen*. Den Gegensatz hierzu bildet ein „offenes
System", das wir erstmalig in § 15 besprechen werden. Ein System heißt
homogen, wenn seine physikalische und chemische Beschaffenheit überall
gleich ist.

Bringt man zwei Systeme A und B, von denen jedes für sich im
Gleichgewicht ist, miteinander in Berührung und bildet ein neues System
$A + B$, so können dadurch Prozesse hervorgerufen werden, die so lange
ablaufen, bis auch das System $A + B$ im Gleichgewicht ist. Man beschreibt diese Erfahrung kurz durch folgende Terminologie: Das *innere
Gleichgewicht* der Systeme A und B hat nicht unbedingt das *Gleichgewicht
zwischen A und B* zur Folge. Ist insbesondere die Berührungsfläche zwischen den Systemen A und B starr und stoffundurchlässig, so kann durch
die Berührung kein Druck- oder Konzentrationsausgleich ausgelöst werden. Trotzdem kann ein Prozeß ablaufen, der sich z. B. dadurch bemerkbar
macht, daß die Volumina beider Systeme sich ändern, bis sie konstante
Werte annehmen. Dieser Endzustand ist offenbar eine spezielle Art des
Gleichgewichts zwischen A und B, das nicht durch Begriffe wie Druck,
Konzentrationen, Änderungen des Aggregatzustandes, chemische Umsetzungen usw. beschrieben werden kann. Wir bezeichnen diese Art des
Gleichgewichts als *thermisches Gleichgewicht*. Es stellt sich nämlich bei
einer (notwendig groben und subjektiven) Prüfung durch die Sinne heraus, daß ein Prozeß der beschriebenen Art im allgemeinen nur dann vor
sich geht, wenn die Systeme A und B als „verschieden warm" empfunden
werden, und daß der Vorgang zum Stillstand kommt, wenn beide Systeme „gleich warm" erscheinen.

§ 2. Nullter Hauptsatz. Temperatur

Um zu entscheiden, ob zwei Systeme miteinander im thermischen
Gleichgewicht stehen oder nicht, bringt man die beiden Systeme miteinander über eine „thermisch leitende Wand" in Verbindung, d. h. über
eine Berührungsfläche, die starr und stoffundurchlässig ist, aber die Einstellung des thermischen Gleichgewichts, wie in § 1 beschrieben, erlaubt.
(Man findet, daß z. B. Metallfolien thermisch leitende Wände im oben
definierten Sinne sind.) Man kann dann durch Beobachten gewisser meßbarer Größen, z. B. der Volumina, empirische Einsichten in die Gesetz-

mäßigkeiten des thermischen Gleichgewichts erlangen. Der wichtigste Erfahrungssatz ist folgender:

Sind zwei Systeme A und B im thermischen Gleichgewicht mit einem dritten System, so besteht auch thermisches Gleichgewicht zwischen A und B.

Dieser Satz ist der *Nullte Hauptsatz der Thermodynamik*[1].

Demnach haben alle Systeme, die sich im thermischen Gleichgewicht mit einem gegebenen System befinden, eine Eigenschaft gemeinsam: Sie stehen miteinander im thermischen Gleichgewicht. Diese Eigenschaft kennzeichnet man durch den Begriff *Temperatur*. Man sagt also von Systemen, die miteinander im thermischen Gleichgewicht sind: Sie haben die gleiche Temperatur. Entsprechend ordnet man Systemen, die nicht miteinander im thermischen Gleichgewicht stehen, verschiedene Temperaturen zu.

Es fehlt nun noch eine Meßvorschrift, durch welche die Temperatur irgendeines Systems zu einer zahlenmäßig angebbaren Größe wird.

Wir können uns zunächst ein provisorisches *Thermometer* herstellen, d. h. einen Körper, der mit dem zu untersuchenden System in thermisches Gleichgewicht gebracht werden kann und dessen Masse im Vergleich zu derjenigen des betrachteten Systems sehr klein ist. Dann sind die Zustandsänderungen des betreffenden Systems während der Einstellung des thermischen Gleichgewichts vernachlässigbar. Irgendeine Zustandsvariable des Thermometers, z. B. das Volumen (bei konstantem Druck), der elektrische Widerstand usw., kann zur provisorischen Temperaturmessung dienen. Vorläufig kommt es nämlich nur darauf an, daß wir feststellen können, ob zwei getrennte Systeme die gleiche Temperatur oder verschiedene Temperaturen haben.

Wir betrachten eine gegebene Menge eines Gases. Wir messen zunächst das Produkt PV (P = Druck, V = Volumen des Gases) bei einer bestimmten Bezugstemperatur, die wir z. B. dadurch festlegen, daß wir das Gas in thermisches Gleichgewicht mit Eis bringen, das unter einem Druck von 1 atm (atm = physikalische Atmosphären) im Gleichgewicht mit flüssigem Wasser steht. (Wir können uns vorher davon überzeugen, daß alle Systeme, die aus Eis im Gleichgewicht mit flüssigem Wasser bei 1 atm Druck bestehen, die gleiche Temperatur haben.) Wir nennen diese Bezugstemperatur den „Eispunkt". Dann messen wir das Produkt PV, das sich als Funktion des Gasdruckes P erweist, bei mehreren Drucken, wiederum beim Eispunkt, und extrapolieren auf $P = 0$. Wir finden hierbei, daß der Grenzwert von PV für $P \to 0$, den wir A_0 nennen, eine endliche, positive Größe ist. Sodann wiederholen wir die

---

[1] CARATHÉODORY, C.: Math. Ann. **67**, 355 (1909); S.-B. preuß. Akad. Wiss. (Berlin), phys.-math. Kl. 1925, S. 39. — R. H. FOWLER u. E. A. GUGGENHEIM: Statistical Thermodynamics, Cambridge 1952.

Messungen der Wertepaare P, V bei einer anderen Temperatur, die wir am Thermometer (mit willkürlicher Skala) feststellen. Wir finden, daß der Grenzwert von PV für $P \to 0$ eine endliche, positive Größe A ($\neq A_0$) und für verschiedene Temperaturen verschieden ist. Ferner erweist sich das Verhältnis A/A_0 als unabhängig von der Masse und der Natur des Gases. (Hierbei sind natürlich A und A_0 jeweils bei gegebener Gasmenge und in beliebigen, aber gleichen Einheiten zu messen.) Diese Feststellung ist wesentlich, weil wir bei Flüssigkeiten und festen Körpern nicht ohne weiteres meßbare Größen auffinden können, die mit der Temperatur veränderlich und unabhängig von der Natur des Stoffes sind.

Es wird also zweckmäßig sein, auf der Grundlage der genannten Erfahrungen eine *empirische Temperatur* T^* einzuführen. Wir wählen die Festsetzung

$$T^* = \operatorname{const} A \tag{1.1}$$

oder

$$\frac{T^*}{T_0^*} = \frac{A}{A_0}. \tag{1.1a}$$

Hierin ist T_0^* die empirische Temperatur, die zum Eispunkt gehört.

Wenn wir der Temperatur T_0^* einen Zahlenwert zuordnen, ist damit jeder beliebigen Temperatur T^* gemäß Gl. (1a) ebenfalls ein Zahlenwert zugeordnet. Es genügt also, wie schon GIAUQUE[1] hervorgehoben hat, ein Fixpunkt zur Festlegung der Temperaturskala. Die traditionellen zwei Fixpunkte kamen dadurch zustande, daß man, entsprechend dem historischen Hergang, erst eine empirische Temperaturskala an einem Quecksilberthermometer durch Intervallteilung des Temperaturbereichs zwischen dem Eispunkt und dem Normalsiedepunkt des Wassers schuf, dann die Gasgesetze formulierte und nachträglich wieder die Temperaturskala korrigierte. Ein Überbleibsel aus der historischen Temperaturskala ist die Forderung, daß der Zahlenwert von T_0^* der Bedingung

$$T_1^* - T_0^* = 100$$

genügen soll, wobei T_1^* die dem Normalsiedepunkt des Wassers entsprechende empirische Temperatur ist. Wenn nun A_1 der zu T_1^* gehörige Wert von A ist, so muß wegen Gl. (1a) gleichzeitig die Bedingung

$$\frac{T_1^*}{T_0^*} = \frac{A_1}{A_0}$$

erfüllt sein. Aus den beiden Gleichungen folgt:

$$T_0^* = \frac{100}{\dfrac{A_1}{A_0} - 1}.$$

Mißt man A_1/A_0, so findet man als zur Zeit besten Wert für T_0^*:

$$T_0^* = 273{,}16^\circ \mathrm{K}, \tag{1.1b}$$

---

[1] GIAUQUE, W. F.: Nature [London] **143**, 623 (1939).

wobei °K (Grad Kelvin) die Dimensionsbezeichnung der in der obigen Skala gemessenen Temperatur ist. Man kann sich von den Unsicherheiten in der experimentellen Bestimmung von T_0^* ganz frei machen, wenn man den in Gl. (1 b) angegebenen Wert ein für allemal per definitionem festlegt, so daß eine beliebige Temperatur T^* allein durch Gl. (1 a) und (1 b) gegeben ist. Wir bezeichnen die auf Gl. (1 a) und (1 b) beruhende Temperaturskala als „Kelvin-Skala".

Die einzige andere Temperaturskala, die für uns von Bedeutung ist, ist die „Celsius-Skala". Wir geben ihr das Symbol t^* und die Dimension °C (Grad Celsius). Es gilt:

$$t^* = T^* - 273{,}16\,[°\text{C}].$$

Der tiefere Grund für die Wahl der obigen Meßvorschrift liegt darin, daß die durch Gl. (1) definierte empirische Temperatur sich als proportional zur sog. „absoluten Temperatur" erweist, die, unabhängig von jeglichen Stoffeigenschaften, durch den Zweiten Hauptsatz eingeführt wird. Legt man auch für die absolute Temperatur T die Skala analog zu Gl. (1 b) fest, so werden T und T^* identisch (§ 12).

§ 3. Zustandsgleichung. Zustandsfunktionen. Phasen

Aus Gl. (1) und den näheren Ausführungen in § 2 folgt, daß für alle Gase gilt:

$$\lim_{P \to 0} PV = A = a\,T^*,$$

worin a von der Masse und Natur des Gases abhängen kann. Nun ist für jedes homogene Einstoffsystem bei konstantem Druck P und konstanter Temperatur T^* das Volumen V der Masse m proportional. Daher ist a von der allgemeinen Gestalt:

$$a = m\,M'R,$$

worin M' eine individuelle Konstante und R eine universelle Konstante bedeutet. Die kinetische Theorie bzw. die Statistische Mechanik zeigt, daß die individuelle Konstante

$$M = \frac{1}{M'}$$

nichts anderes als die *Molmasse*[1] des Gases ist. Die Größe

$$n = \frac{m}{M}$$

heißt die *Molzahl* des Gases. Wir betrachten sie als ein individuelles Mengenmaß und messen sie in Molen [mol]. Entsprechend hat die Mol-

---

[1] Wir vermeiden den unglücklichen Ausdruck „Molekulargewicht".

masse M die Dimension [gr mol^{-1}], wenn man die Masse m in Gramm [gr] angibt.

Wir können also schließlich schreiben:

$$\lim_{P \to 0} PV = A = a\,T^* = \frac{m}{M}\,R\,T^* = n\,R\,T^*. \tag{1.2}$$

Die universelle Größe R heißt *Gaskonstante*[1]. Sie ergibt sich gemäß Gl. (2) aus der Messung von A für ein beliebiges Gas bei bekannter Molzahl und Temperatur [vgl. § 12, Gl. (139)].

Man findet ferner, daß gewisse Gase auch bei Drucken $P > 0$ mit guter Näherung (innerhalb der Meßgenauigkeit) der Gleichung

$$PV = n\,R\,T^* \tag{1.3}$$

gehorchen. Solche Gase heißen *ideale Gase*.

Gl. (3) ist das einfachste Beispiel für eine *Zustandsgleichung*. Für jeden homogenen Körper besteht erfahrungsgemäß ein eindeutiger funktioneller Zusammenhang

$$V = V(P, T^*, n_1, n_2, \ldots), \tag{1.4}$$

worin n_1, $n_2 \ldots$ die Molzahlen der Stoffe 1, 2 ... sind. Gl. (4) ist der allgemeine Ausdruck für eine unspezifizierte Zustandsgleichung. Die Erfahrung zeigt, daß fast alle meßbaren Eigenschaften des homogenen Körpers Funktionen der unabhängigen Zustandsvariablen P, T^*, n_1, n_2, ... sind.

Das Volumen V, das in Gl. (4) als abhängige Variable auftritt, ist eine *Zustandsfunktion:* Der Wert von V ist eindeutig durch die Werte der unabhängigen Zustandsvariablen P, T^*, n_1, n_2, ... festgelegt. Man kann ebenso P, V, n_1, n_2, ... als unabhängige Zustandsvariable betrachten: Dann ist die Temperatur T^* eine Zustandsfunktion.

Wir schalten hier einige mathematische Betrachtungen ein. Es sei z eine Funktion der unabhängigen Variablen x und y. Dann gilt für das Differential von z:

$$dz = \frac{\partial z}{\partial x}\,dx + \frac{\partial z}{\partial y}\,dy, \qquad \frac{\partial^2 z}{\partial x \partial y} = \frac{\partial^2 z}{\partial y \partial x}. \tag{1.5}$$

Ein solches Differential nennt man ein *vollständiges Differential*. Betrachten wir zwei Raumpunkte 1 ($x = x_1, y = y_1$) und 2 ($x = x_2, y = y_2$), so läßt sich zeigen, daß

$$\int_1^2 dz = z_2 - z_1, \tag{1.6}$$

---

[1] Wir messen den Druck P in atm (Atmosphären) oder Torr (mm Hg), das Volumen V in l (Litern) oder cm^3 (Kubikzentimetern), so daß R z. B. die Dimension [l atm grad^{-1} mol^{-1}] hat. Es gilt:

$$1 \text{ atm} = 760 \text{ Torr} = 1{,}01325 \cdot 10^6 \text{ dyn cm}^{-2}, \quad 1\,l = 1000{,}028 \text{ cm}^3.$$

d. h. das bestimmte Integral über dz, unabhängig vom Integrationsweg und durch dessen Anfang und Ende festgelegt ist. Daher gilt für jeden geschlossenen Integrationsweg (geschlossene Raumkurve):

$$\oint dz = 0 \,. \tag{1.7}$$

Sind x und y Zustandsvariable, so stellt z eine Zustandsfunktion dar. Gl. (6) ist der mathematische Ausdruck für die Änderung einer Zustandsfunktion, wenn das betreffende System aus einem Zustand 1 in einen Zustand 2 übergeht. Gemäß Gl. (7) bleibt der Wert einer Zustandsfunktion unverändert, wenn die Zustandsvariablen nach beliebigen Änderungen wieder ihre ursprünglichen Werte angenommen haben. Gl. (7) ist der mathematische Ausdruck für die Tatsache, daß nach Ablaufen eines *Kreisprozesses* im betrachteten System jede Zustandsfunktion wieder ihren Ausgangswert erreicht.

Ein Beispiel für ein vollständiges Differential ist

$$dz = y\,d\,x + x\,d\,y\,, \tag{1.8}$$

weil die „Integrabilitätsbedingung"

$$\frac{\partial^2 z}{\partial x\,\partial y} = \frac{\partial^2 z}{\partial y\,\partial x}$$

erfüllt ist. Unbestimmte Integration von Gl. (8) ergibt:

$$z = x\,y + C,$$

worin C eine Integrationskonstante ist. Damit haben wir auch die explizite Form der Funktion $z(x, y)$ gefunden, deren Differential Gl. (8) ist.

Ein Beispiel für ein *unvollständiges Differential* ist

$$d\,u = y\,d\,x - x\,d\,y\,, \tag{1.9}$$

weil

$$\frac{\partial y}{\partial y} \neq \frac{\partial (-x)}{\partial x}\,,$$

d. h. die Integrabilitätsbedingung nicht erfüllt ist. Es läßt sich mithin keine Funktion $u(x, y)$ angeben, deren Differential der Ausdruck (9) ist. Damit werden auch die Gln. (6) und (7) hinfällig, d. h. das bestimmte Integral $\int_1^2 du$ ist vom Integrationsweg abhängig, und das Linienintegral $\oint du$ über eine geschlossene Kurve braucht nicht zu verschwinden. Mit anderen Worten: Ein unvollständiges Differential ist zwar eine infinitesimale Größe, aber nicht das Differential einer Funktion. Für die physikalischen Anwendungen ist demnach zu beachten: Eine infinitesimale Größe (z. B. eine infinitesimale Arbeit) braucht nicht das Differential einer Zustandsfunktion zu sein.

Multipliziert man das unvollständige Differential (9) mit $1/xy$, so erhält man

$$dz = \frac{du}{xy} = \frac{1}{x}\,dx - \frac{1}{y}\,dy,\tag{1.10}$$

also ein vollständiges Differential; denn es gilt:

$$\frac{\partial}{\partial y}\left(\frac{1}{x}\right) = \frac{\partial}{\partial x}\left(-\frac{1}{y}\right) = 0\,.$$

Man kann durch Integration von Gl. (10) die Funktion $z(x, y)$ finden:

$$z = \ln x - \ln y + C\,.$$

Jede Funktion (hier $1/xy$), mit der man ein unvollständiges Differential multiplizieren muß, um ein vollständiges Differential zu erhalten, heißt *integrierender Faktor*. Der Kehrwert des integrierenden Faktors wird als *integrierender Nenner* bezeichnet. In unserem Beispiel ist die Funktion xy der integrierende Nenner des Differentialausdrucks (9).

Bei den Zustandsfunktionen hat man zwei Klassen zu unterscheiden: die *intensiven* und die *extensiven* Größen. Eine intensive Größe ist unabhängig von der Masse des betrachteten Systems. Beispiele sind: Druck, Temperatur, Dichte, spezifisches Volumen. Eine extensive Zustandsfunktion ist durch folgende Eigenschaften charakterisiert:

a) Die Zustandsfunktion für das Gesamtsystem ist gleich der Summe der Zustandsfunktionen für die (makroskopischen) Teilsysteme, in die man das gegebene System unterteilen kann.

b) Werden in einem System bei gegebener Temperatur und gegebenem Druck die Massen aller darin enthaltenen Stoffe um das n-fache vergrößert, so wird auch die Zustandsfunktion n-mal so groß.

Ein Beispiel für eine extensive Zustandsfunktion ist das Volumen. Wir werden später weitere extensive Größen kennenlernen.

Wir betrachten eine beliebige extensive Zustandsfunktion Z. Das System sei homogen und werde durch die Zustandsvariablen P (Druck), T^* (empirische Temperatur), n_1, n_2, ... n_N (Molzahlen der Stoffe 1, 2, ... N) beschrieben. Dann bedeutet der extensive Charakter der Zustandsfunktion Z mathematisch, daß sie eine „homogene Funktion ersten Grades in den Molzahlen" ist. Aus dieser Eigenschaft folgt sofort gemäß dem EULERschen Satz für homogene Funktionen ersten Grades:

$$Z(P, T^*, n_1, n_2, \ldots n_N) = \sum_{k=1}^{N} n_k\,\frac{\partial Z}{\partial n_k}\,.\tag{1.11}$$

Der partielle Differentialquotient

$$Z_i \equiv \left(\frac{\partial Z}{\partial n_i}\right)_{P,\,T^*,\,n_j}\quad (i, j = 1, 2, \ldots N;\; i \neq j)\tag{1.12}$$

heißt nach LEWIS die *partielle molare Größe* des Stoffes i. Z_i ist eine homogene Funktion „nullten Grades" in den Molzahlen, hängt also nur von P, T^* und den *relativen* Molzahlen (der „Zusammensetzung" des homogenen Systems) ab: Z_i ist eine *intensive* Größe. Für das vollständige Differential der Zustandsfunktion Z gilt:

$$dZ = \frac{\partial Z}{\partial P}\, dP + \frac{\partial Z}{\partial T^*}\, dT^* + \sum_{k=1}^{N} Z_k\, dn_k. \qquad (1.13)$$

Bilden wir das Differential von Z gemäß (11), berücksichtigen (12) und vergleichen mit (13), so finden wir:

$$\sum_{k=1}^{N} n_k\, dZ_k = \frac{\partial Z}{\partial P}\, dP + \frac{\partial Z}{\partial T^*}\, dT^*. \qquad (1.14)$$

Diese wichtige Beziehung werden wir später benutzen.

Im allgemeinen braucht ein System nicht homogen zu sein. Für unsere späteren Ausführungen ist der Fall am wichtigsten, bei dem das System aus einer endlichen Anzahl von homogenen Körpern aufgebaut ist. Diese homogenen Körper heißen *Phasen*. Ein System, das aus mehr als einer Phase besteht, bezeichnet man als *heterogen*. Jede extensive Zustandsfunktion eines heterogenen Systems ist gleich der Summe der Zustandsfunktionen der einzelnen Phasen. So ist das Volumen eines heterogenen Systems, das aus einem Kristall, einer Flüssigkeit und einem Dampf besteht, gleich der Summe aus den Volumina der drei genannten Phasen.

Der Zustand eines heterogenen Systems wird durch Angabe aller unabhängigen Zustandsvariablen beschrieben. Als diese können wir z.B. ansehen: die Temperaturen, Drucke und Massen (Molzahlen) der einzelnen Stoffe in allen Phasen. Gl. (14) gilt für jede Phase eines heterogenen Systems.

Wir haben oben folgende Voraussetzungen über die von uns behandelten Systeme gemacht:

1. Das System ist aus einer endlichen Zahl von Phasen zusammengesetzt: Es ist entweder „homogen" (eine Phase) oder „heterogen" (mehrere Phasen).

2. Die Zahl der unabhängigen Zustandsvariablen für jede Phase ist $N + 2$ ($N =$ Zahl der in der Phase vorhandenen Stoffe).

Wir geben nun Beispiele von Systemen, bei denen mindestens eine dieser Voraussetzungen nicht erfüllt ist, die wir aber trotzdem prinzipiell mit unseren Methoden behandeln können, indem wir den Begriff der „Phase" verallgemeinern und die Zahl der unabhängigen Zustandsvariablen erhöhen.

Interessiert man sich für die makroskopische Bewegung oder für die Lage eines Systems in einem äußeren Kraftfeld, so können die Geschwindigkeit und die Lagekoordinaten als Zustandsvariable aufgefaßt werden:

Sie treten als „äußere Koordinaten" neben die bis jetzt allein betrachteten „inneren Zustandsvariablen". Ein System in einem starken elektrischen oder magnetischen Feld verlangt jedoch die Einführung der elektrischen oder magnetischen Feldstärke als zusätzliche *innere* Zustandsvariable, da hier die Materie „polarisiert" wird.

Zwischen zwei Phasen befindet sich, strenggenommen, stets eine Grenzschicht, die nur in der Richtung parallel zur Begrenzungsfläche als „homogen" und somit als „Phase" angesehen werden darf. Außerdem ist die Zahl der unabhängigen Zustandsvariablen in der Grenzschicht um mindestens eins zu erhöhen. Gewöhnlich wählt man als zusätzliche Variable die Oberfläche.

Ein ruhendes Gas im Schwerefeld oder eine Flüssigkeit in einer Zentrifuge sind Beispiele für Systeme, bei denen die Zustandsvariablen in stetiger Weise von den Raumkoordinaten abhängen. Solche Systeme nennt man „kontinuierlich", im Gegensatz zu den vorher genannten „diskontinuierlichen Systemen". Ihre thermodynamische Beschreibung ist dadurch möglich, daß man jedes Volumenelement als „Phase" behandelt.

Wenn die Eigenschaften eines Systems in beliebig kleinen Bereichen beliebig viele Diskontinuitäten aufweisen, ist eine thermodynamische Beschreibung nicht mehr möglich, und die makroskopischen Begriffe „Zustand", „Zustandsfunktion" usw. verlieren ihren Sinn. Ein Beispiel ist die turbulente Strömung einer Flüssigkeit oder eines Gases durch eine kleine Öffnung.

§ 4. Erster Hauptsatz. Energie. Wärme

In der Mechanik der starren Körper wird ein System nur durch seine „äußeren Koordinaten" (§ 3) gekennzeichnet. Daher ist im hier interessierenden Zusammenhang unter einer „Zustandsänderung" I → II eines mechanischen Systems eine Änderung seiner Lagekoordinaten in äußeren Kraftfeldern (Gravitations-, Zentrifugalfeldern usw.)[1] und seiner makroskopischen Geschwindigkeit zu verstehen. Als „Arbeit W", die am System geleistet wird, bezeichnen wir die Arbeit aller von außen angreifenden Kräfte, die den bestehenden Kraftfeldern entgegenwirken oder das System beschleunigen[2]. Es wird in der Mechanik gezeigt, daß dann stets die Beziehung

$$\Delta E = \Delta E_{\text{pot}} + \Delta E_{\text{kin}} = W \tag{1.15}$$

gilt. Hierbei bezeichnet der Operator Δ die Zunahme einer Größe bei der betrachteten Zustandsänderung I → II. E_{pot} ist die „potentielle Energie"

---

[1] Die äußeren Kraftfelder betrachten wir einfachheitshalber als zeitlich konstant.

[2] Wir benutzen für die Arbeit den Buchstaben W (work), um Verwechslungen mit der Freien Energie bzw. der Affinität zu vermeiden, die beide häufig mit A bezeichnet werden.

des Systems in den äußeren Kraftfeldern, E_{kin} die makroskopische „kinetische Energie" und E die gesamte „Energie" des Systems. E_{pot} hängt nur von den Lagekoordinaten, E_{kin} nur von der Geschwindigkeit des Systems ab. Also sind die Größen E_{pot}, E_{kin} und E „Zustandsfunktionen" des betrachteten Systems. Negatives Vorzeichen von W bedeutet, daß vom System Arbeit geleistet wird. In diesem Falle ist auch ΔE negativ, d.h. die Energie des Systems nimmt bei der Zustandsänderung I → II ab.

Werden alle Arbeitsquellen in das System einbezogen, so liegt ein „abgeschlossenes System" vor, und es gilt:

$$E = E_{kin} + E_{pot} = \text{const.}$$

Das ist der „Satz der Erhaltung der Energie" im Rahmen der Mechanik.

Betrachten wir nun ein System, dessen innerer Zustand sich ändert, während die äußeren Koordinaten konstant bleiben. Der Zustand I ist dann charakterisiert durch bestimmte Werte der „inneren Zustandsvariablen" (§ 3), der Zustand II durch bestimmte, aber im allgemeinen von den ersten verschiedene Werte dieser Variablen[1]. Gibt es auch hier eine Zustandsfunktion, die der Energie E mechanischer Systeme entspricht?

Die berühmten Versuche von JOULE haben diese Frage — wenigstens für einfachere Fälle — im positiven Sinne beantwortet. In § 5 werden wir diese Experimente genauer behandeln. Hier gehen wir sogleich zu Betrachtungen über, die alle späteren Verallgemeinerungen der JOULE-schen Versuchsergebnisse sowie modernere Begriffsbildungen berücksichtigen. Wir stellen uns dabei stets auf den makroskopisch-empirischen Standpunkt. Historisch haben auch mikrophysikalische Überlegungen — insbesondere im Anschluß an die scharfsinnigen Kombinationen von J. R. MAYER und HELMHOLTZ — bei der Aufklärung der Zusammenhänge eine große Rolle gespielt[2].

Wir betrachten ein geschlossenes System (§ 1), an dem beliebige Zustandsänderungen, also Änderungen von äußeren Koordinaten und

---

[1] Änderungen des Aggregatzustandes innerhalb des Systems, z.B. Verdampfung, und chemische Reaktionen fallen demnach unter „Änderungen des inneren Zustandes".

[2] Unsere Darstellungsweise entspricht im wesentlichen derjenigen von CARATHÉODORY (s. Fußnote 1 S. 3) u. M. BORN: Physik. Z. **22**, 218, 249, 282 (1921); Natural Philosophy of Cause and Chance, Oxford 1949, die historische Gedankengänge zugunsten eines logischen Aufbaus der Argumentationen opfert. An einigen Stellen erschienen allerdings Modifikationen im Sinne etwas schärferer Begriffsbestimmungen notwendig. Zu den wenigen Lehrbüchern, in denen die Darstellung von CARATHÉODORY und BORN übernommen wird, gehören diejenigen von J. D. VAN DER WAALS u. PH. KOHNSTAMM: Lehrbuch der Thermostatik, Leipzig 1927, sowie von E. A. GUGGENHEIM: Thermodynamics, Amsterdam 1950.

von inneren Zustandsvariablen, vor sich gehen. Die *Arbeit W*, die während einer Zustandsänderung am System geleistet wird, ist wie in der Mechanik definiert:

$$W = \int \vec{K}\, d\vec{s},$$

worin $\vec{K}$ den Vektor einer von außen am System angreifenden Kraft (die auch elektrischen oder magnetischen Ursprungs sein kann) und $d\vec{s}$ das vektorielle Wegelement bedeutet.

Die Erfahrung zeigt, daß sich für jedes System eine „Hülle" oder „Wand" finden läßt, die (mit beliebiger Näherung) folgende Eigenschaft hat: Wenn das System, das von einer solchen Wand eingeschlossen ist, sich im inneren Gleichgewicht befindet, kann sein Zustand nur durch Leistung von Arbeit geändert werden. Eine solche Hülle nennt man eine „thermisch isolierende Wand". (Man findet, daß z.B. die Wände eines DEWAR-Gefäßes thermisch isolierende Wände im soeben definierten Sinne sind.) Ein System, das von einer thermisch isolierenden Wand umgeben ist, heißt *thermisch isoliert*. Eine Zustandsänderung, die in einem thermisch isolierten System abläuft, wird als *adiabatische Zustandsänderung* und der Vorgang, der diese Änderung herbeiführt, als *adiabatischer Prozeß* bezeichnet. Dabei ist es gleichgültig, ob die Zustandsänderung durch innere Ursachen (infolge des noch nicht erreichten inneren Gleichgewichts) oder durch die am System geleistete Arbeit ausgelöst wird.

Ein thermisch isoliertes System gehe nun aus einem Zustand I in einen Zustand II über. Die (mechanisch oder elektrisch meßbare) Arbeit, die während dieser adiabatischen Zustandsänderung am System geleistet wird, sei W. Dann lehrt die Erfahrung, daß W für denselben Anfangs- und Endzustand immer denselben Wert hat, gleichgültig, wie die Zustandsänderung erfolgt und welche Arbeitsquellen zur Verfügung stehen. Diese Aussage geht über den Rahmen der Mechanik hinaus, weil z.B. auch eine Änderung der Temperatur, des Aggregatzustandes oder der chemischen Zusammensetzung des Systems eine Zustandsänderung darstellt.

Wir können auf Grund der genannten Aussage eine Zustandsfunktion E definieren, deren Änderung $\Delta E = E_{\mathrm{II}} - E_{\mathrm{I}}$ beim Übergang I → II gegeben ist durch

$$\Delta E = W \quad \text{(adiabatische Zustandsänderung).} \qquad (1.16)$$

Man nennt E die *Energie* des Systems. Bei Kenntnis der makroskopischen Geschwindigkeit des Systems (oder der makroskopischen Geschwindigkeiten von Teilen des Systems), der äußeren Kraftfelder und der Lagekoordinaten des Systems (oder von Teilen des Systems) in diesen Kraftfeldern kann man — nach den Grundsätzen der Mechanik — die makroskopische potentielle Energie E_{pot} und die makroskopische kinetische

Energie E_{kin} des Systems ermitteln. Man findet dann als weitere Erfahrungstatsache, daß die Energie E des Systems gemäß der Beziehung

$$E = E_{pot} + E_{kin} + U \tag{1.17}$$

aufspaltbar ist, wobei U nur von den inneren Zustandsvariablen des Systems abhängt. Die Größe U bezeichnet man als *innere Energie* des Systems.

Führt man die Experimente bei verschiedenen Massen und verschiedenen Zusammensetzungen des thermisch isolierten Systems durch, so gelangt man zu der Erkenntnis, daß E eine *extensive* Zustandsfunktion (§ 3) ist. Da bereits aus der Mechanik bekannt ist, daß E_{pot} und E_{kin} extensive Größen sind, so folgt, daß auch U eine extensive Zustandsfunktion sein muß. Dies kann man auch durch direkte Versuche, bei denen die äußeren Koordinaten des Systems konstant gehalten werden, verifizieren.

Die anfangs gestellte Frage über die Existenz einer der „Energie" mechanischer Systeme entsprechenden Zustandsfunktion bei Änderungen des inneren Zustandes eines beliebigen Systems können wir also jetzt beantworten: Die fragliche Funktion existiert, es ist die innere Energie U. Darüber hinaus gibt es bei jeder beliebigen Zustandsänderung eines Systems eine Zustandsfunktion E, die Energie des Systems, die sich gemäß Gl. (17) bei Konstanz der inneren Zustandsvariablen auf den Ausdruck $E_{pot} + E_{kin}$, d.h. die Energie eines *mechanischen* Systems, und bei Konstanz der äußeren Koordinaten auf die *innere* Energie U reduziert.

Es ist zu beachten, daß unsere Definition der Energie voraussetzt, daß zwei beliebige Zustände eines Systems immer durch einen adiabatischen Prozeß ineinander überführbar sind. Die Erfahrung zeigt, daß dies der Fall ist, mindestens für eine Richtung der Zustandsänderung. Damit ist die Energieänderung ΔE eines Systems stets definierbar, auch für einen Vorgang, der nicht adiabatisch verläuft.

Die Energie E und die innere Energie U eines Systems sind gemäß ihrer Definition nur bis auf eine willkürliche additive Konstante bestimmt. Dies hat keine physikalischen Unbestimmtheiten zur Folge, da bei allen Messungen und Überlegungen nur Differenzen von E oder U für zwei Zustände des Systems vorkommen.

Wir heben nun für unser geschlossenes System die Beschränkung der thermischen Isolierung gegenüber der Umgebung auf. Dies entspricht experimentell dem Ersatz der thermisch isolierenden Wand durch eine andere (ebenfalls stoffundurchlässige) Wand. Jetzt zeigt die Erfahrung, daß Zustandsänderungen und damit Energieänderungen des Systems auch dann noch eintreten können, wenn sich das System im inneren Gleichgewicht befindet und keine Arbeit geleistet wird, und zwar ist dies dann und nur dann der Fall, wenn zwischen System und Umgebung

Temperaturunterschiede bestehen. Demnach gibt es Einwirkungen von seiten der Umgebung, die zu Zustandsänderungen im System führen und nichts mit der am System geleisteten Arbeit zu tun haben. Man kennzeichnet diese Einflüsse durch den Begriff des „Wärmeaustauschs" zwischen System und Umgebung. Die bei einer beliebigen Zustandsänderung I → II dem System aus der Umgebung zugeführte *Wärme Q* wird durch Definition wie folgt festgelegt:

$$Q \equiv \Delta E - W. \tag{1.18}$$

Hierbei ist die Energieänderung ΔE durch Gl. (16) definiert, und W ist die während der (nicht-adiabatischen) Zustandsänderung am System geleistete Arbeit. Negative Werte von Q bzw. W bedeuten, daß vom System Wärme abgegeben bzw. Arbeit geleistet wird[1].

Wir können die genannten Erfahrungstatsachen zum *Ersten Hauptsatz der Thermodynamik* zusammenfassen[2]:

Es gibt für jedes (geschlossene) System eine extensive Zustandsfunktion E, genannt die „Energie" des Systems, mit folgenden Eigenschaften. Bei einer adiabatischen Zustandsänderung I → II gilt:

$$\Delta E = E_{II} - E_I = W,$$

worin W die am System geleistete Arbeit ist. Bei einer beliebigen Zustandsänderung I → II gilt:

$$\Delta E = E_{II} - E_I \neq W,$$

wenn zwischen System und Umgebung Temperaturunterschiede bestehen. Man schreibt daher allgemein:

$$\Delta E = W + Q \tag{1.19}$$

und bezeichnet Q als die dem System aus der Umgebung zugeführte „Wärme".

Als Ergänzung ist noch hinzuzufügen, daß die durch Gl. (17) definierte innere Energie U nur von den inneren Zustandsvariablen des Systems abhängt. Für eine einzelne Phase des Systems kann man also z.B. schreiben (vgl. § 3):

$$U = U(T^*, P, n_1, n_2, \ldots n_N).$$

Entsprechend bezeichnet man den Differentialquotienten

$$U_i \equiv \left(\frac{\partial U}{\partial n_i} \right)_{T^*, P, n_j} \qquad (i, j = 1, 2, \ldots N; \; i \neq j) \tag{1.20}$$

---

[1] Wenn innerhalb des Systems verschiedene Temperaturen herrschen, kann man ein Teilsystem konstanter Temperatur vom Rest des Systems abgrenzen und diesen zur Umgebung rechnen. Auf diese Weise kann man auch die „Wärme" definieren, die von einem Teile des Systems zu einem anderen übergeht.

[2] Über den Ersten Hauptsatz bei offenen Systemen s. § 16.

gemäß Gl. (12) als „partielle molare innere Energie" des Stoffes i in der betrachteten Phase.

Aus Gl. (17) geht auch hervor, daß der Energiesatz der Mechanik, Gl. (15), als Sonderfall ($\Delta U = 0$, $Q = 0$) in Gl. (19) enthalten ist.

Es ist darauf zu achten, daß Q und W keine Zustandsfunktionen sind. Entsprechend ist in der für infinitesimale Zustandsänderungen aus Gl. (19) folgenden Beziehung

$$dE = dW + dQ \tag{1.21}$$

nur dE ein vollständiges Differential (vgl. § 3).

Für ein *abgeschlossenes* System (§ 1) ist definitionsgemäß

$$W = 0, \quad Q = 0,$$

also gemäß Gl. (17) und (19):

$$E = E_{\text{kin}} + E_{\text{pot}} + U = \text{const}.$$

In dieser Form wird der Erste Hauptsatz als „Satz von der Erhaltung der Energie" bezeichnet.

Durchläuft das System einen Kreisprozeß, so gilt gemäß Gl. (7) für die Energie E als Zustandsfunktion:

$$\oint dE = 0.$$

Wir werden im folgenden in erster Linie Änderungen des inneren Zustandes eines geschlossenen Systems betrachten. Dann ist in allen Gleichungen an die Stelle der gesamten Energie E die innere Energie U zu setzen. Außerdem entfallen im Ausdruck für die Arbeit W alle Terme, die durch Kräfte bedingt sind, die bestehenden Kraftfeldern entgegenwirken oder Beschleunigungen hervorrufen. Unter den verbleibenden Termen befindet sich die „reversible Volumenarbeit", d.h. die Kompressions- oder Dilatationsarbeit, die durch Volumenänderungen der einzelnen Phasen des Systems unter der Bedingung des mechanischen Gleichgewichts zustande kommt. Bezeichnen wir den (augenblicklichen) Druck bzw. das Volumen der Phase α mit P^α bzw. V^α, so stellt offensichtlich der Ausdruck

$$-\sum_\alpha \int_{\text{I}}^{\text{II}} P^\alpha \, dV^\alpha$$

die während einer Zustandsänderung I → II am System geleistete reversible Volumenarbeit dar. (Das Zeichen $\sum_\alpha$ bedeutet Summation über alle Phasen.) Wir führen für die Differenz zwischen der gesamten Arbeit W und der reversiblen Volumenarbeit das Symbol W' ein. Bei den Versuchen von JOULE oder ähnlichen Experimenten bedeutet W' die Arbeit gegen Reibungskräfte (Rührer, Schaufelrad) oder die aus äußeren Quellen stammende elektrische Arbeit. Wir schreiben also für Änderungen des inneren Zustandes eines geschlossenen Systems:

$$\varDelta E = \varDelta U, \quad W = W' - \sum_{\alpha} \int_{\mathrm{I}}^{\mathrm{II}} P^{\alpha}\, dV^{\alpha}. \tag{1.22}$$

Aus Gl. (19) bzw. (21) finden wir mit Gl. (22) zunächst die Beziehung

$$\varDelta U = W + Q \tag{1.23}$$

für endliche Zustandsänderungen bzw. die Beziehung

$$d U = d W + dQ \tag{1.24}$$

für infinitesimale Zustandsänderungen. Gl. (23) können wir mit Gl. (22) auch auf die Form

$$\varDelta U = W' - \sum_{\alpha} \int_{\mathrm{I}}^{\mathrm{II}} P^{\alpha}\, dV^{\alpha} + Q \tag{1.25}$$

bringen.

In allen Fällen, bei denen die Arbeit nur in reversibler Volumenarbeit besteht, vereinfacht sich Gl. (25):

$$\varDelta U = - \sum_{\alpha} \int_{\mathrm{I}}^{\mathrm{II}} P^{\alpha}\, dV^{\alpha} + Q. \tag{1.26}$$

Für infinitesimale Zustandsänderungen erhalten wir aus Gl. (26):

$$d U = - \sum_{\alpha} P^{\alpha}\, dV^{\alpha} + dQ, \tag{1.27}$$

woraus für eine einzelne Phase folgt:

$$d U = - P\, dV + dQ. \tag{1.28}$$

Die statistische bzw. kinetische Theorie der Materie deutet Gl. (26) im Sinne der Gl. (15), die aus der Mechanik stammt: Die innere Energie U ist mikroskopische kinetische Energie und mikroskopische potentielle Energie (d. h. potentielle Energie der Molekeln in den molekularen Kraftfeldern); der erste Term der rechten Seite von Gl. (26) ist die Arbeit gegen die molekularen Kraftfelder und Q die in das System transportierte mikroskopische kinetische Energie. Solange das System geschlossen, d. h. an seinen Grenzflächen für Materie undurchlässig ist, kommt Transport von mikroskopischer potentieller Energie nicht in Frage.

Betrachten wir die innere Energie U einer einzelnen Phase als Funktion der Temperatur T^*, des Volumens V und der Molzahlen $n_1, n_2, \ldots n_N$, so können wir schreiben:

$$d U = \frac{\partial U}{\partial T^*}\, d T^* + \frac{\partial U}{\partial V}\, dV + \sum_{k=1}^{N} \frac{\partial U}{\partial n_k}\, d n_k.$$

Die Differentialquotienten $\partial U/\partial n_k$ sind hierbei nicht mit den partiellen molaren inneren Energien U_k in Gl. (20) identisch, da in Gl. (20) der Druck P, hier aber das Volumen V bei der Differentiation konstant gehalten wird. Kombinieren wir die obige Gleichung mit Gl. (28), so erhalten wir für $V = \text{const}, n_k = \text{const}\ (k = 1, 2, \ldots N)$:

$$dQ = C_V\, dT^* \tag{1.29}$$

mit

$$C_V \equiv \left(\frac{\partial U}{\partial T^*}\right)_{V,\,n_k}. \tag{1.30}$$

C_V heißt „Wärmekapazität bei konstantem Volumen". Die Größe

$$c_V \equiv \frac{C_V}{m} \tag{1.30 a}$$

wird als *spezifische Wärme bei konstantem Volumen* und die Größe

$$\bar{C}_V \equiv \frac{C_V}{n} \tag{1.30 b}$$

als *Molwärme bei konstantem Volumen* für die betreffende Phase bezeichnet. Hierin ist m die Masse und $n = n_1 + n_2 + \cdots + n_N$ die Molzahl der Phase. Die Namen „spezifische Wärme" und „Molwärme" werden durch Gl. (29) nahegelegt. Sie sind aber irreführend; denn die Wärme Q ist keine Zustandsfunktion, während gemäß Gl. (30) bzw. Gl. (30a) oder (30b) die Größe C_V bzw. c_V oder $\bar{C}_V$ eine extensive bzw. intensive Zustandsfunktion darstellt. Auch gilt Gl. (29) nur für $W' = 0$. Die allgemeine Beziehung lautet gemäß Gl. (25) und (30), wenn wir wiederum $V = \text{const}, n_k = \text{const}$ voraussetzen:

$$dQ = C_V\, dT^* - d\,W'. \tag{1.31}$$

Die Messung von C_V knüpft an diese Gleichung an[1].

Die Größe

$$\bar{U} \equiv \frac{U}{n} \tag{1.32}$$

wird als *molare innere Energie* der Phase bezeichnet. Sie ist — wie die spezifische Wärme c_V, die Molwärme $\bar{C}_V$ und die partielle molare innere Energie U_i — eine intensive Zustandsfunktion. Wenn wir, wie oben in Gl. (20), die innere Energie U als Funktion von P, T^* und n_k ansehen, können wir $\bar{U}$ und U_i in Abhängigkeit von P, T^* und der Zusammensetzung der Phase darstellen. Diese Betrachtungsweise führt zwar nicht auf c_V oder $\bar{C}_V$, hat aber den Vorteil, daß sie mutatis mutandis auch für das Volumen V [s. Gl. (4) und Gl. (12)] gilt. So ist

$$\bar{V} \equiv \frac{V}{n} \tag{1.33 a}$$

____

[1] Näheres in § 5, wo wir die Einzelheiten im analogen Falle $P = \text{const}, n_k = \text{const}$ erklären.

das *Molvolumen* der Phase und

$$V_i \equiv \left(\frac{\partial V}{\partial n_i}\right)_{T^*,\,P,\,n_j} \qquad (i,j = 1,2,\ldots N; \quad i \neq j) \qquad (1.33\,\mathrm{b})$$

das *partielle Molvolumen* des Stoffes i in der betrachteten Phase.

Als Charakteristikum für die Zusammensetzung einer Phase kann man die Konzentrationen von $N-1$ Stoffen betrachten, wenn N die Zahl der in der Phase enthaltenen Stoffe ist. Die in den meisten Fällen zweckmäßigste Konzentrationsvariable ist der *Molenbruch*

$$x_i \equiv \frac{n_i}{n} \qquad (i = 1,2,\ldots N). \qquad (1.34)$$

Es gilt, wie aus dieser Definition ersichtlich, die Identität

$$\sum_{k=1}^{N} x_k = 1. \qquad (1.34\,\mathrm{a})$$

Wir wählen als unabhängige Variable zur Beschreibung der Zusammensetzung einer Phase die Molenbrüche

$$x_1, x_2, \ldots x_{N-1}.$$

Wir können also z. B. schreiben:

$$\bar V = \bar V\,(T^*, P, x_1, x_2, \ldots x_{N-1}),$$
$$\bar U = \bar U\,(T^*, P, x_1, x_2, \ldots x_{N-1})$$

oder an Stelle der letzten Gleichung:

$$\bar U = \bar U\,(T^*, \bar V, x_1, x_2, \ldots x_{N-1}).$$

Hieraus folgt mit Gl. (30), (30b), (32), (33a) und (34) für die Molwärme bei konstantem Volumen:

$$\bar C_V = \left(\frac{\partial \bar U}{\partial T^*}\right)_{\bar V,\,x_k}. \qquad (1.35)$$

Demnach kann $\bar C_V$ entweder durch Gl. (30) und (30b) oder durch Gl. (35) definiert werden.

§ 5. Enthalpie

Für die weiteren Diskussionen erweist es sich als zweckmäßig, eine neue Zustandsfunktion, die *Enthalpie H*, einzuführen. Für eine einzelne Phase definieren wir:

$$H \equiv U + PV. \qquad (1.36)$$

Für ein heterogenes System lautet die Definition:

$$H \equiv \sum_\alpha H^\alpha = \sum_\alpha U^\alpha + \sum_\alpha P^\alpha V^\alpha. \qquad (1.37)$$

Die Enthalpie H ist demnach, wie die innere Energie U, eine extensive Funktion der inneren Zustandsvariablen des Systems und nur bis auf eine willkürliche additive Konstante — dieselbe Konstante, die in U auftritt — bestimmt.

Es gilt infolge des extensiven Charakters der inneren Energie:

$$U = \sum_\alpha U^\alpha .$$

Somit finden wir für eine (innere) Zustandsänderung I → II eines beliebigen Systems gemäß Gl. (37):

$$\Delta H = H_{II} - H_I = U_{II} - U_I + \sum_\alpha \left(P_{II}^\alpha V_{II}^\alpha - P_I^\alpha V_I^\alpha \right) .$$

Wir betrachten nun einen *isobaren Prozeß*, d.h. einen Vorgang, bei dem für alle Phasen die Bedingung

$$P_I^\alpha = P_{II}^\alpha = P^\alpha = \text{const}$$

erfüllt ist. Dann folgt aus Gl. (25) für ein geschlossenes System:

$$\Delta U = U_{II} - U_I = W' - \sum_\alpha P^\alpha \left(V_{II}^\alpha - V_I^\alpha \right) + Q .$$

Aus den drei letzten Gleichungen ergibt sich schließlich für einen isobaren Prozeß in einem geschlossenen System:

$$\Delta H = W' + Q \quad \text{(isobare Zustandsänderung)}. \tag{1.38}$$

Die Ermittlung von ΔH für irgendeinen isobaren Vorgang läuft auf eine experimentelle Bestimmung von W' (meist als elektrische Arbeit meßbar) bei thermischer Isolierung des Systems ($Q = 0$) hinaus; denn für diesen Fall folgt aus Gl. (38):

$$\Delta H = W' . \tag{1.38 a}$$

Erfolgt der betrachtete isobare Prozeß nicht adiabatisch, sondern unter der Bedingung $W' = 0$ (keine andere Arbeit als reversible Volumenarbeit), so ergibt sich aus Gl. (38):

$$\Delta H = Q , \tag{1.38 b}$$

worin Q die dem System aus der Umgebung während der betrachteten Zustandsänderung zugeführte Wärme ist. Dadurch erklären sich die Namen „Verdampfungswärme", „Mischungswärme", „Lösungswärme", „Reaktionswärme" usw. für Enthalpieänderungen beim Verdampfen, Mischen, Lösen, bei chemischen Reaktionen usw., obwohl auch hier ΔH durch (indirekte) Anwendung von Gl. (38a) gemessen wird („Kalorimetrie")[1].

---

[1] Näheres über „Kalorimetrie" findet sich im Anhang 1.

Für eine einzelne Phase schreiben wir (vgl. § 4):

$$H = H(T^*, P, n_1, n_2, \ldots n_N).$$

In Analogie zu C_V in Gl. (30) definieren wir als „Wärmekapazität bei konstantem Druck":

$$C_P \equiv \left(\frac{\partial H}{\partial T^*}\right)_{P, n_k}. \qquad (1.39)$$

Entsprechend heißt die Größe

$$c_P \equiv \frac{C_P}{m} \qquad (1.39\,\text{a})$$

spezifische Wärme bei konstantem Druck [vgl. Gl. (30a)] und die Größe

$$\bar{C}_P \equiv \frac{C_P}{n} \qquad (1.39\,\text{b})$$

Molwärme bei konstantem Druck [vgl. Gl. (30b)].

Für die *molare Enthalpie* einer Phase [s. Gl. (32), (33a) und (36)]

$$\bar{H} \equiv \frac{H}{n} = \bar{U} + P\,\bar{V} \qquad (1.40)$$

können wir ansetzen (vgl. § 4):

$$\bar{H} = \bar{H}(T^*, P, x_1, x_2, \ldots x_{N-1}).$$

Hieraus ergibt sich mit Gl. (34), (39), (39b) und (40) [vgl. Gl. (35)]:

$$\bar{C}_P = \left(\frac{\partial \bar{H}}{\partial T^*}\right)_{P, x_k}. \qquad (1.41)$$

Gemäß Gl. (12), (20), (33b) und (36) ist die Größe

$$H_i = \left(\frac{\partial H}{\partial n_i}\right)_{T^*, P, n_j} = U_i + P V_i \qquad (i, j = 1, 2, \ldots N; \, i \neq j) \qquad (1.42)$$

die *partielle molare Enthalpie* des Stoffes i in der betrachteten Phase.

Während H und C_P extensive Größen sind, handelt es sich bei $\bar{H}$, c_P, $\bar{C}_P$ und H_i um intensive Zustandsfunktionen (vgl. § 4).

Für eine infinitesimale Zustandsänderung bei $P = \text{const}$, $n_k = \text{const}$ folgt aus Gl. (38) und (39) für eine einzelne Phase [vgl. Gl. (31)]:

$$dQ = dH - dW' = C_P\,dT^* - dW'. \qquad (1.43)$$

Mit Hilfe dieser Beziehung können wir die Versuche von JOULE quantitativ beschreiben. Diese Experimente bestanden darin, daß eine homogene Flüssigkeit gegebener Menge und Zusammensetzung durch Leistung mechanischer Arbeit (Schaufelrad) oder elektrischer Arbeit (Heizdraht) auf adiabatischem und isobarem Wege von einer Temperatur T_I^* (Zustand I) auf eine Temperatur T^*_{II} (Zustand II) gebracht wurde. Aus Gl. (39a) und (43) folgt für diesen Fall [vgl. Gl. (38a)]:

$$\Delta H = H_{\text{II}} - H_{\text{I}} = m \int_{\text{I}}^{\text{II}} c_P \, dT^* = W'. \qquad (1.44)$$

Diese Beziehung gibt gleichzeitig das Prinzip der Messung von spezifischen Wärmen an: die Arbeit W' (heute stets als elektrische Arbeit gemessen) und die Temperaturänderung werden ermittelt, und daraus wird gemäß Gl. (44) c_p bestimmt.

Vom heutigen Standpunkt aus gesehen, fand also JOULE zwei Dinge[1]:

1. Er stellte experimentell fest, daß H und demnach auch U eine Zustandsfunktion ist (wenigstens für die Temperatur als Variable), und lieferte damit die ersten quantitativen empirischen Unterlagen für die Formulierung des Ersten Hauptsatzes.

2. Er bestimmte die spezifische Wärme des Wassers.

Als gemeinsame Einheit für Arbeit, Wärme, Energie und Enthalpie benutzen wir das „absolute Joule" (abgekürzt: Joule), definiert durch die Beziehung (l = Liter, atm = Atmosphären):

$$1 \text{ Joule} = 10^7 \text{ erg} = 9,869 \cdot 10^{-3} \text{ l atm}. \qquad (1.45)$$

Wir können also die spezifische Wärme in

$$\text{Joule grad}^{-1} \text{ gr}^{-1}$$

ausdrücken, wobei die Dimensionsbezeichnung „grad" für °K steht. Der Wert von c_p für Wasser bei 288,16°K (15°C) und Atmosphärendruck ($P = 1$ atm), ermittelt gemäß Gl. (44), beträgt:

$$c_P = 4,1858 \text{ Joule grad}^{-1} \text{ gr}^{-1}.$$

Die Einheit, die früher als „kleine Kalorie" (abgekürzt: cal*) bezeichnet wurde, ist so definiert, daß für Wasser bei 15°C und Atmosphärendruck gilt: $c_P = 1$ cal* grad^{-1} gr^{-1}. Demnach ist

$$1 \text{ cal*} = 4,1858 \text{ Joule} = 0,04131 \text{ l atm}. \qquad (1.45\,\text{a})$$

Heute verwendet man die „thermochemische Kalorie" (abgekürzt: cal), definiert durch:

$$1 \text{ cal} = 4,1840 \text{ Joule} = 0,04129 \text{ l atm}. \qquad (1.45\,\text{b})$$

Aus dem Vorangehenden ist ersichtlich, daß die Bezeichnung „mechanisches (elektrisches) Wärmeäquivalent" für Gl. (45b) oder für ähnliche Umrechnungsbeziehungen im Rahmen der modernen Begriffsbildungen ihren ursprünglichen Sinn verloren hat.

---

[1] Vgl. E. A. GUGGENHEIM: Thermodynamics. Amsterdam 1950.

§ 6. Mischungs-, Lösungs- und Verdünnungswärmen

Wir betrachten eine binäre Mischphase ($N = 2$) und fragen nach der Enthalpieänderung $\Delta H = H_{II} - H_I$ beim Mischen von n_1 Molen des reinen Stoffes 1 mit n_2 Molen des reinen Stoffes 2, wobei der Zustand I den ungemischten Komponenten und der Zustand II der homogenen Mischung entspricht. Die reinen Stoffe und die Mischung mögen sich im gleichen Aggregatzustand sowie bei gleicher Temperatur und gleichem Druck befinden. Die „Mischungsenthalpie" oder „Mischungswärme" ΔH ist „kalorimetrisch" meßbar (vgl. Anhang 1).

Die molaren Enthalpien der reinen Komponenten 1 und 2 seien H_{01} und H_{02}. Die molare Enthalpie $\bar{H}$ der Mischung hängt mit den partiellen molaren Enthalpien H_1 und H_2 der Stoffe 1 und 2 in der Mischphase gemäß Gl. (11), (12), (34), (40) und (42) wie folgt zusammen:

$$\bar{H} = x_1 H_1 + x_2 H_2, \tag{1.46}$$

worin x_i den Molenbruch der Komponente i in der Mischung bedeutet. Hierbei sind sowohl $\bar{H}$ als auch H_1 und H_2 im allgemeinen Funktionen der Temperatur T^*, des Druckes P und der Zusammensetzung (beschrieben durch x_1 oder x_2). Da der Ausdruck

$$x_1 H_{01} + x_2 H_{02}$$

die auf 1 Mol der Mischung bezogene Enthalpie der ungemischten reinen Komponenten darstellt, erhalten wir mit Gl. (46):

$$\frac{\Delta H}{n_1 + n_2} = \bar{H} - (x_1 H_{01} + x_2 H_{02}) = x_1 (H_1 - H_{01}) + x_2 (H_2 - H_{02}) \equiv \bar{H}^E. \tag{1.47}$$

Die Größe $\bar{H}^E$ ist der Überschuß der molaren Enthalpie der Mischphase über die Summe der Enthalpien der entsprechenden Mengen der reinen Komponenten. Wir bezeichnen $\bar{H}^E$ als *molare Mischungswärme* oder *molare Zusatzenthalpie*[1]. Entsprechend heißen die Größen

$$H_1^E \equiv H_1 - H_{01}, \quad H_2^E \equiv H_2 - H_{02} \tag{1.48}$$

partielle molare Mischungswärmen oder *partielle molare Zusatzenthalpien* der Komponenten 1 und 2 in der Mischung.

Aus Gl. (14) leiten wir mit Gl. (34) und Gl. (42) ab, wenn wir x_1 als unabhängige Variable wählen:

$$x_1 \left(\frac{\partial H_1}{\partial x_1}\right)_{T^*, P} + (1 - x_1) \left(\frac{\partial H_2}{\partial x_1}\right)_{T^*, P} = 0. \tag{1.49}$$

---

[1] Über andere „Zusatzgrößen" oder „excess functions" (Index ^{E}) s. § 76 und § 79.

Hieraus folgt mit Gl. (46):

$$\left(\frac{\partial \bar{H}}{\partial x_1}\right)_{T^*,P} = H_1 - H_2. \qquad (1.50)$$

Kombination von Gl. (47) und (48) mit Gl. (50) ergibt:

$$\left(\frac{\partial \bar{H}^E}{\partial x_1}\right)_{T^*,P} = H_1^E - H_2^E. \qquad (1.50\,\text{a})$$

Aus Gl. (47) und (50a) erhalten wir schließlich:

$$H_1^E = \bar{H}^E + (1 - x_1)\left(\frac{\partial \bar{H}^E}{\partial x_1}\right)_{T^*,P}, \qquad (1.51\,\text{a})$$

$$H_2^E = \bar{H}^E - x_1\left(\frac{\partial \bar{H}^E}{\partial x_1}\right)_{T^*,P}. \qquad (1.51\,\text{b})$$

In Abb. 1 ist ein $\bar{H}\,(x)$-Diagramm für ein System mit vollständiger Mischbarkeit der Komponenten bei gegebenen Werten von T^* und P gezeichnet. Die Gerade AB entspricht der linearen Funktion

$$x_1 H_{01} + x_2 H_{02},$$

d. h. der molaren Enthalpie der ungemischten Komponenten. Die Abbildung zeigt zunächst, wie man zu einem beliebigen Wert von x_1 oder x_2 (Punkt C auf der Kurve ACB) den zugehörigen Wert von $\bar{H}^E$, d. h. die molare Mischungswärme (Zusatzenthalpie), findet [s. Gl. (47)]. Für jeden Wert von x erhält man die Werte von H_1^E und H_2^E durch eine Tangentenkonstruktion, wie in Abb. 1 angegeben. Diese graphische Konstruktion ist die geometrische Veranschaulichung der Beziehungen (51).

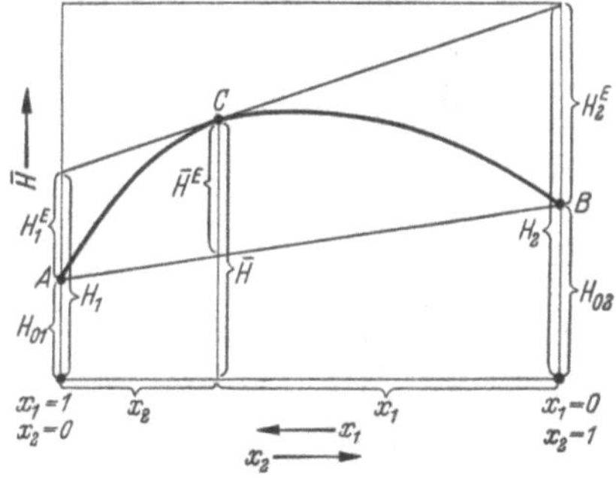

Abb. 1

Molare Enthalpie $\bar{H}$ einer binären Mischung als Funktion des Molenbruches x_1 bzw. x_2 der Komponente 1 bzw. 2 bei vollständiger Mischbarkeit

Die vorangehenden Betrachtungen gelten für Mischphasen in beliebigem Aggregatzustand. Vorausgesetzt war nur, daß die reinen Komponenten bei den vorgegebenen Werten von T^* und P sich im gleichen Aggregatzustand wie die Mischung befinden. Diese Voraussetzung trifft nicht immer zu: Eine der reinen Komponenten kann in einem anderen Aggregatzustand existieren.

Das wichtigste Beispiel ist ein fester Stoff 2, der mit einem flüssigen Stoff 1 eine flüssige Mischung bildet. Es zeigt sich, daß es bei vorgegebenen Werten von Temperatur und Druck eine Maximalkonzentration der Mischung bezüglich der Komponente 2 gibt (vgl. § 46). Dies ist die

„Sättigungskonzentration". Sie ist durch den Sättigungsmolenbruch x_{2S}
gekennzeichnet. Bei dieser Konzentration ist die flüssige Mischung mit

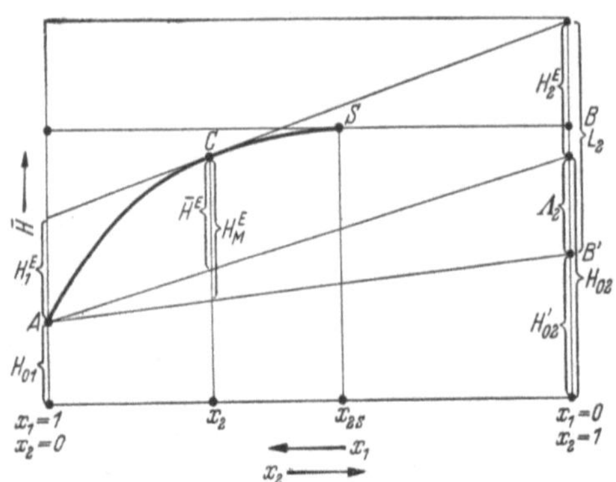

Abb. 2. Molare Enthalpie H einer binären Lösung als
Funktion des Molenbruches x_1 bzw. x_2 bei Auftreten einer
Sättigungsgrenze (S)

dem reinen festen Stoff 2,
der jetzt „Bodenkörper"
heißt, im Gleichgewicht.
Abb. 2 zeigt das $\bar{H}(x)$-Diagramm für ein solches
System.

Man führt nun eine neue
Terminologie ein: die flüssige Mischung heißt „Lösung", die Komponente 1
„Lösungsmittel" und die
Komponente 2 „gelöster
Stoff".

Man kann die Gln. (47)
bis (51) auch auf diesen Fall
übertragen, wenn man unter

H_{02} die molare Enthalpie der (unterkühlten) reinen *flüssigen* Komponente 2 versteht. Es ist aber dann zu beachten, daß die direkt gemessene
Größe nicht $\bar{H}^E$, sondern

$$\frac{\Delta H}{n_1 + n_2} = \bar{H}^E + x_2(H_{02} - H_{02}') = \bar{H}^E + x_2\Lambda_2 \equiv H_M^E \qquad (1.52)$$

ist, wobei ΔH die Enthalpiezunahme bei der Bildung von $n_1 + n_2$ Molen
Lösung aus n_1 Molen des flüssigen Stoffes 1 und n_2 Molen des festen
Stoffes 2 bedeutet. H_{02}' ist die molare Enthalpie des festen Stoffes 2;
demnach ist $\Lambda_2 = H_{02} - H_{02}'$ die „molare Schmelzwärme" der unterkühlten Schmelze des reinen Stoffes 2. Wir nennen die meßbare Größe
H_M^E die *integrale Mischungswärme*. Der durch Gl. (52) beschriebene Zusammenhang geht auch aus Abb. 2 hervor [bei Punkt C der $\bar{H}(x)$-Kurve
ACS]. Die Größe $H_1^E = H_1 - H_{01}$, d.h. die partielle molare Mischungswärme (Zusatzenthalpie) des Lösungsmittels, heißt *differentielle Verdünnungswärme*. Die Größe

$$H_2^E + H_{02} - H_{02}' = H_2^E + \Lambda_2 = H_2 - H_{02}' \equiv L_2 \qquad (1.53)$$

wird als *differentielle Lösungswärme* bezeichnet (s. Abb. 2).

Aus Gl. (47), (48), (52) und (53) folgt:

$$H_M^E = x_1 H_1^E + x_2 L_2. \qquad (1.54)$$

Wegen der besonderen Bedeutung der gesättigten Lösung erhält die differentielle Lösungswärme bei Sättigung einen besonderen Namen: Sie
heißt *letzte Lösungswärme* L_{S2}. Sie ist also definiert durch

$$L_{S2} \equiv (H_2 - H_{02}')^{x_2 = x_{2S}}, \qquad (1.55)$$

d. h. als Differenz der partiellen molaren Enthalpien des gelösten Stoffes in der gesättigten Lösung und des reinen festen Stoffes. In Abb. 2 entspricht L_{S_2} der Länge der Strecke BB', da die Gerade SB die Tangente an die Kurve ACS im Punkte S ist.

Es sind noch weitere Lösungs- und Verdünnungswärmen in Gebrauch. Wir müssen sie hier aufführen, weil sie in der Literatur über Lösungen eine große Rolle spielen.

Die *integrale Lösungswärme* L ist definiert durch

$$L \equiv \frac{\Delta H}{n_2} = \frac{n_1 + n_2}{n_2}\,\frac{\Delta H}{n_1 + n_2} = \frac{1}{x_2}\,\frac{\Delta H}{n_1 + n_2}\,. \tag{1.56}$$

Hieraus folgt mit Gl. (52) und (54):

$$L = \frac{\bar{H}^E}{x_2} + \Lambda_2 = \frac{H_M^E}{x_2} = \frac{x_1}{x_2}\,H_1^E + L_2\,. \tag{1.57}$$

Die integrale Lösungswärme für die gesättigte Lösung heißt „ganze Lösungswärme".

Denken wir uns nun eine Lösung der Zusammensetzung x_2^{I} und eine bestimmte Menge des reinen Lösungsmittels. Durch Vereinigen der beiden Flüssigkeiten erhalten wir eine Lösung der Konzentration $x_2^{\mathrm{II}} < x_2^{\mathrm{I}}$. Die Enthalpiezunahme bei diesem Verdünnungsvorgang, die wiederum direkt kalorimetrisch gemessen werden kann, sei $\Delta H'$. Sie muß gleich der Differenz der Enthalpiezunahme beim Herstellen einer Lösung der Konzentration x_2^{II} und derjenigen beim Herstellen einer Lösung der Konzentration x_2^{I} sein. Also gilt gemäß Gl. (56):

$$L^* \equiv \frac{\Delta H'}{n_2} = L(x_2^{\mathrm{II}}) - L(x_2^{\mathrm{I}})\,.$$

Man nennt L^* „intermediäre Verdünnungswärme". Sie ist positiv, wenn beim isotherm-isobaren Verdünnen Wärme zugeführt werden muß. Variiert man bei festem x_2^{I} die Endkonzentration x_2^{II} und extrapoliert schließlich auf $x_2^{\mathrm{II}} = 0$, so erhält man gemäß Gl. (57) den Grenzwert:

$$\lim_{x_2^{\mathrm{II}} \to 0} L^* = \lim_{x_2^{\mathrm{II}} \to 0}\left[\frac{x_1^{\mathrm{II}}}{x_2^{\mathrm{II}}}\,H_1^E(x_2^{\mathrm{II}}) + L_2(x_2^{\mathrm{II}}) - L(x_2^{\mathrm{I}})\right] \equiv L'\,. \tag{1.58}$$

Dieser Grenzwert L', der von der Ausgangskonzentration x_2^{I} abhängt, heißt *integrale Verdünnungswärme*. Wir werden später (§ 76) sehen, daß gilt:

$$\lim_{x_2 \to 0} L_2 = L_0\,, \tag{1.59 a}$$

$$\lim_{x_2 \to 0}\left(\frac{H_1^E}{x_2}\right) = 0\,, \tag{1.59 b}$$

worin L_0, die *erste Lösungswärme*, endlich und von Null verschieden ist. Demnach erhalten wir aus Gl. (58) mit $x_1 = 1 - x_2$:

$$L' = L_0 - L\,. \tag{1.60}$$

Hierbei ist L die integrale Lösungswärme für diejenige Konzentration (x_2^{I}), die bei der Verdünnung als Ausgangskonzentration diente.

Ein Beispiel möge diese Überlegungen erläutern. Bei Lösungen von Nichtelektrolyten findet man häufig einen in bezug auf $x = 0{,}5$ symmetrischen Verlauf der molaren Zusatzenthalpie:

$$\bar{H}^E = a\,x_1\,x_2, \tag{1.61}$$

worin a für gegebene Werte von Temperatur und Druck eine Konstante ist[1]. Gemäß Gl. (51) folgt für die partiellen molaren Zusatzenthalpien H_1^E und H_2^E (differentielle Verdünnungswärme):

$$H_1^E = a\,x_2^2, \tag{1.62a}$$

$$H_2^E = a\,x_1^2. \tag{1.62b}$$

Ferner ergibt sich mit Gl. (52) für die integrale Mischungswärme:

$$H_M^E = a\,x_1\,x_2 + x_2\,\Lambda_2, \tag{1.63}$$

mit Gl. (53) für die differentielle Lösungswärme:

$$L_2 = a\,x_1^2 + \Lambda_2 \tag{1.64}$$

und mit Gl. (57) für die integrale Lösungswärme:

$$L = a\,x_1 + \Lambda_2. \tag{1.65}$$

Aus Gl. (64) erhalten wir mit Gl. (59a):

$$L_0 = \lim_{x_2 \to 0} L_2 = a + \Lambda_2. \tag{1.66}$$

Damit haben wir für den Ansatz (61) verifiziert, daß die erste Lösungswärme L_0 eine endliche, von Null verschiedene Größe ist.

Aus Gl. (62a) finden wir:

$$\lim_{x_2 \to 0}\left(\frac{H_1^E}{x_2}\right) = 0,$$

womit wir für den vorliegenden Fall Gl. (59b) verifiziert haben.

Schließlich folgt aus Gl. (60), (65) und (66) für die integrale Verdünnungswärme:

$$L' = a\,x_2. \tag{1.67}$$

Die genannte Terminologie — außer den Begriffen „letzte Lösungswärme" und „ganze Lösungswärme" — sowie die Gln. (56) bis (67) werden auch für den Fall benutzt, daß die stabile reine Komponente 2 flüssig ist. Dann haben wir überall $\Lambda_2 = 0$ zu setzen.

Weitere Einzelheiten findet man im Anhang 2.

---

[1] Es gilt z.B. für das System Tetrachlorkohlenstoff–Chloroform (vgl. § 81) im Temperaturbereich zwischen 25°C und 55°C bei Atmosphärendruck: $a = 930$ [Joule mol^{-1}]. Hier ist $\Lambda_2 = 0$.

§ 7. Molwärme von Mischungen

Die durch Gl. (39) definierte Größe

$$C_P \equiv \left(\frac{\partial H}{\partial T^*}\right)_{P,\, n_1,\, n_2,\, \ldots\, n_N}$$

ist eine extensive Zustandsfunktion. Wir können also schreiben:

$$C_P = C_P\,(T^*, P, n_1, n_2, \ldots n_N)\,. \tag{1.68}$$

Die durch Gl. (42) gegebene partielle molare Enthalpie des Stoffes i

$$H_i \equiv \left(\frac{\partial H}{\partial n_i}\right)_{T^*,\, P,\, n_j} \quad (i, j = 1, 2, \ldots N;\ i \neq j)$$

ist hingegen eine intensive Zustandsgröße. Wir setzen daher an:

$$H_i = H_i\,(T^*, P, x_1, x_2, \ldots x_{N-1})\,. \tag{1.69}$$

Da nun für die Enthalpie H als Zustandsfunktion gelten muß:

$$\frac{\partial^2 H}{\partial T^* \partial n_i} = \frac{\partial^2 H}{\partial n_i \partial T^*}\,,$$

so folgt mit Hilfe der obigen Gleichungen:

$$\left(\frac{\partial C_P}{\partial n_i}\right)_{T^*,\, P,\, n_j} = \left(\frac{\partial H_i}{\partial T^*}\right)_{P,\, x_1,\, x_2,\, \ldots\, x_{N-1}} \equiv C_{Pi}\,. \tag{1.70}$$

Die Größe C_{Pi} wird als *partielle Molwärme* (bei konstantem Druck) des Stoffes i bezeichnet. Sie hängt im allgemeinen von der Temperatur, dem Druck und der Zusammensetzung der Phase ab, da sie — wie H_i — eine intensive Zustandsfunktion ist.

Betrachten wir eine binäre Mischung ($N = 2$), deren Molwärme (bei konstantem Druck) $\bar{C}_P$ ist, sowie die reinen Komponenten 1 und 2 (bei denselben Werten von T^* und P im gleichen Aggregatzustand), deren Molwärmen wir mit C_{P01} und C_{P02} bezeichnen. Gemäß Gl. (41), (46) und (70) gilt:

$$\bar{C}_P = x_1 C_{P1} + x_2 C_{P2}\,. \tag{1.71}$$

In Analogie zu Gl. (47) bezeichnen wir die Größe

$$\bar{C}_P - [x_1 C_{P01} + x_2 C_{P02}] = x_1(C_{P1} - C_{P01}) + x_2(C_{P2} - C_{P02}) \equiv \bar{C}_P^E \tag{1.72}$$

als *zusätzliche Molwärme* der Mischphase. Entsprechend sind

$$C_{P1}^E \equiv C_{P1} - C_{P01}\,, \quad C_{P2}^E \equiv C_{P2} - C_{P02} \tag{1.73}$$

die *zusätzlichen partiellen Molwärmen* der Komponenten 1 und 2 in der Mischung.

Aus Gl. (41), (47) und (72) ergibt sich:

$$\bar{C}_P^E = \left(\frac{\partial \bar{H}^E}{\partial T^*}\right)_{P,\,x} \tag{1.74}$$

Auf dieser Beziehung beruht eine Methode, die Temperaturabhängigkeit der molaren Mischungswärme $\bar{H}^E$ indirekt zu ermitteln. Wie ersichtlich, ist die Aussage $\bar{C}_P^E = 0$ (oder $C_{P1}^E = C_{P2}^E = 0$) mit der Feststellung identisch, daß die Mischungswärme unabhängig von der Temperatur ist. Wenn speziell in einem bestimmten Temperaturbereich $\bar{H}^E = 0$ ist, so folgt für diesen Bereich: $\bar{C}_P^E = 0$, während man umgekehrt aus $\bar{C}_P^E = 0$ nicht auf $\bar{H}^E = 0$ schließen darf.

§ 8. Reversible und irreversible Prozesse

Die in einem System wirklich ablaufenden Prozesse lassen sich in zwei Gruppen einteilen: „Ausgleichsvorgänge" und „dissipative Effekte"[1]. Wir beginnen unsere Ausführungen mit der Definition dieser Begriffe.

Betrachten wir zunächst ein System, in dem das Gleichgewicht nicht hergestellt ist. Werden etwaige „Hemmungen" beseitigt, so laufen innerhalb des Systems ohne äußere Einwirkungen Prozesse ab, die das Gleichgewicht herbeizuführen suchen. Solche Prozesse nennen wir *Ausgleichsvorgänge*. Beispiele sind: Temperatur-, Druck- und Konzentrationsausgleich, chemische Reaktionen, Stoffaustausch zwischen den verschiedenen Phasen des Systems, Vermischung von Flüssigkeiten usw.

Betrachten wir nun ein System, das sich im inneren Gleichgewicht befindet. Prozesse innerhalb des Systems können jetzt nur durch Einwirkungen von seiten der Umwelt hervorgerufen werden. Führen die äußeren Einwirkungen, die entweder mit einem Wärmeaustausch zwischen System und Umgebung oder mit Leistung von Arbeit verknüpft sind, zu Störungen des inneren Gleichgewichts, so finden wieder „Ausgleichsvorgänge" statt. Es gibt aber eine Gruppe von äußeren Einwirkungen, die zu Prozessen innerhalb des Systems führen, die nicht den Charakter von Ausgleichsvorgängen haben. Diese äußeren Einwirkungen sind dadurch gekennzeichnet, daß sie auch bei thermischer Isolierung und konstantem Volumen (allgemeiner: konstanten Arbeitskoordinaten, vgl. § 15) Temperaturänderungen hervorrufen: Sie sind mit Leistung von Arbeit verknüpft, die nicht den Charakter von reversibler Volumenarbeit (allgemeiner: von reversibler Arbeit, vgl. § 15) hat. Beispiele hierfür sind die Versuche von JOULE (§ 5) und überhaupt Vorgänge wie Reibung, plastische Verformung, elektrischer Stromdurchgang durch Leiter, wirk-

---

[1] Diese nützliche Klassifizierung geht auf M. W. ZEMANSKY: Heat and Thermodynamics, London 1951, zurück. Bei der Vieldeutigkeit des Wortes „Dissipation" ist es wichtig, daß man mit dem Begriff „dissipative Effekte" keinen anderen Sinn als den im Text erklärten verbindet.

liche Elektrisierung oder Magnetisierung der Materie[1] usw. Wir bezeichnen solche Prozesse als *dissipative Effekte*.

Damit ein wirklicher Prozeß in quantitativer Weise zu den Zustandsänderungen des Systems in Beziehung gesetzt werden kann, muß gefordert werden, daß Anfang und Ende des Prozesses makroskopischen „Zuständen" des Systems entsprechen, d.h. daß jede Phase oder jedes Volumenelement des Systems durch eine endliche Zahl von makroskopischen Variablen beschrieben werden kann (vgl. § 3). Während des Ablaufs des betrachteten Vorgangs dürfen beliebige Situationen vorliegen. Wir nennen jeden in der Natur auftretenden Vorgang, der ein System aus einem definierten Anfangszustand in einen definierten Endzustand bringt, einen *natürlichen Prozeß*.

Kann ein System, in dem ein Prozeß abgelaufen ist, der eine definierte Zustandsänderung hervorgerufen hat, wieder in seinen Ausgangszustand gebracht werden, ohne daß Änderungen in der Natur zurückbleiben, so wird der Prozeß bzw. die Zustandsänderung als *reversibel* („umkehrbar") bezeichnet. Ist der Anfangszustand des Systems nicht ohne Änderungen in der Natur wiederherstellbar, so nennt man den Prozeß bzw. die Zustandsänderung *irreversibel* („nicht umkehrbar").

Man erkennt sofort, daß alle Vorgänge, die in der reinen Mechanik betrachtet werden und bei denen von dissipativen Effekten (Reibung usw.) abgesehen wird, reversibel sind. Überhaupt muß jeder Prozeß, der ein System durch eine stetige Folge von Gleichgewichtszuständen führt und bei dem dissipative Effekte nicht vorkommen, reversibel sein; denn, wenn ein solcher Vorgang umgekehrt wird, durchläuft das System dieselben Gleichgewichtszustände, nur in der umgekehrten Reihenfolge wie vorher, und dissipative Effekte treten nach wie vor nicht auf, so daß nach Erreichen des Anfangszustandes des Systems überall in der Natur der ursprüngliche Zustand wiederhergestellt ist.

Ein einfaches Beispiel für einen nicht-mechanischen Vorgang, der reversibel ist, stellt die „isotherme" Ausdehnung[2] eines Gases mit reversibler Arbeitsleistung dar. Hierbei ist das Gas in ständigem Kontakt mit einem „Thermostaten", der einen „Wärmeübergang bei konstanter Temperatur" gewährleistet („thermisches Gleichgewicht"), und treibt einen reibungslos geführten Stempel, der in jedem Augenblick so belastet ist, daß der Gasdruck gleich dem vom Stempel hervorgerufenen Drucke ist („mechanisches Gleichgewicht"). Offensichtlich ist dieser Prozeß ein Gedankenversuch; denn nur bei Temperaturunterschieden zwischen dem Gas und dem Thermostaten wird ein Wärmeübergang stattfinden, und nur bei Überdruck gegenüber dem außen herrschenden Drucke wird das

---

[1] Im Gegensatz zum gedachten Grenzfall der reversiblen Elektrisierung oder Magnetisierung der Materie (§ 15).

[2] Ein Prozeß heißt „isotherm", wenn er bei konstanter Temperatur abläuft.

Gas den Stempel bewegen, und schließlich kann man Reibungsvorgänge bei makroskopischen Bewegungen im materieerfüllten Raum in Wirklichkeit nie völlig ausschalten. Doch kommt es uns hier nicht auf die Geschwindigkeit, sondern nur auf das Ergebnis des Vorgangs an. Daher können wir in Gedanken die Temperaturdifferenz, die Druckdifferenz und die Reibung beliebig klein machen, d.h. wir betrachten eine „unendlich langsame" Ausdehnung des Gases, die man zwar nicht direkt beobachten, wohl aber durch ein wirklich ausgeführtes Ausdehnungsexperiment mit beliebiger Genauigkeit approximieren kann. Wir überzeugen uns leicht davon, daß es sich hier um einen reversiblen Prozeß handelt. Komprimieren wir das Gas isotherm mit reversibler Arbeitsleistung, d.h. auf dieselbe Weise, in der vorher die Ausdehnung stattgefunden hat, dann ist nach Erreichen des Anfangsvolumens die gleiche Arbeit am Gas geleistet bzw. die gleiche Wärme an den Thermostaten abgegeben worden, die vorher vom Gas geleistet bzw. an das Gas verausgabt wurde, und der Stempel ist wieder in seiner ursprünglichen Stellung.

Da alle natürlichen Prozesse in Ausgleichsvorgängen und dissipativen Effekten bestehen, stellen die oben als reversibel erkannten Vorgänge Grenzfälle der wirklichen Prozesse dar, die in der Natur strenggenommen nicht vorkommen, aber meist mit beliebiger Annäherung experimentell verwirklicht werden können.

Die Frage, ob die natürlichen Prozesse reversibel oder irreversibel sind, kann nicht mit den bisher behandelten Sätzen, sondern nur durch erneutes Hinzuziehen von Erfahrungstatsachen entschieden werden. Ehe wir auf dieses wichtige Problem eingehen, machen wir uns die Bedeutung der Fragestellung an Hand von Beispielen klar.

Ein Gas, das sich in einem thermisch isolierten Behälter befindet, dehne sich in ein evakuiertes Gefäß aus, das ebenfalls thermisch isoliert ist. Dieser natürliche Prozeß („Ausgleichsvorgang") verläuft ohne Arbeitsleistung und ohne Wärmeaustausch mit der Umgebung, also gemäß Gl. (23) bei konstanter innerer Energie. Man bezeichnet ihn aus historischen Gründen als „Versuch von GAY-LUSSAC und JOULE". Die Entscheidung darüber, ob der Prozeß reversibel oder irreversibel ist, hängt allein davon ab, ob man den Anfangszustand des Gases wiederherstellen kann, ohne daß irgendwelche Änderungen in der Natur zurückbleiben. Denken wir uns nun das Gas adiabatisch und reversibel auf das Ausgangsvolumen komprimiert, so wird gemäß Gl. (28) die innere Energie des Gases erhöht (und damit die Temperatur entsprechend verändert), wobei gleichzeitig ein Stempel um eine gewisse Strecke verschoben wird bzw. ein Gewicht um eine bestimmte Höhe herabsinkt. Gelingt es, eine Vorrichtung zu finden, die diese letzte Änderung gegenüber dem Ausgangszustand in der Natur wieder rückgängig macht, so ist der betrachtete natürliche Prozeß reversibel; andernfalls ist er irreversibel. Die genannte

Vorrichtung müßte also folgendes bewirken: Leistung von Arbeit (z. B. Hebung eines Gewichtes) auf Kosten der inneren Energie eines Systems ohne sonstige Veränderungen in der Natur. Der letzte Zusatz ist durchaus erforderlich, da andernfalls z. B. ein sich mit Arbeitsleistung adiabatisch ausdehnendes Gas eine Vorrichtung der beschriebenen Art darstellen würde. Durch den Zusatz „ohne sonstige Veränderungen in der Natur" wird also eine Veränderung der Vorrichtung selbst (z. B. eine Volumenvergrößerung im Falle des sich ausdehnenden Gases) ausgeschlossen. Wenn man die Vorrichtung nicht in die Betrachtung einbezieht, sondern sie als „Maschine" betrachtet, für deren Veränderungen man sich nicht interessiert, so muß man verlangen, daß die Maschine *periodisch* so funktioniert, daß sie nichts weiter bewirkt als Leistung von Arbeit und Verminderung der inneren Energie eines Systems. Aus historischen Gründen heißt eine solche Maschine ein „Perpetuum mobile zweiter Art"[1].

Ein fluides (flüssiges oder gasförmiges) Medium, das thermisch isoliert und in einem gegebenen Volumen eingeschlossen ist, werde — wie beim JOULEschen Versuch (§ 5) — der Einwirkung eines Reibungsvorgangs oder eines (ohne Zersetzung erfolgenden) Stromdurchgangs unterworfen. Dann nimmt die innere Energie des Mediums (bei entsprechender Temperaturänderung) zu, während äußere Quellen Arbeit leisten, die z. B. durch das Herabsinken eines Gewichtes um eine bestimmte Höhe anschaulich und meßbar gemacht werden kann. Wir erkennen sofort, daß die Entscheidung darüber, ob der beschriebene natürliche Prozeß reversibel oder irreversibel ist, davon abhängt, ob es ein „Perpetuum mobile zweiter Art" gibt oder nicht gibt.

Solche Betrachtungen lassen sich auch auf andere natürliche Vorgänge ausdehnen. Das Resultat der Überlegungen ist immer dasselbe: Die Prozesse sind reversibel bzw. irreversibel, wenn ein „Perpetuum mobile zweiter Art" existiert bzw. nicht existiert. Man kann dieses Ergebnis auch ohne Bezugnahme auf das Perpetuum mobile aussprechen: Entweder sind alle betrachteten natürlichen Vorgänge reversibel, oder sie sind alle irreversibel. Eine andere Möglichkeit der Formulierung der obigen Erkenntnisse besteht darin, daß man einen bestimmten natürlichen Prozeß (z. B. den Reibungsvorgang oder die Wärmeleitung) herausgreift und feststellt, daß dieser spezielle Prozeß reversibel bzw. irreversibel ist, womit dann gleichzeitig feststeht, daß auch die anderen natürlichen Vorgänge reversibel bzw. irreversibel sind.

---

[1] Der Ausdruck stammt von OSTWALD. Die gesamte Begriffsbildung (einschließlich der späteren Anwendung auf die quantitative Formulierung des Zweiten Hauptsatzes) geht aber auf PLANCK zurück, der ein Perpetuum mobile zweiter Art (in der damaligen Ausdrucksweise) definiert als „eine periodisch funktionierende Maschine, die weiter nichts bewirkt als Hebung einer Last und Abkühlung eines Wärmereservoirs".

Im folgenden wird gezeigt werden, daß die vorangehenden Überlegungen in engstem Zusammenhang mit dem „Zweiten Hauptsatz der
Thermodynamik" stehen.

§ 9. Das Prinzip der Irreversibilität

Bei der Zurückführung des „Zweiten Hauptsatzes der Thermodynamik" auf einfache Erfahrungstatsachen kann man verschiedene Aus-
gangspunkte und verschiedene Wege der Beweisführung wählen. Die
historischen Gedankengänge und Formulierungen gehen auf CARNOT,
CLAUSIUS und W. THOMSON (Lord Kelvin) zurück. Sie gehören zu den
genialsten Leistungen der Naturwissenschaften. Trotzdem bietet die
historische Darstellung des Sachverhalts Anlaß zur Kritik: Eine saubere
Scheidung zwischen physikalischem Inhalt und mathematischen Deduk-
tionen ist bei dieser Darstellung noch nicht durchgeführt. Erst durch
die sorgfältigen Untersuchungen von CARATHÉODORY[1], BORN[2] und
PLANCK[3] ist die logisch-axiomatische Seite des Problems bis zu einem
gewissen Grade (vgl. § 17 und § 18) gelöst worden.

Wir wählen folgenden fundamentalen Erfahrungssatz zum Ausgangspunkt: *Alle natürlichen Prozesse sind irreversibel.* Wir bezeichnen diesen
Satz als *Prinzip der Irreversibilität.* Nach unseren Definitionen in § 8 besagt
dieses Prinzip: Nach Ablauf jedes wirklichen Prozesses, der ein (geschlossenes) System aus einem definierten Anfangszustand in einen definierten
Endzustand führt, kann der Anfangszustand des Systems nicht wiederhergestellt werden, ohne daß Änderungen in der Natur zurückbleiben.

Damit sind die am Schluß des vorigen Paragraphen aufgeworfenen
Fragen beantwortet. Gleichzeitig ergibt sich aus unseren dortigen Aus-
führungen, daß es noch viele andere Möglichkeiten gibt, die im „Prinzip
der Irreversibilität" enthaltenen Erfahrungstatsachen auszudrücken.
Man kann z.B. mit CLAUSIUS den Satz von der Irreversibilität der
Wärmeleitung oder mit PLANCK den Satz von der Irreversibilität des
Reibungsvorgangs oder mit THOMSON und PLANCK das „Prinzip von der
Unmöglichkeit des Perpetuum mobile zweiter Art" (THOMSON-PLANCK-
sches Prinzip) an die Spitze stellen. Besonders der letzte Satz hat früher —
wegen seines engen Anschlusses an die Erfahrung und seiner gleichzeitigen Bedeutung für die Technik — eine große Rolle gespielt. Wir wählen
das „Prinzip der Irreversibilität" deshalb zum Ausgangspunkt, weil
dieses — wenigstens für die einfacheren Fälle — alles Wesentliche liefert,
ohne einen speziellen Prozeß oder die technische Seite des Problems
in den Vordergrund zu stellen.

---

[1] CARATHÉODORY, C.: s. Fußnote 1 S. 3.

[2] BORN, M.: Physik. Z. **22,** 218, 249, 282 (1921); Natural Philosophy of Cause
and Chance, Oxford 1949.

[3] PLANCK, M.: S.-B. preuß. Akad. Wiss. (Berlin), phys.-math. Kl. 1926, S. 453.

In der axiomatischen Analyse von CARATHÉODORY wird folgender Satz als Axiom an die Spitze der Betrachtungen über den Zweiten Hauptsatz gestellt: „In beliebiger Nähe jedes Zustandes eines Systems gibt es Nachbarzustände, die vom ersten Zustande aus nicht auf adiabatischem Wege erreichbar sind." Das Prinzip von CARATHÉODORY läßt sich zwar aus dem Prinzip der Irreversibilität ableiten (§ 17), ist ihm aber nicht logisch gleichwertig, da es inhaltlich beschränkter ist. Vom axiomatischen Standpunkt scheint es daher zunächst dem Prinzip der Irreversibilität oder dem THOMSON-PLANCKschen Prinzip überlegen zu sein. Indessen muß beachtet werden, daß aus dem CARATHÉODORYschen Prinzip nur ein Teil der Aussagen des Zweiten Hauptsatzes hergeleitet werden kann: Zur Erfassung der irreversiblen Prozesse muß ein weiteres Axiom als Ergänzung hinzugefügt werden[1]. „Von einer solchen Ergänzungsbedürftigkeit", bemerkt PLANCK[2] hierzu, „ist beim THOMSON-schen Prinzip nicht die Rede. Denn dieses faßt das CARATHÉODORYsche Prinzip samt der demselben hinzugefügten Ergänzung zu einer höheren Einheit zusammen und läßt dadurch jene Zweiteilung, soweit es sich um die Begründung (nicht um die Axiomatisierung) des zweiten Wärmesatzes handelt, als eine künstliche und unnötige Komplikation erkennen."

Wie ebenfalls PLANCK[2] dargelegt hat, braucht man auch bei Zugrundelegung des THOMSONschen Prinzips oder eines äquivalenten Erfahrungssatzes die übrigen Vorteile der Darstellung von CARATHÉODORY gegenüber den historischen Gedankengängen nicht aufzugeben: Das Operieren mit „CARNOTschen Kreisprozessen" und „Wärmebehältern" kann bei den Überlegungen ganz vermieden werden.

Die im folgenden Paragraphen gegebene Darstellung unterscheidet sich dadurch von den Gedankengängen PLANCKS, daß sie das „Prinzip der Irreversibilität" an die Spitze stellt und die Aussagen anstatt für abgeschlossene Systeme für den etwas allgemeineren Fall der thermisch isolierten Systeme formuliert. Die letzte Erweiterung geschieht in Hinblick auf eine spätere Generalisierung des Zweiten Hauptsatzes (vgl. § 18).

---

[1] Dies liegt daran, daß mit dem Prinzip von CARATHÉODORY nur gesagt wird, daß es überhaupt adiabatisch unerreichbare Zustände gibt, während das Prinzip der Irreversibilität oder das THOMSON-PLANCKsche Prinzip Aussagen darüber macht, welche Zustände unerreichbar sind. Ein System gegebener Menge und Zusammensetzung, dessen Volumen und zusätzliche Arbeitskoordinaten (§ 15) konstant sind, kann z.B. nach dem THOMSONschen Prinzip auf adiabatischem Wege nie Zustände geringerer innerer Energie erreichen. Das CARATHÉODORYsche Prinzip besagt in diesem Falle nur, daß es adiabatisch unerreichbare Zustände gibt, ohne zu spezifizieren, ob diese Zustände einer größeren oder kleineren inneren Energie des Systems entsprechen.

[2] PLANCK, M.: s. Fußnote 3 S. 32.

§ 10. Der Zweite Hauptsatz in einfacheren Fällen

Wir wollen den „Zweiten Hauptsatz der Thermodynamik" für einfachere Fälle aus dem „Prinzip der Irreversibilität" ableiten. Wir verstehen unter „einfacheren Fällen" alle Systeme, deren Phasen von konstanter Masse und Zusammensetzung sind und durch zwei unabhängige Zustandsvariable beschrieben werden können („Phasen mit zwei Freiheitsgraden", vgl. § 34). Stoffübergänge zwischen den einzelnen Phasen des Systems, chemische Reaktionen und Änderungen „zusätzlicher Arbeitskoordinaten" (§ 15) sind also hier von der Betrachtung ausgeschlossen.

Der Zustand einer einzelnen Phase der beschriebenen Art kann durch zwei der folgenden vier Zustandsvariablen gekennzeichnet werden[1]: Druck P, Volumen V, empirische Temperatur T^*, innere Energie U. Wir werden teils U und V, teils T^* und V als unabhängige Variable wählen.

Wir untersuchen zunächst den Differentialausdruck

$$dU + P\,dV = \frac{\partial U}{\partial T^*}\,dT^* + \left(\frac{\partial U}{\partial V} + P\right)dV \qquad (1.75)$$

für eine einzelne Phase der betrachteten Art. [Dieser Ausdruck bedeutet gemäß Gl. (28) die Wärme, die der Phase während einer infinitesimalen Zustandsänderung bei reversibler Volumenänderung zugeführt wird.] Da U eine Zustandsfunktion, also dU ein vollständiges Differential ist, gilt:

$$\frac{\partial^2 U}{\partial T^* \partial V} = \frac{\partial^2 U}{\partial V \partial T^*}\,.$$

Wäre auch der Ausdruck (75) ein vollständiges Differential, so müßte gemäß § 3 die Bedingung

$$\frac{\partial^2 U}{\partial T^* \partial V} = \frac{\partial^2 U}{\partial V \partial T^*} + \left(\frac{\partial P}{\partial T^*}\right)_V$$

erfüllt sein. Diese Bedingung wäre mit der vorigen Gleichung nur vereinbar, wenn stets $(\partial P/\partial T^*)_V = 0$ sein würde. Da dies der Erfahrung widerspricht, ist der Ausdruck (75) ein unvollständiges Differential.

Man kann zu jedem unvollständigen Differentialausdruck mit zwei Variablen einen „integrierenden Nenner" finden, der den Ausdruck zum Differential einer Funktion macht (vgl. § 3). Bezeichnen wir irgendeine Funktion, die als integrierender Nenner in (75) auftritt, mit $N(T^*, V)$, so erhalten wir:

$$\frac{dU + P\,dV}{N} = dS, \qquad (1.76)$$

---

[1] Dies folgt aus dem Bestehen einer Zustandsgleichung $V = V(T^*, P)$ und der Existenz der Funktion $U(T^*, V)$.

worin dS ein vollständiges Differential, nämlich das Differential der Zustandsfunktion $S(T^*, V)$, bedeutet. Da es beliebig viele integrierende Nenner für den Differentialausdruck (75) gibt, können wir anstelle von N in Gl. (76) auch schreiben: $N \cdot f(S)$, worin $f(S)$ eine beliebige, nur von S abhängige Funktion ist*. Solange wir über diese Funktion noch nichts festsetzen — das ist erst an späterer Stelle zweckmäßig —, ist die Definition von S nicht eindeutig. Für das unmittelbar Folgende genügt es aber, wenn wir verabreden, daß N stets positiv sein soll:

$$N > 0. \tag{1.77}$$

Die (zunächst noch unvollständig) durch Gl. (76) und (77) definierte Zustandsfunktion S wird als *Entropie* der betrachteten Phase bezeichnet (CLAUSIUS).

Wenn wir die verschiedenen Phasen eines Systems durch die Zahl der Indices unterscheiden, können wir die Entropiedefinition (76) bis (77) auf jede einzelne Phase des Systems anwenden:

$$\frac{dU' + P'\,dV'}{N'} = dS', \quad \frac{dU'' + P''\,dV''}{N''} = dS'', \ldots$$

$$N' > 0, \quad N'' > 0, \ldots, \tag{1.78}$$

wobei die integrierenden Nenner N', N'', ... als Funktionen zweier Variablen, z.B. U', V'; U'', V''; ... oder $T^{*'}$, V'; $T^{*''}$, V''; ..., aufzufassen sind und eine Funktion $f'(S')$; $f''(S'')$; ... als willkürlichen Faktor enthalten. Ferner bezeichnen wir die Summe

$$S' + S'' + \cdots = \sum_\alpha S^\alpha = S \tag{1.79}$$

als die „Entropie" S des gesamten Systems.

Wir wollen nun mit Hilfe des „Prinzips der Irreversibilität" (§ 9) einige fundamentale Eigenschaften der Entropie ableiten, die uns auf den „Zweiten Hauptsatz der Thermodynamik" führen werden.

Wir denken uns das gesamte System von einer thermisch isolierenden Wand eingeschlossen. Dann kann das System mit der Umgebung weder Wärme noch Stoff austauschen. Es vermag aber seine Energie dadurch zu ändern, daß Arbeit am oder vom System geleistet wird. Die äußeren Arbeitsquellen denken wir uns durch ein unveränderliches Gewicht g im Schwerefeld mit variabler Höhenlage ersetzt. Dann sind alle Veränderungen in der Natur, die außerhalb des Systems möglich sind, durch eine

---

* Dann tritt anstelle von dS in Gl. (76) das Differential einer Funktion $\varphi(S)$ auf, die nur von S abhängt:

$$\frac{dU + P\,dV}{N \cdot f(S)} = \frac{dS}{f(S)} \equiv d\varphi(S).$$

Man kann mathematisch beweisen, daß *alle* integrierenden Nenner die Form $N \cdot f(S)$ haben müssen.

3*

Änderung der Höhenlage des Gewichtes beschreibbar. Geht das System durch eine (adiabatische) Änderung der inneren Zustandsvariablen aus einem Zustand I in einen Zustand II über, so gilt für die Änderung der inneren Energie U des thermisch isolierten Systems [vgl. Gl. (23)]:

$$\Delta U = U_{II} - U_I = W = g\,(h_I - h_{II})\,, \qquad (1.80)$$

worin W die am System während der Zustandsänderung I → II geleistete Arbeit und h die Höhe des Schwerpunktes des Gewichtes über einer willkürlichen Bezugsebene bedeutet.

Ist ein reversibler Prozeß möglich, durch den das System aus dem Zustand I in den Zustand II gebracht wird, so folgt: Geht man vom Zustand II in den Zustand I zurück, so ist auch das Gewicht wieder auf der ursprünglichen Höhe. Der Übergang II → I muß dann ebenfalls reversibel sein; denn wäre er dies nicht, würde der als möglich vorausgesetzte Übergang I → II das Gewicht nicht wieder auf die ursprüngliche Höhe bringen können, was dem Energiesatz (80) widersprechen würde.

Wir nehmen nun an, daß ein natürlicher Prozeß das System aus dem Zustand I in den Zustand II überführen kann. Dann ist der Übergang II → I nach dem „Prinzip der Irreversibilität" unmöglich. Dieses Prinzip verlangt nämlich, daß der vorausgesetzte natürliche Vorgang I → II irreversibel ist. Dies bedeutet aber nichts anderes als die Feststellung, daß bei der umgekehrten Zustandsänderung II → I das Gewicht nicht wieder auf der Höhe h_I ist. Da das System bei Erreichen des ursprünglichen Zustandes (I) seine anfängliche innere Energie (U_I) wieder besitzen muß, führt dies zu einem Widerspruch mit Gl. (80). Also ist der Übergang II → I unmöglich.

Ebenso läßt sich zeigen: Ist ein natürlicher Prozeß II → I möglich, so ist der Übergang I → II unmöglich.

Im ersten Falle sind die Zustände I und II gewissermaßen gleichberechtigt. Im zweiten Falle ist der Zustand II vor dem Zustand I und im dritten Falle der Zustand I vor dem Zustand II ausgezeichnet.

Wir denken uns den Zustand I des Systems vorgegeben und den Zustand II beliebig wählbar. Dann ist der zweite Zustand auf adiabatischem Wege vom ersten Zustande aus entweder reversibel erreichbar oder irreversibel erreichbar oder unerreichbar. Wenn wir auf irgendeine Weise zu Aussagen über die Änderung der Entropie S bei einer adiabatischen Zustandsänderung des Systems gelangen, die eine Unterscheidung der drei Fälle ermöglichen, so sind diese Aussagen vollkommen allgemeingültig. Da nämlich S eine Zustandsfunktion ist, hängt der Wert der Entropieänderung nur von dem beliebig gewählten Endzustande des Systems, nicht aber von dem speziellen Wege der Zustandsänderung ab.

Im einfachsten Falle unterscheiden sich Anfangszustand I und Endzustand II des Systems voneinander nur durch den Zustand einer einzigen Phase, deren innere Energie mit U und deren Volumen mit V bezeichnet sei. Wir betrachten in diesem Falle folgenden Gedankenprozeß: Die Phase, auf deren Verhalten voraussetzungsgemäß die Zustandsänderung des Systems beruht, gehe aus ihrem Anfangszustand (U_I, V_I) adiabatisch-reversibel in einen Zwischenzustand (U_{III}, V_{III}) und von dort adiabatisch in den Endzustand (U_{II}, V_{II}) über, falls dieser überhaupt auf adiabatischem Wege erreichbar ist. Dabei bleibe der Zustand der übrigen Phasen des Systems unverändert. Der Zwischenzustand sei so gewählt, daß $V_{III} = V_{II}$ ist. Dann sind drei Fälle möglich [vgl. Gl. (80)]:

1. $U_{III} = U_{II}$, $h_{III} = h_{II}$. In diesem Falle ist der Zwischenzustand III mit dem Endzustand II identisch, d.h. der Zustand II vom Zustande I aus reversibel erreichbar. Für eine adiabatisch-reversible Zustandsänderung einer einzelnen Phase mit zwei Freiheitsgraden gilt gemäß Gl. (28):

$$dU + P\,dV = 0, \qquad (1.81)$$

also gemäß Gl. (76):

$$S = \text{const}. \qquad (1.82)$$

Daher finden wir für den vorliegenden Fall:

$$\Delta S = S_{II} - S_I = 0 \quad \text{(reversibler Übergang)}. \qquad (1.83)$$

2. $U_{III} < U_{II}$, $h_{III} > h_{II}$. Dann kann der Endzustand II vom Zwischenzustand III aus durch einen Reibungsvorgang erreicht werden, da dieser bei konstantem Volumen die innere Energie einer thermisch isolierten Phase — bei entsprechender Senkung des Gewichtes — zu erhöhen vermag (vgl. § 8). In diesem Falle ist der Zustand II vom Zustande I aus über einen natürlichen Prozeß zugänglich, d.h. irreversibel erreichbar. Da die Zustandsänderung I → III reversibel, die Zustandsänderung III → II aber irreversibel abläuft, ist der gesamte Übergang I → II irreversibel, und die Entropieänderung bei diesem Übergang ist gemäß Gl. (82), nach der S bei adiabatisch-reversiblen Zustandsänderungen konstant bleibt, gleich derjenigen beim Übergang III → II. Da der Prozeß III → II bei konstantem Volumen vor sich geht, hat die Entropieänderung ΔS gemäß Gl. (76) und (77) dasselbe Vorzeichen wie die Energieänderung $\Delta U = U_{II} - U_{III}$. Wir erhalten daher:

$$\Delta S = S_{II} - S_I > 0 \quad \text{(irreversibler Übergang)}. \qquad (1.84)$$

3. $U_{III} > U_{II}$, $h_{III} < h_{II}$. Dann ist der Endzustand II unerreichbar; denn offensichtlich ist jetzt der Übergang II → III ein natürlicher Prozeß, so daß nach unseren obigen Darlegungen der Übergang III → II unmöglich ist[1]. Somit finden wir aus Gl. (76) und (77):

$$\Delta S = S_{II} - S_I < 0 \quad \text{(unmöglicher Übergang)}. \qquad (1.85)$$

---

[1] Wenn man vom THOMSON-PLANCKschen Prinzip (§ 9) ausgeht, kann man auch sagen: Der Übergang III → II würde ein Perpetuum mobile zweiter Art voraussetzen.

Der Deutlichkeit halber verifizieren wir an zwei Beispielen, daß die Vorzeichenaussagen (84) und (85) unabhängig von der speziellen Art der Beweisführung sind.

Wir betrachten erstens bei der obigen Argumentation anstelle des Reibungsvorgangs irgendeinen anderen „dissipativen Effekt", d.h. nach § 8 einen beliebigen Prozeß, der bei konstantem Volumen auf adiabatischem Wege die innere Energie (und damit die Temperatur) der betrachteten Phase ändert. Wir wissen von den uns bekannten dissipativen Effekten, daß die Arbeit W_{irrev}, die bei diesen natürlichen (irreversiblen) Prozessen am System geleistet wird, stets positiv ist, so daß bei konstantem Volumen und thermischer Isolierung die innere Energie der Phase immer erhöht wird. Wir fragen nun: Kann es grundsätzlich dissipative Effekte geben, bei denen $W_{irrev} < 0$ ist? Das Prinzip der Irreversibilität beantwortet diese Frage. Würde nämlich bei einem solchen Effekt der Fall $W_{irrev} < 0$ möglich sein, so könnte ein thermisch isoliertes System gegebenen Volumens aus einem Zustand höherer innerer Energie in einen Zustand niedrigerer innerer Energie bei entsprechendem Arbeitsgewinn gebracht werden, ohne daß sonstige Änderungen in der Natur zurückblieben. Dies wäre aber die vollständige Umkehrung eines natürlichen Prozesses, z.B. eines Reibungsvorgangs. Diese Umkehrung ist nach dem Prinzip der Irreversibilität unmöglich. Demnach gilt für alle dissipativen Effekte[1]:

$$W_{irrev} > 0 \quad \text{(dissipative Effekte)}. \tag{1.86}$$

Hieraus folgt sofort, daß die Ungleichungen (84) und (85) auch gelten, wenn man anstelle des Reibungsvorgangs irgendeinen anderen dissipativen Effekt betrachtet.

Wir betrachten zweitens einen anderen Weg der Zustandsänderung I → II der Phase, die wir jetzt als Gas voraussetzen. Der adiabatisch-reversibel ($S = $ const) erreichbare Zwischenzustand III sei so gewählt, daß $U_{III} = U_{II}$ ist. Dann kann im Falle $V_{II} > V_{III}$ der Endzustand durch adiabatische Ausdehnung des Gases in ein Vakuum ($U = $ const, vgl. § 8), also wiederum durch einen irreversiblen Prozeß, diesmal aber durch einen „Ausgleichsvorgang" (§ 8), erreicht werden. Da für $U = $ const gemäß Gl. (76) und (77) ΔS und ΔV ($= V_{II} - V_{III}$) dasselbe Vorzeichen haben, ergeben sich wiederum die Ungleichungen (84) und (85).

Wir werden nun einen Zusammenhang zwischen den integrierenden Nennern in Gl. (78) und der Temperatur ableiten.

Wir betrachten zwei Phasen (′ und ″), die miteinander im thermischen Gleichgewicht sind, also eine gemeinsame (empirische) Temperatur T^* haben. Die Drucke der beiden Phasen seien P' und P'', die Volumina V'

---

[1] Der Name „dissipative Effekte" beruht auf Gl. (86): Es wird Arbeit infolge einer Zunahme der inneren Energie „vernichtet", d.h. mechanische Energie „dissipiert" (zerstreut).

und V'' und die inneren Energien U' und U''. Der Zustand des „thermisch gekoppelten Zweiphasensystems" ist wegen $T^{*'} = T^{*''} \equiv T^*$ durch drei unabhängige Variable, z.B. durch U', V' und V'', bestimmt.

Wenn wir dieses System adiabatisch-reversiblen Zustandsänderungen unterwerfen, z. B. durch reversible Änderungen der Volumina bei Aufrechterhaltung des thermischen Gleichgewichtes zwischen den beiden Phasen, so gilt gemäß Gl. (27):

$$d\,U' + d\,U'' + P'\,d\,V' + P''\,d\,V'' = 0\,, \qquad (1.87)$$

woraus mit den Entropiedefinitionen (78) folgt:

$$N'\,d\,S' + N''\,d\,S'' = 0\,. \qquad (1.88)$$

Wegen des Bestehens der Bedingung (87) oder (88) sind während der adiabatisch-reversiblen Zustandsänderungen des thermisch gekoppelten Zweiphasensystems nur noch zwei Zustandsvariable unabhängig wählbar, z.B. U' und V'. Man kann daher durch solche Zustandsänderungen die erste Phase in jeden beliebigen Zustand bringen, während der Zustand der zweiten Phase dadurch vollständig bestimmt ist.

Wir können aber noch eine weitere Aussage über die gegenseitige Abhängigkeit der beiden Phasen machen. Dazu denken wir uns die beiden Phasen zunächst voneinander getrennt, so daß der Zustand des Zweiphasensystems durch vier unabhängige Variable, z.B. U', V', U'' und V'', beschrieben wird. Es sei ein Anfangszustand I des Systems gegeben durch:

$$U'_{\mathrm{I}}, \quad V'_{\mathrm{I}}; \quad U''_{\mathrm{I}}, \quad V''_{\mathrm{I}}.$$

Dadurch sind auch die Entropien $S'_{\mathrm{I}}(U'_{\mathrm{I}}, V'_{\mathrm{I}})$ und $S''_{\mathrm{I}}(U''_{\mathrm{I}}, V''_{\mathrm{I}})$ der beiden Phasen festgelegt. Die Phasen werden jetzt, jede für sich, adiabatisch-reversibel auf die gleiche (beliebige) Temperatur gebracht. Dann stellen wir die thermische Verbindung zwischen den beiden Phasen her und verändern das thermisch gekoppelte System adiabatisch-reversibel. Da hierbei zwei Variable willkürlich wählbar sind, können wir es so einrichten, daß wir bei jeder Temperatur den Ausgangswert S'_{I} der Entropie der Phase ' erreichen. Wenn wir nun die Phasen wieder voneinander trennen und die Phase ' adiabatisch-reversibel ($S' = \mathrm{const}$) in ihren Ausgangszustand ($U'_{\mathrm{I}}, V'_{\mathrm{I}}$) zurückbringen, ist der jetzt vorliegende Zustand II des Systems gekennzeichnet durch

$$U'_{\mathrm{I}}, \quad V'_{\mathrm{I}}; \quad U''_{\mathrm{II}}, \quad V''_{\mathrm{II}},$$

wobei die zugehörigen Entropien der beiden Phasen S'_{I} und S''_{II} sind. Da sich der Endzustand II vom Anfangszustand I nur durch das Verhalten der Phase '' unterscheidet, muß nach Gl. (83) $S''_{\mathrm{II}} = S''_{\mathrm{I}}$ sein, weil der Übergang I $\rightarrow$ II voraussetzungsgemäß reversibel stattgefunden hat.

Da die Temperatur, bei der die Entropie der Phase ′ ihren Ausgangswert erreichte, ganz beliebig war, folgt: Wenn die Entropie der einen Phase eines thermisch gekoppelten Zweiphasensystems ihren anfänglichen Wert hat, besitzt auch die Entropie der anderen Phase ihren Ausgangswert, und zwar unabhängig von der Temperatur. Dies besagt aber: Die Entropie der einen Phase ist eine Funktion der Entropie der anderen Phase, und in dieser Funktion kommt die Temperatur nicht vor.

Demnach existiert ein funktioneller Zusammenhang zwischen S' und S'' von der Form:

$$f(S', S'') = 0$$

oder in differentieller Schreibweise:

$$\frac{\partial f}{\partial S'}\, dS' + \frac{\partial f}{\partial S''}\, dS'' = 0\,.$$

Damit Gl. (88) mit dieser Gleichung unter beliebigen Bedingungen übereinstimmt, müssen sich die beiden Differentialausdrücke nur durch einen endlichen Faktor N unterscheiden:

$$N'\, dS' + N''\, dS'' = N\left(\frac{\partial f}{\partial S'}\, dS' + \frac{\partial f}{\partial S''}\, dS''\right)$$

oder

$$N' = N\,\frac{\partial f}{\partial S'}\,, \quad N'' = N\,\frac{\partial f}{\partial S''}\,.$$

Da in der Funktion f die Temperatur nicht enthalten ist, muß der Quotient

$$\frac{N'}{N''} = \frac{\partial f}{\partial S'}\bigg/\frac{\partial f}{\partial S''}$$

unabhängig von der empirischen Temperatur T^* sein. Nun sind aber N' und N'' selbst Funktionen von T^* und S' bzw. T^* und S'' [1]. Daher sind sie von der Gestalt

$$N' = f'(S') \cdot T(T^*)\,, \quad N'' = f''(S'') \cdot T(T^*)\,,$$

wobei die Funktionen f' und f'' nur von S' und S'' und die Funktion T nur von der empirischen Temperatur T^* abhängen. In der Größe T ist noch ein konstanter Faktor willkürlich. Er wird durch die Wahl eines Fixpunktes festgelegt (vgl. § 12). Wir verabreden hier nur, daß

$$T > 0$$

---

[1] Wir können anstelle der unabhängigen Variablen T^* und V' (oder U') für die Phase ′ bzw. T^* und V'' (oder U'') für die Phase ″ auch die Größen T^* und S' bzw. T^* und S'' als unabhängige Veränderliche wählen.

sein soll. Da gemäß Gl. (78) gilt:

$$N' > 0, \quad N'' > 0,$$

müssen auch $f'(S')$ und $f''(S'')$ positive Funktionen sein. Wir beseitigen schließlich vollkommen die Willkür[1] in der Wahl der integrierenden Nenner N' und N'' durch die Festsetzung:

$$f'(S') = f''(S'') = 1.$$

Wir erhalten also:

$$N' = N'' = T. \tag{1.89}$$

Aus Gl. (78) und Gl. (89) finden wir die vervollständigten Definitionsgleichungen für die Entropien der beiden Phasen:

$$\frac{dU' + P'\,dV'}{T} = dS', \quad \frac{dU'' + P''\,dV''}{T} = dS''. \tag{1.90}$$

Betrachten wir nur eine einzige Phase, wie in Gl. (76), so wird der integrierende Nenner N gleich der Funktion T, die nur von der empirischen Temperatur der betrachteten Phase abhängt, und wir erhalten:

$$\frac{dU + P\,dV}{T} = dS. \tag{1.91}$$

Die positive Funktion T, die als integrierender Nenner für das unvollständige Differential $dU + P\,dV$ auftritt, wird als *absolute Temperatur* der betrachteten Phase bezeichnet (W. Thomson).

Entsprechend ordnen wir einer beliebigen Phase α vom Volumen V^α und der inneren Energie U^α eine absolute Temperatur T^α zu, die nur von der empirischen Temperatur der betrachteten Phase abhängt, und schreiben als Definition für die Entropie S^α dieser Phase:

$$\frac{dU^\alpha + P^\alpha\,dV^\alpha}{T^\alpha} = dS^\alpha. \tag{1.92}$$

Da die Entropie nur durch eine Differentialgleichung definiert ist, bleibt in S^α noch eine additive Konstante willkürlich.

Sind mehrere Phasen eines Systems miteinander im thermischen Gleichgewicht, so müssen alle T^α in Gl. (92) einander gleich werden, in Übereinstimmung mit Gl. (90).

Wir betrachten nun ein thermisch isoliertes System in zwei Zuständen I und II, die sich voneinander durch das Verhalten beliebig vieler Phasen unterscheiden, und fragen nach den Bedingungen des Übergangs aus dem Anfangszustand I in den Endzustand II. Dazu bringen wir zunächst zwei Phasen (′ und ″) des Systems, die wir einzeln adiabatisch-reversibel behandeln [$S' = $ const, $S'' = $ const, vgl. Gl. (82)], auf eine gemeinsame Temperatur. Sodann verändern wir, wie oben beschrieben, das thermisch ge-

---

[1] Vgl. die Erläuterungen zu Gl. (78).

koppelte Zweiphasensystem adiabatisch-reversibel, bis die Phase ′ den endgültigen Wert S'_{II} der Entropie erreicht hat. Daraufhin trennen wir die Phasen voneinander und überführen die Phase ′ adiabatisch-reversibel ($S' = \mathrm{const}$) in den gewünschten Endzustand. Während dieser reversiblen Zustandsänderungen gilt gemäß Gl. (88) und (89):

$$S' + S'' = \mathrm{const.} \tag{1.93}$$

Wir verfahren dann mit der zweiten (″) und dritten (‴) Phase auf entsprechende Weise, wobei der Zustand der Phase ″ und somit die Entropie dieser Phase auf den Endwert S''_{II} gebracht wird. Hierbei gilt:

$$S'' + S''' = \mathrm{const.} \tag{1.94}$$

In analoger Weise fortfahrend, stellen wir auf adiabatisch-reversiblem Wege den Endzustand von $(n - 1)$ Phasen des aus n Phasen bestehenden Systems her. Dann haben die Entropien der $(n - 1)$ Phasen die endgültigen Werte S'_{II}, S''_{II}, $\ldots S_{\mathrm{II}}^{n-1}$, während die Entropie der n-ten Phase, die sich in irgendeinem Zustande U_{III}^{n}, V_{III}^{n} befindet, den Wert S_{III}^{n} besitzt, der vom gewünschten Endwert S_{II}^{n} verschieden sein kann. Das System befindet sich nun in einem Zwischenzustand III, der sich vom Endzustand II nur durch das Verhalten einer einzigen Phase (der n-ten Phase) unterscheidet. Während der gesamten Veränderungen ist infolge der Gleichungen (93), (94) und weiterer Beziehungen analoger Art die Summe der Entropien aller Phasen konstant geblieben:

$$S' + S'' + S''' + \cdots + S^{n-1} + S^n = \mathrm{const.} \tag{1.95}$$

Demnach gilt:

$$S_{\mathrm{III}}^{n} = \left(S_{\mathrm{I}}' + S_{\mathrm{I}}'' + \cdots + S_{\mathrm{I}}^{n-1} + S_{\mathrm{I}}^{n}\right) - \left(S_{\mathrm{II}}' + S_{\mathrm{II}}'' + \cdots + S_{\mathrm{II}}^{n-1}\right) \tag{1.96}$$

oder gemäß der Definition (79):

$$S_{\mathrm{II}}^{n} - S_{\mathrm{III}}^{n} = S_{\mathrm{II}} - S_{\mathrm{I}}\,, \tag{1.97}$$

worin S_{I} bzw. S_{II} die Entropie des gesamten Systems im Ausgangszustand I bzw. Endzustand II bedeutet. Wir können die Aussagen (83) bis (85) direkt übernehmen, wenn wir für die dort auftretende Entropieänderung $\varDelta S$ einer einzelnen Phase, durch deren Verhalten sich Anfangs- und Endzustand eines Systems voneinander unterscheiden, die Größe $S_{\mathrm{II}}^{n} - S_{\mathrm{III}}^{n}$ aus Gl. (97) einsetzen. Wir finden also schließlich für den Übergang eines thermisch isolierten Systems aus einem Zustand I in einen Zustand II:

$$\varDelta S = S_{\mathrm{II}} - S_{\mathrm{I}} = 0 \quad \text{(reversibler Übergang),} \tag{1.98}$$

$$\varDelta S = S_{\mathrm{II}} - S_{\mathrm{I}} > 0 \quad \text{(irreversibler Übergang),} \tag{1.99}$$

$$\varDelta S = S_{\mathrm{II}} - S_{\mathrm{I}} < 0 \quad \text{(unmöglicher Übergang).} \tag{1.100}$$

Wir fassen die Ergebnisse dieses Paragraphen wie folgt zusammen: Es gibt für jede Phase eines Systems, deren innerer Zustand durch die Variablen U^α und V^α beschreibbar ist, eine Zustandsfunktion $S^\alpha(U^\alpha, V^\alpha)$, genannt die „Entropie" der Phase, und eine Zustandsfunktion T^α, genannt die „absolute Temperatur" der Phase, die nur von der empirischen Temperatur der Phase abhängt. Das Differential der Entropie einer Phase ist gegeben durch

$$T^\alpha d S^\alpha = d U^\alpha + P^\alpha d V^\alpha. \tag{1.101}$$

Für die Änderung

$$\Delta S = S_{\mathrm{II}} - S_{\mathrm{I}} \tag{1.102}$$

der „Entropie" des gesamten Systems

$$S = \sum_\alpha S^\alpha \tag{1.103}$$

gilt bei einer Zustandsänderung I → II:

$$\Delta S = 0 \quad \text{(reversible adiabatische Zustandsänderung)}, \tag{1.104}$$

$$\Delta S > 0 \quad \text{(irreversible adiabatische Zustandsänderung)}, \tag{1.105}$$

$$\Delta S < 0 \quad \text{(unmögliche adiabatische Zustandsänderung)}. \tag{1.106}$$

Dieser Aussagenkomplex bildet den Inhalt des *Zweiten Hauptsatzes der Thermodynamik*, soweit wir uns auf Systeme beschränken, die aus Phasen mit zwei Freiheitsgraden bestehen. Die letzte Einschränkung werden wir später durch eine Erweiterung der Entropiedefinition und durch zusätzliche Betrachtungen aufheben (§ 17 und § 18).

Gemäß Gl. (101) und (103) ist die Entropie, wie die innere Energie, eine Funktion der inneren Zustandsvariablen des Systems, die nur bis auf eine willkürliche additive Konstante bestimmt ist.

Durchläuft das System einen Kreisprozeß, so gilt gemäß Gl. (7) für die Entropie S als Zustandsfunktion:

$$\oint d S = 0.$$

§ 11. Näheres über die Entropie

Wir betrachten eine Phase gegebener Menge und Zusammensetzung. Ihr Volumen sei V, ihr Druck P, ihre innere Energie U und ihre absolute Temperatur T. Dann gilt gemäß Gl. (101) für das Differential der Entropie S:

$$T d S = d U + P d V. \tag{1.107}$$

Führen wir durch Gl. (36) die Enthalpie H ein, so können wir auch schreiben:

$$T d S = d H - V d P. \tag{1.108}$$

Zweckmäßigerweise wählt man im Falle der Gl. (107) T und V, im Falle der Gl. (108) aber T und P als unabhängige Variable zur Beschreibung des Zustandes der Phase. Wir leiten somit aus Gl. (107) ab:

$$T\,dS = C_V\,dT + \left[\left(\frac{\partial U}{\partial V}\right)_T + P\right]dV \qquad (1.109)$$

mit der „Wärmekapazität bei konstantem Volumen"[1] [vgl. Gl. (30)]

$$C_V \equiv \left(\frac{\partial U}{\partial T}\right)_V = T\left(\frac{\partial S}{\partial T}\right)_V. \qquad (1.109\,\mathrm{a})$$

Aus Gl. (108) finden wir dementsprechend:

$$T\,dS = C_P\,dT + \left[\left(\frac{\partial H}{\partial P}\right)_T - V\right]dP \qquad (1.110)$$

mit der „Wärmekapazität bei konstantem Druck"[1] [vgl. Gl. (39)]

$$C_P \equiv \left(\frac{\partial H}{\partial T}\right)_P = T\left(\frac{\partial S}{\partial T}\right)_P. \qquad (1.110\,\mathrm{a})$$

Die Messung der Temperaturabhängigkeit der Entropie ist somit auf die experimentelle Bestimmung von spezifischen Wärmen (§ 5) zurückgeführt. Über die Ermittlung der Volumen- bzw. Druckabhängigkeit der Entropie berichten wir in § 13.

Gl. (107) und damit auch Gl. (108), (109) oder (110) gilt für jede infinitesimale Zustandsänderung der Phase bei gegebener Masse und Zusammensetzung. Diese Zustandsänderung braucht nicht reversibel zu sein. Es ist ja nur vorausgesetzt, daß zu jedem Zeitpunkt der Zustand der Phase durch zwei unabhängige Variable beschrieben werden kann. Wenn jedoch während der betrachteten Änderung die Homogenität innerhalb der Phase aufgehoben wird, ist die Situation nicht mehr durch zwei makroskopische Variable beschreibbar, und Gl. (107) gilt nicht mehr für einen beliebigen Zeitpunkt. In diesem Falle kann man aber die integrierte Form von Gl. (107) anwenden, wenn nur Anfangs- und Endzustand wieder durch zwei Variable beschreibbar sind; denn offensichtlich hat dann jede Zustandsfunktion, also auch die Entropie, zu Anfang und am Ende des Prozesses einen ganz bestimmten Wert, und die Differenz dieser Werte ist durch einen Integrationsprozeß ermittelbar, der so geführt werden kann, daß Gl. (107) in jedem Augenblick gilt. Dagegen ist die Beziehung (28)

$$dU = -P\,dV + dQ \qquad (1.111)$$

nur dann richtig, wenn die an (oder von) der Phase geleistete Arbeit reversible Volumenarbeit ist[2]. Für beliebige infinitesimale Zustandsänderungen hat der Energiesatz gemäß Gl. (24) die Form

$$dU = dW + dQ, \qquad (1.112)$$

---

[1] Hierbei nehmen wir die Beziehung $T = T^*$ (§ 12) vorweg.

[2] Q ist die der Phase zugeführte Wärme.

worin W die gesamte Arbeit ist, die während der betrachteten Zustandsänderung an der Phase geleistet wird.

Betrachten wir eine endliche Zustandsänderung $I(T_I, V_I) \rightarrow II(T_{II}, V_{II})$ in einer Phase gegebener Masse und Zusammensetzung. Nach obigem
können wir dann stets die integrierte Form von Gl. (112) bzw. Gl. (107)
benutzen. Wir finden also für die Änderung der inneren Energie [vgl.
Gl. (23)]

$$\Delta U = U_{II} - U_I = W + Q \,, \tag{1.113}$$

bzw. für die Änderung der Entropie

$$\Delta S = S_{II} - S_I = \int_I^{II} \frac{1}{T} \, dU + \int_I^{II} \frac{P}{T} \, dV. \tag{1.114}$$

In Gl. (114) kann das erste bzw. zweite Integral ausgewertet werden,
wenn die Funktion $U(T, V)$ bzw. die Zustandsgleichung $P(T, V)$ bekannt ist.

Wir unterscheiden drei verschiedene Wege, auf denen die Zustandsänderung $I \rightarrow II$ ausgeführt wird:

1. Die Temperatur- und Volumenänderung erfolge reversibel, d.h. so,
daß in jedem Augenblick die Temperatur der Phase örtlich konstant und
der Druck der Phase gleich dem jeweiligen Außendruck ist. Dann ist die
Phase zu einem beliebigen Zeitpunkt homogen, und die Arbeit, die an
(oder von) der Phase geleistet wird, besteht nur in reversibler Volumenarbeit. Folglich gelten die Gln. (107) und (111) in jedem Augenblick. Wir
erhalten also, wenn wir diesen reversiblen Fall durch den Index $_{rev}$
kennzeichnen:

$$T \, dS = dQ_{rev} \tag{1.115}$$

für eine infinitesimale reversible Zustandsänderung und

$$\Delta S = \int_I^{II} \frac{dQ_{rev}}{T} \tag{1.116}$$

für eine endliche reversible Zustandsänderung. Erfolgt die betrachtete
Zustandsänderung außerdem isotherm ($T = $ const), so finden wir:

$$\Delta S = \frac{Q_{rev}}{T}. \tag{1.117}$$

Die Gleichungen (115) bis (117) spielen in der traditionellen Formulierung des Zweiten Hauptsatzes, auch für allgemeinere Fälle, eine große
Rolle (§ 22).

Als Beispiel betrachten wir die isotherme und reversible Ausdehnung
eines idealen Gases vom Volumen V_I auf das Volumen V_{II}. Wenn wir

die Beziehung (136) $T = T^*$ vorwegnehmen, ergibt sich aus Gl. (3) für
ein ideales Gas bei isothermer Volumenänderung:

$$\int_{\mathrm{I}}^{\mathrm{II}} P\, dV = n\, R\, T \ln \frac{V_{\mathrm{II}}}{V_{\mathrm{I}}} \quad (T = \text{const}). \tag{1.118}$$

Wenn wir ferner die Beziehung (151a) in § 14 als bekannt voraussetzen,
folgt für die isotherme Volumenänderung eines idealen Gases weiterhin:

$$U = \text{const} \quad (T = \text{const}). \tag{1.119}$$

Da bei reversibler Volumenarbeit Gl. (111) erfüllt ist, erhalten wir
schließlich für die isotherme und reversible Ausdehnung eines idealen
Gases mit Gl. (118) und (119):

$$Q_{\mathrm{rev}} = n\, R\, T \ln \frac{V_{\mathrm{II}}}{V_{\mathrm{I}}},$$

woraus wir mit Gl. (117) ableiten:

$$\varDelta S = n\, R \ln \frac{V_{\mathrm{II}}}{V_{\mathrm{I}}}. \tag{1.120}$$

2. Die Temperatur- und Volumenänderung werde durch Stromfluß,
Reibungsvorgänge oder andere „dissipative Effekte" herbeigeführt, jedoch unter der (experimentell annähernd realisierbaren) Bedingung, daß
die Phase in jedem Augenblick homogen bleibt, d.h. die Temperatur und
der Druck örtlich konstant sind, obwohl sie sich im Laufe der Zeit ändern.
Dann ist zwar Gl. (107) noch zu jedem Zeitpunkt erfüllt, aber Gl. (111)
gilt nicht mehr und ist durch die allgemeinere Gl. (112) zu ersetzen. Bezeichnen wir die mit den dissipativen Effekten zusammenhängende Arbeit mit W_{irrev} (vgl. § 10), so leiten wir mit

$$d\,W = -P\, d\,V + d\,W_{\mathrm{irrev}} \tag{1.121}$$

aus Gl. (107) und Gl. (112) ab:

$$T\, d\,S = dQ + d\,W_{\mathrm{irrev}}. \tag{1.122}$$

Diesen Fall macht die „Thermodynamik der irreversiblen Prozesse" zum
Gegenstand genauerer Untersuchungen (§ 19).

3. Die Temperatur- und Volumenänderung gehe ganz beliebig vor
sich, wie es etwa einer wirklichen Erwärmung mit Ausdehnung entspricht. Jetzt ist auch Gl. (107) nicht mehr für einen beliebigen Zeitpunkt gültig, da Temperatur und Druck nicht in jedem Augenblick örtlich konstant sind. Die allgemeinen Beziehungen (113) und (114) müssen
aber nach wie vor gelten, da wir vorausgesetzt haben, daß Anfangszustand (I) und Endzustand (II) durch zwei unabhängige Variable beschreibbar sind. Als besonders typisches Beispiel können wir die in § 8

beschriebene irreversible Ausdehnung eines Gases in ein Vakuum (Versuch von GAY-LUSSAC und JOULE) ansehen. Dieses Experiment, das unter den Bedingungen $W = 0$, $Q = 0$, $U = \text{const}$ verläuft, diente ursprünglich dazu, um für ideale Gase durch die Feststellung, daß keine Temperaturänderung stattfinde, die Unabhängigkeit der inneren Energie vom Volumen nachzuweisen. Wir finden mit $T = \text{const}$ für ideale Gase aus Gl. (114), (118) und (119):

$$\Delta S = n R \ln \frac{V_{\mathrm{II}}}{V_{\mathrm{I}}} .$$

Diese Gleichung ist mit Gl. (120) identisch, wie es sein muß, da die Entropieänderung des Gases nicht vom Wege der Zustandsänderung abhängt. Es gilt voraussetzungsgemäß $V_{\mathrm{II}} > V_{\mathrm{I}}$, also $\Delta S > 0$. Dieses Ergebnis ist in Übereinstimmung mit Gl. (105), da die Ausdehnung des Gases im irreversiblen Falle adiabatisch erfolgt.

Eine häufig interessierende Fragestellung betrifft den Entropieunterschied einer Phase gegebener Masse und Zusammensetzung bei zwei Temperaturen T_{I} und T_{II} unter vorgegebenem Druck (meist Atmosphärendruck). Weist die betrachtete Phase im interessierenden Temperaturbereich keine Änderung des Aggregatzustandes oder der Kristallmodifikation auf, so erhalten wir gemäß Gl. (110):

$$\Delta S = S_{\mathrm{II}} - S_{\mathrm{I}} = \int_{T_{\mathrm{I}}}^{T_{\mathrm{II}}} \frac{C_P}{T} \, dT \quad (P = \text{const}) . \qquad (1.123)$$

Liegt zwischen T_{I} und T_{II} eine „Umwandlungstemperatur" T_u (Siedepunkt, Schmelzpunkt, Sublimationspunkt oder Umwandlungspunkt für zwei Kristallmodifikationen), so zeigt die Erfahrung, daß bei der Temperatur T_u zwei Phasen (Flüssigkeit und Dampf, Kristall und Flüssigkeit, Kristall und Dampf oder zwei kristalline Phasen) miteinander im Gleichgewicht sind, deren Volumina, Enthalpien und Entropien (bezogen auf dieselbe Menge) voneinander verschieden sind. Bezeichnen wir die Enthalpiedifferenz bzw. Entropiedifferenz für eine gegebene Menge der beiden koexistenten Phasen als „Umwandlungswärme" ΔH_u bzw. „Umwandlungsentropie" ΔS_u, so gilt, wie in § 45 gezeigt wird:

$$\Delta H_u = T_u \, \Delta S_u , \qquad (1.124)$$

wobei ΔH_u bzw. ΔS_u dann positiv zu zählen ist, wenn die Enthalpie bzw. Entropie der im Temperaturintervall von T_u bis T_{II} existierenden Phase größer als diejenige derselben Menge der anderen Phase ist. Aus Gl. (123) und (124) ergibt sich schließlich:

$$\Delta S = \int_{T_{\mathrm{I}}}^{T_u} \frac{C_P}{T} \, dT + \frac{\Delta H_u}{T_u} + \int_{T_u}^{T_{\mathrm{II}}} \frac{C_P}{T} \, dT \quad (P = \text{const}) . \qquad (1.125)$$

Damit ist auch in diesem Falle die Bestimmung der Entropieänderung auf kalorimetrische Messungen zurückgeführt.

Es sei schließlich darauf hingewiesen, daß wir bisher nirgends von der Tatsache Gebrauch gemacht haben, daß C_V bzw. C_P in Gl. (109a) bzw. (110a) positiv ist. Deshalb vermieden wir es auch, bei der Diskussion der „dissipativen Effekte" von einer *Erhöhung* der Temperatur zu sprechen, wenn die innere Energie einer Phase gegebener Masse und Zusammensetzung bei thermischer Isolierung und konstantem Volumen erhöht wird. Wir werden die Aussage $C_V > 0$ bzw. $C_P > 0$ vielmehr später (§ 39) aus den Stabilitätsbedingungen ableiten.

§ 12. Näheres über die absolute Temperatur

Wir wollen zeigen, daß die in § 2 definierte „empirische Temperatur" T^* mit der in § 10 eingeführten „absoluten Temperatur" T bei geeigneter Wahl des Fixpunktes identisch ist. Zur Aufdeckung des Zusammenhangs zwischen T und T^* ist an sich jedes Experiment geeignet, das mittels der Gleichungen des Zweiten Hauptsatzes auswertbar ist[1].

Wir wählen den „Versuch von JOULE und THOMSON", der auch „Drosselversuch" genannt wird: ein Gasstrom wird langsam durch ein Drosselventil geschickt, wobei die gesamte Anordnung thermisch isoliert ist und sich im stationären Zustand befindet. Hat eine gegebene Menge des Gases auf der einen Seite des Ventils die innere Energie U_I, den Druck P_I, das Volumen V_I und auf der anderen Seite des Ventils die innere Energie U_{II}, den Druck P_{II} und das Volumen V_{II}, so gilt gemäß Gl. (113) mit $Q = 0$ und $W = P_I V_I - P_{II} V_{II}$:

$$U_I + P_I V_I = U_{II} + P_{II} V_{II},$$

oder mit $H \equiv U + PV$ [Gl. (36)]:

$$H_I = H_{II}$$

oder, wenn wir als unabhängige Variable die empirische Temperatur T^* und den Druck P wählen:

$$H(T_I^*, P_I) = H(T_{II}^*, P_{II}). \qquad (1.126)$$

Man mißt nun T_I^* und T_{II}^* mit einem Thermometer, das beliebig, z.B. nach § 2, geeicht ist. Sodann erwärmt man eine gegebene Menge des Gases unter konstantem Druck P_{II} von T_{II}^* auf T_I^* bzw. von T_I^* auf T_{II}^*, je nachdem, ob $T_I^* > T_{II}^*$ oder $T_{II}^* > T_I^*$ ist. Man erhält dann kalorimetrisch nach § 5 die Größe

$$H(T_I^*, P_{II}) - H(T_{II}^*, P_{II})$$

---

[1] Für das Folgende vgl. E. A. GUGGENHEIM, s. Fußnote 1 S. 21.

bzw.

$$H(T_{\mathrm{II}}^*, P_{\mathrm{II}}) - H(T_{\mathrm{I}}^*, P_{\mathrm{II}}),$$

die gemäß Gl. (126) gleich

$$H(T_{\mathrm{I}}^*, P_{\mathrm{II}}) - H(T_{\mathrm{I}}^*, P_{\mathrm{I}})$$

bzw. gleich dem negativen Wert dieser Größe ist. Man findet also experimentell den Ausdruck

$$H(P_{\mathrm{II}}) - H(P_{\mathrm{I}})$$

für eine vorgegebene empirische Temperatur (T_{I}^*).

Die Ergebnisse dieser Versuche zeigen: $H(P_{\mathrm{II}}) - H(P_{\mathrm{I}})$ ist bei jeder Temperatur T^* in erster Näherung der Druckdifferenz $P_{\mathrm{II}} - P_{\mathrm{I}}$ proportional:

$$H(T^*, P_{\mathrm{II}}) - H(T^*, P_{\mathrm{I}}) = \mathrm{const}\,(P_{\mathrm{II}} - P_{\mathrm{I}}). \tag{1.127}$$

Man weiß ferner aus der Erfahrung, daß die Zustandsgleichung eines Gases in erster Näherung (bis zu Drucken von einigen Atmosphären) die Form hat:

$$V = \frac{A}{P} + B^*, \tag{1.128}$$

worin A und B^* nur von der empirischen Temperatur abhängen. A ist der in § 2 schon benutzte Grenzwert von PV für $P \to 0$ und stets positiv. B^* hingegen kann sowohl positiv als auch negativ sein.

Wir verknüpfen nun die experimentellen Ergebnisse (127) und (128) miteinander mittels der Beziehungen des Zweiten Hauptsatzes, in denen die absolute Temperatur T auftritt.

Wir führen die Hilfsfunktion

$$G \equiv H - TS = U + PV - TS \tag{1.129}$$

ein, um deren physikalische Bedeutung wir uns hier nicht zu kümmern brauchen. Einsetzen von Gl. (129) in Gl. (107) ergibt:

$$dG = V\,dP - S\,dT$$

und somit

$$\left(\frac{\partial G}{\partial P}\right)_T = V, \tag{1.130}$$

$$\left(\frac{\partial G}{\partial T}\right)_P = -S. \tag{1.131}$$

Aus Gl. (130) folgt:

$$G(T, P_{\mathrm{II}}) - G(T, P_{\mathrm{I}}) = \int_{P_{\mathrm{I}}}^{P_{\mathrm{II}}} V\,dP.$$

Mit Gl. (128) finden wir:

$$G(T, P_{\mathrm{II}}) - G(T, P_{\mathrm{I}}) = A \ln \frac{P_{\mathrm{II}}}{P_{\mathrm{I}}} + B^*(P_{\mathrm{II}} - P_{\mathrm{I}}). \tag{1.132}$$

Durch Kombination von Gl. (129) und (131) erhalten wir:

$$H = G - T \left(\frac{\partial G}{\partial T}\right)_P. \tag{1.133}$$

Somit ergibt sich schließlich aus Gl. (132):

$$H(T, P_{\mathrm{II}}) - H(T, P_{\mathrm{I}}) = \left(A - T\frac{dA}{dT}\right)\ln\frac{P_{\mathrm{II}}}{P_{\mathrm{I}}} + \left(B^* - T\frac{dB^*}{dT}\right)(P_{\mathrm{II}} - P_{\mathrm{I}}). \tag{1.134}$$

Da, wie wir bereits wissen (§ 10), T nur eine Funktion von T^* ist, bedeuten die linken Seiten von Gl. (127) und Gl. (134) dasselbe. Der Vergleich der rechten Seiten zeigt, daß wir, um der Erfahrung Rechnung zu tragen, setzen müssen:

$$A - T\frac{dA}{dT} = 0$$

oder

$$A = \mathrm{const}\, T. \tag{1.135}$$

Der Vergleich mit Gl. (1) ergibt, daß die absolute Temperatur T und die empirische Temperatur T^* einander proportional sind. Legen wir die Konstante in Gl. (135) dadurch fest, daß wir dem Eispunkt den Wert $T_0 = 273{,}16$ zuordnen, so wird gemäß Gl. (1a) und (1b):

$$T = T^*, \tag{1.136}$$

und die Dimension von T ist ebenfalls [°K] oder [grad].

Die Zustandsgleichung eines realen Gases bei niedrigen Drucken lautet nun gemäß Gl. (2), (128) und (136):

$$P V = n R T + n B P, \tag{1.137}$$

worin $B \equiv B^*/n$ gesetzt wurde ($n =$ Molzahl), und die eines idealen Gases gemäß Gl. (3) und (136):

$$P V = n R T. \tag{1.138}$$

Die Gaskonstante R hat folgende Werte in den verschiedenen Einheiten (vgl. S. 21):

$$\left.\begin{aligned}R &= 8{,}31439 \text{ Joule grad}^{-1}\text{ mol}^{-1} = 1{,}98719 \text{ cal grad}^{-1}\text{ mol}^{-1}\\ &= 0{,}0820544 \text{ l atm grad}^{-1}\text{ mol}^{-1}.\end{aligned}\right\} \tag{1.139}$$

Wir können jetzt mit Gl. (107) auch die Einheit der Entropie S festlegen: TS hat die Dimension einer Energie. Demnach benutzen wir als Einheit für S: Joule grad^{-1} oder cal grad^{-1} („Clausius"). Gemäß Gl. (45b) gilt:

$$1 \text{ Clausius} = 1 \text{ cal grad}^{-1} = 4{,}1840 \text{ Joule grad}^{-1}. \tag{1.140}$$

Schließlich folgt aus $T > 0$: Die untere Grenze der absoluten Temperatur ist $T = 0$ [°K]. Diese Grenztemperatur heißt *absoluter Nullpunkt*.

§ 13. Maxwellsche Beziehungen. Zusammenhang der Molwärmen

Wir führen folgende Hilfsfunktionen ein [vgl. Gl. (129)]:

$$F \equiv U - TS, \qquad (1.141)$$

$$G \equiv H - TS. \qquad (1.142)$$

Damit erhalten wir aus Gl. (107) und Gl. (108):

$$dF = -SdT - PdV, \qquad (1.143)$$

$$dG = -SdT + VdP. \qquad (1.144)$$

Hieraus folgt:

$$\frac{\partial^2 F}{\partial T \partial V} = -\left(\frac{\partial S}{\partial V}\right)_T = \frac{\partial^2 F}{\partial V \partial T} = -\left(\frac{\partial P}{\partial T}\right)_V$$

oder

$$\left(\frac{\partial S}{\partial V}\right)_T = \left(\frac{\partial P}{\partial T}\right)_V, \qquad (1.145)$$

ferner

$$\frac{\partial^2 G}{\partial T \partial P} = -\left(\frac{\partial S}{\partial P}\right)_T = \frac{\partial^2 G}{\partial P \partial T} = \left(\frac{\partial V}{\partial T}\right)_P$$

oder

$$\left(\frac{\partial S}{\partial P}\right)_T = -\left(\frac{\partial V}{\partial T}\right)_P. \qquad (1.146)$$

Die Gln. (145) und (146) heißen „Maxwellsche Beziehungen". Sie führen
die isotherme Volumen- und Druckabhängigkeit der Entropie auf die
meßbaren Größen β und α zurück:

$$\beta \equiv \frac{1}{P}\left(\frac{\partial P}{\partial T}\right)_V, \qquad (1.147\,\text{a})$$

$$\alpha \equiv \frac{1}{V}\left(\frac{\partial V}{\partial T}\right)_P. \qquad (1.147\,\text{b})$$

β ist der (isochore) „Spannungskoeffizient" und α der (isobare) „Ausdehnungskoeffizient".

Wichtig ist in diesem Zusammenhang auch die Beziehung zwischen
α, β und der (isothermen) „Kompressibilität" χ. Es gilt:

$$\chi = -\frac{1}{V}\left(\frac{\partial V}{\partial P}\right)_T. \qquad (1.147\,\text{c})$$

Für eine Phase gegebener Masse und Zusammensetzung können wir mit
Gl. (147) schreiben:

$$dV = \alpha V dT - \chi V dP$$

oder

$$dP = \beta P dT - \frac{1}{\chi V} dV.$$

Hieraus folgt sofort:

$$\beta P = \frac{\alpha}{\chi} . \tag{1.148}$$

Es gilt weiterhin:

$$\left(\frac{\partial S}{\partial T}\right)_P = \left(\frac{\partial S}{\partial T}\right)_V + \left(\frac{\partial S}{\partial V}\right)_T \left(\frac{\partial V}{\partial T}\right)_P ,$$

woraus sich mit Gl. (109 a), (110 a), (145), (147) und (148) ergibt:

$$\frac{C_P}{T} = \frac{C_V}{T} + \alpha \beta P V = \frac{C_V}{T} + \frac{\alpha^2 V}{\chi} .$$

Vergleich dieser Beziehung mit Gl. (30 b), (33 a) und (39 b) liefert den Zusammenhang für die Molwärmen, der schon CLAUSIUS bekannt war:

$$\bar{C}_P - \bar{C}_V = \frac{\alpha^2 T \bar{V}}{\chi} . \tag{1.149}$$

Für ein ideales Gas gilt wegen Gl. (138), (147 b) und (147 c):

$$\alpha = \frac{1}{T} , \quad \chi = \frac{1}{P} .$$

Somit ergibt Gl. (149) die Formel von J. R. MAYER:

$$\bar{C}_P - \bar{C}_V = R \quad \text{(ideale Gase)} . \tag{1.150}$$

§ 14. Innere Energie bzw. Enthalpie in Abhängigkeit vom Volumen bzw. Druck

Beim GAY-LUSSAC-JOULE-Versuch (§ 8), der am kürzesten durch die Bedingung $U = $ const beschrieben wird, ist die Größe $(\partial U/\partial V)_T$ wesentlich. Sie kann mittels des Zweiten Hauptsatzes durch leicht meßbare Größen ausgedrückt werden. Aus Gl. (109) folgt:

$$\left(\frac{\partial S}{\partial V}\right)_T = \frac{1}{T} \left[P + \left(\frac{\partial U}{\partial V}\right)_T \right] .$$

Der Vergleich mit der MAXWELLschen Beziehung (145) ergibt bei Berücksichtigung von Gl. (147 a) und Gl. (148):

$$\left(\frac{\partial U}{\partial V}\right)_T = T \left(\frac{\partial P}{\partial T}\right)_V - P = \frac{\alpha T}{\chi} - P . \tag{1.151}$$

Für ideale Gase erhalten wir wegen $\alpha = 1/T$, $\chi = 1/P$ (§ 13):

$$\left(\frac{\partial U}{\partial V}\right)_T = 0 \quad \text{(ideale Gase)} , \tag{1.151 a}$$

eine Beziehung, die wir bereits in § 11 benutzt haben.

Beim JOULE-THOMSON-Versuch (§ 12), der kurz durch die Bedingung $H = $ const beschrieben wird, ist die Größe $(\partial H/\partial P)_T$ wesentlich. Sie kann ebenfalls mittels des Zweiten Hauptsatzes durch leicht meßbare Größen ausgedrückt werden. Aus Gl. (110) folgt:

$$\left(\frac{\partial S}{\partial P}\right)_T = \frac{1}{T}\left[\left(\frac{\partial H}{\partial P}\right)_T - V\right].$$

Der Vergleich mit der MAXWELLschen Beziehung (146) ergibt bei Berücksichtigung von Gl. (147b):

$$\left(\frac{\partial H}{\partial P}\right)_T = V - T\left(\frac{\partial V}{\partial T}\right)_P = V\,(1 - \alpha\,T)\,. \qquad (1.152)$$

Für ideale Gase finden wir mit $\alpha = 1/T$:

$$\left(\frac{\partial H}{\partial P}\right)_T = 0 \quad \text{(ideale Gase)}\,. \qquad (1.152\,\text{a})$$

Bei idealen Gasen hängt also die innere Energie bzw. die Enthalpie nur von der Temperatur ab.

Aus Gl. (107) folgt für eine infinitesimale Zustandsänderung einer Phase gegebener Masse und Zusammensetzung bei konstanter Entropie ($S = \text{const}$):

$$d\,U + P\,dV = 0\,.$$

Diese Beziehung können wir bei Kenntnis der Funktion $U(T,\,V)$ und der Zustandsgleichung $P(T,\,V)$ als Gleichung einer Kurve im $V(T)$-Diagramm auffassen. Eine solche Kurve heißt „Isentrope". Besteht die an oder von der Phase geleistete Arbeit nur in reversibler Kompressions- oder Dilatationsarbeit, erfolgt also die Volumenänderung reversibel und finden keine „dissipativen Effekte" statt, so stellt die betrachtete isentrope Zustandsänderung gemäß Gl. (111) gleichzeitig einen adiabatischen Vorgang ($dQ = 0$) dar. Daher wird die Isentrope auch als „Adiabate" bezeichnet, obwohl nicht jede adiabatische Zustandsänderung isentrop verläuft, wie aus Gl. (122) ersichtlich ist. Mit Gl. (109a) und (151) läßt sich die allgemeine Gleichung der Adiabaten in folgender Form schreiben:

$$C_V\,dT + T\left(\frac{\partial P}{\partial T}\right)_V dV = 0\,.$$

Für ein ideales Gas gilt gemäß Gl. (138):

$$T\left(\frac{\partial P}{\partial T}\right)_V = \frac{nRT}{V}\,.$$

Außerdem folgt aus Gl. (109a) und (151):

$$\left(\frac{\partial C_V}{\partial V}\right)_T = \frac{\partial^2 U}{\partial T\,\partial V} = \frac{\partial^2 U}{\partial V\,\partial T} = T\left(\frac{\partial^2 P}{\partial T^2}\right)_V,$$

woraus sich für ein ideales Gas mit Gl. (138) oder (151a) ergibt:

$$\left(\frac{\partial C_V}{\partial V}\right)_T = 0\,.$$

Wir erhalten also bei Berücksichtigung von Gl. (30b) und (33a) als Differentialgleichung der Adiabaten für ideale Gase:

$$\bar{C}_V\,\frac{dT}{T} + R\,\frac{d\bar{V}}{\bar{V}} = 0 \quad \text{(ideale Gase)}\,,$$

wobei die Molwärme $\bar{C}_V$ nicht vom Molvolumen $\bar{V}$, wohl aber von der Temperatur T abhängen kann [vgl. Gl. (4.75f) in § 58]. Ist $\bar{C}_V$ unabhängig von T (wie bei einatomigen Gasen stets und bei zwei- und mehratomigen Gasen für gewisse Temperaturbereiche), so ist die Integration der letzten Gleichung ohne weiteres durchführbar. Mit der Definition

$$\varkappa \equiv \frac{\bar{C}_P}{\bar{C}_V}$$

finden wir bei Beachtung von Gl. (150):

$$T\,\bar{V}^{\varkappa-1} = \text{const} \quad (\text{ideale Gase},\ \bar{C}_V = \text{const}).$$

Mit Hilfe von Gl. (138) können wir auch schreiben:

$$P\bar{V}^{\varkappa} = \text{const} \quad (\text{ideale Gase},\ \bar{C}_V = \text{const}).$$

Diese Beziehung ist als „Poissonsche Gleichung" bekannt.

§ 15. Phasen mit mehr als zwei Freiheitsgraden

Eine der wesentlichsten Erweiterungen der klassischen Thermodynamik seit der Entdeckung der Entropiefunktion durch Clausius bestand in der Anwendung des Zweiten Hauptsatzes auf die Stoffverteilung in heterogenen Systemen und auf chemische Reaktionen. Gibbs[1] und später, aber unabhängig von ihm, Planck[2] haben diese Probleme auf allgemeinste Weise gelöst. Gibbs hat zudem noch die Gleichgewichtsbedingungen für Oberflächenerscheinungen, Systeme mit anisotropen Spannungen, Systeme im Schwerefeld und elektrochemische Systeme sowie die allgemeinen Stabilitätsbedingungen abgeleitet.

Wenn wir diese komplizierten Fälle betrachten wollen, müssen wir eine Formulierung des Zweiten Hauptsatzes finden, die über die am Schluß von § 10 gegebenen Aussagen hinausgeht. Dazu haben wir zunächst zu untersuchen, wie Phasen mit mehr als zwei Freiheitsgraden beschreibbar sind.

Betrachten wir zuerst eine „geschlossene" Phase[3] ohne chemische Reaktionen, die mehr als zwei Freiheitsgrade aufweist, wie etwa eine Phase in einem starken elektrischen oder magnetischen Feld, eine „Oberflächenphase" usw. (vgl. § 3). Dieser Fall, der aus dem Rahmen der „Thermodynamik der Mischphasen" herausfällt, ist bei einer vollkommen generellen Formulierung des Zweiten Hauptsatzes zu berücksichtigen und liefert außerdem wertvolle Hinweise für die Diskussion von Phasen mit veränderlichen Massen. Im einfachsten Falle genügt zur makroskopischen Beschreibung des inneren Zustandes einer solchen Phase die

---

[1] Gibbs, J. W.: Collected Works, Volume I: Thermodynamics, New Haven 1948.

[2] Planck, M.: Vorlesungen über Thermodynamik, 10. Aufl. (durchgesehen und erweitert von M. v. Laue), Berlin 1954.

[3] Das heißt eine Phase, deren Begrenzungsflächen stoffundurchlässig sind.

Hinzunahme einer weiteren inneren Zustandsvariablen, z. B. der elektrischen oder magnetischen Feldstärke, der Oberfläche usw. Diese kann stets so gewählt werden, daß sie denselben Charakter wie das Volumen hat: Sie ist durch die experimentellen Bedingungen im Prinzip festlegbar und liefert bei Multiplikation ihres Differentials mit einem entsprechenden Koeffizienten die Arbeit, die an der betreffenden Phase bei einer infinitesimalen reversiblen Zustandsänderung geleistet wird. Eine so gewählte innere Zustandsvariable nennt man eine „Arbeitskoordinate" und den zugehörigen Koeffizienten einen „Arbeitskoeffizienten". So ist z. B. das Volumen eine Arbeitskoordinate und der negative Druck der zugehörige Arbeitskoeffizient. Bei den obengenannten Beispielen kommen als weitere Arbeitskoordinaten die elektrische Verschiebung oder magnetische Induktion, die Oberfläche usw. in Frage, wobei die entsprechenden Arbeitskoeffizienten die elektrische oder magnetische Feldstärke — genauer: das Produkt aus diesen Größen mit gewissen anderen Faktoren[1] —, die Grenzflächenspannung usw. sind. Wir können also allgemein für die an der betrachteten Phase während einer infinitesimalen reversiblen Zustandsänderung geleistete Arbeit schreiben, wenn m die Zahl der zusätzlichen Arbeitskoordinaten ist:

$$d\,W_{\text{rev}} = -P\,d\,V + \sum_{\nu=1}^{m} L_\nu\,d\,l_\nu = \sum_{\nu=0}^{m} L_\nu\,d\,l_\nu. \qquad (1.153)$$

Hierin sind das Volumen $V = l_0$ sowie die Größen $l_1,\, l_2,\, \ldots l_m$ Arbeitskoordinaten, während der negative Druck $-P = L_0$ und die Größen $L_1,\, L_2,\, \ldots L_m$ die zugehörigen Arbeitskoeffizienten sind. Kann der Spannungszustand eines festen Stoffes nicht mehr durch einen überall gleichen Druck beschrieben werden, so tritt an die Stelle der reversiblen Volumenarbeit $-P\,dV$ die reversible Deformationsarbeit für anisotrope Körper. Aber auch in diesem Falle bleibt die allgemeine Gestalt des Ausdrucks (153) erhalten[2].

---

[1] Der exakte Ausdruck für die reversible Elektrisierungs- und Magnetisierungsarbeit findet sich bei GUGGENHEIM, s. Fußnote 1 S. 21, sowie P. MAZUR u. I. PRIGOGINE: Mém. Acad. roy. Belgique, Classe Sciences, Tome **28**, Fascicule 1, Brüssel 1953. Wir brauchen für unsere Zwecke auf Einzelheiten nicht einzugehen.

[2] Die „Arbeitskoeffizienten" und „Arbeitskoordinaten" eines beliebigen thermodynamischen Systems sind nach obigem durch einen Ausdruck bestimmt, der die *Arbeit an einer einzelnen geschlossenen Phase konstanter Zusammensetzung bei einer reversiblen inneren Zustandsänderung* angibt. Wenn also z. B. innerhalb eines thermodynamischen Systems die infinitesimale Elektrizitätsmenge de eine Potentialdifferenz φ durchläuft, ohne daß elektrische Polarisation der Materie eintritt, so darf die Größe φ bzw. e nicht als Arbeitskoeffizient bzw. Arbeitskoordinate im hier erklärten Sinne betrachtet werden, obwohl die am System geleistete Arbeit $\varphi\,de$ beträgt. Es handelt sich nämlich bei diesem Beispiel entweder um irreversiblen Stromdurchgang oder um Stromtransport durch eine „galvanische Kette" (§ 23). Im ersten Falle liegen „dissipative Effekte" (§ 8) vor, die prinzipiell nicht reversibel ausführbar sind. Im zweiten Falle ist zwar ein reversibler Stromdurchgang gedanklich mög-

Betrachten wir als zweiten Fall eine geschlossene Phase, in der sich die Massen der einzelnen Stoffe durch chemische Reaktionen ändern können, die im Inneren der Phase ablaufen. Hier stehen die Änderungen der Massen (oder Molzahlen) der Reaktionspartner zueinander stets in einem bestimmten Verhältnis, das durch die Reaktionsgleichung vorgegeben ist. Wir schreiben daher für die infinitesimale Zunahme der Molzahl n_k des Stoffes k bei Ablauf einer chemischen Reaktion in einer geschlossenen Phase:

$$d\,n_k = \nu_k\,d\,\xi \quad (k = 1, 2, \ldots N).$$

Hierin ist ν_k der *stöchiometrische Koeffizient* des Stoffes k, ξ die *Reaktionslaufzahl* der betrachteten Reaktion und N die Zahl der Stoffe. Die rationale Zahl ν_k ist positiv, wenn der Bestandteil k durch die Reaktion gebildet wird, und negativ, wenn er bei der Reaktion verschwindet. Die Reaktionslaufzahl ξ gibt an, wie oft die betreffende Reaktion, von einem gegebenen Anfangszustand aus betrachtet, abgelaufen ist. Wird der Ausgangszustand z. B. durch die Bedingung

$$n_k = n_k^0 \quad (k = 1, 2, \ldots N), \; \xi = 0$$

festgelegt, dann gilt zu einem beliebigen Zeitpunkt:

$$n_k - n_k^0 = \nu_k\,\xi \quad (k = 1, 2, \ldots N).$$

Betrachten wir z. B. die Reaktion zwischen Stickstoff N_2 (Stoff 1), Wasserstoff H_2 (Stoff 2) und Ammoniak NH_3 (Stoff 3):

$$N_2 + 3\,H_2 \rightarrow 2\,NH_3.$$

Hier ist

$$\nu_1 = -1, \quad \nu_2 = -3, \quad \nu_3 = 2$$

und daher

$$n_1 = n_1^0 - \xi, \quad n_2 = n_2^0 - 3\,\xi, \quad n_3 = n_3^0 + 2\,\xi.$$

Wenn also $\xi = a$ ist, so ist die obige Reaktion a-mal abgelaufen: Es hat ein „a-facher Formelumsatz" stattgefunden. Dabei sind a Mole N_2 und $3\,a$ Mole H_2 verschwunden, und $2\,a$ Mole NH_3 haben sich gebildet.

Gibt es R chemische Reaktionen zwischen den N Bestandteilen unseres geschlossenen Systems, so schreiben wir entsprechend:

$$d\,n_k = \sum_{r=1}^{R} \nu_{kr}\,d\,\xi_r \quad (k = 1, 2, \ldots, N). \quad (1.154)$$

---

lich, aber er betrifft seinem Wesen nach mehrere offene Phasen (zwischen denen der Elektrizitätstransport stattfindet, vgl. § 23), so daß der Vorgang mit reversibler Arbeit an einer einzelnen geschlossenen Phase nichts zu tun hat. In Übereinstimmung mit diesen Feststellungen ist die Tatsache, daß in den genannten Fällen der innere Zustand jeder Phase des Systems eindeutig durch Variable wie T, V und n_i (Molzahlen der verschiedenen Teilchenarten einschließlich Ionen und Elektronen) bestimmt ist.

Hierbei ist v_{kr} der stöchiometrische Koeffizient des Stoffes k in der Reaktion r und ξ_r die Reaktionslaufzahl der Reaktion r.

Fassen wir die beiden bisher besprochenen Fälle zusammen, so können wir feststellen, daß der innere Zustand einer *geschlossenen* Phase z. B. durch die Angabe der unabhängigen Variablen T, V, l_1, l_2, ..., l_m, ξ_1, ξ_2, ..., ξ_R bestimmt ist.

Sind die Begrenzungsflächen eines Systems für Materie durchlässig, so handelt es sich um ein *offenes System*. Für eine „offene Phase" kann Gl. (154) nicht mehr zutreffen. Die Massen der einzelnen Bestandteile ändern sich nämlich hier außer durch chemische Reaktionen auch durch Stoffaustausch mit der Umgebung (z. B. mit anderen Phasen). Ist $d_a\,n_k$ die infinitesimale Zunahme der Molzahl des Stoffes k durch Zufuhr von außen, dann können wir anstelle von Gl. (154) schreiben:

$$d\,n_k = d_i\,n_k + d_a\,n_k \quad (k = 1, 2, \ldots, N) \quad (1.155)$$

mit

$$d_i\,n_k \equiv \sum_{r=1}^{R} v_{kr}\,d\,\xi_r\,. \quad\quad (1.155\,\mathrm{a})$$

Hierbei weist der Index i bzw. a auf „innen" bzw. „außen" hin.

Die allgemeinste Charakterisierung des inneren Zustandes einer einzelnen Phase verlangt demnach z. B. die Angabe der unabhängigen Variablen T, V, l_1, l_2, ..., l_m, n_1, n_2, ..., n_N[1].

Der Ausdruck (153) für die reversible Arbeit bei infinitesimalen Zustandsänderungen gilt im allgemeinen nicht für Phasen mit veränderlichen Massen; denn bei geschlossenen Phasen mit chemischen Reaktionen entspricht ein infinitesimaler reversibler Umsatz im allgemeinen einem Prozeß, der im Endlichen verläuft (§ 20), und bei offenen Phasen ist der Begriff „Arbeit" überhaupt unbestimmt (§ 16).

§ 16. Der Erste Hauptsatz bei offenen Systemen

Die Energie E als extensive Zustandsfunktion (§ 4) ist auch für ein offenes System eindeutig bestimmt. Betrachtet man z. B. eine einzelne offene Phase, deren innerer Zustand durch die Temperatur T, den Druck P

---

[1] Bei „Oberflächenphasen" hängt der innere Zustand im allgemeinen auch noch von den Zustandsvariablen der angrenzenden Phasen ab. Es genügt für unsere Zwecke, wenn wir nur den Fall „autonomer Oberflächenphasen" betrachten, bei dem der innere Zustand allein durch die Zustandsvariablen (einschließlich der Oberfläche) der betrachteten Phase bestimmt ist. Vgl. hierzu R. DEFAY u. I. PRIGOGINE: Tension superficielle et Adsorption, Lüttich 1951. — Bei „eingefrorenen Phasen" (z. B. Gläsern) ist der innere Zustand ebenfalls nicht durch die obigen Variablen bestimmt, was sich z. B. dadurch bemerkbar macht, daß das Volumen einer solchen Phase bei festen Werten von T, P, l_1, l_2, ..., l_m, n_1, n_2, ..., n_N sich im Laufe der Zeit ändern kann („Volumennachwirkung"). Man führt daher „innere Parameter" als zusätzliche Zustandsvariable ein. Vgl. Anhang 2.

und die Molzahlen n_k beschrieben wird, so kann man für die Änderung der inneren Energie U bei einer infinitesimalen Zustandsänderung ansetzen:

$$dU = \frac{\partial U}{\partial T}\, dT + \frac{\partial U}{\partial P}\, dP + \sum_k U_k\, dn_k,$$

worin U_k gemäß Gl. (20) die partielle molare innere Energie des Stoffes k bedeutet. Da diese Beziehung nur Zustandsgrößen enthält, gilt sie unabhängig davon, ob die Änderung der Molzahlen durch chemische Umsetzungen innerhalb einer geschlossenen Phase oder durch Stoffaustausch mit der Umgebung (z. B. mit anderen Phasen) zustande kommt.

Die Begriffe „Arbeit" und „Wärme" sind hingegen bei offenen Systemen unbestimmt[1]; denn sie hängen vom Weg der Zustandsänderung ab und beziehen sich auf eine Wechselwirkung zwischen System und Umgebung, die wesentlich davon beeinflußt wird, ob das System offen oder geschlossen ist. Wir sehen dies sofort ein, wenn wir an eine offene Phase denken, deren Arbeitskoordinaten ($V, l_1, l_2, \ldots, l_m$) konstant gehalten werden, während Materie durch eine stoffdurchlässige Wand hineingepreßt wird: Wir haben Kompressionsarbeit bei konstantem Volumen der betrachteten (offenen) Phase, so daß es allgemein unmöglich wird, einen eindeutigen Ausdruck für die an einer offenen Phase geleistete „Volumenarbeit" anzugeben[2]. Damit entfällt auch die Eindeutigkeit der Wärmedefinition gemäß Gl. (18).

Andererseits unterliegt es keinem Zweifel, daß man eine Größe benötigt, die den „Wärmeübergang" zwischen System und Umgebung beschreibt. Wir gehen daher folgendermaßen vor: Wir verzichten auf den Begriff der „reversiblen Arbeit" bei offenen Systemen und legen die „Wärme" durch eine neue Definition fest.

Es sei W^*_{rev} diejenige Arbeit, die geleistet würde, wenn die Änderungen der Arbeitskoordinaten ($V, l_1, l_2, \ldots, l_m$), die bei einer Zustandsänderung einer offenen Phase auftreten, reversibel und bei Konstanz aller Massen erfolgten. W_{irrev} sei die mit dissipativen Effekten zusammenhängende Arbeit (§ 10); sie ist auch bei wirklichen Zustandsänderungen in offenen Systemen bestimmt, da sie stets aus den von außen einwirkenden Ursachen (Reibungsarbeit = Reibungskraft mal Reibungsweg, elektrische Arbeit = Spannung mal Stromstärke mal Zeit usw.) berechnet werden kann. Führen wir nun die Größe $W^* = W^*_{\text{rev}} + W_{\text{irrev}}$ ein, so gilt gemäß Gl. (153) für eine einzelne Phase:

$$dW^* = dW^*_{\text{rev}} + dW_{\text{irrev}} = -P\, dV + \sum_{\nu=1}^{m} L_\nu\, dl_\nu + dW_{\text{irrev}}.$$

Man könnte zunächst daran denken, den Differentialausdruck $dE - dW^*$ als die einer offenen Phase bei einer infinitesimalen Zustandsänderung

---

[1] DEFAY, R.: Bull. Acad. roy. Belgique, Classe Sciences, **15**, 678 (1929).

[2] Das Gegenbeispiel findet sich in Abb. 3: Volumenänderung ohne Arbeit.

zugeführte „Wärme" anzusehen. Wie jedoch gewisse Überlegungen aus dem Bereich der „Thermodynamik der irreversiblen Prozesse" und auch einfache Plausibilitätsbetrachtungen (vgl. unten) zeigen, ist es zweckmäßiger, folgende Festsetzung zu benutzen[1]: Die infinitesimale Wärme dQ, die einer offenen Phase zugeführt wird, ist definiert durch die Gleichung

$$dQ \equiv dE - dW^* - \sum_{k=1}^{N} H_k\, d_a n_k,\qquad (1.156)$$

worin $d_a n_k$ dieselbe Bedeutung wie in Gl. (155) hat und H_k die partielle molare Enthalpie des Stoffes k ist. Diese Definitionsgleichung können wir mit Hilfe der vorigen Gleichung auch in expliziter Form schreiben:

$$dQ \equiv dE + P\,dV - \sum_{\nu=1}^{m} L_\nu\, dl_\nu - dW_{\mathrm{irrev}} - \sum_{k=1}^{N} H_k\, d_a n_k.\qquad (1.156\,\mathrm{a})$$

Während sämtliche Größen, die auf der rechten Seite von Gl. (156a) vorkommen, einzeln einen bestimmten Sinn (auch bei offenen Phasen) haben, ist der Differentialausdruck

$$-P\,dV + \sum_{\nu=1}^{m} L_\nu\, dl_\nu = \sum_{\nu=0}^{m} L_\nu\, dl_\nu,$$

jetzt nicht mehr als „reversible Arbeit" während der wirklichen Zustandsänderung der offenen Phase zu interpretieren.

Wir überzeugen uns nun davon, daß Gl. (156a) der notwendigen Bedingung genügt, daß sie bei geschlossenen Phasen in den klassischen Ersten Hauptsatz übergeht. Setzen wir $d_a n_k = 0$ $(k = 1, 2, \ldots, N)$, so erhalten wir in der Tat, da jetzt wieder Gl. (153) gültig ist:

$$\left.\begin{aligned} dE &= dQ - P\,dV + \sum_{\nu=1}^{m} L_\nu\, dl_\nu + dW_{\mathrm{irrev}}\\ &= dQ + dW_{\mathrm{rev}} + dW_{\mathrm{irrev}} = dQ + dW. \end{aligned}\right\}\qquad (1.156\,\mathrm{b})$$

Dies ist die klassische Beziehung (21)[2].

Betrachten wir nur Änderungen des inneren Zustandes der offenen Phase, so tritt an die Stelle der Energie E die innere Energie U, und wir erhalten aus Gl. (156a):

$$dQ \equiv dU + P\,dV - \sum_{\nu=1}^{m} L_\nu\, dl_\nu - dW_{\mathrm{irrev}} - \sum_{k=1}^{N} H_k\, d_a n_k.\qquad (1.157)$$

Für geschlossene Phasen $(d_a n_k = 0,\ k = 1, 2, \ldots, N)$ folgt hieraus:

$$\left.\begin{aligned} dU &= dQ - P\,dV + \sum_{\nu=1}^{m} L_\nu\, dl_\nu + dW_{\mathrm{irrev}} = dQ + dW_{\mathrm{rev}} + dW_{\mathrm{irrev}}\\ &= dQ - P\,dV + dW' = dQ + dW. \end{aligned}\right\}\qquad (1.157\,\mathrm{a})$$

Dies ist die klassische Beziehung (24) oder (112) [vgl. auch Gl. (25)].

---

[1] HAASE, R.: Z. Naturforsch. 8 a, 729 (1953).

[2] Arbeiten äußerer Kräfte, die bestehenden Kraftfeldern entgegenwirken oder Beschleunigungen hervorrufen, haben wir hier nicht berücksichtigt.

Bezeichnen wir mit dQ^*_{rev} die Wärme, die zuzuführen ist, wenn eine infinitesimale innere Zustandsänderung einer beliebigen Phase reversibel und bei Konstanz aller Massen (Molzahlen) erfolgt, so finden wir, da auch in diesem Falle Gl. (157) in Gl. (157a) übergeht und außerdem $dW_{\text{irrev}} = 0$ ist:

$$dQ^*_{\text{rev}} = dU + PdV - \sum_{\nu=1}^{m} L_\nu \, dl_\nu . \tag{1.157 b}$$

Die Tatsache, daß bei der Definition von dQ^*_{rev} nicht nur Stoffaustausch mit der Umgebung, sondern auch Massenänderungen durch chemische Reaktionen ausgeschlossen wurden, macht sich in Gl. (157b) nur implizit bemerkbar: U hängt nicht mehr von den Molzahlen oder Reaktionslaufzahlen, sondern z.B. nur von T, V, l_1, l_2, ..., l_m ab.

Wir wollen uns den Sinn des letzten Terms in Gl. (157) für den Fall $l_\nu = \text{const}$ ($\nu = 1, 2, ..., m$), $W_{\text{irrev}} = 0$ an Hand eines einfachen Beispiels klarmachen. Eine Phase A sei durch eine Wand C von einer infinitesimalen Menge B derselben Phase getrennt (Abb. 3). In A und B seien

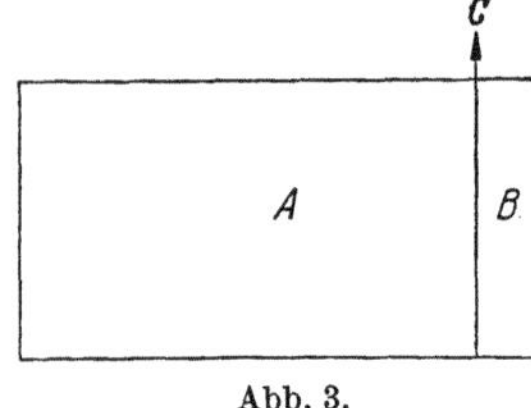

Abb. 3.

Temperatur, Druck und die Konzentrationen aller Stoffe ($1, 2, ..., N$) gleich. Wenn wir die Wand reibungsfrei entfernen, geschieht vom makroskopischen Standpunkt nichts. Gefühlsmäßig würde man daher sagen, der offenen Phase A werde bei Hinzufügen der infinitesimalen Phase B weder Arbeit noch Wärme zugeführt. Wenden wir den Ersten Hauptsatz in der für geschlossene Systeme geltenden Form (157a) auf die offene Phase A an und setzen gleichzeitig $dQ = 0$, $dW = 0$, so ergibt sich das unsinnige Resultat $dU = 0$.[1] Verzichten wir hingegen auf den Begriff „Volumenarbeit" bei offenen Systemen und benutzen die Wärmedefinition gemäß Gl. (157), so finden wir für die infinitesimale Zustandsänderung in der offenen Phase, hervorgerufen durch Hinzufügen einer infinitesimalen Masse:

$$dQ = dU + PdV - \sum_{k=1}^{N} H_k \, d_a n_k .$$

Nun gilt bei konstanter Temperatur und konstantem Druck gemäß Gl. (20), (33b) und (42):

$$dU + PdV = \sum_{k=1}^{N} U_k \, d_a n_k + P \sum_{k=1}^{N} V_k \, d_a n_k = \sum_{k=1}^{N} H_k \, d_a n_k ,$$

worin U_k bzw. V_k die partielle molare innere Energie bzw. das partielle Molvolumen des Stoffes k ist. Somit erhalten wir das einleuchtende Resultat

$$dQ = 0 .$$

---

[1] Ohne alle Annahmen würde aus Gl. (157a) folgen: $dW = -PdV$. Mit $dQ = 0$ allein würde sich ergeben: $dU = dW = -PdV$. Beide Ergebnisse sind ebenfalls unsinnig.

Es sei erwähnt, daß die Definition (156) bzw. (157) auch vom kinetischen Standpunkt aus vernünftig ist[1]: Die so definierte „Wärme" bedeutet die in das System transportierte kinetische Energie der mikroskopischen Molekularbewegungen. Es ist bei dieser Deutung auch verständlich, warum andere Definitionen im Prinzip möglich sind: Man kann die mit der Materie in das System transportierte mikroskopische potentielle Energie gegebenenfalls zur „Wärme" rechnen. Auch die Mehrdeutigkeit der „Volumenarbeit" ist nun verständlich: die „Arbeit gegen molekulare Kraftfelder" (S. 16) ist nicht eindeutig, wenn Molekeln in das System eintreten oder es verlassen können.

§ 17. Der Zweite Hauptsatz in komplizierteren Fällen

Wir wollen jetzt den Zweiten Hauptsatz für kompliziertere Systeme formulieren. Zunächst schließen wir chemische Reaktionen und Stoffübergänge zwischen den Phasen innerhalb des Systems aus. Wir betrachten also ein System, dessen einzelne Phasen geschlossene homogene Körper ohne chemische Veränderungen sind.

Gemäß Gl. (157b) lautet die Bedingung für eine infinitesimale *adiabatisch-reversible* Änderung des inneren Zustands einer geschlossenen Phase ohne chemische Reaktionen [vgl. Gl. (81)]:

$$dU + PdV - \sum_{\nu=1}^{m} L_\nu \, dl_\nu = dU - \sum_{\nu=0}^{m} L_\nu \, dl_\nu = 0 \tag{1.158}$$

(adiabatisch-reversible Zustandsänderungen),

wobei U als Funktion von T, l_0, l_1, l_2, ... angesehen werden kann.

Ein Ausdruck der Form

$$dU + PdV - (L_1 dl_1 + L_2 dl_2 + \cdots + L_m dl_m) = dU - L_0 dl_0$$
$$- L_1 dl_1 - L_2 dl_2 \cdots - L_m dl_m = \frac{\partial U}{\partial T} dT + \left(\frac{\partial U}{\partial l_0} - L_0\right) dl_0 \tag{1.159}$$
$$+ \left(\frac{\partial U}{\partial l_1} - L_1\right) dl_1 + \left(\frac{\partial U}{\partial l_2} - L_2\right) dl_2 \cdots + \left(\frac{\partial U}{\partial l_m} - L_m\right) dl_m$$

heißt „PFAFFscher Differentialausdruck".

Es ist zunächst klar, daß es sich in (159) um ein unvollständiges Differential handelt. Während sich aber für einen PFAFFschen Ausdruck mit zwei Veränderlichen stets ein integrierender Nenner finden läßt (vgl. § 10), bedarf die Frage nach der Existenz eines integrierenden Nenners bei einem solchen Ausdruck mit mehr als zwei Variablen einer näheren Untersuchung. Es läßt sich mathematisch zeigen[2-4], daß die Be-

---

[1] TOLHOEK, H. A. u. S. R. DE GROOT: Physica 18, 780 (1952).

[2] CARATHÉODORY, C.: s. Fußnote 1 S. 3.

[3] BORN, M.: s. Fußnote 2 S. 32.

[4] LANDÉ, A.: Zur axiomatischen Begründung der Thermodynamik durch CARATHÉODORY: Handbuch d. Physik, Bd. 9, Berlin: Springer 1926, S. 281.

dingung für die Existenz eines integrierenden Nenners für den Differentialausdruck (159) lautet: Es gibt in beliebiger Nähe jedes Punktes im
$(m + 2)$-dimensionalen Zustandsraum Punkte, die vom betrachteten Punkt
aus unerreichbar sind auf Wegen, die der Bedingung (158) genügen. Diese
mathematische Bedingung für die Existenz eines integrierenden Nenners
ist gemäß Gl. (158) der folgenden physikalischen Bedingung äquivalent:
„In beliebiger Nähe jedes Zustandes eines Systems gibt es Zustände,
die vom betrachteten Zustande aus auf adiabatisch-reversiblem Wege
unerreichbar sind.‟

Die letztgenannte Bedingung ist aber eine Folge des Prinzips von
CARATHÉODORY (§ 9): „In beliebiger Nähe jedes Zustandes eines Systems
gibt es Nachbarzustände, die vom ersten Zustande aus nicht auf adiabatischem Wege erreichbar sind.‟ Dieses Prinzip wiederum ist eine Konsequenz des allgemeineren „Prinzips der Irreversibilität‟ (§ 9), das wir bei
unserer Darstellung als empirischen Satz an die Spitze gestellt haben.
Betrachten wir nämlich z.B. einen homogenen Körper gegebener Masse
und Zusammensetzung. Dann ist es unmöglich, auf adiabatischem Wege
einen Zustand zu erreichen, der bei Konstanz aller Arbeitskoordinaten
$(V, l_1, l_2, \ldots, l_m)$ eine geringere innere Energie hat; denn ein Prozeß, der
eine solche Zustandsänderung herbeiführen würde, wäre die vollständige
Umkehrung eines natürlichen Prozesses, z.B. eines Reibungsvorgangs,
und ist somit nach dem „Prinzip der Irreversibilität‟ unmöglich.

Aus dem Prinzip der Irreversibilität folgt also die Existenz eines integrierenden Nenners für den Differentialausdruck (159). Da sich dieses
Differential für konstante Werte von $l_1, l_2, \ldots$ auf den Ausdruck $dU + PdV$
reduziert und für diesen durch die Betrachtungen in § 10 und § 12 der
integrierende Nenner als die absolute Temperatur T festgelegt worden
ist, ist T auch ganz allgemein integrierender Nenner für den PFAFFschen
Differentialausdruck (159). Es gibt also für jede Phase α der betrachteten
Art eine Zustandsfunktion $S^\alpha(U^\alpha, V^\alpha, l_1^\alpha, l_2^\alpha, \ldots, l_m^\alpha)$, deren Differential
gegeben ist durch

$$T^\alpha dS^\alpha = dU^\alpha + P^\alpha dV^\alpha - \sum_{\nu=1}^{m} L_\nu^\alpha dl_\nu^\alpha = dU^\alpha - \sum_{\nu=0}^{m} L_\nu^\alpha dl_\nu^\alpha. \qquad (1.160)$$

Die Zustandsfunktion S^α nennen wir die „Entropie‟ der Phase α. Damit
haben wir mit Hilfe des „Prinzips der Irreversibilität‟ die Existenz der
Entropiefunktion für den vorliegenden Fall bewiesen.

Wir bezeichnen vereinbarungsgemäß wiederum die Summe

$$S \equiv \sum_\alpha S^\alpha \qquad (1.161)$$

als „Entropie‟ eines Systems, das aus mehreren Phasen der betrachteten
Art besteht.

Wir können nun sämtliche Arbeitskoordinaten des Systems $(V^\alpha,$
$l_1^\alpha, l_2^\alpha, \ldots)$ willkürlich ändern und damit adiabatisch-reversible Zustands-

änderungen des Systems derart herbeiführen, daß der betrachtete Endzustand sich von einem reversibel erreichten Zwischenzustand nur noch durch die Temperatur und somit die innere Energie einer einzigen Phase unterscheidet. Demnach gelten die Beziehungen (104) bis (106) auch für den vorliegenden Fall, wenn wir S durch Gl. (160) und (161) definieren.

§ 18. Allgemeine Form des Zweiten Hauptsatzes
Chemische Potentiale. Affinität

In § 10 und § 17 formulierten wir den Zweiten Hauptsatz für Systeme. die aus Phasen gegebener Masse und Zusammensetzung bestehen, d. h. aus geschlossenen homogenen Körpern, in denen keine chemischen Reaktionen ablaufen. Wir wollen jetzt den Zweiten Hauptsatz auf Systeme ausdehnen, in denen chemische Reaktionen und Stoffübergänge zwischen den einzelnen Phasen stattfinden können.

Bei dem Versuch einer Begründung des Zweiten Hauptsatzes für solche Systeme treten einige Schwierigkeiten prinzipieller Art auf, die wir im folgenden aufzeigen.

Betrachten wir eine geschlossene Phase, in der eine chemische Reaktion ablaufen kann. Der Zustand der Phase sei durch die Variablen T, V und ξ beschreibbar. Wir können zwar das Prinzip der Irreversibilität anwenden, da es sich um ein geschlossenes System handelt; aber wir sind nicht in der Lage, einen bestimmten Ausdruck für die Arbeit bei einer adiabatisch-reversiblen Zustandsänderung anzugeben und somit die Betrachtungen in § 17 direkt auf die Reaktionslaufzahl ξ als „Arbeitskoordinate" auszudehnen. Wenn man nämlich in einem System, das sich nicht im chemischen Gleichgewicht befindet, eine Reaktion reversibel ablaufen lassen will, kann man dies nur auf einem Umweg tun: Man hemmt im Ausgangszustand I (T_I, V_I, ξ_I) die Reaktion durch einen „negativen Katalysator", bringt das System durch reversible Änderung von T oder $V(\xi_I = \text{const})$ in einen zu ξ_I gehörigen Zustand des chemischen Gleichgewichtes, läßt dann die Reaktion bei „währendem Gleichgewicht" ablaufen, bis der Wert ξ_{II} erreicht ist, und überführt das System schließlich bei gehemmter Reaktion ($\xi_{II} = \text{const}$) reversibel in den Endzustand II (T_{II}, V_{II}, ξ_{II}). Da selbst bei beliebig nahe beieinanderliegenden Zuständen I und II der reversible Prozeß einen endlichen Weg durchläuft, ist es von vornherein nicht sicher, ob sich bei infinitesimalem Ablauf der Reaktion auch die „reversible Arbeit" auf einen infinitesimalen Ausdruck reduziert. Wir werden in § 20 zeigen, daß dies im allgemeinen nur bei *isothermer* Leitung des reversiblen Gedankenprozesses I → II der Fall ist. Durch diese Erkenntnisse entfallen die Grundlagen für eine direkte Verallgemeinerung der Beweisführung in § 10 und § 17.

Betrachten wir jetzt eine offene Phase. Hier sind weder das Prinzip der Irreversibilität noch die makroskopischen Begriffe „Arbeit“ und „Wärme“ eindeutig anwendbar (vgl. § 16). Es ist also im besonderen unmöglich, etwa die Massen der einzelnen Bestandteile als „Arbeitskoordinaten“ zu betrachten, für die bei „adiabatisch-reversiblen“ Zustandsänderungen bestimmte Werte vorgeschrieben werden können. Damit ist eine unmittelbare Verallgemeinerung der Gedankengänge in § 10 und § 17 auf diesen Fall ebenfalls nicht möglich. Wir dürfen insbesondere nicht von vornherein die Aussage machen, die Entropie sei eine extensive Zustandsfunktion; denn es ist an dieser Stelle noch nicht bewiesen, daß die Entropie als Funktion der Massen überhaupt existiert.

Nun beruht unsere Überzeugung von der Allgemeingültigkeit des „Prinzips der Irreversibilität“ weniger auf dem Umstand, daß die Konstruktion eines „Perpetuum mobile zweiter Art“ bisher nicht gelungen ist, als vielmehr auf der Tatsache, daß dieses Prinzip in allen Fällen zu Konsequenzen führt, die mit der Erfahrung übereinstimmen. Wenn es uns daher gelingt, unsere Aussagen so zu verallgemeinern, daß die Folgerungen ausnahmslos von der Erfahrung bestätigt werden, können wir auf eine explizite Begründung durch das „Prinzip der Irreversibilität“ verzichten.

Die angedeutete Verallgemeinerung des Zweiten Hauptsatzes besteht in folgendem Aussagenkomplex: „Es gibt für jede Phase α, in der n_1^α, n_2^α, ..., n_N^α die Molzahlen der Stoffe 1, 2, ..., N sind, eine Zustandsfunktion $S^\alpha(U^\alpha, V^\alpha, l_1^\alpha, l_2^\alpha, ..., l_m^\alpha, n_1^\alpha, n_2^\alpha, ..., n_N^\alpha)$, genannt die ‚Entropie‘ der Phase α, für deren Differential gilt:

$$T^\alpha d S^\alpha = d U^\alpha + P^\alpha d V^\alpha - \sum_{\nu=1}^{m} L_\nu^\alpha d l_\nu^\alpha + T^\alpha \sum_{k=1}^{N} \frac{\partial S^\alpha}{\partial n_k^\alpha} d n_k^\alpha. \qquad (1.162)$$

Definiert man die Entropie S eines beliebigen Systems durch Gl. (161), so sind wiederum die Beziehungen (104) bis (106) gültig.“ Wir sehen sofort, daß Gl. (162) für Phasen gegebener Masse und Zusammensetzung in Gl. (160) übergeht.

Von der Richtigkeit des obigen Aussagenkomplexes überzeugt man sich z. B. dadurch, daß man die im 2. Kapitel abgeleiteten Folgerungen mit der Erfahrung vergleicht: Generelle empirische Gesetze wie die „Phasenregel“ (§ 34) und andere allgemeine Befunde sind eine direkte Konsequenz des Zweiten Hauptsatzes in der genannten Form.

Es gibt aber noch eine zweite Verallgemeinerung des Zweiten Hauptsatzes, die auf ähnliche Weise — Übereinstimmung aller Folgerungen mit der Erfahrung — zu begründen ist und die besonders in der „Thermodynamik der irreversiblen Prozesse“ (§ 19) eine große Rolle spielt. Diese Generalisierung betrifft die in den Beziehungen (104) bis (106) enthaltenen Vorzeichenaussagen. Betrachten wir nämlich nicht mehr die Entropie S eines thermisch isolierten Systems, sondern diejenige irgendeines Systems, das mit der Umgebung in beliebigem Energie- und Stoffaustausch steht, so wird es zweckmäßig sein, die bei einer Zustandsänderung I → II auftretende Entropieänderung

$$\Delta S = S_{II} - S_I$$

in zwei Anteile zu zerlegen:

$$\Delta S = \Delta_a S + \Delta_i S.$$

Hierbei ist $\Delta_a S$ die Entropieänderung des Systems auf Grund des Wärme- und Stoffaustauschs mit der Außenwelt und $\Delta_i S$ die Entropieänderung des Systems infolge der Prozesse, die im Inneren des Systems ablaufen. Quantitativ legen wir die Aufspaltung dadurch fest, daß wir verlangen, daß bei thermischer Isolierung des Systems, d.h. bei Unterbindung des Wärme- und Stoffaustauschs mit der Umgebung, gelten muß: $\Delta_a S = 0$, $\Delta S = \Delta_i S$. Die explizite Rechnung (vgl. § 19) zeigt, daß eine so definierte Aufspaltung von ΔS stets möglich ist. Wir können nun die in (104) bis (106) enthaltenen Aussagen auf Zustandsänderungen im Inneren des Systems beziehen, wobei wir die Grenzen des Systems so wählen, daß alle interessierenden Vorgänge im Inneren stattfinden. Dann besteht die Verallgemeinerung der Beziehungen (104) bis (106) darin, daß wir anstelle von ΔS bei adiabatischen Zustandsänderungen die Größe $\Delta_i S$ bei beliebigen Zustandsänderungen setzen.

Von der Richtigkeit dieser Aussagen überzeugt man sich wiederum durch Vergleich der Folgerungen mit der Erfahrung. Betrachten wir z. B. eine Zustandsänderung I → II in einer einzelnen Phase gegebener Masse und Zusammensetzung, in der ,,dissipative Effekte'' auftreten können (§ 11). Dann erhalten wir durch Integration von Gl. (122):

$$\Delta S = \int_I^{II} \frac{dQ}{T} + \int_I^{II} \frac{dW_{irrev}}{T}.$$

Aus Gl. (86), die direkt aus dem ,,Prinzip der Irreversibilität'' folgt, leitet man ab, daß bei wirklichen (irreversiblen) Zustandsänderungen die Arbeit W_{irrev} stets positiv ist, während sie bei reversiblen Zustandsänderungen verschwindet. Diese Aussagen sind auch für beliebig nahe beieinander liegende Zustände gültig. Daher finden wir nach unserer obigen Aufspaltungsvorschrift:

$$\Delta_a S = \int_I^{II} \frac{dQ}{T},$$

$$\Delta_i S = \int_I^{II} \frac{dW_{irrev}}{T},$$

$$\Delta_i S = 0 \quad \text{(reversible Zustandsänderung)},$$
$$\Delta_i S > 0 \quad \text{(irreversible Zustandsänderung)},$$
$$\Delta_i S < 0 \quad \text{(unmögliche Zustandsänderung)}.$$

In diesem einfachen Falle folgen also die Vorzeichenaussagen über $\Delta_i S$ bereits aus dem „Prinzip der Irreversibilität".

Wir sind jetzt in der Lage, eine für alle Zwecke hinreichend allgemeine Formulierung des Zweiten Hauptsatzes zu geben.

Um zum Ausdruck zu bringen, daß wir nicht nur „Phasen" im engeren Sinne, d.h. makroskopisch homogene Körper, sondern z.B. auch Volumenelemente eines kontinuierlichen Systems behandeln können, sprechen wir von „Bereichen" eines Systems. Wir kennzeichnen einen Bereich α eines Systems durch die Variablen, die den inneren Zustand des Bereiches makroskopisch beschreiben. Dabei ist es zweckmäßig, als unabhängige Zustandsvariable die innere Energie U^α, das Volumen $V^\alpha = l_0^\alpha$, die zusätzlichen Arbeitskoordinaten l_1^α, l_2^α, $\ldots$, l_m^α und die Molzahlen n_1^α, n_2^α, $\ldots$, n_N^α zu wählen. Der Druck bzw. die zusätzlichen Arbeitskoeffizienten werden mit $P^\alpha = -L_0^\alpha$ bzw. L_1^α, L_2^α, $\ldots$, L_m^α bezeichnet.

Wir sprechen nun die allgemeine Form des Zweiten Hauptsatzes der Thermodynamik aus:

Es gibt bei einem beliebigen System für jeden Bereich α, dessen innerer Zustand durch die Variablen

$$U^\alpha, \; l_0^\alpha, \; l_1^\alpha, \; l_2^\alpha, \; \ldots, \; l_m^\alpha, \; n_1^\alpha, \; n_2^\alpha, \; \ldots, \; n_N^\alpha$$

beschreibbar ist, eine Zustandsfunktion

$$S^\alpha = S^\alpha\left(U^\alpha, \; l_0^\alpha, \; l_1^\alpha, \; l_2^\alpha, \; \ldots, \; l_m^\alpha, \; n_1^\alpha, \; n_2^\alpha, \; \ldots, \; n_N^\alpha\right), \qquad (1.163\,\mathrm{a})$$

genannt die „Entropie" des Bereiches, und eine Zustandsfunktion T^α, genannt die „absolute Temperatur" des Bereiches, die nur von der empirischen Temperatur des Bereiches abhängt. Für das Differential der Entropie des Bereiches gilt bei Konstanz aller Massen:

$$T^\alpha \, d S^\alpha = d\, U^\alpha - \sum_{\nu=0}^{m} L_\nu^\alpha \, d l_\nu^\alpha. \qquad (1.163\,\mathrm{b})$$

Bei einer beliebigen Zustandsänderung I → II *des Systems sind für die Entropie des gesamten Systems*

$$S \equiv \sum_\alpha S^\alpha \qquad (1.164)$$

folgende Aussagen gültig:

$$\Delta S = S_{\mathrm{II}} - S_{\mathrm{I}} = \Delta_a S + \Delta_i S, \qquad (1.165)$$

$$\Delta_i S = 0 \quad \text{(reversible Zustandsänderung)}, \qquad (1.166\,\mathrm{a})$$

$$\Delta_i S > 0 \quad \text{(irreversible Zustandsänderung)}, \qquad (1.166\,\mathrm{b})$$

$$\Delta_i S < 0 \quad \text{(unmögliche Zustandsänderung)}, \qquad (1.166\,\mathrm{c})$$

wobei die Aufspaltung in Gl. (165) durch die Forderung

$$\Delta_a S = 0 \; \text{bei thermischer Isolierung des Systems} \qquad (1.167)$$

festgelegt ist.

Die Aussagen (163a) und (163b) sind der Beziehung (162) äquivalent. Sie besagen, daß für jede Phase α bzw. für jedes Volumenelement α die Entropiefunktion S^α mit ihren Differentialquotienten existiert, wobei gilt:

$$T^\alpha \left(\frac{\partial S^\alpha}{\partial U^\alpha}\right)_{l^\alpha_\nu,\, n^\alpha_k} = 1, \quad T^\alpha \left(\frac{\partial S^\alpha}{\partial l^\alpha_\gamma}\right)_{U^\alpha,\, l^\alpha_\varkappa,\, n^\alpha_k} = - L^\alpha_\gamma$$

$$(\nu = 0, 1, 2, \ldots, m;\ k = 1, 2, \ldots, N;\ \gamma, \varkappa = 0, 1, 2, \ldots, m;\ \gamma \neq \varkappa).$$

In formaler Analogie zu den Arbeitskoeffizienten führen wir mit GIBBS folgenden Differentialquotienten ein:

$$\mu^\alpha_i \equiv - T^\alpha \left(\frac{\partial S^\alpha}{\partial n^\alpha_i}\right)_{U^\alpha,\, l^\alpha_\nu,\, n^\alpha_j} \qquad (\nu = 0, 1, 2, \ldots, m;\ i, j = 1, 2, \ldots, N;\ i \neq j).$$

$$(1.168)$$

Man bezeichnet μ^α_i als *chemisches Potential* des Stoffes i in der Phase α*. In dem (später für uns allein wichtigen) Spezialfalle, bei dem die zusätzlichen Arbeitskoordinaten l^α_1, l^α_2, $\ldots$, l^α_m von vornherein konstant sind, reduziert sich die Definitionsgleichung (168) auf den einfacheren Ausdruck:

$$\mu^\alpha_i = - T^\alpha \left(\frac{\partial S^\alpha}{\partial n^\alpha_i}\right)_{U^\alpha,\, V^\alpha,\, n^\alpha_j}. \tag{1.169}$$

Durch Eintragen von Gl. (168) in Gl. (162) finden wir:

$$T^\alpha dS^\alpha = dU^\alpha + P^\alpha dV^\alpha - \sum_{\nu=1}^{m} L^\alpha_\nu dl^\alpha_\nu - \sum_{k=1}^{N} \mu^\alpha_k dn^\alpha_k. \tag{1.170}$$

Diese wichtige Beziehung ist die endgültige Form der Verallgemeinerung von Gl. (101) und Gl. (160). Da sie mit den Aussagen (163a) und (163b) inhaltsgleich ist, können wir sie zusammen mit (164) bis (167) als generelle Formulierung des Zweiten Hauptsatzes betrachten.

Gl. (170) gilt für jede infinitesimale Zustandsänderung eines Bereiches, dessen innerer Zustand vollständig durch die genannten Variablen gekennzeichnet ist. Ist diese Bedingung nicht zu jedem Zeitpunkt der betrachteten Zustandsänderung erfüllt, so kann die integrierte Form von Gl. (170) — zusammen mit den Beziehungen (164) bis (167) — auf eine endliche Änderung I → II angewandt werden, wenn nur Anfangszustand (I) und Endzustand (II) vollständig durch die genannten Variablen beschreibbar sind. Der Gültigkeitsbereich von Gl. (170) ist also keineswegs auf reversible Zustandsänderungen beschränkt. Wir haben dies an Hand eines Spezialfalles von Gl. (170) schon in § 11 auseinandergesetzt.

Für die während einer infinitesimalen (inneren) Zustandsänderung einer Phase zugeführte Arbeit dW^α bzw. Wärme dQ^α ergibt sich nach § 16:

---

* Näheres über μ^α_i in § 21 und § 24.

1. bei reversibler Änderung und Konstanz aller Massen (Molzahlen)[1]:

$$dW^\alpha = - P^\alpha dV^\alpha + \sum_{\nu=1}^{m} L_\nu^\alpha dl_\nu^\alpha,$$

$$dQ^\alpha = dU^\alpha + P^\alpha dV^\alpha - \sum_{\nu=1}^{m} L_\nu^\alpha dl_\nu^\alpha,$$

2. bei irreversibler Änderung in einer geschlossenen Phase[2]:

$$dW^\alpha = - P^\alpha dV^\alpha + \sum_{\nu=1}^{m} L_\nu^\alpha dl_\nu^\alpha + dW_{\mathrm{irrev}}^\alpha,$$

$$dQ^\alpha = dU^\alpha + P^\alpha dV^\alpha - \sum_{\nu=1}^{m} L_\nu^\alpha dl_\nu^\alpha - dW_{\mathrm{irrev}}^\alpha,$$

3. bei beliebiger Änderung und variablen Massen:

$$dW^\alpha \text{ unbestimmt,}$$

$$dQ^\alpha = dU^\alpha + P^\alpha dV^\alpha - \sum_{\nu=1}^{m} L_\nu^\alpha dl_\nu^\alpha - dW_{\mathrm{irrev}}^\alpha - \sum_{k=1}^{N} H_k^\alpha d_a n_k^\alpha$$

(per definitionem).

Hieraus ist ersichtlich, daß man bei der Identifizierung der Terme der rechten Seite von Gl. (170) mit entsprechenden Differentialausdrücken für „Arbeit" und „Wärme" sehr vorsichtig sein muß. Wir haben daher bei der allgemeinen Formulierung des Zweiten Hauptsatzes die Begriffe „Arbeit" und „Wärme" ganz vermieden[3].

Aus Gl. (163a), (164) und (170) folgt, daß die Entropie — wie die innere Energie — eine *extensive* Funktion der *inneren* Zustandsvariablen des Systems ist. Sie hängt z. B. nicht explizit ab von der Geschwindigkeit des Systems oder einzelner Systemteile oder von den Lagekoordinaten im Gravitationsfeld oder von der Feldstärke elektrischer und magnetischer Felder, soweit diese nicht polarisierend wirken.

Die Entropie ist, wie die Energie, nur bis auf eine willkürliche additive Konstante bestimmt; denn meßbar sind stets nur Entropiedifferenzen zwischen zwei Zuständen.

---

[1] Die beiden folgenden Ausdrücke sind auch bei variablen Massen gültig, wenn es sich um eine infinitesimale Zustandsänderung bei währendem chemischen Gleichgewicht in einer geschlossenen Phase handelt (vgl. § 20).

[2] Der Fall $dW_{\mathrm{irrev}}^\alpha = 0$ bedeutet nicht notwendig eine reversible Zustandsänderung. Eine irreversible chemische Reaktion kann z.B. ablaufen, ohne daß dissipative Effekte auftreten.

[3] Die Arbeitskoordinaten und Arbeitskoeffizienten, z.B. das Volumen V und der Druck P, haben in jedem Augenblick einer Zustandsänderung einen bestimmten Sinn, ohne daß $-PdV$ die physikalische Bedeutung einer Arbeit zu haben braucht.

In der klassischen Thermodynamik interessieren in erster Linie Aussagen über die Entropie bei thermisch isolierten Systemen. Für solche Systeme erhalten wir aus Gl. (165) bis (167):

$$\Delta S = 0 \quad \text{(reversible adiabatische Zustandsänderung)}, \qquad (1.171)$$

$$\Delta S > 0 \quad \text{(irreversible adiabatische Zustandsänderung)}, \qquad (1.172)$$

$$\Delta S < 0 \quad \text{(unmögliche adiabatische Zustandsänderung)}. \qquad (1.173)$$

Diese Beziehungen bilden mit Gl. (164) und Gl. (170) die Formulierung des Zweiten Hauptsatzes, wie sie in der klassischen Thermodynamik zur allgemeinen Ableitung der Gleichgewichtsbedingungen benutzt wird (2. Kapitel). Die Aussagen in § 10 und § 17 sind hierin als Spezialfälle enthalten.

Wir betrachten nun eine einzelne Phase und lassen den Index α weg. Dann ergibt sich aus Gl. (170) für konstante Werte der zusätzlichen Arbeitskoordinaten $l_1, l_2, \ldots, l_m$, d.h. bei Vernachlässigung von Oberflächeneffekten, von Anisotropien bezüglich der Spannungen in festen Stoffen und von Änderungen polarisierender elektrischer und magnetischer Felder:

$$T\,dS = d\,U + P\,dV - \sum_{k=1}^{N} \mu_k\,d\,n_k. \qquad (1.174)$$

Diese Gleichung ist für die Thermodynamik der Mischphasen grundlegend.

Die Beziehung (174) und ihre Erweiterung für den Fall der Oberflächenphasen und der anisotropen Spannungen, d.h. Gl. (170) ohne die Terme für die Elektrisierung und Magnetisierung, gehen auf GIBBS[1] zurück. Wir bezeichnen daher Gl. (174) als *GIBBSsche Hauptgleichung* und Gl. (170) als *verallgemeinerte GIBBSsche Hauptgleichung*.

PLANCK[2] benutzt Gl. (174) implizit. Für seine Funktion (vgl. § 23)

$$\left(\frac{\partial \Phi}{\partial m_i}\right)_{T, P, m_j} \equiv \Phi_i \quad (i, j = 1, 2, \ldots, N; \quad i \neq j),$$

die heute als „PLANCKsches charakteristisches Potential" oder „partielle PLANCKsche Funktion" bezeichnet wird, gilt:

$$\Phi_i = - \frac{\mu_i}{T M_i}.$$

Hierbei ist m_i die Masse und M_i die Molmasse des Stoffes i in der betrachteten Phase[3].

---

[1] GIBBS, J. W.: s. Fußnote 1 S. 54.
[2] PLANCK, M.: s. Fußnote 2 S. 54.
[3] Das ursprüngliche „potential" von GIBBS ist die Größe μ_i/M_i.

Ist v_{kr} der stöchiometrische Koeffizient des Stoffes k in einer chemischen Reaktion r, die in der betreffenden Phase abläuft, so kann man mit DE DONDER[1] die *Affinität A_r* der Reaktion r durch folgende Gleichung einführen:

$$A_r \equiv -\sum_{k=1}^{N} v_{kr}\,\mu_k \quad (r = 1, 2, \ldots, R). \tag{1.175}$$

Hierin ist R die Zahl der in der Phase ablaufenden chemischen Reaktionen. Bei Beachtung von Gl. (155) und (155a) folgt hieraus:

$$-\sum_{k=1}^{N} \mu_k\,d\,n_k = -\sum_{k=1}^{N} \mu_k\,d_a\,n_k + \sum_{r=1}^{R} A_r\,d\,\xi_r. \tag{1.176}$$

Hierbei ist $d_a\,n_k$ die infinitesimale Zunahme der Molzahl des Stoffes k durch Zufuhr von außen (z.B. durch Stoffaustausch mit anderen Phasen) und ξ_r die Reaktionslaufzahl der Reaktion r. Die Bedeutung dieser Schreibweise wird in § 19 und § 20 klar werden.

Die Entropie S einer einzelnen Phase kann nicht nur als Funktion von U, V und n_k— wie in Gl. (174) —, sondern auch in Abhängigkeit von anderen Variablen betrachtet werden. Wählen wir z.B. T, P und n_k als unabhängige Veränderliche, so finden wir bei Berücksichtigung von Gl. (12), (110a) und (146):

$$T\,dS = T\left(\frac{\partial S}{\partial T}\right)_{P,\,n_k} dT + T\left(\frac{\partial S}{\partial P}\right)_{T,\,n_k} dP + T\sum_{k=1}^{N} \left(\frac{\partial S}{\partial n_k}\right)_{T,\,P} d\,n_k$$

$$= C_P\,dT - T\left(\frac{\partial V}{\partial T}\right)_{P,\,n_k} dP + T\sum_{k=1}^{N} S_k\,d\,n_k.$$

Hierin ist C_P die Wärmekapazität bei konstantem Druck und S_k die *partielle molare Entropie* des Stoffes k in der betrachteten Phase.

§ 19. Entropieströmung und Entropieerzeugung

Ehe wir uns endgültig dem Hauptthema, der klassischen Thermodynamik der Mischphasen, zuwenden, wollen wir noch einen Seitenblick auf einen moderneren Zweig der Thermodynamik, die „thermodynamisch-phänomenologische Theorie der irreversiblen Prozesse", werfen. Diese Theorie, die auch kurz als „Thermodynamik der irreversiblen Prozesse" bezeichnet wird, besteht aus einem thermodynamischen und einem phänomenologischen Teil. Nur der erste Teil soll uns hier beschäftigen[2].

---

[1] DE DONDER, TH.: L'Affinité (neu redigiert von P. van Rysselberghe), Paris 1936.

[2] Auch für das Verständnis der klassischen Thermodynamik sind die folgenden Betrachtungen von Wert. So wird in § 21 die physikalische Bedeutung der chemischen Potentiale besonders klar, und in § 23 werden wir die Vorzeichenaussagen über die Freie Energie und Freie Enthalpie auf befriedigendere Weise als in den traditionellen Darstellungen ableiten.

Die Grundvoraussetzung der Thermodynamik der irreversiblen Prozesse ist die Forderung, daß zu einem beliebigen Zeitpunkt während des wirklichen Ablaufs der Vorgänge der „innere Zustand" jeder Phase oder jedes Volumenelements vollständig durch Größen wie U, V, l_1, l_2, ..., l_m, n_1, n_2, ..., n_N beschrieben werden kann, so daß die verallgemeinerte GIBBSsche Hauptgleichung (170) in jedem Augenblick gilt. Dies bedeutet bei Phasen im engeren Sinne (makroskopisch homogenen Körpern), daß der betreffende Körper während des Ablaufs der betrachteten Prozesse homogen und damit im inneren Gleichgewicht bezüglich Temperatur-, Druck- und Konzentrationsausgleich bleiben muß (vgl. § 11), während das Gleichgewicht mit anderen Phasen oder das chemische Gleichgewicht nicht erreicht zu sein braucht. Offenbar kann diese Voraussetzung nur erfüllt sein, wenn der Wärme- und Stoffaustausch mit anderen Phasen oder die betreffenden chemischen Reaktionen genügend langsam vor sich gehen. Entsprechendes gilt auch für jedes Volumenelement eines kontinuierlichen Systems. Hier ist allerdings das Kriterium für die Anwendbarkeit von Gl. (170) auf einen beliebigen Zeitpunkt während des Ablaufs der Prozesse nicht mehr ohne weiteres makroskopisch feststellbar oder kontrollierbar, so daß für eine Klärung kinetische Betrachtungen von großem Wert sind[1,2].

Durch die genannte Voraussetzung ist der Problemkreis, den die Thermodynamik der irreversiblen Prozesse behandeln kann, von vornherein eingeschränkt und somit in gewissem Sinne enger als der von der klassischen Thermodynamik erfaßte Bereich. Aber innerhalb der gesteckten Grenzen vermag die Thermodynamik der irreversiblen Prozesse mehr auszusagen als die klassische Thermodynamik: Sie liefert allgemeine Beziehungen für irreversible Prozesse, die über das früher Bekannte hinausgehen.

Verfolgen wir einen wirklichen Vorgang oder — als Grenzfall desselben — einen reversiblen Prozeß in einem beliebigen System unter der oben diskutierten Voraussetzung. Dann ist die Entropie des Systems in jedem Augenblick durch Gl. (164) und Gl. (170) gegeben, und die Aussagen (165), (166a) und (166b) gelten für irgendeinen Zeitpunkt, auch für den Fall, daß die betrachteten Zustände [I und II in Gl. (165)] beliebig benachbart sind. Die Entropie sei S zur Zeit t und $S + dS$ zur Zeit $t + dt$. Dann können wir gemäß Gl. (165) für die infinitesimale Entropieänderung dS während des Zeitelements dt schreiben:

$$dS = d_a S + d_i S .$$

[1] MEIXNER, J.: Ann. Physik (5) **35**, 578 (1939); **39**, 333 (1941); **40**, 165 (1941); **41**, 409 (1942); **43**, 244, 470 (1943). – Z. physik. Chem. (B) **53**, 235 (1943). – Z. Physik **124**, 129 (1947). – Z. Naturforsch. **4a**, 594 (1949); **7a**, 553 (1952); **8a**, 69 (1953). – Kolloid-Z. **134**, 3 (1953).

[2] PRIGOGINE, I.: Physica **15**, 272 (1949).

Betrachten wir die Entropie S des Systems auf irgendeinem vorgegebenen Wege der Zustandsänderung als Funktion der Zeit t, so erhalten wir die „Entropiebilanzgleichung"

$$\frac{dS}{dt} = \frac{d_a S}{dt} + \frac{d_i S}{dt}.$$ (1.177)

Die Beziehungen (166a) und (166b) ergeben unter diesen Umständen:

$$\frac{d_i S}{dt} \geqslant 0,$$ (1.178)

wobei das Ungleichheitszeichen für den wirklichen (irreversiblen) Ablauf der Prozesse und das Gleichheitszeichen für den reversiblen Grenzfall gilt.

Der Ausdruck $d_a S/dt$ ist gemäß Gl. (167) die Änderungsgeschwindigkeit der Entropie des Systems durch Wärme- und Stoffaustausch mit der Außenwelt und heißt *Entropieströmung*. Sie kann — je nach Richtung der Wärme- und Materieströme, durch die das System mit der Umgebung in Verbindung steht — positiv oder negativ sein und verschwindet bei thermischer Isolierung des Systems. Daher kann auch die gesamte Änderungsgeschwindigkeit der Entropie des Systems, dS/dt, positiv oder negativ sein. Der Ausdruck $d_i S/dt$ ist die Änderungsgeschwindigkeit der Entropie des Systems durch irreversible Prozesse im Inneren des Systems und heißt *Entropieerzeugung*. Sie ist niemals negativ und verschwindet nur im reversiblen Grenzfall.

Wir geben nun drei Beispiele für die explizite Form der „Entropiebilanzgleichung" (177) und der Ungleichung (178). Dazu brauchen wir nur die Energiegleichung für offene Systeme, Gl. (157), und die (verallgemeinerte) GIBBSsche Hauptgleichung, Gl. (170) bzw. Gl. (174), auf jede Phase oder jedes Volumenelement des betrachteten Systems anzuwenden und Gl. (164) zu beachten.

Das erste Beispiel betrifft einen homogenen Körper, in dem irreversible Prozesse (dissipative Effekte und chemische Reaktionen) ablaufen können. Um sogleich den allgemeinsten Fall zu erfassen, lassen wir Materieaustausch mit der Umgebung zu. Das hier betrachtete System besteht also aus einer einzigen offenen Phase. Kombination von Gl. (157) und Gl. (170) mit Gl. (176) ergibt:

$$T\,dS = dQ + \sum_{k=1}^{N}(H_k - \mu_k)\,d_a n_k + \sum_{r=1}^{R} A_r\,d\xi_r + dW_{\text{irrev}}.$$ (1.179)

Für geschlossene Phasen ohne chemische Reaktionen geht Gl. (179) in Gl. (122) über. Wir können statt Gl. (179) auch schreiben:

$$dS = \frac{dQ}{T} + \sum_{k=1}^{N} S_k\,d_a n_k + \sum_{r=1}^{R}\frac{A_r}{T}\,d\xi_r + \frac{dW_{\text{irrev}}}{T},$$ (1.180)

wenn wir die Beziehung (275)

$$\mu_i = H_i - T\,S_i \tag{1.181}$$

vorwegnehmen. Wir definieren ferner die *Reaktionsgeschwindigkeit* der Reaktion r:

$$w_r \equiv \frac{d\,\xi_r}{d\,t}\,. \tag{1.182}$$

Durch Einsetzen von Gl. (182) in Gl. (180) erhält man:

$$\frac{d\,S}{d\,t} = \frac{d_a\,S}{d\,t} + \frac{d_i\,S}{d\,t}\,, \tag{1.183}$$

worin

$$\frac{d_a\,S}{d\,t} = \frac{1}{T}\frac{d\,Q}{d\,t} + \sum_{k=1}^{N} S_k \frac{d_a\,n_k}{d\,t} \tag{1.183a}$$

und

$$\frac{d_i\,S}{d\,t} = \frac{1}{T}\frac{d\,W_{\text{irrev}}}{d\,t} + \frac{1}{T}\sum_{r=1}^{R} A_r\,w_r\,. \tag{1.183b}$$

Gl. (183) ist eine „Entropiebilanzgleichung" im Sinne von Gl. (177). Die expliziten Ausdrücke für die „Entropieströmung" (183a) und die „Entropieerzeugung" (183b) sind in Übereinstimmung mit unseren allgemeinen Bemerkungen zu Gl. (177): $d_a S/dt$ enthält den „Wärmestrom" dQ/dt und die „Materieströme" $d_a n_k/dt$, die aus der Umgebung in die offene Phase fließen, und $d_i S/dt$ bezieht sich auf die irreversiblen Prozesse (dissipative Effekte und chemische Reaktionen), die im Inneren der Phase ablaufen. Bei thermischer Isolierung ($dQ/dt = 0$, $d_a n_k/dt = 0$) verschwindet die Entropieströmung $d_a S/dt$. Die besonders plausible Gestalt der Entropieströmung in Gl. (183a) hängt mit der von uns gewählten Definition der „Wärme" in Gl. (157) zusammen. Anwendung von (178) auf Gl. (183b) ergibt die Ungleichung:

$$\frac{d_i\,S}{d\,t} = \frac{1}{T}\frac{d\,W_{\text{irrev}}}{d\,t} + \frac{1}{T}\sum_{r=1}^{R} A_r\,w_r \geqq 0. \tag{1.183c}$$

Laufen keine chemischen Reaktionen ab, so reduziert sich diese Ungleichung auf die Aussage

$$\frac{d\,W_{\text{irrev}}}{d\,t} > 0,$$

wobei das Gleichheitszeichen entfällt, weil bei dissipativen Effekten ein „reversibler Grenzfall" nicht denkbar ist. Diese Vorzeichenaussage folgt auch direkt aus Gl. (86) und führt daher zu „trivialen" Resultaten, z.B. zu der Beziehung (für den Fall des Stromdurchgangs) $\varphi i > 0$ (φ = elektrische Potentialdifferenz an den Grenzen der Phase, i = elektrische Stromstärke). Die weitaus interessantere Vorzeichenaussage über chemische Reaktionen, die aus (183c) folgt, werden wir in § 20 diskutieren.

Das zweite Beispiel betrifft ein geschlossenes Zweiphasensystem, in dem irreversibler Stoff- und Wärmeaustausch zwischen den Phasen stattfinden kann, wobei Temperatur, Druck und Zusammensetzung in den beiden Phasen verschieden sind. Dissipative Effekte und chemische Reaktionen seien ausgeschlossen. Die zusätzlichen Arbeitskoordinaten $l_1, l_2, \ldots, l_m$ seien konstant. Wenn wir die erste bzw. zweite Phase durch den Index $'$ bzw. $''$ kennzeichnen, erhalten wir:

$$d n_k' = - d n_k'' \quad (k = 1, 2, \ldots, N). \tag{1.184}$$

Aus Gl. (157) folgt für unseren Fall:

$$d U' = d Q' - P' d V' + \sum_{k=1}^{N} H_k' \, d n_k', \tag{1.185 a}$$

$$d U'' = d Q'' - P'' d V'' + \sum_{k=1}^{N} H_k'' \, d n_k''. \tag{1.185 b}$$

Die der Phase $'$ bzw. $''$ zugeführte (infinitesimale) Wärme $d Q'$ bzw. $d Q''$ kann folgendermaßen aufgespalten werden:

$$d Q' = d_a Q' + d_i Q', \quad d Q'' = d_a Q'' + d_i Q''. \tag{1.186}$$

Hierbei bezieht sich der Index a bzw. i auf die von außen (aus der Umgebung des gesamten Systems) bzw. von innen (durch Wärmeübergang zwischen den beiden Phasen) der jeweils betrachteten Phase zugeführte (infinitesimale) Wärme. Offensichtlich gilt für die dem gesamten System aus der Umgebung zugeführte Wärme

$$d Q = d_a Q' + d_a Q''. \tag{1.187}$$

Da das Gesamtsystem geschlossen ist, ergibt sich aus Gl. (27) für die innere Energie U des gesamten Systems:

$$d U = d U' + d U'' = d Q - P' d V' - P'' d V''. \tag{1.188}$$

Durch Kombination der Gleichungen (185) bis (188) finden wir:

$$d_i Q' + \sum_{k=1}^{N} H_k' \, d n_k' = - \left(d_i Q'' + \sum_{k=1}^{N} H_k'' \, d n_k'' \right). \tag{1.189}$$

Diese Beziehung ist bemerkenswert, weil sie zeigt, daß für die zwischen den beiden Phasen ausgetauschten „Wärmen" die Regel „aufgenommene Wärme gleich abgegebene Wärme" im allgemeinen nicht gilt. (Die Regel ist nur erfüllt, wenn für alle Komponenten $H_k' = H_k''$ ist oder wenn der Stoffaustausch zwischen den Phasen verschwindet.) Dies hängt mit dem Umstand zusammen, daß die beiden Phasen einzeln als offene Systeme zu betrachten sind, bei denen der Begriff „Wärme" durch besondere Definition festgelegt werden muß [Gl. (157)]. Aus Gl. (174) folgt weiterhin für unseren Fall:

$$T' \, d\,S' = d\,U' + P' \, d\,V' - \sum_{k=1}^{N} \mu_k' \, d\,n_k' , \qquad (1.190\,\text{a})$$

$$T'' \, d\,S'' = d\,U'' + P'' \, d\,V'' - \sum_{k=1}^{N} \mu_k'' \, d\,n_k'' . \qquad (1.190\,\text{b})$$

Bei Berücksichtigung von Gl. (164), (184), (185), (186) und (189) ergibt sich hieraus für die Entropie S des gesamten Systems:

$$\left. \begin{aligned} d S = d\,S' + d\,S'' = \frac{d_a Q'}{T'} + \frac{d_a Q''}{T''} + \left(\frac{1}{T'} - \frac{1}{T''} \right) \left(d_i Q' + \sum_{k=1}^{N} H_k' \, d\,n_k' \right) \\ - \sum_{k=1}^{N} \left(\frac{\mu_k'}{T'} - \frac{\mu_k''}{T''} \right) d\,n_k' . \end{aligned} \right\} \quad (1.191)$$

Diese Gleichung können wir wiederum in Form einer Entropiebilanzgleichung im Sinne von Gl. (177) schreiben:

$$\frac{d S}{d t} = \frac{d_a S}{d t} + \frac{d_i S}{d t} \qquad (1.192)$$

mit

$$\frac{d_a S}{d t} = \frac{1}{T'} \frac{d_a Q'}{d t} + \frac{1}{T''} \frac{d_a Q''}{d t} \qquad (1.192\,\text{a})$$

und

$$\frac{d_i S}{d t} = \Delta\left(\frac{1}{T} \right) \left(\frac{d_i Q'}{d t} + \sum_{k=1}^{N} H_k' \frac{d\,n_k'}{d t} \right) - \sum_{k=1}^{N} \Delta\left(\frac{\mu_k}{T} \right) \frac{d\,n_k'}{d t} , \qquad (1.192\,\text{b})$$

wobei die Schreibweise $\Delta z = z' - z''$ benutzt wurde. Die Entropieströmung $d_a S/d t$ enthält hier nur die Wärmeströme aus der Umgebung ($d_a Q'/d t$ und $d_a Q''/d t$), da das gesamte System als geschlossen vorausgesetzt wurde. Die Entropieerzeugung $d_i S/d t$ bezieht sich auf die irreversiblen Prozesse (Wärme- und Stoffübergang zwischen den Phasen), die im Inneren des Systems ablaufen. Bei thermischer Isolierung ($d_a Q'/d t = 0$, $d_a Q''/d t = 0$) des gesamten Systems verschwindet wieder $d_a S/d t$, im allgemeinen aber nicht $d_i S/d t$, da diese Größe den Wärmestrom ($d_i Q'/d t$) und die Materieströme ($d\,n_k'/d t$) zwischen den beiden Phasen enthält. Anwendung von (178) auf Gl. (192b) liefert die Aussage:

$$\frac{d_i S}{d t} = \Delta\left(\frac{1}{T} \right) \left(\frac{d_i Q'}{d t} + \sum_{k=1}^{N} H_k' \frac{d\,n_k'}{d t} \right) - \sum_{k=1}^{N} \Delta\left(\frac{\mu_k}{T} \right) \frac{d\,n_k'}{d t} \geqslant 0 . \qquad (1.192\,\text{c})$$

Diese Ungleichung werden wir in § 21 näher diskutieren.

Das dritte Beispiel betrifft ein geschlossenes System aus beliebig vielen Phasen, die sich auf gemeinsamer Temperatur (T) befinden, wobei dissipative Effekte ausgeschlossen seien. In einem solchen System ist entweder der Druck — wie die Temperatur — örtlich konstant („uniformes System"), oder zwischen den einzelnen Phasen befinden sich „Ventile" (Kapillaren, Membranen usw.), die beim Übertritt der Materie zwischen zwei Gebieten verschiedenen Druckes dissipative Effekte praktisch verhindern (wie beim JOULE-THOMSON-Effekt, § 12, oder bei der „Osmose"). Die einzigen irreversiblen Prozesse, die sich im betrachteten System abspielen können, sind chemische Reaktionen und Stoffübergänge zwischen den einzelnen Phasen. Dann beträgt die dem gesamten System während einer infinitesimalen Zustandsänderung zugeführte Arbeit dW bzw. Wärme dQ [vgl. Gl. (153) und (157a)]:

$$dW = -\sum_\alpha P^\alpha dV^\alpha + \sum_\alpha \sum_\nu L_\nu^\alpha dl_\nu^\alpha,$$

$$dQ = dU - dW = \sum_\alpha dU^\alpha + \sum_\alpha P^\alpha dV^\alpha - \sum_\alpha \sum_\nu L_\nu^\alpha dl_\nu^\alpha.$$

Aus Gl. (164) und (170) folgt unter den genannten Bedingungen:

$$TdS = \sum_\alpha dU^\alpha + \sum_\alpha P^\alpha dV^\alpha - \sum_\alpha \sum_\nu L_\nu^\alpha dl_\nu^\alpha - \sum_\alpha \sum_k \mu_k^\alpha dn_k^\alpha. \qquad (1.193)$$

Hierbei weist der Summationsindex α bzw. ν bzw. k auf eine Summierung über alle Phasen bzw. alle zusätzlichen Arbeitskoordinaten bzw. alle Stoffe hin.

Aus den beiden letzten Gleichungen ergibt sich:

$$TdS = dQ - \sum_\alpha \sum_k \mu_k^\alpha dn_k^\alpha. \qquad (1.193\,\mathrm{a})$$

Die Molzahlen n_k^α der einzelnen Stoffe in den verschiedenen Phasen können sich nun entweder durch chemische Reaktionen oder durch Stoffaustausch mit Nachbarphasen ändern. Wir ordnen jeder Reaktion r nach dem Vorgang von § 15 eine „Reaktionslaufzahl" ξ_r zu, gleichgültig, ob sie sich innerhalb einer Phase („Homogenreaktion") oder zwischen mehreren Phasen („Heterogenreaktion") abspielt. Entsprechend schreiben wir jeder Reaktion r eine „Affinität" A_r zu, indem wir die Definition (175) verallgemeinern:

$$A_r \equiv -\sum_\alpha \sum_k \nu_{kr}^\alpha \mu_k^\alpha, \qquad (1.193\,\mathrm{b})$$

worin ν_{kr}^α der stöchiometrische Koeffizient des Stoffes k in der Phase α bezüglich der Reaktion r ist. Ferner beschreiben wir den Übergang des Stoffes k von der Phase α zu einer anderen Phase durch einen Koeffizienten $\nu_{k\varrho}^\alpha$ und eine „Laufzahl" ξ_ϱ, wobei der Index ϱ den ϱ-ten Stoffübergang kennzeichnet. Bedeutet z. B. der Übergang ϱ den Austausch des Stoffes 2 zwischen den Phasen ' und '', so erhalten wir: $\nu_{2\varrho}' = 1$, $\nu_{2\varrho}'' = -1$ (oder das Entsprechende mit umgekehrten Vorzeichen), während alle übrigen $v^\alpha_{k\varrho}$ verschwinden. Demnach finden wir allgemein [vgl. Gl. (154) und (155)]:

$$dn^\alpha_k = \sum_r v^\alpha_{kr}\, d\xi_r + \sum_\varrho v^\alpha_{k\varrho}\, d\xi_\varrho .\qquad (1.193\,\mathrm{c})$$

Führen wir schließlich die Größe

$$A_\varrho \equiv -\sum_\alpha \sum_k v^\alpha_{k\varrho}\, \mu^\alpha_k \qquad (1.193\,\mathrm{d})$$

als „Affinität" des Stoffübergangs ϱ ein, so ergibt sich aus Gl. (193a) bis (193d):

$$T\, dS = dQ + \sum_r A_r\, d\xi_r + \sum_\varrho A_\varrho\, d\xi_\varrho .\qquad (1.193\,\mathrm{e})$$

Diese Beziehung können wir nach dem Vorbild von Gl. (177) schreiben:

$$\frac{dS}{dt} = \frac{d_a S}{dt} + \frac{d_i S}{dt} \qquad (1.194)$$

mit

$$\frac{d_a S}{dt} = \frac{1}{T}\frac{dQ}{dt} \qquad (1.194\,\mathrm{a})$$

und

$$\frac{d_i S}{dt} = \frac{1}{T}\sum_r A_r w_r + \frac{1}{T}\sum_\varrho A_\varrho w_\varrho , \qquad (1.194\,\mathrm{b})$$

wobei

$$w_r \equiv \frac{d\xi_r}{dt}, \quad w_\varrho \equiv \frac{d\xi_\varrho}{dt}$$

gesetzt wurde. Gemäß (178) gilt:

$$\frac{d_i S}{dt} = \frac{1}{T}\sum_r A_r w_r + \frac{1}{T}\sum_\varrho A_\varrho w_\varrho \geqq 0 .\qquad (1.194\,\mathrm{c})$$

Die Beziehungen (194) bis (194c) sind die von DE DONDER[1] gegebene Formulierung des Zweiten Hauptsatzes der Thermodynamik. In den meisten Fällen setzt DE DONDER außer der Temperatur auch den Druck als örtlich konstant voraus. Daher stellt seine Formulierung den Spezialfall des Zweiten Hauptsatzes für Vorgänge in geschlossenen „uniformen Systemen" ohne dissipative Effekte dar.

Man kann schließlich unter gewissen Voraussetzungen (vgl. oben) die Beziehungen (170), (177) und (178) auch auf ein Volumenelement eines kontinuierlichen Systems anwenden, in dem sich irreversible Prozesse abspielen. Gl. (170) ist hier mit den Erhaltungssätzen für Masse, Impuls und Energie, die in Form lokaler Bilanzgleichungen geschrieben werden, zu kombinieren und führt so auf eine Entropiebilanzgleichung, die sich auf lokale Änderungen bezieht. An die Stelle der Entropieerzeugung tritt jetzt die „lokale Entropieerzeugung". Auf diese Weise lassen sich irreversible Prozesse wie viskoses Fließen, Wärmeleitung, Diffusion, Thermodiffusion, thermoelektrische Erscheinungen usw. generell behandeln.

---

[1] DE DONDER, TH.: s. Fußnote 1 S. 70.

Auf die weiteren Gedankengänge der „Thermodynamik der irreversiblen Prozesse", deren Fruchtbarkeit zum größten Teile auf dem „Reziprozitätssatz" von ONSAGER[1] beruht, kann hier nicht eingegangen werden. Wir verweisen auf die zusammenfassenden Darstellungen[2-6].

§ 20. Chemische Reaktionen. Chemisches Gleichgewicht

Wir betrachten ein geschlossenes uniformes System, in dem chemische Reaktionen ablaufen. Dissipative Effekte seien ausgeschlossen. Dann erhalten wir aus Gl. (194c) [vgl. auch Gl. (183c)]:

$$\sum_{r=1}^{R} A_r w_r \geqq 0.$$

Dies ist die Ungleichung von DE DONDER[7]. Wir wollen aus ihr etwas über die Bedeutung der „Affinität" A_r erfahren.

Beschränken wir die Diskussion zunächst auf eine einzige chemische Reaktion. Wir finden dann:

$$A w \geqq 0,$$

worin $A(T, V, \xi)$ die Affinität[8] und w die Reaktionsgeschwindigkeit der betreffenden Reaktion ist. Gemäß § 19 gilt das Ungleichheitszeichen für eine irreversible Zustandsänderung, d.h. für den wirklichen Ablauf der Reaktion, und das Gleichheitszeichen für eine reversible Zustandsänderung. Diese ist hier entweder eine Änderung der „physikalischen Variablen", z.B. T und V, bei gehemmter Reaktion, d.h. bei konstantem ξ, oder eine (gedachte) Reaktion bei „während dem Gleichgewicht". Eine Änderung von T und V bei $\xi = $ const ist deshalb in unserem Falle reversibel, weil inneres Gleichgewicht des Systems bezüglich Temperatur- und Druckausgleich schon vorausgesetzt und dissipative Effekte oben ausgeschlossen wurden. Eine Umsetzung bei während dem Gleichgewicht schließlich ist deshalb reversibel, weil sie durch eine stetige Folge von Zuständen des chemischen Gleichgewichts führt.

Bei irreversiblem Ablauf der Reaktion gilt also:

$$w \neq 0, \quad A \neq 0, \quad A w > 0.$$

[1] ONSAGER, L.: Physic. Rev. **37**, 405 (1931); **38**, 2265 (1931).

[2] MEIXNER, J.: s. Fußnote 1 S. 71.

[3] PRIGOGINE, I.: Étude thermodynamique des Phénomènes irréversibles, Paris u. Lüttich 1947.

[4] DE GROOT, S. R.: Thermodynamics of Irreversible Processes, Amsterdam 1951.

[5] DENBIGH, K. G.: The Thermodynamics of the Steady State, London u. New York 1951.

[6] HAASE, R.: Ergebn. exakt. Naturwiss. **26**, 56 (1952).

[7] DE DONDER, TH.: s. Fußnote 1 S. 70.

[8] Sind die zusätzlichen Arbeitskoeffizienten konstant, so hängt A in uniformen Systemen nur von T, V und ξ oder T, P und ξ usw. ab.

A und w haben demnach stets dasselbe Vorzeichen, wenn die Reaktion wirklich abläuft. A hat für einen gegebenen Zustand des Systems, d.h. für gegebene Werte von T, V und ξ, immer denselben Wert, gleichgültig, wie dieser Zustand erreicht wurde. Wir erhalten daher für jeden Zustand, der nicht dem chemischen Gleichgewicht entspricht, die Beziehung

$$A \neq 0,$$

unabhängig davon, ob dieser Zustand im Laufe einer irreversiblen Umsetzung ($w \neq 0$) oder durch eine reversible Änderung von T und V bei gehemmter Reaktion ($w = 0$) erreicht wurde.

Andererseits muß nach obigem für eine (gedachte) chemische Reaktion bei während dem Gleichgewicht[1]

$$w \neq 0, \quad A\,w = 0$$

und somit

$$A = 0 \qquad (1.195)$$

gelten. Da für jeden Zustand außerhalb des chemischen Gleichgewichtes $A \neq 0$ ist, stellt Gl. (195) offensichtlich das Kriterium für das chemische Gleichgewicht dar. Im wirklichen chemischen Gleichgewicht verschwindet nun auch die Reaktionsgeschwindigkeit w, so daß wir für diesen Fall finden:

$$w = 0, \quad A = 0.$$

Insgesamt erhalten wir demnach folgendes Schema, aus dem wir die Bedeutung der Affinität A erkennen:

$$w = 0, A = 0 \quad \text{(chemisches Gleichgewicht),} \qquad (1.196\,\text{a})$$

$$w \neq 0, A = 0 \quad \text{(gedachter chemischer Umsatz bei während dem}$$
$$\text{Gleichgewicht),} \qquad (1.196\,\text{b})$$

$$w = 0, A \neq 0 \quad \text{(gehemmte Reaktion),} \qquad (1.196\,\text{c})$$

$$w \neq 0, A \neq 0, A\,w > 0 \quad \text{(wirklicher Ablauf der Reaktion).} \qquad (1.196\,\text{d})$$

Für unsere weiteren Betrachtungen ist nur die Gleichgewichtsbedingung (195) wichtig. Sie kann mit Hilfe von Gl. (193b) auch in folgender Form geschrieben werden[2]:

$$\sum_{\alpha} \sum_{k=1}^{N} v_k^{\alpha} \mu_k^{\alpha} = 0. \qquad (1.197)$$

---

[1] Strenggenommen kann ein chemischer Umsatz bei während dem Gleichgewicht nur „unendlich langsam" erfolgen. Der obige Fall ist also nur ein Gedankenprozeß.

[2] Wie später (§ 32) bewiesen wird, sind die μ_k^{α} bei Gleichgewicht in allen Phasen gleich. Ferner können die Reaktionen stets so formuliert werden, daß ein Stoff nur in einer einzigen Phase an der betreffenden chemischen Umsetzung teilnimmt. Daher entfallen in Gl. (197) und (200b) die Phasenindices und die Summation über alle Phasen.

Hieraus erhellt schon teilweise die zentrale Rolle der chemischen Potentiale in der Thermodynamik der Mischphasen.

Am Beispiel der Homogenreaktion

$$N_2 + 3\,H_2 \rightarrow 2\,NH_3 \qquad (1.198)$$

sehen wir, wie einfach die Formulierung der allgemeinen Gleichgewichtsbedingung (195) bzw. (197) ist. Wir erhalten:

$$-A = \mu_{N_2} + 3\,\mu_{H_2} - 2\,\mu_{NH_3} = 0$$

oder

$$\mu_{N_2} + 3\,\mu_{H_2} = 2\,\mu_{NH_3}. \qquad (1.199)$$

Auf entsprechende Weise zeigt man, daß für beliebig viele chemische Reaktionen $(1, 2, \ldots, R)$ gilt:

$$A_r = 0 \quad (\text{chemisches Gleichgewicht}; \ r = 1, 2, \ldots, R) \qquad (1.200\,\text{a})$$

oder mit Gl. (193b):

$$\sum_{\alpha} \sum_{k=1}^{N} v_{kr}^{\alpha}\,\mu_k^{\alpha} = 0 \quad (\text{chemisches Gleichgewicht}; \ r = 1, 2, \ldots, R). \qquad (1.200\,\text{b})$$

Die obigen Gedankengänge und die Gleichgewichtsbedingung (200a) gehen auf DE DONDER[1] zurück[2]. Die ältere Gleichung (200b) stammt von GIBBS[3].

Wie mehrfach betont, gelten die Überlegungen nur für solche wirklichen Vorgänge, bei denen innerhalb des Systems Gleichgewicht bezüglich Temperatur-, Druck- und Konzentrationsausgleich herrscht, obwohl das chemische Gleichgewicht nicht erreicht zu sein braucht. Man könnte also die Allgemeingültigkeit der DE DONDERschen Methode der Ableitung der Gleichgewichtsbedingungen bezweifeln. Um alle Bedenken zu zerstreuen, werden wir im 2. Kapitel (§ 32) die Gleichgewichtsbedingungen (200) noch einmal nach der strengen Methode von GIBBS herleiten.

Wir wollen schließlich noch den Ausdruck für die reversible Arbeit bei einer chemischen Reaktion näher untersuchen[4].

Der zu Beginn von § 18 geschilderte gedankliche „Umweg" für die reversible Durchführung einer chemischen Reaktion in einer geschlossenen Phase sei auf ein beliebiges geschlossenes uniformes System[5] erweitert. Der Umweg besteht aus Zustandsänderungen, für die entweder

---

[1] DE DONDER, TH.: s. Fußnote 1 S. 70.

[2] PRIGOGINE, I. u. R. DEFAY: Chemical Thermodynamics (übersetzt und revidiert von D. H. Everett), London 1954.

[3] GIBBS, J. W.: s. Fußnote 1 S. 54.

[4] DEFAY, R. u. I. PRIGOGINE: Bull. Acad. roy. Belgique, Classe Sciences, **28**, 222 (1947).

[5] Bei konstanten zusätzlichen Arbeitskoordinaten.

$\xi = \text{const}$ (gehemmte Reaktion) oder $A = 0$ (währendes Gleichgewicht) gilt. Nun ergibt sich aus Gl. (193), (193b) und (193c) für eine beliebige infinitesimale Zustandsänderung im vorliegenden Falle:

$$T\,dS = dU + P\,dV + A\,d\xi. \qquad (1.201)$$

Somit finden wir für jedes Wegelement des betrachteten reversiblen Umwegs:

$$T\,dS = dU + P\,dV. \qquad (1.201\,\text{a})$$

Da bei der gesamten Zustandsänderung

$$\mathrm{I}\,(T_{\mathrm{I}},\,V_{\mathrm{I}},\,\xi_{\mathrm{I}}) \to \mathrm{II}\,(T_{\mathrm{II}},\,V_{\mathrm{II}},\,\xi_{\mathrm{II}})$$

offensichtlich keine andere Arbeit als reversible Volumenarbeit geleistet wird, gilt für die Arbeit während des reversiblen Gedankenprozesses:

$$W_{\mathrm{rev}} = -\int_{\mathrm{I}}^{\mathrm{II}} P\,dV = \int_{\mathrm{I}}^{\mathrm{II}} (dU - T\,dS), \qquad (1.202)$$

wobei die Integration entlang dem Umweg zu erstrecken ist. Solange T und V variabel sind, ist der Umweg und damit das Integral nicht eindeutig. Dies ist auch daraus ersichtlich, daß der Ausdruck $-P\,dV = dU - T\,dS$ im allgemeinen kein vollständiges Differential darstellt. Also folgt auch bei beliebiger Nachbarschaft von I und II nicht notwendig, daß sich W_{rev} auf einen Differentialausdruck reduziert. Nur wenn I und II selbst Gleichgewichtszustände darstellen, d.h. die Zustandsänderung I → II insgesamt bei *währendem Gleichgewicht* vor sich geht, resultiert aus dem Aneinanderrücken der Zustände I und II eine entsprechende Verkürzung des Integrationsweges, so daß hier bei infinitesimalem Umsatz die reversible Arbeit durch den Differentialausdruck

$$d\,W_{\mathrm{rev}} = -P\,dV$$

gegeben ist.

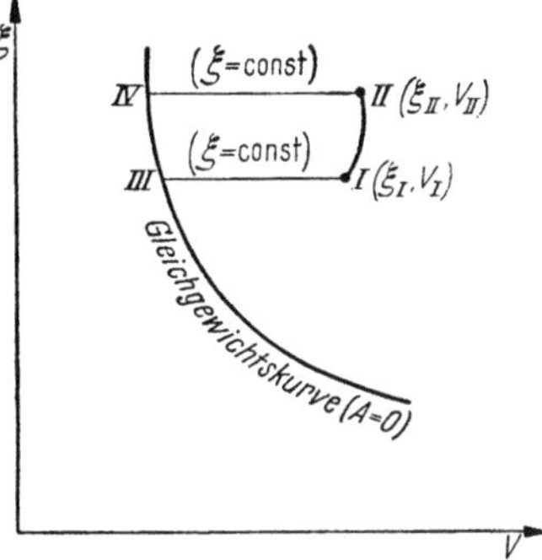

Abb. 4. Isothermes $\xi(V)$-Diagramm

Betrachten wir jetzt den Spezialfall einer *isothermen* Zustandsänderung I $(V_{\mathrm{I}},\,\xi_{\mathrm{I}}) \to$ II $(V_{\mathrm{II}},\,\xi_{\mathrm{II}})$. In Abb. 4 ist der reversible Umweg für vorgegebene Temperatur durch den Kurvenzug I−III−IV−II dargestellt. Für $T = \text{const}$ wird der Ausdruck

$$dU - T\,dS = d\,(U - TS)$$

ein vollständiges Differential, nämlich das Differential der Zustandsfunktion [vgl. Gl. (141)]

$$F = U - TS.$$

Wir erhalten also mit Gl. (202):

$$W_{\mathrm{rev}} = F_{\mathrm{II}} - F_{\mathrm{I}}\,. \qquad (1.202\,\mathrm{a})$$

Jetzt ist die reversible Arbeit W_{rev} eindeutig, da sie nur vom Anfangs- (I) und Endzustand (II) abhängt, die bei derselben Temperatur liegen. Lassen wir nun die Zustände I und II beliebig nahe aneinander rücken, so verläuft der „reversible Umweg" immer noch im Endlichen, da der Abstand der Zustandspunkte I $(\xi_{\mathrm{I}}, V_{\mathrm{I}})$ und II $(\xi_{\mathrm{II}}, V_{\mathrm{II}})$ von den entsprechenden Punkten (III und IV) auf der Gleichgewichtskurve endlich bleibt (s. Abb. 4). Wegen Gl. (202a) wird aber in diesem Falle die reversible Arbeit das Differential der Zustandsfunktion $F(T, V, \xi)$ für gegebene Temperatur und somit selbst eine infinitesimale Größe[1]:

$$d W_{\mathrm{rev}} = dF = \left(\frac{\partial F}{\partial V}\right)_{T,\,\xi} d V + \left(\frac{\partial F}{\partial \xi}\right)_{T,\,V} d \xi\,.$$

Aus Gl. (201) folgt mit $F = U - TS$:

$$\left(\frac{\partial F}{\partial V}\right)_{T,\,\xi} = -P, \quad \left(\frac{\partial F}{\partial \xi}\right)_{T,\,V} = -A\,.$$

Demnach finden wir schließlich:

$$d W_{\mathrm{rev}} = -P d V - A d \xi\,. \qquad (1.203)$$

Dieser Ausdruck darf nicht über die Tatsache hinwegtäuschen, daß der isotherme und reversible Prozeß, auf den sich $d W_{\mathrm{rev}}$ bezieht, im Endlichen verläuft. Soll der gesamte Vorgang infinitesimal sein, so ist dies nur bei während dem Gleichgewicht $(A = 0)$ möglich (Zusammenfallen der Kurve I—II mit der Kurve III—IV), und dann reduziert sich Gl. (203) auf die Beziehung

$$d W_{\mathrm{rev}} = -P d V,$$

die wir bereits oben für den allgemeinen Fall gefunden haben.

Unter der Voraussetzung, daß nur reversible Volumenarbeit geleistet wird, ist auch bei wirklichem (irreversiblem) Ablauf einer chemischen Reaktion die Arbeit bei einer infinitesimalen Zustandsänderung durch den Ausdruck

$$d W = -P d V$$

gegeben.

Aus diesen Ausführungen geht wohl zur Genüge hervor, daß der manchmal benutzte Name „chemische Arbeit" für $A d\xi$ nicht sehr glücklich ist.

---

[1] Man darf aus $dF = d(U - TS) = -P d V$ [Gl. (201a)] nicht auf einen Widerspruch mit Gl. (203) schließen; denn das Differentiationszeichen in (201a) und (202) bezieht sich auf ein infinitesimales Stück des reversiblen Integrationsweges, während dF in der folgenden Gleichung die Abkürzung von $F(V + d V, \xi + d\xi) - F(V, \xi)$ darstellt.

§ 21. Wärme- und Stoffaustausch. Heterogenes Gleichgewicht

Wir betrachten ein geschlossenes Zweiphasensystem, in dem Wärme- und Stoffaustausch zwischen den Phasen stattfinden kann. Dissipative Effekte und chemische Reaktionen seien ausgeschlossen. Dann erhalten wir aus Gl. (192c):

$$\left(\frac{1}{T'} - \frac{1}{T''}\right)\left(\frac{d_i Q'}{dt} + \sum_{k=1}^{N} H_k' \frac{d n_k'}{dt}\right) + \sum_{k=1}^{N}\left(\frac{\mu_k''}{T''} - \frac{\mu_k'}{T'}\right)\frac{d n_k'}{dt} \geqq 0 . \quad (1.204)$$

Das Ungleichheitszeichen gilt für den wirklichen (irreversiblen) Ablauf der Prozesse und das Gleichheitszeichen für den reversiblen Grenzfall.

Denken wir uns zunächst den Stoffaustausch gehemmt ($d n_k'/dt = 0$). Dann folgt aus Gl. (204):

$$\left(\frac{1}{T'} - \frac{1}{T''}\right)\frac{d_i Q'}{dt} \geqq 0 .$$

Bei wirklichem Wärmeaustausch hat also der Wärmestrom in die Phase $'$ dasselbe Vorzeichen wie die Temperaturdifferenz $T''-T'$. Gleichgewicht zwischen den Phasen ist erreicht, wenn gilt:

$$\frac{d_i Q'}{dt} = 0, \quad T' = T'' .$$

Denken wir uns nun beide Phasen auf gleicher Temperatur und den Materieaustausch bezüglich aller Komponenten mit Ausnahme eines einzigen Stoffes (i) gehemmt. Dann ergibt sich aus Gl. (204):

$$(\mu_i'' - \mu_i')\frac{d n_i'}{dt} \geqq 0 .$$

Wir haben also bei wirklichem Stoffaustausch bezüglich der Komponente i:

$$(\mu_i'' - \mu_i')\frac{d n_i'}{dt} > 0 \quad (1.205)$$

und bei Gleichgewicht in bezug auf den Bestandteil i:

$$\frac{d n_i'}{dt} = 0, \quad \mu_i' = \mu_i'' . \quad (1.206)$$

Schließlich finden wir ganz allgemein als Bedingungen für das „heterogene Gleichgewicht" ($d_i Q'/dt = 0$, $d n_k'/dt = 0$, $k = 1, 2, \ldots, N$):

$$T' = T'', \quad (1.207)$$

$$\mu_i' = \mu_i'' . \quad (1.208)$$

Hierbei bezieht sich der Index i auf alle Substanzen, die von einer Phase in die andere übertreten können. Sind die beiden Phasen (die auch vom gleichen Aggregatzustand sein können) voneinander durch eine starre

6*

Wand getrennt, die nur die Teilchenarten i durchläßt, für alle anderen
Stoffe aber undurchdringlich ist („semipermeable Membran"), so gelten
die Gln. (207) und (208) nach wie vor für das Gleichgewicht („osmotisches Gleichgewicht"); aber es läßt sich zeigen, daß die Druckdifferenz
$P' - P''$ dann nicht, wie sonst, im Gleichgewicht verschwindet, sondern
einen ganz bestimmten Gleichgewichtswert annimmt, der im wesentlichen
von der Temperatur und den Konzentrationen der einzelnen Stoffe abhängt und dessen Betrag „osmotischer Druck" genannt wird.

Die Ableitung der Gleichgewichtsbedingungen (207) und (208), die
hier nur angedeutet wurde, wird gründlicher und exakter im 2. Kapitel
(§§ 30, 31) nach den Methoden von GIBBS durchgeführt werden.

Während die Bedingung des „thermischen Gleichgewichts", Gl. (207),
nichts Neues lehrt, da sie schon der Definition der Temperatur (§ 2) zugrunde liegt, sind die Gleichgewichtsbedingungen (208) von ebenso fun-
damentalem Charakter wie die Bedingung (200) für das chemische Gleichgewicht. Auf den Gln. (200) und (208) beruht die große Bedeutung der
chemischen Potentiale.

Wir können jetzt zwei Dinge beleuchten, die aus der bisherigen Darstellung nur ungenügend erkennbar waren: die Eindeutigkeit und die
Anschaulichkeit der GIBBSschen chemischen Potentiale.

Eine beliebige Mischphase (für die wir den Phasenindex fortlassen)
sei von einer Phase (Index $'$), die aus dem reinen Stoff i im gleichen
Aggregatzustand besteht, durch eine Membran getrennt, die nur für den
Stoff i durchlässig ist. Bei einem bestimmten Druck P in der Phase $'$ ist es
prinzipiell immer möglich, das (osmotische) Gleichgewicht zwischen den
beiden Phasen bezüglich des Stoffes i herzustellen. Wir erhalten dann
gemäß Gl. (181) und (208):

$$\mu_i = \mu_i' = H_i' - T S_i' = \bar{H}' - T \bar{S}' = \bar{U}' + P\bar{V}' - T\bar{S}', \qquad (1.209)$$

da für einen reinen Stoff die partielle molare Enthalpie H_i bzw. partielle
molare Entropie S_i mit der molaren Enthalpie $\bar{H}$ bzw. der molaren Entropie $\bar{S}$ identisch wird und für die molare Enthalpie die Beziehung (40)

$$\bar{H} = \bar{U} + P\bar{V}$$

gilt. Nun können wir sowohl der molaren inneren Energie $\bar{U}$ als auch
der molaren Entropie $\bar{S}$ eines reinen Stoffes einen willkürlichen Wert
bei bestimmten Werten von T und P in einem bestimmten Aggregatzustand zuordnen[1]. Durch diese Konventionen liegen die Werte für $\bar{U}$ und
$\bar{S}$ bei jeder Temperatur, jedem Druck und in jedem Aggregatzustand
fest. Außerdem sind T, P und das Molvolumen $\bar{V}$ vollständig definiert.
Also ist gemäß Gl. (209) auch das chemische Potential μ_i des Stoffes i
in der Mischphase eindeutig bestimmt. Gleichzeitig entnehmen wir

---

[1] Näheres in § 64.

Gl. (209), daß μ_i eine *intensive* Größe ist. Das chemische Potential wird also im allgemeinen von Temperatur, Druck und Zusammensetzung der Phase abhängen[1].

Die anschauliche Bedeutung und der Name „chemisches Potential" für die Größe μ_i beruhen auf Gl. (205) und (206): Bei konstanter Temperatur fließt der Stoff i von der Phase mit höherem chemischen Potential zu derjenigen mit niedrigerem chemischen Potential (wenn der Übergang der übrigen Stoffe gehemmt ist), bis μ_i in beiden Phasen gleich ist.

§ 22. Traditionelle Formulierung des Zweiten Hauptsatzes

Die Einwände gegen die traditionelle *Begründung* des Zweiten Hauptsatzes haben wir schon in § 9 angedeutet. Wir wollen nun auch die traditionelle *Formulierung* des Entropiesatzes kritisch betrachten.

Verallgemeinern wir Gl. (191) auf ein geschlossenes System mit beliebig vielen Phasen und beliebigen irreversiblen Prozessen im Inneren, so finden wir [vgl. Gl. (192a)]:

$$d_a S = \sum_\alpha \frac{d_a Q^\alpha}{T^\alpha} \, .$$

Damit ergibt sich für eine endliche Zustandsänderung I → II bei abgekürzter Schreibweise:

$$\Delta_a S = \int_I^{II} \frac{dQ}{T} \quad \text{(geschlossenes System)}. \qquad (1.210)$$

Hierin bedeutet dQ die Wärme, die einer Phase von der augenblicklichen Temperatur T aus der Umgebung (nicht von anderen Phasen des Systems!) bei einer infinitesimalen Zustandsänderung zugeführt wird. Aus Gl. (165) und (166) folgt mit Gl. (210) die traditionelle Formulierung des Zweiten Hauptsatzes:

$$\Delta S = S_{II} - S_I = \int_I^{II} \frac{dQ_{\text{rev}}}{T} \quad \text{(geschlossenes System)}, \qquad (1.210\,\text{a})$$

$$\Delta S = S_{II} - S_I > \int_I^{II} \frac{dQ_{\text{irrev}}}{T} \quad \text{(geschlossenes System)}. \qquad (1.210\,\text{b})$$

Hierbei bezieht sich der Index „rev" bzw. „irrev" auf einen reversiblen bzw. irreversiblen Verlauf der Zustandsänderung I → II.

Stellt man nun, der Tradition folgend, die obigen Beziehungen an den Anfang, so hat man Gl. (210a) als Definition der Entropie zu betrachten. Dies führt auf die Forderung der reversiblen Erreichbarkeit

---

[1] Im allgemeinsten Falle hängt μ_i^α auch von den zusätzlichen Arbeitskoordinaten bzw. Arbeitskoeffizienten ab (vgl. § 18).

jedes Zustandes, dessen Entropie man ermitteln will. Ein Zustand, in dem das heterogene oder chemische Gleichgewicht nicht hergestellt ist, muß infolgedessen als „gehemmter‟ oder „fiktiv gehemmter‟ Gleichgewichtszustand angesehen werden[1]. Durch diese Begriffsbildung entstehen aber Schwierigkeiten für das Verständnis der Allgemeingültigkeit thermodynamischer Argumentationen[2,3]. Bei unserer Darstellung werden diese Schwierigkeiten vermieden: Die Entropie jedes Systems, dessen innerer Zustand durch gewisse makroskopische Zustandsvariable beschrieben werden kann, ist durch Gl. (164) und (170) gegeben.

Selbst wenn man diese begrifflichen Schwierigkeiten in Kauf nimmt, weisen die Formulierungen (210a) und (210b) erhebliche Nachteile gegenüber der von uns in § 18 gewählten Form des Zweiten Hauptsatzes auf:

1. Die Beziehungen (210a) und (210b) sind auf geschlossene Systeme beschränkt, während die Aussagen in § 18 auch für offene Systeme gelten.

2. Aus Gl. (210a) und (210b) folgt die GIBBSsche Hauptgleichung nicht ohne zusätzliche Annahmen, auch wenn man geschlossene Systeme voraussetzt. Aus Gl. (210a) würde sich nämlich ergeben:

$$T\,dS = dQ_{\mathrm{rev}} = d\,U - d\,W_{\mathrm{rev}},$$

und diese Beziehung führt keineswegs direkt auf die GIBBSsche Hauptgleichung, die für eine geschlossene Phase mit einer einzigen chemischen Reaktion bei Konstanz der zusätzlichen Arbeitskoordinaten gemäß Gl. (174) und (176) lauten muß:

$$T\,dS = dU + P\,dV + A\,d\xi \quad (\text{vgl. § 20}).$$

3. Für den einfachsten Fall, nämlich eine Phase konstanter Masse und Zusammensetzung (bei vorgegebenen zusätzlichen Arbeitskoordinaten), ergibt Gl. (210a):

$$T\,dS = dQ_{\mathrm{rev}} = dU + P\,dV.$$

Diese Beziehung ist zwar richtig, verleitet aber zu dem Fehlschluß, die Differentialgleichung

$$T\,dS = dU + P\,dV$$

gelte nur für reversible Zustandsänderungen (vgl. § 11).

§ 23. Freie Energie. Freie Enthalpie

Wir haben in § 5 die Enthalpie H kennengelernt. Es gilt definitionsgemäß für eine einzelne Phase:

$$H \equiv U + P V \tag{1.211}$$

und für ein heterogenes System:

$$H \equiv \sum_{\alpha} H^{\alpha} = \sum_{\alpha} U^{\alpha} + \sum_{\alpha} P^{\alpha} V^{\alpha}, \tag{1.212}$$

worin $\sum_{\alpha}$ Summation über alle Phasen bedeutet.

---

[1] SCHOTTKY, W., H. ULICH u. C. WAGNER: Thermodynamik, Berlin 1929.
[2] TOLMAN, R. C. u. P. C. FINE: Rev. Mod. Physics **20**, 51 (1948).
[3] BRIDGMAN, P. W.: Rev. Mod. Physics **22**, 56 (1950).

Es erweist sich nun als zweckmäßig, zwei weitere Zustandsfunktionen einzuführen, die wir schon gelegentlich zur Vereinfachung von Rechnungen benutzt haben. Es handelt sich um die *Freie Energie F* (auch „HELMHOLTZsche Funktion" genannt) und die *Freie Enthalpie G* (auch „GIBBSsche Funktion" genannt). Diese Funktionen definiert man durch folgende Beziehungen[1]:

$$F \equiv U - TS \tag{1.213}$$

bzw.

$$F \equiv \sum_\alpha F^\alpha = \sum_\alpha U^\alpha - \sum_\alpha T^\alpha S^\alpha \tag{1.214}$$

und

$$G \equiv U + PV - TS = H - TS = F + PV \tag{1.215}$$

bzw.

$$G \equiv \sum_\alpha G^\alpha = \sum_\alpha U^\alpha + \sum_\alpha P^\alpha V^\alpha - \sum_\alpha T^\alpha S^\alpha. \tag{1.216}$$

F und G sind also extensive Zustandsfunktionen. Sie sind für jeden Zustand eindeutig bestimmt, sobald die willkürlichen additiven Konstanten in U und S festgelegt sind (vgl. § 21).

Die allgemeine physikalische Bedeutung der Enthalpie H für eine innere Zustandsänderung in einem geschlossenen System folgt aus dem Ersten Hauptsatz gemäß Gl. (38):

$$\Delta H = W' + Q \quad \text{(isobare Zustandsänderung eines geschlossenen Systems)} \tag{1.217}$$

mit [vgl. Gl. (22)]

$$W' = W + \sum_\alpha P^\alpha \Delta V^\alpha. \tag{1.218}$$

Entsprechend finden wir die allgemeine physikalische Bedeutung der Freien Energie F und der Freien Enthalpie G durch Anwendung des Zweiten Hauptsatzes auf eine innere Zustandsänderung eines geschlossenen Systems.

Für jede endliche Zustandsänderung eines Systems ergibt sich aus Gl. (165) und (166):

$$\Delta S = \Delta_a S + \Delta_i S, \tag{1.219}$$

$$\Delta_i S \geqslant 0, \tag{1.220}$$

wobei das Gleichheitszeichen für eine reversible und das Ungleichheitszeichen für eine irreversible Zustandsänderung gilt. Wir erhalten ferner

---

[1] In der angelsächsischen Literatur sind folgende Namen für F und G gebräuchlich: Freie Energie F: free energy, HELMHOLTZ function, HELMHOLTZ free energy, work function. Freie Enthalpie G: free energy, GIBBS function, GIBBS free energy, useful energy. Die Funktion $-F/T$ wird als „MASSIEUsche Funktion" und die Funktion $-G/T$ als „PLANCKsche Funktion" ($= \Phi$ in § 18) bezeichnet. Von dieser Stelle an setzen wir stets Konstanz der zusätzlichen Arbeitskoordinaten (vgl. § 18) voraus.

aus Gl.(210) für einen isothermen Vorgang, d.h. genauer für einen Prozeß, bei dem sich zu Beginn und am Ende alle Phasen auf der gemeinsamen Temperatur T befinden:

$$\Delta_a S = \frac{Q}{T}\,, \tag{1.221}$$

worin Q die dem gesamten (geschlossenen) System bei der Temperatur T aus der Umgebung zugeführte Wärme ist[1]. Somit folgt aus Gl.(219) bis (221) für eine isotherme Änderung des inneren Zustandes eines geschlossenen Systems:

$$T\Delta S - Q \geqslant 0\,. \tag{1.222}$$

Gemäß Gl.(23) gilt nun für ein geschlossenes System:

$$Q = \Delta U - W,$$

woraus sich mit der vorigen Beziehung ergibt:

$$\left.\begin{array}{c} \Delta U - T\Delta S - W \leqslant 0 \\ \text{(isotherme Zustandsänderung eines geschlossenen Systems).} \end{array}\right\} \tag{1.223}$$

Bei den folgenden Ausführungen werden wir sehen, daß isotherme Zustandsänderungen sowohl auf reversiblem als auch auf irreversiblem Wege durchgeführt werden können. Dies steht nicht im Widerspruch zu der Aussage in § 10, nach der ein thermisch isoliertes System aus einem Zustand in einen anderen — falls dieser überhaupt adiabatisch erreichbar ist — nur entweder durch einen reversiblen oder durch einen irreversiblen Vorgang überführt werden kann. Während nämlich bei adiabatischen Zustandsänderungen alle Veränderungen außerhalb des Systems durch die verschiedene Lage eines Gewichtes im Schwerefeld symbolisiert werden können, ist bei isothermen Zustandsänderungen auch das materielle Medium, von dem das System umgeben ist (der „Thermostat"), infolge des Wärmeaustauschs an den inneren Zustandsänderungen beteiligt.

Wir finden aus Gl.(214) für den Fall, daß in allen Phasen des Systems zu Beginn und am Ende des Prozesses die gleiche Temperatur T herrscht:

$$\Delta F = \Delta U - T\Delta S\,.$$

Hieraus folgt mit Gl.(223):

$$\left.\begin{array}{c} \Delta F \leqslant W \\ \text{(isotherme Zustandsänderung eines geschlossenen Systems)}\,. \end{array}\right\} \tag{1.224}$$

Somit ist die *Abnahme* der Freien Energie für eine isotherme Zustandsänderung eines geschlossenen Systems bei reversiblem Ablauf gleich der

---

[1] Die Wärme Q muß also dem System am Anfang oder am Ende des Prozesses zugeführt werden, wenn die Temperatur nicht zeitlich konstant ist.

vom System geleisteten Arbeit und bei irreversiblem Ablauf größer als
die vom System geleistete Arbeit.

Da für gegebenen Anfangszustand I und gegebenen Endzustand II
die Größe $\Delta F = F_{II} - F_I$ unabhängig vom Wege der Zustandsänderung
ist, kann der Ausdruck

$$-\Delta F = F_I - F_{II} = -W_{rev}$$

als die „maximale Arbeit" angesehen werden, die bei gegebener Temperatur bei der Zustandsänderung I → II gewonnen werden kann. Auf
der Vorstellung, daß von der gesamten Abnahme der inneren Energie
$(-\Delta U)$ eines Systems im günstigsten (reversiblen) Falle bei konstanter
Temperatur der Teil

$$-(\Delta U - T\Delta S) = -\Delta F$$

zur Leistung von Arbeit „frei wird", beruht der Name „Freie Energie".
Allerdings ist diese Vorstellung nicht für alle Fälle zutreffend: ΔS kann
prinzipiell bei nichtadiabatischen Zustandsänderungen sowohl positiv
als auch negativ sein [vgl. Gl. (165) bis (167)][1].

Wir finden aus Gl. (216) für den Fall, daß am Ende des Prozesses in
allen Phasen dieselbe Temperatur T und dieselben Drucke P^α wie zu
Beginn des Prozesses herrschen:

$$\Delta G = \Delta U - T\Delta S + \sum_\alpha P^\alpha \Delta V^\alpha.$$

Vergleich mit Gl. (218) und (223) ergibt:

$$\left.\begin{array}{c} \Delta G \leqslant W' \\[4pt] \text{(isotherm-isobare Zustandsänderung eines geschlossenen} \\ \text{Systems).} \end{array}\right\} \quad (1.225)$$

Somit ist die *Abnahme* der Freien Enthalpie bei reversiblem bzw. irreversiblem Ablauf einer isotherm-isobaren Zustandsänderung gleich bzw.
größer als $-W'$, wobei $-W'$ die *vom* System (ohne Berücksichtigung
der reversiblen Volumenarbeit) geleistete Arbeit ist.

Wir betrachten nun eine isotherme Zustandsänderung in einem geschlossenen System, auf das keine anderen äußeren Kräfte wirken als
diejenigen, die zu den Drucken P^α in den einzelnen Phasen gehören.
Dann besteht die Arbeit W nur in reversibler Volumenarbeit. Es gilt
also: $W' = 0$. Ist das System in feste Wände eingeschlossen, d.h. das
Gesamtvolumen V konstant, so haben wir: $W = 0$. Daher folgt mit
Gl. (224) für einen solchen „isotherm-isochoren" Vorgang:

$$\Delta F \leqslant 0 \quad (T = \text{const}, \quad V = \text{const}). \quad (1.226\,\text{a})$$

---

[1] Für $\Delta S > 0$ ist die reversibel gewonnene Arbeit größer als die Abnahme der
inneren Energie! In diesem Falle wird wegen $T\Delta S = Q$ [Gl. (122)] dem System
aus dem Thermostaten Wärme zugeführt.

Halten wir die Drucke P^α oder — im wichtigsten Spezialfalle — den überall gleichen Druck P konstant, so gilt für einen solchen „isotherm-isobaren" Vorgang gemäß Gl. (225):

$$\Delta G \leqslant 0 \quad (T = \text{const}, \quad P = \text{const}). \tag{1.226 b}$$

Das wichtigste Beispiel für einen isothermen Prozeß, der nicht unter der Bedingung $W' = 0$ abläuft, ist eine chemische Heterogenreaktion, die in einer „galvanischen Kette" (vgl. unten) vor sich geht. Hier wird außer Volumenarbeit auch elektrische Arbeit geleistet. Wenn wir aber im folgenden von „wirklichen chemischen Reaktionen" sprechen, meinen wir Reaktionen, die außerhalb einer galvanischen Kette unter der Bedingung $W' = 0$ stattfinden, so daß die Beziehungen (226) gültig bleiben. Auch isotherme Mischungsvorgänge verlaufen praktisch unter der Bedingung $W' = 0$. Wenn man manchmal von „spontan ablaufenden Prozessen" redet, meint man Vorgänge dieser Art, bei denen die Arbeit nur in reversibler Volumenarbeit besteht, die mit den bei den Prozessen auftretenden Volumenänderungen verknüpft ist. Bei isobaren Vorgängen ist die reversible Volumenarbeit durch den zweiten Term der rechten Seite von Gl. (218) gegeben, während sie bei isochoren Prozessen Null ist.

Ein Beispiel für einen isotherm-isochoren Prozeß bietet eine chemische Reaktion, die bei gegebener Temperatur und gegebenem Volumen abläuft. Das Kriterium dafür, ob eine Reaktion unter diesen Bedingungen möglich ist, liefert Gl. (226a): $(\Delta F)_{T,V}$ muß negativ sein, damit ein wirklicher chemischer Umsatz zustande kommen kann. Da gemäß Gl. (214) für jeden isothermen Prozeß die Beziehung

$$\Delta F = \Delta U - T \Delta S \quad (T = \text{const}) \tag{1.227}$$

erfüllt ist, gilt auch:

$$(\Delta F)_{T,V} = (\Delta U)_{T,V} - T(\Delta S)_{T,V}. \tag{1.227 a}$$

Die Größe $(\Delta U)_{T,V}$ heißt „Reaktionsenergie" oder „Reaktionswärme bei konstantem Volumen"[1].

Wichtiger sind die entsprechenden Größen für isotherm-isobare Prozesse, z.B. für einen Mischungsvorgang oder eine chemische Reaktion, die bei gegebener Temperatur und gegebenem Druck ablaufen. Das Kriterium für die Realisierbarkeit eines solchen Prozesses lautet gemäß Gl. (226b): $(\Delta G)_{T,P}$ muß negativ sein. Da gemäß Gl. (212) und (216) für jeden isothermen Vorgang die Beziehung

$$\Delta G = \Delta H - T \Delta S \quad (T = \text{const}) \tag{1.228}$$

erfüllt ist, gilt auch:

$$(\Delta G)_{T,P} = (\Delta H)_{T,P} - T(\Delta S)_{T,P}. \tag{1.228 a}$$

---

[1] Aus Gl. (25) folgt nämlich für $W' = 0$: $(\Delta U)_{T,V} = Q$.

Die Größe $(\Delta H)_{T,P}$ wird bei Mischungsvorgängen bzw. chemischen Reaktionen als „Mischungsenthalpie" oder „Mischungswärme" (§ 6) bzw. als „Reaktionsenthalpie" oder „Reaktionswärme bei konstantem Druck" bezeichnet und kann „kalorimetrisch" gemessen werden (Anhang 1). Ist $(\Delta H)_{T,P} > 0$ bzw. < 0, so nennt man den Prozeß „endotherm" bzw. „exotherm". Die Größe $(\Delta S)_{T,P}$ heißt „Mischungsentropie" bzw. „Reaktionsentropie".

Wir wollen nun zeigen, wie man bei chemischen Reaktionen die Größe $(\Delta G)_{T,P}$ direkt messen kann. Dazu betrachten wir ein „elektrochemisches System". Darunter versteht man ein heterogenes System, dessen Phasen elektrische Leiter sind und neben ungeladenen Molekelarten auch geladene Teilchenarten („Ionen") enthalten. Ein Beispiel sind zwei verschiedene Leiter („Elektroden"), die in eine Elektrolytlösung tauchen. Verbindet man die beiden Elektroden mit zwei Leitern aus dem gleichen Material („Endphasen"), so mißt man im reversiblen Grenzfall (vgl. unten) eine ganz bestimmte elektrische Potentialdifferenz zwischen den beiden Endphasen („elektromotorische Kraft"), die charakteristisch für das betreffende elektrochemische System („galvanische Kette") bzw. die in diesem ablaufende chemische Reaktion ist.

Bei einer galvanischen Kette kann ein reversibler Prozeß folgendermaßen als Grenzfall eines wirklichen Experiments realisiert werden: Eine äußere elektrische Potentialdifferenz φ wird über eine Potentiometerschaltung an die Endphasen des elektrochemischen Systems gelegt, und zwar so, daß die elektromotorische Kraft Φ kompensiert werden kann. Wenn $|\varphi| > |\Phi|$ ist, wird ein elektrischer Strom durch die galvanische Kette in bestimmter Richtung fließen, und ein entsprechender chemischer Umsatz wird vor sich gehen. Ist $|\varphi| < |\Phi|$, so wird der elektrische Strom in umgekehrter Richtung fließen, und die chemische Reaktion wird in umgekehrtem Sinne ablaufen. Wenn $|\varphi| = |\Phi|$ ist, haben wir Stromlosigkeit und keinen Umsatz. Aber durch die geringfügigste Änderung der Stellung des Kontakts am Potentiometerdraht werden wir erreichen können, daß Stromfluß und Reaktion entweder in der einen oder in der anderen Richtung stattfinden. Daher entspricht die Potentialdifferenz Φ, bei der Strom und Reaktion die Richtung umkehren, dem Grenzfall des reversiblen Stromflusses und des reversiblen chemischen Umsatzes. Hierbei ist nur vorausgesetzt, daß die Kette „reversibel" ist, d.h., daß keine Vorgänge auftreten, die bei Richtungsumkehr des Stromes ihre Richtung nicht umkehren (wie etwa Diffusion, vgl. § 35).

Dieser reversible chemische Umsatz in einer galvanischen Kette führt zwar — wie jeder reversible Vorgang — durch eine stetige Folge von Gleichgewichtszuständen (nämlich von Zuständen des elektrochemischen Gleichgewichts bezüglich der in der Kette benachbarten Phasen, vgl. § 35), entspricht aber nicht einer Reaktion bei „währendem chemischen Gleichgewicht" (vgl. § 20): Hinsichtlich der in der Kette ablaufenden Gesamt-reaktion herrscht keineswegs Gleichgewicht während des reversiblen Stromflusses. Wenn also dieselbe chemische Reaktion, deren „rever-sibler" Ablauf in einer galvanischen Kette betrachtet wird, außerhalb der Kette in demselben Umfang und unter denselben Bedingungen (kon-stante Werte von Temperatur und Druck) vor sich geht, handelt es sich um einen irreversiblen Prozeß, für den gemäß Gl.(226b) gilt: $\Delta G < 0$, und zwar muß der negative Zahlenwert von ΔG derselbe wie bei „reversiblem" Ablauf in der Kette sein.

Die Ladung eines elektrochemischen Äquivalents („FARADAYsche Konstante") sei mit $\mathfrak{F}$ bezeichnet. Dann ergibt sich für die elektrische Arbeit W', die während des Umsatzes eines elektrochemischen Äqui-valents an der Kette geleistet wird[1]:

$$W' = \mathfrak{F}\,\varphi,$$

worin φ die von außen angelegte Potentialdifferenz ist. Nun ist im Grenz-falle des reversiblen Stromflusses $\varphi = -\Phi$, und daher gilt für die rever-sible elektrische Arbeit:

$$W'_{\text{rev}} = -\mathfrak{F}\,\Phi,$$

worin Φ die EMK (elektromotorische Kraft) der Kette ist. Vergleich mit Gl.(225) ergibt:

$$(\Delta G)_{T,P} = -\mathfrak{F}\,\Phi. \tag{1.229}$$

Hierbei ist $(\Delta G)_{T,P}$ die Änderung der Freien Enthalpie bei einer iso-therm und isobar ablaufenden chemischen Reaktion, bezogen auf den Umsatz eines elektrochemischen Äquivalents. Da $(\Delta G)_{T,P}$ stets negativ ist, enthält unsere Definition von Φ offensichtlich die Vorzeichenkon-vention $\Phi > 0$[2].

Bezeichnen wir aus naheliegenden Gründen die aus einer galvanischen Kette gewinnbare elektrische Arbeit als „Nutzarbeit", so ist gemäß Gl.(225)

$$-\Delta G = G_{\text{I}} - G_{\text{II}} = -W'_{\text{rev}} = \mathfrak{F}\,\Phi$$

die „maximale Nutzarbeit", die bei gegebener Temperatur und gegebe-nem Druck bei der Zustandsänderung I → II (d.h. hier bei dem betreffen-den chemischen Umsatz) gewonnen werden kann.

Die Größen ΔG, ΔH und $T\Delta S$ werden, wenn sie sich auf einen Äqui-valentumsatz einer chemischen Reaktion beziehen, in Joule mol^{-1} oder cal mol^{-1} gemessen (vgl. S.50), wobei Joule für „absolutes Joule" und cal für „thermochemische Kalorie" steht (vgl. S.51). Handelt es sich um

---

[1] Man beachte, daß im vorliegenden Falle nur dann von „elektrischer Arbeit" gesprochen wird, wenn das System aus mehreren Phasen besteht (vgl. § 15).

[2] Dabei ist die Reaktion in derjenigen Richtung anzuschreiben, in der sie „frei-willig" (d.h. entweder ohne äußere Spannnng in der Kette oder außerhalb der Kette) abläuft.

eine Heterogenreaktion, der gemäß Gl. (229) eine elektromotorische Kraft einer galvanischen Kette zugeordnet ist, so ist es angebracht, Φ in „absoluten Volt" (abs. Volt) und die elektrische Ladung in „absoluten Coulomb" (abs. Coul.) zu messen. Da in einigen Darstellungen noch die alten Einheiten „internationales Volt" (internat. Volt) und „internationales Coulomb" (internat. Coul.) benutzt werden, geben wir hier die Umrechnungsbeziehungen:

$$1 \text{ abs. Volt } = 0{,}999670 \text{ internat. Volt,} \tag{1.230a}$$

$$1 \text{ abs. Coul. } = 1{,}000165 \text{ internat. Coul.} \tag{1.230b}$$

Nun gilt vereinbarungsgemäß:

$$1 \text{ Joule } = 1 \text{ abs. Volt} \cdot 1 \text{ abs. Coul.} \tag{1.230c}$$

Geben wir also die FARADAYsche Konstante $\mathfrak{F}$ in abs. Coul. mol^{-1} an:

$$\mathfrak{F} = 96493{,}1 \text{ abs. Coul. mol}^{-1}, \tag{1.231}$$

so resultiert bei Multiplikation der gemessenen Werte von Φ [abs. Volt] mit $-\mathfrak{F}$ die Größe ΔG in Joule mol^{-1}. Für die Umrechnung in cal mol^{-1} ist Gl. (45b) zu berücksichtigen. Mit der LOSCHMIDTschen Konstanten

$$N = 6{,}02380 \cdot 10^{23} \, \text{mol}^{-1} \tag{1.232}$$

und der Elementarladung

$$e = 1{,}601864 \cdot 10^{-19} \, \text{abs. Coul.} \tag{1.233}$$

ist die FARADAYsche Konstante wie folgt verknüpft:

$$\mathfrak{F} = N e. \tag{1.234}$$

Als Beispiel betrachten wir die reversible galvanische Kette

$$\text{Pt} \,|\, \text{Pb(Hg)} \,|\, \text{Pb I}_2 \,(\text{fest}) \,|\, \text{KI (wäßrige Lösung)} \,|\, \text{Ag I (fest)} \,|\, \text{Ag} \,|\, \text{Pt}.$$

Hierbei steht Pt für die metallischen Ableitungen (Platindrähte) als „Endphasen" und Pb(Hg) für Blei in Form eines Amalgams. Ersetzt man Pt durch irgendein anderes (nicht korrodierendes) Metall und KI durch irgendein anderes lösliches Jodid, so ändert sich die EMK der galvanischen Kette nicht; denn die auf einen Äquivalentumsatz bezogene Gleichung für die Gesamtreaktion (entsprechend dem Durchgang einer positiven Ladung [Elektrizitätsmenge] vom Betrage $\mathfrak{F}$ von links nach rechts) lautet:

$$\tfrac{1}{2} \text{Pb(Hg)} + \text{Ag I (fest)} \to \tfrac{1}{2} \text{Pb I}_2 \,(\text{fest}) + \text{Ag (fest)}, \tag{1.235}$$

so daß Pt und KI an der Bruttoreaktion nicht beteiligt sind. Die nach einem Kompensationsverfahren gemessene elektromotorische Kraft Φ der Kette ist gemäß Gl. (229) mit der Freien Reaktionsenthalpie ΔG der chemischen Reaktion (235) durch die Beziehung

$$\Delta G = -\mathfrak{F}\Phi \qquad (1.236\,\text{a})$$

verknüpft. Ferner gilt, wie in § 25 gezeigt wird, für die Reaktionsentropie:

$$\Delta S = \mathfrak{F}\left(\frac{\partial\Phi}{\partial T}\right)_P. \qquad (1.236\,\text{b})$$

Beachten wir außerdem Gl. (228), so erhalten wir für die Reaktionsenthalpie:

$$\Delta H = \Delta G + T\Delta S. \qquad (1.236\,\text{c})$$

Die Messungen ergeben[1] für 25°C und Atmosphärendruck:

$$\Phi = 0{,}2078\,\text{Volt},$$

$$\left(\frac{\partial\Phi}{\partial T}\right)_P = -0{,}188\,\text{Millivolt grad}^{-1}.$$

Daraus folgen mit Gl. (45 b), (231) und (236) die Reaktionsgrößen für die chemische Heterogenreaktion (235) bei 25°C und Atmosphärendruck:

$$\Delta G = -20050 \text{ Joule mol}^{-1} = -4792 \text{ cal mol}^{-1},$$
$$\Delta S = -18{,}14 \text{ Joule grad}^{-1}\text{mol}^{-1} = -4{,}336 \text{ cal grad}^{-1}\text{mol}^{-1},$$
$$\Delta H = -25460 \text{ Joule mol}^{-1} = -6075 \text{ cal mol}^{-1}.$$

Der Wert für ΔH kann auch durch kalorimetrische Messungen direkt gefunden werden.

Da bei wirklich ablaufenden chemischen Reaktionen ΔG stets negativ ist, ΔH und ΔS aber beide Vorzeichen haben können, erhalten wir mit Gl. (236 c) folgende Gesetzmäßigkeiten:

1. Wenn $\Delta H > 0$, muß $\Delta S > 0$ und $|T\Delta S| > |\Delta H|$ sein.

2. Wenn $\Delta H < 0$, muß entweder $\Delta S > 0$ oder $|\Delta H| > |T\Delta S|$ sein.

Der letzte Fall, nämlich $\Delta H < 0$, $\Delta S < 0$, $|\Delta H| > |T\Delta S|$, ist in unserem Beispiel verwirklicht.

Dieselben Vorzeichenregeln gelten auch für andere isotherm-isobare Prozesse, z. B. für einen Mischungsvorgang bei gegebener Temperatur und gegebenem Druck. Beispiele für den Fall $\Delta S < 0$ bei einem solchen Mischungsprozeß finden sich in § 78.

---

[1] Vgl. E. A. GUGGENHEIM, s. Fußnote 1 S. 21. Wir unterscheiden hier nicht zwischen internationalen und absoluten Einheiten, da die Unterschiede innerhalb der Meßgenauigkeit ($\pm 2 \cdot 10^{-4}$ Volt bei Φ) liegen.

§ 24. Charakteristische Funktionen

Wir betrachten eine einzelne Phase variabler Menge und Zusammensetzung. Dann gilt die GIBBSsche Hauptgleichung (174), die wir in folgender Form schreiben können:

$$dU = T\,dS - P\,dV + \sum_k \mu_k\,dn_k.$$

Dabei sehen wir die Entropie S, das Volumen V und die Molzahlen n_k als unabhängige Veränderliche und die innere Energie U als abhängige Variable an. Die absolute Temperatur T, der Druck P und die chemischen Potentiale μ_k erscheinen in dieser Darstellungsweise als Beträge der Differentialquotienten von U nach S, V und n_k.

Analoge Differentialbeziehungen erhalten wir, wenn wir mit Gl. (211), (213) und (215) die Enthalpie H, die Freie Energie F und die Freie Enthalpie G der betrachteten Phase einführen. Zunächst gilt:

$$dH = dU + P\,dV + V\,dP,$$
$$dF = dU - T\,dS - S\,dT,$$
$$dG = dU + P\,dV + V\,dP - T\,dS - S\,dT.$$

Damit ergeben sich folgende Differentialbeziehungen:

$$dU = T\,dS - P\,dV + \sum_k \mu_k\,dn_k, \tag{1.237}$$

$$dH = T\,dS + V\,dP + \sum_k \mu_k\,dn_k, \tag{1.238}$$

$$dF = -S\,dT - P\,dV + \sum_k \mu_k\,dn_k, \tag{1.239}$$

$$dG = -S\,dT + V\,dP + \sum_k \mu_k\,dn_k. \tag{1.240}$$

Man nennt $U(S, V, n_k)$, $H(S, P, n_k)$, $F(T, V, n_k)$ oder $G(T, P, n_k)$ die *charakteristische Funktion* (oder das „thermodynamische Potential") für den jeweils zugehörigen Satz von unabhängigen Variablen[1]. Die Beziehungen (237) bis (240) werden nach GIBBS als „Fundamentalgleichungen" bezeichnet. Die GIBBSsche Hauptgleichung (237) ist z.B. die Fundamentalgleichung für die unabhängigen Variablen S, V, n_k. Man kann ebenso $S(U, V, n_k)$ als charakteristische Funktion für die unabhängigen Veränderlichen U, V, n_k betrachten [wie wir dies bei der ursprünglichen Aufstellung der Hauptgleichung (174) getan haben] oder

---

[1] Merkschema von GUGGENHEIM:

$$
\begin{matrix}
S & U & V \\
H & & F \\
P & G & T
\end{matrix}
$$

noch andere charakteristische Funktionen einführen (wie dies bei gewissen Problemen der Statistischen Mechanik vorteilhaft ist). Aber für unsere Zwecke genügen die Gln. (237) bis (240).

Mit Hilfe einer Fundamentalgleichung gelingt es, alle übrigen thermodynamischen Funktionen durch die benutzte charakteristische Funktion und ihre Ableitungen nach den zugehörigen unabhängigen Variablen auszudrücken[1]. Wir erhalten z.B. aus Gl. (240) bei Beachtung der Definition (215) für die charakteristische Funktion $G(T, P, n_k)$:

$$S = - \left(\frac{\partial G}{\partial T}\right)_{P, n_k},\qquad(1.241)$$

$$V = \left(\frac{\partial G}{\partial P}\right)_{T, n_k},\qquad(1.242)$$

$$\mu_i = \left(\frac{\partial G}{\partial n_i}\right)_{T, P, n_j\ (j \neq i)},\qquad(1.243)$$

$$U = G - T\left(\frac{\partial G}{\partial T}\right)_{P, n_k} - P\left(\frac{\partial G}{\partial P}\right)_{T, n_k},\qquad(1.244)$$

$$H = G - T\left(\frac{\partial G}{\partial T}\right)_{P, n_k},\qquad(1.245)$$

$$F = G - P\left(\frac{\partial G}{\partial P}\right)_{T, n_k}.\qquad(1.246)$$

Die Gln. (241), (242), (243) und (245) werden wir später oft benutzen.

Aus Gl. (237) bis (240) finden wir auch einen allgemeinen Ausdruck für das chemische Potential eines Stoffes i in der betrachteten Phase:

$$\left.\begin{aligned}
\mu_i &= \left(\frac{\partial U}{\partial n_i}\right)_{S, V, n_j} = \left(\frac{\partial H}{\partial n_i}\right)_{S, P, n_j} = \left(\frac{\partial F}{\partial n_i}\right)_{T, V, n_j} \\
&= \left(\frac{\partial G}{\partial n_i}\right)_{T, P, n_j} \qquad (i, j = 1, 2, \ldots, N;\quad i \neq j).
\end{aligned}\right\}\qquad(1.247)$$

Gl. (247) können wir der ursprünglichen Definition (169)

$$\mu_i = - T\left(\frac{\partial S}{\partial n_i}\right)_{U, V, n_j}$$

an die Seite stellen. Bei Vergleich von Gl. (243) oder (247) mit Gl. (12) erkennen wir, daß wir das chemische Potential auch als „partielle molare Freie Enthalpie" auffassen können.

---

[1] Dies ist z.B. bei einer Funktion wie $U(T, V, n_k)$ unmöglich; denn hier lautet gemäß Gl. (30) und (136) die entsprechende Differentialbeziehung:

$$dU = C_V dT + \left(\frac{\partial U}{\partial V}\right)_{T, n_k} dV + \sum_k \left(\frac{\partial U}{\partial n_k}\right)_{T, V} dn_k,$$

woraus z.B. die Entropie S durch einen Differentiationsprozeß nicht herleitbar ist.

Ist die betrachtete Phase geschlossen und spielt sich in ihr eine einzige chemische Reaktion ab, so gilt gemäß Gl. (176):

$$\sum_k \mu_k \, dn_k = -A \, d\xi, \qquad (1.248)$$

worin A die Affinität und ξ die Reaktionslaufzahl der chemischen Reaktion ist. Durch Eintragen von Gl. (248) in die Gln. (237) bis (240) erhalten wir [vgl. Gl. (201)]:

$$dU = T \, dS - P \, dV - A \, d\xi, \qquad (1.249)$$
$$dH = T \, dS + V \, dP - A \, d\xi, \qquad (1.250)$$
$$dF = -S \, dT - P \, dV - A \, d\xi, \qquad (1.251)$$
$$dG = -S \, dT + V \, dP - A \, d\xi. \qquad (1.252)$$

Daraus folgt der Zusammenhang:

$$-A = \left(\frac{\partial U}{\partial \xi}\right)_{S,V} = \left(\frac{\partial H}{\partial \xi}\right)_{S,P} = \left(\frac{\partial F}{\partial \xi}\right)_{T,V} = \left(\frac{\partial G}{\partial \xi}\right)_{T,P}. \qquad (1.253)$$

§ 25. Gibbs-Helmholtzsche Gleichungen

Ein geschlossenes uniformes System (vgl. § 19) gehe aus einem Zustand I (T, P, ξ_I) in einen Zustand II (T, P, ξ_II) über. Bei diesem isotherm-isobaren Vorgang ändert lediglich die „Laufzahl" ξ ihren Wert. Die Variable ξ beschreibt nach unseren bisherigen Ausführungen (§ 19) entweder das Fortschreiten einer chemischen Homogen- oder Heterogenreaktion oder den Übergang eines Stoffes von einer Phase zu einer anderen. Man sieht aber sofort ein, daß auch ein Mischungs- oder Entmischungsprozeß durch eine „Laufzahl" ξ charakterisiert werden kann: ξ ist in diesem Falle ein Maß für die relative Menge der bei der Mischung bzw. Entmischung entstehenden bzw. verschwindenden Phase. Als Anfangszustand I betrachtet man hier den Zustand der ungemischten Komponenten bzw. der noch nicht entmischten Phase und als Endzustand II den Zustand der vollständigen Mischung bzw. Entmischung.

In einem geschlossenen uniformen System, in dem ein Vorgang der geschilderten Art abläuft, können die Größen T, P und ξ als unabhängige Zustandsvariable gewählt werden. Wir schreiben daher für die Änderung einer extensiven Zustandsfunktion Z beim Übergang I → II:

$$\Delta Z \equiv Z(T, P, \xi_\mathrm{II}) - Z(T, P, \xi_\mathrm{I}) = Z_\mathrm{II} - Z_\mathrm{I}.$$

Variieren wir T und P bei festgehaltenen Werten von ξ_I und ξ_II, so folgt, wenn wir für Z die Freie Enthalpie G einsetzen:

$$d(\Delta G) = dG_\mathrm{II} - dG_\mathrm{I} = \left[\left(\frac{\partial G_\mathrm{II}}{\partial T}\right)_{P,\xi} - \left(\frac{\partial G_\mathrm{I}}{\partial T}\right)_{P,\xi}\right] dT$$
$$+ \left[\left(\frac{\partial G_\mathrm{II}}{\partial P}\right)_{T,\xi} - \left(\frac{\partial G_\mathrm{I}}{\partial P}\right)_{T,\xi}\right] dP.$$

Wie man sich durch Kombination von Gl. (201) mit Gl. (216) leicht überzeugt, gilt Gl. (252) nicht nur für eine einzelne Phase mit einer chemischen Reaktion, sondern auch für ein beliebiges geschlossenes uniformes System, in dem ein durch die Variable ξ beschreibbarer Prozeß abläuft. Wir finden daher:

$$\left(\frac{\partial G}{\partial T}\right)_{P,\xi} = -S, \quad \left(\frac{\partial G}{\partial P}\right)_{T,\xi} = V.$$

Somit ergibt sich schließlich:

$$dG_{II} - dG_{I} = -(S_{II} - S_{I})\, dT + (V_{II} - V_{I})\, dP$$

oder

$$d(\Delta G) = -\Delta S\, dT + \Delta V\, dP.$$

Daraus folgt sofort:

$$\Delta S = -\left(\frac{\partial(\Delta G)}{\partial T}\right)_P, \tag{1.254}$$

$$\Delta V = \left(\frac{\partial(\Delta G)}{\partial P}\right)_T. \tag{1.255}$$

Mit Gl. (228) erhalten wir aus Gl. (254):

$$\Delta H = \Delta G - T\left(\frac{\partial(\Delta G)}{\partial T}\right)_P. \tag{1.256}$$

Alle diese Formeln gelten bei festen Werten von ξ_I und ξ_{II}, bei chemischen Reaktionen z. B. für einen Formelumsatz (vgl. § 15), d. h. für den Fall $\xi_I = 0$, $\xi_{II} = 1$.

Aus Gl. (254) und (256) finden wir:

$$\left(\frac{\partial(\Delta H)}{\partial T}\right)_P = T\left(\frac{\partial(\Delta S)}{\partial T}\right)_P. \tag{1.256 a}$$

Durch diese Gleichung ist die Temperaturabhängigkeit von ΔH mit derjenigen von ΔS verknüpft. Ist also insbesondere die Reaktionswärme bzw. Mischungswärme unabhängig von der Temperatur, so gilt dies auch für die Reaktionsentropie bzw. Mischungsentropie[1].

---

[1] Führen wir, in Analogie zu Gl. (110 a), die „Wärmekapazität bei konstantem Druck" für das gesamte System

$$C_P \equiv \left(\frac{\partial H}{\partial T}\right)_{P,\xi}$$

ein, so erhalten wir die „KIRCHHOFFsche Beziehung"

$$\left(\frac{\partial(\Delta H)}{\partial T}\right)_P = \Delta C_P. \tag{1.256 c}$$

Gl. (74) ist ein Spezialfall dieser Formel.

Für die Druckabhängigkeit von ΔH ergibt sich aus Gl. (254), (255) und (256):

$$\left(\frac{\partial(\Delta H)}{\partial P}\right)_T = \Delta V + T\left(\frac{\partial(\Delta S)}{\partial P}\right)_T = \Delta V - T\left(\frac{\partial(\Delta V)}{\partial T}\right)_P. \quad (1.256\,\text{b})$$

Ist also insbesondere ΔV proportional T, so ist ΔH unabhängig von P.

Beziehen wir ΔS, ΔV und ΔH auf den Umsatz eines elektrochemischen Äquivalentes bei einer chemischen Heterogenreaktion, die in einer reversiblen galvanischen Kette abläuft, deren EMK wir mit Φ bezeichnen, so leiten wir aus Gl. (254) bis (256) bei Beachtung von Gl. (229) ab:

$$\Delta S = \mathfrak{F}\left(\frac{\partial\Phi}{\partial T}\right)_P, \quad (1.257)$$

$$\Delta V = -\mathfrak{F}\left(\frac{\partial\Phi}{\partial P}\right)_T, \quad (1.258)$$

$$-\Delta H = \mathfrak{F}\left[\Phi - T\left(\frac{\partial\Phi}{\partial T}\right)_P\right]. \quad (1.259)$$

Die Beziehungen (256) und (259) werden GIBBS-HELMHOLTZ*sche Gleichungen* genannt. Gemäß Gl. (257) bzw. (259) kann durch Messung der Temperaturabhängigkeit der EMK einer (reversiblen) galvanischen Kette die Reaktionsentropie ΔS bzw. Reaktionsenthalpie ΔH der zugehörigen chemischen Reaktion bestimmt werden.

Ändert sich in einem geschlossenen uniformen System, in dem eine Heterogenreaktion ablaufen kann, die Zusammensetzung einer Phase mit der Temperatur und ist mindestens ein Reaktionspartner in dieser Phase enthalten, so dürfen die Gln. (254), (256), (257) und (259) nicht mehr ohne weiteres benutzt werden, da sich dann bei verschiedenen Temperaturen nicht mehr alle Reaktionspartner in demselben Zustand befinden, also eigentlich bei jeder Temperatur eine andere chemische Reaktion vorliegt. Bei einer reversiblen galvanischen Kette läßt sich jedoch auch unter den genannten Umständen stets eine Reaktion angeben, für die Gl. (257) bzw. (259) erfüllt ist. Diese Reaktion ist durch die Bedingung des heterogenen Gleichgewichts der in der Kette benachbarten Phasen (vgl. § 35) eindeutig bestimmt[1].

§ 26. Partielle molare Größen

Betrachten wir eine einzelne Phase. Z sei irgendeine extensive Zustandsfunktion, z.B. Volumen, Enthalpie, Entropie, Freie Enthalpie. Wir wählen T, P, n_1, n_2, ..., n_N als unabhängige Variable. Dann gilt gemäß Gl. (11) und (12):

$$Z(T, P, n_1, n_2, \ldots, n_N) = \sum_{k=1}^{N} n_k Z_k, \quad (1.260)$$

worin

$$Z_i \equiv \left(\frac{\partial Z}{\partial n_i}\right)_{T, P, n_j} \quad (i, j = 1, 2, \ldots, N; \quad i \neq j) \quad (1.261)$$

---

[1] Vgl. hierzu J. W. STOUT: J. Chem. Physics **21**, 1829 (1953).

7*

die „partielle molare Zustandsfunktion" des Stoffes i in der betrachteten Phase ist. Wir bezeichnen die Größe

$$\bar{Z} \equiv \frac{Z}{n} \tag{1.262}$$

als „molare Zustandsfunktion" für die betreffende Phase. Wir führen ferner den „Molenbruch" des Stoffes i ein [Gl. (34)]:

$$x_i \equiv \frac{n_i}{n} \quad (i = 1, 2, \ldots, N), \tag{1.263}$$

wobei wegen $n = n_1 + n_2 + \cdots n_N$ gilt [Gl. (34a)]:

$$\sum_{k=1}^{N} x_k = 1. \tag{1.264}$$

Die partiellen molaren Größen Z_k und die molaren Größen $\bar{Z}$ sind intensive Zustandsfunktionen; sie können daher als Funktionen von T, P, $x_1, x_2, \ldots, x_{N-1}$ betrachtet werden.

Dividieren wir Gl. (260) durch n und beachten Gl. (262) und (263), so erhalten wir:

$$\bar{Z} = \sum_{k=1}^{N} x_k Z_k. \tag{1.265}$$

Gl. (46) ist ein Spezialfall dieser Beziehung.

Aus Gl. (14) ergibt sich mit Gl. (262) und (263):

$$\sum_{k=1}^{N} x_k \, dZ_k - \frac{\partial \bar{Z}}{\partial P} \, dP - \frac{\partial \bar{Z}}{\partial T} \, dT = 0. \tag{1.266}$$

Betrachten wir eine Phase bei konstantem Druck und konstanter Temperatur, so folgt:

$$\sum_{k=1}^{N} x_k \, dZ_k = 0 \quad (T, P \text{ const}). \tag{1.267}$$

Aus Gl. (265) finden wir:

$$d\bar{Z} = \sum_{k=1}^{N} x_k \, dZ_k + \sum_{k=1}^{N} Z_k \, dx_k. \tag{1.268}$$

Verändern wir nur x_i, während T, P und die übrigen unabhängigen Molenbrüche x_j konstant bleiben, so erhalten wir aus Gl. (264), (267) und (268):

$$d\bar{Z} = (Z_i - Z_N) \, dx_i \quad (T, P, x_j \text{ const}), \tag{1.269}$$

worin Z_N die partielle molare Größe derjenigen Komponente (N) ist, deren Molenbruch (x_N) als abhängige Variable betrachtet wird.

Es folgt aus Gl. (265) mit Gl. (264):

$$Z_N = \bar{Z} - \sum_{i=1}^{N-1} x_i (Z_i - Z_N). \tag{1.270}$$

Aus Gl. (269) bzw. aus Gl. (269) und (270) erhalten wir folgende allgemeine Beziehungen[1]:

$$\left(\frac{\partial \bar{Z}}{\partial x_i}\right)_{T, P, x_j} = Z_i - Z_N \quad (i, j = 1, 2, \ldots, N-1; \quad i \neq j), \qquad (1.271)$$

$$Z_N = \bar{Z} - \sum_{i=1}^{N-1} x_i \left(\frac{\partial \bar{Z}}{\partial x_i}\right)_{T, P, x_j}. \qquad (1.272)$$

Da jeder Stoff in der Mischphase als Komponente N angesehen werden kann, sind mit Hilfe von Gl. (272) alle partiellen molaren Größen aus dem Konzentrationsverlauf der molaren Zustandsfunktion ermittelbar.

Für binäre Gemische ($N = 2$) folgt aus Gl. (271) und (272):

$$\left(\frac{\partial \bar{Z}}{\partial x_1}\right)_{T, P} = Z_1 - Z_2, \qquad (1.273)$$

$$Z_2 = \bar{Z} - x_1 \left(\frac{\partial \bar{Z}}{\partial x_1}\right)_{T, P}, \qquad (1.274\,\text{a})$$

$$Z_1 = \bar{Z} - x_2 \left(\frac{\partial \bar{Z}}{\partial x_2}\right)_{T, P} = \bar{Z} + (1 - x_1) \left(\frac{\partial \bar{Z}}{\partial x_1}\right)_{T, P} \qquad (1.274\,\text{b})$$

Gl. (50) ist ein Spezialfall von Gl. (273), und die Gln. (51) sind ein Sonderfall der Gln. (274). Die in Abb. 1 angegebene graphische Methode kann gemäß Gl. (274) ganz allgemein dazu benutzt werden, um für jeden Punkt einer $\bar{Z}(x)$-Kurve die zugehörigen partiellen molaren Größen Z_1 und Z_2 zu bestimmen.

Entsprechende geometrische Methoden sind — im Dreidimensionalen — auf ternäre Mischungen anwendbar. Bei mehr als drei Komponenten wird man zweckmäßigerweise vom funktionalen Zusammenhang

$$\bar{Z} = \bar{Z}(x_1, x_2, \ldots, x_{N-1}) \qquad (T, P \text{ const})$$

ausgehen und dann die Z_i rechnerisch mit Gl. (272) ableiten.

Wir betrachten nun insbesondere das Volumen V bzw. Molvolumen $\bar{V}$, die Enthalpie H bzw. molare Enthalpie $\bar{H}$, die Entropie S bzw. molare Entropie $\bar{S}$ und die Freie Enthalpie G bzw. molare Freie Enthalpie $\bar{G}$. Die zugehörigen partiellen molaren Größen sind: das partielle Molvolumen V_i, die partielle molare Enthalpie H_i, die partielle molare Entropie S_i und das chemische Potential μ_i [s. Gl. (247)]. Zwischen diesen partiellen molaren Zustandsfunktionen bestehen einige wichtige Relationen, die auf Lewis[2] zurückgehen. Aus Gl. (215) und (243) oder (247) folgt sofort:

$$\mu_i = H_i - T S_i. \qquad (1.275)$$

[1] Vgl. R. Haase: Z. Naturforsch. 3 a, 285 (1948).

[2] Lewis, G. N. u. M. Randall: Thermodynamik (übersetzt von O. Redlich), Wien 1927.

Ferner gilt:

$$\frac{\partial^2 G}{\partial n_i \, \partial T} = \frac{\partial^2 G}{\partial T \, \partial n_i} \, , \qquad \frac{\partial^2 G}{\partial n_i \, \partial P} = \frac{\partial^2 G}{\partial P \, \partial n_i} \, .$$

Somit ergibt sich aus Gl. (241) bis (243):

$$\left(\frac{\partial \mu_i}{\partial T} \right)_{P,\,x} = - \, S_i \, , \tag{1.276}$$

$$\left(\frac{\partial \mu_i}{\partial P} \right)_{T,\,x} = V_i \, . \tag{1.277}$$

Hierbei bedeutet der Index x Konstanz aller Molenbrüche. Aus Gl. (275) und (276) erhalten wir:

$$H_i = \mu_i - T \left(\frac{\partial \mu_i}{\partial T} \right)_{P,\,x} = - \, T^2 \left(\frac{\partial \, (\mu_i/T)}{\partial T} \right)_{P,\,x} . \tag{1.278}$$

Wir finden aus Gl. (266) für $Z = V$ mit Gl. (147 b) und (147 c):

$$\sum_{k=1}^{N} x_k d\, V_k + \chi \, \bar{V} \, d\, P - \alpha \bar{V} \, d\, T = 0 \, , \tag{1.279}$$

für $Z = H$ mit Gl. (110 a) und (152):

$$\sum_{k=1}^{N} x_k d\, H_k - \bar{V} \, (1 - \alpha \, T) \, d\, P - \bar{C}_P d\, T = 0 \, , \tag{1.280}$$

für $Z = S$ mit Gl. (110 a), (146) und (147 b):

$$\sum_{k=1}^{N} x_k d\, S_k + \alpha \, \bar{V} \, d\, P - \frac{\bar{C}_P}{T} \, d\, T = 0 \, . \tag{1.281}$$

Hierin ist χ die Kompressibilität, α der Ausdehnungskoeffizient und $\bar{C}_P$ die Molwärme (bei konstantem Druck) der betrachteten Mischphase.

§ 27. Gibbs-Duhemsche Beziehung

Der wichtigste Spezialfall von Gl. (266) ergibt sich für $Z = G$, $Z_i = \mu_i$ mit Gl. (241) und (242):

$$\sum_{k=1}^{N} x_k d\, \mu_k - \bar{V} \, d\, P + \bar{S} \, d\, T = 0 \, . \tag{1.282}$$

Dies ist die GIBBS-DUHEM*sche Beziehung*. Ihre große Bedeutung beruht auf dem Umstand, daß sie die Änderungen derjenigen intensiven Größen (μ_k, T, P) miteinander verknüpft, die beim gewöhnlichen heterogenen Gleichgewicht in allen Phasen dieselben Werte haben (vgl. § 21).

Für eine binäre Mischphase ($N = 2$) bei konstanter Temperatur und konstantem Druck folgt aus Gl. (282), wenn wir einmal den Molenbruch x_1

der Komponente 1 und zum anderen den Molenbruch $x_2 (= 1 - x_1)$ der Komponente 2 als unabhängige Variable wählen[1]:

$$x_1 \left(\frac{\partial \mu_1}{\partial x_1}\right)_{T,P} + (1 - x_1) \left(\frac{\partial \mu_2}{\partial x_1}\right)_{T,P} = 0, \qquad (1.283\,\text{a})$$

$$(1 - x_2) \left(\frac{\partial \mu_1}{\partial x_2}\right)_{T,P} + x_2 \left(\frac{\partial \mu_2}{\partial x_2}\right)_{T,P} = 0. \qquad (1.283\,\text{b})$$

Einige Zusammenhänge für binäre Gemische, die später benötigt werden, leiten sich hieraus mit Gl. (273) ab:

$$\left(\frac{\partial \bar{G}}{\partial x_1}\right)_{T,P} = \mu_1 - \mu_2, \qquad (1.284\,\text{a})$$

$$\left(\frac{\partial \bar{G}}{\partial x_2}\right)_{T,P} = \mu_2 - \mu_1, \qquad (1.284\,\text{b})$$

$$\left(\frac{\partial^2 \bar{G}}{\partial x_1^2}\right)_{T,P} = \frac{1}{1 - x_1} \left(\frac{\partial \mu_1}{\partial x_1}\right)_{T,P} = \left(\frac{\partial^2 \bar{G}}{\partial x_2^2}\right)_{T,P} = \frac{1}{1 - x_2} \left(\frac{\partial \mu_2}{\partial x_2}\right)_{T,P}, \qquad (1.285)$$

$$\left(\frac{\partial^3 \bar{G}}{\partial x_1^3}\right)_{T,P} = \frac{1}{(1 - x_1)^2} \left(\frac{\partial \mu_1}{\partial x_1}\right)_{T,P} + \frac{1}{1 - x_1} \left(\frac{\partial^2 \mu_1}{\partial x_1^2}\right)_{T,P}, \qquad (1.286\,\text{a})$$

$$\left(\frac{\partial^3 \bar{G}}{\partial x_2^3}\right)_{T,P} = \frac{1}{(1 - x_2)^2} \left(\frac{\partial \mu_2}{\partial x_2}\right)_{T,P} + \frac{1}{1 - x_2} \left(\frac{\partial^2 \mu_2}{\partial x_2^2}\right)_{T,P}. \qquad (1.286\,\text{b})$$

§ 28. Thermodynamik und Statistische Mechanik

Der Nullte Hauptsatz in § 2, der Erste Hauptsatz in § 4 und der Zweite Hauptsatz in § 18 sind vom makroskopischen Standpunkt vollkommen allgemeine Naturgesetze. Als Begründung dieser Gesetze betrachten wir die ausnahmslose Übereinstimmung ihrer Folgerungen mit der Erfahrung. Dies ist die Betrachtungsweise der *Thermodynamik*, also die einer makrophysikalischen Wissenschaft.

Es gibt aber noch eine zweite Betrachtungsweise, die eine tiefere Einsicht in das Naturgeschehen gestattet. Es ist der Standpunkt der *Statistischen Mechanik*, also der einer mikrophysikalischen Wissenschaft. Allein aus der Tatsache der atomistischen Struktur der Materie, den Grundlagen der Quantenmechanik und einer einzigen Fundamentalannahme statistischen Charakters lassen sich allgemeine Gesetze ableiten, die das Verhalten einer sehr großen Zahl von Teilchen betreffen. Diese Gesetze, deren wesentlicher Inhalt schon von BOLTZMANN und GIBBS vor Entdeckung der Quantentheorie erkannt wurde, führen direkt auf die Hauptsätze der Thermodynamik, wenn man gewisse statistische Größen mit entsprechenden thermodynamischen Funktionen identifiziert, weil sie sich diesen analog verhalten.

---

[1] Vgl. die analoge Beziehung (49).

Der Versuch einer Darstellung des Gedankengebäudes der „Statistischen Mechanik" (oder „Statistischen Thermodynamik") kann hier nicht unternommen werden. Der interessierte Leser sei auf die Lehrbücher der Statistischen Mechanik[1, 2, 3] verwiesen[4].

Es gibt nun weitere Gesetzmäßigkeiten allgemeinen Charakters, die nicht aus dem Nullten, Ersten und Zweiten Hauptsatz folgen, aber aus der Statistischen Mechanik direkt hergeleitet werden können. Sie sind dadurch charakterisiert, daß sie zwar Aussagen über Entropiedifferenzen enthalten, aber nicht allein mit den Begriffsbildungen der makroskopischen Thermodynamik formuliert werden können. Die Gesetzmäßigkeiten betreffen:

a) Entropieunterschiede bei kondensierten Phasen am absoluten Nullpunkt,

b) Differenzen zwischen den Entropien von Gasen bei hohen Temperaturen und den Entropien kondensierter Phasen am absoluten Nullpunkt,

c) Entropieänderungen beim Mischen sehr ähnlicher Stoffe (z.B. von Isotopen).

Aus historischen Gründen spricht man im Falle a) vom „Dritten Hauptsatz der Thermodynamik", im Falle b) von der Ermittlung der „Entropiekonstanten" und im Falle c) von der „Mischungsentropie bei idealen Mischungen". Die zu a) gehörigen Gesetzmäßigkeiten sind in gewissem Umfange dem „Satz von der Unerreichbarkeit des absoluten Nullpunktes" äquivalent. Dieser Satz geht ebenso wie die ersten mit a) zusammenhängenden Entdeckungen auf NERNST[5] zurück.

Da die drei Arten von Aussagen von vergleichbarer Bedeutung sind, hat GUGGENHEIM[6] vorgeschlagen, sie alle als „Dritten Hauptsatz der Thermodynamik" zusammenzufassen. Wir wollen jedoch den Ausdruck „Hauptsatz" bei Gesetzmäßigkeiten dieser Art ganz vermeiden, da es andernfalls diskutabel wäre, weitere allgemeine Folgerungen der Statistischen Mechanik oder generelle empirische Sätze ebenfalls als „Hauptsätze" einzuführen. Wir halten es daher für besser, die mit a) zusammenhängenden Gesetzmäßigkeiten als „NERNSTschen Wärmesatz" zu bezeichnen und für die Aussagen, die zu b) und c) gehören, die alten Namen beizubehalten[7].

---

[1] TOLMAN, R. C.: The Principles of Statistical Mechanics, Oxford 1938.

[2] FOWLER, R. H. u. E. A. GUGGENHEIM: s. Fußnote 1 S. 3.

[3] MAYER, J. E. u. M. GOEPPERT-MAYER: Statistical Mechanics, New York 1948.

[4] Für eine erste Einführung sei das Werk von G. S. RUSHBROOKE: Introduction to Statistical Mechanics, Oxford 1949, empfohlen.

[5] NERNST, W.: Die theoretischen und experimentellen Grundlagen des neuen Wärmesatzes, Halle 1918.

[6] GUGGENHEIM, E. A.: s. Fußnote 1 S. 21.

[7] Weitere Hinweise finden sich am Ende der Paragraphen 58, 63 und 64.

2. Kapitel

Die Gleichgewichtsbedingungen

§ 29. Das Gleichgewichtskriterium

Das makroskopische Kriterium für *Gleichgewicht* in einem thermodynamischen System besteht nach § 1 darin, daß innerhalb des Systems keine wirklichen (irreversiblen) Prozesse mehr ablaufen können, wenn man das System von allen Einwirkungen der Umgebung abschließt. Da ein abgeschlossenes System (§ 1) einen Sonderfall eines thermisch isolierten Systems (§ 4) darstellt, gelten die Beziehungen (1.171) bis (1.173) auch für abgeschlossene Systeme. Wir können die Aussagen, die in diesen Beziehungen enthalten sind, daher auch folgendermaßen aussprechen: Ein beliebiges System ist genau dann[1] im Gleichgewicht, wenn die Entropie S des Systems den höchsten Wert erreicht hat, der mit der Bedingung der vollständigen Abgeschlossenheit von der Außenwelt verträglich ist.

Dieses Maximum der Entropie in einem abgeschlossenen System braucht jedoch kein stationärer Punkt (im mathematischen Sinne) zu sein. Dies sehen wir an einem einfachen Beispiel. Ein abgeschlossenes System sei gewisser Zustandsänderungen fähig, die durch einen Parameter ξ beschrieben werden können, während es in bezug auf alle anderen möglichen Änderungen im Gleichgewicht bleibt. Der Parameter ξ möge z. B. die Verteilung der Masse des Stoffes i zwischen zwei Phasen (' und '') des Systems charakterisieren. Es sei etwa

$$\xi = \frac{n_i'}{n_i''},$$

worin n_i die Molzahl des Stoffes i bedeutet. Wir können nun die Entropie S als Funktion von ξ auftragen. Dann erhalten wir eine Kurve (Abb. 5 und 6), die — außer in einem einzigen Punkte ($\xi = \xi_{\mathrm{Gl.}}$, $S = S_{\mathrm{Gl.}}$) — Nichtgleichgewichtszustände darstellt. Der Punkt $\xi = \xi_{\mathrm{Gl.}}$, $S = S_{\mathrm{Gl.}}$ entspricht dem Gleichgewichtszustand; hier hat S einen Höchstwert.

Wir unterscheiden zwei Fälle:

1. Der Stoff i kommt bei Gleichgewicht in beiden Phasen vor. Dann ist $\xi_{\mathrm{Gl.}}$ weder Null noch unendlich, und die $S(\xi)$-Kurve ist sowohl für $\xi > \xi_{\mathrm{Gl.}}$ als auch für $\xi < \xi_{\mathrm{Gl.}}$ physikalisch sinnvoll (Abb. 5). Da die Funktion $S(\xi)$ mit ihren Ableitungen stetig und differenzierbar ist,

---

[1] Der Ausdruck „genau dann" bedeutet dasselbe wie „dann und nur dann".

folgt aus der Forderung des Entropiemaximums für das Gleichgewicht (Index Gl.)[1]:

$$\left(\frac{\partial S}{\partial \xi}\right)_{\mathrm{Gl.}} = 0 \, .$$

Hier ist das Maximum ein stationärer Punkt, d.h. ein Punkt mit horizontaler Tangente. Für eine virtuelle Verrückung aus dem Gleichgewicht

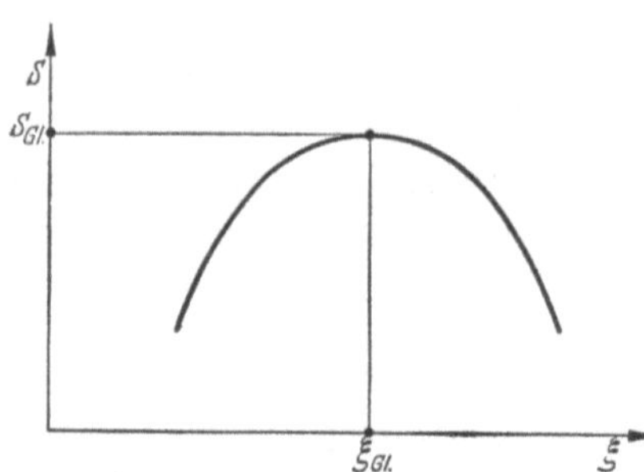
Abb. 5. Zweiseitige Veränderungen in einem abgeschlossenen System

gilt also, wenn der Operator δ eine Variation erster Ordnung bedeutet, entsprechend dem Abbruch einer TAYLOR-Entwicklung um das Gleichgewicht nach dem ersten Gliede:

$$\delta S = \left(\frac{\partial S}{\partial \xi}\right)_{\mathrm{Gl.}} \delta \xi = 0 \, .$$

2. Der Stoff i kommt bei Gleichgewicht nur in einer der beiden Phasen vor. Dann ist $\xi_{\mathrm{Gl.}}$ entweder Null oder unendlich, und die $S(\xi)$-Kurve ist entweder für $\xi < \xi_{\mathrm{Gl.}}$ oder für $\xi > \xi_{\mathrm{Gl.}}$ physikalisch sinnlos (punktierte Kurven in Abb. 6, wo die erste Alternative angenommen ist). Somit folgt für das Gleichgewicht nur die Aussage (für den Fall $\xi_{\mathrm{Gl.}} = 0$):

$$\left(\frac{\partial S}{\partial \xi}\right)_{\mathrm{Gl.}} \leqq 0 \, .$$

Das Maximum von S braucht hier kein stationärer Punkt zu sein, und die Kurve $S(\xi)$ kann sowohl vom Typ a als auch vom Typ b in Abb. 6

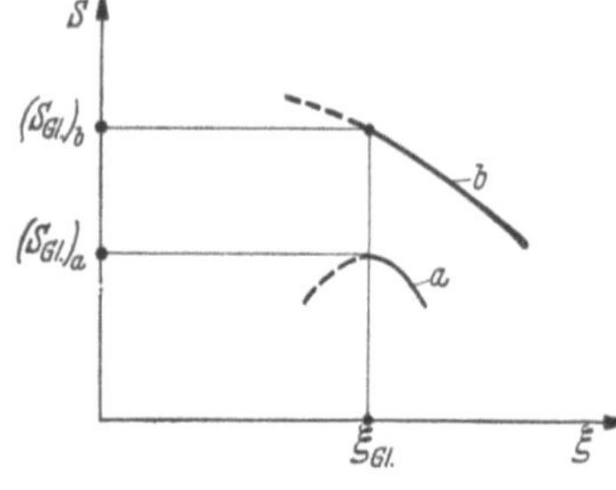
Abb. 6. Einseitige Veränderungen in einem abgeschlossenen System

sein. Für eine virtuelle Verrückung aus dem Gleichgewicht gilt also:

$$\delta S = \left(\frac{\partial S}{\partial \xi}\right)_{\mathrm{Gl.}} \delta \xi \leqq 0 \quad (\delta \xi > 0) \, .$$

Allgemein spricht man bei virtuellen Verrückungen aus dem Gleichgewicht, die dem Fall der Abb. 5 entsprechen, von „zweiseitigen Veränderungen", und bei solchen, die dem Fall der Abb. 6 entsprechen, von „einseitigen Veränderungen".

---

[1] Wir schreiben im folgenden partielle Differentialquotienten, weil die Entropie S eines abgeschlossenen Systems außer von ξ auch noch von anderen Variablen abhängt, die bei allen Änderungen von ξ als konstant betrachtet werden, da sie voraussetzungsgemäß ihre Gleichgewichtswerte beibehalten. Diese Variablen kennzeichnen z. B. die Verteilung der inneren Energie, des Volumens und der Massen der übrigen Stoffe auf die beiden Phasen des Systems.

Es erweist sich als zweckmäßig, anstelle von Zustandsvariablen wie ξ, die das gesamte System beschreiben, zu Variablen wie n_i' und n_i'' überzugehen, die den Zustand der einzelnen Phasen des Systems ('und") kennzeichnen. Natürlich sind diese neuen Variablen nicht mehr alle unabhängig. Daher muß man Nebenbedingungen angeben, durch die diese Variablen miteinander verknüpft werden. Wenn die betrachteten virtuellen Verrückungen aus dem Gleichgewicht nur zweiseitige Veränderungen darstellen, liegen alle Nebenbedingungen in Form von Gleichungen vor. Im oben diskutierten Beispiel würde man z.B. in diesem Falle schreiben [vgl. Gl. (1.164)]:

$$\delta S = \delta S' + \delta S'' = \left(\frac{\partial S}{\partial n_i}\right)'_{\text{Gl.}} \delta n_i' + \left(\frac{\partial S}{\partial n_i}\right)''_{\text{Gl.}} \delta n_i'' = 0$$

mit der Nebenbedingung $\qquad \delta n_i' + \delta n_i'' = 0 \, ,$

da die Gesamtmolzahl $(n_i' + n_i'')$ des Stoffes i bei einer Variation des Zustandes eines abgeschlossenen Systems konstant bleiben muß. Wenn aber einige der virtuellen Verrückungen aus dem Gleichgewicht einseitige Veränderungen darstellen, so werden unter den Nebenbedingungen auch Ungleichungen auftreten. In unserem Beispiel würde man schreiben, wenn der Stoff i bei Gleichgewicht in der Phase ' fehlt:

$$\delta S = \delta S' + \delta S'' = \left(\frac{\partial S}{\partial n_i}\right)'_{\text{Gl.}} \delta n_i' + \left(\frac{\partial S}{\partial n_i}\right)''_{\text{Gl.}} \delta n_i'' \leqslant 0$$

mit den Nebenbedingungen

$$\delta n_i' + \delta n_i'' = 0 \, , \quad \delta n_i' > 0 \, , \quad \delta n_i'' < 0 \, .$$

Wenn wir diese Überlegungen auf allgemeinste Weise formulieren, gelangen wir zu der von GIBBS[1] und PLANCK[2] benutzten Form des Gleichgewichtskriteriums: Wir denken uns das betreffende System im Gleichgewicht befindlich und von einer Hülle umgeben, die es von der Umwelt isoliert. Wir betrachten nun die virtuellen Verrückungen aus dem Gleichgewicht, d.h. alle Zustandsänderungen, die im Inneren des Systems denkbar sind, ohne daß die Nebenbedingungen (Abgeschlossenheit des Systems und andere, durch das spezielle Problem vorgeschriebene Bedingungen) verletzt werden. Dann kann bei diesen virtuellen Zustandsänderungen die Entropie S des Systems nicht zunehmen. Bezeichnen wir mit dem Operator δ eine Variation erster Ordnung, mit dem Index $^\alpha$ die Phase α, mit dem Zeichen $\sum_\alpha$ eine Summation über alle Phasen und beachten wir Gl. (1.164), so erhalten wir die mathematische Formulierung des Gleichgewichtskriteriums:

$$\delta S = \sum_\alpha \delta S^\alpha \leqslant 0 \, . \tag{2.1}$$

----
[1] GIBBS, J. W.: s. Fußnote 1 S. 54. — [2] PLANCK, M.: s. Fußnote 2 S. 54.

Dabei müssen zunächst diejenigen Nebenbedingungen berücksichtigt werden, die zum Ausdruck bringen, daß bei den virtuellen Zustandsänderungen das System von der Umwelt isoliert ist. Bei den hier betrachteten Problemen bestehen die virtuellen Verrückungen in einer Neuverteilung der Materie und der inneren Energie zwischen den einzelnen Phasen oder den verschiedenen chemischen Zuständen des Systems sowie gegebenenfalls in Volumenzunahmen gewisser Phasen auf Kosten der Volumina von anderen Phasen. Äußere Kräfte sollen hierbei nicht wirken. Demnach ist das Fehlen jeglicher Einwirkung von seiten der Umwelt hinreichend dadurch charakterisiert, daß die gesamte innere Energie U des Systems, das totale Volumen V des Systems und die Gesamtmolzahl n_i jedes Stoffes i* bei den virtuellen Zustandsänderungen konstant bleiben:

$$\delta U = \sum_\alpha \delta U^\alpha = 0, \tag{2.2}$$

$$\delta V = \sum_\alpha \delta V^\alpha = 0, \tag{2.3}$$

$$\delta n_i = \sum_\alpha \delta n_i^\alpha = 0 \quad (i = 1, 2, \ldots, N). \tag{2.4}$$

Hierin bedeutet N die Zahl der im System vorhandenen Stoffe.

Wie aus unseren obigen Überlegungen hervorgeht, können zu den Bedingungsgleichungen (2) bis (4) noch weitere Nebenbedingungen treten, die wir später von Fall zu Fall diskutieren werden. Sind unter diesen Nebenbedingungen Ungleichungen, so befinden sich unter den virtuellen Verrückungen auch einseitige Zustandsänderungen, und das Ungleichheitszeichen in der Beziehung (1) bleibt erhalten. Außer bei dem schon genannten Beispiel, das in § 30 ausführlich behandelt wird, sind einseitige Veränderungen bei den Untersuchungen über Stabilität (§ 41) von Bedeutung. Liegen hingegen alle Nebenbedingungen in Form von Gleichungen vor, so sind alle virtuellen Verrückungen zweiseitige Zustandsänderungen, und das Ungleichheitszeichen in (1) entfällt, so daß wir das vereinfachte Gleichgewichtskriterium

$$\delta S = \sum_\alpha \delta S^\alpha = 0 \tag{2.1a}$$

vor uns haben.

Das Aufsuchen der Gleichgewichtsbedingungen für ein thermodynamisches System entspricht also mathematisch einem „Variationsproblem mit Nebenbedingungen".

Die Fragen, die uns im Rahmen der „Thermodynamik der Mischphasen" interessieren, beziehen sich auf Systeme, die aus einer endlichen

---

* Soweit dieser Stoff nicht an einer chemischen Reaktion beteiligt ist (vgl. § 32).

Zahl von makroskopisch homogenen Körpern („Phasen" im engeren Sinne) bestehen, wobei der Zustand jeder einzelnen Phase durch $N + 2$ Variable beschrieben werden kann (§ 3). Wir erhalten also für eine beliebige Phase bei einer virtuellen Verrückung aus dem Gleichgewicht gemäß der GIBBSschen Hauptgleichung (1.174):

$$T^\alpha \delta S^\alpha = \delta U^\alpha + P^\alpha \delta V^\alpha - \sum_{k=1}^{N} \mu_k^\alpha \delta n_k^\alpha. \tag{2.5}$$

Hierin ist T die absolute Temperatur, P der Druck und μ_k das chemische Potential des Stoffes k.

Obwohl Gl. (5) hier auch auf Nichtgleichgewichtszustände angewandt wird, entfallen beim vorliegenden Problem alle Einschränkungen, die bezüglich der Gültigkeit von Gl. (1.174) bei wirklichen Zustandsänderungen gemacht werden müssen (vgl. § 18 und § 19). Wir fragen nämlich nach den Gleichgewichtsbedingungen in einem System aus makroskopisch homogenen Körpern. Dies bedeutet, daß voraussetzungsgemäß benachbarte Nichtgleichgewichtszustände durch dieselbe Zahl von Variablen beschreibbar sind wie der Gleichgewichtszustand, von dem wir bei der Betrachtung ausgehen. Daher ist Gl. (5) im vorliegenden Falle für virtuelle Verrückungen aus dem Gleichgewicht stets gültig[1].

Wir werden in den folgenden Paragraphen aus dem Gleichgewichtskriterium (1) bzw. (1a) für spezielle Probleme die Gleichgewichtsbedingungen herleiten. Die Methodik dieser Ableitungen geht auf GIBBS zurück. Wir werden aber manche allgemeine Schlüsse ziehen, die sich bei GIBBS noch nicht finden.

§ 30. Einfaches heterogenes Gleichgewicht

Die Bedingungen dafür, daß mehrere Phasen miteinander im Gleichgewicht sind, heißen „Bedingungen für heterogenes Gleichgewicht" oder „Koexistenzbedingungen". Wir behandeln zunächst das Gleichgewicht in heterogenen Systemen, bei denen teilweise durchlässige Wände zwischen den einzelnen Phasen sowie chemische Reaktionen und elektrochemische Phänomene ausgeschlossen sind. Ein solches Gleichgewicht nennen wir „einfaches heterogenes Gleichgewicht". Beispiele sind: eine Flüssigkeit, die mit Dampf koexistiert, eine Salzlösung im Gleichgewicht mit festem Salz als „Bodenkörper", zwei koexistente flüssige Phasen usw., wobei jeweils zwei Phasen durch die natürliche Phasengrenzfläche voneinander getrennt sind und die Möglichkeit chemischer Reaktionen ignoriert wird.

---

[1] Die Tatsache, daß es überhaupt homogene Körper und darüber hinaus koexistente Phasen gibt, muß der Erfahrung entnommen werden. Hierbei ist der — unter normalen Bedingungen geringfügige — Einfluß der Schwerkraft vernachlässigt.

Wir betrachten zunächst den Fall, bei dem die verschiedenen Stoffe 1, 2, ..., N des Systems in den einzelnen Phasen bei Gleichgewicht entweder wirklich vorkommen („wirkliche Komponenten" nach GIBBS) oder prinzipiell nicht vorhanden sein können. Damit schließen wir vorerst den Fall aus, bei dem gewisse Bestandteile in bestimmten Phasen bei Gleichgewicht fehlen, obwohl sie grundsätzlich in diesen Phasen auftreten können („mögliche Komponenten" nach GIBBS).

Unter den genannten Voraussetzungen stellt Gl. (1a) das Gleichgewichtskriterium dar, und die Nebenbedingungen sind durch Gl. (2) bis (4) vollständig gegeben. Demnach erhalten wir mit Hilfe von Gl. (5), wenn wir die verschiedenen Phasen durch die Indices $(')$, $('')$ usw. unterscheiden, folgende allgemeine Gleichgewichtsbedingung:

$$
\left.
\begin{aligned}
\delta S = \delta S' + \delta S'' + \cdots \\
= \frac{\delta U'}{T'} + \frac{P'}{T'} \delta V' - \sum_{k=1}^{N} \frac{\mu_k'}{T'} \delta n_k' \\
+ \frac{\delta U''}{T''} + \frac{P''}{T''} \delta V'' - \sum_{k=1}^{N} \frac{\mu_k''}{T''} \delta n_k'' \\
+ \cdots = 0
\end{aligned}
\right\}
\qquad (2.6)
$$

mit den Nebenbedingungen

$$
\left.
\begin{aligned}
\delta U' + \delta U'' + \cdots &= 0, \\
\delta V' + \delta V'' + \cdots &= 0, \\
\delta n_i' + \delta n_i'' + \cdots &= 0 \quad (i = 1, 2, \ldots, N).
\end{aligned}
\right\}
\qquad (2.7)
$$

Betrachten wir z. B. eine Variation von U' und U'', während alle übrigen U sowie die V und n_i konstant gehalten werden. Dies entspricht physikalisch einem gedachten Energieaustausch zwischen den Phasen $'$ und $''$ bei konstantem Volumen und konstanten Molzahlen, also einem virtuellen Wärmeübergang von der Phase $'$ zur Phase $''$ oder umgekehrt. Für diese virtuelle Verrückung erhalten wir aus Gl. (6) und (7):

$$
\frac{\delta U'}{T'} + \frac{\delta U''}{T''} = \delta U' \left(\frac{1}{T'} - \frac{1}{T''} \right) = 0 .
$$

Mithin muß für das Gleichgewicht gelten:

$$
T' = T'' .
$$

Entsprechend kann man bei allen übrigen virtuellen Verrückungen verfahren, z. B. bei einer Volumenänderung der Phase $'$ auf Kosten des Volumens der Phase $''$ (bei konstanter Energie und konstanten Molzahlen), bei einem Übergang des Stoffes 1 von der Phase $'$ in die Phase $''$ oder umgekehrt (bei konstanter Energie und konstantem Volumen) usw. Man findet so die notwendigen und hinreichenden Bedingungen für das Gleichgewicht zwischen den Phasen eines einfachen heterogenen Systems:

$$T' = T'' = \cdots \quad \text{(thermisches Gleichgewicht)}, \qquad (2.8)$$

$$P' = P'' = \cdots \quad \text{(mechanisches Gleichgewicht)}, \qquad (2.9)$$

$$\left.\begin{aligned} \mu_1' &= \mu_1'' = \cdots \\ \mu_2' &= \mu_2'' = \cdots \\ &\;\cdot\quad\cdot\quad\cdot \\ \mu_N' &= \mu_N'' = \cdots \end{aligned}\right\} \quad \text{(stoffliches Gleichgewicht)}. \qquad (2.10)$$

Damit haben wir die in § 21 vorweggenommenen Gleichgewichtsbedingungen [vgl. Gl. (1.207) und (1.208)], soweit sie das einfache heterogene Gleichgewicht betreffen, streng nach der Methode von GIBBS bewiesen.

Wenn gewisse Stoffe in bestimmten Phasen nicht vorhanden sind, so fehlen die entsprechenden Terme in Gl. (6) und Gl. (7), und es fallen auch in den Gleichgewichtsbedingungen (10) die entsprechenden Gleichungen fort. Besteht das System z. B. aus zwei Phasen, von denen die eine (') die Bestandteile 1, 2 und 3, die andere ('') aber nur die Komponenten 1 und 3 enthält, so lauten die Bedingungen für das stoffliche Gleichgewicht:

$$\mu_1' = \mu_1'', \quad \mu_3' = \mu_3'',$$

während eine entsprechende Gleichung für μ_2 überhaupt nicht auftritt.

Komplizierter werden die Verhältnisse, wenn wir ,,mögliche Komponenten'' (s. oben) in Betracht ziehen. Es sei etwa im soeben genannten Beispiel die Komponente 2 ein möglicher Bestandteil der Phase ''. Dann haben wir neben den Bedingungsgleichungen

$$\left.\begin{aligned} \delta U' + \delta U'' &= 0, & \delta V' + \delta V'' &= 0, \\ \delta n_1' + \delta n_1'' &= 0, & \delta n_2' + \delta n_2'' &= 0, \\ \delta n_3' + \delta n_3'' &= 0 & & \end{aligned}\right\} \qquad (2.11)$$

noch die weitere Nebenbedingung

$$\delta n_2'' \geqslant 0, \qquad (2.12)$$

die mit der vierten Gleichung in (11) auf die Bedingung

$$\delta n_2' \leqslant 0 \qquad (2.13)$$

führt. Physikalisch bedeuten die Ungleichungen (12) und (13), daß bei einer virtuellen Verrückung aus dem Gleichgewicht die Menge der Komponente 2 in der Phase '' nicht abnehmen und in der Phase ' nicht zunehmen kann, da voraussetzungsgemäß im Gleichgewicht nur die Phase ' den Stoff 2 enthält. Wir müssen jetzt auch in der Hauptbedingung (1) das Ungleichheitszeichen beibehalten:

$$\delta S = \delta S' + \delta S'' \leqslant 0. \qquad (2.14)$$

Einsetzen von Gl. (5) in Gl. (14) liefert bei Beachtung von Gl. (11) folgende Gleichgewichtsbedingungen, wenn wir die Bedingung für den Bestandteil 2 zunächst ignorieren:

$$T' = T'', \quad P' = P'', \quad \mu_1' = \mu_1'', \quad \mu_3' = \mu_3''.$$

Berücksichtigen wir nun den virtuellen Stoffaustausch zwischen den beiden Phasen bezüglich der „möglichen Komponente" 2, so erhalten wir:

$$\mu_2' \, \delta n_2' + \mu_2'' \, \delta n_2'' = (\mu_2' - \mu_2'') \, \delta n_2' \geqslant 0,$$

woraus mit Gl. (13) folgt:

$$\mu_2'' \geqslant \mu_2'. \qquad (2.15)$$

Verallgemeinern wir diese Schlußweise, so finden wir mit GIBBS: „Das chemische Potential jedes Stoffes hat im Gleichgewicht in allen Phasen, denen der Stoff als „wirkliche Komponente" angehört, denselben Wert und in allen Phasen, bei denen der Stoff eine „mögliche Komponente" ist, einen Wert, der nicht kleiner als der erste Wert ist."

Wir werden später (§ 75) sehen, daß die Erfahrung bzw. die statistische Theorie ergibt, daß bei allen in der Natur vorkommenden Phasen das chemische Potential eines Stoffes dem Wert $-\infty$ zustrebt, wenn die Menge dieses Stoffes gegen Null geht. Dies führt infolge des obigen Satzes zu dem Schluß, daß in jedem System, in dem gewisse Stoffe in bestimmten Phasen „mögliche Komponenten" sind, die chemischen Potentiale dieser Stoffe überall den Wert $-\infty$ haben. Da nun die chemischen Potentiale von Stoffen, die in einer gegebenen Phase wirklich vorkommen, erfahrungsgemäß in dieser Phase stets endlich sind, so müssen wir folgern: Alle Stoffe, die in einer bestimmten Phase überhaupt auftreten können, sind bei Gleichgewicht mit anderen Phasen, in denen diese Stoffe vorkommen, auch stets in der ersten Phase vorhanden. So muß z.B. flüssiges Benzol, das erfahrungsgemäß geringe Mengen Wasser aufzunehmen vermag, bei Koexistenz mit irgendeiner Phase, die Wasser abgeben kann, stets eine bestimmte Menge Wasser enthalten[1]. Demnach brauchen wir bei der Ableitung der Gleichgewichtsbedingungen in Zukunft den Fall der „möglichen Komponenten" nicht mehr zu beachten.

---

[1] Dies bedeutet jedoch nicht, daß alle Stoffe eines Systems bei Gleichgewicht in allen Phasen vorkommen müssen!

§ 31. Osmotisches Gleichgewicht

Wir betrachten zwei fluide (flüssige oder gasförmige) Medien (' und "),
die voneinander durch eine „semipermeable Membran" getrennt sind,
d.h. durch eine starre Wand, die für gewisse Stoffe (1, 2, ..., ν) durchlässig, für die übrigen Bestandteile ($\nu + 1$, $\nu + 2$, ..., N) aber undurchlässig ist. Dann lautet die allgemeine Gleichgewichtsbedingung gemäß
Gl. (1a) und (2) bis (5):

$$\delta S = \delta S' + \delta S'' = \frac{\delta U'}{T'} + \frac{P'}{T'} \delta V' - \sum_{k=1}^{N} \frac{\mu_k'}{T'} \delta n_k' + \frac{\delta U''}{T''} + \frac{P''}{T''} \delta V''$$

$$- \sum_{k=1}^{N} \frac{\mu_k''}{T''} \delta n_k'' = 0$$

unter den Nebenbedingungen

$$\delta U' + \delta U'' = 0, \quad \delta V' = 0, \quad \delta V'' = 0,$$

$$\delta n_i' + \delta n_i'' = 0 \quad (i = 1, 2, \ldots, \nu),$$

$$\delta n_j' = 0, \quad \delta n_j'' = 0 \quad (j = \nu + 1, \quad \nu + 2, \ldots, N).$$

Die Gleichgewichtsbedingung (6) bleibt also erhalten, jedoch mit anderen
Nebenbedingungen: Bei einer virtuellen Verrückung aus dem Gleichgewicht muß außer der Abgeschlossenheit des Systems auch die Starr-
heit und Halbdurchlässigkeit der Wand berücksichtigt werden. Durch
ähnliche Überlegungen wie in § 30 finden wir aus den obigen Gleichungen
folgende Beziehungen, die für das Gleichgewicht notwendig und hinreichend sind:

$$T' = T'', \tag{2.16}$$

$$\mu_i' = \mu_i'' \quad (i = 1, 2, \ldots, \nu), \tag{2.17}$$

während im allgemeinen gilt:

$$P' \neq P'', \tag{2.18}$$

$$\mu_j' \neq \mu_j'' \quad (j = \nu + 1, \quad \nu + 2, \ldots, N). \tag{2.19}$$

Beim *osmotischen Gleichgewicht* ist also nur das thermische Gleichgewicht
und das stoffliche Gleichgewicht bezüglich der Teilchenarten, für welche
die Membran durchlässig ist, erfüllt, während mechanisches Gleichgewicht und stoffliches Gleichgewicht bezüglich der übrigen Substanzen
im allgemeinen nicht besteht.

Die Gültigkeit der Beziehungen (16) bis (19) ist keineswegs an die bei
der Ableitung gemachten Voraussetzungen gebunden. So können wir anstelle allseitig starrer Wände (konstanter Werte von V' und V'') bei flüssigen Medien freie, in einem Steigrohr bewegliche Oberflächen (variable

Werte von V' und V'') voraussetzen, wie es den experimentellen Anordnungen bei der Messung des osmotischen Druckes (vgl. § 66) entspricht. Auch kann die Membran elastisch sein, wenn sie nur starr befestigt und halbdurchlässig ist. Im Falle der frei beweglichen Flüssigkeitsoberflächen z.B. würde sich die Ableitung der Gleichgewichtsbedingungen wie folgt gestalten. Damit die allgemeine Gleichgewichtsbedingung (die erste Gleichung dieses Paragraphen) gültig bleibt, genügt es, das Gesamtsystem bei den virtuellen Zustandsänderungen als thermisch isoliert anzusehen [vgl. Gl. (1.171) bis (1.173)]. Dabei ist gemäß Gl. (1.27) die Zunahme der inneren Energie des Gesamtsystems $(U' + U'')$ gleich der von den „äußeren" Drucken p' und p'' am System geleisteten Arbeit:

$$\delta U' + \delta U'' = - p' \, \delta V' - p'' \, \delta V''.$$

Ferner gelten, wie oben, die Nebenbedingungen:

$$\delta n_i' + \delta n_i'' = 0 \quad (i = 1, 2, \ldots, \nu),$$

$$\delta n_j' = 0, \quad \delta n_j'' = 0 \quad (j = \nu + 1, \quad \nu + 2, \ldots, N).$$

Mit diesen Bedingungsgleichungen ergeben sich aus der allgemeinen Gleichgewichtsbedingung $\delta S = 0$ (s. oben) wiederum die Beziehungen (16) bis (19) sowie die äußeren Gleichgewichtsbedingungen:

$$p' = P', \quad p'' = P'',$$

wonach die an den freien Oberflächen der Flüssigkeiten angreifenden Drucke bei Gleichgewicht gleich den im Inneren der flüssigen Medien herrschenden Drucken sein müssen.

Die Verschiedenheit der Drucke P' und P'' im osmotischen Gleichgewicht, die auch anschaulich klar ist, wollen wir für einen einfachen Fall explizit ableiten. Eine binäre Mischung („Lösung") stehe im osmotischen Gleichgewicht mit der reinen Komponente 1 („Lösungsmittel"). Dann ergeben die Gleichgewichtsbedingungen (16) und (17):

$$\mu_1'(T, P', x_1') = \mu_1''(T, P'').$$

Hierin beziehen sich die einfach gestrichenen Größen auf die Lösung und die doppelt gestrichenen Größen auf das reine Lösungsmittel. [Wegen Gl. (16) können wir von vornherein $T' = T'' = T$ setzen.] Die Zusammensetzung der binären Lösung ist durch den Molenbruch x_1' der Komponente 1 charakterisiert. (Für das Lösungsmittel gilt: $x_1'' = 1$.) Da das chemische Potential des Stoffes 1 grundsätzlich von Temperatur, Druck und Zusammensetzung der Phase abhängt, kann die obige Beziehung nur erfüllt sein, wenn $P' \neq P''$ ist, und zwar für gegebene Werte von T und x_1' nur für eine bestimmte Druckdifferenz $P' - P''$. Später (§ 40) wird bewiesen, daß für stabile Phasen stets gilt:

$$\left(\frac{\partial \mu_1}{\partial x_1} \right)_{T, P} > 0,$$

d.h. für den vorliegenden Fall: $\mu_1'' > \mu_1'$ (T, P const). Da gemäß Gl. (1.277)

$$\left(\frac{\partial \mu_1}{\partial P}\right)_T'' = V_1'' > 0,$$

worin V_1'' das Molvolumen des reinen Lösungsmittels ist, folgt, daß die für das osmotische Gleichgewicht erforderliche Gleichheit der chemischen Potentiale ($\mu_1' = \mu_1''$) nur erreicht werden kann, wenn $P' > P''$ ist.

Man bezeichnet die Druckdifferenz beim osmotischen Gleichgewicht

$$P' - P'' \equiv \Pi \tag{2.20}$$

als *osmotischen Druck*, wenn die Phase '' einen reinen Stoff (das „Lösungsmittel") und die Phase ' eine beliebige Mischung („Lösung") darstellt. Der „osmotische Druck einer Lösung" ist also derjenige Überdruck, unter dem die betrachtete Lösung stehen muß, damit sie durch eine semipermeable Wand mit dem reinen Lösungsmittel im (osmotischen) Gleichgewicht sein kann.

Es sei der Stoff 1 das „Lösungsmittel", $P'' \equiv P_0$ der Druck, unter dem das reine Lösungsmittel steht, so daß im osmotischen Gleichgewicht auf der „Lösung" der Druck $P_0 + \Pi$ lastet. Kennzeichnen wir die Zusammensetzung der Lösung durch das Symbol x (das für alle unabhängigen Molenbrüche steht) und bezeichnen wir die gemeinsame Temperatur von Lösung und Lösungsmittel mit T, so folgt aus Gl. (17):

$$\mu_1'(T, P_0 + \Pi, x) = \mu_1''(T, P_0).$$

Berücksichtigen wir Gl. (1.277), so können wir hierfür auch schreiben:

$$(\mu_1')_{P_0+\Pi} = (\mu_1')_{P_0} + \int\limits_{P_0}^{P_0+\Pi} V_1' \, dP = (\mu_1'')_{P_0}.$$

Mit der Abkürzung

$$(\Delta \mu_1)_{P_0} \equiv (\mu_1')_{P_0} - (\mu_1'')_{P_0}$$

ergibt sich schließlich bei Fortlassen des Index ':

$$(\Delta \mu_1)_{P_0} = -\int\limits_{P_0}^{P_0+\Pi} V_1 \, dP. \tag{2.21}$$

Hierin bedeutet die linke Seite die Differenz zwischen dem chemischen Potential des Lösungsmittels in der Lösung und demjenigen des reinen Lösungsmittels bei der vorgegebenen Temperatur T und unter dem Druck P_0. V_1 ist das partielle Molvolumen des Lösungsmittels in der Lösung. Die Integration hat bei gegebener Temperatur und Zusammensetzung zu erfolgen, so daß V_1 in Abhängigkeit von P bekannt sein muß.

Wendet man die Beziehung (1.277) auf μ_1'' anstatt auf μ_1' an, so erhält man auf analoge Weise folgenden Zusammenhang:

$$(\Delta \mu_1)_{P_0+\Pi} = -\int\limits_{P_0}^{P_0+\Pi} V_{01} \, dP. \tag{2.21 a}$$

Hierin ist $\Delta\mu_1$ die Differenz der chemischen Potentiale für den Druck $P_0 + \Pi$, also für einen anderen Druck als in Gl. (21). V_{01} ist das Molvolumen des reinen Lösungsmittels. Da man in den meisten Fällen den Konzentrationsverlauf der thermodynamischen Funktionen für den niedrigen Druck P_0 (der bei den Versuchen fast immer in der Größenordnung von 1 atm liegt) und nicht für den erfahrungsgemäß sehr hohen Druck $P_0 + \Pi$ wissen möchte, ist Gl. (21) der Beziehung (21 a) in praktischer Hinsicht vorzuziehen.

Bei Flüssigkeiten genügt es für die meisten Zwecke, V_1 als unabhängig von P zu betrachten, also die Kompressibilität der Lösung zu vernachlässigen. Dann erhalten wir aus Gl. (21):

$$(\Delta\mu_1)_{P_0} = -V_1\Pi. \tag{2.22}$$

Diese Gleichung lehrt, wie durch Messung des osmotischen Druckes bei mehreren Konzentrationen (Kenntnis der Dichte in Abhängigkeit von der Zusammensetzung vorausgesetzt) die chemischen Potentiale in einer Lösung als Funktion der Zusammensetzung ermittelbar sind, und zwar für jede Temperatur. Wir können daher gemäß Gl. (1.276) bzw. Gl. (1.275) auch die Größe

$$(\Delta S_1)_{P_0} = -\frac{\partial}{\partial T}(\Delta\mu_1)_{P_0},$$

bzw.

$$(\Delta H_1)_{P_0} = (\Delta\mu_1)_{P_0} + T(\Delta S_1)_{P_0}$$

in Abhängigkeit von der Zusammensetzung der Lösung bestimmen. ΔS_1 ist die „differentielle Verdünnungsentropie" (= partielle molare Mischungsentropie des Lösungsmittels) und ΔH_1 die „differentielle Verdünnungswärme" (= partielle molare Mischungsenthalpie des Lösungsmittels, d.h. die Größe H_1^E in § 6), jeweils für den Druck P_0.

§ 32. Chemisches Gleichgewicht

Unter den im System vorhandenen Stoffen 1, 2;...., N seien gewisse Substanzen, die miteinander chemisch reagieren können. Als Beispiel für eine chemische Umsetzung werde die Reaktion

$$\nu_a[a] + \nu_b[b] + \cdots \rightleftharpoons \nu_c[c] + \nu_d[d] + \cdots \tag{2.23}$$

betrachtet. Hierin bedeuten $\nu_a, \nu_b, \ldots, \nu_c, \nu_d, \ldots$ die Beträge der stöchiometrischen Koeffizienten (vgl. § 15) der Stoffe $a, b, \ldots, c, d, \ldots$, demnach positive rationale Zahlen. $[a], [b], \ldots, [c], [d], \ldots$ sind die Symbole für die chemischen Formeln dieser Substanzen. Die chemische Umsetzung (23) kann sowohl eine „Homogenreaktion" als auch eine „Heterogenreaktion" sein. Alle im System möglichen Reaktionen können durch Reaktionsgleichungen des Typs (23) beschrieben werden. Semipermeable Wände seien von der folgenden Betrachtung ausgeschlossen.

Die aus Gl. (1 a) und (5) folgende allgemeine Gleichgewichtsbedingung (6) bleibt auch hier gültig. An die Stelle der Nebenbedingungen (7) treten aber Bedingungsgleichungen der Form [vgl. Gl. (1.154) in § 15]:

$$\left.\begin{aligned}
\delta U' + \delta U'' + \cdots &= 0 \\
\delta V' + \delta V'' + \cdots &= 0 \\
\delta n'_\alpha + \delta n''_\alpha + \cdots &= 0 \\
\delta n'_\beta + \delta n''_\beta + \cdots &= 0 \\
\cdot \quad \cdot \quad \cdot \quad \cdot \quad &\cdot
\end{aligned}\right\} \tag{2.24}$$

$$\left.\begin{aligned}
-\frac{1}{v_a}\left(\delta n'_a + \delta n''_a + \cdots\right) &= -\frac{1}{v_b}\left(\delta n'_b + \delta n''_b + \cdots\right) = \cdots \\
= \frac{1}{v_c}\left(\delta n'_c + \delta n''_c + \cdots\right) &= \frac{1}{v_d}\left(\delta n'_d + \delta n''_d + \cdots\right) = \cdots \equiv \delta\xi,
\end{aligned}\right\} \tag{2.25}$$

worin $\alpha, \beta, \ldots$ diejenigen Substanzen sind, die an der chemischen Reaktion (23) nicht teilnehmen, und ξ die „Reaktionslaufzahl" bedeutet (vgl. § 15).

Mit Gl. (6) folgt bei Beachtung der Nebenbedingungen (24) zunächst:

$$T' = T'' = \cdots \tag{2.26}$$

$$P' = P'' = \cdots \tag{2.27}$$

$$\left.\begin{aligned}
\mu'_\alpha &= \mu''_\alpha = \cdots \\
\mu'_\beta &= \mu''_\beta = \cdots \\
\cdot \quad \cdot \quad \cdot \quad &\cdot \quad \cdot
\end{aligned}\right\} \tag{2.28}$$

Alle Variationen, die den Bedingungsgleichungen

$$\begin{aligned}
\delta n'_a + \delta n''_a + \cdots &= 0 \\
\delta n'_b + \delta n''_b + \cdots &= 0 \\
\cdot \quad \cdot \quad \cdot \quad &\cdot \quad \cdot \quad \cdot \\
\delta n'_c + \delta n''_c + \cdots &= 0 \\
\delta n'_d + \delta n''_d + \cdots &= 0 \\
\cdot \quad \cdot \quad \cdot \quad &\cdot \quad \cdot \quad \cdot
\end{aligned}$$

genügen, erfüllen auch die Nebenbedingungen (25), nämlich für den Fall $\delta\xi = 0$. Daher bleiben gemäß Gl. (6) die Beziehungen

$$\left.\begin{aligned}
\mu'_a &= \mu''_a = \cdots \\
\mu'_b &= \mu''_b = \cdots \\
\cdot \quad \cdot \quad &\cdot \quad \cdot \quad \cdot \\
\mu'_c &= \mu''_c = \cdots \\
\mu'_d &= \mu''_d = \cdots \\
\cdot \quad \cdot \quad &\cdot \quad \cdot \quad \cdot
\end{aligned}\right\} \tag{2.29}$$

ebenfalls gültig.

Die Gleichungen (26) bis (29) sind notwendige, aber nicht hinreichende Bedingungen für das Gleichgewicht in unserem System. Die zusätzliche Gleichgewichtsbedingung finden wir, indem wir Gl. (25) bei Beachtung von Gl. (29) in die allgemeine Gleichgewichtsbedingung (6) einsetzen und die in (24) auftretenden Variationen gleich Null setzen:

$$(\nu_c \mu_c + \nu_d \mu_d + \cdots - \nu_a \mu_a - \nu_b \mu_b - \cdots)\, \delta \xi = 0 \,.$$

Daraus ergibt sich für $\delta \xi \neq 0$:

$$\nu_a \mu_a + \nu_b \mu_b \ldots = \nu_c \mu_c + \nu_d \mu_d \ldots \tag{2.30}$$

Hierin ist μ_k der gemeinsame Wert des chemischen Potentials des Stoffes k in allen Phasen des Systems, in denen dieser Stoff vorkommt. Die Gleichgewichtsbedingung (30) für die Reaktion (23) wird demnach aus der Reaktionsgleichung erhalten, wenn man die chemischen Symbole der reagierenden Stoffe durch die chemischen Potentiale dieser Stoffe ersetzt. Verabreden wir wieder, daß der stöchiometrische Koeffizient ν_k eines reagierenden Stoffes k positiv zu zählen ist, wenn diese Substanz bei der betreffenden Reaktion entsteht, andernfalls aber negativ gezählt wird (vgl. § 15), so können wir anstelle von Gl. (30) schreiben:

$$\sum_k \nu_k \mu_k = 0 \,. \tag{2.30 a}$$

Sind verschiedene Reaktionen $(1, 2, \ldots, R)$ innerhalb des Systems möglich, so gilt für jede dieser Reaktionen eine Gleichgewichtsbedingung der Form (30a):

$$\sum_{k=1}^{N} \nu_{kr} \mu_k = 0 \quad (r = 1, 2, \ldots, R) \,. \tag{2.31}$$

Hierbei ist ν_{kr} der stöchiometrische Koeffizient des Stoffes k in der Reaktion r. Für Substanzen, die an der betreffenden Reaktion nicht teilnehmen, ist $\nu_{kr} = 0$ zu setzen.

Wir können nun die *Affinität* A_r (nach DE DONDER) für die Reaktion r definieren [vgl. Gl. (1.193b) in § 19]:

$$A_r \equiv -\sum_{k=1}^{N} \nu_{kr} \mu_k \quad (r = 1, 2, \ldots, R) \,. \tag{2.32}$$

Damit läßt sich die Gleichgewichtsbedingung (31) auch in der kürzeren Form

$$A_r = 0 \quad (r = 1, 2, \ldots, R) \tag{2.33}$$

schreiben [vgl. Gl. (1.200) in § 20].

§ 33. Teilchenarten und Komponenten

Bisher haben wir die Ausdrücke „Stoffe", „Komponenten", „Teilchenarten" usw. unterschiedslos benutzt. Der Deutlichkeit halber unterscheiden wir von nun an zwischen „Teilchenarten" und „Komponenten".

Alle Arten von Partikeln im Sinne der Chemie — gleichgültig, ob es sich um Atome, Moleküle, Radikale, Ionen oder Elektronen handelt —, die in einem thermodynamischen System überhaupt auftreten, wollen wir *Teilchenarten* nennen. Diejenigen Stoffe hingegen, deren Mengen wir unabhängig ändern können, bezeichnen wir als *Komponenten* des betreffenden Systems.

Sind N Teilchenarten vorhanden, zwischen denen R (unabhängige) chemische Reaktionen möglich sind, so beträgt die Zahl der Komponenten:

$$N' = N - R - B. \tag{2.34}$$

Hierin ist B die Zahl der zusätzlich bestehenden Bedingungsgleichungen für die Mengen der Teilchenarten.

In einer wäßrigen Lösung von Kochsalz gibt es z. B. zwei Komponenten (Natriumchlorid und Wasser), während (mindestens) vier Teilchenarten ($NaCl$, Na^+, Cl^-, H_2O) vorhanden sind. Es existieren hier für die Mengen der vier Teilchenarten zwei Bedingungsgleichungen, nämlich die Reaktionsgleichung:

$$Na^+ + Cl^- \rightleftharpoons NaCl, \tag{2.35}$$

und die zusätzliche Bedingungsgleichung:

$$n_{Na^+} = n_{Cl^-}. \tag{2.36}$$

Dies ergibt gemäß Gl. (34): $N' = 2$.

Man nennt Systeme mit zwei, drei, vier, ... Komponenten Zweistoff-, Dreistoff-, Vierstoff-, ... -Systeme oder binäre, ternäre, quaternäre, ... Systeme. Die betrachtete Lösung ist also ein Zweistoffsystem, und zwar speziell ein binäres Einphasensystem mit vier Teilchenarten.

Wir können uns nun auf den Standpunkt stellen, daß bei vielen makroskopischen Problemen der wahre Molekularzustand eines Stoffes in einer Phase, z. B. die Dissoziation von $NaCl$ in Na^+ und Cl^-, zunächst gar nicht in Erscheinung tritt. Wenn wir z. B. die Koexistenz einer Kochsalzlösung mit festem Natriumchlorid betrachten, können wir die Dissoziation vorerst ignorieren und eine „makroskopische" Molzahl n^*_{NaCl} einführen, die als Quotient der (etwa eingewogenen) Masse des Natriumchlorids in der Lösung und der Molmasse von $NaCl$ definiert ist. Das „makroskopische" chemische Potential μ^*_{NaCl} ist also z. B. gegeben durch den Ausdruck [s. Gl. (1.243)]:

$$\mu^*_{NaCl} = \left(\frac{\partial G}{\partial n^*_{NaCl}} \right)_{T, P, n_{H_2O}}, \tag{2.37}$$

so daß wir für eine infinitesimale Änderung der Freien Enthalpie G der Lösung bei konstanter Temperatur und konstantem Druck schreiben können:

$$dG = \mu^*_{NaCl} \, d n^*_{NaCl} + \mu_{H_2O} \, d n_{H_2O}. \tag{2.38}$$

Andererseits gilt, wenn wir die chemischen Potentiale μ_{NaCl}, $\mu_{\mathrm{Na^+}}$, $\mu_{\mathrm{Cl^-}}$ und die „wahren" Molzahlen n_{NaCl}, $n_{\mathrm{Na^+}}$, $n_{\mathrm{Cl^-}}$ der einzelnen Teilchenarten einführen:

$$dG = \mu_{\mathrm{NaCl}}\, d\,n_{\mathrm{NaCl}} + \mu_{\mathrm{Na^+}}\, d\,n_{\mathrm{Na^+}} + \mu_{\mathrm{Cl^-}}\, d\,n_{\mathrm{Cl^-}} + \mu_{\mathrm{H_2O}}\, d\,n_{\mathrm{H_2O}}\,. \tag{2.39}$$

Zwischen den verschiedenen Molzahlen besteht die Beziehung:

$$n^*_{\mathrm{NaCl}} = n_{\mathrm{NaCl}} + \frac{1}{2}\,(n_{\mathrm{Na^+}} + n_{\mathrm{Cl^-}})\,. \tag{2.40}$$

Ferner lautet die Gleichgewichtsbedingung für die Dissoziationsreaktion (35) gemäß Gl. (30):

$$\mu_{\mathrm{Na^+}} + \mu_{\mathrm{Cl^-}} = \mu_{\mathrm{NaCl}}\,. \tag{2.41}$$

Setzen wir die Gln. (36), (40) und (41) in Gl. (39) ein, so erhalten wir:

$$dG = \mu_{\mathrm{NaCl}}\, d\,n^*_{\mathrm{NaCl}} + \mu_{\mathrm{H_2O}}\, d\,n_{\mathrm{H_2O}}\,.$$

Vergleich mit Gl. (38) ergibt:

$$\mu_{\mathrm{NaCl}} = \mu^*_{\mathrm{NaCl}}\,. \tag{2.42}$$

Das makroskopische chemische Potential des Natriumchlorids, d.h. das chemische Potential der „Komponente" Natriumchlorid, ist also gleich dem chemischen Potential der Teilchenart NaCl, wenn die Bedingung für das Dissoziationsgleichgewicht erfüllt ist. Daher können wir auch bei vollständiger Dissoziation des Natriumchlorids in der wäßrigen Lösung von einem „chemischen Potential des Natriumchlorids" sprechen.

Das Resultat (42) soll nun für beliebig komplizierte Fälle verallgemeinert werden.

In einer beliebigen Mischphase sei eine Teilchenart i, die wir als „Komponente" gewählt haben, an folgender Reaktion vom Typ einer Dissoziation oder Assoziation beteiligt:

$$[i] \rightleftharpoons v_a[a] + v_b[b] + \cdots + v_z[z]\,. \tag{2.43}$$

Die Gleichgewichtsbedingung lautet gemäß Gl. (30):

$$\mu_i = v_a\mu_a + v_b\mu_b + \cdots + v_z\mu_z\,. \tag{2.44}$$

Die Mengenbilanz ergibt für den Zusammenhang zwischen der „makroskopischen" oder „stöchiometrischen" Molzahl n^*_i und den „mikroskopischen" oder „wahren" Molzahlen n_i, n_a, n_b, ..., n_z:

$$\left. \begin{aligned} n_a &= v_a(n^*_i - n_i) \\ n_b &= v_b(n^*_i - n_i) \\ &\cdot\ \cdot\ \cdot\ \cdot\ \cdot\ \cdot\ \cdot \\ n_z &= v_z(n^*_i - n_i) \end{aligned} \right\} \tag{2.45}$$

Für eine infinitesimale Änderung der Menge der Komponente i (bei Konstanz von Temperatur, Druck und der übrigen unabhängigen Massen) können wir gemäß Gl. (1.243) entweder

$$dG = \mu_a\, d\,n_a + \mu_b\, d\,n_b + \cdots \neg \mu_z\, d\,n_z + \mu_i\, d\,n_i \qquad (2.46)$$

oder (bei rein makroskopischer Betrachtungsweise)

$$dG = \mu_i^*\, d\,n_i^* \qquad (2.47)$$

ansetzen, worin μ_i das „chemische Potential der Teilchenart i" und μ_i^* das „chemische Potential der Komponente i" ist. Einsetzen von Gl. (44) und Gl. (45) in Gl. (46) und Vergleich mit Gl. (47) ergibt die gesuchte Beziehung:

$$\mu_i = \mu_i^*. \qquad (2.48)$$

§ 34. Phasenregel

Die Natur eines heterogenen Systems ist hinreichend gekennzeichnet, wenn in jeder Phase der Druck, die Temperatur und die Konzentrationen der einzelnen Teilchenarten und damit alle intensiven Zustandsvariablen bekannt sind. Die Mengen der einzelnen Phasen und somit die extensiven Größen interessieren bei den folgenden Betrachtungen nicht.·

Im System herrsche Gleichgewicht. Semipermeable Wände seien ausgeschlossen. Dann besagen die Gleichgewichtsbedingungen (26) und (27), daß Temperatur und Druck überall gleich sind. Bei N Teilchenarten haben wir also zunächst die Temperatur, den Druck und $(N-1)$ unabhängige Konzentrationen in jeder Phase (z.B. $N-1$ Molenbrüche) als intensive Variable zur Verfügung. Dies ergibt eine Variablenzahl von $(N-1)\varphi + 2$, wenn φ die Anzahl der Phasen ist. Es gelten aber weiterhin $(\varphi-1)N$ Gleichgewichtsbedingungen von der Form der Gln. (28) und (29) sowie R Gleichgewichtsbedingungen von der Gestalt der Gl. (31), wobei R die Zahl der unabhängigen chemischen Reaktionen (gekennzeichnet durch R linear unabhängige Reaktionsgleichungen) bedeutet. Ist B die Anzahl der zusätzlichen unabhängigen Bedingungsgleichungen, so haben wir insgesamt

$$(\varphi-1)N + R + B$$

unabhängige Gleichungen, die zwischen den

$$(N-1)\varphi + 2$$

intensiven Zustandsvariablen bestehen. Die Zahl der unabhängigen Variablen, welche die Natur des Systems festlegen, beträgt also:

$$v = (N-1)\varphi + 2 - (\varphi-1)N - R - B = N - R - B + 2 - \varphi \qquad (2.49)$$

oder bei Beachtung von Gl.(34):

$$v = N' + 2 - \varphi, \qquad (2.50)$$

worin N' die Zahl der Komponenten des Systems bedeutet. Man nennt v die *Varianz* oder die *Zahl der Freiheitsgrade* des Systems.

Sind einige Teilchenarten in gewissen Phasen nicht vorhanden, so fallen die entsprechenden Konzentrationen als Variable aus. Gleichzeitig reduziert sich aber die Zahl der Gleichgewichtsbedingungen der Form (28) oder (29) um denselben Betrag. Somit bleibt Gl.(49) oder (50) auch in diesem Falle gültig.

Gl.(50) ist die *Phasenregel* von GIBBS[1]. Sie bringt in die Fülle der heterogenen Gleichgewichte eine gewisse Ordnung. Dies haben besonders die systematischen Untersuchungen von BAKHUIS ROOZEBOOM[2] gezeigt.

Man nennt Gleichgewichte[3]

$$
\begin{aligned}
\text{nonvariant, wenn } v &= 0, \quad \text{also } \varphi = N' + 2, \\
\text{univariant, wenn } v &= 1, \quad \text{also } \varphi = N' + 1, \\
\text{bivariant, wenn } v &= 2, \quad \text{also } \varphi = N', \\
\text{plurivariant, wenn } v &> 2, \quad \text{also } \varphi < N'.
\end{aligned}
$$

Demnach hat ein nonvariantes Gleichgewicht die Varianz Null. So gibt es z.B. bei einem Einstoffsystem nur eine einzige Temperatur und einen einzigen Druck, bei dem Kristall, Flüssigkeit und Dampf koexistieren („Tripelpunkt"). Bei binären bzw. ternären Systemen entspricht die Koexistenz von vier bzw. fünf Phasen einem nonvarianten Gleichgewicht („Quadrupelpunkt" bzw. „Quintupelpunkt"). Ein bekanntes Beispiel hierfür ist ein binäres Vierphasensystem, das aus wasserfreiem Salz, Salzhydrat, wäßriger Salzlösung und Wasserdampf, also aus zwei festen Phasen, einer Flüssigkeit und einem Gas besteht. Die vier Phasen sind nur bei einer Temperatur, einem Druck und einer Zusammensetzung der Lösung miteinander im Gleichgewicht.

Besondere Aufmerksamkeit erfordert die Anwendung der Phasenregel auf solche Fälle, bei denen die Zahl N der Teilchenarten von der Zahl N' der Komponenten verschieden, also $N > N'$ ist.

Betrachten wir als Beispiel ein System, das aus festem Ammoniumchlorid im Gleichgewicht mit einer wäßrigen Lösung und mit Dampf besteht, wobei sowohl die flüssige Phase als auch die Gasphase Ammoniumchlorid (NH_4Cl), Chlorwasserstoff (HCl), Ammoniak (NH_3) und

---

[1] GIBBS, J. W.: s. Fußnote 1 S.54.

[2] BAKHUIS ROOZEBOOM, H. W.: Die heterogenen Gleichgewichte, Braunschweig 1901—1911.

[3] Die häufig benutzten Bezeichnungen „monovariant", „divariant" und „polyvariant" sind sprachlich unschön.

Wasser (H_2O) enthält. In der Lösung können außerdem noch die Ionen NH_4^+, Cl^-, H^+, OH^- sowie die Molekelart NH_4OH vorliegen. Es gilt also: $\varphi = 3$, $N = 9$.

Wird das System dadurch hergestellt, daß man Ammoniak und Chlorwasserstoff in willkürlichen Mengen mit Wasser zusammenbringt — solche Wahl der Bedingungen vorausgesetzt, bei denen die drei Phasen überhaupt koexistieren können —, so haben wir folgende unabhängige Reaktionsgleichungen im Dreiphasensystem:

$$NH_3 + HCl \rightleftharpoons NH_4Cl,$$

$$NH_4Cl \rightleftharpoons NH_4^+ + Cl^-,$$

$$NH_3 + H_2O \rightleftharpoons NH_4OH,$$

$$NH_4OH \rightleftharpoons NH_4^+ + OH^-,$$

$$HCl \rightleftharpoons H^+ + Cl^-,$$

$$H^+ + OH^- \rightleftharpoons H_2O.$$

Die Zahl N' der Komponenten beträgt also gemäß Gl. (34):

$$N' = N - R = 9 - 6 = 3.$$

Demnach besagt die Phasenregel (50), daß unser System

$$v = N' + 2 - \varphi = 3 + 2 - 3 = 2$$

Freiheitsgrade aufweist, das Gleichgewicht also bivariant ist. Geben wir z.B. die Temperatur und die Konzentration von NH_3 in der Lösung willkürlich vor, so liegen der Druck und die Zusammensetzungen der Lösung und des Dampfes fest.

Stellt man das heterogene System dadurch her, daß man Ammoniumchlorid in Berührung mit Wasser bringt, ohne überschüssiges Ammoniak oder überschüssigen Chlorwasserstoff hinzuzufügen, so hat man eine zusätzliche Bedingungsgleichung, die besagt, daß NH_3 und HCl stets im Molverhältnis $1:1$ auftreten. Jetzt gilt also gemäß Gl. (34):

$$N' = N - R - B = 9 - 6 - 1 = 2$$

und daher nach Gl. (50):

$$v = N' + 2 - \varphi = 2 + 2 - 3 = 1.$$

Das Gleichgewicht ist univariant. Gibt man z.B. die Temperatur willkürlich vor, so liegen der Druck und die Zusammensetzungen der Lösung und des Dampfes fest. Wir können dies auch so ausdrücken: Eine mit Ammoniumchlorid „gesättigte" wäßrige Lösung weist bei jeder Temperatur einen bestimmten Dampfdruck und eine bestimmte Flüssigkeits- und Dampfzusammensetzung auf.

Außer den zusätzlichen Bedingungsgleichungen für die Mengen der Teilchenarten, die wir in Gl. (34) bereits berücksichtigt und deren Zahl wir mit B bezeichnet haben [vgl. Gl. (49)], können bei speziellen Gleichgewichtsproblemen noch weitere Bedingungen auftreten. Betrachten wir z. B. eine einzelne Phase, die gemäß Gl. (50) im allgemeinen $N' + 1$ Freiheitsgrade aufweist. Wird nun eine einzelne Phase der Bedingung unterworfen, daß sie mit einer anderen Phase koexistieren soll, so hat sie — wegen des Bestehens einer zusätzlichen Bedingungsgleichung — nur noch N' Freiheitsgrade. Entsprechend weist eine „kritische Phase", die gemäß § 43 zwei unabhängigen Bedingungen unterliegt, $N' - 1$ Freiheitsgrade auf. In ähnlicher Weise ergibt sich, daß ein Zweiphasengleichgewicht, für das die Bedingung gleicher Zusammensetzung beider Phasen ($N' - 1$ unabhängige Bedingungsgleichungen) vorgeschrieben ist, nur einen Freiheitsgrad hat (vgl. § 48 und § 50).

Bezeichnen wir die Zahl der Bedingungen der soeben betrachteten Art mit B', so lautet die Phasenregel in ihrer allgemeinsten Fassung:

$$v = N' + 2 - \varphi - B'. \tag{2.50a}$$

Von § 37 an bis zum Schluß des Kapitels sowie im 3. Kapitel wird nur noch von „Komponenten" und nicht mehr von „Teilchenarten" die Rede sein. Dies geschieht deshalb, weil wir uns hier für die chemischen Reaktionen nicht mehr interessieren und stillschweigend immer chemisches Gleichgewicht oder vollständige Reaktionshemmung voraussetzen. Dann können in den allgemeinen Differentialgleichungen, z. B. in der GIBBSschen Hauptgleichung (5) oder in der GIBBS-DUHEMschen Gleichung (1.282), für die „Stoffe" 1, 2, ..., N stets die *Komponenten* eingesetzt werden (vgl. § 33). Erst bei der Besprechung spezieller Ansätze für die chemischen Potentiale (4. Kapitel ff.) wird es wieder von Bedeutung sein, ob eine Komponente in der betrachteten Phase an chemischen Reaktionen beteiligt, also z. B. dissoziiert, assoziiert oder solvatisiert ist.

§ 35. Elektrochemisches Gleichgewicht

In § 23 fanden wir auf direktem Wege einen Zusammenhang zwischen der Gleichgewichtspotentialdifferenz Φ („elektromotorischen Kraft") einer galvanischen Kette und der Änderung $(\Delta G)_{T,P}$ der Freien Enthalpie (bezogen auf den Umsatz eines elektrochemischen Äquivalents) der in der Kette bei gegebener Temperatur T und gegebenem Druck P ablaufenden chemischen Reaktion. Dieser Zusammenhang lautet gemäß Gl. (1.229):

$$(\Delta G)_{T,P} = -\mathfrak{F}\Phi. \tag{2.51}$$

Hierin ist $\mathfrak{F}$ die FARADAYsche Konstante.

Gl. (51) gilt, wie aus der Ableitung hervorgeht, nur für eine „reversible" galvanische Kette, d. h. für ein elektrochemisches System, bei dem nach Umkehr der Richtung des elektrischen Stromes alle Vorgänge im umgekehrten Sinne verlaufen. Galvanische Ketten mit Diffusionspotentialen, thermoelektrischen Spannungen, Thermodiffusionspotentialen usw. stellen offensichtlich „irreversible" Ketten dar: Durch Umkehr der Stromrichtung können irreversible Prozesse wie Diffusion, Wärmeleitung, Thermodiffusion usw. weder in der Richtung umgekehrt noch unterdrückt werden. Ebensowenig können diese irreversiblen Vorgänge durch Verminderung der Stromstärke „von höherer Ordnung klein" gemacht werden. Demnach entfallen hier die Grundlagen für die Ableitung von Gl. (51). Wir müssen also ein Verfahren finden, um bei „irreversiblen" Ketten für diejenigen Teile des Systems, die sich im Gleichgewicht befinden, die Gleichgewichtsbedingungen zu formulieren, während die Ausdrücke für Diffusionspotential, thermoelektrische Spannung, Thermodiffusionspotential usw. nach den Methoden der „Thermodynamik der irreversiblen Prozesse" abzuleiten sind. Unsere Aufgabe an dieser Stelle wird es daher sein, die Bedingungen für das „lokale" elektrochemische Gleichgewicht, z. B. das Gleichgewicht zwischen einer Elektrode und der sie berührenden Lösung, aufzustellen.

Ferner erscheint es wünschenswert, die Gleichgewichtsbedingungen für elektrochemische Systeme auf einem Wege zu gewinnen, der unserer allgemeinen Methodik in den vorangehenden Paragraphen entspricht. Auch diese Forderung führt auf das Problem des „lokalen" elektrochemischen Gleichgewichts.

Es entsteht hierbei allerdings eine eigentümliche Schwierigkeit, die schon von GIBBS und später unabhängig von GUGGENHEIM[1] erkannt worden ist: Elektrische Potentialdifferenzen sind bei elektrischen Leitern nur zwischen zwei Medien gleicher chemischer Zusammensetzung (z. B. zwischen zwei Stücken desselben Metalls) meßbar, während eine Potentialdifferenz zwischen zwei leitenden Medien verschiedener chemischer Beschaffenheit (z. B. zwischen einer Elektrode und einer Lösung) grundsätzlich keine meßbare Größe ist. Daher halten einige Autoren die letztgenannte Potentialdifferenz für physikalisch sinnlos. Wir können uns dieser extremen Meinung jedoch nicht anschließen; denn sowohl die Elektronentheorie als auch die Quantenmechanik führen definierte Ladungs- und Feldverteilungen für jeden Leiter und jedes Leitersystem ein, und aus den Mittelwerten dieser Verteilungen kann man prinzipiell makroskopische elektrische Feldstärken und Potentiale berechnen, auch wenn diese grundsätzlich unmeßbar sind[2].

---

[1] GUGGENHEIM, E. A.: J. Physic. Chem. **33**, 842 (1929).

[2] Vgl. hierzu S. R. DE GROOT u. H. A. TOLHOEK: Proc. Akad. Amsterdam **54 B**, 42 (1951).

Wir betrachten zwei aneinandergrenzende Phasen ($'$ und $''$) eines elektrochemischen Systems (z. B. zwei Metalle in Berührung miteinander, ein Metall in Kontakt mit einer Elektrolytlösung usw.), die miteinander im Gleichgewicht sind. Die Berührungsflächen seien frei beweglich. (Osmotische Probleme, die hierdurch ausgeschlossen sind, können ohne weiteres nach der Methode von § 31 behandelt werden.) Diejenige Teilchenart, durch deren Übergang zwischen den beiden Phasen die elektrische Spannung hervorgerufen wird („potentialbestimmendes Ion"), sei durch den Index i gekennzeichnet. Es kann sich hierbei auch um Elektronen handeln. Für alle übrigen Teilchenarten sei die Grenzfläche zwischen den beiden Phasen undurchlässig[1].

Wir können uns die innere Energie jeder Phase zerlegt denken in eine „eigentliche innere Energie" U, die nur von Temperatur, Druck, Zusammensetzung und Menge der Phase abhängt, und in eine „potentielle elektrostatische Energie", die durch die Aufladung der Phase bedingt und deren Änderung bei virtuellem Übergang des Ions i durch den Ausdruck $z_i \mathfrak{F} \varphi \delta n_i$ gegeben ist. Hierbei ist z_i die elektrochemische Valenz des Ions i (positive oder negative ganze Zahl), n_i die Molzahl (Zahl der Grammionen) des Ions i und φ das elektrische Potential im Inneren der betrachteten Phase. Man kann zwar in Wirklichkeit die Ladung oder das elektrische Potential einer Phase nicht als unabhängig von der Zusammensetzung der Phase betrachten, da einer bestimmten Molzahl eines Ions stets eine bestimmte Elektrizitätsmenge entspricht. Es läßt sich aber leicht verifizieren, daß selbst eine ungewöhnlich hohe elektrische Potentialdifferenz zwischen zwei Phasen derselben Art (etwa zwischen zwei Kupferstücken) einer so minimalen „Konzentrationsdifferenz" von Elektronen oder anderen Ionen entspricht, daß man praktisch von zwei Phasen derselben Zusammensetzung mit verschiedenen elektrischen Ladungen sprechen darf.

Nun ist die Entropie S einer Phase, die bezüglich des Ions i in Stoff- und Ladungsaustausch mit einer benachbarten Phase steht, durch die eigentliche innere Energie U, das Volumen V und die Molzahl n_i des Ions i bestimmt, wenn alle übrigen Molzahlen konstant gehalten werden; denn der innere Zustand der betrachteten Phase hängt — bei Ausschluß von elektrischer Polarisation — unter den genannten Bedingungen nur von U, V und n_i ab. Also gilt Gl. (5) für jede Phase, und wir erhalten für eine virtuelle Verrückung aus dem (elektrochemischen) Gleichgewicht bei unserem Zweiphasensystem gemäß Gl. (1 a) [vgl. Gl. (6)]:

$$\delta S = \delta S' + \delta S'' = \frac{\delta U'}{T'} + \frac{P'}{T'} \delta V' - \frac{\mu_i'}{T'} \delta n_i' + \frac{\delta U''}{T''} + \frac{P''}{T''} \delta V'' - \frac{\mu_i''}{T''} \delta n_i'' = 0.$$

---

[1] Kompliziertere Fälle lassen sich analog behandeln. Wir verzichten auf eine ausführliche Darstellung, da sich im Prinzip an den Schlußfolgerungen nichts ändert.

Hierin ist T die (absolute) Temperatur, P der Druck und μ_i das chemische Potential des Ions i im Inneren der betrachteten Phase. Die Nebenbedingungen (Bedingungen für die Abgeschlossenheit des Systems während der virtuellen Zustandsänderung) lauten nach unseren obigen Ausführungen [vgl. Gl. (7)]:

$$\delta U' + z_i \mathfrak{F} \varphi' \, \delta n_i' + \delta U'' + z_i \mathfrak{F} \varphi'' \, \delta n_i'' = 0 \,,$$

$$\delta V' + \delta V'' = 0 \,,$$

$$\delta n_i' + \delta n_i'' = 0 \,.$$

Somit sind folgende Bedingungen für das Gleichgewicht notwendig und hinreichend [vgl. Gln. (8) bis (10)]:

$$T' = T'' \,, \tag{2.52}$$

$$P' = P'' \,, \tag{2.53}$$

$$\mu_i' + z_i \mathfrak{F} \varphi' = \mu_i'' + z_i \mathfrak{F} \varphi'' \,. \tag{2.54}$$

Die Größe $\mu_i + z_i \mathfrak{F} \varphi$, deren Gleichheit in zwei benachbarten Phasen eines elektrochemischen Systems das wesentliche Kriterium für elektrochemisches Gleichgewicht zwischen diesen Phasen ist, heißt nach GUGGENHEIM das *elektrochemische Potential* des Ions i. Diese Größe hängt offensichtlich außer von Temperatur, Druck und Zusammensetzung der Phase auch von deren elektrischem Zustand ab[1].

---

[1] Ersetzen wir in der GIBBSschen Hauptgleichung (5) das Variationszeichen wieder durch das gewöhnliche Differentiationszeichen und lassen den Phasenindex (α) weg, so erhalten wir:

$$T dS = dU + P dV - \sum_k \mu_k \, d n_k \,,$$

worin U die eigentliche innere Energie der Phase bedeutet. Demnach gilt für das chemische Potential einer Ionenart i [vgl. Gl. (1.247)]:

$$\mu_i = \left(\frac{\partial U}{\partial n_i} \right)_{S,\,V,\,n_j}$$

μ_i hängt also nur von Temperatur, Druck und Zusammensetzung der Phase ab. Wir führen nun die gesamte innere Energie der Phase

$$\tilde{U} \equiv U + \sum_k z_k \mathfrak{F} n_k \varphi$$

und das elektrochemische Potential der Teilchensorte i

$$\tilde{\mu}_i \equiv \mu_i + z_i \mathfrak{F} \varphi$$

in die GIBBSsche Hauptgleichung ein. Vernachlässigen wir, wie oben, in $d\tilde{U}$ den Term

$$\sum_k z_k \mathfrak{F} n_k \, d\varphi \,,$$

der infolge der extrem kleinen Raumladung bei Leitern keine Rolle spielt, so ergibt sich:

$$T dS = d\tilde{U} + P dV - \sum_k \tilde{\mu}_k \, d n_k \,.$$

Fortsetzung S. 128!

Gemäß Gl.(54) erhalten wir für die Potentialdifferenz $\varphi'' - \varphi'$ zwischen den beiden Phasen:

$$\varphi'' - \varphi' = \frac{\mu_i' - \mu_i''}{z_i \mathfrak{F}} \, . \tag{2.55}$$

Diese Größe bedeutet die Differenz der elektrischen Potentiale im Inneren der beiden Phasen im Falle des Gleichgewichts und wird als „Galvanispannung" bezeichnet. Sie ist bei vorgegebenem Zustand der beiden einander berührenden Leiter theoretisch eindeutig bestimmt (da dann die chemischen Potentiale μ_i' und μ_i'' festgelegt sind), jedoch experimentell nicht ermittelbar (vgl. oben). Daher ist auch der Ausdruck $\mu_i' - \mu_i''$ nicht meßbar. Die Galvanispannung zwischen einem metallischen Leiter und einer Elektrolytlösung heißt „Elektrodenpotential" oder „Einzelpotential".

Wir betrachten einen Punkt, der außerhalb eines metallischen Leiters im Vakuum bzw. im Metalldampf nahe der Metalloberfläche, aber gerade außerhalb der praktischen Reichweite der Bildkräfte, d.h. etwa im Abstande 10^{-4} cm von der geometrischen Oberfläche des Leiters liegt. Das elektrische Potential an diesem Punkt wird „äußeres Potential" ψ genannt, im Gegensatz zum „inneren Potential" φ, von dem bisher allein die Rede war. Wir bezeichnen die Differenz zwischen innerem und äußerem Potential als „Oberflächenpotential" χ. Diese Potentialdifferenz beruht auf dem Vorhandensein einer heterogenen Ladungsverteilung auf der Leiteroberfläche, die z.B. durch eine Schicht orientierter Dipole an der Oberfläche bedingt ist. Es gilt dann die Beziehung von Lange[1]:

$$\varphi = \psi + \chi \, .$$

Kennzeichnen wir die Elektronen durch den Index $\ominus$ und beachten $z_\ominus = -1$, so folgt mit Gl. (55) für das elektrochemische Gleichgewicht zwischen zwei metallischen Leitern $'$ und $''$:

$$\psi'' - \psi' = \frac{\mu_\ominus'' - \mu_\ominus'}{\mathfrak{F}} - (\chi'' - \chi') \, . \tag{2.55a}$$

Die Potentialdifferenz $\psi'' - \psi'$ heißt „Voltaspannung". Sie ist, im Gegensatz zur „Galvanispannung" $\varphi'' - \varphi'$, experimentell bestimmbar[2], und zwar entweder direkt auf elektrostatischem Wege oder indirekt als Differenz zwischen den „Elektronenaustrittsarbeiten"

$$w_\ominus \equiv \mathfrak{F} \chi - \mu_\ominus \, ,$$

die aus dem photoelektrischen Effekt oder der Glühkathodenemission bekannt sind; denn mit Gl. (55 a) ergibt sich:

$$\mathfrak{F} (\psi'' - \psi') = w_\ominus' - w_\ominus'' \, . \tag{2.55b}$$

Fortsetzung von Fußnote 1, S. 127.

Demnach gilt für das elektrochemische Potential einer Ionenart i:

$$\tilde{\mu}_i = \left(\frac{\partial \tilde{U}}{\partial n_i} \right)_{S,\,V,\,n_j}$$

$\tilde{\mu}_i$ hängt also, wie $\tilde{U}$, auch vom elektrischen Zustand der Phase ab.

[1] Lange, E.: Handbuch d. Experimentalphysik, Band 12/2, Leipzig 1933, S. 305.
[2] Vgl. hierzu K. Möhring: Z. Elektrochem. **59**, 102 (1955).

Sowohl die Voltaspannung als auch die Galvanispannung zwischen zwei metallischen Leitern wird als „Kontaktspannung" bezeichnet. Man sollte diesen Ausdruck daher vermeiden. Die Größe $w_\ominus/\mathfrak{F}$ ist die „work function" der angelsächsischen Literatur.

Liegt eine „reversible" galvanische Kette vor, so kann man Gl. (55) auf je zwei einander berührende Phasen anwenden. Dann ergibt sich für die meßbare Gleichgewichtspotentialdifferenz Φ der Kette („elektromotorische Kraft" oder „EMK") wiederum Gl. (51). Wir erläutern dies an einem Beispiel.

Wir betrachten die „reversible" galvanische Kette

$$\underset{\text{I}}{\text{Pt}} \mid \underset{\text{II}}{\text{Pb}} \mid \underset{\text{III}}{\text{PbCl}_2 \text{ (fest)}} \mid \underset{\text{IV}}{\text{KCl (wäßrige Lösung)}} \mid \underset{\text{V}}{\text{AgCl (fest)}} \mid \underset{\text{VI}}{\text{Ag}} \mid \underset{\text{VII}}{\text{Pt}}. \qquad (2.56)$$

Die römischen Ziffern bedeuten die Indices, durch die wir die einzelnen Phasen des elektrochemischen Systems voneinander unterscheiden. Für die meßbare Gleichgewichtspotentialdifferenz gilt zunächst[1]:

$$\Phi = \varphi^{\text{VII}} - \varphi^{\text{I}}. \qquad (2.57)$$

Nun wenden wir Gl. (55) auf die sechs Phasengrenzen an, wobei wir sogleich die Werte für die elektrochemischen Valenzen einsetzen und die Elektronen durch das Symbol $\ominus$ bezeichnen ($z_\ominus = -1$):

$$\mathfrak{F}\,(\varphi^{\text{I}} - \varphi^{\text{II}}) = \mu_\ominus^{\text{I}} - \mu_\ominus^{\text{II}},$$

$$2\,\mathfrak{F}\,(\varphi^{\text{II}} - \varphi^{\text{III}}) = \mu_{\text{Pb}^{++}}^{\text{III}} - \mu_{\text{Pb}^{++}}^{\text{II}},$$

$$\mathfrak{F}\,(\varphi^{\text{III}} - \varphi^{\text{IV}}) = \mu_{\text{Cl}^-}^{\text{III}} - \mu_{\text{Cl}^-}^{\text{IV}},$$

$$\mathfrak{F}\,(\varphi^{\text{IV}} - \varphi^{\text{V}}) = \mu_{\text{Cl}^-}^{\text{IV}} - \mu_{\text{Cl}^-}^{\text{V}},$$

$$\mathfrak{F}\,(\varphi^{\text{V}} - \varphi^{\text{VI}}) = \mu_{\text{Ag}^+}^{\text{VI}} - \mu_{\text{Ag}^+}^{\text{V}},$$

$$\mathfrak{F}\,(\varphi^{\text{VI}} - \varphi^{\text{VII}}) = \mu_\ominus^{\text{VI}} - \mu_\ominus^{\text{VII}}.$$

Berücksichtigen wir, daß wegen der Identität der Endphasen I und VII gelten muß:

$$\mu_\ominus^{\text{I}} = \mu_\ominus^{\text{VII}},$$

so finden wir aus den vorangehenden sechs Gleichungen:

$$\mathfrak{F}\,(\varphi^{\text{I}} - \varphi^{\text{VII}}) = \left. \begin{aligned} &\tfrac{1}{2}\mu_{\text{Pb}^{++}}^{\text{III}} + \mu_{\text{Cl}^-}^{\text{III}} + \mu_{\text{Ag}^+}^{\text{VI}} + \mu_\ominus^{\text{VI}} \\ &- \tfrac{1}{2}\mu_{\text{Pb}^{++}}^{\text{II}} - \mu_\ominus^{\text{II}} - \mu_{\text{Ag}^+}^{\text{V}} - \mu_{\text{Cl}^-}^{\text{V}}. \end{aligned} \right\} \qquad (2.58)$$

---

[1] Die rechte Seite der Kette ist der positive Pol.

Es liegen folgende homogene chemische Gleichgewichte vor:

$$\frac{1}{2}\,\mathrm{Pb}^{++} + \ominus \rightleftharpoons \mathrm{Pb} \qquad \text{(Phase II)},$$

$$\frac{1}{2}\,\mathrm{Pb}^{++} + \mathrm{Cl}^- \rightleftharpoons \frac{1}{2}\,\mathrm{PbCl_2} \quad \text{(Phase III)},$$

$$\mathrm{Ag}^+ + \mathrm{Cl}^- \rightleftharpoons \mathrm{AgCl} \qquad \text{(Phase V)},$$

$$\mathrm{Ag}^+ + \ominus \rightleftharpoons \mathrm{Ag} \qquad \text{(Phase VI)}.$$

Die entsprechenden Gleichgewichtsbedingungen lauten gemäß Gl.(30):

$$\left.\begin{aligned}
\frac{1}{2}\,\mu^{\mathrm{II}}_{\mathrm{Pb}^{++}} + \mu^{\mathrm{II}}_{\ominus} &= \frac{1}{2}\,\mu_{\mathrm{Pb}}\,,\\[4pt]
\frac{1}{2}\,\mu^{\mathrm{III}}_{\mathrm{Pb}^{++}} + \mu^{\mathrm{III}}_{\mathrm{Cl}^-} &= \frac{1}{2}\,\mu_{\mathrm{PbCl_2}}\,,\\[4pt]
\mu^{\mathrm{V}}_{\mathrm{Ag}^+} + \mu^{\mathrm{V}}_{\mathrm{Cl}^-} &= \mu_{\mathrm{AgCl}}\,,\\[4pt]
\mu^{\mathrm{VI}}_{\mathrm{Ag}^+} + \mu^{\mathrm{VI}}_{\ominus} &= \mu_{\mathrm{Ag}}\,.
\end{aligned}\right\} \qquad (2.59)$$

Hierbei haben wir die Phasenindices an den chemischen Potentialen der rechten Seite fortgelassen, weil die chemischen Potentiale der neutralen Molekeln bei gegebenen Werten von T und P eindeutig bestimmt sind, auch wenn diese Molekülarten (wie etwa $\mathrm{PbCl_2}$ und AgCl) oder ihre Dissoziationsprodukte (z. B. Pb^{++} und Ag^+) in der Lösung vorhanden sind[1]. Durch Kombination der Gln.(57), (58) und (59) finden wir:

$$-\,\mathfrak{F}\,\Phi = \frac{1}{2}\,\mu_{\mathrm{PbCl_2}} + \mu_{\mathrm{Ag}} - \frac{1}{2}\,\mu_{\mathrm{Pb}} - \mu_{\mathrm{AgCl}}\,. \qquad (2.60)$$

Wenn wir die zur Kette (56) gehörende Bruttoreaktion in derjenigen Richtung betrachten, in der sie außerhalb der Kette (irreversibel) ablaufen würde, so erhalten wir für einen Äquivalentumsatz:

$$\frac{1}{2}\,\mathrm{Pb} + \mathrm{AgCl} \rightarrow \frac{1}{2}\,\mathrm{PbCl_2} + \mathrm{Ag}\,. \qquad (2.61)$$

Aus Gl. (1.216), (1.243) und (1.260) folgt für die Freie Enthalpie G eines beliebigen heterogenen Systems:

$$G = \sum_{\alpha}\sum_{k} n^{\alpha}_{k}\mu^{\alpha}_{k}\,, \qquad (2.62)$$

---

[1] Es muß nur vorausgesetzt werden, daß $\mathrm{PbCl_2}$ und AgCl schwerlöslich sind und daß die Ionen Pb^{++} und Ag^+ nicht in merklicher Menge durch die Lösung an die andere Elektrode diffundieren; denn andernfalls würden irreversible Prozesse (Ausfallen von Ag an der Elektrode III, Aufbau von Diffusionspotentialen usw.) möglich sein, und wir könnten auch nicht mehr das chemische Potential von Cl^- in der Lösung ($\mu^{\mathrm{IV}}_{\mathrm{Cl}^-}$) als örtlich konstant betrachten.

wobei der Index α bzw. k die Phase α bzw. den Stoff k bezeichnet. Für jeden Vorgang, der, wie die chemische Reaktion (61), bei gegebener Temperatur, gegebenem Druck und gegebener Zusammensetzung der einzelnen Phasen abläuft, bleiben die chemischen Potentiale μ_k^α konstant, so daß sich nur die Molzahlen n_k^α in Gl. (62) ändern. Betrachten wir daher einen solchen chemischen Vorgang, der dem Umsatz eines elektrochemischen Äquivalents entspricht, so gilt:

$$\Delta G = \sum_\alpha \sum_k \nu_k \mu_k^\alpha , \tag{2.63}$$

worin ν_k der stöchiometrische Koeffizient des Stoffes k in der Reaktionsgleichung ist, wenn diese für einen Äquivalentumsatz geschrieben wird[1].

Wir leiten nun für die Reaktion (61) aus Gl. (63) ab:

$$\Delta G = \frac{1}{2}\mu_{\mathrm{PbCl_2}} + \mu_{\mathrm{Ag}} - \frac{1}{2}\mu_{\mathrm{Pb}} - \mu_{\mathrm{AgCl}} . \tag{2.64}$$

Durch Vergleich mit Gl. (60) erhalten wir:

$$\Delta G = -\mathfrak{F}\Phi ,$$

finden also Gl. (51) zurück. Da das Vorzeichen von Φ positiv gewählt ist [vgl. Gl. (57)], folgt: $\Delta G < 0$, wie es sein muß.

In einer reversiblen Kette gilt die elektrochemische Gleichgewichtsbedingung (55) nur entweder für zwei *benachbarte* Phasen oder für solche nicht benachbarte Phasen [wie die Phasen III und V bei der Kette (56)], die mit einer dritten Phase (in unserem Beispiel mit der Phase IV) bezüglich *desselben* Ions (hier Cl^-) im Gleichgewicht sind. Bei der Kette (56) sind z. B. die Phasen I und VII nicht miteinander im elektrochemischen Gleichgewicht; denn es besteht zwischen ihnen eine elektrische Potentialdifferenz, obwohl die chemischen Potentiale der Elektronen in den beiden Phasen gleich sind. Aus diesen Überlegungen folgt auch, daß ein reversibler Ablauf der chemischen Reaktion (61) in einer galvanischen Kette nicht einer „Umsetzung bei währendem chemischen Gleichgewicht" entspricht; denn wäre dies der Fall, so müßte der Ausdruck (60) bzw. (64) verschwinden, was offensichtlich nicht zutreffen kann.

Es sei Φ_I die EMK der reversiblen galvanischen Kette I und Φ_II die EMK einer zweiten Kette II, die sich von der ersten nur dadurch unterscheidet, daß ein einziger Stoff j in einer bestimmten Phase in anderer

---

[1] Ändert sich durch die Reaktion die Zusammensetzung einer Phase – z. B. dadurch, daß ein Reaktionspartner Bestandteil einer Lösung ist –, so darf Gl. (63) nicht mehr ohne weiteres benutzt werden. Diese Gleichung gilt nur für Heterogenreaktionen vom Typ (61) oder für solche Umsetzungen, bei denen die umgesetzten Mengen klein im Vergleich zu den Absolutmengen der reagierenden Stoffe sind, so daß in den Phasen variabler Zusammensetzung die Konzentrationen der einzelnen Bestandteile praktisch konstant bleiben, wie dies bei EMK-Messungen stets der Fall ist.

Konzentration vorliegt. Wir bezeichnen das chemische Potential der Substanz j in der betrachteten Phase mit $\mu_j(\mathrm{I})$ bzw. $\mu_j(\mathrm{II})$ und den stöchiometrischen Koeffizienten dieses Stoffes in der für einen Äquivalentumsatz angeschriebenen Reaktionsgleichung mit ν_j. (Da die betrachtete Substanz an der Bruttoreaktion beteiligt sein soll, kann es sich offenbar *nicht* um ein Ion handeln.) Die Differenz $\Phi_\mathrm{I} - \Phi_\mathrm{II}$ wird am einfachsten durch Gegeneinanderschalten der beiden Ketten ermittelt. Die so erhaltene kombinierte Kette heißt aus naheliegenden Gründen „Konzentrationskette ohne Überführung". Wir finden aus Gl.(51) und (63):

$$\mathfrak{F}\,(\Phi_\mathrm{I} - \Phi_\mathrm{II}) = \Delta G_\mathrm{II} - \Delta G_\mathrm{I} = \nu_j\,[\mu_j(\mathrm{II}) - \mu_j(\mathrm{I})]$$

oder mit

$$\Phi_{\mathrm{I,\,II}} \equiv \Phi_\mathrm{I} - \Phi_\mathrm{II}$$

in kürzerer Schreibweise:

$$-\mathfrak{F}\,\Phi_{\mathrm{I,\,II}} = \nu_j\,[\mu_j(\mathrm{I}) - \mu_j(\mathrm{II})]\,. \tag{2.65}$$

Besteht in der galvanischen Kette II die betreffende Phase aus dem reinen Stoff j, so gilt:

$$\mu_j(\mathrm{II}) = \mu_{0j}\,,$$

worin μ_{0j} das chemische Potential des reinen Stoffes j bei den vorgegebenen Werten von Temperatur und Druck bedeutet. Demnach folgt für diesen Fall mit $\mu_j \equiv \mu_j(\mathrm{I})$, $\Delta\mu_j \equiv \mu_j - \mu_{0j}$:

$$-\mathfrak{F}\,\Phi_{\mathrm{I,\,II}} = \nu_j\,(\mu_j - \mu_{0j}) = \nu_j\,\Delta\mu_j\,. \tag{2.65a}$$

Als Anwendungsbeispiele betrachten wir zwei gegeneinander geschaltete reversible Ketten, die sich voneinander lediglich unterscheiden in

a) der Konzentration von Zink in einer Zinkamalgam-Elektrode,

b) dem Gehalt an Wasserstoff in einer Platin-Wasserstoff-Elektrode, der ein zweites Gas zugesetzt ist (bei konstantem Gesamtdruck),

c) der Konzentration eines Elektrolyten, z.B. HCl, in einer Lösung. Gl.(65) bzw. (65a) gestattet hier eine Messung des Konzentrationsverlaufs des chemischen Potentials des Stoffes j in der betreffenden Phase, nämlich von μ_{Zn} im Zinkamalgam beim Beispiel a), von $\mu_{\mathrm{H_2}}$ in der Gasphase beim Beispiel b) und von μ_{HCl} in der Lösung beim Beispiel c). Näheres findet sich in § 68 und § 97.

Es sei schließlich noch die Formel für die Potentialdifferenz einer „Konzentrationskette mit Überführung" mitgeteilt, die sich mit Hilfe der thermodynamisch-phänomenologischen Theorie der irreversiblen Prozesse generell begründen läßt. Eine solche galvanische Kette ist eine „irreversible" Kette (mit Diffusionspotential) und nach folgendem Schema aufgebaut:

Elektrode I | Lösung I | Brückenlösungen | Lösung II | Elektrode II.

Die beiden Elektroden I und II seien aus demselben Material und für ein Ion (i) in der Lösung reversibel. Temperatur und Druck seien konstant. In der gesamten Kette sei nur ein einziger Elektrolyt (Komponente 2) in einem neutralen Lösungsmittel (Komponente 1) enthalten. Die Konzentration des Elektrolyten variiere stetig von einem konstanten Wert in der Lösung I über alle möglichen Zwischenwerte in den „Brückenlösungen" bis zu einem zweiten konstanten Wert in der Lösung II. Über den Aufbau und das Zustandekommen der Brückenlösungen brauchen — im Gegensatz zu Fällen mit mehreren Elektrolyten — keine Voraussetzungen gemacht zu werden: Die Potentialdifferenz der Kette für den stromlosen Zustand ist definiert und zeitlich konstant, solange die Lösungen I und II dort, wo sie die Elektroden berühren, konstante Zusammensetzung haben. Es wird lediglich vorausgesetzt, daß an den Grenzflächen Elektrode/Lösung lokales Gleichgewicht bezüglich des Ions i herrscht. Wir betrachten den Fall eines „binären Elektrolyten", d.h. eines Elektrolyten, der zwei Arten von Ionen liefert, und nehmen vollständige Dissoziation an. t_i sei die „Überführungszahl" des Ions i; demnach ist $(1 - t_i)$ die Überführungszahl des zweiten Ions. μ_2 sei das chemische Potential des Elektrolyten, ν_+ bzw. ν_- die Zahl der Kationen bzw. Anionen, die durch Dissoziation aus einer Elektrolytmolekel entstehen, und z_+ bzw. z_- die elektrochemische Valenz des Kations bzw. Anions. Dann findet man für die Potentialdifferenz $\Phi = (\varphi)_{\text{Elektrode II}} - (\varphi)_{\text{Elektrode I}}$ folgende allgemeine Gleichung[1]:

$$\nu_+ z_+ \mathfrak{F}\,\Phi = -\nu_- z_- \mathfrak{F}\,\Phi = \pm \int\limits_{\text{I}}^{\text{II}} (1 - t_i)\, d\mu_2 . \tag{2.66}$$

Hierbei gilt das positive bzw. negative Vorzeichen, wenn das Ion i das Kation bzw. das Anion ist. Die Integration ist über die Konzentration als Variable zu erstrecken, und zwar von der Zusammensetzung der Lösung I bis zu derjenigen der Lösung II.

Gl. (66), die in § 99 näher diskutiert wird, läßt sich noch auf eine andere, später benötigte Form bringen, wenn man das chemische Potential μ_1 des Lösungsmittels einführt. Dazu beachten wir Gl. (1.263) sowie die Definition[2] der „Molarität" m des Elektrolyten (der Komponente 2)

$$m \equiv \frac{n_2}{M_1 n_1} \qquad (M_1 = \text{Molmasse des Lösungsmittels})$$

und benutzen die GIBBS-DUHEMsche Beziehung (1.282). Wir finden dann:

$$d\mu_1 + M_1 m\, d\mu_2 = 0 \qquad (T, P \text{ const}).$$

---

[1] Vgl. Anhang 4.

[2] Bei Elektrolytlösungen zieht man diese Konzentrationsvariable dem Molenbruch vor (vgl. § 86).

Hieraus folgt mit Gl. (66):

$$v_+ z_+ \mathfrak{F} \varPhi = - v_- z_- \mathfrak{F} \varPhi = \mp \frac{1}{M_1} \int\limits_{\mathrm{I}}^{\mathrm{II}} \frac{1 - t_i}{m} \, d\mu_1 . \qquad (2.67)$$

Dabei gilt das negative Vorzeichen, wenn das Ion i das Kation ist. Beschreibt man die Zusammensetzung der Elektrolytlösung durch die Molarität m, so ist m die Integrationsvariable, von der t_i und μ_1 bzw. μ_2 abhängen. Die Integrationsgrenzen sind dann $m = m_\mathrm{I}$ (Lösung I) und $m = m_\mathrm{II}$ (Lösung II).

§ 36. Andere Formen des Gleichgewichtskriteriums

Wie aus den Darlegungen in § 19—21 und den Ausführungen in diesem Kapitel hervorgeht, können alle wesentlichen Schlüsse der Thermodynamik aus den Hauptsätzen in ihrer ursprünglichen Form (§ 2, § 4, § 18) gewonnen werden. Die zusätzliche Einführung der Funktionen H (Enthalpie), F (Freie Energie) und G (Freie Enthalpie) ist zwar sehr bequem, da sie viele Rechnungen kürzer und anschaulicher (vgl. § 5—7 und § 23—27) gestaltet, aber keineswegs notwendig. Die sehr verbreitete Formulierung des Gleichgewichtskriteriums mit Hilfe der Funktionen F und G ist sogar mit Nachteilen verknüpft, wie sogleich ersichtlich sein wird.

Für die im Rahmen der Thermodynamik der Mischphasen behandelten Probleme können wir das in § 29 aufgestellte Gleichgewichtskriterium kurz folgendermaßen aussprechen:

1. Für gegebene Werte von U und V hat bei geschlossenen Systemen die Entropie S im Gleichgewicht ein Maximum.

Es läßt sich zeigen, daß mit diesem Satz eine andere Formulierung, der GIBBS aus mathematischen Gründen den Vorzug gibt, gleichwertig ist:

2. Für gegebene Werte von S und V hat bei geschlossenen Systemen die innere Energie U im Gleichgewicht ein Minimum.

Wie aus Gl. (1.226) in § 23 folgt, können wir auch folgende Sätze aussprechen:

3. Für gegebene Werte von T und V hat bei geschlossenen Systemen die Freie Energie F im Gleichgewicht ein Minimum.

4. Für gegebene Werte von T und P hat bei geschlossenen Systemen die Freie Enthalpie G im Gleichgewicht ein Minimum.

Neben diese vier Kriterien könnten noch zahlreiche andere Sätze gestellt werden, die ebenfalls die Gestalt von Extremalprinzipien haben, aber praktisch nicht benutzt werden. So bestechend zunächst die mathematische Analogie dieser verschiedenen Formen des Gleichgewichtskriteriums sein mag, dürfen wir uns doch bezüglich ihrer unterschiedlichen physikalischen Bedeutung keinen Täuschungen hingeben. Die erste bzw. zweite Form des Gleichgewichtskriteriums ist vollkommen allgemein, da hier die Nebenbedingungen nur eine zweckmäßige Abgrenzung des heterogenen Systems von der Umgebung vorschreiben; die dritte bzw. vierte Form hingegen verlangt die Konstanz von einer bzw. zwei intensiven Zustandsvariablen (T bzw. T und P), nimmt also Erkenntnisse vorweg, die eigentlich erst das Ergebnis der Ableitungen sein sollten. Gleichgewichtsbedingungen wie $T = $ const oder $P = $ const (innerhalb des betrachteten Systems) können demnach mit der dritten bzw. vierten Form des Gleichgewichtskriteriums nicht gewonnen werden. Dies scheint zunächst kein schwerwiegender Nachteil zu sein, da die Konstanz der Temperatur bereits aus dem Temperaturbegriff und die Konstanz des Druckes (in den Fällen, bei denen sie zutrifft) unmittelbar aus der Anschauung folgt. Aber schon beim Problem des osmotischen Gleichgewichts (§ 31) ist dann der thermodynamische Hintergrund für die Verschiedenheit der Drucke (bei Gleichheit der Temperaturen) nicht mehr klar ersichtlich. Auch die Bedingungen für thermische und mechanische Stabilität, die wir im folgenden aus der ersten Form des Gleichgewichtskriteriums ableiten werden, würden bei Benutzung der dritten oder vierten Form nicht mehr vollständig deduzierbar sein und daher nicht als logisch zu den übrigen Stabilitätsbedingungen gehörig erkannt werden.

§ 37. Stabilität: Vorbetrachtungen

Bisher hatten wir bei der Ableitung der Gleichgewichtsbedingungen einen Gesichtspunkt außer acht gelassen: die Möglichkeit der Bildung von „neuen Phasen", d. h. von Phasen, die von den ursprünglichen ihrer Natur nach verschieden sind. In einem System kann also Gleichgewicht herrschen bezüglich aller denkbaren Veränderungen, welche die ursprünglichen Phasen betreffen, und trotzdem kann die Möglichkeit einer Umwandlung des betrachteten Systems in ein neues, aus anderen Phasen aufgebautes System bestehen. Man nennt das betrachtete Gleichgewicht

a) *instabil*, wenn es mindestens eine der erwähnten Umwandlungen gibt, die einen irreversiblen (natürlichen) Vorgang darstellt,

b) *neutral*, wenn die betrachtete Umwandlung dem Grenzfall eines reversiblen Prozesses entspricht,

c) *stabil*, wenn jede Umwandlung der betrachteten Art einem unmöglichen Vorgang entspricht.

In völlig analogem Sinne kann man eine Phase oder ein heterogenes System als „stabil" oder „instabil" bezeichnen. Um die drei Fälle a) bis c) voneinander unterscheiden zu können, benötigen wir neben den bisher abgeleiteten „Gleichgewichtsbedingungen erster Ordnung", die Aussagen über die ersten Differentialquotienten der charakteristischen Funktionen machen (vgl. § 24), noch weitere Gleichgewichtsbedingungen, die wir als „Stabilitätsbedingungen" bezeichnen wollen. Soweit sich diese analytisch genauer fassen lassen (vgl. § 39ff.), stellen sie Aussagen über die zweiten und höheren Differentialquotienten der charakteristischen Funktionen dar und heißen daher auch „Gleichgewichtsbedingungen zweiter und höherer Ordnung".

Unterscheiden sich die neuen Phasen von den ursprünglichen Phasen in ihren intensiven Zustandsfunktionen beliebig wenig, so spricht man von „benachbarten Phasen". Ein System oder eine Phase, die hinsichtlich der Bildung von benachbarten Phasen instabil ist, wird als „absolut instabil" oder „labil" bezeichnet. Ein System oder eine Phase, die hinsichtlich der Bildung von nichtbenachbarten Phasen instabil, aber in bezug auf Bildung benachbarter Phasen stabil ist, nennt man „relativ instabil" oder „metastabil".

Metastabile Systeme können längere Zeit und unter gewissen Umständen unbegrenzt existieren. Bekannte Beispiele für metastabile Phasen sind unterkühlte Flüssigkeiten, übersättigte Dämpfe, übersättigte Lösungen usw. Absolut instabile Systeme sind hingegen — mit Ausnahmen bei Mischkristallen, bei denen die Langsamkeit der Diffusion eine „Entmischung"[1] verhindern kann — überhaupt nicht existenzfähig; denn die Schwankungserscheinungen in molekularen Dimensionen sind im allgemeinen ausreichend, um eine absolut instabile Phase sofort in „benachbarte Phasen" zu verwandeln, und dieser Prozeß schreitet so lange fort, bis sich stabile (oder metastabile) Phasen gebildet haben. Wie hieraus ersichtlich, besteht ein enger Zusammenhang zwischen den statistischen Schwankungen im Sinne der Statistischen Mechanik und den Stabilitätsbedingungen der Thermodynamik.

Es sei darauf hingewiesen, daß metastabile Phasen mit anderen Phasen koexistieren können; denn metastabile Systeme sind existenzfähig, so daß für sie die bisher abgeleiteten Gleichgewichtsbedingungen, die keinerlei Voraussetzungen bezüglich der Stabilität der Phasen enthalten, ohne weiteres Gültigkeit haben. Bekannte Beispiele sind: eine metastabile (übersättigte) Salzlösung, die mit Wasserdampf koexistiert, und der metastabile Tripelpunkt beim Schwefel, der dem Gleichgewicht zwischen drei metastabilen Phasen (rhombischer Kristall, Flüssigkeit und Dampf) im Existenzgebiet einer einzigen stabilen Phase (monokliner Kristall) entspricht.

Die strenge Ableitung der Stabilitätsbedingungen geht wiederum von der allgemeinen Ungleichung (1) aus. Wir werden sie in § 41 durch-

---

[1] „Entmischung" ist die Umwandlung einer einzelnen Mischphase in zwei oder mehr Phasen desselben Aggregatzustandes, die sich von der ursprünglichen Phase hinsichtlich ihrer Zusammensetzung unterscheiden.

führen. Da die Rechnungen aber komplizierter als bisher sind, wollen wir zunächst die Probleme der Stabilität auf einem weniger allgemeinen, aber vielleicht durchsichtigeren Wege behandeln.

Dieser „elementare" Weg zur Ableitung der Stabilitätsbedingungen basiert auf folgenden Überlegungen. Wir betrachten den virtuellen Übergang „altes System → neues System", zunächst unter der Bedingung, daß dabei das System abgeschlossen ist, d.h. die gesamte innere Energie U, das totale Volumen V und die Gesamtmolzahl n_i jeder Komponente i konstant bleiben. Der Operator Δ bezeichne die bei diesem Übergang auftretende Variation einer Zustandsgröße bis zu Gliedern beliebig hoher Ordnung. Dann gilt gemäß (1.171) bis (1.173) für die Entropie S, wenn im alten System die Gleichgewichtsbedingungen erster Ordnung erfüllt sind:

$$\Delta S > 0 \quad \text{(instabiles Gleichgewicht)}, \qquad (2.68)$$

$$\Delta S = 0 \quad \text{(neutrales Gleichgewicht)}, \qquad (2.69)$$

$$\Delta S < 0 \quad \text{(stabiles Gleichgewicht)} \qquad (2.70)$$

bei den Nebenbedingungen

$$\Delta U = 0, \quad \Delta V = 0, \quad \Delta n_i = 0 \quad (i = 1, 2, \ldots, N). \qquad (2.70\,\text{a})$$

Hierbei sind die Beziehungen (68) und (69) so zu verstehen, daß instabiles bzw. neutrales (genauer: in bezug auf die betrachtete Umwandlung neutrales) Gleichgewicht vorliegt, wenn es mindestens einen Übergang gibt, für den (68) bzw. (69) gilt. (70) muß bei stabilem Gleichgewicht für alle denkbaren Umwandlungen gelten.

Wir betrachten nun den virtuellen Übergang „altes System → neues System" unter den Nebenbedingungen konstanter Temperatur T, konstanten Druckes P und konstanter Gesamtmolzahlen n_i. Das alte System sei wiederum im Gleichgewicht bezüglich der ursprünglichen Phasen. Wenn wir von osmotischen Erscheinungen absehen, sind also T und P sowohl örtlich als auch zeitlich konstant. Dann gilt gemäß (1.226b) für die Freie Enthalpie G:

$$\Delta G < 0 \quad \text{(instabiles Gleichgewicht)}, \qquad (2.71)$$

$$\Delta G = 0 \quad \text{(neutrales Gleichgewicht)}, \qquad (2.72)$$

$$\Delta G > 0 \quad \text{(stabiles Gleichgewicht)} \qquad (2.73)$$

bei den Nebenbedingungen

$$\Delta T = 0, \quad \Delta P = 0, \quad \Delta n_i = 0 \quad (i = 1, 2, \ldots, N). \qquad (2.73\,\text{a})$$

Wenden wir die Stabilitätskriterien (68) bis (70) oder (71) bis (73) auf nichtbenachbarte Phasen an, so können wir entscheiden, ob ein System stabil oder metastabil ist (§ 38). Schreiben wir diese Kriterien für benachbarte Phasen an, so finden wir die „Stabilitätsbedingungen im engeren Sinne" (§ 39 und § 40).

Vom Standpunkt einer einheitlichen Formulierung aller Stabilitätsbedingungen ist es unbefriedigend, daß unter den Nebenbedingungen (70a) die Stabilitätskriterien (68) bis (70), unter den Nebenbedingungen (73a) die Stabilitätskriterien (71) bis (73) und bei anderen Nebenbedingungen wieder andere Stabilitätskriterien gültig sind. Manche Autoren fassen diese Tatsache als Nachteil der GIBBSschen Methode auf. Wir werden aber in § 41 sehen, daß gerade GIBBS auf besonders generellem Wege zu einem allgemeinen Stabilitätskriterium gelangt ist, aus dem alle speziellen Stabilitätsbedingungen folgen. Die von uns hier zunächst benutzte „elementare" Methode stammt von VAN DER WAALS und seiner Schule[1].

§ 38. Metastabile Systeme

Bei metastabilen Systemen kommt man über die in den Stabilitätskriterien des vorigen Paragraphen enthaltenen Aussagen im allgemeinen nicht hinaus; denn man muß entweder empirisch oder theoretisch (d.h. molekularstatistisch) die Werte der Zustandsfunktionen der verschiedenen existenzfähigen Systeme, deren relative Stabilität zur Diskussion steht, bereits kennen, um weitere Aussagen machen zu können. Liegen aber aus der Erfahrung bekannte Zustandsdiagramme von Systemen vor, so lassen sich einige nützliche Überlegungen auch ohne Kenntnis der speziellen Werte der thermodynamischen Funktionen anstellen.

Praktisch interessiert am meisten folgende Fragestellung: Welches von zwei Systemen, die gleiche Temperatur, gleichen Druck, gleiche Gesamtmenge und gleiche Art der Komponenten aufweisen, aber aus verschiedenen Phasen bestehen, ist in bezug auf das andere metastabil? Zur Beantwortung dieser Frage benutzen wir die Beziehungen (71) bis (73a), die wir auf die Umwandlung eines gegebenen Systems in ein zweites System anwenden, wobei die Phasen des ersten Systems nicht „benachbart" zu denen des zweiten Systems sind.

Wir erläutern dieses Verfahren an einem einfachen Beispiel: Wir untersuchen die Stabilität bzw. Metastabilität der einzelnen Phasen eines Einstoffsystems.

Aus Gl. (1.215), (1.243), (1.260) und (1.261) folgt für eine einzelne Phase:

$$G = U + PV - TS = \sum_{k=1}^{N} \mu_k n_k. \tag{2.74}$$

---

[1] Vgl. H. W. BAKHUIS ROOZEBOOM,: s. Fußnote 2 S.122 sowie J. D. VAN DER WAALS u. PH. KOHNSTAMM: Lehrbuch der Thermostatik, Leipzig 1927.

Diesen Zusammenhang werden wir später in der allgemeinen Form benutzen. Hier interessiert nur das Ergebnis für Einstoffsysteme ($N = 1$):

$$G = \mu\, n$$

oder

$$\bar{G} = \frac{G}{n} = \mu\,. \qquad (2.75)$$

Bei Phasen, die aus einem einzigen Stoff bestehen, ist also die molare Freie Enthalpie $\bar{G}$ gleich dem chemischen Potential μ [vgl. Gl. (1.265)].

Wir betrachten ein Einstoffsystem mit drei Phasen (fest, ohne Index, flüssig, Index $'$, und gasförmig, Index $''$). Das Zustandsdiagramm ist schematisch in Abb. 7 wiedergegeben (vgl. hierzu auch § 34). Greifen wir z. B. das Phasenpaar Flüssigkeit–Dampf heraus, so finden wir für den Übergang Flüssigkeit $\rightarrow$ Dampf gemäß Gl. (72) und Gl. (75), wenn wir zunächst den Fall des neutralen Gleichgewichts behandeln:

$$\Delta\bar{G} = \mu'' - \mu' = 0\,,$$

also gemäß Gl. (10) Koexistenz von Flüssigkeit und Dampf: Sowohl der Übergang Dampf $\rightarrow$ Flüssigkeit als auch die umgekehrte Umwandlung ist bei gegebener Temperatur und gegebenem Druck

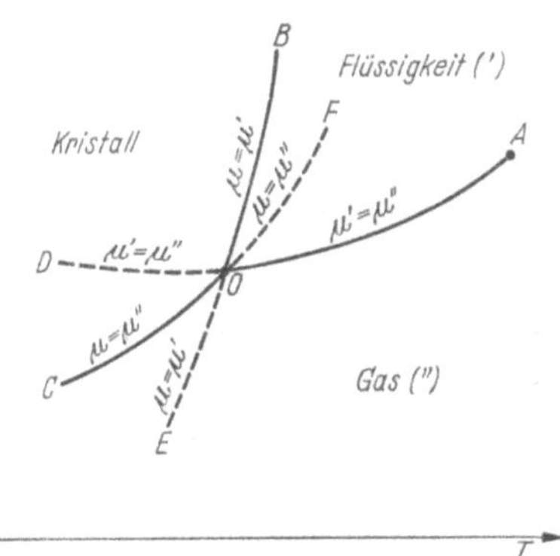

Abb. 7. Druck-Temperatur-Diagramm für ein Einstoffsystem mit drei Phasen

entlang der „Koexistenzkurve" Flüssigkeit–Gas (Kurve AOD im P–T-Diagramm, s. Abb. 7) reversibel. Die beiden Phasen können aber auf dieser Kurve hinsichtlich einer Umwandlung in den Kristall instabil sein, und zwar ist gemäß Gl. (71) oder Gl. (73) die Flüssigkeit bzw. der Dampf gegenüber dem Kristall überall dort metastabil, wo die Beziehung

$$\mu' - \mu > 0\,, \qquad (2.76\,\text{a})$$

bzw.

$$\mu'' - \mu > 0 \qquad (2.76\,\text{b})$$

erfüllt ist. Nun folgt aus Gl. (1.242) und Gl. (75):

$$\left[\frac{\partial\,(\mu' - \mu)}{\partial P}\right]_T = \bar{V}' - \bar{V} \qquad (2.77\,\text{a})$$

bzw.

$$\left[\frac{\partial\,(\mu'' - \mu)}{\partial P}\right]_T = \bar{V}'' - \bar{V}\,, \qquad (2.77\,\text{b})$$

worin $\bar{V}$ bzw. $\bar{V}'$ bzw. $\bar{V}''$ das Molvolumen des Kristalls bzw. der Flüssigkeit bzw. des Dampfes ist. Es ist stets

$$\bar{V}'' - \bar{V} > 0\,. \qquad (2.78\,\text{a})$$

Wir nehmen ferner bestimmtheitshalber an, daß überall

$$\bar{V}' - \bar{V} > 0 \qquad\qquad (2.78\,\text{b})$$

gilt. Die letzte Ungleichung folgt für die Koexistenzkurve Kristall–Flüssigkeit schon aus unserer Zeichnung in Abb. 7, wo wir die „Schmelzkurve" EOB mit positiver Steigung eingezeichnet haben (vgl. §45). Da die Beziehungen (77) und (78) für jede Temperatur T gültig sind, finden wir aus Gl. (76) und Abb. 7: Die Flüssigkeit ist im Zustandsgebiet (P–T-Bereich) links von der Schmelzkurve EOB ($\mu = \mu'$) metastabil (gegenüber dem Kristall), und der Dampf ist im Zustandsgebiet links von der „Sublimationskurve" COF ($\mu = \mu''$) metastabil (gegenüber dem Kristall). Insbesondere entspricht also der Teil OD der „Dampfdruckkurve" DOA dem Gleichgewicht zwischen zwei metastabilen Phasen. Auf entsprechende Weise zeigt man, daß auch die Kurvenstücke OE und OF metastabil sind und daß im Zustandsgebiet zwischen OA und OB nur die Flüssigkeit, im Zustandsgebiet unterhalb des gebrochenen Kurvenzuges COA nur der Dampf und im restlichen Gebiet nur der Kristall stabil ist. Wie aus Abb. 7 ersichtlich, koexistieren alle drei Phasen im Punkt O. Dieser Punkt ist nach § 34 der „Tripelpunkt". Der Punkt A ist der „kritische Punkt" (§ 42).

§ 39. Thermische und mechanische Stabilität

Die Bedingungen dafür, daß eine einzelne Phase stabil gegenüber der Bildung von benachbarten Phasen ist, nennen wir „Stabilitätsbedingungen im engeren Sinne". Sie gelten sowohl für stabile als auch für metastabile Phasen und sondern diese von den „labilen" oder „absolut instabilen" Phasen ab, die nach § 37 im allgemeinen überhaupt nicht existenzfähig sind.

Der einfachste Fall betrifft die „thermische" und „mechanische" Stabilität. Wir betrachten hierbei eine einzelne Phase unveränderlicher Zusammensetzung mit der molaren inneren Energie $\bar{U}$ und dem Molvolumen $\bar{V}$. Es mögen sich aus n Molen der ursprünglichen Phase n' Mole einer benachbarten Phase mit der molaren inneren Energie $\bar{U} + \varDelta\bar{U}$ und dem Molvolumen $\bar{V} + \varDelta\bar{V}$ sowie n'' Mole einer zweiten benachbarten Phase mit der molaren inneren Energie $\bar{U} + \varDelta^*\bar{U}$ und dem Molvolumen $\bar{V} + \varDelta^*\bar{V}$ bilden. Entsprechend beträgt die molare Entropie: $\bar{S}$ bei der ursprünglichen Phase, $\bar{S} + \varDelta\bar{S}$ bei der ersten benachbarten Phase und $\bar{S} + \varDelta^*\bar{S}$ bei der zweiten benachbarten Phase. Man denkt sich also eine einzelne Phase mit gegebenen Werten der Temperatur T und des Druckes P in zwei homogene Bereiche mit benachbarten Werten von T und P zerfallen. Das Kriterium dafür, daß die ursprüngliche Phase gegenüber diesem

virtuellen Zerfall in zwei benachbarte Phasen stabil ist, lautet gemäß (70)
und (70a):

$$\Delta S = n'\,\Delta\bar{S} + n''\,\Delta^*\bar{S} < 0 \tag{2.79}$$

bei den Nebenbedingungen

$$\Delta U = n'\,\Delta\bar{U} + n''\,\Delta^*\bar{U} = 0\,, \tag{2.80}$$

$$\Delta V = n'\,\Delta\bar{V} + n''\,\Delta^*\bar{V} = 0\,, \tag{2.81}$$

$$n = n' + n''\,. \tag{2.82}$$

Betrachten wir $\bar{S}$ als Funktion von $\bar{U}$ und $\bar{V}$, so können wir für $\Delta\bar{S}$
eine TAYLOR-Entwicklung ansetzen:

$$\Delta\bar{S} = \frac{\partial\bar{S}}{\partial\bar{U}}\,\Delta\bar{U} + \frac{\partial\bar{S}}{\partial\bar{V}}\,\Delta\bar{V}$$

$$+ \frac{1}{2}\left[\frac{\partial^2\bar{S}}{\partial\bar{U}^2}(\Delta\bar{U})^2 + 2\,\frac{\partial^2\bar{S}}{\partial\bar{U}\,\partial\bar{V}}\,\Delta\bar{U}\,\Delta\bar{V} + \frac{\partial^2\bar{S}}{\partial\bar{V}^2}(\Delta\bar{V})^2\right] + \cdots$$

Die entsprechende Reihenentwicklung für $\Delta^*\bar{S}$ lautet bei Berücksichtigung von Gl. (80) und (81):

$$\Delta^*\bar{S} = -\frac{n'}{n''}\left[\frac{\partial\bar{S}}{\partial\bar{U}}\,\Delta\bar{U} + \frac{\partial\bar{S}}{\partial\bar{V}}\,\Delta\bar{V}\right]$$

$$+ \frac{1}{2}\left(\frac{n'}{n''}\right)^2\left[\frac{\partial^2\bar{S}}{\partial\bar{U}^2}(\Delta\bar{U})^2 + 2\,\frac{\partial^2\bar{S}}{\partial\bar{U}\,\partial\bar{V}}\,\Delta\bar{U}\,\Delta\bar{V} + \frac{\partial^2\bar{S}}{\partial\bar{V}^2}(\Delta\bar{V})^2\right] + \cdots$$

Durch Einsetzen dieser beiden Ausdrücke in (79) ergibt sich bei Beachtung von Gl. (82):

$$\Delta S = \frac{n'\,n}{2\,n''}\left[\frac{\partial^2\bar{S}}{\partial\bar{U}^2}(\Delta\bar{U})^2 + 2\,\frac{\partial^2\bar{S}}{\partial\bar{U}\,\partial\bar{V}}\,\Delta\bar{U}\,\Delta\bar{V} + \frac{\partial^2\bar{S}}{\partial\bar{V}^2}(\Delta\bar{V})^2\right] + \cdots < 0.$$

$$\tag{2.83}$$

Wir sehen zunächst davon ab, daß der Term in eckigen Klammern in
Sonderfällen („Stabilitätsgrenzen", vgl. § 43) verschwinden kann. Dann
ist der Klammerausdruck vorzeichenbestimmend. Wir kürzen ihn als
$2\,\delta^2\bar{S}(\bar{U},\bar{V})$ ab. $\delta^2\bar{S}$ bedeutet eine Variation zweiter Ordnung von $\bar{S}$
bezüglich der unabhängigen Variablen $\bar{U}$ und $\bar{V}$[1]. Algebraisch ist der
Ausdruck eine „quadratische Form" mit den Variablen $\Delta\bar{U}$ und $\Delta\bar{V}$ und
den Koeffizienten $\partial^2\bar{S}/\partial\bar{U}^2$, $\partial^2\bar{S}/\partial\bar{U}\,\partial\bar{V}$ und $\partial^2\bar{S}/\partial\bar{V}^2$. Wir können also
anstelle von (83) schreiben:

$$\delta^2\bar{S}\,(\bar{U},\bar{V}) < 0\,. \tag{2.84}$$

---

[1] Wir erinnern an unsere bisherige Schreibweise. In dieser bedeutet

δ eine Variation erster Ordnung,

Δ eine Variation bis zu Gliedern beliebiger Ordnung.

Wir schalten hier eine mathematische Betrachtung ein. Eine quadratische Form

$$Q = a h^2 + 2 b h k + c k^2$$

mit den Variablen h und k und den Koeffizienten a, b, c (die nicht verschwinden sollen) läßt sich in folgender Gestalt schreiben:

$$Q = a \left[\left(h + \frac{b}{a} k \right)^2 + \frac{a c - b^2}{a^2} k^2 \right].$$

Wenn $a c - b^2 > 0$, hat Q dasselbe Vorzeichen wie a: die quadratische Form ist für alle Werte von h und k positiv bzw. negativ, wenn $a > 0$ bzw. $a < 0$ ist. Man nennt eine solche quadratische Form „definit", und zwar im ersten Falle „positiv-definit" und im zweiten Falle „negativ-definit". Wenn $a c - b^2 = 0$, verschwindet Q für alle Wertepaare von h und k, die der Beziehung $h = - \dfrac{b}{a} k$ genügen, nimmt aber sonst nur Werte eines Vorzeichens an: positiv für $a > 0$ und negativ für $a < 0$. Eine solche quadratische Form heißt (positiv bzw. negativ) „semidefinit". Gilt schließlich $a c - b^2 < 0$, so kann Q Werte verschiedenen Vorzeichens annehmen. Eine solche quadratische Form wird als „indefinit" bezeichnet. Wir haben also insgesamt folgende Vorzeichenkorrelationen zwischen der quadratischen Form Q und ihren Koeffizienten a, b, c:

Q positiv-definit dann und nur dann,
wenn $a > 0$, $a c - b^2 > 0$ und daher auch $c > 0$;

Q negativ-definit dann und nur dann,
wenn $a < 0$, $a c - b^2 > 0$ und daher auch $c < 0$;

Q positiv-semidefinit dann und nur dann,
wenn $a > 0$, $a c - b^2 = 0$ und daher auch $c > 0$;

Q negativ-semidefinit dann und nur dann,
wenn $a < 0$, $a c - b^2 = 0$ und daher auch $c < 0$;

Q indefinit dann und nur dann,
wenn $a c - b^2 < 0$.

Die Ungleichung (84) besagt, daß die quadratische Form $\delta^2 \bar{S} (\bar{U}, \bar{V})$ negativ-definit ist. Dies ist genau dann der Fall, wenn gilt:

$$\frac{\partial^2 \bar{S}}{\partial \bar{U}^2} < 0, \tag{2.85}$$

$$\frac{\partial^2 \bar{S}}{\partial \bar{U}^2} \frac{\partial^2 \bar{S}}{\partial \bar{V}^2} - \left(\frac{\partial^2 S}{\partial \bar{U} \, \partial \bar{V}} \right)^2 > 0 \tag{2.86}$$

und daher auch

$$\frac{\partial^2 \bar{S}}{\partial \bar{V}^2} < 0. \tag{2.87}$$

Die Ungleichungen (85) und (86) sind demnach die notwendigen und hinreichenden Bedingungen für die Stabilität einer Phase hinsichtlich eines Zerfalls in Phasen mit benachbarter Temperatur und Dichte. Entsprechend wäre gemäß (68) die Phase labil, wenn die quadratische Form in (84) entweder positiv-definit oder positiv-semidefinit oder indefinit werden könnte: Dann würde mindestens eine der Ungleichungen (85) bis (87) nicht mehr gelten.

Um die geometrische Bedeutung der Ungleichungen (85) bis (87) zu erkennen, denken wir uns in einem rechtwinkligen räumlichen Koordinatensystem die Fläche $\bar{S}(\bar{U}, \bar{V})$ konstruiert. Diese Fläche muß dann gemäß (85) bis (87) bei stabilen Phasen „doppeltkonkav" in bezug auf die $\bar{U}-\bar{V}$-Ebene sein, d.h. jede Schnittkurve, die von einer zur $\bar{U}-\bar{V}$-Ebene senkrechten Ebene auf der $\bar{S}$-Fläche gebildet wird, muß bezüglich der $\bar{U}-\bar{V}$-Ebene konkav sein („Krümmung nach oben").

Die Ungleichungen (85) und (86) haben aber auch eine einfache physikalische Bedeutung. Um diese einzusehen, führen wir einige Zwischenrechnungen durch.

Aus Gl. (1.107), (1.109a) und (1.262) finden wir:

$$\left(\frac{\partial^2 \bar{S}}{\partial \bar{U}^2}\right)_{\bar{V}} = \frac{\partial}{\partial \bar{U}} \frac{1}{T} = -\frac{1}{T^2}\left(\frac{\partial T}{\partial \bar{U}}\right)_{\bar{V}} = -\frac{1}{T^2 \bar{C}_V}, \tag{2.88}$$

$$\left(\frac{\partial^2 \bar{S}}{\partial \bar{V}^2}\right)_{\bar{U}} = \frac{\partial}{\partial \bar{V}} \frac{P}{T} = \frac{1}{T}\left(\frac{\partial P}{\partial \bar{V}}\right)_{\bar{U}} - \frac{P}{T^2}\left(\frac{\partial T}{\partial \bar{V}}\right)_{\bar{U}}, \tag{2.89}$$

$$\frac{\partial^2 \bar{S}}{\partial \bar{U} \partial \bar{V}} = \frac{\partial}{\partial \bar{V}} \frac{1}{T} = -\frac{1}{T^2}\left(\frac{\partial T}{\partial \bar{V}}\right)_{\bar{U}}. \tag{2.90}$$

Hierbei ist $\bar{C}_V$ die Molwärme bei konstantem Volumen. Es gelten ferner die mathematischen Identitäten:

$$\left(\frac{\partial P}{\partial \bar{V}}\right)_{\bar{U}} = \left(\frac{\partial P}{\partial \bar{V}}\right)_T + \left(\frac{\partial P}{\partial T}\right)_{\bar{V}}\left(\frac{\partial T}{\partial \bar{V}}\right)_{\bar{U}}, \tag{2.91}$$

$$\left(\frac{\partial T}{\partial \bar{V}}\right)_{\bar{U}} = -\left(\frac{\partial \bar{U}}{\partial \bar{V}}\right)_T \Big/ \left(\frac{\partial \bar{U}}{\partial T}\right)_{\bar{V}}. \tag{2.92}$$

Aus Gl. (1.109a) und Gl. (1.151) folgt[1]:

$$\left(\frac{\partial \bar{U}}{\partial T}\right)_{\bar{V}} = \bar{C}_V, \qquad \left(\frac{\partial \bar{U}}{\partial \bar{V}}\right)_T = T\left(\frac{\partial P}{\partial T}\right)_{\bar{V}} - P. \tag{2.93}$$

Durch Kombination von Gl. (89) und Gl. (90) mit Gl. (91) bis (93) erhalten wir:

$$\left(\frac{\partial^2 \bar{S}}{\partial \bar{V}^2}\right)_{\bar{U}} = \frac{1}{T}\left(\frac{\partial P}{\partial \bar{V}}\right)_T - \frac{1}{T^2 \bar{C}_V}\left[T\left(\frac{\partial P}{\partial T}\right)_{\bar{V}} - P\right]^2, \tag{2.94a}$$

$$\frac{\partial^2 \bar{S}}{\partial \bar{U} \partial \bar{V}} = \frac{1}{T^2 \bar{C}_V}\left[T\left(\frac{\partial P}{\partial T}\right)_{\bar{V}} - P\right]. \tag{2.94b}$$

Aus Gl. (88) und Gl. (94) leitet man ab:

$$\frac{\partial^2 \bar{S}}{\partial \bar{U}^2} \frac{\partial^2 \bar{S}}{\partial \bar{V}^2} - \left(\frac{\partial^2 \bar{S}}{\partial \bar{U} \partial \bar{V}}\right)^2 = -\frac{1}{T^3 \bar{C}_V}\left(\frac{\partial P}{\partial \bar{V}}\right)_T. \tag{2.95}$$

---

[1] Durch Gl. (92) und (93) wird übrigens der GAY-LUSSAC-JOULE-Versuch für ein beliebiges Gas quantitativ beschrieben (vgl. § 8 und § 14).

Wir finden mit Gl. (88) aus der Ungleichung (85):

$$\bar{C}_V > 0 \,. \tag{2.96}$$

Diese Beziehung, die besagt, daß die Molwärme $\bar{C}_V$ stets positiv ist, nennen wir die Bedingung für „thermische Stabilität".

Mit Hilfe von Gl. (95) ergibt sich schließlich aus der Ungleichung (86) bei Berücksichtigung von (96):

$$\left(\frac{\partial P}{\partial \bar{V}}\right)_T < 0 \tag{2.97}$$

oder gemäß Gl. (1.147 c):

$$\chi > 0 \,. \tag{2.98}$$

Diese Beziehung, die besagt, daß die Kompressibilität χ stets positiv ist, bezeichnen wir als Bedingung für „mechanische Stabilität".

Die Ungleichungen (96) und (98) erscheinen physikalisch selbstverständlich, weil sie unmittelbar anschaulich sind. Mit der vorliegenden Ableitung ist aber gezeigt worden, daß sie für eine stabile (oder metastabile) Phase unveränderlicher Zusammensetzung nicht nur notwendig, sondern auch hinreichend sind. Durch unsere späteren Untersuchungen über Stabilität von Phasen mit veränderlicher Zusammensetzung wird außerdem deutlich werden, daß diese Ungleichungen von derselben Natur sind wie die weiteren, nicht mehr so selbstverständlichen Stabilitätsbedingungen.

Es gibt für eine Phase unveränderlicher Zusammensetzung offensichtlich nur zwei unabhängige Stabilitätsbedingungen im engeren Sinne. Wir wollen nun zeigen, wie diese Bedingungen noch in anderer Form geschrieben werden können.

Aus Gl. (1.149) folgt mit (98):

$$\frac{\alpha^2 T \bar{V}}{\chi} = \bar{C}_P - \bar{C}_V > 0 \tag{2.99}$$

und somit gemäß (96):

$$\bar{C}_P > 0 \,. \tag{2.100}$$

Hierbei ist $\bar{C}_P$ die Molwärme bei konstantem Druck und α der Ausdehnungskoeffizient[1]. Wir führen ferner die „adiabatische Kompressibilität" χ_S ein[2]:

$$\chi_S \equiv - \frac{1}{\bar{V}} \left(\frac{\partial \bar{V}}{\partial P}\right)_{\bar{S}} \,. \tag{2.101}$$

---

[1] Bei Wasser von 4°C ist $\alpha = 0$. In diesem singulären Falle ist $\bar{C}_P = \bar{C}_V$.

[2] χ_S müßte allgemeiner „isentrope Kompressibilität" heißen; denn ein Kompressionsvorgang, der isentrop, d.h. unter der Bedingung $S = \text{const}$, abläuft, stellt gemäß Gl. (1.171) nur dann eine adiabatische Zustandsänderung dar, wenn er reversibel vor sich geht.

Der Zusammenhang mit der (isothermen) Kompressibilität [s. Gl. (1.147 c)]

$$\chi \equiv -\frac{1}{\bar{V}}\left(\frac{\partial \bar{V}}{\partial P}\right)_T \qquad (2.102)$$

ergibt sich aus den mathematischen Identitäten

$$\left(\frac{\partial \bar{V}}{\partial P}\right)_{\bar{S}} = -\left(\frac{\partial \bar{S}}{\partial P}\right)_{\bar{V}}\bigg/\left(\frac{\partial \bar{S}}{\partial \bar{V}}\right)_P,$$

$$\left(\frac{\partial \bar{V}}{\partial P}\right)_T = -\left(\frac{\partial T}{\partial P}\right)_{\bar{V}}\bigg/\left(\frac{\partial T}{\partial \bar{V}}\right)_P,$$

wenn wir diese mit Gl. (101) und (102) vergleichen:

$$\frac{\chi_S}{\chi} = \left(\frac{\partial \bar{S}}{\partial T}\right)_{\bar{V}}\bigg/\left(\frac{\partial \bar{S}}{\partial T}\right)_P.$$

Nun gilt gemäß Gl. (1.109 a) und (1.110 a):

$$T\left(\frac{\partial \bar{S}}{\partial T}\right)_{\bar{V}} = \bar{C}_V, \qquad (2.103\,\text{a})$$

$$T\left(\frac{\partial \bar{S}}{\partial T}\right)_P = \bar{C}_P. \qquad (2.103\,\text{b})$$

Demnach erhalten wir:

$$\frac{\chi_S}{\chi} = \frac{\bar{C}_V}{\bar{C}_P}. \qquad (2.104)$$

Mit Gl. (96), (98), (99) und (100) folgt hieraus:

$$\chi_S > 0, \quad \chi > \chi_S. \qquad (2.105)$$

Die Ungleichungen (99), (100) und (105) sind Konsequenzen der Ungleichungen (96) und (98). Sie werden uns dazu dienen, zu (84) bis (87) analoge Ausdrücke zu finden für andere molare charakteristische Funktionen, nämlich die molare innere Energie $\bar{U}(\bar{S}, \bar{V})$, die molare Enthalpie $\bar{H}(\bar{S}, P)$, die molare Freie Energie $\bar{F}(T, \bar{V})$ und die molare Freie Enthalpie $\bar{G}(T, P)$.

Schreiben wir die Fundamentalgleichungen für ein Mol an, so finden wir gemäß (1.237) bis (1.240) für eine Phase unveränderlicher Zusammensetzung:

$$d\bar{U} = T d\bar{S} - P d\bar{V}, \qquad (2.106)$$

$$d\bar{H} = T d\bar{S} + \bar{V} dP, \qquad (2.107)$$

$$d\bar{F} = -\bar{S} dT - P d\bar{V}, \qquad (2.108)$$

$$d\bar{G} = -\bar{S} dT + \bar{V} dP. \qquad (2.109)$$

Aus Gl. (106) erhalten wir mit Gl. (101), (103a) und (104):

$$\left(\frac{\partial^2 \bar{U}}{\partial \bar{S}^2}\right)_{\bar{V}} = \left(\frac{\partial T}{\partial \bar{S}}\right)_{\bar{V}} = \frac{T}{\bar{C}_V}\,, \tag{2.110}$$

$$\left(\frac{\partial^2 \bar{U}}{\partial \bar{V}^2}\right)_{\bar{S}} = -\left(\frac{\partial P}{\partial \bar{V}}\right)_{\bar{S}} = \frac{1}{\chi_s \bar{V}} = \frac{\bar{C}_P}{\chi \bar{V} \bar{C}_V}\,, \tag{2.111}$$

$$\frac{\partial^2 \bar{U}}{\partial \bar{S}\,\partial \bar{V}} = \left(\frac{\partial T}{\partial \bar{V}}\right)_{\bar{S}} = -\left(\frac{\partial \bar{S}}{\partial \bar{V}}\right)_T \left(\frac{\partial T}{\partial \bar{S}}\right)_{\bar{V}}\,.$$

Die letzte Gleichung kann mit Hilfe von Gl. (1.145), (1.147a), (1.148) und (2.103a) umgeformt werden:

$$\frac{\partial^2 \bar{U}}{\partial \bar{S}\,\partial \bar{V}} = -\frac{T\alpha}{\chi \bar{C}_V}\,. \tag{2.112}$$

Kombination der Gln. (99) und (110) bis (112) ergibt:

$$\frac{\partial^2 \bar{U}}{\partial \bar{S}^2}\,\frac{\partial^2 \bar{U}}{\partial \bar{V}^2} - \left(\frac{\partial^2 \bar{U}}{\partial \bar{S}\,\partial \bar{V}}\right)^2 = \frac{T}{\chi \bar{V} \bar{C}_V}\,. \tag{2.113}$$

Aus den Ungleichungen (96), (98) und (100) folgen mit Gl. (110), (111) und (113) die Vorzeichenaussagen:

$$\left.\begin{aligned}
&\frac{\partial^2 \bar{U}}{\partial \bar{S}^2} > 0\,, \quad \frac{\partial^2 \bar{U}}{\partial \bar{V}^2} > 0\,, \\[2mm]
&\frac{\partial^2 \bar{U}}{\partial \bar{S}^2}\,\frac{\partial^2 \bar{U}}{\partial \bar{V}^2} - \left(\frac{\partial^2 \bar{U}}{\partial \bar{S}\,\partial \bar{V}}\right)^2 > 0\,.
\end{aligned}\right\} \tag{2.114}$$

Diese Beziehungen sind dem Ungleichungssystem (85) bis (87) äquivalent. In Analogie zu (84) können wir schreiben:

$$\delta^2 \bar{U}\,(\bar{S},\,\bar{V}) > 0\,. \tag{2.115}$$

Geometrisch bedeuten diese Stabilitätsbedingungen: Die $\bar{U}$-Fläche ist bezüglich der $\bar{S}-\bar{V}$-Ebene doppelt-konvex („Krümmung nach unten"). Algebraisch können wir die Bedingungen folgendermaßen ausdrücken: Die quadratische Form (115) ist „positiv-definit".

Aus Gl. (107) finden wir mit Gl. (100), (101), (103b) und (105):

$$\left(\frac{\partial^2 \bar{H}}{\partial \bar{S}^2}\right)_P = \left(\frac{\partial T}{\partial \bar{S}}\right)_P = \frac{T}{\bar{C}_P} > 0\,, \tag{2.116}$$

$$\left(\frac{\partial^2 \bar{H}}{\partial P^2}\right)_{\bar{S}} = \left(\frac{\partial \bar{V}}{\partial P}\right)_{\bar{S}} = -\chi_s \bar{V} < 0\,. \tag{2.117}$$

In der zu Gl. (84) und (115) analogen Bezeichnungsweise ergibt sich also hier:

$$[\delta^2 \bar{H}\,(\bar{S})]_P > 0\,, \quad [\delta^2 \bar{H}\,(P)]_{\bar{S}} < 0\,. \tag{2.118}$$

Demnach ist die $\bar{H}(\bar{S})$-Kurve (bei konstantem Druck P) gegenüber der Abszisse ($\bar{S}$-Achse) konvex und die $\bar{H}(P)$-Kurve (bei konstanter Entropie $\bar{S}$) gegenüber der Abszisse (P-Achse) konkav. Irgendwelche Regelmäßigkeiten in der Krümmung einer $\bar{H}(\bar{S}, P)$-Fläche sind daher nicht zu erwarten. Entsprechend ist die quadratische Form $\delta^2 \bar{H}(\bar{S}, P)$ indefinit.

Aus Gl. (108) leiten wir mit Gl. (96), (97) und (103a) ab:

$$\left(\frac{\partial^2 \bar{F}}{\partial T^2}\right)_{\bar{V}} = - \left(\frac{\partial \bar{S}}{\partial T}\right)_{\bar{V}} = - \frac{\bar{C}_V}{T} < 0, \tag{2.119}$$

$$\left(\frac{\partial^2 \bar{F}}{\partial \bar{V}^2}\right)_T = - \left(\frac{\partial P}{\partial \bar{V}}\right)_T > 0. \tag{2.120}$$

Es folgt:

$$[\delta^2 \bar{F}(T)]_{\bar{V}} < 0, \quad [\delta^2 \bar{F}(\bar{V})]_T > 0. \tag{2.121}$$

Für diese Ungleichungen gelten analoge Betrachtungen wie für die Beziehungen (118).

Schließlich erhalten wir aus Gl. (109) mit Gl. (96) bis (100), (102) und (103b) bei Beachtung von Gl. (1.147b):

$$\left(\frac{\partial^2 \bar{G}}{\partial T^2}\right)_P = - \left(\frac{\partial \bar{S}}{\partial T}\right)_P = - \frac{\bar{C}_P}{T} < 0, \tag{2.122}$$

$$\left(\frac{\partial^2 \bar{G}}{\partial P^2}\right)_T = \left(\frac{\partial \bar{V}}{\partial P}\right)_T < 0, \tag{2.123}$$

$$\frac{\partial^2 \bar{G}}{\partial T^2} \frac{\partial^2 \bar{G}}{\partial P^2} - \left(\frac{\partial^2 \bar{G}}{\partial T \partial P}\right)^2 = \frac{\chi \bar{V} \bar{C}_V}{T} > 0. \tag{2.124}$$

Demnach ergibt sich hier in unserer abgekürzten Symbolik:

$$\delta^2 \bar{G}(T, P) < 0. \tag{2.125}$$

Bezüglich der Geometrie und Algebra dieses Ausdrucks gilt Analoges wie für die Ungleichung (84).

Betrachten wir nur die vier Ausdrücke (115), (118), (121) und (125), so finden wir folgende interessante Regel: Die Variation zweiter Ordnung einer (molaren) charakteristischen Funktion ist positiv bzw. negativ, wenn die unabhängigen Variablen (molare) extensive bzw. intensive Zustandsvariable sind[1]. Bei charakteristischen Funktionen mit „gemischten" Variablen (wie H und F) sind die Variationen in zwei Ausdrücke aufzuspalten, so daß der eine nur extensive und der andere nur intensive Parameter enthält. Bei unseren allgemeineren Untersuchungen in § 41 werden wir diese Regel — soweit sie die Funktionen U, H, F und G betrifft — auch für Phasen mit variabler Zusammensetzung bestätigt finden.

---

[1] Molare Größen wie $\bar{U}$ und $\bar{V}$ sind zwar intensive Parameter, stammen aber von den extensiven Zustandsfunktionen U und V und werden hier als extensive Größen klassifiziert.

10*

§ 40. Stabilitätsbedingungen für binäre Phasen

Die Stabilitätsbedingungen (im engeren Sinne) für binäre Phasen sind im Falle veränderlicher Zusammensetzung komplizierter als die in § 39 abgeleiteten Bedingungen; denn eine benachbarte Phase kann sich hier von der ursprünglichen Phase auch hinsichtlich ihrer Zusammensetzung unterscheiden. Wie in § 41 allgemein gezeigt wird, tritt bei binären Phasen zu den Ungleichungen (96) und (98) noch eine weitere unabhängige Bedingung. Wir wollen uns hier damit begnügen, diese zusätzliche Stabilitätsbedingung auf dem einfachsten Wege abzuleiten. Die gleichzeitige Deduktion aller Stabilitätsbedingungen aus der Ungleichung (70) und eine zu den Beziehungen (84), (115), (118), (121) und (125) analoge Formulierung ist zwar möglich, doch ohne Benutzung einer mathematischen Transformationstheorie sehr umständlich. Wir können auf diese Deduktion um so mehr verzichten, als in § 41 die allgemeinsten Stabilitätsbedingungen nach der exakten Methode von GIBBS abgeleitet werden.

Wir wenden die Beziehung (73) mit den Nebenbedingungen (73a) auf folgenden virtuellen Prozeß an: n Mole einer binären Phase der Zusammensetzung x (= Molenbruch einer der beiden Komponenten) zerfallen bei gegebener Temperatur T und gegebenem Druck P in n' Mole einer benachbarten Phase der Zusammensetzung $x + \Delta x$ und in n'' Mole einer zweiten benachbarten Phase der Zusammensetzung $x + \Delta^* x$. Entsprechend beträgt die molare Freie Enthalpie: $\bar{G}$ für die ursprüngliche Phase, $\bar{G} + \Delta \bar{G}$ für die erste benachbarte Phase und $\bar{G} + \Delta^* \bar{G}$ für die zweite benachbarte Phase. Die Nebenbedingungen fordern — außer Konstanz von Temperatur und Druck — die Erhaltung der Gesamtmengen. Wir finden daher folgendes Stabilitätskriterium:

$$\Delta G = n' \Delta \bar{G} + n'' \Delta^* \bar{G} > 0 \tag{2.126}$$

bei den Nebenbedingungen

$$T = \text{const}, \quad P = \text{const}, \tag{2.127}$$

$$n = n' + n'', \tag{2.128}$$

$$n' \Delta x + n'' \Delta^* x = 0. \tag{2.129}$$

Betrachten wir $\bar{G}$ als Funktion von x, so können wir für $\Delta \bar{G}$ eine TAYLOR-Entwicklung ansetzen:

$$\Delta \bar{G} = \frac{\partial \bar{G}}{\partial x} \Delta x + \frac{1}{2} \frac{\partial^2 \bar{G}}{\partial x^2} \Delta x^2 + \cdots$$

Hierbei sind die Differentialquotienten bei konstanter Temperatur und konstantem Druck zu bilden. Die entsprechende Reihenentwicklung für $\Delta^* \bar{G}$ lautet bei Berücksichtigung von Gl. (129):

$$\Delta^* \bar{G} = - \frac{n'}{n''} \frac{\partial \bar{G}}{\partial x} \Delta x + \frac{1}{2} \left(\frac{n'}{n''} \right)^2 \frac{\partial^2 \bar{G}}{\partial x^2} \Delta x^2 - \cdots$$

Durch Einsetzen dieser beiden Ausdrücke in (126) ergibt sich bei Beachtung von Gl. (128):

$$\varDelta G = \frac{n'\,n}{2\,n''}\,\frac{\partial^2 \bar{G}}{\partial x^2}\,\varDelta x^2 + \cdots > 0\,. \tag{2.130}$$

Wenn wir wiederum vom Sonderfall des Verschwindens des ersten Terms in (130) absehen (vgl. § 43), erhalten wir:

$$\left(\frac{\partial^2 \bar{G}}{\partial x^2}\right)_{T,\,P} > 0\,. \tag{2.131}$$

Dies ist die gesuchte zusätzliche Stabilitätsbedingung für binäre Phasen. Eine binäre Phase veränderlicher Zusammensetzung ist also in bezug auf benachbarte Phasen dann und nur dann stabil, wenn die Bedingungen (96), (98) und (131) erfüllt sind. Diese Ungleichungen können wir in formal übersichtlicherer Form schreiben, wenn wir die Beziehungen (122) bis (125) berücksichtigen:

$$\left(\frac{\partial^2 \bar{G}}{\partial T^2}\right)_{P,\,x} < 0\,, \quad \left(\frac{\partial^2 \bar{G}}{\partial T^2}\right)_{P,\,x}\left(\frac{\partial^2 \bar{G}}{\partial P^2}\right)_{T,\,x} - \left(\frac{\partial^2 \bar{G}}{\partial T\,\partial P}\right)_x^2 > 0\,,$$

$$\left(\frac{\partial^2 \bar{G}}{\partial x^2}\right)_{T,\,P} > 0 \tag{2.132}$$

oder, wenn der Operator δ^2 wieder eine Variation zweiter Ordnung bedeutet:

$$[\delta^2\,\bar{G}\,(x)]_{T,\,P} > 0\,, \quad [\delta^2\,\bar{G}\,(T,\,P)]_x < 0\,. \tag{2.133}$$

Die geometrische Bedeutung dieser Vorzeichenaussagen ist nach § 39 ohne weiteres ersichtlich.

Die Beziehung (131) ist besonders für die Diskussion von Entmischungserscheinungen in kondensierten Zweistoffgemischen (vgl. § 42), aber auch für die heterogenen Gleichgewichte in binären Systemen (vgl. 3. Kapitel) von Bedeutung. Bei Beachtung von Gl. (1.285) und der GIBBS-DUHEMschen Beziehung (1.283) können wir folgende Ungleichungen an die Stelle der Beziehung (131) setzen:

$$\left(\frac{\partial \mu_1}{\partial x_1}\right)_{T,\,P} > 0 \tag{2.134}$$

oder

$$\left(\frac{\partial \mu_2}{\partial x_1}\right)_{T,\,P} < 0\,. \tag{2.135}$$

Hierbei ist μ_i bzw. x_i das chemische Potential bzw. der Molenbruch der Komponente i ($i = 1,\,2$).
Wählen wir $x_2 (= 1 - x_1)$ als unabhängige Variable, so finden wir:

$$\left(\frac{\partial \mu_1}{\partial x_2}\right)_{T,\,P} < 0\,, \quad \left(\frac{\partial \mu_2}{\partial x_2}\right)_{T,\,P} > 0\,. \tag{2.136}$$

Die Ungleichung (134) haben wir bereits in § 31 benutzt.

Bei der Behandlung von Gleichgewichten in binären Systemen, die aus Flüssigkeit und Dampf bestehen und gleichzeitig zwei flüssige Phasen aufweisen können, hat sich noch eine andere Form der Stabilitätsbedingungen bewährt, die von der molaren Freien Energie $\bar{F}(T, \bar{V}, x)$ ausgeht.

Es gilt gemäß Gl. (1.215):

$$\bar{G} = \bar{F} + P\,\bar{V}$$

und somit für eine infinitesimale isotherm-isobare Zustandsänderung:

$$d\bar{G} = \left(\frac{\partial \bar{F}}{\partial x}\right)_{T,\,\bar{V}} d x + \left[\left(\frac{\partial \bar{F}}{\partial \bar{V}}\right)_{T,\,x} + P\right] d\bar{V} \qquad (T,\,P \text{ const}).$$

Aus Gl. (108) folgt:

$$\left(\frac{\partial \bar{F}}{\partial \bar{V}}\right)_{T,\,x} = -\,P. \tag{2.137}$$

Daher erhalten wir aus der vorigen Gleichung:

$$\left(\frac{\partial \bar{G}}{\partial x}\right)_{T,\,P} = \left(\frac{\partial \bar{F}}{\partial x}\right)_{T,\,\bar{V}}.$$

Den letzten Differentialquotienten können wir wieder als Funktion von $\bar{V}$ und x (bei gegebener Temperatur) ansetzen:

$$d\left(\frac{\partial \bar{F}}{\partial x}\right)_{T,\,\bar{V}} = \left(\frac{\partial^2 \bar{F}}{\partial x^2}\right)_{T,\,\bar{V}} d x + \left(\frac{\partial^2 \bar{F}}{\partial x\,\partial \bar{V}}\right)_{T} d\bar{V} \qquad (T \text{ const}).$$

Hieraus ergibt sich mit der vorigen Gleichung:

$$\left(\frac{\partial^2 \bar{G}}{\partial x^2}\right)_{T,\,P} = \left(\frac{\partial^2 \bar{F}}{\partial x^2}\right)_{T,\,\bar{V}} + \left(\frac{\partial^2 \bar{F}}{\partial x\,\partial \bar{V}}\right)_{T} \left(\frac{\partial \bar{V}}{\partial x}\right)_{T,\,P}.$$

Mit Gl. (137) finden wir:

$$\left(\frac{\partial \bar{V}}{\partial x}\right)_{T,\,P} = -\left(\frac{\partial P}{\partial x}\right)_{T,\,\bar{V}} \Big/ \left(\frac{\partial P}{\partial \bar{V}}\right)_{T,\,x} = -\left(\frac{\partial^2 \bar{F}}{\partial \bar{V}\,\partial x}\right)_{T} \Big/ \left(\frac{\partial^2 \bar{F}}{\partial \bar{V}^2}\right)_{T,\,x}.$$

Aus den beiden letzten Gleichungen leitet man ab:

$$\left(\frac{\partial^2 \bar{G}}{\partial x^2}\right)_{T,\,P} = \left(\frac{\partial^2 \bar{F}}{\partial x^2}\right)_{T,\,\bar{V}} - \left(\frac{\partial^2 \bar{F}}{\partial \bar{V}\,\partial x}\right)_{T}^{2} \Big/ \left(\frac{\partial^2 \bar{F}}{\partial \bar{V}^2}\right)_{T,\,x} \tag{2.138}$$

Somit erhalten wir endlich, wenn wir die Ungleichungen (120) und (131) beachten:

$$\left(\frac{\partial^2 \bar{F}}{\partial \bar{V}^2}\right)_{T,\,x} > 0, \quad \left(\frac{\partial^2 \bar{F}}{\partial \bar{V}^2}\right)_{T,\,x}\left(\frac{\partial^2 \bar{F}}{\partial x^2}\right)_{T,\,\bar{V}} - \left(\frac{\partial^2 \bar{F}}{\partial \bar{V}\,\partial x}\right)_{T}^{2} > 0, \quad (2.139\,\text{a})$$

woraus auch folgt:

$$\left(\frac{\partial^2 \bar{F}}{\partial x^2}\right)_{T,\,\bar{V}} > 0.$$

Da ferner gemäß (119) gilt:

$$\left(\frac{\partial^2 \bar{F}}{\partial T^2}\right)_{\bar{V},\,x} < 0, \qquad\qquad (2.139\,\text{b})$$

haben wir wiederum drei unabhängige Stabilitätsbedingungen, die den drei Ungleichungen (132) entsprechen und in einer zu (133) analogen Form geschrieben werden können [vgl. Gl.(121)]:

$$[\delta^2 \bar{F}\,(\bar{V},\,x)]_T > 0\,, \qquad [\delta^2 \bar{F}\,(T)]_{\bar{V},\,x} < 0\,. \qquad\qquad (2.140)$$

§ 41. Allgemeine Stabilitätsbedingungen

Eine befriedigende Ableitung und Formulierung der Stabilitätsbedingungen muß folgende Voraussetzungen erfüllen:

1. Die Ableitung muß Rücksicht darauf nehmen, daß sich innerhalb der ursprünglichen Phasen eine *beliebige* Anzahl von neuen materiellen Bezirken bilden kann, die — wenigstens im Augenblick ihres Entstehens — *nicht homogen* sind.

2. Alle speziellen Stabilitätsbedingungen müssen aus einem allgemeinen Stabilitätskriterium folgen.

3. Dieses allgemeine Stabilitätskriterium muß sich zusammen mit den übrigen Gleichgewichtsbedingungen für heterogene Systeme, z.B. denjenigen in § 30, aus der Ableitung ergeben.

Unsere bisherige „elementare" Methode der Deduktion der Stabilitätsbedingungen genügt offensichtlich den obigen Forderungen nicht. Außerdem haben wir die Stabilitätsbedingungen noch nicht für eine beliebige Zahl von Komponenten formuliert. Um das Versäumte nachzuholen, folgen wir den sehr allgemeinen Überlegungen von GIBBS[1], die wir aber an vielen Stellen ihres abstrakten Gewandes entkleiden und mit Erläuterungen versehen müssen.

Die Frage, die wir zur Lösung des vorliegenden Problems zu beantworten haben, lautet: Welches sind die Gleichgewichtsbedingungen für ein heterogenes System, in dem sich beliebige materielle Bezirke („neue Bezirke") ausbilden können, die von den zunächst vorhandenen Phasen („ursprünglichen Phasen") verschieden sind? Wir haben also außer denjenigen virtuellen Verrückungen aus dem Gleichgewicht, die einer „falschen" Verteilung der Energien, Volumina und Stoffmengen zwischen den ursprünglichen Phasen entsprechen, auch noch die virtuelle Entstehung von neuen Bezirken in Betracht zu ziehen[2]. Da die letztgenannten virtu-

---

[1] GIBBS, J.W.: s. Fußnote 1 S. 54.

[2] Um den Gang der Rechnung nicht übermäßig zu komplizieren, sehen wir von chemischen Reaktionen, elektrochemischen und osmotischen Erscheinungen ab. Die Berücksichtigung dieser Phänomene würde weitere Bedingungsgleichungen erfordern, deren Einbau in die obigen Überlegungen aber nichts grundsätzlich Neues lehren würde.

ellen Verrückungen „einseitige" Änderungen darstellen, müssen wir im allgemeinen Gleichgewichtskriterium (1) das Ungleichheitszeichen beibehalten. Bezeichnen wir mit dem Operator δ wieder Variationen erster Ordnung, mit dem Zeichen $\sum\limits_{\alpha}$ Summation über alle ursprünglichen Phasen und mit dem Zeichen $\sum\limits_{\beta}$ Summation über alle neuen Bezirke, so lautet das Gleichgewichtskriterium [vgl. Gl. (1) bis (4)]:

$$\delta S = \sum_{\alpha} \delta S^{\alpha} + \sum_{\beta} \delta S^{\beta} \leqslant 0 \tag{2.141}$$

mit den Nebenbedingungen

$$\delta U = \sum_{\alpha} \delta U^{\alpha} + \sum_{\beta} \delta U^{\beta} = 0 , \tag{2.142}$$

$$\delta V = \sum_{\alpha} \delta V^{\alpha} + \sum_{\beta} \delta V^{\beta} = 0 , \tag{2.143}$$

$$\delta n_i = \sum_{\alpha} \delta n_i^{\alpha} + \sum_{\beta} \delta n_i^{\beta} = 0 \quad (i = 1, 2, \ldots, N). \tag{2.144}$$

Hierin ist S die Entropie, U die innere Energie, V das Volumen und n_i die Molzahl der Komponente i.

Die neuen Bezirke sind bei ihrer Entstehung notwendig inhomogen. Außerdem ist ihre Oberfläche im Verhältnis zu ihrer Masse so groß, daß noch nicht einmal die in der Thermodynamik der „Oberflächenphasen" vorausgesetzten Annahmen (wie etwa Vernachlässigbarkeit des Durchmessers der Grenzschicht gegenüber den Krümmungsradien der Grenzfläche) zutreffen dürften. Die GIBBSsche Hauptgleichung (5) ist also auf die neuen Bezirke nicht anwendbar[1]. Es besteht nun aber eine gewisse Freiheit bezüglich der Abgrenzung der ursprünglichen Phasen gegenüber den neuen Bezirken. Wir denken uns daher die Grenzflächen so gelegt, daß die ursprünglichen Phasen auch im variierten Zustande des Systems, d.h. nach Ausbildung der neuen Bezirke, noch als homogen angesehen werden können. Dann ist Gl. (5) auf die ursprünglichen Phasen anwendbar. Allerdings kann jetzt nicht mehr erwartet werden, daß die neuen Bezirke beliebig klein sind. Damit unsere Schreibweise mit dem Variationszeichen erster Ordnung (δ) erlaubt ist, müssen wir daher fordern, daß sich die neuen Bezirke nur beliebig wenig von denjenigen ursprünglichen Phasen unterscheiden, aus denen sie hervorgehen.

Werden die in (141) bis (144) auftretenden Variationen im soeben erklärten Sinne verstanden, so findet man durch Kombination von Gl. (5) mit Gl. (141):

$$\sum_{\beta} \delta S^{\beta} + \sum_{\alpha} \frac{\delta U^{\alpha}}{T^{\alpha}} + \sum_{\alpha} \frac{P^{\alpha}}{T^{\alpha}} \delta V^{\alpha} - \sum_{\alpha} \sum_{k=1}^{N} \frac{\mu_k^{\alpha}}{T^{\alpha}} \delta n_k^{\alpha} \leqslant 0 , \tag{2.145}$$

---

[1] Überhaupt wird im folgenden kein funktionaler Zusammenhang zwischen S^{β}, U^{β}, V^{β} und n_i^{β}, sondern nur die Voraussetzung benutzt, daß einem neuen Bezirk β eine Entropie δS^{β} zugeordnet werden darf.

wobei T^α die absolute Temperatur, P^α den Druck und μ_i^α das chemische Potential der Komponente i in der Phase α bedeutet. Wir können nun die Nebenbedingungen in die Hauptbedingung (145) nach der Methode von LAGRANGE einbeziehen. Dazu multiplizieren wir die Summenausdrücke in (142) bis (144) mit willkürlichen Parametern, die wir in Hinblick auf ihre später sich ergebende Bedeutung folgendermaßen bezeichnen:

$$\frac{1}{T} \quad \text{sei der Multiplikator von (142)},$$

$$\frac{P}{T} \quad \text{sei der Multiplikator von (143)},$$

$$-\frac{\mu_i}{T} \quad \text{sei der Multiplikator des } i\text{-ten Summenausdrucks in (144)}.$$

Hierbei ist T als positiv vorausgesetzt. Die so erhaltenen $(N + 2)$ Produkte subtrahieren wir von der linken Seite der Ungleichung (145). Damit ergibt sich:

$$\left.\begin{aligned}
&\sum_\beta \delta S^\beta - \frac{1}{T} \sum_\beta \delta U^\beta - \frac{P}{T} \sum_\beta \delta V^\beta \\
&\quad + \frac{\mu_1}{T} \sum_\beta \delta n_1^\beta + \cdots + \frac{\mu_N}{T} \sum_\beta \delta n_N^\beta \\
&\quad + \sum_\alpha \frac{\delta U^\alpha}{T^\alpha} - \frac{1}{T} \sum_\alpha \delta U^\alpha + \sum_\alpha \frac{P^\alpha}{T^\alpha} \delta V^\alpha - \frac{P}{T} \sum_\alpha \delta V^\alpha \\
&\quad - \sum_\alpha \frac{\mu_1^\alpha}{T^\alpha} \, \delta n_1^\alpha + \frac{\mu_1}{T} \sum_\alpha \delta n_1^\alpha \cdots \\
&\quad - \sum_\alpha \frac{\mu_N^\alpha}{T^\alpha} \delta n_N^\alpha + \frac{\mu_N}{T} \sum_\alpha \delta n_N^\alpha \leqslant 0.
\end{aligned}\right\} \qquad (2.146)$$

Die notwendigen und hinreichenden Bedingungen dafür, daß diese Ungleichung für beliebige Variationen erfüllt ist, lauten offensichtlich[1]:

$$T^\alpha = T, \quad P^\alpha = P, \quad \mu_i^\alpha = \mu_i \quad (i = 1, 2, \ldots, N), \qquad (2.147)$$

$$T \delta S^\beta - \delta U^\beta - P \delta V^\beta + \sum_{k=1}^{N} \mu_k \delta n_k^\beta \leqslant 0. \qquad (2.148)$$

Die Gleichungen (147), die für jede ursprüngliche Phase α gelten, sind mit den früher abgeleiteten Bedingungen (8) bis (10) für das (einfache) heterogene Gleichgewicht identisch. Aus ihnen ergibt sich auch sofort die Bedeutung der Parameter T, P und μ_i: T ist die allen ursprünglichen Phasen gemeinsame (absolute) Gleichgewichtstemperatur, P der allen

---

[1] Man beachte, daß die Variationen mit dem Index α — im Gegensatz zu denjenigen mit dem Index β — sowohl positiv als auch negativ sein können.

ursprünglichen Phasen gemeinsame Gleichgewichtsdruck und μ_i der allen ursprünglichen Phasen gemeinsame Gleichgewichtswert des chemischen Potentials des Stoffes i.

Die Ungleichung (148), die für jeden neuen Bezirk β gilt und bei deren Aufstellung wir nur die Aussage $T > 0$ benutzt haben, ist die allgemeine Gleichgewichtsbedingung bezüglich der Bildung neuer Bezirke. Es ist zu beachten, daß in (147) und (148) keine Aussage hinsichtlich der Temperatur, des Druckes und der chemischen Potentiale in den neuen Bezirken enthalten ist. Eine solche Aussage könnte auch nur gewonnen werden, wenn man durch spezielle Voraussetzungen über die Grenzschichten die Allgemeingültigkeit der Überlegungen erheblich einschränken würde.

Für eine beliebige Phase α gilt gemäß Gl. (74), wenn die Gleichgewichtsbedingungen (147) erfüllt sind:

$$T S^\alpha - U^\alpha - P V^\alpha + \sum_{k=1}^{N} \mu_k n_k^\alpha = 0 \,. \tag{2.149}$$

Diese Gleichung kann als Äquivalent für die Gleichgewichtsbedingungen (147) angesehen werden, wenn sie auf jede der ursprünglichen Phasen angewandt wird.

Wenn wir uns die neuen Bezirke in ihrer Masse so vergrößert denken, daß sie makroskopischen Bereichen entsprechen und doch hinsichtlich ihrer Natur unverändert bleiben, erhalten wir aus (148):

$$T S^\beta - U^\beta - P V^\beta + \sum_{k=1}^{N} \mu_k n_k^\beta \leqslant 0 \,. \tag{2.150}$$

Es darf aber nicht erwartet werden, daß diese Ungleichung von vornherein für einen makroskopisch homogenen Körper gilt, dessen Entropie bzw. innere Energie gerade S^β bzw. U^β ist; denn der Zusammenhang zwischen Entropie, innerer Energie, Volumen und Molzahlen wird bei einer makroskopischen Phase ein ganz anderer sein als bei einem kleinen Bezirk, aus dem sich die Phase bildet (vgl. oben). Trotzdem wollen wir untersuchen, welche Aussagen sich ergeben, wenn wir (150) auf einen makroskopisch homogenen Körper („Phase β") anwenden, der aus kleinen Bezirken der Art β hervorgeht, so daß jetzt S^β bzw. U^β die Entropie bzw. innere Energie der *Phase β* bedeutet.

Betrachten wir ein beliebiges heterogenes System, dessen Phasen (α) alle miteinander im Gleichgewicht sind. Dann gilt für jede der ursprünglichen Phasen (α) Gl. (149). Bezüglich jeder neuen (benachbarten oder nichtbenachbarten) Phase (β) sei die Beziehung (150) gültig. Wenn wir Gl. (149) über alle Phasen der Art α und Gl. (150) über alle Phasen der Art β summieren und die Summen subtrahieren, so ergibt sich für die

Entropieänderung ΔS beim Übergang „altes System (Phasen α) $\rightarrow$ neues System (Phasen β)":

$$T \Delta S = T \left(\sum_\beta S^\beta - \sum_\alpha S^\alpha \right) \leqslant 0$$

oder

$$\Delta S \leqslant 0, \tag{2.151}$$

wenn wir folgende Nebenbedingungen vorschreiben:

$$\left. \begin{aligned} \Delta U &= \sum_\beta U^\beta - \sum_\alpha U^\alpha = 0, \\ \Delta V &= \sum_\beta V^\beta - \sum_\alpha V^\alpha = 0, \\ \Delta n_i &= \sum_\beta n_i^\beta - \sum_\alpha n_i^\alpha = 0 \quad (i = 1, 2, \ldots, N). \end{aligned} \right\} \tag{2.151a}$$

Dies sind die Stabilitätskriterien (69), (70) und (70a), die direkt aus dem Zweiten Hauptsatz folgen. Also ist die Beziehung (150), angewandt auf irgendeine Phase β, die aus den im System vorhandenen Stoffen $1, 2, \ldots, N$ gebildet werden kann, eine *hinreichende* Bedingung für nichtinstabiles (stabiles oder neutrales) Gleichgewicht. Sie ist keine notwendige Gleichgewichtsbedingung, weil die Beziehung (148) im Prinzip für jeden neuen Bezirk erfüllt sein kann, ohne daß (150) für jede neue (makroskopisch homogene) Phase gilt. In diesem Falle wäre aber das Gleichgewicht *praktisch* instabil: Die geringste Spur des betreffenden homogenen Körpers würde genügen, um die Entstehung eines Systems aus neuen Phasen einzuleiten. Ist der betrachtete homogene Körper eine „benachbarte Phase", so entsteht er bei fluiden Medien schon im Laufe der statistischen Schwankungen. Andernfalls ist unter Umständen eine „Impfung" mit „Keimen" der neuen Phase erforderlich.

Wir sehen also, daß Gl. (150) praktisch als notwendige und hinreichende Gleichgewichtsbedingung neben die Gln. (147) oder (149) gestellt werden kann. Wir nennen sie das *allgemeine Stabilitätskriterium*. Wir werden zeigen, wie alle speziellen Stabilitätsbedingungen aus diesem Kriterium hergeleitet werden können.

Wir betrachten zunächst den Übergang „altes System (Phasen α) $\rightarrow$ neues System (Phasen β)" bei vorgegebenen Werten von Temperatur, Druck und Molzahlen. Dann haben auch alle neuen Phasen (β) die Temperatur T und den Druck P. Demnach gilt für jede Phase β gemäß Gl. (74):

$$G^\beta = U^\beta + PV^\beta - T S^\beta.$$

Hieraus folgt mit (150):

$$\sum_{k=1}^{N} \mu_k n_k^\beta - G^\beta \leqslant 0$$

und daher

$$\sum_\beta \sum_k \mu_k n_k^\beta - \sum_\beta G^\beta \leqslant 0.$$

Dabei ist $\mu_k (= \mu_k^\alpha)$ das chemische Potential des Stoffes k in irgendeiner der ursprünglichen Phasen. Nun ist nach Gl. (74) für jede Phase α:

$$G^\alpha = \sum_{k=1}^{N} \mu_k \, n_k^\alpha .$$

Ferner gilt die Nebenbedingung

$$\sum_\alpha n_k^\alpha = \sum_\beta n_k^\beta$$

und daher

$$\sum_\alpha G^\alpha = \sum_\alpha \sum_k \mu_k \, n_k^\alpha = \sum_\beta \sum_k \mu_k \, n_k^\beta .$$

Somit ergibt sich:

$$\Delta G = \sum_\beta G^\beta - \sum_\alpha G^\alpha \geqslant 0 , \tag{2.152}$$

wenn wir als Nebenbedingungen vorschreiben:

$$\Delta T = 0 , \quad \Delta P = 0 , \quad \Delta n_i = 0 \quad (i = 1, 2, \ldots, N) . \tag{2.152a}$$

Dies sind die Stabilitätskriterien (72), (73) und (73a). Auf entsprechende Weise lassen sich aus (150) alle übrigen (für andere Nebenbedingungen gültigen) Stabilitätskriterien deduzieren, z.B. die Beziehungen (174) in § 42. Da mit (152) und (174) alle praktisch interessierenden Probleme bei metastabilen Systemen gelöst werden können (vgl. § 38 und § 42), haben wir somit auch die Bedingungen für Metastabilität aus dem allgemeinen Stabilitätskriterium (150) abgeleitet.

Wenn wir in (150) das Zeichen $\leqslant$ durch das Zeichen $>$ ersetzen, haben wir in (151) bzw. (152) zu schreiben: $\Delta S > 0$ bzw. $\Delta G < 0$. Dann erhalten wir die Kriterien (68) und (71). Daher können wir die verschiedenen Arten des Gleichgewichts in einem heterogenen System, für das die Gleichgewichtsbedingungen erster Ordnung [Gl. (147) oder (149) für jede ursprüngliche Phase α] erfüllt sind, auf allgemeinste Art folgendermaßen charakterisieren (vgl. § 37): Das betrachtete Gleichgewicht ist genau dann

a) *instabil*, wenn es neue Phasen (β) gibt, für die gilt:

$$T S^\beta - U^\beta - P V^\beta + \sum_{k=1}^{N} \mu_k \, n_k^\beta > 0 , \tag{2.153}$$

b) *neutral* (bezüglich der Bildung der betreffenden neuen Phasen), wenn es neue Phasen (β) gibt, für die gilt:

$$T S^\beta - U^\beta - P V^\beta + \sum_{k=1}^{N} \mu_k \, n_k^\beta = 0 , \tag{2.154}$$

c) *stabil*, wenn für jede neue Phase (β), die aus den Komponenten $1, 2, \ldots, N$ gebildet werden kann, gilt:

$$T S^\beta - U^\beta - P V^\beta + \sum_{k=1}^{N} \mu_k \, n_k^\beta < 0 . \tag{2.155}$$

Gl. (74) ergibt für eine beliebige neue Phase (β) die Identität:

$$T^\beta S^\beta - U^\beta - P^\beta V^\beta + \sum_{k=1}^{N} \mu_k^\beta n_k^\beta = 0\,. \tag{2.156}$$

Hierin sind T^β, P^β und μ_k^β die Temperatur, der Druck und die chemischen Potentiale in der Phase β. Die Gln. (154) und (156) sind offensichtlich dann und nur dann gleichzeitig erfüllt, wenn

$$T^\beta = T\,, \quad P^\beta = P\,, \quad \mu_i^\beta = \mu_i \quad (i = 1, 2, \ldots, N)\,. \tag{2.157}$$

Dies bedeutet gemäß Gl. (147) Koexistenz der ursprünglichen Phasen mit den neuen Phasen. Damit ist der Fall des neutralen Gleichgewichtes allgemein physikalisch interpretiert. Für ein spezielles Problem hatten wir dies schon in § 38 verifiziert.

Es bleibt noch die Herleitung der „Stabilitätsbedingungen im engeren Sinne" (d. h. der Bedingungen für die Stabilität einer einzelnen Phase in bezug auf benachbarte Phasen) aus dem allgemeinen Stabilitätskriterium (150) zu diskutieren[1]. Wenn wir den Fall koexistenter benachbarter Phasen ausschließen[2], genügt es für unsere Zwecke, wenn wir die Beziehung (155) betrachten und sie als Stabilitätstest für eine einzelne Phase benutzen.

Die Phase, deren Stabilität zur Diskussion steht, sei durch einfach gestrichene Größen und irgendeine benachbarte Phase durch doppelt gestrichene Größen gekennzeichnet. Dann gilt gemäß (155) das Stabilitätskriterium:

$$T' S'' - U'' - P' V'' + \sum_{k=1}^{N} \mu_k' n_k'' < 0\,. \tag{2.158}$$

Gemäß Gl. (74) haben wir die Identität:

$$T' S' - U' - P' V' + \sum_{k=1}^{N} \mu_k' n_k' = 0\,. \tag{2.159}$$

Durch Subtraktion der Gl. (159) von (158) erhalten wir bei abgekürzter Schreibweise ($T' = T$, $S'' - S' = \Delta S$, usw.):

$$T \Delta S < \Delta U + P \Delta V - \sum_{k=1}^{N} \mu_k \Delta n_k \tag{2.160}$$

oder

$$\Delta U > T \Delta S - P \Delta V + \sum_{k=1}^{N} \mu_k \Delta n_k\,. \tag{2.161}$$

Der Operator Δ bedeutet die Zunahme einer Zustandsgröße beim Übergang von der ursprünglichen Phase zu einer benachbarten Phase. Er be-

---

[1] Vgl. hierzu R. Haase: Z. Naturforsch. **5 a**, 109 (1950).
[2] Vgl. hierzu § 43.

zieht sich offensichtlich auf eine kleine Differenz (bis zu Gliedern beliebiger Ordnung) bezüglich der Natur (nicht der Menge) der Phasen. Die Ungleichungen (160) und (161) gelten also z. B. für spezifische oder molare Größen. Führen wir molare Zustandsgrößen ein, so finden wir:

$$T \Delta \bar{S} < \Delta \bar{U} + P \Delta \bar{V} - \sum_{k=1}^{N} \mu_k \Delta x_k \qquad (2.162)$$

oder

$$\Delta \bar{U} > T \Delta \bar{S} - P \Delta \bar{V} + \sum_{k=1}^{N} \mu_k \Delta x_k, \qquad (2.163)$$

worin x_k der Molenbruch der Komponente k ist. Diese Beziehungen müssen innerhalb der Stabilitätsgrenzen für jedes Paar benachbarter Phasen erfüllt sein.

Den Ungleichungen (162) und (163) werden wir nun analoge Beziehungen für die charakteristischen Funktionen H, F und G an die Seite stellen.

Für die Enthalpie H gilt gemäß Gl. (1.211) und Gl. (159):

$$H' - T' S' - \sum_{k=1}^{N} \mu_k' n_k' = 0,$$

$$U'' + P'' V'' - H'' = 0.$$

Addieren wir diese Gleichungen zur Ungleichung (158), so ergibt sich:

$$H'' - H' - T'(S'' - S') - V''(P'' - P') - \sum_{k=1}^{N} \mu_k'(n_k'' - n_k') > 0.$$

Diese Ungleichung muß wieder — auf spezifische oder molare Größen bezogen — für jedes Paar benachbarter Phasen innerhalb der Stabilitätsgrenzen gelten. Wir können sie in zwei Ungleichungen aufspalten:

$$[H' - H'' - V''(P' - P'')]_{S,n} < 0,$$

$$\left[H'' - H' - T'(S'' - S') - \sum_k \mu_k'(n_k'' - n_k') \right]_P > 0,$$

wobei der Index n Konstanz aller Molzahlen bedeutet. In der ersten Ungleichung sehen wir die Phase $''$, in der zweiten Ungleichung die Phase $'$ als die „ursprüngliche Phase" an. Gehen wir gleichzeitig zu molaren Größen über, so finden wir:

$$[\Delta \bar{H} - \bar{V} \Delta P]_{\bar{S},x} < 0, \qquad (2.164)$$

$$\left[\Delta \bar{H} - T \Delta \bar{S} - \sum_{k=1}^{N} \mu_k \Delta x_k \right]_P > 0. \qquad (2.165)$$

Der Index x zeigt Konstanz aller Molenbrüche an.

Für die Freie Energie F gilt gemäß Gl. (1.213) und (159):

$$F' + P'V' - \sum_{k=1}^{N} \mu_k' n_k' = 0,$$

$$U'' - T''S'' - F'' = 0.$$

Addieren wir diese Gleichungen zu (158), so erhalten wir:

$$F'' - F' + S''(T'' - T') + P'(V'' - V') - \sum_{k=1}^{N} \mu_k'(n_k'' - n_k') > 0.$$

Somit finden wir nach dem gleichen Verfahren, das wir oben benutzt haben:

$$[\Delta \bar{F} + \bar{S} \Delta T]_{V,x} < 0, \tag{2.166}$$

$$\left[\Delta \bar{F} + P\Delta \bar{V} - \sum_{k=1}^{N} \mu_k \Delta x_k\right]_T > 0. \tag{2.167}$$

Für die Freie Enthalpie G gilt gemäß Gl. (1.215) und (159):

$$G' - \sum_{k=1}^{N} \mu_k' n_k' = 0,$$

$$U'' + P''V'' - T''S'' - G'' = 0.$$

Addieren wir diese Gleichungen zu (158), so folgt:

$$G'' - G' + S''(T'' - T') - V''(P'' - P') - \sum_{k=1}^{N} \mu_k'(n_k'' - n_k') > 0,$$

und wir erhalten nach dem obigen Verfahren:

$$[\Delta \bar{G} + \bar{S} \Delta T - \bar{V} \Delta P]_x < 0, \tag{2.168}$$

$$\left[\Delta \bar{G} - \sum_{k=1}^{N} \mu_k \Delta x_k\right]_{T,P} > 0. \tag{2.169}$$

Aus den Fundamentalgleichungen (1.237) bis (1.240) leiten wir ab, wenn wir sie auf ein Mol der Phase beziehen und das Differentiationszeichen (d) durch das Variationszeichen erster Ordnung (δ) ersetzen:

$$\delta \bar{U} = T\delta \bar{S} - P\delta \bar{V} + \sum_{k=1}^{N} \mu_k \delta x_k,$$

$$\delta \bar{H} = T\delta \bar{S} + \bar{V}\delta P + \sum_{k=1}^{N} \mu_k \delta x_k,$$

$$\delta \bar{F} = -\bar{S}\delta T - P\delta \bar{V} + \sum_{k=1}^{N} \mu_k \delta x_k,$$

$$\delta \bar{G} = -\bar{S}\delta T + \bar{V}\delta P + \sum_{k=1}^{N} \mu_k \delta x_k.$$

Führen wir die Schreibweise

$$\Delta^2 \varphi \equiv \Delta \varphi - \delta \varphi = \delta^2 \varphi + \delta^3 \varphi + \cdots$$

ein, worin $\Delta^2\varphi$ eine Variation der Funktion φ von Gliedern der zweiten Ordnung an bis zu Gliedern beliebig hoher Ordnung und $\delta^n\varphi$ eine Variation n-ter Ordnung bedeutet, so erkennen wir aus den letzten vier Gleichungen, daß die allgemeinen Stabilitätsbedingungen (162) bis (169) auch folgendermaßen formuliert werden können:

$$\Delta^2\bar{S}\,(\bar{U},\,\bar{V},\,x_k) < 0\,, \tag{2.170a}$$

$$\Delta^2\bar{U}\,(\bar{S},\,\bar{V},\,x_k) > 0\,, \tag{2.170b}$$

$$[\Delta^2\bar{H}\,(P)]_{\bar{S},\,x} < 0\,, \tag{2.170c}$$

$$[\Delta^2\bar{H}\,(\bar{S},\,x_k)]_P > 0\,, \tag{2.170d}$$

$$[\Delta^2\bar{F}\,(T)]_{\bar{V},\,x} < 0\,, \tag{2.170e}$$

$$[\Delta^2\bar{F}\,(\bar{V},\,x_k)]_T > 0\,, \tag{2.170f}$$

$$[\Delta^2\bar{G}\,(T,\,P)]_x < 0\,, \tag{2.170g}$$

$$[\Delta^2\bar{G}\,(x_k)]_{T,\,P} > 0\,. \tag{2.170h}$$

Hierbei steht x_k für die $(N-1)$ unabhängigen Molenbrüche, z.B. $x_1,\,x_2,\,\ldots,\,x_{N-1}$. Beachten wir nur die Variationen zweiter Ordnung, d.h. ersetzen wir den Operator Δ^2 durch δ^2, so finden wir alle speziellen Stabilitätsbedingungen im engeren Sinne, die wir bisher abgeleitet haben [(84), (115), (118), (121), (125), (133), (140)], wieder zurück. Ferner ist ersichtlich, daß die am Schluß von § 39 ausgesprochene Regel ganz allgemein gilt, wenn wir die Funktion S ausschließen, d.h. nur die Funktionen U, H, F, G betrachten. Diese Regel, die zuerst von SCHOTTKY, ULICH und WAGNER[1] erkannt wurde, ist offensichtlich nicht nur für beliebig viele Komponenten, sondern auch für beliebig hohe Variationen gültig, soweit wir nur Variationen von der zweiten Ordnung an berücksichtigen.

Die Beziehungen (170) können auch als explizite Vorzeichenaussagen über die zweiten und höheren Differentialquotienten der charakteristischen Funktionen nach den zugehörigen unabhängigen Variablen formuliert werden. Beschränken wir uns auf die zweiten Differentialquotienten, ersetzen also wieder Δ^2 durch δ^2, so entsprechen die Ungleichungen (170) mathematisch der Forderung, daß gewisse quadratische Formen positiv-definit bzw. negativ-definit sein sollen (vgl. § 39). Die Vorzeichenregeln für definite quadratische Formen mit beliebig vielen Variablen, deren Ableitung man in den Lehrbüchern der höheren Algebra findet, lauten folgendermaßen:

1. Eine quadratische Form ist genau dann positiv-definit, wenn die Determinante aus ihren Koeffizienten mit sämtlichen Hauptminoren positiv ist. Hieraus folgt auch, daß alle Diagonalglieder positiv sein müssen.

---

[1] SCHOTTKY, W., H. ULICH u. C. WAGNER: s. Fußnote 1 S. 86.

2. Eine quadratische Form ist genau dann negativ-definit, wenn in der Determinante aus ihren Koeffizienten alle Hauptminoren ungerader Ordnung negativ und alle Hauptminoren gerader Ordnung positiv sind. Hieraus folgt auch, daß alle Diagonalglieder negativ sein müssen.

Von den Stabilitätsbedingungen mit mehr als zwei Variablen ist die Beziehung (170h) praktisch am wichtigsten. Schreiben wir diese Ungleichung in der Form, die nur Differentialquotienten zweiter Ordnung berücksichtigt:

$$\delta^2 \bar{G}(x_1, x_2, \ldots, x_{N-1}) > 0 \quad (T, P \text{ const}), \qquad (2.171)$$

so sind nach obigem hierfür folgende Vorzeichenaussagen notwendig und hinreichend:

$$\left.\begin{array}{c} \dfrac{\partial^2 \bar{G}}{\partial x_1^2} > 0, \quad \dfrac{\partial^2 \bar{G}}{\partial x_1^2}\dfrac{\partial^2 \bar{G}}{\partial x_2^2} - \left(\dfrac{\partial^2 \bar{G}}{\partial x_1 \partial x_2}\right)^2 > 0 \\[2mm] \cdot \quad \cdot \quad \cdot \quad \cdot \quad \cdot \quad \cdot \quad \cdot \quad \cdot \quad \cdot \quad \cdot \quad \cdot \\[2mm] D_{N-1} > 0, \end{array}\right\} \qquad (2.172)$$

worin

$$D_{N-1} \equiv \begin{vmatrix} \dfrac{\partial^2 \bar{G}}{\partial x_1^2} & \dfrac{\partial^2 \bar{G}}{\partial x_1 \partial x_2} & \cdots & \dfrac{\partial^2 \bar{G}}{\partial x_1 \partial x_{N-1}} \\[3mm] \dfrac{\partial^2 \bar{G}}{\partial x_2 \partial x_1} & \dfrac{\partial^2 \bar{G}}{\partial x_2^2} & \cdots & \dfrac{\partial^2 \bar{G}}{\partial x_2 \partial x_{N-1}} \\[3mm] \cdot & \cdot & \cdots & \cdot \\[2mm] \dfrac{\partial^2 \bar{G}}{\partial x_{N-1} \partial x_1} & \dfrac{\partial^2 \bar{G}}{\partial x_{N-1} \partial x_2} & \cdots & \dfrac{\partial^2 \bar{G}}{\partial x_{N-1}^2} \end{vmatrix} \qquad (2.172\,\text{a})$$

Hierbei ist konstante Temperatur und konstanter Druck vorausgesetzt[1].

Wie aus dem Vorstehenden ersichtlich, gibt es bei N Komponenten $(N+1)$ unabhängige Stabilitätsbedingungen zweiter Ordnung.

§ 42. Stabilität und kritische Erscheinungen in einfachen Fällen

Ehe wir zu einer systematischen und allgemeinen Behandlung des Themas „Stabilitätsgrenzen und kritische Phasen" übergehen, seien einige Betrachtungen über einfache Fälle vorausgeschickt, wobei wir zunächst von der Erfahrung ausgehen. Diese Fälle betreffen die Stabilität und die kritischen Erscheinungen bei der Verdampfung und Kondensation von Einstoffsystemen sowie bei der Entmischung von kondensierten Zweistoffsystemen.

Betrachten wir zuerst ein *Einstoffsystem*, das flüssig oder gasförmig ist. Eine einzelne Phase konstanter Zusammensetzung ist gemäß Gl. (120) bei vorgegebener Temperatur stabil, wenn $(\partial^2 \bar{F}/\partial \bar{V}^2)_T$ positiv oder

---

[1] Eine elementare Ableitung der Stabilitätsbedingungen (172), die unseren Überlegungen in § 40 analog ist, findet sich bei R. Haase: Z. physik. Chem. **194**, 237 (1950).

$(\partial P/\partial \bar{V})_T$ negativ ist. Die Erfahrung zeigt, daß für jedes Gas oberhalb einer gewissen Temperatur, der „kritischen Temperatur", die $P(\bar{V})$-Isothermen überall negative Steigung haben und dementsprechend die isothermen $\bar{F}(\bar{V})$-Kurven überall konvex bezüglich der $\bar{V}$-Achse sind: Das Gas ist oberhalb der kritischen Temperatur bei allen Volumina und somit bei allen Drucken stabil (Abb. 8a). Unterhalb der „kritischen Temperatur" jedoch beobachtet man in einem gewissen Bereich der Volumina Zerfall in zwei koexistente Phasen (Flüssigkeit und Dampf). Versucht man, die isotherme $\bar{F}(\bar{V})$-Kurve auch für diesen Fall durch eine analytische Funktion darzustellen — entweder durch Interpolation bzw. Extrapolation einer gemessenen Zustandsgleichung oder durch eine theoretische Zustandsgleichung[1] —, so findet man eine Kurve vom Typ derjenigen in Abb. 8b. Diese Kurve weist zwei Wendepunkte (B und B') auf,

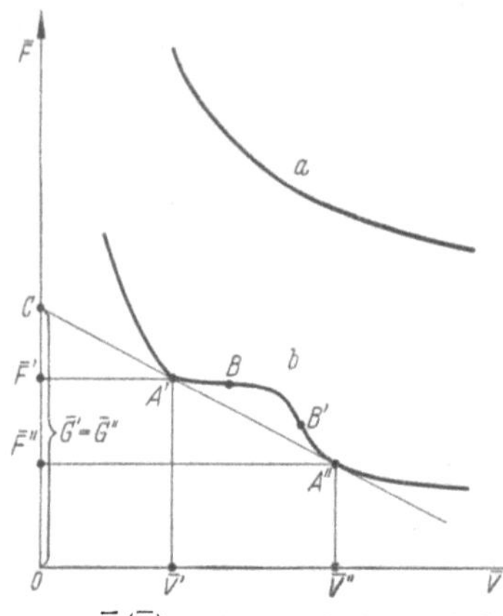

Abb. 8. $\bar{F}(\bar{V})$-Isotherme oberhalb (a) bzw. unterhalb (b) der kritischen Temperatur für ein Einstoffsystem

zwischen denen die Stabilitätsbedingung (120) nicht mehr erfüllt ist, da hier gilt:

$$\left(\frac{\partial^2 \bar{F}}{\partial \bar{V}^2}\right)_T < 0, \qquad \left(\frac{\partial P}{\partial \bar{V}}\right)_T > 0.$$

Für die Wendepunkte selbst finden wir:

$$\left(\frac{\partial^2 \bar{F}}{\partial \bar{V}^2}\right)_T = 0, \qquad \left(\frac{\partial P}{\partial \bar{V}}\right)_T = 0. \qquad (2.173)$$

Wenn wir die Wendepunkte aller $\bar{F}(\bar{V})$-Kurven unterhalb der kritischen Temperatur miteinander verbinden, erhalten wir eine „Grenzkurve". Diese Grenzkurve ist die „Stabilitätsgrenze": Innerhalb des von ihr eingeschlossenen Gebietes sind alle (denkbaren) Phasen labil, während alle Phasen außerhalb dieses Gebietes stabil oder metastabil sind.

In den Punkten A' und A'' der $\bar{F}(\bar{V})$-Kurve (Abb. 8b) berührt eine Gerade die Kurve: Die Gerade ist eine „Doppeltangente", und die Punkte A' und A'' sind die Berührungspunkte dieser Doppeltangente. Für diese Berührungspunkte gilt, wie aus der Figur ersichtlich[2]:

$$\left(\frac{\partial \bar{F}}{\partial \bar{V}}\right)'_T = \left(\frac{\partial \bar{F}}{\partial \bar{V}}\right)''_T, \qquad \bar{F}' - \bar{V}'\left(\frac{\partial \bar{F}}{\partial \bar{V}}\right)'_T = \bar{F}'' - \bar{V}''\left(\frac{\partial \bar{F}}{\partial \bar{V}}\right)''_T,$$

---

[1] Das bekannteste Beispiel ist die VAN DER WAALSsche Zustandsgleichung. Sie wird hier nicht explizit diskutiert, weil es uns nur auf die allgemeinen thermodynamischen Zusammenhänge ankommt und die Theorie der Zustandsgleichung in das Gebiet der Statistischen Mechanik gehört. Vgl. hierzu § 43.

[2] Die erste Gleichung bedeutet Gleichheit der Steigungen, die zweite Gleichheit der Ordinatenabschnitte OC der Tangenten.

worin die einfach bzw. doppelt gestrichenen Größen sich auf den Punkt A' bzw. A'' beziehen. Mit Hilfe der Beziehung [s. Gl. (137)]

$$\left(\frac{\partial \bar{F}}{\partial \bar{V}}\right)_T = -P$$

folgt aus den obigen Gleichungen:

$$P' = P'', \quad \bar{F}' + P'\,\bar{V}' = \bar{F}'' + P''\,\bar{V}'',$$

oder gemäß Gl. (1.215) und Gl. (75):

$$P' = P'', \quad \bar{G}' = \mu' = \bar{G}'' = \mu''.$$

Dies sind aber die Gleichgewichtsbedingungen für zwei koexistente Phasen eines Einstoffsystems bei gegebener Temperatur [vgl. Gl. (147)]. Also bedeuten die Koordinaten der Berührungspunkte einer Doppeltangente an die isotherme $\bar{F}(\bar{V})$-Kurve nichts weiter als die Werte von $\bar{F}$ und $\bar{V}$ für zwei koexistente Phasen (hier: Flüssigkeit und Dampf). Der beobachtete Zerfall des Systems in zwei Phasen wird somit durch die Kurve in Abb. 8b wiedergegeben[1].

Umgekehrt weist eine $\bar{F}(\bar{V})$-Kurve (für $T = \mathrm{const}$), die eine solche Form hat, daß eine Doppeltangente an sie gelegt werden kann, notwendig labile Bereiche auf. Demnach enthält das „Zustandsgebiet zwischen zwei koexistenten Phasen" [das sind diejenigen Teile der $\bar{F}(\bar{V})$-Kurvenschar, die zwischen je zwei Doppelberührungspunkten liegen] stets ein Gebiet labiler Phasen. Wir werden zeigen, daß der nichtlabile Teil dieses Zustandsgebietes dem Bereich metastabiler Phasen entspricht.

Betrachten wir eine gegebene Menge des Einstoffsystems, z. B. ein Mol. Dann ist die Freie Energie F dieser Stoffmenge ($= \bar{F}$), wenn ihr Volumen zwischen $\bar{V}'$ und $\bar{V}''$ liegt, entweder durch einen Punkt der Kurve $A'BB'A''$ oder durch einen Punkt des Tangentenabschnitts $A'A''$ gegeben (vgl. Abb. 8b). Im ersten Falle ist das System homogen, im zweiten Falle heterogen, wobei die Lage des Punktes auf der Geraden durch das Mengenverhältnis der beiden koexistenten Phasen bestimmt ist. Da für jedes Volumen zwischen $\bar{V}'$ und $\bar{V}''$ der Wert der Freien Energie auf der Kurve $A'BB'A''$ größer als der Wert der Freien Energie auf der Geraden $A'A''$ ist, können wir schreiben:

$$\varDelta \bar{F} = x'\bar{F}' + x''\bar{F}'' - \bar{F} < 0 \quad (T = \mathrm{const},\ \bar{V} = \mathrm{const}),$$

worin x' bzw. x'' den „Molenbruch" der Phase $'$ bzw. $''$ ($=$ relative Molzahl der Phase $'$ bzw. $''$ im betrachteten Zweiphasensystem) und $\bar{F}$ die

---

[1] Daraus folgt auch unmittelbar das sog. „Maxwellsche Kriterium" (Gleichheit der Flächenstücke oberhalb und unterhalb der horizontalen Isotherme bei der $P-\bar{V}$-Kurve).

molare Freie Energie der homogenen Phase, d.h. den $\bar{F}$-Wert auf der Kurve $A'B\,B'A''$ bedeutet.

Man kann nun auf einem zur Ableitung der Beziehungen (71) bis (73a) vollkommen analogen Wege[1] zeigen, daß für den Übergang „altes System → neues System" (d.h. in unserem Beispiel für den Übergang „homogenes System → System aus zwei koexistenten Phasen") stets gilt (vgl. auch die dritte Form des Gleichgewichtskriteriums in § 36):

$$\left.\begin{aligned}
\varDelta F &< 0 \quad \text{(instabiles Gleichgewicht)}, \\
\varDelta F &= 0 \quad \text{(neutrales Gleichgewicht)}, \\
\varDelta F &> 0 \quad \text{(stabiles Gleichgewicht)}
\end{aligned}\right\} \qquad (2.174)$$

bei den Nebenbedingungen

$$\varDelta T = 0, \quad \varDelta V = 0, \quad \varDelta n_i = 0 \quad (i = 1, 2, \ldots, N). \qquad (2.174\,\text{a})$$

Daher ist jede Phase auf der Kurve $A'B\,B'A''$ instabil gegenüber dem Zerfall in zwei koexistente Phasen, die den Punkten A' und A'' entsprechen. Da alle (denkbaren) Phasen zwischen B und B' labil sind, müssen die Phasen zwischen A' und B und zwischen A'' und B' metastabil sein. Die Erfahrung zeigt, daß diese metastabilen Phasen (wenigstens in der Nähe der Punkte A' und A'') als „übersättigte Dämpfe" bzw. „überhitzte Flüssigkeiten" realisierbar sind.

Bei der kritischen Temperatur verschwindet der Unterschied zwischen Dampf und Flüssigkeit: Die Berührungspunkte A' und A'' und damit auch die Wendepunkte B und B' fallen in einen Punkt (den „kritischen Punkt") zusammen. Für diesen Punkt gilt dann offensichtlich:

$$\left(\frac{\partial^2 \bar{F}}{\partial \bar{V}^2}\right)_T = 0, \quad \left(\frac{\partial^3 \bar{F}}{\partial \bar{V}^3}\right)_T = 0, \qquad (2.175)$$

oder gemäß Gl. (137):

$$\left(\frac{\partial P}{\partial \bar{V}}\right)_T = 0, \quad \left(\frac{\partial^2 P}{\partial \bar{V}^2}\right)_T = 0. \qquad (2.176)$$

Am kritischen Punkt hat also die $P(\bar{V})$-Kurve einen Wendepunkt mit horizontaler Tangente. Da der kritische Punkt auf der $\bar{F}(\bar{V})$- bzw. $P(\bar{V})$-Kurve liegt, haben wir mit Gl. (175) bzw. (176) drei Gleichungen zur Verfügung. Enthält daher der explizite Ausdruck für $\bar{F}(\bar{V}, T)$ bzw. für die Zustandsgleichung $P(\bar{V}, T)$ nicht mehr als drei Konstanten — wie im Falle der VAN DER WAALSschen Zustandsgleichung —, so können wir die „kritische Temperatur", den „kritischen Druck" und das „kritische Molvolumen" aus den drei Parametern der Zustandsgleichung berechnen.

---

[1] D.h. entweder mit Hilfe von Gl. (1.226a) oder aus Gl. (150) nach dem Muster der Ableitung der Bedingungen (152) in § 41.

Die kritischen Erscheinungen wurden von ANDREWS entdeckt. Die aus der Existenz des kritischen Punktes folgende Tatsache, daß Flüssigkeit und Gas ohne Durchlaufen eines Zweiphasengebietes ineinander überführt werden können, wurde zuerst von JAMES THOMSON erkannt und führte ihn zur These der „Kontinuität des flüssigen und gasförmigen Zustandes", die später von VAN DER WAALS zu einer quantitativen Theorie weiterentwickelt wurde[1].

Betrachten wir jetzt ein flüssiges oder festes *Zweistoffsystem* bei vorgegebenem Druck. Erfahrungsgemäß gibt es binäre Systeme, die oberhalb bzw. unterhalb einer bestimmten Temperatur, der „kritischen Entmischungstemperatur", bei allen Zusammensetzungen nur aus einer (flüssigen oder festen) Phase bestehen, unterhalb bzw. oberhalb dieser Temperatur aber in zwei koexistente Phasen zerfallen, die beide entweder binäre Flüssigkeiten oder binäre feste Phasen (binäre Mischkristalle) sind. (In Sonderfällen kann eine der koexistenten Phasen eine praktisch reine Komponente darstellen.) Wenn oberhalb der kritischen Temperatur nur homogene Phasen stabil sind, spricht man von einem „oberen kritischen Entmischungspunkt", im anderen Falle von einem „unteren kritischen Entmischungspunkt". Manche Systeme besitzen sowohl eine obere als auch eine untere kritische Entmischungstemperatur[2].

Am einfachsten lassen sich die Entmischungserscheinungen bei binären Systemen an Hand eines Diagramms von $\bar{G}(x)$-Kurven übersehen (x = Molenbruch einer der beiden Komponenten), wobei für jede Kurve T = const und für das gesamte Diagramm P = const gilt. Eine $\bar{G}(x)$-Isotherme für eine Temperatur, die entweder oberhalb einer oberen kritischen Temperatur oder unterhalb einer unteren kritischen Temperatur liegt, ist in Abb. 9a gezeichnet. Gemäß der Stabilitätsbedingung (131)

$$\left(\frac{\partial^2 \bar{G}}{\partial x^2}\right)_{T,P} > 0$$

ist die $\bar{G}(x)$-Kurve im gesamten Konzentrationsbereich konvex bezüglich der x-Achse.

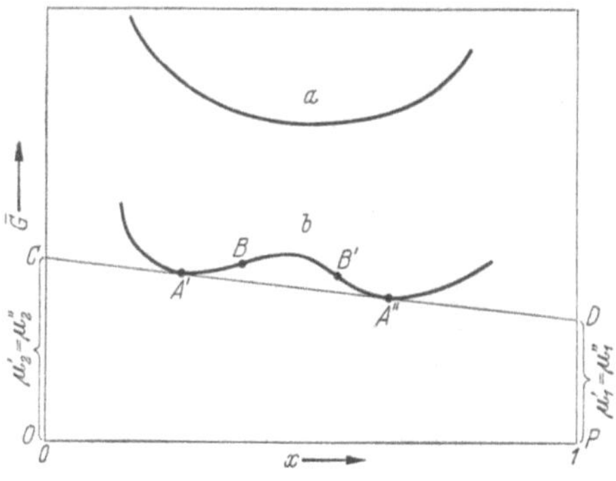

Abb. 9. Isotherm-isobare $G(x)$-Kurve für ein Zweistoffsystem ohne (*a*) bzw. mit (*b*) Mischungslücke

In Abb. 9b ist eine $\bar{G}(x)$-Kurve für eine Temperatur wiedergegeben, bei der in einem bestimmten Konzentrationsbereich eine „Mischungslücke" auftritt, d.h. zwei koexistente Phasen bestimmter Zusammensetzung stabil sind.

---

[1] Über eine Kritik des „Kontinuitätsprinzips" s. S. 182. — [2] Vgl. § 79.

Mit Hilfe der Beziehungen (1.273), (1.274), (71) bis (73), (131) und (147) beweist man durch ähnliche Argumentationen wie oben:

1. Die Wendepunkte B und B' (Abb. 9b) entsprechen der Stabilitätsgrenze und sind charakterisiert durch die Gleichung:

$$\left(\frac{\partial^2 \bar{G}}{\partial x^2}\right)_{T,P} = 0\,. \qquad (2.177)$$

2. Die Koordinaten der Berührungspunkte A' und A'' der Doppeltangente, die an die Kurve gelegt werden kann, geben die Werte von $\bar{G}$ und x für die beiden koexistenten Phasen an[1].

3. Im Zustandsgebiet zwischen den koexistenten Phasen liegen entweder metastabile Bereiche (zwischen A' und B bzw. A'' und B' auf der $\bar{G}$-Kurve) oder labile Bereiche (zwischen B und B').

4. Der kritische Entmischungspunkt, an dem die beiden koexistenten Phasen zusammenfallen, ist durch die Gleichungen

$$\left(\frac{\partial^2 \bar{G}}{\partial x^2}\right)_{T,P} = 0\,, \qquad \left(\frac{\partial^3 \bar{G}}{\partial x^3}\right)_{T,P} = 0 \qquad (2.178)$$

gekennzeichnet. Durch diese beiden Gleichungen liegen bei vorgegebenem Druck die kritische Temperatur und die „kritische Konzentration" fest.

Nach dieser orientierenden Übersicht behandeln wir die Probleme allgemein und — soweit wie möglich — deduktiv.

§ 43. Stabilitätsgrenzen und kritische Phasen

Eine *Stabilitätsgrenze* für eine beliebige Phase ist dadurch gekennzeichnet, daß sie im Zustandsgebiet der Phase die stabilen und metastabilen Bereiche von den labilen Bereichen trennt. Wenn wir von Mischkristallen absehen, ist die Stabilitätsgrenze im allgemeinen nicht realisierbar: Es gibt nur einen singulären Fall (die „kritische Phase", s. unten), bei dem eine Phase an der Stabilitätsgrenze stets existenzfähig ist. Empirische Gesetzmäßigkeiten über Stabilitätsgrenzen können also im allgemeinen nur durch Extrapolation der Eigenschaften von Phasen innerhalb der Stabilitätsgrenzen oder durch Beobachtungen an „kritischen Phasen" gewonnen werden. Um so wichtiger ist aber die theoretische Behandlung der Stabilitätsgrenzen, wie aus den folgenden Ausführungen hervorgehen wird (vgl. auch die Vorbetrachtungen in § 42).

Wir beginnen mit einem allgemeinen Satz, der sowohl von der Erfahrung als auch von der statistischen Theorie der Materie geliefert wird: „Die Molwärme $\bar{C}_V$ ist auf der Stabilitätsgrenze stets positiv." Die

---

[1] Die Ordinatenabschnitte PD und OC entsprechen den chemischen Potentialen μ_1 und μ_2 [s. Gl. (1.273) bis (1.274)], wenn wir $x \equiv x_1$ setzen.

Bedingung für thermische Stabilität (96) ist also auch für die Stabilitätsgrenze erfüllt[1]. Wir schreiben daher gemäß Gl. (119) für eine beliebige Phase (Zusammensetzung: x_1, x_2, ..., x_{N-1}) an der Stabilitätsgrenze:

$$\left(\frac{\partial^2 \bar{F}}{\partial T^2}\right)_{V,\,x_1,\,x_2,\,\ldots,\,x_{N-1}} < 0 . \tag{2.179}$$

Hierin bedeutet $\bar{F}$ die molare Freie Energie, T die absolute Temperatur, $\bar{V}$ das Molvolumen, x_i den Molenbruch der Komponente i und N die Zahl der Komponenten.

Demnach ist die Stabilitätsbedingung (170e) für die Stabilitätsgrenze stets erfüllt, und wir können uns mit der Untersuchung der Gültigkeitsgrenze der Ungleichung (170f) begnügen. Dabei ist die Zahl der unabhängigen Zustandsvariablen von $N+1$ auf N reduziert.

Am einfachsten ist der Fall einer Phase konstanter Zusammensetzung ($x_k = $ const, $k = 1, 2, \ldots, N-1$) bzw. eines Einstoffsystems ($N=1$). Gemäß (170f) ist hier der Ausdruck

$$\Delta^2 \bar{F}(\bar{V}) = \delta^2 \bar{F}(\bar{V}) + \delta^3 \bar{F}(\bar{V}) + \cdots = \frac{1}{2!}\frac{\partial^2 \bar{F}}{\partial \bar{V}^2}(\Delta \bar{V})^2$$
$$+ \frac{1}{3!}\frac{\partial^3 \bar{F}}{\partial \bar{V}^3}(\Delta \bar{V})^3 + \cdots \quad (T = \text{const})$$

für die Stabilität maßgebend. Ist die betrachtete Phase stabil oder metastabil, so ist der obige Ausdruck positiv [konvexer Teil der isothermen $\bar{F}(\bar{V})$-Kurve]. Ist die Phase labil, so ist er negativ [konkaver Teil der isothermen $\bar{F}(\bar{V})$-Kurve]. Die Grenze zwischen dem stabilen oder metastabilen und dem labilen Gebiet auf der isothermen $\bar{F}(\bar{V})$-Kurve ist ein Punkt, für den der zweite Differentialquotient von $\bar{F}$ nach $\bar{V}$ (bei $T = $ const) verschwindet; denn hier wechselt der Ausdruck $\Delta^2 \bar{F}$ das Vorzeichen. Es gilt demnach für die Stabilitätsgrenze:

$$\left(\frac{\partial^2 \bar{F}}{\partial \bar{V}^2}\right)_T = 0 . \tag{2.180}$$

Dies ist die bereits diskutierte Gleichung (173) für die Stabilitätsgrenze bei Einstoffsystemen [Wendepunkte der isothermen $\bar{F}(\bar{V})$-Kurven, vgl. Abb. 8b].

---

[1] Man könnte zunächst denken, die Aussage $\bar{C}_V > 0$ (die übrigens den Fall $\bar{C}_V \to +\infty$ nicht ausschließt, vgl. § 45) sei auf ähnliche Weise thermodynamisch herleitbar wie die Bedingung für mechanische Stabilität auf der Stabilitätsgrenze bei binären Systemen variabler Zusammensetzung (vgl. unten). Dies ist nicht der Fall, wie eine Diskussion der $\bar{U}(\bar{S}, \bar{V})$-Fläche zeigt. Diese Fläche hat für Systeme konstanter Zusammensetzung hinsichtlich der koexistenten Phasen und des kritischen Punktes analoge Eigenschaften wie die isotherme $\bar{F}(\bar{V}, x)$-Fläche für binäre Systeme variabler Zusammensetzung (vgl. unten). Demgemäß ist die Stabilitätsgrenze auf der $\bar{U}(\bar{S}, \bar{V})$-Fläche durch das Verschwinden des Ausdrucks (113) charakterisiert. Daraus folgt aber nur: $\chi \bar{C}_V \to \infty$, also keine bestimmte Aussage in bezug auf χ oder $\bar{C}_V$.

Bei binären Phasen ($N = 2$) mit variabler Zusammensetzung muß gemäß (170f) der Ausdruck $[\Delta^2 \bar{F}(\bar{V}, x)]_T$ untersucht werden, worin x den Molenbruch einer der beiden Komponenten bedeutet. Hier ist die Stabilitätsgrenze dadurch charakterisiert, daß sie Bereiche, in denen der genannte Ausdruck stets positiv ist (stabile und metastabile Gebiete), von Bereichen trennt, in denen dieser Ausdruck auch negativ sein kann (labile Gebiete). Geometrisch entspricht die Stabilitätsgrenze einer *Grenzkurve* auf der $\bar{F}(\bar{V}, x)$-Fläche für $T = $ const, die das (bezüglich der $\bar{V}$-x-Ebene) doppelt-konvexe Gebiet (vgl. § 39) vom konvex-konkaven Gebiet scheidet[1]. Nun ist die quadratische Form $\delta^2 \bar{F}(\bar{V}, x)$ im doppelt-konvexen Gebiet positiv-definit [vgl. Gl. (139a)], im konvex-konkaven Gebiet indefinit und mithin auf der Grenzkurve positiv-semidefinit. Demnach erhalten wir als Gleichung für die Stabilitätsgrenze:

$$\begin{vmatrix} \dfrac{\partial^2 \bar{F}}{\partial \bar{V}^2} & \dfrac{\partial^2 \bar{F}}{\partial \bar{V} \partial x} \\[2ex] \dfrac{\partial^2 \bar{F}}{\partial x \partial \bar{V}} & \dfrac{\partial^2 \bar{F}}{\partial x^2} \end{vmatrix} = \frac{\partial^2 \bar{F}}{\partial \bar{V}^2} \frac{\partial^2 \bar{F}}{\partial x^2} - \left(\frac{\partial^2 \bar{F}}{\partial \bar{V} \partial x} \right)^2 = 0 \quad (T = \text{const}). \quad (2.181)$$

Abgesehen von singulären Fällen, in denen $\partial^2 \bar{F}/\partial \bar{V}^2$ oder $\partial^2 \bar{F}/\partial x^2$ zusammen mit $\partial^2 \bar{F}/\partial \bar{V} \partial x$ verschwindet, gilt gemäß Gl. (181) auf der Grenzkurve[2]:

$$\frac{\partial^2 \bar{F}}{\partial \bar{V}^2} > 0, \quad \frac{\partial^2 \bar{F}}{\partial x^2} > 0 \quad (T = \text{const}). \quad (2.182)$$

An der Stabilitätsgrenze ist also hier neben der Bedingung für thermische Stabilität auch die Bedingung für mechanische Stabilität (120) erfüllt. Gemäß § 40 sind die Ungleichungen [vgl. Gl. (139)]

$$\frac{\partial^2 \bar{F}}{\partial T^2} < 0, \quad \frac{\partial^2 \bar{F}}{\partial \bar{V}^2} > 0 \quad (x = \text{const}) \quad (2.183)$$

folgenden Beziehungen für die molare Freie Enthalpie $\bar{G}$ [vgl. Gl. (132) bzw. (133)] äquivalent ($P = $ Druck):

$$\left. \begin{aligned} \frac{\partial^2 \bar{G}}{\partial T^2} \frac{\partial^2 \bar{G}}{\partial P^2} - \left(\frac{\partial^2 \bar{G}}{\partial T \partial P} \right)^2 &> 0, \\[2ex] \frac{\partial^2 \bar{G}}{\partial T^2} < 0, \quad \frac{\partial^2 \bar{G}}{\partial P^2} &< 0 \quad (x = \text{const}) \end{aligned} \right\} \quad (2.184)$$

bzw.

$$[\delta^2 \bar{G}(T, P)]_x < 0. \quad (2.185)$$

---

[1] Vgl. Abb. 10, S. 173.

[2] Der formal mit Gl. (181) verträgliche Fall $\partial^2 \bar{F}/\partial \bar{V}^2 < 0$, $\partial^2 \bar{F}/\partial x^2 < 0$ scheidet aus, da dies der Aussage entsprechen würde, daß $\delta^2 \bar{F}(\bar{V}, x)$ negativ-semidefinit ist (vgl. § 39).

Demnach ist hier die Stabilitätsbedingung (170g) erfüllt, und die Stabilitätsgrenze ist gemäß (170h) durch die Gleichung

$$\left(\frac{\partial^2 \bar{G}}{\partial x^2}\right)_{T,P} = 0 \tag{2.186}$$

oder [vgl. Gl. (1.285) in § 27]

$$\left(\frac{\partial \mu_1}{\partial x_1}\right)_{T,P} = 0 \tag{2.186a}$$

gegeben, worin μ_1 bzw. x_1 das chemische Potential bzw. den Molenbruch der Komponente 1 bedeutet. Gl. (186) ist mit der schon diskutierten Bedingung (177) identisch [Wendepunkte der isotherm-isobaren $\bar{G}(x)$-Kurven, vgl. Abb. 9b] Die Äquivalenz der Beziehungen (181) und (186) ergibt sich auch direkt aus Gl. (138) und (182).

Wir verallgemeinern nun diese Überlegungen auf die Stabilitätsgrenze bei Phasen mit beliebig vielen Komponenten. Es kommt jetzt auf den Vorzeichenwechsel der N-reihigen Determinante D_N aus den zweiten Ableitungen von $\bar{F}$ nach $\bar{V}$, x_1, x_2, ..., x_{N-1} bei $T = $ const an; denn die „Kurve" $D_N = 0$ trennt die Bereiche, in denen $[\varDelta^2 \bar{F}(\bar{V}, x_1, x_2, ..., x_{N-1})]_T$ positiv ist [s. Gl. (170f)], von den Gebieten, in denen dieser Ausdruck auch negativ sein kann. Wir finden also für die Stabilitätsgrenze (= „Grenzkurve" auf der N-dimensionalen $\bar{F}(\bar{V}, x_1, x_2, ..., x_{N-1})$-Fläche im $(N+1)$-dimensionalen Raum):

$$D_N = 0. \tag{2.187}$$

Auf analogem Wege wie oben schließen wir, daß an der Stabilitätsgrenze gilt:

$$[\delta^2 \bar{G}(T, P)]_{x_k} < 0 \quad (k = 1, 2, ..., N-1).$$

Somit ist die Stabilitätsbedingung (170g) auf der Grenzkurve erfüllt, und die Stabilitätsbedingung (170h) wird maßgebend. Wir finden daher für die Stabilitätsgrenze (= „Grenzkurve" auf der $(N-1)$-dimensionalen $\bar{G}(x_1, x_2, ..., x_{N-1})$-Fläche im N-dimensionalen Raum):

$$D_{N-1} = 0, \tag{2.188}$$

worin D_{N-1} die $(N-1)$-reihige Determinante aus den zweiten Ableitungen von $\bar{G}$ nach x_1, x_2, ..., x_{N-1} bei $T = $ const, $P = $ const darstellt [s. Gl. (172a)].

Gl. (187) ist die allgemeinste Gleichung für die Stabilitätsgrenze. Gl. (188) ist dadurch eingeschränkt, daß sie die Beziehung (180) für die Grenzkurve bei Einstoffsystemen nicht liefert. Falls man nicht gerade Verdampfungserscheinungen diskutieren will, ist jedoch bei Zwei- und Mehrstoffgemischen Gl. (188) vorzuziehen; denn durch die Voraussetzung konstanten Druckes wird die Zahl der unabhängigen Variablen von N auf

$N - 1$ reduziert. So erhalten wir aus Gl. (188) für die Grenzkurve bei ternären Gemischen $(N = 3)$[1]:

$$\frac{\partial^2 \bar{G}}{\partial x_1^2} \frac{\partial^2 \bar{G}}{\partial x_2^2} - \left(\frac{\partial^2 \bar{G}}{\partial x_1 \partial x_2}\right)^2 = 0 \quad (T = \text{const}, \quad P = \text{const}), \qquad (2.189)$$

wobei im allgemeinen gilt:

$$\frac{\partial^2 \bar{G}}{\partial x_1^2} > 0, \quad \frac{\partial^2 \bar{G}}{\partial x_2^2} > 0 \quad (T = \text{const}, \quad P = \text{const}). \qquad (2.190)$$

Wir wollen jetzt zeigen, daß ganz allgemein das Zustandsgebiet zwischen zwei koexistenten Phasen aus metastabilen und labilen Bereichen besteht, die Stabilitätsgrenze also in diesem Gebiet liegt und somit metastabile Bereiche von labilen Bereichen trennt.

Für zwei koexistente Phasen (' und '') müssen (außer $T' = T''$) folgende Gleichgewichtsbedingungen [vgl. Gl. (147)] erfüllt sein:

$$P' = P'', \qquad (2.191)$$

$$\left.\begin{aligned}
\mu_1' &= \mu_1'', \quad \mu_2' = \mu_2'', \\
&\cdots \cdots \cdots \cdots \cdots \\
\mu_{N-1}' &= \mu_{N-1}'', \quad \mu_N' = \mu_N''.
\end{aligned}\right\} \qquad (2.192)$$

Hierbei ist μ_i das chemische Potential der Komponente i $(i = 1, 2, \ldots, N)$.

Betrachten wir die molare Freie Energie $\bar{F}(T, \bar{V}, x_1, x_2, \ldots, x_{N-1})$ für eine einzelne Phase. Aus Gl. (1.239) folgt:

$$d\bar{F} = -\bar{S}\,dT - P\,d\bar{V} + \sum_{k=1}^{N} \mu_k\,dx_k. \qquad (2.193)$$

Da gemäß Gl. (1.264) gilt:

$$dx_N = -\sum_{j=1}^{N-1} dx_j, \qquad (2.194)$$

ergibt sich bei Wahl der unabhängigen Variablen $T, \bar{V}, x_1, x_2, \ldots, x_{N-1}$:

$$\left(\frac{\partial \bar{F}}{\partial \bar{V}}\right)_{T, x_j} = -P \quad (j = 1, 2, \ldots, N-1), \qquad (2.195)$$

$$\left(\frac{\partial \bar{F}}{\partial x_i}\right)_{T, \bar{V}, x_j} = \mu_i - \mu_N \quad (i, j = 1, 2, \ldots, N-1; \quad i \neq j). \qquad (2.196)$$

Die Gleichungen (196) sind folgenden Beziehungen für die molare Freie Enthalpie $\bar{G}(T, P, x_1, x_2, \ldots, x_{N-1})$ äquivalent, die aus Gl. (1.271) folgen:

$$\left(\frac{\partial \bar{G}}{\partial x_i}\right)_{T, P, x_j} = \mu_i - \mu_N \quad (i, j = 1, 2, \ldots, N-1; \quad i \neq j). \qquad (2.197)$$

---

[1] Vgl. Abb. 10, S. 173..

Es gilt ferner gemäß Gl. (1.272):

$$\mu_N = \bar{G} - \sum_{i=1}^{N-1} x_i \left(\frac{\partial \bar{G}}{\partial x_i}\right)_{T,P,x_j}. \qquad (2.198)$$

Mit der Beziehung $\bar{G} = \bar{F} + P\bar{V}$ erhalten wir aus Gl. (195) bis (198):

$$\mu_N = \bar{F} - \bar{V}\left(\frac{\partial \bar{F}}{\partial \bar{V}}\right)_{T,x_j} - \sum_{i=1}^{N-1} x_i \left(\frac{\partial \bar{F}}{\partial x_i}\right)_{T,V,x_j}. \qquad (2.199)$$

An die Stelle der $(N+1)$ Gleichgewichtsbedingungen (191) bis (192) können wir also auch folgende $(N+1)$ Gleichungen setzen, die aus Gl. (195), (196) und (199) resultieren:

$$\left(\frac{\partial \bar{F}}{\partial \bar{V}}\right)' = \left(\frac{\partial \bar{F}}{\partial \bar{V}}\right)'' , \quad \left(\frac{\partial \bar{F}}{\partial x_1}\right)' = \left(\frac{\partial \bar{F}}{\partial x_1}\right)'' ,$$

$$\left(\frac{\partial \bar{F}}{\partial x_2}\right)' = \left(\frac{\partial \bar{F}}{\partial x_2}\right)'' , \; \ldots , \; \left(\frac{\partial \bar{F}}{\partial x_{N-1}}\right)' = \left(\frac{\partial \bar{F}}{\partial x_{N-1}}\right)'' , \qquad (2.200)$$

$$\bar{F}' - \bar{V}'\left(\frac{\partial \bar{F}}{\partial \bar{V}}\right)' - \sum_{i=1}^{N-1} x_i'\left(\frac{\partial \bar{F}}{\partial x_i}\right)' = \bar{F}'' - \bar{V}''\left(\frac{\partial \bar{F}}{\partial \bar{V}}\right)'' - \sum_{i=1}^{N-1} x_i''\left(\frac{\partial \bar{F}}{\partial x_i}\right)'' .$$

Betrachten wir statt der Funktion $\bar{F}(\bar{V}, x_1, x_2, \ldots, x_{N-1})$ für $T = \text{const}$ die Funktion $\bar{G}(x_1, x_2, \ldots, x_{N-1})$ für $T = \text{const}$, $P = \text{const}$, so finden wir aus Gl. (197) und (198) folgende N Gleichgewichtsbedingungen, die an die Stelle der N Gleichungen (192) treten:

$$\left(\frac{\partial \bar{G}}{\partial x_1}\right)' = \left(\frac{\partial \bar{G}}{\partial x_1}\right)'' , \left(\frac{\partial \bar{G}}{\partial x_2}\right)' = \left(\frac{\partial \bar{G}}{\partial x_2}\right)'' , \; \ldots , \; \left(\frac{\partial \bar{G}}{\partial x_{N-1}}\right)' = \left(\frac{\partial \bar{G}}{\partial x_{N-1}}\right)'' ,$$

$$\bar{G}' - \sum_{i=1}^{N-1} x_i'\left(\frac{\partial \bar{G}}{\partial x_i}\right)' = \bar{G}'' - \sum_{i=1}^{N-1} x_i''\left(\frac{\partial \bar{G}}{\partial x_i}\right)'' . \qquad (2.201)$$

Die Funktion $\bar{F}(\bar{V}, x_1, x_2, \ldots, x_{N-1})$ für $T = \text{const}$ bzw. $\bar{G}(x_1, x_2, \ldots, x_{N-1})$ für $T = \text{const}$, $P = \text{const}$ sei als N-dimensionale bzw. $(N-1)$-dimensionale Fläche im $(N+1)$-dimensionalen bzw. N-dimensionalen Raum dargestellt. Wir können dann unsere geometrischen Betrachtungen an der $\bar{F}(\bar{V})$-Kurve bzw. $\bar{G}(x)$-Kurve (§ 42) verallgemeinern.

Punkte der $\bar{F}$- bzw. $\bar{G}$-Fläche, die stabilen oder metastabilen Phasen entsprechen, liegen gemäß (170f) bzw. (170h) auf demjenigen Teil der Fläche, der „N-fach konvex" bzw. „$(N-1)$-fach konvex" ist, d.h. in allen Richtungen mit einer „Vertikalebene" konvexe Schnittkurven liefert. Punkte der $\bar{F}$- bzw. $\bar{G}$-Fläche, die labilen Phasen entsprechen, liegen auf demjenigen Teil der Fläche, der auch konkave Schnitte aufweist. Die „Grenzkurve" $D_N = 0$ [Gl. (187)] bzw. $D_{N-1} = 0$ [Gl. (188)] trennt die beiden genannten Teile der Fläche. Ist die $\bar{F}$- bzw. $\bar{G}$-Fläche überall

N-fach bzw. $(N-1)$-fach konvex, so gibt es keine labilen Bereiche. Weist die Fläche aber einen labilen Teil auf, so hat sie notwendigerweise eine solche Gestalt („Faltenform"), daß Tangentialebenen mit (mindestens) zwei Berührungspunkten angelegt werden können. Umgekehrt bedingt eine Faltenform der Fläche das Vorhandensein von labilen Bereichen im Gebiet zwischen den Berührungspunkten.

Nun besagen die Gln. (200) bzw. (201) geometrisch, daß an die $\bar{F}$- bzw. $\bar{G}$-Fläche im Falle der Koexistenz zweier Phasen eine Tangentialebene mit zwei Berührungspunkten („Doppelberührungsebene") angelegt werden kann. Die Koordinaten der Berührungspunkte geben die Zustandsfunktionen der beiden koexistenten Phasen an. Durch Abrollen der Doppelberührungsebene auf der Fläche erhält man Paare einander zugeordneter Berührungspunkte, die Paaren koexistenter Phasen entsprechen. Der geometrische Ort aller dieser Punkte heißt „Binodalkurve". Mithin befinden sich im Zustandsgebiet zwischen zwei koexistenten Phasen, d.h. auf demjenigen Teil der $\bar{F}$- bzw. $\bar{G}$-Fläche, der innerhalb des von der Binodalkurve abgegrenzten Gebietes liegt, stets labile Bereiche. Da aber die Berührungspunkte selbst sich im konvexen Teil der Fläche befinden, weist die Fläche zwischen den Berührungspunkten auch nichtlabile Bereiche auf. Demnach verläuft die Stabilitätsgrenze $D_N = 0$ bzw. $D_{N-1} = 0$, die „Spinodalkurve", im Inneren des von der Binodalkurve umrandeten Gebietes. Die Flächenteile innerhalb dieses Zustandsgebietes liegen notwendigerweise oberhalb der Doppelberührungsebenen. Daher gibt es für jeden Punkt auf der $\bar{F}$- bzw. $\bar{G}$-Fläche in einem solchen Gebiet einen „senkrecht" darunterliegenden Punkt auf einer Doppelberührungsebene, der für dieselben Werte von $\bar{V}, x_1, x_2, \ldots, x_{N-1}$ bei $T = \text{const}$ bzw. für dieselben Werte von $x_1, x_2, \ldots, x_{N-1}$ bei $T = \text{const}$, $P = \text{const}$ einem kleineren Wert von $\bar{F}$ bzw. $\bar{G}$ entspricht. Der Punkt auf der $\bar{F}$- bzw. $\bar{G}$-Fläche stellt nun eine einzelne Phase und derjenige auf der Doppelberührungsebene ein heterogenes System aus zwei koexistenten Phasen dar, deren Zusammensetzung (und Molvolumen) durch die Berührungspunkte der Doppelberührungsebene und deren Mengenverhältnis durch die Lage des Punktes bestimmt ist[1]. Gemäß (174) bis (174a) bzw. (71) bis (73a) sind also alle Phasen auf der $\bar{F}$- bzw. $\bar{G}$-Fläche im Zustandsgebiet innerhalb der Binodalkurve instabil gegenüber dem Zerfall in koexistente Phasen. Daher entsprechen alle Bereiche der Fläche in diesem Gebiet entweder metastabilen oder labilen Phasen. Die Grenz-

---

[1] Die Größen $\bar{V}, x_1, x_2, \ldots, x_{N-1}$ bedeuten für das heterogene System „Mittelwerte" für die beiden koexistenten Phasen. Die Forderung der Konstanz dieser Größen beim Übergang von der Fläche zur Berührungsebene, die geometrisch einem „senkrechten" Abstieg entspricht, heißt also physikalisch: Es werden zwei $\bar{F}$- bzw. $\bar{G}$-Werte miteinander verglichen, die bei gleichen Stoffmengen aller Komponenten zu demselben Volumen und derselben Temperatur bzw. zu demselben Druck und derselben Temperatur gehören.

kurve (Spinodalkurve) $D_N = 0$ bzw. $D_{N-1} = 0$ trennt demnach die metastabilen Bereiche von den labilen Bereichen, die zusammen das Zustandsgebiet zwischen zwei koexistenten Phasen auf der $\bar{F}$- bzw. $\bar{G}$-Fläche ausfüllen.

Die Erfahrung zeigt, daß zwei koexistente Phasen identisch werden können. Geometrisch entspricht dies dem Zusammenfallen zweier Berührungspunkte einer Doppelberührungsebene auf der $\bar{F}$- bzw. $\bar{G}$-Fläche: die Binodalkurve endet in einem Punkt, dem „kritischen Punkt". Die Diesem Punkt entsprechende Phase wird als *kritische Phase* bezeichnet.

In Abb. 10 sind die geschilderten Verhältnisse für den dreidimensionalen Raum veranschaulicht. Es ist die isotherm-isobare $\bar{G}(x_1, x_2)$-Fläche für ein ternäres System ($N=3$) in der Umgebung eines kritischen Punktes K eingezeichnet. OKP ist die Binodalkurve, QKR die Spinodalkurve. Das Gebiet zwischen Binodal- und Spinodalkurve entspricht metastabilen Zuständen, dasjenige innerhalb der Spinodalkurve (schraffiert gezeichnet) labilen Zuständen. Eine Tangentialebene, die z.B. in O die Fläche berührt, muß auch gleich-

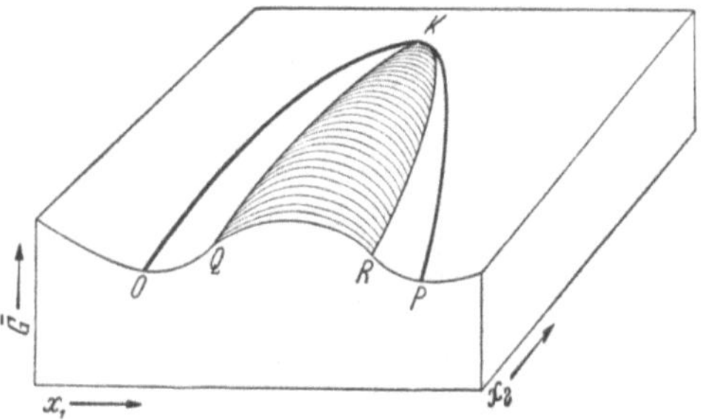

Abb. 10. Isotherm-isobare $\bar{G}(x_1, x_2)$-Fläche für ein Dreistoffsystem in der Umgebung eines kritischen Punktes

zeitig in P berühren („Doppelberührungsebene"). Die Ordinaten in O und P geben die $\bar{G}$-Werte, die Abszissen die x_1- und x_2-Werte zweier koexistenter Phasen an. Analoge Aussagen gelten für irgendein anderes Punktepaar der Binodalkurve OKP, wenn dieses Punktepaar zwei Berührungspunkten der auf der $\bar{G}$-Fläche abgerollten Doppelberührungsebene entspricht. Im kritischen Punkt K fallen zwei Berührungspunkte zusammen. Die Gleichung der Spinodalkurve ist Gl. (189).

Eine einzelne Phase aus N Komponenten hat im allgemeinen $N + 1$ Freiheitsgrade (vgl. § 34). Da eine kritische Phase den zwei speziellen Bedingungen unterliegt, daß sie auf der Koexistenzkurve zweier Phasen liegt und gleichzeitig dem Verschmelzen dieser Phasen entspricht, hat sie $(N - 1)$ Freiheitsgrade [vgl. Gl. (50a)]. Eine kritische Phase zählt also dreifach im Sinne der Phasenregel[1].

---

[1] Eine kritische Phase kann demnach mit höchstens $N - 1$ Phasen koexistieren. Dies bedeutet z.B., daß mit einer kritischen Phase eines Einstoffsystems keine weitere Phase und mit einer binären kritischen Phase höchstens eine andere Phase im Gleichgewicht sein kann. So ist es bei einer binären flüssigen Phase am kritischen Entmischungspunkt möglich, daß diese mit einer festen Phase oder mit einer Gasphase, nicht aber mit beiden gleichzeitig koexistiert.

Bei Einstoffsystemen, für die der kritische Zustand bis jetzt nur beim Gleichgewicht Flüssigkeit–Dampf bekannt ist, hat daher eine kritische Phase keinen Freiheitsgrad; es handelt sich hier um einen „kritischen Punkt", und die zugehörigen Werte von T und P heißen „kritische Temperatur" und „kritischer Druck" (Koordinaten des Punktes A in Abb. 7, vgl. auch § 42). Bei Zwei- bzw. Dreistoffsystemen spricht man beim Zusammenfallen zweier koexistenter kondensierter Phasen zwar auch von einem „kritischen Punkt" (oder „kritischen Entmischungspunkt", vgl. § 42), setzt dann aber voraus, daß der Druck bzw. die Temperatur und der Druck vorgegeben sind: Es handelt sich hier in Wirklichkeit um eine „kritische Kurve" bzw. eine „kritische Fläche"[1].

Aus dem Gesagten geht hervor, daß die allgemeine Kennzeichnung einer kritischen Phase durch zwei unabhängige Gleichungen zu erfolgen hat. Wir wenden uns daher der Ableitung dieser Gleichungen zu.

Im Zustandsgebiet zwischen zwei koexistenten Phasen befindet sich stets eine Stabilitätsgrenze. Da zwei koexistente Phasen in beliebiger Nähe der kritischen Phase gewählt werden können, muß die kritische Phase an der Stabilitätsgrenze liegen. Demnach ist Gl. (187) bzw. Gl. (188) die erste Gleichung für eine kritische Phase[2].

Die zweite Gleichung findet man durch folgende Überlegungen. Wir betrachten zunächst einen Punkt auf der Grenzkurve bei Einstoffsystemen, d. h. einen Wendepunkt der $\bar{F}(\bar{V})$-Kurve (B oder B' in Abb. 8b). Gehen wir von diesem Punkt zu benachbarten Punkten auf der Isothermen über, d. h. schreiten wir in der Richtung

$$T = \text{const} \qquad (2.202)$$

fort, so gelangen wir entweder in metastabile oder in labile Bereiche. Nehmen wir aber eine kritische Phase, die ja ebenfalls einem Punkt auf der Grenzkurve entspricht, als Ausgangspunkt, so können wir unter der Bedingung $T = \text{const}$ nur Punkte auf der kritischen Isothermen, d. h. nur stabile Phasen erreichen; denn das labile Gebiet zwischen zwei koexistenten Phasen hat in der Richtung $T = \text{const}$ im Grenzfall des kritischen Zustandes die Ausdehnung Null.

Wir betrachten sodann einen Punkt auf der Grenzkurve bei Zweistoffsystemen, d. h. einen Punkt der Spinodalkurve auf der isothermen $\bar{F}(\bar{V}, x)$-Fläche. Gehen wir von diesem Punkt zu solchen benachbarten

---

[1] Bei Zwei- und Mehrstoffgemischen hat man darauf zu achten, daß kritische Phasen sowohl durch Zusammenfallen zweier koexistenter kondensierter Phasen (z. B. zweier flüssiger Gemische, die miteinander im Gleichgewicht sind) als auch durch Zusammenfallen einer Flüssigkeit mit einer koexistenten Gasphase entstehen können. Im ersten Falle spricht man vom „kritischen Entmischungspunkt" und im zweiten Falle vom „kritischen Verdampfungspunkt".

[2] Auch geometrisch sieht man dies ein: Am kritischen Punkt berühren Binodalkurve und Spinodalkurve einander (vgl. Abb. 10).

Punkten der Fläche über, die demselben Druck entsprechen, d.h. schreiten wir in der Richtung

$$T = \text{const}, \quad \left(\frac{\partial \bar{F}}{\partial \bar{V}}\right)_{T,\,x} = -P = \text{const} \tag{2.203}$$

fort, so gelangen wir entweder in metastabile oder in labile Bereiche. Wählen wir aber speziell einen kritischen Punkt, der ja auch auf der Spinodalkurve liegt, zum Ausgangspunkt, so gelangen wir auf dem durch Gl. (203) vorgeschriebenen Wege nur zu stabilen Phasen. Dies sieht man sofort ein, wenn man bedenkt, daß die Bedingungen (203) einem Fortschreiten auf einer isotherm-isobaren $\bar{G}(x)$-Kurve (Abb. 9) entsprechen.

Eine Verallgemeinerung dieser Überlegungen auf Systeme mit beliebig vielen Komponenten ist möglich, sobald man die zu Gl. (202) und (203) analogen Bedingungen für die Richtung des Fortschreitens auf der isothermen $\bar{F}(\bar{V}, x_1, x_2, \ldots, x_{N-1})$-Fläche findet. Diese Bedingungen ergeben sich aus folgender Betrachtung: Es soll ein Weg auf der Fläche charakterisiert werden, der durch das metastabile und labile Gebiet führt und zwei koexistente Phasen miteinander verbindet und daher im Falle einer kritischen Phase die Ausdehnung Null hat. Nun wird das Gleichgewicht zwischen zwei Phasen mit N Komponenten bei $T = \text{const}$ durch die $(N+1)$ Gleichungen (200) beschrieben. Wenn wir also von den $(N+1)$ Größen

$$\frac{\partial \bar{F}}{\partial \bar{V}}, \frac{\partial \bar{F}}{\partial x_1}, \ldots, \frac{\partial \bar{F}}{\partial x_{N-1}}, \bar{F} - \bar{V}\frac{\partial \bar{F}}{\partial \bar{V}} - \sum_{i=1}^{N-1} x_i \frac{\partial \bar{F}}{\partial x_i}$$

beim Fortschreiten auf der N-dimensionalen $\bar{F}$-Fläche $(N-1)$ Größen konstant halten, so schreiben wir dadurch einen Weg vor, der den obigen Forderungen genügt. Da nämlich ein Zweiphasengleichgewicht bei N Komponenten N Freiheitsgrade (§ 34) aufweist, entspricht die Konstanz von N intensiven Variablen (der Temperatur und der genannten $N-1$ Größen), die für zwei koexistente Phasen gleiche Werte haben, dem Durchschreiten des Zustandsgebietes zwischen den beiden Phasen. Wir legen daher auf der isothermen $\bar{F}(\bar{V}, x_1, x_2, \ldots, x_{N-1})$-Fläche einen Weg durch folgende Bedingungen fest:

$$\frac{\partial \bar{F}}{\partial \bar{V}} = -P = \text{const}, \frac{\partial \bar{F}}{\partial x_1} = \text{const}, \frac{\partial \bar{F}}{\partial x_2} = \text{const}, \ldots, \frac{\partial \bar{F}}{\partial x_{N-2}} = \text{const}.$$

Betrachten wir einen Punkt auf der Stabilitätsgrenze $(D_N = 0)$. Für eine beliebig kleine Variation des Zustandes einer Phase, die durch einen solchen Punkt dargestellt wird, gilt, wenn wir nur Änderungen auf dem vorgeschriebenen Wege betrachten:

$$\delta D_N = \frac{\partial D_N}{\partial \bar{V}}\delta \bar{V} + \frac{\partial D_N}{\partial x_1}\delta x_1 + \frac{\partial D_N}{\partial x_2}\delta x_2 + \cdots + \frac{\partial D_N}{\partial x_{N-1}}\delta x_{N-1} \tag{2.204}$$

bei den Nebenbedingungen

$$
\left.
\begin{aligned}
\delta\left(\frac{\partial \bar{F}}{\partial \bar{V}}\right) &= \frac{\partial^2 \bar{F}}{\partial \bar{V}^2}\,\delta \bar{V} + \frac{\partial^2 \bar{F}}{\partial \bar{V}\,\partial x_1}\,\delta x_1 + \frac{\partial^2 \bar{F}}{\partial \bar{V}\,\partial x_2}\,\delta x_2 + \cdots \\
&\quad + \frac{\partial^2 \bar{F}}{\partial \bar{V}\,\partial x_{N-1}}\,\delta x_{N-1} = 0, \\[6pt]
\delta\left(\frac{\partial \bar{F}}{\partial x_1}\right) &= \frac{\partial^2 \bar{F}}{\partial x_1\,\partial \bar{V}}\,\delta \bar{V} + \frac{\partial^2 \bar{F}}{\partial x_1^2}\,\delta x_1 + \frac{\partial^2 \bar{F}}{\partial x_1\,\partial x_2}\,\delta x_2 + \cdots \\
&\quad + \frac{\partial^2 \bar{F}}{\partial x_1\,\partial x_{N-1}}\,\delta x_{N-1} = 0, \\[6pt]
\delta\left(\frac{\partial \bar{F}}{\partial x_2}\right) &= \frac{\partial^2 \bar{F}}{\partial x_2\,\partial \bar{V}}\,\delta \bar{V} + \frac{\partial^2 \bar{F}}{\partial x_2\,\partial x_1}\,\delta x_1 + \frac{\partial^2 \bar{F}}{\partial x_2^2}\,\delta x_2 + \cdots \\
&\quad + \frac{\partial^2 \bar{F}}{\partial x_2\,\partial x_{N-1}}\,\delta x_{N-1} = 0, \\[6pt]
&\;\cdot\;\cdot\;\cdot\;\cdot\;\cdot\;\cdot\;\cdot\;\cdot\;\cdot\;\cdot\;\cdot\;\cdot\;\cdot\;\cdot\;\cdot\;\cdot \\[6pt]
\delta\left(\frac{\partial \bar{F}}{\partial x_{N-2}}\right) &= \frac{\partial^2 \bar{F}}{\partial x_{N-2}\,\partial \bar{V}}\,\delta \bar{V} + \frac{\partial^2 \bar{F}}{\partial x_{N-2}\,\partial x_1}\,\delta x_1 \\
&\quad + \frac{\partial^2 \bar{F}}{\partial x_{N-2}\,\partial x_2}\,\delta x_2 + \cdots + \frac{\partial^2 \bar{F}}{\partial x_{N-2}\,\partial x_{N-1}}\,\delta x_{N-1} = 0.
\end{aligned}
\right\} \tag{2.205}
$$

Nach unseren obigen Darlegungen befinden sich auf der einen Seite der Grenzkurve metastabile, auf der anderen Seite labile Phasen, wenn man in der Richtung fortschreitet, die durch die Gln. (205) angezeigt wird. Nur im Grenzfall einer kritischen Phase, die ja ebenfalls an der Stabilitätsgrenze liegt, gelangt man in der angegebenen Richtung stets zu stabilen Phasen. Daher wird an einem *beliebigen* Ort der Grenzkurve der Ausdruck δD_N sowohl positiv als auch negativ sein können; denn D_N ist positiv für stabile oder metastabile Phasen, die nicht an der Stabilitätsgrenze liegen, und negativ für labile Phasen. Wenn jedoch der Punkt auf der Grenzkurve gerade einer *kritischen* Phase entspricht, muß δD_N verschwinden. Wäre nämlich dieser Ausdruck negativ, so würde man in der vorgeschriebenen Richtung zu labilen Phasen gelangen, was ausgeschlossen ist, und wäre er positiv, so würde bei einer Vorzeichenumkehr der Variationen $\delta \bar{V}$, δx_1, ... in Gl. (204) δD_N ebenfalls negativ werden. Somit finden wir für eine kritische Phase unter den Nebenbedingungen (205):

$$\delta D_N = 0. \tag{2.206}$$

Die Gln. (205) und (206) bilden wegen Gl. (204) ein System von N homogenen linearen Gleichungen bezüglich der N Variablen $\delta \bar{V}$, δx_1, $\delta x_2, \ldots, \delta x_{N-1}$. Damit diese Gleichungen befriedigt werden können, muß die Determinante aus den Koeffizienten in Gl. (204) und (205) verschwinden. Wir erhalten demnach:

$$D'_N = 0,$$

worin

$$D'_N \equiv \begin{vmatrix} \dfrac{\partial^2 \bar{F}}{\partial \bar{V}^2} & \dfrac{\partial^2 \bar{F}}{\partial \bar{V}\,\partial x_1} & \cdots & \dfrac{\partial^2 \bar{F}}{\partial \bar{V}\,\partial x_{N-1}} \\[2ex] \dfrac{\partial^2 \bar{F}}{\partial x_1\,\partial \bar{V}} & \dfrac{\partial^2 \bar{F}}{\partial x_1^2} & \cdots & \dfrac{\partial^2 \bar{F}}{\partial x_1\,\partial x_{N-1}} \\[2ex] \cdot\;\cdot\;\cdot & \cdot\;\cdot\;\cdot & \cdots & \cdot\;\cdot\;\cdot \\[2ex] \dfrac{\partial^2 \bar{F}}{\partial x_{N-2}\,\partial \bar{V}} & \dfrac{\partial^2 \bar{F}}{\partial x_{N-2}\,\partial x_1} & \cdots & \dfrac{\partial^2 \bar{F}}{\partial x_{N-2}\,\partial x_{N-1}} \\[2ex] \dfrac{\partial D_N}{\partial \bar{V}} & \dfrac{\partial D_N}{\partial x_1} & \cdots & \dfrac{\partial D_N}{\partial x_{N-1}} \end{vmatrix} \qquad (2.207)$$

Also lauten die beiden allgemeinen Bedingungsgleichungen für eine kritische Phase:

$$D_N = 0 , \quad D'_N = 0 . \qquad (2.208)$$

Hierin ist nach unserer früheren Definition

$$D_N \equiv \begin{vmatrix} \dfrac{\partial^2 \bar{F}}{\partial \bar{V}^2} & \dfrac{\partial^2 \bar{F}}{\partial \bar{V}\,\partial x_1} & \cdots & \dfrac{\partial^2 \bar{F}}{\partial \bar{V}\,\partial x_{N-1}} \\[2ex] \dfrac{\partial^2 \bar{F}}{\partial x_1\,\partial \bar{V}} & \dfrac{\partial^2 \bar{F}}{\partial x_1^2} & \cdots & \dfrac{\partial^2 \bar{F}}{\partial x_1\,\partial x_{N-1}} \\[2ex] \cdot\;\cdot\;\cdot & \cdot\;\cdot\;\cdot & \cdots & \cdot\;\cdot\;\cdot \\[2ex] \dfrac{\partial^2 \bar{F}}{\partial x_{N-1}\,\partial \bar{V}} & \dfrac{\partial^2 \bar{F}}{\partial x_{N-1}\,\partial x_1} & \cdots & \dfrac{\partial^2 \bar{F}}{\partial x_{N-1}^2} \end{vmatrix} \qquad (2.209)$$

Die Determinante D'_N entsteht somit aus der Determinante D_N bei Substitution der Elemente der letzten Zeile in D_N durch die partiellen Differentialquotienten

$$\frac{\partial D_N}{\partial \bar{V}} , \; \frac{\partial D_N}{\partial x_1} , \; \cdots , \; \frac{\partial D_N}{\partial x_{N-1}} .$$

Es ist zu beachten, daß alle Differentialquotienten in (207) und (209) bei konstanter Temperatur zu bilden sind.

Auf völlig analogem Wege zeigt man, daß für $T = \text{const}$, $P = \text{const}$ eine kritische Phase durch folgende Gleichungen gegeben ist [vgl. Gl. (188)]:

$$D_{N-1} = 0 , \quad D'_{N-1} = 0 . \qquad (2.210)$$

Hierin ist D_{N-1} die Determinante in Gl. (172a) und D'_{N-1} die Determinante, die aus D_{N-1} entsteht, wenn man die Elemente der letzten Zeile durch die partiellen Differentialquotienten

$$\frac{\partial D_{N-1}}{\partial x_1} , \; \frac{\partial D_{N-1}}{\partial x_2} , \; \cdots , \; \frac{\partial D_{N-1}}{\partial x_{N-1}}$$

ersetzt. Die Gln. (210) führen nicht auf die kritischen Bedingungen für Einstoffsysteme, sind aber für $N \geqslant 2$ wieder leichter zu handhaben als die Gln. (208), da die Zahl der Variablen von N auf $N-1$ reduziert ist[1].

---

[1] Auch die Formulierungen bei GIBBS führen nicht auf die Gleichungen für den kritischen Punkt eines Einstoffsystems.

Kritische Phasen sind stets existenzfähig und nicht labil. Die Stabilitätsbedingung (107f) bzw. (107h) ist also erfüllt. Nun muß gemäß der ersten Gleichung in (208) bzw. (210), die angibt, daß die Kritische Phase an der Stabilitätsgrenze liegt, die Variation zweiter Ordnung von $\bar{F}$ bzw. $\bar{G}$ für gewisse Wertekombinationen der Variablen $\Delta \bar{V}, \Delta x_1, \ldots, \Delta x_{N-1}$ bzw. $\Delta x_1, \ldots, \Delta x_{N-1}$, d. h. in bestimmten Richtungen auf der $\bar{F}$- bzw. $\bar{G}$-Fläche, verschwinden. Für die Erfüllung der Bedingung (170f) bzw. (170h) ist somit die erste Variation höherer Ordnung, die nicht Null werden kann, maßgebend.

Um die Bedeutung dieser Aussagen einzusehen, behandeln wir den einfachsten Fall: die Funktion $\bar{F}(\bar{V})$ für Einstoffsysteme ($T = \text{const}$) oder die Funktion $\bar{G}(x)$ für Zweistoffsysteme ($T = \text{const}, P = \text{const}$). Wir wählen die Schreibweise $\varphi(\xi)$ als gemeinsames Symbol für die beiden Funktionen. Dann lautet die Stabilitätsbedingung (170f) bzw. (170h) für den vorliegenden Fall:

$$\Delta^2 \varphi(\xi) = \delta^2 \varphi(\xi) + \delta^3 \varphi(\xi) + \delta^4 \varphi(\xi) + \cdots > 0,$$

worin $\delta^n \varphi$ die Variation n-ter Ordnung der Funktion $\varphi(\xi)$ bedeutet. Gemäß Gl.(208) bzw. (210) gilt für die kritische Phase [vgl. Gl.(175) bzw. (178)]:

$$\frac{\partial^2 \varphi}{\partial \xi^2} = 0, \quad \frac{\partial^3 \varphi}{\partial \xi^3} = 0.$$

Die letzte dieser beiden Gleichungen folgt übrigens auch aus der ersten Gleichung mit der obigen Ungleichung; denn wäre $\partial^3 \varphi / \partial \xi^3$ negativ, so würde für $\Delta \xi > 0$ gelten: $\Delta^2 \varphi < 0$, und wäre $\partial^3 \varphi / \partial \xi^3$ positiv, so würde bei Vorzeichenumkehr von $\Delta \xi$ (die Variable ξ, d.h. $\bar{V}$ oder x, kann sowohl zu- als auch abnehmen) wiederum $\Delta^2 \varphi$ negativ werden. Ist demnach der vierte Differentialquotient $\partial^4 \varphi / \partial \xi^4$ von Null verschieden, so muß er positiv sein, damit der obigen Stabilitätsbedingung genügt wird. Gilt $\partial^4 \varphi / \partial \xi^4 = 0$, so verschwindet auch $\partial^5 \varphi / \partial \xi^5$ aus denselben Gründen, aus denen wir auf $\partial^3 \varphi / \partial \xi^3 = 0$ geschlossen haben. Dann ist $\partial^6 \varphi / \partial \xi^6$ positiv, falls von Null verschieden, usw. Allgemein ist also für eine kritische Phase der erste nicht verschwindende Differentialquotient gerader Ordnung von φ nach ξ positiv, während alle Ableitungen kleinerer Ordnung (außer der ersten) verschwinden.

Betrachten wir zunächst ein *Einstoffsystem* ($N = 1$). Dann lauten die Gleichungen für die kritische Phase gemäß Gl.(207) bis (209):

$$\left(\frac{\partial^2 \bar{F}}{\partial \bar{V}^2}\right)_T = 0, \quad \left(\frac{\partial^3 \bar{F}}{\partial \bar{V}^3}\right)_T = 0$$

oder gemäß Gl.(195):

$$\left(\frac{\partial P}{\partial \bar{V}}\right)_T = 0, \quad \left(\frac{\partial^2 P}{\partial \bar{V}^2}\right)_T = 0.$$

Dies sind die schon diskutierten Beziehungen (175) und (176) für den kritischen Punkt eines Einkomponentensystems. Im einfachsten Falle gilt am kritischen Punkt[1]:

$$\left(\frac{\partial^3 P}{\partial \bar{V}^3}\right)_T \neq 0 \quad \text{oder} \quad \left(\frac{\partial^4 \bar{F}}{\partial \bar{V}^4}\right)_T \neq 0 \,.$$

---

[1] Diese Bedingung ist für die „klassischen" Zustandsgleichungen erfüllt. Jedoch wäre im Rahmen der klassischen Theorie auch der Fall

$$\left(\frac{\partial^3 P}{\partial \bar{V}^3}\right)_T = 0\,, \quad \left(\frac{\partial^4 P}{\partial \bar{V}^4}\right)_T = 0\,, \quad \left(\frac{\partial^5 P}{\partial \bar{V}^5}\right)_T < 0$$

bzw.

$$\left(\frac{\partial^4 \bar{F}}{\partial \bar{V}^4}\right)_T = 0\,, \quad \left(\frac{\partial^5 \bar{F}}{\partial \bar{V}^5}\right)_T = 0\,, \quad \left(\frac{\partial^6 \bar{F}}{\partial \bar{V}^6}\right)_T > 0$$

oder das Verschwinden einer noch größeren Zahl von Ableitungen denkbar. Experimentell würde dieser Fall von der Bedingung

$$[\Delta^2 \bar{F}(\bar{V})]_T = 0$$

praktisch ununterscheidbar sein. Die letzte Gleichung bedeutet Verschwinden aller Differentialquotienten von $\bar{F}$ nach $\bar{V}$ (von der zweiten Ableitung an) in einem endlichen Bereich und wird von gewissen statistischen Theorien [vgl. MAYER (s. Fußnote 3 S.104)] gefordert. Sie entspricht einem horizontalen Stück auf der kritischen $P(\bar{V})$-Isothermen. Thermodynamisch bedeutet diese Forderung: Koexistenz von benachbarten Phasen. Man würde nämlich obige Gleichung finden, wenn man bei der Ableitung der allgemeinen Stabilitätsbedingungen in § 41 von Gl. (158) ab das Gleichheitszeichen, entsprechend dem neutralen Gleichgewicht in Gl. (154), zulassen würde (S. 156).

Analoges gilt für die Entmischung eines binären Systems (vgl. unten). Hier verlangt die moderne statistische Theorie [W. G. McMILLAN JR. u. J. E. MAYER: J. Chem. Physics **13**, 276 (1945).– O. K. RICE: Chem. Reviews **44**, 69 (1949)]:

$$[\Delta^2 \bar{G}(x)]_{T,P} = C\,,$$

während die klassischen Theorien die Beziehungen

$$\left(\frac{\partial^2 \bar{G}}{\partial x^2}\right)_{T,P} = 0\,, \quad \left(\frac{\partial^3 \bar{G}}{\partial x^3}\right)_{T,P} = 0\,, \quad \left(\frac{\partial^4 \bar{G}}{\partial x^4}\right)_{T,P} > 0\,,$$

oder

$$\left(\frac{\partial^2 \bar{G}}{\partial x^2}\right)_{T,P} = 0\,, \quad \left(\frac{\partial^3 \bar{G}}{\partial x^3}\right)_{T,P} = 0\,, \quad \left(\frac{\partial^4 \bar{G}}{\partial x^4}\right)_{T,P} = 0\,,$$

$$\left(\frac{\partial^5 \bar{G}}{\partial x^5}\right)_{T,P} = 0\,, \quad \left(\frac{\partial^6 \bar{G}}{\partial x^6}\right)_{T,P} > 0$$

usw. für den kritischen Entmischungspunkt ergeben.

Eine Diskussion des bisherigen experimentellen Materials ergibt, daß der empirisch gefundene flache Verlauf der $P(\bar{V})$-Isothermen in der Umgebung des kritischen Punktes weitgehend auf den Einfluß der Schwerkraft zurückzuführen ist. Vgl. z.B. M. A. WEINBERGER u. W. G. SCHNEIDER: Canad. J. Chem. **30**, 422 (1952), sowie H. D. BAEHR: Z. Elektrochem. **58**, 416 (1954).

Diese Voraussetzung führt nach unseren obigen Überlegungen auf folgende Vorzeichenaussage für den kritischen Punkt:

$$\left(\frac{\partial^4 \bar{F}}{\partial \bar{V}^4}\right)_T > 0, \quad \left(\frac{\partial^3 P}{\partial \bar{V}^3}\right)_T < 0.$$

Auf weitere Gesetzmäßigkeiten für den kritischen Punkt eines Einstoffsystems kommen wir in § 45 zurück.

Es werde nun ein *Zweistoffsystem* ($N = 2$) variabler Zusammensetzung behandelt. Da hier sowohl kritische Entmischungspunkte als auch kritische Verdampfungspunkte in Betracht zu ziehen sind, bedient man sich bei einer allgemeinen Diskussion der isothermen $\bar{F}(\bar{V}, x)$-Fläche. Die Bedingungsgleichungen für eine binäre kritische Phase findet man also aus Gl. (207) bis (209) [vgl. auch Gl. (181)] für $N = 2$:

$$D_2 \equiv \frac{\partial^2 \bar{F}}{\partial \bar{V}^2} \frac{\partial^2 \bar{F}}{\partial x^2} - \left(\frac{\partial^2 \bar{F}}{\partial \bar{V} \partial x}\right)^2 = 0 \quad (T = \text{const}), \qquad (2.211\,\text{a})$$

$$\frac{\partial^2 \bar{F}}{\partial \bar{V}^2} \frac{\partial D_2}{\partial x} - \frac{\partial^2 \bar{F}}{\partial \bar{V} \partial x} \frac{\partial D_2}{\partial \bar{V}} = 0 \quad (T = \text{const}). \qquad (2.211\,\text{b})$$

VAN DER WAALS und KORTEWEG haben an Hand allgemeiner geometrischer Betrachtungen an der $\bar{F}(\bar{V}, x)$-Fläche viele Dinge aufgeklärt, die sich auf die recht komplizierten Erscheinungen bei der Verdampfung und Entmischung von binären Systemen in der Nähe kritischer Zustände beziehen (vgl. VAN DER WAALS und KOHNSTAMM[1], 2. Teil). Diese theoretischen Diskussionen lieferten auch den Leitfaden für die Erklärung der interessanten Phänomene der „retrograden Verdampfung" und „retrograden Kondensation"[2,3,4].

Interessiert man sich nur für Entmischungserscheinungen, so ist es zweckmäßiger, die isotherm-isobare $\bar{G}(x)$-Kurve zu betrachten. Anstelle der Gln. (211) erhalten wir gemäß Gl. (210) folgende einfache Bedingungen für eine binäre kritische Phase:

$$\left(\frac{\partial^2 \bar{G}}{\partial x^2}\right)_{T,P} = 0, \quad \left(\frac{\partial^3 \bar{G}}{\partial x^3}\right)_{T,P} = 0. \qquad (2.212)$$

Dies sind die schon diskutierten Gln. (178). Mit Hilfe von Gl. (1.285) und Gl. (1.286) finden wir hieraus:

$$\left(\frac{\partial \mu_1}{\partial x}\right)_{T,P} = 0, \quad \left(\frac{\partial^2 \mu_1}{\partial x^2}\right)_{T,P} = 0. \qquad (2.212\,\text{a})$$

Ist das chemische Potential μ_1 oder μ_2 als Funktion von T, P und x bekannt, so lassen sich aus Gl. (212a) die kritische Temperatur und die

---

[1] VAN DER WAALS, J. D. u. PH. KOHNSTAMM: s. Fußnote 1 S. 138.

[2] CAILLETET, L.: Compt. rend. **90**, 210 (1880).

[3] KUENEN, J. P.: Theorie der Verdampfung und Verflüssigung von Gemischen, Leipzig 1906.

[4] HIRSCHFELDER, J. O., C. F. CURTISS u. R. B. BIRD: Molecular Theory of Gases and Liquids, New York u. London 1954.

kritische Konzentration für jeden Druck berechnen. Setzen wir für die kritische Phase die Bedingung [vgl. Gl. (1.286)]

$$\left(\frac{\partial^4 \bar{G}}{\partial x^4}\right)_{T,P} \neq 0 \quad \text{oder} \quad \left(\frac{\partial^3 \mu_1}{\partial x^3}\right)_{T,P} \neq 0 \qquad (2.213)$$

voraus, so gelangen wir gemäß unseren obigen Überlegungen auf folgende Vorzeichenaussage für die kritische Phase:

$$\left(\frac{\partial^4 \bar{G}}{\partial x^4}\right)_{T,P} > 0, \quad \left(\frac{\partial^3 \mu_1}{\partial x_1^3}\right)_{T,P} > 0. \qquad (2.214)$$

Auf die Entmischungserscheinungen bei binären kondensierten Systemen kommen wir später (§ 79) zurück. In allen Formeln, in denen die Variable x ohne Index erscheint, kann für x entweder x_1 oder x_2 eingesetzt werden.

Schließlich sei noch kurz auf die kritische Entmischung bei einem *Dreistoffsystem* ($N = 3$) eingegangen (vgl. Abb. 10). Für eine ternäre kritische Phase finden wir aus Gl. (210) [vgl. auch Gl. (189)]:

$$D^* \equiv \frac{\partial^2 \bar{G}}{\partial x_1^2}\,\frac{\partial^2 \bar{G}}{\partial x_2^2} - \left(\frac{\partial^2 \bar{G}}{\partial x_1\,\partial x_2}\right)^2 = 0 \quad (T = \text{const}, \ P = \text{const}), \qquad (2.215\,\text{a})$$

$$\frac{\partial^2 \bar{G}}{\partial x_1^2}\,\frac{\partial D^*}{\partial x_2} - \frac{\partial^2 \bar{G}}{\partial x_1\,\partial x_2}\,\frac{\partial D^*}{\partial x_1} = 0 \quad (T = \text{const}, \ P = \text{const}). \qquad (2.215\,\text{b})$$

Sind die chemischen Potentiale oder die molare Freie Enthalpie $\bar{G}$ als Funktion von T, P, x_1 und x_2 bekannt[1], so lassen sich aus Gl. (215) für jede Temperatur und jeden Druck die Konzentrationen in der kritischen Phase errechnen.

SCHREINEMAKERS hat die Entmischungserscheinungen in ternären Flüssigkeiten mit Hilfe der isotherm-isobaren $\bar{G}(x_1, x_2)$-Fläche untersucht (vgl. BAKHUIS ROOZEBOOM[2]). In jüngster Zeit hat man begonnen, diese Phänomene quantitativ mittels einfacher Ansätze der Statistischen Mechanik für die Funktion $G(T, x_1, x_2)$ bei $P = \text{const}$ zu diskutieren[3].

Zur Ermittlung des Typs des Entmischungsdiagramms genügt bereits die Diskussion der Gl. (215 a) für die Spinodalkurve. Der häufigste Typ ist der in Abb. 19 a S. 242 dargestellte. Es gibt aber auch ternäre kondensierte Systeme, die (bei vorgegebenem Druck) in bestimmten Temperaturbereichen geschlossene Entmischungsgebiete im Darstellungsdreieck und dementsprechend zwei kritische Punkte aufweisen. Ein Beispiel hierfür bildet das flüssige System Wasser-Phenol-Aceton oberhalb der kritischen Entmischungstemperatur von Wasser-Phenol (69°C, vgl. Tabelle 9 auf S. 407). Andere Beispiele sind das flüssige metallische System Aluminium-Magnesium-Antimon und das feste metallische System Kupfer-Gold-Nickel.

Bei den vorangehenden Überlegungen haben wir — im Anschluß an GIBBS — thermodynamische Funktionen auch für Gebiete diskutiert, in denen die betrachteten Phasen nicht existenzfähig sind. Dieses Verfahren impliziert keineswegs irgendwelche Annahmen über reale Phasen, sondern

---

[1] $\bar{G}$ hängt mit μ_1, μ_2 und μ_3 durch die Gln. (197) und (198) zusammen.

[2] BAKHUIS ROOZEBOOM, H. W.: s. Fußnote 2 S. 122.

[3] Neuere Darstellungen mit Literaturangaben finden sich bei R. HAASE: s. Fußnote 1 S. 157, und J. L. MEIJERING: Philips Res. Rep. 5, 333 (1950); 6, 183 (1951).

stellt nur einen mathematischen Kunstgriff dar, der die Ableitung der Stabilitätsbedingungen und der Gleichungen für kritische Phasen ermöglicht.

Das „Kontinuitätsprinzip" von VAN DER WAALS hingegen führt eine ganz bestimmte Hypothese ein: Es fordert die Existenz einer gemeinsamen Zustandsgleichung für Flüssigkeit und Gas in Form einer analytischen Funktion, die prinzipiell aus der Statistischen Mechanik ableitbar sein und auch die metastabilen und labilen Bereiche liefern soll. Das einfachste Beispiel für eine solche Zustandsgleichung ist die VAN DER WAALSsche Zustandsgleichung, von der man heute weiß, daß sie nur durch eine Reihe von drastischen Näherungen aus molekularstatistischen Betrachtungen gewonnen werden kann[1]. Aber nicht nur gegen die spezielle Zustandsgleichung von VAN DER WAALS, sondern auch gegen das Kontinuitätsprinzip im allgemeinen richten sich die Bedenken der modernen Statistischen Mechanik[1]: Man findet bei den neueren Theorien anstelle der instabilen Bereiche (Kurvenstücke $A'BB'A''$ in Abb. 8b bzw. 9b) direkt das Koexistenzgebiet der Phasen (Tangentenabschnitte $A'A''$) oder allenfalls noch einen Teil des metastabilen Gebiets (ein Teilstück von $A'B$ oder $A''B'$ in der Nähe von A' oder A'').

Man hat im Zusammenhang mit der modernen Entwicklung der Statistischen Mechanik gelegentlich die Ansicht vertreten, daß den labilen Bereichen des Zustandsgebietes einer Phase keine physikalische Realität zukomme. Dieser Ansicht möchten wir auf Grund einer — schon mehrfach erwähnten — Tatsache entgegentreten: Labile Mischkristalle sind realisierbar. Kühlt man nämlich einen Kristall, der unterhalb einer bestimmten Temperatur (der „oberen kritischen Entmischungstemperatur", vgl. § 42) in zwei koexistente Mischkristalle zerfällt, mit genügender Geschwindigkeit ab, so kann man in das absolut instabile Gebiet gelangen. Dabei ist der Nachweis dafür, daß man sich im labilen und nicht etwa im metastabilen Bereich befindet, u. U. indirekt zu führen: durch Beobachtung der Diffusionsvorgänge.

Wie ganz allgemein mit Hilfe der „Thermodynamik der irreversiblen Prozesse" gezeigt werden kann[2], gilt für den Diffusionskoeffizienten D in einer binären Mischung, in der stetige Konzentrationsänderungen auftreten[3]:

$$D = B \left(\frac{\partial \mu_1}{\partial x_1} \right)_{T,P}$$

mit

$$B > 0,$$

worin B eine Größe ist, über die im Rahmen der allgemeinen Theorie keine näheren Aussagen gemacht werden können. Für die folgenden Be-

---

[1] Vgl. hierzu J. E. MAYER: s. Fußnote 3 S. 104.

[2] Vgl. hierzu R. HAASE: s. Fußnote 6 S. 78.

[3] Handelt es sich um einen Mischkristall, so muß ein Diffusionsmechanismus vorausgesetzt werden, der sich mit *einem* Diffusionskoeffizienten beschreiben läßt. Vgl. hierzu W. JOST: Diffusion in Solids, Liquids, Gases, New York 1952.

trachtungen genügt jedoch die Feststellung, daß B stets positiv ist. Wir leiten nämlich aus Gl.(134), Gl.(186a), Gl.(212a) und Abb.9b mit Hilfe der obigen Beziehung ab[1]:

$D > 0$ im stabilen und metastabilen Gebiet[2],

$D = 0$ auf der Stabilitätsgrenze und speziell am kritischen Entmischungspunkt,

$D < 0$ im labilen Gebiet.

Wird also experimentell nachgewiesen, daß der Diffusionskoeffizient D negativ ist, so befindet man sich im labilen Gebiet. Der Nachweis wurde z.B. von DANIEL[3] für die Legierung Cu_4FeNi_3 erbracht: Unterhalb von 800°C spaltet sich die kristalline Verbindung langsam in zwei kristalline Phasen mit variablem Kupfergehalt, und der dieser Entmischung vorangehende Diffusionsprozeß wurde röntgenographisch analysiert, wobei für D negative Werte gefunden wurden.

Beachten wir diese Tatsachen, so sehen wir, daß folgender Satz bei GIBBS[4] seine Berechtigung hat: „... A phase which is unstable in regard to continuous changes[5] is evidently incapable of permanent existence on a large scale except in consequence of passive resistances to change." Offensichtlich beruhen die „passiven Widerstände" bei Mischkristallen auf der Langsamkeit der Diffusion im Gitter.

3. Kapitel

Die Differentialgleichungen für koexistente Phasen

§ 44. Einführung

Betrachten wir ein System, das sich im Gleichgewicht befindet. Dann gelten die allgemeinen Gleichgewichtsbedingungen, die wir im vorigen Kapitel abgeleitet haben. Wir können nun folgende Frage stellen: Welche Bedingungen müssen erfüllt sein, damit bei einer Änderung der experimentell festlegbaren Zustandsvariablen (Temperatur, Druck, Zusammensetzung usw.) Gleichgewicht innerhalb des Systems aufrechterhalten wird? Als Antwort auf diese Frage erhalten wir allgemeine Differentialgleichungen für „Veränderungen bei währendem Gleichgewicht".

---

[1] Die folgenden Zusammenhänge wurden bereits von U. DEHLINGER: Z. Physik **102**, 633 (1936); Z. Metallkunde **29**, 401 (1937); Chemische Physik der Metalle und Legierungen, Leipzig 1939, und R. BECKER: Z. Metallkunde **29**, 245 (1937), erkannt.

[2] Im metastabilen Gebiet setzt die Entmischung mit unstetigen Konzentrationsänderungen ein.

[3] DANIEL, V.: Proc. Roy. Soc. [London] **A 192**, 575 (1948).

[4] GIBBS, J. W.: s. Fußnote 1 S.54.

[5] Dieser Ausdruck ist synonym mit der heutigen Bezeichnung „labile Phase".

Die einzigen Beziehungen dieser Art, die uns im Rahmen der „Thermodynamik der Mischphasen" interessieren, betreffen die Gleichungen für währendes chemisches Gleichgewicht und diejenigen für währendes heterogenes Gleichgewicht. Da der erste Fall erst später (§ 63 und § 72) nach Einführung des Begriffs „Gleichgewichtskonstante" behandelt werden kann, wenden wir uns hier dem zweiten Falle zu. Dabei sehen wir von semipermeablen Wänden und elektrochemischen Erscheinungen ab. Wir diskutieren also die Differentialbeziehungen, die beim „einfachen heterogenen Gleichgewicht" (§ 30) die Veränderungen bei währendem Gleichgewicht beschreiben. Diese Beziehungen bezeichnen wir als „Differentialgleichungen für koexistente Phasen".

Gemäß Gl. (1.282) gilt für jede Phase α eines heterogenen Systems die GIBBS-DUHEMsche Beziehung:

$$\sum_{k=1}^{N} x_k^\alpha \, d\mu_k^\alpha - \bar{V}^\alpha \, dP^\alpha + \bar{S}^\alpha \, dT^\alpha = 0 \, . \tag{3.1}$$

Diese Gleichung verknüpft die Änderungen der chemischen Potentiale μ_k^α, des Druckes P^α und der Temperatur T^α bei infinitesimalen Zustandsänderungen innerhalb der betrachteten Phase. Dabei bedeutet x_k^α den Molenbruch der Komponente k in der Phase α, $\bar{V}^\alpha$ das Molvolumen der Phase α und $\bar{S}^\alpha$ die molare Entropie der Phase α. Wenn bei Zustandsänderungen des heterogenen Systems Gleichgewicht zwischen den verschiedenen Phasen gewahrt bleiben soll, so müssen die Gleichgewichtsbedingungen (2.8) bis (2.10) bei den betrachteten Änderungen gültig bleiben. Wir finden demnach für infinitesimale Änderungen bei Aufrechterhaltung der Koexistenz, wenn wir die allen Phasen gemeinsamen Werte von μ_k^α, P^α und T^α mit μ_k, P und T bezeichnen:

$$d\mu_k^\alpha = d\mu_k , \tag{3.2}$$

$$dP^\alpha = dP, \tag{3.3}$$

$$dT^\alpha = dT. \tag{3.4}$$

Wir erhalten somit folgendes System von Differentialgleichungen:

$$\sum_{k=1}^{N} x_k^\alpha \, d\mu_k - \bar{V}^\alpha \, dP + \bar{S}^\alpha \, dT = 0 \, . \tag{3.5}$$

Die Zahl dieser Gleichungen ist gleich der Anzahl der Phasen.

Für das totale Differential des chemischen Potentials der Komponente i in der Phase α gilt:

$$d\mu_i^\alpha = \frac{\partial \mu_i^\alpha}{\partial T} \, dT + \frac{\partial \mu_i^\alpha}{\partial P} \, dP + \sum_{j=1}^{N-1} \frac{\partial \mu_i^\alpha}{\partial x_j^\alpha} \, dx_j^\alpha ,$$

wobei wir die Molenbrüche x_1^α, x_2^α, ..., x_{N-1}^α als unabhängige Variable zur Beschreibung der Zusammensetzung der Phase gewählt haben. Beachten wir die Beziehungen (1.276) und (1.277) und führen die Schreibweise

$$D\mu_i^\alpha \equiv \sum_{j=1}^{N-1} \left(\frac{\partial \mu_i^\alpha}{\partial x_j^\alpha}\right)_{T,P} d x_j^\alpha \tag{3.6}$$

ein, so ergibt sich:

$$d\mu_i^\alpha = - S_i^\alpha d T + V_i^\alpha d P + D\mu_i^\alpha. \tag{3.7}$$

Hierin ist S_i^α bzw. V_i^α die partielle molare Entropie bzw. das partielle Molvolumen der Komponente i in der Phase α.

Betrachten wir nur Änderungen der Zusammensetzung der Phase bei konstanter Temperatur und konstantem Druck, so folgt aus Gl. (1) und (6):

$$\sum_{k=1}^{N} x_k^\alpha D\mu_k^\alpha = 0. \tag{3.8}$$

Dieselbe Beziehung findet man auch durch Einsetzen von Gl. (7) in Gl. (1), wenn man die Zusammenhänge [s. Gl. (1.265)]

$$\bar{V}^\alpha = \sum_{k=1}^{N} x_k^\alpha V_k^\alpha, \tag{3.9 a}$$

$$\bar{S}^\alpha = \sum_{k=1}^{N} x_k^\alpha S_k^\alpha, \tag{3.9 b}$$

berücksichtigt.

Den Gln. (9a, b) stellen wir folgende Beziehungen an die Seite, die sich aus Gl. (1.243), (1.261) und (1.265) ergeben:

$$\bar{H}^\alpha = \sum_{k=1}^{N} x_k^\alpha H_k^\alpha, \tag{3.9 c}$$

$$\bar{G}^\alpha = \sum_{k=1}^{N} x_k^\alpha \mu_k^\alpha. \tag{3.9 d}$$

Hierin ist H_k^α die partielle molare Enthalpie der Komponente k in der Phase α, $\bar{H}^\alpha$ die molare Enthalpie der Phase α und $\bar{G}^\alpha$ die molare Freie Enthalpie der Phase α.

Aus Gl. (1.275) und Gl. (2.10) erhalten wir, wenn wir die einzelnen koexistenten Phasen durch die Zahl der Striche unterscheiden:

$$\mu_i' = H_i' - T S_i' = \mu_i'' = H_i'' - T S_i'' = \cdots \tag{3.10}$$

Hieraus folgt sofort:

$$(H_i' - H_i'') = T (S_i' - S_i'') = \cdots \tag{3.10 a}$$

Gemäß Gl. (1.264) gilt schließlich für die Molenbrüche in jeder Phase α die Identität:

$$\sum_{k=1}^{N} x_k^\alpha = 1. \tag{3.11}$$

§ 45. Clausius-Clapeyronsche Gleichung

Ein aus zwei Phasen bestehendes Einstoffsystem hat bei Gleichgewicht gemäß Gl. (2.50) einen Freiheitsgrad. Gibt man z. B. die Temperatur vor, so liegt der Gleichgewichtsdruck (z. B. der Dampfdruck oder Schmelzdruck) fest. Schreibt man den Druck vor, so ist dadurch die Gleichgewichtstemperatur (z. B. die Siedetemperatur oder Schmelztemperatur) bestimmt. Es muß also eine allgemeine Differentialbeziehung geben, welche die Änderungen von T und P für den Fall des Gleichgewichts miteinander verknüpft. Diese Beziehung, die das einfachste Beispiel einer „Differentialgleichung für koexistente Phasen" ist, wollen wir im folgenden ableiten und diskutieren.

Wir betrachten zwei koexistente Phasen (Indices ' und ") mit einer Komponente ($N = 1$). Dann folgt aus den Gln. (9) mit $x_1' = x_1'' = 1$ [vgl. Gl. (11)]:

$$\bar{V}' = V_1', \quad \bar{V}'' = V_1'', \quad \bar{S}' = S_1', \quad \bar{S}'' = S_1'',$$

$$\bar{H}' = H_1', \quad \bar{H}'' = H_1'', \quad \bar{G}' = \mu_1', \quad \bar{G}'' = \mu_1''.$$

Ferner gilt gemäß Gl. (10):

$$\bar{G}' = \bar{H}' - T\,\bar{S}' = \bar{G}'' = \bar{H}'' - T\,\bar{S}''.$$

Hieraus erhalten wir zunächst [vgl. Gl. (10a)]:

$$\bar{H}' - \bar{H}'' = T\,(\bar{S}' - \bar{S}'').$$

Durch diese Beziehung wird auch Gl. (1.124) in § 11 gerechtfertigt.

Mit Hilfe der obigen Gleichungen leiten wir entweder aus Gl. (5) mit $x_1' = x_1'' = 1$ oder aus Gl. (7) mit $D\mu_1' = D\mu_1'' = 0$ folgende Beziehung ab:

$$(\bar{V}' - \bar{V}'')\,dP = (\bar{S}' - \bar{S}'')\,dT = (\bar{H}' - \bar{H}'')\frac{dT}{T}.$$

So ergibt sich schließlich:

$$\frac{dP}{dT} = \frac{\bar{S}' - \bar{S}''}{\bar{V}' - \bar{V}''} = \frac{\bar{H}' - \bar{H}''}{T\,(\bar{V}' - \bar{V}'')}. \tag{3.12}$$

Dies ist die CLAUSIUS-CLAPEYRONsche Gleichung. Sie wurde zuerst von CLAPEYRON, dann exakter von CLAUSIUS und schließlich auf vollkommen strenge Weise von GIBBS abgeleitet, der auch ihre allgemeinere Bedeutung für „indifferente Gleichgewichte" (vgl. § 52) erkannte.

Die Größe

$$L \equiv \bar{H}' - \bar{H}'' = T\,(\bar{S}' - \bar{S}'') \tag{3.13}$$

wird als „molare Umwandlungswärme" oder „molare latente Wärme" bezeichnet (vgl. § 11). Entsprechend heißt L/T „molare Umwandlungsentropie". Beim Gleichgewicht einer festen bzw. flüssigen Phase mit der Gasphase sei der Dampf die Phase '. Dann nennt man L „molare Sublimationswärme" bzw. „molare Verdampfungswärme". Entsprechend heißt L/T „molare Sublimationsentropie" bzw. „molare Verdampfungsentropie"[1]. Beim Gleichgewicht zwischen einem festen Körper und einer Flüssigkeit sei die Flüssigkeit die Phase '. Dann wird L bzw. L/T als „molare Schmelzwärme" bzw. „molare Schmelzentropie" bezeichnet. In allen diesen Fällen ist L erfahrungsgemäß positiv. Wählen wir auch im Falle zweier koexistenter fester Phasen (z. B. zweier allotroper Kristallmodifikationen wie des rhombischen und monoklinen Schwefels) diejenige Phase als Phase ', deren Enthalpie $\bar{H}$ den größeren Wert hat, so erhalten wir die allgemeine Aussage:

$$L > 0 . \tag{3.14}$$

Demnach hat die Steigung der P–T-Kurve gemäß Gl. (12) dasselbe Vorzeichen wie die Volumendifferenz

$$\Delta \bar{V} \equiv \bar{V}' - \bar{V}'' . \tag{3.15}$$

Beim Verdampfungs- und Sublimationsgleichgewicht ist diese Volumendifferenz stets positiv. Daher haben die „Dampfdruckkurve" und die

---

[1] Für die molare Verdampfungsentropie L/T gibt es einige empirische Regeln, die für gewisse Klassen von Substanzen näherungsweise gelten. Am bekanntesten ist die „Troutonsche Regel", nach der am Normalsiedepunkt (Index s) die Beziehung

$$\frac{L_s}{T_s} \approx 20\ \text{cal grad}^{-1}\,\text{mol}^{-1}$$

ungefähr erfüllt ist.

Eine im allgemeinen bessere Übereinstimmung mit den Tatsachen ergibt die „Hildebrandsche Regel"

$$\left(\frac{L}{T}\right)_{\bar{V}'=\text{const}} = \text{const} .$$

Hier werden die molaren Verdampfungsentropien verschiedener Stoffe nicht am Normalsiedepunkt, sondern bei einer Temperatur verglichen, für welche die Molvolumina im Dampf gleiche Werte haben ($\bar{V}'$ = const)[2]. So findet Hildebrand bei $\bar{V}'$ = 49,5 l mol^{-1} für L/T den Wert 20,1 cal grad^{-1} mol^{-1}, wobei allerdings stark assoziierte Substanzen (Wasser, Alkohole, Äther usw.) und Stoffe mit symmetrischem Molekülbau, bei denen möglicherweise Behinderung der freien Rotation in der Flüssigkeit vorliegt (Tetrachlorkohlenstoff, Zinn(IV)chlorid, Tetranitromethan usw.), wesentlich abweichende Werte (bis zu 27,0 cal grad^{-1} mol^{-1} bei Äthanol) aufweisen.

Nach Guggenheim[3] folgt weder die Troutonsche noch die Hildebrandsche Regel aus dem „Theorem der übereinstimmenden Zustände" (vgl. § 57). Nach diesem Theorem muß vielmehr die molare Verdampfungsentropie für einen gegebenen Wert von T/T_K (T_K = kritische Temperatur, vgl. § 42) einen bestimmten Wert haben.

[2] Näheres bei J. H. Hildebrand u. R. L. Scott: The Solubility of Nonelectrolytes, 3. Aufl., New York 1950.

[3] Guggenheim, E. A.: J. Chem. Physics **13**, 253 (1945).

„Sublimationskurve" (OA und OC in Abb. 7 S. 139) immer positive Steigung. Die „Schmelzkurve" weist zwar in den meisten Fällen (wie die Kurve OB in Abb. 7), aber durchaus nicht immer positive Steigung auf. Ein bekanntes Beispiel für $dP/dT < 0$ ist das Gleichgewicht Wasser–Eis; denn hier ist $\Delta \bar{V}$ negativ (Eis hat geringere Dichte als flüssiges Wasser).

Wir können mit Gl. (13) und (15) die CLAUSIUS-CLAPEYRONsche Gleichung (12) schreiben:

$$\frac{dP}{dT} = \frac{L}{T\Delta\bar{V}} \,. \tag{3.16}$$

Infolge der kleinen Werte von $\Delta\bar{V}$ beim Schmelzgleichgewicht — im Vergleich zu den $\Delta\bar{V}$-Werten beim Verdampfungsgleichgewicht — verlaufen Schmelzkurven viel steiler als Dampfdruckkurven. So gilt für die Schmelzkurve von Wasser bei $0°\,\mathrm{C}$:

$$\frac{dP}{dT} = -\,140 \text{ atm grad}^{-1}$$

und für die Schmelzkurve von Natrium bei $97{,}6°\,\mathrm{C}$ (Schmelzpunkt bei Atmosphärendruck):

$$\frac{dP}{dT} = 180 \text{ atm grad}^{-1},$$

während man für die Dampfdruckkurve von Wasser bei $100°\,\mathrm{C}$ findet:

$$\frac{dP}{dT} = 0{,}03575 \text{ atm grad}^{-1}.$$

Auch für die Temperaturabhängigkeit von $\Delta\bar{V}$ bzw. L in Gl. (16) läßt sich eine allgemeine Differentialgleichung ableiten. Es ist hierbei darauf zu achten, daß wir uns für die Temperaturabhängigkeit auf der Gleichgewichtskurve (Koexistenzkurve) interessieren. Wir bringen dies dadurch zum Ausdruck, daß wir für die Differentiation entlang der Koexistenzkurve den Operator d/dT einführen. So bedeutet z. B. dX/dT den Differentialquotienten von X nach T in Richtung der Gleichgewichtskurve, also bei variablem Druck P, wobei P der Koexistenzdruck (Zweiphasen-Gleichgewichtsdruck) ist, der zum jeweiligen Wert von T gehört. Die Schreibweise $(\partial X/\partial T)_P$ hingegen bedeutet Differentiation bei konstantem Druck, also nicht entlang der Gleichgewichtskurve. Ist X allgemein eine Funktion von T und P, so muß gemäß unseren Erklärungen gelten:

$$\frac{dX}{dT} = \left(\frac{\partial X}{\partial T}\right)_P + \left(\frac{\partial X}{\partial P}\right)_T \frac{dP}{dT}\,, \tag{3.17}$$

wobei dP/dT durch die CLAUSIUS-CLAPEYRONsche Gleichung (16) gegeben ist.

Wenden wir Gl. (17) zuerst auf die Molvolumina $\bar{V}'$ und $\bar{V}''$ der beiden Phasen an. Dann erhalten wir bei Beachtung von Gl. (16):

$$\frac{d\bar{V}'}{dT} = \left(\frac{\partial \bar{V}'}{\partial T}\right)_P + \left(\frac{\partial \bar{V}'}{\partial P}\right)_T \frac{dP}{dT} = \left(\frac{\partial \bar{V}'}{\partial T}\right)_P + \left(\frac{\partial \bar{V}'}{\partial P}\right)_T \frac{L}{T\Delta\bar{V}}, \qquad (3.18\,\mathrm{a})$$

$$\frac{d\bar{V}''}{dT} = \left(\frac{\partial \bar{V}''}{\partial T}\right)_P + \left(\frac{\partial \bar{V}''}{\partial P}\right)_T \frac{dP}{dT} = \left(\frac{\partial \bar{V}''}{\partial T}\right)_P + \left(\frac{\partial \bar{V}''}{\partial P}\right)_T \frac{L}{T\Delta\bar{V}}. \qquad (3.18\,\mathrm{b})$$

Wir schreiben zur Abkürzung:

$$\Delta X \equiv X' - X'', \quad \Delta\left(\frac{\partial X}{\partial T}\right)_P \equiv \left(\frac{\partial X'}{\partial T}\right)_P - \left(\frac{\partial X''}{\partial T}\right)_P, \left.\begin{array}{c} \\ \\ \end{array}\right\}$$
$$\Delta\left(\frac{\partial X}{\partial P}\right)_T \equiv \left(\frac{\partial X'}{\partial P}\right)_T - \left(\frac{\partial X''}{\partial P}\right)_T. \qquad (3.19)$$

Es gilt ferner:

$$\frac{d}{dT}\,\Delta X = \frac{dX'}{dT} - \frac{dX''}{dT}. \qquad (3.20)$$

Damit finden wir die gesuchte Beziehung für die Temperaturabhängigkeit der Volumendifferenz auf der Koexistenzkurve:

$$\frac{d}{dT}\,\Delta\bar{V} = \Delta\left(\frac{\partial \bar{V}}{\partial T}\right)_P + \Delta\left(\frac{\partial \bar{V}}{dP}\right)_T \frac{L}{T\Delta\bar{V}}. \qquad (3.21)$$

Gemäß Gl. (1.147 b) bzw. (1.147 c) ist der Ausdehnungskoeffizient α bzw. die Kompressibilität χ folgendermaßen definiert:

$$\alpha = \frac{1}{\bar{V}}\left(\frac{\partial \bar{V}}{\partial T}\right)_P, \quad \chi = -\frac{1}{\bar{V}}\left(\frac{\partial \bar{V}}{\partial P}\right)_T. \qquad (3.22)$$

Wir können also Gl. (21) auch in folgender Form schreiben:

$$\frac{d}{dT}\,\Delta\bar{V} = \Delta(\alpha\,\bar{V}) - \Delta(\chi\,\bar{V})\,\frac{L}{T\Delta\bar{V}}. \qquad (3.23)$$

Wenden wir jetzt Gl. (17) auf die molaren Enthalpien $\bar{H}'$ und $\bar{H}''$ der beiden Phasen an. Dann erhalten wir bei Beachtung von Gl. (16):

$$\frac{d\bar{H}'}{dT} = \left(\frac{\partial \bar{H}'}{\partial T}\right)_P + \left(\frac{\partial \bar{H}'}{\partial P}\right)_T \frac{dP}{dT} = \left(\frac{\partial \bar{H}'}{\partial T}\right)_P + \left(\frac{\partial \bar{H}'}{\partial P}\right)_T \frac{L}{T\Delta\bar{V}}, \qquad (3.24\,\mathrm{a})$$

$$\frac{d\bar{H}''}{dT} = \left(\frac{\partial \bar{H}''}{\partial T}\right)_P + \left(\frac{\partial \bar{H}''}{\partial P}\right)_T \frac{dP}{dT} = \left(\frac{\partial \bar{H}''}{\partial T}\right)_P + \left(\frac{\partial \bar{H}''}{\partial P}\right)_T \frac{L}{T\Delta\bar{V}}. \qquad (3.24\,\mathrm{b})$$

Mit Gl. (1.110 a) bzw. Gl. (1.152) folgt:

$$\left(\frac{\partial \bar{H}}{\partial T}\right)_P = T\left(\frac{\partial \bar{S}}{\partial T}\right)_P = \bar{C}_P, \qquad (3.25)$$

$$\left(\frac{\partial \bar{H}}{\partial P}\right)_T = \bar{V} - T\left(\frac{\partial \bar{V}}{\partial T}\right)_P. \qquad (3.26)$$

Hierin bedeutet $\bar{C}_P$ die Molwärme bei konstantem Druck. Somit ergibt sich aus Gl. (13), (19), (20) und (24):

$$\frac{dL}{dT} = \varDelta \bar{C}_P + \varDelta \left[\bar{V} - T \left(\frac{\partial \bar{V}}{\partial T} \right)_P \right] \frac{L}{T \varDelta \bar{V}} . \tag{3.27}$$

Daraus finden wir mit Gl. (22) für die Temperaturabhängigkeit der latenten Wärme:

$$\frac{dL}{dT} = \varDelta \bar{C}_P + \frac{L}{T} - \frac{L}{\varDelta \bar{V}} \varDelta \left(\frac{\partial \bar{V}}{\partial T} \right)_P = \varDelta \bar{C}_P + \frac{L}{T} - \frac{L}{\varDelta \bar{V}} \varDelta \left(\alpha \, \bar{V} \right) . \tag{3.28}$$

Diese Gleichung geht auf PLANCK[1] zurück.

Wir wenden schließlich Gl. (17) auf die molaren Entropien $\bar{S}'$ und $\bar{S}''$ der beiden Phasen an. Dann erhalten wir mit Gl. (16):

$$\frac{d\bar{S}'}{dT} = \left(\frac{\partial \bar{S}'}{\partial T} \right)_P + \left(\frac{\partial \bar{S}'}{\partial P} \right)_T \frac{dP}{dT} = \left(\frac{\partial \bar{S}'}{\partial T} \right)_P + \left(\frac{\partial \bar{S}'}{\partial P} \right)_T \frac{L}{T \varDelta \bar{V}} , \tag{3.29 a}$$

$$\frac{d\bar{S}''}{dT} = \left(\frac{\partial \bar{S}''}{\partial T} \right)_P + \left(\frac{\partial \bar{S}''}{\partial P} \right)_T \frac{dP}{dT} = \left(\frac{\partial \bar{S}''}{\partial T} \right)_P + \left(\frac{\partial \bar{S}''}{\partial P} \right)_T \frac{L}{T \varDelta \bar{V}} . \tag{3.29 b}$$

Mit Gl. (25) und der MAXWELLschen Beziehung (1.146)

$$\left(\frac{\partial \bar{S}}{\partial P} \right)_T = - \left(\frac{\partial \bar{V}}{\partial T} \right)_P$$

leiten wir aus Gl. (22) und (29) ab:

$$T \frac{d\bar{S}'}{dT} = \bar{C}'_P - \frac{L}{\varDelta \bar{V}} \left(\frac{\partial \bar{V}'}{\partial T} \right)_P = \bar{C}'_P - \frac{L}{\varDelta \bar{V}} \alpha' \, \bar{V}' , \tag{3.30 a}$$

$$T \frac{d\bar{S}''}{\partial T} = \bar{C}''_P - \frac{L}{\varDelta \bar{V}} \left(\frac{\partial \bar{V}''}{\partial T} \right)_P = \bar{C}''_P - \frac{L}{\varDelta \bar{V}} \alpha'' \, \bar{V}'' . \tag{3.30 b}$$

Bei Vergleich dieser Beziehungen mit Gl. (24) bis (26) erkennen wir zunächst, daß die zur Gleichung

$$\left(\frac{\partial \bar{H}}{\partial T} \right)_P = T \left(\frac{\partial \bar{S}}{\partial T} \right)_P$$

analoge Beziehung für die Koexistenzkurve nicht besteht, sondern vielmehr der Zusammenhang

$$T \frac{d\bar{S}}{dT} = \frac{d\bar{H}}{dT} - \bar{V} \frac{dP}{dT}$$

gültig ist. Betrachten wir eine infinitesimale *reversible* Zustandsänderung einer gegebenen Menge einer der beiden Phasen, die so vor sich geht, daß in jedem Augenblick der zu der jeweiligen Temperatur T gehörige Ko-

---

[1] PLANCK, M.: Ann. Physik **30,** 574 (1887).

existenzdruck P herrscht, so finden wir aus Gl. (1.108) und (1.115) in Übereinstimmung mit dem obigen Zusammenhang:

$$T\,dS = dH - V\,dP = dQ_{\text{rev}},$$

worin dQ_{rev} die der betreffenden Phase reversibel zugeführte (infinitesimale) Wärme bedeutet. Aus diesem Grunde wird nicht $d\bar{H}/dT$, sondern $T\,d\bar{S}/dT$ als „Molwärme bei Koexistenz" ($\bar{C}_{\text{koex}}$) bezeichnet:

$$T\frac{d\bar{S}'}{dT} \equiv \bar{C}'_{\text{koex}}, \qquad T\frac{d\bar{S}''}{dT} \equiv \bar{C}''_{\text{koex}}. \tag{3.31}$$

Wir diskutieren die Gln. (18), (23), (28) und (30) für einige Spezialfälle.

Beim Schmelzgleichgewicht sind im allgemeinen keine wesentlichen Vereinfachungen möglich, abgesehen von der Tatsache, daß in Gl. (28) der letzte Term meist vernachlässigbar ist. Die Glieder $\Delta\bar{C}_P$ und L/T in Gl. (28) sind von vergleichbarer Größenordnung.

Beim Sublimationsgleichgewicht und beim Verdampfungsgleichgewicht in genügender Entfernung vom kritischen Punkt können wir das Molvolumen, den Ausdehnungskoeffizienten und die Kompressibilität der kondensierten Phase ($''$) gegenüber den entsprechenden Größen der Gasphase ($'$) vernachlässigen und den Dampf als ideales Gas behandeln. Dann erhalten wir mit Gl. (1.138):

$$\Delta\bar{V} = \bar{V}' = \frac{RT}{P}, \qquad \Delta\left(\frac{\partial\bar{V}}{\partial T}\right)_P = \Delta\left(\alpha\,\bar{V}\right) = \left(\frac{\partial\bar{V}'}{\partial T}\right)_P = \frac{\bar{V}'}{T},$$

$$\Delta\left(\frac{\partial\bar{V}}{\partial P}\right)_T = -\Delta\left(\chi\,\bar{V}\right) = \left(\frac{\partial\bar{V}'}{\partial P}\right)_T = -\frac{\bar{V}'}{P}. \tag{3.32}$$

Aus Gl. (32) folgt mit Gl. (18a) und (23) die Näherungsgleichung:

$$\frac{d\bar{V}'}{dT} = \frac{d}{dT}\Delta\bar{V} = \frac{\bar{V}'}{T}\left(1 - \frac{L}{RT}\right), \tag{3.33}$$

worin L die molare Sublimations- bzw. Verdampfungswärme bedeutet. Mit der empirischen Aussage $L > RT$ ergibt sich aus Gl. (33) insbesondere: $d\bar{V}'/dT < 0$. Die Dichte des gesättigten Dampfes nimmt also mit steigender Temperatur zu.

Für die „Molwärmen bei Koexistenz" leiten wir aus Gl. (30), (31) und (32) folgende Näherungsbeziehungen ab[1]:

$$\bar{C}'_{\text{koex}} = \bar{C}'_P - \frac{L}{T}, \tag{3.34 a}$$

$$\bar{C}''_{\text{koex}} = \bar{C}''_P - \alpha''\frac{P\bar{V}''}{RT}L \approx \bar{C}''_P. \tag{3.34 b}$$

---

[1] $P\bar{V}''/RT = \bar{V}''/\bar{V}'$ hat die Größenordnung 10^{-3}, α'' die Größenordnung 10^{-5} grad^{-1} oder weniger, während L höchstens von der Größenordnung 10^4 cal mol^{-1} ist.

Der Ausdruck (34a) für die „Molwärme des gesättigten Dampfes" war im wesentlichen schon CLAUSIUS bekannt. Ist die molare Sublimations- bzw. Verdampfungsentropie (L/T) größer als die Molwärme bei konstantem Druck ($\bar{C}_P$), so wird $\bar{C}'_{\text{koex}}$ negativ. Für Wasserdampf am Normalsiedepunkt (100°C) gilt z. B.:

$$\bar{C}'_P \;\; = \;\; 34 \;\text{Joule grad}^{-1}\,\text{mol}^{-1},$$
$$L/T \;\; = \;\; 109 \;\text{Joule grad}^{-1}\,\text{mol}^{-1},$$
$$\bar{C}'_{\text{koex}} = -\; 75 \;\text{Joule grad}^{-1}\,\text{mol}^{-1}.$$

Durch Kombination von Gl. (28) mit Gl. (32) findet man die Näherungsgleichung für die Temperaturabhängigkeit der molaren Sublimations- bzw. Verdampfungswärme:

$$\frac{dL}{dT} = \Delta\,\bar{C}_P. \tag{3.35}$$

Diese Beziehung hat denselben Gültigkeitsbereich wie Gl. (33) und die angenäherte Form der CLAUSIUS-CLAPEYRONschen Gleichung, die aus Gl. (16) und (32) folgt:

$$\frac{d\ln P}{dT} = \frac{L}{RT^2}. \tag{3.36}$$

Bei Betrachtung des Verdampfungsgleichgewichtes in der Nähe des kritischen Punktes muß man die exakten Formeln (16), (23) und (28) anwenden.

Am kritischen Punkt selbst führen die Differentialgleichungen (16), (23) und (28) zu unbestimmten Ausdrücken; denn hier werden die beiden Phasen (Flüssigkeit und Gas) identisch, so daß gilt:

$$L = T\,(\bar{S}' - \bar{S}'') = 0, \quad \Delta\bar{V} = \bar{V}' - \bar{V}'' = 0. \tag{3.37}$$

Wir können aber der Erfahrung folgende Aussage entnehmen (vgl. Abb. 7 S. 139. bei Punkt A):

$$\frac{dP}{dT} = a \quad \text{(kritischer Punkt)}, \tag{3.38}$$

worin a eine positive endliche Größe ist, die von der Natur des Stoffes abhängt. Aus dieser Aussage werden wir eine Reihe von Beziehungen für den kritischen Punkt ableiten.

Entwicklung der Entropiedifferenz nach $\Delta\bar{V}$ in der Nähe des kritischen Punktes ergibt mit Gl. (37), da die Temperaturen der koexistenten Phasen gleich sind:

$$L = T\,(\bar{S}' - \bar{S}'') = T\left(\frac{\partial\bar{S}}{\partial\bar{V}}\right)_T \Delta\bar{V}.$$

Hieraus folgt mit der MAXWELLschen Beziehung (1.145):

$$L = T\left(\frac{\partial P}{\partial T}\right)_{\bar{V}} \Delta\bar{V} \quad \text{(Nähe des kritischen Punktes)}, \tag{3.39}$$

wobei der Differentialquotient am kritischen Punkt zu bilden ist. Vergleich mit der Clausius-Clapeyronschen Gleichung (16) führt bei Beachtung der Definition (1.147 a) des isochoren Spannungskoeffizienten

$$\beta = \frac{1}{P}\left(\frac{\partial P}{\partial T}\right)_V \tag{3.40}$$

auf die Beziehung:

$$\frac{dP}{dT} = \left(\frac{\partial P}{\partial T}\right)_V = \beta P \quad \text{(kritischer Punkt)}. \tag{3.41}$$

Hieraus leiten wir mit Gl. (38) ab:

$$\beta = \frac{a}{P} \quad \text{(kritischer Punkt)}. \tag{3.42}$$

Also hat der isochore Spannungskoeffizient für die kritische Phase einen positiven endlichen Wert. Dies führt wiederum zu einer Aussage über den isobaren Ausdehnungskoeffizienten α am kritischen Punkt. Es gilt nämlich gemäß Gl. (1.148) der Zusammenhang:

$$\alpha = \chi \beta P. \tag{3.43}$$

Wir finden für die Kompressibilität χ einer kritischen Phase aus Gl. (2.98) und (2.176) bei Beachtung der Definition (22):

$$\chi = +\infty \quad \text{(kritischer Punkt)}. \tag{3.44}$$

Demnach erhalten wir:

$$\alpha = +\infty \quad \text{(kritischer Punkt)}. \tag{3.45}$$

Für die „Ausdehnungskoeffizienten" auf der Koexistenzkurve ($d\bar{V}'/dT$ und $d\bar{V}''/dT$) folgt aus Abb. 11 a[1]:

$$\frac{d\bar{V}'}{dT} = -\infty, \quad \frac{d\bar{V}''}{dT} = +\infty \quad \text{(kritischer Punkt)}. \tag{3.46}$$

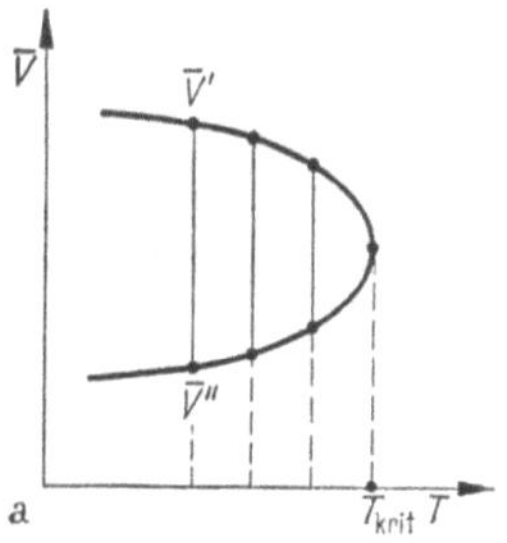

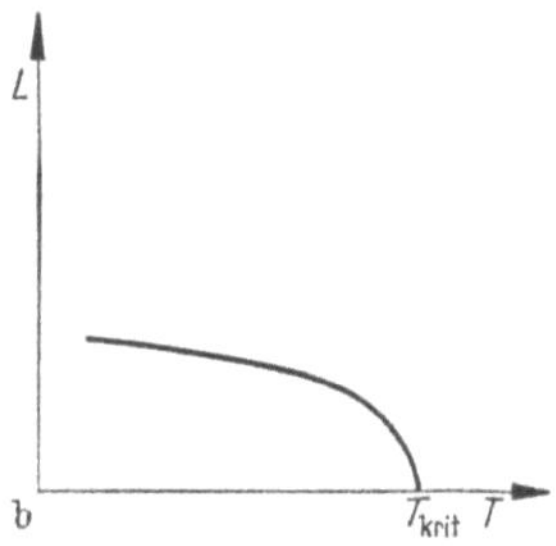

Abb. 11 a. $\bar{V}(T)$-Diagramm eines Einstoffsystems in der Nähe der kritischen Temperatur T_{krit}. Senkrechte Geraden geben Molvolumina koexistenter Phasen an

Abb. 11 b. Molare Verdampfungswärme L als Funktion der Temperatur T in der Nähe der kritischen Temperatur T_{krit}

---

[1] Die Gln. (18 a) und (18 b) ergeben wegen Gl. (37), (44) und (45) kein bestimmtes Resultat.

Durch Differenzieren von Gl. (16) leiten wir ab:

$$\frac{dL}{dT} = \Delta \bar{V} \frac{d}{dT}\left(T \frac{dP}{dT}\right) + T \frac{dP}{dT} \frac{d}{dT}(\Delta \bar{V}).$$

Da auch die Krümmung der Dampfdruckkurve $(d^2 P/dT^2)$ am kritischen Punkt erfahrungsgemäß stets endlich ist, ergibt sich mit Gl. (20), (37), (38) und (46):

$$\frac{dL}{dT} = \frac{d}{dT} \Delta \bar{V} = -\infty \qquad \text{(kritischer Punkt)}. \qquad (3.47)$$

Es resultiert also ein Temperaturverlauf der Verdampfungswärme, wie er schematisch in Abb. 11b dargestellt ist und wie er der Erfahrung entspricht.

Aus Gl. (1.149) und Gl. (43) folgt:

$$\bar{C}_P - \bar{C}_V = \chi \beta^2 P^2 \bar{V} T,$$

woraus wir mit Gl. (42) und (44) ableiten:

$$\bar{C}_P - \bar{C}_V = +\infty \qquad \text{(kritischer Punkt)}. \qquad (3.48)$$

Da gemäß Gl. (2.119) und (2.179) die Molwärme $\bar{C}_V$ bei konstantem Volumen stets positiv ist — auch für kritische Phasen —, kann $\bar{C}_V$ am kritischen Punkt entweder positiv endlich oder positiv unendlich sein. In jedem Falle gilt gemäß Gl. (48):

$$\bar{C}_P = +\infty \qquad \text{(kritischer Punkt)}.$$

Interessant ist die Anwendung der CLAUSIUS-CLAPEYRONschen Gleichung (12) auf die Schmelzpunktskurve des Heliums bei tiefen Temperaturen. Nach den Messungen von KEESOM[1] gilt:

$$\lim_{T \to 0} \frac{dP}{dT} = 0.$$

Da die Volumendifferenz $\Delta \bar{V} \equiv \bar{V}' - \bar{V}''$ für $T \to 0$ endlich und von Null verschieden ist, gelten für die Entropiedifferenz $\Delta \bar{S} \equiv \bar{S}' - \bar{S}''$ und die Enthalpiedifferenz $\Delta \bar{H} \equiv \bar{H}' - \bar{H}''$ gemäß Gl. (12) folgende Aussagen (wobei der Index ' bzw. '' sich auf flüssiges bzw. festes Helium bei Koexistenz bezieht):

$$\lim_{T \to 0} \Delta \bar{S} = 0, \quad \lim_{T \to 0} \frac{\Delta \bar{H}}{T} = 0, \quad \lim_{T \to 0} \Delta \bar{H} = 0.$$

Die erste Gleichung bestätigt das NERNSTsche Wärmetheorem (vgl. § 64). Aus der letzten Gleichung folgt mit Gl. (1.36) und $\Delta \bar{U} \equiv \bar{U}' - \bar{U}''$ eine Aussage über die Differenz der „Nullpunktsenergien" der beiden koexistenten Phasen:

$$\lim_{T \to 0} \Delta \bar{U} = -\lim_{T \to 0}(P \Delta \bar{V}),$$

---

[1] KEESOM, W. H.: Helium, Amsterdam, London u. New York 1942.

worin P den Schmelzdruck bedeutet. Da der Grenzwert von $\Delta \bar{V}$ für $T \to 0$ positiv ist, ergibt sich, daß die Nullpunktsenergie des festen Heliums größer als diejenige des flüssigen Heliums ist[1].

Es sei noch kurz auf die Integration der Clausius-Clapeyronschen Gleichung im Bereich der Näherungen (35) und (36) eingegangen. Diese Approximationen gelten für den Fall, daß der Dampf als ideales Gas behandelt werden kann und die Dichte der kondensierten Phase sehr groß gegenüber derjenigen der Gasphase ist. Sie werden daher nicht nur beim Verdampfungsgleichgewicht in genügender Entfernung vom kritischen Punkt Gültigkeit besitzen, sondern auch beim Sublimationsgleichgewicht in den meisten Fällen zutreffend sein.

Der Dampf sei durch den Index $'$ und die kondensierte Phase durch den Index $''$ gekennzeichnet. Der Dampfdruck bei einer festen Temperatur T_0 („Standardtemperatur") sei P_0, derjenige bei einer beliebigen Temperatur T sei P. Entsprechend werde die molare latente Wärme (molare Verdampfungswärme oder molare Sublimationswärme) bei der Temperatur T_0 mit L_0 und bei der Temperatur T mit L bezeichnet. Dann folgt aus Gl. (35) und (36):

$$R \ln \frac{P}{P_0} = \int\limits_{T_0}^{T} \frac{L}{T^2}\, dT.$$

$$L = L_0 + \int\limits_{T_0}^{T} \Delta \bar{C}_P\, dT,$$

worin
$$\Delta \bar{C}_P = \bar{C}'_P - \bar{C}''_P$$

die Differenz zwischen der Molwärme (bei konstantem Druck) des Dampfes und derjenigen der kondensierten Phase bedeutet. Ferner setzen wir voraus, daß $\Delta \bar{C}_P$ im Temperaturbereich zwischen T_0 und T konstant ist. Mit dieser Näherung finden wir:

$$R \ln \frac{P}{P_0} = - L_0 \left(\frac{1}{T} - \frac{1}{T_0} \right) + \Delta \bar{C}_P \ln \frac{T}{T_0} + \Delta \bar{C}_P \left(\frac{T_0}{T} - 1 \right).$$

Nun stellt gemäß Gl. (13) der Ausdruck L_0/T_0 die molare Verdampfungsentropie bzw. Sublimationsentropie bei der Temperatur T_0 dar:

$$\frac{L_0}{T_0} = \bar{S}'_0 - \bar{S}''_0,$$

worin $\bar{S}'_0$ bzw. $\bar{S}''_0$ die molare Entropie der Gasphase bzw. der kondensierten Phase bei der Temperatur T_0 unter Gleichgewichtsbedingungen, d.h. beim Druck P_0, bedeutet. Während $\bar{S}''_0$ in erster Näherung als unabhängig vom Druck betrachtet werden kann (vgl. § 64), ergibt sich für $\bar{S}'_0$ die für ideale Gase gültige Beziehung [vgl. Gl. (1.120) und (1.138) oder Gl. (4.27) in § 56]:

$$\bar{S}'_0 (P_0) - \bar{S}'_0 (P^+) = R \ln \frac{P^+}{P_0}.$$

Hierbei ist P^+ ein fester Druck („Standarddruck") und $\bar{S}'_0(P^+)$ die molare Entropie des Gases bei der Temperatur T_0 und beim Druck P^+. Wir erhalten also:

$$\frac{L_0}{T_0} = \bar{S}'_0 (P^+) - \bar{S}''_0 + R \ln \frac{P^+}{P_0}.$$

---

[1] Vgl. J. J. van Laar: Die Thermodynamik einheitlicher Stoffe und binärer Gemische, Groningen u. Batavia 1935.

13*

Die Größe

$$\bar{S}_0'(P^+) - \bar{S}_0'' \equiv \varDelta\,\bar{S}^0$$

ist die Änderung der molaren Entropie für den Übergang kondensierte Phase $\to$ Gasphase unter Standardbedingungen (Druck P^+, Temperatur T_0) und wird daher als „Standardentropiedifferenz" bezeichnet. Sie ist für $P^+ = 1\,\text{atm}$, $T_0 = 298{,}16°\text{K}$ häufig tabelliert.

Somit leiten wir schließlich folgenden expliziten Ausdruck für den Dampfdruck P als Funktion der Temperatur T ab:

$$\ln\frac{P}{P^+} = \frac{T_0\,\varDelta\,\bar{C}_P - L_0}{RT} + \frac{\varDelta\,\bar{C}_P}{R}\ln\frac{T}{T_0} + \frac{\varDelta\,\bar{S}^0 - \varDelta\,\bar{C}_P}{R}$$

$$= -\frac{L_0}{RT} + \frac{\varDelta\,\bar{S}^0}{R} + \frac{\varDelta\,\bar{C}_P}{R}\left(\ln\frac{T}{T_0} + \frac{T_0}{T} - 1\right).$$

Bei Wasser findet man für $P^+ = 1\,\text{atm}$, $T_0 = 298{,}16°\text{K}\ (25°\text{C})$:

$$L_0 = 10\,510\,\text{cal mol}^{-1}, \quad \varDelta\,\bar{S}^0 = 28{,}39\,\text{cal grad}^{-1}\,\text{mol}^{-1},$$

$$\varDelta\,\bar{C}_P = -9{,}9\,\text{cal grad}^{-1}\,\text{mol}^{-1}.$$

Liegen die Temperaturen T_0 und T sehr nahe beieinander, so gilt:

$$\frac{T_0}{T} \approx 1,$$

und es folgt:

$$\ln\frac{P}{P^+} = -\frac{L_0}{RT} + \frac{\varDelta\,\bar{S}^0}{R}\,.$$

In diesem Falle ergibt die graphische Darstellung von $\ln P/P^+$ gegen $1/T$ eine Gerade. Die Tatsache, daß man bei vielen Stoffen eine solche Gerade für einen größeren Temperaturbereich findet, beruht auf teilweisen Kompensationen mehrerer Terme in der exakten Beziehung für den Dampfdruck.

§ 46. Binäre Zweiphasensysteme

Gemäß Gl. (2.50) ist das Gleichgewicht zwischen zwei Phasen, die zwei Komponenten enthalten, bivariant. So kann eine binäre flüssige Mischphase mit einem reinen festen Körper bei jeder Temperatur unter vorgegebenem Druck nur bei *einer* Konzentration („Sättigungskonzentration") koexistieren. Wenn wir allgemein als unabhängige Variable die Temperatur T, den Druck P und die Konzentrationen in den beiden Phasen wählen, so muß es zwei unabhängige Differentialgleichungen geben, durch die diese vier Variablen miteinander verknüpft werden. Die Ableitung und Diskussion dieser Gleichungen soll uns hier beschäftigen.

Wir beschreiben die Zusammensetzung der Phase $'$ bzw. $''$ durch den Molenbruch x' bzw. x'' der Komponente 1 in der betreffenden Phase. Wir haben also:

$$x_1' = x', \quad x_2' = 1 - x', \quad x_1'' = x'', \quad x_2'' = 1 - x''. \tag{3.49}$$

Wir finden aus Gl. (2) und (7) für zwei Komponenten in zwei koexistenten Phasen (′ und ″):

$$d\mu_1 = d\mu_1' = d\mu_1'', \quad d\mu_2 = d\mu_2' = d\mu_2'', \tag{3.50}$$

$$d\mu_1' = -S_1'\,dT + V_1'\,dP + D\mu_1', \tag{3.50a}$$

$$d\mu_1'' = -S_1''\,dT + V_1''\,dP + D\mu_1'', \tag{3.50b}$$

$$d\mu_2' = -S_2'\,dT + V_2'\,dP + D\mu_2', \tag{3.50c}$$

$$d\mu_2'' = -S_2''\,dT + V_2''\,dP + D\mu_2''. \tag{3.50d}$$

Durch Kombination dieser Gleichungen erhält man:

$$(S_1' - S_1'')\,dT - (V_1' - V_1'')\,dP = D\mu_1' - D\mu_1'', \tag{3.51a}$$

$$(S_2' - S_2'')\,dT - (V_2' - V_2'')\,dP = D\mu_2' - D\mu_2''. \tag{3.51b}$$

Aus Gl. (8) und (49) folgt:

$$x'\,D\mu_1' + (1 - x')\,D\mu_2' = 0, \tag{3.52a}$$

$$x''\,D\mu_1'' + (1 - x'')\,D\mu_2'' = 0. \tag{3.52b}$$

Wir multiplizieren nun Gl. (51a) mit x'' und Gl. (51b) mit $(1 - x'')$, addieren die so erhaltenen Gleichungen, berücksichtigen Gl. (52b) und eliminieren $D\mu_2'$ durch Gl. (52a). Dann ergibt sich mit Gl. (6):

$$\left.\begin{aligned}&[x''\,(S_1' - S_1'') + (1 - x'')\,(S_2' - S_2'')]\,dT - \\ &- [x''\,(V_1' - V_1'') + (1 - x'')\,(V_2' - V_2'')]\,dP = \frac{x'' - x'}{1 - x'}\left(\frac{\partial\mu_1}{\partial x}\right)_{T,P}' dx'.\end{aligned}\right\} \tag{3.53}$$

Multiplizieren wir Gl. (51a) mit x', Gl. (51b) mit $(1 - x')$, addieren die so erhaltenen Gleichungen, berücksichtigen Gl. (52a) und eliminieren $D\mu_2''$ durch Gl. (52b), so folgt mit Gl. (6):

$$\left.\begin{aligned}&[x'\,(S_1' - S_1'') + (1 - x')\,(S_2' - S_2'')]\,dT - \\ &- [x'\,(V_1' - V_1'') + (1 - x')\,(V_2' - V_2'')]\,dP = \frac{x'' - x'}{1 - x''}\left(\frac{\partial\mu_1}{\partial x}\right)_{T,P}'' dx''.\end{aligned}\right\} \tag{3.54}$$

Die Gln. (53) und (54) sind die gesuchten Differentialgleichungen für die Variablen T, P und x' bzw. T, P und x''. Wir legen diese Beziehungen allen weiteren Betrachtungen in diesem Paragraphen zugrunde[1]. Die Ver-

---

[1] Ersetzt man in Gl. (53) und (54) die partiellen molaren Größen gemäß Gl. (1.274) durch die molaren Größen und ihre Ableitungen nach x und führt gemäß Gl. (1.285) die Differentialquotienten $\partial^2\bar{G}/\partial x^2$ ein, so erhält man Differentialgleichungen, die bereits VAN DER WAALS für die Diskussion von Zweiphasengleichgewichten in binären Systemen benutzt hat. Vgl. hierzu R. HAASE: Z. physik. Chem. **194**, 217 (1950). Siehe auch § 50.

einfachungen, die sich dann ergeben, wenn nur eine der Komponenten in einer Phase vorkommt, werden wir von Fall zu Fall diskutieren.

Aus Gl. (10a) ergibt sich:

$$H_1' - H_1'' = T(S_1' - S_1''), \tag{3.55a}$$

$$H_2' - H_2'' = T(S_2' - S_2''). \tag{3.55b}$$

Mit Gl. (55) können wir den Koeffizienten von dT in Gl. (53) bzw. Gl. (54) in folgender Form schreiben:

$$x''(S_1' - S_{1|}'') + (1 - x'')(S_2' - S_2'') = x'' \frac{H_1' - H_1''}{T} + (1 - x'') \frac{H_2' - H_2''}{T}, \tag{3.56a}$$

$$x'(S_1' - S_1'') + (1 - x')(S_2' - S_2'') = x' \frac{H_1' - H_1''}{T} + (1 - x') \frac{H_2' - H_2''}{T}. \tag{3.56b}$$

Wir sehen die physikalische Bedeutung der Koeffizienten von dT und dP in Gl. (53) ein, wenn wir folgenden Gedankenprozeß betrachten: Ein Mol der Phase '' [d.h. x'' Mole der Komponente 1 und $(1 - x'')$ Mole der Komponente 2] wird in eine so große Menge der koexistenten Phase ' überführt, daß sich deren Zusammensetzung praktisch nicht ändert und somit auch das Gleichgewicht zwischen den Phasen bei den gegebenen Werten von T und P nicht gestört wird. Die Zunahme einer extensiven Zustandsfunktion Z bei diesem reversiblen Überführungsvorgang ist dann offensichtlich [vgl. Gl. (1.265)]

$$\left.\begin{array}{l} x''Z_1' + (1 - x'')Z_2' - x''Z_1'' - (1 - x'')Z_2'' \\ = x''(Z_1' - Z_1'') + (1 - x'')(Z_2' - Z_2''), \end{array}\right\} \tag{3.57}$$

wobei Z_i die partielle molare Größe des Stoffes i in der betrachteten Phase ist.

Wir können daher in Gl. (53) den Koeffizienten von dT [Gl. (56a)] als „molare Überführungsentropie" bzw. als die durch T dividierte „molare Überführungsenthalpie" und den Koeffizienten von dP als „molare Volumenänderung bei der Überführung" interpretieren. Entsprechendes gilt für die Koeffizienten in Gl. (54).

Diese „molaren Überführungsgrößen" dürfen nicht mit den direkt meßbaren Differenzen

$$\bar{Z}' - \bar{Z}'' = x'Z_1' + (1 - x')Z_2' - x''Z_1'' - (1 - x'')Z_2'' \tag{3.58}$$

der molaren Zustandsfunktionen der beiden koexistenten Phasen oder mit den direkt meßbaren Änderungen

$$\Delta\bar{Z} = \bar{Z} - xZ_{01} - (1 - x)Z_{02} \tag{3.59}$$

der molaren Größen beim Mischen der reinen Komponenten verwechselt werden (Z_{0i} = molare Zustandsfunktion der reinen Komponente i). Die verschiedenen Größen in Gl. (57), (58) und (59) brauchen noch nicht einmal hinsichtlich des Vorzeichens übereinzustimmen.

Der Zusammenhang zwischen diesen Größen ergibt sich mit Hilfe von Gl. (1.265) und (1.274) und läßt sich mit der Abkürzung

$$\Delta \bar{Z}_i \equiv Z_i - Z_{0i} \quad (i = 1, 2)$$

auf folgende Gestalt bringen:

$$x''(Z_1' - Z_1'') + (1 - x'')(Z_2' - Z_2'') = \bar{Z}' - \bar{Z}'' + (x'' - x')\left(\frac{\partial \bar{Z}}{\partial x}\right)_{T,P}'$$

bzw.

$$x''(\Delta Z_1' - \Delta Z_1'') + (1 - x'')(\Delta Z_2' - \Delta Z_2'') = \Delta \bar{Z}' - \Delta \bar{Z}'' + (x'' - x')\left(\frac{\partial \Delta \bar{Z}}{\partial x}\right)_{T,P}'.$$

Diese Beziehungen sind dann nützlich, wenn man aus einem $\bar{Z}(x)$-Diagramm bzw. aus einem $\Delta \bar{Z}(x)$-Diagramm, das für die beiden Phasen aus experimentellen Daten konstruiert worden ist, die molaren Überführungsgrößen ablesen will.

Mit Hilfe der Stabilitätsbedingung (2.134) [vgl. Gl. (49)]

$$\left(\frac{\partial \mu_1}{\partial x}\right)_{T,P} > 0 \tag{3.60}$$

erkennen wir aus Gl. (53) und (54): Das Vorzeichen von dT/dx bei $P = $ const bzw. von dP/dx bei $T = $ const ist für vorgegebenen Wert von $x'' - x'$ ($\neq 0$) durch das Vorzeichen der „Überführungsentropie" oder „Überführungsenthalpie" bzw. der „Volumenänderung bei Überführung" bestimmt. Bei der Anwendung der bekannten qualitativen Formulierung des „Le Chatelier-Braunschen Prinzips"[1] ist also darauf zu achten, daß für die Enthalpie- bzw. Volumenänderungen die Überführungsgrößen (57) und nicht die Größen (58) oder (59) maßgebend sind.

In manchen Fällen ist es zweckmäßig, statt des Molenbruches $x = x_1$ der Komponente 1 den Molenbruch $x_2 = 1 - x$ der Komponente 2 als unabhängige Variable zu wählen. Dann sind folgende Beziehungen zu beachten [vgl. Gl. (1.283) in § 27]:

$$d x_2 = - d x_1 = - d x, \tag{3.61}$$

$$\left(\frac{\partial \mu_1}{\partial x}\right)_{T,P} = -\left(\frac{\partial \mu_1}{\partial x_2}\right)_{T,P} = -\frac{1-x}{x}\left(\frac{\partial \mu_2}{\partial x}\right)_{T,P} = \frac{1-x}{x}\left(\frac{\partial \mu_2}{\partial x_2}\right)_{T,P}. \tag{3.62}$$

Wenn von den vier Veränderlichen

$$T, P, x', x'',$$

---

[1] Eine quantitative Diskussion findet sich bei W. Schottky, H. Ulich u. C. Wagner: s. Fußnote 1 S. 86; M. Planck: s. Fußnote 2 S. 54; I. Prigogine u. R. Defay: s. Fußnote 2 S. 80.

durch die wir die beiden koexistenten binären Phasen beschreiben können, eine konstant gehalten wird, so finden wir gemäß Gl.(53) und (54) zwei Differentialgleichungen, welche die restlichen drei Variablen miteinander verknüpfen und zwei einander zugeordneten Kurven in der Ebene („Koexistenzkurven") entsprechen. Wir diskutieren der Reihe nach drei Fälle ($P = $ const, $T = $ const und $x'' = $ const).

a) $P = $ const: isobare $T(x')$- und $T(x'')$-Kurven. Die zugehörigen Differentialgleichungen lauten gemäß Gl.(53), (54) und (56):

$$\frac{dT}{dx'} = \frac{T(x''-x')(\partial\mu_1/\partial x)'_{T,P}}{(1-x')[x''(H'_1-H''_1)+(1-x'')(H'_2-H''_2)]}, \qquad (3.63\,\mathrm{a})$$

$$\frac{dT}{dx''} = \frac{T(x''-x')(\partial\mu_1/\partial x)''_{T,P}}{(1-x'')[x'(H'_1-H''_1)+(1-x')(H'_2-H''_2)]}. \qquad (3.63\,\mathrm{b})$$

Wir betrachten fünf Typen von isobaren Gleichgewichtsdiagrammen:

1. *Isobares Entmischungsdiagramm* (Gleichgewicht zwischen zwei binären Flüssigkeiten oder zwischen zwei binären Mischkristallen bei konstantem Druck).

Hier treffen sich die $T(x')$- und die $T(x'')$-Kurve im kritischen Entmischungspunkt (vgl. § 42). Man erhält also ein $T(x)$-Diagramm, das durch den kritischen Entmischungspunkt (oder die beiden kritischen Entmischungspunkte im Falle einer geschlossenen Mischungslücke) in zwei Kurvenäste geteilt wird, deren Differentialgleichungen die Beziehungen (63a) und (63b) sind. Näheres über Entmischung in binären Systemen findet sich in § 79.

2. *Isobares Siedediagramm mit einer flüchtigen Komponente* (Gleichgewicht zwischen einer reinen Gasphase und einer binären Flüssigkeit bei konstantem Druck).

Der Dampf (Phase ') enthalte nur die Komponente 1 (das „Lösungsmittel"), die Flüssigkeit (Phase ") neben dem Stoff 1 auch die Komponente 2 (den „gelösten Stoff"). Es sei

$$L_1 \equiv H'_1 - H''_1 \qquad (3.64)$$

die „differentielle Verdampfungswärme" des Lösungsmittels, d.h. die molare Überführungsenthalpie bei der Verdampfung aus der koexistenten Flüssigkeit. Da in unserem Falle gilt:

$$x'_2 = 1 - x' = 0, \quad x'_1 = x' = 1,$$

so ergibt sich aus Gl.(63b) und (64), wenn wir den Phasenindex '' der Einfachheit halber fortlassen:

$$\frac{dT}{dx} = -\frac{T}{L_1}\left(\frac{\partial\mu_1}{\partial x}\right)_{T,P}, \qquad (3.65)$$

worin x der Molenbruch der Komponente 1 (des Lösungsmittels) in der Flüssigkeit ist. Beachten wir die Stabilitätsbedingung (60), so erkennen wir: dT/dx hat entgegengesetztes Vorzeichen wie die differentielle Verdampfungswärme L_1, die erfahrungsgemäß stets positiv ist. Also finden wir:

$$\frac{dT}{dx} < 0 \, . \tag{3.66}$$

Dies bedeutet: Bei konstantem Druck nimmt der Siedepunkt bei Zusatz des gelösten Stoffes zu. Deshalb wird Gl. (65) als Differentialgleichung für die „Siedepunktserhöhung" bezeichnet[1].

3. *Isobares Schmelzdiagramm mit eutektischem Punkt* (Gleichgewicht zwischen einer reinen festen Phase und einer binären Flüssigkeit bei konstantem Druck[2]).

Die reine feste Komponente 1 (Phase $'$) koexistiere mit einer binären flüssigen Mischung aus den Komponenten 1 und 2 (Phase $''$). Es sei

$$L_{S1} \equiv H_1'' - H_1' \tag{3.67}$$

die „differentielle Schmelzwärme" des Stoffes 1, d.h. die molare Überführungsenthalpie beim Schmelzen in die koexistente Flüssigkeit. Mit

$$x_1' = x' = 1$$

ergibt sich aus Gl. (61), (62), (63 b) und (67), wenn wir den Index $''$ fortlassen:

$$\frac{dT}{dx} = \frac{T}{L_{S1}} \left(\frac{\partial \mu_1}{\partial x} \right)_{T,P} = - \frac{dT}{dx_2} = - \frac{T}{L_{S1}} \left(\frac{\partial \mu_1}{\partial x_2} \right)_{T,P} \, . \tag{3.68}$$

Gemäß Gl. (60) hat dT/dx dasselbe Vorzeichen wie L_{S1}.

Nun sei die reine feste Komponente 2 (Phase $'$) im Gleichgewicht mit einer binären Flüssigkeit (Phase $''$). Wir führen die „differentielle Schmelzwärme" des Stoffes 2

$$L_{S2} = H_2'' - H_2' \tag{3.67 a}$$

ein und finden mit $x_1' = x' = 0$ aus Gl. (63 b) bei Fortlassen des Index $''$ und Beachtung von Gl. (62):

$$\frac{dT}{dx} = - \frac{T}{L_{S2}} \frac{x}{1-x} \left(\frac{\partial \mu_1}{\partial x} \right)_{T,P} = \frac{T}{L_{S2}} \left(\frac{\partial \mu_2}{\partial x} \right)_{T,P} \tag{3.68 a}$$

oder bei Berücksichtigung von Gl. (61) und (62):

$$\frac{dT}{dx_2} = \frac{T}{L_{S2}} \left(\frac{\partial \mu_2}{\partial x_2} \right)_{T,P} \, . \tag{3.68 b}$$

Gemäß Gl. (60) hat dT/dx entgegengesetztes Vorzeichen wie L_{S2}.

---

[1] Die integrierte Beziehung findet man in § 49.

[2] Analoge Betrachtungen gelten für Verdampfungs- bzw. Sublimationsgleichgewichte für nicht mischbare Flüssigkeiten bzw. Kristalle bei konstantem Druck.

Der weitaus häufigste Fall ist:

$$L_{S1} > 0, \quad L_{S2} > 0.$$

Dann hat die isobare Schmelzpunktskurve $T(x)$ für die Komponente 1 als „Bodenkörper" positive Steigung [Gl. (68)] und für die Komponente 2 als „Bodenkörper" negative Steigung [Gl. (68a)]. Wir erhalten also ein Schmelzdiagramm vom Typ der Abb. 12: Die Kurve AE entspricht der Koexistenz der Flüssigkeit mit der reinen festen Komponente 2 und die Kurve EB dem Gleichgewicht der flüssigen Phase mit dem reinen festen Stoff 1. Die Kurve AE schneidet die Kurve EB im *eutektischen Punkt E*. Bei E koexistieren drei Phasen: die reinen Komponenten 1 und 2 als feste Körper und die binäre Flüssigkeit („Schmelze" oder „Lösung"). Die flüssige Phase, deren Temperatur und Zusammensetzung durch E angegeben wird, bezeichnet man als „eutektische Schmelze" und das Gemenge aus den beiden reinen festen Phasen, das sich beim Erstarren dieser Schmelze bildet, als „Eutektikum". Bei Systemen, die aus Wasser und einem Salz bestehen, nennt man den Punkt E auch „kryohydratischen Punkt".

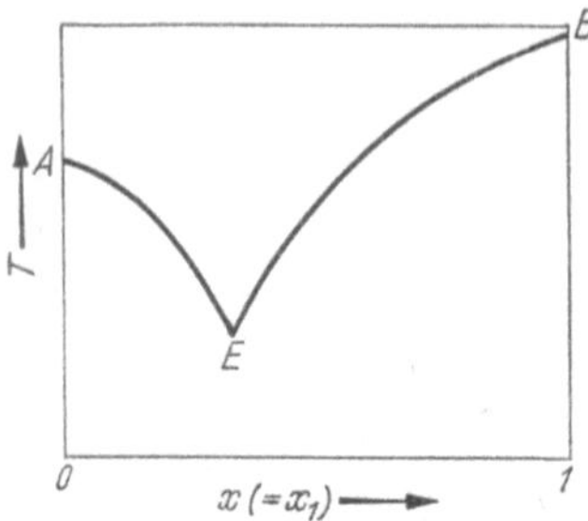

Abb. 12. Isobares Schmelzdiagramm mit eutektischem Punkt E. Der Punkt A bzw. B entspricht der reinen Komponente 2 bzw. 1

Ein häufig untersuchter Fall ist der eines binären Systems, dessen eine Komponente (1) bei Zimmertemperatur in reinem Zustande flüssig ist, während die zweite Komponente (2) fest ist. Bekannte Beispiele sind die Systeme Wasser (1) − Salz (2). Hier führt man eine besondere Terminologie ein: Die Komponente 1 heißt das „Lösungsmittel", die Komponente 2 der „gelöste Stoff", die Kurve EB „Gefrierpunktskurve" und die Kurve AE „Löslichkeitskurve". Entsprechend bezeichnet man Gl. (68) als Differentialgleichung für die „Gefrierpunktserniedrigung"[1] und Gl. (68a) oder (68b) als Differentialgleichung für die „Löslichkeit" des Stoffes 2. Die Größe L_{S2} nennt man „letzte Lösungswärme" [vgl. Gl. (1.55) in § 6].

Es gibt Fälle (z. B. wäßrige Lösungen von Calciumchromat und Calciumsulfat), bei denen die letzte Lösungswärme L_{S2} negativ ist, so daß gemäß Gl. (60) und (68a) dT/dx im Bereich zwischen A und E positiv wird („rückläufige Löslichkeitskurven"). Da auch hier die Löslichkeitskurve in A (beim Schmelzpunkt des reinen Stoffes 2) enden muß, gibt es dann auf der Kurve AE entweder einen Punkt mit vertikaler Tangente, an dem die letzte Lösungswärme ihr Vorzeichen umkehrt ($L_{S2} = 0$,

---

[1] Die integrierte Beziehung findet man in § 49.

$dT/dx = \infty$, Beispiel: Gips, $CaSO_4 \cdot 2H_2O$), oder einen Knickpunkt („Umwandlungspunkt"), der einem neuen Bodenkörper entspricht. Diese neue feste Phase kann entweder eine andere Kristallmodifikation oder eine Anlagerungsverbindung zwischen Lösungsmittel und gelöstem Stoff (z. B. ein Salzhydrat) sein. Im letzten Falle spricht man auch von einer „inkongruent schmelzenden Verbindung" (§ 47).

Ferner kennt man Systeme (z. B. wäßrige Lösungen von Natriumhydroxyd, Chromtrioxyd und Cadmiumsulfat), bei denen die letzte Lösungswärme L_{S2} zwar positiv ist, die Löslichkeitskurve also normalen Verlauf zeigt, die „ganze Lösungswärme" (vgl. § 6) aber negativ ist, so daß beim isotherm-isobaren Auflösen der Komponente 2 (des Elektrolyten)

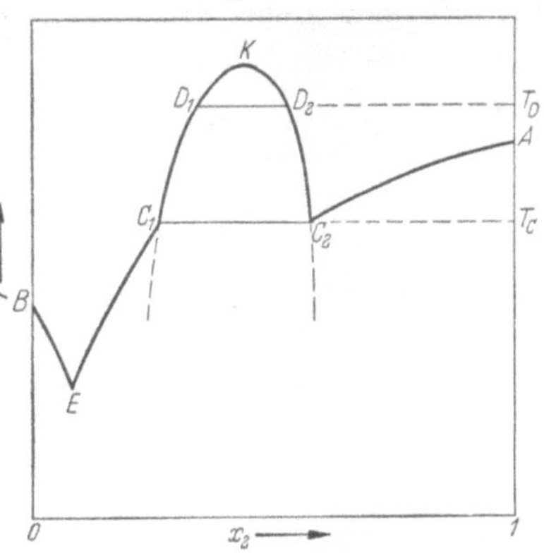

Abb. 12a. Isobares Schmelzdiagramm mit eutektischem Punkt und Mischungslücke

zu einer gesättigten Lösung im betrachteten Lösungsmittel (Wasser) Wärme an die Umgebung abgegeben wird („exothermer" Lösungsvorgang). Solche Fälle, bei denen die ganze Lösungswärme entgegengesetztes Vorzeichen wie die letzte Lösungswärme hat (was durch einen besonders komplizierten Konzentrationsverlauf der molaren Mischungswärme zu erklären ist), zeigen besonders deutlich, daß eine gedankenlose Anwendung des LE CHATELIER-BRAUNschen Prinzips (etwa in der Form: „Exothermes Lösen entspricht Abnahme der Löslichkeit mit steigender Temperatur") zu falschen Schlüssen führen kann.

Schließlich sind auch Systeme bekannt (z. B. Phenol—Wasser, Essigsäure—Schwefelkohlenstoff und zahlreiche metallische Systeme), bei denen die Gefrierpunkts- oder Löslichkeitskurve durch eine Mischungslücke unterbrochen ist. Dann geht Abb. 12 in einen Diagrammtyp über, wie er in Abb. 12a dargestellt ist, wobei ein *oberer* kritischer Entmischungspunkt (K) vorausgesetzt wird. Bei E liegt wieder ein eutektischer Punkt. Die Schmelzpunktskurve EA ist aber durch das horizontale Stück $C_1 C_2$ in zwei Äste (EC_1 und C_2A) aufgespalten. Für jeden dieser Kurvenäste gilt die Differentialgleichung (68a). Die Kurve $C_1 K C_2$ stellt das Entmischungsdiagramm dar, so daß z. B. bei der Temperatur T_D zwei flüssige Mischungen mit verschiedenen Zusammensetzungen, entsprechend den verschiedenen Abszissen der Punkte D_1 und D_2, miteinander im Gleichgewicht sind. Bei der Temperatur T_C koexistieren drei Phasen: die reine feste Komponente 2 und zwei binäre Flüssigkeiten (Punkte C_1 und C_2). Fügt man also zum reinen festen Stoff 2 bei der Temperatur T_C

eine genügende Menge der flüssigen Komponente 1 (des „Lösungsmittels") hinzu, so bilden sich zwei flüssige Schichten. Dadurch gewinnt man den Eindruck, der feste Stoff 2 schmelze unter dem Lösungsmittel bei einer Temperatur unterhalb des Schmelzpunktes (A) der reinen Komponente 2. Man bezeichnet daher diese Erscheinung als „Schmelzen unter dem Lösungsmittel" oder, falls der Stoff 1 Wasser ist, als „Schmelzen unter Wasser".

Bezüglich weiterer Einzelheiten mit vielen Beispielen sei der Leser auf die Werke von BAKHUIS ROOZEBOOM[1] und TIMMERMANS[2] verwiesen.

4. Isobares Siedediagramm mit zwei flüchtigen Komponenten (Gleichgewicht zwischen einer binären Gasphase und einer binären Flüssigkeit bei konstantem Druck).

Die Phase ′ sei der Dampf und die Phase ″ die Flüssigkeit. In genügender Entfernung von kritischen Punkten gilt erfahrungsgemäß stets:

$$H_i' > H_i'' \quad (i = 1, 2). \tag{3.69}$$

Demnach sind die Ausdrücke in eckigen Klammern in Gl. (63) immer positiv. Somit folgen aus Gl. (60) und (63) die Aussagen:

I. Bei konstantem Druck weist der Siedepunkt als Funktion der Zusammensetzung (der Flüssigkeit oder des Dampfes) dann und nur dann einen stationären Punkt auf, wenn Flüssigkeit und Dampf gleiche Zusammensetzung haben[3].

II. Der Siedepunkt steigt bei konstantem Druck durch Zusatz derjenigen Komponente, deren Konzentration im Dampf kleiner als in der Flüssigkeit ist[4].

III. Bei Änderung der Temperatur unter konstantem Druck ändert sich die Zusammensetzung der Flüssigkeit im gleichen Sinne wie die des Dampfes.

Diese drei Aussagen werden — wie ihre Analoga für konstante Temperatur — als KONOWALOW*sche Sätze* bezeichnet[5]. Der erste dieser Sätze ist ein Sonderfall des GIBBS-KONOWALOW*schen Satzes*[6]. Das bekannte Bild des Siedediagramms [„Taukurve" $T(x')$ oberhalb der „Siedekurve" $T(x'')$ und Zusammenfallen der Kurven im stationären Punkt M, vgl. Abb. 13] stützt sich auf die KONOWALOWschen Sätze. Der stationäre

---

[1] BAKHUIS ROOZEBOOM, H. W.: s. Fußnote 2 S. 122.

[2] TIMMERMANS, J.: Les Solutions concentrées, Paris 1936.

[3] Gemäß Gl. (63) und (69) ist die Beziehung $x' = x''$ für die Aussage $dT/dx = 0$ notwendig und hinreichend.

[4] Wenn nämlich z. B. $x' - x'' = x_1' - x_1'' > 0$ ist, muß $x_2' - x_2'' < 0$ sein, woraus mit Gl. (63a) folgt: $dT/dx' = dT/dx_1' < 0, \; dT/dx_2' > 0$.

[5] Vgl. D. KONOWALOW: Wied. Ann. Physik 14, 48 (1881).

[6] Vgl. J. W. GIBBS: s. Fußnote 1 S. 54. Über die generelle Form dieses Satzes bei binären Systemen s. § 47, über die allgemeinste Form s. § 52.

Punkt kann a priori ein Maximum, Minimum oder Wendepunkt mit horizontaler Tangente sein. Beobachtet wurden bisher nur Maxima oder Minima (vgl. Abb. 13), und zwar stets nur *ein* Extremum in einer Kurve. Ändert man den Druck, so verschieben sich die Kurven $T(x')$ und $T(x'')$ und mit ihnen die stationären Punkte, so daß in Abb. 13 nicht nur A und B die Lage ändern, sondern auch das Extremum M zu einer anderen Temperatur und Zusammensetzung gehört. Die stationären Punkte auf den isobaren Siedepunktskurven (und ebenso auf den isothermen Dampfdruck-

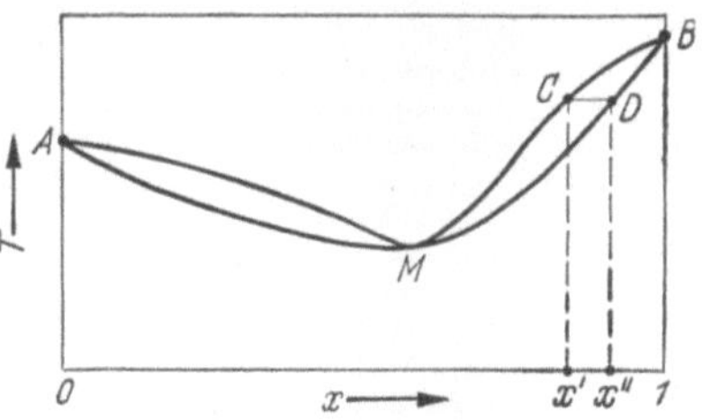

Abb. 13. Isobares Siede- oder Schmelzdiagramm mit Siedepunkts- oder Schmelzpunktsminimum (M). Die waagerechte Gerade CD verbindet ein Paar koexistenter Phasen. Der Punkt A bzw. B entspricht der reinen Komponente 2 bzw. 1

kurven, vgl. unten) heißen *azeotrope Punkte* (Näheres in § 48) und die zugehörigen Mischungen, die in beiden Phasen gleiche Zusammensetzung aufweisen, „azeotrope Gemische"[1].

In Abb. 13 wurde absichtlich ein Diagramm mit azeotropem Punkt gewählt. Man sieht nämlich hieran, daß man den zweiten KONOWALOWschen Satz (Aussage II) nicht folgendermaßen aussprechen darf: Der Siedepunkt der Mischung steigt durch Hinzufügen derjenigen Komponente, die den höheren Siedepunkt hat. Diese Aussage ist nur für ein Siedediagramm ohne azeotropen Punkt richtig.

5. *Isobares Schmelzdiagramm bei vollständiger Mischbarkeit* (Gleichgewicht zwischen einer binären festen Phase und einer binären Flüssigkeit bei konstantem Druck).

Die Phase ′ sei die Schmelze und die Phase ″ der Mischkristall. Dann gelten im allgemeinen die Beziehungen (69) und somit die KONOWALOWschen Sätze und die daran anschließenden Aussagen, wenn man „Flüssigkeit" durch „Mischkristall", „Dampf" durch „Schmelze", „Siedepunkt" durch „Schmelzpunkt", „Taukurve" durch „Liquiduskurve" und „Siedekurve" durch „Soliduskurve" ersetzt. Auch Schmelzdiagramme mit Maximum oder Minimum sind bekannt, wenn auch viel seltener als bei Siedediagrammen. Beispiele finden sich in § 103.

b) $T = \text{const}$: isotherme $P(x')$- und $P(x'')$-Kurven. Die zugehörigen Differentialgleichungen lauten gemäß Gl. (53) und (54):

$$\frac{dP}{dx'} = \frac{(x' - x'')\,(\partial\mu_1/\partial x)'_{T,P}}{(1 - x')\,[x''\,(V_1' - V_1'') + (1 - x'')\,(V_2' - V_2'')]}, \qquad (3.70\,\text{a})$$

$$\frac{dP}{dx''} = \frac{(x' - x'')\,(\partial\mu_1/\partial x)''_{T,P}}{(1 - x'')\,[x'\,(V_1' - V_1'') + (1 - x')\,(V_2' - V_2'')]}. \qquad (3.70\,\text{b})$$

---

[1] Der Name „azeotrop" bedeutet „ohne Veränderung siedend" oder „konstant siedend". Ein azeotropes Gemisch verhält sich nämlich beim Verdampfen — solange Gleichgewicht zwischen Flüssigkeit und Dampf besteht — wie ein einheitlicher Körper.

Wir betrachten zwei Beispiele für die Anwendung dieser Beziehungen:

1. *Druckabhängigkeit der Löslichkeit eines festen Stoffes* (Gleichgewicht zwischen einer reinen festen Phase und einer binären Flüssigkeit bei konstanter Temperatur).

Der feste Körper sei die Phase ′ und enthalte nur die Komponente 2. Die Flüssigkeit sei die Phase ″ und bestehe aus den Stoffen 1 und 2. Dann gilt:

$$x_1' = x' = 0 .$$

Wenn wir den Phasenindex ″ weglassen, erhalten wir aus Gl.(70b) mit Gl.(61) und (62):

$$\frac{d\,x_2}{d\,P} = -\frac{V_2 - V_{02}'}{(\partial\,\mu_2/\partial\,x_2)_{T,P}} . \tag{3.71}$$

Hierin ist $V_{02}' \equiv V_2'$ das Molvolumen der mit der Flüssigkeit („Lösung") koexistenten reinen festen Komponente 2. Es gilt:

$$V_2 - V_{02}' = (V_2 - V_{02}) + (V_{02} - V_{02}') . \tag{3.72}$$

Dabei bedeutet V_{02} das Molvolumen des reinen Stoffes 2 bei den gegebenen Werten von T und P im flüssigen Zustande („unterkühlte Schmelze"). Gemäß Gl.(60), (62) und (71) hat $d x_2/d P$ entgegengesetztes Vorzeichen wie $V_2 - V_{02}'$: Die Löslichkeit nimmt bei gegebener Temperatur mit dem Druck ab, wenn die differentielle Volumenänderung beim Auflösen des festen Stoffes in der koexistenten Lösung positiv ist (Dilatation beim Lösen). Im allgemeinen ist die genannte Volumenänderung positiv, also $d x_2/d P < 0$; denn der Ausdruck $V_{02} - V_{02}'$, d.h. die Volumenänderung beim Schmelzen des reinen Stoffes 2, ist im allgemeinen positiv und dem Betrage nach größer als der Term $V_2 - V_{02}$ in Gl.(72). Dieser Term, d.h. die differentielle Volumenänderung beim Übergang von der reinen Flüssigkeit 2 zur Lösung, kann Null, positiv oder negativ sein. Ist er negativ und dem Betrage nach sehr groß, so kann $d x_2/d P$ positiv werden. Dies ist bei einigen starken Elektrolyten der Fall[1]. Hier kann auch Vorzeichenwechsel von $V_2 - V_{02}'$ eintreten, so daß es gemäß Gl.(71) die drei Fälle $d x_2/d P > 0$, $d x_2/d P < 0$ und $d x_2/d P = 0$ nebeneinander gibt.

2. *Isothermes Dampfdruckdiagramm mit zwei flüchtigen Komponenten* (Gleichgewicht zwischen einer binären Gasphase und einer binären Flüssigkeit bei konstanter Temperatur)[2].

Die Phase ′ sei der Dampf und die Phase ″ die Flüssigkeit. Dann gilt in genügender Entfernung von kritischen Punkten erfahrungsgemäß:

$$V_1' > V_1'' , \quad V_2' > V_2'' . \tag{3.73}$$

---

[1] Vgl. I. Prigogine u. R. Defay: s. Fußnote 2 S.80.

[2] Beispiele für isotherme Dampfdruckdiagramme bei wirklichen Systemen finden sich in §74 (Abb. 21) und §75 (Abb. 23).

Aus Gl.(60), (70) und (73) folgen die KONOWALOWschen Sätze für den isothermen Fall:

I. Bei konstanter Temperatur zeigt der Dampfdruck als Funktion der Zusammensetzung (der Flüssigkeit oder des Dampfes) dann und nur dann einen stationären Punkt, wenn Flüssigkeit und Dampf gleiche Zusammensetzung haben.

II. Der Dampfdruck steigt bei konstanter Temperatur durch Zusatz derjenigen Komponente, deren Konzentration im Dampf größer als in der Flüssigkeit ist.

III. Bei Änderung des Druckes bei konstanter Temperatur ändert sich die Zusammensetzung der Flüssigkeit im gleichen Sinne wie die des Dampfes.

Vergleicht man die KONOWALOWschen Sätze für $P = $ const mit denjenigen für $T = $ const, so ergibt sich die Aussage: Bei derselben Konzentration, bei der die isobare Siedepunktskurve ein Maximum (Minimum) aufweist, zeigt die isotherme Dampfdruckkurve ein Minimum (Maximum).

Aus den obigen Sätzen folgt auch die allgemeine Gestalt des isothermen Dampfdruckdiagramms.

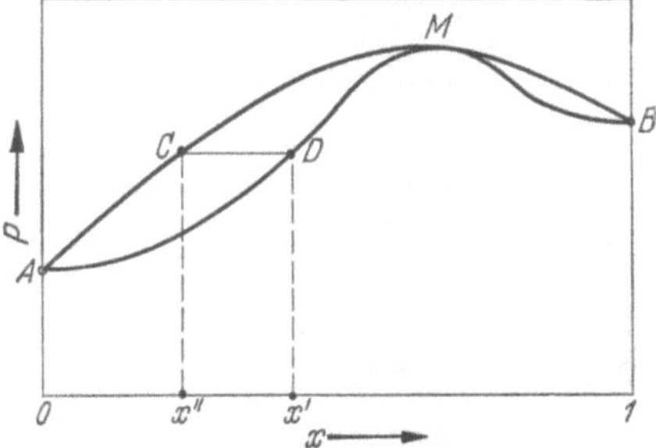

Abb. 14. Isothermes Dampfdruckdiagramm mit Dampfdruckmaximum (M). Die waagerechte Gerade CD verbindet ein Paar koexistenter Phasen. Der Punkt A bzw. B entspricht der reinen Komponente 2 bzw. 1

Ein Beispiel mit azeotropem Punkt findet sich in Abb. 14. Die Kurve $P(x'')$, die „Flüssigkeitskurve", liegt hier oberhalb der Kurve $P(x')$, der „Dampfkurve".

c) $x'' = $ const: $P(T)$- und $T(x')$- oder $P(x')$-Kurven bei konstanter Zusammensetzung der Phase ". Die zugehörigen Differentialgleichungen finden wir, wenn wir in Gl.(54) $x'' = $ const setzen [$P(T)$-Kurve] und mit dieser Beziehung in Gl.(53) entweder dP oder dT eliminieren [$T(x')$- oder $P(x')$-Kurve]. Wählen wir die erste Alternative und berücksichtigen Gl.(56), so erhalten wir:

$$\frac{dP}{dT} = \frac{x'\,(H_1' - H_1'') + (1 - x')\,(H_2' - H_2'')}{T\,[x'\,(V_1' - V_1'') + (1 - x')\,(V_2' - V_2'')]}, \tag{3.74a}$$

$$\frac{dx'}{dT} = \frac{(1 - x')\,[(V_2' - V_2'')\,(H_1' - H_1'') - (V_1' - V_1'')\,(H_2' - H_2'')]}{T\,(\partial\mu_1/\partial x)_{T,P}'\,[x'\,(V_1' - V_1'') + (1 - x')\,(V_2' - V_2'')]}. \tag{3.74b}$$

Gl.(74a) gibt die Temperaturabhängigkeit des Gleichgewichtsdrucks (z.B. des Dampfdrucks) an, der zu einem System aus einer binären Mischphase konstanter Zusammensetzung (z.B. einer binären Flüssigkeit vorgegebener Konzentration) und einer binären Mischphase variabler Zusammensetzung (z.B. einem binären Dampf) gehört. Sie ist eine Erweiterung der CLAUSIUS-CLAPEYRONschen Gleichung (12) auf binäre Zweiphasensysteme[1]. Gl. (74b) beschreibt die Temperaturabhängigkeit der Konzentration in der Mischphase veränderlicher Zusammensetzung.

Wir wenden Gl. (74) auf das Verdampfungsgleichgewicht an. Der Dampf sei die Phase ′ und die Flüssigkeit die Phase ″. Der Zähler in Gl. (74a) stellt dann gemäß Gl. (9c) die Differenz zwischen der molaren Enthalpie des Dampfes $[x' H_1' + (1 - x') H_2']$ und der molaren Enthalpie einer Flüssigkeit gleicher Zusammensetzung $[x' H_1'' + (1 - x') H_2'']$ dar. Da die mit einem Dampf bestimmter Zusammensetzung koexistente Flüssigkeit im allgemeinen eine andere Zusammensetzung aufweist $(x' \neq x'')$, ist die genannte Größe als „molare Überführungsenthalpie" und nicht einfach als „molare Verdampfungswärme" zu interpretieren (vgl. oben).

In genügender Entfernung vom kritischen Verdampfungsgebiet gilt gemäß Gl. (69) und (73):

$$H_i' > H_i'', \quad V_i' > V_i'' \quad (i = 1, 2).$$

Demnach folgt aus Gl. (74a):

$$\frac{dP}{dT} > 0.$$

Der Dampfdruck einer binären Flüssigkeit konstanter Zusammensetzung wächst also mit zunehmender Temperatur.

Wir setzen nun so große Entfernung vom kritischen Gebiet voraus, daß wir die partiellen Molvolumina in der Flüssigkeit gegenüber denjenigen im Dampf vernachlässigen und den Dampf als „ideales Gasgemisch" ansehen dürfen. Dann gilt (vgl. § 60):

$$V_1' - V_1'' \approx V_1' = \frac{RT}{P}, \quad V_2' - V_2'' \approx V_2' = \frac{RT}{P}, \quad \left(\frac{\partial \mu_1}{\partial x}\right)_{T,P}' = \frac{RT}{x'}. \quad (3.75)$$

Einsetzen von Gl. (75) in Gl. (74) ergibt mit der Abkürzung

$$L_i \equiv H_i' - H_i'' \quad (i = 1, 2) \tag{3.76}$$

folgende vereinfachte Ausdrücke:

$$\frac{d \ln P}{dT} = \frac{x' L_1 + (1 - x') L_2}{R T^2}, \tag{3.77 a}$$

$$\frac{d x'}{dT} = \frac{x' (1 - x') (L_1 - L_2)}{R T^2}. \tag{3.77 b}$$

---

[1] Das echte Analogon zur CLAUSIUS-CLAPEYRONschen Gleichung im Falle binärer Systeme bildet entweder Gl. (82) in § 48, die sich auf azeotrope Punkte bezieht, oder Gl. (128) in § 51, die sich auf binäre Dreiphasensysteme bezieht. Diese beiden Beziehungen sind wiederum Spezialfälle der „verallgemeinerten CLAUSIUS-CLAPEYRONschen Gleichung" (150) in § 52.

Da für ideale Gasgemische die partiellen molaren Enthalpien gleich den molaren Enthalpien der reinen Komponenten bei derselben Temperatur sind (vgl. § 60), bedeuten die Größen L_1 und L_2, wie in Gl. (64), nichts anderes als die „differentiellen Verdampfungswärmen" der Komponenten 1 und 2. Somit leiten wir aus Gl. (77 b) den Satz von MARGULES[1] und WREWSKY[2] ab[3]: „Für gegebene Zusammensetzung der Flüssigkeit nimmt bei Temperaturerhöhung die Konzentration derjenigen Komponente im koexistenten Dampf zu, deren (differentielle) Verdampfungswärme größer ist."

§ 47. Kongruent und inkongruent schmelzende Verbindungen in binären Systemen

Wie aus den Gln. (63) und (70) ersichtlich, lautet die allgemeine Form des GIBBS-KONOWALOWschen Satzes (§ 46) für binäre Zweiphasensysteme: „Bei konstantem Druck bzw. konstanter Temperatur weist die Gleichgewichtstemperatur bzw. der Gleichgewichtsdruck als Funktion der Zusammensetzung einer der beiden koexistenten Phasen genau dann einen stationären Punkt auf, wenn die beiden Phasen gleiche Zusammensetzung haben." Außer den in § 46 behandelten Fällen gibt es noch ein wichtiges Beispiel für die Anwendung dieses Satzes: eine feste Phase, die aus einer chemischen Verbindung der Komponenten 1 und 2 besteht und daher konstante Zusammensetzung aufweist, im Gleichgewicht mit einer flüssigen Phase („Schmelze" oder „Lösung") variabler Zusammensetzung, d. h. mit veränderlichem Mischungsverhältnis der Komponenten 1 und 2.

Der feste Stoff sei die Phase $'$ und die Flüssigkeit die Phase $''$. Der Molenbruch der Komponente 1 sei x' bzw. x''. Voraussetzungsgemäß hat x' einen konstanten Wert, den wir mit a bezeichnen. Den Phasenindex $''$ lassen wir bei μ_1'' und x'' fort. Dann erhalten wir aus Gl. (63b) für konstanten Druck:

$$\frac{dT}{dx} = \frac{a - x}{(1 - x)\,\Lambda_{12}}\, T \left(\frac{\partial \mu_1}{\partial x}\right)_{T,\,P}, \qquad (3.78)$$

worin

$$\Lambda_{12} \equiv a\,(H_1'' - H_1') + (1 - a)\,(H_2'' - H_2') \qquad (3.79)$$

die „differentielle Schmelzwärme" der Verbindung, d. h. die molare Überführungsenthalpie der Verbindung aus der festen Phase in die koexistente Flüssigkeit ist. In allen bekannten Fällen ist Λ_{12} positiv. Daher folgt aus Gl. (60) und Gl. (78):

$$\frac{dT}{dx} > 0, \qquad \text{wenn } a > x, \qquad (3.80\,\text{a})$$

$$\frac{dT}{dx} < 0, \qquad \text{wenn } a < x, \qquad (3.80\,\text{b})$$

$$\frac{dT}{dx} = 0, \qquad \text{wenn } a = x. \qquad (3.80\,\text{c})$$

---

[1] MARGULES, M.: S.-B. Akad. Wiss. (Wien), math.-naturwiss. Kl. **104**, 1243 (1895). — [2] WREWSKY, M.: Z. physik. Chem. **83**, 551 (1913).

[3] Vgl. auch H. MASING: Z. physik. Chem. **81**, 223 (1911).

Die letzte Beziehung (80c) entspricht dem eingangs ausgesprochenen Satz von GIBBS und KONOWALOW. Die Aussagen (80a) und (80b) zeigen, daß

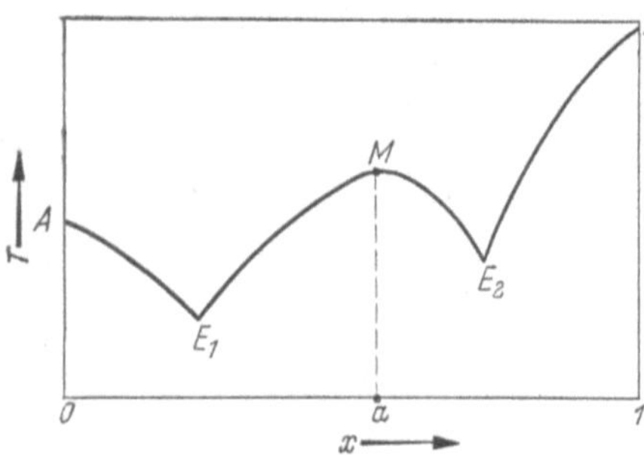

der stationäre Punkt der isobaren $T(x)$-Kurve ein Schmelzpunkt*maximum* sein muß (Abb. 15).

Ein solches Maximum der Schmelzpunktskurve heißt *dystektischer Punkt* oder *Schmelzpunkt einer kongruent schmelzenden Verbindung*, weil hier die feste Verbindung im Gleichgewicht mit einer Schmelze der gleichen Zusammensetzung ($x = a$) ist. Findet man experimentell einen dystektischen Punkt, so kann man auf Ver

Abb. 15. Isobares Schmelzdiagramm mit einem dystektischen Punkt (M) und zwei eutektischen Punkten (E_1 und E_2). Der Punkt A bzw. B entspricht der reinen Komponente 2 bzw. 1, der Punkt M einer chemischen Verbindung der Komponenten 1 und 2 im Molverhältnis
$$a : 1 - a$$

bindungsbildung im kristallinen Bodenkörper schließen. Ob die Verbindung auch in der Flüssigkeit vorkommt, kann auf diesem Wege nicht festgestellt werden; denn unsere Formeln gelten auch, wenn die Verbindung in der Schmelze nicht vorhanden, also „vollständig dissoziiert" ist (vgl. § 33).

Der einfachste Fall ist in Abb. 15 dargestellt: Es tritt nur eine Verbindung und keine Mischkristallbildung auf (Beispiele: Aceton–Chloroform mit $a = {}^1/_2$, Zinn–Magnesium mit der intermetallischen Verbindung $SnMg_2$). Dann gibt es zwei eutektische Punkte: Bei E_1 koexistieren die reine feste Phase 2, die feste Verbindung und eine (eutektische) Schmelze; bei E_2 koexistieren die reine feste Phase 1, die feste Verbindung und eine Schmelze.

Sind mehrere chemische Verbindungen zwischen den beiden Komponenten möglich (etwa mehrere Hydrate wie beim System Eisen (III)chlorid–Wasser oder Schwefeltrioxyd–Wasser), so erhält man mehrere Maxima und dementsprechend mehr als zwei eutektische Punkte.

Wenn der dystektische Punkt M und mit ihm der eutektische Punkt E_2 in das metastabile Gebiet fällt (gestrichelte Kurven in Abb. 16), so erscheint auf der stabilen Schmelzkurve $E_1 M' B$ ein Knickpunkt M' („Umwandlungspunkt"), der die Kurve in zwei Äste teilt, von denen der eine ($E_1 M'$) der Koexistenz der festen Verbindung der Zusammensetzung a mit einer Schmelze und der andere ($M'B$) der Koexistenz der reinen festen Komponente 1 mit einer Schmelze entspricht.

Mit Hilfe der Differentialgleichungen (68) und (78) können wir einsehen, daß die Schmelzkurve $E_1 M' B$ den in Abb. 16 gezeichneten Verlauf haben muß. Für den ersten Kurvenast gilt Gl. (78) mit der Bedingung

(80a), für den zweiten Ast Gl. (68). Wenn wir den gewöhnlichen Fall $L_{S1} > 0$ voraussetzen, so folgt, daß sowohl für den Ast $E_1 M'$ als auch für den Ast $M' B$ die Steigung dT/dx positiv ist. Ferner erkennt man bei Vergleich von Gl. (68) mit Gl. (78) bei Beachtung von Gl. (67) und (79), daß in M' die beiden Differentialquotienten dT/dx im allgemeinen nicht übereinstimmen werden. Damit resultiert ein Knick in M'.

Da sich in M' zwei Koexistenzkurven schneiden, entspricht dieser Punkt dem Gleichgewicht dreier Phasen: Es koexistieren der feste Stoff 1, die feste Verbindung der Zusammensetzung a und eine Schmelze der Zusammensetzung a'.

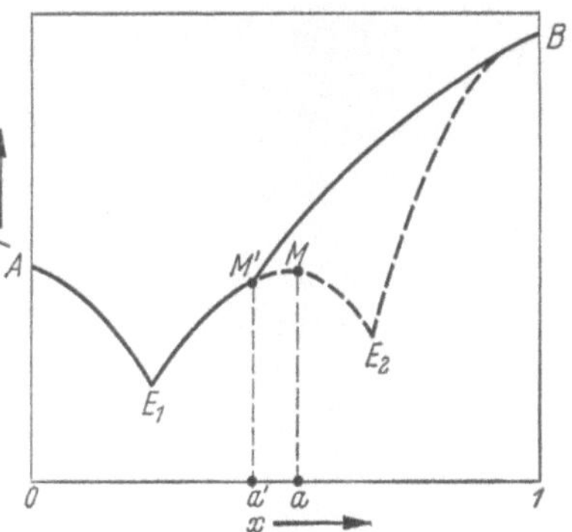

Abb. 16. Isobares Schmelzdiagramm mit inkongruent schmelzender Verbindung der Zusammensetzung a. Der Umwandlungspunkt M' entspricht einer Schmelze der Zusammensetzung a'

Die feste Verbindung kann also nicht mit einer Flüssigkeit gleicher Zusammensetzung im Gleichgewicht sein: Sie zerfällt beim „Schmelzen" in entsprechende Mengen der reinen festen Komponente 1 und der Lösung der Zusammensetzung a'. Der Umwandlungspunkt M' wird daher auch als *Schmelzpunkt einer inkongruent schmelzenden Verbindung* bezeichnet.

Das System Natriumsulfat—Wasser bietet ein Beispiel für eine inkongruent schmelzende Verbindung. Es gibt hier einen Umwandlungspunkt, der dem Dreiphasengleichgewicht

$$\mathrm{Na_2SO_4 \ (fest) + Na_2SO_4 \cdot 10\,H_2O \ (fest) + w\ddot{a}\ss rige\ L\ddot{o}sung}$$

entspricht und der als Thermometerfixpunkt bekannt ist[1]. Festes Natriumsulfat-Dekahydrat zerfällt beim „Schmelzen" in wasserfreies Natriumsulfat und eine wäßrige Lösung bestimmter Zusammensetzung.

Den Übergang zwischen einem Diagramm vom Typ der Abb. 15 und einem solchen vom Typ der Abb. 16 bildet ein Diagramm, bei dem die Punkte M und M' zusammenfallen (Beispiel: Gold—Antimon mit der intermetallischen Verbindung $\mathrm{Au_2Sb}$).

Setzt man der Schmelze einer kongruent schmelzenden Additionsverbindung (z. B. $\mathrm{CaCl_2 \cdot 6\,H_2O}$) einen Stoff zu, der nicht mit einem der Bestandteile der Verbindung (im obigen Beispiele: $\mathrm{CaCl_2}$ und $\mathrm{H_2O}$) identisch ist („Fremdstoff") und außerdem keine Mischkristalle mit der

---

[1] Nach der Phasenregel (2.50) hat ein binäres Dreiphasengleichgewicht bei vorgegebenem Druck keinen Freiheitsgrad: Die Temperatur bleibt konstant, solange drei Phasen koexistieren.

Additionsverbindung bildet (z. B. Harnstoff oder KCl), so handelt es sich um ein binäres System, das aus einem reinen festen Körper und einer binären Flüssigkeit besteht und dessen Komponenten die Additionsverbindung und der Fremdstoff sind. Das Schmelzdiagramm dieses Zweistoffsystems ist also vom Typ der Abb. 12, S. 202, und die zugehörigen Differentialgleichungen sind die Beziehungen (68 und (68 a)[1].

Prinzipiell können auch die Bestandteile der Additionsverbindung als „Fremdstoffe" wirken, und zwar dann, wenn die Verbindung in der Schmelze überhaupt nicht in die Bestandteile dissoziiert. Dann ist die Additionsverbindung die eine Komponente des Systems, während der jeweils betrachtete Bestandteil der Verbindung die zweite Komponente darstellt. In diesem Falle entartet das Maximum M in Abb- 15 zu einer Spitze, und das Schmelzdiagramm zerfällt in zwei Diagramme vom Typ der Abb. 12, S. 202.

Man beobachtet alle Übergänge von einem flachen Maximum bis zu einer Spitze[2], wobei es allerdings experimentell kaum zu entscheiden sein dürfte, ob eine „Spitze" nichts weiter als ein sehr steiles Maximum ist. Für die letzte Deutung einer „Spitze" spricht die Überlegung, daß ein völliges Fehlen der Dissoziation in der Flüssigkeit unwahrscheinlich ist. Im übrigen wird die Steilheit des Maximums, wie wir später (§ 80) zeigen werden, sowohl vom Dissoziationsgrad der Additionsverbindung als auch von den Abweichungen vom „idealen Verhalten" in der flüssigen Phase bestimmt.

§ 48. Binäre azeotrope Punkte

Wenn wir die beim Verdampfungsgleichgewicht (§ 46) eingeführte Bezeichnung „azeotroper Punkt" verallgemeinern, können wir jeden Punkt auf einer Koexistenzkurve eines binären Zweiphasensystems, für den die Bedingung

$$x' = x'' \equiv x \tag{3.81}$$

und damit der GIBBS-KONOWALOWsche Satz (§ 47) erfüllt ist, als (binären) „azeotropen Punkt" bezeichnen[3]. Allerdings ist diese Ausdrucksweise nur

---

[1] Die Tatsache, daß im Falle des Kaliumchlorids bei Dissoziation die Ionen Cl^- auftreten, die auch durch Dissoziation von $CaCl_2 \cdot 6 H_2O$ entstehen, spielt für die Gültigkeit von Gl. (68) oder (68 a) keine Rolle, da sich μ_1, x_1 und μ_2, x_2 auf die *Komponenten* 1 und 2 beziehen (vgl. § 33 u. § 34). Erst bei dem expliziten Ausdruck für $\partial \mu_1/\partial x$ oder $\partial \mu_2/\partial x$ macht sich dieser Umstand bemerkbar (vgl. § 67 u. § 76).

[2] Man findet manchmal sogar beim Schmelzdiagramm eines einzigen Systems, das mehrere Verbindungen aufweist, die verschiedenen Übergänge realisiert, so z.B. beim System Phosphor–Schwefel.

[3] Kritische Punkte, an denen die beiden Phasen nicht nur gleiche Zusammensetzung aufweisen, sondern vollkommen identisch werden, sind von dieser Betrachtung ausgeschlossen. Für das Folgende vgl. I. PRIGOGINE u. R. DEFAY: s. Fußnote 2 S. 80.

dann richtig, wenn — wie bei den $T(x)$- oder $P(x)$-Kurven in § 46 — eine Variable, z.B. der Druck oder die Temperatur, von vornherein festgelegt ist. Allgemein ist ein binäres Zweiphasengleichgewicht bivariant. Also gibt es im Falle der Bedingung (81) einen Freiheitsgrad [vgl. Gl. (2.50a)]. Demnach gehört die Bedingungsgleichung (81) zu einer *azeotropen Kurve*.

Die Differentialgleichungen der azeotropen Kurve gehen aus den allgemeinen Gleichungen (50) bis (50d), (53) und (54) durch Berücksichtigung von Gl. (81) hervor. Wir betrachten die Differentialgleichungen für P und T sowie für P und x bzw. T und x. Die letzten Beziehungen haben nur dann einen Sinn, wenn die Zusammensetzungen *beider* Phasen (x' und x'') veränderlich sind, so daß die Bedingung (81) für mehrere x-Werte erfüllbar ist (Beispiel: Verdampfungsgleichgewicht oder Schmelzgleichgewicht bei Mischkristallbildung). Wenn eine der Phasen (wie etwa eine feste chemische Verbindung, vgl. § 47) konstante Zusammensetzung hat, kann sich gemäß Gl. (81) auch die Zusammensetzung der zweiten Phase (z.B. der Schmelze) entlang der azeotropen Kurve nicht ändern.

Die erste dieser Differentialbeziehungen erhalten wir direkt aus Gl. (53) oder (54) mit Gl. (56) und (81):

$$\frac{dP}{dT} = \frac{L}{T\varDelta\bar{V}} \, . \tag{3.82}$$

Hierin ist

$$\left. \begin{aligned} L &\equiv x\,(H_1' - H_1'') + (1 - x)\,(H_2' - H_2'') = x\,H_1' + (1 - x)\,H_2' - \\ &\quad - [x\,H_1'' + (1 - x)\,H_2''] = \bar{H}' - \bar{H}'' \end{aligned} \right\} \tag{3.83}$$

gemäß Gl. (58) die „molare Umwandlungswärme" (z.B. die molare Verdampfungswärme oder Schmelzwärme) des azeotropen Gemisches [vgl. Gl. (13)]. Ferner bedeutet

$$\left. \begin{aligned} \varDelta\bar{V} &\equiv x\,(V_1' - V_1'') + (1 - x)\,(V_2' - V_2'') = x\,V_1' + (1 - x)\,V_2' - \\ &\quad - [x\,V_1'' + (1 - x)\,V_2''] = \bar{V}' - \bar{V}'' \end{aligned} \right\} \tag{3.84}$$

gemäß Gl. (58) die Differenz der Molvolumina der beiden koexistenten azeotropen Mischphasen.

Gl. (82), die auf GIBBS zurückgeht, ist der CLAUSIUS-CLAPEYRONschen Gleichung (16) analog und gilt für binäre Systeme, bei denen beide Phasen gleiche Zusammensetzung haben. Sie gibt an, wie sich der Extremaldruck bzw. die Extremaltemperatur [d.h. das Maximum oder Minimum im isothermen $P(x)$-Diagramm bzw. im isobaren $T(x)$-Diagramm] mit der Temperatur bzw. mit dem Druck verschiebt.

Um die Differentialbeziehungen für P und x bzw. T und x zu gewinnen, gehen wir von den Gln. (50) bis (50d) aus. Wir subtrahieren Gl. (50b) von Gl. (50a) und Gl. (50d) von Gl. (50c). Dann erhalten wir bei

Berücksichtigung der Gln. (6), (50), (52) und (55) mit der Bedingung (81):

$$(V_1' - V_1'')\, dP - \frac{H_1' - H_1''}{T}\, dT + \left[\left(\frac{\partial \mu_1}{\partial x}\right)_{T,P}' - \left(\frac{\partial \mu_1}{\partial x}\right)_{T,P}''\right] dx = 0, \quad (3.85\,\text{a})$$

$$(V_2' - V_2'')\, dP - \frac{H_2' - H_2''}{T}\, dT - \frac{x}{1-x}\left[\left(\frac{\partial \mu_1}{\partial x}\right)_{T,P}' - \left(\frac{\partial \mu_1}{\partial x}\right)_{T,P}''\right] dx = 0. \tag{3.85 b}$$

Durch Elimination von dT bzw. dP mit Hilfe von Gl. (82) bis (84) in Gl. (85a) oder (85b) oder durch Auflösung des linearen Gleichungssystems (85a, b) nach dx/dP und dx/dT finden wir:

$$\frac{dx}{dP} = \frac{(1-x)\left[(V_2' - V_2'')(H_1' - H_1'') - (V_1' - V_1'')(H_2' - H_2'')\right]}{\left[\left(\frac{\partial \mu_1}{\partial x}\right)_{T,P}' - \left(\frac{\partial \mu_1}{\partial x}\right)_{T,P}''\right]\left[x(H_1' - H_1'') + (1-x)(H_2' - H_2'')\right]}, \quad (3.86\,\text{a})$$

$$\frac{dx}{dT} = \frac{(1-x)\left[(V_2' - V_2'')(H_1' - H_1'') - (V_1' - V_1'')(H_2' - H_2'')\right]}{T\left[\left(\frac{\partial \mu_1}{\partial x}\right)_{T,P}' - \left(\frac{\partial \mu_1}{\partial x}\right)_{T,P}''\right]\left[x(V_1' - V_1'') + (1-x)(V_2' - V_2'')\right]}. \quad (3.86\,\text{b})$$

Diese Differentialgleichungen beschreiben die Änderung der Zusammensetzung des azeotropen Gemisches mit dem Druck bzw. der Temperatur.

Wir leiten nun das Kriterium dafür ab, ob das Temperaturextremum bei gegebenem Druck (z. B. der stationäre Punkt auf der isobaren Siedepunkts- oder Schmelzpunktskurve, Abb. 13, S. 205) ein Maximum oder ein Minimum ist. Dazu müssen wir den zweiten Differentialquotienten $d^2 T/dx^2$ entlang der isobaren $T(x')$- oder $T(x'')$-Kurve an der Stelle $x' = x''$ bilden. Wir finden durch Differenzieren von Gl. (63a) nach x':

$$\frac{d^2 T}{dx'^2} = \left(\frac{dx''}{dx'} - 1\right) f(T, x') + (x'' - x')\frac{d}{dx'} f(T, x')$$

mit

$$f(T, x') \equiv \frac{T\left(\frac{\partial \mu_1}{\partial x}\right)_{T,P}'}{(1-x')\left[x''(H_1' - H_1'') + (1-x'')(H_2' - H_2'')\right]}.$$

Daraus folgt für die Stelle $x' = x''$:

$$\frac{d^2 T}{dx'^2} = \left(\frac{dx''}{dx'} - 1\right) f(T, x).$$

Division von Gl. (63a) durch Gl. (63b) ergibt für $x' = x''$:

$$\frac{dx''}{dx'} = \left(\frac{\partial \mu_1}{\partial x}\right)_{T,P}' \Big/ \left(\frac{\partial \mu_1}{\partial x}\right)_{T,P}''.$$

Aus den letzten drei Gleichungen leiten wir mit Gl. (81) und (83) für die Krümmung der isobaren $T(x')$-Kurve am azeotropen Punkt ($x' = x'' = x$) ab:

$$\frac{d^2 T}{dx'^2} = \frac{T\left[\left(\frac{\partial \mu_1}{\partial x}\right)_{T,P}' - \left(\frac{\partial \mu_1}{\partial x}\right)_{T,P}''\right]\left(\frac{\partial \mu_1}{\partial x}\right)_{T,P}'}{L(1-x)\left(\frac{\partial \mu_1}{\partial x}\right)_{T,P}''}. \tag{3.87}$$

Betrachten wir das Verdampfungs- oder Schmelzgleichgewicht, so gilt [vgl. Gl. (83)]:

$$L = \bar{H}' - \bar{H}'' > 0,$$

wenn die Phase $'$ im ersten Falle den Dampf und im zweiten Falle die Flüssigkeit bedeutet. Infolge der Stabilitätsbedingung (60) hat also gemäß Gl. (87) am azeotropen Punkt der Differentialquotient d^2T/dx'^2 dasselbe Vorzeichen wie der Ausdruck

$$\left(\frac{\partial \mu_1}{\partial x}\right)'_{P,\,T} - \left(\frac{\partial \mu_1}{\partial x}\right)''_{T,\,P} \equiv \varDelta. \tag{3.88}$$

Daraus gewinnen wir die Aussagen:

$$\left.\begin{array}{l} \varDelta > 0 \text{ entspricht Temperaturminimum,} \\ \varDelta < 0 \text{ entspricht Temperaturmaximum.} \end{array}\right\} \tag{3.89}$$

Es sei daran erinnert, daß beim Verdampfungsgleichgewicht ein Minimum (Maximum) der Siedetemperatur bei konstantem Druck einem Maximum (Minimum) des Dampfdrucks bei konstanter Temperatur zugeordnet ist (§ 46).

Wir leiten aus Gl. (86b) und den Aussagen (89) eine interessante Gesetzmäßigkeit für das Verdampfungsgleichgewicht ab. Wir setzen voraus, daß wir weit genug vom kritischen Zustand entfernt sind, um gemäß Gl. (69) und (76) ansetzen zu dürfen:

$$L_1 \equiv H_1' - H_1'' > 0, \quad L_2 \equiv H_2' - H_2'' > 0,$$

und daß wir außerdem die partiellen Molvolumina in der Flüssigkeit gegenüber denjenigen im Dampf vernachlässigen und den Dampf gemäß Gl. (75) als „ideales Gasgemisch" (§ 60) betrachten können. Dann erhalten wir aus Gl. (86b) mit Gl. (88):

$$\frac{dx}{dT} = \frac{(1 - x)(L_1 - L_2)}{T\varDelta}. \tag{3.90}$$

Nun entspricht eine Temperaturerhöhung des azeotropen Gemisches wegen $dP/dT > 0$ [vgl. Gl. (91)] dem Übergang von einer isobaren Siedekurve zu einer zweiten solchen Kurve, die zu einem höheren Druck gehört. Daher folgt aus (89) und (90) der Satz von WREWSKY[1]: „Entspricht der azeotrope Punkt einem Minimum bzw. Maximum der Temperatur auf der isobaren Siedekurve, so wird bei Druckerhöhung diejenige Komponente im azeotropen Gemisch angereichert, deren (differentielle) Verdampfungswärme größer bzw. kleiner ist."

Quantitativ können aus den Beziehungen (82), (86a), (89) und (90) noch weitgehendere Schlüsse gezogen werden, wenn man die Näherungen

---

[1] WREWSKY, M.: s. Fußnote 2 S. 209.

(75) voll ausnutzt. Wir finden so für das Gleichgewicht Dampf (′)–Flüssigkeit (″) auf der azeotropen Kurve [vgl. Gln. (83) und (88)]:

$$\frac{d \ln P}{dT} = \frac{L}{RT^2}, \tag{3.91}$$

$$\frac{dx}{d \ln P} = \frac{x(1-x)}{1 - \dfrac{x}{RT}\left(\dfrac{\partial \mu_1}{\partial x}\right)''_{T,P}} \cdot \frac{L_1 - L_2}{L}, \tag{3.92}$$

$$\frac{dx}{dT} = \frac{x(1-x)(L_1 - L_2)}{RT^2\left[1 - \dfrac{x}{RT}\left(\dfrac{\partial \mu_1}{\partial x}\right)''_{T,P}\right]}, \tag{3.93}$$

$$\Delta = \frac{RT}{x}\left[1 - \frac{x}{RT}\left(\frac{\partial \mu_1}{\partial x}\right)''_{T,P}\right]. \tag{3.94}$$

Gl. (91) ist der Beziehung (36) für Einstoffsysteme analog. Gl. (93) hat eine gewisse Ähnlichkeit mit Gl. (77 b).

Obwohl die Beziehungen (77) sowie (91) bis (94) Näherungen darstellen, die — auch in großem Abstand von kritischen Verdampfungspunkten — wegen der Abweichungen vom idealen Verhalten des Dampfes nicht genau gelten, haben alle bisherigen experimentellen Untersuchungen, die in genügender Entfernung vom kritischen Gebiet ausgeführt wurden, eine Bestätigung des Satzes von Margules und Wrewsky sowie des Satzes von Wrewsky erbracht. Die in diesen Sätzen enthaltenen Vorzeichenregeln sind also gegenüber geringen Abweichungen von den Näherungen (75) unempfindlich.

Weiteres über binäre azeotrope Punkte findet sich in § 80.

§ 49. Osmotischer Druck, Gefrierpunktserniedrigung und Siedepunktserhöhung

Wir leiten einige praktisch wichtige Beziehungen ab, die aus dem Vorangehenden folgen, wenn gewisse Differentialgleichungen auf allgemeine Weise integriert werden. Dabei wollen wir die Betrachtungen auch auf mehr als zwei Komponenten ausdehnen.

Zunächst seien Gleichgewichte behandelt, an denen eine *binäre* flüssige Mischphase („Lösung") beteiligt ist. Die Komponente 1 wählen wir stets als „Lösungsmittel", d. h. als denjenigen Stoff, der als reine Flüssigkeit im osmotischen Gleichgewicht mit der Lösung stehen kann oder als reine feste Phase bzw. als reine Gasphase mit der Lösung koexistieren kann.

Das chemische Potential der Komponente 1 in der Lösung bzw. im reinen flüssigen Zustande (bei denselben Werten von T und P) sei μ_1 bzw. μ_{01}. Wir schreiben zur Abkürzung:

$$\Delta \mu_1 \equiv \mu_1 - \mu_{01}. \tag{3.95}$$

Berücksichtigen wir die in § 31 bei Gl. (2.22) vorausgesetzte Näherung, so resultiert für den *osmotischen Druck:*

$$\Pi = -\frac{\Delta\mu_1}{V_1}, \tag{3.96}$$

worin V_1 das partielle Molvolumen des Lösungsmittels bedeutet, das im allgemeinen noch eine Funktion der Temperatur und der Zusammensetzung der Lösung ist.

Beim Schmelzgleichgewicht gehen wir von Gl. (68) in § 46 aus. Um Gl. (68) auf eine mit Gl. (96) vergleichbare Form bringen zu können, müssen wir zunächst die Variablen in Gl. (68) trennen. Dazu benutzen wir Gl. (1.278):

$$\left(\frac{\partial(\mu_1/T)}{\partial T}\right)_{P,x} = -\frac{H_1}{T^2}, \qquad \left(\frac{\partial(\mu_{01}/T)}{\partial T}\right)_P = -\frac{H_{01}}{T^2}, \tag{3.97}$$

worin H_1 die partielle molare Enthalpie der Komponente 1 in der Lösung und H_{01} die molare Enthalpie des reinen flüssigen Stoffes 1 (der unterkühlten Schmelze) ist. Nun gilt für das vollständige Differential von μ_1/T bzw. μ_{01}/T bei konstantem Druck gemäß Gl. (97):

$$d\left(\frac{\mu_1}{T}\right) = -\frac{H_1}{T^2}\,dT + \frac{1}{T}\left(\frac{\partial\mu_1}{\partial x}\right)_{T,P}\,dx, \tag{3.98 a}$$

$$d\left(\frac{\mu_{01}}{T}\right) = -\frac{H_{01}}{T^2}\,dT. \tag{3.98 b}$$

Hierin ist x der Molenbruch des Lösungsmittels (der Komponente 1) in der Lösung. Ferner können wir die differentielle Schmelzwärme L_{S1} in Gl. (67) wie folgt aufspalten (ungestrichene Phase = Lösung, Phase $'$ = fester Körper aus reinem Stoff 1):

$$L_{S1} = H_1 - H_1' = H_1 - H_{01} + \Lambda_1, \tag{3.99}$$

wobei

$$\Lambda_1 \equiv H_{01} - H_1' \tag{3.99 a}$$

die molare Schmelzwärme des reinen Stoffes 1 ist. Aus Gl. (68) und (99) folgt:

$$(H_1 - H_{01})\,dT + \Lambda_1\,dT = T\left(\frac{\partial\mu_1}{\partial x}\right)_{T,P}\,dx.$$

Durch Kombination mit Gl. (98a, b) ergibt sich hieraus:

$$\frac{\Lambda_1}{T^2}\,dT = d\left(\frac{\mu_1}{T}\right) - d\left(\frac{\mu_{01}}{T}\right).$$

Da Λ_1 nur von T abhängt, können wir diese Gleichung integrieren. Wenn wir als Integrationsgrenzen den Schmelzpunkt („Gefrierpunkt") T_1 des reinen Lösungsmittels ($x = 1$) und eine beliebige Temperatur T, die zum Molenbruch x der (gesättigten) Lösung gehört, wählen, erhalten wir mit Gl. (95):

$$\int_{T_1}^{T} \frac{\Lambda_1(T)}{T^2}\, dT = \frac{\Delta\mu_1}{T}. \tag{3.100}$$

Definieren wir noch eine mittlere Schmelzwärme $\bar{\Lambda}_1$ für den Temperaturbereich zwischen T_1 und T durch die Beziehung:

$$-\bar{\Lambda}_1\left(\frac{1}{T} - \frac{1}{T_1}\right) \equiv \int_{T_1}^{T} \frac{\Lambda_1(T)}{T^2}\, dT, \tag{3.101}$$

so finden wir schließlich für die isobare *Gefrierpunktserniedrigung*:

$$\Delta T = T_1 - T = -\frac{T_1}{\bar{\Lambda}_1}\,\Delta\mu_1. \tag{3.102}$$

Auf vollkommen analogem Wege erhalten wir aus Gl. (65) für die isobare *Siedepunktserhöhung*:

$$\Delta' T = T - T_{01} = -\frac{T_{01}}{\bar{L}_{01}}\,\Delta\mu_1, \tag{3.103}$$

worin T_{01} der Siedepunkt und $\bar{L}_{01}$ die [von T_{01} bis T analog zu Gl. (101) gemittelte] molare Verdampfungswärme der reinen Komponente 1 ist.

Wir betrachten jetzt ein flüssiges *Mehrstoffgemisch*, d.h. eine Lösung mit beliebig vielen Komponenten. Der Stoff 1 spiele wieder die Rolle des „Lösungsmittels". Dann bleibt gemäß § 31 Gl. (96) für den osmotischen Druck gültig. Die Frage, ob auch Gl. (102) und (103) für diesen Fall erhalten bleiben, müssen wir besonders untersuchen.

Für das Gleichgewicht zwischen einer beliebigen Lösung und einer reinen festen Phase ', die aus dem Stoff 1 besteht, gilt bei der Temperatur T [vgl. Gl. (10)]:

$$\mu_1(T) = \mu_1'(T).$$

Entsprechend haben wir für Koexistenz der reinen flüssigen Phase 1 (Index $_{01}$) mit dem reinen festen Körper 1 bei der Temperatur T_1 (dem Schmelz- oder Gefrierpunkt der Komponente 1):

$$\mu_{01}(T_1) = \mu_1'(T_1).$$

Aus diesen beiden Gleichgewichtsbedingungen folgt mit Gl. (95):

$$\frac{\mu_1'(T)}{T} - \frac{\mu_1'(T_1)}{T_1} - \frac{\mu_{01}(T)}{T} + \frac{\mu_{01}(T_1)}{T_1} = \frac{\mu_1(T) - \mu_{01}(T)}{T} = \frac{\Delta\mu_1}{T}. \tag{3.104}$$

Andererseits ergibt sich aus der zweiten Gleichung (97) und aus einer analogen Beziehung für die reine feste Phase bei konstantem Druck:

$$\frac{\mu_{01}(T)}{T} - \frac{\mu_{01}(T_1)}{T_1} = -\int\limits_{T_1}^{T} \frac{H_{01}}{T^2}\, dT\,,$$

$$\frac{\mu_1'(T)}{T} - \frac{\mu_1'(T_1)}{T_1} = -\int\limits_{T_1}^{T} \frac{H_1'}{T^2}\, dT\,.$$

Durch Subtraktion der ersten von der zweiten Gleichung erhalten wir bei Berücksichtigung von Gl.(99a) und (104):

$$\frac{\Delta\mu_1}{T} = \int\limits_{T_1}^{T} \frac{\Lambda_1}{T^2}\, dT\,.$$

Diese Beziehung ist mit Gl.(100) identisch. Also gilt Gl.(102) auch für den vorliegenden Fall. Ein analoger Beweis läßt sich für Gl.(103) führen.

Demnach sind die Beziehungen (96), (102) und (103) für beliebige Komponentenzahl gültig.

Für eine beliebige Lösung irgendeiner gegebenen Zusammensetzung läßt sich somit für konstanten Druck (z.B. Atmosphärendruck) die Größe $\Delta\mu_1$ ermitteln, und zwar

1. aus Messungen des osmotischen Druckes gemäß Gl.(96) bei jeder beliebigen Temperatur,

2. aus Messungen der Gefrierpunktserniedrigung gemäß Gl.(102) beim Gefrierpunkt der Lösung,

3. aus Messungen der Siedepunktserhöhung gemäß Gl.(103) beim Siedepunkt der Lösung.

Die Verfahren 2. und 3. haben den Nachteil, daß z.B. für binäre Lösungen bei jeder Temperatur der Wert von $\Delta\mu_1$ nur für *eine* Konzentration gefunden wird. Entsprechendes gilt auch für Messungen der „Löslichkeit", die dem Wesen nach mit Gefrierpunktsbestimmungen identisch sind. In einem binären System würde man z.B. für die Komponente 2 (den „gelösten Stoff") eine zu Gl.(102) analoge Beziehung erhalten (Näheres in § 67):

$$\Delta T = T_2 - T = -\frac{T_2}{\bar{\Lambda}_2}\,\Delta\mu_2\,. \tag{3.102a}$$

Man benutzt daher zur vollständigen experimentellen Ermittlung der thermodynamischen Eigenschaften einer Lösung entweder die Methode 1 (vgl. §66) oder z. B. Messungen an Konzentrationsketten (§68) oder Verdampfungsgleichgewichten (§69). Die Bestimmung der Gefrierpunktserniedrigung oder Siedepunktserhöhung ist aber für andere Zwecke („Molekulargewichtsbestimmung") in vielen Fällen unentbehrlich (§76).

Betrachten wir eine gegebene Lösung bei konstantem Druck und bei vorgeschriebener Zusammensetzung. Dann hat diese Lösung einen bestimmten Gefrierpunkt (bezüglich des reinen Lösungsmittels) bzw. einen bestimmten Siedepunkt (bei reinem Lösungsmitteldampf). Bringen wir sie in osmotisches Gleichgewicht mit dem reinen Lösungsmittel beim Gefrierpunkt bzw. Siedepunkt, so ist der Wert von $\Delta\mu_1$ in Gl. (102) bzw. (103) derselbe wie in Gl. (96). In diesem Falle erhalten wir einen direkten Zusammenhang zwischen osmotischem Druck und Gefrierpunktserniedrigung:

$$\Pi V_1 = \frac{\bar{\Lambda}_1}{T_1}\,\Delta T \tag{3.105}$$

bzw. zwischen osmotischem Druck und Siedepunktserhöhung:

$$\Pi V_1 = \frac{L_{01}}{T_{01}}\,\Delta' T\,. \tag{3.106}$$

§ 50. Zweiphasensysteme mit beliebig vielen Komponenten

Wir betrachten jetzt das Gleichgewicht zwischen zwei Phasen (' und ''), die beide beliebig viele Komponenten enthalten.

Gemäß Gl. (5) gelten für diesen Fall die beiden Differentialgleichungen:

$$\bar{V}'dP - \bar{S}'dT = \sum_{k=1}^{N} x'_k\,d\mu_k\,, \tag{3.107 a}$$

$$\bar{V}''dP - \bar{S}''dT = \sum_{k=1}^{N} x''_k\,d\mu_k\,. \tag{3.107 b}$$

Durch Subtraktion finden wir:

$$(\bar{V}' - \bar{V}'')\,dP - (\bar{S}' - \bar{S}'')\,dT = \sum_{k=1}^{N} (x'_k - x''_k)\,d\mu_k\,. \tag{3.108}$$

Wir können die chemischen Potentiale μ_k sowohl als Funktionen von $T, P, x'_1, x'_2, \ldots, x'_{N-1}$ als auch in Abhängigkeit von $T, P, x''_1, x''_2, \ldots, x''_{N-1}$ betrachten. Demnach erhalten wir aus Gl. (108) je eine Differentialgleichung für je einen Satz der genannten unabhängigen Variablen.

Es erweist sich jedoch für die nachfolgende Diskussion als zweckmäßiger, Gl. (108) auf eine andere Form zu bringen.

Aus Gl. (2.197) folgt:

$$\left(\frac{\partial \bar{G}}{\partial x_i}\right)_{T,\,P,\,x_j} = \mu_i - \mu_N \quad (i,\,j = 1,\,2,\,\ldots,\,N-1;\quad i \neq j),$$

worin $\bar{G}$ die molare Freie Enthalpie der betrachteten Mischphase ist. Hieraus ergibt sich:

$$d\left(\frac{\partial \bar{G}}{\partial x_i}\right) = d\mu_i - d\mu_N\,.$$

Daraus findet man mit Gl. (11):

$$\sum_{k=1}^{N}(x_k' - x_k'')\,d\mu_k = \sum_{i=1}^{N-1}(x_i' - x_i'')\,(d\mu_i - d\mu_N) = \sum_{i=1}^{N-1}(x_i' - x_i'')\,d\left(\frac{\partial \bar{G}}{\partial x_i}\right). \qquad (3.109)$$

Es gilt gemäß Gl. (2.201):

$$\left(\frac{\partial \bar{G}}{\partial x_i}\right)' = \left(\frac{\partial \bar{G}}{\partial x_i}\right)'' \qquad (i = 1, 2, \ldots, N-1).$$

Wir können also bei Beachtung von Gl. (1.241) und Gl. (1.242) schreiben:

$$d\left(\frac{\partial \bar{G}}{\partial x_i}\right) = d\left(\frac{\partial \bar{G}}{\partial x_i}\right)' = d\left(\frac{\partial \bar{G}}{\partial x_i}\right)'', \qquad (3.110\,\mathrm{a})$$

$$d\left(\frac{\partial \bar{G}}{\partial x_i}\right)' = -\left(\frac{\partial \bar{S}}{\partial x_i}\right)' dT + \left(\frac{\partial \bar{V}}{\partial x_i}\right)' dP + \sum_{j=1}^{N-1}\left(\frac{\partial^2 \bar{G}}{\partial x_i\,\partial x_j}\right)' d x_j', \qquad (3.110\,\mathrm{b})$$

$$d\left(\frac{\partial \bar{G}}{\partial x_i}\right)'' = -\left(\frac{\partial \bar{S}}{\partial x_i}\right)'' dT + \left(\frac{\partial \bar{V}}{\partial x_i}\right)'' dP + \sum_{j=1}^{N-1}\left(\frac{\partial^2 \bar{G}}{\partial x_i\,\partial x_j}\right)'' d x_j''. \qquad (3.110\,\mathrm{c})$$

Hierin sind die Größen $T, P, x_1, x_2, \ldots, x_{N-1}$ die unabhängigen Variablen bei der Differentiation.

Setzen wir Gl. (109) in Gl. (108) bei Beachtung von Gl. (110a) ein, so finden wir eine Differentialgleichung für die Variablen $P, T, x_1', x_2', \ldots, x_{N-1}'$ bzw. $P, T, x_1'', x_2'', \ldots, x_{N-1}''$, wenn wir Gl. (110b) bzw. Gl. (110c) benutzen:

$$\left.\begin{aligned}
&\left[\bar{V}' - \bar{V}'' - \sum_{i=1}^{N-1}(x_i' - x_i'')\left(\frac{\partial \bar{V}}{\partial x_i}\right)'\right] dP - \\
&-\left[\bar{S}' - \bar{S}'' - \sum_{i=1}^{N-1}(x_i' - x_i'')\left(\frac{\partial \bar{S}}{\partial x_i}\right)'\right] dT \\
&\quad = \sum_{i=1}^{N-1}\ \sum_{j=1}^{N-1}(x_i' - x_i'')\left(\frac{\partial^2 \bar{G}}{\partial x_i\,\partial x_j}\right)' d x_j',
\end{aligned}\right\} \qquad (3.111\,\mathrm{a})$$

$$\left.\begin{aligned}
&\left[\bar{V}' - \bar{V}'' - \sum_{i=1}^{N-1}(x_i' - x_i'')\left(\frac{\partial \bar{V}}{\partial x_i}\right)''\right] dP - \\
&-\left[\bar{S}' - \bar{S}'' - \sum_{i=1}^{N-1}(x_i' - x_i'')\left(\frac{\partial \bar{S}}{\partial x_i}\right)''\right] dT \\
&\quad = \sum_{i=1}^{N-1}\ \sum_{j=1}^{N-1}(x_i' - x_i'')\left(\frac{\partial^2 \bar{G}}{\partial x_i\,\partial x_j}\right)'' d x_j''.
\end{aligned}\right\} \qquad (3.111\,\mathrm{b})$$

Die Koeffizienten von dP und dT in Gl. (108) und Gl. (111) sind — wenn wir von kritischen Punkten absehen — stets endlich und von Null verschieden. Wir können daher aus diesen Gleichungen einige Schlüsse bezüglich der Übertragbarkeit der KONOWALOWschen Sätze (§ 46) von binären Zweiphasensystemen auf beliebige Zweiphasensysteme ziehen.

Wir diskutieren zuerst den Fall gleicher Zusammensetzung der beiden koexistenten Phasen:

$$x_i' = x_i'' \quad (i = 1, 2, \ldots, N). \tag{3.112}$$

Die Gleichungen (112) entsprechen singulären Punkten auf den isothermen Flächen für den Gleichgewichtsdruck bzw. den isobaren Flächen für die Gleichgewichtstemperatur. Diese singulären Punkte nennen wir — in Verallgemeinerung der Bezeichnungsweise von § 48 — *azeotrope Punkte*. Nun stellen die Beziehungen (112) infolge der Identität (11) $N - 1$ unabhängige Bedingungen dar, denen das Zweiphasengleichgewicht unterworfen ist. Also haben wir gemäß Gl. (2.50a) noch einen Freiheitsgrad zur Verfügung: Es gibt eine Kurve, für welche die Gln. (112) gelten und auf der daher alle azeotropen Punkte liegen: die *azeotrope Kurve* (vgl. § 48).

Aus den Gln. (111) folgt: Die Bedingungen (112) sind dann und nur dann erfüllt, wenn gilt:

$$\frac{\partial P}{\partial x_i'} = 0, \quad \frac{\partial P}{\partial x_i''} = 0 \quad (i = 1, 2, \ldots, N - 1) \quad \text{für} \quad T = \text{const}$$

oder

$$\frac{\partial T}{\partial x_i'} = 0, \quad \frac{\partial T}{\partial x_i''} = 0 \quad (i = 1, 2, \ldots, N - 1) \quad \text{für} \quad P = \text{const}.$$

Dies bedeutet:

„Bei konstanter Temperatur bzw. konstantem Druck weist der Gleichgewichtsdruck bzw. die Gleichgewichtstemperatur als Funktion der Zusammensetzung einer der beiden koexistenten Phasen genau dann einen stationären Punkt auf, wenn die Phasen gleiche Zusammensetzung haben.“

Ein azeotroper Punkt ist also ein stationärer Punkt auf der isothermen Druckfläche bzw. der isobaren Temperaturfläche. Die obige Aussage entspricht der Verallgemeinerung des GIBBS-KONOWALOWschen Satzes (§ 47) und damit des ersten KONOWALOWschen Satzes (§ 46) auf Zweiphasensysteme mit beliebig vielen Komponenten. Eine abermalige Generalisierung dieses Satzes wird in § 52 abgeleitet werden.

Im Falle eines ternären Systems ($N = 3$) kann der stationäre Punkt („ternäre azeotrope Punkt“) ein Maximum, ein Minimum oder ein Sattelpunkt auf der isothermen $P(x_1', x_2')$- oder $P(x_1'', x_2'')$-Fläche bzw. auf der isobaren $T(x_1', x_2')$- oder $T(x_1'', x_2'')$-Fläche sein. In diesem Punkte berühren die isothermen Druckflächen bzw. die isobaren Temperaturflächen der beiden koexistenten Phasen einander[1].

Ferner ergibt sich aus Gl. (108) oder (111) für die Bedingungen (112):

$$\left(\frac{dP}{dT}\right)_{az} = \frac{\bar{S}' - \bar{S}''}{\bar{V}' - \bar{V}''}, \tag{3.113}$$

---

[1] Näheres über ternäre azeotrope Punkte bei Verdampfungsgleichgewichten findet sich bei R. HAASE: Z. physik. Chem. **195**, 362 (1950).

wobei der Index $_{az}$ die Differentiation entlang der azeotropen Kurve $(x_i' = x_i'')$ anzeigt.

Wir leiten entweder aus Gl. (9), (10) und (112) oder aus Gl. (1.226b) und (1.228) ab[1]:

$$\bar{G}' - \bar{G}'' = \bar{H}' - \bar{H}'' - T(\bar{S}' - \bar{S}'') = 0.$$

Setzen wir:

$$\bar{H}' - \bar{H}'' \equiv L, \quad \bar{V}' - \bar{V}'' \equiv \Delta\bar{V},$$

so erhalten wir schließlich die bereits von GIBBS angegebene Beziehung:

$$\left(\frac{dP}{dT}\right)_{az} = \frac{L}{T\Delta\bar{V}}, \tag{3.114}$$

worin L die „molare Umwandlungswärme" (z. B. molare Verdampfungswärme oder Schmelzwärme) des azeotropen Gemisches und $\Delta\bar{V}$ die Differenz der Molvolumina der beiden koexistenten azeotropen Mischphasen bedeutet. Gl. (114) stellt die Verallgemeinerung von Gl. (82) auf azeotrope Kurven für beliebige Zweiphasensysteme dar.

Man kann in Gl. (114) anstelle von L und $\Delta\bar{V}$ auch auf beliebige, aber gleiche Stoffmengen bezogene Enthalpie- und Volumendifferenzen einführen, genau wie in der CLAUSIUS-CLAPEYRONschen Gleichung (16). Wenn, wie es beim Verdampfungsgleichgewicht in genügender Entfernung vom kritischen Gebiet stets und beim Schmelzgleichgewicht meist der Fall ist, L und $\Delta\bar{V}$ dasselbe Vorzeichen haben, wächst der Extremaldruck mit zunehmender Temperatur. Es ist aber zu beachten, daß im allgemeinen—wenn nicht eine der Phasen eine Additionsverbindung der Komponenten darstellt—die Zusammensetzung des azeotropen Gemisches sich mit der Temperatur ändert (vgl. § 48).

Die Verallgemeinerung des zweiten bzw. dritten KONOWALOWschen Satzes (§ 46) auf Zweiphasengleichgewichte mit beliebig vielen Komponenten würde besagen, daß z. B. im Falle des isothermen Verdampfungsgleichgewichtes der Dampfdruck durch Zusatz einer Komponente, deren Konzentration im Dampf größer als in der Flüssigkeit ist, steigen müßte bzw. daß bei Änderung des Druckes sich die Konzentrationen der einzelnen Komponenten in der Flüssigkeit im gleichen Sinne verschieben müßten wie im Dampf. Es kann durch Diskussion der Gln. (111) gezeigt werden, daß diese Sätze — außer in besonderen Fällen, z. B. bei „idealen Gemischen" — für Drei- und Mehrstoffgemische nicht gelten[2]. Damit hängen auch einige auffällige Erscheinungen zusammen, die bei der Destillation und Rektifikation von ternären Mischungen beobachtet worden sind[3].

---

[1] Der Übergang eines Mols aus der Phase ′ in eine koexistente Phase ″ gleicher Zusammensetzung ist ein reversibler Prozeß, der isotherm und isobar abläuft.

[2] Vgl. R. HAASE: Z. Naturforsch. **2a**, 492 (1947).

[3] Vgl. R. HAASE: Z. Naturforsch. **4a**, 342 (1949), sowie R. HAASE u. H. LANG: Chemie-Ing.-Technik **13**, 313 (1951).

Wie wir sogleich sehen werden, bleibt aber ein Satz, der bei binären Systemen schon eine unmittelbare Folge des zweiten KONOWALOWschen Satzes ist, auch für Systeme mit beliebig vielen Komponenten gültig. Dieser Satz lautet für den Fall des Verdampfungsgleichgewichtes[1]: „Verdampft bei konstanter Temperatur bzw. konstantem Druck ein nichtazeotropes flüssiges Gemisch, so sinkt der Dampfdruck bzw. steigt der Siedepunkt monoton."

Zum Beweis[2] betrachten wir den infinitesimalen Prozeß der Verdampfung von dn Molen einer Flüssigkeit, deren (gesamte) Molzahl n ist. Der entstehende Dampf habe die Zusammensetzung, die dem Gleichgewicht mit der Flüssigkeit entspricht, und werde sofort entfernt. Wenn wir die doppelt gestrichenen Größen auf die Flüssigkeit und die einfach gestrichenen Größen auf den koexistenten Dampf beziehen, so bilden sich bei diesem Verdampfungsprozeß $x_1' dn$ Mole der Komponente 1, $x_2' dn$ Mole der Komponente 2 usw. im gasförmigen Zustand, wobei die Menge und Zusammensetzung der zurückbleibenden Flüssigkeit sich entsprechend ändern. Der Satz von der Erhaltung der Masse fordert hierbei für jede beliebige Komponente i:

$$d\,(x_i'' \, n) = x_i' \, d n \, .$$

Diese Gleichung beschreibt den Vorgang der kontinuierlichen Entfernung des Gleichgewichtsdampfes aus der flüssigen Mischung. Dieser Gedankenprozeß, auf den sich der oben genannte und hier zu beweisende Satz bezieht, wird als „kontinuierliche offene Verdampfung" oder als „einfache Destillation" bezeichnet[3]. Aus der letzten Gleichung folgt zunächst:

$$\frac{d\,n}{n} = \frac{d\,x_i''}{x_i' - x_i''} \, . \tag{3.115}$$

Greifen wir irgendeine Komponente, z.B. den Stoff N, heraus, so finden wir:

$$\frac{d\,n}{n} = \frac{d\,x_N''}{x_N' - x_N''} \, , \tag{3.115a}$$

wobei definitionsgemäß gilt ($t = $ Zeit):

$$\frac{d\,n}{d\,t} < 0 \, . \tag{3.115b}$$

Wenden wir Gl. (115) auf die Komponenten 1, 2, ..., $N-1$ an, so erhalten wir mit Gl. (115a):

$$\frac{d\,x_j''}{d x_N''} = \frac{x_j' - x_j''}{x_N' - x_N''} \quad (j = 1, 2, \ldots, N-1) \, . \tag{3.115c}$$

---

[1] Ein sinngemäß abgeänderter Satz gilt für die Kondensation eines Gasgemisches.

[2] Vgl. R. HAASE: s. Fußnote 2 S. 223.

[3] Im Gegensatz zur „fraktionierten Destillation" oder „Rektifikation", bei der durch Kondensation des Dampfes ein „Rücklauf" stattfindet.

Hieraus ergibt sich sofort für die rechte Seite von Gl. (111 b):

$$\left.\begin{aligned}
&\sum_{i=1}^{N-1}\sum_{j=1}^{N-1}(x_i'-x_i'')\left(\frac{\partial^2 \bar{G}}{\partial x_i \partial x_j}\right)'' d x_j'' \\
&=\frac{d x_N''}{x_N'-x_N''}\sum_{i=1}^{N-1}\sum_{j=1}^{N-1}\left(\frac{\partial^2 \bar{G}}{\partial x_i \partial x_j}\right)''(x_i'-x_i'')(x_j'-x_j'').
\end{aligned}\right\}
\quad (3.116)$$

Der Summenausdruck auf der rechten Seite ist eine quadratische Form mit den Koeffizienten

$$\frac{\partial^2 \bar{G}}{\partial x_i \partial x_j}=\frac{\partial^2 \bar{G}}{\partial x_j \partial x_i}.$$

Nun besagen die Ungleichungen (2.172), daß für jede stabile Phase (also hier für die Flüssigkeit) die Determinante aus diesen Koeffizienten mit allen Hauptminoren positiv ist. Dann muß aber auch die quadratische Form in Gl. (116) positiv-definit sein (vgl. S. 160). Demnach finden wir für $x_i' \neq x_i''$ (nicht-azeotropes Gemisch):

$$\sum_{i=1}^{N-1}\sum_{j=1}^{N-1}\left(\frac{\partial^2 \bar{G}}{\partial x_i \partial x_j}\right)''(x_i'-x_i'')(x_j'-x_j'')>0. \qquad (3.116\,\mathrm{a})$$

Hier unterbrechen wir den obigen speziellen Gedankengang und diskutieren ganz allgemein die Koeffizienten von dP und dT in Gl. (111 b). Gemäß Gl. (9 a, b), (1.271) und (1.272) gilt für eine beliebige Mischphase:

$$\left.\begin{aligned}
\bar{V} &= \sum_{k=1}^{N} x_k V_k = \sum_{i=1}^{N-1} x_i V_i + x_N V_N, \\
\bar{S} &= \sum_{k=1}^{N} x_k S_k = \sum_{i=1}^{N-1} x_i S_i + x_N S_N,
\end{aligned}\right\}
\quad (3.117\,\mathrm{a})$$

$$\left.\begin{aligned}
\frac{\partial \bar{V}}{\partial x_i} &= V_i - V_N, \\
\frac{\partial \bar{S}}{\partial x_i} &= S_i - S_N,
\end{aligned}\right\}
\quad (3.117\,\mathrm{b})$$

$$\left.\begin{aligned}
V_N &= \bar{V} - \sum_{i=1}^{N-1} x_i \frac{\partial \bar{V}}{\partial x_i}, \\
S_N &= \bar{S} - \sum_{i=1}^{N-1} x_i \frac{\partial \bar{S}}{\partial x_i}.
\end{aligned}\right\}
\quad (3.117\,\mathrm{c})$$

Wir wenden Gl. (117 a) auf die Phase ′ und Gl. (117 c) auf die Phase ″ an, wodurch wir $\bar{V}'$ bzw. $\bar{S}'$ und $\bar{V}''$ bzw. $\bar{S}''$ eliminieren. Ferner leiten wir aus Gl. (117 b) ab:

$$\sum_{i=1}^{N-1} x_i'\left(\frac{\partial \bar{V}}{\partial x_i}\right)'' = \sum_{i=1}^{N-1} x_i'(V_i''-V_N''),$$

$$\sum_{i=1}^{N-1} x_i'\left(\frac{\partial \bar{S}}{\partial x_i}\right)'' = \sum_{i=1}^{N-1} x_i'(S_i''-S_N''),$$

wodurch wir die Differentialquotienten $(\partial \bar{V}/\partial x_i)''$ bzw. $(\partial \bar{S}/\partial x_i)''$ eliminieren. Somit finden wir bei Beachtung von Gl. (11):

$$\left.\begin{aligned}
\bar{V}' - \bar{V}'' - \sum_{i=1}^{N-1} (x_i' - x_i'') \left(\frac{\partial \bar{V}}{\partial x_i}\right)'' &= \sum_{k=1}^{N} x_k' (V_k' - V_k'') , \\[2mm]
\bar{S}' - \bar{S}'' - \sum_{i=1}^{N-1} (x_i' - x_i'') \left(\frac{\partial \bar{S}}{\partial x_i}\right)'' &= \sum_{k=1}^{N} x_k' (S_k' - S_k'') .
\end{aligned}\right\} \tag{3.118}$$

Aus Gl. (10a) folgt:

$$H_k' - H_k'' = T (S_k' - S_k'') . \tag{3.119}$$

Durch Einsetzen von Gl. (118) und (119) in Gl. (111 b) erhalten wir:

$$\sum_{k=1}^{N} x_k' (V_k' - V_k'') \, dP - \sum_{k=1}^{N} x_k' (H_k' - H_k'') \, \frac{dT}{T} = \sum_{i=1}^{N-1} \sum_{j=1}^{N-1} (x_i' - x_i'') \left(\frac{\partial^2 \bar{G}}{\partial x_i \, \partial x_j}\right)'' d x_j'' \tag{3.120}$$

Die Koeffizienten von dP und dT/T stellen die „molare Volumenänderung bei der Überführung" und die „molare Überführungsenthalpie" dar. Betrachten wir den Fall $x_j'' = $ const, so finden wir die Differentialgleichung für die Änderung des Gleichgewichtsdruckes mit der Temperatur bei konstanter Zusammensetzung der Phase $''$:

$$\frac{dP}{dT} = \frac{\sum\limits_{k=1}^{N} x_k' (H_k' - H_k'')}{T \sum\limits_{k=1}^{N} x_k' (V_k' - V_k'')} . \tag{3.120 a}$$

Diese Beziehung verallgemeinert Gl. (74a). Beim Verdampfungsgleichgewicht gilt erfahrungsgemäß in genügender Entfernung vom kritischen Gebiet [vgl. Gl. (69) und (73) in § 46]:

$$V_k' - V_k'' > 0, \quad H_k' - H_k'' > 0. \tag{3.121}$$

Also wächst der Dampfdruck mit zunehmender Temperatur bei vorgegebener Zusammensetzung der Flüssigkeit.

Wir kehren nun wieder zum Problem der einfachen Destillation zurück und setzen dementsprechend Gl. (115a) und (116) in Gl. (120) ein:

$$\left.\begin{aligned}
&\sum_{k=1}^{N} x_k' (V_k' - V_k'') \, dP - \sum_{k=1}^{N} x_k' (H_k' - H_k'') \, \frac{dT}{T} \\[2mm]
&= \sum_{i=1}^{N-1} \sum_{j=1}^{N-1} \left(\frac{\partial^2 \bar{G}}{\partial x_i \, \partial x_j}\right)'' (x_i' - x_i'') (x_j' - x_j'') \frac{dn}{n} .
\end{aligned}\right\} \tag{3.122}$$

Beachten wir die Vorzeichenaussagen (115b), (116a) und (121), so erkennen wir aus Gl. (122), daß während einer kontinuierlichen Verdampfung stets die Ungleichungen

$$\frac{dP}{dt} < 0 \quad \text{für } T = \text{const}$$

und

$$\frac{dT}{dt} > 0 \quad \text{für } P = \text{const}$$

erfüllt sind. Damit ist der obige Satz bewiesen[1].

Es sei schließlich noch bemerkt, daß die Differentialgleichung (120) und ein analoger Ausdruck für die zweite Phase, der Gl. (111a) entspricht, wieder direkt auf die Gln. (53) und (54) führen, wenn man binäre Gemische ($N = 2$) betrachtet und Gl. (1.285) berücksichtigt.

Die Differentialgleichungen (111) sind für $N = 2$ schon von VAN DER WAALS[2] und DUHEM[3], für $N = 3$ von SCHREINEMAKERS[4] und VAN DER WAALS[5] aufgestellt und diskutiert worden. Da diese Autoren sich nicht der partiellen molaren Größen bedienen, sind die von ihnen gegebenen Ableitungen und Diskussionen recht umständlich.

§ 51. Binäre Dreiphasensysteme

Gemäß Gl. (2.50) ist das Gleichgewicht zwischen drei Phasen, die zwei Komponenten enthalten, univariant. Geben wir z. B. die Temperatur vor, so liegen der Druck („Dreiphasen-Koexistenzdruck") und die Zusammensetzungen der drei Phasen fest.

Wir betrachten zunächst einige Beispiele für binäre Dreiphasensysteme.

Ein System aus festem Calciumoxyd (CaO), festem Calciumkarbonat ($CaCO_3$) und gasförmiger Kohlensäure (CO_2) enthält drei Phasen und zwei Komponenten; denn die drei Teilchenarten sind durch die Reaktionsgleichung

$$CaO + CO_2 \rightleftharpoons CaCO_3$$

miteinander verknüpft. Zu jeder Temperatur gehört also ein bestimmter Gleichgewichtsdruck, der als „Zersetzungsdruck des Calciumkarbonats" bezeichnet wird.

Ein Gleichgewicht von zwei reinen festen Phasen mit einer flüssigen binären Mischung, wie wir es beim „eutektischen Punkt" kennenlernten, ist ebenfalls univariant: Jedem Druck entspricht eine Gleichgewichtstemperatur, die „eutektische Temperatur". Der Unterschied gegenüber dem vorigen Fall besteht darin, daß hier eine der drei Phasen (die Flüssig-

---

[1] Wenn ein azeotropes Gemisch ($x_i' = x_i''$) vorliegt, ergibt Gl. (122): $dP/dt = 0$ ($T = \text{const}$) bzw. $dT/dt = 0$ ($P = \text{const}$), und aus Gl. (115) folgt: $x_i'' = \text{const}$; es findet also Verdampfung ohne Änderung des Druckes bzw. der Temperatur bei konstanter Zusammensetzung statt. Darauf beruht der Name „azeotrop" (vgl. § 46).

[2] VAN DER WAALS, J. D.: Z. physik. Chem. **5**, 133 (1890).

[3] DUHEM, P.: Trav. Mém. Facultés Lille III **13**, 53 (1894).

[4] SCHREINEMAKERS, F. A. H.: Z. physik. Chem. **36**, 257 (1901).

[5] VAN DER WAALS, J. D.: Arch. néerl. Sci. exact. natur., Série II, tome VII (1902), 343.

keit) nicht stöchiometrisch zusammengesetzt ist, so daß bei Änderung des Druckes (und damit der Temperatur) die „eutektische Schmelze" ihre Zusammensetzung ändert.

Ein ähnlicher Fall (zwei Phasen konstanter Zusammensetzung und eine Phase variabler Konzentration) liegt bei einem binären System vor, in dem ein reiner fester Körper (Komponente 1), eine binäre flüssige Mischung aus den Komponenten 1 und 2 („Lösung") und eine reine Gasphase (Komponente 2) koexistieren. Hier hängt der „Dampfdruck der gesättigten Lösung" nur von der Temperatur ab. Die Konzentration der gesättigten Lösung ändert sich dabei mit der Temperatur.

Am kompliziertesten werden die Verhältnisse, wenn alle drei Phasen des binären Systems variable Zusammensetzung aufweisen. Dies ist offensichtlich der allgemeinste Fall. Beispiele sind: zwei binäre Mischkristalle im Gleichgewicht mit einer binären Schmelze oder zwei binäre Flüssigkeiten im Gleichgewicht mit einem binären Dampf. Es genügt, wenn wir den letzten Fall besprechen.

Bei vollständiger Mischbarkeit zweier flüssiger Komponenten erhalten wir ein isothermes Dampfdruckdiagramm vom Typ der Abb. 14, S. 207 (wobei der azeotrope Punkt auch fehlen kann). Sind die beiden flüssigen Komponenten überhaupt nicht mischbar (idealisierter Grenzfall[1] der „Unlöslichkeit"), so finden wir ein Diagramm vom Typ der Abb. 17. Der Schnittpunkt E ist von der Art eines eutektischen Punktes: Er entspricht der Koexistenz von zwei reinen Phasen (Flüssigkeiten) mit einer binären Mischphase (Dampf).

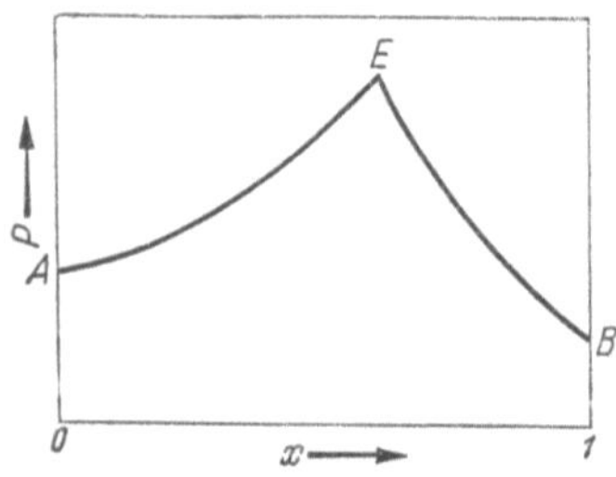

Abb. 17. Isothermes Dampfdruckdiagramm bei nicht mischbaren Flüssigkeiten. Punkt A bzw. B entspricht dem Dampfdruck der reinen Komponente 2 bzw. 1 (P = Dampfdruck, x = Molenbruch der Komponente 1 im Dampf)

Den Übergang zwischen den beiden Diagrammen bildet der Fall der „Mischungslücke" (Abb. 18).

Durch die Kurven a, b, c und d in Abb. 18 sind alle Typen dargestellt, die bekannt sind, sofern man Fälle, die durch Vertauschen der Komponenten 1 und 2 auseinander hervorgehen, nicht als verschieden betrachtet. Daß sich an die horizontale Gerade (z. B. $F_1 D_1 F_1'$ in Abb. 18a) niemals zwei steigende Kurvenäste anschließen dürfen, war schon Konowalow[2] bekannt. Diese Tatsache ergibt sich aus dem zweiten Konowalowschen Satz (§ 46)[3]. Würde nämlich z. B. in Abb. 18b der Kurvenast $F_2' B_2$ sich nach oben wenden, so würde der erwähnte Satz verlangen, daß der mit den Flüssigkeiten F_2 und F_2' koexistente Dampf eine Zusammensetzung hat, die

---

[1] Annähernd realisiert beim System Quecksilber–Wasser.
[2] Konowalow, D.: s. Fußnote 5 S. 204.   [3] S. 207.

durch einen Punkt rechts von F_2' dargestellt wird, während für den Kurvenast A_2F_2 derselbe Satz die Lage des Dampfpunktes links von F_2 (z. B. bei D_2) fordern würde.
Dies wäre aber ein Wider-
spruch. Daher ist der angenommene Fall, der das Gegenstück zu Abb. 18 a wäre, nicht
möglich[1].

In Abb. 18 c bzw. 18 d tritt
im homogenen Gebiet ein
Maximum (Ma) bzw. Minimum
(Mi) des Dampfdrucks auf.
Für diese stationären Punkte
gelten naturgemäß dieselben
Gesetzmäßigkeiten wie für
Systeme ohne Mischungslücke.

Man erkennt aus Abb. 18,
daß nur dann der Dreiphasendruck der höchste aller im
binären System bei einer bestimmten Temperatur mög-
lichen Dampfdrucke sein kann,
wenn die Dampfzusammen-

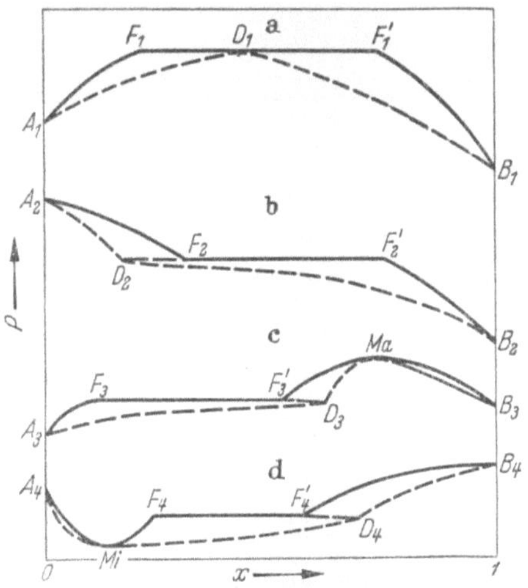

Abb. 18. Isotherme Dampfdruckdiagramme bei teilweise mischbaren Flüssigkeiten. Die ausgezogenen
Kurven sind die Flüssigkeitskurven, die gestrichelten
Kurven die Dampfkurven. Die Punkte F, F' und D
entsprechen zwei Flüssigkeiten und Dampf, die ko-
existent sind

setzung (D_1 in Abb. 18 a) zwischen den Zusammensetzungen der beiden koexistenten flüssigen Phasen (F_1 und F_1' in Abb. 18 a) liegt[2].

Entsprechende Gesetzmäßigkeiten findet man für die isobaren Siedediagramme.

Beispiele für die in Abb. 18 dargestellten Typen sind folgende Systeme: Anilin–Wasser (Typ a), Anilin–Hexan oder Nikotin–Wasser
(Typ b), Phenol–Wasser (Typ c) und Chlorwasserstoff–Wasser (Typ d).

Der Dreiphasendruck („Dampfdruck über den beiden flüssigen
Phasen") ist nur eine Funktion der Temperatur. Bei jeder Temperatur
weisen die drei koexistenten Phasen eine andere Zusammensetzung
auf.

Wir leiten nun die allgemeine Differentialgleichung in den Variablen
T und P für die Koexistenz von drei binären Phasen ab. Dazu gehen wir
vom Gleichungssystem (5) aus, das wir für zwei Komponenten ($x =$ Molen-

---

[1] Abb. 17 stellt einen Sonderfall von Abb. 18 a dar: Die beiden Kurven A_1F_1
und B_1F_1' fallen in Abb. 17 mit den Ordinatenachsen zusammen.

[2] Man bezeichnet ein solches Dampfdruckmaximum (bzw. Siedepunktsminimum) manchmal als „heteroazeotropen Punkt" und das zugehörige heterogene
System als „heteroazeotropes Gemisch", weil es bei der Destillation sich wie ein
azeotropes Gemisch verhält.

bruch der Komponente 1) und drei Phasen (gekennzeichnet durch einfach, doppelt und dreifach gestrichene Symbole) anschreiben:

$$\left. \begin{aligned} x'\ d\mu_1 + (1 - x'\ )\,d\mu_2 - \bar{V}'\ dP + \bar{S}'\ dT &= 0\,, \\ x''\ d\mu_1 + (1 - x''\ )\,d\mu_2 - \bar{V}''\ dP + \bar{S}''\ dT &= 0\,, \\ x'''\,d\mu_1 + (1 - x''')\,d\mu_2 - \bar{V}'''\,dP + \bar{S}'''\,dT &= 0\,. \end{aligned} \right\} \qquad (3.123)$$

Betrachten wir die Größen $d\mu_1/dT$, $d\mu_2/dT$ und dP/dT als Unbekannte, so haben wir drei lineare Gleichungen mit drei Unbekannten. Lösen wir das Gleichungssystem nach dP/dT auf, so finden wir:

$$\frac{dP}{dT} = \frac{\begin{vmatrix} \bar{S}' & x' & (1 - x'\ ) \\ \bar{S}'' & x'' & (1 - x''\ ) \\ \bar{S}''' & x''' & (1 - x''') \\ \bar{V}' & x' & (1 - x'\ ) \\ \bar{V}'' & x'' & (1 - x''\ ) \\ \bar{V}''' & x''' & (1 - x''') \end{vmatrix}}{} = \frac{\begin{vmatrix} \bar{S}' & x' & 1 \\ \bar{S}'' & x'' & 1 \\ \bar{S}''' & x''' & 1 \\ \bar{V}' & x' & 1 \\ \bar{V}'' & x'' & 1 \\ \bar{V}''' & x''' & 1 \end{vmatrix}}{} \qquad (3.124)$$

Hieraus folgt nach Ausrechnen der Determinanten:

$$\frac{dP}{dT} = \frac{\Delta S}{\Delta V}\,, \qquad (3.125)$$

worin

$$\left. \begin{aligned} \Delta S &\equiv (x''' - x'')\,\bar{S}' + (x' - x''')\,\bar{S}'' + (x'' - x')\,\bar{S}''' \\ &= x'\,(\bar{S}'' - \bar{S}''') + x''\,(\bar{S}''' - \bar{S}') + x'''\,(\bar{S}' - \bar{S}'')\,, \end{aligned} \right\} \quad (3.126\,\text{a})$$

$$\left. \begin{aligned} \Delta V &\equiv (x''' - x'')\,\bar{V}' + (x' - x''')\,\bar{V}'' + (x'' - x')\,\bar{V}''' \\ &= x'\,(\bar{V}'' - \bar{V}''') + x''\,(\bar{V}''' - \bar{V}') + x'''\,(\bar{V}' - \bar{V}'')\,. \end{aligned} \right\} \quad (3.126\,\text{b})$$

Die physikalische Bedeutung der Ausdrücke (126) soll im folgenden gezeigt werden.

Es seien n' bzw. n'' bzw. n''' Mole der Phase ' bzw. '' bzw. ''' vorhanden. Dann gibt es

$n'\ x'\ $ bzw. $n'\ (1 - x'\ )$ Mole der Komponente 1 bzw. 2 in der Phase ' ,

$n''\ x''\ $ bzw. $n''\ (1 - x''\ )$ Mole der Komponente 1 bzw. 2 in der Phase '' ,

$n'''\,x'''$ bzw. $n'''\,(1 - x''')$ Mole der Komponente 1 bzw. 2 in der Phase ''' .

Bestimmtheitshalber nehmen wir an, daß die Zusammensetzung der Phase ''' zwischen den Zusammensetzungen der beiden anderen koexistenten Phasen liegt ($x' > x''' > x''$ oder $x'' > x''' > x'$). Dann lassen sich für jeden vorgegebenen Wert von n''' stets positive Werte der Größen

$$\alpha \equiv \frac{n'}{n'''}\,, \qquad \beta \equiv \frac{n''}{n'''}$$

finden, die den Bedingungen

$$\alpha\, x' + \beta\, x'' = x'''$$
$$\alpha\,(1 - x') + \beta\,(1 - x'') = 1 - x'''$$

genügen. Dies bedeutet, daß zu jeder Menge der Phase ''' entsprechende Mengen der Phasen ' und '' angebbar sind, aus denen sich bei vorgeschriebenen Molenbrüchen (x', x'', x''') die Phase ''' aufbauen läßt.

Es kann also stets bei Aufzehrung bzw. Bildung bestimmter Mengen zweier Phasen eine entsprechende Menge der dritten Phase entstehen bzw. verschwinden, und hierbei bleiben die Zusammensetzungen der einzelnen Phasen und damit auch die Temperatur, der Druck oder andere intensive Größen unverändert. Einen solchen reversiblen Vorgang, bei dem die Koexistenz zwischen den Phasen erhalten bleibt und sich nur die Massen (und damit alle extensiven Größen) der einzelnen Phasen ändern, wollen wir der Kürze halber als „indifferente Phasenumwandlung" bezeichnen. Der Austausch von Masse zwischen zwei koexistenten Phasen eines Einstoffsystems (§ 45) oder eines Mehrstoffsystems am azeotropen Punkt (§ 50) ist ein weiteres Beispiel für eine indifferente Phasenumwandlung.

Aus den letzten Gleichungen folgt:

$$\alpha = \frac{x''' - x''}{x' - x''},$$

$$\beta = 1 - \alpha = \frac{x' - x'''}{x' - x''}.$$

Mithin müssen die Mengen (gesamten Molzahlen) der drei Phasen, die bei der indifferenten Phasenumwandlung entstehen oder verschwinden, sich zueinander verhalten wie die Größen

$$\left| x''' - x'' \right| : \left| x' - x''' \right| : \left| x' - x'' \right|.$$

Wenn wir in Abb. 18a den Punkt F_1' bzw. F_1 bzw. D_1 der Phase ' bzw. '' bzw. ''' zuordnen, so gilt z.B. bei der Bildung von Dampf (D_1) aus den beiden Flüssigkeiten $(F_1$ und $F_1')$, wenn wir die „Mengen" in Molen messen: Verschwindende Menge der Flüssigkeit F_1' : verschwindende Menge der Flüssigkeit F_1 : entstehende Menge des Dampfes $D_1 = (x''' - x'') : (x' - x''') : (x' - x'') = \overline{F_1 D_1} : \overline{D_1 F_1'} : \overline{F_1 F_1'}$.

Aus der letzten Feststellung leitet man sofort ab, daß ΔS in Gl. (126a) bzw. ΔV in Gl. (126b) die Bedeutung einer Entropieänderung bzw. einer Volumenänderung bei einer indifferenten Phasenumwandlung hat. Da eine solche Umwandlung einen reversiblen Vorgang darstellt, der isotherm und isobar abläuft, gilt gemäß Gl. (1.226b) und (1.228):

$$\Delta G = \Delta H - T \Delta S = 0,$$

worin, entsprechend der Definition von ΔS in Gl. (126a), die Größe

$$\Delta H \equiv x'\,(\bar{H}'' - \bar{H}''') + x''\,(\bar{H}''' - \bar{H}') + x'''\,(\bar{H}' - \bar{H}'') \qquad (3.127)$$

die Enthalpieänderung bei der betrachteten indifferenten Phasenumwandlung („Umwandlungswärme") bedeutet. Setzen wir

$$\Delta H \equiv L,$$

so finden wir aus Gl. (125):

$$\frac{dP}{dT} = \frac{\Delta S}{\Delta V} = \frac{\Delta H}{T\Delta V} = \frac{L}{T\Delta V}. \qquad (3.128)$$

Diese Beziehung, die der CLAUSIUS-CLAPEYRONschen Gleichung (16) bzw. der Gl. (82) oder (114) vollkommen entspricht, ist die allgemeine Differentialgleichung für die Temperaturabhängigkeit des Dreiphasen-Koexistenzdruckes.

Wir wenden nun Gl. (128) auf einige einfache Beispiele an[1].

1. *Temperaturabhängigkeit des Dampfdruckes einer gesättigten Lösung.* Der feste Körper (Phase ') bestehe aus der Komponente 1. Der Dampf (Phase ") enthalte lediglich die Komponente 2. Die Flüssigkeit (Phase ''') sei eine binäre Lösung. Wir setzen der Einfachheit halber:

$$\bar{H}''' \equiv \bar{H}, \quad \bar{V}''' \equiv \bar{V}, \quad x''' \equiv x^0.$$

Hierbei ist x^0 der Molenbruch der Komponente 1 in der „gesättigten Lösung". x^0 hängt nur von der Temperatur ab. Es gilt also für die Zusammensetzungen der einzelnen Phasen:

$$x' = 1, \quad x'' = 0, \quad x''' = x^0.$$

Damit folgt aus Gl. (126b), (127) und (128) für die Temperaturabhängigkeit des Dampfdruckes der gesättigten Lösung:

$$\frac{dP}{dT} = \frac{L}{T\Delta V} = \frac{x^0\,\bar{H}' + (1 - x^0)\,\bar{H}'' - \bar{H}}{T\,[x^0\,\bar{V}' + (1 - x^0)\,\bar{V}'' - \bar{V}]}. \qquad (3.129)$$

Der Zähler der rechten Seite (L) ist offensichtlich die Bildungsenthalpie (mit umgekehrtem Vorzeichen) für die Entstehung eines Mols der gesättigten Lösung aus den entsprechenden Mengen der festen Komponente 1 und der gasförmigen Komponente 2. Für den Ausdruck in eckigen Klammern im Nenner (ΔV) gilt Analoges. Wenn wir die Volumina der kondensierten Phasen gegenüber dem Volumen der Gasphase vernachlässigen

---

[1] Obwohl Gl. (124) ein Spezialfall der bereits von GIBBS angegebenen allgemeinen Beziehung (144) in § 52 ist, findet sich die an Gl. (126) bis (128) anschließende Diskussion konkreter Probleme bei binären Dreiphasengleichgewichten wohl zuerst bei VAN DER WAALS (vgl. J. D. VAN DER WAALS u. PH. KOHNSTAMM: s. Fußnote 1 S. 138).

und den Dampf als ideales Gas voraussetzen [vgl. Gl. (1.138)], so ergibt sich:

$$\Delta V \approx (1 - x^0)\,\bar{V}'' \approx (1 - x^0)\,\frac{R\,T}{P}\,.$$

Damit finden wir aus Gl. (129):

$$\frac{d\ln P}{d T} = \frac{L}{(1 - x^0)R T^2}\,. \tag{3.129 a}$$

2. *Druckabhängigkeit der eutektischen Temperatur.* Der erste feste Körper (Phase ') bestehe aus der Komponente 1 und der zweite feste Körper (Phase '') aus der Komponente 2. Die Flüssigkeit (Phase ''') sei eine binäre Lösung („eutektische Schmelze"), wobei wir wiederum $\bar{H}''' \equiv \bar{H}$, $\bar{V}''' \equiv \bar{V}$ und $x''' \equiv x^0$ setzen. Es gilt demnach:

$$x' = 1, \quad x'' = 0, \quad x''' = x^0,$$

worin x^0 der Molenbruch der Komponente 1 in der eutektischen Schmelze ist. x^0 ist eine Funktion des Druckes. Aus Gl. (126 b), (127) und (128) folgt für die Druckabhängigkeit der eutektischen Temperatur[1]:

$$\frac{d T}{d P} = \frac{T\Delta V}{L} = \frac{T\,[x^0\,\bar{V}' + (1 - x^0)\,\bar{V}'' - \bar{V}]}{x^0\,\bar{H}' + (1 - x^0)\,\bar{H}'' - \bar{H}}\,. \tag{3.130}$$

Diese Gleichung entspricht völlig der Beziehung (129).

Bei Berücksichtigung von Gl. (9 a) und (9 c) kann Gl. (129) bzw. (130) noch auf eine andere Form gebracht werden. Es gilt nämlich für den Zusammenhang der molaren Größen $\bar{V}$ und $\bar{H}$ mit den partiellen molaren Größen V_i und H_i:

$$\bar{V}' = V_1', \quad \bar{V}'' = V_2'', \quad \bar{H}' = H_1', \quad \bar{H}'' = H_2'',$$
$$\bar{V} = x^0 V_1 + (1 - x^0)V_2, \quad \bar{H} = x^0 H_1 + (1 - x^0)H_2.$$

Daraus leiten wir mit Gl. (129) bzw. (130) ab:

$$\Delta V = x^0\bar{V}' + (1 - x^0)\bar{V}'' - \bar{V} = x^0\,(V_1' - V_1) + (1 - x^0)\,(V_2'' - V_2), \tag{3.130 a}$$

$$L = x^0\bar{H}' + (1 - x^0)\bar{H}'' - \bar{H} = x^0\,(H_1' - H_1) + (1 - x^0)\,(H_2'' - H_2). \tag{3.130 b}$$

Wie aus unseren Ausführungen in § 46 ersichtlich, ist im Falle der Gl. (129) die Differenz $(H_1' - H_1)$ bzw. $(H_2'' - H_2)$ die „letzte Lösungswärme" (mit umgekehrten Vorzeichen) der Komponente 1 bzw. die „differentielle Verdampfungswärme" der Komponente 2. Im Falle der Gl. (130) hingegen würde man die Größen $(H_1 - H_1')$ und $(H_2 - H_2'')$ als „differentielle Schmelzwärmen" der Stoffe 1 und 2 am eutektischen Punkt interpretieren.

---

[1] Gl. (130) beschreibt auch die Temperaturabhängigkeit des „eutektischen Druckes" (Punkt E in Abb. 17, S. 228) bei einem System aus zwei reinen Flüssigkeiten (Phasen ' und '') und einem binären Dampf (Phase ''').

3. *Druckabhängigkeit der Umwandlungstemperatur.* Der erste feste Körper (Phase ') enthalte nur die Komponente 1, der zweite feste Körper (Phase ") enthalte die Komponenten 1 und 2 in unveränderlichem Verhältnis („feste chemische Verbindung"), und die Flüssigkeit (Phase ''') bestehe aus den Komponenten 1 und 2 in variablem Mischungsverhältnis („binäre Lösung"). Der Molenbruch der Komponente 1 in der Verbindung bzw. in der Lösung sei a bzw. x^0, wobei a eine Konstante und x^0 eine Funktion des Druckes ist. Wir haben also:

$$x' = 1, \quad x'' = a, \quad x''' = x^0.$$

Wir setzen ferner:

$$\bar{H}''' \equiv \bar{H}, \quad \bar{V}''' \equiv \bar{V}.$$

Ein solches Gleichgewicht liegt am „Umwandlungspunkt" oder „Schmelzpunkt" einer inkongruent schmelzenden Verbindung vor (vgl. Abb. 16, S. 211). Zu jedem Druck gehört eine bestimmte Gleichgewichtstemperatur, die „Umwandlungstemperatur", und eine bestimmte Zusammensetzung der Lösung ($x^0 = a'$ in Abb. 16), bei der die drei Phasen koexistieren. Es gilt stets (vgl. Abb. 16):

$$a > x^0.$$

Aus Gl. (126 b), (127) und (128) finden wir für die Druckabhängigkeit der Umwandlungstemperatur:

$$\frac{dT}{dP} = \frac{T \Delta V}{L} = \frac{T\left[(1 - x^0)\bar{V}'' - (a - x^0)\bar{V}' - (1 - a)\bar{V}\right]}{(1 - x^0)\bar{H}'' - (a - x^0)\bar{H}' - (1 - a)\bar{H}} \, . \qquad (3.131)$$

Es gilt gemäß Gl. (9a) und (9c):

$$\bar{V}' = V_1', \quad \bar{V}'' = a V_1'' + (1 - a) V_2'', \quad \bar{V} = x^0 V_1 + (1 - x^0) V_2,$$
$$\bar{H}' = H_1', \quad \bar{H}'' = a H_1'' + (1 - a) H_2'', \quad \bar{H} = x^0 H_1 + (1 - x^0) H_2.$$

Damit erhalten wir:

$$\Delta V_0 \equiv \frac{\Delta V}{1 - a} = \frac{1 - x^0}{1 - a} \bar{V}'' - \frac{a - x^0}{1 - a} \bar{V}' - \bar{V}$$
$$= x^0 \left[\frac{a(1 - x^0)}{x^0(1 - a)} V_1'' - \frac{a - x^0}{x^0(1 - a)} V_1' - V_1\right] + \left.\vphantom{\frac{a(1-x^0)}{x^0(1-a)}}\right\} \qquad (3.132\,\mathrm{a})$$
$$+ (1 - x^0)(V_2'' - V_2) \, .$$

$$L_0 \equiv \frac{L}{1 - a} = \frac{1 - x^0}{1 - a} \bar{H}'' - \frac{a - x^0}{1 - a} \bar{H}' - \bar{H}$$
$$= x^0 \left[\frac{a(1 - x^0)}{x^0(1 - a)} H_1'' - \frac{a - x^0}{x^0(1 - a)} H_1' - H_1\right] + \left.\vphantom{\frac{a(1-x^0)}{x^0(1-a)}}\right\} \qquad (3.132\,\mathrm{b})$$
$$+ (1 - x^0)(H_2'' - H_2) \, .$$

Die Größe ΔV_0 bzw. L_0 stellt die Volumen- bzw. Enthalpieänderung für eine indifferente Phasenumwandlung dar, bei der am Umwandlungspunkt aus einem Mol der Lösung und $(a - x^0)/(1 - a)$ Molen der reinen festen

Phase $(1 - x^0)/(1 - a)$ Mole der festen Verbindung entstehen. Im Grenzfalle $a = 0$ (die Phase $''$ enthält nur die Komponente 2) geht Gl. (132a) bzw. (132b) in Gl. (130a) bzw. (130b) über. Wir sehen also, daß ΔV_0 und L_0 in Gl. (132a, b) den Größen ΔV und L in Gl. (130a, b) analog sind. Dies ist verständlich, weil die rechten Seiten der genannten Gleichungen jeweils einer indifferenten Phasenumwandlung entsprechen, bei der gerade ein Mol der flüssigen Mischphase verschwindet.

4. *Temperaturabhängigkeit des Zersetzungsdruckes einer festen Verbindung.* Eine feste chemische Verbindung (Phase $'''$), die aus den Stoffen 1 und 2 besteht und durch den konstanten Molenbruch (der Komponente 1) $x''' = a$ gekennzeichnet ist, sei im Gleichgewicht mit der reinen festen Komponente 1 (Phase $'$) und mit Dampf (Phase $''$), der nur die Komponente 2 enthält. Es gilt also:

$$x' = 1, \quad x'' = 0, \quad x''' = a.$$

Damit folgt aus Gl. (126b), (127) und (128) für die Temperaturabhängigkeit des Zersetzungsdruckes:

$$\frac{dP}{dT} = \frac{L}{T\Delta V} = \frac{a\bar{H}' + (1-a)\bar{H}'' - \bar{H}'''}{T[a\bar{V}' + (1-a)\bar{V}'' - \bar{V}''']} . \tag{3.133}$$

Die Enthalpieänderung L ist hier gleich der „Zersetzungswärme" der festen Verbindung, bezogen auf „ein Mol Mischung", d.h. gleich der Zersetzungswärme irgendeiner Menge, dividiert durch die Summe der Molzahlen der beiden Komponenten. Führen wir wiederum die Näherung

$$\Delta V \approx (1-a)\bar{V}'' \approx (1-a)\frac{RT}{P}$$

ein, so erhalten wir [vgl. Gl. (129a)]:

$$\frac{d\ln P}{dT} = \frac{L}{(1-a)RT^2} . \tag{3.133 a}$$

Da „ein Mol Mischung" der Verbindung aus a Molen der Komponente 1 und $(1 - a)$ Molen der Komponente 2 besteht, bedeutet der Ausdruck

$$\frac{L}{1-a} = L\,\frac{a + (1-a)}{1-a} \tag{3.133 b}$$

die auf ein Mol des Stoffes 2 bezogene „Zersetzungswärme" der festen Verbindung. Beispiele sind Reaktionen wie

$$CaCO_3 \text{ (fest)} \rightleftharpoons CaO \text{ (fest)} + CO_2 \text{ (Gas)},$$

$$CuSO_4 \cdot 5\,H_2O \text{ (fest)} \rightleftharpoons CuSO_4 \cdot 3\,H_2O \text{ (fest)} + 2\,H_2O \text{ (Gas)},$$

$$NiBr_2 \cdot 6\,NH_3 \text{ (fest)} \rightleftharpoons NiBr_2 \cdot 2\,NH_3 \text{ (fest)} + 4\,NH_3 \text{ (Gas)}.$$

Im ersten Falle ist CaO die Komponente 1 und CO_2 die Komponente 2. Es gilt also: $a = 1/2$. Der Ausdruck (133b) ist demnach die Zersetzungswärme des Calciumcarbonats, bezogen auf ein Mol (Kohlendioxyd, Calciumoxyd oder Calciumcarbonat). Im zweiten bzw. dritten Falle bedeutet die Größe (133 b) die Zersetzungswärme des Pentahydrats bzw. Hexammins, bezogen auf ein Mol Wasser bzw. Ammoniak. Als Komponente 1 ist hierbei das Trihydrat bzw. Diammin, als Komponente 2 das Wasser bzw. Ammoniak zu wählen[1].

§ 52. Indifferente Zustände. Verallgemeinerung des Gibbs-Konowalowschen Satzes und der Clausius-Clapeyronschen Gleichung

Wir betrachten ein geschlossenes, uniformes Zwei- oder Mehrphasensystem, d.h. ein heterogenes System, dessen Begrenzungsflächen undurchlässig für Materie sind und dessen Phasen gemeinsame Temperatur und gemeinsamen Druck aufweisen. Gleichgewicht zwischen den einzelnen Phasen des Systems wird zunächst noch nicht vorausgesetzt.

Es seien bei gegebener Temperatur und gegebenem Druck Zustände des Systems möglich, die sich voneinander nur durch die Massen, nicht aber die Zusammensetzungen der einzelnen Phasen unterscheiden[2]. Solche Zustände des Systems werden nach DUHEM als *indifferente Zustände* bezeichnet. Das systematische Studium der hierfür gültigen Gesetzmäßigkeiten begann mit GIBBS[3] und ist von DUHEM[4], SAUREL[5], JOUGUET[6] und DEFAY[7] fortgesetzt worden[8].

Indifferente Zustände, bei denen das heterogene Gleichgewicht erreicht ist, wollen wir als *indifferente Gleichgewichtszustände* bezeichnen. Beispiele hierfür haben wir schon kennengelernt: beim Zweiphasengleichgewicht eines Einstoffsystems (§ 45), beim Zweiphasengleichgewicht eines Mehrstoffsystems am azeotropen Punkt (§ 50) und beim Dreiphasengleichgewicht eines Zweistoffsystems (§ 51). In allen diesen Fällen sind nämlich „indifferente Phasenumwandlungen" möglich, d.h. reversible Vorgänge, die bei gegebener Temperatur, gegebenem Druck und gegebenen

---

[1] Dieselben Endformeln würden wir natürlich auch erhalten, wenn wir z.B. $CuSO_4$ und H_2O bzw. $NiBr_2$ und NH_3 als „Komponenten" wählen würden. Dann gälte aber nicht mehr: $x' = 1$.

[2] Dies bedeutet (vgl. § 51): Die Zustände unterscheiden sich durch die extensiven, nicht aber durch die intensiven Größen in den einzelnen Phasen des Systems.

[3] GIBBS, J. W.: s. Fußnote 1 S. 54.

[4] DUHEM, P.: Traité élementaire de Mécanique chimique, Paris 1899.

[5] SAUREL, P.: Sur l'équilibre des Systèmes chimiques, Diss. Bordeaux 1900; J. Physic. Chem. 5, 21 (1901).

[6] JOUGUET, E.: J. École Polytechn. (Paris), 2e série 21, 62 (1921).

[7] DEFAY, R.: s. Fußnote 8.

[8] Vgl. auch H. W. BAKHUIS ROOZEBOOM: s. Fußnote 2 S. 122, und R. HAASE: Z. Naturforsch. 3 a, 323 (1948). Der an Details interessierte Leser sei an die Abhandlung von R. DEFAY: Bull. Acad. roy. Belgique, Classe Sciences 17, 940, 1066 (1931), verwiesen.

Zusammensetzungen der einzelnen Phasen und damit bei Wahrung des heterogenen Gleichgewichts ablaufen und die nichts weiter bewirken als die Entstehung bestimmter Mengen gewisser Phasen aus bestimmten Mengen anderer Phasen[1]. Es gehört also zu jedem *indifferenten Gleichgewicht* eine unendliche Mannigfaltigkeit von indifferenten Gleichgewichtszuständen, die sich voneinander — bei vorgeschriebener Gesamtmasse — nur durch die Massen der einzelnen Phasen unterscheiden.

Ein System befinde sich bei gegebener Temperatur und gegebenem Druck in einem Gleichgewichts- oder Nichtgleichgewichtszustand, der durch die Mengen (gesamten Molzahlen) n', n'', ..., n^φ der einzelnen Phasen und die Konzentrationen (Molenbrüche) x_1', x_1'', ..., x_1^φ, x_2', x_2'', ..., x_2^φ, ..., x_N', x_N'', ..., x_N^φ der verschiedenen Komponenten $(1, 2, ..., N)$ in den einzelnen Phasen charakterisiert ist. Es sei nun ein zweiter Zustand des Systems möglich, der sich — bei gegebenen Gesamtmengen aller Komponenten — vom ersten Zustand nur durch die Massen, nicht aber die Zusammensetzungen der einzelnen Phasen unterscheidet. Die Mengen der einzelnen Phasen im zweiten Zustand seien $n' + \Delta n'$, $n'' + \Delta n''$, ..., $n^\varphi + \Delta n^\varphi$. Dann folgt aus der Voraussetzung der gegebenen Gesamtmenge jedes einzelnen Stoffes[2]:

$$\left.\begin{aligned}
x_1' \, \Delta n' + x_1'' \, \Delta n'' + \cdots + x_1^\varphi \, \Delta n^\varphi &= 0, \\
x_2' \, \Delta n' + x_2'' \, \Delta n'' + \cdots + x_2^\varphi \, \Delta n^\varphi &= 0, \\
\cdots \cdots \cdots \cdots \cdots \cdots \cdots \cdots & \\
x_N' \, \Delta n' + x_N'' \, \Delta n'' + \cdots + x_N^\varphi \, \Delta n^\varphi &= 0.
\end{aligned}\right\} \qquad (3.134)$$

Die Zahl der Komponenten ist N, die der Phasen φ. Also sind die Gln.(134) N Gleichungen bezüglich der φ Unbekannten $\Delta n'$, $\Delta n''$, ..., Δn^φ. Wenn das homogene lineare Gleichungssystem (134) für von Null verschiedene Werte der Unbekannten erfüllbar ist, dann hat es unendlich viele Lösungen. Nach der eingangs gegebenen Definition der indifferenten Zustände folgt hieraus: Jeder durch die Molenbrüche x_1', ..., x_N^φ charakterisierte Zustand des Systems ist ein indifferenter Zustand, wenn das Gleichungssystem (134) befriedigt werden kann, und in diesem Falle gibt es eine unendliche Mannigfaltigkeit von indifferenten Zuständen, die zu verschiedenen Mengen, aber gleichen Zusammensetzungen der Phasen des Systems gehören.

Wenn $N < \varphi$, also die Zahl der Komponenten kleiner als die der Phasen ist, kann das Gleichungssystem für $\Delta n' \neq 0$, $\Delta n'' \neq 0$, ..., $\Delta n^\varphi \neq 0$ stets befriedigt werden; denn wir haben dann mehr Unbekannte

---

[1] Eine so definierte „indifferente Phasenumwandlung" wird von der holländischen Schule als „Phasenreaktion" und von Defay als „transformation complètement azéotropique" bezeichnet.

[2] Die Differenz der Molzahl n_i^α des Stoffes i in der Phase α für die beiden Zustände beträgt nämlich: $\Delta n_i^\alpha = x_i^\alpha \, \Delta n^\alpha$.

als Gleichungen. Wenn jedoch $N \geqslant \varphi$ ist, kann dem Gleichungssystem nur genügt werden, wenn bestimmte Beziehungen zwischen den Zusammensetzungen der Phasen $(x'_1, \ldots, x^\varphi_N)$, die „Indifferenzbedingungen", erfüllt sind. Wie die Algebra zeigt, lautet die notwendige und hinreichende Bedingung für die Verträglichkeit der N homogenen linearen Gleichungen (134): Alle Unterdeterminanten bis herab zur Ordnung φ, die aus der Matrix

$$M \equiv \begin{pmatrix} x'_1, & x''_1, & \ldots, & x^\varphi_1 \\ x'_2, & x''_2, & \ldots, & x^\varphi_2 \\ \cdot & \cdot & \cdot \cdot \cdot & \cdot \\ x'_N, & x''_N, & \ldots, & x^\varphi_N \end{pmatrix} \tag{3.135}$$

gebildet werden können, müssen verschwinden. Nun gibt es bei N homogenen linearen Gleichungen mit N Unbekannten *eine* Verträglichkeitsbedingung; denn in diesem Falle ist $N = \varphi$, so daß die einzige Bedingung lautet: $|M| = 0$, wobei $|M|$ die aus der Matrix M gebildete Determinante ist. Jede zusätzliche Gleichung fordert eine weitere solche Bedingung. Also gibt es bei unseren N Gleichungen mit φ Unbekannten $1 + N - \varphi$ unabhängige Bedingungen für die Erfüllbarkeit der Gleichungen, entsprechend dem Verschwinden von $1 + N - \varphi$ Unterdeterminanten der Ordnung φ, gebildet aus der Matrix M. Daraus folgt: *Die Zahl der unabhängigen Indifferenzbedingungen beträgt* $1 + N - \varphi$.

Diese Betrachtungen gelten für beliebige indifferente Zustände. Wir beschränken von nun an die Diskussion auf indifferente Gleichgewichtszustände[1].

Bei Gleichgewichtszuständen bedeutet die Bedingung $N < \varphi$ gemäß § 34: das Gleichgewicht ist nonvariant ($\varphi = N + 2$, $v = 0$) oder univariant ($\varphi = N + 1$, $v = 1$). Damit ergibt sich die Aussage: *Alle nonvarianten und univarianten Gleichgewichte sind indifferent.* Also ist die Koexistenzkurve für univariante Gleichgewichte [z. B. die $P(T)$-Kurve, vgl. § 45 und § 51] eine *indifferente Kurve*, d. h. eine Kurve, auf der jeder Punkt einem indifferenten Gleichgewicht entspricht.

Man macht sich anschaulich leicht klar, daß der einfachste Fall eines nonvarianten Gleichgewichts, d. h. der Tripelpunkt bei Einstoffsystemen (vgl. § 34), einem indifferenten Gleichgewicht entspricht: Bei Koexistenz zwischen Kristall, Flüssigkeit und Dampf kann z. B. immer eine bestimmte Menge der Flüssigkeit erstarren oder verdampfen, ohne daß die Koexistenzbedingung für die drei vorgegebenen Phasen verletzt wird. Die entsprechenden Überlegungen folgen für die einfachsten Beispiele von univarianten Gleichgewichten direkt aus § 45 und § 51.

Wenn $N \geqslant \varphi$ ist, haben wir es gemäß § 34 mit einem bi- oder plurivarianten Gleichgewicht zu tun. Hier müssen die Zusammensetzungen

---

[1] Weiteres über indifferente Nichtgleichgewichtszustände findet man bei R. Defay: s. Fußnote 8 S. 236, der die Rechnungen auch mit expliziter Berücksichtigung der chemischen Reaktionen durchgeführt hat.

der einzelnen Phasen bestimmte Bedingungen erfüllen, damit das System im indifferenten Gleichgewicht sein kann. Da es nach obigem $(1 + N - \varphi)$ unabhängige Indifferenzbedingungen gibt, steht gemäß Gl. (2.50a) für indifferente Gleichgewichte ein Freiheitsgrad zur Verfügung: Es gibt — wie bei univarianten Gleichgewichten — eine *indifferente Kurve*, z.B. eine $P(T)$-Kurve, auf der jeder Punkt einem indifferenten Gleichgewicht entspricht. Diese wichtige allgemeine Aussage geht auf Saurel[1] zurück.

Bei Zweiphasengleichgewichten ($\varphi = 2$) mit N Komponenten reduziert sich die Matrix (135) auf den Ausdruck:

$$M = \begin{pmatrix} x_1' & x_1'' \\ x_2' & x_2'' \\ \vdots & \vdots \\ x_N' & x_N'' \end{pmatrix} \tag{3.136}$$

Die Indifferenzbedingungen, deren Zahl $(N-1)$ beträgt, lauten nach unseren obigen Ausführungen:

$$\begin{vmatrix} x_i' & x_i'' \\ x_j' & x_j'' \end{vmatrix} = 0 \quad (i, j = 1, 2, \ldots, N; \quad i \neq j). \tag{3.137}$$

Diese Bedingungen sind genau dann erfüllt, wenn gilt[2]:

$$x_1' = x_1'', \; x_2' = x_2'', \; x_3' = x_3'', \; \ldots, \; x_N' = x_N''. \tag{3.138}$$

Dies sind aber gemäß Gl. (112) in § 50 die Bedingungsgleichungen für die azeotrope Kurve. Demnach finden wir: *Die azeotrope Kurve ist eine indifferente Kurve.*

Ein weiteres einfaches Beispiel ist ein ternäres Dreiphasengleichgewicht ($N = 3$, $\varphi = 3$). Hier lautet die (einzige) Indifferenzbedingung gemäß Gl. (135):

$$|M| = \begin{vmatrix} x_1' & x_1'' & x_1''' \\ x_2' & x_2'' & x_2''' \\ x_3' & x_3'' & x_3''' \end{vmatrix} = 0. \tag{3.139}$$

Diese Bedingung ist genau dann erfüllt, wenn die Zusammensetzungen der drei koexistenten Phasen solche Werte haben, daß die entsprechenden Punkte im Darstellungsdreieck (Abb. 19) auf einer Geraden liegen[3]. Daher kann im indifferenten Gleichgewicht z.B. eine bestimmte Menge der Phase ''' (Punkt P''' in Abb. 19) aus bestimmten Mengen der Phasen '

---

[1] Saurel, P.: s. Fußnote 5 S. 236.

[2] Dies sind wiederum $N - 1$ unabhängige Bedingungen, da z.B. die letzte Gleichung aus den ersten $N - 1$ Gleichungen folgt.

[3] Das sog. „Gibbssche Darstellungsdreieck" in Abb. 19 (gleichseitiges Dreieck) entspricht den „Möbiusschen Dreieckskoordinaten" in der Mathematik. Über deren geometrische Elementareigenschaften findet man Näheres bei H. W. Bakhuis Roozeboom: s. Fußnote 2 S. 122.

und $''$ (Punkte P' und P'' in Abb. 19) ohne Änderung der Zusammensetzungen der drei ternären Phasen gebildet werden („indifferente Phasenumwandlung").

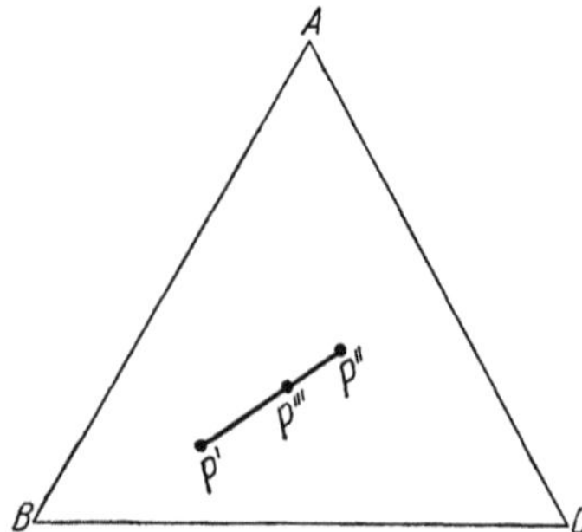

Abb. 19. Darstellungsdreieck für ein ternäres System. Die Eckpunkte (A, B, C) entsprechen den reinen Komponenten, die Grundlinien (AB, AC, BC) binären Gemischen und das Dreiecksinnere ternären Gemischen. Jeder Punkt im Dreiecksinneren (z.B. P', P'', P''') stellt eine bestimmte Zusammensetzung einer ternären Phase dar

Auch wenn zwei Phasen (z.B. $'$ und $'''$) des ternären Dreiphasensystems die gleiche Zusammensetzung aufweisen ($x_i' = x_i'''$, $i = 1, 2, 3$), ist Gl. (139) erfüllt: Dann fallen die entsprechenden Punkte im Darstellungsdreieck (P' und P''' in Abb. 19) zusammen. Es handelt sich also um einen Sonderfall der allgemeineren Indifferenzbedingung, nach der die drei Punkte auf einer Geraden liegen müssen.

Allgemein folgt: Wenn zwei Phasen des Systems (z. B. $'$ und $''$) gleiche Zusammensetzung haben ($x_i' = x_i''$, $i = 1, 2, ..., N$), dann befindet sich das System in einem indifferenten Zustand.

Bei bivarianten Gleichgewichten ($\varphi = N$) gibt es gemäß unseren obigen Ausführungen eine unabhängige Indifferenzbedingung: Die Determinante der Matrix (135) muß verschwinden. Der soeben besprochene Fall des ternären Dreiphasengleichgewichts ist ein Spezialfall eines bivarianten Gleichgewichts.

Ein binäres Zweiphasengleichgewicht stellt bezüglich der indifferenten Zustände sowohl einen Sonderfall eines Zweiphasengleichgewichtes mit N Komponenten als auch einen Spezialfall eines bivarianten Gleichgewichtes dar. Beide Betrachtungsweisen führen für $N = \varphi = 2$ auf die Indifferenzbedingung ($x \equiv x_1$):

$$\begin{vmatrix} x_1' & x_1'' \\ x_2' & x_2'' \end{vmatrix} = x_1' x_2'' - x_1'' x_2' = x'(1 - x'') - x''(1 - x') = x' - x'' = 0. \quad (3.140)$$

Dies ist die Gleichung für die binären azeotropen Punkte [Gl. (81) in § 48].

Wir leiten nun einige interessante allgemeine Gesetzmäßigkeiten für indifferente Gleichgewichte ab.

Für das Gleichgewicht von φ Phasen mit N Komponenten erhalten wir gemäß Gl. (5) folgendes Gleichungssystem:

$$\left. \begin{aligned} \bar{V}' dP - x_1' d\mu_1 - x_2' d\mu_2 \ldots - x_{\varphi-1}' d\mu_{\varphi-1} &= \bar{S}' dT + \sum_{i=\varphi}^{N} x_i' d\mu_i, \\ \bar{V}'' dP - x_1'' d\mu_1 - x_2'' d\mu_2 \ldots - x_{\varphi-1}'' d\mu_{\varphi-1} &= \bar{S}'' dT + \sum_{i=\varphi}^{N} x_i'' d\mu_i, \\ \cdots \cdots \cdots \cdots \cdots \cdots \cdots \cdots \cdots \cdots \cdots \cdots \cdots \cdots \\ \bar{V}^{\varphi} dP - x_1^{\varphi} d\mu_1 - x_2^{\varphi} d\mu_2 \ldots - x_{\varphi-1}^{\varphi} d\mu_{\varphi-1} &= \bar{S}^{\varphi} dT + \sum_{i=\varphi}^{N} x_i^{\varphi} d\mu_i. \end{aligned} \right\} \quad (3.141)$$

Dabei bedeutet $\bar{V}^\alpha$ das Molvolumen der Phase α, $\bar{S}^\alpha$ die molare Entropie der Phase α und μ_i das (für alle Phasen gleiche) chemische Potential der Komponente i. Hier interessiert nur der Fall $N \geqslant \varphi - 1$, da die Bedingung $N = \varphi - 2$ bereits nonvariantes Gleichgewicht bedeutet, für das keine „Gleichgewichtskurve" existiert. Beim univarianten Gleichgewicht ($N = \varphi - 1$) fallen die Summenausdrücke der rechten Seiten der Gln. (141) weg.

Wir behandeln das Gleichungssystem (141) als ein System von φ linearen Gleichungen bezüglich der φ Unbekannten $dP, d\mu_1, d\mu_2, \ldots, d\mu_{\varphi-1}$, das wir nach dP auflösen. Dann finden wir:

$$
\begin{vmatrix}
\bar{V}' & x_1' & x_2' & \ldots & x_{\varphi-1}' \\
\bar{V}'' & x_1'' & x_2'' & \ldots & x_{\varphi-1}'' \\
\cdot & \cdot & \cdot & \cdot & \cdot \\
\bar{V}^\varphi & x_1^\varphi & x_2^\varphi & \ldots & x_{\varphi-1}^\varphi
\end{vmatrix} dP =
\begin{vmatrix}
\bar{S}' & x_1' & x_2' & \ldots & x_{\varphi-1}' \\
\bar{S}'' & x_1'' & x_2'' & \ldots & x_{\varphi-1}'' \\
\cdot & \cdot & \cdot & \cdot & \cdot \\
\bar{S}^\varphi & x_1^\varphi & x_2^\varphi & \ldots & x_{\varphi-1}^\varphi
\end{vmatrix} dT
$$
$$
+ \sum_{i=\varphi}^{N}
\begin{vmatrix}
x_i' & x_1' & x_2' & \ldots & x_{\varphi-1}' \\
x_i'' & x_1'' & x_2'' & \ldots & x_{\varphi-1}'' \\
\cdot & \cdot & \cdot & \cdot & \cdot \\
x_i^\varphi & x_1^\varphi & x_2^\varphi & \ldots & x_{\varphi-1}^\varphi
\end{vmatrix} d\mu_i . \tag{3.142}
$$

Die Determinanten hinter dem Summationszeichen sind — bis auf das Vorzeichen, das wir für die folgenden Betrachtungen offen lassen können — nichts anderes als die Unterdeterminanten der Ordnung φ, gebildet aus der Matrix M in Gl. (135).

Bei univarianten Gleichgewichten ($N = \varphi - 1$) fällt der Summenausdruck in Gl. (142) von vornherein weg. Aber auch bei bi- und plurivarianten Gleichgewichten ($N > \varphi - 1$) kann dieser Ausdruck verschwinden, nämlich dann, wenn sämtliche Koeffizienten der $d\mu_i$ ($i = \varphi$, $\varphi + 1, \ldots, N$) Null werden. Dies ist nach unseren obigen Ausführungen dann der Fall, wenn alle Unterdeterminanten der Ordnung φ, gebildet aus der Matrix M in Gl. (135), verschwinden, d.h. wenn indifferentes Gleichgewicht vorliegt.

Da die Koeffizienten von dP und dT ihrer physikalischen Bedeutung wegen (s. unten) im allgemeinen weder Null noch unendlich werden, lautet die notwendige und hinreichende Bedingung für indifferentes Gleichgewicht für $N > \varphi - 1$ ($N \geqslant \varphi$):

$$
\left.
\begin{aligned}
\frac{\partial P}{\partial \mu_i} &= 0 \quad (i = \varphi, \varphi + 1, \ldots, N) \text{ für } T = \text{const}, \\
\frac{\partial T}{\partial \mu_i} &= 0 \quad (i = \varphi, \varphi + 1, \ldots, N) \text{ für } P = \text{const} .
\end{aligned}
\right\} \tag{3.143}
$$

Ein Gleichgewicht von N Komponenten in φ Phasen hat bei vorgegebener Temperatur bzw. vorgegebenem Druck gemäß Gl.(2.50a) $N + 1 - \varphi$ Freiheitsgrade. Man kann daher den Gleichgewichtsdruck bzw. die Gleichgewichtstemperatur im isothermen bzw. isobaren Falle als Funktion von $N + 1 - \varphi$ unabhängigen Variablen, z.B. von den $N + 1 - \varphi$ chemischen Potentialen $\mu_\varphi, \mu_{\varphi+1}, \ldots, \mu_N$, betrachten[1]. Demnach erhalten wir folgenden Satz:

Bei konstanter Temperatur bzw. konstantem Druck weist die Gleichgewichtstemperatur bzw. der Gleichgewichtsdruck bei bi- und plurivarianten Gleichgewichten genau dann einen stationären Punkt auf, wenn sich das System im indifferenten Gleichgewicht befindet.

Dies ist der *verallgemeinerte* GIBBS-KONOWALOW*sche Satz.* Bei Zweiphasensystemen reduziert er sich gemäß Gl. (138) auf die Gesetzmäßigkeit, die wir bereits in § 50 abgeleitet haben und die ihrerseits wieder eine Generalisierung des in § 47 ausgesprochenen Theorems darstellt.

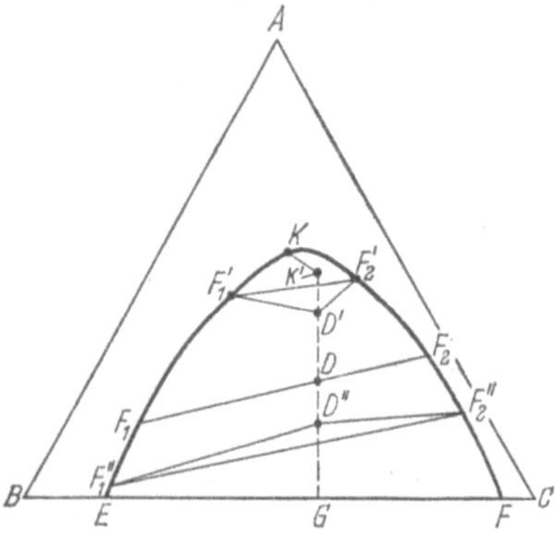

Der verallgemeinerte GIBBS-KONOWALOWsche Satz geht auf SAUREL[2] zurück. GIBBS[3] hat ihn nur für bivariante Gleichgewichte, KONOWALOW[4] lediglich für binäre Zweiphasengleichgewichte aufgestellt.

Außer den azeotropen Punkten (vgl. § 46, § 47, § 48, § 50), die — wie oben gezeigt — indifferenten Gleichgewichten entsprechen, stellt der schon besprochene Fall eines ternären Dreiphasengleichgewichts ein naheliegendes Beispiel für die Anwendung des verallgemeinerten GIBBS-KONOWALOWschen Satzes dar. So hat bei einem Dreistoffsystem, das aus zwei Flüssigkeiten im Gleichgewicht mit Dampf besteht (Abb. 19a), bei konstanter Temperatur bzw. konstantem Druck der Dampfdruck bzw. Siedepunkt, wenn man entlang einer Dreiphasenkoexistenzkurve (EF_1K, FF_2K oder GDK') fortschreitet[5], genau dort ein

Abb. 19a. Entmischungskurve (EF_1KF_2F) und zugehörige Dampfkurve (GDK') für ein ternäres System. Die durch ausgezogene Geraden miteinander verbundenen Punkte (z.B. F_1, D' und F_2') entsprechen koexistenten ternären Phasen. Die Punkte E, F und G entsprechen dem Gleichgewicht zweier binärer Flüssigkeiten mit binärem Dampf, die Punkte K und K' der ternären kritischen Flüssigkeit und dem koexistenten Dampf

---

[1] In konkreten Fällen wird man $N + 1 - \varphi$ variable Konzentrationen als unabhängige Veränderliche wählen.

[2] SAUREL, P.: s. Fußnote 5 S. 236. — [3] GIBBS, J. W.: s. Fußnote 1 S. 54.

[4] KONOWALOW, D.: s. Fußnote 5 S. 204.

[5] Als Variable kann man die Konzentration einer der drei Komponenten in einer der drei Phasen wählen.

Maximum oder Minimum[1], wo die Darstellungspunkte der drei koexistenten Phasen auf einer Geraden (F_1DF_2 in Abb. 19a) liegen.

Die Extrema auf den Dreiphasenkoexistenzkurven – häufig als „heteroazeotrope Punkte" (vgl. § 51) bezeichnet – spielen für die Destillation eine ähnliche Rolle wie ternäre azeotrope Punkte, d.h. Maxima, Minima oder Sattelpunkte auf der isothermen Dampfdruckfläche bzw. isobaren Siedefläche eines homogenen flüssigen Dreistoffgemischs (vgl. § 50). In diesem Zusammenhang ist die Frage wichtig, ob und wann die Maxima oder Minima auf den Dreiphasenkoexistenzkurven, die im Entmischungsgebiet liegen, höchste oder tiefste Punkte der gesamten Dampfdruck- bzw. Siedefläche des ternären Systems sein können. Man findet folgende allgemeine Sätze[2], die sofort plausibel erscheinen, wenn man an die entsprechenden Gesetzmäßigkeiten bei den Dampfdruck- bzw. Siedediagrammen binärer Systeme mit Mischungslücke (§ 51) denkt:

1. Ein Maximum des Dampfdrucks im Entmischungsgebiet kann nur dann der höchste Dampfdruck des gesamten ternären Systems sein, wenn die Zusammensetzung des Dampfes zwischen den Zusammensetzungen der beiden flüssigen Schichten liegt (wie es z.B. in Abb. 19a angenommen ist).

2. Ein Minimum des Dampfdrucks im Entmischungsgebiet kann nie der tiefste Dampfdruck des gesamten ternären Systems sein.

Diese Sätze werden durch das bisher vorliegende experimentelle Material bestätigt. Das sog. „azeotrope Gemisch" im ternären System Äthanol–Benzol–Wasser, das für die Gewinnung von reinem Äthylalkohol technische Bedeutung hat, entspricht einem Dampfdruckmaximum im Entmischungsgebiet, das gleichzeitig den höchsten Dampfdruck der gesamten Dampfdruckfläche des Systems darstellt.

Wie oben gezeigt, verschwindet der Summenausdruck in Gl. (142) sowohl für univariante Gleichgewichte als auch für indifferente bi- und plurivariante Gleichgewichte. Wir erhalten daher für die indifferente Kurve, die entweder eine Koexistenzkurve eines univarianten Gleichgewichts oder eine Kurve für die indifferenten Zustände eines bi- oder plurivarianten Gleichgewichts ist, folgende allgemeine Differentialgleichung:

$$D_V\, dP = D_S\, dT, \tag{3.144}$$

mit

$$D_V \equiv \begin{vmatrix} \bar{V}' & x_1' & x_2' & \dots & x_{\varphi-1}' \\ \bar{V}'' & x_1'' & x_2'' & \dots & x_{\varphi-1}'' \\ \cdot & \cdot & \cdot & \cdot & \cdot \\ \bar{V}^\varphi & x_1^\varphi & x_2^\varphi & \dots & x_{\varphi-1}^\varphi \end{vmatrix} \tag{3.144 a}$$

$$D_S \equiv \begin{vmatrix} \bar{S}' & x_1' & x_2' & \dots & x_{\varphi-1}' \\ \bar{S}'' & x_1'' & x_2'' & \dots & x_{\varphi-1}'' \\ \cdot & \cdot & \cdot & \cdot & \cdot \\ \bar{S}^\varphi & x_1^\varphi & x_2^\varphi & \dots & x_{\varphi-1}^\varphi \end{vmatrix} \tag{3.144 b}$$

---

[1] Ein Wendepunkt mit horizontaler Wendetangente scheint h'er praktisch – wie bei binären Zweiphasensystemen (§ 46) – nicht vorzukommen. Dagegen sind mehrere Extrema auf *einer* Kurve möglich und bei Auftreten eines kritischen Punktes sogar notwendig (vgl. Haase: s. Fußnote 1 S. 157).

[2] Haase, R.: s. Fußnote 1 S. 157. Wir formulieren die Sätze für die isotherme Dampfdruckfläche. Für die isobare Siedefläche gilt Analoges, wenn man beachtet, daß einem Dampfdruckmaximum ein Siedepunktsminimum usw. entspricht.

Die Differentialgleichung (144), die z. B. die Temperaturabhängigkeit des Gleichgewichtsdrucks bei univarianten Gleichgewichten oder des stationären Gleichgewichtsdrucks (Druckmaximums, Druckminimums usw.) bei bi- und plurivarianten Gleichgewichten beschreibt, geht auf SAUREL[1] zurück. Für den speziellen Fall der univarianten Gleichgewichte hat sie bereits GIBBS[2] explizit angegeben, der auch erkannte, daß für azeotrope Kurven und indifferente bivariante Gleichgewichte eine analoge Gleichung gilt und daß die CLAUSIUS-CLAPEYRONsche Gleichung (12) einen Sonderfall ($N = 1$, $\varphi = 2$) der allgemeinen Beziehung darstellt. Wir erkennen bei Beachtung von Gl. (138), daß Gl. (144) in Gl. (113) übergeht, wenn wir $\varphi = 2$ setzen. Ferner sehen wir, daß für $N = 2$, $\varphi = 3$ Gl. (124) aus Gl. (144) folgt.

Bezeichnen wir die zu den Elementen $\bar{V}'$ oder $\bar{S}'$, $\bar{V}''$ oder $\bar{S}''$, ..., $\bar{V}^{\varphi}$ oder $\bar{S}^{\varphi}$ gehörenden Unterdeterminanten (Minoren) der Determinante (144a) oder (144b) mit D', D'', ..., D^{φ}, so folgt:

$$D_V = D'\,\bar{V}' + D''\,\bar{V}'' + \cdots + D^{\varphi}\,\bar{V}^{\varphi} = \sum_{\alpha} D^{\alpha}\,\bar{V}^{\alpha}, \qquad (3.145\,\text{a})$$

$$D_S = D'\,\bar{S}' + D''\,\bar{S}'' + \cdots + D^{\varphi}\,\bar{S}^{\varphi} = \sum_{\alpha} D^{\alpha}\,\bar{S}^{\alpha}. \qquad (3.145\,\text{b})$$

Nun muß für jedes indifferente Gleichgewicht das Gleichungssystem (134) erfüllbar sein. Für univariante Gleichgewichte ($N = \varphi - 1$) können wir daher die N linearen Gleichungen in bezug auf die N Größen $\Delta n'$, $\Delta n''$, ..., $\Delta n^{\varphi-1}$ lösen. Für bi- und plurivariante Gleichgewichte können wir in analoger Weise verfahren, wenn wir nur die ersten $(\varphi - 1)$ Gleichungen in (134) betrachten. In beiden Fällen ergibt sich:

$$\frac{\Delta n'}{D_0'} = \frac{\Delta n''}{D_0''} = \cdots = \frac{\Delta n^{\varphi}}{D_0^{\varphi}}. \qquad (3.146)$$

Hierin sind die Größen D_0', D_0'', ..., D_0^{φ} die Minoren der Determinante

$$\begin{vmatrix} x_1' & x_1'' & \dots & x_1^{\varphi} \\ x_2' & x_2'' & \dots & x_2^{\varphi} \\ \cdot & \cdot & \cdot\ \cdot\ \cdot & \cdot \\ x_{\varphi-1}' & x_{\varphi-1}'' & \dots & x_{\varphi-1}^{\varphi} \\ x_{\varphi}' & x_{\varphi}'' & \dots & x_{\varphi}^{\varphi} \end{vmatrix}$$

wenn man diese nach den Elementen x_{φ}', x_{φ}'', ..., x_{φ}^{φ} entwickelt[3]. Wie der Vergleich der Determinanten (144a) und (144b) mit der obigen Determinante bei Beachtung der Definitionen der D^{α} und der D_0^{α} zeigt, gilt

---

[1] SAUREL, P.: s. Fußnote 5 S. 236.

[2] GIBBS, J. W.: s. Fußnote 1 S. 54.

[3] Gemäß Gl. (146) kann über eine der Größen Δn^{α}, z. B. Δn^{φ}, willkürlich verfügt werden. Erst dann liegen die übrigen Δn^{α}, z. B. $\Delta n'$, $\Delta n''$, ..., $\Delta n^{\varphi-1}$, eindeutig fest.

für die Beträge der verschiedenen Unterdeterminanten der Zusammenhang:

$$|D'| = |D_0'|, \; |D''| = |D_0''|, \; \ldots, \; |D^\varphi| = |D_0^\varphi|.$$

Da bei Übergang von den D^α zu den D_0^α in den Gln. (145) eventuelle Vorzeichenwechsel immer gleichzeitig für alle Terme in (145a) und (145b) auftreten, erhalten wir:

$$\frac{D_S}{D_V} = \frac{\sum\limits_\alpha D_0^\alpha \bar{S}^\alpha}{\sum\limits_\alpha D_0^\alpha \bar{V}^\alpha}. \qquad (3.147)$$

Gemäß Gl. (146) können wir hierfür auch schreiben:

$$\frac{D_S}{D_V} = \frac{\sum\limits_\alpha \bar{S}^\alpha \, \Delta n^\alpha}{\sum\limits_\alpha \bar{V}^\alpha \, \Delta n^\alpha} = \frac{\Delta S}{\Delta V}. \qquad (3.148)$$

Dabei unterscheidet sich ΔS bzw. ΔV von D_S bzw. D_V nur durch einen willkürlichen Faktor und eventuell durch das Vorzeichen. Die physikalische Bedeutung der Ausdrücke

$$\Delta S \equiv \sum_\alpha \bar{S}^\alpha \Delta n^\alpha, \qquad (3.148\,\text{a})$$

$$\Delta V \equiv \sum_\alpha \bar{V}^\alpha \Delta n^\alpha \qquad (3.148\,\text{b})$$

ist nach den eingangs gegebenen Erklärungen evident: Sie bedeuten die Entropie- bzw. Volumenänderung bei einer „indifferenten Phasenumwandlung" des Systems. Die entsprechende Enthalpieänderung („Phasenumwandlungswärme") beträgt:

$$L \equiv \Delta H \equiv \sum_\alpha \bar{H}^\alpha \Delta n^\alpha, \qquad (3.148\,\text{c})$$

worin $\bar{H}^\alpha$ die molare Enthalpie der Phase α ist. Eine indifferente Phasenumwandlung stellt einen reversiblen Vorgang dar, der isotherm und isobar abläuft. Daher folgt mit Gl. (1.226b) und (1.228) für die Änderung der freien Enthalpie G:

$$\Delta G = \Delta H - T\Delta S = L - T\Delta S = 0. \qquad (3.149)$$

Durch Vergleich von Gl. (144) mit Gl. (148) und (149) ergibt sich schließlich:

$$\frac{dP}{dT} = \frac{\Delta S}{\Delta V} = \frac{L}{T\Delta V}. \qquad (3.150)$$

Wir sehen sofort, daß die Beziehungen (82) und (114) für die azeotrope Kurve bei Zweiphasensystemen als Sonderfälle in Gl. (150) enthalten sind;

denn die azeotrope Kurve ist ein spezieller Fall der indifferenten Kurve. Ferner erkennen wir, daß die Clausius-Clapeyronsche Gleichung (16) oder die analoge Beziehung (128) für binäre Dreiphasensysteme oder allgemein jede Differentialgleichung für die $P(T)$-Kurve eines univarianten Gleichgewichts ebenfalls in Gl. (150) enthalten ist.

Gl. (150) geht auf Saurel[1] zurück. Sie wird als *verallgemeinerte Clausius-Clapeyronsche Gleichung* bezeichnet.

§ 53. Eutektische Punkte und Umwandlungspunkte in Mehrstoffsystemen

Wir betrachten ein System aus N Komponenten. Es seien N feste Phasen (Indices $'$, $''$, …, ^{N}) aus den reinen Komponenten 1, 2, …, N im Gleichgewicht mit einer flüssigen Mischphase („Schmelze" oder „Lösung"), die sämtliche Komponenten enthält. Ein solches Gleichgewicht von N Komponenten in $N + 1$ Phasen ist univariant. Legen wir also den Druck von vornherein fest, so gibt es *eine* Temperatur und *eine* Zusammensetzung der Lösung, bei der die genannten Phasen koexistieren. Wir sprechen dann — in Verallgemeinerung der Bezeichnungsweise für binäre Systeme (vgl. § 46) — von einem „eutektischen Punkt" im betrachteten Mehrstoffsystem.

Ist x_i^α der Molenbruch der Komponente i in der Phase α und wird die Flüssigkeit durch ungestrichene Symbole bezeichnet, so haben wir am eutektischen Punkt:

$$x_1' = 1, \quad x_2'' = 1, \quad …, x_N^N = 1; \tag{3.151a}$$

$$x_1 = x_1^0, \ x_2 = x_2^0, \ …, \ x_N = x_N^0, \tag{3.151b}$$

wobei der Index ^{0} die Zusammensetzung der eutektischen Lösung charakterisiert.

Für die Druckabhängigkeit der eutektischen Temperatur gilt die verallgemeinerte Clausius-Clapeyronsche Gleichung (150), wobei L und ΔV mit Hilfe der Beziehungen (144) und (148) auch explizit berechnet werden können. Wir führen die Rechnung für die Größe

$$L = \Delta H = T\Delta S,$$

d.h. die „Umwandlungswärme der indifferenten Phasenumwandlung" (vgl. § 52), durch. Wir verfügen über die Menge, auf die sich L bezieht, und über das Vorzeichen von L durch folgende Festsetzung:

$$\Delta S = D_S, \quad L = TD_S.$$

---

[1] Saurel, P.: s. Fußnote 5 S. 236.

Hieraus folgt mit Gl. (144b) und (151):

$$\frac{L}{T} = \begin{vmatrix} \bar{S}' & 1 & 0 & \ldots & 0 \\ \bar{S}'' & 0 & 1 & \ldots & 0 \\ \cdot & \cdot & \cdot & \cdot & \cdot \\ \bar{S}^N & 0 & 0 & \ldots & 1 \\ \bar{S} & x_1^0 & x_2^0 & \ldots & x_N^0 \end{vmatrix} = x_1^0 \bar{S}' + x_2^0 \bar{S}'' + \cdots + x_N^0 \bar{S}^N - \bar{S}.$$

Mit Gl. (148a) und (148c) ergibt sich dann:

$$- L = \bar{H} - (x_1^0 \bar{H}' + x_2^0 \bar{H}'' + \cdots + x_N^0 \bar{H}^N). \tag{3.152}$$

$\bar{S}$ bzw. $\bar{H}$ ist die molare Entropie bzw. molare Enthalpie der Lösung. Der Ausdruck (152) für die Phasenumwandlungswärme bei indifferentem Gleichgewicht ist so einfach, daß er auch anschaulich sofort klar ist: Es handelt sich um die Differenz zwischen der molaren Enthalpie der Lösung und der Summe der Enthalpien entsprechender Mengen der reinen festen Phasen, die in solchen Mengen „schmelzen", daß die Konzentration der Lösung unverändert und damit die Koexistenz der Phasen gewahrt bleibt[1].

Aus Gl. (9c) erhalten wir den Zusammenhang zwischen der molaren Enthalpie $\bar{H}^\alpha$ einer Phase α und den partiellen molaren Enthalpien H_k^α der Komponenten in dieser Phase:

$$\bar{H}^\alpha = \sum_{k=1}^{N} x_k^\alpha H_k^\alpha. \tag{3.153}$$

Hieraus finden wir mit Gl. (151):

$$\bar{H} = \sum_{k=1}^{N} x_k^0 H_k, \tag{3.154a}$$

$$\bar{H}' = H_1', \qquad \bar{H}'' = H_2'', \quad \ldots, \quad \bar{H}^N = H_N^N. \tag{3.154b}$$

Aus Gl. (152) und (154) leiten wir schließlich ab:

$$- L = x_1^0 (H_1 - H_1') + x_2^0 (H_2 - H_2'') + \cdots + x_N^0 \left(H_N - H_N^N\right). \tag{3.155}$$

Die partiellen molaren Enthalpien H_1, H_2, $\ldots$, H_N der Komponenten $1, 2, \ldots, N$ in der Flüssigkeit beziehen sich dabei auf die eutektische Temperatur und die Zusammensetzung der eutektischen Lösung beim betrachteten Druck.

Wir denken uns jetzt eine weitere Komponente $(N + 1)$ zu der eutektischen Lösung bei konstantem Druck hinzugefügt. Diese Komponente

---

[1] Man darf beim Vergleich von Gl. (152) mit der vorangehenden Gleichung nicht schließen, daß $\bar{H} = T\bar{S}$, $\bar{H}' = T\bar{S}'$ usw. gilt, sondern nur, daß die Beziehung $\Delta H = T \Delta S$ erfüllt ist.

soll keine Mischkristalle mit den Stoffen 1, 2, ..., N bilden. Bei vorgegebenem Druck hat das Gleichgewicht von $N + 1$ Komponenten in $N + 1$ Phasen einen Freiheitsgrad[1]: Zu jedem Wert des Molenbruches x_{N+1} der Komponente $(N + 1)$ in der Flüssigkeit gehört *eine* Gleichgewichtstemperatur T und *eine* Zusammensetzung der Schmelze, d.h. *ein* Satz von Werten der Molenbrüche x_1, x_2, ..., x_N, die von den ursprünglichen Werten x_1^0, x_2^0, ..., x_N^0 im allgemeinen verschieden sind. Man spricht daher von einer „Änderung der eutektischen Temperatur und eutektischen Zusammensetzung bei Zusatz eines Fremdstoffes". Wir wollen die allgemeine Differentialgleichung für die Änderung der eutektischen Temperatur ableiten.

Aus Gl. (1.278) folgt für konstanten Druck:

$$d\left(\frac{\mu_i^\alpha}{T}\right) = -\frac{H_i^\alpha}{T^2}\,dT + \frac{1}{T}\,D\mu_i^\alpha, \tag{3.156}$$

worin $D\mu_i^\alpha$ die infinitesimale Änderung des chemischen Potentials des Stoffes i mit der Zusammensetzung der Phase bei konstanter Temperatur und konstantem Druck bedeutet [vgl. Gl. (6)]. Beachtung der Koexistenzbedingung (2) ergibt mit Gl. (156) folgendes Gleichungssystem, wenn wir wieder die Flüssigkeit durch ungestrichene Größen und die reinen festen Phasen durch die Indices $'$, $''$, ..., ^{N} kennzeichnen:

$$d\left(\frac{\mu_1}{T}\right) = -\frac{H_1}{T^2}\,dT + \frac{1}{T}\,D\mu_1 = d\left(\frac{\mu_1'}{T}\right) = -\frac{H_1'}{T^2}\,dT,$$

$$d\left(\frac{\mu_2}{T}\right) = -\frac{H_2}{T^2}\,dT + \frac{1}{T}\,D\mu_2 = d\left(\frac{\mu_2''}{T}\right) = -\frac{H_2''}{T^2}\,dT,$$

$$\cdots \cdots \cdots \cdots \cdots \cdots \cdots \cdots \cdots$$

$$d\left(\frac{\mu_N}{T}\right) = -\frac{H_N}{T^2}\,dT + \frac{1}{T}\,D\mu_N = d\left(\frac{\mu_N^N}{T}\right) = -\frac{H_N^N}{T^2}\,dT,$$

wobei die H_i^α von den in Gl. (155) auftretenden partiellen molaren Enthalpien verschieden sind, weil sie sich auf andere Temperaturen und andere Konzentrationen beziehen. Wir erhalten aus den obigen Gleichungen:

$$D\mu_1 = (H_1 - H_1')\frac{dT}{T},$$

$$D\mu_2 = (H_2 - H_2'')\frac{dT}{T},$$

$$\cdots \cdots \cdots \cdots \cdots$$

$$D\mu_N = \left(H_N - H_N^N\right)\frac{dT}{T}.$$

Multiplizieren wir die erste, zweite, ..., N-te Gleichung mit x_1, x_2, ..., x_N und addieren, so finden wir bei Berücksichtigung von Gl. (8):

$$\left.\begin{aligned} x_1 D\mu_1 + x_2 D\mu_2 + \cdots + x_N D\mu_N &= -x_{N+1}D\mu_{N+1} \\ = \left[x_1(H_1 - H_1') + x_2(H_2 - H_2'') + \cdots + x_N\left(H_N - H_N^N\right)\right]&\frac{dT}{T}. \end{aligned}\right\} \tag{3.157}$$

---

[1] Dieses Gleichgewicht ist nicht mehr indifferent.

Diese Differentialgleichung gibt die Änderung der „eutektischen Temperatur" T mit der Zusammensetzung der Lösung bei konstantem Druck wieder. Wir werden später auf sie zurückkommen (vgl. § 76). Hier sei nur bemerkt, daß der Ausdruck in eckigen Klammern von der Art einer „Überführungsenthalpie" (vgl. § 46) ist und im Grenzfalle $x_{N+1} \to 0$ ($x_i \to x_i^0$, $i = 1, 2, \ldots, N$) gemäß Gl. (155) in die Umwandlungswärme des indifferenten Gleichgewichts von N Komponenten in $N + 1$ Phasen übergeht.

Für $N = 2$, d.h. für einen binären eutektischen Punkt, dessen Lage durch Zusatz eines dritten Stoffes (Komponente 3) verändert wird, ergibt sich gemäß Gl. (157):

$$x_1 D\mu_1 + x_2 D\mu_2 = -x_3 D\mu_3 = [x_1(H_1 - H_1') + x_2(H_2 - H_2'')]\frac{dT}{T} . \quad (3.158)$$

Der Klammerausdruck geht nach Gl. (155) für den Grenzfall $x_3 \to 0$ ($x_1 \to x_1^0$, $x_2 \to x_2^0$) in folgenden Ausdruck über, wenn wir $x_1^0 \equiv x^0$, $x_2^0 \equiv 1 - x^0$ setzen:

$$-L = x^0(H_1 - H_1') + (1 - x^0)(H_2 - H_2'') . \quad (3.159)$$

Diese Beziehung ist mit Gl. (130 b) identisch. Hier bedeutet L die Umwandlungswärme für eine indifferente Phasenumwandlung, bei der am binären eutektischen Punkt ein Mol der Lösung verschwindet.

Komplizierter werden die Verhältnisse, wenn wir einen „Umwandlungspunkt" oder „Schmelzpunkt einer inkongruent schmelzenden Verbindung" betrachten. Schon am einfachsten Beispiel, dem eines binären Systems (§ 47), erkennen wir, daß hier die festen Phasen nicht mehr aus „reinen Komponenten" bestehen. Dies bedeutet nicht etwa, daß bei einem „eutektischen Punkt" die kristallinen Phasen keine Additionsverbindungen sein dürfen — Abb. 15 (S. 210) und Abb. 16 (S. 211)überzeugen leicht vom Gegenteil —, sondern nur, daß im Falle eines Umwandlungspunktes die flüssige Mischphase nicht durch Kombination bestimmter (positiver) Mengen der festen Stoffe aufgebaut werden kann, während dies beim eutektischen Punkt stets der Fall ist. So können wir z.B. am Umwandlungspunkt des Systems Natriumsulfat—Wasser (vgl. § 47) die Lösung nicht aus wasserfreiem Natriumsulfat und Natriumsulfat-Dekahydrat zusammensetzen, weil die flüssige Phase wasserreicher als das Hydrat ist (vgl. Abb. 16 bei M'). Wir können aber am eutektischen Punkt des Systems Natriumsulfat-Dekahydrat—Wasser die Lösung (eutektische Schmelze) stets durch Kombination bestimmter Mengen der Bodenkörper (Natriumsulfat-Dekahydrat und Eis) erhalten (vgl. Abb. 16 bei E_1). Mit anderen Worten: Während wir im zweiten Falle die Stoffe $Na_2SO_4 \cdot 10 H_2O$ und H_2O als „Komponenten" ansehen dürfen, müssen wir im ersten Falle die Stoffe Na_2SO_4 und H_2O als „Komponenten" wählen, wodurch eine der kristallinen Phasen zu einer binären „Mischphase" — mit konstanter Zusammensetzung — wird. Die „indifferente Phasenumwandlung" am Umwandlungspunkt besteht in der „Reaktion"

$$2\,Na_2SO_4 \cdot 10\,H_2O \text{ (fest)} \rightleftharpoons Na_2SO_4 \text{ (fest)} + Na_2SO_4 \text{ (aq.)}.$$

Da in erster Linie der Umwandlungspunkt in einem binären System und seine Verschiebung durch Zusatz einer dritten Komponente interessiert, beschränken wir die folgende Diskussion auf diesen Fall.

Die Druckabhängigkeit der Umwandlungstemperatur in einem binären System haben wir bereits in § 51 diskutiert. Dort ist auch der Ausdruck für die Umwandlungswärme L_0 bei einer indifferenten Phasenumwandlung am Umwandlungspunkt, bezogen auf ein Mol der Lösung, abgeleitet worden [Gl. (132b)]:

$$-L_0 = x^0 \left[H_1 + \frac{a - x^0}{x^0(1-a)} H_1' - \frac{a(1-x^0)}{x^0(1-a)} H_1'' \right] + (1-x^0)(H_2 - H_2''). \quad (3.160)$$

Hierin ist x^0 bzw. a der Molenbruch der Komponente 1 in der Lösung bzw. in der festen Verbindung. Die partiellen molaren Enthalpien H_i^α beziehen sich auf den Umwandlungspunkt des binären Systems. Die ungestrichenen Symbole kennzeichnen die Flüssigkeit, die einfach gestrichenen Größen die reine feste Phase (bestehend aus der Komponente 1) und die doppelt gestrichenen Symbole die feste Verbindung.

Wir betrachten nun ein ternäres System, das aus dem beschriebenen binären System durch Zusatz einer weiteren Komponente (3) zur flüssigen Phase hervorgeht. Bei gegebenem Druck wird jetzt die Gleichgewichtstemperatur T und die Gleichgewichtszusammensetzung der Flüssigkeit ($x_1 \neq x_1^0$, $x_2 \neq x_2^0$) vom Molenbruch x_3 des Stoffes 3 in der Lösung abhängen. Man spricht daher von einer „Änderung der Umwandlungstemperatur und der Zusammensetzung der Lösung bei Zusatz eines Fremdstoffes". Wir leiten die allgemeine Differentialgleichung für die Änderung der Umwandlungstemperatur bei konstantem Druck ab.

Aus Gl. (2) und Gl. (156) ergibt sich für den vorliegenden Fall:

$$d\left(\frac{\mu_1}{T}\right) = -\frac{H_1}{T^2} dT + \frac{1}{T} D\mu_1 = d\left(\frac{\mu_1'}{T}\right) = -\frac{H_1'}{T^2} dT = d\left(\frac{\mu_1''}{T}\right) = -\frac{H_1''}{T^2} dT,$$

$$d\left(\frac{\mu_2}{T}\right) = -\frac{H_2}{T^2} dT + \frac{1}{T} D\mu_2 = d\left(\frac{\mu_2''}{T}\right) = -\frac{H_2''}{T^2} dT.$$

Hieraus folgt:

$$D\mu_1 = (H_1 - H_1') \frac{dT}{T} = (H_1 - H_1'') \frac{dT}{T},$$

$$D\mu_2 = (H_2 - H_2'') \frac{dT}{T}.$$

Wir finden also für die isobare Koexistenzkurve zunächst:

$$H_1' = H_1'', \quad (3.161)$$

sodann mit Hilfe von Gl. (8):

$$x_1\,D\mu_1 + x_2\,D\mu_2 = -\,x_3\,D\mu_3 = [x_1\,(H_1 - H_1') + x_2\,(H_2 - H_2'')]\,\frac{dT}{T}\,. \qquad (3.162)$$

Diese Differentialgleichung, die der Beziehung (158) analog ist, beschreibt die Änderung der „Umwandlungstemperatur" mit der Zusammensetzung der Lösung bei konstantem Druck. Wir werden sie später näher diskutieren (vgl. § 76). Hier sei nur darauf hingewiesen, daß im Grenzfalle $x_3 \to 0\,(x_1 \to x^0,\ x_2 \to 1 - x^0)$ der Klammerausdruck in Gl. (162) infolge der Beziehung (161) mit der Größe $-L_0$ in Gl. (160) identisch wird.

4. Kapitel

Gase

§ 54. Einleitung

In den vorangehenden Kapiteln haben wir spezielle Ansätze für die Zustandsfunktionen der thermodynamischen Systeme nicht benutzt, ausgenommen in Fällen, bei denen gewisse Gesetzmäßigkeiten für Gase entweder zur Entwicklung des Temperaturbegriffs (§ 2, § 3, § 12) oder zur Erläuterung und Vereinfachung von allgemeinen Formeln und Sätzen (§ 13, § 14, § 45, § 46, § 48, § 51) benötigt wurden. In den nun folgenden Kapiteln werden spezielle Stoffzustände (Gase und kondensierte Phasen) eingehender untersucht.

Die Ansätze für die Zustandsfunktionen können nicht der Thermodynamik selbst, sondern nur der Statistischen Mechanik oder der Erfahrung entnommen werden. Die Aufgabe der Thermodynamik besteht hier darin, die aus den speziellen Ansätzen folgenden Zusammenhänge zwischen verschiedenen Größen herzuleiten und zu diskutieren. Die in den ersten drei Kapiteln abgeleiteten Formeln und Sätze bilden nach wie vor die Grundlage unserer Betrachtungen.

§ 55. Allgemeines über reine Gase

Ein „reines Gas" ist eine Gasphase, die einen einzigen Stoff enthält. Den Ausgangspunkt für die Erforschung der thermodynamischen Eigenschaften eines reinen Gases bildet die „Zustandsgleichung", d.h. ein funktionaler Zusammenhang, der das Molvolumen $\bar{V}$, die absolute Temperatur T und den Druck P miteinander verknüpft (vgl. § 3):

$$\bar{V} = \bar{V}\,(T, P)\,. \qquad (4.1)$$

Gemäß § 24 kann man alle thermodynamischen Eigenschaften einer Phase ableiten, wenn man eine „Fundamentalgleichung" in integrierter Form kennt, d.h. eine charakteristische Funktion in Abhängigkeit von den zugehörigen unabhängigen Zustandsvariablen. So würde bei einem Einstoffsystem z.B. die Kenntnis der Funktion

$$\bar{F} = \bar{F}(T, \bar{V})$$

oder der Funktion

$$\mu = \bar{G} = \bar{G}(T, P),$$

d.h. der molaren Freien Energie $\bar{F}$ in Abhängigkeit von T und $\bar{V}$ oder der molaren Freien Enthalpie $\bar{G}$ (bzw. des chemischen Potentials μ) in Abhängigkeit von T und P, die Herleitung aller übrigen Zustandsfunktionen der Phase gestatten.

Die Zustandsgleichung (1) ist keine Fundamentalgleichung. Mit ihrer Hilfe können wir zwar z.B. die Volumen- oder Druckabhängigkeit der molaren Freien Energie $\bar{F}$, der molaren Entropie $\bar{S}$, der molaren inneren Energie $\bar{U}$, der molaren Freien Enthalpie $\bar{G}$ und der molaren Enthalpie $\bar{H}$, nicht aber die Temperaturabhängigkeit dieser Größen ermitteln. Es gilt nämlich [Gln. (1.145), (1.146), (1.152), (2.93), (2.103), (2.108), (2.109), (2.119), (2.122)]:

$$\left(\frac{\partial \bar{F}}{\partial \bar{V}}\right)_T = -P, \tag{4.2}$$

$$\left(\frac{\partial \bar{S}}{\partial \bar{V}}\right)_T = \left(\frac{\partial P}{\partial T}\right)_V, \tag{4.3}$$

$$\left(\frac{\partial \bar{U}}{\partial \bar{V}}\right)_T = T\left(\frac{\partial P}{\partial T}\right)_V - P, \tag{4.4}$$

$$\left(\frac{\partial \bar{G}}{\partial P}\right)_T = \bar{V}, \tag{4.5}$$

$$\left(\frac{\partial \bar{S}}{\partial P}\right)_T = -\left(\frac{\partial \bar{V}}{\partial T}\right)_P, \tag{4.6}$$

$$\left(\frac{\partial \bar{H}}{\partial P}\right)_T = \bar{V} - T\left(\frac{\partial \bar{V}}{\partial T}\right)_P, \tag{4.7}$$

$$\left(\frac{\partial \bar{F}}{\partial T}\right)_V = -\bar{S}, \tag{4.8}$$

$$\left(\frac{\partial \bar{G}}{\partial T}\right)_P = -\bar{S}, \tag{4.9}$$

$$\left(\frac{\partial \bar{U}}{\partial T}\right)_V = T\left(\frac{\partial \bar{S}}{\partial T}\right)_V = -T\left(\frac{\partial^2 \bar{F}}{\partial T^2}\right)_V = \bar{C}_V, \tag{4.10}$$

$$\left(\frac{\partial \bar{H}}{\partial T}\right)_P = T\left(\frac{\partial \bar{S}}{\partial T}\right)_P = -T\left(\frac{\partial^2 \bar{G}}{\partial T^2}\right)_P = \bar{C}_P. \tag{4.11}$$

Hierbei bedeutet $\bar{C}_V$ bzw. $\bar{C}_P$ die Molwärme bei konstantem Volumen bzw. konstantem Druck. Ferner haben wir definitionsgemäß [vgl. Gln. (1.211), (1.213), (1.215) und (2.75)]:

$$\bar{H} = \bar{U} + P\bar{V}, \tag{4.12}$$

$$\bar{F} = \bar{U} - T\bar{S}, \tag{4.13}$$

$$\mu = \bar{G} = \bar{H} - T\bar{S} = \bar{F} + P\bar{V}. \tag{4.14}$$

Die Beziehungen (2) bis (14) sind für beliebige Phasen mit einer Komponente gültig.

Obwohl demnach zur vollständigen thermodynamischen Beschreibung eines Gases außer der Zustandsgleichung auch die Molwärme $\bar{C}_V$ oder $\bar{C}_P$ in Abhängigkeit von der Temperatur und gewisse Integrationskonstanten[1] bekannt sein müssen, ermöglicht die Kenntnis der experimentell leicht zugänglichen Zustandsgleichung schon einen gewissen Überblick. Insbesondere beruht die Einteilung in „ideale Gase" (§ 56) und „reale Gase" (§ 57) allein auf der Gestalt der Zustandsgleichung.

Wir können mit Hilfe der Zustandsgleichung (1) durch Integration der Differentialgleichungen (2) bis (7) die thermodynamischen Funktionen in Abhängigkeit von $\bar{V}$ oder P bei vorgegebener Temperatur anschreiben, wobei Integrationskonstanten auftreten, die unbekannte Funktionen der Temperatur sind. Man verfährt z. B. folgendermaßen: Man setzt Gl. (1) in Gl. (5) ein, integriert nach P bei $T = \text{const}$ und findet so eine Beziehung

$$\bar{G} = \mu = \mu^+ + f(P, T), \tag{4.15}$$

wobei μ^+ eine nur von der Temperatur abhängige Integrationskonstante und $f(P, T)$ eine aus der Zustandsgleichung (1) folgende Funktion ist. Durch Anwendung der Definitionsgleichungen (12) bis (14) und der Differentialbeziehungen (9) bis (11) erhält man aus Gl. (15) die Ausdrücke für $\bar{F}$, $\bar{S}$, $\bar{U}$, $\bar{H}$, $\bar{C}_V$, $\bar{C}_P$ und schließlich daraus alle übrigen interessierenden isothermen Zusammenhänge.

Die Zustandsgleichung (1) findet man experimentell aus $P\text{--}\bar{V}\text{--}T$-Daten. Die Statistische Mechanik liefert — soweit die mathematischen Schwierigkeiten bei den Rechnungen überwindbar sind — direkt eine Fundamentalgleichung, z. B. die Funktion $\bar{F}(T, \bar{V})$, woraus dann die Zustandsgleichung gemäß Gl. (2), aber auch alle übrigen Größen, etwa die Entropie gemäß Gl. (8) oder die Molwärme gemäß Gl. (10), abgeleitet werden können.

Wir besprechen noch drei meßbare Größen, die mit der Zustandsgleichung in unmittelbarem Zusammenhang stehen: die Differenz der Molwärmen $(\bar{C}_P - \bar{C}_V)$, den GAY-LUSSAC-JOULE-Koeffizienten (η) und den JOULE-THOMSON-Koeffizienten (ε).

---

[1] Vgl. § 58.

Die Differenz der Molwärmen beträgt gemäß § 13:

$$\bar{C}_P - \bar{C}_V = -T\,\frac{(\partial \bar{V}/\partial T)_P^2}{(\partial \bar{V}/\partial P)_T}\,.\qquad(4.16)$$

Sie kann demnach aus der Zustandsgleichung berechnet werden.

Der GAY-LUSSAC-JOULE-Effekt, d. h. die Temperaturänderung durch Ausdehnung ins Vakuum bei konstanter innerer Energie, wird gemäß § 8 und § 14 beschrieben durch den Ausdruck [vgl. Gl. (2.92)]

$$-\eta \equiv \lim_{\Delta \bar{V}\to 0}\left(\frac{\Delta T}{\Delta \bar{V}}\right)_{\bar{U}=\text{const}} = \left(\frac{\partial T}{\partial \bar{V}}\right)_{\bar{U}} = -\frac{(\partial \bar{U}/\partial \bar{V})_T}{(\partial \bar{U}/\partial T)_{\bar{V}}}\,,\qquad(4.17)$$

worin ΔT bzw. $\Delta \bar{V}$ die Zunahme der Temperatur bzw. des Molvolumens bei der Ausdehnung bedeutet. Aus Gl. (4), (10) und (17) folgt für den GAY-LUSSAC-JOULE-Koeffizienten:

$$\eta = \frac{1}{\bar{C}_V}\left[T\left(\frac{\partial P}{\partial T}\right)_V - P\right].\qquad(4.18)$$

Der JOULE-THOMSON-Effekt, d. h. die Temperaturänderung durch Drosselung bei konstanter Enthalpie, wird gemäß § 12 und § 14 beschrieben durch den Ausdruck

$$\varepsilon \equiv \lim_{\Delta P\to 0}\left(\frac{\Delta T}{\Delta P}\right)_{\bar{H}=\text{const}} = \left(\frac{\partial T}{\partial P}\right)_{\bar{H}} = -\frac{(\partial \bar{H}/\partial P)_T}{(\partial \bar{H}/\partial T)_P}\,,\qquad(4.19)$$

worin ΔT bzw. ΔP die Abnahme der Temperatur bzw. des Druckes bei der Drosselung bedeutet. Aus Gl. (7), (11) und (19) folgt für den JOULE-THOMSON-Koeffizienten:

$$\varepsilon = \frac{1}{\bar{C}_P}\left[T\left(\frac{\partial \bar{V}}{\partial T}\right)_P - \bar{V}\right].\qquad(4.20)$$

Bei Kenntnis von $\bar{C}_V$ bzw. $\bar{C}_P$ lassen sich durch Messung von η bzw. ε gemäß Gl. (18) bzw. (20) Aussagen über die Zustandsgleichung gewinnen. Die Koeffizienten ε und η können positiv, negativ oder Null sein (vgl. § 57). Der JOULE-THOMSON-Effekt ist leichter meßbar und von größerer praktischer Bedeutung als der GAY-LUSSAC-JOULE-Effekt, der in erster Linie eine historische Rolle gespielt hat (vgl. § 11).

§ 56. Ideale Gase

Gemäß § 3 und § 12 gilt für jedes beliebige reine Gas die Beziehung [vgl. Gl. (1.2) und Gl. (1.136)]:

$$\lim_{P\to 0} P\bar{V} = RT.\qquad(4.21)$$

Hierin ist R die Gaskonstante [Gl. (1.139)]. Wenn ein reines Gas auch bei Drucken $P > 0$ durch die Zustandsgleichung [vgl. Gl. (1.138)]

$$P\bar{V} = R\,T \tag{4.22}$$

innerhalb der Meßgenauigkeit beschrieben werden kann, so wird es als *ideales Gas* bezeichnet (vgl. § 3). Strenggenommen existieren ideale Gase nicht: Nur das universelle Grenzgesetz (21) ist korrekt, während Gl. (22) stets eine Näherung darstellt. Wie gut diese Näherung ist, hängt bei vorgegebener Temperatur von der Natur des Gases und der Meßgenauigkeit ab. Vom Standpunkt der Statistischen Mechanik ist ein ideales Gas ein System von gleichen Molekeln, deren Wechselwirkungen vernachlässigbar sind.

Aus Gl. (4), (7), (16), (18) und (20) folgt mit Gl. (22) für ideale Gase:

$$\left(\frac{\partial \bar{U}}{\partial \bar{V}}\right)_T = 0, \quad \left(\frac{\partial \bar{H}}{\partial P}\right)_T = 0, \tag{4.23}$$

$$\bar{C}_P - \bar{C}_V = R, \tag{4.24}$$

$$\eta = 0, \quad \varepsilon = 0. \tag{4.25}$$

Diese Ergebnisse sind uns bereits aus § 11 bis § 14 bekannt.

Wir setzen nun die Zustandsgleichung (22) in die Differentialbeziehung (5) ein und integrieren bei konstanter Temperatur von einem willkürlich gewählten „Standarddruck" P^+ bis zu einem beliebigen Druck P. Dann erhalten wir:

$$\bar{G}(P) = \mu(P) = \mu(P^+) + R\,T \ln\frac{P}{P^+} \quad (T = \text{const})$$

oder mit $\mu^+ \equiv \mu(P^+)$ in der Schreibweise von Gl. (15):

$$\bar{G} = \mu = \mu^+ + R\,T \ln\frac{P}{P^+}. \tag{4.26}$$

Hierin ist die Integrationskonstante μ^+ ein „Standardwert" des chemischen Potentials, der nur von der Temperatur abhängt. (μ^+ bedeutet den Wert von μ für $P = P^+$.)

Aus Gl. (26) leiten wir leicht die entsprechenden Ausdrücke für andere Zustandsfunktionen ab. So finden wir mit Gl. (9) für die molare Entropie (als Funktion von P):

$$\bar{S} = -\frac{d\mu^+}{dT} - R \ln\frac{P}{P^+}, \tag{4.27}$$

mit Gl. (14) für die molare Enthalpie:

$$\bar{H} = \mu^+ - T\frac{d\mu^+}{dT}, \tag{4.28}$$

mit Gl. (14) und (22) für die molare Freie Energie (als Funktion von $\bar{V}$):

$$\bar{F} = \mu^+ - RT + RT \ln \frac{RT}{P + \bar{V}}, \tag{4.29}$$

mit Gl. (8) oder Gl. (22) und (27) für die molare Entropie (als Funktion von $\bar{V}$)[1]:

$$\bar{S} = -\frac{d\mu^+}{dT} - R \ln \frac{RT}{P + \bar{V}}, \tag{4.30}$$

mit Gl. (12), (22) und (28) für die molare innere Energie:

$$\bar{U} = \mu^+ - T \frac{d\mu^+}{dT} - RT, \tag{4.31}$$

mit Gl. (10) für die Molwärme bei konstantem Volumen:

$$\bar{C}_V = -T \frac{d^2 \mu^+}{dT^2} - R, \tag{4.32}$$

mit Gl. (11) für die Molwärme bei konstantem Druck [vgl. auch Gl. (24)]:

$$\bar{C}_P = -T \frac{d^2 \mu^+}{dT^2}. \tag{4.33}$$

Demnach sind bei idealen Gasen folgende Größen bei vorgegebener Temperatur vom Druck oder Volumen unabhängig: $P\bar{V}$, $\bar{U}$, $\bar{H}$, $\bar{C}_V$, $\bar{C}_P$. Sie lassen sich sämtlich durch R, T, μ^+ und die Differentialquotienten von μ^+ nach T ausdrücken[2].

§ 57. Reale Gase: Zustandsgleichung

Ein wirkliches Gas befolgt gemäß § 56 nie genau die Zustandsgleichung (22). Daher wird ein *reales Gas* eine kompliziertere Zustandsgleichung als ein ideales Gas aufweisen. Da das universelle Grenzgesetz (21) aber stets erfüllt sein muß, liegt folgender Ansatz für reale Gase nahe:

$$P\bar{V} = RT + B'P + C'P^2 + \cdots \tag{4.34}$$

bzw.

$$P\bar{V} = RT \left(1 + \frac{B}{\bar{V}} + \frac{C}{\bar{V}^2} + \cdots \right), \tag{4.35}$$

worin die Koeffizienten B', C', ... bzw. B, C, ... unabhängig vom Druck sind. Die Erfahrung zeigt, daß die Ansätze (34) und (35) das Verhalten der realen Gase beschreiben, wenn man die genannten Koeffizienten als Temperaturfunktionen betrachtet, die individuelle Konstanten enthalten. Der Koeffizient B wird als *zweiter Virialkoeffizient*, C als *dritter Virialkoeffizient* bezeichnet, usw. Diese Namen deuten den Zusammenhang der Koeffizienten mit den Kräften zwischen den Gasmolekeln an.

---

[1] Gl. (30) ist offensichtlich in Übereinstimmung mit Gl. (1.120) in § 11.
[2] Näheres über μ^+ in § 58.

Für einen gegebenen Druckbereich läßt sich erfahrungsgemäß das Verhalten eines realen Gases durch Gl. (35) besser als durch Gl. (34) wiedergeben, wenn man dieselbe Zahl von Koeffizienten benutzt. Da auch vom molekulartheoretischen Standpunkt der Ansatz (35) den Vorzug verdient, knüpfen die meisten neueren Zustandsgleichungen an diese „Virialform" der Zustandsgleichung an, die auf KAMERLINGH-ONNES[1] zurückgeht. Doch läßt sich prinzipiell Gl. (35) immer auf die Form (34) bringen.

Die empirische Beschreibung des gesamten Zustandsgebietes eines realen Gases — unter Berücksichtigung der Kondensation und der kritischen Erscheinungen — gelingt quantitativ nur dann, wenn man mehrere Koeffizienten in der Reihenentwicklung (34) oder (35) beibehält, wobei jeder Koeffizient temperaturabhängig ist und mehrere individuelle Konstanten enthält. Die Molekularstatistik fordert sogar eine unendliche Reihe der Form (34) oder (35)[2].

Man kann jedoch die Phänomene der Kondensation, die kritischen Erscheinungen und die Gestalt der P–$\bar{V}$-Isothermen mit einfacheren Zustandsgleichungen *qualitativ* beschreiben. Diese Gleichungen brauchen allerdings nicht mehr in der Form (34) oder (35) mit einer *endlichen* Zahl von Koeffizienten darstellbar zu sein.

Das bekannteste Beispiel für eine solche qualitativ richtige Zustandsgleichung ist die Gleichung von VAN DER WAALS[3]:

$$\left(P + \frac{a}{\bar{V}^2}\right)(\bar{V} - b) = RT \tag{4.36}$$

mit den beiden individuellen positiven Konstanten a und b. Diese älteste Zustandsgleichung (1873) für reale Gase ist der Prototyp für zahlreiche andere Gleichungen ähnlicher Art. Sie hat historisch eine große Rolle gespielt; denn sie ermöglichte erstmalig die Zurückführung der Phänomene der Kondensation und der kritischen Erscheinungen auf molekulare Vorstellungen, nämlich auf die von VAN DER WAALS molekulartheoretisch interpretierten Konstanten a und b. Wie die moderne Statistische Mechanik zeigt, ist die VAN DER WAALSsche Zustandsgleichung in ihrer allgemeinen Form nicht haltbar (vgl. § 43). Nur bei niedrigen Drucken und hohen Temperaturen, bei denen sie dem Abbruch der Reihenentwicklung (34) nach dem ersten Term ($B' P$) entspricht, behält

---

[1] KAMERLINGH-ONNES, H.: Commun. Physic. Lab. Univ. Leiden **71** (1901). — H. KAMERLINGH-ONNES u. W. H. KEESOM: Commun. Physic. Lab. Univ. Leiden **11**, Suppl. 23 (1912).

[2] Bezüglich der modernen statistischen Theorien der Kondensation und der kritischen Erscheinungen s. MAYER: s. Fußnote 3 S. 104.

[3] VAN DER WAALS, J. D.: Die Continuität des gasförmigen und flüssigen Zustandes, Leipzig 1881.

sie — sowohl nach der Molekulartheorie als auch gemäß der Erfahrung — eine gewisse Berechtigung (vgl. unten). Damit wird aber ihre früher angenommene fundamentale Bedeutung hinfällig.

Weitere bekannte Zustandsgleichungen mit nur zwei individuellen positiven Konstanten (A und b bzw. a' und b) sind die semiempirischen Gleichungen von DIETERICI[1]

$$P(\bar{V} - b) = RT\, e^{-\frac{A}{RT\bar{V}}} \tag{4.37}$$

und von BERTHELOT[2]

$$\left(P + \frac{a'}{T\bar{V}^2}\right)(\bar{V} - b) = RT. \tag{4.38}$$

Auch diese Gleichungen sind weder vom theoretischen noch vom empirischen Standpunkt befriedigend.

Zustandsgleichungen mit zwei individuellen Konstanten erweisen sich indessen in praktischer Hinsicht als nützlich, wenn man entweder nur einen beschränkten Temperatur- und Druckbereich betrachtet (vgl. unten) oder aus relativ wenigen experimentellen Daten (z.B. allein aus der kritischen Temperatur und dem kritischen Druck) einen ungefähren Gesamtüberblick gewinnen will.

Nach REDLICH und KWONG[3] bewährt sich die Zustandsgleichung

$$P = \frac{RT}{\bar{V} - b^*} - \frac{a^*}{\sqrt{T}\,\bar{V}(\bar{V} + b^*)} \tag{4.39}$$

mit den beiden empirischen positiven Parametern a^* und b^* bei der annähernden Beschreibung des thermodynamischen Verhaltens realer Gase innerhalb eines großen Temperatur- und Druckbereiches und ist den bisher vorgeschlagenen Zustandsgleichungen mit zwei individuellen Konstanten in dieser Hinsicht überlegen.

Für den kritischen Punkt (vgl. § 42) gelten drei Gleichungen: die Zustandsgleichung und die beiden Bedingungen (2.176)

$$\left(\frac{\partial P}{\partial \bar{V}}\right)_T = 0, \quad \left(\frac{\partial^2 P}{\partial \bar{V}^2}\right)_T = 0. \tag{4.40}$$

Enthält daher die Zustandsgleichung — wie Gl. (36) bis (39) — zwei individuelle Konstanten (Parameter) α und β neben der universellen Konstanten R, so lassen sich α, β und R durch die kritische Temperatur T_K, den kritischen Druck P_K und das kritische Molvolumen $\bar{V}_K$ ausdrücken. Setzt man die Ausdrücke für α, β und R in die Zustandsgleichung ein und beachtet, daß aus Dimensionsgründen die Variablen T, P und $\bar{V}$ nur in

---

[1] DIETERICI, C.: Ann. Physik **69**, 685 (1899); **5**, 51 (1901).

[2] BERTHELOT, D.: Trav. Bur. Int. Poids Mes. **13**, 113 (1907).

[3] REDLICH, O. u. J. N. S. KWONG: Chem. Reviews **44**, 233 (1949).

den Kombinationen $T/T_K \equiv T_r$, $P/P_K \equiv P_r$, $\bar{V}/\bar{V}_K \equiv \bar{V}_r$ auftreten können, so findet man eine „reduzierte Zustandsgleichung"

$$\varphi(T_r, P_r, \bar{V}_r) = 0, \tag{4.41}$$

worin φ eine universelle Funktion ist. Die dimensionslosen Variablen T_r, P_r und $\bar{V}_r$ heißen „reduzierte Temperatur", „reduzierter Druck" und „reduziertes Molvolumen".

Die Behauptung der Existenz der universellen Funktion (41) wird als „Theorem der übereinstimmenden Zustände" bezeichnet. Obwohl erfahrungsgemäß zweiparametrige Zustandsgleichungen das Verhalten der realen Gase nur qualitativ beschreiben, gilt das genannte Theorem für einige Stoffgruppen (z. B. Argon, Krypton und Xenon) mit beachtlicher Genauigkeit und für viele andere Substanzklassen mit guter Näherung. Der Grund für diese Tatsache ist darin zu erblicken, daß die Gültigkeit des Theorems nicht auf einer bestimmten analytischen Form der Zustandsgleichung, sondern auf gewissen molekularstatistischen Ähnlichkeitsbeziehungen beruht, die sich makroskopisch nicht formulieren lassen[1].

Für höhere Ansprüche bezüglich der empirischen Wiedergabe von experimentellen Daten muß man kompliziertere Zustandsgleichungen benutzen. Die bekanntesten empirischen Gleichungen dieser Art sind diejenige von KEYES[2] mit vier individuellen Konstanten, diejenige von BEATTIE und BRIDGEMAN[3] mit fünf Parametern und diejenige von BENEDICT, WEBB und RUBIN[4] mit acht Parametern. Wir beschränken uns[5] auf die Mitteilung der Zustandsgleichung von BEATTIE und BRIDGEMAN, die sich in der Virialform (35) mit drei Koeffizienten schreiben läßt:

$$P\bar{V} = RT \left(1 + \frac{B}{\bar{V}} + \frac{C}{\bar{V}^2} + \frac{D}{\bar{V}^3} \right), \tag{4.42}$$

wobei für die drei Virialkoeffizienten gilt:

$$B = B_0 - \frac{A_0}{RT} - \frac{c}{T^3}, \tag{4.42 a}$$

$$C = -B_0 b + \frac{A_0 a}{RT} - \frac{B_0 c}{T^3}, \tag{4.42 b}$$

$$D = \frac{B_0 b c}{T^3}. \tag{4.42 c}$$

---

[1] Vgl. hierzu K. PITZER: J. Chem. Physics **7**, 583 (1939), sowie GUGGENHEIM: s. Fußnote 3 S. 187.

[2] KEYES, F. G.: J. Amer. Soc. Refrig. Engrs. **1**, 9 (1914); Proc. Nat. Acad. Sci. U. S. **3**, 323 (1917).

[3] BEATTIE, J. A. u. O. C. BRIDGEMAN: J. Amer. Chem Soc. **49**, 1665 (1927); Proc. Amer. Acad. Arts Sci. **63**, 229 (1928); Z. Physik **62**, 95 (1930).

[4] BENEDICT, M., G. B. WEBB u. L. C. RUBIN: J. Chem. Physics **8**, 344 (1940).

[5] Ausführlichere Angaben findet man im Artikel von BEATTIE u. STOCKMAYER im Lehrbuch von H. S. TAYLOR u. S. GLASSTONE: A Treatise on Physical Chemistry, 3. Aufl., New York, Toronto u. London, 2. Band, 1951.

17*

Hierin sind die Parameter A_0, B_0, a, b und c empirische individuelle Konstanten.

Die weitere Diskussion beschränken wir der Einfachheit halber auf so niedrige Drucke, daß in Gl. (34) bzw. (35) alle Terme außer demjenigen mit B' bzw. B vernachlässigt werden können („mäßig komprimierte" oder „schwach reale" Gase):

$$P\bar{V} = RT + B'P$$

bzw.

$$P\bar{V} = RT\left(1 + \frac{B}{\bar{V}}\right).$$

Da im Rahmen dieser Näherung im zweiten Glied (Korrekturterm) der obigen Gleichungen $P\bar{V} = RT$ gesetzt werden darf, erhalten wir[1]:

$$B = B'. \tag{4.43}$$

Wir können also für niedrige Drucke (gewöhnlich bis zur Größenordnung einiger Atmosphären) ansetzen:

$$P\bar{V} = RT + BP. \tag{4.44}$$

Diese Beziehung ist mit Gl. (1.137) in § 12 identisch. Sie darf jedoch nicht zur Beschreibung der Kondensation und der kritischen Erscheinungen benutzt werden, weil für diese Phänomene der dritte und die höheren Virialkoeffizienten wesentlich sind.

Wenn wir die verschiedenen zweiparametrigen Zustandsgleichungen (36), (37), (38) und (39) gemäß Gl. (34) entwickeln und nach dem ersten Glied abbrechen, erhalten wir verschiedene Ausdrücke für die Temperaturabhängigkeit des zweiten Virialkoeffizienten:

$$B = b \ - \frac{a}{RT} \qquad \text{(van der Waals)}, \tag{4.45}$$

$$B = b \ - \frac{A}{RT} \qquad \text{(Dieterici)}, \tag{4.46}$$

$$B = b \ - \frac{a'}{RT^2} \qquad \text{(Berthelot)}, \tag{4.47}$$

$$B = b* - \frac{a*}{RT^{\frac{3}{2}}} \qquad \text{(Redlich und Kwong)}. \tag{4.48}$$

Alle diese Beziehungen für B enthalten die beiden individuellen Konstanten der zweiparametrigen Zustandsgleichungen. Die Erfahrung zeigt, daß die obigen Gleichungen nur für höhere Temperaturen das Verhalten der schwach realen Gase in erster Näherung beschreiben. Dies folgt auch

---

[1] Diese Beziehung bleibt auch bei Fortführen der Reihenentwicklung in Gl. (34) bzw. (35) gültig (vgl. § 61).

aus dem Vergleich von Gl. (45) bis (48) mit dem Ausdruck (42a), der B gemäß der genaueren BEATTIE-BRIDGEMANSchen Gleichung angibt.

Der zweite Virialkoeffizient B ist nach verschiedenen Methoden molekularstatistisch berechnet worden[1]. Er entspricht der Wechselwirkung zwischen zwei Molekülen bei Vernachlässigung der gleichzeitigen Nähe eines dritten, vierten ... Moleküls. Die bekannteste geschlossene Formel für B geht auf das Modell von LENNARD-JONES[2] zurück, das für die Wechselwirkungsenergie ε eines Molekülpaars im Abstand r ansetzt:

$$\varepsilon = 4\,\varepsilon^* \left[\left(\frac{d}{r} \right)^{12} - \left(\frac{d}{r} \right)^6 \right]. \tag{4.49}$$

Hierin ist d der Wert von r für $\varepsilon = 0$, hat also die Bedeutung eines Moleküldurchmessers, und $-\varepsilon^*$ ist das Minimum von ε $\left(\text{im Abstand } r = d\sqrt[6]{2}\right)$. Damit ergibt sich nach LENNARD-JONES für den zweiten Virialkoeffizienten[3]:

$$B = \frac{2\pi N}{3}\, d^3 \sqrt{2} \left(\frac{\varepsilon^*}{kT} \right)^{\frac{1}{4}} \left[\Gamma\left(\frac{3}{4}\right) - \sum_{n=1}^{\infty} \frac{2^{n-2}}{n!}\, \Gamma\left(\frac{2n-1}{4}\right) \left(\frac{\varepsilon^*}{kT} \right)^{\frac{n}{2}} \right]. \tag{4.50}$$

Hierbei ist N die LOSCHMIDTsche Konstante, $k\,(= R/N)$ die BOLTZMANNsche Konstante und Γ die Gammafunktion. Werden die Größen ε^* und d als freie Parameter behandelt, die den experimentellen Daten anzupassen sind, so findet man für einfache nicht-polare Molekeln ausgezeichnete Übereinstimmung mit der Erfahrung[4]. Die theoretische Beziehung (50) ist in jedem Falle den empirischen Gleichungen (45) bis (48) überlegen, obwohl auch sie nicht mehr als zwei individuelle Konstanten enthält. Da jedoch die Auswertung von Gl. (50) umständlich ist[5], hat man einfachere Formeln angegeben, die Gl. (50) für viele Zwecke mit hinreichender Genauigkeit approximieren. Ein Beispiel für eine solche Näherungsformel ist die Gleichung von STOCKMAYER und BEATTIE[5]:

$$B = \frac{2\pi Nd^3}{3} \left[0{,}71875 - 2{,}131899\, \frac{\varepsilon^*}{kT} - 1{,}120795 \left(\frac{\varepsilon^*}{kT} \right)^2 \right]. \tag{4.51}$$

---

[1] Vgl. FOWLER u. GUGGENHEIM: s. Fußnote 1 S. 3. Für eine neuere Übersicht, auch bezüglich der höheren Virialkoeffizienten, s. BEATTIE u. STOCKMAYER in TAYLOR u. GLASSTONE: s. Fußnote 5 S. 259.

[2] LENNARD-JONES, J. E.: Proc. Roy. Soc. [London] A 106, 463 (1924); Physica 4, 941 (1937).

[3] Es gilt für kugelsymmetrische Molekeln allgemein:

$$B = 2\pi N \int_0^\infty \left(1 - e^{-\frac{\varepsilon}{kT}} \right) r^2 \, dr.$$

[4] Für Helium und die Wasserstoffisotope müssen Korrekturen infolge der Quanteneffekte angebracht werden. Vgl. J. DE BOER: Physica 14, 139 (1948).

[5] Die Funktion (50) ist von W. H. STOCKMAYER u. J. A. BEATTIE: J. Chem. Physics 10, 476 (1942), sowie J. O. HIRSCHFELDER, F. T. McCLURE u. I. F. WEEKS: J. Chem. Physics 10, 201 (1942), tabelliert worden.

Diese Gleichung approximiert Gl. (50) sehr genau im Bereich von
$\varepsilon^*/kT = 0{,}20$ bis $\varepsilon^*/kT = 1{,}00$. Aus Gl. (51) ist auch ersichtlich, daß der
Ausdruck für den zweiten Virialkoeffizienten nach VAN DER WAALS
[Gl. (45)] oder DIETERICI [Gl. (46)] theoretisch nur für hohe Temperaturen zu rechtfertigen ist. Bemerkenswert ist ferner, daß nach dem bisher
vorliegenden experimentellen Material die zweiparametrige Gleichung
(51) — wenigstens für einfache unpolare Gase — nicht schlechter als die
empirische dreiparametrige Beziehung (42a) zu sein scheint[1].

GUGGENHEIM und McGLASHAN[2] haben das Theorem der übereinstimmenden Zustände ohne Bezugnahme auf eine spezielle Zustandsgleichung
oder auf einen speziellen Kraftansatz formuliert (vgl. oben) und daraus
einen universellen Ausdruck für den zweiten Virialkoeffizienten (der auch
für Mischungen gilt) hergeleitet. Falls nämlich gewisse Bedingungen allgemeinerer Art (bezüglich der Anwendbarkeit der klassischen Statistik)
erfüllt sind, gilt das Theorem der übereinstimmenden Zustände für
eine bestimmte Substanzgruppe immer dann, wenn die Wechselwirkungsenergie ε zwischen zwei Molekeln, deren Abstand r ist, die allgemeine
Gestalt

$$\frac{\varepsilon}{\varepsilon^*} = u\left(\frac{r}{r^*}\right) \tag{4.52}$$

hat, worin u eine universelle Funktion für die betreffende Gruppe von
Molekülarten und ε^* bzw. r^* eine für die jeweilige Molekülart charakteristische Energie bzw. Länge bedeutet. Eine Dimensionsanalyse zeigt,
daß im Falle der Gültigkeit von Gl. (52) der zweite Virialkoeffizient gegeben ist durch den Ausdruck

$$\frac{B}{\bar{V}^*} = \psi\left(\frac{T}{T^*}\right). \tag{4.53}$$

Hierbei ist ψ eine universelle Funktion und $\bar{V}^*$ bzw. T^* ein zu r^{*3} pro-
portionales charakteristisches Molvolumen bzw. eine zu ε^*/k proportio-
nale charakteristische Temperatur. Sehen wir von den leichtesten Molekülarten (H_2, D_2, He) ab, bei denen infolge von Quanteneffekten für $\bar{V}^*$
und T^* auf besonderem Wege ermittelte Werte einzusetzen sind, so kann
man als charakteristisches Molvolumen bzw. als charakteristische Temperatur das kritische Molvolumen bzw. die kritische Temperatur wählen[3].

---

[1] Der Vorteil der BEATTIE-BRIDGEMANschen Gl. (42) macht sich erst bei höheren
Drucken bemerkbar, wenn der dritte und vierte Virialkoeffizient eine Rolle spielen.

[2] GUGGENHEIM, E. A. u. M. L. McGLASHAN: Proc. Roy. Soc. [London] A **206**,
448 (1951).

[3] Wasserstoff und Helium ordnen sich ein, wenn man setzt:

H_2: $\bar{V}^* = 50 \text{ cm}^3 \text{ mol}^{-1}$ ($\bar{V}_K = 65 \text{ cm}^3 \text{ mol}^{-1}$),
$\quad\quad T^* = 43{,}3°\text{K}$ ($T_K = 33{,}2°\text{K}$),
He: $\bar{V}^* = 33{,}7 \text{ cm}^3 \text{ mol}^{-1}$ ($\bar{V}_K = 57{,}8 \text{ cm}^3 \text{ mol}^{-1}$),
$\quad\quad T^* = 7{,}66°\text{K}$ ($T_K = 5{,}25°\text{K}$).

Nach GUGGENHEIM und MCGLASHAN ist Gl. (53) für gewisse einfache unpolare Gase gut erfüllt: Trägt man gemessene Werte von $B/\bar{V}*$ gegen $T/T*$ auf, so erhält man eine gemeinsame Kurve für die untersuchten Stoffe (Neon, Argon, Stickstoff, Sauerstoff, Kohlenoxyd, Methan, Äthan, n-Butan, Wasserstoff, Helium). Diese Kurve läßt sich durch die LEN-NARD-JONESsche Gleichung (50) gut, durch die empirischen Beziehungen (45) bis (48) aber nur schlecht darstellen. [Der Ansatz (49) bzw. (50) ist ein Spezialfall von Gl. (52) bzw. (53).] Auch folgende empirische Ausdrücke beschreiben die Kurve[1]:

$$\frac{B}{\bar{V}*} = 0{,}438 - 0{,}881\,\frac{T*}{T} - 0{,}757\left(\frac{T*}{T}\right)^2, \qquad (4.54)$$

$$\frac{B}{\bar{V}*} = 0{,}461 - 1{,}158\,\frac{T*}{T} - 0{,}503\left(\frac{T*}{T}\right)^3. \qquad (4.55)$$

Gl. (54) entspricht formal der Näherungsfunktion (51) für den LENNARD-JONES-Ansatz (50), Gl. (55) der BEATTIE-BRIDGEMANschen Beziehung (42a). Obwohl das Theorem der übereinstimmenden Zustände keine spezielle Zustandsgleichung bedingt, so zeigt die Analyse von GUGGENHEIM und MCGLASHAN doch wiederum, daß von den zweiparametrigen Ausdrücken für B nur theoretisch fundierte Beziehungen wie Gl. (50) erfolgreich sind.

Aus Gl. (16) und (44) erhalten wir bei Vernachlässigung des Terms mit P^2 folgende Formel für die Differenz der Molwärmen bei mäßig komprimierten Gasen:

$$\bar{C}_P - \bar{C}_V = R + 2\,P\,\frac{dB}{dT}. \qquad (4.56)$$

Aus Gl. (4) und (7) finden wir mit Gl. (44) für schwach reale Gase:

$$\left(\frac{\partial \bar{U}}{\partial \bar{V}}\right)_T = \frac{RT^2}{\bar{V}^2}\,\frac{dB}{dT}, \qquad (4.57)$$

$$\left(\frac{\partial \bar{H}}{\partial P}\right)_T = B - T\,\frac{dB}{dT} = -T^2\,\frac{d\,(B/T)}{dT}. \qquad (4.58)$$

Hieraus folgt mit Gl. (4) und (18) bzw. mit Gl. (7) und (20) für den GAY-LUSSAC-JOULE-Koeffizienten η bzw. für den JOULE-THOMSON-Koeffizienten ε:

$$\eta = \frac{RT^2}{\bar{V}^2\,\bar{C}_V}\,\frac{dB}{dT}, \qquad (4.59)$$

$$\varepsilon = \frac{T^2}{\bar{C}_P}\,\frac{d\,(B/T)}{dT}. \qquad (4.60)$$

---

[1] Nach E. A. GUGGENHEIM: Mixtures, Oxford 1952, kann man anstelle des Ansatzes (49) auch andere plausible Kraftansätze wählen, die dann zu Ausdrücken für B führen, die von Gl. (50) abweichen. Innerhalb des experimentell untersuchten Temperaturgebietes sind jedoch die Abweichungen sehr gering, und man kann bisher nicht entscheiden, welches Kraftgesetz für B maßgebend ist.

Erfahrungsgemäß ist B bei niedrigen Temperaturen negativ, nimmt mit wachsender Temperatur zu und wird schließlich positiv[1]. Sowohl B als auch B/T können Maxima durchlaufen. Wir unterscheiden daher folgende ausgezeichnete Temperaturen bei schwach realen Gasen: die „BOYLE-Temperatur" T_B, bei der $B = 0$ und dementsprechend $P\bar V = RT_B$ wird, die „Inversionstemperatur für den GAY-LUSSAC-JOULE-Effekt" T_η, bei der $dB/dT = 0$ und dementsprechend $\eta = 0$ und $\bar C_P - \bar C_V = R$ wird, sowie die „Inversionstemperatur für den JOULE-THOMSON-Effekt" T_ε (gewöhnlich einfach „Inversionstemperatur" genannt), bei der $d(B/T)/dT = 0$ und dementsprechend $\varepsilon = 0$ wird. [Ein negativer Wert von η bzw. ε bedeutet gemäß Gl. (17) bzw. (19), daß sich das Gas bei der Ausdehnung ins Vakuum bzw. beim Drosseln erwärmt.] Tabelle 1 gibt die Werte von T_B, T_η und T_ε für Helium, Wasserstoff und Stickstoff (unter Berücksichtigung aller bis 1941 zugänglichen experimentellen Daten für B). Einfache empirische Ansätze für B wie Gl. (42a) und Gl. (45) bis (48) führen zwar auf die BOYLE-Temperatur und auf ein Maximum von B/T, nicht aber auf ein Maximum von B. Die theoretische Formel (50) sagt jedoch ein Maximum von B und damit eine Inversionstemperatur für den GAY-LUSSAC-JOULE-Effekt voraus.

Tabelle 1. *Boyle- und Inversionstemperaturen nach* KEYES[2]

Gas	$T_B - 273,16$ $(B = 0)$	$T_\eta - 273,16$ (Maximum von B)	$T_\varepsilon - 273,16$ (Maximum von B/T)
He	$- 249°$ C	$-\ \ 77°$ C	$- 228°$ C
H_2	$- 166°$ C	$+\ \ 443°$ C	$-\ \ 72°$ C
N_2	$+\ \ 51°$ C	$+ 1867°$ C	$+ 327°$ C

§ 58. Reale Gase: Thermodynamische Funktionen

In § 57 sahen wir, daß sowohl vom empirischen als auch vom theoretischen Standpunkt die Beziehung [Gl. (34) und (43)]

$$P\bar V = RT + BP + C'P^2 + \cdots \tag{4.61}$$

mit temperaturabhängigen Koeffizienten B, C', … eine vollkommen allgemeine Form der Zustandsgleichung für reine reale Gase darstellt. Die genaue Gestalt der Funktionen $B(T)$, $C'(T)$, …, die einer speziellen Zustandsgleichung entnommen werden müßte und damit allen Unzulänglichkeiten in unseren Kenntnissen von realen Gasen unterworfen wäre, können wir für die folgenden Betrachtungen beiseite lassen.

Lösen wir Gl. (61) nach $\bar V$ auf, setzen die so erhaltene Gleichung in die Differentialbeziehung (5) ein und integrieren über P bei konstanter

---

[1] Vgl. Tabelle 2 auf S. 290 (Methan und n-Butan).
[2] KEYES, F. G.: Temperature, New York 1941.

Temperatur, so finden wir für die molare freie Enthalpie $\bar{G}$ bzw. das chemische Potential μ die Beziehung[1]:

$$\bar{G}(P) = \mu(P) = \mu(P^+) + R T \ln \frac{P}{P^+} + B(P - P^+) +$$

$$+ \frac{C'}{2}(P^2 - P^{+2}) + \cdots \quad (T = \text{const}),$$

woraus mit

$$\mu^+ \equiv \mu(P^+) - BF^+ - \frac{C'}{2} P^{+2} \dots$$

eine Beziehung der Form (15) folgt:

$$\bar{G} = \mu = \mu^+ + R T \ln \frac{P}{P^+} + BP + \frac{C'}{2} P^2 + \cdots \qquad (4.62)$$

Hierin ist P^+ ein willkürlich gewählter Standarddruck und μ^+ eine temperaturabhängige Integrationskonstante, und zwar dieselbe Größe wie in Gl. (26), da Gl. (62) für $P \to 0$ asymptotisch in Gl. (26) übergehen muß. [μ^+ bedeutet jedoch in Gl. (62) nicht, wie in Gl. (26), den Wert von μ für $P = P^+$.]

Die allgemeine Gestalt von Gl. (62) legt es nahe, mit LEWIS[2] die *Fugazität* p^* („Flüchtigkeit") durch folgende Definition einzuführen:

$$\ln \frac{p^*}{P^+} \equiv \frac{\mu - \mu^+}{RT} . \qquad (4.63)$$

Damit kann man für ein beliebiges Gas schreiben:

$$\mu = \mu^+ + R T \ln \frac{p^*}{P^+} ,$$

in formaler Analogie zur Beziehung (26) für ideale Gase:

$$\mu = \mu^+ + R T \ln \frac{P}{P^+} ,$$

so daß p^* die Rolle eines „fiktiven Druckes" spielt.

Aus ähnlichen Gründen definieren wir den *Fugazitätskoeffizienten* φ:

$$\varphi \equiv \frac{p^*}{P} , \qquad (4.64)$$

der offensichtlich ein Maß für die Abweichungen im Verhalten eines realen Gases von dem eines idealen Gases darstellt.

Die Fugazität und der Fugazitätskoeffizient sind zunächst unbekannte Funktionen von T und P. Bei Vergleich von Gl. (63) und (64)

---

[1] Diese Gleichung ist für niedrige Drucke in Übereinstimmung mit Gl. (1.132) in § 12. — [2] LEWIS, G. N. u. M. RANDALL: s. Fußnote 2 S. 101.

mit Gl. (62) ergibt sich aber bereits eine allgemeine Aussage über die isotherme Druckabhängigkeit dieser Größen:

$$R\,T\ln\frac{p^*}{P} = R\,T\ln\varphi = B\,P + \frac{C'}{2}\,P^2 + \cdots \qquad (4.65)$$

Der Logarithmus des Fugazitätskoeffizienten ist also bei gegebener Temperatur als Potenzreihe in P mit positiven ganzen Exponenten darstellbar. Hieraus folgt für die Grenzwerte von p^* und φ:

$$\lim_{P\to 0}\left(\ln\frac{p^*}{P}\right) = \lim_{P\to 0}(\ln\varphi) = 0\,, \qquad (4.66\,\mathrm{a})$$

$$\lim_{P\to 0}\left(\frac{p^*}{P}\right) = \lim_{P\to 0}\varphi = 1\,. \qquad (4.66\,\mathrm{b})$$

Aus Gl. (62) und (65) leiten wir mit Gl. (9) bzw. (14) für die molare Entropie $\bar{S}$ bzw. für die molare Enthalpie $\bar{H}$ folgende Ausdrücke ab[1]:

$$\left.\begin{aligned}
\bar{S} &= -\left(\frac{\partial\mu}{\partial T}\right)_P = -\frac{d\mu^+}{dT} - R\ln\frac{p^*}{P^+} - R\,T\left(\frac{\partial\ln p^*}{\partial T}\right)_P \\
&= -\frac{d\mu^+}{dT} - R\ln\frac{P}{P^+} - R\ln\varphi - R\,T\left(\frac{\partial\ln\varphi}{\partial T}\right)_P \\
&= -\frac{d\mu^+}{dT} - R\ln\frac{P}{P^+} - \frac{dB}{dT}\,P - \frac{1}{2}\frac{dC'}{dT}\,P^2\cdots,
\end{aligned}\right\} \qquad (4.67)$$

$$\left.\begin{aligned}
\bar{H} &= \mu + T\bar{S} = \mu^+ - T\frac{d\mu^+}{dT} - R\,T^2\left(\frac{\partial\ln p^*}{\partial T}\right)_P \\
&= \mu^+ - T\frac{d\mu^+}{dT} - R\,T^2\left(\frac{\partial\ln\varphi}{\partial T}\right)_P \\
&= \mu^+ - T\frac{d\mu^+}{dT} + \left(B - T\frac{dB}{dT}\right)P + \frac{1}{2}\left(C' - T\frac{dC'}{dT}\right)P^2 + \cdots
\end{aligned}\right\} \qquad (4.68)$$

Mit Gl. (11) erhalten wir aus Gl. (67) oder (68) für die Molwärme bei konstantem Druck:

$$\bar{C}_P = -T\frac{d^2\mu^+}{dT^2} - T\frac{d^2B}{dT^2}\,P - \frac{1}{2}\,T\frac{d^2C'}{dT^2}\,P^2\cdots \qquad (4.69)$$

Die molare Freie Energie $\bar{F}$, die innere Energie $\bar{U}$ und die Molwärme $\bar{C}_V$ bei konstantem Volumen schreibt man zweckmäßigerweise als Funktionen von $\bar{V}$. Dazu gehen wir, anstatt von Gl. (61), von Gl. (35) aus, lösen nach P auf, setzen in Gl. (2) ein und integrieren über $\bar{V}$ bei konstanter Temperatur. Dann erhalten wir, wenn wir bezüglich der Integrationskonstanten Gl. (29) beachten:

$$\bar{F} = \mu^+ - R\,T + R\,T\ln\frac{R\,T}{P^+\bar{V}} + \frac{R\,T\,B}{\bar{V}} + \frac{1}{2}\frac{R\,T\,C}{\bar{V}^2} + \cdots \qquad (4.70)$$

---

[1] Gl. (68) ist für niedrige Drucke in Übereinstimmung mit Gl. (1.134) bis (1.135) in § 12.

Hierin sind die Virialkoeffizienten B, C, ... nur Funktionen der Temperatur. Durch Differenzieren von Gl. (70) nach T finden wir gemäß Gl. (8) die Funktion $\bar{S}(\bar{V})$:

$$\bar{S} = -\left(\frac{\partial \bar{F}}{\partial T}\right)_V = -\frac{d\mu^+}{dT} - R\ln\frac{RT}{P^+\bar{V}} - \left(B + T\frac{dB}{dT}\right)\frac{R}{\bar{V}} - \left. \frac{1}{2}\left(C + T\frac{dC}{dT}\right)\frac{R}{\bar{V}^2} \cdots \right\} \quad (4.71)$$

Hieraus leiten wir mit Gl. (13) ab:

$$\bar{U} = \bar{F} + T\bar{S} = \mu^+ - T\frac{d\mu^+}{dT} - RT - \frac{dB}{dT}\frac{RT^2}{\bar{V}} - \frac{1}{2}\frac{dC}{dT}\frac{RT^2}{\bar{V}^2} \cdots \quad (4.72)$$

Schließlich ergibt sich aus Gl. (71) oder (72) mit Gl. (10):

$$\bar{C}_V = -T\frac{d^2\mu^+}{dT^2} - R - \left(2\frac{dB}{dT} + T\frac{d^2B}{dT^2}\right)\frac{RT}{\bar{V}} - \frac{1}{2}\left(2\frac{dC}{dT} + T\frac{d^2C}{dT^2}\right)\frac{RT}{\bar{V}^2} \cdots \quad (4.73)$$

Vernachlässigen wir in Gl. (69) und (73) alle Glieder von der Ordnung P^2 bzw. $1/\bar{V}^2$ an, so finden wir Gl. (56) zurück.

Wenn die Virialkoeffizienten B, C, ... alle von der Form

$$\alpha + \frac{\beta}{T} \quad (\alpha, \beta \text{ konstant})$$

sind und damit gemäß Gl. (35) in der Zustandsgleichung der Druck bei gegebenem Volumen linear von der Temperatur abhängt — wie dies bei der van der Waalsschen Gleichung (36) der Fall ist —, so wird nach Gl. (73) die Molwärme $\bar{C}_V$ unabhängig vom Volumen und hat gemäß Gl. (32) denselben Wert wie bei idealen Gasen. Dieses Ergebnis erhält man auch direkt aus Gl. (3) und Gl. (10). Es gilt nämlich:

$$\frac{\partial^2 \bar{S}}{\partial T \partial \bar{V}} = \frac{1}{T}\left(\frac{\partial \bar{C}_V}{\partial \bar{V}}\right)_T = \frac{\partial^2 \bar{S}}{\partial \bar{V} \partial T} = \frac{\partial}{\partial T}\left(\frac{\partial P}{\partial T}\right)_V,$$

also[1]

$$\left(\frac{\partial \bar{C}_V}{\partial \bar{V}}\right)_T = T\left(\frac{\partial^2 P}{\partial T^2}\right)_V.$$

Da erfahrungsgemäß $\bar{C}_V$ bei gegebener Temperatur merklich von der Dichte abhängt, können Zustandsgleichungen, bei denen P eine lineare Funktion von T (für $\bar{V} = $ const) ist, nicht korrekt sein.

Durch die Beziehungen (62) und (67) bis (73) werden die molaren thermodynamischen Funktionen in Abhängigkeit von P bzw. $\bar{V}$ bei vor-

---

[1] In analoger Weise folgt aus Gl. (6) und (11):

$$\left(\frac{\partial \bar{C}_P}{\partial P}\right)_T = -T\left(\frac{\partial^2 \bar{V}}{\partial T^2}\right)_P.$$

gegebener Temperatur dargestellt. Die in diesen Gleichungen auftretenden Integrationskonstanten sind sämtlich durch R, T, die Temperaturfunktion $\mu^+(T)$ und deren Ableitungen ausgedrückt.

Da die molare Enthalpie $\bar{H}$ eines reinen Gases eine willkürliche Konstante h_0 („Energiekonstante") und die molare Entropie $\bar{S}$ eine willkürliche Konstante s_0 („Entropiekonstante") enthält, tritt im chemischen Potential μ der unbestimmte Ausdruck $h_0 - T s_0$ auf (vgl. § 21). Wir schreiben also:

$$\mu^+ = h_0 - T\, s_0 + f(T)\,, \tag{4.74}$$

worin $f(T)$ eine Temperaturfunktion ist, die mit Hilfe der Methoden der Statistischen Mechanik berechnet werden kann. Ignoriert man die Beiträge der Elektronenfreiheitsgrade und der inneren Freiheitsgrade der Atomkerne und setzt die Rotationsfreiheitsgrade als „klassisch" voraus[1], so findet man für ein Gas, dessen Moleküle N Schwingungsfreiheitsgrade aufweisen[2]:

$$\frac{f(T)}{RT} = \ln \vartheta - n \ln T + \sum_i \ln\left(1 - e^{-\frac{\Theta_i}{T}}\right). \tag{4.74 a}$$

Hierin sind ϑ und n positive Konstanten. Die Summe ist über alle Schwingungsfreiheitsgrade bis N zu erstrecken. Θ_i ist eine „charakteristische Temperatur", definiert durch die Beziehung

$$\Theta_i \equiv \frac{h\, \nu_i}{k}\,,$$

wobei h die PLANCKsche Konstante, k die BOLTZMANNsche Konstante und ν_i die Frequenz der i-ten intramolekularen Eigenschwingung bedeutet. Die Werte der Größen N, ϑ und n sind für die verschiedenen Molekültypen in nachfolgender Tabelle zusammengestellt, in der a die Zahl der Atome in der Molekel, Θ^* eine „charakteristische Temperatur" für die Rotation und σ eine „Symmetriezahl" bedeutet. Für zweiatomige und mehratomige gestreckte Moleküle hat σ den Wert 2 bei symmetrischem Bau (z. B. H_2, CO_2) und den Wert 1 bei unsymmetrischem Bau (z. B. CO, N_2O). Bei mehratomigen gewinkelten Molekülen bedeutet σ die Zahl der ununterscheidbaren Raumorientierungen der Molekel (Beispiele: $\sigma = 1$ bei NOCl, $\sigma = 2$ bei H_2O, $\sigma = 3$ bei NH_3, $\sigma = 4$ bei C_2H_4, $\sigma = 6$ bei BF_3, $\sigma = 12$ bei CH_4 und C_6H_6). Für zwei- und mehratomige gestreckte Moleküle, die zwei Rotationsfreiheitsgrade aufweisen, gilt definitionsgemäß:

$$\Theta^* \equiv \frac{h^2}{8\, \pi^2\, k\, I}\,,$$

worin I das Hauptträgheitsmoment der Molekel ist. Bei mehratomigen gewinkelten Molekülen, die drei Rotationsfreiheitsgrade haben, gilt hingegen:

$$\Theta^* \equiv \frac{h^2}{8\, \pi^2\, k\, (I_1 I_2 I_3)^{1/3}}\,.$$

---

[1] Die Elektronenfreiheitsgrade können nicht ignoriert werden bei O_2, NO und Molekeln mit einer freien Valenz. Bei Wasserstoff unterhalb etwa 300°K und Deuterium unterhalb etwa 200°K spielen Kernspins und nicht voll angeregte Rotationsfreiheitsgrade eine Rolle.

[2] Näheres bei FOWLER u. GUGGENHEIM: s. Fußnote 1 S. 3.

Hierbei sind I_1, I_2 und I_3 die drei Hauptträgheitsmomente der Molekel. Diese Größen sind wie die Frequenzen ν_i aus spektroskopischen Daten ermittelbar.

	Einatomig	Zweiatomig	Mehratomig gestreckt	Mehratomig gewinkelt
N	0	1	$3a-5$	$3a-6$
ϑ	1	$\Theta^*\sigma$	$\Theta^*\sigma$	$\Theta^{*\frac{3}{2}}\,\sigma\,\pi^{-\frac{1}{2}}$
n	$\dfrac{5}{2}$	$\dfrac{7}{2}$	$\dfrac{7}{2}$	4

Gemäß Gl. (67), (74) und (74a) enthält die molare Entropie $\bar{S}$ eines reinen Gases den Ausdruck:

$$-\frac{d\mu^+}{dT} = s_0 - \frac{df(T)}{dT} = jR + nR + nR\ln T - R\sum_i \ln\left(1 - e^{-\frac{\Theta_i}{T}}\right) + \\ + R\sum_i \frac{\Theta_i}{T\left(e^{\frac{\Theta_i}{T}} - 1\right)}, \qquad (4.75\,\mathrm{a})$$

worin

$$j \equiv \frac{s_0}{R} - \ln\vartheta \qquad (4.75\,\mathrm{b})$$

als „chemische Konstante" des betreffenden Gases bezeichnet wird, da sie bei der Berechnung von Gleichgewichtskonstanten eine Rolle spielt (§ 63)[1].

Aus Gl. (68) bzw. (72) folgt mit Gl. (74) und (74a), daß der Term

$$\mu^+ - T\frac{d\mu^+}{dT} = h_0 + f(T) - T\frac{df(T)}{dT} \\ = h_0 + nRT + R\sum_i \frac{\Theta_i}{e^{\frac{\Theta_i}{T}} - 1} \qquad (4.75\,\mathrm{c})$$

in der molaren Enthalpie $\bar{H}$ bzw. in der molaren inneren Energie $\bar{U}$ vorkommt. Dadurch ist das Symbol h_0 bzw. der Name „Energiekonstante" gerechtfertigt. Bei kalorimetrischen Messungen (vgl. § 5) fällt h_0 heraus, da hierbei nur Differenzen von $\bar{H}$ für zwei Temperaturen gefunden werden. Solche Messungen bestätigen im übrigen die Richtigkeit der in Gl. (75c) auftretenden Temperaturfunktionen.

Auf Grund von Gl. (75a) und (75c) kann die im chemischen Potential μ enthaltene Funktion μ^+ folgendermaßen geschrieben werden:

$$\mu^+ = h_0 - jRT - nRT\ln T + RT\sum_i \ln\left(1 - e^{-\frac{\Theta_i}{T}}\right), \qquad (4.75\,\mathrm{d})$$

worin nun auch die chemische Konstante j auftritt.

---

[1] Häufig wird auch die Summe aller von T und P unabhängigen Terme in $\bar{S}$, also gemäß Gl. (67), (75a) und (75b) der Ausdruck

$$R(j + n + \ln P^+) = s_0 + R\left(n + \ln\frac{P^+}{\vartheta}\right)$$

als „Entropiekonstante" bezeichnet.

Schließlich ergibt sich für die Molwärmen $\bar{C}_P$ und $\bar{C}_V$ gemäß Gl. (69), (73), (74) und (74a), wenn wir die Terme mit der „Realgaskorrektur", die von P bzw. $\bar{V}$ abhängen, der Einfachheit halber nicht mitschreiben:

$$\bar{C}_P = -T\frac{d^2\mu^+}{dT^2} = -T\frac{d^2 f(T)}{dT^2} = nR + R\sum_i \frac{(\Theta_i/2T)^2}{\sinh^2(\Theta_i/2T)}, \qquad (4.75\,\text{e})$$

$$\left.\begin{aligned}\bar{C}_V &= -T\frac{d^2\mu^+}{dT^2} - R = -T\frac{d^2 f(T)}{dT^2} - R\\[2mm] &= (n-1)R + R\sum_i \frac{(\Theta_i/2T)^2}{\sinh^2(\Theta_i/2T)},\end{aligned}\right\} \qquad (4.75\,\text{f})$$

wobei gilt:

$$\sinh x \equiv \frac{1}{2}\left(e^x - e^{-x}\right).$$

In der Nähe von $T = 0$ sind die obigen Formeln nicht mehr gültig („Gasentartung"). Die Quantenstatistik fordert u. a., daß der auf $T = 0$ extrapolierte Wert der „konventionellen Entropie" (§ 64) eines reinen Gases verschwindet, genau wie bei reinen kondensierten Phasen im inneren Gleichgewicht. Nach KEESOM[1] ist jedoch selbst bei Helium in der Nähe von $T = 1°\mathrm{K}$ diese Aussage experimentell nicht eindeutig nachweisbar.

§ 59. Allgemeines über Gasgemische

Wie bei einfachen Gasen, so bildet auch bei Gasgemischen die „Zustandsgleichung" den Ausgangspunkt für die experimentelle Erforschung der thermodynamischen Eigenschaften. Während aber bei einfachen Gasen das isotherme Verhalten aus der Zustandsgleichung ableitbar ist, muß bei Gasgemischen, wie unten gezeigt wird, ein zusätzlicher allgemeiner Satz entweder der Erfahrung oder der statistischen Theorie entnommen werden, damit die isothermen thermodynamischen Eigenschaften der Mischungen aus der Zustandsgleichung ermittelt werden können. Die Statistische Mechanik liefert wiederum — soweit die Rechnungen durchführbar sind — direkt eine charakteristische Funktion (§ 24), z. B. die Freie Energie $F(T, V, n_1, n_2, \ldots, n_N)$, woraus dann die Zustandsgleichung und alle übrigen thermodynamischen Zusammenhänge zu gewinnen sind.

Die Zustandsgleichung eines Gasgemisches kann in der Form

$$V = V(T, P, n_1, n_2, \ldots, n_N) \qquad (4.76\,\text{a})$$

oder

$$\bar{V} = \bar{V}(T, P, x_1, x_2, \ldots, x_{N-1}) \qquad (4.76\,\text{b})$$

geschrieben werden (vgl. § 3). Hierbei ist V das totale Volumen, $\bar{V}$ das Molvolumen, T die absolute Temperatur, P der Druck, n_i die Molzahl,

---

[1] KEESOM, W. H.: s. Fußnote 1 S. 194.

x_i der Molenbruch der Teilchenart i und N die Zahl der Stoffe. Für die Molenbrüche gilt die Identität (1.34 a)[1]:

$$\sum_{k=1}^{N} x_k = 1 . \qquad (4.77)$$

Der *Partialdruck* p_i des Stoffes i in einem beliebigen Gasgemisch vom Druck P wird durch die Beziehung

$$p_i \equiv P x_i \qquad (4.78)$$

eingeführt. Aus dieser Definition folgt mit Gl. (77) die Identität:

$$\sum_{k=1}^{N} p_k = P . \qquad (4.79)$$

Versucht man, aus der Zustandsgleichung (76) die thermodynamischen Funktionen des Gasgemisches in Abhängigkeit von Druck und Zusammensetzung (bei vorgegebener Temperatur) abzuleiten, so stößt man auf unbekannte Integrationskonstanten. Es gilt z.B. für den Zusammenhang zwischen dem chemischen Potential μ_i und dem partiellen Molvolumen V_i des Stoffes i in einer Mischung gemäß Gl. (1.33 b) und (1.277):

$$\left(\frac{\partial \mu_i}{\partial P}\right)_{T,x} = V_i = \left(\frac{\partial V}{\partial n_i}\right)_{T,P,n_j} \qquad (i, j = 1, 2, \ldots, N; \quad i \neq j), \qquad (4.80)$$

wobei der Index x Konstanz aller Molenbrüche bedeutet. Leitet man V_i aus der Zustandsgleichung (76) ab und integriert über P, so bleibt in μ_i eine unbekannte Funktion der Zusammensetzung. Es sind also weitere Kenntnisse erforderlich, damit μ_i in Abhängigkeit von $P, x_1, x_2, \ldots, x_{N-1}$ (für $T =$ const) dargestellt werden kann.

Wir denken uns eine Gasmischung, in der die Teilchenart i enthalten ist. Dieses Gemisch sei durch eine Membran, die nur für den Stoff i durchlässig ist, vom reinen Gas i getrennt[2]. Der Druck in der Mischung sei P, derjenige im reinen Gas P'. Die Temperatur sei überall gleich. Dann lautet die allgemeine Bedingung für das osmotische Gleichgewicht („Membrangleichgewicht") gemäß Gl. (2.17):

$$\mu_i(P) = \mu_{0i}(P') , \qquad (4.81)$$

worin μ_i bzw. μ_{0i} das chemische Potential der Teilchenart i in der Mischung bzw. im reinen Zustande ist.

---

[1] Dazu kommen weitere Beziehungen, wenn die Zahl der Komponenten kleiner als die der Teilchenarten ist, d.h. wenn chemische Reaktionen möglich sind.

[2] Ein glühendes Palladiumblech, das nur für Wasserstoff merklich durchlässig ist, kann als praktisches Beispiel für eine solche „semipermeable Wand" dienen.

Ein allgemeiner Erfahrungssatz besagt[1]: „Bei jeder Temperatur und jeder Zusammensetzung des Gasgemisches gilt für das Membrangleichgewicht die Beziehung

$$P' = P x_i \qquad (4.82)$$

mit um so größerer Genauigkeit, je kleiner die Drucke sind." Die kürzeste und strengste Form, in der dieser Satz ausgesprochen werden kann, lautet:

$$\lim_{P \to 0} \frac{P'}{P x_i} = 1 \qquad (4.83)$$

oder

$$\lim_{P \to 0} \left(\ln \frac{P'}{P x_i} \right) = 0 , \qquad (4.84)$$

wobei der Grenzübergang $P \to 0$ gleichzeitig den Grenzübergang $P' \to 0$ bedingt.

Mit Gl. (62) können wir für das chemische Potential eines reinen Gases der Sorte i beim Druck P' ansetzen:

$$\mu_{0i}(P') = \mu_i^+ + RT \ln \frac{P'}{P^+} + \chi(P') . \qquad (4.85)$$

Hierin ist μ_i^+ eine für das Gas i charakteristische Temperaturfunktion, P^+ ein Standarddruck und $\chi(P')$ eine Potenzreihe in P' mit positiven ganzen Exponenten und temperaturabhängigen Koeffizienten.

Die Funktion μ_i muß so beschaffen sein, daß die Beziehungen (81) und (84) gleichzeitig erfüllbar sind und ferner der selbstverständlichen Bedingung genügt wird, daß für $x_i = 1$, $P = P'$ die Größe μ_i mit μ_{0i} in Gl. (85) identisch wird. Da $\chi(P')$ für $P' \to 0$ verschwindet, ergibt sich mit dieser Überlegung folgender Ausdruck für μ_i:

$$\mu_i = \mu_i^+ + RT \ln \frac{P x_i}{P^+} + \psi(P) . \qquad (4.86)$$

Hierbei ist $\psi(P)$ eine Funktion, die außer von P auch von T, $x_1, x_2, \ldots, x_{N-1}$ abhängen kann, aber für $P \to 0$ verschwindet. $\psi(P)$ wird also als Potenzreihe in P mit positiven Exponenten darstellbar sein[2].

Wenn man Gl. (85), die für reine Gase gilt, als bekannt voraussetzt, sind die Aussagen (83), (84) und (86) einander gleichwertig. Gl. (86) wird direkt durch die Statistische Mechanik bestätigt.

Aus Gl. (80) und (86) folgt:

$$V_i - \frac{RT}{P} = \psi'(P) ,$$

---

[1] Vgl. L. J. Gillespie: J. Amer. Chem. Soc. **47**, 305 (1925); **48**, 28 (1926), und J. A. Beattie: Physic. Rev. **36**, 132 (1930).

[2] Die Exponenten brauchen, um den obigen Bedingungen zu genügen, nicht ganzzahlig zu sein. Es wäre z. B. ein Term der Form $f(T, x_1, x_2, \ldots, x_{N-1})(1 - x_i)\sqrt{P}$ denkbar. Erst durch weitere Betrachtungen (vgl. f 61) werden gebrochene Exponenten ausgeschieden.

worin $\psi'(P)$ die partielle Ableitung von ψ nach P (bei konstanter Temperatur und Zusammensetzung) bedeutet. Hieraus ergibt sich durch Integration von P_0 bis P:

$$\int_{P_0}^{P}\left(V_i - \frac{RT}{P}\right)dP = \psi(P) - \psi(P_0)\,.$$

Mit $\psi(0) = 0$ finden wir:

$$\lim_{P_0 \to 0}\int_{P_0}^{P}\left(V_i - \frac{RT}{P}\right)dP = \int_{0}^{P}\left(V_i - \frac{RT}{P}\right)dP = \psi(P)\,.$$

Durch Vergleich mit Gl. (86) erhalten wir schließlich:

$$\mu_i = \mu_i^+ + RT\ln\frac{P}{P+} + RT\ln x_i + \int_{0}^{P}\left(V_i - \frac{RT}{P}\right)dP\,. \tag{4.87}$$

Mit Hilfe dieser Gleichung, die aus einer einzigen Aussage über Gasgemische gewonnen wurde, kann das isotherme thermodynamische Verhalten einer beliebigen Gasmischung aus der Zustandsgleichung (76) abgeleitet werden[1]. Es sei daran erinnert, daß μ_i^+ eine für das reine Gas i charakteristische Temperaturfunktion ist. Für sie gelten die bezüglich μ^+ in § 58 angeführten Gesetzmäßigkeiten.

Für die Deduktion anderer thermodynamischer Funktionen aus den chemischen Potentialen notieren wir noch folgende Zusammenhänge, die sich aus Gl.(1.70), (1.265), (1.275) und (1.276) ergeben und für beliebige Mischphasen gelten:

$$\bar{V} = \sum_{k=1}^{N} x_k V_k \quad \text{(Molvolumen)}\,, \tag{4.88}$$

$$\bar{G} = \sum_{k=1}^{N} x_k \mu_k \quad \text{(molare Freie Enthalpie)}\,, \tag{4.89}$$

$$S_i = -\left(\frac{\partial \mu_i}{\partial T}\right)_{P,x} \quad \text{(partielle molare Entropie)}\,, \tag{4.90}$$

$$\bar{S} = \sum_{k=1}^{N} x_k S_k \quad \text{(molare Entropie)}\,, \tag{4.91}$$

$$H_i = \mu_i + T S_i \quad \text{(partielle molare Enthalpie)}\,, \tag{4.92}$$

$$\bar{H} = \sum_{k=1}^{N} x_k H_k \quad \text{(molare Enthalpie)}\,, \tag{4.93}$$

$$C_{Pi} = \left(\frac{\partial H_i}{\partial T}\right)_{P,x} = T\left(\frac{\partial S_i}{\partial T}\right)_{P,x} \quad \text{(partielle Molwärme)}\,, \tag{4.94}$$

$$\bar{C}_P = \sum_{k=1}^{N} x_k C_{Pk} \quad \text{(Molwärme bei konstantem Druck)}\,. \tag{4.95}$$

---

[1] Dieses Verfahren der Ableitung thermodynamischer Funktionen aus der Zustandsgleichung für Gasgemische wird in der amerikanischen Literatur als „General Limit Method" bezeichnet.

§ 60. Ideale Gasgemische

Gemäß Gl. (86) gilt für jedes Gasgemisch die Beziehung:

$$\lim_{P \to 0} \left(\mu_i - R\,T \ln \frac{P}{P+} \right) = \mu_i^+ + R\,T \ln x_i. \tag{4.96}$$

Kann eine Gasmischung auch bei Drucken $P > 0$ innerhalb der Meßgenauigkeit durch den Ansatz [vgl. Gl. (78)]

$$\mu_i = \mu_i^+ + R\,T \ln \frac{p_i}{P+} = \mu_i^+ + R\,T \ln \frac{P}{P+} + R\,T \ln x_i \tag{4.97}$$

beschrieben werden, so wird sie als *ideales Gasgemisch* bezeichnet. Strenggenommen existieren ideale Gasgemische nicht: Nur das universelle Grenzgesetz (96) ist korrekt, während Gl. (97) stets eine Näherung darstellt. Wie gut diese Näherung ist, hängt bei vorgegebener Temperatur und Zusammensetzung von der Natur der Gasmischung und der Meßgenauigkeit ab. Vom Standpunkt der Statistischen Mechanik ist eine ideale Gasmischung ein System von Molekeln verschiedener Art, deren Wechselwirkungen vernachlässigbar sind.

Aus Gl. (97) folgt mit $x_i = 1$ direkt der Ausdruck (26) für ein reines ideales Gas der Sorte i:

$$\mu_{0i} = \mu_i^+ + R\,T \ln \frac{P}{P+}. \tag{4.98}$$

Hieraus ergibt sich mit Gl. (81) und (97) für das in § 59 beschriebene Membrangleichgewicht [vgl. Gl. (82)][1]:

$$P' = p_i = P\,x_i. \tag{4.99}$$

Mit Hilfe von Gl. (80) und (88) erhalten wir aus Gl. (97) die Formel für das partielle Molvolumen des Stoffes i in einer idealen Gasmischung:

$$V_i = \frac{RT}{P} \tag{4.100}$$

und die Zustandsgleichung für ein ideales Gasgemisch [s. Gl. (77)]:

$$\bar{V} = \sum_{k=1}^{N} x_k \frac{RT}{P} = \frac{RT}{P} \tag{4.101}$$

oder [s. Gl. (1.33 a)]:

$$PV = \sum_{k=1}^{N} n_k\,R\,T. \tag{4.102}$$

---

[1] Allgemeiner gilt für das osmotische Gleichgewicht zwischen zwei idealen Gasmischungen (' und "), wenn die Membran für die Teilchenart i durchlässig ist, nach Gl. (2.17) und (97):

$$p_i' = p_i''. \tag{4.99 a}$$

Durch Einsetzen von Gl.(100) in Gl.(87) finden wir die Ausgangsgleichung (97) zurück. Bei Beachtung der Definition des Molenbruchs [Gl.(1.34)]

$$x_i \equiv \frac{n_i}{\sum\limits_{k=1}^{N} n_k} \tag{4.103}$$

ergibt sich aus Gl.(78) und (102) für den Partialdruck des Stoffes i in einer idealen Gasmischung:

$$p_i = \frac{n_i\, R\, T}{V}\,. \tag{4.104}$$

Diese Beziehung ist als DALTON*sches Gesetz* bekannt.

Aus Gl.(97) leiten wir auch leicht die entsprechenden Ausdrücke für andere Zustandsfunktionen ab. So finden wir mit Gl.(77) und (89) für die molare Freie Enthalpie:

$$\left.\begin{aligned}
\bar{G} &= \sum_{k=1}^{N} x_k \mu_k^+ + R\,T \ln \frac{P}{P^+} + R\,T \sum_{k=1}^{N} x_k \ln x_k \\
&= \sum_{k=1}^{N} x_k \mu_k^+ + R\,T \sum_{k=1}^{N} x_k \ln \frac{p_k}{P^+}\,,
\end{aligned}\right\} \tag{4.105}$$

mit Gl.(90) für die partielle molare Entropie des Stoffes i:

$$S_i = -\frac{d\mu_i^+}{dT} - R \ln \frac{P}{P^+} - R \ln x_i = -\frac{d\mu_i^+}{dT} - R \ln \frac{p_i}{P^+}\,, \tag{4.106}$$

mit Gl.(91) für die molare Entropie:

$$\bar{S} = -\sum_{k=1}^{N} x_k \frac{d\mu_k^+}{dT} - R \ln \frac{P}{P^+} - R \sum_{k=1}^{N} x_k \ln x_k = -\sum_{k=1}^{N} x_k \frac{d\mu_k^+}{dT} - R \sum_{k=1}^{N} x_k \ln \frac{p_k}{P^+}\,, \tag{4.107}$$

mit Gl.(92) und (106) für die partielle molare Enthalpie des Stoffes i:

$$H_i = \mu_i^+ - T \frac{d\mu_i^+}{dT}\,, \tag{4.108}$$

mit Gl.(93) für die molare Enthalpie:

$$\bar{H} = \sum_{k=1}^{N} x_k \left(\mu_k^+ - T \frac{d\mu_k^+}{dT} \right)\,, \tag{4.109}$$

mit Gl.(94) und (106) oder (108) für die partielle Molwärme (bei konstantem Druck) des Stoffes i:

$$C_{Pi} = -T \frac{d^2 \mu_i^+}{dT^2}\,, \tag{4.110}$$

mit Gl.(95) für die Molwärme bei konstantem Druck:

$$\bar{C}_P = -T \sum_{k=1}^{N} x_k \frac{d^2 \mu_k^+}{dT^2}\,, \tag{4.111}$$

mit Gl. (101), (104) und (105) für die molare Freie Energie $\bar{F} = \bar{G} - P\bar{V}$:

$$\bar{F} = \sum_{k=1}^{N} x_k \mu_k^+ - RT + RT \sum_{k=1}^{N} x_k \ln \frac{n_k RT}{P+V}, \qquad (4.112)$$

mit Gl. (104) und (107) für die molare Entropie als Funktion von T, V und x_k bzw. n_k:

$$\bar{S} = - \sum_{k=1}^{N} x_k \frac{d\mu_k^+}{dT} - R \sum_{k=1}^{N} x_k \ln \frac{n_k RT}{P+V}, \qquad (4.113)$$

mit Gl. (101) und (109) für die molare innere Energie $\bar{U} = \bar{H} - P\bar{V}$:

$$\bar{U} = \sum_{k=1}^{N} x_k \left(\mu_k^+ - T \frac{d\mu_k^+}{dT} \right) - RT. \qquad (4.114)$$

Bei Vergleich der obigen Formeln mit den Beziehungen (26) bis (33) in § 56 erkennen wir[1]:

1. Die Freie Energie, Entropie und innere Energie eines idealen Gasgemisches sind „additiv" in folgendem Sinne: Wenn jedes Gas in reinem Zustande dieselbe Temperatur T und dasselbe Volumen V wie die Mischung hat, ist die betreffende Zustandsfunktion der Mischung gleich der Summe der Zustandsfunktionen der einzelnen Gase. Die innere Energie ist unabhängig vom Volumen.

2. Bei gegebener Temperatur T und gegebenem Druck P ist die molare Freie Enthalpie bzw. die molare Entropie einer idealen Gasmischung um den negativen Betrag[2]

$$RT \sum_{k=1}^{N} x_k \ln x_k \qquad (4.115)$$

bzw. um den positiven Betrag

$$-R \sum_{k=1}^{N} x_k \ln x_k \qquad (4.116)$$

größer als die Summe der Freien Enthalpien bzw. Entropien entsprechender Mengen der einzelnen Gase. Der Ausdruck (116) wird als molare „Mischungsentropie" eines idealen Gasgemisches bezeichnet.

3. Die Enthalpie eines idealen Gasgemisches ist bei vorgegebener Temperatur additiv [die „Mischungswärme" (§ 6) verschwindet] und unabhängig vom Druck. Die partiellen molaren Enthalpien sind gleich den molaren Enthalpien der reinen Gase bei derselben Temperatur.

---

[1] Beim Vergleich von Gl. (29) bzw. (30) mit Gl. (112) bzw. (113) beachte man, daß für ein einzelnes Gas i gilt:

$$n_i \bar{V} = V.$$

[2] Alle Molenbrüche x_k liegen zwischen 0 und 1. Daher ist $\ln x_k$ stets negativ.

4. Die Molwärme (bei konstantem Druck) eines idealen Gasgemisches ist bei vorgegebener Temperatur additiv [die „zusätzliche Molwärme" (§ 7) verschwindet] und unabhängig vom Druck. Die partiellen Molwärmen sind gleich den Molwärmen der reinen Gase bei derselben Temperatur.

5. Bei einer idealen Gasmischung können das chemische Potential und die partielle molare Entropie jeder Teilchenart als Funktion der Temperatur und des Partialdrucks dieser Teilchensorte, unabhängig vom Gesamtdruck und von den Partialdrucken der anderen Stoffe, ausgedrückt werden.

§ 61. Reale Gasgemische

Ein Gasgemisch, das den Ansatz (97) oder die Zustandsgleichung (101) bzw. (102) nicht befolgt — in Strenge also jede wirkliche Gasmischung —, wird als *reales Gasgemisch* bezeichnet. Gemäß Gl. (87) können thermodynamische Aussagen über eine reale Gasmischung gewonnen werden, wenn etwas über die Zustandsgleichung einer solchen Mischung bekannt ist. Wir beginnen daher mit der Feststellung einiger genereller Sätze über die Zustandsgleichung eines realen Gasgemisches, die auf die Erfahrung oder die statistische Theorie zurückgehen.

Zunächst zeigt es sich, daß die Virialform (35) oder die prinzipiell gleichwertige Form (34) der Zustandsgleichung auch für Gemische beibehalten werden kann, wenn die Koeffizienten nicht nur als Funktionen der Temperatur, sondern auch der Zusammensetzung betrachtet werden. Es gilt also:

$$P\bar{V} = RT\left(1 + \frac{B}{\bar{V}} + \frac{C}{\bar{V}^2} + \frac{D}{\bar{V}^3} + \cdots\right) \qquad (4.117)$$

bzw.

$$P\bar{V} = RT + B'P + C'P^2 + D'P^3 + \cdots, \qquad (4.118)$$

worin die Virialkoeffizienten B, C, D, ... bzw. die entsprechenden Koeffizienten B', C', D', ... von T, x_1, x_2, ... abhängen. Für die ersten drei Koeffizienten läßt sich folgender Zusammenhang aus Gl. (117) und (118) ableiten[1]:

$$B' = B, \quad C' = \frac{C - B^2}{RT}, \quad D' = \frac{D - 3BC + 2B^3}{(RT)^2}. \qquad (4.119)$$

Die Erfahrung bzw. die statistische Theorie[2] lehrt weiterhin, daß der n-te Virialkoeffizient ein Polynom n-ter Ordnung in den Molenbrüchen

---

[1] Vgl. G. SCATCHARD: Proc. Nat. Acad. Sci. U. S. **16**, 811 (1930). Der allgemeine Zusammenhang findet sich bei W. E. PUTNAM u. J. E. KILPATRICK: J. Chem. Physics **21**, 951 (1953).

[2] Vgl. J. E. MAYER: J. Physic. Chem. **43**, 71 (1939), u. K. FUCHS: Proc. Roy. Soc. [London] A **179**, 408 (1941). Die generelle Form von B bei binären Gasmischungen ist schon von J. E. LENNARD-JONES u. W. R. COOK: Proc. Roy. Soc. [London] A **115**, 334 (1927), angegeben worden.

x_1, x_2, ..., x_N ist, wobei die Koeffizienten des Polynoms nur von der Temperatur abhängen. Wir finden demnach für die Virialkoeffizienten einer Gasmischung aus N Teilchenarten:

$$\left.\begin{aligned} B &= \sum_{i=1}^{N} \sum_{j=1}^{N} B_{ij}\, x_i\, x_j\,, \\ C &= \sum_{i=1}^{N} \sum_{j=1}^{N} \sum_{k=1}^{N} C_{ijk}\, x_i\, x_j\, x_k\,, \\ & \cdots \cdots \cdots \cdots \end{aligned}\right\} \tag{4.120}$$

Hierin sind die Koeffizienten $B_{ij} = B_{ji}$, $C_{ijk} = C_{ikj} = C_{jik} = C_{jki} = C_{kij} = C_{kji}$, ... nur Funktionen der Temperatur. Wir erhalten z. B. für den zweiten Virialkoeffizienten eines binären Gemisches ohne chemische Reaktionen ($N=2$):

$$B = B_{11}\, x_1^2 + 2\, B_{12}\, x_1\, x_2 + B_{22}\, x_2^2$$

oder für den dritten Virialkoeffizienten eines ternären Gemisches ohne chemische Reaktionen ($N=3$):

$$C = C_{111}\, x_1^3 + 3\, C_{112}\, x_1^2\, x_2 + 3\, C_{122}\, x_1\, x_2^2 + C_{222}\, x_2^3 + 3\, C_{113}\, x_1^2\, x_3 + 3\, C_{133}\, x_1\, x_3^2$$
$$+ 3\, C_{223}\, x_2^2\, x_3 + 3\, C_{233}\, x_2\, x_3^2 + 6\, C_{123}\, x_1\, x_2\, x_3 + C_{333}\, x_3^3\,.$$

Man sieht, daß B_{11}, B_{22}, C_{111}, C_{222}, C_{333}, ... die Virialkoeffizienten für die reinen Gase sind, während die Koeffizienten mit gemischten Indices für das betreffende Gemisch charakteristisch sind. Entsprechend verläuft auch die molekulartheoretische Interpretation dieser Koeffizienten. So kennzeichnet B_{11} die Wechselwirkung zwischen Molekelpaaren der Sorte 1, B_{22} diejenige zwischen Molekelpaaren der Sorte 2, B_{12} diejenige zwischen Molekelpaaren, die aus einem Teilchen der Art 1 und einem solchen der Sorte 2 bestehen, usw.

Beachten wir die Beziehungen (119) und (120), so erkennen wir aus Gl. (118), daß die Zustandsgleichung, aufgelöst nach $\bar{V}$, folgende allgemeine Gestalt hat:

$$\bar{V} = \frac{RT}{P} + \sum_{i,\,j=1}^{N} B_{ij}\, x_i\, x_j + \Phi\,, \tag{4.121}$$

worin Φ eine Potenzreihe bezüglich des Druckes und aller Molenbrüche mit positiven ganzen Exponenten und temperaturabhängigen Koeffizienten darstellt. Von diesem Ausdruck können wir mit Hilfe von Gl. (1.272) zu den partiellen Molvolumina $V_i (i = 1, 2, ..., N)$ gelangen, die wir nun als Funktionen der *unabhängigen* Molenbrüche (z. B. x_1, x_2, ..., x_{N-1}) betrachten. Auch ohne explizite Durchrechnung sehen wir ein, daß V_i die generelle Form

$$V_i = \frac{RT}{P} + \Psi_i \tag{4.122}$$

haben muß, wobei Ψ_i eine Potenzreihe bezüglich des Druckes P und der unabhängigen Molenbrüche x_k ist, deren Exponenten nicht-negative ganze Zahlen $(0, 1, 2, \ldots)$ sind. Der Exponent 0 kennzeichnet die bezüglich P bzw. x_k konstanten Terme[1].

Aus Gl. (122) erhalten wir mit Gl. (87) für das chemische Potential der Teilchenart i:

$$\mu_i = \mu_i^+ + R\,T \ln \frac{P\,x_i}{P^+} + \int_0^P \Psi_i \, dP. \tag{4.123}$$

Das Integral ist nach obigem eine Potenzreihe in P mit positiven ganzen Exponenten $(1, 2, \ldots)$ und eine Potenzreihe in den x_k mit nicht-negativen ganzen Exponenten $(0, 1, 2, \ldots)$. Es ist identisch mit der in Gl. (86) als $\psi(P)$ bezeichneten Funktion, von der wir dort (§ 59) nur sagen konnten, daß sie eine Potenzreihe in P mit positiven Exponenten sei. Wir kürzen das Integral in Gl. (123) mit ψ_i ab und schreiben anstelle von Gl. (86) oder (123) bei Beachtung von Gl. (78):

$$\mu_i = \mu_i^+ + R\,T \ln \frac{P\,x_i}{P^+} + \psi_i(P,\, x_k) = \mu_i^+ + R\,T \ln \frac{p_i}{P^+} + \psi_i(P,\, x_k). \tag{4.124}$$

Die Schreibweise $\psi_i(P,\, x_k)$ soll an die Potenzreihe in P und x_k erinnern. Natürlich hängt ψ_i über die Koeffizienten der Potenzreihe auch von T ab.

Wir vergleichen den Ausdruck (97) für ideale Gasgemische

$$\mu_i = \mu_i^+ + R\,T \ln \frac{p_i}{P^+} \tag{4.125}$$

mit der Beziehung (124) für reale Gasgemische. Dies legt folgende Definition nahe:

$$\ln \frac{p_i^*}{P^+} \equiv \frac{\mu_i - \mu_i^+}{R\,T}. \tag{4.126}$$

Die so eingeführte Funktion p_i^* heißt nach LEWIS die *Fugazität* der Teilchenart i [vgl. Gl. (63)]. Sie spielt die Rolle eines „fiktiven Partialdruckes", wie bei Gegenüberstellung von Gl. (125) zu der aus Gl. (126) folgenden Beziehung

$$\mu_i = \mu_i^+ + R\,T \ln \frac{p_i^*}{P^+}$$

ersichtlich ist.

Aus ähnlichen Gründen definiert man einen *Fugazitätskoeffizienten* φ_i der Teilchenart i [vgl. Gl. (64) und Gl. (78)]:

$$\varphi_i \equiv \frac{p_i^*}{p_i} = \frac{p_i^*}{P\,x_i}, \tag{4.127}$$

---

[1] Die bezüglich der x_k konstanten Glieder treten nur auf, wenn wir die x_k als *unabhängige* Molenbrüche ansehen. Bei chemisch reagierenden Gasen mit N Teilchenarten ist die Zahl der „unabhängigen Molenbrüche" noch kleiner als $N - 1$.

der ein Maß für die Abweichungen im Verhalten eines realen Gasgemisches von dem einer idealen Gasmischung darstellt. Demnach schreiben wir für eine beliebige Gasmischung gemäß Gl. (126) und (127):

$$\left.\begin{aligned} \mu_i &= \mu_i^+ + R\,T \ln \frac{p_i^*}{P^+} = \mu_i^+ + R\,T \ln \frac{p_i}{P^+} + R\,T \ln \varphi_i \\ &= \mu_i^+ + R\,T \ln \frac{P}{P^+} + R\,T \ln x_i + R\,T \ln \varphi_i\,. \end{aligned}\right\} \tag{4.128}$$

Vergleich mit Gl. (124) ergibt:

$$\psi_i(P,\ x_k) = R\,T \ln \varphi_i\,.$$

Wir können die oben abgeleitete Aussage über die Form der Funktion ψ_i folgendermaßen in Worte kleiden:

Bei gegebener Temperatur ist der Logarithmus des Fugazitätskoeffizienten einer beliebigen Teilchenart in einer realen Gasmischung als Potenzreihe im Druck mit positiven ganzen Exponenten und als Potenzreihe in den unabhängigen Molenbrüchen mit nicht-negativen ganzen Exponenten darstellbar.

Bei idealen Gasgemischen gilt im gesamten Druck- und Konzentrationsbereich:

$$\ln \varphi_i = 0,\quad \varphi_i = 1,\quad p_i^* = p_i = P\,x_i\,. \tag{4.129}$$

Aus dem obigen Satz folgt für die Grenzwerte bei verschwindendem Druck [vgl. Gl. (66)]:

$$\lim_{P \to 0}\left(\ln \frac{p_i^*}{p_i}\right) = \lim_{P \to 0}(\ln \varphi_i) = 0\,, \tag{4.130 a}$$

$$\lim_{P \to 0}\left(\frac{p_i^*}{p_i}\right) = \lim_{P \to 0}\varphi_i = 1\,. \tag{4.130 b}$$

Schließlich definieren wir noch einen *Aktivitätskoeffizienten* f_i der Teilchenart i:

$$f_i \equiv \frac{\varphi_i}{\varphi_{0i}}\,. \tag{4.131}$$

Hierin ist φ_{0i} der Fugazitätskoeffizient des reinen Gases i ($x_i = 1$) bei der Temperatur und dem Druck der Mischung. Bezeichnen wir mit μ_{0i} das chemische Potential des reinen Gases i bei den betrachteten Werten von T und P, so folgt zunächst mit Gl. (128) für das reine Gas:

$$\mu_{0i} = \mu_i^+ + R\,T \ln \frac{P}{P^+} + R\,T \ln \varphi_{0i}\,. \tag{4.132}$$

Entsprechend gilt gemäß Gl. (128) für eine Gasmischung:

$$\mu_i = \mu_i^+ + R\,T \ln \frac{P}{P^+} + R\,T \ln x_i + R\,T \ln \varphi_i\,.$$

Daraus ergibt sich mit Gl. (131) und (132):

$$\mu_i = \mu_{0\,i}(T, P) + R\,T \ln x_i + R\,T \ln f_i. \qquad (4.133)$$

Da für $x_i = 1$ die Beziehung $\mu_i = \mu_{0\,i}$ erfüllt sein muß, gilt für den Grenzübergang bei konstanter Temperatur und konstantem Druck:

$$\lim_{x_i \to 1} (\ln f_i) = 0, \quad \lim_{x_i \to 1} f_i = 1. \qquad (4.134)$$

Schreiben wir $\ln f_i$ als Funktion aller Molenbrüche außer x_i und bezeichnen wir diese $(N-1)$ unabhängigen Molenbrüche als x_k, so haben wir für $x_i \to 1$: $x_k \to 0$ (alle k), $\ln f_i \to 0$. Demnach enthält $\ln f_i$ alle Terme mit x_k, die in $\ln \varphi_i$ auftreten, während die in den x_k konstanten Glieder in $\ln \varphi_{0\,i}$ zusammengefaßt sind. Daher können wir folgenden Satz aussprechen:

Bei gegebener Temperatur und gegebenem Druck ist der Logarithmus des Aktivitätskoeffizienten einer beliebigen Teilchenart in einer realen Gasmischung als Potenzreihe mit positiven ganzen Exponenten in den Molenbrüchen der übrigen Teilchenarten darstellbar[1].

Bei idealen Gasgemischen gilt im gesamten Druck- und Konzentrationsbereich:

$$\ln f_i = 0, \quad f_i = 1, \quad \varphi_{0\,i} = 1.$$

Von den genannten Hilfsgrößen für reale Gasmischungen sind die Fugazitätskoeffizienten am nützlichsten. Sie stehen gemäß Gl. (87) und (128) in einfachem Zusammenhang mit der Zustandsgleichung:

$$R\,T \ln \varphi_i = \int\limits_0^P \left(V_i - \frac{R\,T}{P} \right) dP. \qquad (4.135)$$

Explizite Ausdrücke für die chemischen Potentiale oder Fugazitätskoeffizienten erhält man aus Meßdaten, wenn man die experimentell bestimmten Koeffizienten in (120) über Gl. (122) in Gl. (123) oder Gl. (135) einführt. Die übrigen thermodynamischen Funktionen realer Gasgemische findet man dann durch einfache Differentiations- und Summationsprozesse [vgl. Gl. (89) bis (95)]. Gelingt es, die gemischten Koeffizienten B_{ij}, C_{ijk} $(i \neq j \neq k)$, ... aus den einfachen Koeffizienten B_{ii}, C_{iii}, ... zu ermitteln, so kann man die thermodynamischen Eigenschaften eines realen Gasgemisches auf diejenigen der reinen Komponenten zurückführen. Der Einfachheit halber behandeln wir diese Fragen nicht in ihrer allgemeinsten Form, sondern beschränken uns auf die Diskussion der binären schwach realen Gasgemische im nächsten Paragraphen.

---

[1] Eine weitere Diskussion dieses Satzes findet sich in § 75.

§ 62. Binäre schwach reale Gasgemische

Ein „binäres schwach reales Gasgemisch" ist eine reale Gasmischung aus zwei (nicht chemisch reagierenden) Komponenten ($N = 2$), die unter so niedrigem Druck steht, daß in Gl. (117) oder (118) alle quadratischen und höheren Terme in $1/\bar{V}$ oder P vernachlässigt werden können. Wir erhalten also gemäß Gl. (118) bis (120) für ein solches Gasgemisch [vgl. auch Gl. (121)]:

$$P\bar{V} = RT + BP = RT + (B_{11}\,x_1^2 + 2\,B_{12}\,x_1\,x_2 + B_{22}\,x_2^2)\,P. \qquad (4.136)$$

Hierin sind B_{11}, B_{12} und B_{22} Funktionen der Temperatur. Es ist zweckmäßig, die Abkürzung

$$\Delta = 2\,B_{12} - B_{11} - B_{22} \qquad (4.137)$$

einzuführen, da diese Differenz, wie wir sehen werden, in den thermodynamischen Funktionen auftritt. Damit können wir den zweiten Virialkoeffizienten B eines binären Gasgemisches, wenn wir die Identität (77)

$$x_1 + x_2 = 1 \qquad (4.138)$$

beachten, folgendermaßen schreiben:

$$\left.\begin{aligned}
B &= B_{11}\,x_1^2 + 2\,B_{12}\,x_1\,x_2 + B_{22}\,x_2^2 \\
&= B_{22} + 2\,(B_{12} - B_{22})\,x_1 - \Delta\,x_1^2 \\
&= B_{11} + 2\,(B_{12} - B_{11})\,x_2 - \Delta\,x_2^2.
\end{aligned}\right\} \qquad (4.139)$$

Trägt man also bei vorgegebener Temperatur B gegen x_1 oder x_2 auf, so erhält man eine Parabel. Diese ist konkav bezüglich der x-Achse für den (häufigsten) Fall $\Delta > 0$.

Mit Gl. (1.274) finden wir aus Gl. (136) und (139) für die partiellen Molvolumina V_1 und V_2 der Komponenten 1 und 2:

$$V_1 = \bar{V} - x_2\left(\frac{\partial \bar{V}}{\partial x_2}\right)_{T,\,P} = \frac{RT}{P} + B_{11} + \Delta\,x_2^2, \qquad (4.140\,\text{a})$$

$$V_2 = \bar{V} - x_1\left(\frac{\partial \bar{V}}{\partial x_1}\right)_{T,\,P} = \frac{RT}{P} + B_{22} + \Delta\,x_1^2. \qquad (4.140\,\text{b})$$

Hiermit haben wir die Beziehung (122) für den vorliegenden Spezialfall verifiziert.

Aus Gl. (128), (135) und (140) folgt für die chemischen Potentiale μ_1 und μ_2, die Fugazitäten p_1^* und p_2^* sowie die Fugazitätskoeffizienten φ_1 und φ_2 der beiden Komponenten:

$$\mu_1 = \mu_1^+ + RT \ln \frac{P\,x_1}{P^+} + (B_{11} + \Delta\,x_2^2)\,P, \qquad (4.141\,\text{a})$$

$$\mu_2 = \mu_2^+ + RT \ln \frac{P\,x_2}{P^+} + (B_{22} + \Delta\,x_1^2)\,P, \qquad (4.141\,\text{b})$$

$$RT \ln \frac{p_1^*}{p_1} = RT \ln \varphi_1 = (B_{11} + \Delta\,x_2^2)\,P, \qquad (4.142\,\text{a})$$

$$RT \ln \frac{p_2^*}{p_2} = RT \ln \varphi_2 = (B_{22} + \Delta\,x_1^2)\,P. \qquad (4.142\,\text{b})$$

Die Beziehungen (141) bzw. (142) verifizieren die allgemeine Form von Gl. (124) bzw. den generellen Satz über die Druck- und Konzentrationsabhängigkeit der Fugazitätskoeffizienten in § 61. Es sei daran erinnert, daß μ_1^+ bzw. μ_2^+ eine für das reine Gas 1 bzw. 2 charakteristische Temperaturfunktion ist.

Wir erhalten aus Gl. (141a) bzw. (141b) für die reine Komponente 1 $(x_1 = 1)$ bzw. die reine Komponente 2 $(x_2 = 1)$:

$$\mu_{01} = \mu_1^+ + R T \ln \frac{P}{P^+} + B_{11} P, \qquad (4.143\,\text{a})$$

$$\mu_{02} = \mu_2^+ + R T \ln \frac{P}{P^+} + B_{22} P. \qquad (4.143\,\text{b})$$

Hieraus ergibt sich mit Gl. (132) für die Fugazitätskoeffizienten φ_{01} und φ_{02} der reinen Stoffe 1 und 2:

$$R T \ln \varphi_{01} = B_{11} P, \qquad (4.144\,\text{a})$$

$$R T \ln \varphi_{02} = B_{22} P. \qquad (4.144\,\text{b})$$

Kombination dieser Beziehungen mit Gl. (131), (138) und (142) führt auf die Aktivitätskoeffizienten f_1 und f_2 der beiden Komponenten:

$$R T \ln f_1 = P \varDelta\, x_2^2 = P \varDelta\, (1 - x_1)^2, \qquad (4.145\,\text{a})$$

$$R T \ln f_2 = P \varDelta\, x_1^2 = P \varDelta\, (1 - x_2)^2. \qquad (4.145\,\text{b})$$

Damit ist für den hier betrachteten Sonderfall auch der allgemeine Satz über die Konzentrationsabhängigkeit der Aktivitätskoeffizienten in § 61 verifiziert.

Bezüglich der übrigen thermodynamischen Funktionen eines schwach realen binären Gasgemisches beschränken wir uns auf die Ableitung von einigen partiellen molaren Größen. Die totalen oder molaren Funktionen sowie andere partielle molare Größen können daraus durch einfache Additions- oder Subtraktionsprozesse gewonnen werden.

Aus Gl. (90) und (141) finden wir für die partiellen molaren Entropien der beiden Komponenten:

$$S_1 = -\frac{d\mu_1^+}{dT} - R \ln \frac{Px_1}{P^+} - \left(\frac{dB_{11}}{dT} + \frac{d\varDelta}{dT}\, x_2^2\right) P, \qquad (4.146\,\text{a})$$

$$S_2 = -\frac{d\mu_2^+}{dT} - R \ln \frac{Px_2}{P^+} - \left(\frac{dB_{22}}{dT} + \frac{d\varDelta}{dT}\, x_1^2\right) P. \qquad (4.146\,\text{b})$$

Hieraus ergibt sich mit Gl. (92) und (141) für die partiellen molaren Enthalpien:

$$H_1 = \mu_1^+ - T \frac{d\mu_1^+}{dT} + \left[B_{11} - T \frac{dB_{11}}{dT} + \left(\varDelta - T \frac{d\varDelta}{dT}\right) x_2^2\right] P, \qquad (4.147\,\text{a})$$

$$H_2 = \mu_2^+ - T \frac{d\mu_2^+}{dT} + \left[B_{22} - T \frac{dB_{22}}{dT} + \left(\varDelta - T \frac{d\varDelta}{dT}\right) x_1^2\right] P. \qquad (4.147\,\text{b})$$

Schließlich folgt aus Gl. (94) mit Gl. (146) oder (147) für die partiellen Molwärmen (bei konstantem Druck):

$$C_{P1} = -T\frac{d^2\mu_1^+}{dT^2} - TP\left(\frac{d^2 B_{11}}{dT^2} + \frac{d^2\Delta}{dT^2}\,x_2^2\right), \qquad (4.148\,\mathrm{a})$$

$$C_{P2} = -T\frac{d^2\mu_2^+}{dT^2} - TP\left(\frac{d^2 B_{22}}{dT^2} + \frac{d^2\Delta}{dT^2}\,x_1^2\right). \qquad (4.148\,\mathrm{b})$$

In allen diesen Formeln kommen die Größen B_{11}, B_{22} und Δ sowie deren Ableitungen nach T vor. Wir wenden uns daher jetzt der Frage der experimentellen Bestimmung der Funktionen $B_{11}(T)$, $B_{22}(T)$ und $B_{12}(T)$ sowie dem Problem der eventuellen Berechnung von B_{12} (aus B_{11} und B_{22}) zu.

Bei der experimentellen Ermittlung der Zustandsgleichung wird $\bar{V}$ als Funktion von T, P und x_1 (oder x_2) gemessen. Der zweite Virialkoeffizient B wird für jede Konzentration und Temperatur nach Gl. (118) und (119) aus diesen Meßdaten durch einen Grenzübergang gefunden:

$$B = \lim_{P \to 0}\left(\bar{V} - \frac{RT}{P}\right). \qquad (4.149)$$

Man trägt also $\bar{V} - RT/P$ bei gegebenen Werten von T und x als Funktion von P auf und extrapoliert auf $P = 0$. Im Grenzfalle $x_1 = 1\,(x_2 = 0)$ bzw. $x_2 = 1\,(x_1 = 0)$ erhält man den zweiten Virialkoeffizienten B_{11} bzw. B_{22} des reinen Gases 1 bzw. 2. Die Größe B_{12} bzw. Δ findet man aus B mit Hilfe von Gl. (139).

Bereits früher, als Meßdaten über B_{12} noch nicht vorlagen, hat man versucht, B_{12} aus B_{11} und B_{22} zu berechnen. Der einfachste Versuch dieser Art geht auf LEWIS und RANDALL[1] zurück[2]: Man setzt

$$B_{12} = \frac{1}{2}\,(B_{11} + B_{22}). \qquad (4.150)$$

Dies führt mit Gl. (137) und (139) auf die Beziehungen:

$$\Delta = 0, \quad B = B_{22} + (B_{11} - B_{22})\,x_1 = B_{11} + (B_{22} - B_{11})\,x_2.$$

Die thermodynamischen Funktionen werden in diesem Falle gemäß Gl. (140) bis (148) extrem einfach. So finden wir z. B.: $\varphi_i = \varphi_{0i}$, $f_i = 1$ $(i = 1, 2)$. Demnach entspricht ein Gasgemisch, das dem Ansatz (150) gehorcht, einer „idealen Mischung" bei kondensierten Phasen (vgl. § 74). Sowohl die heutigen experimentellen Befunde als auch die neuere statistische Theorie zeigen, daß es nur wenige Gasmischungen gibt, die den Ansatz (150) befolgen[3].

---

[1] LEWIS, G. N. u. M. RANDALL: s. Fußnote 2 S. 101.

[2] Bezüglich des zweiten Virialkoeffizienten besagt die dem obigen Ansatz zugrunde liegende „Fugazitätsregel von LEWIS und RANDALL" dasselbe wie die sog. „Regel von AMAGAT". Vgl. hierzu BEATTIE und STOCKMAYER in TAYLOR u. GLASSTONE: s. Fußnote 5 S. 259.

[3] Vgl. P. G. FRANCIS u. M. L. McGLASHAN: Trans. Faraday Soc. 51, 593 (1955).

Wir müssen also nach einer besseren Regel für die Verknüpfung von B_{12} mit B_{11} und B_{22} suchen. Auch unter den von Gl. (150) abweichenden Kombinationsregeln findet man sehr alte Ansätze. Diese Ansätze knüpfen stets an spezielle Formen der Zustandsgleichung an. Wir geben daher, ehe wir auf modernere Betrachtungen eingehen, eine kurze Übersicht über die Anwendung spezieller Zustandsgleichungen auf Gasgemische.

Will man eine bestimmte Zustandsgleichung, z. B. diejenige von VAN DER WAALS, DIETERICI, BERTHELOT, REDLICH und KWONG oder BEATTIE und BRIDGEMAN (§ 57), auf Gemische ausdehnen, so muß man die Parameter der Zustandsgleichung (z. B. a und b in der VAN DER WAALSschen Gleichung) als Funktionen der Zusammensetzung der Gasmischung betrachten, und zwar in Übereinstimmung mit den allgemeinen Aussagen (120). Dadurch entsteht im Falle des zweiten Virialkoeffizienten B aus jeder individuellen Konstanten α, die bei einem einfachen Gas in B vorkommt, bei binären Gemischen ein Ausdruck der Form [vgl. Gl. (139)]

$$\alpha = \alpha_{11}\, x_1^2 + 2\,\alpha_{12}\, x_1\, x_2 + \alpha_{22}\, x_2^2, \tag{4.151}$$

worin α_{11} bzw. α_{22} eine für das reine Gas 1 bzw. 2 charakteristische individuelle Konstante ist, während der Parameter α_{12} das binäre Gemisch kennzeichnet. Man hat folgende Kombinationsregeln vorgeschlagen:

$$\alpha_{12} = \sqrt{\alpha_{11}\alpha_{22}} \qquad \text{(geometrisches Mittel)}, \tag{4.152}$$

$$\alpha_{12} = \frac{1}{2}\,(\alpha_{11} + \alpha_{22}) \qquad \text{(arithmetisches Mittel)}, \tag{4.153}$$

$$\alpha_{12} = \left(\frac{1}{2}\,\sqrt[3]{\alpha_{11}} + \frac{1}{2}\,\sqrt[3]{\alpha_{22}}\right)^3 \qquad \text{(,,\textit{Lorentz}-Kombination``)}. \tag{4.154}$$

Hierbei gilt das geometrische Mittel (152) für Parameter von der Bedeutung einer ,,Attraktionskonstanten`` [z. B. $a$ bei VAN DER WAALS, $a'$ bei BERTHELOT oder $A_0$ und $c$ bei BEATTIE und BRIDGEMAN, vgl. Gl. (42a), (45) und (47) in § 57] und das arithmetische Mittel (153) oder die LORENTZ-Kombination (154) für Parameter von der Bedeutung eines ,,Kovolumens`` (z. B. b bei VAN DER WAALS und BERTHELOT oder B_0 bei BEATTIE und BRIDGEMAN). Da die genannten speziellen Zustandsgleichungen vom heutigen Standpunkt aus semiempirische oder empirische Beziehungen darstellen, sind diese Kombinationsregeln als wesentlich empirisch anzusehen.

Als erstes Beispiel betrachten wir den Ausdruck für den zweiten Virialkoeffizienten B eines binären Gasgemisches nach VAN DER WAALS, der gemäß Gl. (45), (139) und (151) lautet:

$$B = B_{11}\, x_1^2 + 2\,B_{12}\, x_1\, x_2 + B_{22}\, x_2^2 = b - \frac{a}{RT} \tag{4.155}$$

mit

$$B_{11} = b_{11} - \frac{a_{11}}{RT}, \qquad (4.156\,\text{a})$$

$$B_{22} = b_{22} - \frac{a_{22}}{RT}, \qquad (4.156\,\text{b})$$

$$B_{12} = b_{12} - \frac{a_{12}}{RT} \qquad (4.156\,\text{c})$$

und

$$b = b_{11}\,x_1^2 + 2\,b_{12}\,x_1\,x_2 + b_{22}\,x_2^2, \qquad (4.157\,\text{a})$$

$$a = a_{11}\,x_1^2 + 2\,a_{12}\,x_1\,x_2 + a_{22}\,x_2^2. \qquad (4.157\,\text{b})$$

Die meistbenutzten Kombinationsregeln für diesen Fall sind:

$$b_{12} = \frac{1}{2}\,(b_{11} + b_{22}), \qquad (4.158\,\text{a})$$

$$a_{12} = \sqrt{a_{11}\,a_{22}}\,. \qquad (4.158\,\text{b})$$

Hieraus ergibt sich mit Gl. (137) und (156) der Ausdruck

$$\varDelta = \frac{(\sqrt{a_{11}} + \sqrt{a_{22}})^2}{RT}\,,$$

der wenigstens qualitativ in der Mehrzahl der Fälle mit der Erfahrung übereinstimmt, da $\varDelta$ meist positiv ist.

Die umfangreichen Untersuchungen von van Laar[1] über binäre Gemische beruhen zum großen Teil auf einer Anwendung der van der Waalsschen Gleichung in ihrer allgemeinen Form (36) und der Ansätze (157) und (158) oder anderer einfacher Kombinationsregeln, die auch auf flüssige Mischungen übertragen werden. Nach unseren Ausführungen ist eine solche Methode nicht erfolgversprechend, da schon bei Gasen die van der Waalssche Gleichung, insbesondere auch in Verbindung mit den Beziehungen (157), die bei Anwendung auf beliebige Drucke den allgemeinen Aussagen (120) widersprechen, in quantitativer Hinsicht versagt. Gemäß § 57 ist sogar bei reinen Gasen und niedrigen Drucken die van der Waalssche Zustandsgleichung für einen größeren Temperaturbereich unzureichend, so daß auch die Ansätze (155) bis (158) für schwach reale binäre Gasgemische unbefriedigend sind.

Wir betrachten als zweites Beispiel die Formel für B nach Berthelot, die nach Gl. (47), (139) und (151) ergibt:

$$B_{11} = b_{11} - \frac{a'_{11}}{RT^2}, \qquad (4.159\,\text{a})$$

$$B_{22} = b_{22} - \frac{a'_{22}}{RT^2}, \qquad (4.159\,\text{b})$$

$$B_{12} = b_{12} - \frac{a'_{12}}{RT^2}. \qquad (4.159\,\text{c})$$

---

[1] van Laar, J. J.: s. Fußnote 1 S. 195.

Obwohl nach § 57 keine der zweiparametrigen empirischen Zustandsgleichungen den zweiten Virialkoeffizienten B in einem größeren Temperaturbereich richtig wiedergibt, hat sich doch die BERTHELOTsche Gleichung in Fällen bewährt, bei denen man allein aus den kritischen Daten der reinen Komponenten (ohne genaue Kenntnis von B_{11} und B_{22}) die Größe B_{12} rasch ungefähr berechnen möchte (wie etwa bei der „Realgaskorrektur" für Verdampfungsgleichgewichte, vgl. § 69), insbesondere wenn man sich auf unpolare Gase beschränkt und folgende Kombinationsregeln benutzt[1]):

$$b_{12} = \frac{1}{8}\left(\sqrt[3]{b_{11}} + \sqrt[3]{b_{22}}\right)^3, \tag{4.160a}$$

$$\frac{a'_{12}}{b_{12}^2} = \sqrt{\frac{a'_{11}\, a'_{22}}{b_{11}^2\, b_{22}^2}}. \tag{4.160b}$$

Bei der praktischen Ermittlung der Parameter a' und b für die reinen Gase (a'_{11}, a'_{22} und b_{11}, b_{22}) aus der kritischen Temperatur T_K und dem kritischen Druck P_K geht man nicht von den streng aus Gl.(38) und (40) folgenden Zusammenhängen

$$a' = \frac{27}{64}\frac{R^2\, T_K^3}{P_K}, \qquad b = \frac{1}{8}\frac{R T_K}{P_K}, \tag{4.161}$$

sondern von den Beziehungen

$$a' = \frac{27}{64}\frac{R^2\, T_K^3}{P_K}, \qquad b = \frac{9}{128}\frac{R T_K}{P_K} \tag{4.162}$$

aus. Den Gln.(162) liegt der ungefähre empirische Mittelwert für das „kritische Verhältnis"

$$\frac{R T_K}{P_K \bar{V}_K} = \frac{32}{9} \approx 3{,}56 \quad (\bar{V}_K = \text{kritisches Molvolumen})$$

bei unpolaren Gasen zugrunde, da die BERTHELOTsche Gleichung mit den theoretischen Beziehungen (161) auf den völlig falschen Wert 8/3 — der sich auch nach VAN DER WAALS ergibt — führen würde.

Gemäß § 57 ist die theoretisch begründete Formel von LENNARD-JONES, Gl.(50), den anderen zweiparametrigen Ausdrücken für B [Gl.(45) bis (48)] überlegen. Die in dieser Formel auftretenden Parameter ε^* und d sind ebenfalls allein aus den kritischen Daten ermittelbar. Man erhält B_{11} und B_{22} aus Gl.(50), wenn man die Werte ε_{11}^*, d_{11} und ε_{22}^*, d_{22} für die Konstanten ε^* und d der reinen Gase 1 und 2 einsetzt. Die Größe B_{12} findet man entsprechend bei Verwendung der Parameter ε_{12}^* und d_{12} in Gl.(50), und zwar gilt — wie sich molekulartheoretisch begründen läßt — für ε_{12}^* die Kombination (152) und für d_{12} die Beziehung (153):

$$\varepsilon_{12}^* = \sqrt{\varepsilon_{11}^*\, \varepsilon_{22}^*}, \tag{4.163a}$$

$$d_{12} = \frac{1}{2}(d_{11} + d_{22}). \tag{4.163b}$$

---

[1] Vgl. hierzu G. SCATCHARD u. L. B. TICKNOR: J. Amer. Chem. Soc. **74**, 3724 (1952), dort auch eine Näherungsmethode für die Berechnung von B_{12} bei Gemischen aus einem unpolaren und einem polaren Gas.

Die Berechnung der Koeffizienten B_{11}, B_{22} und B_{12} nach diesem Verfahren ist zwar langwieriger, aber wesentlich genauer und theoretisch besser begründet als diejenige nach der vorher genannten Methode. Bei Mischungen unpolarer Gase hat sich das auf Gl.(50) und (163) beruhende Verfahren hervorragend bewährt[1].

Geht man von drei- und mehrparametrigen Zustandsgleichungen aus, so kann man die Konstanten nicht mehr aus den kritischen Daten ermitteln, sondern ist auf direkt gemessene Werte der zweiten Virialkoeffizienten der reinen Gase angewiesen. Setzen wir z.B. Gültigkeit der BEATTIE-BRIDGEMANschen Zustandsgleichung (42) voraus, so erhalten wir gemäß Gl.(42a) für eine binäre Gasmischung:

$$B_{11} = B_{011} - \frac{A_{011}}{RT} - \frac{c_{11}}{T^3}, \qquad (4.164\,\text{a})$$

$$B_{22} = B_{022} - \frac{A_{022}}{RT} - \frac{c_{22}}{T^3}, \qquad (4.164\,\text{b})$$

$$B_{12} = B_{012} - \frac{A_{012}}{RT} - \frac{c_{12}}{T^3}. \qquad (4.164\,\text{c})$$

Hierin sind die Größen B_{011}, A_{011}, c_{11} und B_{022}, A_{022}, c_{22} empirisch zu bestimmende individuelle Konstanten für die reinen Gase 1 und 2, während B_{012}, A_{012}, c_{12} sich auf das binäre Gemisch beziehen und nach einer der Kombinationsregeln (152) bis (154) ermittelbar sind. Nach BEATTIE und Mitarbeitern[2] bewähren sich bei Mischungen aus unpolaren Gasen folgende Ansätze:

$$A_{012} = \sqrt{A_{011} A_{022}}, \qquad (4.165\,\text{a})$$

$$B_{012} = \frac{1}{8}\left(\sqrt[3]{B_{011}} + \sqrt[3]{B_{022}}\right)^3, \qquad (4.165\,\text{b})$$

$$c_{12} = \sqrt{c_{11}\,c_{22}}. \qquad (4.165\,\text{c})$$

---

[1] Vgl. hierzu LENNARD-JONES u. COOK: s. Fußnote 2 S. 277, J. O. HIRSCHFELDER u. W. E. ROSEVEARE: J. Physic. Chem. **43**, 15 (1939), sowie J. A. BEATTIE u. W. H. STOCKMAYER: J. Chem. Physics 10, 473 (1942). Über eine nVersuch zur Berechnung von B bei Mischungen polarer Gase s. W. H. STOCKMAYER: J. Chem. Physics **9**, 863 (1941).

[2] BEATTIE, J. A., W. H. STOCKMAYER u. H. G. INGERSOLL: J. Chem. Physics **9**, 871 (1941), sowie BEATTIE u. STOCKMAYER: s. Fußnote 1. Bei einer genaueren Diskussion der experimentellen Daten für das Gemisch Methan—n-Butan finden BEATTIE und STOCKMAYER, daß folgende Kombinationen der Konstanten noch vorteilhafter sind:

$$B_{12} = B_{012}\left(1 - \frac{A_{012}}{B_{012}RT} - \frac{c_{12}}{B_{012}T^3}\right)$$

mit Gl.(165b) für B_{012} außerhalb der Klammer und der Kombinationsregel (152) für A_{012}/B_{012} und c_{12}/B_{012}.

In einer neueren Untersuchung haben GUGGENHEIM und McGLASHAN[1] für Substanzen, die dem Theorem der übereinstimmenden Zustände gehorchen (vgl. § 57), den Ansatz (53) auf binäre Gemische unpolarer Gase erweitert. Man erhält dann:

$$\frac{B_{11}}{\bar{V}_{11}^{*}} = \psi\left(\frac{T}{T_{11}^{*}}\right), \qquad \frac{B_{22}}{\bar{V}_{22}^{*}} = \psi\left(\frac{T}{T_{22}^{*}}\right), \tag{4.166}$$

$$\frac{B_{12}}{\bar{V}_{12}^{*}} = \psi\left(\frac{T}{T_{12}^{*}}\right). \tag{4.167}$$

Hierin ist ψ eine (für die betrachtete Stoffgruppe) universelle Funktion. $\bar{V}_{11}^{*}$ und T_{11}^{*} bzw. $\bar{V}_{22}^{*}$ und T_{22}^{*} bzw. $\bar{V}_{12}^{*}$ und T_{12}^{*} sind ein charakteristisches Molvolumen und eine charakteristische Temperatur, die das reine Gas 1 bzw. das reine Gas 2 bzw. das binäre Gemisch kennzeichnen. Bei den reinen Stoffen kann man in den meisten Fällen (vgl. § 57) für $\bar{V}^{*}$ und T^{*} das kritische Molvolumen $\bar{V}_{K}$ und die kritische Temperatur T_{K} einsetzen. Für $\bar{V}_{12}^{*}$ und T_{12}^{*} werden folgende Beziehungen zugrunde gelegt:

$$\bar{V}_{12}^{*} = \frac{1}{8}\left(\sqrt[3]{\bar{V}_{11}^{*}} + \sqrt[3]{\bar{V}_{22}^{*}}\right)^{3}, \tag{4.168a}$$

$$T_{12}^{*} = \sqrt{T_{11}^{*}\, T_{22}^{*}}. \tag{4.168b}$$

Bei modellmäßiger Betrachtung entsprechen diese Kombinationsregeln den Beziehungen (163), die für starre Kugeln, deren Hauptwechselwirkung in „LONDONscher Dispersionsenergie" besteht, annähernd richtig sind. Da aber die auf Gl. (166) und (167) führenden Überlegungen weder einen bestimmten Kraftansatz noch eine spezielle Zustandsgleichung voraussetzen, sind die Gleichungen (168) als semiempirisch anzusehen.

Gemäß Gl. (166) bis (168) kann B_{12} aus B_{11} und B_{22} ermittelt werden, wenn die betreffenden reinen Stoffe und deren Mischungen das Theorem der übereinstimmenden Zustände befolgen, so daß wir eine gemeinsame Kurve für $B_{ij}/\bar{V}_{ij}^{*}$ als Funktion von T/T_{ij}^{*} $(i, j = 1, 2)$ erhalten. Die diesen Stoffpaaren gemeinsame Funktion ψ kann auch analytisch dargestellt werden, z. B. durch Gl. (54) oder (55) im Falle der dort (§ 57) betrachteten Stoffgruppe. In der Tat finden GUGGENHEIM und McGLASHAN für binäre Mischungen aus den Gasen dieser Stoffgruppe gute Übereinstimmung zwischen direkt gemessenen Werten von B_{12} (B_{12} in Tabelle 2) und aus der Kurve mit Hilfe von Gl. (168) berechneten Werten von B_{12} [B_{12} (ber.) in Tabelle 2]. Auch die Interpolationsformeln (54) und (55) ergeben gute Resultate. Wie aus Tabelle 2 ersichtlich, führt die „naive" Formel (150) zu völlig falschen Ergebnissen. Wir haben in Tabelle 2 nur

---

[1] GUGGENHEIM, E. A. u. M. L. McGLASHAN: s. Fußnote 2 S. 262.

das Gemisch Methan—n-Butan aufgenommen, weil für dieses die jüngsten Meßdaten, nämlich diejenigen von BEATTIE und STOCKMAYER[1], vorliegen.

Nach GUGGENHEIM und McGLASHAN läßt sich allgemein B_{12} mit um so größerer Genauigkeit aus B_{11} und B_{22} errechnen, je besser das Theorem der übereinstimmenden Zustände erfüllt ist. Dementsprechend muß jedes Verfahren, das von einer Zustandsgleichung mit drei oder mehr Parametern ausgeht, wie z.B. die Methode gemäß Gl.(164) bis (165) mit Vorsicht gehandhabt werden, weil eine solche Zustandsgleichung nicht automatisch dem Theorem der übereinstimmenden Zustände genügt.

Nach FRANCIS und McGLASHAN[2] können die Meßdaten für die eine polare Komponente enthaltenden Systeme Tetrachlorkohlenstoff—Chloroform und Benzol—Chloroform innerhalb der Meßgenauigkeit sowohl durch den naiven Ansatz (150) als auch durch das Verfahren von GUGGENHEIM und McGLASHAN dargestellt werden. Dies liegt daran, daß hier die einzelnen Komponenten zufällig nahezu die gleichen kritischen Volumina und kritischen Temperaturen aufweisen.

Für einen größeren Druckbereich, bei dem auch der dritte und vierte Virialkoeffizient eine Rolle spielen, muß man die Ansprüche bezüglich der Genauigkeit zurückstellen und nach einem praktisch verwertbaren Näherungsverfahren suchen. Ein solches ist z.B. von SU, HUANG und CHANG[3] angegeben worden. Diese Autoren stellen für unpolare Gase und deren Mischungen die BEATTIE-BRIDGEMANsche Gleichung (42) in einer reduzierten Form mit fünf universellen Konstanten auf und finden in einem großen Temperatur- und Druckbereich für sechs binäre Mischungen eine für viele praktische Zwecke ausreichende Genauigkeit.

Tabelle 2

Zweite Virialkoeffizienten für das binäre Gemisch Methan—n-Butan bei mehreren Temperaturen (alle Zahlenwerte in cm^3 mol^{-1}. Erläuterungen und Quellenangaben im Text)

Temperatur °C	B_{11} (Methan)	B_{22} (n-Butan)	B_{12}	B_{12} (ber.)	Δ (experimentell)	B_{12} aus Gl. (150), abgerundet
150	− 11,4	− 328,7	− 81,6	− 83	176,9	− 170
175	− 7,5	− 287,3	− 69,4	− 71	156,0	− 147
200	− 4,0	− 254,2	− 60,4	− 62	137,4	− 129
225	− 0,9	− 224,5	− 51,2	− 53	123,0	− 113
250	+ 1,9	− 198,1	− 42,0	− 45	112,2	− 98
275	+ 4,5	− 176,0	− 35,2	− 37	101,1	− 86
300	+ 6,8	− 157,4	− 29,2	− 31	92,2	− 75

§ 63. Homogenes chemisches Gleichgewicht in der Gasphase

Es sei μ_k das chemische Potential eines Stoffes k, der an einer chemischen Homogenreaktion beteiligt ist, und ν_k der stöchiometrische Koeffizient dieser Teilchenart für die betrachtete Reaktion. ν_k ist eine rationale Zahl, die positiv für bei der Reaktion entstehende Stoffe und negativ

---

[1] BEATTIE, J. A. u. W. H. STOCKMAYER: s. Fußnote 1 S. 288.

[2] FRANCIS, P. G. u. M. L. McGLASHAN: s. Fußnote 3 S. 284.

[3] SU, G.-J., P.-H. HUANG u. J.-M. CHANG: J. Amer. Chem. Soc. 68, 1403 (1946).

für hierbei verschwindende Stoffe ist (vgl. § 15). Dann lautet die allgemeine Bedingung für das chemische Gleichgewicht (vgl. § 20 und § 32):

$$\sum_k \nu_k \mu_k = 0 . \qquad (4.169)$$

Es erweist sich als zweckmäßig, mit FOWLER und GUGGENHEIM[1] die *absolute Aktivität* λ_i der Teilchenart i in einer Mischphase durch folgende Definition einzuführen:

$$\ln \lambda_i = \frac{\mu_i}{RT} . \qquad (4.170)$$

Damit können wir die allgemeine Gleichgewichtsbedingung (169) schreiben:

$$\prod \lambda_k^{\nu_k} = 1 . \qquad (4.171)$$

Hierin bedeutet das Zeichen $\prod$ Produktbildung über alle k.

Betrachten wir z.B. die Reaktion in der Gasphase

$$2\,H_2 + O_2 \rightarrow 2\,H_2O ,$$

so besagt die Gleichgewichtsbedingung (169):

$$-2\,\mu_{H_2} - \mu_{O_2} + 2\,\mu_{H_2O} = 0$$

oder

$$2\,\mu_{H_2} + \mu_{O_2} = 2\,\mu_{H_2O} .$$

Mit Gl. (171) folgt:

$$\lambda_{H_2}^{-2} \lambda_{O_2}^{-1} \lambda_{H_2O}^{2} = \frac{\lambda_{H_2O}^{2}}{\lambda_{H_2}^{2} \lambda_{O_2}} = 1 .$$

Durch Vergleich von Gl. (128) mit Gl. (170) ergibt sich für die absolute Aktivität eines Stoffes i in der Gasphase:

$$\lambda_i = \lambda_i^+ \frac{p_i^*}{P^+} = \lambda_i^+ \frac{p_i \varphi_i}{P^+} = \lambda_i^+ \frac{P x_i \varphi_i}{P^+} , \qquad (4.172)$$

worin p_i den Partialdruck, p_i^* die Fugazität, φ_i den Fugazitätskoeffizienten und x_i den Molenbruch der Teilchenart i bedeutet. Hierbei wurde gesetzt:

$$\ln \lambda_i^+ = \frac{\mu_i^+}{RT} . \qquad (4.173)$$

λ_i^+ hängt wie μ_i^+ nur von der Temperatur ab, wenn der Standarddruck P^+ ein für allemal festgelegt ist.

Wir führen folgende Abkürzungen ein:

$$\nu = \sum_k \nu_k , \qquad (4.174)$$

$$K(T) = \prod (\lambda_k^+)^{-\nu_k} . \qquad (4.175)$$

---

[1] FOWLER, R. H. u. E. A. GUGGENHEIM: s. Fußnote 1 S. 3.

Damit folgt aus Gl. (171) und (172):

$$(P^+)^{-\nu}\prod(p_k^*)^{\nu_k} = (P^+)^{-\nu}\prod(p_k\,\varphi_k)^{\nu_k} = \left(\frac{P}{P^+}\right)^{\nu}\prod(x_k\,\varphi_k)^{\nu_k} = K(T). \qquad (4.176)$$

In dieser Form wird die Bedingung für das chemische Gleichgewicht als *verallgemeinertes Massenwirkungsgesetz* bezeichnet. Die Größe $K(T)$, die dimensionslos ist und von der Temperatur abhängt, ist die *Gleichgewichtskonstante* für die betreffende Reaktion. Sie liegt bei jeder Reaktion für gegebene Temperatur fest, wenn über den Standarddruck P^+ verfügt ist. Meist setzt man: $P^+ = 1$ atm. Die Gesetzmäßigkeit (176) geht im wesentlichen auf Lewis zurück.

In vielen Fällen sind die Messungen von Gleichgewichtskonstanten chemischer Gasreaktionen nicht so genau, daß es gerechtfertigt wäre, zwischen realen und idealen Gasgemischen zu unterscheiden. Wir setzen dann der Einfachheit halber ideale Gasgemische voraus. Gemäß Gl. (129) und (176) gilt für solche Fälle:

$$(P^+)^{-\nu}\prod p_k^{\nu_k} = \left(\frac{P}{P^+}\right)^{\nu}\prod x_k^{\nu_k} = K(T). \qquad (4.177)$$

Außer K werden bei idealen Gasgemischen noch andere Größen als „Gleichgewichtskonstanten" bezeichnet. Es handelt sich um die dimensionierte Größe

$$K_c(T) \equiv \left(\frac{P^+}{RT}\right)^{\nu} K(T) \qquad (4.178)$$

und die dimensionslose Größe

$$K_x(T,\,P) \equiv \left(\frac{P^+}{P}\right)^{\nu} K(T), \qquad (4.179)$$

von denen die erste, wie K, nur von der Temperatur, die zweite aber von der Temperatur und vom Druck (außer für $\nu = 0$) abhängt. Beachten wir Gl. (104), so können wir nach Einführen der „molaren Volumenkonzentration"

$$c_i \equiv \frac{n_i}{V} \qquad (4.180)$$

für ein ideales Gasgemisch schreiben:

$$p_i = c_i\,R\,T. \qquad (4.181)$$

Damit folgt aus Gl. (177):

$$(P^+)^{-\nu}\prod p_k^{\nu_k} = \left(\frac{RT}{P^+}\right)^{\nu}\prod c_k^{\nu_k} = \left(\frac{P}{P^+}\right)^{\nu}\prod x_k^{\nu_k} = K. \qquad (4.182)$$

Durch Vergleich mit Gl. (178) und (179) ergibt sich:

$$\Pi c_k^{v_k} = K_c \, , \qquad (4.183)$$

$$\Pi x_k^{v_k} = K_x \, . \qquad (4.184)$$

Für die schon oben als Beispiel gewählte Gasreaktion

$$2\,H_2 + O_2 \rightarrow 2\,H_2O$$

finden wir dementsprechend mit $\nu = -1$:

$$\frac{p_{H_2O}^2}{p_{H_2}^2\,p_{O_2}}\,P^+ = K \, ,$$

$$\frac{c_{H_2O}^2}{c_{H_2}^2\,c_{O_2}} = K_c = \frac{RT}{P^+}\,K \, ,$$

$$\frac{x_{H_2O}^2}{x_{H_2}^2\,x_{O_2}} = K_x = \frac{P}{P^+}\,K \, .$$

Für $P^+ = 1$ atm und $T = 2000°\,K$ gilt bei dieser Reaktion: $K = 1{,}6 \cdot 10^7$.

Gl. (182) oder Gl. (183) oder Gl. (184) wird als *klassisches Massenwirkungsgesetz* oder „Gesetz von Guldberg und Waage" bezeichnet. Die erste thermodynamische Begründung dieser Gesetzmäßigkeit — zusammen mit einer sorgfältigen Prüfung an dem damals zugänglichen experimentellen Material über Dissoziations- und Assoziationsgleichgewichte in Gasen — stammt von Gibbs.

Kehren wir wieder zur allgemeinen Beziehung (176) zurück und betrachten wir die Temperaturabhängigkeit der Gleichgewichtskonstanten K. Aus Gl. (173) und (175) folgt:

$$R\,T \ln K = -\sum_k v_k \mu_k^+ \, .$$

Hieraus ergibt sich mit Gl. (90) und (92):

$$\frac{d\ln K}{dT} = \frac{1}{RT^2}\left[\sum_k v_k\left(\mu_k^+ - T\frac{d\mu_k^+}{dT}\right)\right] = \frac{1}{RT^2}\sum_k v_k H_k^+,$$

worin H_k^+ den Standardwert der partiellen molaren Enthalpie des Stoffes k bedeutet[1]. Nun ist die (temperaturabhängige) Größe

$$\Delta H^+ = \sum_k v_k H_k^+$$

offensichtlich nichts anderes als die Reaktionsenthalpie („Reaktionswärme bei konstantem Druck", vgl. § 23 und Anhang 1) für eine che-

---

[1] μ_i^+ ist gemäß Gl. (128) gleich dem chemischen Potential des reinen (hypothetischen) idealen Gases i ($x_i = 1$, $\varphi_i = 1$) unter dem Standarddruck $P = P^+$ bei der jeweils betrachteten Temperatur T. Entsprechende Bedeutung hat die Größe H_i^+.

mische Gasreaktion, die unter Standardbedingungen abläuft. Entsprechende Bedeutung haben die Größen

$$\Delta G^+ = \sum_k \nu_k \mu_k^+, \quad \Delta S^+ = \sum_k \nu_k S_k^+,$$

von denen ΔS^+ unter dem Namen „Standardreaktionsentropie" bekannt ist (S_k^+ bedeutet den Standardwert der partiellen molaren Entropie des Stoffes k). Bei Beachtung des aus Gl.(92) folgenden Zusammenhangs

$$\mu_k^+ = H_k^+ - T S_k^+$$

finden wir aus den vorangehenden Gleichungen die wichtigen Beziehungen

$$R T \ln K = - \sum_k \nu_k \mu_k^+ = - \Delta G^+ = - \Delta H^+ + T \Delta S^+ \tag{4.185}$$

und

$$\frac{d \ln K}{d T} = \frac{\Delta H^+}{R T^2}. \tag{4.186}$$

Gl.(186) stellt die gesuchte Beziehung für die Temperaturabhängigkeit der Gleichgewichtskonstanten dar. Sie geht, wie Gl.(185), auf LEWIS zurück[1].

Liegt ein ideales Gasgemisch vor, so ist gemäß Gl.(108) die Größe H_k^+ gleich der partiellen molaren Enthalpie H_k des Stoffes k in der Gasmischung bei irgendeinem Druck und irgendeiner Zusammensetzung bei der jeweils vorgegebenen Temperatur. Daher ist ΔH^+ für ein reagierendes ideales Gasgemisch mit der wirklichen Reaktionsenthalpie ΔH identisch. Wir erhalten also aus Gl.(186) für diesen Fall:

$$\frac{d \ln K}{d T} = \frac{\Delta H}{R T^2}, \tag{4.187}$$

worin ΔH nur von der Temperatur, nicht aber vom Druck und von der Zusammensetzung abhängt.

Für die weiteren „Gleichgewichtskonstanten" K_c und K_x folgt aus Gl.(178), (179) und (187):

$$\frac{d \ln K_c}{d T} = \frac{\Delta H - \nu R T}{R T^2}, \tag{4.188}$$

$$\left(\frac{\partial \ln K_x}{\partial T}\right)_P = \frac{d \ln K}{d T} = \frac{\Delta H}{R T^2}. \tag{4.189}$$

Nun gilt für die isotherm-isobare Volumenänderung ΔV bei einem Formelumsatz einer chemischen Reaktion in einer idealen Gasmischung gemäß Gl.(102) und (174):

$$P \Delta V = \nu R T. \tag{4.190}$$

---

[1] Über die Berechnung von K aus tabellierten Werten von H_k^+ und S_k^+ gemäß Gl.(185) vgl. E. A. GUGGENHEIM u. J. E. PRUE: Physicochemical Calculations, Amsterdam 1955.

Ferner findet man für die Reaktionsenthalpie (vgl. § 5 und § 23):

$$\Delta H = (\Delta H)_{T,P} = (\Delta U)_{T,P} + P(\Delta V)_{T,P} \left.\vphantom{\begin{matrix}a\\b\end{matrix}}\right\}$$
$$= (\Delta U)_{T,V} + P(\Delta V)_{T,P} = \Delta U + P\Delta V, \qquad (4.191)$$

wobei die Unabhängigkeit der inneren Energie vom Volumen bzw. Druck, wie sie bei idealen Gasgemischen aus unseren Ausführungen in § 60 folgt, benutzt wurde. Die Größe $(\Delta U)_{T,V}$, die wir mit ΔU abkürzen, ist gemäß § 23 die „Reaktionsenergie" oder „Reaktionswärme bei konstantem Volumen". Durch Kombination von Gl. (188) mit Gl. (190) und (191) erhalten wir die Gleichung von VAN'T HOFF:

$$\frac{d \ln K_c}{dT} = \frac{\Delta U}{R T^2}. \qquad (4.192)$$

Auch Gl. (189) wird als „VAN'T HOFFsche Gleichung" bezeichnet.

Die Druckabhängigkeit der Gleichgewichtskonstanten K_x ergibt sich aus Gl. (179) und (190):

$$\left(\frac{\partial \ln K_x}{\partial P}\right)_T = -\frac{\Delta V}{RT}. \qquad (4.193)$$

Diese Beziehung geht auf PLANCK und VAN LAAR zurück.

Die Beziehungen (186) bis (189) und (192) bis (193) stellen typische „Differentialgleichungen für Veränderungen bei währendem Gleichgewicht" dar (vgl. § 44).

Die wirklich gemessene Reaktionsenthalpie ΔH einer beliebigen chemischen Reaktion stellt gemäß Gl. (1.260) nichts anderes als die Differenz

$$\sum_k n_k^{II} H_k^{II} - \sum_k n_k^{I} H_k^{I}$$

dar. Hierbei ist die Summe über alle vorhandenen Teilchenarten zu erstrecken, und der Index I bzw. II bezieht sich auf den Zustand vor bzw. nach Ablauf der Reaktion gemäß einem Formelumsatz bei den vorgegebenen Werten von T und P. Bezüglich der Molzahlen n_k gilt für nicht reagierende Teilchenarten: $n_k^{I} = n_k^{II}$ und für reagierende Substanzen: $n_k^{II} - n_k^{I} = \nu_k$. Wenn nun entweder die umgesetzten Mengen im Verhältnis zu den Gesamtmengen der reagierenden Stoffe sehr klein sind, so daß die Zusammensetzung des Systems praktisch konstant bleibt, oder die partiellen molaren Enthalpien H_k unabhängig von der Zusammensetzung sind — wie dies bei idealen Gasgemischen der Fall ist (vgl. oben) —, so ergibt sich: $H_k^{I} = H_k^{II}$. Demnach folgt für diesen Fall:

$$\Delta H = \sum_k \nu_k H_k.$$

In der Summe fallen automatisch alle nicht reagierenden Substanzen heraus, da für diese $\nu_k = 0$ ist.

So gilt für die praktisch in idealer Gasphase ablaufende Reaktion (vgl. oben)

$$2\,H_2 + O_2 \rightarrow 2\,H_2O$$

bei etwa 2000° K:

$$\Delta H = 2\,H_{H_2O} - 2\,H_{H_2} - H_{O_2} = -115\,300\ \text{cal mol}^{-1}.$$

Unter der Voraussetzung der Gültigkeit der obigen Formel können wir leicht einen Ausdruck ableiten, der uns die Umrechnung von der bei einer Temperatur T' gemessenen Reaktionsenthalpie $\Delta H(T')$ auf die für eine beliebige Temperatur T geltende Reaktionsenthalpie $\Delta H(T)$ bei vorgegebenem Druck gestattet:

$$\left. \begin{aligned}
\Delta H(T) - \Delta H(T') &= \sum_k \nu_k H_k(T) - \sum_k \nu_k H_k(T') \\
&= \sum_i \nu_i H_i(T) + \sum_j \nu_j H_j(T) - \sum_i \nu_i H_i(T') - \sum_j \nu_j H_j(T') \\
&= \sum_i \nu_i [H_i(T) - H_i(T')] + \sum_j \nu_j [H_j(T) - H_j(T')] .
\end{aligned} \right\} \quad (4.194)$$

Hierbei bezieht sich der Summationsindex i bzw. j auf die entstehenden Stoffe (ν_i positiv) bzw. die verschwindenden Stoffe (ν_j negativ). Diese Gleichung enthält die Größen in experimentell direkt zugänglichen Kombinationen. Für ideale Gasgemische z. B., bei denen die partiellen molaren Enthalpien H_k gleich den molaren Enthalpien der reinen Stoffe bei derselben Temperatur sind, kann man die Größe $H_k(T) - H_k(T')$ unmittelbar durch kalorimetrische Versuche am reinen Gas k ermitteln.

Bei Einführen der partiellen Molwärmen C_{Pk} (die bei idealen Gasgemischen gemäß § 60 gleich den Molwärmen der reinen Gase bei derselben Temperatur sind) erhalten wir bei Beachtung von Gl. (94) die differentielle Form von Gl. (194):

$$\frac{d}{dT}\Delta H = \sum_k \nu_k C_{Pk} \equiv \Delta C_p , \qquad (4.195)$$

worin wir den totalen Differentialquotienten d/dT schreiben, weil ΔH bei idealen Gasgemischen nur von der Temperatur abhängt und in den meisten anderen Fällen der Einfluß des Druckes und der Zusammensetzung auf ΔH klein ist.

Mit den genannten Einschränkungen gelten die Beziehungen (194) und (195) für chemische Reaktionen in beliebigen Phasen. Gl. (195) ist ein Spezialfall von Gl. (1.256 c) in § 25 und als „KIRCHHOFFsche Beziehung" bekannt. In praktischer Hinsicht ist Gl. (195) überflüssig, da die Molwärmen erst durch Differenzieren der gemessenen Enthalpien gewonnen werden müssen und die Anwendung von Gl. (195) auf ein endliches Temperaturintervall wiederum eine Integration bedingt und damit auf Gl. (194) führt.

Die Gleichgewichtskonstante K hat für gegebene Temperatur einen ganz bestimmten Wert. Demnach fordert Gl. (185), daß auch der Ausdruck

$$\sum v_k \mu_k^+$$

für jede Temperatur eine definierte Größe ist. Nach § 58 waren in der Funktion (74)

$$\mu^+ = h_0 - T s_0 + f(T)$$

die Größen h_0 und s_0 zunächst willkürlich wählbare Konstanten. Bei Gasen, die miteinander reagieren können, ist aber die Willkür hinsichtlich der Wahl von h_0 und s_0 beschränkt: Die verschiedenen Konstanten h_{0k} und s_{0k} für die verschiedenen Gase müssen so gewählt werden, daß die Kombinationen

$$\sum_k v_k h_{0k} \quad \text{und} \quad \sum_k v_k s_{0k}$$

auf die richtigen Werte der (für irgendeine Temperatur experimentell ermittelten) Reaktionsenthalpie und Reaktionsentropie führen. Diese Bedingung ist automatisch erfüllt, wenn wir bei der Normierung der Energie- und Entropiekonstanten so vorgehen, wie in § 64 erläutert wird.

Die Gleichgewichtskonstante $K(T)$ bei der Temperatur T kann aus der bei der Temperatur T' gemessenen Reaktionsenthalpie $\Delta H(T')$ wie folgt berechnet werden. Setzen wir der Einfachheit halber ein ideales Gasgemisch voraus, so gilt:

$$\Delta H(T') = \sum_k v_k [H_k(T') - h_{0k}] + \sum_k v_k h_{0k}, \tag{4.196}$$

wobei $H_k(T')$ die molare Enthalpie des reinen Gases k bei der Temperatur T' und h_{0k} die „Energiekonstante" des Gases k bedeutet. Aus Gl. (185) finden wir:

$$-RT \ln K(T) = \sum_k v_k [\mu_k^+(T) - h_{0k}] + \sum_k v_k h_{0k}. \tag{4.197}$$

Durch Kombination der beiden Gleichungen erhalten wir:

$$\ln K(T) = -\frac{\Delta H(T')}{RT} + \sum_k v_k \frac{H_k(T') - h_{0k}}{RT} - \sum_k v_k \frac{\mu_k^+(T) - h_{0k}}{RT}. \tag{4.198}$$

Die Summenausdrücke auf der rechten Seite können nach den Methoden der Statistischen Mechanik berechnet werden (§ 58). Legen wir z. B. den Ansatz (74a) zugrunde, so ergibt sich aus Gl. (28), (75c) und (75d):

$$H_k(T') - h_{0k} = n_k RT' + R \sum_i \frac{\Theta_{ik}}{e^{\Theta_{ik}/T'} - 1}, \tag{4.199}$$

$$\mu_k^+(T) - h_{0k} = -j_k RT - n_k RT \ln T + RT \sum_i \ln(1 - e^{-\Theta_{ik}/T}). \tag{4.200}$$

Hierin ist n_k der Wert von n für das reine Gas k (vgl. Tabelle auf S. 269), Θ_{ik} die charakteristische Temperatur der i-ten intramolekularen Eigenschwingung für das Gas k und j_k die „chemische Konstante" des Gases k, gegeben durch Gl. (75b). Die Summen in Gl. (199) und (200) sind über alle Schwingungsfreiheitsgrade des betreffenden Moleküls zu erstrecken. Die Ermittlung der chemischen Konstanten erfolgt in § 64. Es gilt nach § 64:

$$j_k = \frac{s_{0k}}{R} - \ln \vartheta_k = \ln \frac{(2\pi m_k)^{\frac{3}{2}} k^{\frac{5}{2}}}{h^3 P^+ \vartheta_k}, \tag{4.201}$$

wobei ϑ_k der Wert von ϑ für das reine Gas k (vgl. § 58), m_k die Masse eines Moleküls des Gases k, h die PLANCKsche Konstante und k die BOLTZMANNsche Konstante ist.

5. Kapitel

Kondensierte Phasen (Allgemeines)

§ 64. Reine kondensierte Phasen

Kondensierte Phasen, d.h. Flüssigkeiten und feste Körper, unterscheiden sich scharf von Gasen, wenn man Flüssigkeiten in der Nähe des kritischen Punktes (§ 42) ausnimmt. Während nämlich bei Gasen die Kompressibilität [Gl. (1.147 c)]

$$\chi \equiv -\frac{1}{\bar{V}}\left(\frac{\partial \bar{V}}{\partial P}\right)_T \tag{5.1}$$

ungefähr gleich dem reziproken Druck (P^{-1}) ist (vgl. § 13), erweist sich χ bei Flüssigkeiten und festen Stoffen als nahezu unabhängig vom Druck. Wir können daher für das Molvolumen $\bar{V}$ einer reinen kondensierten Phase in Abhängigkeit vom Druck P bei gegebener Temperatur T schreiben [Integration von Gl. (1) bei konstantem χ]:

$$\bar{V} = \bar{V}^+ e^{-\chi P} \quad (T = \text{const}). \tag{5.2}$$

Hierin ist $\bar{V}^+$ der Grenzwert des Molvolumens für verschwindenden Druck und hängt nur von der Temperatur ab. Da ferner bei den gewöhnlich interessierenden Drucken $\chi P \ll 1$ gesetzt werden kann (χ ist bei Flüssigkeiten bzw. bei festen Körpern von der Größenordnung 10^{-4} bzw. 10^{-6} atm^{-1}), folgt aus Gl. (2):

$$\bar{V} = \bar{V}^+ (1 - \chi P). \tag{5.3}$$

Integration dieser Gleichung bezüglich P bei konstanter Temperatur T ergibt gemäß Gl. (4.5) und (4.14) für die molare Freie Enthalpie $\bar{G}$ bzw. das chemische Potential μ:

$$\bar{G} = \mu = \mu^+ + P\bar{V}^+\left(1 - \frac{\chi}{2}P\right). \tag{5.4}$$

Hierin ist μ^+ der Grenzwert von μ für $P \to 0$, der nur von der Temperatur abhängt.

Aus Gl. (4) können weitere thermodynamische Funktionen für reine kondensierte Phasen abgeleitet werden. So erhalten wir durch Differenzieren von Gl. (4) nach T bei konstantem P gemäß Gl. (4.9) für die molare Entropie:

$$\bar{S} = -\frac{d\mu^+}{dT} - P\frac{d\bar{V}^+}{dT}\left(1 - \frac{\chi}{2}P\right), \tag{5.4a}$$

wenn wir die (sehr geringe) Temperaturabhängigkeit der Kompressibilität χ vernachlässigen (vgl. Tabelle 3).

Mit Gl. (4.14) folgt aus Gl. (4) und (4a) für die molare Enthalpie:

$$\bar{H} = \mu^+ - T\frac{d\mu^+}{dT} + P\left(\bar{V}^+ - T\frac{d\bar{V}^+}{dT}\right)\left(1 - \frac{\chi}{2}P\right). \qquad (5.4\,\text{b})$$

Schließlich ergibt sich mit Gl. (4.11) aus Gl. (4) oder (4a) oder (4b) für die Molwärme bei konstantem Druck:

$$\bar{C}_P = \left(\frac{\partial\bar{H}}{\partial T}\right)_P = T\left(\frac{\partial\bar{S}}{\partial T}\right)_P = -T\frac{d^2\mu^+}{dT^2} - TP\frac{d^2\bar{V}^+}{dT^2}\left(1 - \frac{\chi}{2}P\right). \qquad (5.4\,\text{c})$$

Der Vergleich der Beziehungen (4), (4a), (4b) und (4c) mit den entsprechenden Gleichungen (4.62), (4.67), (4.68) und (4.69) für reine Gase zeigt nochmals die prinzipiellen Unterschiede zwischen kondensierten Phasen und Gasen bezüglich der Druckabhängigkeit der thermodynamischen Funktionen.

Bei vielen quantitativen Betrachtungen fällt der Term mit P in Gl. (4) numerisch nicht ins Gewicht, so daß er vernachlässigt werden kann. Dies gilt erst recht für das entsprechende Glied in Gl. (4a) und in noch höherem Maße für den letzten Term in Gl. (4b) und in Gl. (4c).

Benötigt man Formeln mittlerer Genauigkeit, so benutzt man in Gl. (4) bis (4c) die Näherung:

$$1 - \frac{\chi}{2}P \approx 1.$$

Dies entspricht der Vernachlässigung der Kompressibilität, und man kann überall $\bar{V}^+$ durch $\bar{V}$ ersetzen.

In Tabelle 3 sind das Molvolumen $\bar{V}$, die Kompressibilität χ und der Ausdehnungskoeffizient [Gl. (1.147b)]

$$\alpha \equiv \frac{1}{\bar{V}}\left(\frac{\partial\bar{V}}{\partial T}\right)_P$$

für Kupfer in Abhängigkeit von der Temperatur T bei konstantem Druck angegeben. Man erkennt, daß α stark mit sinkender Temperatur abnimmt,

Tabelle 3

Molvolumen $\bar{V}$, Kompressibilität χ und Ausdehnungskoeffizient α für Kupfer bei Atmosphärendruck nach PRIGOGINE *und* DEFAY[1]

T °K	$\bar{V}$ cm³ mol⁻¹	$\chi \cdot 10^{12}$ dyn⁻¹ cm²	$\alpha \cdot 10^6$ grad⁻¹
103	7,04	0,72	31,2
123	7,04	0,72	36,3
143	7,05	0,73	39,3
183	7,06	0,74	44,1
223	7,07	0,75	46,7
283	7,10	0,77	48,9
585	7,23	0,86	55,8

[1] PRIGOGINE, I. und R. DEFAY: s. Fußnote 2 S. 80.

während χ nur schwach temperaturabhängig ist. Tatsächlich verschwindet bei reinen kondensierten Phasen der Grenzwert von α für $T \to 0$ (als Folge des NERNSTschen Wärmesatzes, vgl. unten), während χ für $T \to 0$ einem von Null verschiedenen Grenzwert χ_0 zustrebt ($\chi_0 \approx 0{,}71 \cdot 10^{-12}$ dyn^{-1} cm^2 für Kupfer).

Das *heterogene Gleichgewicht* zwischen zwei reinen kondensierten Phasen (Indices ' und '') ist durch die Bedingung (vgl. § 38 und § 45)

$$\mu' = \bar{H}' - T\,\bar{S}' = \mu'' = \bar{H}'' - T\,\bar{S}''$$

gekennzeichnet. Bei konstantem Druck gibt es nur *eine* Temperatur T, bei der die beiden Phasen koexistieren. Für diese Gleichgewichtstemperatur gilt nach obigem:

$$T = \frac{\bar{H}' - \bar{H}''}{\bar{S}' - \bar{S}''} \qquad (P = \text{const}).$$

Es seien die Gleichgewichtstemperatur T, die molare Umwandlungswärme $\bar{H}' - \bar{H}''$ und damit auch die molare Umwandlungsentropie $\bar{S}' - \bar{S}''$ bekannt. Ferner sei vorausgesetzt, daß kalorimetrische Messungen (vgl. § 5 und § 11) für die beiden einzelnen Phasen bei $P = \text{const}$ folgende Größen ergeben haben:

$$\bar{H}'(T) - \bar{H}'(T_0) \quad \text{und} \quad \bar{S}'(T) - \bar{S}'(T_0)$$

bzw.

$$\bar{H}''(T) - \bar{H}''(T_0) \quad \text{und} \quad \bar{S}''(T) - \bar{S}''(T_0),$$

wobei T_0 irgendeine Temperatur unterhalb T ist. Dann können wir aus diesen Daten die Enthalpiedifferenz

$$\bar{H}'(T_0) - \bar{H}''(T_0)$$

bzw. die Entropiedifferenz

$$\bar{S}'(T_0) - \bar{S}''(T_0)$$

ermitteln. Liegt die Temperatur T_0 so tief, daß wir auf $T = 0$ extrapolieren dürfen, dann finden wir einen experimentellen Wert für die Enthalpiedifferenz bzw. Entropiedifferenz der beiden Phasen am absoluten Nullpunkt. Handelt es sich bei diesen Phasen um zwei Kristallmodifikationen (Beispiele: rhombischer und monokliner Schwefel, weißes und graues Zinn), so erhält man in den meisten Fällen den Wert Null für den Entropieunterschied am absoluten Nullpunkt (Spezialfall des NERNSTschen Wärmesatzes, vgl. unten), während sich für die entsprechende Enthalpiedifferenz keine allgemeine Gesetzmäßigkeit ergibt[1].

Eine *chemische Reaktion* zwischen reinen kondensierten Phasen läuft im allgemeinen vollständig ab (vgl. § 73). Man kennzeichnet eine solche

---

[1] Das Verschwinden der Schmelzentropie von Helium bei $T = 0$ ergibt sich direkt aus der Ermittlung der Schmelzkurve (vgl. S. 194).

Reaktion (vgl. § 23) durch die Freie Reaktionsenthalpie ΔG, die stets negativ ist, die Reaktionsenthalpie ΔH, die positiv oder negativ sein kann, und die Reaktionsentropie ΔS, die ebenfalls positiv oder negativ sein kann. Diese Größen, die durch die Beziehung $\Delta G = \Delta H - T \Delta S$ miteinander verknüpft sind, werden auf einen Formelumsatz bei gegebenen Werten von T und P bezogen. In Übereinstimmung mit unseren früheren Festsetzungen (§ 23 und § 35) schreiben wir die Reaktionsgleichungen für einen Äquivalentumsatz an. Die genannten Reaktionsgrößen werden aus EMK-Messungen (§ 23) gewonnen. In Tabelle 4 findet man die Zahlenwerte für drei Reaktionen. Dabei liegen alle Stoffe außer Hg (flüssig) in festem Zustand vor[1].

Tabelle 4

Reaktionsgrößen für chemische Reaktionen zwischen reinen kondensierten Phasen bei 25° C und Atmosphärendruck nach GERKE[2]

Reaktion	ΔG cal mol^{-1}	ΔH cal mol^{-1}	ΔS cal mol^{-1} grad^{-1}
$\frac{1}{2}$ Pb + AgCl $\rightarrow$ $\frac{1}{2}$ PbCl$_2$ + Ag	$-$ 11306	$-$ 12585	$-$ 4,29
$\frac{1}{2}$ Pb + HgCl $\rightarrow$ $\frac{1}{2}$ PbCl$_2$ + Hg	$-$ 12359	$-$ 11360	$+$ 3,35
Ag + HgCl $\rightarrow$ AgCl + Hg	$-$ 1050	$+$ 1275	$+$ 3,90

Alle für ΔH und ΔS möglichen Vorzeichenkombinationen (§ 23) sind bei diesen drei Beispielen verwirklicht[3]. Kennt man aus kalorimetrischen Daten für die verschiedenen reinen Phasen die Entropien in Abhängigkeit von der Temperatur, so kann man den Grenzwert von ΔS für $T \rightarrow 0$ ermitteln[4]. Man findet, daß dieser Grenzwert bei den meisten Reaktionen zwischen reinen kristallinen Phasen verschwindet. Dieser Befund stellt den historischen Ausgangspunkt für die Entdeckung des NERNSTschen Wärmesatzes (vgl. unten) dar.

Im Anschluß an unsere Bemerkungen in § 58 und § 63 seien noch einige Hinweise bezüglich der Temperaturfunktion $\mu^+(T)$ bei kondensierten Phasen gegeben.

---

[1] Zu der ersten Reaktion gehört die galvanische Kette (2.56) in § 35.

[2] GERKE, R. H.: J. Am. Chem. Soc. 44 (1922), 1684. Auch die Angaben über die Reaktion (1.235) in § 23 gehen auf GERKE zurück.

[3] Die Reaktionsgrößen für die dritte Reaktion sollten, entsprechend den Umsatzgleichungen, gleich der Differenz zwischen den Reaktionsgrößen für die zweite Reaktion und denjenigen für die erste Reaktion sein. Daß dies, besonders für ΔS, nicht zutrifft, liegt an Meßfehlern bei der Bestimmung der Temperaturabhängigkeit der EMK.

[4] Für die erste Reaktion gilt z. B.:

$$\Delta S = \frac{1}{2} \bar{S}_{\mathrm{PbCl_2}} + \bar{S}_{\mathrm{Ag}} - \frac{1}{2} \bar{S}_{\mathrm{Pb}} - \bar{S}_{\mathrm{AgCl}},$$

so daß man Größen wie $\bar{S}_{\mathrm{Ag}}(T) - \bar{S}_{\mathrm{Ag}}(0)$ kalorimetrisch bestimmen muß.

Wir teilen die kondensierten Phasen in fünf Klassen ein:

1. Flüssigkeiten im inneren Gleichgewicht (außer Helium),
2. flüssiges Helium,
3. Kristalle im inneren Gleichgewicht,
4. eingefrorene Kristalle,
5. eingefrorene Flüssigkeiten (Gläser).

Beispiele für Kristalle im inneren Gleichgewicht sind: Diamant, Graphit, weißes Zinn, graues Zinn, monokliner Schwefel, rhombischer Schwefel usw., obwohl von zwei Modifikationen eines gegebenen Stoffes die eine stabil und die andere metastabil ist, wenn man sich nicht zufällig auf der Koexistenzkurve befindet (vgl. § 38). Beispiele für eingefrorene Kristalle sind die kristallisierten Verbindungen CO, NO, N_2O und H_2O bei sehr tiefen Temperaturen. Die Unterscheidung zwischen „im inneren Gleichgewicht befindlich" und „eingefroren" hat also nichts mit dem Unterschied zwischen „stabil" und „metastabil" zu tun (s. Anhang 2). Daher kann auch eine unterkühlte Flüssigkeit, obwohl metastabil, durchaus im inneren Gleichgewicht sein. Eine *eingefrorene* unterkühlte Flüssigkeit wird als „Glas" bezeichnet (Klasse 5). Die Klassen 1 bis 3 stellen Phasen im inneren Gleichgewicht, die Klassen 4 und 5 eingefrorene Phasen dar.

Die Klasse 1 unterscheidet sich dadurch von den übrigen Klassen, daß die ihr angehörenden Phasen am absoluten Nullpunkt (d.h. experimentell: in beliebiger Nähe von $T = 0$) nicht existenzfähig sind, während alle übrigen Typen von kondensierten Phasen, wenigstens im Prinzip, bei $T = 0$ existieren können. So kommt Wasser bei sehr tiefen Temperaturen nur entweder als Eis (Klasse 4) oder als Glas (Klasse 5) vor. Hierin liegt auch der Grund für die Abtrennung des Heliums von den übrigen Flüssigkeiten: Flüssiges Helium ist die einzige Flüssigkeit, die bis zum absoluten Nullpunkt im inneren Gleichgewicht bleibt.

Für die folgenden Betrachtungen vernachlässigen wir die Glieder mit P in Gl. (4) bis (4c).

Für kondensierte Phasen der Klasse 1 schreiben wir, in Analogie zum Ausdruck (4.74) für Gase:

$$\mu = \mu^+ = h_0^* - T s_0^* + \varphi(T).$$

Hierin ist die willkürliche Konstante h_0^* bzw. s_0^* die „Energiekonstante" bzw. „Entropiekonstante" der betreffenden Flüssigkeit und $\varphi(T)$ eine im Prinzip aus der statistischen Theorie der Flüssigkeiten oder aus kalorimetrischen Messungen ableitbare Temperaturfunktion. Aus Gl. (4) bis (4c) ergibt sich:

$$\bar{S} = -\frac{d\mu^+}{dT} = s_0^* - \frac{d\varphi}{dT},$$

$$\bar{H} = \mu^+ - T\frac{d\mu^+}{dT} = h_0^* + \varphi - T\frac{d\varphi}{dT},$$

$$\bar{C}_P = -T\frac{d^2\mu^+}{dT^2} = -T\frac{d^2\varphi}{dT^2}.$$

Für viele Flüssigkeiten dieser Klasse, z.B. für Wasser, gilt mit guter Näherung der empirische Ansatz:

$$\varphi(T) = -CT\ln T,$$

worin C eine positive individuelle Konstante ist. Hieraus folgt:

$$\bar{S} = -\frac{d\mu^+}{dT} = s_0^* + C + C\ln T,$$

$$\bar{H} = \mu^+ - T\frac{d\mu^+}{dT} = h_0^* + CT,$$

$$\bar{C}_P = -T\frac{d^2\mu^+}{dT^2} = C.$$

Diese Ansätze gelten auch für viele kondensierte Phasen der übrigen Klassen *bei höheren Temperaturen*.

Am interessantesten ist das Verhalten der Phasen der Klassen 2 bis 5 *bei tiefen Temperaturen*. (Für mittlere Temperaturen gibt es keine einfachen Gesetzmäßigkeiten; die EINSTEIN-DEBYEsche Theorie ist nur eine Näherung für einatomige Kristalle.) Man findet für diesen Fall aus der Erfahrung, in Übereinstimmung mit der statistischen Theorie:

$$\mu = \mu^+ = \bar{H}_0 - T\,\bar{S}_0 + \psi(T)\,, \qquad (5.5)$$

wobei $\bar{H}_0$ und $\bar{S}_0$ (willkürliche) Konstanten sind, während $\psi(T)$ eine (meßbare) Temperaturfunktion ist, die für $T \to 0$ verschwindet, und zwar mindestens mit T^2. Aus Gl. (5) folgt mit (4) bis (4c):

$$\bar{S} = -\frac{d\mu^+}{dT} = \bar{S}_0 - \frac{d\psi}{dT}\,, \qquad (5.5\,\text{a})$$

$$\bar{H} = \mu^+ - T\frac{d\mu^+}{dT} = \bar{H}_0 + \psi - T\frac{d\psi}{dT}\,, \qquad (5.5\,\text{b})$$

$$\bar{C}_P = -T\frac{d^2\mu^+}{dT^2} = -T\frac{d^2\psi}{dT^2}\,. \qquad (5.5\,\text{c})$$

Da $\psi(T)$ für $T \to 0$ mindestens von der Ordnung T^2 verschwindet, finden wir beim Grenzübergang zum absoluten Nullpunkt:

$$\lim_{T \to 0} \bar{S} = \bar{S}_0\,,$$

$$\lim_{T \to 0} \bar{H} = \bar{H}_0\,,$$

$$\lim_{T \to 0} \bar{C}_P = 0\,.$$

Daher bezeichnet man $\bar{S}_0$ bzw. $\bar{H}_0$ als „molare Nullpunktsentropie" bzw. „molare Nullpunktsenthalpie"[1]. Für Kristalle haben Theorie und Experiment folgenden Ansatz sichergestellt:

$$\psi(T) = -a\,T^4\,,$$

worin a eine positive individuelle Konstante ist. Hieraus ergibt sich:

$$\bar{S} = -\frac{d\mu^+}{dT} = \bar{S}_0 + 4\,a\,T^3\,,$$

$$\bar{H} = \mu^+ - T\frac{d\mu^+}{dT} = \bar{H}_0 + 3\,a\,T^4\,,$$

$$\bar{C}_P = -T\frac{d^2\mu^+}{dT^2} = 12\,a\,T^3\,.$$

Solange man die thermodynamischen Funktionen der Stoffe nur in ihrer Abhängigkeit von Temperatur, Druck und Zusammensetzung im gleichen Aggregatzustand (bei Kristallen in der gleichen Modifikation) betrachtet, sind die Konstanten h_0 und s_0 bei Gasen (§ 58), h_0^* und s_0^* bei Flüssigkeiten der ersten Klasse sowie $\bar{H}_0$ und $\bar{S}_0$ bei den übrigen kondensierten Phasen vollkommen willkürlich wählbar (vgl. § 58). Sobald aber chemische Reaktionen (vgl. § 63) oder Phasenumwandlungen ins Spiel kommen, ist die Willkür beschränkt. Es können nämlich — ähnlich

---

[1] Die molare Nullpunktsenthalpie $\bar{H}_0$ unterscheidet sich von der molaren Nullpunktsenergie $\bar{U}_0$ beim Druck P durch den (meist kleinen) Term $P\bar{V}_0$, worin $\bar{V}_0$ der Grenzwert des Molvolumens $\bar{V}$ für $T \to 0$ ist.

wie oben (S. 300) für zwei Kristallmodifikationen beschrieben – für jeden gegebenen
Stoff Differenzen wie

$$h_0 - \bar{H}_0, \quad h_0^* - \bar{H}_0,$$

$$s_0 - \bar{S}_0, \quad s_0^* - \bar{S}_0$$

kalorimetrisch ermittelt werden, wobei die molekularstatistischen Ansätze für die
verschiedenen Molekültypen bei Gasen zu beachten sind (§ 58). Analoges gilt für
bestimmte Kombinationen der Konstanten bei Stoffen, die miteinander chemisch
reagieren.

Als Beispiel für den Zusammenhang eines heterogenen Gleichgewichtes mit
spektroskopischen und kalorimetrischen Daten bringen wir die Formel für den
Dampfdruck einer reinen kristallinen Substanz. Wir nehmen der Einfachheit halber
an, daß der Dampf ein ideales Gas ist und das chemische Potential des Kristalls
nicht vom Druck abhängt. Dann gilt bei Voraussetzung des Ansatzes (4.74 a) gemäß
Gl. (4.26) und (4.74) für das chemische Potential des Gases:

$$\mu_{\text{Gas}} = h_0 - T s_0 + R T \ln \vartheta - n R T \ln T + R T \sum_i \ln\left(1 - e^{-\frac{\Theta i}{T}}\right) + R T \ln \frac{P}{P^+}$$

und gemäß Gl. (5) für das chemische Potential des Kristalls:

$$\mu_{\text{Krist}} = \bar{H}_0 - T \bar{S}_0 + \psi(T).$$

Hierin bedeutet R die Gaskonstante und P^+ den Standarddruck. Die Konstanten ϑ,
n und Θ_i sind nach § 58 prinzipiell aus dem Molekülbau und aus spektroskopischen
Daten für die Gasmolekeln bekannt, während $\psi(T)$ eine Temperaturfunktion für den
Kristall darstellt, die – in Erweiterung ihrer ursprünglichen Bedeutung in Gl. (5) –
für den gesamten Bereich zwischen dem absoluten Nullpunkt und einer beliebigen
Temperatur T gilt und aus kalorimetrischen Messungen ermittelt werden kann[1]. Mit
Hilfe der Gleichgewichtsbedingung

$$\mu_{\text{Gas}} = \mu_{\text{Krist}}$$

finden wir die Formel für den Dampfdruck P bei der Temperatur T:

$$\ln \frac{P}{P^+} = n \ln T - \sum_i \ln\left(1 - e^{-\frac{\Theta i}{T}}\right) + \frac{\psi(T)}{R T} - \frac{h_0 - \bar{H}_0}{R T} + \frac{s_0 - \bar{S}_0}{R} - \ln \vartheta. \quad (5.6)$$

Der Ausdruck $h_0 - \bar{H}_0$ ist nach unseren obigen Ausführungen kalorimetrisch ermittelbar und bedeutet gemäß Gl. (4.28), (4.75 c) und (5 b) den auf $T = 0$ extrapolierten Wert der molaren Sublimationswärme. Die Größe $s_0 - \bar{S}_0$ bedeutet die
Differenz zwischen der Entropiekonstanten des Gases und der molaren Nullpunktsentropie des Kristalls. Diese Größe kann zwar nach obigem „kalorimetrisch" bestimmt werden — bei Berücksichtigung des molekularstatistischen Ansatzes für die
Entropie des Gases —, doch impliziert diese Bestimmung die Kenntnis der Schmelz-
und Verdampfungsentropie bzw. der Sublimationsentropie und damit der Schmelz-
und Siedetemperatur bzw. der Sublimationstemperatur beim jeweils betrachteten
Druck [vgl. Gl. (1.125)]. Demnach sind zur Ermittlung von $s_0 - \bar{S}_0$ auf jeden Fall
vorerst Gleichgewichtsdaten erforderlich. (Erst später wird gezeigt, daß $s_0 - \bar{S}_0$ in
gewissen Fällen von vornherein berechenbar ist). Man wird daher umgekehrt Gl. (6)
dazu benutzen, um mit Hilfe gemessener Dampfdrucke $s_0 - \bar{S}_0$ zu berechnen. Der
Ausdruck

$$i \equiv \frac{s_0 - \bar{S}_0}{R} - \ln \vartheta = j - \frac{\bar{S}_0}{R} \quad (5.6\,\text{a})$$

---

[1] In einigen Fällen ist $\psi(T)$ mit Hilfe der EINSTEIN-DEBYEschen Theorie
berechenbar.

wird als „Dampfdruckkonstante" bezeichnet, weil er alle temperaturunabhängigen Terme in Gl. (6) zusammenfaßt. Hierbei ist j gemäß Gl. (4.75b) die „chemische Konstante" des Gases.

Über die „Energiekonstanten" h_0 und h_0^* und die „Nullpunktsenthalpie" $\bar{H}_0$ verfügen wir durch folgende Verabredung: Die molare Enthalpie $\bar{H}$ wird für jedes Element in seinem stabilsten Zustand bei 25°C (298,16°K) und 1 atm gleich Null gesetzt. Dann liegt der Wert von $\bar{H}$ für jede andere Temperatur, jeden anderen Druck und jeden anderen Aggregatzustand (bzw. jede andere Kristallmodifikation) eindeutig fest. Ebenso ist hierdurch die Enthalpie jeder Verbindung (bei Berücksichtigung der Bildungswärme aus den Elementen) und jeder Mischung (bei Berücksichtigung der Mischungswärme) festgelegt.

Über die „Entropiekonstanten" s_0 und s_0^* und die „Nullpunktsentropie" $\bar{S}_0$ verfügen wir auf andere Weise, da hier noch einige wichtige Gesetzmäßigkeiten zu beachten sind, die durch die Erfahrung, geleitet von der statistischen Theorie, aufgefunden worden sind.

Es ergeben sich folgende allgemeine Gesetze:

a) Die molare Entropie jedes reinen, dauernd im inneren Gleichgewicht befindlichen kondensierten Stoffes nähert sich bei bis zum absoluten Nullpunkt abnehmender Temperatur einem bestimmten Grenzwert (,,molare Nullpunktsentropie" $\bar{S}_0$), der vom Druck oder Volumen und von anderen Arbeitskoeffizienten oder Arbeitskoordinaten (z.B. der magnetischen Feldstärke im Falle der Magnetisierung) sowie vom Aggregatzustand und von der Kristallmodifikation unabhängig ist. Der Grenzwert der Reaktionsentropie einer chemischen Reaktion zwischen reinen kondensierten Phasen im inneren Gleichgewicht für $T \to 0$ verschwindet. Die Nullpunktsentropie einer eingefrorenen reinen kondensierten Phase ist größer als diejenige derselben Substanz im inneren Gleichgewicht, aber ebenfalls unabhängig von den Arbeitskoeffizienten oder Arbeitskoordinaten.

b) Abgesehen von den Korrekturen bei Isotopengemischen und bei Wasserstoff, gilt für die Entropiekonstante s_0 jedes Gases:

$$s_0 - \bar{S}_0 \text{ (inn. Gl.)} = R \ln \frac{(2\pi m)^{3/2} k^{5/2}}{h^3 P^+}. \tag{5.7}$$

Hierin ist $\bar{S}_0$ (inn. Gl.) die molare Nullpunktsentropie des betreffenden Stoffes in irgendeiner kondensierten Form, die bis $T = 0$ im inneren Gleichgewicht bleibt, R die Gaskonstante, m die Masse eines Moleküls des betrachteten Stoffes, k die BOLTZMANNsche Konstante, h die PLANCKsche Konstante und P^+ der Standarddruck.

c) Die Nullpunktsentropie einer kondensierten Mischung (z.B. eines Mischkristalls oder einer glasigen Lösung) unterscheidet sich um den Wert der ,,Mischungsentropie" von der Summe der Nullpunktsentropien entsprechender Mengen der reinen Phasen (z.B. der reinen Kristalle oder der reinen Gläser). Die Mischungsentropie nimmt bei jeder Temperatur, jedem Druck und jedem Aggregatzustand einen von der Natur der Stoffe unabhängigen positiven Wert an, wenn die in der Mischung vorhandenen Stoffe einander sehr ähnlich sind, wie dies z.B. bei Isotopengemischen der Fall ist (,,ideale Mischungen", § 74).

Die Gesetze a) bis c) entsprechen den Aussagen a) bis c) in § 28. Die Gesetzmäßigkeit a) stellt eine Kombination der von PLANCK[1] und SIMON[2] ausgesprochenen Fassungen des ,,NERNSTschen Wärmesatzes" dar. Eine spezielle, schon von NERNST

---

[1] PLANCK, M.: Thermodynamik, 3. Aufl., Leipzig 1911; Ber. Dt. chem. Ges. **45**, 5 (1912); Physik. Z. **13**, 165 (1912).

[2] SIMON, F. E.: Ergebn. exakt. Naturwiss. **9**, 222 (1930).

und PLANCK erkannte Konsequenz der Gesetzmäßigkeit a) ist die Aussage [vgl. Gl. (1.146) in § 13]: Der Grenzwert des Ausdehnungskoeffizienten einer reinen kondensierten Phase für $T \to 0$ verschwindet (vgl. Tabelle 3). Gl. (7) ist die modernisierte Schreibweise der „SACKUR-TETRODEschen Konstanten".

PLANCK[1] nahm an, daß die molare Nullpunktsentropie einer kondensierten Mischung um den temperaturunabhängigen (positiven) Term

$$- R \sum x_k \ln x_k \quad (x_k = \text{Molenbruch der Teilchenart } k),$$

d. h. die molare Mischungsentropie einer idealen Mischung (§ 74), größer als die Summe der Nullpunktsentropien entsprechender Mengen der reinen Stoffe sei. Heute wissen wir, daß die molare Mischungsentropie stark vom obigen Ausdruck abweichen und sogar negativ werden kann (vgl. § 78).

Auf Grund der Aussagen a) bis c) können wir mit PLANCK[1] die Nullpunktsentropie jedes reinen kondensierten Stoffes im inneren Gleichgewicht gleich Null setzen:

$$\bar{S}_0 \,(\text{inn. Gl.}) \equiv 0. \tag{5.7 a}$$

Damit liegt die Entropie in jedem anderen Zustand des betrachteten Stoffes eindeutig fest. Insbesondere ist hierdurch über die (in Sonderfällen statistisch ermittelbare) molare Nullpunktsentropie $\bar{S}_0$ (eingefr.) einer eingefrorenen Substanz in dem Sinne verfügt, daß stets gilt:

$$\bar{S}_0 \,(\text{eingefr.}) > 0. \tag{5.7 b}$$

Ferner folgt mit Gl. (7) für die Entropiekonstante s_0 eines Gases:

$$s_0 = R \ln \frac{(2\pi m)^{3/2} k^{5/2}}{h^3 P^+}. \tag{5.7 c}$$

Auch ist durch die obige Festsetzung der molaren Entropie einer Mischung — bei Kenntnis der Mischungsentropie — eindeutig ein Zahlenwert zugeordnet. Die auf diese Weise für jedes System zahlenmäßig festgelegte (Nullpunkts-) Entropie bezeichnen wir als „konventionelle" (Nullpunkts-) Entropie.

Wir können weiterhin mit Hilfe von Gl. (7 c) der chemischen Konstanten j bzw. der Dampfdruckkonstanten i gemäß Gl. (4.75 b) bzw. Gl. (6 a) einen bestimmten Zahlenwert zuordnen:

$$j = \frac{s_0}{R} - \ln \vartheta = \ln \frac{(2\pi m)^{\frac{3}{2}} k^{\frac{5}{2}}}{h^3 P^+ \vartheta}$$

bzw.

$$i = j - \frac{\bar{S}_0}{R} = \ln \frac{(2\pi m)^{\frac{3}{2}} k^{\frac{5}{2}}}{h^3 P^+ \vartheta} - \frac{\bar{S}_0}{R}.$$

Bleibt der betrachtete Stoff in kristalliner Form bis $T = 0$ im inneren Gleichgewicht, so ergibt sich mit Gl. (7 a):

$$i = j,$$

andernfalls mit Gl. (7 b):

$$j > i.$$

Wir finden für die in der Gleichgewichtskonstanten eines Gasgleichgewichtes gemäß Gl. (4.198) und (4.200) auftretende Kombination der chemischen Konstanten:

$$J \equiv \sum_k \nu_k j_k = \sum_k \nu_k i_k + \frac{1}{R} \sum_k \nu_k \bar{S}_{0\,k},$$

---

[1] PLANCK, M.: s. Fußnote 1 S. 305.

worin ν_k den stöchiometrischen Koeffizienten des Stoffes k in der Reaktionsgleichung bedeutet. Nur wenn alle an der Reaktion beteiligten Stoffe in kristalliner Form bis $T = 0$ im inneren Gleichgewicht bleiben, gilt nach obigem die NERNSTsche Beziehung:

$$J = \sum_k \nu_k i_k \, ,$$

während andernfalls lediglich die Ungleichung

$$J > \sum_k \nu_k i_k$$

erfüllt ist.

Wir betrachten einen isothermen Prozeß, der nur reine kondensierte Phasen betrifft, die entweder bis $T = 0$ im inneren Gleichgewicht sind oder, im Falle eingefrorener Phasen, im Laufe des Prozesses nicht „aufgetaut" werden. Es kommen also folgende Vorgänge in Frage: Änderung eines Arbeitskoeffizienten oder einer Arbeitskoordinate (z. B. Druckänderung oder Änderung der magnetischen Feldstärke im Falle eines magnetisierten Körpers), Änderung des Aggregatzustandes (Schmelzen oder Erstarren von Helium), Änderung der Kristallmodifikation (z. B. allotrope Umwandlung rhombischer Schwefel $\rightleftarrows$ monokliner Schwefel), chemische Reaktionen [Beispiel: Ag(fest) $+$ I (fest) $\rightarrow$ Ag I (fest) oder ähnliche Umsetzungen zwischen reinen festen Phasen]. Beim ersten Beispiel kommen auch eingefrorene Phasen in Betracht, z. B. ein Glas bei einer isothermen Druckänderung oder ein eingefrorener Kristall bei einer reversiblen isothermen Magnetisierung oder Entmagnetisierung. Bei allen anderen Beispielen müssen die beteiligten Phasen im inneren Gleichgewicht sein, da die betreffenden Vorgänge bei eingefrorenen Phasen ohne „Auftauen" nicht denkbar sind. Ist nun ΔS die Entropieänderung bei irgendeinem isothermen Prozeß der genannten Art, so folgt unmittelbar aus der Aussage a):

$$\lim_{T \to 0} \Delta S = 0 \, . \tag{5.7 d}$$

Handelt es sich dagegen um einen isothermen Prozeß, bei dem eingefrorene reine kondensierte Phasen aufgetaut werden (z. B. die Umwandlung Glas $\rightarrow$ Gleichgewichtsflüssigkeit oder eine chemische Reaktion mit eingefrorenen Phasen), so ergibt sich aus der Aussage a):

$$\lim_{T \to 0} \Delta S < 0 \, . \tag{5.7 e}$$

Die Beziehungen (7 d) und (7 e) stellen den „verallgemeinerten NERNSTschen Wärmesatz" in der Formulierung von FOWLER und GUGGENHEIM[1] dar. Auf Mischungen kann diese Formulierung ohne zusätzliche Hypothesen nicht angewandt werden[2]. Über die Nullpunktsentropie von kondensierten Mischphasen findet sich Näheres in § 78.

§ 65. Kondensierte Mischphasen (Allgemeines)

Bei der thermodynamischen Beschreibung kondensierter Mischphasen (flüssiger und fester Mischungen) gehen wir zunächst folgendermaßen vor: Wir vergleichen die thermodynamischen Funktionen der Mischung mit den

---

[1] FOWLER, R. H. u. E. A. GUGGENHEIM: s. Fußnote 1 S. 3.

[2] Weitere Einzelheiten über das NERNSTsche Wärmetheorem und den „Satz von der Unerreichbarkeit des absoluten Nullpunktes" bei R. HAASE u. W. JOST: Naturwiss. (im Druck) sowie R. HAASE: Z. physik. Chem. (im Druck).

entsprechenden Funktionen der reinen Stoffe, die im gleichen Aggregat-
zustand und bei derselben Temperatur und demselben Druck wie die
Mischung betrachtet werden. Dabei entspricht der Begriff des „reinen
Stoffes" unter Umständen einem fiktiven Zustand[1].

Zuerst besprechen wir kondensierte Mischphasen ohne chemische
Reaktionen, also insbesondere solche *ohne Dissoziations- und Assoziationserscheinungen*. Wir können daher vorläufig die „Teilchenarten" als identisch mit den „Komponenten" ansehen.

Wir schreiben, in Analogie zu Gl.(4.133), für das chemische Potential
einer Komponente i in einer kondensierten Mischphase:

$$\mu_i(T, P, x) = \mu_{0i}(T, P) + R T \ln x_i + R T \ln f_i. \tag{5.8}$$

Hierin steht x für alle unabhängigen Molenbrüche (z.B. $x_1, x_2, \ldots, x_{N-1}$
bei N Komponenten). μ_{0i} bedeutet das chemische Potential des (u.U.
fiktiven) reinen Stoffes i (bei den vorgegebenen Werten von T und P im
betrachteten Aggregatzustand), R die Gaskonstante und x_i den Molenbruch der Komponente i in der Mischphase. Gl.(8) definiert den *Aktivitätskoeffizienten* f_i der Komponente i in der Mischung. f_i ist im allgemeinen — wie μ_i — eine Funktion von T, P und x, während μ_{0i} nur von
T und P abhängt.

Die Einführung des Aktivitätskoeffizienten an dieser Stelle, an der
wir noch keine einzige Gesetzmäßigkeit über kondensierte Mischphasen
kennen, geschieht aus reiner Zweckmäßigkeit: Die Aussagen über die
Funktion f_i sind im allgemeinen mathematisch einfacher als diejenigen
über die Funktion μ_i. Außerdem entspricht der Fall $f_i = 1$ einem Grenz-
typ von Gemischen („ideale Mischungen", § 74), der einen nützlichen
Bezugszustand für beliebige Mischphasen darstellt.

Nach dem bisher Gesagten interessiert uns die Größe

$$\Delta \mu_i \equiv \mu_i - \mu_{0i} = R T \ln x_i f_i \tag{5.9}$$

in Abhängigkeit von Temperatur, Druck und Zusammensetzung der betreffenden kondensierten Mischphase.

In der Praxis werden noch anders definierte „Aktivitätskoeffizienten" benutzt.
Solche abweichenden Definitionen kommen durch eine andere Wahl des Bezugszustandes und des Konzentrationsmaßes zustande. Diese Vieldeutigkeit gilt im
besonderen auch für die von LEWIS eingeführte „Aktivität" a_i, die bei unseren
Festlegungen in Gl.(8) und (9) folgendermaßen definiert sein würde:

$$a_i \equiv x_i f_i \tag{5.8 a}$$

oder

$$R T \ln a_i \equiv \Delta \mu_i. \tag{5.9 a}$$

---

[1] Ein Beispiel bildet eine Lösung von Zucker in Wasser bei Zimmertemperatur
und Atmosphärendruck: Reiner Zucker ist bei diesen Werten von T und P als
Flüssigkeit nicht existenzfähig. In bestimmten Fällen ist es daher zweckmäßig, anstelle der reinen Stoffe andere „Standardzustände" einzuführen (vgl. unten).

Der Klarheit und Eindeutigkeit der Darstellung wegen verzichten wir vorläufig auf alle anderen „Aktivitätskoeffizienten" und benutzen die „Aktivität" überhaupt nicht.

Folgende meßbare Größen liefern die wichtigsten Methoden für die experimentelle Bestimmung von $\Delta\mu_i$: osmotischer Druck, Löslichkeit oder Gefrierpunktserniedrigung, Verteilungsgleichgewicht, Dampfdruck (bzw. Partialdrucke), EMK von Konzentrationsketten, heterogenes chemisches Gleichgewicht. Dabei kommen nur die drei letzten Methoden auch für feste Mischungen (Mischkristalle) in Frage. Näheres findet sich in §§ 66 bis 69, § 71 und § 73.

Wir schreiben für die Differenz zwischen einer beliebigen partiellen molaren Größe Z_i in einer Mischphase und der molaren Größe Z_{0i}, die dem reinen Stoff i im gleichen Aggregatzustand bei denselben Werten von T und P entspricht:

$$\Delta Z_i \equiv Z_i - Z_{0i} . \tag{5.10}$$

Man nennt ΔZ_i die „partielle molare Mischungsgröße" der Komponente i.

Aus Gl. (9) und (10) folgt mit Gl. (1.277) für das „partielle molare Mischungsvolumen":

$$\Delta V_i = \left(\frac{\partial \Delta\mu_i}{\partial P}\right)_{T,x} = RT\left(\frac{\partial \ln f_i}{\partial P}\right)_{T,x}, \tag{5.11}$$

mit Gl. (1.276) für die „partielle molare Mischungsentropie":

$$\Delta_i S_i = -\left(\frac{\partial \Delta\mu_i}{\partial T}\right)_{P,x} = -R\ln x_i f_i - RT\left(\frac{\partial \ln f_i}{\partial T}\right)_{P,x} \tag{5.12}$$

und mit Gl. (1.275) sowie Gl. (1.278) für die „partielle molare Mischungsenthalpie" oder „partielle molare Mischungswärme" (vgl. § 6):

$$\Delta H_i = \Delta\mu_i + T\Delta S_i = -T^2\left(\frac{\partial}{\partial T}\frac{\Delta\mu_i}{T}\right)_{P,x} = -RT^2\left(\frac{\partial \ln f_i}{\partial T}\right)_{P,x} . \tag{5.13}$$

Ist $\bar{Z}$ irgendeine molare Größe einer Mischung, die aus N Komponenten besteht, so wird

$$\Delta\bar{Z} \equiv \bar{Z} - \sum_{k=1}^{N} x_k Z_{0k} \tag{5.14}$$

als „molare Mischungsgröße" der betreffenden Mischphase bezeichnet. Sie kann gemäß Gl. (10) und Gl. (1.265) aus den partiellen molaren Mischungsgrößen ΔZ_k mit Hilfe der Beziehung

$$\Delta\bar{Z} = \sum_{k=1}^{N} x_k \Delta Z_k \tag{5.15}$$

abgeleitet werden. Umgekehrt führt Kenntnis der Abhängigkeit der molaren Mischungsgröße $\Delta\bar{Z}$ von der Zusammensetzung der Mischphase auf die einzelnen ΔZ_k [vgl. Gl. (1.272)].

Demnach erhalten wir für das „molare Mischungsvolumen":

$$\Delta \bar{V} = \sum_{k=1}^{N} x_k \Delta V_k,$$
(5.16)

für die „molare Mischungsentropie":

$$\Delta \bar{S} = \sum_{k=1}^{N} x_k \Delta S_k,$$
(5.17)

für die „molare Mischungsenthalpie" oder „molare Mischungswärme" (vgl. § 6):

$$\Delta \bar{H} = \sum_{k=1}^{N} x_k \Delta H_k$$
(5.18)

und für die „molare Freie Mischungsenthalpie" [vgl. Gl. (1.243)]:

$$\Delta \bar{G} = \sum_{k=1}^{N} x_k \Delta \mu_k.$$
(5.19)

Bei wirklich ablaufenden Mischungsvorgängen muß $\Delta \bar{G}$ stets negativ sein, während $\Delta \bar{V}$, $\Delta \bar{S}$ und $\Delta \bar{H}$ sowohl positiv als auch negativ sein können (vgl. § 23).

$\Delta \bar{V}$ kann direkt aus Dichtemessungen, $\Delta \bar{H}$ aus kalorimetrischen Daten (vgl. § 6 und Anhang 2) bestimmt werden. Auf diese Weise ergibt sich eine Kontrolle für die aus der Druck- bzw. Temperaturabhängigkeit von $\Delta \mu_i$ gemäß Gl. (11) bzw. (13) ermittelten Werte von ΔV_i bzw. ΔH_i.

Wir besprechen nun kondensierte Mischphasen *mit Dissoziations- und Assoziationserscheinungen*[1]. Hier ist die Zahl der Teilchenarten größer als diejenige der Komponenten. Setzt man stets chemisches Gleichgewicht bezüglich der Dissoziations- und Assoziationsreaktionen in der Mischung voraus[2], so kann man geeignete Stoffe als „Komponenten" wählen, durch deren Konzentrationen die Zusammensetzung der Mischphase eindeutig vorgeschrieben ist (vgl. § 33 und § 34). Es sei n_α die „wahre Molzahl" der Teilchenart α. Dann gilt für den „wahren Molenbruch" dieser Teilchenart:

$$x_\alpha \equiv \frac{n_\alpha}{\sum\limits_{\alpha} n_\alpha},$$
(5.20)

$$\sum_{\alpha} x_\alpha = 1,$$
(5.21)

worin $\sum\limits_{\alpha}$ Summation über alle Teilchenarten bedeutet. Es sei ferner n^*_k die „makroskopische (stöchiometrische) Molzahl" der Komponente k.

---

[1] Solvatationserscheinungen und ähnliche chemische Phänomene lassen sich vollkommen analog behandeln.

[2] Chemische Reaktionen in kondensierten Mischphasen interessieren als solche an dieser Stelle nicht. Sie werden in § 72 gesondert behandelt.

Dann gilt für den „makroskopischen (stöchiometrischen) Molenbruch" dieser Komponente:

$$x_k^* \equiv \frac{n_k^*}{\sum\limits_k n_k^*}, \qquad (5.22)$$

$$\sum_k x_k^* = 1, \qquad (5.23)$$

worin $\sum\limits_k$ Summation über alle Komponenten bedeutet. Bei N Teilchenarten und N' Komponenten ($N > N'$) sind also die wahren Molenbrüche $x_\alpha, x_\beta, \ldots, x_N$ Funktionen von $(N'-1)$ unabhängigen stöchiometrischen Molenbrüchen, z.B. $x_1^*, x_2^*, \ldots, x_{N'-1}^*$, die makroskopisch die Zusammensetzung der Mischphase beschreiben.

Wir müssen jetzt untersuchen, was in einem solchen Falle die Größe $\Delta\mu_i$ in den Formeln bedeutet, in denen meßbare Größen vorkommen.

Bei der in § 35 beschriebenen Methode der Bestimmung von $\Delta\mu_i$ [$= \Delta\mu_j$ in Gl. (2.65a)] durch EMK-Messungen ist sofort klar, daß der Index i sich nur auf eine *Komponente* der Mischphase und nicht auf eine einzelne Teilchenart (die hier z.B. ein Ion wäre) beziehen kann.

Für die übrigen Methoden der experimentellen Ermittlung von $\Delta\mu_i$ (osmotischer Druck, Gefrierpunkt, Dampfdruck usw.) können wir eine generelle Überlegung anstellen; denn alle diese Methoden beruhen auf dem Gleichgewicht der betreffenden kondensierten Mischphase (ungestrichenen Phase) mit einer Nachbarphase (Phase '), in der die Teilchenart i (rein oder gemischt) enthalten ist. Wenn diese Teilchenart in der betrachteten (ungestrichenen) Phase z.B. an einer Dissoziations- oder Assoziationsreaktion beteiligt ist, so läßt sich eine solche chemische Umsetzung stets in folgender Form schreiben (vgl. § 33):

$$[i] \rightleftharpoons \nu_a[a] + \nu_b[b] + \cdots + \nu_z[z]. \qquad (5.24)$$

Die Bedingung für das homogene chemische Gleichgewicht lautet:

$$\mu_i = \nu_a\mu_a + \nu_b\mu_b + \cdots + \nu_z\mu_z, \qquad (5.25)$$

wobei $\mu_i, \mu_a, \mu_b, \ldots, \mu_z$ die chemischen Potentiale der Teilchenarten $i, a, b, \ldots, z$ sind.

Bei vollständiger Dissoziation bzw. Assoziation hat es keinen Sinn mehr, vom chemischen Potential der *Teilchenart* i in der betrachteten (ungestrichenen) Mischphase zu sprechen, da dann diese Teilchensorte in der Phase nicht mehr vorkommt. Gemäß § 33 kann aber μ_i stets durch μ_i^*, d.h. durch das (makroskopische) chemische Potential der *Komponente* i, ersetzt werden, und diese Größe bleibt auch im Falle vollständiger Dissoziation oder Assoziation sinnvoll. Wir finden also anstelle von Gl. (25) allgemein:

$$\mu_i^* = \nu_a\mu_a + \nu_b\mu_b + \cdots + \nu_z\mu_z. \qquad (5.26)$$

Andererseits gilt gemäß § 32 für das chemische Gleichgewicht zwischen der Teilchenart i in der Phase $'$ und den Dissoziations- oder Assoziationsprodukten a, b, ..., z in der ungestrichenen Phase:

$$\mu_i' = \nu_a \mu_a + \nu_b \mu_b + \cdots + \nu_z \mu_z. \tag{5.27}$$

Da auch diese Beziehung unabhängig davon ist, ob die Dissoziation bzw. Assoziation vollständig oder unvollständig ist, folgt als generelle Bedingung für das heterogene Gleichgewicht:

$$\mu_i' = \mu_i^*. \tag{5.28}$$

Zur Erläuterung des oben Gesagten betrachten wir wäßrige Schwefelsäure (ungestrichene Phase) und nehmen an, H_2SO_4 sei vollständig in die Ionen H^+ und SO_4^{--} dissoziiert. Dann gibt Gl. (26) den Zusammenhang zwischen dem (makroskopischen) chemischen Potential der Schwefelsäure $\mu_{H_2SO_4}^*$ und den chemischen Potentialen μ_{H^+} und $\mu_{SO_4^-}$ der einzelnen Ionen in der flüssigen Mischphase:

$$\mu_{H_2SO_4}^* = 2\,\mu_{H^+} + \mu_{SO_4^-}.$$

Sind im koexistenten Dampf (Phase $'$) die Teilchenarten H_2SO_4, H_2O und SO_3 enthalten, so lautet die Bedingung für das chemische Gleichgewicht bezüglich der Heterogenreaktion

$$H_2SO_4 \text{ (Dampf)} \rightleftharpoons 2\,H^+ \text{ (Lösung)} + SO_4^{--} \text{ (Lösung)}$$

gemäß Gl. (27):

$$\mu_{H_2SO_4}' = 2\,\mu_{H^+} + \mu_{SO_4^-},$$

worin $\mu_{H_2SO_4}'$ das chemische Potential von H_2SO_4 in der koexistenten Gasphase bedeutet. Damit ergibt sich für das heterogene Gleichgewicht in bezug auf die Schwefelsäure:

$$\mu_{H_2SO_4}' = \mu_{H_2SO_4}^*,$$

womit Gl. (28) verifiziert ist. Da sowohl in der Flüssigkeit als auch im Dampf Wasser enthalten ist, kommt als weitere Gleichgewichtsbedingung hinzu:

$$\mu_{H_2O}' = \mu_{H_2O},$$

während eine entsprechende Beziehung für SO_3 fehlt, da diese Teilchenart voraussetzungsgemäß in der Flüssigkeit nicht vorkommt.

Ist μ_{0i}^* das (makroskopische) chemische Potential der reinen Komponente i, so schreiben wir in Analogie zu Gl. (9):

$$\Delta \mu_i^* = \mu_i^* - \mu_{0i}^*. \tag{5.29}$$

Findet also in einer Mischphase Dissoziation oder Assoziation (oder eine analoge chemische Reaktion, z. B. Solvatation) statt, so ist in allen Formeln des 2. und 3. Kapitels, bei denen vom chemischen Potential μ_i bzw. Molenbruch x_i einer *Komponente i* die Rede ist, die Größe μ_i^* bzw. x_i^* gemeint und entsprechend für $\Delta \mu_i$ der Ausdruck (29) einzusetzen.

Es erhebt sich nun die Frage, wie im Falle der Dissoziation usw. die Aktivitätskoeffizienten zu definieren sind. Man könnte zunächst daran denken, einen (makroskopischen) Aktivitätskoeffizienten f_k^* für jede Komponente k durch die Beziehung

$$\mu_k^* = \mu_{0k}^* + R T \ln x_k^* + R T \ln f_k^* \tag{5.30}$$

einzuführen. Ein solches Vorgehen erweist sich indessen als unzweckmäßig. Es ist vielmehr angebracht, jeder Teilchenart α in der kondensierten Mischphase einen individuellen Aktivitätskoeffizienten f_α mittels der Definitionsgleichung

$$\mu_\alpha = \mu_\alpha^0 (T, P) + R T \ln x_\alpha + R T \ln f_\alpha \tag{5.31}$$

zuzuordnen. Hierbei ist μ_α^0 das chemische Potential der Teilchenart α in einem unspezifizierten „Standardzustand" und hängt nur von T und P ab. Solange μ_α^0 unbestimmt ist, liegt auch die „Normierung" von f_α nicht fest. Es wäre unvorteilhaft, den Bezugszustand in allen Fällen von vornherein nach dem gleichen Verfahren festzulegen (vgl. unten). Die Größen μ_α, x_α und f_α können als Funktionen der Temperatur T, des Druckes P und der unabhängigen Konzentrationen, z.B. der stöchiometrischen Molenbrüche x_2^*, x_3^*, ..., $x_{N'}^*$, angesehen werden.

Die Wahl des Standardzustandes für die jeweils betrachtete Teilchenart α hängt davon ab, in welcher Beziehung diese Partikelsorte zu der Komponente i steht, über deren chemisches Potential experimentelle Aussagen gewonnen werden.

Ist die betreffende Teilchenart in der kondensierten Mischphase bei allen Konzentrationen vorhanden und gleichzeitig als „Komponente i" wählbar, so schreiben wir Gl.(31) in folgender Form [vgl. Gl.(8)]:

$$\mu_i^* = \mu_i = \mu_{0i} + R T \ln x_i + R T \ln f_i . \tag{5.32}$$

Hierin ist $\mu_{0i} = \mu_{0i}^*$ das chemische Potential des reinen Stoffes i bei den gegebenen Werten von T und P im betrachteten Aggregatzustand und x_i der wahre Molenbruch der Teilchenart i in der Mischung. Da für $x_i = 1$ gelten muß: $\mu_i = \mu_{0i}$, finden wir aus Gl.(32) die Normierungsvorschrift für den Aktivitätskoeffizienten f_i der Teilchensorte i:

$$\lim_{x_i \to 1} (\ln f_i) = 0 , \quad \lim_{x_i \to 1} f_i = 1 , \tag{5.32a}$$

die natürlich auch für den Fall ohne Dissoziation und Assoziation [Gl.(8)] gültig bleibt. Mit Gl.(32) ist über den Standardzustand in Gl.(31) verfügt ($\mu_\alpha^0 = \mu_{0\alpha}$).

Eine solche Wahl des Bezugszustandes kommt z.B. in Frage für die Teilchenart H_2O in einer wäßrigen Lösung von Salzsäure oder für die Teilchenarten $CHCl_3$ und NO_2 in einer flüssigen Mischung von Chloroform und Stickstofftetroxyd (das gemäß der Reaktionsgleichung $N_2O_4 \rightleftharpoons 2NO_2$ dissoziiert). Die genannte Festsetzung gilt *nicht* für HCl im ersten Beispiel oder N_2O_4 im zweiten Beispiel, da die Dissoziation der Salzsäure oder des Stickstofftetroxyds bei kleinen Konzentrationen praktisch vollständig ist. Auch gilt die obige Konvention nicht für die Ionenarten H^+ und Cl^- im ersten Beispiel, da diese nicht als Komponenten wählbar sind.

Aus Gl. (29) und (32) folgt [vgl. Gl. (9)]:

$$\Delta \mu_i^* = \Delta \mu_i = R T \ln x_i f_i. \tag{5.33}$$

Diese Gleichung verknüpft die meßbare Größe $\Delta \mu_i^*$ mit dem Aktivitätskoeffizienten f_i der Teilchenart i. Bei unbekannten Dissoziations- oder Assoziationsverhältnissen in der kondensierten Mischphase hängt der wahre Molenbruch x_i allerdings auf unbekannte Weise von der stöchiometrischen Zusammensetzung der Mischung ab, auch wenn die Komponente i weder dissoziiert noch assoziiert ist.

Für Teilchenarten, bei denen die Voraussetzungen für die sinnvolle Anwendbarkeit der Definition (32) des Aktivitätskoeffizienten nicht gegeben sind, führt man eine von Fall zu Fall verschiedene Betrachtungsweise ein.

Ist die betreffende Teilchenart das einzige Dissoziations- oder Assoziationsprodukt[1] der als „Komponente" gewählten Teilchenart i (wie etwa N_2O_4 das einzige Assoziationsprodukt der Komponente NO_2 im obigen Beispiel ist), so verzichtet man auf eine besondere Definition des Aktivitätskoeffizienten der betreffenden Teilchensorte, da das chemische Potential dieser Partikelart mit dem Aktivitätskoeffizienten f_i der Teilchenart i auf einfachste Weise zusammenhängt. Im Falle des Stickstofftetroxyds folgt z.B. aus der Gleichgewichtsbedingung (25)

$$\mu_{N_2O_4} = 2 \mu_{NO_2}$$

mit Gl. (32) die einfache Beziehung:

$$\mu_{N_2O_4} = 2 \mu_{NO_2} = 2 (\mu_0)_{NO_2} + 2 R T \ln x_{NO_2} f_{NO_2}.$$

Bei Dissoziation einer Komponente in verschiedene Teilchenarten (Beispiel: $HCl \rightleftharpoons H^+ + Cl^-$) ordnet man den Dissoziationsprodukten gemäß Gl. (31) Aktivitätskoeffizienten zu, führt jedoch eine von Gl. (32) bzw. (32a) abweichende Normierung ein, da die „reine Teilchenart α" (z.B. das reine Ion H^+ oder Cl^-) ein unzweckmäßiger Bezugszustand ist. Bei der als „Komponente" wählbaren Teilchensorte (z. B. HCl) verzichtet man im allgemeinen auf einen besonderen Aktivitätskoeffizienten[2]. Man beschränkt sich vielmehr auf die Definition eines

---

[1] Oder auch ein Produkt einer Stufenassoziation wie etwa bei dem Gleichgewicht

$$n \, H_2O \rightleftharpoons (H_2O)_n \qquad (n = 1, 2, 3, \ldots).$$

[2] Vgl. jedoch § 90.

„mittleren Aktivitätskoeffizienten", der aus den Aktivitätskoeffizienten der einzelnen Dissoziationsprodukte der betreffenden Komponente ableitbar und daher nicht der undissoziierten Teilchenart, sondern der Komponente zuzuordnen ist.

Bei Elektrolytlösungen ist es üblich, die „ideal verdünnte Lösung" (§ 77) als Bezugslösung zu wählen. Doch setzt diese Normierungsmethode einen allgemeinen Satz über den Konzentrationsverlauf der chemischen Potentiale voraus, den wir erst später (§ 75) kennenlernen. Daher ist an dieser Stelle ein Verfahren am Platze, das, wie Gl. (32) oder (32a), nur *Definitionen* enthält.

Es seien $a, b, \ldots, z$ Teilchenarten einer kondensierten Mischphase, die nach dem Schema (24) aus der Komponente i durch (vollständige oder unvollständige) Dissoziation hervorgehen. Dann definieren wir den Aktivitätskoeffizienten $f_\alpha (\alpha = a, b, \ldots, z)$ der Teilchenart α durch Gl. (31) und legen μ_0^α dadurch fest, daß wir als Standardzustand die reine Komponente i bei den vorgegebenen Werten von T und P im betrachteten Aggregatzustand wählen. Stammt die Teilchenart α aus mehreren Komponenten, so ist derjenige Stoff als „Komponente i" zu betrachten, dessen $\Delta\mu$ gemessen wird. Ist die Teilchenart α z.B. das Ion Cl⁻ in einer Lösung von NaCl und KCl, für die z.B. die Löslichkeit von NaCl bestimmt wird, so dient das (hypothetische) reine flüssige Natriumchlorid bei den gegebenen Werten von T und P als Bezugszustand.

Für die Dissoziationsreaktion (24) gilt Gl. (26). Entsprechend finden wir für die reine Komponente i, in der voraussetzungsgemäß die Teilchenarten $a, b, \ldots, z$ ebenfalls enthalten sind:

$$\mu_{0i}^* = \nu_a \mu_{0a}^0 + \nu_b \mu_{0b}^0 + \cdots + \nu_z \mu_{0z}^0 . \tag{5.34}$$

Hierin ist $\mu_{0\alpha}^0$ das chemische Potential der Teilchenart α in der reinen Komponente i. Mit Gl. (26) und (29) ergibt sich:

$$\Delta\mu_i^* = \mu_i^* - \mu_{0i}^* = \sum_{\alpha = a}^{z} \nu_\alpha (\mu_\alpha - \mu_{0\alpha}^0) . \tag{5.35}$$

Legen wir die Aktivitätskoeffizienten f_α durch die Vereinbarung

$$\mu_\alpha^0 = \mu_{0\alpha}^0 \quad (\alpha = a, b, \ldots, z) \tag{5.36}$$

endgültig fest, so folgt mit Gl. (31):

$$\mu_\alpha = \mu_{0\alpha}^0 + RT \ln x_\alpha + RT \ln f_\alpha \quad (\alpha = a, b, \ldots, z) . \tag{5.37}$$

Aus Gl. (35) und (37) finden wir:

$$\Delta\mu_i^* = \sum_{\alpha = a}^{z} \nu_\alpha RT \ln x_\alpha + \sum_{\alpha = a}^{z} \nu_\alpha RT \ln f_\alpha . \tag{5.38}$$

Es erweist sich als zweckmäßig, einen *mittleren Aktivitätskoeffizienten* $\bar{f_i}$ der Komponente i einzuführen:

$$(\bar{f_i})^\nu \equiv \prod_\alpha f_\alpha^{\nu_\alpha} = f_a^{\nu_a} f_b^{\nu_b} \cdots f_z^{\nu_z}, \qquad (5.39)$$

mit

$$\nu \equiv \sum_{\alpha=a}^{z} \nu_\alpha = \nu_a + \nu_b + \cdots + \nu_z. \qquad (5.40)$$

Daraus leiten wir ab:

$$\nu \ln \bar{f_i} = \sum_{\alpha=a}^{z} \nu_\alpha \ln f_\alpha. \qquad (5.41)$$

Die Definition (39) ist unabhängig von der speziellen Art der Normierung der Aktivitätskoeffizienten und gilt auch unabhängig davon, ob die Dissoziation der Komponente i vollständig oder unvollständig ist. Sie ist insbesondere bei Elektrolytlösungen gebräuchlich, hier allerdings in Verbindung mit einer Normierung, die von der obigen abweicht (vgl. § 88).

Aus Gl. (38) und (41) folgt schließlich die nützliche Beziehung:

$$\Delta \mu_i^* = R T \sum_{\alpha=a}^{z} \nu_\alpha \ln x_\alpha + R T \nu \ln \bar{f_i}. \qquad (5.42)$$

Diese Gleichung verknüpft die meßbare Größe $\Delta \mu_i^*$ mit dem mittleren Aktivitätskoeffizienten $\bar{f_i}$ der Komponente i[1].

Die Beziehungen (9), (33) und (42) gestatten uns die Herleitung der jeweils interessierenden Aktivitätskoeffizienten aus Meßdaten.

§ 66. Osmotischer Druck

Für den osmotischen Druck Π einer beliebigen flüssigen Mischung („Lösung") gilt gemäß Gl. (2.22) oder (3.96) mit Gl. (3.95):

$$\Pi = -\frac{\Delta \mu_1}{V_1} = -\frac{\mu_1 - \mu_{01}}{V_1}, \qquad (5.43)$$

wenn die Komponente 1 das „Lösungsmittel" ist und die Kompressibilität der Lösung vernachlässigt wird[2]. Dabei bezieht sich $\Delta \mu_1$ auf denjenigen Druck, unter dem das reine Lösungsmittel steht.

Praktisch interessiert nur der Fall, bei dem die Komponente 1 in der Lösung denselben Molekularzustand wie im reinen Lösungsmittel hat, so

---

[1] Der Vergleich von Gl. (30) mit Gl. (42) lehrt, daß der „mittlere Aktivitätskoeffizient" $\bar{f_i}$ *nicht* mit dem „makroskopischen Aktivitätskoeffizienten" f_i^* identisch ist.

[2] Kann die Kompressibilität nicht vernachlässigt werden, so ist anstelle von V_1 ein Mittelwert des partiellen Molvolumens zwischen den Drucken des reinen Lösungsmittels und der Lösung einzusetzen [vgl. Gl. (2.21)].

daß diese Komponente als undissoziiert und unassoziiert behandelt werden kann. Somit folgt aus Gl. (43) mit Gl. (9) bzw. Gl. (33):

$$\varPi = -\frac{RT}{V_1}\ln x_1 f_1 . \tag{5.44}$$

Bei Dissoziation oder Assoziation der übrigen Komponenten der Lösung bedeutet x_1 bzw. f_1 den wahren Molenbruch bzw. den individuellen Aktivitätskoeffizienten der Teilchenart 1[1].

Ist das partielle Molvolumen V_1 aus Dichtemessungen als Funktion der Zusammensetzung der Lösung bekannt, so kann die Konzentrationsabhängigkeit des Aktivitätskoeffizienten des Lösungsmittels gemäß Gl. (44) für jede Temperatur aus gemessenen Werten von $\varPi$ bestimmt werden. Daraus ist dann auch gemäß Gl. (12) bzw. (13) die partielle molare Mischungsentropie bzw. partielle molare Mischungsenthalpie des Lösungsmittels, die sog. „differentielle Verdünnungsentropie" bzw. „differentielle Verdünnungswärme", ableitbar.

Für eine binäre Lösung (mit zwei Teilchenarten) kann aus der Konzentrationsabhängigkeit des Aktivitätskoeffizienten f_1 der Komponente 1 sofort diejenige des Aktivitätskoeffizienten f_2 der Komponente 2 berechnet werden. Dies folgt aus der speziellen Form (1.283) der GIBBS-DUHEMschen Beziehung, die wir mit Gl. (9) auch in folgender Gestalt schreiben können:

$$x_1\left(\frac{\partial \varDelta\mu_1}{\partial x_1}\right)_{T,\,P} + (1-x_1)\left(\frac{\partial \varDelta\mu_2}{\partial x_1}\right)_{T,\,P} = 0 \tag{5.45}$$

oder

$$x_1\left(\frac{\partial \ln f_1}{\partial x_1}\right)_{T,\,P} + (1-x_1)\left(\frac{\partial \ln f_2}{\partial x_1}\right)_{T,\,P} = 0 . \tag{5.46}$$

Aus praktischen Gründen (vgl. unten) führt man häufig anstelle des Aktivitätskoeffizienten f_i den „osmotischen Koeffizienten" g_i ein, der für einen (nicht-dissoziierten und nicht-assoziierten) Stoff i folgendermaßen definiert ist[2]:

$$g_i\,RT\ln x_i \equiv \varDelta\mu_i . \tag{5.47}$$

Mit Gl. (9) ergibt sich der Zusammenhang zwischen dem osmotischen Koeffizienten g_i und dem Aktivitätskoeffizienten f_i:

$$g_i = 1 + \frac{\ln f_i}{\ln x_i} . \tag{5.48}$$

Für den osmotischen Druck $\varPi$ erhalten wir aus Gl. (43) und (47)[3]:

$$\varPi = -\frac{RT}{V_1}\,g_1\ln x_1 . \tag{5.49}$$

---

[1] Gl. (43) bzw. (44) ist — dem Sinne nach — schon von J. J. VAN LAAR: Z. physik. Chem. **15**, 457 (1894), angegeben worden.

[2] Vgl. N. BJERRUM: Z. Elektrochem. **24**, 325 (1918). — E. A. GUGGENHEIM: Modern Thermodynamics, London 1933.

[3] Vgl. F. G. DONNAN u. E. A. GUGGENHEIM: Z. physik. Chem. **A 162**, 346 (1932).

Auf Gl. (49) geht der Name „osmotischer Koeffizient" zurück. Wie aber aus dem nächsten Paragraphen ersichtlich ist, würde man g_i ebensogut als „Gefrierpunktskoeffizienten" oder „Siedepunktskoeffizienten" bezeichnen können.

Die klassische Methode der Messung des osmotischen Druckes nach PFEFFER[1] besteht in der Ermittlung der Gleichgewichtsdruckdifferenz in einer „osmotischen Zelle" („PFEFFERschen Zelle"), bei der die Lösung durch eine semipermeable Membran, z.B. eine Tonplatte mit einem Niederschlag von Kupferferrocyanid, mit dem reinen Lösungsmittel in Verbindung steht und der hydrostatische Druck der Flüssigkeitssäule über der Lösung beobachtet wird. Indessen ist es schwierig, wirklich „halbdurchlässige" Wände zu finden, solange man nicht hochmolekulare Substanzen (vgl. unten) als gelöste Stoffe verwendet. Die nach der klassischen Methode ausgeführten Messungen betreffen hauptsächlich wäßrige Lösungen von Zucker, Mannit, Harnstoff, Calciumferrocyanid usw.

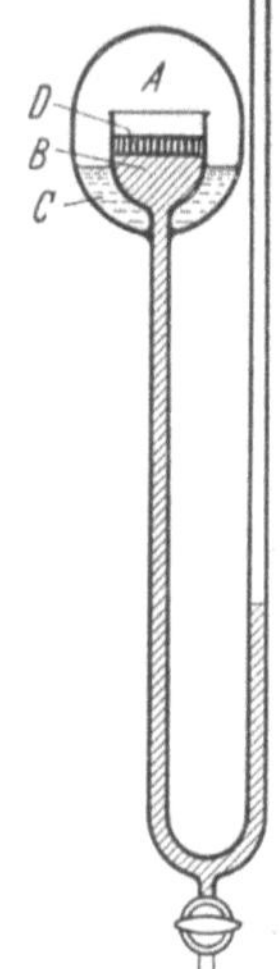

Abb. 20. Osmometer nach WILLIAMSON[3]

Heute werden osmotische Drucke in erster Linie bei hochmolekularen Lösungen (vgl. § 82), z.B. bei Lösungen von Kautschuk in Benzol oder von Polystyrol in Toluol, unter Verwendung von Kunststoffmembranen ermittelt, die zwar für die Lösungsmittelmolekeln, nicht aber für die sehr großen Moleküle der hochpolymeren Stoffe durchlässig sind[2].

Eine originelle Meßmethode wird von WILLIAMSON[3] beschrieben[4] (Abb. 20): Die Druckdifferenz wird nicht durch einen auf der Lösung lastenden Überdruck, sondern durch einen Unterdruck (Zug) erzeugt, dem das reine Lösungsmittel ausgesetzt ist. Als „semipermeable Membran" fungiert ein Dampfraum (A), der das (flüchtige) Lösungsmittel (B) von der Lösung (C) trennt. Als „Ventil" dient eine Glasfritte (D), an deren Poren die Flüssigkeitssäule des reinen Lösungsmittels hängt und aus deren Oberfläche Lösungsmitteldampf austreten kann. Das Verfahren ist praktisch begrenzt, weil wegen der beschränkten Zerreißfestigkeit des Flüssigkeitsfadens nur kleine osmotische Drucke gemessen werden können

[1] PFEFFER, W.: Osmotische Untersuchungen, Leipzig 1877.

[2] Vgl. die zusammenfassenden Darstellungen von R. H. WAGNER: Determination of Osmotic Pressure, in: A. WEISSBERGER: Physical Methods of Organic Chemistry, Interscience (New York), 2. Aufl., 1949, Teil 1, S. 487. — G. V. SCHULZ: Osmotischer Druck, in: H. A. STUART: Die Physik der Hochpolymeren, Springer-Verlag, 1953, Bd. II.

[3] WILLIAMSON, A. T.: Proc. Roy. Soc. [London] A 195, 97 (1948).

[4] Vgl. auch J. C. W. FRAZER u. W. A. PATRICK: Z. physik. Chem. A 130, 691 (1927).

und die Temperatur auf etwa 10^{-5} bis $10^{-6}\,°$C konstant gehalten werden muß. Die Methode eignet sich besonders für sehr hohe Verdünnungen und dürfte auch auf hochverdünnte Elektrolytlösungen, bei denen andere Methoden versagen, anwendbar sein.

Als Beispiel für gemessene Werte des osmotischen Druckes Π und der daraus mit Hilfe von Gl. (44) bzw. (49) berechneten Werte des Aktivitätskoeffizienten f_1 bzw. osmotischen Koeffizienten g_1 des Lösungsmittels führen wir die Daten für Lösungen von Rohrzucker (Komponente 2) in Wasser (Komponente 1) bei $0°$C an[1]:

$$x_2 = 0{,}01 : \Pi = 14{,}2 \text{ atm}, \quad f_1 = 0{,}999, \quad g_1 = 1{,}064.$$

$$x_2 = 0{,}07 : \Pi = 134{,}8 \text{ atm}, \quad f_1 = 0{,}964, \quad g_1 = 1{,}508.$$

Wie bereits aus diesen Zahlen ersichtlich, ist der osmotische Koeffizient als Maß für die Abweichungen vom Grenzwert 1 nützlicher als der Aktivitätskoeffizient. Dies gilt besonders für hochverdünnte Lösungen.

§ 67. Löslichkeit, Gefrierpunktserniedrigung und Siedepunktserhöhung

Wir betrachten zunächst ein *isobares Schmelzgleichgewicht mit reinem Bodenkörper*, d.h. die Koexistenz einer flüssigen Mischung („Lösung") mit einer reinen kristallinen Phase bei konstantem Druck.

Bezeichnen wir den Stoff, der den reinen Bodenkörper bildet, als Komponente 1, so folgt aus Gl. (3.102) für die „Gefrierpunktserniedrigung":

$$\Delta T = T_1 - T = -\frac{T_1}{\bar{\Lambda}_1}\,\Delta\mu_1. \tag{5.50}$$

Hierin bedeutet T_1 die Schmelztemperatur des reinen Stoffes 1. $\bar{\Lambda}_1$ ist gemäß Gl. (3.101) durch folgenden Ausdruck gegeben:

$$-\bar{\Lambda}_1\left(\frac{1}{T} - \frac{1}{T_1}\right) = \int_{T_1}^{T}\frac{\Lambda_1(T)}{T^2}\,dT, \tag{5.51}$$

worin Λ_1 die molare Schmelzwärme des reinen Stoffes 1 bei der Temperatur T (bei der die Schmelze im unterkühlten Zustande vorliegt) bedeutet[2].

---

[1] Vgl. GUGGENHEIM u. PRUE: s. Fußnote 1 S. 294.

[2] Wir schreiben, wenn keine Mißverständnisse möglich sind, anstelle von μ_i^* im folgenden stets μ_i. Es gilt ferner:

$$\Delta\mu_i \equiv \mu_i - \mu_{0i}. \tag{5.50a}$$

Die wirklich gemessene molare Schmelzwärme der reinen Komponente 1, Λ_{01}, bezieht sich auf den Schmelzpunkt T_1 des reinen Stoffes 1. Es gilt also gemäß Gl. (3.99 a) und (4 c):

$$\Lambda_1 = \Lambda_{01} + \int_{T_1}^{T} (C_{P01} - C'_{P01})\, dT\,. \tag{5.52}$$

Hierin ist C_{P01} bzw. C'_{P01} die Molwärme (bei konstantem Druck) der reinen flüssigen Komponente 1 bzw. der reinen festen Komponente 1. Wir können für die Differenz der Molwärmen folgende unendliche Reihe mit empirischen Koeffizienten (a_n) ansetzen:

$$C_{P01} - C'_{P01} = \Delta C_1^0 + \sum_{n=1}^{\infty} a_n (T_1 - T)^n\,. \tag{5.53}$$

Dabei bedeutet ΔC_1^0 die Differenz der Molwärmen am Schmelzpunkt des reinen Stoffes 1 $(T = T_1)$.

Durch Einsetzen von Gl. (52) und (53) in Gl. (51) erhält man für Λ_1 einen allgemeinen Ausdruck[1]. Da die Meßdaten für die Bestimmung der Koeffizienten a_n meist fehlen, begnügen wir uns hier mit der einfachen Näherung:

$$a_1 = a_2 = \cdots = a_\infty = 0\,,$$

d. h. gemäß Gl. (53):

$$C_{P01} - C'_{P01} = \Delta C_1^0\,. \tag{5.54}$$

Hieraus folgt mit Gl. (52):

$$\Lambda_1 = \Lambda_{01} + \Delta C_1^0 (T - T_1)\,, \tag{5.55}$$

womit sich gemäß Gl. (51) ergibt:

$$\bar{\Lambda}_1 = \Lambda_{01} - T_1 \Delta C_1^0 + \frac{T T_1}{T_1 - T} \Delta C_1^0 \ln \frac{T_1}{T} \tag{5.56}$$

oder

$$\bar{\Lambda}_1 \left(\frac{1}{T_1} - \frac{1}{T} \right) = \Lambda_{01} \left(\frac{1}{T_1} - \frac{1}{T} \right) - \Delta C_1^0 \left(1 - \frac{T_1}{T} + \ln \frac{T_1}{T} \right)\,. \tag{5.57}$$

Ist die Komponente 1 in der Lösung undissoziiert und unassoziiert, so gilt gemäß Gl. (33) bzw. (47):

$$\Delta \mu_1 = R T \ln x_1 f_1 = g_1 R T \ln x_1\,. \tag{5.58}$$

Hierin ist x_1 der (wahre) Molenbruch, f_1 der Aktivitätskoeffizient und g_1 der osmotische Koeffizient der Teilchenart 1. Somit folgt aus Gl. (50):

$$\frac{\bar{\Lambda}_1}{R} \left(\frac{1}{T_1} - \frac{1}{T} \right) = \ln x_1 f_1 = g_1 \ln x_1\,. \tag{5.59}$$

---

[1] Vgl. H. S. Harned u. B. B. Owen: The Physical Chemistry of Electrolytic Solutions, New York 1950.

Wenn hingegen der Stoff 1 in der Lösung einer Dissoziation oder Assoziation unterliegt, so benutzen wir Gl. (42):

$$\Delta \mu_1 = RT \sum_\alpha \nu_\alpha \ln x_\alpha + \nu\, RT \ln \bar f_1 , \tag{5.60}$$

wodurch der mittlere Aktivitätskoeffizient $\bar f_1$ der Komponente 1 gemäß Gl. (39)

$$\left(\bar f_1\right)^\nu \equiv \prod_\alpha f_\alpha^{\nu_\alpha} \tag{5.61}$$

eingeführt wird. Hierin bezieht sich der Index α auf eine Teilchenart α, die aus dem Stoff 1 stammt. $\sum\limits_\alpha$ bedeutet Summenbildung, $\prod\limits_\alpha$ Produktbildung über alle Teilchenarten der Sorte α. x_α ist der (wahre) Molenbruch und f_α der Aktivitätskoeffizient der Partikelart α; ν_α bedeutet die Zahl der Teilchen der Sorte α je Molekel der Komponente 1, und ν ist definiert durch Gl. (40):

$$\nu \equiv \sum_\alpha \nu_\alpha . \tag{5.62}$$

Kombination von Gl. (50) mit Gl. (60) ergibt:

$$\frac{\bar \varLambda_1}{R} \left(\frac{1}{T_1} - \frac{1}{T} \right) = \sum_\alpha \nu_\alpha \ln x_\alpha + \nu \ln \bar f_1 . \tag{5.63}$$

Gl. (59) bzw. (63) ist allgemeingültig und kann sowohl eine Gleichung für die „Löslichkeit" als auch eine Formel für die „Gefrierpunktserniedrigung" bedeuten, wenn man die den Bodenkörper bildende Komponente als Stoff 1 bezeichnet. Eine analoge Beziehung kann für irgendeine andere Komponente der Lösung, die rein auskristallisiert, angeschrieben werden: Man hat dann in Gl. (59) bzw. (63) anstelle des Index 1 den entsprechenden Index zu setzen. In vielen Fällen wird Gl. (57) als brauchbare Näherung für die linke Seite von Gl. (59) bzw. (63) ausreichend sein.

Handelt es sich um eine binäre Lösung, so ist es oft zweckmäßig, für jede der beiden Komponenten eine Beziehung der Form (50) bzw. (59) oder (63) anzuschreiben. Ist z. B. bei Zimmertemperatur die Komponente 1 im reinen Zustande flüssig und die reine Komponente 2 fest oder befindet sich der Stoff 1 in großem Überschuß in der Lösung, so nennt man die Komponente 1 das „Lösungsmittel" und spricht von „Gefrierpunktserniedrigung", während man die Komponente 2 als „gelösten Stoff" und die entsprechende Gleichung als Formel für die „Löslichkeit" bezeichnet.

Für die Komponente 2 schreiben wir dementsprechend [vgl. Gl. (3.102a) in § 49]:

$$\Delta T = T_2 - T = - \frac{T_2}{\bar \varLambda_2} \Delta \mu_2 . \tag{5.64}$$

Hierin ist T_2 die Schmelztemperatur des reinen Stoffes 2, und für $\bar \varLambda_2$ gelten die zu Gl. (51) bis (57) analogen Beziehungen.

Ist der Stoff 2 weder dissoziiert noch assoziiert, so erhalten wir gemäß Gl. (33) bzw. (47):

$$\Delta \mu_2 = R T \ln x_2 f_2 = g_2 R T \ln x_2 \, .$$

Damit folgt aus Gl. (64) die zu Gl. (59) analoge Formel:

$$\frac{\bar{A}_2}{R} \left(\frac{1}{T_2} - \frac{1}{T} \right) = \ln x_2 f_2 = g_2 \ln x_2 \, . \tag{5.65}$$

Wenn die Komponente 2 hingegen dissoziiert oder assoziiert ist und aus einer Molekel dieses Stoffes ν_β Teilchen der Sorte β und insgesamt ν' Partikeln entstehen, so schreiben wir, in Analogie zu Gl. (60):

$$\Delta \mu_2 = R T \sum_\beta \nu_\beta \ln x_\beta + \nu' R T \ln \bar{f}_2 \, .$$

Hierin ist $\bar{f}_2$ der mittlere Aktivitätskoeffizient der Komponente 2:

$$\left(\bar{f}_2 \right)^{\nu'} \equiv \prod_\beta f_\beta^{\nu_\beta} \, .$$

Damit ergibt sich aus Gl. (64) die zu Gl. (63) analoge Formel:

$$\frac{\bar{A}_2}{R} \left(\frac{1}{T_2} - \frac{1}{T} \right) = \sum_\beta \nu_\beta \ln x_\beta + \nu' \ln \bar{f}_2 \, . \tag{5.66}$$

Wir behandeln nun ein *isobares Siedegleichgewicht mit reiner Gasphase*, d.h. die Koexistenz einer flüssigen Mischung („Lösung") mit Dampf, der nur aus einem einzigen Stoff (der Komponente 1) besteht, bei vorgegebenem Druck.

Wir finden aus Gl. (3.103) für die „Siedepunktserhöhung":

$$\Delta' T = T - T_{01} = - \frac{T_{01}}{L_{01}} \Delta \mu_1 \, . \tag{5.67}$$

Hierin bedeutet T_{01} die Siedetemperatur der reinen Komponente 1 und L_{01} die [analog zu $\bar{A}_1$ in Gl. (51) gemittelte] molare Verdampfungswärme des reinen Stoffes 1. Durch Einsetzen von Gl. (58) bzw. Gl. (60) erhalten wir die Formel für den Fall ohne Dissoziation bzw. Assoziation der Komponente 1:

$$\frac{\bar{L}_{01}}{R} \left(\frac{1}{T} - \frac{1}{T_{01}} \right) = \ln x_1 f_1 = g_1 \ln x_1 \tag{5.68}$$

bzw. die Formel für den Fall mit beliebiger Dissoziation oder Assoziation des Stoffes 1:

$$\frac{\bar{L}_{01}}{R} \left(\frac{1}{T} - \frac{1}{T_{01}} \right) = \sum_\alpha \nu_\alpha \ln x_\alpha + \nu \ln \bar{f}_1 \, . \tag{5.69}$$

Für die linke Seite von Gl. (68) bzw. (69) läßt sich bei entsprechenden Voraussetzungen ein zu Gl. (57) analoger Ausdruck ableiten.

Moderne Verfahren der Durchführung und Auswertung von Gefrier-
punktsmessungen bzw. von Siedepunktsmessungen werden von ROBERT-
SON und LA MER[1] sowie SCATCHARD, JONES und PRENTISS[2] bzw. von
SWIETOSLAWSKI[3] diskutiert.

§ 68. Konzentrationsketten

Für die Potentialdifferenz (EMK) $\Phi_{\mathrm{I,\,II}}$ einer „Konzentrationskette
ohne Überführung" ergibt sich gemäß Gl. (2.65) bzw. (2.65a) in § 35:

$$- \mathfrak{F}\,\Phi_{\mathrm{I,\,II}} = \nu_j\,[\mu_j(\mathrm{I}) - \mu_j(\mathrm{II})] \tag{5.70}$$

bzw.

$$- \mathfrak{F}\,\Phi_{\mathrm{I,\,II}} = \nu_j\,\varDelta\,\mu_j. \tag{5.71}$$

Hierin ist $\mathfrak{F}$ die FARADAYsche Konstante, ν_j der stöchiometrische Koeffizient des Stoffes j in der Gleichung für die Gesamtreaktion in einer Halbkette, wenn diese für einen Äquivalentumsatz angeschrieben wird, und
μ_j das chemische Potential des Stoffes j, der in den beiden Halbketten
(I und II) in zwei verschiedenen Konzentrationen vorliegt. Gl. (71) gilt
für den Fall $\mu_j(\mathrm{I}) \equiv \mu_j$, $\mu_j(\mathrm{II}) \equiv \mu_{0j}$, bei dem die eine Halbkette den
reinen Stoff j enthält.

Die Diskussion von Gl. (70) für einen Elektrolyten als Komponente j
verschieben wir auf § 97 und betrachten hier nur den Fall, daß der Stoff j
einen Nichtelektrolyten (ohne Dissoziation und Assoziation) in einer
festen oder flüssigen metallischen Mischphase, also in einer Elektrode
variabler Zusammensetzung, darstellt. Praktisch kommen z. B. Amal-
game oder Natrium-, Zink-, Cadmium- und Thalliumlegierungen in Frage[4].
Charakterisieren wir zwei verschiedene Zusammensetzungen in solchen
metallischen Mischphasen durch den Index ^{I} bzw. ^{II}, so erhalten wir aus
Gl. (70) bzw. (71) mit Gl. (8) bzw. (9):

$$- \mathfrak{F}\,\Phi_{\mathrm{I,\,II}} = \nu_j\,R\,T\ln\frac{x_j^{\mathrm{I}}\,f_j^{\mathrm{I}}}{x_j^{\mathrm{II}}\,f_j^{\mathrm{II}}} \tag{5.70a}$$

bzw.

$$- \mathfrak{F}\,\Phi_{\mathrm{I,\,II}} = \nu_j\,R\,T\ln x_j f_j. \tag{5.71a}$$

Damit können Aktivitätskoeffizienten aus EMK-Messungen gewonnen
werden.

In § 35 wurde eine „Konzentrationskette ohne Überführung" als eine
Kombination von zwei gegeneinandergeschalteten reversiblen Ketten
definiert, die sich voneinander nur durch die Konzentration eines (an der
Bruttoreaktion beteiligten) Stoffes unterscheiden. Diese Definition war

---

[1] ROBERTSON, C. u. V. K. LA MER: J. Physic. Chem. **35**, 1953 (1931).

[2] SCATCHARD, G., P. T. JONES u. S. S. PRENTISS: J. Amer. Chem. Soc. **46**, 2418
(1924). — [3] SWIETOSLAWSKI, W.: Ebulliometry, New York 1937.

[4] Näheres über die Ausführung der Messungen findet sich z. B. bei C. WAGNER
u. G. ENGELHARDT: Z. physik. Chem. **A 159**, 241 (1932).

der Allgemeinheit wegen notwendig, ist für den hier behandelten Fall aber zu umständlich. Betrachten wir z. B. die Amalgamkette

$$E \,|\, \text{Zn} + \text{Hg} \,|\, \text{ZnCl}_2 + \text{H}_2\text{O} \,|\, \text{Zn} \,|\, E\,,$$

worin das Symbol E für die metallische „Endphase" (Elektrodenableitung) steht. In einem solchen Falle können wir eine Konzentrationskette ohne Überführung durch zwei Elektroden mit variablem Gehalt einer Komponente, die in dieselbe Elektrolytlösung tauchen, kennzeichnen.

Durch Anwendung der elektrochemischen Gleichgewichtsbedingung auf die vier Phasengrenzen der obigen Kette und Berücksichtigung der chemischen Gleichgewichtsbedingung für die Reaktion $\text{Zn}^{++} + 2 \ominus \rightleftharpoons \text{Zn}$ im Zink und Zinkamalgam finden wir nach dem Muster der Durchrechnung der Kette (2.56) in § 35[1]:

$$\mathfrak{F}\, \Phi_{\text{I, II}} = \frac{1}{z_{\text{Zn}^{++}}} \Delta\, \mu_{\text{Zn}} = \frac{1}{2} \Delta\, \mu_{\text{Zn}}\,. \tag{5.71 b}$$

Verfahren wir jedoch nach der in § 35 gegebenen Definition einer Konzentrationskette und legen Gl. (71) zugrunde, so müssen wir die obige galvanische Kette in die beiden „Halbketten"

$$E \,|\, \text{Zn} + \text{Hg} \,|\, \text{ZnCl}_2 + \text{H}_2\text{O} \,|\, \text{AgCl} \,|\, \text{Ag} \,|\, E$$

und

$$E \,|\, \text{Zn} \,|\, \text{ZnCl}_2 + \text{H}_2\text{O} \,|\, \text{AgCl} \,|\, \text{Ag} \,|\, E$$

zerlegen (wobei die beiden wäßrigen Zinkchloridlösungen gleiche Zusammensetzung haben) und die auf einen Äquivalentumsatz bezogene Gleichung für die chemische Gesamtreaktion in einer Halbkette anschreiben:

$$\frac{1}{2}\, \text{Zn} + \text{AgCl} \rightarrow \frac{1}{2}\, \text{ZnCl}_2 + \text{Ag}\,,$$

wobei die Reaktion in Richtung des stromliefernden Vorganges betrachtet wird (vgl. § 35).

Hieraus findet man: $v_{\text{Zn}} = -1/2$. Setzt man diesen Wert in Gl. (71) ein, so erhält man wiederum Gl. (71 b).

Allgemein ist

$$v_j = -\frac{1}{z}\,,$$

worin z die elektrochemische Valenz desjenigen Ions bedeutet, das sich aus dem Stoff j in der an die metallische Phase angrenzenden Lösung bildet. v_j ist positiv, wenn der betreffende Stoff bei der Reaktion gebildet wird, andernfalls negativ. z ist positiv für Kationen und negativ für Anionen.

---

[1] Da $\Delta\mu_{\text{Zn}} < 0$, so ist $\Phi_{\text{I, II}}$ negativ. Dies hängt mit der Definition von $\Phi_{\text{I, II}}$ in § 35 zusammen.

§ 69. Verdampfungsgleichgewicht

Die Messung von Dampfdrucken und Dampfzusammensetzungen stellt eine der wichtigsten Methoden zur Ermittlung der thermodynamischen Funktionen von kondensierten (flüssigen und festen) Mischphasen dar. Außerdem sind Dampfdruck- und Siedediagramme auch als solche von praktischem Interesse, z.B. für die Destillation und Rektifikation von Gemischen[1].

Die kondensierte Mischung sei durch ungestrichene, der koexistente Dampf durch gestrichene (′) Symbole gekennzeichnet. Dann gilt für irgendeine Komponente i der kondensierten Mischphase, die als ,,Teilchenart i'' im Gleichgewichtsdampf vorkommt [vgl. Gl.(28)]:

$$\mu_i = \mu_i' , \qquad (5.72)$$

wobei wir einfachheitshalber μ_i anstelle von μ_i^* (§ 65) schreiben.

Der Aktivitätskoeffizient f_i einer Teilchenart i in der kondensierten Phase ist gemäß Gl.(8) bzw. (32) definiert durch die Gleichung:

$$\mu_i = \mu_{0i} + RT \ln x_i + RT \ln f_i . \qquad (5.73)$$

Hierin bedeutet μ_{0i} das chemische Potential des reinen kondensierten Stoffes i bei den vorgegebenen Werten von T und P, x_i den (wahren) Molenbruch der Teilchenart i in der kondensierten Mischung. Ist die Teilchenart i wegen vollständiger Dissoziation oder Assoziation in der kondensierten Mischung nicht enthalten, so führen wir gemäß Gl.(29) und (42) den mittleren Aktivitätskoeffizienten $\bar{f}_i$ der Komponente i in der kondensierten Mischphase ein:

$$\mu_i^* = \mu_{0i}^* + RT \sum_\alpha \nu_\alpha \ln x_\alpha + RT \nu \ln \bar{f}_i . \qquad (5.73\,\text{a})$$

Wir geben die folgenden Rechnungen der Einfachheit halber explizit nur unter Voraussetzung von Gl.(73), bemerken aber, daß im Bedarfsfalle[2] in den unten angegebenen Formeln folgende Substitutionen vorzunehmen sind:

$$\left. \begin{array}{l} \mu_i^* \text{ für } \mu_i, \quad \mu_{0i}^* \text{ für } \mu_{0i}, \\[2mm] \sum_\alpha \nu_\alpha \ln x_\alpha \text{ für } \ln x_i, \\[2mm] \nu \ln \bar{f}_i \text{ für } \ln f_i. \end{array} \right\} \qquad (5.73\,\text{b})$$

---

[1] Vgl. z.B. R. Haase u. W. Jost: Proc. Third World Petr. Congr., Sect. III, 1951, S. 54.

[2] Ein solcher Fall liegt z.B. vor, wenn man den Partialdruck von HCl über einer sehr verdünnten wäßrigen Salzsäure betrachtet, in der praktisch nur die Ionen H^+ und Cl^- vorkommen.

Da ein System aus zwei koexistenten Phasen mit N' Komponenten gemäß der Phasenregel (§ 34) N' Freiheitsgrade aufweist, gehört zu jeder vorgegebenen Zusammensetzung (d. h. zu gegebenen Werten der Molenbrüche von $N'-1$ Komponenten) der kondensierten Phase bei vorgeschriebener Temperatur ein bestimmter Gleichgewichtsdruck („Dampfdruck") und eine bestimmte Gleichgewichtszusammensetzung der Gasphase. Wir bezeichnen den Dampfdruck mit p, um ihn von einem beliebigen Druck P (der im folgenden auch als Integrationsvariable auftritt) deutlich unterscheiden zu können.

Wir erhalten aus Gl. (4.128) und (4.135) für das chemische Potential einer Teilchenart i in einer Gasphase (Phase $'$), die bei der Temperatur T und beim Druck p mit einer kondensierten Phase im Gleichgewicht ist („Gleichgewichtsdampf"):

$$\mu'_i = \mu_i^{+\prime} + RT \ln \frac{p_i^*}{P^+} = \mu_i^{+\prime} + RT \ln \frac{p\,x'_i}{P^+} + \int\limits_0^p \left(V'_i - \frac{RT}{P} \right) dP. \qquad (5.74)$$

Hierbei ist $\mu_i^{+\prime}$ eine für das reine Gas i charakteristische Temperaturfunktion (die bei den weiteren Rechnungen herausfällt), P^+ ein Standarddruck, p_i^* die Fugazität der Teilchenart i im Gleichgewichtsdampf („Sättigungsfugazität"), x'_i bzw. V'_i der Molenbruch bzw. das partielle Molvolumen der Teilchenart i im Gleichgewichtsdampf. Die Größe

$$p_i \equiv p\,x'_i \qquad (5.75)$$

ist gemäß Gl. (4.78) der Partialdruck der Partikelsorte i im Gleichgewichtsdampf („Sättigungspartialdruck"). Diese Größe kann experimentell durch eine Dampfdruckmessung und eine Analyse des Gleichgewichtsdampfes ermittelt werden[1].

Wir betrachten nun den reinen kondensierten Stoff i bei der vorgegebenen Temperatur T im Gleichgewicht mit Dampf. Der Gleichgewichtsdruck p_{0i} ist der Dampfdruck des reinen Stoffes i. Für die Gasphase (Phase $'$) gilt dann gemäß Gl. (74), wenn μ'_{0i} bzw. p_{0i}^* das chemische Potential bzw. die Fugazität der Teilchenart i im Gleichgewichtsdampf des reinen kondensierten Stoffes i bedeutet:

$$\mu'_{0i} = \mu_i^{+\prime} + RT \ln \frac{p_{0i}^*}{P^+} = \mu_i^{+\prime} + RT \ln \frac{p_{0i}\,x'_{0i}}{P^+} + \int\limits_0^{p_{0i}} \left(V'_{0i} - \frac{RT}{P} \right) dP. \qquad (5.76)$$

Hierin ist x'_{0i} bzw. V'_{0i} der Molenbruch bzw. das partielle Molvolumen der Partikelsorte i im Gleichgewichtsdampf des reinen kondensierten Stoffes i. Dabei ist berücksichtigt, daß der mit der reinen kondensierten Phase koexistente Dampf infolge einer Dissoziation oder Assoziation

---

[1] Eine zusammenfassende Übersicht bewährter Apparaturen findet sich bei R. T. Fowler: The Industrial Chemist **1948**, 717.

(relativ zur Flüssigkeit) noch andere Teilchenarten als die Partikelsorte i enthalten kann. Wir führen dementsprechend den Sättigungspartialdruck p'_{0i} der Teilchenart i über der reinen kondensierten Phase i ein:

$$p'_{0i} = p_{0i}\, x'_{0i} . \qquad (5.77)$$

Kommt in dem Dampf, der aus dem reinen kondensierten Stoff i stammt, nur die Teilchensorte i vor, so gilt:

$$x'_{0i} = 1 , \quad p'_{0i} = p_{0i} , \qquad (5.78)$$

und μ'_{0i} bzw. p^*_{0i} bedeutet das chemische Potential bzw. die Fugazität des reinen Gases i bei der Temperatur T und beim Druck p_{0i}, während V'_{0i} das Molvolumen des reinen Gases i bei der Temperatur T und beim (variablen) Druck P bezeichnet.

Die Gleichgewichtsbedingung (72) ergibt, wenn man sie einmal auf die reine kondensierte Phase i und zum anderen auf eine kondensierte Mischung beliebiger Zusammensetzung anwendet:

$$\mu_{0i}(T, p_{0i}) = \mu'_{0i}(T, p_{0i}), \qquad (5.79\,\text{a})$$

$$\mu_i(T, p, x) = \mu'_i(T, p, x'). \qquad (5.79\,\text{b})$$

Hierbei kennzeichnet x bzw. x' die Zusammensetzung der kondensierten Mischphase bzw. der koexistenten Gasmischung. Es folgt:

$$\mu_i(T, p, x) - \mu_{0i}(T, p_{ci}) = \mu'_i(T, p, x') - \mu'_{0i}(T, p_{0i}).$$

Die rechte Seite dieser Gleichung gewinnen wir direkt aus Gl. (74) und (76), so daß wir finden:

$$\left.\begin{aligned} \mu_i(T, p, x) - \mu_{0i}(T, p_{0i}) &= R\,T \ln \frac{p^*_i}{p^*_{0i}} = R\,T \ln \frac{p\, x'_i}{p_{0i}\, x'_{0i}} + \\ &+ \int_0^p \left(V'_i - \frac{RT}{P}\right) dP - \int_0^{p_{0i}} \left(V'_{0i} - \frac{RT}{P}\right) dP. \end{aligned}\right\} \qquad (5.80)$$

Der Aktivitätskoeffizient f_i in Gl. (73) wird zweckmäßigerweise auf einen festen Standarddruck P_0 bezogen, da die übrigen Bestimmungsmethoden für die thermodynamischen Funktionen bei kondensierten Mischungen (osmotischer Druck, Gefrierpunkt, Mischungswärme usw.) bei vorgegebenem Druck (meist Atmosphärendruck) ausgeführt werden. Wir erhalten demnach aus Gl. (73):

$$\mu_i(T, P_0, x) = \mu_{0i}(T, P_0) + R\,T \ln x_i f_i . \qquad (5.81)$$

Es gilt gemäß Gl. (10) und (11):

$$\left(\frac{\partial \mu_i}{\partial P}\right)_{T,x} = V_i , \quad \left(\frac{\partial \mu_{0i}}{\partial P}\right)_T = V_{0i} ,$$

worin V_i das partielle Molvolumen der Teilchenart i in der kondensierten Mischphase und V_{0i} das Molvolumen des reinen kondensierten Stoffes i bedeutet. Somit folgt:

$$\mu_{0i}(T, p_{0i}) - \mu_{0i}(T, P_0) = \int\limits_{P_0}^{p_{0i}} V_{0i}\, dP, \tag{5.82a}$$

$$\mu_i(T, p, x) - \mu_i(T, P_0, x) = \int\limits_{P_0}^{p} V_i\, dP. \tag{5.82b}$$

Durch Kombination der Beziehungen (80) bis (82) leitet man schließlich folgenden allgemeinen Ausdruck ab[1]:

$$\begin{aligned}
RT \ln x_i f_i &= RT \ln \frac{p_i^*}{p_{0i}^*} + \int\limits_{P_0}^{p_{0i}} V_{0i}\, dP - \int\limits_{P_0}^{p} V_i\, dP \\
&= RT \ln \frac{p\, x_i'}{p_{0i}\, x_{0i}'} + \int\limits_{P_0}^{p_{0i}} V_{0i}\, dP - \int\limits_{P_0}^{p} V_i\, dP - \\
&\quad - \int\limits_{0}^{p_{0i}} \left(V_{0i}' - \frac{RT}{P}\right) dP + \int\limits_{0}^{p} \left(V_i' - \frac{RT}{P}\right) dP.
\end{aligned} \tag{5.83}$$

Da sämtliche Größen der rechten Seite prinzipiell meßbar sind, können die Aktivitätskoeffizienten f_i als Funktion der Zusammensetzung und der Temperatur für den vorgeschriebenen Standarddruck P_0 bestimmt werden.

Gl. (83) ist exakt, aber für praktische Zwecke noch sehr unhandlich. Wir führen daher einige Vereinfachungen ein, die bei den gewöhnlich interessierenden Verdampfungsgleichgewichten erlaubt sind.

Wenn die Dampfdrucke der betrachteten kondensierten Mischphase die Größenordnung von einigen Atmosphären nicht überschreiten und der Standarddruck — wie meist zweckmäßig — durch $P_0 = 1$ atm oder durch einen Wert dieser Größenordnung festgelegt wird, so kann die Kompressibilität der kondensierten Phase vernachlässigt und daher V_{0i} bzw. V_i als unabhängig vom Druck P betrachtet werden (vgl. § 64). Es gilt also:

$$\begin{aligned}
\int\limits_{P_0}^{p_{0i}} V_{0i}\, dP - \int\limits_{P_0}^{p} V_i\, dP &= V_{0i}(p_{0i} - P_0) - V_i(p - P_0) \\
&= (V_i - V_{0i})(P_0 - p) - V_{0i}(p - p_{0i}).
\end{aligned} \tag{5.84}$$

Unter derselben Voraussetzung braucht die Zustandsgleichung für den Dampf nur bis zu Gliedern, die den zweiten Virialkoeffizienten enthalten,

---

[1] Vgl. R. Haase: Z. Elektrochem. **55**, 29 (1951), wo $P_0 = 0$ gesetzt wurde.

entwickelt zu werden. Wir setzen demnach für das Molvolumen $\bar{V}'$ der Gasphase an [vgl. Gl. (4.121)]:

$$\bar{V}' = \frac{RT}{P} + \sum_{j,\,k=1}^{N} B_{jk}\, x_j'\, x_k',\qquad (5.85)$$

worin die B_{jk} nur von der Temperatur abhängen und N die Zahl der Teilchenarten im Dampf bedeutet. Hieraus können mit Hilfe von Gl. (1.272) die Größen V_{0i}' und V_i' ermittelt und damit die beiden letzten Integrale in Gl. (83) ausgewertet werden.

Da unsere Kenntnis von den zweiten Virialkoeffizienten bei Gasgemischen noch recht lückenhaft ist, begnügen wir uns mit der expliziten Angabe der Formeln für $N = 2$ (binäre Gasgemische ohne Dissoziation und Assoziation). In diesem Falle vereinfacht sich Gl. (85) zu folgender Beziehung [vgl. Gl. (4.136) in § 62]:

$$\bar{V}' = \frac{RT}{P} + B_{11}\, x_1'^2 + 2\, B_{12}\, x_1'\, x_2' + B_{22}\, x_2'^2 .\qquad (5.85\,\text{a})$$

Hieraus folgt für die partiellen Molvolumina V_1' und V_2' [vgl. Gl. (4.140) in § 62]:

$$V_1' = \frac{RT}{P} + B_{11} + \Delta\, x_2'^2,\qquad (5.86\,\text{a})$$

$$V_2' = \frac{RT}{P} + B_{22} + \Delta\, x_1'^2\qquad (5.86\,\text{b})$$

mit der Abkürzung (4.137)

$$\Delta \equiv 2\, B_{12} - B_{11} - B_{22}.\qquad (5.86\,\text{c})$$

Ferner ergibt sich aus Gl. (86a) bzw. (86b) mit $x_2' = 0$ bzw. $x_1' = 0$:

$$V_{01}' = \frac{RT}{P} + B_{11}, \quad V_{02}' = \frac{RT}{P} + B_{22}.\qquad (5.87)$$

Da die hier betrachtete binäre Gasmischung nur die beiden Teilchenarten 1 und 2 enthält, gilt gemäß Gl. (78):

$$x_{0i}' = 1 \quad (i = 1, 2).\qquad (5.88)$$

Durch Einsetzen von Gl. (84), (86), (87) und (88) in Gl. (83) finden wir für ein binäres System ohne Dissoziation und Assoziation:

$$RT \ln f_1 = RT \ln \frac{p\, x_1'}{p_{01}\, x_1} + (B_{11} - V_{01})\,(p - p_{01}) + p\, x_2'^2\, \Delta + \\ + (V_1 - V_{01})\,(P_0 - p),\qquad (5.89\,\text{a})$$

$$RT \ln f_2 = RT \ln \frac{p\, x_2'}{p_{02}\, x_2} + (B_{22} - V_{02})\,(p - p_{02}) + p\, x_1'^2\, \Delta + \\ + (V_2 - V_{02})\,(P_0 - p).\qquad (5.89\,\text{b})$$

Diese Gleichungen sind einer von McGLASHAN, PRUE und SAINSBURY[1] benutzten Beziehung äquivalent. Wird der letzte Term in Gl. (89a, b)

---

[1] McGLASHAN, M. L., J. E. PRUE u. I. E. J. SAINSBURY: Trans. Faraday Soc. **50**, 1284 (1954).

ausgelassen — er ist meist innerhalb der Meßgenauigkeit gegenüber den anderen Termen vernachlässigbar —, so erhält man Gleichungen, die schon SCATCHARD und RAYMOND[1] abgeleitet haben. Die drei letzten Terme in Gl. (89a, b) beschreiben das nichtideale Verhalten des Dampfes und den Einfluß des Druckes auf die kondensierte Phase. Sie werden meist mit dem Stichwort „Realgaskorrektur" bezeichnet und sind bei der Auswertung guter Messungen durchaus in Betracht zu ziehen.

Es kann vorkommen, daß die Realgaskorrektur infolge von Kompensationen nicht ins Gewicht fällt oder innerhalb der Meßgenauigkeit liegt. Dann dürfen wir anstelle von Gl. (89) mit Gl. (75) schreiben:

$$f_i = \frac{p\,x_i'}{p_{0i}\,x_i} = \frac{p_i}{p_{0i}\,x_i}\,. \tag{5.90}$$

Machen wir die entsprechenden Vernachlässigungen bei einem Mehrstoffgemisch, d.h. setzen wir den Dampf als ideales Gasgemisch voraus und ignorieren die Druckkorrektur, d.h. die beiden ersten Integrale in Gl. (83), so erhalten wir aus Gl. (75), (77) und (83) mit Gl. (4.100) oder (4.129):

$$f_i = \frac{p\,x_i'}{p_{0i}\,x_{0i}'\,x_i} = \frac{p_i}{p_{0i}'\,x_i}\,. \tag{5.91}$$

Tritt im Dampf keine Dissoziation oder Assoziation relativ zur kondensierten Phase auf, so gilt Gl. (78), und aus Gl. (91) folgt die einfache Beziehung (90) auch für Mehrstoffgemische.

Interessant ist schließlich noch der Zusammenhang zwischen dem osmotischen Druck Π und dem Sättigungspartialdruck bzw. der Sättigungsfugazität des „Lösungsmittels" (der Komponente 1), der aus Gl. (44) und (83) folgt, wenn wir gleichzeitig die Beziehung (84) berücksichtigen, in der, wie in Gl. (44), die Kompressibilität der Flüssigkeit vernachlässigt wird:

$$\Pi\,V_1 = R\,T\ln\frac{p_{01}^*}{p_1^*} + (V_1 - V_{01})\,(p - P_0) - V_{01}\,(p_{01} - p)\,. \tag{5.92}$$

Hierin bezieht sich die Sättigungsfugazität p_{01}^* bzw. p_1^* auf den Druck p_{01} bzw. p. In diesem Falle werden wir den Standarddruck P_0 mit dem Druck identifizieren, unter dem beim osmotischen Gleichgewicht das reine Lösungsmittel steht (vgl. § 31 und § 66). Eine formal einfachere Beziehung ergibt sich, wenn wir die Fugazitäten p_{01}^* und p_1^* beide auf den Druck P_0 beziehen. Wir erhalten dann direkt aus Gl. (4.128) mit Gl. (43) und (72):

$$\Pi\,V_1 = R\,T\ln\frac{p_{01}^*(P_0)}{p_1^*(P_0)}\,. \tag{5.93}$$

Gl. (93) hat nur dann praktische Bedeutung, wenn durch Beimengung einer oder mehrerer in der Flüssigkeit unlöslicher Komponenten zum Gleichgewichtsdampf (Zusatz von „Fremdgas") dafür gesorgt wird, daß

---

[1] SCATCHARD, G. u. C. L. RAYMOND: J. Amer. Chem. Soc. **60**, 1278 (1938).

die reine Komponente 1 unter demselben Druck (P_0) mit der Flüssigkeit koexistiert wie irgendeine Mischung, in der die Komponente 1 enthalten ist.

Ist der Gleichgewichtsdampf ein ideales Gasgemisch, in dem keine Dissoziation oder Assoziation der Komponente 1 (relativ zur Flüssigkeit) stattfindet, und vernachlässigen wir die Druckkorrektur, so gilt Gl. (90) anstelle von Gl. (83) und (84). Wir finden dann aus Gl. (44) und (90):

$$\Pi V_1 = R T \ln \frac{p_{01}}{p_1} . \tag{5.94}$$

Hierbei ist es wegen der bereits vorausgesetzten Vernachlässigungen gleichgültig, ob wir den Sättigungspartialdruck (p_1) und den Dampfdruck der reinen Komponente 1 (p_{01}) auf denselben Gesamtdruck (P_0) beziehen oder nicht.

Eine abermalige Vereinfachung besteht darin, daß man $V_1 = V_{01}$ setzt, also gemäß Gl. (10) und (11) die Druckabhängigkeit des Aktivitätskoeffizienten im Druckbereich zwischen P_0 und $P_0 + \Pi$ vernachlässigt [vgl. Gl. (2.21 a) in § 31]:

$$\Pi V_{01} = R T \ln \frac{p_{01}}{p_1} . \tag{5.95}$$

Die Beziehungen (93) bis (95) finden sich bereits in der älteren Literatur, obwohl die jeweils darin enthaltenen Vernachlässigungen erst im Laufe der Zeit klargestellt wurden. Zu den exaktesten Ableitungen älterer Autoren gehören diejenigen von VAN LAAR[1], PORTER[2] und CALLENDAR[3].

Das allgemeine Problem der Druckabhängigkeit von Gleichgewichten, an denen kondensierte Phasen beteiligt sind, pflegte man früher — auf etwas verschwommene Art — mit dem Problem der „Druckabhängigkeit des Dampfdruckes" in Verbindung zu bringen. Es ist nach obigem klar, daß von einer „Druckabhängigkeit" eines Dampfdruckes oder Sättigungspartialdruckes nur entweder bei Zusatz von „Fremdgas" oder beim osmotischen Gleichgewicht gesprochen werden kann. Diese Probleme werden am übersichtlichsten auf die obengenannte Weise behandelt: Man beginnt mit den allgemeinen Gleichgewichtsbedingungen, ausgedrückt in den chemischen Potentialen, und nicht mit einer Differentialgleichung für die Druckabhängigkeit des Sättigungsdruckes (der sog. „POYNTINGschen Beziehung"), bei deren Integration allzu leicht Fehler unterlaufen können.

§ 70. Duhem-Margulessche Beziehung

Gemäß Gl. (1.282) gilt für jede Mischphase die GIBBS-DUHEMsche Beziehung:

$$\bar{S} d T - \bar{V} d P + \sum_j x_j d\mu_j = 0 . \tag{5.96}$$

Hierin bedeutet $\bar{S}$ bzw. $\bar{V}$ die molare Entropie bzw. das Molvolumen der Mischung, und die Summation ist — je nach der Betrachtungsweise — über alle Teilchenarten oder alle Komponenten zu erstrecken. Führen

---

[1] VAN LAAR, J. J.: s. Fußnote 1 S. 317.

[2] PORTER, A. W.: Proc. Roy. Soc. [London] 79, 519 (1907); 80, 457 (1908).

[3] CALLENDAR, H. L.: Proc. Roy. Soc. [London] 80, 476, 483 (1908).

wir die Schreibweise $D\mu_j$ für eine infinitesimale Änderung des chemischen Potentials des Stoffes j durch Änderung der Zusammensetzung der Mischphase bei konstanter Temperatur und konstantem Druck ein (vgl. § 44), so folgt aus Gl. (96) die wichtige Spezialform der GIBBS-DUHEMschen Beziehung:

$$\sum_j x_j D\mu_j = 0 \,. \tag{5.97}$$

Wir betrachten irgendeine Teilchenart i in einer kondensierten Mischung, die auch im koexistenten Dampf enthalten ist. Dann gilt gemäß Gl. (72) und (74):

$$\mu_i = \mu_i^{+\prime} + RT \ln \frac{p_i^*}{P^+} \,. \tag{5.98}$$

Da $\mu_i^{+\prime}$ und P^+ bei gegebener Temperatur Konstanten sind, ergibt sich mit Gl. (97):

$$\sum_j x_j D \ln p_j^* = 0 \,, \tag{5.99}$$

worin das Symbol D analoge Bedeutung wie in Gl. (97) hat. Nun bedingt aber eine Änderung der Zusammensetzung der kondensierten Mischphase notwendigerweise eine Änderung des Gleichgewichtsdruckes (Dampfdruckes), so daß Gl. (99) für das Verdampfungsgleichgewicht nicht streng richtig sein kann, ausgenommen im Falle einer Beimengung von „Fremdgas" zum Dampf (vgl. § 69).

Bei einer allgemeinen Behandlung des isothermen Verdampfungsgleichgewichtes muß Gl. (96) für konstante Temperatur, aber variablen Gleichgewichtsdruck p angeschrieben und mit Gl. (98) kombiniert werden:

$$-\frac{\bar{V}}{RT} dp + \sum_j x_j d \ln p_j^* = 0 \quad (T = \text{const}) \,. \tag{5.100}$$

Als Beispiel betrachten wir eine binäre flüssige Mischung, deren Zusammensetzung wir durch den Molenbruch x_1 der Komponente 1 beschreiben:

$$-\frac{\bar{V}}{RT} \frac{dp}{dx_1} + x_1 \frac{d \ln p_1^*}{dx_1} + x_2 \frac{d \ln p_2^*}{dx_1} = 0 \quad (T = \text{const}) \,. \tag{5.100a}$$

Hierin sind die Differentialquotienten nach x_1 entlang den isothermen Gleichgewichtskurven (bei idealem Verhalten des Dampfes also entlang den isothermen Partialdruckkurven) zu bilden. Die Beträge des zweiten und dritten Terms in Gl. (100a) sind erfahrungsgemäß von der Größenordnung 0,1 bis 1. Der Ausdruck $\bar{V}/RT$ hat — in genügender Entfernung von kritischen Verdampfungspunkten — die Größenordnung 10^{-6} Torr^{-1}. Der Differentialquotient dp/dx_1 schließlich nimmt nur in Ausnahmefällen — z.B. bei Lösungen von schwerlöslichen Gasen, wie Wasserstoff in Wasser — abnorm hohe Werte an; sonst variiert er zwischen 0 (an azeotropen Punkten, vgl. § 46) und der Größenordnung 10^3 Torr. Bei den gewöhnlich interessierenden Verdampfungsgleichgewichten darf also das erste Glied in Gl. (100a) vernachlässigt werden.

Wir können demnach Gl.(100) praktisch durch folgende Beziehung ersetzen:

$$\sum_j x_j\, d\ln p_j^* = 0 \quad (T = \text{const}). \qquad (5.101)$$

Der für die Anwendungen wichtigste Fall ist der einer binären Mischung [vgl. Gl.(100a)]:

$$x_1 \frac{d\ln p_1^*}{d x_1} + x_2 \frac{d\ln p_2^*}{d x_1} = 0 \quad (T = \text{const}). \qquad (5.101\,\text{a})$$

Führt man in Gl.(101a) anstelle der Fugazitäten die Partialdrucke ein [Voraussetzung eines idealen Gasgemisches im Dampf, vgl. Gl.(4.129) in § 61], erhält man mit $x_2 = 1 - x_1$ die sog. DUHEM-MARGULESsche Beziehung:

$$x_1 \frac{d\ln p_1}{d x_1} = -(1 - x_1)\frac{d\ln p_2}{d x_1} \quad (T = \text{const}). \qquad (5.102)$$

Diese Gleichung verknüpft die Steigung der isothermen Partialdruckkurve der Komponente 1 mit derjenigen der Komponente 2.

§ 71. Verteilungsgleichgewicht

Tritt bei einem flüssigen Drei- oder Mehrstoffsystem Zerfall in zwei flüssige Phasen ein und betrachtet man die Verteilung einer bestimmten Teilchenart zwischen den beiden koexistenten Phasen, so spricht man von einem „Verteilungsgleichgewicht".

Die Teilchenart i sei in den beiden flüssigen Mischphasen (Indices und $''$) enthalten. Dann lautet gemäß Gl.(2.28) und (2.29) die allgemeine Bedingung für das heterogene Gleichgewicht bezüglich der Teilchensorte i:

$$\mu_i' = \mu_i''. \qquad (5.103)$$

Die Hervorhebung einer bestimmten Partikelsorte i hat nur dann praktische Bedeutung, wenn die Konzentration der Teilchenart i in den beiden flüssigen Phasen variiert werden kann, ohne daß sich die Konzentrationen der übrigen (nicht die Teilchensorte i enthaltenden) Komponenten wesentlich ändern. Andernfalls ist das Problem zweckmäßigerweise als „Entmischung" zu behandeln, wobei die Gleichgewichtsbedingung (103) für *alle* Teilchenarten berücksichtigt wird[1].

Ein typisches Beispiel für ein als „Verteilungsgleichgewicht" zu behandelndes Problem stellt das Gleichgewicht zwischen einer Lösung von Benzoesäure in Benzol und einer solchen von Benzoesäure in Wasser dar. Da Benzol und Wasser praktisch ineinander unlöslich sind, können die Zusammensetzungen der beiden koexistenten Flüssigkeiten allein durch Konzentrationsänderungen der Benzoesäure variiert werden. Insbesondere kann die Konzentration der Säure beliebig klein gemacht werden.

---

[1] Eine quantitative Darstellung der Entmischung in binären Systemen findet sich in § 79. Von der obigen Betrachtung sind Ionen ausgeschlossen.

Die den beiden flüssigen Schichten gemeinsame Teilchenart ist in diesem Falle C_6H_5COOH.

Wir erhalten aus Gl. (31) und (103):

$$\mu_i^{0\prime} + RT \ln x_i^\prime f_i^\prime = \mu_i^{0\prime\prime} + RT \ln x_i^{\prime\prime} f_i^{\prime\prime}.$$

Mit der Abkürzung

$$\frac{\mu_i^{0\prime\prime} - \mu_i^{0\prime}}{RT} \equiv \ln K_i$$

folgt hieraus:

$$\frac{x_i^\prime f_i^\prime}{x_i^{\prime\prime} f_i^{\prime\prime}} = K_i. \tag{5.104}$$

Die Größe K_i, die nur von Temperatur und Druck abhängt, wird als *Verteilungskonstante* für die Teilchenart i bezeichnet. Gl. (104) ist die Verallgemeinerung des „NERNSTschen Verteilungssatzes" (§ 77).

Durch Messung der Verteilungskonstanten können Rückschlüsse auf den Molekularzustand gewisser Komponenten in einer flüssigen Mischphase (vgl. § 77) sowie auf die Aktivitätskoeffizienten gezogen werden. Die Größe K_i ist ferner für die „Extraktion" bei Flüssigkeitsgemischen von Bedeutung.

In Gl. (104) ist die Normierung der Aktivitätskoeffizienten offen, weil in der Ausgangsgleichung (31) der Standardwert μ_i^0 des chemischen Potentials nicht festgelegt wurde. Es ist üblich, die „ideal verdünnte Lösung" als Bezugslösung zu wählen (vgl. § 77). Es ist aber durchaus erlaubt, andere Standardzustände einzuführen. Wählt man z. B. dieselbe Normierung wie in Gl. (73), so erhält man:

$$\mu_i^{0\prime} = \mu_i^{0\prime\prime} = \mu_{0i}, \quad K_i = 1,$$

worin μ_{0i} das chemische Potential des reinen flüssigen Stoffes i bedeutet, das natürlich für die Phase ′ und die Phase ″ denselben Wert hat. Daraus folgt anstelle von Gl. (104):

$$x_i^\prime f_i^\prime = x_i^{\prime\prime} f_i^{\prime\prime}. \tag{5.104 a}$$

Mit Hilfe dieser Beziehung kann man Messungen von f_i nach der Partialdruckmethode (§ 69) kontrollieren[1].

§ 72. Homogenes chemisches Gleichgewicht

Es sei μ_k das chemische Potential und ν_k der stöchiometrische Koeffizient einer Teilchenart k, die an einer chemischen Reaktion in einer kondensierten Phase beteiligt ist. Dann lautet die allgemeine Bedingung für das homogene chemische Gleichgewicht (vgl. § 20 und § 32):

$$\sum_k \nu_k \mu_k = 0 \tag{5.105}$$

---

[1] Vgl. H. Röck u. L. Sieg: Z. physik. Chem., N. F. **3**, 355 (1955).

oder bei Einführung der „absoluten Aktivitäten" gemäß Gl. (4.170):

$$\prod_k \lambda_k^{v_k} = 1 \,. \tag{5.106}$$

Wie beim Verteilungsgleichgewicht ist es auch hier angebracht, den Standardzustand für das chemische Potential zunächst nicht festzulegen. Wir finden demnach aus Gl. (4.170) und Gl. (31) für irgendeine Teilchenart i:

$$\mu_i = RT \ln \lambda_i = \mu_i^0 + RT \ln x_i f_i \tag{5.107a}$$

oder

$$\lambda_i = \lambda_i^0 \, x_i f_i \tag{5.107b}$$

mit der Abkürzung

$$\ln \lambda_i^0 = \frac{\mu_i^0}{RT} \,. \tag{5.108}$$

Hierin bedeutet x_i den Molenbruch und f_i den Aktivitätskoeffizienten der Teilchenart i. Der Standardwert der absoluten Aktivität, λ_i^0, hängt, wie der Standardwert des chemischen Potentials, μ_i^0, von der Temperatur T und vom Druck P ab.

Setzen wir

$$\prod_k (\lambda_k^0)^{-v_k} = K(T, P) \,, \tag{5.109}$$

so folgt mit Gl. (108) die Beziehung [vgl. Gl. (4.185) in § 63]:

$$RT \ln K = -\sum_k v_k \mu_k^0 \tag{5.110}$$

und mit Gl. (106) und (107b) das „verallgemeinerte Massenwirkungsgesetz" (vgl. § 63):

$$\prod_k x_k^{v_k} f_k^{v_k} = K \,. \tag{5.111}$$

Die nur von T und P abhängige, dimensionslose Größe K wird als „Gleichgewichtskonstante" bezeichnet. Wie aus Gl. (111) ersichtlich, ist der Ausdruck

$$\prod_k x_k^{v_k} = K \prod_k f_k^{-v_k} \tag{5.111a}$$

im allgemeinen eine Funktion der Zusammensetzung der Mischphase[1].

Durch Differenzieren von Gl. (110) nach T ergibt sich:

$$\left(\frac{\partial \ln K}{\partial T} \right)_P = \frac{1}{RT^2} \left\{ \sum_k v_k \left[\mu_k^0 - T \left(\frac{\partial \mu_k^0}{\partial T} \right)_P \right] \right\} \,.$$

Mit Gl. (1.278) finden wir:

$$\left(\frac{\partial \ln K}{\partial T} \right)_P = \frac{1}{RT^2} \sum_k v_k H_k^0 = \frac{\Delta H^0}{RT^2} \,. \tag{5.112}$$

---

[1] GUGGENHEIM (s. Fußnote 1 S. 21), der die linke Seite von Gl. (111a) mit $\Pi(x)$ abkürzt, bemerkt hierzu: „The practice of some authors of associating the word *constant* with $\Pi(x)$ is misleading and to be condemned."

Hierin ist ΔH^0 die „Reaktionsenthalpie" oder „Reaktionswärme bei konstantem Druck" (vgl. § 23 und Anhang 1) für den Fall, daß sich die reagierenden Stoffe im betreffenden Standardzustand befinden.

Durch Differenzieren von Gl. (110) nach P erhalten wir:

$$\left(\frac{\partial \ln K}{\partial P}\right)_T = -\frac{1}{RT}\sum_k \nu_k \left(\frac{\partial \mu_k^0}{\partial P}\right)_T,$$

woraus mit Gl. (1.277) folgt:

$$\left(\frac{\partial \ln K}{\partial P}\right)_T = -\frac{1}{RT}\sum_k \nu_k V_k^0 = -\frac{\Delta V^0}{RT}. \tag{5.113}$$

Dabei bedeutet ΔV^0 die Volumenänderung bei einem Formelumsatz, wenn die Reaktion unter Standardbedingungen abläuft.

Die Beziehungen (112) und (113) stellen typische „Differentialgleichungen für Veränderungen bei während dem Gleichgewicht" dar (vgl. §44).

Werden die Aktivitätskoeffizienten wie in Gl. (73) normiert, der Standardwert μ_i^0 also gleich dem chemischen Potential $\mu_{0\,i}$ des reinen Stoffes i bei denselben Werten von T und P im gegebenen Aggregatzustand gesetzt, so folgt aus Gl. (110), (112) und (113):

$$RT \ln K = -\sum_k \nu_k \mu_{0\,k}, \tag{5.110a}$$

$$\left(\frac{\partial \ln K}{\partial T}\right)_P = \frac{1}{RT^2}\sum_k \nu_k H_{0\,k} = \frac{\Delta H_0}{RT^2}, \tag{5.112a}$$

$$\left(\frac{\partial \ln K}{\partial P}\right)_T = -\frac{1}{RT}\sum_k \nu_k V_{0\,k} = -\frac{\Delta V_0}{RT}, \tag{5.113a}$$

während Gl. (111) bestehen bleibt. Hierin bedeutet $H_{0\,k}$ bzw. $V_{0\,k}$ die molare Enthalpie bzw. das Molvolumen des reinen Stoffes k und ΔH_0 bzw. ΔV_0 die Reaktionsenthalpie bzw. die Volumenänderung bei einem Formelumsatz für den Fall, daß man alle an der Reaktion beteiligten Stoffe vor und nach dem chemischen Umsatz in den reinen Zustand überführt[1].

---

[1] Für eine chemische Reaktion, die sowohl in der flüssigen Phase [Gleichgewichtskonstante K', definiert gemäß Gl. (110a)] als auch in einer koexistenten idealen Gasphase [Gleichgewichtskonstante K'', definiert gemäß Gl. (4.185)] ablaufen kann, finden wir aus Gl. (4.177), (90) und (111):

$$\frac{K''}{K'} = (P^+)^{-\nu}\prod_k p_{0\,k}^{\nu_k}. \tag{5.111b}$$

Hierin bedeutet P^+ den Standarddruck und $p_{0\,k}$ den Dampfdruck des reinen Stoffes k bei der vorgegebenen Temperatur. ν ist durch Gl. (4.174) gegeben:

$$\nu \equiv \sum_k \nu_k.$$

In § 77 zeigen wir, welche Gestalt die Beziehungen (110) bis (113) annehmen, wenn man die Aktivitätskoeffizienten anders als in Gl. (110a), (112a) und (113a) definiert.

Die spezielle Form der Gleichungen (110) bis (113) im Falle einer idealen Mischung bzw. einer ideal verdünnten Lösung findet sich in § 74 bzw. § 77.

§ 73. Heterogenes chemisches Gleichgewicht

Wir haben an verschiedenen Stellen unserer Darstellung, z. B. in § 23, § 35, § 51, § 64 und § 65, Heterogenreaktionen kennengelernt. Die allgemeine Gleichgewichtsbedingung ist gemäß § 32 wiederum durch Gl. (105) gegeben. Aber bezüglich der Realisierbarkeit chemischer Gleichgewichte im experimentell zugänglichen Temperatur- und Druckbereich bestehen hier erhebliche Unterschiede. Heterogenreaktionen zwischen reinen festen oder flüssigen Phasen wie die Umsetzung

$$Pb + 2\,AgCl \rightarrow PbCl_2 + 2\,Ag$$

oder die Reaktion

$$Ag + HgCl \rightarrow AgCl + Hg$$

laufen bei allen Temperaturen und Drucken vollständig ab (vgl. § 64). Dagegen führen Reaktionen zwischen reinen kondensierten Phasen und Gasen oder zwischen kondensierten Mischphasen und Gasen oder weiteren kondensierten Phasen häufig zu einem Gleichgewicht. Als Beispiele erwähnen wir die Umsetzung (vgl. § 51)

$$CaO + CO_2 \rightleftharpoons CaCO_3$$

und die Reaktion

$$C\,(Graphit) + CO_2 \rightleftharpoons 2\,CO\,.$$

Als Prototyp eines heterogenen chemischen Gleichgewichtes behandeln wir die letzte Reaktion. Die Gleichgewichtsbedingung (105) bzw. (106) lautet in diesem Falle:

$$2\,\mu_{CO} - \mu_C - \mu_{CO_2} = 0$$

bzw.

$$\lambda_{CO}^2\,\lambda_C^{-1}\,\lambda_{CO_2}^{-1} = 1\,.$$

μ_C bzw. λ_C bezieht sich auf eine reine feste Phase und hängt daher im wesentlichen (vgl. § 64) nur von der Temperatur ab. Die übrigen Größen beziehen sich auf eine Gasmischung ($CO + CO_2$), die wir als ideales Gasgemisch voraussetzen. Wir schreiben daher gemäß Gl. (4.172) und Gl. (4.129):

$$\lambda_{CO} = \lambda_{CO}^+\,\frac{p_{CO}}{P^+}\,,\qquad \lambda_{CO_2} = \lambda_{CO_2}^+\,\frac{p_{CO_2}}{P^+}\,.$$

λ_{CO}^+ bzw. $\lambda_{CO_2}^+$ hängt nur von der Temperatur ab. P^+ bedeutet den Standarddruck, während p_{CO} bzw. p_{CO_2} der Partialdruck von CO bzw. CO_2 ist.

Wir setzen

$$\frac{\lambda_C \, \lambda_{CO_2}^{\pm}}{(\lambda_{CO}^{\pm})^2} = K(T)$$

und nennen K die „Gleichgewichtskonstante". Dann folgt:

$$\frac{1}{P^+} \frac{p_{CO}^2}{p_{CO_2}} = K \, .$$

Man findet z.B. mit $P^+ = 1$ atm für $T = 1000°\mathrm{K}$[1]:

$$K = 1,8 \, .$$

Ersetzt man in der zuletzt genannten Reaktion die reine feste Phase (Graphit) durch eine feste oder flüssige Mischphase (z.B. eine Eisen–Kohlenstoff-Legierung), betrachtet also z.B. die Heterogenreaktion

$$\mathrm{C(in\ Fe)} + CO_2 \rightleftharpoons 2\,CO \, ,$$

so erhält man durch analoge Rechnungen wie oben bei entsprechenden Voraussetzungen und Beachtung von Gl. (8):

$$\frac{1}{P^+} \frac{p_{CO}^2}{p_{CO_2}\, x_C f_C} = K \, .$$

Dabei bedeutet x_C bzw. f_C den Molenbruch bzw. den Aktivitätskoeffizienten (normiert wie in den letzten Gleichungen von § 72) des Kohlenstoffs in der Legierung und K dieselbe Gleichgewichtskonstante wie oben. Demnach folgt:

$$x_C\, f_C = \frac{(p_{CO}^2/p_{CO_2})_{\mathrm{Legierung}}}{(p_{CO}^2/p_{CO_2})_{\mathrm{Graphit}}} \, .$$

Hieraus ist ersichtlich, wie man aus Messungen an heterogenen chemischen Gleichgewichten Aktivitätskoeffizienten ermitteln kann, und zwar für jede Temperatur im gesamten Konzentrationsbereich der Mischphase.

§ 74. Ideale Mischungen

a) Allgemeines. Wir betrachten eine kondensierte Mischung, die folgende Eigenschaft hat: Für das chemische Potential μ_i jeder Teilchenart i, die in der Mischphase enthalten ist, gilt in einem bestimmten Temperatur- und Druckbereich bei jeder beliebigen Zusammensetzung:

$$\mu_i = \mu_{0i} + RT \ln x_i, \tag{5.114}$$

worin μ_{0i} dieselbe Bedeutung wie in Gl. (8) bzw. (32) hat und x_i der wahre Molenbruch der Teilchensorte i ist. Eine solche Mischphase wird

---

[1] Vgl. E. A. GUGGENHEIM: s. Fußnote 1 S. 21. Dort findet sich auch die Absolutberechnung von K.

als *ideale Mischung* bezeichnet. Werden die Aktivitätskoeffizienten f_i gemäß Gl.(32a) normiert, so kann eine ideale Mischung nach Gl.(8) bzw. (32) auch durch folgende Aussage gekennzeichnet werden[1]:

$$f_i = 1. \tag{5.115}$$

Die Statistische Mechanik lehrt, daß nur solche kondensierten Gemische ideal sind, deren einzelne Teilchenarten einander sehr ähnlich sind (sowohl hinsichtlich ihrer Größe als auch ihrer Gestalt) und bei denen die Wechselwirkungsenergie zwischen verschiedenartigen Teilchen gleich dem arithmetischen Mittel der Wechselwirkungsenergien zwischen Partikeln derselben Art ist. Die Erfahrung zeigt, daß die aus Gl.(114) bzw. (115) folgenden meßbaren Zusammenhänge für ideale Mischungen mit um so größerer Genauigkeit erfüllt sind, je mehr die genannten molekularstatistischen Voraussetzungen, nach unseren sonstigen Kenntnissen vom Molekülbau beurteilt, zutreffen. So findet man z.B., daß im Rahmen der Meßgenauigkeit folgende Typen von kondensierten Mischphasen ideale Mischungen darstellen: Gemische von Isotopen (z.B. $H_2O + D_2O$), optischen Antipoden (z.B. d-Campher + l-Campher), Stereoisomeren (z.B. Fumarsäure + Maleinsäure), Strukturisomeren (z.B. o-Xylol + p-Xylol), benachbarten höheren Gliedern einer homologen Reihe (z.B. Hexadekan + Heptadekan) und von Komponenten, die sich in einem Substituenten unterscheiden [Chlorbenzol + Brombenzol als Beispiel für eine ideale feste Lösung („idealer Mischkristall") und $KNO_3 + AgNO_3$ in flüssigem Zustand als Beispiel für eine ideale Elektrolytlösung].

Der Begriff der „idealen Mischung" geht auf LEWIS[2], BRÖNSTED[3] und WASHBURN[4] zurück. Gewisse Ansätze zu dieser Begriffsbildung finden sich bereits vorher bei VAN DER WAALS und VAN LAAR[5].

Es genügt zur Charakterisierung einer idealen Mischung nicht, wenn Gl.(114) bzw. (115) für einen kleineren Konzentrationsbereich oder bei einer singulären Temperatur und bei einem singulären Druck erfüllt ist: Solche Befunde können auf einer zufälligen Kompensation von Effekten beruhen, wie dies z.B. bei folgenden binären flüssigen Gemischen der Fall ist, bei denen für die jeweils angegebene singuläre Temperatur ideales Verhalten innerhalb der Meßgenauigkeit von Dampfdruckmessungen festgestellt wurde: Trimethylpentan—Hexadekan (25°C), Cyclo-

---

[1] In der Ausdrucksweise von LEWIS [vgl. Gl.(8a) bzw. (9a)] besagt Gl.(114) bzw. (115): $a = x_i$ (Aktivität gleich Molenbruch). Wie Gl.(97) lehrt, genügt der Ansatz (114) der GIBBS-DUHEMschen Beziehung und ist daher thermodynamisch möglich.

[2] LEWIS, G. N.: J. Amer. Chem. Soc. **30**, 668 (1908).

[3] BRÖNSTED, J. N.: Z. physik. Chem. **64**, 641 (1908).

[4] WASHBURN, E. W.: Z. physik. Chem. **74**, 537 (1910).

[5] Historische Einzelheiten und viele kritische Bemerkungen findet man, z.T. in sehr unterhaltsamer Form, bei WASHBURN[4].

hexan—n-Heptan ($\sim 50^\circ$C), Benzol—Äthylenchlorid ($\sim 80^\circ$C). Solche „pseudoidealen Gemische" werden häufig als „ideale Testgemische" für Rektifikationskolonnen benutzt[1].

Da Gl. (114) bzw. (115) für einen bestimmten Temperatur- und Druckbereich gelten soll, folgt für diesen Bereich mit $\Delta\mu_i \equiv \mu_i - \mu_{0i}$:

$$\left(\frac{\partial \Delta\mu_i}{\partial T}\right)_{P,x} = R\ln x_i, \qquad \left(\frac{\partial \ln f_i}{\partial T}\right)_{P,x} = 0, \qquad (5.116\,\text{a})$$

$$\left(\frac{\partial \Delta\mu_i}{\partial P}\right)_{T,x} = 0, \qquad \left(\frac{\partial \ln f_i}{\partial P}\right)_{T,x} = 0. \qquad (5.116\,\text{b})$$

Hierin kennzeichnet das Symbol x die Zusammensetzung der Mischphase.

Mit Hilfe von Gl. (10) bis (13) leiten wir aus Gl. (115) und (116) für die partiellen molaren Mischungsgrößen ab:

$$\Delta V_i = V_i - V_{0i} = 0, \qquad (5.117\,\text{a})$$

$$\Delta H_i = H_i - H_{0i} = 0, \qquad (5.117\,\text{b})$$

$$\Delta S_i = S_i - S_{0i} = -R\ln x_i. \qquad (5.117\,\text{c})$$

Mit Gl. (4.94) ergibt sich aus Gl. (117b) oder (117c) für den Unterschied zwischen der partiellen Molwärme C_{Pi} in der Mischung und der Molwärme C_{P0i} des reinen Stoffes i (vgl. § 7):

$$C_{Pi} - C_{P0i} = 0. \qquad (5.117\,\text{d})$$

Diese Gleichungen sind den Beziehungen (4.100), (4.106), (4.108) und (4.110) für ideale Gasgemische analog.

Die Ausdrücke für die molaren Mischungsgrößen erhalten wir mit Gl. (4.95) aus Gl. (16) bis (19), (114) und (117):

$$\Delta \bar{V} = 0, \qquad (5.118\,\text{a})$$

$$\Delta \bar{H} = 0, \qquad (5.118\,\text{b})$$

$$\Delta \bar{S} = -R\sum_k x_k \ln x_k, \qquad (5.118\,\text{c})$$

$$\Delta \bar{G} = RT\sum_k x_k \ln x_k, \qquad (5.118\,\text{d})$$

$$\Delta \bar{C}_P = 0. \qquad (5.118\,\text{e})$$

Diese Beziehungen entsprechen den Gleichungen (4.101), (4.105), (4.107), (4.109) und (4.111) bei idealen Gasgemischen.

Wir können die Relationen (118) folgendermaßen in Worte fassen: Die Volumina und Molwärmen einer idealen Mischung sind bei gegebenen Werten von T und P additiv, und die Mischungswärme verschwindet,

---

[1] Vgl. J. L. Crützen, R. Haase u. L. Sieg: Z. Naturforsch. **5a**, 600 (1950), sowie L. Sieg, J. L. Crützen u. W. Jost: Z. Elektrochem. **55**, 199 (1951).

während die molare Mischungsentropie durch den positiven Ausdruck (118c) [vgl. (4.116)] und die molare Freie Mischungsenthalpie durch den negativen Ausdruck (118d) [vgl. (4.115)] gegeben ist.

Eine weitere allgemeine Eigenschaft idealer Mischphasen ist folgende: Eine ideale Mischung kann nicht entmischen, auch wenn man noch so komplizierte Assoziations-, Solvatations- oder Dissoziationsgleichgewichte voraussetzt. Angenommen nämlich, es gäbe zwei koexistente ideale Mischphasen (' und ''), so müßte für jede Teilchenart i, die in beiden Phasen enthalten ist, wegen $\mu'_{0i} = \mu''_{0i}$ gelten [vgl. Gl. (2.28), (2.29) und (114)]:

$$\mu'_i = \mu_{0i} + RT \ln x'_i = \mu''_i = \mu_{0i} + RT \ln x''_i,$$

woraus folgen würde:

$$x'_i = x''_i.$$

Da die koexistenten Mischphasen in beliebiger Nähe des kritischen Entmischungspunktes gewählt werden können und bei Annäherung an diesen Punkt einander immer ähnlicher werden, ist die Hypothese, gewisse Teilchenarten kämen nur in einer der beiden kondensierten Mischphasen vor, nicht aufrechtzuerhalten. Es ist vielmehr zu fordern, daß alle Partikelsorten in beiden Phasen enthalten sind. Dann besagt aber die letzte Gleichung nichts anderes, als daß die beiden koexistenten Phasen identisch werden. Es kann also keine Entmischung stattfinden[1].

Diese Aussage ist einer der Gründe dafür, daß die früher und auch in neuerer Zeit gelegentlich unternommenen Versuche, *alle* Abweichungen vom idealen Verhalten, die eine beliebige flüssige Mischung zeigt, auf Assoziationen und Solvatationen bei Gültigkeit der Gesetze der idealen Mischungen für die einzelnen (angenommenen) Teilchenarten zurückzuführen, zum Scheitern verurteilt sind[2].

Wir gehen jetzt zur Aufstellung von Formeln für spezielle Arten von Gleichgewichten über, an denen ideale Mischungen beteiligt sind. Diese Formeln zeigen auch, wie ideale Gemische experimentell erkannt werden können.

b) Osmotischer Druck. Für den osmotischen Druck einer idealen Mischung folgt bei Vernachlässigung der Kompressibilität aus Gl. (44), (115) und (117a) die Gleichung von van Laar[3] und Lewis[4]:

$$\Pi = - \frac{RT}{V_{01}} \ln x_1 . \tag{5.119}$$

---

[1] Vgl. R. Haase: Discuss. Faraday Soc. **15**, 270 (1953).

[2] Näheres hierüber findet sich — mit historischen Bemerkungen — bei Hildebrand u. Scott: s. Fußnote 2 S. 187.

[3] van Laar, J. J.: Z. physik. Chem. **64**, 629 (1908).

[4] Lewis, G. N.: s. Fußnote 2 S. 339.

Diese Formel ist mehr von grundsätzlichem als von praktischem Interesse: Osmotische Drucke sind nur für Lösungen ermittelbar, bei denen die Molekülgrößen der einzelnen Teilchenarten sehr unterschiedlich sind (vgl. § 66), und solche Lösungen können nach dem eingangs Gesagten niemals ideal sein[1].

c) Verdampfungsgleichgewicht. Für das Verdampfungsgleichgewicht einer idealen Mischung gilt, wenn wir — wie in Gl. (119) — die Kompressibilität der kondensierten Phase vernachlässigen, gemäß Gl. (83), (84), (115) und (117a):

$$p_i^* = p_{0i}^* \, x_i \exp\left[\frac{V_{0i}(p - p_{0i})}{RT}\right]. \tag{5.120}$$

Hierin ist p_i^* bzw. p_{0i}^* die Sättigungsfugazität der Teilchenart i in dem zur Mischung bzw. zum reinen kondensierten Stoff i gehörigen Gleichgewichtsdampf, p_{0i} der Dampfdruck des reinen Stoffes i und p der Dampfdruck der Mischung. Wird der Dampf als ideales Gasgemisch angesehen ($p_i^* = p_i = p\,x_i'$), ist ferner die Druckkorrektur, d. h. der Exponentialfaktor in Gl. (120), vernachlässigbar und liegt im Dampf des reinen Stoffes i keine Dissoziation oder Assoziation vor ($p_{0i}^* = p_{0i}$), so erhalten wir den wesentlich einfacheren Zusammenhang [vgl. Gl. (90)]:

$$p_i = p\,x_i' = p_{0i}\,x_i. \tag{5.121}$$

Hierbei ist p_i bzw. x_i' der Partialdruck bzw. Molenbruch der Teilchensorte i im Gleichgewichtsdampf.

Gl. (120) geht für eine binäre ideale Mischphase ohne Dissoziation und Assoziation (bei Beschränkung auf den zweiten Virialkoeffizienten in der Zustandsgleichung für den Dampf) in folgende explizite Formeln über, wie aus Gl. (89), (115) und (117a) ableitbar:

$$p_1 = p\,x_1' = p_{01}\,x_1 \exp\frac{(V_{01} - B_{11})\,(p - p_{01}) - \Delta\,x_2'^2\,p}{RT}, \tag{5.122a}$$

$$p_2 = p\,x_2' = p_{02}\,x_2 \exp\frac{(V_{02} - B_{22})\,(p - p_{02}) - \Delta\,x_1'^2\,p}{RT}, \tag{5.122b}$$

wobei B_{11}, B_{22} und Δ nur von der Temperatur abhängen (vgl. § 69).

Bei der weiteren Diskussion der binären idealen Gemische vernachlässigen wir die „Realgaskorrektur", wie in Gl. (121). Wir erhalten dann

---

[1] Die Tatsache, daß die aus Gl. (119) für hochverdünnte ideale Lösungen ($x_1 \approx 1$) folgende Formel

$$\Pi \approx \frac{RT}{V_{01}}\,(1 - x_1) \approx \frac{(n_2 + n_3 + \cdots)RT}{n_1 V_{01}} \quad (n_i = \text{Molzahl})$$

auch eine generellere Bedeutung hat (§ 77), beruht auf ganz anderen, viel allgemeineren Gesetzmäßigkeiten, die auch für nichtideale Gemische gelten (vgl. § 75). Die in der Literatur weitverbreitete Verwechselung einer verdünnten idealen Mischung mit einer „ideal verdünnten Lösung" hat zu vielen Unklarheiten geführt.

für die Partialdrucke p_1 und p_2 in Abhängigkeit von den Molenbrüchen x_1 und x_2 in der kondensierten Mischphase das sog. „RAOULTsche Gesetz"[1]:

$$p_1 = p\,x_1' = p_{01}\,x_1\,, \qquad (5.123\,\mathrm{a})$$

$$p_2 = p\,x_2' = p_{02}\,x_2\,. \qquad (5.123\,\mathrm{b})$$

Hieraus finden wir für den Dampfdruck p als Funktion der Zusammensetzung der kondensierten Phase (Variable x_1):

$$p = p_1 + p_2 = p_{01}\,x_1 + p_{02}\,x_2 = (p_{01} - p_{02})\,x_1 + p_{02}\,, \qquad (5.124)$$

für den Dampfdruck p als Funktion der Zusammensetzung des Dampfes (Variable x_1'):

$$p = \frac{p_{01}}{p_{01}/p_{02} + (1 - p_{01}/p_{02})\,x_1'}\,, \qquad (5.125)$$

für die Dampfzusammensetzung (Variable x_1') als Funktion der Zusammensetzung der kondensierten Phase (Variable x_1):

$$x_1' = \frac{(p_{01}/p_{02})\,x_1}{1 + (p_{01}/p_{02} - 1)\,x_1}\,. \qquad (5.126)$$

Bei idealen Flüssigkeitsgemischen bezeichnet man Gl. (124) als Gleichung für die „isotherme Flüssigkeitskurve", Gl. (125) als diejenige für die „isotherme Dampfkurve" und Gl. (126) als diejenige für die „isotherme Gleichgewichtskurve". Die Beziehungen (123) und (124) entsprechen Geraden, die Gleichungen (125) und (126) Hyperbeln. In Abb. 21 ist am Beispiel eines experimentell untersuchten Systems das isotherme Dampfdruckdiagramm für eine ideale Mischung [Gl. (123) bis (125)] wiedergegeben. Abb. 22 stellt für eine andere (annähernd) ideale Mischung das isobare Gleichgewichtsdiagramm dar, wie es z. B. in der Rektifiziertechnik benutzt wird. Da in dem betrachteten Temperaturbereich (zwischen dem Normalsiedepunkt von Benzol und demjenigen von Toluol) das Dampfdruckverhältnis p_{01}/p_{02} der reinen Komponenten annähernd konstant ist, resultiert auch in diesem Falle praktisch eine Hyperbel.

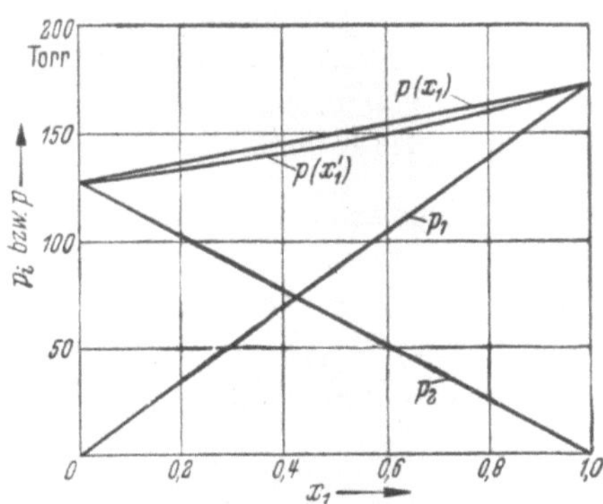

Abb. 21. Beispiel für isothermes Dampfdruckdiagramm einer idealen Mischung: Äthylenbromid (1) — Propylenbromid (2) bei 85° C nach ZAWIDZKI

---

[1] Der Name ist unglücklich, da RAOULT den Begriff der „idealen Mischung" nicht kannte (vgl. § 75 und § 77).

Die experimentelle Ermittlung solcher Kurven bildet eines der direktesten und ältesten Verfahren zur Entscheidung der Frage, ob eine vorgegebene binäre (flüssige oder feste) Mischung ideal ist. Die klassischen Beispiele für ideale Flüssigkeitsgemische, nämlich Äthylenbromid — Propylenbromid und Benzol—Äthylenchlorid, wurden von ZAWIDZKI[1] auf diesem Wege gefunden. Wir wissen heute, daß nur das erste binäre System in guter Näherung ideal, das zweite aber „pseudoideal" ist (vgl. oben).

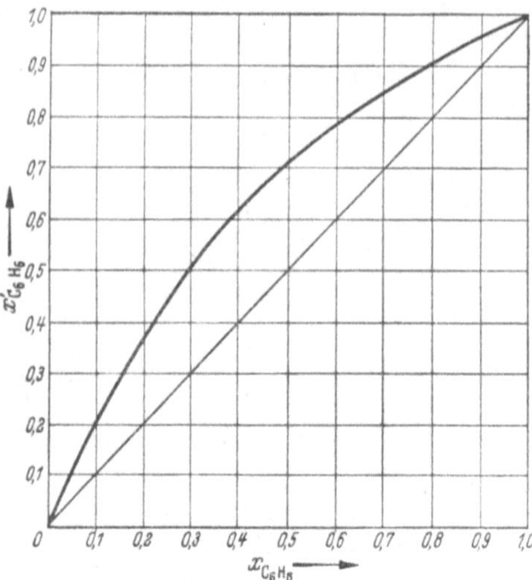

Abb. 22. Isobare Gleichgewichtskurve des annähernd idealen Gemisches Benzol-Toluol bei 760 Torr

Wenn die beiden Komponenten, die eine binäre ideale Mischung bilden, einander so ähnlich sind (wie z. B. optische Antipoden), daß auch ihre Dampfdrucke im reinen Zustande übereinstimmen $(p_{01} = p_{02})$, so gilt gemäß Gl. (126) für den gesamten Konzentrationsbereich: $x_1' = x_1$, d.h. der Dampf hat stets dieselbe Zusammensetzung wie die Flüssigkeit (Diagonale in Abb. 22). In diesem Falle ist eine Trennung der Komponenten durch Destillation unmöglich.

d) Schmelzgleichgewicht in einfachen Fällen. Für die Löslichkeit oder Gefrierpunktserniedrigung bei einer idealen Mischung für gegebenen Druck P folgt aus Gl. (59) und (115), wenn die als reiner Bodenkörper auftretende Komponente 1 in der Flüssigkeit weder dissoziiert noch assoziiert ist (vgl. § 67):

$$\frac{\bar{\Lambda}_1}{R}\left(\frac{1}{T_1} - \frac{1}{T}\right) = \ln x_1 \quad (P = \text{const}). \qquad (5.127)$$

Hierin ist T_1 die Schmelztemperatur des reinen Stoffes 1 und $\bar{\Lambda}_1$ ein in bestimmter Weise [vgl. Gl. (51)] gemittelter Wert der molaren Schmelzwärme der reinen Komponente 1.

Liegt eine binäre Lösung vor und kann die Komponente 2 ebenfalls als reiner Bodenkörper auftreten, so gilt gemäß Gl. (65) und (115) eine zu Gl. (127) analoge Beziehung für den Stoff 2:

$$\frac{\bar{\Lambda}_2}{R}\left(\frac{1}{T_2} - \frac{1}{T}\right) = \ln x_2 \quad (P = \text{const}). \qquad (5.127\,\text{a})$$

[1] ZAWIDZKI, J. v.: Z. physik. Chem. 35, 129 (1900).

Wir erhalten dann ein Schmelzdiagramm vom Typ der Abb. 12 (S. 202), das wir bei Kenntnis der Schmelzpunkte, Schmelzwärmen und spezifischen Wärmen der reinen Komponenten aus Gl. (127) und (127a) vollständig berechnen können.

Die zu Gl. (127a) gehörende Differentialgleichung der „Löslichkeitskurve" lautet gemäß Gl. (3.68b) und (114) für den Fall einer binären idealen Mischung ohne Dissoziation und Assoziation:

$$\frac{d \ln x_2}{dT} = \frac{L_{S2}}{RT^2} \quad (P = \text{const}).$$

Dabei gilt für die „letzte Lösungswärme" L_{S2} der Komponente 2 gemäß Gl. (3.67a), wenn wir die partielle molare Enthalpie der Komponente 2 in der Lösung (H_2'') mit H_2 und die molare Enthalpie des mit der Lösung koexistenten reinen festen Stoffes 2 (H_2') mit H_{02}' bezeichnen:

$$L_{S2} = H_2 - H_{02}' = (H_2 - H_{02}) + (H_{02} - H_{02}').$$

Hierin ist H_{02} die molare Enthalpie der (hypothetischen) reinen flüssigen Komponente 2 bei der Temperatur T. Demnach bedeutet

$$\Lambda_2 \equiv H_{02} - H_{02}'$$

die molare Schmelzwärme für die auf die Temperatur T unterkühlte Schmelze des reinen Stoffes 2. Für ideale Mischungen gilt gemäß Gl. (117b): $H_2 = H_{02}$. Somit erhalten wir aus den drei letzten Beziehungen für die Temperaturabhängigkeit der Löslichkeit in einer binären idealen Mischung[1]:

$$\frac{d \ln x_2}{dT} = \frac{\Lambda_2}{RT^2} \quad (P = \text{const}). \tag{5.128}$$

Die entsprechende Gleichung für die Druckabhängigkeit der Löslichkeit in einer binären idealen Mischung folgt aus Gl. (3.71), (3.72), (114) und (117a):

$$\frac{d \ln x_2}{dP} = - \frac{V_{02} - V_{02}'}{RT} = - \frac{\Phi_2}{RT} \quad (T = \text{const}). \tag{5.129}$$

Hierin ist Φ_2 die Zunahme des Molvolumens beim Schmelzen des reinen Stoffes 2, wobei die reine flüssige Komponente 2 einer auf die jeweilige Temperatur T unterkühlten Schmelze entspricht.

Da Λ_2 stets und Φ_2 meist positiv ist, nimmt die Löslichkeit eines reinen festen Stoffes in einer idealen Mischung mit der Temperatur immer zu und mit dem Druck meistens ab.

e) Schmelzgleichgewicht in komplizierteren Fällen. Wir betrachten ein isobares Schmelzdiagramm für eine Mischung, in der die Komponenten

---

[1] Gl. (127) findet sich schon bei I. Schröder: Z. physik. Chem. **11**, 449 (1893), und J. J. van Laar: Z. physik. Chem. **63**, 216 (1908); **64**, 257 (1908), und Gl. (128) bei I. Schröder. Allerdings sind in den älteren Arbeiten die Begriffe „ideale Mischung" und „ideal verdünnte Lösung" noch nicht sorgfältig geschieden. Über die zu Gl. (128) und (129) analogen Formeln bei ideal verdünnten Lösungen s. § 77.

dissoziiert sind und gegebenenfalls gemeinsame Teilchenarten enthalten (Beispiel: eine Schmelze von $AgNO_3$ und KNO_3). Denjenigen Stoff, der den reinen Bodenkörper bildet, bezeichnen wir als Komponente 1. Gemäß Gl. (63) gilt folgende allgemeine Beziehung:

$$\frac{\bar{\Lambda}_1}{R}\left(\frac{1}{T_1}-\frac{1}{T}\right)=\sum_\alpha \nu_\alpha^{\cdot\cdot}\ln x_\alpha + \nu \ln \bar{f}_1\,.\qquad(5.130)$$

Hierin bedeutet ν_α die Zahl der Teilchen der Sorte α, die aus einer Molekel der Komponente 1 bei der Dissoziation hervorgehen, x_α den wahren Molenbruch der Partikelart α, $\nu \equiv \sum_\alpha \nu_\alpha$ die Gesamtzahl aller Teilchen je Molekül des Stoffes 1 und $\bar{f}_1$ den durch Gl. (61) definierten „mittleren Aktivitätskoeffizienten" der Komponente 1.

Zunächst bringen wir Gl. (130) auf eine andere Form, die für die vorliegende Diskussion bequemer ist. Es sei x_α^0 der wahre Molenbruch der Teilchensorte α in der reinen Komponente 1. Dann führen wir durch die Definition

$$\nu \ln f_1 \equiv \nu \ln \bar{f}_1 + \sum_\alpha \nu_\alpha \ln x_\alpha^0 \qquad(5.131)$$

einen neuen „mittleren Aktivitätskoeffizienten" f_1 ein. Aus Gl. (130) und (131) folgt:

$$\frac{\bar{\Lambda}_1}{R}\left(\frac{1}{T_1}-\frac{1}{T}\right)=\sum_\alpha \nu_\alpha \ln \frac{x_\alpha}{x_\alpha^0} + \nu \ln f_1\,.\qquad(5.132)$$

Diese Beziehung ist, wie Gl. (130), noch vollkommen allgemein. Wir spezialisieren sie jetzt in mehreren Schritten.

Die erste Spezialisierung besteht in der Voraussetzung einer binären Lösung mit vollständiger Dissoziation beider Komponenten. Dann gilt für den wahren Molenbruch irgendeiner Teilchenart α, die Dissoziationsprodukt der Komponente 1 ist:

$$x_\alpha = \frac{\nu_\alpha n_1 + \nu_\alpha' n_2}{\nu\, n_1 + \nu'\, n_2} = \frac{\nu_\alpha(1-x_2)+\nu_\alpha' x_2}{\nu(1-x_2)+\nu' x_2}\,.\qquad(5.133)$$

Hierin bedeutet n_1 bzw. n_2 die stöchiometrische Molzahl[1] der Komponente 1 bzw. 2, x_2 den stöchiometrischen Molenbruch[1] der Komponente 2, ν_α' die Zahl der Teilchen der Sorte α, die aus einem Molekül des Stoffes 2 bei Dissoziation hervorgehen, und ν' die Gesamtzahl aller Teilchen (zu denen nicht nur solche der Sorte α gehören), die aus einer Molekel der Komponente 2 entstehen. (Gilt für eine Teilchenart α: $\nu_\alpha' = 0$, so kommt diese Partikelsorte nur im Stoff 1, nicht aber in der Komponente 2 vor.) Da für den reinen Stoff 1 die Bedingung $x_2 = 0$ erfüllt ist, finden wir:

$$x_\alpha^0 = \frac{\nu_\alpha}{\nu}\,,\qquad(5.134)$$

---

[1] Wir schreiben, wenn keine Mißverständnisse möglich sind, anstelle von n_i^* bzw. x_i^* im folgenden stets n_i bzw. x_i.

wie bei vollständiger Dissoziation von vornherein zu erwarten ist. Aus
Gl. (132), (133) und (134) erhalten wir:

$$\frac{\bar{A}_1}{R}\left(\frac{1}{T_1} - \frac{1}{T}\right) = \sum_\alpha \nu_\alpha \ln \frac{1 + (\nu'_\alpha/\nu_\alpha - 1)\,x_2}{1 + (\nu'/\nu - 1)\,x_2} + \nu \ln f_1\,. \qquad (5.135)$$

Als zweiten Spezialfall von Gl. (132) betrachten wir eine ideale Mischung mit beliebig vielen Komponenten bei beliebigen Dissoziations-
graden. Gemäß Gl. (114) gilt für eine ideale Mischung im gesamten Konzentrationsbereich für das betreffende Temperaturintervall:

$$\mu_\alpha = \mu_{0\alpha} + RT \ln x_\alpha\,,$$

worin sich $\mu_{0\alpha}$ auf die (hypothetische) reine flüssige Teilchenart α bei
der Temperatur T bezieht. Es muß also insbesondere für das chemische
Potential $\mu^0_{0\alpha}$ der Teilchenart α in der reinen flüssigen Komponente 1 die
Bedingung

$$\mu^0_{0\alpha} = \mu_{0\alpha} + RT \ln x^0_\alpha$$

erfüllt sein. Aus den beiden Gleichungen folgt:

$$\mu_\alpha = \mu^0_{0\alpha} + RT \ln \frac{x_\alpha}{x^0_\alpha}\,.$$

Bei Vergleich dieser Beziehung mit der Definitionsgleichung (37) für
den Aktivitätskoeffizienten f_α der Teilchenart α in der Lösung:

$$\mu_\alpha = \mu^0_{0\alpha} + RT \ln x_\alpha f_\alpha$$

findet man:

$$f_\alpha = \frac{1}{x^0_\alpha}\,. \qquad (5.136)$$

Es gilt gemäß Gl. (61) und (131):

$$\nu \ln f_1 = \sum_\alpha \nu_\alpha \ln x^0_\alpha f_\alpha\,.$$

Hieraus erhält man mit Gl. (136) das Kriterium für eine ideale Mischung
im vorliegenden Falle:

$$f_1 = 1\,, \qquad (5.137)$$

in Analogie zu Gl. (115). Demnach ergibt sich aus Gl. (132) für eine ideale
Mischung:

$$\frac{\bar{A}_1}{R}\left(\frac{1}{T_1} - \frac{1}{T}\right) = \sum_\alpha \nu_\alpha \ln \frac{x_\alpha}{x^0_\alpha}\,. \qquad (5.138)$$

Aus Gl. (135) und (137) finden wir schließlich für das isobare Schmelzgleichgewicht einer binären idealen Mischung mit vollständiger Dissoziation beider Komponenten:

$$\frac{\bar{A}_1}{R}\left(\frac{1}{T_1} - \frac{1}{T}\right) = \sum_\alpha \nu_\alpha \ln \frac{1 + (\nu'_\alpha/\nu_\alpha - 1)\,x_2}{1 + (\nu'/\nu - 1)\,x_2}\,. \qquad (5.139)$$

Diese Beziehung[1] tritt für das vorliegende Problem an die Stelle der einfachen SCHRÖDER-VAN LAARschen Gleichung (127).

DOUCET[2] hat durch experimentelle Ermittlung der Schmelzdiagramme und Anwendung von Gl. (139) gezeigt, daß die Salzschmelzen $AgNO_3 + KNO_3$ und $AgNO_3 + K_2SO_4$ ideale Mischungen darstellen. Für das erste der beiden Systeme findet man, wenn man z.B. $AgNO_3$ als Komponente 1 wählt: $\nu = \nu' = 2$, $\nu_{Ag^+} = 1$, $\nu'_{Ag^+} = 0$, $\nu_{NO_3^-} = 1$, $\nu'_{NO_3^-} = 1$. Daraus ergibt sich mit Gl. (139):

$$\frac{\bar{\Lambda}_1}{R}\left(\frac{1}{T_1} - \frac{1}{T}\right) = \ln(1 - x_2),$$

in Übereinstimmung mit dem experimentellen Befund[3]. Für das binäre System $AgNO_3 + K_2SO_4$ mit $AgNO_3$ als Komponente 1 folgt:

$$\nu = 2, \quad \nu' = 3, \quad \nu_{Ag^+} = 1, \quad \nu'_{Ag^+} = 0, \quad \nu_{NO_3^-} = 1, \quad \nu'_{NO_3^-} = 0,$$

womit man aus Gl. (139) erhält:

$$\frac{\bar{\Lambda}_1}{R}\left(\frac{1}{T_1} - \frac{1}{T}\right) = 2\ln\frac{1 - x_2}{1 + \frac{x_2}{2}},$$

wiederum in Übereinstimmung mit den Versuchsergebnissen. Im Falle des Systems $AgNO_3 + KNO_3$ ist das ideale Verhalten leicht erklärlich: Die Ionen Ag^+ und K^+ haben annähernd gleiche Radien, und die Anionen sind identisch.

f) Homogenes chemisches Gleichgewicht. Die Formeln für das homogene chemische Gleichgewicht in einer idealen Mischung folgen aus Gl. (111), (110a), (112a) und (113a), wenn man Gl. (115) und (117) berücksichtigt:

$$\prod_k x_k^{\nu_k} = K, \tag{5.140}$$

$$RT \ln K = -\sum_k \nu_k \mu_{0k}, \tag{5.140 a}$$

$$\left(\frac{\partial \ln K}{\partial T}\right)_P = \frac{1}{RT^2}\sum_k \nu_k H_k = \frac{\Delta H}{RT^2}, \tag{5.140 b}$$

$$\left(\frac{\partial \ln K}{\partial P}\right)_T = -\frac{1}{RT}\sum_k \nu_k V_k = -\frac{\Delta V}{RT}. \tag{5.140 c}$$

---

[1] Vgl. R. HAASE: Z. Naturforsch. 8a, 380 (1953).

[2] DOUCET, Y.: Les Aspects modernes de la Cryométrie, Mém. Sci. Phys., Fascicule LIX, Paris 1954.

[3] Daß dieses Ergebnis nicht etwa im Sinne von Gl. (127) durch vollständiges Fehlen der Dissoziation zu deuten ist, erhellt aus unseren Ausführungen in § 76 (S. 373) über die Grenzgesetze sowie aus Untersuchungen über die elektrische Leitfähigkeit in Salzschmelzen.

Hierin bedeutet v_k den stöchiometrischen Koeffizienten des Stoffes k, K die Gleichgewichtskonstante, ΔH die wirkliche Reaktionsenthalpie und ΔV die wirkliche Volumenänderung bei einem Formelumsatz. Gl. (140) entspricht dem „klassischen Massenwirkungsgesetz" (4.184), Gl. (140b) der VAN'T HOFFschen Beziehung (4.189) und Gl. (140c) der PLANCK-VAN LAARschen Gleichung (4.193).

§ 75. Nichtideale Mischungen (Allgemeines)

Wie aus § 74 ersichtlich, sind „ideale Mischungen" nur unter sehr speziellen Voraussetzungen zu erwarten. In den meisten Fällen wird eine kondensierte Mischphase den Ansatz (114) nicht befolgen. Man spricht dann von *nicht-idealen Mischungen*. Bei Festlegung der Aktivitätskoeffizienten f_i durch Gl. (8) bzw. (32) gilt für ideale Gemische: $f_i = 1$, während bei nichtidealen Gemischen Gl. (8) bzw. (32) in der allgemeinen Form mit $f_i \neq 1$ beibehalten werden muß. Die so definierten Aktivitätskoeffizienten sind ein direktes Maß für die Abweichungen im Verhalten eines nichtidealen Gemisches von dem einer idealen Mischung.

Die Erfahrung zeigt, daß sowohl der Fall $f_i > 1$ als auch der Fall $f_i < 1$ (manchmal sogar bei demselben System) vorkommt. Gehen wir der Anschaulichkeit halber von der einfachen Beziehung (90) für die Partialdrucke aus, so erkennen wir bei Gegenüberstellung zu Gl. (121), daß die Abweichungen von den „RAOULTschen Geraden" im isothermen Dampfdruckdiagramm unmittelbar die Größe

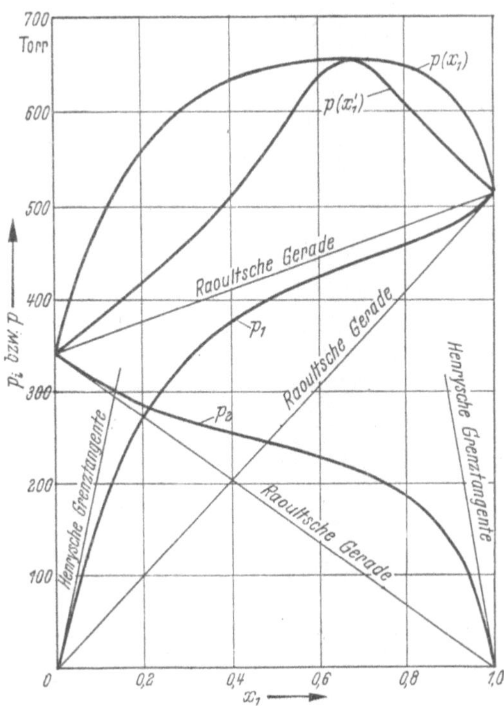

Abb. 23. Beispiel für isothermes Dampfdruckdiagramm einer nichtidealen Mischung: Schwefelkohlenstoff (1)—Aceton (2) bei 35,2° C nach ZAWIDZKI[1]

hung (90) für die Partialdrucke aus, so erkennen wir bei Gegenüberstellung zu Gl. (121), daß die Abweichungen von den „RAOULTschen Geraden" im isothermen Dampfdruckdiagramm unmittelbar die Größe

---

[1] ZAWIDZKI, J. v.: Z. physik. Chem. **35**, 129 (1900).

der Aktivitätskoeffizienten und damit die Größe der Abweichungen vom idealen Verhalten wiedergeben. Das in Abb. 23 dargestellte isotherme Dampfdruckdiagramm für das binäre flüssige Gemisch Schwefelkohlenstoff—Aceton weist so starke Abweichungen vom idealen Verhalten (Abb. 21) auf, daß sogar ein azeotroper Punkt (Dampfdruckmaximum) auftritt. Im übrigen zeigt der Verlauf der Aktivitätskoeffizienten bei den einzelnen Systemen individuelle Verschiedenheiten. Abb. 24 stellt als Gegenstück zu Abb. 22 die isobare Gleichgewichtskurve eines nichtidealen Gemisches (Äthanol—Wasser) mit azeotropem Punkt (M) dar.

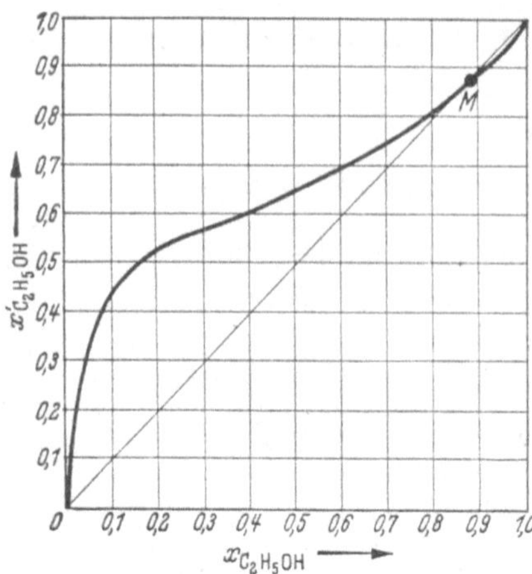

Abb. 24. Isobare Gleichgewichtskurve eines nichtidealen Gemisches mit Siedepunktsminimum (M): Äthanol-Wasser bei 760 Torr

Doch findet sich bei allen nichtidealen Mischungen ein gemeinsamer Zug: Wenn bei N' Komponenten die Konzentrationen von $N' - 1$ Stoffen sich dem Werte Null nähern, so stellt man universelle Gesetzmäßigkeiten („kolligative Eigenschaften") fest, die z. T. formal mit den entsprechenden Gesetzen bei idealen Gemischen übereinstimmen, besonders wenn man die Komponente im Überschuß, das „Lösungsmittel", betrachtet. So mündet in Abb. 23 die Partialdruckkurve für denjenigen Stoff, der als „Lösungsmittel" fungiert, asymptotisch in die „RAOULTsche Gerade" ein. Entsprechendes findet man bei allen binären Gemischen. Es gilt also das universelle Gesetz[1]:

$$\lim_{x_2 \to 0} \left(\frac{p_1}{x_1} \right) = \left(\frac{\partial p_1}{\partial x_1} \right)_{x_2 = 0} = p_{01}, \qquad (5.141\,\text{a})$$

$$\lim_{x_1 \to 0} \left(\frac{p_2}{x_2} \right) = \left(\frac{\partial p_2}{\partial x_2} \right)_{x_1 = 0} = p_{02}. \qquad (5.141\,\text{b})$$

Hierin ist p_i bzw. x_i der Partialdruck bzw. Molenbruch der Komponente i in der flüssigen Mischung und p_{0i} der Dampfdruck des reinen flüssigen Stoffes i. Diese Beziehungen sind ein Beispiel für ein „Grenzgesetz für unendliche Verdünnung". Dieselben Formeln in weniger strenger Gestalt, nämlich

$$p_1 = p_{01}\, x_1 \quad \text{für} \quad x_2 \approx 0, \quad x_1 \approx 1, \qquad (5.142\,\text{a})$$

$$p_2 = p_{02}\, x_2 \quad \text{für} \quad x_1 \approx 0, \quad x_2 \approx 1, \qquad (5.142\,\text{b})$$

---

[1] Über die (scheinbaren) Ausnahmen sprechen wir in § 76.

kennzeichnen eine „ideal verdünnte Lösung", d. h. eine binäre Mischung, die in bezug auf eine der beiden Komponenten so verdünnt ist, daß man die Partialdruckkurven durch ihre Grenztangenten ersetzen kann.

Historisch gesehen, war das „RAOULTsche Gesetz" in der Form (142) bekannt, ehe das entsprechende Gesetz (123) für ideale Gemische, das für *beide* Komponenten im *gesamten* Konzentrationsbereich (Abb. 21, S. 343) gilt, aufgestellt worden war.

Dieses auffallende Grenzverhalten beliebiger Mischphasen hat — noch vor Klarstellung des Begriffs „ideale Mischung" — namhafte Forscher zu Versuchen veranlaßt, die Gesetze der „ideal verdünnten Lösungen" theoretisch zu begründen. So finden sich schon bei GIBBS, dem damals nur das Gesetz von HENRY über die Gaslöslichkeit (vgl. § 77) bekannt war, Plausibilitätsbetrachtungen über die chemischen Potentiale in verdünnten binären Lösungen. VAN'T HOFF, der außerdem die Versuche von PFEFFER über den osmotischen Druck (vgl. § 77) und die Experimente von RAOULT über die Dampfdruckerniedrigung und Gefrierpunktserniedrigung (vgl. § 77) hinzuzog, stellte später qualitative kinetische Betrachtungen über den osmotischen Druck verdünnter Lösungen an und zeigte die Verknüpfung der verschiedenen Gesetze mit Hilfe thermodynamischer Kreisprozesse. Ungefähr zur gleichen Zeit leiteten PLANCK und VAN DER WAALS durch thermodynamische Diskussion gewisser fiktiver Zustandsänderungen die Gesetze der ideal verdünnten Lösungen auf methodisch strengere Weise ab[1].

Vom heutigen Standpunkt aus betrachtet, ist keiner dieser Deutungsversuche stichhaltig. Ebensowenig befriedigen die in neueren Darstellungen gegebenen molekularstatistischen Überlegungen für hochverdünnte Lösungen, da diese eine Anzahl spezieller Voraussetzungen enthalten, die dem sehr generellen Charakter der Grenzgesetze nicht gerecht werden. Das Problem muß vielmehr von einer allgemeineren Seite her gesehen werden: Das universelle Grenzverhalten der kondensierten Mischphasen kann nur auf einer sehr generellen, für beliebige Konzentrationen formulierbaren Gesetzmäßigkeit über die Konzentrationsabhängigkeit der chemischen Potentiale μ_i bzw. der mit diesen definitionsgemäß verknüpften Aktivitätskoeffizienten f_i beruhen.

---

[1] Die Tatsache, daß in der frühen Geschichte der physikalischen Chemie die Gesetze der ideal verdünnten Lösungen häufig auf unerlaubt große Konzentrationsbereiche angewandt, dem osmotischen Druck eine zu zentrale Stellung eingeräumt und die Methoden von VAN'T HOFF, ARRHENIUS, NERNST usw. gegenüber dem thermodynamischen System von GIBBS, PLANCK, VAN DER WAALS usw. bevorzugt wurden, hat zu bitterer Polemik geführt, die besonders in den älteren Bänden der Z. physik. Chem. einen breiten Raum einnimmt. Aus dieser Zeit stammen die Aussprüche VAN LAARS, nach denen in der „Urzeit der physikalischen Chemie" alles „ideal und verdünnt" war und die „Ausschweifungen der verdünnten Schule" stattfanden.

Eine genaue Durchsicht des heute vorliegenden experimentellen Materials und der modernen molekularstatistischen Theorien gestattet tatsächlich die Aufstellung einer solchen universellen Gesetzmäßigkeit, aus der die Grenzgesetze für unendliche Verdünnung automatisch — und zwar in größter Strenge und Allgemeinheit — folgen[1].

Wir definieren den Aktivitätskoeffizienten f_i einer beliebigen Teilchenart i durch folgende Gleichung [vgl. Gl. (31)]:

$$\mu_i = \mu_i^0 (T, P) + RT \ln x_i + RT \ln f_i, \qquad (5.143)$$

worin sich μ_i^0 auf einen unspezifizierten Standardzustand bezieht[2]. R ist die Gaskonstante, T die absolute Temperatur und x_i der wahre Molenbruch der Teilchenart i.

Als unabhängige Variable, die den Zustand der Mischphase beschreiben, wählen wir die Temperatur T, den Druck P und die stöchiometrischen Molenbrüche x_2^*, x_3^*, ..., $x_{N'}^*$ der Komponenten $2, 3, ..., N'$ ($N' = $ Zahl der Komponenten). Somit sind die chemischen Potentiale μ_i, Aktivitätskoeffizienten f_i und wahren Molenbrüche x_i der einzelnen Teilchenarten als Funktionen dieser Variablen anzusehen (vgl. § 65). Dann lautet die genannte Gesetzmäßigkeit: Die Logarithmen der Aktivitätskoeffizienten $(\ln f_i)$ aller Teilchenarten in einer beliebigen kondensierten Mischphase sind für gegebene Werte von T und P algebraisch-analytische Funktionen in den stöchiometrischen Molenbrüchen, d. h. Funktionen, die durch Reihenentwicklungen nach Potenzprodukten der Variablen x_2^*, x_3^*, ..., $x_{N'}^*$ darstellbar sind, deren Exponenten nicht-negative ganzzahlige Vielfache eines gemeinsamen positiven Teilers sind. Wir bezeichnen solche Reihenentwicklungen der Kürze halber als ,,Potenzreihen mit nicht-negativen Exponenten‘‘.

Manchmal ist es vorteilhaft, zu anderen Konzentrationsmaßen (Volumenkonzentrationen, Molaritäten usw.) oder sogar zu Variablen überzugehen, die nicht voneinander unabhängig sind (Beispiel: wahre Molenbrüche). Da aber alle diese Variablen, die zur Beschreibung der Zusammensetzung einer Mischphase benutzt werden, durch algebraische Transformationen aus den stöchiometrischen Molenbrüchen hervorgehen [vgl. Gl. (133) für die wahren Molenbrüche, Gl. (209) für die Volumenkonzentrationen und die Molaritäten], bleibt die obige generelle Gesetzmäßigkeit erhalten und kann wegen des allgemeinen Satzes über die Aktivitätskoeffizienten bei realen Gasmischungen in § 61 (S. 281) auch auf Gasgemische übertragen werden. (Positive ganze Exponenten sind ein Spezialfall von nicht-negativen Exponenten[3].)

---

[1] Vgl. R. Haase: s. Fußnote 1 S. 348.

[2] Erst ab § 77 legen wir die Standardzustände endgültig fest.

[3] Die Berücksichtigung gebrochener Exponenten geschieht im Hinblick auf kondensierte Mischungen, die Elektrolyte enthalten.

Sämtliche Ergebnisse theoretischer und experimenteller Art über die allgemeinen Züge der Konzentrationsabhängigkeit der Aktivitätskoeffizienten können demnach folgendermaßen zusammengefaßt werden:

Satz 1: Bei gegebener Temperatur und gegebenem Druck sind die Logarithmen der Aktivitätskoeffizienten aller Teilchenarten in einer beliebigen Mischphase als Potenzreihen mit nicht-negativen Exponenten bezüglich der Konzentrationen darstellbar.

Bei idealen Gasgemischen und idealen kondensierten Mischungen ist dieser Satz in trivialer Weise erfüllt: Die $\ln f_i$ sind konstant bzw. (bei geeigneter Normierung) Null. Bei realen Gasgemischen und nichtidealen kondensierten Mischungen hingegen macht obiger Satz eine einschränkende Aussage bezüglich der für $\ln f_i$ zulässigen Funktionen[1]: Glieder mit $\ln x_i$ oder Potenzen mit negativen Exponenten sind ausgeschlossen. Dadurch wird in bezug auf die für μ_i möglichen Funktionen ebenfalls eine Auswahl getroffen. Bedeutet $F_i(x)$ eine analytisch-algebraische Funktion in den Konzentrationen (symbolisiert durch x), so gilt gemäß Satz 1 und Gl. (143):

$$RT \ln f_i = F_i(x), \qquad (5.144\,\text{a})$$

$$\mu_i = \mu_i^0(T, P) + RT \ln x_i + F_i(x). \qquad (5.144\,\text{b})$$

Ob in $F_i(x)$ Potenzen mit dem Exponenten Null, d.h. konzentrationsunabhängige Terme, auftreten, hängt lediglich von der Wahl des Standardzustandes, d.h. von der Definition der Größe μ_i^0 und damit von der Normierung des Aktivitätskoeffizienten ab.

Wir betrachten nun eine Mischphase, bei der die Komponente 1, das „Lösungsmittel", in großem Überschuß vorhanden ist, während die Komponenten 2, 3, ..., N', die „gelösten Stoffe", in geringen Konzentrationen anwesend sind. Als unabhängige Variable, die zur makroskopischen Beschreibung der Zusammensetzung der Mischung dienen, wählen wir die stöchiometrischen Molenbrüche $x_2^*, x_3^*, \ldots, x_{N'}^*$ der gelösten Stoffe. Die Teilchenarten mit dem Index α seien im Lösungsmittel, die Partikelsorten mit dem Index β nur in den gelösten Stoffen enthalten. Dann gilt für den Grenzübergang zu „unendlicher Verdünnung" (bei konstanten Werten von T und P):

$$\left.\begin{aligned} &x_1^* \to 1, \quad x_\alpha \to x_\alpha^0, \\ &x_2^* \to 0, \quad x_3^* \to 0, \quad \ldots, \quad x_{N'}^* \to 0, \\ &\qquad\quad x_\beta \to 0. \end{aligned}\right\} \qquad (5.145)$$

---

[1] Satz 1 darf nicht zur Entscheidung der Frage herangezogen werden, ob bei Entmischung die Zustandsfunktionen analytisch bleiben oder nicht (vgl. § 43); denn der Satz stützt sich unmittelbar nur auf Beobachtungsmaterial und statistische Betrachtungen für *stabile* Phasen.

Hierbei bedeutet x_α^0 den wahren Molenbruch der Teilchensorte α im reinen Lösungsmittel.

Mit Gl. (144a) finden wir für den Grenzübergang (145) für eine beliebige Teilchenart i (α oder β):

$$\lim_{x_1^* \to 1} (RT \ln f_i) = \lim_{x_1^* \to 1} F_i(x) = C_i, \qquad (5.146)$$

worin C_i wegen des analytisch-algebraischen Charakters der Funktion F_i eine endliche Größe ist, die (bei geeigneter Wahl der Normierung für f_i) auch Null sein kann.

Betrachten wir den Spezialfall einer binären Lösung ($N' = 2$) ohne Dissoziation und Assoziation, so daß die Teilchenarten 1 und 2 mit den Komponenten 1 und 2 identisch sind. Als Standardzustände wählen wir die reinen Komponenten ($\mu_i^0 = \mu_{0i}$), womit für die beiden Aktivitätskoeffizienten die Normierung (32a) gilt. Wir erhalten dann aus Gl. (144), wenn wir nach Potenzen von x_2 entwickeln:

$$\mu_1 = \mu_{01} + RT \ln x_1 + RT \ln f_1 = \mu_{01} + RT \ln x_1 + A_1 x_2^m + \text{höhere Potenzen,}$$

$$\mu_2 = \mu_{02} + RT \ln x_2 + RT \ln f_2 = \mu_{02} + RT \ln x_2 + C_2 + A_2 x_2^n + \text{höh. Potenzen,}$$

worin C_2, A_1 und A_2 für gegebene Werte von T und P Konstanten sind. Für die Exponenten m und n gilt gemäß Satz 1:

$$m > 0, \quad n > 0.$$

Da für den hier interessierenden Grenzübergang $x_1 \to 1$, $x_2 \to 0$ jede Potenz x_2^n mit $n > 0$ gegenüber $\ln x_2$ nicht mehr ins Gewicht fällt, erhalten wir zunächst für die Komponente 2 (den „gelösten Stoff") das asymptotische Gesetz:

$$\mu_2 \to \text{const} + RT \ln x_2 \quad \text{für} \quad x_2 \to 0.$$

Für die Komponente 1 (das „Lösungsmittel") ist wegen der Beziehung

$$\ln x_1 = \ln (1 - x_2) \to - x_2 \quad \text{für} \quad x_2 \to 0$$

das entsprechende asymptotische Gesetz $\mu_1 \to \mu_{01} + RT \ln x_1$ für $x_2 \to 0$ nur dann erfüllt, wenn $m > 1$ ist, also neben $- RT x_2$ in der Funktion μ_2 keine in x_2 linearen Terme auftreten. Es folgt aus der GIBBS-DUHEMschen Gleichung [vgl. Gl. (46)]

$$(1 - x_2) \left(\frac{\partial \ln f_1}{\partial x_2} \right)_{T, P} + x_2 \left(\frac{\partial \ln f_2}{\partial x_2} \right)_{T, P} = 0$$

und den obigen Ausdrücken für $\ln f_1$ und $\ln f_2$ bei kleinen Werten von x_2 (d. h. bei Vernachlässigung der höheren Potenzen in x_2):

$$m A_1 x_2^{m-1} - m A_1 x_2^m + n A_2 x_2^n = 0.$$

Da für $x_2 \to 0$ der zweite und dritte Term wegen $m > 0$, $n > 0$ einzeln verschwinden, muß auch der erste Term für $x_2 \to 0$ verschwinden. Dies ist nur möglich, wenn $m > 1$ ist. Demnach ist das asymptotische Gesetz

$$\mu_i \to \text{const} + RT \ln x_i \qquad (5.147)$$

für beide Komponenten erfüllt.

Wir werden unten eine der Aussage $m > 1$ entsprechende generelle Gesetzmäßigkeit (Satz 2) aus Satz 1 und der GIBBS-DUHEMschen Gleichung ableiten. Daraus folgt dann, daß Gl. (147) für jede Teilchenart i bei dem Grenzübergang (145) gültig bleibt.

Eine mathematisch weniger strenge Formulierung der letzten Aussage lautet: Bei genügend hoher Verdünnung gilt für das chemische Potential einer beliebigen Teilchenart i der Ansatz:

$$\mu_i = \text{const} + RT \ln x_i . \qquad (5.148)$$

Diese Formulierung bildet den Ausgangspunkt für den Begriff der „ideal verdünnten Lösung" (§ 77); denn Gl. (148) steht zu Gl. (147) in demselben Verhältnis wie Gl. (142) zu Gl. (141). Da wir jedoch zuvor die „Grenzgesetze für unendliche Verdünnung" (§ 76) in ihrer strengen Gestalt besprechen wollen, kehren wir hier wieder zu den exakten Aussagen, die direkt an Satz 1 anknüpfen, zurück.

Wir wenden Gl. (97) auf eine beliebige Mischphase an und bedenken, daß der Ausdruck $\sum_j x_j d \ln x_j = \sum_j d x_j$ bei Summation über alle Teilchenarten identisch verschwindet [vgl. Gl. (21)]. Somit ergibt sich aus Gl. (97) und (143):

$$\sum_\alpha x_\alpha \, d \ln f_\alpha + \sum_\beta x_\beta \, d \ln f_\beta = 0 \qquad (T, P \text{ const}),$$

worin $\sum_\alpha$ bzw. $\sum_\beta$ Summierung über alle Partikelsorten des Lösungsmittels bzw. über alle übrigen Teilchenarten bedeutet. Führen wir wiederum die stöchiometrischen Molenbrüche x_2^*, x_3^*, $\ldots$, $x_{N'}^*$ der gelösten Stoffe als unabhängige Variable ein (von denen also auch die wahren Molenbrüche x_α und x_β abhängen), so erhalten wir:

$$\sum_\alpha x_\alpha \left(\frac{\partial \ln f_\alpha}{\partial x_k^*}\right)_{T, P, x_j^*} + \sum_\beta x_\beta \left(\frac{\partial \ln f_\beta}{\partial x_k^*}\right)_{T, P, x_j^*} = 0 \quad (j, k = 2, 3, \ldots, N'; \; j \neq k) .$$

$$(5.149)$$

Nach Satz 1 sind die Aktivitätskoeffizienten f_β bei gegebenen Werten von T und P von der allgemeinen Gestalt:

$$RT \ln f_\beta = C_\beta + A_\beta (x_2^*)^m (x_3^*)^n \ldots (x_{N'}^*)^p +$$
$$+ \text{ höhere Potenzen} \quad (C_\beta, A_\beta \text{ const}),$$

wobei gilt:

$$m > 0, \quad n > 0, \quad \ldots, \quad p > 0.$$

Demnach folgt, wenn wir z.B. nach x_2^* differenzieren, für kleine Werte von x_2^*, x_3^*, $\ldots$, $x_{N'}^*$:

$$RT \, \frac{\partial \ln f_\beta}{\partial x_2^*} = m \, A_\beta \, (x_2^*)^{m-1} \, (x_3^*)^n \, \ldots \, (x_{N'}^*)^p.$$

Andererseits findet man für die x_β bei kleinen Werten von x_2^*, x_3^*, $\ldots$, $x_{N'}^*$, da dann die Dissoziation oder Assoziation der Komponenten praktisch vollständig ist:

$$x_\beta = a_2 \, x_2^* + a_3 \, x_3^* + \cdots + a_{N'} \, x_{N'}^* \quad (a_2, a_3, \ldots, a_{N'} \text{ const}).$$

Aus den beiden letzten Gleichungen ergibt sich für den Grenzübergang $x_2^* \to 0$, $x_3^* \to 0$, $\ldots$, $x_{N'}^* \to 0$ gemäß Gl. (145):

$$\lim_{x_1^* \to 1} \left(x_\beta \, \frac{\partial \ln f_\beta}{\partial x_2^*} \right) = 0 \,.$$

Dasselbe läßt sich für jede beliebige Variable x_k^* $(k = 2, 3, \ldots, N')$ beweisen. Also folgt aus Gl. (149) mit Gl. (145):

$$\lim_{x_1^* \to 1} \left(\sum_\alpha x_\alpha^0 \, \frac{\partial \ln f_\alpha}{\partial x_k^*} \right) = 0 \quad (k = 2, 3, \ldots, N') \,.$$

Damit diese Bedingung allgemein erfüllbar ist[1], müssen die Differentialquotienten $\partial \ln f_\alpha / \partial x_k^*$ für $x_2^* \to 0$, $x_3^* \to 0$, $\ldots$, $x_{N'}^* \to 0$ einzeln verschwinden. Demnach sind die Aktivitätskoeffizienten f_α bei gegebenen Werten von T und P von der allgemeinen Gestalt:

$$RT \ln f_\alpha = C_\alpha + A_\alpha (x_2^*)^q (x_3^*)^r \, \ldots \, (x_{N'}^*)^s + \text{höhere Potenzen} \quad (C_\alpha, A_\alpha \text{ const}),$$

wobei gilt:

$$q + r + \cdots + s > 1 \,.$$

Differenziert man nämlich die letzte Gleichung z.B. nach x_2^*, so ergibt sich für kleine Werte der x_k^*:

$$RT \, \frac{\partial \ln f_\alpha}{\partial x_2^*} = q \, A_\alpha (x_2^*)^{q-1} (x_3^*)^r \, \ldots \, (x_{N'}^*)^s \,,$$

und dieser Ausdruck verschwindet für $x_2^* \to 0$, $x_3^* \to 0$, $x_{N'}^* \to 0$ nur dann, wenn die letzte Ungleichung erfüllt ist.

---

[1] Die Molenbrüche x_α^0 sind durch die „wahre Zusammensetzung" des reinen Lösungsmittels von vornherein festgelegt.

Wir erhalten demnach als mathematisch deduzierbare Folgerung von Satz 1:

Satz 2: In den Reihenentwicklungen für die Logarithmen der Aktivitäts-koeffizienten der Teilchenarten des Lösungsmittels bezüglich der Konzentrationen der gelösten Stoffe ist die Summe der nicht-negativen Exponenten jedes Potenzproduktes entweder Null oder größer als Eins.

Der Fall der Exponentensumme Null entspricht offensichtlich den Termen in $\ln f_\alpha$, die bezüglich der Konzentrationen konstant sind und die bei geeigneter Normierung der Aktivitätskoeffizienten verschwinden. Ferner ist zu bemerken, daß jede Komponente willkürlich als „Lösungsmittel" angesehen werden kann. Satz 2 gilt also für die Aktivitätskoeffizienten der Teilchenarten einer beliebigen Komponente, wenn als Variable die Konzentrationen der übrigen Komponenten gewählt werden. Als einfaches Beispiel für diese Aussage können die Gleichungen (4.145), gültig für binäre schwach reale Gasgemische (§ 62), angesehen werden.

Wir zeigen nun, daß der von uns an die Spitze gestellte Satz 1 nicht rein thermodynamisch bedingt ist.

Wir betrachten dazu eine binäre Mischung mit den beiden Teilchenarten 1 und 2, die in diesem Falle auch als „Komponenten" angesehen werden können. Dann lautet die GIBBS-DUHEMsche Gleichung gemäß Gl. (149), wenn wir x_2 als unabhängige Variable wählen (vgl. oben):

$$(1 - x_2)\left(\frac{\partial \ln f_1}{\partial x_2}\right)_{T,\,P} + x_2\left(\frac{\partial \ln f_2}{\partial x_2}\right)_{T,\,P} = 0. \qquad (5.149\,\text{a})$$

Zunächst sei bemerkt, daß die hieraus folgende Grenzbedingung für $x_2 \to 0$

$$\left[\frac{(\partial \ln f_1/\partial x_2)_{T,\,P}}{(\partial \ln f_2/\partial x_2)_{T,\,P}}\right]_{x_2=0} = 0 \qquad (5.149\,\text{b})$$

keineswegs verlangt, daß entweder der Differentialquotient im Zähler Null oder der Differentialquotient im Nenner Unendlich wird; denn es ist z. B. von vornherein durchaus möglich, daß beide Differentialquotienten Null werden, wobei der Zähler von höherer Ordnung als der Nenner verschwindet. [Bei den beiden letzten der unten angegebenen hypothetischen Beispiele werden Zähler und Nenner Unendlich, und bei den wirklichen Elektrolytlösungen wird in dem Gl. (149 b) entsprechenden Ausdruck der Zähler Null und der Nenner Unendlich, vgl. § 100.]

Wir geben drei Beispiele von Ansätzen, die der Beziehung (149 a) sowie der weiteren, selbstverständlichen Bedingung genügen, daß für den reinen Stoff 1 bzw. 2 das chemische Potential eine endliche, von Null verschiedene Größe ist, die aber unserem Satz 1 widersprechen. Diese Ansätze sind also thermodynamisch möglich und trotzdem nicht im Einklang mit der Erfahrung und der Statistischen Mechanik. Sie führen insbesondere nicht auf das asymptotische Gesetz (147). Die Ansätze lauten (A, B, C sind Konstanten bei gegebenen Werten von T und P):

$$\text{I.} \quad \ln f_1 = A + B \ln x_1,$$
$$\ln f_2 = C + B \ln x_2.$$
$$\text{II.} \quad \ln f_1 = A + B\, x_2^{1/2},$$
$$\ln f_2 = C + B\, x_2^{-1/2} + B\, x_2^{1/2}.$$
$$\text{III.} \quad \ln f_1 = A - \ln x_1 + B\, x_2^{1/2},$$
$$\ln f_2 = C - \ln x_2 + B\, x_2^{-1/2} + B\, x_2^{1/2}.$$

Der letzte Ansatz ergibt nach Gl. (143) für μ_1 bzw. μ_2 einen Ausdruck, der einen Term mit $\ln x_1$ bzw. $\ln x_2$ gar nicht mehr enthält.

Wir sehen also, daß unser Satz 1 eine wirkliche Auswahl unter den von vornherein zulässigen Konzentrationsfunktionen für die chemischen Potentiale bzw. Aktivitätskoeffizienten trifft. Auf diesem Satz allein beruhen die im folgenden Paragraphen behandelten universellen Grenzgesetze für unendliche Verdünnung, die dank dieser Betrachtungsweise sich in wesentlich strengerer Weise formulieren lassen, als es zur Zeit ihrer Entdeckung möglich war.

Die Sätze 1 und 2 führen infolge der allgemeinen Verknüpfungen (11) bis (13) und (16) bis (19) auch zu entsprechenden Aussagen über andere thermodynamische Funktionen, z. B. Mischungsvolumina, Mischungswärmen, Mischungsentropien usw.

Die Sätze 1 und 2 gelten bei Dissoziation oder Assoziation *nicht* für die durch Gl. (30) definierten makroskopischen Aktivitätskoeffizienten f_k^*. Man überzeugt sich davon an Hand eines einfachen Beispiels[1]. In einer binären Mischung sei eine Molekel der Komponente 1 ganz oder teilweise in ν_a Teilchen der Sorte a dissoziiert bzw. zu ν_a Teilchen der Sorte a assoziiert ($\nu_a > 1$ bzw. $\nu_a < 1$). Dann folgt aus Gl. (26):

$$\mu_1^* = \nu_a \mu_a.$$

Es gilt einerseits gemäß Gl. (30) mit $x \equiv x_1^*$:

$$\mu_1^* = \mu_{01}^* + RT \ln x + RT \ln f_1^*,$$

andererseits gemäß Gl. (144b):

$$\mu_a = \mu_a^0 + RT \ln x_a + F_a(x),$$

worin $F_a(x)$ nach Satz 1 eine Potenzreihe in x mit nichtnegativen Exponenten ist. Ist die Komponente 2 weder dissoziiert noch assoziiert und bedeutet α den Dissoziations- bzw. Assoziationsgrad des Stoffes 1, so ist folgender Zusammenhang zwischen dem wahren Molenbruch x_a der Teilchenart a und dem stöchiometrischen Molenbruch x der Komponente 1 gültig[2]:

$$x_a = \frac{\nu_a\, \alpha\, x}{\nu_a\, \alpha\, x + (1 - \alpha)\, x + (1 - x)} = \frac{\nu_a\, \alpha\, x}{1 + (\nu_a - 1)\, \alpha\, x},$$

---

[1] Vgl. R. Haase, W. Jost u. L. Sieg: Z. Elektrochem. **57**, 956 (1953).

[2] Über die Definition des Dissoziationsgrades vgl. § 85.

wobei α eine unbekannte Funktion von x ist. Aus den vier Gleichungen ergibt sich:

$$\ln f_1^* = \text{const} + \ln \frac{\alpha^{v_a}\, x^{v_a - 1}}{[1 + (v_a - 1)\, \alpha\, x]^{v_a}} + \frac{v_a}{RT}\, F_a(x)\,.$$

Hierin sind „const" und eventuelle weitere Konstanten in $F_a(x)$ durch die Wahl des Standardzustandes und damit durch die Definition der Größe μ_a^0 bedingt, was uns im vorliegenden Zusammenhang nicht weiter interessiert. Der Logarithmus des makroskopischen Aktivitätskoeffizienten f_1^* enthält also in x logarithmische Terme und befolgt daher nicht mehr Satz 1. Bei hoher Verdünnung bezüglich der Komponente $1\,(x \ll 1)$ und vollständiger Dissoziation $(\alpha = 1)$ finden wir aus dem obigen Ausdruck, wenn wir konzentrationsunabhängige Terme in $F_a(x)$ in die Konstante einbeziehen:

$$\ln f_1^* = \text{const} + (v_a - 1)\ln x + A\, x^n\,,$$

worin A eine weitere Konstante und n der niedrigste Exponent in der Potenzreihe ist $(n > 0)$.

§ 76. Grenzgesetze für unendliche Verdünnung

Wir leiten aus den Sätzen 1 und 2 des vorigen Paragraphen spezielle, praktisch wichtige Formen der Grenzgesetze für unendliche Verdünnung ab. Die Spezialisierung besteht dabei in der festgelegten Zahl der Komponenten und in der jeweils vorausgesetzten Art der Dissoziation oder Assoziation. Alle abgeleiteten Gesetzmäßigkeiten gelten sowohl für Nichtelektrolyt- als auch für Elektrolytgemische, falls nicht Elektrolyte durch den angenommenen Typ der Mischung von vornherein ausgeschlossen werden, wie etwa bei dem zuerst behandelten Fall einer binären Lösung ohne Dissoziation und Assoziation. Diese Allgemeinheit wird dadurch erreicht, daß in den Reihenentwicklungen für die thermodynamischen Funktionen auch gebrochene Potenzen zugelassen werden, wie es dem generellen Charakter der Sätze 1 und 2 in § 75 entspricht. Die verschiedenen Grenzgesetze für spezielle Arten des Gleichgewichtes (osmotischer Druck, Gefrierpunktserniedrigung usw.) sind für die verschiedenen Methoden der „Molekulargewichtsbestimmung" von grundsätzlicher Bedeutung. Wir behandeln die Probleme in der Reihenfolge zunehmender Kompliziertheit und beschränken die Diskussion auf die praktisch in diesem Zusammenhang allein interessierenden flüssigen Mischphasen („Lösungen").

a) Binäre Lösung ohne Dissoziation und Assoziation. Bei einer binären Lösung ohne Dissoziation und Assoziation sind die Komponenten 1 und 2 mit den Teilchenarten 1 und 2 identisch. Wir betrachten daher die Lösung als symmetrisch hinsichtlich der beiden Komponenten und setzen für die Aktivitätskoeffizienten f_1 und f_2 gemäß Satz 1 eine Reihenentwicklung bezüglich der Molenbrüche x_2 und x_1 an, die wir nach dem ersten Gliede ($n =$ niedrigster Exponent der Potenzreihe) abbrechen können, da wir anschließend zur Grenze unendlicher Verdünnung übergehen. Dann ergibt sich bei Wahl der reinen Komponente 1 bzw. 2 als Standardzustand [vgl. Gl. (32) und (32a)]:

$$RT \ln f_1 = A\, x_2^n + \cdots = A\,(1 - x_1)^n + \cdots \qquad (5.150\,\text{a})$$

$$RT \ln f_2 = A'\, x_1^n + \cdots = A'\,(1 - x_2)^n + \cdots \qquad (5.150\,\text{b})$$

Hierin hängen die Koeffizienten A und A' nur von der Temperatur T und vom Druck P ab[1]. Ferner gilt gemäß Satz 2:

$$n > 1. \qquad (5.150\,\text{c})$$

Aus den Beziehungen (150) folgt sofort für den Grenzübergang $x_2 \to 0$ bzw. $x_1 \to 0$ bei gegebenen Werten von T und P:

$$\left(\frac{\partial \ln f_1}{\partial x_2}\right)_{x_2=0} = \lim_{x_2 \to 0}\left(\frac{\ln f_1}{x_2}\right) = 0, \qquad (5.151\,\text{a})$$

$$\left(\frac{\partial \ln f_2}{\partial x_1}\right)_{x_1=0} = \lim_{x_1 \to 0}\left(\frac{\ln f_2}{x_1}\right) = 0. \qquad (5.151\,\text{b})$$

Um für andere thermodynamische Funktionen die entsprechenden Grenzgesetze in zweckmäßiger Form aufstellen zu können, führen wir mit SCATCHARD[2] die sog. „Zusatzfunktionen" ein. Man bezeichnet die Differenz zwischen irgendeiner (totalen, molaren oder partiellen molaren) Zustandsfunktion für eine nichtideale kondensierte Mischphase und der entsprechenden Zustandsfunktion für eine ideale Mischung (Index [id])

---

[1] Als Beispiel für eine im Sinne von Gl. (150a, b) weitergeführte Potenzreihe betrachten wir den Ansatz von MARGULES (vgl. § 81), den wir bis zum kubischen Gliede anschreiben:

$$RT \ln f_1 = A^*\, x_2^2 + B^*\, x_2^3,$$

$$RT \ln f_2 = \left(A^* + \frac{3}{2} B^*\right) x_1^2 - B^*\, x_1^3.$$

Hierin sind A^* und B^* empirische Parameter. Die Verknüpfung der Koeffizienten in den beiden Potenzausdrücken folgt aus der GIBBS-DUHEMschen Beziehung in der Form (149a). Führen wir durch die Definitionen

$$A^* + \frac{3}{4} B^* \equiv A,$$

$$-\frac{1}{4} B^* \equiv B$$

die neuen Koeffizienten A und B ein, so erhalten wir:

$$RT \ln f_1 = (A + 3B)\, x_2^2 - 4B\, x_2^3 = x_2^2\,[A + B\,(4x_1 - 1)],$$

$$RT \ln f_2 = (A - 3B)\, x_1^2 + 4B\, x_1^3 = x_1^2\,[A + B\,(4x_1 - 3)].$$

Diese Beziehungen entsprechen dem Ansatz von REDLICH und KISTER [vgl. Gl. (6.2) in § 81].

[2] SCATCHARD, G.: s. Fußnote 1 S. 330.

derselben Konzentration bei den vorgegebenen Werten von T und P als „Zusatzfunktion" oder „Zusatzgröße" (Index ^{E} von „excess function"). Diese Begriffsbildung hat sich besonders bei „niedrigmolekularen Nichtelektrolytlösungen", d.h. bei flüssigen Gemischen aus Nichtelektrolyten von vergleichbarer Molekülgröße (vgl. § 81), eingebürgert. Für die gegenwärtigen Betrachtungen benötigen wir nur die „partiellen molaren Zusatzgrößen":

$$Z_i^E \equiv Z_i - Z_i^{\mathrm{id}} = \Delta Z_i - \Delta Z_i^{\mathrm{id}}. \tag{5.152}$$

Mit Gl. (152) leiten wir aus den allgemeinen Beziehungen (9) bis (13) in § 65 und den speziellen Gleichungen (114) bis (117) in § 74 folgende Zusammenhänge ab:

„chemisches Zusatzpotential": $\quad \mu_i^E = RT \ln f_i,$ $\tag{5.153 a}$

„partielles molares Zusatzvolumen": $\quad V_i^E = \left(\dfrac{\partial \mu_i^E}{\partial P}\right)_{T,x},$ $\tag{5.153 b}$

„partielle molare Zusatzentropie": $\quad S_i^E = -\left(\dfrac{\partial \mu_i^E}{\partial T}\right)_{P,x},$ $\tag{5.153 c}$

„partielle molare Zusatzenthalpie": $\quad H_i^E = \mu_i^E - T\left(\dfrac{\partial \mu_i^E}{\partial T}\right)_{P,x}.$ $\tag{5.153 d}$

Daraus ergibt sich mit Gl. (150) für den hier behandelten Fall das *Grenzverhalten der partiellen molaren Zusatzgrößen*:

$$\lim_{x_2 \to 0} \frac{\mu_1^E}{x_2} = 0, \tag{5.154 a}$$

$$\lim_{x_1 \to 0} \frac{\mu_2^E}{x_1} = 0, \tag{5.154 b}$$

$$\lim_{x_2 \to 0} \frac{V_1^E}{x_2} = 0, \tag{5.155 a}$$

$$\lim_{x_1 \to 0} \frac{V_2^E}{x_1} = 0, \tag{5.155 b}$$

$$\lim_{x_2 \to 0} \frac{S_1^E}{x_2} = 0, \tag{5.156 a}$$

$$\lim_{x_1 \to 0} \frac{S_2^E}{x_1} = 0, \tag{5.156 b}$$

$$\lim_{x_2 \to 0} \frac{H_1^E}{x_2} = 0, \tag{5.157 a}$$

$$\lim_{x_1 \to 0} \frac{H_2^E}{x_1} = 0. \tag{5.157 b}$$

Durch Gl. (157a) ist Gl. (1.59b) in § 6 für den vorliegenden Spezialfall bewiesen.

Die Grenzgesetze (154) bis (157) kann man sich leicht geometrisch veranschaulichen: Die Funktion Z_i^E ($i = 1, 2$) verschwindet für $x_i \to 1$ ($1 - x_i \to 0$) von höherer Ordnung als $1 - x_i$, d.h. die Grenzneigung der Z_i^E-Kurve bei $x_i = 1$ ist Null. Am Beispiel der „differentiellen Verdünnungswärme" H_1^E als Funktion der Konzentration x_2 des „gelösten Stoffes" ist dieses Verhalten in Abb. 25 dargestellt.

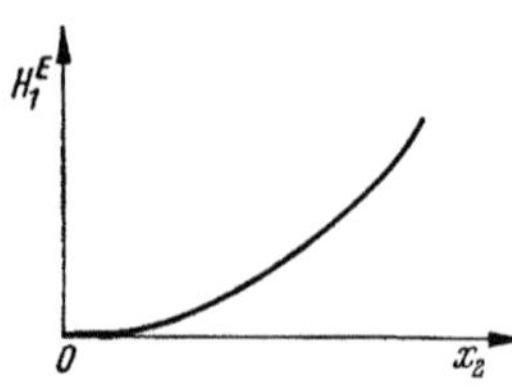
Abb. 25. Grenzverhalten der differentiellen Verdünnungswärme H_1^E bei $x_2 = 0$ (für den Fall $H_1^E > 0$ bei $x_2 > 0$)

Die obigen Aussagen gelten nicht für das Grenzverhalten der Funktion Z_i^E bei $x_i = 0$. Setzen wir z. B. die Reihenentwicklung in Gl. (150b) in der Form

$$RT \ln f_2 = \mu_2^E = A' x_1^n + B' x_1^{n+1} + \cdots = A'(1 - x_2)^n + B'(1 - x_2)^{n+1} + \cdots$$

fort (worin B', wie A', nur von T und P abhängt), so finden wir:

$$\frac{\mu_2^E}{x_2} \to \pm \infty \quad \text{für} \quad x_2 \to 0.$$

Ferner gilt:

$$\lim_{x_2 \to 0} (RT \ln f_2) = \lim_{x_2 \to 0} \mu_2^E = A' + B' + \cdots$$

Entsprechend erhalten wir aus Gl. (153d) für die Funktion $H_2^E(x_2)$:

$$\lim_{x_2 \to 0} H_2^E = \left(A' - T \frac{\partial A'}{\partial T} \right) + \left(B' - T \frac{\partial B'}{\partial T} \right) + \cdots,$$

womit gemäß Gl. (1.53) auch Gl. (1.59a) in § 6 begründet ist.

Aus Gl. (44) folgt mit Gl. (10), (11) und (150a) für den osmotischen Druck Π, wenn die semipermeable Wand nur für die Komponente 1 durchlässig und die Kompressibilität vernachlässigbar ist:

$$\left. \begin{aligned} \Pi V_1 &= \Pi \left(V_{01} + \frac{\partial A}{\partial P} x_2^n + \cdots \right) = -RT \ln x_1 - RT \ln f_1 \\ &= RT \left(x_2 + \frac{1}{2} x_2^2 + \cdots \right) - (A x_2^n + \cdots), \end{aligned} \right\} \quad (5.158)$$

worin V_{01} das Molvolumen des reinen Stoffes 1 (des reinen „Lösungsmittels") bedeutet. Da gemäß Gl. (150c) $n > 1$ ist, ergibt sich sofort das *Grenzgesetz für den osmotischen Druck:*

$$\lim_{x_2 \to 0} \left(\frac{\Pi}{x_2} \right) = \frac{RT}{V_{01}}. \qquad (5.159)$$

Wenn wir diese Beziehung noch etwas umformen, erkennen wir, daß sie zur Bestimmung der Molmasse der Komponente 2 (des „gelösten Stoffes") benutzt werden kann. Es gilt für kleine Konzentrationen der Komponente 2 ($n_2 \ll n_1$) gemäß Gl. (20):

$$x_2 = \frac{n_2}{n_1 + n_2} \approx \frac{n_2}{n_1} = \frac{m_2}{m_1} \frac{M_1}{M_2}, \qquad (5.160)$$

worin n_i die Molzahl, m_i die Masse und M_i die Molmasse (das „Molekulargewicht") des Stoffes i bedeutet. Ferner gilt unter den gleichen Bedingungen für das totale Volumen V der Lösung:

$$V \approx n_1 V_{01} = \frac{m_1}{M_1} V_{01}. \qquad (5.161)$$

Bezeichnen wir mit

$$\varrho_2 \equiv \frac{m_2}{V} \qquad (5.162)$$

die Dichte („Grammkonzentration") der Komponente 2 in der Lösung, so finden wir aus Gl. (159) bis (162):

$$\lim_{\varrho_2 \to 0} \left(\frac{\Pi}{\varrho_2} \right) = \frac{RT}{M_2}. \qquad (5.163)$$

Aus dieser Gleichung ist ersichtlich, daß durch Extrapolation von Messungen des osmotischen Druckes als Funktion der Zusammensetzung auf die Konzentration Null das „Molekulargewicht" M_2 des gelösten Stoffes in der „unendlich verdünnten Lösung" bestimmt werden kann. Hieraus dürfen, strenggenommen, noch keine Rückschlüsse auf die Molmasse des gelösten Stoffes bei beliebigen Konzentrationen gezogen werden. Aber in vielen Fällen werden andere Eigenschaften oder chemische Betrachtungen Aufschluß darüber geben, ob der gelöste Stoff auch bei höheren Konzentrationen dasselbe Molekulargewicht hat. Die Molmasse M_1 des Lösungsmittels fällt in der obigen Formel heraus, kann also nicht auf diesem Wege ermittelt werden. Vollkommen analoge Aussagen gelten für die übrigen, unten noch zu besprechenden Methoden der Molekulargewichtsbestimmung. Man nennt Gl. (163) aus historischen Gründen (vgl. § 77) das „VAN'T HOFFsche Grenzgesetz".

Wir leiten nun die *Grenzgesetze für die Partialdrucke* p_1 und p_2 der beiden Komponenten ab. Der Einfachheit halber ignorieren wir die „Realgaskorrektur" und eine mögliche Dissoziation oder Assoziation im Dampf relativ zur Flüssigkeit (vgl. § 69). Dann folgt aus Gl. (90):

$$p_1 = p_{01} x_1 f_1, \qquad (5.164\,\mathrm{a})$$

$$p_2 = p_{02} x_2 f_2, \qquad (5.164\,\mathrm{b})$$

worin p_{0i} der Dampfdruck der reinen Komponente i ist. Einsetzen von Gl. (150) in Gl. (164) ergibt:

$$p_1 = p_{01} x_1 \exp\left(\frac{A}{RT} x_2^n + \cdots \right), \qquad (5.165\,\mathrm{a})$$

$$p_2 = p_{02} x_2 \exp\left(\frac{A'}{RT} x_1^n + \cdots \right). \qquad (5.165\,\mathrm{b})$$

Daraus erhalten wir mit $n > 1$ [Gl. (150 c)] durch Differenzieren nach x_1 bzw. x_2 bei konstanter Temperatur folgende Grenzgesetze[1]:

$$\left(\frac{\partial p_1}{\partial x_1}\right)_{x_1=1} = \lim_{x_2 \to 0} \left(\frac{p_1}{x_1}\right) = p_{01}, \qquad (5.166\,a)$$

$$\left(\frac{\partial p_2}{\partial x_2}\right)_{x_2=1} = \lim_{x_1 \to 0} \left(\frac{p_2}{x_2}\right) = p_{02}, \qquad (5.166\,b)$$

$$\left(\frac{\partial p_1}{\partial x_1}\right)_{x_1=0} = \lim_{x_1 \to 0} \left(\frac{p_1}{x_1}\right) = p_{01} \exp\left(\frac{A}{RT} + \cdots\right) \equiv k_1, \qquad (5.167\,a)$$

$$\left(\frac{\partial p_2}{\partial x_2}\right)_{x_2=0} = \lim_{x_2 \to 0} \left(\frac{p_2}{x_2}\right) = p_{02} \exp\left(\frac{A'}{RT} + \cdots\right) \equiv k_2. \qquad (5.167\,b)$$

Die Beziehungen (166) bzw. (167), die das Grenzverhalten des Partialdruckes des „Lösungsmittels" bzw. des „gelösten Stoffes" beschreiben, werden aus historischen Gründen (vgl. § 77) als „Raoultsches Grenzgesetz" bzw. „Henrysches Grenzgesetz" bezeichnet. Die individuellen Größen $k_1 (\neq p_{01})$ und $k_2 (\neq p_{02})$ heißen „Henrysche Konstanten" und hängen nur von T ab. In Abb. 23 (S. 349) erkennt man deutlich die Gültigkeit dieser Grenzgesetze. Die Gleichungen (166), auf die schon zu Beginn des vorigen Paragraphen [Gln. (141)] hingewiesen wurde, eignen sich zu Molekulargewichtsbestimmungen, obwohl hierfür die Methode der Siedepunktserhöhung (vgl. unten) im allgemeinen vorteilhafter ist.

Aus Gl. (153), (164) und (167) folgt ein allgemeiner Zusammenhang zwischen der Henryschen Konstanten k_i $(i = 1, 2)$ und den Grenzwerten der partiellen molaren Zusatzgrößen[2]:

$$k_i = p_{0i} \exp\frac{(\mu_i^E)_0}{RT} = p_{0i} \exp\left[\frac{(H_i^E)_0}{RT} - \frac{(S_i^E)_0}{R}\right] \quad (i = 1, 2), \qquad (5.168)$$

mit

$$\left(\mu_i^E\right)_0 \equiv \lim_{x_i \to 0} \mu_i^E, \quad \left(H_i^E\right)_0 \equiv \lim_{x_i \to 0} H_i^E, \quad \left(S_i^E\right)_0 \equiv \lim_{x_i \to 0} S_i^E. \qquad (5.168\,a)$$

$(H_i^E)_0$ bzw. $(S_i^E)_0$ ist der Grenzwert der partiellen molaren Zusatzenthalpie (partiellen molaren Mischungswärme) bzw. der partiellen molaren Zusatzentropie für unendliche Verdünnung. Die Größe $(H_i^E)_0$ kann gemäß § 6 auch als „erste Lösungswärme" bezeichnet werden.

Um das *Grenzgesetz für die Gefrierpunktserniedrigung* ableiten zu können, gehen wir von Gl. (50) und (58) aus und berücksichtigen Gl. (150 a). Wir erhalten dann:

$$\Delta T = T_1 - T = -\frac{RTT_1}{\bar{\lambda}_1} \ln x_1 f_1 = \frac{RTT_1}{\bar{\lambda}_1}\left[\left(x_2 + \frac{x_2^2}{2} + \cdots\right) - \left(\frac{A}{RT} x_2^n + \cdots\right)\right].$$

---

[1] Die Druckabhängigkeit von A, A' usw. haben wir infolge der hier benutzten Näherungen (keine „Realgaskorrektur") bereits implizit vernachlässigt.

[2] Vgl. R. Haase: Z. Elektrochem. **56**, 51 (1952).

Hierin bedeutet T den Gefrierpunkt der Lösung, T_1 den Schmelzpunkt der reinen Komponente 1 (des „Lösungsmittels", das rein auskristallisiert), ΔT die isobare Gefrierpunktserniedrigung und $\bar{\Lambda}_1$ einen Mittelwert der molaren Schmelzwärme des reinen Lösungsmittels. Ist Λ_{01} die molare Schmelzwärme des reinen Stoffes 1 bei der Schmelztemperatur T_1, so gilt gemäß Gl. (51) und (52) für den Grenzübergang zu unendlicher Verdünnung ($x_2 \to 0$, $T \to T_1$): $\bar{\Lambda}_1 \to \Lambda_{01}$. Da nach Gl. (150c) $n > 1$ ist, folgt das Grenzgesetz:

$$-\left(\frac{dT}{dx_2}\right)_{x_2=0} = \lim_{x_2 \to 0}\left(\frac{\Delta T}{x_2}\right) = \frac{RT_1^2}{\Lambda_{01}}. \qquad (5.169)$$

Diese Beziehung gibt die Grenzneigung der an die isobare Schmelzkurve gelegten Tangente an, also z. B. die Steigung der Tangente an die Kurve EB im Punkte B in Abb. 12 (S. 202). Bei Einführen der spezifischen Schmelzwärme

$$\Lambda_{01}^* \equiv \frac{\Lambda_{01}}{M_1}$$

und der neuen Konzentrationsvariablen

$$m_2^* \equiv 10^3 \frac{m_2}{m_1} \qquad (5.170)$$

ergibt sich aus Gl. (160) und (169):

$$\lim_{m_2^* \to 0}\left(\frac{\Delta T}{m_2^*}\right) = \frac{RT_1^2}{10^3 \Lambda_{01}^* M_2}. \qquad (5.171)$$

Diese Beziehung bezeichnen wir aus historischen Gründen[1] (vgl. § 77) als „VAN'T HOFF-PLANCKsches Grenzgesetz". Sie eignet sich, wie das VAN'T HOFFsche Grenzgesetz (163), zur Molekulargewichtsbestimmung. Die Größe

$$\Theta \equiv \frac{RT_1^2}{10^3 \Lambda_{01}^*} \qquad (5.172)$$

pflegt man als „kryoskopische Konstante" zu tabellieren (vgl. Tabelle 5).

    Vollkommen analoge Betrachtungen führen mit Gl. (58), (67) und (150a) auf die isobare Siedepunktserhöhung einer Lösung, bei der nur der Stoff 1 (das „Lösungsmittel") verdampft. Wir erhalten als *Grenzgesetz für die Siedepunktserhöhung*:

$$\left(\frac{dT}{dx_2}\right)_{x_2=0} = \lim_{x_2 \to 0}\left(\frac{\Delta' T}{x_2}\right) = \frac{RT_{01}^2}{L_{01}}. \qquad (5.173)$$

---

[1] Es ist interessant, daß F. M. RAOULT: Ann. Chim. Phys. 8, 78, 289 (1886); Z. physik. Chem. 2, 353 (1888), schon im Jahre 1886 aus seinen Gefrierpunktsmessungen schloß, daß der Ausdruck $M_2 \Delta T/m_2^*$, extrapoliert auf $m_2^* = 0$, für jedes Lösungsmittel eine Konstante darstellt, die unabhängig von der Natur des gelösten Stoffes ist. Spätere Autoren haben die Notwendigkeit der Extrapolation auf unendliche Verdünnung oft übersehen.

Tabelle 5

Gefrierpunkte $t_1 (= T_1 - 273,16)$ und kryoskopische Konstanten Θ einiger Lösungsmittel bei Atmosphärendruck. Nach HARNED *und* OWEN[1]

Lösungsmittel	t_1 (°C)	Θ (grad kgr mol^{-1})
Ammoniak	− 75	0,72
Wasser	0	1,858
Essigsäure	16,6	3,73
Dioxan	11,7	4,63
Benzol	5,4	5,08
Phenol	25,4	6,11
Zinntetrachlorid	− 33	13,6
Tetrachlorkohlenstoff	− 24	29,6
Campher	178,4	37,7
Cyclohexanol	23,2	41,6

Hierin bedeutet: $\varDelta' T = T - T_{01}$ die Siedepunktserhöhung, T_{01} den Siedepunkt der reinen Komponente 1 und L_{01} die molare Verdampfungswärme des reinen Stoffes 1 bei der Siedetemperatur T_{01}. Bei Einführen der spezifischen Verdampfungswärme

$$L_{01}^* \equiv \frac{L_{01}}{M_1}$$

und der Konzentrationsvariablen (170) folgt aus Gl. (160) und (173):

$$\lim_{m_2^* \to 0} \left(\frac{\varDelta' T}{m_2^*} \right) = \frac{R T_{01}^2}{10^3 L_{01}^* M_2} \, . \tag{5.174}$$

Diese Gleichung, die vollkommen der Beziehung (171) entspricht und ebenfalls zur Molekulargewichtsbestimmung benutzt wird, bezeichnen wir aus historischen Gründen (vgl. § 77) als ,,ARRHENIUS-VAN'T HOFFsches Grenzgesetz". Die Größe [vgl. Gl. (172)]

$$\Theta' \equiv \frac{R T_{01}^2}{10^3 L_{01}^*} \tag{5.175}$$

pflegt man als ,,ebullioskopische Konstante" zu tabellieren (vgl. Tabelle 6).

Tabelle 6

Siedepunkte $t_{01} (= T_{01} - 273,16)$ und ebullioskopische Konstanten Θ' einiger Lösungsmittel bei Atmosphärendruck. Nach HARNED *und* OWEN[1]

Lösungsmittel	t_{01} (°C)	Θ' (grad kgr mol^{-1})
Ammoniak	− 33,4	0,349
Wasser	100,0	0,513
Methanol	64,7	0,862
Äthanol	78,3	1,214
Schwefeldioxyd	− 10,1	1,45
Schwefelkohlenstoff	46,3	2,41
Benzol	80,2	2,628
Cyclohexanol	116,1	2,78
Essigsäure	118,3	3,15

[1] HARNED, H. S. u. B. B. OWEN: s. Fußnote 1 S. 320.

b) Binäre Lösung mit Dissoziation oder Assoziation des gelösten Stoffes. Die Komponente 1 sei das (undissoziierte und unassoziierte) „Lösungsmittel" und die Komponente 2, die dissoziieren oder assoziieren kann, der „gelöste Stoff". Der stöchiometrische Molenbruch des gelösten Stoffes bzw. des Lösungsmittels in der binären Lösung werde mit x_2 bzw. $1 - x_2$ bezeichnet:

$$x_2 \equiv x_2^*, \quad 1 - x_2 \equiv x_1^*. \tag{5.176}$$

Da wir Probleme des Grenzverhaltens für $x_2 \to 0$ untersuchen, können wir sogleich sehr hohe Verdünnung bezüglich der Komponente 2 und damit vollständige Dissoziation bzw. Assoziation voraussetzen. Liefert eine Molekel des gelösten Stoffes ν_β Teilchen der Sorte β und insgesamt $\nu' = \sum_\beta \nu_\beta$ Partikeln, so gilt bei hoher Verdünnung für den wahren Molenbruch x_β bzw. x_1 der Teilchenart β bzw. 1:

$$x_\beta = \nu_\beta x_2, \quad x_1 = 1 - \nu' x_2. \tag{5.177}$$

Der Spezialfall, bei dem — wie bei vielen Nichtelektrolyten — nur eine einzige Teilchenart in der verdünnten Lösung aus der Komponente 2 entsteht, ist hierin enthalten[1].

Für das chemische Potential μ_1 der Komponente (oder Teilchensorte) 1 bzw. das chemische Potential μ_2^* des gelösten Stoffes (der Komponente 2) können wir gemäß Gl. (26), (29), (32) und (38) schreiben:

$$\mu_1 = \mu_{01} + RT \ln x_1 + RT \ln f_1, \tag{5.178 a}$$

$$\mu_2^* = \sum_\beta \nu_\beta \mu_\beta = \mu_{02}^* + RT \sum_\beta \nu_\beta \ln x_\beta + RT \sum_\beta \nu_\beta \ln f_\beta. \tag{5.178 b}$$

Hierin ist μ_{01} bzw. μ_{02}^* das chemische Potential der reinen Komponente 1 bzw. 2, μ_β das chemische Potential der Teilchenart β, f_1 bzw. f_β der Aktivitätskoeffizient der Partikelsorte 1 bzw. β.

Mit Satz 1 können wir bei Beachtung der in Gl. (178) vorausgesetzten Normierungen für die hochverdünnte Lösung ansetzen:

$$RT \ln f_1 = A_1 x_2^n, \tag{5.179 a}$$

$$RT \ln f_\beta = A_\beta x_2^m + \text{const}. \tag{5.179 b}$$

Hierin ist A_1 bzw. A_β eine (nur von T und P abhängige) Konstante. Satz 2 fordert für den Exponenten n:

$$n > 1, \tag{5.180 a}$$

---

[1] Es gilt *nicht:* $x_1 + x_2 = 1$, da x_2 den *stöchiometrischen* Molenbruch der Komponente 2 bedeutet. Eine Verwechslung mit dem wahren Molenbruch der Teilchenart 2 ist hier nicht zu befürchten, weil der Stoff 2 vollständig dissoziiert bzw. assoziiert ist.

während für den Exponenten m nur gilt:

$$m > 0. \tag{5.180b}$$

Aus Gl. (179a) und (180a) folgt unmittelbar [vgl. Gl. (151a)]:

$$\left(\frac{\partial \ln f_1}{\partial x_2}\right)_{x_2=0} = 0. \tag{5.181}$$

Das *Grenzverhalten der partiellen molaren Zusatzfunktionen* folgt auf ähnliche Weise wie im Abschnitt a, wenn wir die Definition (152) auf die Komponenten 1 und 2 (nicht auf die einzelnen Teilchenarten) anwenden. Am Beispiel der partiellen molaren Zusatzenthalpien sei dies erläutert.

Die allgemeine Beziehung (1.278) kann ohne weiteres auf die Komponenten 1 und 2 angewandt werden [vgl. Gl. (13)]:

$$\Delta H_i^* = - T^2 \left(\frac{\partial}{\partial T} \frac{\Delta \mu_i^*}{T}\right)_{P, x_2} \quad (i = 1, 2), \tag{5.182}$$

worin ΔH_i^* analoge Bedeutung wie $\Delta \mu_i^*$ hat, also die partielle molare Mischungsenthalpie der Komponente i darstellt:

$$\Delta \mu_i^* = \mu_i^* - \mu_{0i}^*, \quad \Delta H_i^* = H_i^* - H_{0i}^*.$$

Durch Kombination von Gl. (178) mit Gl. (182) finden wir bei Beachtung von Gl. (177):

$$\Delta H_1^* = \Delta H_1 = - RT^2 \left(\frac{\partial \ln f_1}{\partial T}\right)_{P, x_2},$$

$$\Delta H_2^* = - RT^2 \sum_\beta \nu_\beta \left(\frac{\partial \ln f_\beta}{\partial T}\right)_{P, x_2}.$$

Da bei einer idealen Mischung die Aktivitätskoeffizienten der einzelnen Teilchenarten konstant sind (vgl. § 74), folgt mit Gl. (152):

$$H_1^E = \Delta H_1^* = \Delta H_1, \quad H_2^E = \Delta H_2^*.$$

Berücksichtigen wir schließlich Gl. (179) und (180), so erhalten wir die Grenzgesetze [vgl. Gl. (157a)]:

$$\lim_{x_2 \to 0} \left(\frac{H_1^E}{x_2}\right) = 0, \quad \lim_{x_2 \to 0} H_2^E = \text{const} \quad (\neq 0),$$

womit Gl. (1.59a, b) in § 6 auch für diesen komplizierteren Fall (bei dem der gelöste Stoff z. B. ein Elektrolyt sein kann) bewiesen ist.

Für den osmotischen Druck einer hochverdünnten Lösung der hier betrachteten Art ergibt sich aus Gl. (44) mit Gl. (10), (11), (177) und (179a) [vgl. Gl. (158)]:

$$\Pi V_1 = \Pi \left(V_{01} + \frac{\partial A_1}{\partial P} x_2^n\right) = - RT \ln x_1 - RT \ln f_1 = RT \left(\nu' x_2 + \cdots\right) - A_1 x_2^n,$$

woraus mit Gl. (180a) das *Grenzgesetz für den osmotischen Druck* („VAN'T HOFFsche Grenzgesetz") folgt:

$$\lim_{x_2 \to 0} \left(\frac{\Pi}{x_2} \right) = \frac{v' R T}{V_{01}} . \tag{5.183}$$

Diese Beziehung unterscheidet sich von Gl. (159) nur durch den Faktor v'.

Aus Gl. (50) und (58) bzw. aus Gl. (67) und (58) erhalten wir mit Gl. (177), (179a) und (180a) das *Grenzgesetz für die Gefrierpunktserniedrigung* („VAN'T HOFF-PLANCKsche Grenzgesetz"):

$$-\left(\frac{dT}{dx_2} \right)_{x_2=0} = \lim_{x_2 \to 0} \left(\frac{\Delta T}{x_2} \right) = \frac{v' R T_1^2}{\Lambda_{01}} \tag{5.184}$$

bzw. das *Grenzgesetz für die Siedepunktserhöhung* („ARRHENIUS-VAN'T HOFFsche Grenzgesetz"):

$$\left(\frac{dT}{dx_2} \right)_{x_2=0} = \lim_{x_2 \to 0} \left(\frac{\Delta' T}{x_2} \right) = \frac{v' R T_{01}^2}{L_{01}} . \tag{5.185}$$

Hierin haben T_1, Λ_{01}, T_{01} und L_{01} dieselbe Bedeutung wie in Gl. (169) bzw. (173). Wiederum tritt, wie zu erwarten, der Faktor v' auf.

Bei der Ableitung der *Grenzgesetze für die Partialdrucke* müssen wir besonders sorgfältig vorgehen, da hier die Verhältnisse komplizierter sind.

Wir setzen voraus, daß die Teilchenart 1 bzw. 2 im koexistenten Dampf (Phase ') auftritt, auch wenn die Komponente 2 in der Lösung (der ungestrichenen Phase) vollständig dissoziiert oder assoziiert ist, wie dies z. B. bei einer hochverdünnten wäßrigen Lösung von Salzsäure der Fall ist. Da es uns hier nicht auf das Problem der „Realgaskorrektur" ankommt, vernachlässigen wir die vier Integrale in Gl. (83), berücksichtigen Gl. (41), (73b), (75) und (77), wobei wir den Index α durch β ersetzen, und finden für die Partialdrucke:

$$p_1 = p'_{01} x_1 f_1 , \tag{5.186 a}$$

$$p_2 = p'_{02} \prod_\beta (x_\beta f_\beta)^{v_\beta} . \tag{5.186 b}$$

Hierin ist p'_{0i} der Partialdruck der Teilchensorte i in demjenigen Dampf, der mit der reinen Flüssigkeit i koexistiert. p'_{0i} ist nur dann mit p_{0i} (dem Dampfdruck des reinen Stoffes i) identisch, wenn im Dampf keine Dissoziation bzw. Assoziation (relativ zur reinen Flüssigkeit) vorliegt (vgl. § 69). Die Gleichungen (186) treten an die Stelle der einfachen Beziehungen (164), die für binäre Systeme ohne Dissoziation und Assoziation gelten.

Für hohe Verdünnung folgt aus Gl. (186) mit Gl. (177), (179) und der Definition $v' \equiv \sum_\beta v_\beta$:

$$p_1 = p'_{01} (1 - v' x_2) \exp \left(\frac{A_1}{RT} x_2^n \right) , \tag{5.187 a}$$

$$p_2 = p'_{02} x_2^{v'} \prod_\beta \left[v_\beta \exp \left(\frac{A_\beta}{RT} x_2^m + \text{const} \right) \right]^{v_\beta} . \tag{5.187 b}$$

Differenzieren wir diese Gleichungen nach x_2, beachten Gl. (180) und gehen zur Grenze $x_2 \to 0$ über, so finden wir folgende Grenzgesetze:

$$\left(\frac{\partial p_1}{\partial x_2}\right)_{x_2=0} = \lim_{x_2 \to 0}\left(\frac{p_1}{x_2}\right) = -v'\,p'_{01}, \tag{5.188a}$$

$$\left(\frac{\partial p_2}{\partial x_2}\right)_{x_2=0} = \lim_{x_2 \to 0}\left(\frac{p_2}{x_2}\right) = \begin{cases} 0 \text{ für } v' > 1, \\ k \text{ für } v' = 1, \\ \infty \text{ für } v' < 1. \end{cases} \tag{5.188b}$$

Hierin ist k eine Konstante, die weder Null noch unendlich ist.

Die verschiedenen Fälle der Gl. (188b) sind in Abb. 26 veranschaulicht. Offensichtlich bedeutet der erste Fall ($v' > 1$) Dissoziation und der dritte Fall ($v' < 1$) Assoziation des gelösten Stoffes, während $v' = 1$ dem Fehlen jeglicher Dissoziation und Assoziation und damit dem HENRY-schen Grenzgesetz (167b) entspricht. Gl. (188a) kann sofort auf die Form des RAOULTschen Grenzgesetzes (166a) gebracht werden, wenn mit Hilfe von Gl. (177) anstelle des stöchiometrischen Molenbruches x_2 der Komponente 2 der wahre Molenbruch x_1 des Lösungsmittels eingeführt wird:

$$\left(\frac{\partial p_1}{\partial x_1}\right)_{x_1=1} = \lim_{x_2 \to 0}\left(\frac{p_1}{x_1}\right) = p'_{01}. \tag{5.188c}$$

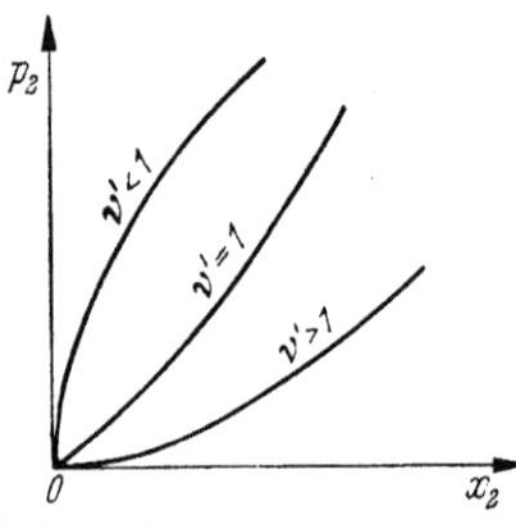

Abb. 26. Grenzverhalten des Partialdrucks p_2 des Stoffes 2 als Funktion des stöchiometrischen Molenbruches x_2 der Komponente 2

Wenn die Komponente 2 bei Dissoziation bzw. Assoziation eine Teilchenart ergibt, die auch im Dampf enthalten ist, kann in ähnlicher Weise das Grenzgesetz (188b) durch Einsetzen des Partialdruckes und des wahren Molenbruches dieser Teilchenart stets in der zweiten Form, d.h. in Gestalt des HENRYschen Grenzgesetzes, geschrieben werden. In diesem Falle sind also bei geeigneter Wahl der Komponenten die Gesetze von RAOULT und HENRY erfüllt. Als Beispiel nennen wir eine Lösung von Stickstofftetroxyd in Chloroform, in der bei hoher Verdünnung der gelöste Stoff nur als NO_2 (Stickstoffdioxyd) auftritt. Umgekehrt können aus den Grenzgesetzen für die Partialdrucke Rückschlüsse auf den Molekularzustand des gelösten Stoffes gezogen werden[1].

Wenn jedoch der gelöste Stoff Teilchenarten ergibt, die nicht im Dampf vorkommen (Beispiel: wäßrige Lösung von HCl), ist es unmöglich, das Grenzgesetz (188b) auf die Form des HENRYschen Gesetzes zu bringen. Bei Elektrolytlösungen findet man also immer (wenn der Elektrolyt überhaupt flüchtig ist) den Fall $v' > 1$, d.h. die Grenzneigung Null

---

[1] Näheres findet man bei R. HAASE: s. Fußnote 1 S. 348, wo auch bewiesen wird, daß die obigen Bemerkungen richtig bleiben, wenn das Lösungsmittel ebenfalls dissoziiert bzw. assoziiert (ohne gemeinsame Teilchenarten mit dem gelösten Stoff).

für die Partialdruckkurve des Elektrolyten, während für das Lösungsmittel (z. B. Wasser) das RAOULTsche Grenzgesetz in der Form (188c) erfüllt ist.

c) Binäre Lösung mit Dissoziation beider Komponenten. Dieser Fall ist für binäre Salzschmelzen wichtig (vgl. § 74), ist aber auch von allgemeinerer Bedeutung, da z. B. sämtliche bisher abgeleiteten Grenzgesetze für die isobare „Gefrierpunktserniedrigung" in der unten angegebenen Gl. (192) als Spezialfälle enthalten sind. Die eine der beiden Komponenten kann hierbei auch eine kongruent schmelzende Verbindung (z. B. ein Salzhydrat wie $CaCl_2 \cdot 6\,H_2O$ oder $Na_2S_2O_3 \cdot 5\,H_2O$) sein. Ferner ist die Möglichkeit, daß beide Komponenten gemeinsame Teilchenarten enthalten, in Betracht zu ziehen. Uns interessiert nur das praktisch wichtige Problem der Schmelzpunktserniedrigung bei vollständiger Dissoziation beider Komponenten.

Die Komponente 1, die als reiner Bodenkörper auftritt, sei wieder als „Lösungsmittel" und die Komponente 2, deren stöchiometrischen Molenbruch $x_2 (= x_2^*)$ wir als Konzentrationsvariable einführen, als „gelöster Stoff" bezeichnet.

Gl. (3.68) ergibt mit Gl. (60) folgende Differentialgleichung für die isobare Schmelzpunktserniedrigung bei Zusatz des gelösten Stoffes:

$$\frac{dT}{dx_2} = \frac{RT^2}{L_{S1}} \left[\sum_\alpha \nu_\alpha \frac{d\ln x_\alpha}{dx_2} + \nu \left(\frac{\partial \ln \overline{f_1}}{\partial x_2} \right)_{T,P} \right]. \tag{5.189}$$

Hierin ist L_{S1} die differentielle Schmelzwärme des Lösungsmittels, ν_α die Zahl der Teilchen der Sorte α, die aus einer Molekel des Lösungsmittels durch Dissoziation hervorgehen, x_α der wahre Molenbruch der Partikelart α, der bei vollständiger Dissoziation nur von x_2 abhängt, $\nu \equiv \sum_\alpha \nu_\alpha$ gemäß Gl. (62) die Gesamtzahl der Teilchen, die aus einem Molekül des Lösungsmittels stammen, und $\overline{f_1}$ der mittlere Aktivitätskoeffizient der Komponente 1, für den gemäß Gl. (61) gilt:

$$\nu \ln \overline{f_1} = \sum_\alpha \nu_\alpha \ln f_\alpha ,$$

wobei die Summation über alle Partikelsorten des Lösungsmittels zu erstrecken ist und f_α den Aktivitätskoeffizienten der Teilchenart α bedeutet.

Wir führen in Gl. (189) den Grenzübergang $x_2 \to 0$ durch. Zunächst folgt aus der letzten Gleichung mit Hilfe von Satz 2:

$$\left(\frac{\partial \ln \overline{f_1}}{\partial x_2} \right)_{x_2=0} = 0 . \tag{5.190}$$

Für den Fall vollständiger Dissoziation beider Komponenten erhalten wir ferner aus Gl. (133) durch Differenzieren nach x_2:

$$\nu_\alpha \frac{d\ln x_\alpha}{dx_2} = \frac{\nu_\alpha (\nu_\alpha' - \nu_\alpha)}{\nu_\alpha (1 - x_2) + \nu_\alpha' x_2} - \frac{\nu_\alpha (\nu' - \nu)}{\nu (1 - x_2) + \nu' x_2} .$$

Hierin bedeutet ν'_α die Zahl der Partikeln der Sorte α, die aus einem Molekül des gelösten Stoffes stammen, und ν' die Gesamtzahl der Teilchen aus einer Molekel des gelösten Stoffes, so daß für jede Partikelart α, die beiden Komponenten gemeinsam ist, gilt: $\nu'_\alpha \neq 0$, während die Bedingung $\nu'_\alpha = 0$ besagt, daß die betreffende Teilchensorte α nur im Lösungsmittel vorkommt. Gehen wir im obigen Ausdruck zur Grenze $x_2 \to 0$ über, so finden wir:

$$\lim_{x_2 \to 0} \left(\sum_\alpha \nu_\alpha \frac{d \ln x_\alpha}{d x_2} \right) = \sum_\alpha \nu'_\alpha - \nu' \equiv - \nu^*. \tag{5.191}$$

Dabei bedeutet ν^* die Zahl derjenigen aus einer Molekel des gelösten Stoffes entstandenen Teilchen, die nicht Dissoziationsprodukte des Lösungsmittels sind. Beim Grenzübergang $x_2 \to 0$ gilt ferner: $T \to T_1$, $L_{S1} \to \Lambda_{01}$ [vgl. Gl. (3.99) in § 49], worin T_1 den Schmelzpunkt und Λ_{01} die molare Schmelzwärme des reinen Lösungsmittels bedeutet. Somit folgt schließlich aus Gl. (189) bis (191) das *allgemeine Grenzgesetz für die Schmelzpunktserniedrigung*[1]:

$$- \left(\frac{dT}{d x_2} \right)_{x_2=0} = \lim_{x_2 \to 0} \left(\frac{\Delta T}{x_2} \right) = \frac{\nu^* R T_1^2}{\Lambda_{01}}. \tag{5.192}$$

Für praktische Zwecke kann man Gl. (192) auf eine zu Gl. (171) analoge Gestalt bringen.

Enthalten Lösungsmittel und gelöster Stoff keine gemeinsamen Teilchenarten, so wird $\nu^* = \nu'$, und wir erhalten das VAN'T HOFF-PLANCK-sche Grenzgesetz (184), das hiermit gleichzeitig für den allgemeineren Fall eines dissoziierenden Lösungsmittels bewiesen und in seinem Gültigkeitsbereich präzisiert ist.

Der zweite Extremfall besteht darin, daß alle Dissoziationsprodukte des gelösten Stoffes im Lösungsmittel bereits vorhanden sind. Dann wird $\nu^* = 0$, und wir finden aus Gl. (192):

$$\left(\frac{dT}{d x_2} \right)_{x_2=0} = 0. \tag{5.193}$$

Ein solches Verhalten zeigt z. B. eine Schmelze von $CaCl_2 \cdot 6 H_2O$, der entweder $CaCl_2$ oder H_2O hinzugefügt wird. Der Vergleich von Gl. (193) mit Gl. (3.80) in § 47 lehrt, daß es sich hier um ein Schmelzpunktsmaximum, einen „dystektischen Punkt", handelt[2].

---

[1] Vgl. R. HAASE: s. Fußnote 1 S. 348.

[2] Die Aussage (193), die ein Spezialfall des GIBBS-KONOWALOWschen Satzes ist (vgl. § 47), wird manchmal als „Theorem von LORENTZ und STORTENBEKER" bezeichnet. Vgl. hierzu W. STORTENBEKER: Z. physik. Chem. 10, 183 (1892), und G. N. LEWIS: Z. physik. Chem. 61, 158 (1908).

Wir geben nun einige Beispiele für die Anwendung von Gl.(192) auf Salzschmelzen[1]. Es sei vorausgeschickt, daß die Messungen stets ganzzahlige Werte für v^* in Gl.(192) ergeben, also die Voraussetzung vollständiger Dissoziation in den Salzschmelzen bestätigen[2].

Betrachten wir geschmolzenes Silbernitrat ($AgNO_3$) als „Lösungsmittel" (Schmelzpunkt: 208,9°C). Setzt man der Schmelze Kaliumnitrat (KNO_3) zu, so findet man experimentell gemäß Gl.(192): $v^* = 1$. Dieser Wert ist offensichtlich sowohl mit der Annahme, beide Komponenten seien undissoziiert [vgl. Gl.(169)], als auch mit der Voraussetzung vollständiger Dissoziation ($AgNO_3 \rightarrow Ag^+ + NO_3^-$, $KNO_3 \rightarrow K^+ + NO_3^-$) verträglich. Die Frage wird dadurch entschieden, daß man einen anderen gelösten Stoff, der bei Dissoziation mehr als zwei Teilchenarten je Molekel liefert, der Schmelze von $AgNO_3$ hinzufügt. Wählt man z.B. Kaliumsulfat ($K_2SO_4 \rightarrow 2K^+ + SO_4^{--}$), so ergeben die Messungen der Schmelzpunktserniedrigung: $v^* = 3$. Dieser Wert beweist zunächst nur die vollständige Dissoziation von K_2SO_4. Betrachtet man jedoch K_2SO_4 als „Lösungsmittel" und $AgNO_3$ als „gelösten Stoff", mißt also die Schmelzpunktserniedrigung von Kaliumsulfat bei geringen Zusätzen von Silbernitrat, so findet man: $v^* = 2$, was nur durch vollständige Dissoziation von $AgNO_3$ erklärbar ist. Durch weitere Anhäufung experimentellen Materials in dieser Richtung hat man jeden Zweifel bezüglich der Dissoziationsverhältnisse in geschmolzenen Salzen ausschließen können[3].

Ein anderes Beispiel betrifft die Erniedrigung des Schmelzpunktes (30,2°C) der kongruent schmelzenden Additionsverbindung[4] $CaCl_2 \cdot 6H_2O$

Tabelle 7

Werte von v^* in Gl.(192) für verschiedene gelöste Stoffe in Schmelzen von $CaCl_2 \cdot 6H_2O$

Gelöster Stoff	v^*	v'
H_2O	0	1
$CaCl_2$	0	3
$CO(NH_2)_2$	1	1
CH_3OH	1	1
KCl	1	2
$Ca(NO_3)_2$	2	3
$Mg(NO_3)_2$	3	3
$La(NO_3)_3$	4	4
$Th(NO_3)_4$	5	5

---

[1] Näheres mit experimentellen und historischen Angaben findet man bei E. Darmois: Bull. Soc. chim. France (5) 17, 1 (1950), und Y. Doucet: s. Fußnote 2 S. 348.

[2] Dies wird durch die Interpretation von Messungen der elektrischen Leitfähigkeit von vornherein wahrscheinlich gemacht.

[3] Die Dissoziation braucht nicht immer nach einem so einfachen Schema wie bei $AgNO_3$ oder K_2SO_4 zu verlaufen. Über die Verhältnisse bei Li_2SO_4 vgl. E. Kordes, G. Ziegler u. H.-J. Proeger: Z. Elektrochem. 58, 168 (1954).

[4] Dieser Punkt liegt im metastabilen Gebiet (vgl. S. 379).

(Calciumchlorid–Hexahydrat) durch Zusatz verschiedener Nichtelektrolyte und Elektrolyte. Man gelangt experimentell zu den Werten von ν^* und ν', die in Tabelle 7 zusammengestellt sind und die zeigen, daß alle hinzugefügten Elektrolyte sowie $CaCl_2 \cdot 6\,H_2O$ in der Schmelze praktisch vollständig dissoziiert sind[1]. Daher können durch solche Messungen bei Benutzung von Gl.(192) die Dissoziationsverhältnisse komplizierter Verbindungen (z.B. von Komplexverbindungen) aufgeklärt werden.

d) Erniedrigung der eutektischen Temperatur in einem Zwei- oder Mehrstoffsystem durch Zusatz eines Fremdstoffes. Fügt man einem System, in dem eine Flüssigkeit aus N Komponenten mit N festen Phasen (bestehend aus den reinen Komponenten 1, 2, ..., N) im Gleichgewicht ist, bei konstantem Druck eine weitere Komponente ($N + 1$) hinzu, die sich nur der flüssigen Phase beimischt, so wird die Gleichgewichtstemperatur T („eutektische Temperatur“) verändert, und zwar — in allen praktisch interessierenden Fällen — erniedrigt. Ebenso ändert sich die Gleichgewichtszusammensetzung der flüssigen Mischung („eutektischen Schmelze“ oder „eutektischen Lösung“), so daß die stöchiometrischen Molenbrüche der Komponenten 1, 2, ..., N, $N + 1$ in der Flüssigkeit, die vor Zugabe des „Fremdstoffes“ (der Komponente $N + 1$) bei Gleichgewicht die Werte x_1^0, x_2^0, ..., x_N^0, 0 hatten, die neuen Werte x_1, x_2, ..., x_N, x_{N+1} annehmen. Die allgemeine Differentialgleichung für die isobare Erniedrigung der eutektischen Temperatur bei Zusatz eines Fremdstoffes lautet gemäß Gl.(3.157) in § 53 [2]:

$$-x_{N+1} D\mu_{N+1} = \left[x_1\left(H_1 - H_1'\right) + x_2\left(H_2 - H_2''\right) + \cdots + x_N\left(H_N - H_N^N\right)\right] \frac{dT}{T} \,.$$

$$(5.194)$$

Hierin bedeutet $D\mu_{N+1}$ eine infinitesimale Änderung des chemischen Potentials μ_{N+1} der Komponente $N + 1$ mit der Zusammensetzung der flüssigen Mischung bei konstanter Temperatur und konstantem Druck, während H_1', H_2'', ..., H_N^N die molare Enthalpie der (reinen) Komponente 1, 2, ..., N in der festen Phase $'$, $''$, ..., ^{N} (die jeweils aus dem reinen Stoff 1, 2, ..., N besteht) bezeichnet.

Für $N = 2$, d.h. für einen binären eutektischen Punkt, dessen Lage durch Zusatz eines dritten Stoffes (Komponente 3) verschoben wird,

---

[1] Der Wert $\nu^* = 1$ für KCl ist zwar durch völliges Ausbleiben der Dissoziation erklärbar, muß aber infolge anderweitiger Experimente (vgl. oben) durch vollständige Dissoziation gedeutet werden. Wasser, Harnstoff und Methanol sind (im vorliegenden Zusammenhang) Nichtelektrolyte.

[2] Um die Schreibweise bei diesem komplizierten Problem nicht unnötig schwerfällig zu gestalten, bezeichnen wir — wie in § 53 — mit x_k, μ_k und H_k den stöchiometrischen Molenbruch, das chemische Potential und die partielle molare Enthalpie der *Komponente k*, lassen also den Index $*$ fort.

finden wir aus der vorigen Gleichung [vgl. Gl. (3.158) in § 53]:

$$- x_3 D\mu_3 = [x_1(H_1 - H_1') + x_2(H_2 - H_2'')]\frac{dT}{T}. \qquad (5.194\,\text{a})$$

In Abb. 27 ist die „eutektische Kurve", auf die sich Gl. (194 a) bezieht, als Raumkurve E_1E wiedergegeben. Der Einfachheit halber ist in der Abbildung angenommen, daß alle drei binären Systeme (Komponenten $1 + 2$, $1 + 3$, $2 + 3$) einfache Schmelzdiagramme mit je einem eutektischen Punkt (E_1, E_2, E_3) aufweisen. Der Punkt E entspricht einem ternären eutektischen Punkt, bei dem eine Flüssigkeit bestimmter Zusammensetzung („ternäre eutektische Lösung") mit den drei reinen festen Komponenten 1, 2 und 3 ko-existiert. Die Kurve E_1E bezeichnet das Gleichgewicht zwischen einer ternären Lösung und den reinen festen Phasen 1 und 2, das Flächen-stück $B'E_1EE_3$ (bei Ausschluß der begrenzenden Raumkurven $B'E_1$, E_1E, E_3E und $B'E_3$) die Koexistenz einer ternären Flüssigkeit mit dem reinen festen Stoff 2, usw.

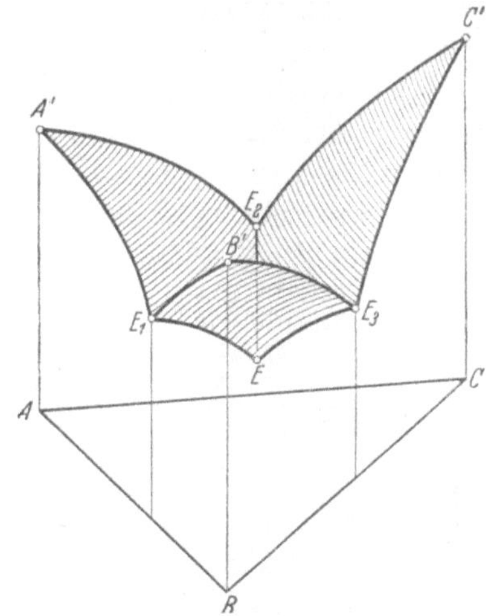

Abb. 27. Perspektivische Darstellung einer iso-baren Schmelztemperaturfläche für ein ternäres System mit drei binären eutektischen Punkten E_1, E_2, E_3 und einem ternären eutektischen Punkt E. Die Eckpunkte A, B und C entsprechen den reinen Komponenten 1, 2 und 3, die Strecken AA', BB' und CC' den Schmelztemperaturen dieser reinen Stoffe

Als unabhängige Variable zur Beschreibung der Zusammenset-zung der flüssigen Mischphase, die aus $N + 1$ Komponenten besteht, wählen wir die stöchiometrischen Molenbrüche x_2, x_3, ..., x_N, x_{N+1} der Komponenten 2, 3, ..., N, $N + 1$. Dann gilt::

$$\left.\begin{aligned}D\mu_{N+1} = \left(\frac{\partial\mu_{N+1}}{\partial x_2}\right)_{T,P} dx_2 + \left(\frac{\partial\mu_{N+1}}{\partial x_3}\right)_{T,P} dx_3 + \cdots + \\[2mm] + \left(\frac{\partial\mu_{N+1}}{\partial x_N}\right)_{T,P} dx_N + \left(\frac{\partial\mu_{N+1}}{\partial x_{N+1}}\right)_{T,P} dx_{N+1}.\end{aligned}\right\} \quad (5.195)$$

Wir behandeln im folgenden den Grenzübergang:

$$x_1 \to x_1^0, \quad x_2 \to x_2^0, \quad \ldots, \quad x_N \to x_N^0, \quad x_{N+1} \to 0, \qquad (5.196)$$

da wir den Grenzwert von dT/dx_{N+1} für $x_{N+1} \to 0$ in Richtung der Gleich-gewichtskurve [im $(N + 1)$-dimensionalen Raum] bestimmen möchten. Im Falle $N = 2$ [Gl. (194 a)] bedeutet dies: Wir wollen die Neigung der Raum-kurve E_1E im Punkte E_1 ($x_3 = 0$) ermitteln (Abb. 27).

Es sei vorausgesetzt, daß die Komponente 1 (z.B. Wasser) undissoziiert ist, während die Stoffe 2, 3, ..., N vollständig in ihre Spaltprodukte (z.B. Ionen) zerfallen sind. Dabei können alle Komponenten gewisse Teilchenarten gemeinsam haben. Die bisher experimentell untersuchten Fälle beziehen sich auf die Erniedrigung von binären eutektischen Punkten (z.B. Eis + Kaliumnitrat bei $-2{,}9°$C, Eis + Natriumnitrat bei $-18{,}5°$C, Eis + Ammoniumchlorid bei $-15{,}4°$C) und ternären eutektischen Punkten (z.B. Eis + Kaliumnitrat + Kaliumsulfat bei $-3{,}3°$C, Eis + Kaliumnitrat + Ammoniumchlorid bei $-18{,}1°$C)[1].

Der Index β kennzeichne irgendeine Teilchenart, die aus der Komponente $N+1$ (dem „Fremdstoff" oder „gelösten Stoff") durch Dissoziation hervorgeht. ν_β sei die Zahl der Teilchen der Sorte β, die aus einer Molekel des Fremdstoffes entstehen, und $\sum\limits_\beta$ bedeute Summation über alle Partikelsorten der Komponente $N+1$. Dann erhalten wir aus Gl. (26) und (31) [vgl. Gl. (178b)]:

$$\mu_{N+1} = \sum_\beta \nu_\beta \mu_\beta = \sum_\beta \nu_\beta \mu_\beta^0 + \sum_\beta \nu_\beta RT \ln x_\beta f_\beta \,, \qquad (5.197)$$

worin μ_β bzw. x_β bzw. f_β das chemische Potential bzw. der wahre Molenbruch bzw. der Aktivitätskoeffizient der Teilchenart β ist[2].

Es sei

$$x \equiv x_{N+1}\,, \quad \nu' \equiv \sum_\beta \nu_\beta\,, \qquad (5.198)$$

ferner $\nu_{\beta k}$ die Zahl der Partikeln der Sorte β, die durch Dissoziation einer Molekel der Komponente k entstehen ($k = 2, 3, ..., N$), und ν_k die Gesamtzahl der Teilchen aus einem Molekül des Stoffes k[3]. Dann folgt mit der Identität

$$x_1 = 1 - (x_2 + x_3 + \cdots + x_N + x)$$

für den Zusammenhang zwischen den wahren und den stöchiometrischen Molenbrüchen:

$$x_\beta = \frac{Z}{N}\,, \qquad (5.199)$$

mit

$$Z \equiv \nu_{\beta 2}\, x_2 + \nu_{\beta 3}\, x_3 + \cdots + \nu_{\beta N}\, x_N + \nu_\beta\, x\,, \qquad (5.199\,\text{a})$$

$$N \equiv 1 + (\nu_2 - 1)\, x_2 + (\nu_3 - 1)\, x_3 + \cdots + (\nu_N - 1)\, x_N + (\nu' - 1)\, x\,. \qquad (5.199\,\text{b})$$

---

[1] Vgl. hierzu H. J. Muller: Ann. Chimie 8, 143 (1937).

[2] Den Standardzustand und damit den Wert von μ_β^0 brauchen wir hier nicht zu präzisieren.

[3] Für jede Partikelart β, die nicht in der Komponente k vorkommt, gilt also: $\nu_{\beta k} = 0$. Entsprechend sind alle Teilchensorten mit $\nu_{\beta k} \neq 0$ der Komponente k und dem Fremdstoff gemeinsam.

Aus Gl. (195), (197) und (198) ergibt sich:

$$\begin{aligned}
x_{N+1} D\mu_{N+1} &= x D\mu_{N+1} = RT\sum_\beta \nu_\beta\, x D \ln x_\beta f_\beta \\
&= RT\sum_\beta \nu_\beta \left[x\left(\frac{\partial \ln x_\beta}{\partial x_2} \cdot + \frac{\partial \ln f_\beta}{\partial x_2}\right) d x_2 + \right. \\
&\quad + x\left(\frac{\partial \ln x_\beta}{\partial x_3} + \frac{\partial \ln f_\beta}{\partial x_3}\right) d x_3 + \cdots + x\left(\frac{\partial \ln x_\beta}{\partial x_N} + \frac{\partial \ln f_\beta}{\partial x_N}\right) d x_N + \\
&\quad \left. + x\left(\frac{\partial \ln x_\beta}{\partial x} + \frac{\partial \ln f_\beta}{\partial x}\right) d x \right].
\end{aligned} \qquad (5.200)$$

Wir vollziehen jetzt für die einzelnen partiellen Differentialquotienten in Gl. (200) den Grenzübergang (196). Da die $\ln f_\beta$ gemäß Satz 1 als Potenzreihen mit nichtnegativen Exponenten in den Molenbrüchen x_2, x_3, ..., x_N, x darstellbar sind, gilt:

$$\left(x\frac{\partial \ln f_\beta}{\partial x_k}\right)_{x=0} = 0 \quad (k = 2, 3, \ldots, N), \qquad \left(x\frac{\partial \ln f_\beta}{\partial x}\right)_{x=0} = 0. \qquad (5.201)$$

Ferner leitet man aus Gl. (199) ab:

$$\begin{aligned}
x\frac{\partial \ln x_\beta}{\partial x_k} &= \frac{\nu_{\beta k}\, x}{\nu_{\beta 2} x_2 + \nu_{\beta 3} x_3 + \cdots + \nu_{\beta N} x_N + \nu_\beta x} + \\
&\quad + \frac{(1 - \nu_k)\, x}{1 + (\nu_2 - 1) x_2 + (\nu_3 - 1) x_3 + \cdots + (\nu_N - 1) x_N + (\nu' - 1) x} \\
&\qquad (k = 2, 3, \ldots, N),
\end{aligned} \qquad (5.202\,\text{a})$$

$$\begin{aligned}
x\frac{\partial \ln x_\beta}{\partial x} &= \frac{\nu_\beta\, x}{\nu_{\beta 2} x_2 + \nu_{\beta 3} x_3 + \cdots + \nu_{\beta N} x_N + \nu_\beta x} + \\
&\quad + \frac{(1 - \nu')\, x}{1 + (\nu_2 - 1) x_2 + (\nu_3 - 1) x_3 + \cdots + (\nu_N - 1) x_N + (\nu' - 1) x}
\end{aligned} \qquad (5.202\,\text{b})$$

Beim Grenzübergang (196) verschwindet zunächst der zweite Bruch der rechten Seite von Gl. (202 a) und (202 b) für alle β. Bezüglich des ersten Bruches ist die Situation verschieden je nach der betrachteten Teilchenart β. Wenn nämlich die Teilchensorte β in der Komponente k enthalten ist ($\nu_{\beta k} \neq 0$), so daß mindestens eine der Größen $\nu_{\beta 2}$, $\nu_{\beta 3}$, ..., $\nu_{\beta N}$ nicht verschwindet, wird der erste Bruch sowohl in Gl. (202 a) als auch in Gl. (202 b) Null. Kommt die Partikelsorte β in der Komponente k nicht vor ($\nu_{\beta k} = 0$), wird der erste Bruch in Gl. (202 a) wiederum Null, während der erste Bruch in Gl. (202 b) nur dann verschwindet, wenn die Teilchenart β in wenigstens einer der Komponenten 2, 3, ..., N enthalten ist. Kommt die Partikelsorte β in keiner der Komponenten 2, 3, ..., N vor ($\nu_{\beta 2} = \nu_{\beta 3} = \cdots = \nu_{\beta N} = 0$), so geht der erste Bruch in Gl. (202 b) beim Grenzübergang $x \to 0$, $x_k \to x_k^0 (k = 2, 3, \ldots, N)$ gegen Eins. Wir finden also:

$$\left(x \frac{\partial \ln x_\beta}{\partial x_k} \right)_{x=0} = 0 \quad \text{für alle Teilchenarten } \beta \text{ und alle Komponenten } k \ (k = 2, 3, \ldots, N), \qquad (5.203\,\text{a})$$

$$\left(x \frac{\partial \ln x_\beta}{\partial x} \right)_{x=0} = 0 \quad \text{für alle Teilchenarten } \beta, \text{ die in mindestens einer der Komponenten } k \text{ vorkommen}, \qquad (5.203\,\text{b})$$

$$\left(x \frac{\partial \ln x_\beta}{\partial x} \right)_{x=0} = 1 \quad \text{für alle Teilchenarten } \beta, \text{ die allein im Fremdstoff enthalten sind}. \qquad (5.203\,\text{c})$$

Mit Hilfe der Beziehungen (201) und (203) erkennen wir, daß in dem Ausdruck in eckigen Klammern in Gl. (200) beim Grenzübergang (196) die Koeffizienten von $dx_2, dx_3, \ldots, dx_N$ verschwinden, während der Faktor von dx im Falle (203 b) Null und im Falle (203 c) Eins wird. Somit erhalten wir:

$$x_{N+1} D\mu_{N+1} = xD\mu_{N+1} \to RT\sum_\beta{}' \nu_\beta\, dx \quad \text{für} \quad x \to 0,$$

wobei die Summe $\sum_\beta{}'$ nur über diejenigen Teilchenarten des Fremdstoffes zu erstrecken ist, die nicht Dissoziationsprodukte der übrigen dissoziierenden Komponenten $(2, 3, \ldots, N)$ sind. Wir führen die Abkürzung

$$\nu^* \equiv \sum_\beta{}' \nu_\beta$$

ein. Gemäß § 53 geht der Klammerausdruck in Gl. (194) für $x \to 0$, $T \to T_0$ in die Umwandlungswärme Λ_0 am eutektischen Punkt T_0 des N-Komponentensystems $[= -L$ in Gl. (3.155) in § 53] über. So gewinnen wir mit Gl. (194) schließlich das *Grenzgesetz für die Erniedrigung der eutektischen Temperatur durch Zusatz eines Fremdstoffes*[1]:

$$-\left(\frac{dT}{dx} \right)_{x=0} = \lim_{x \to 0} \left(\frac{\Delta T}{x} \right) = \frac{\nu^* R T_0^2}{\Lambda_0}. \qquad (5.204)$$

Hierin ist $\Delta T \equiv T_0 - T$, und Λ_0 bedeutet die Enthalpiezunahme bei der Bildung eines Mols der eutektischen Lösung aus entsprechenden Mengen der reinen festen Komponenten $1, 2, \ldots, N$. Wie in Gl. (192), tritt auch hier ν^* auf, d. h. die Zahl derjenigen aus einem Molekül des Fremdstoffes entstehenden Teilchen, die nicht in anderen Komponenten enthalten sind.

Gl. (204) wird ebenfalls zur Aufklärung des Molekularzustandes von in Salzlösungen gelösten Elektrolyten benutzt[2].

---

[1] Vgl. R. Haase: C. R. 2e Réunion Chimie Physique, Paris 1952, S. 131.

[2] Vgl. z. B. K. F. Jahr, A. Brechlin, M. Blanke u. R. Kubens: Z. anorg. allg. Chem. **270**, 240, 257 (1952); **272**, 45 (1953).

e) Erniedrigung der Umwandlungstemperatur in einem binären System durch Zusatz eines Fremdstoffes. Wird einem binären System, in dem eine binäre Flüssigkeit (Komponenten 1 und 2) im Gleichgewicht mit einer „reinen" festen Phase und einer festen „Additionsverbindung" ist (vgl. § 53), ein dritter Stoff (Komponente 3) zugesetzt, der sich nur der flüssigen Phase beimischt, so gilt für die Änderung der Gleichgewichtstemperatur T („Umwandlungstemperatur") bei konstantem Druck gemäß Gl. (3.162) eine Beziehung, die Gl. (194a) vollkommen analog ist. Unter denselben Voraussetzungen wie im vorigen Abschnitt (Komponente 1 undissoziiert, Komponenten 2 und 3 völlig dissoziiert, gegebenenfalls mit gemeinsamen Teilchenarten), können wir die obigen Rechnungen mit $x_3 = x_{N+1} = x$ übernehmen, und es resultiert wiederum Gl. (204), worin jetzt T_0 den Umwandlungspunkt des binären Systems oder „Schmelzpunkt der inkongruent schmelzenden Verbindung" (vgl. § 53) und Λ_0 die Umwandlungswärme bei der Temperatur T_0 bedeutet. Die genauere Definition von $\Lambda_0 [= -L_0$ in Gl. (3.160) in § 53] lautet (vgl. § 51): Enthalpiezunahme bei der Bildung eines Mols der Lösung und einer entsprechenden Menge der festen reinen Phase aus einer entsprechenden Menge der festen Verbindung.

Als Beispiel nennen wir das Umwandlungsgleichgewicht des Natriumsulfats bei 32,38°C (vgl. § 47):

$$2\,Na_2SO_4 \cdot 10\,H_2O \text{ (fest)} \rightleftharpoons Na_2SO_4 \text{ (fest)} + Na_2SO_4 \text{ (aq.)}.$$

Die Erniedrigung der Umwandlungstemperatur dieses Systems durch Fremdstoffzusatz wurde schon im Jahre 1895 — noch vor den analogen Untersuchungen an kongruent schmelzenden Verbindungen und eutektischen Lösungen — von RICHARD LÖWENHERZ[1] im Laboratorium von VAN'T HOFF aufgefunden[2].

Bei der Anwendung von Gl. (192) und (193) auf die kongruent schmelzende Verbindung $CaCl_2 \cdot 6\,H_2O$ haben wir einen Umstand verschwiegen: Der betrachtete Schmelzpunkt („dystektische Punkt"), der bei 30,2°C liegt, entspricht einem metastabilen Zustand (Punkt M in Abb. 16 auf S. 211). Bei einer etwas tieferen Temperatur (29,8°C) befindet sich ein Umwandlungspunkt (Punkt M' in Abb. 16), der dem stabilen Gleichgewicht

$$2\,CaCl_2 \cdot 6\,H_2O \text{ (fest)} \rightleftharpoons CaCl_2 \cdot 4\,H_2O \text{ (fest)} + CaCl_2 \text{ (aq.)}$$

entspricht. Unsere Betrachtungen werden aber durch diesen Umstand nicht wesentlich modifiziert; denn erstens ist der dystektische Punkt ohne weiteres experimentell reproduzierbar (wenn man nicht von vornherein

---

[1] LÖWENHERZ, R.: Z. physik. Chem. **18**, 70 (1895).

[2] Über neuere Untersuchungen an diesem System s. K. F. JAHR u. R. KUBENS: Z. Elektrochem. **56**, 65 (1952).

Kristalle des Hydrats $CaCl_2 \cdot 4\,H_2O$ zufügt), und zweitens gilt auch für den Umwandlungspunkt eine ähnliche Beziehung, nämlich Gl. (204), wie wir ja soeben festgestellt haben. Allerdings hat im letzten Falle die Aussage (193) keinen Sinn mehr: Der Umwandlungspunkt ist kein Maximum im Diagramm für das System Calciumchlorid—Wasser, sondern ein Knickpunkt. Daß dies auch formal mit Gl. (204) zu keinem Widerspruch führt, erkennt man daran, daß Zugabe von $CaCl_2$ oder H_2O zu der Lösung ohne Verletzung der Voraussetzungen für die Gültigkeit der Formel (Koexistenz der Lösung mit *zwei* festen Phasen) unmöglich ist.

Vollkommen analoge Betrachtungen gelten für das System Magnesiumchlorid—Wasser.

Für praktische Zwecke sei noch auf folgendes hingewiesen: Λ_0 bezieht sich stets auf ein Mol der Lösung, gleichgültig, ob es sich um einen eutektischen Punkt oder einen Umwandlungspunkt handelt. Also bedeutet

$$(n_1 + n_2 + n_3 + \cdots + n_N)\,\Lambda_0 \qquad (n_i = \text{Molzahl der Komponente } i)$$

die auf eine beliebige Menge der Lösung bezogene Umwandlungswärme. Die Masse bzw. Molzahl des Fremdstoffes in der flüssigen Mischphase sei mit m bzw. n, die Molmasse (das „Molekulargewicht") mit M bezeichnet. Dann gilt zunächst:

$$m = Mn\,,$$

ferner bei hoher Verdünnung bezüglich des Fremdstoffes:

$$x = \frac{n}{n_1 + n_2 + \cdots + n_N}\,.$$

Mit dem bei Molekulargewichtsbestimmungen üblichen Konzentrationsmaß [vgl. Gl. (170)]

$$m^* \equiv \frac{m}{m_1 + m_2 + \cdots + m_N}\,10^3 \qquad (m_i = \text{Masse der Komponente } i)$$

folgt aus Gl. (204) mit Hilfe der letzten Gleichungen [vgl. Gl. (171)]:

$$\lim_{m^* \to 0}\left(\frac{\varDelta T}{m^*}\right) = \frac{v^* R T_0^2}{10^3 \varLambda_0^* M}\,, \tag{5.205}$$

worin

$$\varLambda_0^* \equiv \varLambda_0\,\frac{n_1 + n_2 + \cdots + n_N}{m_1 + m_2 + \cdots + m_N}$$

die auf die Masseneinheit (z. B. 1 gr) der Lösung bezogene Umwandlungswärme bedeutet. Manchmal wird es auch zweckmäßig sein, die Größe $(m/m_1)\,10^3$ als Konzentrationsvariable zu benutzen, wobei der Index 1 den undissoziierten Stoff (z. B. Wasser) kennzeichnet. Dann ist in Gl. (205) anstelle von $\varLambda_0^*$ die auf die Masseneinheit der Komponente 1 in der Lösung bezogene Umwandlungswärme einzusetzen.

Die auf Gl. (192) und (204) beruhenden Methoden zur Ermittlung des Molekularzustandes von Stoffen, die in Salzschmelzen oder konzentrierten Salzlösungen vorkommen, sind unter dem Namen „Salzkryoskopie" bekannt. Diese Methoden wurden schon benutzt, ehe man die quantitative Formulierung und Begründung der obigen Gesetzmäßigkeiten kannte: Man hatte gefühlsmäßig richtig erfaßt, daß nur die „lösungsmittelfremden Teilchen" einen Beitrag zur „Fixpunktsdepression" liefern.

Ältere Deutungsversuche gehen auf Hoenen[1] sowie Lewis und Randall[2] zurück. Hoenen, ein Schüler von Schreinemakers, kam der heutigen Betrachtungsweise schon recht nahe, benutzte aber den umständlichen thermodynamischen Formalismus von van der Waals. Lewis und Randall, die durch die Einführung der partiellen molaren Größen die Rechnungen eleganter gestalteten, lieferten insofern einen unvollständigen Beweis, als sie aus den beiden Grenzfällen (184) und (193) auf den allgemeinen Fall (192) schlossen.

§ 77. Ideal verdünnte Lösungen. Normierungen der Aktivitätskoeffizienten

Gemäß Gl. (147) gilt für das chemische Potential μ_i einer beliebigen Teilchenart i in einer kondensierten Mischphase das asymptotische Gesetz

$$\mu_i \to \text{const} + RT \ln x_i, \qquad (5.206)$$

wenn bei N' Komponenten die Konzentrationen von $N' - 1$ Komponenten, also diejenigen der „gelösten Stoffe", gegen Null gehen. Hierin bedeutet R die Gaskonstante, T die absolute Temperatur und x_i den wahren Molenbruch der Partikelsorte i. Kann eine kondensierte Mischung auch bei kleinen, aber nicht verschwindenden Konzentrationen der gelösten Stoffe innerhalb der Meßgenauigkeit durch den Ansatz [vgl. Gl. (148) in § 76]

$$\mu_i = \text{const} + RT \ln x_i \qquad (5.207)$$

beschrieben werden, so nennt man sie *ideal verdünnt*. Insbesondere wird eine flüssige Mischphase unter dieser Voraussetzung als „ideal verdünnte Lösung" bezeichnet. Wir benutzen im folgenden den Ausdruck „ideal verdünnte Lösung" für jede ideal verdünnte (flüssige oder feste) Mischphase.

Strenggenommen, existieren ideal verdünnte Lösungen nicht: Nur das universelle Grenzgesetz (206) ist korrekt, während Gl. (207) stets eine Näherung darstellt. Wie gut diese Näherung ist, hängt bei vorgegebener Temperatur und vorgegebenem Druck von der Natur der Mischphase und von der Meßgenauigkeit ab. Ganz allgemein kommen hochverdünnte Nichtelektrolytlösungen dem Verhalten der „ideal verdünnten Lösungen" näher als Elektrolytlösungen derselben Konzentration. Vom Standpunkt der Statistischen Mechanik liegt eine ideal verdünnte Lösung dann vor, wenn der mittlere Abstand zwischen den Teilchen der gelösten Stoffe so groß ist, daß die Wechselwirkungen zwischen diesen Teilchen (nicht diejenigen zwischen den Lösungsmittelteilchen und den Teilchen der gelösten Stoffe!) vernachlässigt werden können.

---

[1] Hoenen, P.: Z. physik. Chem. **83**, 513 (1913).
[2] G. N. Lewis u. M. Randall: s. Fußnote 2 S. 101.

Aber nicht nur als Approximation für das wirkliche Verhalten einer hochverdünnten Lösung („wirkliche ideal verdünnte Lösung"), sondern auch als gedachte Bezugslösung für eine beliebige Mischphase („hypothetische ideal verdünnte Lösung") ist der Begriff der „ideal verdünnten Lösung" wichtig. Wir werden unten sehen, wie das Problem der Normierung der Aktivitätskoeffizienten hiermit zusammenhängt.

Wir können uns am Beispiel des isothermen Dampfdruckdiagramms einer binären Mischphase, die nur zwei Teilchenarten enthält, die Verhältnisse klarmachen (vgl. Abb. 23, S. 349). Betrachten wir die Komponente 1 als „Lösungsmittel" und die Komponente 2 als „gelösten Stoff". Dann ist eine „wirkliche ideal verdünnte Lösung" dadurch gekennzeichnet, daß die Abweichungen der Anfangsstücke (bei $x_1 = 1$ in Abb. 23) der wirklichen Partialdruckkurven von den Grenztangenten, d. h. von der RAOULTschen Geraden $p_1 = p_{01} x_1$ und von der HENRYschen Grenztangente $p_2 = k_2 x_2$ [vgl. Abb. 23 sowie Gl. (166a) und (167b) in § 76], innerhalb der Fehlergrenzen der Messungen liegen. Eine „hypothetische ideal verdünnte Lösung" hingegen ist in diesem Falle dadurch charakterisiert, daß im gesamten Konzentrationsbereich die RAOULTsche Gerade bzw. die HENRYsche Grenztangente die wirkliche Partialdruckkurve ersetzt.

a) Konzentrationsvariable. Als praktische Konzentrationsvariable für die einzelnen Teilchenarten einer Lösung kommen hauptsächlich drei Größen in Frage: der *Molenbruch* x_i einer beliebigen Teilchenart i, die *Molarität* m_β der Partikelsorte β („molality" in der angelsächsischen Literatur) und die *molare Volumenkonzentration* c_β der Partikelart β („molarity"), wobei der Index β eine Teilchensorte bezeichnet, die aus den gelösten Stoffen stammt. Das Lösungsmittel, das wir mit dem Index 1 versehen, enthalte nur die Teilchenart 1, die in den gelösten Stoffen nicht vorkommen möge. Dann gilt definitionsgemäß:

$$x_i \equiv \frac{n_i}{\sum\limits_j n_j}, \qquad\qquad (5.208\,\text{a})$$

$$m_\beta \equiv \frac{n_\beta}{M_1 n_1}, \qquad\qquad (5.208\,\text{b})$$

$$c_\beta \equiv \frac{n_\beta}{V}. \qquad\qquad (5.208\,\text{c})$$

Hierin bedeutet n_i die Molzahl der Partikelsorte i, $\sum\limits_j$ Summation über alle Teilchenarten der Lösung, M_1 die Molmasse (das „Molekulargewicht") des Lösungsmittels und V das Volumen der Lösung. Mißt man, wie bei Elektrolytlösungen üblich, die Massen in Kilogramm (kgr) und das Volumen in Litern (l), so resultieren folgende Dimensionen:

$$[M_1] = \text{kgr mol}^{-1}, \quad [M_1 n_1] = \text{kgr}, \quad [m_\beta] = \text{mol kgr}^{-1}, \quad [c_\beta] = \text{mol l}^{-1}.$$

Bei Berücksichtigung des Zusammenhangs (4.88)

$$\bar{V} = \frac{V}{\sum_j n_j} = \sum_j x_j V_j = x_1 V_1 + \sum_\beta x_\beta V_\beta ,$$

der das Molvolumen $\bar{V}$ der Lösung mit den partiellen Molvolumina V_j der einzelnen Teilchenarten in der Lösung verknüpft $\left(\sum_\beta \text{ bedeutet Summation über alle aus den gelösten Stoffen stammenden Teilchenarten} \right)$, finden wir aus den Beziehungen (208):

$$m_\beta = \frac{x_\beta}{M_1 x_1} , \qquad (5.209\,\text{a})$$

$$c_\beta = \frac{x_\beta}{\bar{V}} = \frac{x_\beta}{x_1 V_1 + \sum_\beta x_\beta V_\beta} . \qquad (5.209\,\text{b})$$

Ist V_{01} das Molvolumen des reinen Lösungsmittels, so gilt *bei hoher Verdünnung:* $x_1 \approx 1$, $\bar{V} \approx V_{01}$, woraus mit Gl.(209) die Näherungsbeziehungen für hochverdünnte Lösungen folgen:

$$m_\beta = \frac{x_\beta}{M_1} , \qquad (5.210\,\text{a})$$

$$c_\beta = \frac{x_\beta}{V_{01}} . \qquad (5.210\,\text{b})$$

b) Genauere Kennzeichnung der ideal verdünnten Lösungen. Für wirkliche ideal verdünnte Lösungen können wir Gl.(207) mit Gl.(210) kombinieren, da es sich hier um hochverdünnte Lösungen handelt. Wenn wir die Konstante in Gl.(207), die von der Temperatur T und vom Druck P abhängt, bestimmtheitshalber mit $\mu_{\beta 0}$ bezeichnen[1], so erhalten wir für das chemische Potential einer Teilchenart β in einer wirklichen ideal verdünnten Lösung:

$$\mu_\beta = \mu_{\beta 0} + R T \ln x_\beta = \mu'_{\beta 0} + R T \ln m_\beta = \mu''_{\beta 0} + R T \ln c_\beta . \qquad (5.211)$$

Hierbei gilt definitionsgemäß der Zusammenhang:

$$\mu_{\beta 0} = \mu'_{\beta 0} - R T \ln M_1 = \mu''_{\beta 0} - R T \ln V_{01} . \qquad (5.212)$$

Die drei Ansätze

$$\mu_\beta = \mu_{\beta 0} + R T \ln x_\beta , \qquad (5.213\,\text{a})$$

$$\mu_\beta = \mu'_{\beta 0} + R T \ln m_\beta , \qquad (5.213\,\text{b})$$

$$\mu_\beta = \mu''_{\beta 0} + R T \ln c_\beta \qquad (5.213\,\text{c})$$

sind gemäß Gl.(211) und (212) bei wirklichen ideal verdünnten Lösungen gleichwertig. Bei hypothetischen ideal verdünnten Lösungen hingegen,

---

[1] Nicht zu verwechseln mit dem Symbol $\mu_{0\beta}$ bzw. μ^0_β, das sich auf den reinen Stoff β bzw. auf einen unspezifizierten Standardzustand bezieht [vgl. Gl.(8) bzw. Gl.(31) in § 65].

bei denen die Ansätze (213) für beliebige Konzentrationen eine gedachte Bezugslösung charakterisieren, handelt es sich um drei verschiedene Typen von Lösungen. Der Konzentrationsverlauf der chemischen Potentiale hängt gemäß Gl. (209) davon ab, ob man die hypothetische ideal verdünnte Lösung durch Gl. (213a) oder Gl. (213b) oder Gl. (213c) definiert. Demgemäß bedeutet $\mu_{\beta 0}$ das chemische Potential der Teilchenart β in einer hypothetischen ideal verdünnten Lösung vom Typ (213a) bei $x_\beta = 1$ (hypothetische reine Teilchenart β im Zustande idealer Verdünnung), $\mu'_{\beta 0}$ das chemische Potential der Teilchensorte β in einer hypothetischen ideal verdünnten Lösung vom Typ (213b) bei $m_\beta = 1$ und $\mu''_{\beta 0}$ das chemische Potential der Partikelart β in einer hypothetischen ideal verdünnten Lösung vom Typ (213c) bei $c_\beta = 1$.

Für das Lösungsmittel (Teilchenart 1) in einer wirklichen ideal verdünnten Lösung gilt gemäß Gl. (207), wenn μ_{01} das chemische Potential des reinen Lösungsmittels ist:

$$\mu_1 = \mu_{01} + R T \ln x_1 \, ,$$

da für $x_1 = 1$ die Bedingung $\mu_1 = \mu_{01}$ erfüllt sein muß. Diese Gleichung hat dieselbe Form wie Gl. (114) bei idealen Mischungen. Die Beziehung (114) gilt aber bei (wirklichen) ideal verdünnten Lösungen nur für das Lösungsmittel im Bereich hoher Verdünnung, während sie bei idealen Gemischen für alle Teilchenarten im gesamten Konzentrationsbereich zutrifft.

Beachten wir die Bedingung hoher Verdünnung, so erhalten wir bei Entwicklung des Logarithmus und Abbruch der Reihe nach dem linearen Term:

$$\left.\begin{aligned}
\mu_1 &= \mu_{01} + R T \ln x_1 = \mu_{01} + R T \ln \left(1 - \sum_\beta x_\beta\right) = \mu_{01} - R T \sum_\beta x_\beta \\
&= \mu_{01} - R T M_1 \sum_\beta m_\beta = \mu_{01} - R T V_{01} \sum_\beta c_\beta \, ,
\end{aligned}\right\} \quad (5.214)$$

wobei die Identität

$$x_1 + \sum_\beta x_\beta = 1$$

und Gl. (210) berücksichtigt wurden.

Wir betrachten die beiden Ansätze

$$\mu_1 = \mu_{01} + R T \ln x_1 \, , \qquad\qquad (5.215\,\text{a})$$

$$\mu_1 = \mu_{01} - R T M_1 \sum_\beta m_\beta \, . \qquad\qquad (5.215\,\text{b})$$

Während diese Beziehungen gemäß Gl. (214) für wirkliche ideal verdünnte Lösungen einander äquivalent sind, stellen sie bei Anwendung auf beliebige Konzentrationen zwei verschiedene Typen von hypothetischen ideal verdünnten Lösungen dar. Die gegenseitige Zuordnung der Ansätze

(213) und (215) für beliebige Konzentrationen folgt aus der GIBBS-DUHEMschen Gleichung (97), die wir hier in der Form

$$x_1\, d\mu_1 + \sum_\beta x_\beta\, d\mu_\beta = 0 \qquad (T,\, P \text{ const})$$

oder mit Gl. (209 a) in der Gestalt

$$d\mu_1 + M_1 \sum_\beta m_\beta\, d\mu_\beta = 0 \qquad (T,\, P \text{ const})$$

benutzen.

Aus der ersten Gleichung ergibt sich mit Gl. (213 a):

$$x_1\, d\mu_1 + R T \sum_\beta x_\beta\, d\ln x_\beta = 0 \qquad (T,\, P \text{ const})$$

oder

$$d\mu_1 = - \frac{R T}{1 - \sum_\beta x_\beta}\, d\sum_\beta x_\beta \qquad (T,\, P \text{ const}).$$

Daraus findet man bei Beachtung der Randbedingung

$$\mu_1 = \mu_{01} \quad \text{für} \quad x_\beta = 0 \quad (\text{alle } x_\beta)$$

durch Integration:

$$\mu_1 = \mu_{01} + R T \ln x_1,$$

in Übereinstimmung mit Gl. (215 a). Demnach entsprechen Gl. (213 a) und Gl. (215 a) demselben Typ einer hypothetischen ideal verdünnten Lösung.

Kombination der zweiten Form der GIBBS-DUHEMschen Beziehung mit Gl. (213 b) liefert:

$$d\mu_1 + R T M_1 \sum_\beta m_\beta\, d\ln m_\beta = 0 \qquad (T,\, P \text{ const})$$

oder

$$d\mu_1 = - R T M_1\, d\sum_\beta m_\beta \qquad (T,\, P \text{ const}).$$

Daraus erhält man bei Berücksichtigung der Randbedingung

$$\mu_1 = \mu_{01} \quad \text{für } m_\beta = 0 \quad (\text{alle } \beta)$$

nach Integration:

$$\mu_1 = \mu_{01} - M_1 R T \sum_\beta m_\beta,$$

in Übereinstimmung mit Gl. (215 b). Demnach entsprechen Gl. (213 b) und Gl. (215 b) demselben Typ einer hypothetischen ideal verdünnten Lösung.

Das asymptotische Gesetz (206), das den Ausgangspunkt unserer Betrachtungen bildete, läßt sich, wie der Vergleich von Gl. (207) mit Gl. (211) bzw. (214) lehrt, jetzt in expliziter Weise formulieren:

$$\mu_1 \to \mu_{01} + R T \ln x_1 \to \mu_{01} - R T \sum_\beta x_\beta, \qquad \mu_\beta \to \mu_{\beta 0} + R T \ln x_\beta, \qquad (5.216\,\text{a})$$

$$\mu_1 \to \mu_{01} - R T M_1 \sum_\beta m_\beta, \qquad\qquad \mu_\beta \to \mu'_{\beta 0} + R T \ln m_\beta, \qquad (5.216\,\text{b})$$

$$\mu_1 \to \mu_{01} - R T V_{01} \sum_\beta c_\beta, \qquad\qquad \mu_\beta \to \mu''_{\beta 0} + R T \ln c_\beta, \qquad (5.216\,\text{c})$$

wobei stets der Grenzübergang $x_1 \to 1$ gemeint ist.

Wir leiten nun für wirkliche ideal verdünnte Lösungen die Ausdrücke für das partielle Molvolumen V_i, die partielle molare Entropie S_i und die partielle molare Enthalpie H_i einer beliebigen Teilchenart i ab. Dazu beachten wir die allgemeinen Beziehungen (1.276) bis (1.278)

$$V_i = \left(\frac{\partial \mu_i}{\partial P}\right)_{T,x}, \quad S_i = -\left(\frac{\partial \mu_i}{\partial T}\right)_{P,x}, \quad H_i = -T^2\left(\frac{\partial(\mu_i/T)}{\partial T}\right)_{P,x}, \quad (5.217\,\text{a})$$

worin der Index x die Konstanz aller Molenbrüche bei der Differentiation anzeigt, sowie die Definition (1.147 b) bzw. (1.147 c) der Kompressibilität χ_{01} bzw. des Ausdehnungskoeffizienten α_{01} für das reine Lösungsmittel:

$$\chi_{01} = -\left(\frac{\partial \ln V_{01}}{\partial P}\right)_T, \quad \alpha_{01} = \left(\frac{\partial \ln V_{01}}{\partial T}\right)_P. \quad (5.217\,\text{b})$$

Wir bezeichnen ferner die zu $\mu_{\beta 0}$, $\mu'_{\beta 0}$, $\mu''_{\beta 0}$ analogen Standardgrößen mit $V_{\beta 0}$, $V'_{\beta 0}$, $V''_{\beta 0}$ usw. und die auf das reine Lösungsmittel bezüglichen Größen mit dem Index 01. Dann finden wir aus Gl. (211), (212) und (214) für die partiellen Molvolumina:

$$V_1 = V_{01}, \quad V_\beta = V_{\beta 0} = V'_{\beta 0} = V''_{\beta 0} + RT\chi_{01}, \quad (5.218\,\text{a})$$

für die partiellen molaren Entropien[1]:

$$S_1 = S_{01} - R\ln x_1 = S_{01} + R\sum_\beta x_\beta, \quad (5.218\,\text{b})$$

$$S_\beta = S_{\beta 0} - R\ln x_\beta = S'_{\beta 0} - R\ln m_\beta = S''_{\beta 0} + RT\alpha_{01} - R\ln c_\beta, \quad (5.218\,\text{c})$$

$$S_{\beta 0} = S'_{\beta 0} + R\ln M_1 = S''_{\beta 0} + RT\alpha_{01} + R\ln V_{01} \quad (5.218\,\text{d})$$

und für die partiellen molaren Enthalpien:

$$H_1 = H_{01}, \quad H_\beta = H_{\beta 0} = H'_{\beta 0} = H''_{\beta 0} + RT^2\alpha_{01}. \quad (5.218\,\text{e})$$

Die partiellen Molvolumina und partiellen molaren Enthalpien in einer (wirklichen) ideal verdünnten Lösung sind also bei gegebenen Werten von T und P unabhängig von der Zusammensetzung. Dies bedeutet, daß sich zwei ideal verdünnte Lösungen, die das gleiche Lösungsmittel enthalten, bei konstanter Temperatur und konstantem Druck ohne Volumenänderung und ohne Wärmeaustausch mit der Umgebung mischen. Die partiellen molaren Entropien hingegen haben bei gegebenen Werten von T und P die allgemeine Gestalt

$$S_i = \text{const} - R\ln \xi_i,$$

worin ξ_i irgendeine Konzentrationsvariable bedeutet.

---

[1] Definiert man anstelle von $S''_{\beta 0} = -(\partial \mu''_{\beta 0}/\partial T)_P$ eine andere molare Standardentropie $S^*_{\beta 0}$ als Wert von S_β für $c_\beta = 1$, so gilt:

$$S^*_{\beta 0} = S''_{\beta 0} + RT\alpha_{01}.$$

Weitere thermodynamische Eigenschaften der ideal verdünnten Lösungen ergeben sich aus den allgemeinen Beziehungen in §§ 66 bis 72, wenn man die speziellen Bedingungen (211) und (214) einführt. Da in den Endformeln in §§ 66 bis 72 die Aktivitätskoeffizienten, z. T. ohne Spezifizierung des Bezugszustandes, enthalten sind, behandeln wir zunächst die Frage der Definition der Aktivitätskoeffizienten für beliebige Lösungen und dann das Problem der Charakterisierung der ideal verdünnten Lösungen durch diese Größen.

c) Normierungen der Aktivitätskoeffizienten. Für den gemäß Gl. (32) und (32a) definierten Aktivitätskoeffizienten f_i einer Teilchenart i in einer beliebigen Mischphase gilt:

$$\mu_i = \mu_{0i} + R T \ln x_i f_i \,, \qquad (5.219)$$

$$\lim_{x_i \to 1} f_i = 1 \,. \qquad (5.219\,\text{a})$$

μ_{0i} bedeutet das chemische Potential des reinen Stoffes i. Demnach ist hier der „Standardzustand" gleich dem Zustand des reinen Stoffes, die „Bezugslösung" die ideale Mischung [da für $f_i = 1$ die Beziehung (114) erfüllt ist] und entsprechend die „Normierung" des Aktivitätskoeffizienten f_i so gewählt, daß f_i für den reinen Stoff gleich Eins wird. Wir verabreden, daß von nun an *die Größe f_i stets einen gemäß Gl. (219) definierten Aktivitätskoeffizienten bedeutet*[1].

Für flüssige Mischphasen, bei denen nicht alle Stoffe im reinen flüssigen Zustande bei den vorgegebenen Werten von T und P realisierbar sind, erweist sich die in Gl. (219) implizierte symmetrische Betrachtungsweise der einzelnen Teilchenarten als unzweckmäßig (vgl. § 65). Dies trifft besonders für Elektrolytlösungen (§ 88) zu. Wir wenden uns daher jetzt der Definition neuer Aktivitätskoeffizienten zu, bei denen die ideal verdünnte Lösung anstelle der idealen Mischung die Rolle der Bezugslösung

---

[1] Auf Grund dieser Verabredung erhält das Symbol f_i in mehreren Formeln der vorangehenden Paragraphen dieses Kapitels eine andere Bedeutung als oben. Die Bedeutung von f_i in diesen Formeln ist aus dem jeweiligen Zusammenhang ersichtlich. Uns interessieren hier nur diejenigen Gleichungen, auf die wir später zurückkommen. Es handelt sich um Gl. (66), (104) und (186). In Gl. (104), die sich auf das Verteilungsgleichgewicht bezieht, bedeutet f_i einen nicht näher festgelegten Aktivitätskoeffizienten, den wir in Gl. (248) spezifizieren werden. Gl. (66) beschreibt das isobare Schmelzgleichgewicht, wobei als reiner Bodenkörper eine Komponente auftritt, die in der flüssigen Phase dissoziiert ist. Die in Gl. (66) enthaltenen Aktivitätskoeffizienten f_β sind mit keinem der in diesem Paragraphen behandelten Aktivitätskoeffizienten identisch. Dasselbe gilt für die Größen f_β, die in der Partialdruckformel (186b) auftreten. Auf Gl. (66) bzw. Gl. (186b) kommen wir erst in § 92 bzw. § 94 zurück, wo wir die betreffenden Größen mit f'_β bezeichnen. Der Zusammenhang dieser Größen mit den hier benutzten Aktivitätskoeffizienten ist aus Gl. (7.122) und (7.123) in § 92 ersichtlich.

übernimmt, wodurch auch der Standardzustand und die Normierung sich ändern.

Die erste Definition geht von Gl. (213a) bzw. (215a) aus. Man führt die *rationellen Aktivitätskoeffizienten* f_β^0 bzw. f_1 für die Teilchenarten der gelösten Stoffe bzw. für das Lösungsmittel ein[1]:

$$\mu_\beta = \mu_{\beta 0} + R\,T \ln x_\beta f_\beta^0, \qquad (5.220\,\text{a})$$

$$\mu_1 = \mu_{0 1} + R\,T \ln x_1 f_1. \qquad (5.220\,\text{b})$$

Diese Aktivitätskoeffizienten sind ein Maß für die Abweichungen im thermodynamischen Verhalten einer beliebigen Mischung von dem einer hypothetischen ideal verdünnten Lösung vom Typ (213a) bzw. (215a). Da Gl. (220b) mit Gl. (219) für $i = 1$ übereinstimmt, haben wir den Index ^{0} bei f_1 weggelassen. Es ist zu beachten, daß $\mu_{\beta 0} \neq \mu_{0\beta}$ ist. Die Normierung der rationellen Aktivitätskoeffizienten ergibt sich aus Gl. (216a):

$$\lim_{x_1 \to 1} f_\beta^0 = 1, \quad \lim_{x_1 \to 1} f_1 = 1. \qquad (5.221)$$

Anstelle des (rationellen) Aktivitätskoeffizienten f_1 benutzt man aus praktischen Gründen (vgl. § 66) den *rationellen osmotischen Koeffizienten g* $= g_1$ in § 66) des Lösungsmittels [vgl. Gl. (47) in § 66]:

$$\mu_1 = \mu_{0 1} + g\,R\,T \ln x_1. \qquad (5.222)$$

Die Normierung dieser Größe folgt aus Gl. (216a):

$$\lim_{x_1 \to 1} g = 1. \qquad (5.222\,\text{a})$$

Der Zusammenhang zwischen f_1 und g resultiert aus Gl. (220b) und (222):

$$g = 1 + \frac{\ln f_1}{\ln x_1}, \qquad (5.222\,\text{b})$$

wie auch schon in Gl. (48) angegeben.

Eine weitere Definition geht von Gl. (213b) bzw. (215b) aus. Man führt die *praktischen Aktivitätskoeffizienten* γ_β für die Teilchenarten der gelösten Stoffe und den *praktischen osmotischen Koeffizienten* φ für das Lösungsmittel ein:

$$\mu_\beta = \mu_{\beta 0}' + R\,T \ln m_\beta \gamma_\beta, \qquad (5.223\,\text{a})$$

$$\mu_1 = \mu_{0 1} - \varphi\,R\,T M_1 \sum_\beta m_\beta. \qquad (5.223\,\text{b})$$

Diese Größen messen die Abweichungen vom Verhalten einer hypothetischen ideal verdünnten Lösung vom Typ (213b) bzw. (215b). Die Nor-

---

[1] Der Index ^{0} in f_β^0 hat nichts mit dem entsprechenden Index im Symbol μ_i^0 [vgl. z.B. Gl. (143)] zu tun. Die rationellen Aktivitätskoeffizienten werden in der modernen Literatur über Elektrolytlösungen meist mit f_β bezeichnet.

mierung ergibt sich aus Gl. (216 b):

$$\lim_{x_1 \to 1} \gamma_\beta = 1, \quad \lim_{x_1 \to 1} \varphi = 1. \tag{5.224}$$

Der Zusammenhang zwischen f_β^0 und γ_β bzw. zwischen g und φ folgt aus Gl. (209 a), (212), (220 a) und (223 a) bzw. aus Gl. (222) und (223 b):

$$\gamma_\beta = x_1 f_\beta^0, \tag{5.225 a}$$

$$\varphi = - \frac{g \ln x_1}{M_1 \sum_\beta m_\beta}. \tag{5.225 b}$$

Schließlich benutzt man noch gelegentlich für die Teilchenarten der gelösten Stoffe gewisse Aktivitätskoeffizienten y_β, die durch folgende Gleichung definiert sind:

$$\mu_\beta = \mu_{\beta 0}'' + R T \ln c_\beta\, y_\beta. \tag{5.226}$$

Diese Größen messen die Abweichungen vom Verhalten einer hypothetischen ideal verdünnten Lösung vom Typ (213 c). Die Normierung erhält man aus Gl. (216 c):

$$\lim_{x_1 \to 1} y_\beta = 1, \tag{5.226 a}$$

den Zusammenhang mit f_β^0 und γ_β aus Gl. (209 b), (212), (220 a), (223 a) und (226):

$$y_\beta = \frac{\bar V}{V_{01}} f_\beta^0 = \frac{\bar V}{x_1 V_{01}} \gamma_\beta. \tag{5.226 b}$$

Die Funktionen y_β sind nicht sehr zweckmäßig, da die zugrunde liegende Konzentrationsvariable c_β für vorgegebene Zusammensetzung der Lösung sich mit der Temperatur ändert. Man könnte die Größen y_β daher als „unpraktische Aktivitätskoeffizienten" bezeichnen. Wir nennen sie in Zukunft „c-Aktivitätskoeffizienten".

Bei hochverdünnten Lösungen (die aber noch nicht ideal verdünnt zu sein brauchen) fallen die drei Aktivitätskoeffizienten f_β^0, γ_β und y_β annähernd zusammen, wie aus Gl. (226 b) mit den Näherungen $x_1 \approx 1$, $\bar V \approx V_{01}$ folgt.

Wie aus dem Vergleich von Gl. (211) und (214) mit Gl. (220) bis (226) hervorgeht, kann eine wirkliche *ideal verdünnte Lösung* dadurch charakterisiert werden, daß jeder einzelne der Aktivitätskoeffizienten f_1, f_β^0, γ_β und y_β bzw. der osmotischen Koeffizienten g und φ den Grenzwert für unendliche Verdünnung ($x_1 \to 1$), nämlich den Wert 1, angenommen hat:

$$f_1 = 1, \quad g = 1, \quad f_\beta^0 = 1, \quad \varphi = 1, \quad \gamma_\beta = 1, \quad y_\beta = 1$$

$$\text{(ideal verdünnte Lösung).} \tag{5.227}$$

Definieren wir die Aktivitätskoeffizienten aller Teilchenarten durch Gl. (219), führen also die Größen f_1 und f_β ein, so ergibt der Vergleich von Gl. (211) und (214) mit Gl. (219):

$$f_1 = 1\,, \quad f_\beta = C_\beta \quad \text{(ideal verdünnte Lösung)}\,, \qquad (5.228)$$

worin C_β der Wert von f_β für $x_1 = 1$ ist:

$$C_\beta \equiv \lim_{x_1 \to 1} f_\beta\,. \qquad (5.228\,\mathrm{a})$$

Andererseits darf eine *ideale Mischung*, die gemäß Gl. (115) durch die Bedingungen

$$f_1 = 1\,, \quad f_\beta = 1 \quad \text{(ideale Mischung)} \qquad (5.229)$$

charakterisiert ist, nicht durch die Gln. (227) beschrieben werden. Es gilt vielmehr, wie der Vergleich von Gl. (114) mit Gl. (220a), (222), (225b) und (226b) lehrt:

$$g = 1\,, \quad f_\beta^0 = C_\beta^0\,, \quad \varphi = -\frac{\ln x_1}{M_1 \sum\limits_\beta m_\beta}\,, \quad \gamma_\beta = C_\beta^0 x_1\,, \quad y_\beta = \frac{C_\beta^0}{V_{01}}\,\bar{V}$$

$$\text{(ideale Mischung)}\,, \qquad (5.229\,\mathrm{a})$$

mit

$$C_\beta^0 \equiv \lim_{x_\beta \to 1} f_\beta^0 = \exp\frac{\mu_{0\beta} - \mu_{\beta 0}}{RT}\,. \qquad (5.229\,\mathrm{b})$$

Bei einer idealen Mischung sind also die Größen φ, γ_β und y_β Funktionen der Zusammensetzung.

Vergleicht man Gl. (219) mit Gl. (220a), so findet man für eine *beliebige Lösung*:

$$\mu_{0\beta} + RT \ln f_\beta = \mu_{\beta 0} + RT \ln f_\beta^0\,.$$

Hieraus ergibt sich, wenn man einmal zur Grenze $x_1 \to 1$ und zum anderen zur Grenze $x_\beta \to 1$ übergeht, bei Beachtung von Gl. (219a), (221), (228a) und (229b):

$$\mu_{0\beta} + RT \ln C_\beta = \mu_{\beta 0}\,,$$

$$\mu_{0\beta} = \mu_{\beta 0} + RT \ln C_\beta^0\,.$$

Daraus folgt mit der vorigen Gleichung bei Beachtung von Gl. (228a) und (229b):

$$C_\beta C_\beta^0 = 1\,, \qquad (5.230\,\mathrm{a})$$

$$\mu_{0\beta} - \mu_{\beta 0} = RT \ln C_\beta^0 = -RT \ln C_\beta\,, \qquad (5.230\,\mathrm{b})$$

$$\frac{f_\beta}{f_\beta^0} = C_\beta = \lim_{x_1 \to 1} f_\beta\,, \qquad (5.230\,\mathrm{c})$$

$$\frac{f_\beta^0}{f_\beta} = C_\beta^0 = \lim_{x_\beta \to 1} f_\beta^0\,. \qquad (5.230\,\mathrm{d})$$

Gl. (230a) gibt den Zusammenhang zwischen den beiden Grenzwerten (228a) und (229b) an. Gl. (230b) zeigt die Verknüpfung der beiden Standardwerte $\mu_{0\beta}$ und $\mu_{\beta 0}$ auf. Gl. (230c) bzw. (230d) beschreibt schließlich das Umrechnungsverfahren vom Aktivitätskoeffizienten f_β auf den „rationellen" Aktivitätskoeffizienten f_β^0 bzw. umgekehrt.

In Tabelle 8 sind die Umrechnungsbeziehungen für die verschiedenen Standardwerte, Konzentrationsvariablen, Aktivitätskoeffizienten und osmotischen Koeffizienten, die in diesem Paragraphen abgeleitet wurden, zusammengestellt.

d) Partialdrucke. Die Bedeutung der verschiedenen Aktivitätskoeffizienten wird bei Betrachtung des *Verdampfungsgleichgewichtes* besonders deutlich. Wir setzen dabei der Einfachheit halber voraus:

1. Die jeweils betrachtete Teilchenart (Partikelsorte 1 oder β) ist sowohl in der Lösung als auch in der Gasphase enthalten.

2. Im Gleichgewichtsdampf des reinen Stoffes i kommt nur die Teilchensorte i vor.

3. Die „Realgaskorrektur" (§ 69) ist vernachlässigbar klein.

Unter diesen Voraussetzungen gilt Gl. (90) in § 69, wobei der Aktivitätskoeffizient f_i durch Gl. (219) definiert ist. Wir erhalten also für den Partialdruck p_1 des Lösungsmittels bzw. für die Partialdrucke p_β der Teilchenarten der gelösten Stoffe:

$$p_1 = p_{01}\, x_1 f_1, \qquad (5.231\,\mathrm{a})$$

$$p_\beta = p_{0\beta}\, x_\beta f_\beta, \qquad (5.231\,\mathrm{b})$$

worin $p_{0\,i}$ der Dampfdruck des reinen Stoffes i bei der vorgegebenen Temperatur ist. Wie aus Tabelle 8 ersichtlich, kann man anstelle von Gl. (231b) auch schreiben:

$$p_\beta = k_\beta\, x_\beta f_\beta^0 \qquad (5.231\,\mathrm{c})$$

mit

$$k_\beta = C_\beta\, p_{0\beta} \qquad (5.231\,\mathrm{d})$$

oder

$$p_\beta = k_{\beta m}\, m_\beta \gamma_\beta \qquad (5.231\,\mathrm{e})$$

mit

$$k_{\beta m} = C_\beta M_1\, p_{0\beta} = M_1\, k_\beta \qquad (5.231\,\mathrm{f})$$

oder

$$p_\beta = k_{\beta c}\, c_\beta\, y_\beta \qquad (5.231\,\mathrm{g})$$

mit

$$k_{\beta c} = C_\beta V_{01}\, p_{0\beta} = V_{01}\, k_\beta. \qquad (5.231\,\mathrm{h})$$

Aus diesen Beziehungen folgt für *ideal verdünnte Lösungen* mit Gl. (227) und (228):

$$p_1 = p_{01}\, x_1, \qquad (5.232\,\mathrm{a})$$

$$p_\beta = k_\beta\, x_\beta = k_{\beta m}\, m_\beta = k_{\beta c}\, c_\beta. \qquad (5.232\,\mathrm{b})$$

Tabelle 8. *Beziehungen zwischen Standardwerten, Konzentrationsvariablen, Aktivitätskoeffizienten und osmotischen Koeffizienten*

| Ansatz für das chemische Potential | | Beziehung des Standardwertes von μ_β zu $\mu_{0\beta}$ | Beziehung der Konzentrationsvariablen zu x_1 und x_β | Beziehung des osmotischen Koeffizienten bzw. Aktivitätskoeffizienten zu f_1 bzw. f_β |
des Lösungsmittels	der gelösten Stoffe			
$\mu_1 = \mu_{01} + RT \ln x_1 f_1$	$\mu_\beta = \mu_{0\beta} + RT \ln x_\beta f_\beta$	—	—	—
$\mu_1 = \mu_{01} + gRT \ln x_1$	$\mu_\beta = \mu_{\beta 0} + RT \ln x_\beta f_\beta^0$	$\mu_{\beta 0} = \mu_{0\beta} - RT \ln C_\beta^0$ $= \mu_{0\beta} + RT \ln C_\beta$	—	$g = 1 + \dfrac{\ln f_1}{\ln x_1}$ $f_\beta^0 = C_\beta^0 f_\beta = \dfrac{f_\beta}{C_\beta}$
$\mu_1 = \mu_{01} - \varphi RT M_1 \sum_\beta m_\beta$	$\mu_\beta = \mu_{\beta 0}' + RT \ln m_\beta \gamma_\beta$	$\mu_{\beta 0}' = \mu_{\beta 0} + RT \ln M_1$ $= \mu_{0\beta} + RT \ln \dfrac{M_1}{C_\beta^0}$ $= \mu_{0\beta} + RT \ln M_1 C_\beta$	$m_\beta = \dfrac{x_\beta}{M_1 x_1}$	$\varphi = -g \dfrac{\ln x_1}{M_1 \sum_\beta m_\beta} = - \dfrac{\ln x_1 f_1}{M_1 \sum_\beta m_\beta}$ $\gamma_\beta = x_1 f_\beta^0 = C_\beta^0 x_1 f_\beta = \dfrac{x_1 f_\beta}{C_\beta}$
—	$\mu_\beta = \mu_{\beta 0}'' + RT \ln c_\beta y_\beta$	$\mu_{\beta 0}'' = \mu_{\beta 0} + RT \ln V_{01}$ $= \mu_{0\beta} + RT \ln \dfrac{V_{01}}{C_\beta^0}$ $= \mu_{0\beta} + RT \ln V_{01} C_\beta$	$c_\beta = \dfrac{x_\beta}{\bar V}$	$y_\beta = \dfrac{\bar V}{V_{01}} f_\beta^0 = \dfrac{C_\beta^0}{V_{01}} \bar V f_\beta$ $= \dfrac{\bar V}{C_\beta V_{01}} f_\beta$

Gl. (232a) stellt das „RAOULTsche Gesetz", Gl. (232b) das „HENRYsche Gesetz" für ideal verdünnte Lösungen dar. Die (temperaturabhängigen) Konstanten k_β, $k_{\beta m}$ und $k_{\beta c}$ werden als „HENRYsche Konstanten" bezeichnet.

Man erkennt bei Vergleich der Beziehungen (231) mit den Gleichungen (232): Die Aktivitätskoeffizienten f_1 und f_β sind ein Maß für die Abweichungen vom RAOULTschen Gesetz in der Form

$$p_i = p_{0\,i}\,x_i,$$

wie es gemäß Gl. (121) für jede beliebige Teilchenart i in einer idealen Mischung im gesamten Konzentrationsbereich gelten würde. Die „rationellen Aktivitätskoeffizienten" f_β^0 hingegen messen die Abweichungen vom HENRYschen Gesetz in der Gestalt

$$p_\beta = k_\beta\,x_\beta,$$

während die „praktischen Aktivitätskoeffizienten" γ_β die Abweichungen vom HENRYschen Gesetz in der Form

$$p_\beta = k_{\beta m}\,m_\beta$$

und die „c-Aktivitätskoeffizienten" y_β die Abweichungen vom HENRYschen Gesetz in der Gestalt

$$p_\beta = k_{\beta c}\,c_\beta$$

beschreiben.

Ist in einer ideal verdünnten Lösung nur ein gelöster Stoff mit einer einzigen Teilchenart (2) vorhanden, so reduzieren sich die Beziehungen (232) auf die einfachen Ausdrücke:

$$p_1 = p_{0\,1}\,x_1, \qquad\qquad (5.233\,\text{a})$$

$$p_2 = k_2\,x_2 = k_{2\,m}\,m_2 = k_{2\,c}\,c_2. \qquad\qquad (5.233\,\text{b})$$

Die exakte Form von Gl. (233a) bzw. (233b) ist das „RAOULTsche Grenzgesetz" (166a) bzw. das „HENRYsche Grenzgesetz" (167b).

Ist der Stoff 2 nicht flüchtig, so wird der Partialdruck p_1 der Komponente 1 (des Lösungsmittels) gleich dem Dampfdruck p der Lösung, und wir erhalten aus Gl. (233a):

$$\frac{p_{0\,1} - p}{p_{0\,1}} = 1 - x_1 = x_2.$$

Diese Gesetzmäßigkeit, die experimentell von RAOULT[1] aufgefunden wurde, besagt: Die „relative Dampfdruckerniedrigung" in einer binären ideal verdünnten Lösung (mit zwei Teilchenarten) ist gleich dem Molenbruch der nichtflüchtigen Komponente.

---

[1] RAOULT, F. M.: Ann. Chim. Phys. **15**, 375 (1888); **20**, 297 (1890).

Heute wird auch die Beziehung (233a) oder die noch allgemeinere Gleichung (232a), die für ideal verdünnte Lösungen mit beliebig vielen Komponenten gilt, als „RAOULTsches Gesetz" bezeichnet. Unglücklicherweise benutzt man diesen Namen ebenfalls für das Partialdruckgesetz

$$p_i = p_{0i} x_i,$$

das für ideale Mischungen im gesamten Konzentrationsbereich für jede Teilchenart i gültig ist (vgl. oben). Diese Gesetzmäßigkeit war RAOULT noch nicht bekannt.

Ist der Stoff 1 nicht flüchtig, so wird der Partialdruck p_2 der Komponente 2 (des gelösten Stoffes) gleich dem Dampfdruck p der Lösung, und wir finden aus Gl. (233b):

$$c_2 = \frac{1}{k_{2c}}\, p\,.$$

Diese Beziehung, die experimentell von HENRY[1] schon im Jahre 1803 entdeckt wurde, besagt: Die „Löslichkeit" eines schwerlöslichen Gases in einer nichtflüchtigen Flüssigkeit ist bei gegebener Temperatur dem Druck proportional. Heute wird auch die Gleichung (233b) oder die noch allgemeinere Beziehung (232b) als „HENRYsches Gesetz" bezeichnet.

Wir leiten im folgenden aus unseren früheren allgemeinen Formeln weitere wichtige thermodynamische Beziehungen für (wirkliche) ideal verdünnte Lösungen ab, die den Gesetzen von HENRY und RAOULT entsprechen. In den meisten Fällen brauchen wir dabei nur Gl. (227) oder (228) in die betreffenden generellen Gleichungen einzusetzen und die für hochverdünnte Lösungen gültige Näherung [vgl. Gl. (210) und (214)]

$$- \ln x_1 = - \ln\left(1 - \sum_{\beta} x_\beta\right) = \sum_{\beta} x_\beta = M_1 \sum_{\beta} m_\beta = V_{01} \sum_{\beta} c_\beta \qquad (5.234)$$

zu beachten.

e) Osmotischer Druck. Für den osmotischen Druck einer ideal verdünnten Lösung (bei Vernachlässigung der Kompressibilität) ergibt sich aus Gl. (44), (218a), (227) und (234):

$$\Pi = \frac{RT}{V_{01}} \sum_{\beta} x_\beta = \frac{RT M_1}{V_{01}} \sum_{\beta} m_\beta = \sum_{\beta} c_\beta\, RT\,. \qquad (5.235)$$

Stammen alle Teilchenarten der Sorte β aus einem einzigen gelösten Stoff, dessen stöchiometrischen Molenbruch wir mit x_2 bezeichnen, so folgt aus Gl. (177) und (235) bei vollständiger Dissoziation:

$$\Pi = \frac{v' RT}{V_{01}} x_2\,, \qquad (5.235\,\text{a})$$

---

[1] HENRY, W.: Philos. Trans. Roy. Soc. [London] 1803; Gilb. Ann. Physik **20**, 147 (1805).

worin v' die Zahl der Teilchen bedeutet, die aus einer Molekel des gelösten Stoffes bei der Dissoziation hervorgehen. Gl. (235) bzw. (235a) geht auf VAN'T HOFF[1] zurück, der sie an den Experimenten von PFEFFER[2] bestätigte. Es sei bemerkt, daß die exakte Fassung von Gl. (235a) das VAN'T HOFFsche Grenzgesetz (183) ist.

Das „VAN'T HOFFsche Gesetz" (235) bzw. (235a) hat früher bei der elementaren Begründung der Gesetze für verdünnte Lösungen eine große Rolle gespielt (vgl. § 75). Die Analogie dieser Formel zu der Beziehung (4.102) für ideale Gasgemische hat lange Zeit hindurch die Vorstellungen über die Natur der Lösungen in falsche Bahnen gelenkt: Man betrachtete die Teilchen der verdünnt gelösten Substanzen wie Gasmolekeln, für die das Lösungsmittel nur den Raum für ihre Bewegungen liefert. Wie bereits oben angedeutet, sind in einer ideal verdünnten Lösung nur die gegenseitigen Wechselwirkungen zwischen den Teilchen der gelösten Stoffe, nicht aber diejenigen zwischen Gelöstem und Lösungsmittel oder diejenigen zwischen den Molekeln des Lösungsmittels vernachlässigbar.

Auch die Versuche, Abweichungen von Gl. (235a) bei etwas höheren Konzentrationen durch unvollständige Dissoziation oder Assoziation des gelösten Stoffes zu „erklären" und dementsprechend in Gl. (235a) statt v' den „VAN'T HOFFschen Faktor" $1 + \alpha (v' - 1)$ (α = Dissoziationsgrad) einzusetzen, sind als verfehlt anzusehen; denn das VAN'T HOFFsche Gesetz bedeutet nichts anderes als den Ersatz der wirklichen $\Pi(x_2)$-Kurve durch ihre Grenztangente, deren Steigung durch das universelle Gesetz (183) gegeben ist. Sobald man aber ein endliches Stück der Kurve betrachtet, das innerhalb der Meßgenauigkeit von der Grenztangente abweicht, muß die allgemeine Gleichung (44) berücksichtigt werden, in der anstelle von $v' x_2$ der Ausdruck $- \ln x_1 f_1$ und anstelle von V_{01} die Größe V_1 steht. Sogar bei einer idealen Mischung [$f_1 = 1$, $V_1 = V_{01}$, vgl. Gl. (119) in § 74] kommt durch die Funktion $\ln x_1$ nicht nur der eventuelle Einfluß der Dissoziation oder Assoziation des gelösten Stoffes, sondern auch die triviale Tatsache zum Ausdruck, daß die Näherung

$$- \ln x_1 \approx 1 - x_1$$

nur für $x_1 \approx 1$ erlaubt ist.

Ganz allgemein dürfen die Gesetze der ideal verdünnten Lösungen im Zusammenhang mit der Diskussion eines größeren Konzentrationsbereiches nicht als für ein endliches Intervall gültig angesehen werden. Wenn man keine Fehler begehen will, braucht man sich nur das entsprechende exakte Grenzgesetz in der „lim-Formulierung" zu vergegenwärtigen, also z. B. anstelle des „VAN'T HOFFschen Gesetzes" (235a) das „VAN'T HOFFsche Grenzgesetz" (183) anzuschreiben.

---

[1] VAN'T HOFF, J. H.: Z. physik. Chem. 1, 481 (1887).
[2] PFEFFER, W.: s. Fußnote 1 S. 318.

f) Siedepunktserhöhung und Gefrierpunktserniedrigung. Für die isobare *Siedepunktserhöhung* $\Delta'T$ in einer ideal verdünnten Lösung[1] ergibt sich gemäß Gl. (58), (67), (227) und (234) mit den für hochverdünnte Lösungen gültigen Näherungen $T\,T_{01} = T_{01}^2$, $\bar{L}_{01} = L_{01} = 1000\,M_1 L_{01}^*$:

$$\Delta'T = \frac{R T_{01}^2}{L_{01}} \sum_\beta x_\beta = \frac{R T_{01}^2}{1000\,L_{01}^*} \sum_\beta m_\beta = \Theta' \sum_\beta m_\beta . \qquad (5.236)$$

Hierin ist T_{01} der Siedepunkt, L_{01} die molare Verdampfungswärme und L_{01}^* die spezifische Verdampfungswärme (bezogen auf 1 gr) des reinen Lösungsmittels[2]. Die „ebullioskopische Konstante" Θ' ist in Tabelle 6 (§ 76) für einige Lösungsmittel tabelliert. Stammen alle Teilchenarten der Sorte β aus einem einzigen gelösten Stoff, dessen stöchiometrischen Molenbruch wir mit x_2 bezeichnen, so gilt gemäß Gl. (177) und (236) bei vollständiger Dissoziation:

$$\Delta'T = \frac{v'R T_{01}^2}{L_{01}} x_2 . \qquad (5.236\,\mathrm{a})$$

Gl. (236) bzw. (236a) geht, nach einer Angabe von BECKMANN[3], auf ARRHENIUS zurück, der diese Beziehungen auf ähnliche Weise wie VAN'T HOFF die entsprechenden Formeln für die Gefrierpunktserniedrigung ableitete. Wir nennen daher Gl. (236) bzw. (236a) das „ARRHENIUS-VAN'T HOFFsche Gesetz". Die exakte Form von Gl. (236a) ist das „ARRHENIUS-VAN'T HOFFsche Grenzgesetz" (185). Die ersten experimentellen Bestätigungen und Anwendungen von Gl. (236) stammen von BECKMANN[3].

Die analoge Formel für die isobare *Gefrierpunktserniedrigung* ΔT in einer ideal verdünnten Lösung[4] folgt aus Gl. (50), (58), (227) und (234) mit den für hochverdünnte Lösungen gültigen Näherungen $T\,T_1 = T_1^2$, $\bar{\Lambda}_1 = \Lambda_{01} = 1000\,M_1 \Lambda_{01}^*$:

$$\Delta T = \frac{R T_1^2}{\Lambda_{01}} \sum_\beta x_\beta = \frac{R T_1^2}{1000\,\Lambda_{01}^*} \sum_\beta m_\beta = \Theta \sum_\beta m_\beta . \qquad (5.237)$$

Hierin ist T_1 der Schmelzpunkt, Λ_{01} die molare Schmelzwärme und Λ_{01}^* die spezifische Schmelzwärme (bezogen auf 1 gr) des reinen Lösungsmittels. Die „kryoskopische Konstante" Θ ist in Tabelle 5 (§ 76) für einige Lösungsmittel tabelliert. Für einen einzigen, vollständig in die Teilchenarten der Sorte β dissoziierten gelösten Stoff erhalten wir aus Gl. (177) und (237):

$$\Delta T = \frac{v'R T_1^2}{\Lambda_{01}} x_2 . \qquad (5.237\,\mathrm{a})$$

---

[1] Voraussetzung: Der Dampf besteht aus dem reinen Lösungsmittel (Stoff 1).

[2] Der Faktor 1000 in Gl. (236) erklärt sich folgendermaßen: Wir messen M_1 in kgr mol^{-1}, L_{01} in cal mol^{-1} (oder Joule mol^{-1}) und L_{01}^* in cal gr^{-1} (oder Joule gr^{-1}).

[3] BECKMANN, E.: Z. physik. Chem. 4, 550 (1889).

[4] Voraussetzung: Der Bodenkörper besteht aus dem reinen Lösungsmittel.

Gl. (237) bzw. (237 a) wurde unabhängig von VAN'T HOFF[1] und PLANCK[2] gefunden. Wir bezeichnen daher Gl. (237) bzw. (237 a) als „VAN'T HOFF-PLANCKsches Gesetz". Die exakte Form von Gl. (237 a) stellt das „VAN'T HOFF-PLANCKsche Grenzgesetz" (184) dar. Die Proportionalität zwischen der Gefrierpunktserniedrigung und der Konzentration des gelösten Stoffes in einer binären Lösung wurde empirisch von RAOULT[3] entdeckt, ehe VAN'T HOFF und PLANCK den Wert der Proportionalitätskonstanten theoretisch ermittelten. Die nähere experimentelle Bestätigung und Anwendung von Gl. (237) geht wiederum auf BECKMANN[4] zurück.

Die obigen Gleichungen für die Gefrierpunktserniedrigung in ideal verdünnten Lösungen werden häufig als „RAOULTsches Gesetz" oder „VAN'T HOFFsches Gesetz" oder „RAOULT-VAN'T HOFFsches Gesetz" bezeichnet. Angesichts der großen Anzahl von Formeln, die mit den Namen RAOULT und VAN'T HOFF verknüpft sind, wird die hier vorgeschlagene Nomenklatur empfohlen.

g) Temperatur- und Druckabhängigkeit der Löslichkeit. Wir wenden uns nun den Differentialgleichungen zu, welche die Temperatur- und Druckabhängigkeit der Löslichkeit in einer binären ideal verdünnten Lösung beschreiben. Da wir an dieser Stelle die Komponente 2 als „gelösten Stoff" ansehen, müssen wir konsequenterweise als Bodenkörper die reine feste Komponente 2 betrachten.

Aus Gl. (3.68 b) finden wir für die Temperaturabhängigkeit der Löslichkeit zunächst die allgemeingültige Beziehung:

$$\frac{dx_2}{dT} = \frac{L_{S2}}{T\,(\partial\,\mu_2/\partial\,x_2)_{T,P}} \quad (P = \text{const}). \tag{5.238}$$

Hierin ist μ_2 das chemische Potential der Komponente 2 in der Lösung, x_2 der stöchiometrische Molenbruch der Komponente 2 in der gesättigten Lösung (die „Löslichkeit") und L_{S2} die letzte Lösungswärme des Stoffes 2. Es gilt gemäß Gl. (3.67 a):

$$L_{S2} = H_2 - H'_{02},$$

worin H_2 die partielle molare Enthalpie des gelösten Stoffes in der flüssigen Phase und H'_{02} die molare Enthalpie der reinen Komponente 2 in der koexistenten festen Phase bedeutet. Führen wir die molare Enthalpie des (hypothetischen) reinen flüssigen Stoffes 2 (H_{02}) bei der betrachteten Temperatur T ein, so können wir schreiben:

$$L_{S2} = (H_2 - H_{02}) + (H_{02} - H'_{02}) = H_2^E + \Lambda_2. \tag{5.239}$$

<hr>

[1] VAN'T HOFF, J. H.: s. Fußnote 1 S. 395.

[2] PLANCK, M.: Z. physik. Chem. **1**, 577 (1887).

[3] RAOULT, F. M.: s. Fußnote 1 S. 365.

[4] BECKMANN, E.: Z. physik. Chem. **2**, 638 (1888); **7**, 323 (1891).

Hierbei ist H_2^E die partielle molare Zusatzenthalpie (Mischungswärme) des Stoffes 2 und Λ_2 die molare Schmelzwärme der reinen Komponente 2, wenn diese im flüssigen Zustande auf die Temperatur T unterkühlt wird (vgl. § 6 und § 74).

Aus Gl. (3.71) erhalten wir für die Druckabhängigkeit der Löslichkeit:

$$\frac{dx_2}{dP} = -\frac{V_2 - V'_{0\,2}}{(\partial\mu_2/\partial x_2)_{T,P}} \quad (T = \text{const}) . \tag{5.240}$$

Hierin bedeutet V_2 das partielle Molvolumen der Komponente 2 in der Lösung und $V'_{0\,2}$ das Molvolumen des reinen Stoffes 2 in der koexistenten festen Phase. Das Molvolumen der unterkühlten reinen flüssigen Komponente 2 sei V_{02}. Dann schreiben wir in Analogie zu Gl. (239):

$$V_2 - V'_{0\,2} = (V_2 - V_{0\,2}) + (V_{0\,2} - V'_{0\,2}) = V_2^E + \Phi_2 , \tag{5.241}$$

wobei V_2^E das partielle molare Zusatzvolumen der Komponente 2 und Φ_2 die molare Volumenänderung beim Schmelzen des reinen Stoffes 2 bei der Temperatur T darstellt.

In die allgemeinen Differentialgleichungen (238) und (240) führen wir die speziellen Voraussetzungen unseres Problems ein: ideale Verdünnung mit vollständiger Dissoziation der Komponente 2, aber ohne Dissoziation oder Assoziation der Komponente 1. Es folgt zunächst aus Gl. (26), (177) und (211):

$$\mu_2 = \sum_\beta \nu_\beta \mu_\beta = \text{const} + \nu' RT \ln x_2 .$$

Hierin ist ν_β die Zahl der Teilchen der Sorte β, in die eine Molekel des gelösten Stoffes 2 zerfällt, und $\nu' = \sum_\beta \nu_\beta$ die Gesamtzahl der bei der Dissoziation entstehenden Teilchen. Demnach gilt:

$$\left(\frac{\partial\mu_2}{\partial x_2}\right)_{T,P} = \frac{\nu' RT}{x_2} . \tag{5.242}$$

Ferner erhalten wir für eine ideal verdünnte Lösung[1]:

$$H_2^E = \lim_{x_2\to 0} H_2^E \equiv H_2^0 , \quad V_2^E = \lim_{x_2\to 0} V_2^E \equiv V_2^0 .$$

Wir setzen:

$$H_2^0 + \Lambda_2 \equiv L_0 , \quad V_2^0 + \Phi_2 \equiv V_0 .$$

Damit ergibt sich aus Gl. (239) und (241) für eine ideal verdünnte Lösung:

$$L_{S2} = L_0 , \quad V_2 - V'_{0\,2} = V_0 . \tag{5.243}$$

Nach § 6 ist L_0 die „erste Lösungswärme" Entsprechend können wir V_0 das „erste Lösungsvolumen" nennen. In einer ideal verdünnten Lö-

---

[1] Vgl. S. 368 sowie Gl. (218a) und (218e).

sung ist also die erste Lösungswärme gleich der letzten Lösungswärme, so daß zwischen den verschiedenen „Lösungswärmen" (vgl. § 6) nicht mehr unterschieden zu werden braucht. Stellt die ideal verdünnte Lösung zufällig eine verdünnte ideale Mischung (§ 74) dar, so gilt gemäß Gl. (117): $H_2^E = 0$, $V_2^E = 0$, und wir dürfen schreiben: $L_0 = \Lambda_2$, $V_0 = \Phi_2$.

Aus Gl. (238), (240), (242) und (243) erhalten wir schließlich die gesuchten Endformeln für die Löslichkeit in einer binären ideal verdünnten Lösung:

$$\frac{d \ln x_2}{dT} = \frac{L_0}{v' RT^2} \qquad (P = \text{const}), \qquad (5.244)$$

$$\frac{d \ln x_2}{dP} = - \frac{V_0}{v' RT} \qquad (T = \text{const}). \qquad (5.245)$$

Für den Fall ohne Dissoziation und Assoziation ($v' = 1$) folgt:

$$\frac{d \ln x_2}{dT} = \frac{L_0}{RT^2} \qquad (P = \text{const}), \qquad (5.246)$$

$$\frac{d \ln x_2}{dP} = - \frac{V_0}{RT} \qquad (T = \text{const}). \qquad (5.247)$$

Diese Gleichungen kann man den für binäre ideale Mischungen beliebiger Konzentration gültigen Beziehungen (128) und (129) gegenüberstellen. Die Formeln (244) bis (247) kommen nur im Falle sehr geringer Löslichkeit in Frage.

h) Verteilungssatz. Das *Verteilungsgleichgewicht* bezüglich einer Teilchenart β in zwei Lösungen (Phasen ′ und ″) wird nach Gl. (104) durch folgende Gleichung beschrieben:

$$\frac{x'_\beta \, f_\beta^{0\,\prime}}{x''_\beta \, f_\beta^{0\,\prime\prime}} = K_\beta, \qquad (5.248)$$

worin wir die gemäß Gl. (220a) definierten rationellen Aktivitätskoeffizienten f_β^0 eingeführt haben. Die „Verteilungskonstante" K_β hängt nur von der Temperatur und vom Druck ab.

Stellen die beiden Phasen ′ und ″ ideal verdünnte Lösungen dar, so folgt mit Gl. (210) und (227) aus Gl. (248):

$$\frac{x'_\beta}{x''_\beta} = \frac{m'_\beta}{m''_\beta} = K_\beta, \qquad \frac{c'_\beta}{c''_\beta} = K_\beta^*, \qquad (5.249)$$

worin K_β^* eine von K_β verschiedene Konstante bedeutet. Dies ist der *Verteilungssatz* von Nernst[1], der zur Ermittlung des Molekularzustandes einer Komponente, die sich zwischen zwei Lösungsmitteln in *hochverdünntem* Zustande verteilt, benutzt werden kann. Vergleich von Gl. (249) mit Gl. (231h) und (232b) ergibt wegen $p'_\beta = p''_\beta$ einen Zusammenhang zwi-

---

[1] Nernst, W.: Z. physik. Chem. 8, 110 (1891).

schen der Verteilungskonstanten und den HENRYschen Konstanten für die beiden koexistenten Phasen:

$$K_\beta = \frac{k''_\beta}{k'_\beta} = \frac{k''_{\beta m}}{k'_{\beta m}}, \qquad K^*_\beta = \frac{k''_{\beta c}}{k'_{\beta c}} = \frac{V''_{01}}{V'_{01}} K_\beta. \tag{5.249 a}$$

Hierin bedeutet V'_{01} bzw. V''_{01} das Molvolumen desjenigen reinen Lösungsmittels, das in der Phase $'$ bzw. $''$ enthalten ist.

Ein Analogon zum Verteilungssatz (249) bei idealen Mischungen gibt es nicht, da bei diesen Entmischung unmöglich ist (vgl. § 74).

i) Massenwirkungsgesetz. Das *homogene chemische Gleichgewicht* in einer beliebigen Lösung wird durch Gl.(105) gekennzeichnet. Definieren wir die Aktivitätskoeffizienten der einzelnen reagierenden Teilchenarten der gelösten Stoffe (Index k) durch Gl.(220a) bzw. (223a) bzw. (226), so erhalten wir aus Gl.(105) drei verschiedene Formen des ,,verallgemeinerten Massenwirkungsgesetzes'' [vgl. Gl.(111) in § 72]:

$$\prod_k \left(x_k f^0_k\right)^{\nu_k} = K_x, \tag{5.250 a}$$

$$\prod_k \left(m_k \gamma_k\right)^{\nu_k} = K_m, \tag{5.250 b}$$

$$\prod_k \left(c_k y_k\right)^{\nu_k} = K_c. \tag{5.250 c}$$

Hierin ist ν_k der stöchiometrische Koeffizient des Stoffes k in der Reaktionsgleichung. Die drei ,,Gleichgewichtskonstanten'' K_x, K_m und K_c, die nur von T und P abhängen, sind durch folgende Beziehungen gegeben [vgl. Gl.(110) in § 72]:

$$R T \ln K_x = -\sum_k \nu_k \mu_{k0}, \tag{5.251 a}$$

$$R T \ln K_m = -\sum_k \nu_k \mu'_{k0}, \tag{5.251 b}$$

$$R T \ln K_c = -\sum_k \nu_k \mu''_{k0}. \tag{5.251 c}$$

Da die drei Standardwerte μ_{k0}, μ'_{k0} und μ''_{k0} der chemischen Potentiale definitionsgemäß durch Gl.(212) miteinander verknüpft sind, folgt mit $\bar{\nu} \equiv \sum_k \nu_k$ der Zusammenhang:

$$K_x = K_m M_1^{\bar{\nu}} = K_c V_{01}^{\bar{\nu}}. \tag{5.252}$$

Für die durch Gl.(110a) definierte Gleichgewichtskonstante K gilt gemäß Gl.(230b) und (251a):

$$K_x = K \prod_k C_k^{-\nu_k}, \tag{5.253}$$

wobei nach Gl.(230) C_k den Grenzwert von f_k für $x_1 \to 1$ oder den reziproken Grenzwert von f^0_k für $x_k \to 1$ bedeutet.

Die Temperatur- und Druckabhängigkeit der Gleichgewichtskonstanten erhalten wir durch Differenzieren von Gl. (251 a) und Beachtung von Gl. (217 b) und (252). Wir finden [vgl. Gl. (112) und (113) in § 72]:

$$\left(\frac{\partial \ln K_x}{\partial T}\right)_P = \frac{1}{RT^2}\sum_k \nu_k H_{k0} = \frac{\Delta H_0^0}{RT^2}, \tag{5.254 a}$$

$$\left(\frac{\partial \ln K_m}{\partial T}\right)_P = \left(\frac{\partial \ln K_x}{\partial T}\right)_P = \frac{\Delta H_0^0}{RT^2}, \tag{5.254 b}$$

$$\left(\frac{\partial \ln K_c}{\partial T}\right)_P = \frac{\Delta H_0^0}{RT^2} - \bar{\nu}\alpha_{01}, \tag{5.254 c}$$

$$\left(\frac{\partial \ln K_x}{\partial P}\right)_T = -\frac{1}{RT}\sum_k \nu_k V_{k0} = -\frac{\Delta V_0^0}{RT}, \tag{5.255 a}$$

$$\left(\frac{\partial \ln K_m}{\partial P}\right)_T = \left(\frac{\partial \ln K_x}{\partial P}\right)_T = -\frac{\Delta V_0^0}{RT}, \tag{5.255 b}$$

$$\left(\frac{\partial \ln K_c}{\partial P}\right)_T = -\frac{\Delta V_0^0}{RT} + \bar{\nu}\chi_{01}. \tag{5.255 c}$$

Hierin bedeutet α_{01} bzw. χ_{01} den Ausdehnungskoeffizienten bzw. die Kompressibilität des reinen Lösungsmittels. ΔH_0^0 bzw. ΔV_0^0 ist die Reaktionsenthalpie bzw. die Volumenänderung bei einem Formelumsatz, wenn die chemische Reaktion unter Standardbedingungen, d. h. in einer hypothetischen ideal verdünnten Lösung vom Typ (213 a) bei $x_k = 1$, abläuft.

Ist die Lösung, in der die Reaktion zwischen den gelösten Stoffen stattfindet, ideal verdünnt, so nehmen gemäß Gl. (227) alle Aktivitätskoeffizienten den Wert 1 an, und die Standardreaktionsenthalpie ΔH_0^0 bzw. die Standardvolumenänderung ΔV_0^0 wird gemäß Gl. (218 a) bzw. (218 e) gleich der wirklichen Reaktionsenthalpie ΔH bzw. gleich der wirklichen Volumenänderung ΔV in der ideal verdünnten Lösung. Wir erhalten also aus Gl. (250), (254) und (255):

$$\prod_k x_k^{\nu_k} = K_x, \tag{5.256 a}$$

$$\prod_k m_k^{\nu_k} = K_m, \tag{5.256 b}$$

$$\prod_k c_k^{\nu_k} = K_c, \tag{5.256 c}$$

$$\left(\frac{\partial \ln K_x}{\partial T}\right)_P = \left(\frac{\partial \ln K_m}{\partial T}\right)_P = \frac{\Delta H}{RT^2}, \tag{5.257 a}$$

$$\left(\frac{\partial \ln K_c}{\partial T}\right)_P = \frac{\Delta H}{RT^2} - \bar{\nu}\alpha_{01}, \tag{5.257 b}$$

$$\left(\frac{\partial \ln K_x}{\partial P}\right)_T = \left(\frac{\partial \ln K_m}{\partial P}\right)_T = -\frac{\Delta V}{RT}, \tag{5.258 a}$$

$$\left(\frac{\partial \ln K_c}{\partial P}\right)_T = -\frac{\Delta V}{RT} + \bar{\nu}\chi_{01}. \tag{5.258 b}$$

Gl. (256 c) ist die historische Form des „klassischen Massenwirkungsgesetzes" nach VAN'T HOFF[1] sowie GULDBERG und WAAGE[2]. Die Beziehungen (257) bzw. (258) stellen die präzisierten Fassungen[3] der Gleichungen von VAN'T HOFF bzw. von PLANCK und VAN LAAR für ideal verdünnte Lösungen dar.

Wir geben schließlich zwei Beispiele für das Massenwirkungsgesetz in der Gestalt (256 b) bzw. (256 c). In beiden Fällen waren bei den Messungen die Lösungen so verdünnt, daß innerhalb der Meßgenauigkeit eine „ideal verdünnte Lösung" vorlag, so daß die Gleichgewichtskonstante K_m bzw. K_c aus den (indirekt ermittelten) Gleichgewichtskonzentrationen m_k bzw. c_k bestimmt werden konnte.

Das erste Beispiel betrifft die Reaktion

$$(C_6H_5COOH)_2 \rightleftharpoons 2\,C_6H_5COOH\,,$$

d. h. die Dimerisation von Benzoesäure, in Benzol bei 43,9°C. Die Gleichgewichtsmolarität m_1 bzw. m_2 des Monomeren bzw. Dimeren wurde hier von WALL und ROUSE[4] nach der „isopiestischen Methode" der Dampfdruckmessung (vgl. § 94) ermittelt (Bezugslösung: Phenanthren in Benzol). Aus den Meßdaten ergibt sich für die „Dissoziationskonstante" der dimeren Benzoesäure nach Gl. (256 b)[5]:

$$\frac{m_1^2}{m_2} = K_m = 4{,}4 \cdot 10^{-3}\,,$$

wenn die Molaritäten in mol kgr^{-1} gemessen werden.

Das zweite Beispiel bezieht sich auf die Dissoziationsreaktion

$$2\,BrCl \rightleftharpoons Br_2 + Cl_2$$

in Tetrachlorkohlenstoff bei 25°C. Hier wurden die molaren Volumenkonzentrationen c_{BrCl}, c_{Br_2} und c_{Cl_2} von POPOV und MANNION[6] optisch bestimmt. Aus den Meßdaten folgt für die „Dissoziationskonstante" des Bromchlorids gemäß Gl. (256 c)[5]:

$$\frac{c_{Br_2}\,c_{Cl_2}}{c_{BrCl}^2} = K_c = 0{,}15\,.$$

Über Dissoziationskonstanten von Elektrolyten findet sich Näheres in § 90.

---

[1] VAN'T HOFF, J. H.: Ber. dtsch. chem. Ges. 10, 669 (1877).

[2] GULDBERG, C. M. u. P. WAAGE: Études sur les Affinités chimiques, Christiania 1867; Ostwalds Klassiker Nr. 104; J. prakt. Chem. 19, 82 (1879).

[3] Vgl. E. A. GUGGENHEIM: Trans. Faraday Soc. 33, 607 (1937).

[4] WALL, F. T. u. P. E. ROUSE JR.: J. Amer. Chem. Soc. 63, 3002 (1941).

[5] Vgl. E. A. GUGGENHEIM u. J. E. PRUE: s. Fußnote 1 S. 294.

[6] POPOV, A. I. u. J. J. MANNION: J. Amer. Chem. Soc. 74, 222 (1952).

§ 78. Mischungsentropie

Es sei $\bar S$ die molare Entropie einer kondensierten Mischphase, $S_{0\,i}$ die molare Entropie des reinen Stoffes i bei den vorgegebenen Werten von Temperatur T und Druck P im betrachteten Aggregatzustand, S_i die partielle molare Entropie, f_i der Aktivitätskoeffizient [definiert gemäß Gl. (219) in § 77] und x_i der Molenbruch der Teilchenart i in der Mischphase. Dann gilt gemäß Gl. (10), (12), (14) und (17) für die *molare Mischungsentropie* $\Delta \bar S$ einer beliebigen kondensierten Mischung aus N Teilchenarten:

$$\left. \begin{aligned} \Delta \bar S = \bar S - \sum_{k=1}^{N} x_k S_{0\,k} = \sum_{k=1}^{N} x_k (S_k - S_{0\,k}) = -R \sum_{k=1}^{N} x_k \ln x_k - \\ -R \sum_{k=1}^{N} x_k \left[\ln f_k + T \left(\frac{\partial \ln f_k}{\partial T} \right)_{P,x} \right]. \end{aligned} \right\} \quad (5.259)$$

Für eine *ideale Mischung* ergibt sich mit $f_k = 1$ folgender Ausdruck für die molare Mischungsentropie [vgl. Gl. (118c) in § 74]:

$$\Delta \bar S = -R \sum_{k=1}^{N} x_k \ln x_k \quad \text{(ideale Mischung)}, \qquad (5.259\,\text{a})$$

der vollkommen der Beziehung (4.116) in § 60 entspricht, die für ideale Gasgemische gültig ist.

Das *asymptotische Verhalten* von $\Delta \bar S$ für $x_1 \to 1$, $x_j \to 0$ $(j = 2, 3, \ldots N)$ folgt aus Gl. (216a), (217a) und (259):

$$\Delta \bar S \to -R \sum_{j=2}^{N} x_j \ln x_j \quad (x_1 \to 1). \qquad (5.259\,\text{b})$$

Der Grenzwert von $\Delta \bar S$ bei $x_1 = 1$ ist Null, wie auch aus Gl. (259) ersichtlich.

Die Mannigfaltigkeit in den Absolutwerten und im Konzentrationsverlauf der Mischungsentropie für konzentrierte nicht-ideale Mischungen ist, wie bei den Aktivitätskoeffizienten und Mischungswärmen, sehr groß. Wir werden darauf bei der Besprechung der einzelnen Typen der kondensierten Mischphasen zurückkommen.

Interessant ist die allgemeine Frage nach dem Vorzeichen der Mischungsentropie[1]. Wie schon verschiedentlich (§ 23 und § 65) hervorgehoben wurde, kann die Mischungsentropie, wie die Reaktionsentropie einer chemischen Reaktion, grundsätzlich sowohl positiv als auch negativ sein. Aus den Beziehungen (1.226b) und (1.228) folgen jedoch, wie bereits

---

[1] Vgl. R. Haase in: Naturforschung und Medizin in Deutschland 1939—1946 (FIAT Review, Deutsche Ausgabe), Weinheim 1947, S. 58, sowie R. Haase u. G. Rehage: Z. Elektrochem. **59**, 994 (1955).

26*

am Schluß von § 23 ausgeführt, einige einschränkende Aussagen bezüglich der möglichen Vorzeichenkombinationen für die molare Mischungsenthalpie (molare Mischungswärme) $\varDelta \bar{H}$ und die molare Mischungsentropie $\varDelta \bar{S}$: Wenn $\varDelta \bar{H} > 0$ ist, der Mischungsvorgang also endotherm abläuft, oder wenn $\varDelta \bar{H} = 0$ ist, also eine „athermische Mischung" (vgl. § 81)
vorliegt, muß $\varDelta \bar{S} > 0$ sein. Wenn $\varDelta \bar{H} < 0$ ist, der Mischungsvorgang also
exotherm abläuft, muß entweder $\varDelta \bar{S} > 0$ oder $\varDelta \bar{S} < 0$, $|\varDelta \bar{H}| > |T \varDelta \bar{S}|$
sein. Im letzten Falle, d.h. bei der Vorzeichenkombination

$$\varDelta \bar{H} < 0, \quad \varDelta \bar{S} < 0, \quad |\varDelta \bar{H}| > |T \varDelta \bar{S}|,$$

ist die Mischungsentropie negativ. Die Aussage $\varDelta \bar{S} > 0$ für $\varDelta \bar{H} = 0$ ergibt sich auch direkt aus der Ungleichung (1.172), weil in diesem Falle
der Mischungsvorgang einen irreversiblen Prozeß darstellt, der adiabatisch abläuft. Wenn der Konzentrationsverlauf der Mischungsenthalpie
oder Mischungsentropie so kompliziert ist, daß sich Kurven mit Vorzeichenwechsel ergeben (vgl. § 81), treten die oben genannten Fälle nebeneinander bei einem einzigen System auf (für vorgegebene Werte von T
und P). Insbesondere müssen bei einem binären System mit zwei Teilchenarten ($N = 2$) die Werte von $\varDelta \bar{S}$ in der unmittelbaren Umgebung
von $x_1 = 1$ und $x_2 = 1$ stets positiv sein, auch wenn sonst $\varDelta \bar{S}$ negativ ist.
Dies folgt aus dem asymptotischen Verhalten der Funktion $\varDelta \bar{S}$, wie es
in Gl. (259 b) für den Fall $x_1 \to 1$ dargestellt ist.

Bei einer idealen Mischung verschwindet nach § 74 die Mischungswärme. Demnach gilt hier stets: $\varDelta \bar{S} > 0$, in Übereinstimmung mit
Gl. (259 a). Eine „reguläre Mischung" (vgl. § 81) ist eine hypothetische
Mischphase, bei der die Mischungsentropie denselben Wert wie bei einer
idealen Mischung hat, ohne daß die Mischungswärme verschwindet. Also
gilt nach Gl. (259 a) auch bei diesem Mischungstyp: $\varDelta \bar{S} > 0$.

Demgemäß können nur reale Mischphasen, bei denen der Mischungsvorgang exotherm verläuft, negative Mischungsentropie aufweisen. Erfahrungsgemäß ist jedoch der Fall $\varDelta \bar{S} < 0$ selten. Als Beispiele für Systeme mit negativer Mischungsentropie (und dementsprechend negativer
Mischungswärme) nennen wir die binären flüssigen Gemische[1] Wasser—
Diäthylamin (bei 49°C), Wasser—Methyldiäthylamin (47°C), Wasser—
Triäthylamin (10°C), Äthanol—Diäthylamin (50°C), Magnesium—Wismut
(700 bis 800°C) und Magnesium—Antimon (860 bis 920°C).

Sollten kondensierte Mischphasen mit negativer Mischungsentropie auch bei
beliebig tiefen Temperaturen vorkommen können (z.B. als Mischungen im Glaszustand), so würde dies bemerkenswerte Folgen haben. Wie nämlich aus der Aussage c) in § 64 hervorgeht, wäre in diesem Falle der Grenzwert der Entropie der
Mischung für $T \to 0$, also die „Nullpunktsentropie" der Mischphase, *kleiner* als

---

[1] Literaturangaben und Diagramme finden sich in § 81, molekulartheoretische
Betrachtungen in § 83.

die Summe der Nullpunktsentropien entsprechender Mengen der reinen Phasen. Dann könnte die konventionelle Nullpunktsentropie (vgl. § 64) einer solchen kondensierten Mischung *negativ* werden, während sie im Normalfalle ($\varDelta \bar S > 0$) stets positiv ist. Allerdings kann man eine Überlegung anstellen, die das Auftreten einer negativen Mischungsentropie am absoluten Nullpunkt von vornherein unwahrscheinlich macht. Nach molekularstatistischen Rechnungen, soweit diese für Mischphasen bei tiefen Temperaturen überhaupt durchführbar sind, und auf Grund von Plausibilitätsbetrachtungen gelangt man zu dem Schluß, daß bei Aufhebung aller Hemmungen am absoluten Nullpunkt Mischphasen in „reine Komponenten" übergehen müssen. So würde ein ungeordneter Mischkristall stöchiometrischer Zusammensetzung zu einem geordneten Mischkristall werden (vgl. § 104) und eine Isotopenmischung in die reinen Isotopen zerfallen. Legt man diese Aussage als generelles Gesetz für alle Mischphasen zugrunde und nimmt weiterhin an, der „Satz von der Unerreichbarkeit des absoluten Nullpunktes" sei allgemeingültig, dann läßt sich beweisen[1], daß die Mischungsentropie am absoluten Nullpunkt nicht negativ sein kann.

Bei den früheren Untersuchungen über Mischphasen bei tiefen Temperaturen ging man durchweg von der Annahme aus, daß mit Annäherung an den absoluten Nullpunkt in der Mischungsentropie alle Terme außer dem temperaturunabhängigen „Idealterm" (259a) verschwinden würden. Für eine solche Annahme besteht nach unseren heutigen Kenntnissen kein Anlaß.

Als Beispiel für eine Mischphase, die bei sehr tiefen Temperaturen (in der Nähe von $1°K$) untersucht worden ist, nennen wir das flüssige Isotopengemisch aus He^3 und He^4. Hier zeigen Dampfdruckmessungen und kalorimetrische Ermittlungen der Mischungswärmen, daß die Mischungsentropie etwa 10% unter dem Idealwert liegt und die Mischungswärme positiv ist, entsprechend einem endothermen Mischungsvorgang[2].

§ 79. Entmischung in binären Systemen

Wie bereits in § 42 auseinandergesetzt, gibt es bei binären kondensierten Systemen im wesentlichen drei Typen von Entmischung, wenn man das isobare $T(x)$-Diagramm zugrunde legt ($T =$ Temperatur, $x =$ Molenbruch einer Komponente): Entmischung mit oberem kritischen Entmischungspunkt (Abb. 28), Entmischung mit unterem kritischen Entmischungspunkt (Abb. 29) und Entmischung mit geschlossener Mischungslücke (Abb. 30).

Es gibt auch Systeme mit zwei Entmischungsgebieten, von denen das bei tieferen Temperaturen gelegene einen oberen kritischen Punkt und das bei höheren Temperaturen gelegene einen unteren kritischen Punkt aufweist, so daß ein $T(x)$-Diagramm des Typs in Abb. 30a entsteht. Beispiele finden sich bei den binären flüssigen Gemischen von Schwefel mit Benzol, Toluol und Triphenylmethan (vgl. Tabelle 10 auf S. 485), die von KRUYT[3] untersucht wurden.

Es kann schließlich vorkommen, daß ein isobares $T(x)$-Diagramm überhaupt keinen kritischen Entmischungspunkt aufweist, weil es bei hohen Temperaturen durch einen kritischen Verdampfungspunkt abgeschlossen wird und sich bei tiefen

---

[1] Vgl. R. HAASE: Z. physik. Chem. (im Druck).

[2] SOMMERS JR., H. S., W. E. KELLER u. J. G. DASH: Physic. Rev. **92**, 1345 (1953). Vgl. auch I. PRIGOGINE, R. BINGEN u. J. JEENER: Physica **20**, 383, 516 (1954).

[3] KRUYT, H. R.: Z. physik. Chem. **65**, 486 (1909).

Temperaturen ein fester Bodenkörper ausscheidet. Als Beispiel hierfür und zugleich als einer der seltenen Fälle von entmischenden Elektrolytlösungen sei das System HCl–H_2O erwähnt. Hier koexistieren zwei flüssige Phasen, von denen die eine zwischen 60 und 70 Gew.-% HCl und die andere über 99% HCl enthält. Das Koexistenzgebiet wird oben durch den kritischen Verdampfungspunkt von HCl und unten durch den „Schmelzpunkt" des festen Monohydrats (HCl·H_2O) begrenzt[1]. Dieser

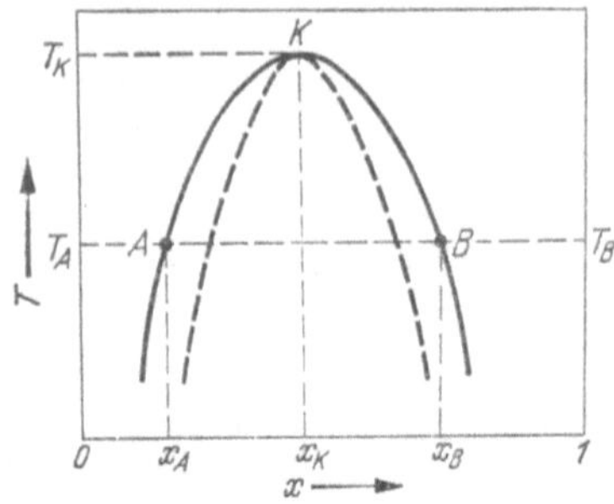

Abb. 28. Isobares $T(x)$-Diagramm für System mit oberem kritischen Entmischungspunkt (K)

Abb. 29. Isobares $T(x)$-Diagramm für System mit unterem kritischen Entmischungspunkt (K)

„Schmelzpunkt" entspricht praktisch dem Quadrupelpunkt für das Gleichgewicht der beiden Lösungen mit dem festen Hydrat und dem Dampf. Der Typ des isothermen Dampfdruckdiagramms im Entmischungsgebiet ist in Abb. 18d auf S. 229 dargestellt.

Die ausgezogenen Kurven in Abb. 28 bis 30a sind die Koexistenzkurven für zwei kondensierte binäre Phasen. So ist z. B. die dem Punkt A in Abb. 28 entsprechende flüssige bzw. feste binäre Mischung der Zusammen-

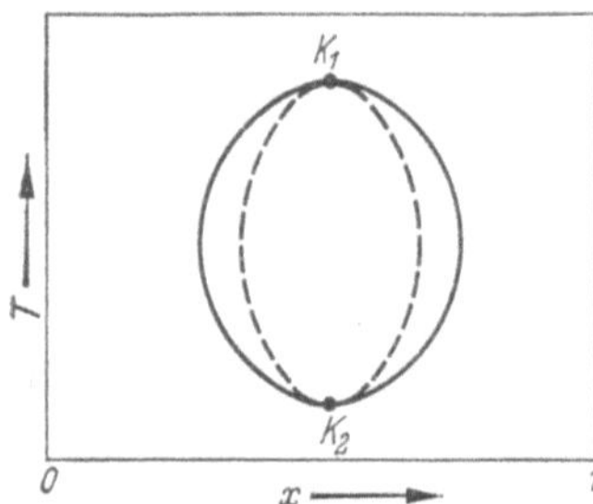
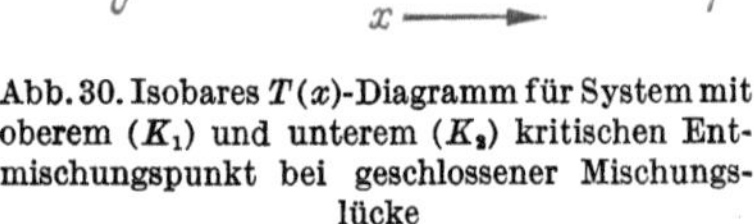

Abb. 30. Isobares $T(x)$-Diagramm für System mit oberem (K_1) und unterem (K_2) kritischen Entmischungspunkt bei geschlossener Mischungslücke

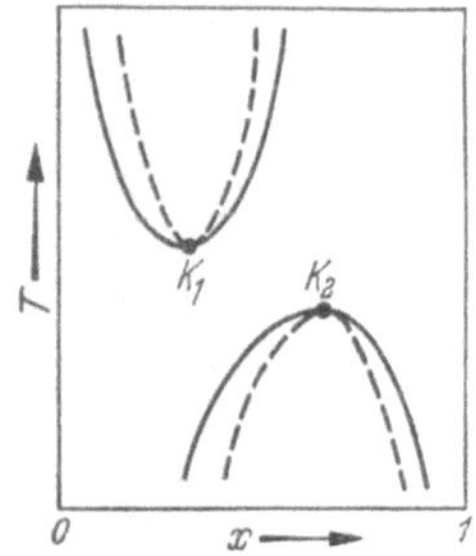

Abb. 30a. Isobares $T(x)$-Diagramm für System mit unterem (K_1) und oberem (K_2) kritischen Entmischungspunkt bei Auftreten zweier getrennter Entmischungsgebiete

setzung x_A bei der betrachteten Temperatur ($T_A = T_B$) und unter dem (für das gesamte Diagramm) vorgegebenen Druck im Gleichgewicht mit einer flüssigen bzw. festen Phase, die dem Punkt B entspricht und die

---

[1] Vgl. F. F. Rupert: J. Amer. Chem. Soc. **31**, 851 (1909).

Zusammensetzung x_B hat. Für die Koexistenzkurven gelten die Differentialgleichungen (3.63 a, b) in § 46.

Die gestrichelten Kurven in Abb. 28 bis 30a sind die Stabilitätsgrenzen (vgl. § 42 und § 43). Sie umgrenzen das labile (absolut instabile) Gebiet. Das zwischen einer Koexistenzkurve und der zugehörigen Stabilitätsgrenze liegende Zustandsgebiet entspricht metastabilen Phasen (vgl. § 37 und § 38). Die Stabilitätsgrenze berührt die Koexistenzkurve im kritischen Entmischungspunkt.

Zu einem kritischen Entmischungspunkt (K in Abb. 28 und 29, K_1 und K_2 in Abb. 30 und Abb. 30a) gehört eine „kritische Entmischungstemperatur" T_K und eine „kritische Konzentration" x_K (vgl. Abb. 28 sowie Tabelle 9).

Bei Änderung des Druckes verschiebt sich das gesamte $T(x)$-Diagramm, und damit nehmen die Größen T_K und x_K andere Werte an. Der

Tabelle 9

Kritische Entmischungstemperaturen ($t_K = T_K - 273{,}16$) und kritische Konzentrationen ($x_K =$ kritischer Molenbruch der zuerst genannten Komponente) für mehrere binäre Systeme. Das Zeichen (O) bzw. (U) charakterisiert einen oberen bzw. unteren kritischen Entmischungspunkt. Alle Systeme außer den beiden letzten sind flüssig. Nach einer Zusammenstellung von REHAGE *(unveröffentlicht)*

System	t_K	x_K
Aceton—Schwefelkohlenstoff	$-51{,}4°$C (O)	0,33
n-Hexan—Anilin	68°C (O)	0,44
n-Hexan—Methanol	43°C (O)	0,46
Cyclohexan—Anilin	31°C (O)	0,62
Cyclohexan—Methanol	46°C (O)	0,48
Cyclohexan—Polystyrol[1]	34°C (O)	1,00
Wasser—Phenol	69°C (O)	0,9
Wasser—Diäthylamin	140°C (U)	0,70
Wasser—Triäthylamin	18°C (U)	0,93
Wasser—Nikotin	210°C (O)	0,95
	61°C (U)	0,95
Gold—Platin (fest)	1160°C (O)	0,40
Gold—Nickel (fest)	830°C (O)	0,31

Einfluß des Druckes P auf die Entmischungserscheinungen ist nach den bisherigen experimentellen Untersuchungen geringfügig. So findet TIMMERMANS[2] beim flüssigen System Cyclohexan—Anilin für die (obere) kritische Entmischungstemperatur:

$$31{,}0°\text{C bei } 2 \text{ atm,}$$

$$32{,}6°\text{C bei } 250 \text{ atm.}$$

Die Raumkurve (im P–T–x-Diagramm), die alle kritischen Entmischungspunkte eines binären Systems miteinander verbindet, heißt

---

[1] t_K und x_K hängen vom Polymerisationsgrad r (vgl. § 82 und § 84) ab. Die hier angegebenen Werte gelten für den Grenzfall $r \to \infty$.

[2] TIMMERMANS, J.: Diss. Brüssel 1911.

„kritische Kurve". Wir leiten unten ihre Differentialgleichung in Form von Ausdrücken für dT_K/dP und dx_K/dP ab.

Die meisten binären Flüssigkeiten und Mischkristalle, bei denen Phasentrennung eintritt, weisen Mischungslücken vom Typ der Abb. 28 auf. Bei hochmolekularen Lösungen ist der kritische Entmischungspunkt fast völlig zur Seite des reinen Lösungsmittels verschoben.

Entmischungsdiagramme mit unterer kritischer Entmischungstemperatur (Abb. 29) zeigen z. B. die flüssigen Systeme Wasser–Diäthylamin, Wasser–Triäthylamin und Kohlendioxyd–Nitrobenzol.

Als Beispiele für Systeme mit geschlossener Mischungslücke (Abb. 30) nennen wir die Flüssigkeitsgemische Wasser–Nikotin und m-Toluidin–Glycerin.

a) Unterscheidung zwischen oberem und unterem kritischen Punkt. Wir wollen zuerst untersuchen, wie sich der Verlauf der thermodynamischen Funktionen an einem oberen kritischen Punkt von demjenigen an einem unteren kritischen Punkt unterscheidet. Das einfachste Verfahren besteht in der Betrachtung des Vorzeichens der Krümmung der Stabilitätsgrenzkurve am kritischen Entmischungspunkt.

Für die Stabilitätsgrenzkurve gilt gemäß Gl. (2.186) in § 43:

$$\left(\frac{\partial^2 \bar{G}}{\partial x^2}\right)_{T,P} = 0 \quad \text{(Stabilitätsgrenze)} . \tag{5.260}$$

Hierin bedeutet $\bar{G}$ die molare Freie Enthalpie der binären Mischphase und x den Molenbruch einer der beiden Komponenten[1]. Für den kritischen Entmischungspunkt finden wir aus Gl. (2.212) in § 43:

$$\left(\frac{\partial^2 \bar{G}}{\partial x^2}\right)_{T,P} = 0 , \quad \left(\frac{\partial^3 \bar{G}}{\partial x^3}\right)_{T,P} = 0 \quad \text{(kritischer Entmischungspunkt).} \tag{5.261}$$

Wir schreiben für irgendeinen Punkt (T, x) der Stabilitätsgrenzkurve in der Nähe des kritischen Entmischungspunktes (T_K, x_K):

$$T - T_K \equiv \Delta T , \quad x - x_K \equiv \Delta x .$$

Sodann entwickeln wir die Funktionen $T(x)$ und $\partial^2 \bar{G}/\partial x^2 (T, x)$ auf der Stabilitätsgrenzkurve um den kritischen Entmischungspunkt (Index K) bei Beachtung von Gl. (260):

$$\Delta T = \left(\frac{dT}{dx}\right)_K \Delta x + \frac{1}{2!}\left(\frac{d^2 T}{dx^2}\right)_K \Delta x^2 + \cdots , \tag{5.262 a}$$

$$\Delta\left(\frac{\partial^2 \bar{G}}{\partial x^2}\right) = \left(\frac{\partial^3 \bar{G}}{\partial x^3}\right)_K \Delta x + \left(\frac{\partial^3 \bar{G}}{\partial x^2 \partial T}\right)_K \Delta T +$$
$$+ \frac{1}{2!}\left[\left(\frac{\partial^4 \bar{G}}{\partial x^4}\right)_K \Delta x^2 + 2\left(\frac{\partial^4 \bar{G}}{\partial x^3 \partial T}\right)_K \Delta x \Delta T + \left(\frac{\partial^4 \bar{G}}{\partial x^2 \partial T^2}\right)_K \Delta T^2\right] + \cdots = 0. \tag{5.262 b}$$

---

[1] Gemäß Gl. (1.285) und (1.286) in § 27 ist es gleichgültig, ob wir x_1 oder x_2 als unabhängige Variable in Gl. (260) und (261) wählen.

Die Ableitungen dT/dx, d^2T/dx^2, ... sind entlang der Stabilitätsgrenz-kurve, die partiellen Differentialquotienten von $\bar{G}$ nach x und T unter der Bedingung $P = \text{const}$ zu bilden. Nun gilt gemäß Abb. 28 bis 30 und Gl. (261):

$$\left(\frac{dT}{dx}\right)_K = 0, \quad \left(\frac{\partial^3 \bar{G}}{\partial x^3}\right)_K = 0. \tag{5.263}$$

Sehen wir von dem Fall $(\partial^4 \bar{G}/\partial x^4)_K = 0$ (vgl. § 43) ab, so erhalten wir mit Gl. (2.214) in § 43[1]:

$$\left(\frac{\partial^4 \bar{G}}{\partial x^4}\right)_K > 0. \tag{5.264}$$

Aus Gl. (262) und (263) leiten wir ab:

$$\frac{1}{2}\left[\left(\frac{\partial^3 \bar{G}}{\partial x^2 \partial T}\right)_K \left(\frac{d^2 T}{\partial x^2}\right)_K + \left(\frac{\partial^4 \bar{G}}{\partial x^4}\right)_K\right] \Delta x^2 + \cdots = 0.$$

Mit Gl. (1.241) ergibt sich:

$$\left(\frac{\partial^3 \bar{G}}{\partial x^2 \partial T}\right)_P = -\left(\frac{\partial^2 \bar{S}}{\partial x^2}\right)_{T,P}.$$

Hierin ist $\bar{S}$ die molare Entropie der binären Mischung. Somit finden wir die allgemeine Beziehung für die Krümmung der Stabilitätsgrenzkurve am kritischen Entmischungspunkt:

$$\left(\frac{d^2 T}{dx^2}\right)_K = \frac{(\partial^4 \bar{G}/\partial x^4)_K}{(\partial^2 \bar{S}/\partial x^2)_K}. \tag{5.265}$$

Aus den Abbildungen gehen folgende Bedingungen hervor:

$$\left(\frac{d^2 T}{dx^2}\right)_K < 0 \quad \text{(oberer kritischer Entmischungspunkt)}, \tag{5.266a}$$

$$\left(\frac{d^2 T}{dx^2}\right)_K > 0 \quad \text{(unterer kritischer Entmischungspunkt)}. \tag{5.266b}$$

Ferner ergibt sich aus Gl. (1.215):

$$\left(\frac{\partial^2 \bar{G}}{\partial x^2}\right)_{T,P} = \left(\frac{\partial^2 \bar{H}}{\partial x^2}\right)_{T,P} - T\left(\frac{\partial^2 \bar{S}}{\partial x^2}\right)_{T,P}, \tag{5.267}$$

worin $\bar{H}$ die molare Enthalpie der Mischung bedeutet. Damit folgt für den kritischen Entmischungspunkt nach Gl. (261):

$$\left(\frac{\partial^2 \bar{H}}{\partial x^2}\right)_K = T_K\left(\frac{\partial^2 \bar{S}}{\partial x^2}\right)_K. \tag{5.267a}$$

Aus den Beziehungen (264) bis (267a) erhalten wir schließlich die Aussagen:

$$\left(\frac{\partial^2 \bar{S}}{\partial x^2}\right)_K < 0, \quad \left(\frac{\partial^2 \bar{H}}{\partial x^2}\right)_K < 0 \quad \text{(oberer kritischer Entmischungspunkt)}, \tag{5.268a}$$

$$\left(\frac{\partial^2 \bar{S}}{\partial x^2}\right)_K > 0, \quad \left(\frac{\partial^2 \bar{H}}{\partial x^2}\right)_K > 0 \quad \text{(unterer kritischer Entmischungspunkt)} \tag{5.268b}$$

---

[1] Der allgemeinste Fall ist von G. REHAGE: Z. Naturforsch. **10a**, 300 (1955) untersucht worden.

Demnach hängt die Frage, ob es sich um einen oberen oder einen unteren kritischen Entmischungspunkt handelt, mit dem Vorzeichen der Krümmung der isotherm-isobaren $\bar{S}(x)$- bzw. $\bar{H}(x)$-Kurve am kritischen Entmischungspunkt zusammen[1].

Die Bedingungen (268) lassen sich noch auf andere Weise ausdrücken. Es gilt nämlich nach Gl. (14):

$$\bar{H} = x_1 H_{01} + x_2 H_{02} + \Delta\bar{H}, \qquad (5.269\,\text{a})$$

$$\bar{S} = x_1 S_{01} + x_2 S_{02} + \Delta\bar{S}. \qquad (5.269\,\text{b})$$

Hierin ist x_i der Molenbruch der Komponente i in der Mischung, H_{0i} bzw. S_{0i} die molare Enthalpie bzw. molare Entropie der reinen Komponente i bei den vorgegebenen Werten von T und P im betrachteten Aggregatzustand, $\Delta\bar{H}$ bzw. $\Delta\bar{S}$ die molare Mischungsenthalpie bzw. molare Mischungsentropie. Aus diesen Beziehungen folgt sofort:

$$\left(\frac{\partial^2 \bar{H}}{\partial x^2}\right)_{T,P} = \left(\frac{\partial^2 (\Delta\bar{H})}{\partial x^2}\right)_{T,P}, \qquad (5.270\,\text{a})$$

$$\left(\frac{\partial^2 \bar{S}}{\partial x^2}\right)_{T,P} = \left(\frac{\partial^2 (\Delta\bar{S})}{\partial x^2}\right)_{T,P}, \qquad (5.270\,\text{b})$$

worin für x entweder x_1 oder x_2 eingesetzt werden kann.

Aus (268) und (270) ergeben sich folgende Aussagen, die das Auftreten eines oberen oder unteren kritischen Punktes mit dem (direkt meßbaren) Vorzeichen der Krümmung der isotherm-isobaren $\Delta\bar{S}(x)$- bzw. $\Delta\bar{H}(x)$-Kurve am kritischen Punkt verknüpfen:

$$\left(\frac{\partial^2 (\Delta\bar{S})}{\partial x^2}\right)_K < 0, \quad \left(\frac{\partial^2 (\Delta\bar{H})}{\partial x^2}\right)_K < 0 \quad \text{(oberer kritischer Entmischungspunkt)},$$
$$(5.271\,\text{a})$$

$$\left(\frac{\partial^2 (\Delta\bar{S})}{\partial x^2}\right)_K > 0, \quad \left(\frac{\partial^2 (\Delta\bar{H})}{\partial x^2}\right)_K > 0 \quad \text{(unterer kritischer Entmischungspunkt)},$$
$$(5.271\,\text{b})$$

Wir führen die „molare Zusatzfunktion" $\bar{Z}^E$ durch folgende Definition ein (vgl. § 76):

$$\bar{Z}^E \equiv \bar{Z} - \bar{Z}^{\text{id}}, \qquad (5.272)$$

worin $\bar{Z}$ irgendeine molare extensive Zustandsfunktion (z. B. Molvolumen $\bar{V}$, molare Enthalpie $\bar{H}$, molare Entropie $\bar{S}$, molare Freie Enthalpie $\bar{G}$) der betrachteten Mischphase und $\bar{Z}^{\text{id}}$ die entsprechende Funktion für eine ideale Mischung (§ 74) derselben Zusammensetzung bei den vorgegebenen Werten von T und P bedeutet. Wir erhalten bei Vergleich

---

[1] Vgl. hierzu KUENEN: s. Fußnote 3 S. 180; RICE: s. Fußnote 1 S. 179; PRIGOGINE u. DEFAY: s. Fußnote 2 S. 80.

von Gl. (272) mit den Beziehungen (9), (14) und (118) für den Fall einer binären Mischphase (mit zwei Teilchenarten):

$$\bar{V} = x_1 V_{01} + x_2 V_{02} + \bar{V}^E, \tag{5.273 a}$$

$$\bar{H} = x_1 H_{01} + x_2 H_{02} + \bar{H}^E, \tag{5.273 b}$$

$$\bar{S} = x_1 S_{01} + x_2 S_{02} - R\,(x_1 \ln x_1 + x_2 \ln x_2) + \bar{S}^E, \tag{5.273 c}$$

$$\bar{G} = x_1 \mu_{01} + x_2 \mu_{02} + R\,T\,(x_1 \ln x_1 + x_2 \ln x_2) + \bar{G}^E. \tag{5.273 d}$$

Hierin ist V_{0i} bzw. μ_{0i} das Molvolumen bzw. das chemische Potential (oder die molare Freie Enthalpie) des reinen Stoffes i. Vergleicht man Gl. (269 a) mit Gl. (273 b), so erkennt man, daß die molare Mischungswärme $\varDelta \bar{H}$ mit der molaren Zusatzenthalpie $\bar{H}^E$ identisch ist, wie auch aus Gl. (1.47) in § 6 hervorgeht. Die molare Mischungsentropie $\varDelta \bar{S}$ hingegen ist von der molaren Zusatzentropie $\bar{S}^E$ verschieden. Wir leiten aus den Beziehungen (273) folgende Zusammenhänge ab:

$$\left(\frac{\partial^2 \bar{V}}{\partial x^2}\right)_{T,\,P} = \left(\frac{\partial^2 \bar{V}^E}{\partial x^2}\right)_{T,\,P}, \tag{5.274 a}$$

$$\left(\frac{\partial^2 \bar{H}}{\partial x^2}\right)_{T,\,P} = \left(\frac{\partial^2 \bar{H}^E}{\partial x^2}\right)_{T,\,P}, \tag{5.274 b}$$

$$\left(\frac{\partial^2 \bar{S}}{\partial x^2}\right)_{T,\,P} = -\frac{R}{x\,(1-x)} + \left(\frac{\partial^2 \bar{S}^E}{\partial x^2}\right)_{T,\,P}, \tag{5.274 c}$$

$$\left(\frac{\partial^2 \bar{G}}{\partial x^2}\right)_{T,\,P} = \frac{R\,T}{x\,(1-x)} + \left(\frac{\partial^2 \bar{G}^E}{\partial x^2}\right)_{T,\,P}. \tag{5.274 d}$$

Aus Gl. (267) und (274) folgt:

$$\left(\frac{\partial^2 \bar{G}^E}{\partial x^2}\right)_{T,\,P} = \left(\frac{\partial^2 \bar{H}^E}{\partial x^2}\right)_{T,\,P} - T\left(\frac{\partial^2 \bar{S}^E}{\partial x^2}\right)_{T,\,P}. \tag{5.275}$$

Aus Gl. (274 d) und (275) ergibt sich mit Gl. (261) als notwendige Bedingung für die Existenz eines kritischen Entmischungspunktes:

$$\left(\frac{\partial^2 \bar{G}^E}{\partial x^2}\right)_K = \left(\frac{\partial^2 \bar{H}^E}{\partial x^2}\right)_K - T_K \left(\frac{\partial^2 \bar{S}^E}{\partial x^2}\right)_K = -\frac{R\,T_K}{x_K\,(1-x_K)} < 0. \tag{5.276}$$

Die Bedingungen (268) oder (271) können bei Beachtung der Beziehungen (274 b), (274 c) und (276) in folgender Form geschrieben werden:

$$\left(\frac{\partial^2 \bar{H}^E}{\partial x^2}\right)_K < 0, \quad \left(\frac{\partial^2 \bar{S}^E}{\partial x^2}\right)_K \gtrless 0, \quad \frac{1}{T_K}\left(\frac{\partial^2 \bar{H}^E}{\partial x^2}\right)_K < \left(\frac{\partial^2 \bar{S}^E}{\partial x^2}\right)_K < \frac{R}{x_K\,(1-x_K)} \tag{5.277 a}$$

$$\text{(oberer kritischer Entmischungspunkt)},$$

$$\left(\frac{\partial^2 \bar{H}^E}{\partial x^2}\right)_K > 0, \quad \left(\frac{\partial^2 \bar{S}^E}{\partial x^2}\right)_K > 0, \quad \frac{1}{T_K}\left(\frac{\partial^2 \bar{H}^E}{\partial x^2}\right)_K < \left(\frac{\partial^2 \bar{S}^E}{\partial x^2}\right)_K,$$

$$\left(\frac{\partial^2 \bar{S}^E}{\partial x^2}\right)_K > \frac{R}{x_K\,(1-x_K)} \quad \text{(unterer kritischer Entmischungspunkt)}. \tag{5.277 b}$$

Die Krümmung der $\bar{S}^E(x)$-Kurve am kritischen Punkt ist nach den obigen Beziehungen bei einem unteren kritischen Entmischungspunkt stets positiv, während sie bei einem oberen kritischen Entmischungspunkt positiv oder negativ sein oder verschwinden kann. Die Bedingungen sind demnach im ersten Falle schärfer als im zweiten Falle. Weist ein binäres System eine geschlossene Mischungslücke (Abb. 30, S. 406) auf, so muß die Krümmung der $\bar{H}^E(x)$-Kurve zwischen der oberen und der unteren kritischen Entmischungstemperatur ihr Vorzeichen ändern, und die Krümmung der $\bar{S}^E(x)$-Kurve muß am unteren kritischen Punkt größer als am oberen kritischen Punkt sein.

Aus der Tatsache, daß der Ausdruck (265) stets endlich ist, folgt mit Gl. (264) und (267 a):

$$\left(\frac{\partial^2 \bar{S}}{\partial x^2}\right)_K \neq 0, \qquad \left(\frac{\partial^2 \bar{H}}{\partial x^2}\right)_K \neq 0,$$

was auch direkt aus den Ungleichungen (268) ableitbar ist. Damit ergibt sich mit Hilfe von Gl. (274 b):

$$\left(\frac{\partial^2 \bar{H}^E}{\partial x^2}\right)_K \neq 0 . \tag{5.278}$$

Dieses Ergebnis findet man auch direkt aus den Ungleichungen (277).

Gemäß (278) kann eine „athermische Mischung" ($\bar{H}^E = 0$ im gesamten Konzentrationsbereich) nicht entmischen[1]. Da eine ideale Mischung ($\bar{H}^E = 0$, $\bar{S}^E = 0$) einen Sonderfall einer athermischen Mischung darstellt, kann auch ein ideales Gemisch keine Mischungslücke aufweisen. Dies wurde auf allgemeinere Weise (für beliebig viele, beliebig dissoziierte, assoziierte oder solvatisierte Komponenten) schon in § 74 gezeigt.

Eine „reguläre Mischung" ($\bar{S}^E = 0$, $\bar{H}^E \neq 0$) kann, wie aus den Ungleichungen (277) hervorgeht, nur einen oberen kritischen Entmischungspunkt aufweisen. Es gilt nämlich hier:

$$\left(\frac{\partial^2 \bar{S}^E}{\partial x^2}\right)_K = 0 ,$$

was nur mit den Bedingungen (277 a) vereinbar ist.

b) Druckabhängigkeit der kritischen Größen. Wir gehen zur Ableitung der Beziehungen für die Druckabhängigkeit der kritischen Entmischungstemperatur und der kritischen Konzentration über.

Für eine infinitesimale Zustandsänderung entlang der kritischen Kurve gilt nach Gl. (261) bei Beachtung von Gl. (1.241) und (1.242):

$$d\left(\frac{\partial^2 \bar{G}}{\partial x^2}\right)_K = \left(\frac{\partial^3 \bar{G}}{\partial x^2 \partial T}\right)_K dT + \left(\frac{\partial^3 \bar{G}}{\partial x^2 \partial P}\right)_K dP = -\left(\frac{\partial^2 \bar{S}}{\partial x^2}\right)_K dT + \left(\frac{\partial^2 \bar{V}}{\partial x^2}\right)_K dP = 0,$$
$$\tag{5.279 a}$$

$$\left.\begin{aligned}
d\left(\frac{\partial^3 \bar{G}}{\partial x^3}\right)_K &= \left(\frac{\partial^4 \bar{G}}{\partial x^3 \partial T}\right)_K dT + \left(\frac{\partial^4 \bar{G}}{\partial x^3 \partial P}\right)_K dP + \left(\frac{\partial^4 \bar{G}}{\partial x^4}\right)_K dx \\
&= -\left(\frac{\partial^3 \bar{S}}{\partial x^3}\right)_K dT + \left(\frac{\partial^3 \bar{V}}{\partial x^3}\right)_K dP + \left(\frac{\partial^4 \bar{G}}{\partial x^4}\right)_K dx = 0 .
\end{aligned}\right\} \tag{5.279 b}$$

---

[1] Vgl. REHAGE: s. Fußnote 1 S. 409.

Hierbei zeigt der Index K an, daß die Differentialquotienten am jeweils betrachteten Punkt der kritischen Kurve zu bilden sind. Damit folgen die gesuchten Differentialgleichungen[1] für die Abhängigkeit der kritischen Entmischungstemperatur T_K und der kritischen Konzentration x_K vom Druck P:

$$\frac{dT_K}{dP} = \frac{(\partial^2 \bar{V}/\partial x^2)_K}{(\partial^2 \bar{S}/\partial x^2)_K}, \tag{5.280}$$

$$\frac{dx_K}{dP} = \frac{(\partial^3 \bar{S}/\partial x^3)_K (\partial^2 \bar{V}/\partial x^2)_K - (\partial^2 \bar{S}/\partial x^2)_K (\partial^3 \bar{V}/\partial x^3)_K}{(\partial^2 \bar{S}/\partial x^2)_K (\partial^4 \bar{G}/\partial x^4)_K}. \tag{5.281}$$

Vergleich der Beziehungen (268) mit Gl.(280) und Beachtung von Gl. (274a) lehrt, daß der Ausdruck dT_K/dP im Falle eines oberen kritischen Entmischungspunktes entgegengesetztes Vorzeichen wie $(\partial^2 \bar{V}/\partial x^2)_K$ oder $(\partial^2 \bar{V}^E/\partial x^2)_K$ aufweist, im Falle eines unteren kritischen Entmischungspunktes aber dasselbe Vorzeichen wie $(\partial^2 \bar{V}/\partial x^2)_K$ oder $(\partial^2 \bar{V}^E/\partial x^2)_K$ hat. Also ist der Einfluß des Druckes auf die kritische Entmischungstemperatur durch die Krümmung der isotherm-isobaren $\bar{V}^E(x)$-Kurve am kritischen Punkt bestimmt.

c) Empirische Regeln. Die Beziehungen (268), (271), (277), (280) und (281) sind allgemeingültig. Zu spezielleren, aber eindeutigeren Aussagen gelangen wir, wenn wir gewisse empirische Sätze über binäre Mischungen zu Hilfe nehmen.

Da über entmischende Elektrolytlösungen, entmischende hochmolekulare Lösungen (vgl. § 82) und entmischende feste Mischungen (vgl. § 101) hinreichende empirische Unterlagen für eine detaillierte thermodynamische Beschreibung noch nicht vorhanden sind, beschränken wir die folgende Diskussion auf binäre flüssige Gemische von niedrigmolekularen Nichtelektrolyten. In Hinblick auf diese Klasse von Mischphasen haben wir auch die Zusatzfunktionen durch die Beziehungen (273) eingeführt.

In Abb. 31 a, b sind vier Typen von isotherm-isobaren Kurven für irgendeine molare Zusatzfunktion $\bar{Z}^E$ in Abhängigkeit von der Zusammensetzung x dargestellt. Bei niedrigmolekularen Nichtelektrolytlösungen beobachtet man für $\bar{G}^E$ die Kurventypen 1 und 2 (Abb. 31 a), die keinen Wendepunkt aufweisen, für $\bar{H}^E$, $\bar{S}^E$ und $\bar{V}^E$ hingegen alle vier Typen[2].

Es handelt sich nun darum, welche Formen der $\bar{Z}^E(x)$-Kurven bei der kritischen Entmischungstemperatur unter dem jeweils vorgegebenen Druck möglich sind. Nach den Untersuchungen von REHAGE[3] zeigt das

---

[1] Vgl. KUENEN: s. Fußnote 3 S. 180.
[2] Vgl. hierzu § 81 und Abb.34 bis 43. Der Wendepunkt in der $\bar{G}^E(x)$-Kurve in Abb.40, S. 446 ist ein Ausnahmefall. Vgl. hierzu H. RÖCK u. W. SCHRÖDER: Z. physik. Chem. (im Druck).
[3] REHAGE, G.: s. Fußnote 1 S. 409.

bisher vorliegende experimentelle Material, daß am kritischen Entmischungspunkt Funktionswert und Krümmung der Funktion $\bar{Z}^E$ stets entgegengesetztes Vorzeichen haben. Dies beruht auf der Erfahrungstatsache, daß bei den bislang untersuchten binären flüssigen Gemischen

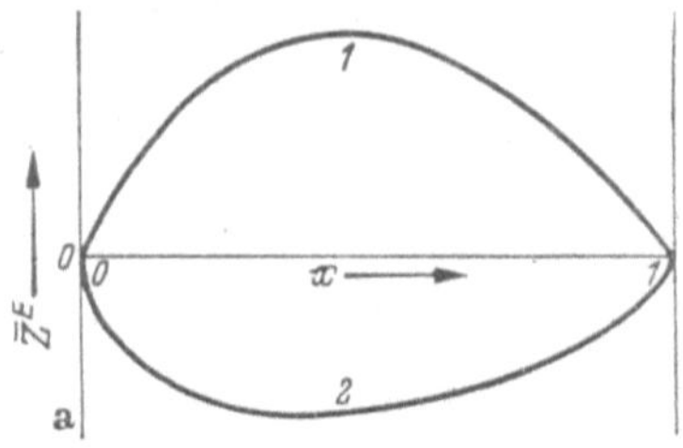

Abb. 31a. Typen von $\bar{Z}^E\,(x)$-Kurven (T, P const)
ohne Wendepunkt

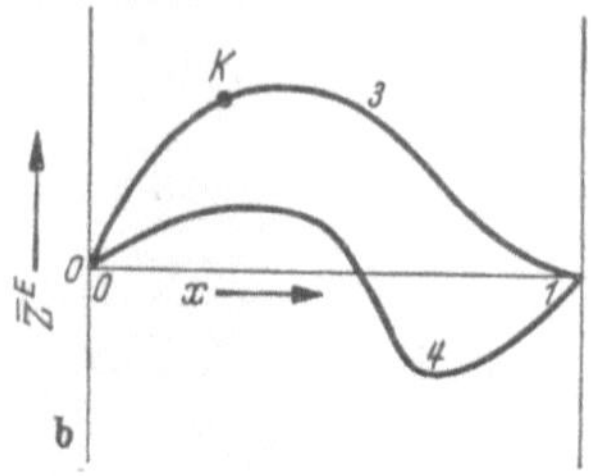

Abb. 31b. Typen von $\bar{Z}^E(x)$-Kurven (T, P const)
mit Wendepunkt

von niedrigmolekularen Nichtelektrolyten der Kurventyp 4 *bei der kritischen Temperatur* nicht vorkommt, so daß praktisch nur die Typen 1 und 2 zu berücksichtigen sind[1]. Wir erhalten demnach folgende empirische Aussage für binäre niedrigmolekulare Nichtelektrolytlösungen:

$$\bar{Z}_K^E \text{ hat entgegengesetztes Vorzeichen wie } \left(\frac{\partial^2 \bar{Z}^E}{\partial x^2}\right)_K. \qquad (5.282)$$

Mit dieser Regel leiten wir aus (276) und (277) folgende Vorzeichenaussagen ab:

$$\bar{G}_K^E = \bar{H}_K^E - T_K \bar{S}_K^E > 0, \quad \bar{H}_K^E > 0, \quad \bar{S}_K^E \gtrless 0 \qquad (5.283\,\text{a})$$
(oberer kritischer Entmischungspunkt),

$$\bar{G}_K^E = \bar{H}_K^E - T_K \bar{S}_K^E > 0, \quad \bar{H}_K^E < 0, \quad \bar{S}_K^E < 0 \qquad (5.283\,\text{b})$$
(unterer kritischer Entmischungspunkt).

Eine zu (282) analoge Regel scheint nach dem bisher zugänglichen Material auch für die molare Mischungsentropie $\Delta\bar{S}$ zu gelten:

$$\Delta\bar{S}_K \text{ hat entgegengesetztes Vorzeichen wie } \left(\frac{\partial^2 (\Delta\bar{S})}{\partial x^2}\right)_K. \qquad (5.284)$$

Diese Aussage ist nicht etwa von vornherein eine Folge der Regel (282); denn aus der Tatsache, daß die Funktionen $\bar{S}^E(x)$ und $-R(x_1 \ln x_1 + x_2 \ln x_2)$ einzeln keine Wendepunkte aufweisen, folgt nicht notwendigerweise, daß die Summe beider Funktionen [vgl. Gl. (269b) und (273c)]

$$\Delta\bar{S}(x) = -R(x_1 \ln x_1 + x_2 \ln x_2) + \bar{S}^E(x)$$

---

[1] Sollte, was nicht mit Sicherheit auszuschließen ist, auch der Typ 3 bei der kritischen Temperatur möglich sein, so liegt jedenfalls der kritische Entmischungspunkt an einer solchen Stelle (z. B. bei K in Abb. 31b), daß nach wie vor Krümmung und Funktionswert entgegengesetztes Vorzeichen haben.

frei von Wendepunkten ist[1]. Man kann lediglich voraussagen, daß $\Delta \bar{S}_K$ im Falle eines oberen kritischen Entmischungspunktes positiv sein muß; denn hier ergibt zunächst die Anwendung der Regel (282) auf die Größe $\bar{H}^E$ gemäß Gl. (269a), (273b) und (283a):

$$\bar{H}_K^E = \Delta \bar{H}_K > 0 \,.$$

Ferner gilt nach Gl. (1.226b) und (1.228), da die Bildung der kritischen Phase aus den reinen Komponenten einen irreversiblen Vorgang darstellt:

$$\Delta \bar{G}_K = \Delta \bar{H}_K - T_K \Delta \bar{S}_K < 0 \,,$$

woraus wir ableiten:

$$\Delta \bar{S}_K > 0 \quad \text{(oberer kritischer Entmischungspunkt),} \qquad (5.284\,\mathrm{a})$$

in Übereinstimmung mit (271a) und (284). Die aus (271b) und (284) folgende Aussage

$$\Delta \bar{S}_K < 0 \quad \text{(unterer kritischer Entmischungspunkt)} \qquad (5.284\,\mathrm{b})$$

kann auf analogem Wege nicht bewiesen werden. Dies bedeutet, daß die Regel (284) nur im Falle eines oberen kritischen Punktes eine Konsequenz der Aussage (282) ist.

Aus den Beziehungen (283a, b) und (284a, b), die nicht mehr thermodynamisch notwendige Bedingungen, sondern durch Erfahrungssätze eingeschränkte Aussagen darstellen, ergeben sich einige interessante Folgerungen für binäre niedrigmolekulare Nichtelektrolytlösungen:

1. Nur Systeme mit positiven Werten von $\bar{G}^E$ entmischen.

2. Im Falle eines oberen kritischen Punktes verläuft der Mischungsvorgang endotherm, im Falle eines unteren kritischen Punktes exotherm.

3. Im Falle eines oberen kritischen Punktes ist die Mischungsentropie positiv, im Falle eines unteren kritischen Punktes negativ.

Diese Regeln gelten, strenggenommen, nur für die kritische Entmischungstemperatur. Indessen zeigt die Erfahrung, daß ein eventueller Vorzeichenwechsel der thermodynamischen Funktionen im allgemeinen erst weit oberhalb bzw. unterhalb der kritischen Temperatur erfolgt. So findet man für folgende Systeme mit negativer Mischungsentropie (vgl. § 78) einen unteren kritischen Entmischungspunkt in Übereinstimmung mit der obigen Aussage 3, obwohl die Temperatur t für die Ermittlung von $\Delta \bar{S}$ nicht mit t_K zusammenfällt (vgl. Tabelle 9 auf S. 407 und Abb. 50 auf S. 482):

Wasser–Diäthylamin:	$t = 49^\circ$ C,	$t_K = 140^\circ$ C,	
Wasser–Methyldiäthylamin:	$t = 47^\circ$ C,	$t_K = 49{,}5^\circ$ C,	
Wasser–Triäthylamin:	$t = 10^\circ$ C,	$t_K = 18^\circ$ C.	

---

[1] Man denke etwa an die Funktion $\Delta \bar{G}(x) = R T (x_1 \ln x_1 + x_2 \ln x_2) + \bar{G}^E(x)$, die im Entmischungsgebiet von der Form b in Abb. 9 (S. 165) ist, auch wenn die beiden Teilfunktionen frei von Wendepunkten sind.

Wenden wir die Regel (282) auf das molare Zusatzvolumen V^E an, so finden wir mit Gl. (268), (274a), (280) und (283) folgende Aussagen[1]:

1. Endotherme Mischungen ($\bar{H}^E > 0$) können einen oberen kritischen Punkt aufweisen, wobei

a) die kritische Entmischungstemperatur mit dem Druck zunimmt, wenn Expansion beim Mischen ($\bar{V}^E > 0$) stattfindet (Beispiel: Wasser—Phenol),

b) die kritische Entmischungstemperatur mit dem Druck abnimmt, wenn Kontraktion beim Mischen ($\bar{V}^E < 0$) eintritt (Beispiel: Hexan-Nitrobenzol).

2. Exotherme Mischungen ($\bar{H}^E < 0$) können einen unteren kritischen Punkt aufweisen, wobei

a) die kritische Entmischungstemperatur mit dem Druck zunimmt, wenn Kontraktion beim Mischen ($\bar{V}^E < 0$) stattfindet (Beispiel: Kohlendioxyd—o-Nitrophenol),

b) die kritische Entmischungstemperatur mit dem Druck abnimmt, wenn Expansion beim Mischen ($\bar{V}^E > 0$) eintritt (kein Beispiel bekannt).

Wenn die empirischen Aussagen (282) und (284) auch für Systeme mit geschlossener Mischungslücke (Abb. 30) zutreffen, so müssen gemäß (283 a, b) und (284 a, b) Mischungswärme und Mischungsentropie im Temperaturbereich zwischen der oberen und der unteren kritischen Entmischungstemperatur das Vorzeichen umkehren.* Ist bei solchen Systemen im genannten Temperaturintervall das Zusatzvolumen stets negativ (Kurve vom Typ 2 in Abb. 31 a), findet also im betrachteten Bereich bei allen Konzentrationen, Temperaturen und Drucken Kontraktion beim Mischen statt, so nimmt nach den obigen Regeln die obere kritische Entmischungstemperatur mit wachsendem Druck ab, während die untere kritische Temperatur mit zunehmendem Druck ansteigt, so daß bei hinreichender Druckerhöhung die geschlossene Mischungslücke verschwindet. Diese Aussage ist in Übereinstimmung mit der Erfahrung[2]. Ein Beispiel für ein solches Verhalten bietet das System Wasser—Methyläthylketon.

d) Diskussion eines speziellen Ansatzes. Wir beschließen unsere Ausführungen über Entmischung in binären Systemen mit der Diskussion eines einfachen empirischen Ansatzes für niedrigmolekulare Nichtelektrolytlösungen.

Nach Satz 1 in § 75 ist folgender Ansatz für die Aktivitätskoeffizienten f_1 und f_2 bzw. die zusätzlichen chemischen Potentiale μ_1^E und

---

[1] Vgl. PRIGOGINE u. DEFAY: s. Fußnote 2 S. 80.

[2] Vgl. J. TIMMERMANS u. J. LEWIN: Disc. Faraday Soc. **15**, 195 (1953).

* Dies ist für $\bar{H}^E$ beim System 2,4—Lutidin—Wasser von G. KORTÜM u. P. HAUG: Z. Elektrochem. **60**, 355 (1956), bestätigt worden.

μ_2^E [vgl. Gl. (153a) in § 76] der beiden Komponenten einer binären Mischung möglich:

$$RT \ln f_1 = \mu_1^E = A\, x_2^2, \tag{5.285 a}$$

$$RT \ln f_2 = \mu_2^E = A\, x_1^2. \tag{5.285 b}$$

Hierin bedeutet A eine empirische Funktion von T und P. Diese Gleichungen sind formal den Beziehungen (4.145) in § 62 für binäre schwach reale Gasgemische analog. Die Erfahrung zeigt (vgl. § 81), daß viele binäre Nichtelektrolytlösungen mit niedrigmolekularen Komponenten (die hier mit den Teilchenarten 1 und 2 identifiziert werden) in guter Näherung durch den „PORTERschen Ansatz" (285) beschrieben werden können. Wenn auch die Entmischungserscheinungen gegenüber geringsten Abweichungen von diesem Ansatz außerordentlich empfindlich sind, wollen wir uns zu Illustrationszwecken auf die Diskussion von Gl. (285) beschränken. Kompliziertere Ansätze, die für eine praktisch brauchbare Beschreibung der Entmischung in binären Systemen unentbehrlich sind, können auf analoge Weise — mit entsprechend komplizierterer Algebra — diskutiert werden[1].

Aus den Beziehungen (273) leiten wir mit Hilfe der Gleichungen (1.241), (1.242), (1.245), (9), (19) und (153a) folgende allgemeine Zusammenhänge für die Zusatzfunktionen in binären Systemen ab:

$$\bar{G}^E = \bar{H}^E - T\bar{S}^E = x_1 \mu_1^E + x_2 \mu_2^E, \tag{5.286 a}$$

$$\bar{S}^E = -\left(\frac{\partial \bar{G}^E}{\partial T}\right)_{P,\,x}, \tag{5.286 b}$$

$$\bar{H}^E = \bar{G}^E - T\left(\frac{\partial \bar{G}^E}{\partial T}\right)_{P,\,x}, \tag{5.286 c}$$

$$\bar{V}^E = \left(\frac{\partial \bar{G}^E}{\partial P}\right)_{T,\,x}. \tag{5.286 d}$$

Durch Kombination der Beziehungen (285) und (286) finden wir, wenn wir mit x entweder x_1 oder x_2 $(= 1 - x_1)$ bezeichnen:

$$\bar{G}^E = A\, x\,(1 - x), \tag{5.287}$$

$$\bar{S}^E = -A'\, x\,(1 - x), \tag{5.288}$$

$$\bar{H}^E = (A - A'T)\, x\,(1 - x), \tag{5.289}$$

$$\bar{V}^E = A''\, x\,(1 - x) \tag{5.290}$$

mit

$$A' \equiv \left(\frac{\partial A}{\partial T}\right)_P, \qquad A'' \equiv \left(\frac{\partial A}{\partial P}\right)_T. \tag{5.291}$$

Alle Zusatzgrößen sind demnach, bei gegebenen Werten von T und P, symmetrische (parabolische) Funktionen des Molenbruches x. Die Regel (282) ist hier automatisch erfüllt.

---

[1] Man erkennt schon bei Vergleich der x_K-Werte der Tabelle 9 auf S. 407 mit Gl. (293), daß der Ansatz (285) in quantitativer Hinsicht meist versagt. Vgl. hierzu auch § 84.

Wir untersuchen zunächst, ob und unter welchen Umständen eine flüssige Mischphase der hier betrachteten Art entmischen kann und wann ein oberer bzw. ein unterer kritischer Entmischungspunkt zu erwarten ist.

Aus Gl. (274 d) und (287) folgt:

$$\left(\frac{\partial^2 \bar{G}}{\partial x^2}\right)_{T,\,P} = \frac{RT}{x\,(1-x)} - 2A\,. \tag{5.292}$$

Wenn A positiv ist und der Ausdruck A/RT größer als 2 wird [der Maximalwert von $x(1-x)$ beträgt $^1/_4$], so ist die Stabilitätsbedingung (2.131)

$$\left(\frac{\partial^2 \bar{G}}{\partial x^2}\right)_{T,\,P} > 0$$

nicht mehr für alle Werte von x erfüllbar, und es tritt Entmischung ein (vgl. Abb. 9, S. 165). Eine notwendige Bedingung für Entmischung lautet also nach Gl. (287): $\bar{G}^E > 0$. Diese Aussage ist in Übereinstimmung mit den obigen allgemeineren Überlegungen, die für jede $\bar{G}^E(x)$-Kurve gelten, die frei von Wendepunkten ist.

Für den kritischen Entmischungspunkt ergibt sich aus Gl. (261) und (292):

$$\left(\frac{\partial^2 \bar{G}}{\partial x^2}\right)_{T,\,P} = \frac{RT}{x\,(1-x)} - 2A = 0\,,$$

$$\left(\frac{\partial^3 \bar{G}}{\partial x^3}\right)_{T,\,P} = -\frac{RT\,(1-2\,x)}{x^2\,(1-x)^2} = 0\,.$$

Somit erhalten wir für die kritische Entmischungstemperatur T_K und die kritische Konzentration x_K:

$$T_K = \frac{A_K}{2\,R}\,, \qquad x_K = \frac{1}{2}\,. \tag{5.293}$$

Hierin bedeutet A_K den Wert von A für $T = T_K$.

Aus Gl. (289) finden wir:

$$\left(\frac{\partial^2 \bar{H}^E}{\partial x^2}\right)_{T,\,P} = 2\,(A'T - A)\,,$$

woraus für den kritischen Punkt (Index K) folgt:

$$\left(\frac{\partial^2 \bar{H}^E}{\partial x^2}\right)_K = 2\,(A'_K T_K - A_K)\,.$$

Hierbei ist A'_K der Wert von A' für $T = T_K$. Demnach gilt, wie aus den Beziehungen (277) und (293) ableitbar:

$$A_K > 0,\ A_K > A'_K T_K \quad \text{(oberer kritischer Entmischungspunkt)}, \tag{5.294 a}$$

$$A_K > 0,\ A_K < A'_K T_K \quad \text{(unterer kritischer Entmischungspunkt)}. \tag{5.294 b}$$

Im einfachsten Falle läßt sich die Temperaturabhängigkeit von A (für gegebenen Druck) folgendermaßen darstellen[1]:

$$A = \alpha + \beta\, T, \tag{5.295}$$

worin α und β Konstanten sind. Hieraus leiten wir mit Gl. (288), (289) und (291) ab:

$$\bar{S}^E = - \beta\, x\,(1 - x), \quad \bar{H}^E = \alpha\, x\,(1 - x).$$

Demnach sind hier Zusatzentropie und Mischungswärme unabhängig von der Temperatur. Mit Gl. (295) finden wir aus Gl. (293):

$$T_K = \frac{\alpha}{2\,R - \beta}. \tag{5.296}$$

Die Bedingungen (294) lassen sich bei Beachtung von Gl. (291) und (295) in folgender Form schreiben:

$$\alpha > 0, \quad \beta \gtrless 0, \quad \alpha + \beta\, T_K > 0 \quad \text{(oberer kritischer Entmischungspunkt)},$$

$$\alpha < 0, \quad \beta > 0, \quad \alpha + \beta\, T_K > 0 \quad \text{(unterer kritischer Entmischungspunkt)}.$$

Aus der Ungleichung (294a) folgt mit Gl. (287) bis (289) für einen oberen kritischen Punkt:

$$\bar{G}_K^E = \bar{H}_K^E - T\bar{S}_K^E = A_K\, x_K\,(1 - x_K) > 0,$$

$$\bar{H}_K^E = (A_K - A_K' T_K)\, x_K\,(1 - x_K) > 0,$$

$$\bar{S}_K^E = - A_K'\, x_K\,(1 - x_K) \gtrless 0.$$

Damit sind die Beziehungen (283a) verifiziert. Ferner ergibt sich aus Gl. (269b), (273c), (288) und (293):

$$\varDelta \bar{S}_K = R \ln 2 - \frac{A_K'}{4}. \tag{5.297}$$

Aus Gl. (293) und (294a) finden wir:

$$2\,R > A_K' \quad \text{oder} \quad \frac{A_K'}{4} < \frac{R}{2}.$$

Da $\ln 2 > 0{,}5$ ist, erhalten wir:

$$\varDelta \bar{S}_K > 0.$$

Damit haben wir die Bedingung (284a) ebenfalls verifiziert.

---

[1] Der früher häufig diskutierte Fall $\beta = 0$ (einfachster Typ einer regulären Mischung) entspricht nicht annähernd einer wirklichen Mischphase (vgl. § 81). Auch kann es mit $\beta = 0$ keinen unteren kritischen Punkt geben. Der Ansatz (295) führt entweder zu einem oberen oder zu einem unteren kritischen Punkt. Der einfachste Ansatz, der zu einer geschlossenen Mischungslücke führt, wird im Anhang 3 besprochen.

Aus der Ungleichung (294b) folgt mit Gl.(287) bis (289) für einen unteren kritischen Punkt:

$$\bar{G}^E_K = \bar{H}^E_K - T\,\bar{S}^E_K = A_K\,x_K\,(1 - x_K) > 0\,,$$
$$\bar{H}^E_K = (A_K - A'_K\,T_K)\,x_K\,(1 - x_K) < 0\,,$$
$$\bar{S}^E_K = -\,A'_K\,x_K\,(1 - x_K) < 0\,.$$

Damit sind die Beziehungen (283b) verifiziert. Die Aussage (284b) hingegen ist keine notwendige Folge unseres Ansatzes; denn aus Gl.(293) und (294b) ergibt sich nur:

$$2\,R < A'_K \quad \text{oder} \quad \frac{A'_K}{4} > \frac{R}{2}\,,$$

woraus gemäß Gl.(297) die Bedingung (284b) nicht ableitbar ist. Wir sehen an diesem Beispiel wiederum, daß die Regel (282) im Falle eines unteren kritischen Entmischungspunktes nicht unbedingt die Aussage (284) nach sich zieht. Damit der empirisch fundierten Bedingung (284b) genügt wird, ist es nach obigem erforderlich, daß A'_K nicht nur den Wert $2\,R$, sondern auch den Wert $4\,R\,\ln 2$ überschreitet.

Wir fassen die markantesten Schlüsse in bezug auf den PORTERschen Ansatz (285) bzw. (287) zusammen. Ein binäres flüssiges Gemisch, das dem Ansatz

$$\bar{G}^E = A\,(T,\,P)\,x\,(1 - x)$$

gehorcht, werde bei vorgegebenem Druck betrachtet. Dann tritt bei der Temperatur T Entmischung ein, wenn die Bedingung

$$\frac{A}{RT} > 2 \tag{5.298}$$

erfüllt ist. Am kritischen Entmischungspunkt (Index K) gilt nach Gl.(293):

$$\frac{A_K}{RT_K} = 2\,, \quad x_K = \frac{1}{2}\,.$$

Es sei

$$A' \equiv \left(\frac{\partial A}{\partial T}\right)_P\,.$$

Dann findet man für einen oberen kritischen Punkt:

$$A'_K < 2\,R\,, \tag{5.299}$$

während sich für einen unteren kritischen Punkt ergibt:

$$A'_K > 2\,R\,. \tag{5.300}$$

Als Gleichung der *Stabilitätsgrenze* (für gegebenen Druck) resultiert gemäß Gl.(260) und (292):

$$T = \frac{2\,A}{R}\,x\,(1 - x)\,, \tag{5.301}$$

worin A implizit T enthält. Gilt der spezielle Ansatz (295), so folgt die explizite Beziehung:

$$\frac{1}{T} = \frac{R}{2\,\alpha\,x\,(1-x)} - \frac{\beta}{\alpha}\,. \qquad (5.302)$$

Die Gleichung der *Koexistenzkurve* (für gegebenen Druck) ergibt sich aus den allgemeinen Gleichgewichtsbedingungen (2.10) mit Hilfe von Gl. (219):

$$\mu_1' = \mu_{01} + RT \ln x_1' f_1' = \mu_1'' = \mu_{01} + RT \ln x_1'' f_1''\,,$$

$$\mu_2' = \mu_{02} + RT \ln x_2' f_2' = \mu_2'' = \mu_{02} + RT \ln x_2'' f_2''\,.$$

Hierbei bezeichnen die Indices $'$ und $''$ die beiden koexistenten Phasen, und μ_{0i} bedeutet das chemische Potential der reinen Komponente i. Mit $x = x_1$ erhalten wir:

$$RT \ln x' + RT \ln f_1' = RT \ln x'' + RT \ln f_1''\,,$$

$$RT \ln (1-x') + RT \ln f_2' = RT \ln (1-x'') + RT \ln f_2''\,.$$

Durch Einsetzen des Porterschen Ansatzes (285) in diese allgemeinen Beziehungen finden wir:

$$RT \ln x' + A\,(1-x')^2 = RT \ln x'' + A\,(1-x'')^2\,,$$

$$RT \ln (1-x') + A\,x'^2 = RT \ln (1-x'') + A\,x''^{\,2}\,.$$

Hierbei enthält A implizit die Temperatur T. Da diese Gleichungen für einen gegebenen Wert von T nur dann gleichzeitig erfüllbar sind, wenn die Koexistenzkurve symmetrisch ist, folgt:

$$x' + x'' = 1\,.$$

Demnach erhalten wir aus dem obigen Gleichungssystem eine einzige unabhängige Gleichung für die isobare $T(x)$-Kurve:

$$RT \ln x + A\,(1-x)^2 = RT \ln (1-x) + A\,x^2$$

oder

$$\ln \frac{x}{1-x} = \frac{A}{RT}\,(2\,x - 1)\,. \qquad (5.303)$$

Mit der Substitution

$$s \equiv 2\,x - 1 \qquad (5.304)$$

können wir Gl. (203) auch in folgender Form schreiben:

$$\frac{A}{RT} = \frac{1}{s}\,\ln \frac{1+s}{1-s} = \frac{2}{s}\,\mathfrak{Ar}\,\mathfrak{Tg}\,s\,, \qquad (5.305)$$

worin $\mathfrak{Ar}\,\mathfrak{Tg}$ (Area Tangens) die Umkehrfunktion des Tangens hyperbolicus bedeutet und in Tabellen für hyperbolische Funktionen nachgeschla-

422 5. Kondensierte Phasen (Allgemeines)

gen werden kann[1]. Bei Gültigkeit des speziellen Ansatzes (295) ergibt sich die explizite Beziehung:

$$\frac{1}{T} = \frac{R}{\alpha\,(2\,x-1)}\ln\frac{x}{1-x} - \frac{\beta}{\alpha} = \frac{2\,R}{\alpha\,s}\,\mathfrak{Ar}\,\mathfrak{Tg}\,s - \frac{\beta}{\alpha}\,. \qquad (5.305\,\mathrm{a})$$

Um für den hier diskutierten Ansatz (285) auch die Formeln für die *Druckabhängigkeit* der kritischen Temperatur T_K und der kritischen Konzentration x_K angeben zu können, berechnen wir die in den Gleichungen (280) und (281) auftretenden Differentialquotienten. Es folgt mit Gl. (274), (288), (290), (292) und (293):

$$\left(\frac{\partial^2 \bar{V}}{\partial x^2}\right)_K = \left(\frac{\partial^2 \bar{V}^E}{\partial x^2}\right)_K = -\,2\,A_K''\,,$$

$$\left(\frac{\partial^3 \bar{V}}{\partial x^3}\right)_K = \left(\frac{\partial^3 \bar{V}^E}{\partial x^3}\right)_K = 0\,,$$

$$\left(\frac{\partial^2 \bar{S}}{\partial x^2}\right)_K = -\,\frac{R}{x_K\,(1-x_K)} + \left(\frac{\partial^2 \bar{S}^E}{\partial x^2}\right)_K = -\,4\,R + 2\,A_K'\,,$$

$$\left(\frac{\partial^3 \bar{S}}{\partial x^3}\right)_K = \frac{R\,(1-2\,x_K)}{x_K^2\,(1-x_K)^2} = 0\,,$$

$$\left(\frac{\partial^4 \bar{G}}{\partial x^4}\right)_K = \frac{2\,R T_K\,[1-3\,x_K\,(1-x_K)]}{x_K^3\,(1-x_K)^3} = 32\,R\,T_K\,.$$

Hierin ist A_K' bzw. A_K'' der Wert von A' bzw. A'' für $T = T_K$. Mit diesen Beziehungen leiten wir aus Gl. (280) und (281) ab:

$$\frac{d\,T_K}{d\,P} = \frac{A_K''}{2\,R - A_K'}\,, \qquad (5.306)$$

$$\frac{d\,x_K}{d\,P} = 0\,. \qquad (5.307)$$

Gl. (307) ergibt sich auch direkt aus Gl. (293), da die Beziehung $x_K = 1/2$ für jeden Druck erfüllt sein muß. Gl. (306) bestätigt mit Gl. (290), (299) und (300) die oben auf allgemeinere Weise abgeleitete Regel, nach der Volumenkontraktion beim Mischen ($A_K'' < 0$) im Falle eines oberen kritischen Punktes ($2\,R > A_K'$) auf die Aussage $d\,T_K/d\,P < 0$ und im Falle eines unteren kritischen Punktes ($A_K' > 2\,R$) auf die Aussage $d\,T_K/d\,P > 0$ führt. Noch deutlicher erkennt man dies an folgender Formel, die man aus Gl. (289), (290), (293) und (306) erhält[2]:

$$\frac{d\,T_K}{d\,P} = \frac{T_K \bar{V}_K^E}{\bar{H}_K^E}\,. \qquad (5.308)$$

Die obigen Formeln dienen, soweit sie eine Folge des PORTERschen Ansatzes (285) sind, in erster Linie zu Illustrationszwecken. Wie man mit

---

[1] Die Bezeichnung für $\mathfrak{Ar}\,\mathfrak{Tg}$ in der angelsächsischen Literatur lautet: $\tanh^{-1}$.
[2] Vgl. REHAGE: s. Fußnote 1 S. 409.

einem ähnlichen Ansatz bei einer größeren Zahl von Nichtelektrolytlösungen recht gute Übereinstimmung mit der Erfahrung erzielt, werden
wir in § 84 zeigen. Indessen hat
der hier besprochene einfache Ansatz den großen Vorteil, daß er
auf einen geschlossenen Ausdruck
für die Entmischungskurve führt.
Setzen wir die zusätzliche Beziehung (295) voraus, so können
wir das isobare $T(x)$-Diagramm
mit zwei Konstanten beschreiben.
Natürlich ist die Durchführung
solcher Rechnungen nur bei Systemen sinnvoll, die nicht mehr als
einen kritischen Punkt und eine
annähernd symmetrische Entmischungskurve mit $x_K = 0{,}5$ aufweisen. Von den wenigen Systemen,
die diese Bedingungen erfüllen,
seien die flüssigen Gemische Zinn-
tetrajodid—Isooktan, Schwefel—
Benzylchlorid und Schwefel—Senf-

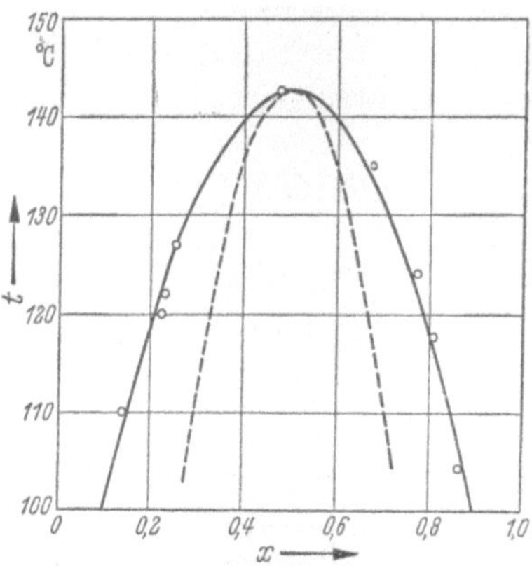

Abb. 31 c. Isobares Entmischungsdiagramm für
das System Schwefel—Senfgas (Dichlordiäthyl-
sulfid). x = Molenbruch des Schwefels; ○ Meßpunkte für die Entmischungskurve nach WIL-
KINSON, NEILSON und WYLDE [1]. ———— Entmischungskurve, berechnet nach Gl. (296) und
(305a) mit den Konstanten $\alpha = 3858$ cal mol^{-1},
$\beta = -5{,}290$ cal mol^{-1} grad^{-1}. --- Stabilitätsgrenze gemäß Gl. (302) mit denselben Konstanten

gas (vgl. Tab. 10 auf S. 485) genannt. In Abb. 31 c ist für das letzte
System die nach Gl. (296) und (305a) berechnete Koexistenzkurve
nebst der durch Gl. (302) gegebenen Stabilitätsgrenze dargestellt. Die
Übereinstimmung mit den gemessenen Werten ist gut.

§ 80. Binäre azeotrope Punkte

Als „binären azeotropen Punkt" bezeichnen wir gemäß § 48 jeden
Punkt einer isothermen bzw. isobaren Koexistenzkurve eines binären
Zweiphasensystems, bei dem die Zusammensetzungen der beiden koexistenten Phasen gleich sind. Nach dem GIBBS-KONOWALOWschen Satz
stellt dieser Punkt der isothermen bzw. isobaren Gleichgewichtskurve
einen stationären Punkt (Maximum oder Minimum) dar. Die allgemeinen
Gesetzmäßigkeiten für binäre azeotrope Punkte, soweit sie aus den
Differentialgleichungen für koexistente Phasen folgen, sind schon in
§§ 46 bis 48 diskutiert worden. Hier besprechen wir einige Einzelheiten,
die erst bei Einführen der Begriffe „ideale Mischungen" und „nichtideale
Mischungen" bzw. bei Zugrundelegung spezieller Ansätze für die Aktivitätskoeffizienten ersichtlich sind.

---

[1] WILKINSON, J. A., C. NEILSON u. H. M. WYLDE: J. Amer. Chem. Soc. **42**,
1377 (1920).

Wir beginnen mit der Erörterung des *dystektischen Punktes*, d.h. des Schmelzpunktmaximums im isobaren Schmelzdiagramm eines binären Systems ohne Mischkristallbildung (§ 47). Die Differentialgleichung für dasjenige Kurvenstück des isobaren Schmelzdiagramms, das sich auf die Koexistenz einer binären flüssigen Mischung (ungestrichenen Phase) mit einer reinen festen Additionsverbindung (Phase ′) bezieht, lautet gemäß Gl. (3.78) in § 47:

$$\frac{dT}{dx} = \frac{a - x}{(1 - x)\,\Lambda_{12}}\, T \left(\frac{\partial \mu_1}{\partial x}\right)_{T,\,P} \qquad (P = \text{const}) \tag{5.309}$$

mit

$$\Lambda_{12} \equiv a\,(H_1 - H_1') + (1 - a)\,(H_2 - H_2')\,. \tag{5.310}$$

Hierin bedeutet T die Schmelztemperatur, x den (stöchiometrischen) Molenbruch der Komponente 1 in der Flüssigkeit, a den (konstanten) Molenbruch der Komponente 1 in der festen Additionsverbindung, die als „Bodenkörper" mit der „gesättigten Lösung" im Gleichgewicht ist, μ_1 das chemische Potential der Komponente 1 in der Flüssigkeit, H_i die partielle molare Enthalpie der Komponente i in der Flüssigkeit und H_i' die partielle molare Enthalpie der Komponente i im Bodenkörper. Die Größe Λ_{12} stellt die „differentielle Schmelzwärme" der Verbindung dar und ist erfahrungsgemäß stets positiv.

Besteht ein Mol der Additionsverbindung aus ν_1 Molen der Komponente 1 und ν_2 Molen der Komponente 2, so gilt:

$$a = \frac{\nu_1}{\nu_1 + \nu_2}, \qquad 1 - a = \frac{\nu_2}{\nu_1 + \nu_2}\,. \tag{5.311}$$

Demnach stellt der Ausdruck

$$\nu_1\,(H_1 - H_1') + \nu_2\,(H_2 - H_2') = (\nu_1 + \nu_2)\,\Lambda_{12} \equiv \Lambda \tag{5.312}$$

gemäß Gl. (310) die auf 1 Mol der Verbindung bezogene differentielle Schmelzwärme dar. Durch Einsetzen von Gl. (311) und (312) in Gl. (309) erhalten wir die der Beziehung (309) gleichwertige Differentialgleichung[1]:

$$\frac{dT}{dx} = \nu_2 \left(\frac{\nu_1}{\nu_2} - \frac{x}{1 - x}\right) \frac{T}{\Lambda} \left(\frac{\partial \mu_1}{\partial x}\right)_{T,\,P}. \tag{5.313}$$

An der Stelle $x = a$ oder $x/(1 - x) = \nu_1/\nu_2$ liegt nach § 47 der dystektische Punkt. Wir untersuchen nun, welche Ursachen die „Steilheit" dieses Maximums bestimmen. Dazu müssen wir Gl. (309) bzw. (313) für $a \neq x$ bzw. $x/(1 - x) \neq \nu_1/\nu_2$ diskutieren. Zur Erleichterung der Übersicht erörtern wir nur zwei Grenzfälle, nämlich den einer idealen Mischung mit beliebiger Dissoziation und den einer nichtidealen Mischung mit vollständiger Dissoziation bei Voraussetzung eines speziellen Ansatzes für

---

[1] Vgl. PRIGOGINE u. DEFAY: s. Fußnote 2 S. 80.

die Aktivitätskoeffizienten. Aus diesen beiden Sonderfällen ist bereits alles Wesentliche ersichtlich.

Der erste Fall ist der „klassische": Man setzt voraus, daß in der Flüssigkeit ein ideales Gemisch von drei Teilchenarten, die miteinander im chemischen Gleichgewicht sind, vorliegt:

$$\nu_1 A + \nu_2 B \rightleftharpoons A_{\nu_1} B_{\nu_2}.$$

Um die Rechnung zu vereinfachen, betrachten wir nur den Fall $\nu_1 = \nu_2 = 1$ („äquimolekulare Verbindung"). Wir haben also das chemische Gleichgewicht:

$$A + B \rightleftharpoons AB,$$

und der dystektische Punkt liegt bei $x = 0,5$. Die wahren Molzahlen bzw. wahren Molenbrüche der drei Teilchenarten A, B und AB seien n_A, n_B und n_{AB} bzw. x_A, x_B und x_{AB}. Dann gilt:

$$x_A = \frac{n_A}{n_A + n_B + n_{AB}}, \qquad x_B = \frac{n_B}{n_A + n_B + n_{AB}}, \qquad x_{AB} = \frac{n_{AB}}{n_A + n_B + n_{AB}}.$$

Ist n_1^* bzw. n_2^* die stöchiometrische Molzahl der Komponente 1 bzw. 2, wie sie sich aus der Einwaage bei der Herstellung der Lösung ergibt, so folgt, wenn die überschüssige Komponente 1 bzw. 2 mit der Teilchenart A bzw. B identifiziert wird:

$$n_A = n_1^* - n_{AB}, \qquad n_B = n_2^* - n_{AB}.$$

Wir erhalten für die wahren Molenbrüche:

$$x_A = \frac{n_1^* - n_{AB}}{n_1^* + n_2^* - n_{AB}}, \qquad x_B = \frac{n_2^* - n_{AB}}{n_1^* + n_2^* - n_{AB}}, \qquad x_{AB} = \frac{n_{AB}}{n_1^* + n_2^* - n_{AB}}. \tag{5.314}$$

Da voraussetzungsgemäß eine ideale Mischung vorliegt, lautet die Bedingung für das homogene chemische Gleichgewicht in der Flüssigkeit nach Gl. (140):

$$K = \frac{x_{AB}}{x_A x_B} = \frac{n_{AB}(n_1^* + n_2^* - n_{AB})}{(n_1^* - n_{AB})(n_2^* - n_{AB})}.$$

Hierin ist die Gleichgewichtskonstante K eine Funktion der Temperatur T und des Druckes P. Daraus finden wir:

$$n_{AB} = \frac{n_1^* + n_2^*}{2} \pm \sqrt{\frac{(n_1^* + n_2^*)^2}{4} - \frac{K}{K+1} n_1^* n_2^*}.$$

Bei Einführen der stöchiometrischen Molenbrüche der Komponenten 1 und 2

$$x = \frac{n_1^*}{n_1^* + n_2^*}, \qquad 1 - x = \frac{n_2^*}{n_1^* + n_2^*} \tag{5.315}$$

erhalten wir:

$$\frac{n_{AB}}{n_1^* + n_2^*} = \frac{1}{2} \pm \frac{1}{2}\sqrt{1 - \frac{4K}{K+1} x(1-x)}. \tag{5.316}$$

Zur Entscheidung der Frage, welches Zeichen vor der Wurzel in Gl. (316) gültig ist, betrachten wir zwei Grenzfälle: $K = 0$ (vollständige Dissoziation der Verbindung AB in der Flüssigkeit) und $K = \infty$ (keine Dissoziation). Für $K = 0$ ergibt sich aus Gl. (316) mit dem positiven Zeichen: $n_{AB} = n_1^* + n_2^*$, also ein unsinniges Resultat, während mit dem negativen Vorzeichen folgt: $n_{AB} = 0$, also das richtige Ergebnis. Für $K = \infty$ hingegen erhalten wir aus Gl. (316) in beiden Fällen ein vernünftiges Resultat, nämlich bei negativem Zeichen: $n_{AB}/(n_1^* + n_2^*) = x$ und bei positivem Zeichen: $n_{AB}/(n_1^* + n_2^*) = 1 - x$. Im ersten Falle $(n_{AB} = n_1^*)$ ist die Komponente 2 im Überschuß vorhanden, während im zweiten Falle $(n_{AB} = n_2^*)$ die Komponente 1 überschüssig ist. Da demnach nur das negative Vorzeichen in *beiden* Grenzfällen physikalisch sinnvoll ist, lassen wir künftig das Zeichen $+$ in (Gl. (316) fort. Dann finden wir aus der ersten Beziehung in Gl. (314) mit Gl. (315) und (316):

$$x_A = \frac{2\,x - 1 + \sqrt{1 - k\,x\,(1 - x)}}{1 + \sqrt{1 - k\,x\,(1 - x)}} = \frac{k\,x - 2 + 2\sqrt{1 - k\,x\,(1 - x)}}{k\,x} \tag{5.317}$$

mit der Abkürzung

$$k \equiv \frac{4\,K}{K + 1}. \tag{5.318}$$

Für eine ideale Mischung gilt gemäß Gl. (114) und (117b), da x_A der wahre Molenbruch der Teilchenart 1 $(= A)$ ist:

$$\mu_1 = \mu_{01} + R\,T \ln x_A, \tag{5.319 a}$$

$$H_1 = H_{01}, \qquad H_2 = H_{02}, \tag{5.319 b}$$

worin μ_{0i} bzw. H_{0i} das chemische Potential bzw. die molare Enthalpie der reinen Komponente i ist. Aus Gl. (317) und (319a) folgt durch Differentiation:

$$\left(\frac{\partial \mu_1}{\partial x}\right)_{T,\,P} = \frac{RT}{x_A} \frac{d\,x_A}{d\,x} = \frac{RT}{x\,\sqrt{1 - k\,x\,(1 - x)}}. \tag{5.320}$$

Für den hier betrachteten Fall $(\nu_1 = \nu_2 = 1)$ leiten wir aus Gl. (312), (313), (319b) und (320) die gesuchte Endformel für die Steigung der isobaren Schmelzpunktskurve ab:

$$\frac{d\,T}{d\,x} = \frac{RT^2}{\Lambda_0} \frac{1 - 2\,x}{x\,(1 - x)\sqrt{1 - k\,x\,(1 - x)}}. \tag{5.321}$$

Hierin bedeutet die Größe

$$\Lambda_0 \equiv \nu_1\,(H_{01} - H_1') + \nu_2\,(H_{02} - H_2') \tag{5.322}$$

die molare Schmelzwärme der reinen Additionsverbindung bei der Temperatur T.

Nach Gl. (318) kann k alle Werte zwischen 0 ($K = 0$, vollständige Dissoziation) und 4 ($K = \infty$, keine Dissoziation) annehmen. Da wir für den Grenzfall $k = 4$ nur den Bereich $x < 0{,}5$ (Komponente 2 im Überschuß) betrachten (vgl. oben), setzen wir in Gl. (321) voraus: $1 - 2x > 0$, d. h. $dT/dx > 0$. Man erkennt, daß für gegebene Werte von T und x der Differentialquotient dT/dx, d. h. die Steigung der Schmelzpunktskurve, um so größer ist, je größer k ist, d. h. je weniger die Additionsverbindung dissoziiert ist.

Wir diskutieren nun die beiden Grenzfälle $k = 0$ und $k = 4$.

Für $k = 0$ (vollständige Dissoziation) ergibt sich aus Gl. (321):

$$\frac{dT}{dx} = \frac{RT^2}{\Lambda_0}\,\frac{1 - 2x}{x\,(1 - x)}\,. \tag{5.323}$$

Diese Differentialgleichung gilt gemäß ihrer Ableitung nur für völlig dissoziierte ideale Mischungen mit einer äquimolekularen Verbindung als Bodenkörper. Setzen wir voraus, daß die Schmelzwärme der Verbindung im Temperaturbereich zwischen dem dystektischen Punkt ($T = T_M$, $x = x_M = 1 - x_M = 0{,}5$) und einem beliebigen Punkt der isobaren Schmelzkurve konstant ist, so leiten wir aus Gl. (323) durch Integration ab:

$$-\frac{\Lambda_0}{R}\left(\frac{1}{T} - \frac{1}{T_M}\right) = \ln x\,(1 - x) - \ln x_M\,(1 - x_M) = \ln x\,(1 - x) + \ln 4\,. \tag{5.324}$$

PRIGOGINE und DEFAY[1] haben diese Beziehung am Schmelzdiagramm des Systems $d + l$-Dimethyltartrat bestätigt. Hier liegt der dystektische Punkt bei der Schmelztemperatur des Racemats, und das Maximum ist sehr flach. Der Typ eines solchen (vollkommen symmetrischen) Schmelzdiagramms ist in Abb. 32 dargestellt. Gl. (324) gilt für das Kurvenstück $E_1 M E_2$.

Für $k = 4$ (keine Dissoziation) erhalten wir aus Gl. (321):

$$\frac{dT}{dx} = \frac{RT^2}{\Lambda_0}\,\frac{1}{x\,(1 - x)}\,. \tag{5.325}$$

Während nach Gl. (321) für $k < 4$ (vollständige oder unvollständige Dissoziation) bei der Zusammensetzung $x = 0{,}5$ ein Schmelzpunktsmaximum

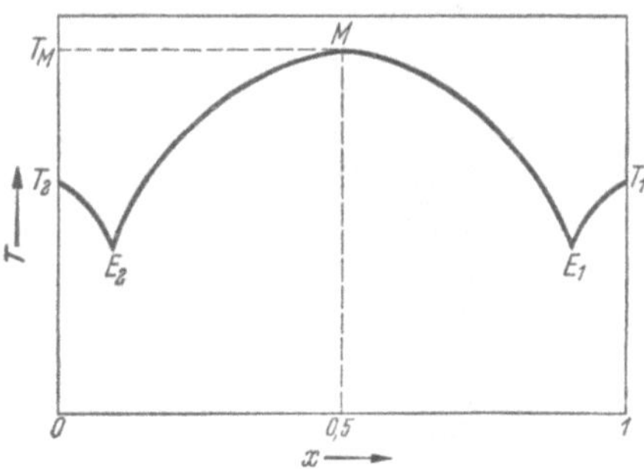

Abb. 32. Isobares Schmelzdiagramm eines Systems aus zwei optischen Antipoden (Schmelzpunkte der reinen Stoffe T_1 und $T_2 = T_1$) mit Racematbildung am dystektischen Punkt ($T = T_M$, $x = 0{,}5$). Die Punkte E_1 und E_2 sind die beiden eutektischen Punkte

---

[1] PRIGOGINE, I. u. R. DEFAY: s. Fußnote 2 S. 80.

$(dT/dx = 0)$ resultiert, ergibt sich im vorliegenden Falle für den singulären Punkt $M(T = T_M, x = x_M = 0,5)$ gemäß Gl. (325):

$$\left(\frac{dT}{dx}\right)_M = \frac{4\,RT_M^2}{\Lambda_0} \neq 0\,, \qquad\qquad (5.326)$$

also eine Spitze anstelle eines Maximums, in Übereinstimmung mit unseren allgemeinen Überlegungen in § 47, nach denen eine undissoziierte Additionsverbindung sich wie eine unabhängige Komponente verhält, deren Schmelzpunkt durch Zugabe eines Fremdstoffes (hier der Komponente 2) erniedrigt wird.

Auch quantitativ läßt sich zeigen, daß Gl. (326) mit dem VAN'T HOFF-PLANCKschen Grenzgesetz (169) für die Gefrierpunktserniedrigung identisch ist. Dazu wenden wir Gl. (314) und (315) auf den hier betrachteten Fall $n_1^* = n_{AB}$ an:

$$x_A = 0\,, \qquad x_B = \frac{n_2^* - n_1^*}{n_2^*} = \frac{1 - 2\,x}{1 - x}\,, \qquad x_{AB} = 1 - x_B\,.$$

Der Molenbruch x_B der Teilchenart B ist hier mit dem Molenbruch der überschüssigen Komponente 2 identisch. Es folgt:

$$x = \frac{1 - x_B}{2 - x_B}\,,$$

woraus sich ergibt:

$$x\,(1 - x) = \frac{1 - x_B}{(2 - x_B)^2}\,, \qquad \frac{d\,x}{d\,x_B} = -\frac{1}{(2 - x_B)^2}\,.$$

Somit finden wir aus Gl. (325):

$$\frac{dT}{d\,x_B} = \frac{dT}{d\,x}\frac{d\,x}{d\,x_B} = -\frac{RT^2}{\Lambda_0\,(1 - x_B)}\,.$$

Führt man den Molenbruch $x_{AB}\,(= 1 - x_B)$ des Bodenkörpers (der Additionsverbindung AB) ein, so erkennt man, daß die letzte Gleichung mit der Beziehung (128) identisch ist. Für den Grenzübergang $T \to T_M$, $x_B \to 0$ erhält man:

$$\left(\frac{dT}{d\,x_B}\right)_{x_B = 0} = -\frac{RT_M^2}{\Lambda_0}\,,$$

in Übereinstimmung mit Gl. (169).

Der zweite Fall, den wir hier diskutieren wollen, betrifft eine nicht-ideale Mischung, in der die Verbindung $A_{\nu_1}B_{\nu_2}$ vollständig in ihre Bestandteile A (Komponente 1 oder Teilchenart A) und B (Komponente 2 oder Teilchenart B) zerfallen ist, so daß $x_A = x$ ist, während die Beziehungen (319) nicht mehr gelten. Um definierte Aussagen machen zu können, legen wir den Ansatz (285) zugrunde, der nach unseren Ausführungen in § 79 häufig eine gute Näherung für binäre flüssige

Mischungen aus niedrigmolekularen Nichtelektrolyten darstellt. Wir erhalten aus Gl. (8), (10), (13) und (285) mit $x_1 = 1 - x_2 = x_A = 1 - x_B = x$:

$$\mu_1 = \mu_{01} + RT \ln x + A (1 - x)^2, \qquad (5.327\,\text{a})$$

$$H_1 = H_{01} + \left(A - T \frac{\partial A}{\partial T}\right) (1 - x)^2, \qquad (5.327\,\text{b})$$

$$H_2 = H_{02} + \left(A - T \frac{\partial A}{\partial T}\right) x^2. \qquad (5.327\,\text{c})$$

Hierin ist A ein empirischer Parameter, der von T und P abhängt. Aus Gl. (313) und (327a) folgt für die isobare Schmelzkurve:

$$\frac{dT}{dx} = \frac{v_2 RT^2}{A} \left(\frac{v_1}{v_2} - \frac{x}{1-x}\right) \left(\frac{1}{x} - \frac{2A}{RT} (1 - x)\right). \qquad (5.328)$$

Dabei gilt gemäß Gl. (312), (322), (327b) und (327c):

$$\Lambda = \Lambda_0 + \left(A - T \frac{\partial A}{\partial T}\right) [v_1 (1 - x)^2 + v_2 x^2]. \qquad (5.328\,\text{a})$$

Für eine ideale Mischung ($A = 0$, $\partial A/\partial T = 0$), die wir durch den Index $^\text{id}$ kennzeichnen, folgt aus diesen Beziehungen:

$$\left(\frac{dT}{dx}\right)^\text{id} = \frac{v_2 RT^2}{\Lambda_0} \left(\frac{v_1}{v_2} - \frac{x}{1-x}\right) \frac{1}{x}. \qquad (5.329)$$

Aus Gl. (329) finden wir mit $v_1 = v_2 = 1$ Gl. (323) zurück.

Zum Vergleich der Beziehungen (328) und (329) machen wir von der Tatsache Gebrauch, daß der zweite Term der rechten Seite in Gl. (328a) meist gegenüber Λ_0 zu vernachlässigen ist, so daß wir auch in Gl. (328) Λ_0 anstelle von Λ schreiben können. Damit finden wir folgende Aussagen[1]:

1. Wenn A negativ ist, so gilt für

$$\frac{v_1}{v_2} > \frac{x}{1-x} \quad \text{(Gebiete links vom Maximum)}: \frac{dT}{dx} > \left(\frac{dT}{dx}\right)^\text{id},$$

$$\frac{v_1}{v_2} < \frac{x}{1-x} \quad \text{(Gebiete rechts vom Maximum)}: \frac{dT}{dx} < \left(\frac{dT}{dx}\right)^\text{id}.$$

2. Wenn A positiv ist, so gilt für

$$\frac{v_1}{v_2} > \frac{x}{1-x} \quad \text{(Gebiete links vom Maximum)}: \frac{dT}{dx} < \left(\frac{dT}{dx}\right)^\text{id},$$

$$\frac{v_1}{v_2} < \frac{x}{1-x} \quad \text{(Gebiete rechts vom Maximum)}: \frac{dT}{dx} > \left(\frac{dT}{dx}\right)^\text{id}.$$

Dies bedeutet, daß im Falle $A < 0$ das Maximum steiler und im Falle $A > 0$ das Maximum flacher als bei einer idealen Mischung ist. Im ersten

---

[1] Eine ähnliche Diskussion haben PRIGOGINE u. DEFAY: s. Fußnote 2 S. 80, durchgeführt, jedoch mit der Einschränkung $\partial A/\partial T = 0$ („reguläre Mischung"). Ein solcher Mischungstyp existiert in Strenge nicht und kann auch einen unteren kritischen Entmischungspunkt, wie er später diskutiert wird, nicht aufweisen (§ 79).

Falle kann das Maximum so steil werden, daß es das Aussehen einer Spitze erhält. Im zweiten Falle kann die Abplattung bis zur Ausbildung einer Mischungslücke in der Flüssigkeit (Abb. 33) gehen. Die Bedingung hierfür lautet gemäß Gl. (298):

$$\frac{A}{RT} > 2 \, .$$

Dabei hängt es nach § 79 von der Größe $\partial A/\partial T$ ab, ob ein oberer oder ein unterer kritischer Entmischungspunkt auftritt. Beispiele für ein solches Verhalten bilden die Systeme Kalium–Blei mit der intermetallischen Verbindung $K\,Pb_2$ (oberer kritischer Punkt) und Ameisensäure–Triäthyl-amin (unterer kritischer Punkt).

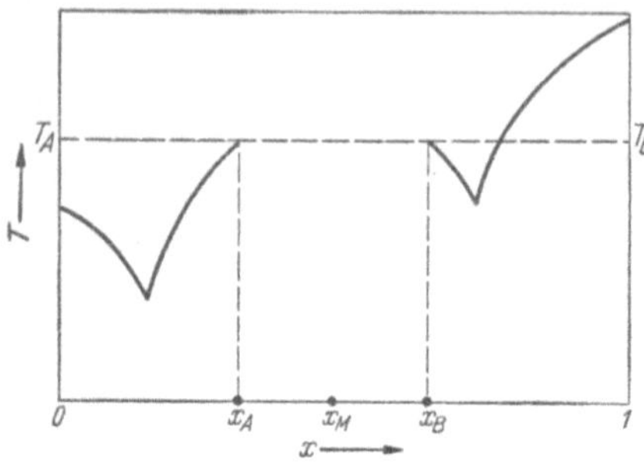

Abb. 33. Isobares Schmelzdiagramm mit Additions-verbindung als Bodenkörper (Zusammensetzung x_M) und Mischungslücke in der Flüssigkeit (im Konzen-trationsbereich zwischen x_A und x_B). Bei der Tem-peratur $T_A = T_B$ koexistieren zwei binäre flüssige Phasen mit der festen Additionsverbindung

Insgesamt gelangen wir zu dem Ergebnis, daß bei dystek-tischen Punkten die Steilheit des Maximums sowohl durch die Größe der Dissoziationskon-stanten der Additionsverbin-dung als auch durch die Abwei-chungen vom idealen Verhalten in der flüssigen Phase bestimmt wird. Diesen Umstand hat be-reits VAN LAAR[1] erkannt.

Während ein dystektischer Punkt, d. h. ein Schmelzpunkts-maximum in einem binären System ohne Mischkristallbildung, eindeutig an die Existenz einer festen Additionsverbindung aus den beiden Komponenten gebunden ist, hat bei anderen Typen von binären azeotropen Punkten das Auftreten eines stationären Punktes im isobaren oder isothermen Zustandsdia-gramm im allgemeinen nichts mit der Bildung einer chemischen Verbin-dung zu tun. Solche Typen von binären azeotropen Punkten stellen die Maxima und Minima[2] des Schmelzpunktes bzw. Siedepunktes oder Dampfdruckes bei binären Schmelzgleichgewichten mit Mischkristallbil-dung bzw. binären Verdampfungsgleichgewichten dar. In diesen Fällen müssen die stationären Punkte wie „zufällige" Singularitäten behandelt werden.

Betrachten wir jetzt das *Maximum oder Minimum beim isobaren Schmelzgleichgewicht mit Mischkristallbildung* (vgl. Abb. 13, S. 205).

Wir beginnen mit der mathematischen Formulierung der Bedingungen für das Auftreten eines solchen Extremums. Für das Gleichgewicht zwi-

---

[1] VAN LAAR, J. J.: s. Fußnote 1 S. 195.

[2] Wendepunkte mit horizontaler Tangente scheinen nicht vorzukommen.

schen Flüssigkeit (Phase ′) und Mischkristall (Phase ″) in einem binären System (mit zwei Teilchenarten 1 und 2) gilt gemäß Gl.(2.10) und (219):

$$\ln \frac{x_1' f_1'}{x_1'' f_1''} = \frac{\mu_{01}'' - \mu_{01}'}{RT} \,, \tag{5.330a}$$

$$\ln \frac{x_2' f_2'}{x_2'' f_2''} = \frac{\mu_{02}'' - \mu_{02}'}{RT} \,. \tag{5.330b}$$

Wir sehen den Druck P als gegeben an. Dann folgt aus der Beziehung [vgl. Gl.(217a)]:

$$\left(\frac{\partial \, (\mu_{0i}/T)}{\partial T} \right)_P = - \frac{H_{0i}}{T^2} \quad (i = 1, \, 2)$$

durch Integration von einer festen Temperatur T_i $(i = 1, \, 2)$ bis zu einer beliebigen Temperatur T:

$$\frac{\mu_{0i}(T)}{T} - \frac{\mu_{0i}(T_i)}{T_i} = - \int\limits_{T_i}^{T} \frac{H_{0i}}{T^2} \, d\,T \quad (i = 1, \, 2) \,.$$

Es sei T_i die Schmelztemperatur des reinen Stoffes i unter dem vorgegebenen Druck. Dann muß bei dieser Temperatur die reine flüssige Komponente i im Gleichgewicht mit der reinen festen Komponente i sein:

$$\mu_{0i}'(T_i) = \mu_{0i}''(T_i) \quad (i = 1, \, 2) \,.$$

Demnach finden wir:

$$\frac{\mu_{0i}''(T)}{T} - \frac{\mu_{0i}'(T)}{T} = \int\limits_{T_i}^{T} \frac{H_{0i}' - H_{0i}''}{T^2} \, d\,T \,. \tag{5.331}$$

Mit der Abkürzung

$$H_{0i}' - H_{0i}'' \equiv \varLambda_i \tag{5.332}$$

für die molare Schmelzwärme des reinen Stoffes i bei der Temperatur T erhalten wir aus Gl.(330) und (331):

$$\ln \frac{x_1' f_1'}{x_1'' f_1''} = \int\limits_{T_1}^{T} \frac{\varLambda_1}{RT^2} \, d\,T \,, \tag{5.333a}$$

$$\ln \frac{x_2' f_2'}{x_2'' f_2''} = \int\limits_{T_2}^{T} \frac{\varLambda_2}{RT^2} \, d\,T \,. \tag{5.333b}$$

Für einen binären azeotropen Punkt gilt mit $x \equiv x_1$:

$$x_1' = x_1'' \equiv x_M \,, \quad x_2' = x_2'' \equiv 1 - x_M \,, \tag{5.334}$$

worin x_M der Molenbruch der Komponente 1 im azeotropen Gemisch ist. Somit folgen aus Gl.(333) die Bedingungsgleichungen für das Auftreten eines azeotropen Punktes (Index M) im isobaren binären Schmelzdiagramm mit Mischkristallbildung:

$$\ln \frac{(f'_1)_M}{(f''_1)_M} = \int\limits_{T_1}^{T_M} \frac{\Lambda_1}{RT^2}\, dT, \qquad (5.335\,\text{a})$$

$$\ln \frac{(f'_2)_M}{(f''_2)_M} = \int\limits_{T_2}^{T_M} \frac{\Lambda_2}{RT^2}\, dT. \qquad (5.335\,\text{b})$$

Hierbei bedeutet T_M die Maximal- oder Minimaltemperatur. Setzen wir voraus, daß die molare Schmelzwärme Λ_1 bzw. Λ_2 im Bereich zwischen T_1 bzw. T_2 und T_M unabhängig von der Temperatur ist, so wird Λ_1 bzw. Λ_2 gleich der molaren Schmelzwärme Λ_{01} bzw. Λ_{02} beim Schmelzpunkt T_1 bzw. T_2 des reinen Stoffes 1 bzw. 2:

$$\Lambda_1 = \Lambda_{01}, \qquad \Lambda_2 = \Lambda_{02}.$$

Mit dieser Vereinfachung leiten wir aus Gl. (335) ab:

$$\ln \frac{(f'_1)_M}{(f''_1)_M} = \frac{\Lambda_{01}}{R}\left(\frac{1}{T_1} - \frac{1}{T_M}\right), \qquad (5.336\,\text{a})$$

$$\ln \frac{(f'_2)_M}{(f''_2)_M} = \frac{\Lambda_{02}}{R}\left(\frac{1}{T_2} - \frac{1}{T_M}\right). \qquad (5.336\,\text{b})$$

Die Aktivitätskoeffizienten f'_1, f''_1, f'_2 und f''_2 sind bei vorgegebenem Druck Funktionen der Temperatur und der Zusammensetzung der Mischphase. Sind diese Funktionen bekannt (vgl. unten), so kann vorausgesagt werden, ob ein azeotroper Punkt existiert, welcher Art das Extremum ist und welche Werte die Größen T_M und x_M haben. Sind umgekehrt die Daten für ein Schmelzpunktsmaximum oder -minimum bekannt, so können die Verhältnisse der Aktivitätskoeffizienten f'_1/f''_1 und f'_2/f''_2 für diesen singulären Punkt ($T = T_M$, $x = x_M$) errechnet werden.

Wenn beide Phasen (binäre Flüssigkeit und binärer Mischkristall) ideale Mischungen ($f'_1 = f''_1 = f'_2 = f''_2 = 1$) darstellen, kann es gemäß Gl. (335) bzw. (336) keinen azeotropen Punkt geben, da dann $T_1 = T_2 = T_M$ sein würde.

Der nächsteinfache Fall, der bei wirklichen flüssigen oder festen Mischphasen vorkommt, wenn es sich um binäre Mischungen von niedrigmolekularen Nichtelektrolyten handelt, wird durch den Ansatz (285) beschrieben ($x \equiv x_1$):

$$\left.\begin{aligned}
RT \ln f'_1 &= A'\,(1 - x')^2, \qquad & RT \ln f'_2 &= A'\,x'^2, \\
RT \ln f''_1 &= A''\,(1 - x'')^2, \qquad & RT \ln f''_2 &= A''\,x''^2,
\end{aligned}\right\} \qquad (5.337)$$

wobei die empirischen Parameter A' und A'' bei vorgegebenem Druck Funktionen der Temperatur sind[1]. Benutzen wir die Näherungen (336), so folgt mit Gl. (337) für einen azeotropen Punkt ($T = T_M$, $x' = x'' = x_M$):

$$\frac{A'_M - A''_M}{T_M} (1 - x_M)^2 = \Lambda_{01} \left(\frac{1}{T_1} - \frac{1}{T_M} \right), \qquad (5.338\,\text{a})$$

$$\frac{A'_M - A''_M}{T_M} x_M^2 = \Lambda_{02} \left(\frac{1}{T_2} - \frac{1}{T_M} \right), \qquad (5.338\,\text{b})$$

worin A'_M bzw. A''_M den Wert von A' bzw. A'' für $T = T_M$ bedeutet. Durch Division von Gl. (338 b) durch Gl. (338 a) können wir A'_M und A''_M eliminieren und einen universellen Zusammenhang ableiten, der bei allen binären Systemen, für die der Ansatz (337) gilt, die Größen x_M und T_M miteinander verknüpft:

$$\frac{x_M^2}{(1 - x_M)^2} = \frac{\Lambda_{02}}{\Lambda_{01}} \frac{T_1}{T_2} \frac{T_2 - T_M}{T_1 - T_M} . \qquad (5.339)$$

Diese Beziehung ist für einige binäre Systeme (Legierungen aus Schwermetallen) bestätigt worden[2].

Subtrahieren wir Gl. (338 b) von Gl. (338 a), so erhalten wir:

$$1 - 2 x_M = \frac{1}{A'_M - A''_M} \left[\frac{\Lambda_{01}}{T_1} (T_M - T_1) - \frac{\Lambda_{02}}{T_2} (T_M - T_2) \right]. \qquad (5.340)$$

Sind die Größen A' und A'' in Abhängigkeit von der Temperatur bekannt, läßt sich hieraus x_M und sodann mit Hilfe von Gl. (339) T_M berechnen. Die Bedingung für die Existenz eines azeotropen Punktes lautet: Es muß eine Temperatur $T = T_M$ geben, bei der die rechte Seite von Gl. (340) einen Wert zwischen -1 und $+1$ annimmt ($0 \leq x_M \leq 1$).

Aus Gl. (219) und (337) folgt:

$$\left(\frac{\partial \mu_1}{\partial x} \right)'_{T, P} = \frac{RT}{x'} - 2 A' (1 - x'),$$

$$\left(\frac{\partial \mu_1}{\partial x} \right)''_{T, P} = \frac{RT}{x''} - 2 A'' (1 - x'').$$

Damit ergibt sich für den azeotropen Punkt (Index M):

$$\Delta \equiv \left(\frac{\partial \mu_1}{\partial x} \right)'_M - \left(\frac{\partial \mu_1}{\partial x} \right)''_M = 2 (A''_M - A'_M) (1 - x_M) . \qquad (5.341)$$

---

[1] A' bzw. A'' ist der Parameter A des Ansatzes (285) für die Phase ' bzw. '' und hat nichts mit der Größe A' bzw. A'' in Gl. (291) zu tun. Über die Berechtigung dieses Ansatzes für Mischkristalle vgl. § 102.

[2] Näheres bei I. PRIGOGINE u. R. DEFAY: s. Fußnote 2 S. 80. Die dort gemachte Voraussetzung $\partial A / \partial T = 0$ (reguläre Mischung) ist für die Gültigkeit von Gl. (339) nicht erforderlich.

Gemäß Gl. (3.88) und (3.89) in § 48 lautet das Kriterium für ein Minimum bzw. Maximum auf der isobaren Schmelzpunktskurve:

$$\Delta > 0 \text{ entspricht Temperaturminimum}, \tag{5.342 a}$$

$$\Delta < 0 \text{ entspricht Temperaturmaximum}. \tag{5.342 b}$$

Demnach gilt, wie aus Gl. (341) ersichtlich:

$$A'_M < A''_M: \text{ Schmelzpunktsminimum}, \tag{5.343 a}$$

$$A'_M > A''_M: \text{ Schmelzpunktsmaximum}. \tag{5.343 b}$$

Schließlich diskutieren wir noch das *Maximum oder Minimum auf einer isobaren Siedekurve bzw. auf einer isothermen Dampfdruckkurve* (vgl. Abb. 13 und Abb. 14, S. 205 und 207).

Bezeichnen wir den Dampf als Phase ´ und die Flüssigkeit als Phase ´´, so lassen sich zu Gl. (335) und (336) vollkommen analoge Beziehungen ableiten, in denen anstelle der molaren Schmelzwärmen und der Schmelzpunkte die molaren Verdampfungswärmen und die Siedepunkte stehen. Setzen wir weiterhin den Dampf als ideales Gasgemisch voraus ($f'_1 = f'_2 = 1$, vgl. § 61) und machen für die Flüssigkeit (bei Fortlassen des Phasenindex ´´) den Ansatz (285), so erhalten wir anstelle von Gl. (337):

$$RT \ln f'_1 = RT \ln f'_2 = 0, \quad RT \ln f_1 = A\,(1 - x)^2, \quad RT \ln f_2 = A\,x^2. \tag{5.344}$$

Wir brauchen also, um zu den Beziehungen für das isobare Siedegleichgewicht zu gelangen, in den Formeln (338) bis (343) nur folgende Substitutionen vorzunehmen:

$$A'_M = 0, \quad A''_M = A_M, \quad T_1 = T_{01}, \quad T_2 = T_{02}, \quad \Lambda_{01} = L_{01}, \quad \Lambda_{02} = L_{02},$$

worin T_{01} und T_{02} bzw. L_{01} und L_{02} die Siedepunkte bzw. molaren Verdampfungswärmen (bei den Temperaturen T_{01} und T_{02}) für die reinen Komponenten 1 und 2 bedeuten.

Wir finden so insbesondere den Zusammenhang zwischen Zusammensetzung und Siedetemperatur des azeotropen Gemischs nach Gl. (339):

$$\frac{x_M^2}{(1 - x_M)^2} = \frac{L_{02}}{L_{01}} \frac{T_{01}}{T_{02}} \frac{T_{02} - T_M}{T_{01} - T_M}, \tag{5.345 a}$$

die Zusammensetzung des azeotropen Gemischs gemäß Gl. (340):

$$1 - 2\,x_M = \frac{1}{A_M} \left[\frac{L_{02}}{T_{02}} (T_M - T_{02}) - \frac{L_{01}}{T_{01}} (T_M - T_{01}) \right] \tag{5.345 b}$$

und schließlich die notwendigen Bedingungen für die Existenz eines Minimums oder Maximums nach Gl. (343):

$$A_M > 0: \text{ Siedepunktsminimum (Dampfdruckmaximum)}, \tag{5.346 a}$$

$$A_M < 0: \text{ Siedepunktsmaximum (Dampfdruckminimum)}. \tag{5.346 b}$$

Die Beziehung (345a) ist, unter Verwendung empirischer Regeln für die molaren Verdampfungsentropien (L_{01}/T_{01} und L_{02}/T_{02}), an einer großen Zahl von binären flüssigen Gemischen aus niedrigmolekularen Nichtelektrolyten mit meist positivem Erfolg geprüft worden[1].

Noch übersichtlicher werden die Verhältnisse, wenn wir statt des isobaren Siedepunktsmaximums bzw. -minimums das entsprechende isotherme Dampfdruckminimum bzw. -maximum betrachten (vgl. § 46).

Vernachlässigen wir die „Realgaskorrektur", so gilt für den Dampfdruck p einer binären flüssigen Mischung gemäß Gl. (90):

$$p\,x_i' = p_{0i}\,x_i f_i \quad (i = 1,\,2)\,. \tag{5.347}$$

Hierin ist p_{0i} der Dampfdruck der reinen Komponente i bei der betrachteten Temperatur. Für einen azeotropen Punkt (M) erhalten wir mit $x_i = x_i'$ $(i = 1,\,2)$:

$$p_M = p_{01}\,(f_1)_M = p_{02}\,(f_2)_M\,, \tag{5.348}$$

$$\frac{(f_1)_M}{(f_2)_M} = \frac{p_{02}}{p_{01}}\,. \tag{5.349}$$

Hierbei bedeutet p_M den Maximal- oder Minimaldampfdruck. Kann bei der vorgegebenen Temperatur die Beziehung (349) für einen Wert von $x(= x_1)$ erfüllt werden, der zwischen 0 und 1 liegt, so existiert ein azeotroper Punkt.

Wir benutzen wieder den Ansatz (344):

$$R\,T\ln\frac{f_1}{f_2} = A\,(1 - 2\,x)\,, \tag{5.350}$$

worin A eine Konstante ist, da wir die Temperatur vorgegeben und die Druckabhängigkeit schon in Gl. (347) vernachlässigt haben. Aus Gl. (349) und (350) folgt:

$$1 - 2\,x_M = \frac{R\,T}{A}\ln\frac{p_{02}}{p_{01}}\,. \tag{5.351}$$

Mit $0 \leq x_M \leq 1$ ergibt sich die Bedingung für die Existenz eines Dampfdruckextremums bei der betrachteten Temperatur T:

$$-1 \leq \frac{R\,T}{A}\ln\frac{p_{02}}{p_{01}} \leq 1$$

oder

$$\frac{|A|}{R\,T} \geq \left|\ln\frac{p_{02}}{p_{01}}\right|\,. \tag{5.352}$$

Nach den Kriterien (346) entsprechen hierbei positive Werte von A einem Dampfdruckmaximum und negative Werte von A einem Dampfdruck-

<hr>

[1] Vgl. I. Prigogine u. R. Defay: s. Fußnote 2 S. 80.

minimum. Der Extremdruck p_M errechnet sich aus Gl. (344) und (348):

$$\ln p_M = \ln p_{01} + \frac{A}{RT}(1 - x_M)^2 = \ln p_{02} + \frac{A}{RT} x_M^2. \qquad (5.353)$$

Hieraus leiten wir ab:

$$\frac{x_M^2}{(1-x_M)^2} = \frac{\ln p_M/p_{02}}{\ln p_M/p_{01}} \qquad (5.354)$$

oder durch Auflösung nach x_M:

$$\frac{1}{x_M} = 1 + \sqrt{\frac{\ln p_M/p_{01}}{\ln p_M/p_{02}}}. \qquad (5.355)$$

Diese Beziehung geht auf KIREJEW[1] zurück[2].

6. Kapitel

Nichtelektrolytlösungen

§ 81. Niedrigmolekulare Nichtelektrolytlösungen

Flüssige Mischungen, deren einzelne Teilchenarten vergleichbare Molekülgröße aufweisen und in denen keine Ionen enthalten sind, bezeichnen wir als „niedrigmolekulare Nichtelektrolytlösungen". Die Abgrenzung gegenüber „hochmolekularen Nichtelektrolytlösungen" (§ 82) ist willkürlich und erfolgt aus praktischen Gründen. Molekularstatistische Gesichtspunkte (vgl. § 83) ermöglichen eine natürlichere Einteilung. In ausgeprägten Fällen liegt allerdings die Unterscheidung von vornherein nahe. So wird man ein flüssiges Gemisch aus Toluol und Äthanol als „niedrigmolekulare Lösung" bezeichnen — auch wenn Äthanol assoziiert sein sollte —, während man bei einer flüssigen Mischung aus Toluol und Polystyrol von einer „hochmolekularen Lösung" sprechen wird.

In den Reihenentwicklungen für die Logarithmen der Aktivitätskoeffizienten der einzelnen Teilchenarten nach Potenzen der Konzentrationen können gemäß Satz 1 in § 75 nur nicht-negative Exponenten auftreten. Bei Nichtelektrolytlösungen lehrt sowohl die Erfahrung als auch die statistische Theorie[3], daß die Exponenten nicht-negative *ganze* Zahlen (0, 1, 2, …) sind.

---

[1] KIREJEW, V.: Acta physicochim. URSS 14, 371 (1941).

[2] Weitere Betrachtungen über binäre azeotrope Punkte beim Verdampfungsgleichgewicht finden sich bei PRIGOGINE u. DEFAY: s. Fußnote 2 S. 80, sowie HAASE: s. Fußnote 1 S. 197. Umfangreiches Tabellenmaterial geben M. LECAT: L'azéotropisme, Brüssel 1918, und L. H. HORSLEY: Analyt. Chem. 19, 508 (1947); 21, 831 (1949). Eine thermodynamische Diskussion ternärer azeotroper Punkte beim Verdampfungsgleichgewicht findet sich bei HAASE: s. Fußnote 1 S. 222.

[3] Vgl. W. G. McMILLAN JR. u. J. E. MAYER: s. Fußnote 1 S. 179.

Bei niedrigmolekularen Nichtelektrolytlösungen ist es angebracht, von den molaren „Zusatzfunktionen", wie sie schon in § 76 und § 79 benutzt wurden, auszugehen und alle übrigen thermodynamischen Funktionen daraus abzuleiten. Auch für die praktische Auswertung von Messungen, insbesondere von Verdampfungsgleichgewichten, ist dieses Verfahren das zweckmäßigste[1].

a) Allgemeine Reihenentwicklungen für binäre Systeme. Wir beschränken die Diskussion der Kürze halber auf binäre Lösungen, die nur zwei Teilchenarten (1 und 2) enthalten. Dann können wir mit REDLICH und KISTER[2] für die molare Freie Zusatzenthalpie $\bar{G}^E$ (vgl. § 76 und § 79) folgende Potenzreihe im Molenbruch x ansetzen[3]:

$$\bar{G}^E = x\,(1 - x)\,[A + B\,(2\,x - 1) + C\,(2\,x - 1)^2 + \cdots]. \tag{6.1}$$

Hierin sind A, B, C, ... empirische Parameter, die von der Temperatur T und vom Druck P abhängen. Vereinbaren wir, daß x der Molenbruch der Komponente 1 sei ($x = x_1$, $1 - x = x_2$), so folgt aus Gl.(1) mit Gl.(1.273), (1.274), (5.152), (5.153) und (5.272):

$$\left.\begin{aligned}
R\,T \ln f_1 &= \mu_1^E = \bar{G}^E + (1 - x)\left(\frac{\partial \bar{G}^E}{\partial x}\right)_{T,\,P} \\
&= (1 - x)^2[A + B\,(4\,x - 1) + C\,(2\,x - 1)\,(6\,x - 1) + \cdots],
\end{aligned}\right\} \tag{6.2 a}$$

$$\left.\begin{aligned}
R\,T \ln f_2 &= \mu_2^E = \bar{G}^E - x\left(\frac{\partial \bar{G}^E}{\partial x}\right)_{T,\,P} \\
&= x^2\,[A + B\,(4\,x - 3) + C\,(2\,x - 1)\,(6\,x - 5) + \cdots],
\end{aligned}\right\} \tag{6.2 b}$$

$$\left.\begin{aligned}
R\,T \ln \frac{f_1}{f_2} &= \mu_1^E - \mu_2^E = \left(\frac{\partial \bar{G}^E}{\partial x}\right)_{T,\,P} = A\,(1 - 2\,x) \\
&+ B[6\,x\,(1 - x) - 1] + C\,(1 - 2\,x)\,[1 - 8\,x\,(1 - x)] + \cdots
\end{aligned}\right\} \tag{6.2 c}$$

Hierbei bedeutet f_i bzw. μ_i^E den Aktivitätskoeffizienten bzw. das zusätzliche chemische Potential der Komponente i ($i = 1, 2$) und R die Gaskonstante.

Gl.(2a) bzw. (2b) ist in Übereinstimmung mit Satz 1 in § 75. Es handelt sich hier, wie oben bemerkt, um den Spezialfall einer Reihenentwicklung der Logarithmen der Aktivitätskoeffizienten nach *ganzen* Potenzen der Konzentrationsvariablen. Da $\ln f_1$ in Gl.(2a) bzw. $\ln f_2$ in Gl.(2b) als Potenzreihe in $(1 - x)$ bzw. in x betrachtet werden kann, so ist auch

---

[1] Vgl. hierzu W. JOST u. H. RÖCK: Chem. Engng. Sci. **3**, 17 (1954), wo auch die Unzweckmäßigkeit des älteren Verfahrens, bei dem man von einer Potenzreihe für die Aktivitätskoeffizienten bzw. Partialdrucke ausgeht, näher begründet wird.

[2] REDLICH, O. u. A. T. KISTER: Ind. Engng. Chem. **40**, 345 (1948).

[3] Vgl. auch E. A. GUGGENHEIM: Trans. Faraday Soc. **32**, 151 (1937), sowie G. SCATCHARD: Chem. Reviews **44**, 7 (1949).

Satz 2 in § 75 für die Entwicklung (2a) bzw. (2b) gültig: Die niedrigste Potenz ist $(1-x)^2$ bzw. x^2. (Konstante Terme fallen wegen der hier gewählten Normierung für f_1 bzw. f_2 fort.)

Führt man mit Hilfe von Gl. (5.90) die Partialdrucke der beiden Komponenten sowie anders definierte Parameter anstelle von A, B, C, ... ein, so erhält man die Reihe von MARGULES[1]. Auf ähnliche Weise kann man Gl. (1) und (2) in weitere Ansätze umformen, die von anderen Autoren benutzt worden sind[2].

Wir schreiben für die Temperatur- und Druckableitungen der Parameter A, B, C, ...:

$$\left(\frac{\partial A}{\partial T}\right)_P \equiv A', \quad \left(\frac{\partial B}{\partial T}\right)_P \equiv B', \quad \left(\frac{\partial C}{\partial T}\right)_P \equiv C', \; \dots \tag{6.3a}$$

$$\left(\frac{\partial A}{\partial P}\right)_T \equiv A'', \quad \left(\frac{\partial B}{\partial P}\right)_T \equiv B'', \quad \left(\frac{\partial C}{\partial P}\right)_T \equiv C'', \; \dots \tag{6.3b}$$

Dann ergeben sich mit Gl. (5.153) und (5.286) aus Gl. (1) und (2) die Reihenentwicklungen für die verschiedenen Zusatzfunktionen, nämlich die molare Zusatzentropie:

$$\bar{S}^E = -\left(\frac{\partial \bar{G}^E}{\partial T}\right)_{P,\,x} = -x(1-x)[A' + B'(2x-1) + C'(2x-1)^2 + \cdots], \tag{6.4}$$

die partiellen molaren Zusatzentropien:

$$S_1^E = -(1-x)^2[A' + B'(4x-1) + C'(2x-1)(6x-1) + \cdots], \tag{6.5a}$$

$$S_2^E = -x^2[A' + B'(4x-3) + C'(2x-1)(6x-5) + \cdots], \tag{6.5b}$$

die molare Zusatzenthalpie [molare Mischungswärme, vgl. Gl. (A 7) in Anhang 2]:

$$\bar{H}^E = \bar{G}^E + T\bar{S}^E = x(1-x)[a + b(2x-1) + c(2x-1)^2 + \cdots] \tag{6.6}$$

mit den Abkürzungen

$$a \equiv A - A'T, \quad b \equiv B - B'T, \quad c \equiv C - C''T, \; \dots, \tag{6.7}$$

die partiellen molaren Zusatzenthalpien [partiellen molaren Mischungswärmen, vgl. Gl. (A 8) und (A 9) in Anhang 2]:

$$H_1^E = (1-x)^2[a + b(4x-1) + c(2x-1)(6x-1) + \cdots], \tag{6.8a}$$

$$H_2^E = x^2[a + b(4x-3) + c(2x-1)(6x-5) + \cdots], \tag{6.8b}$$

das molare Zusatzvolumen:

$$\bar{V}^E = \left(\frac{\partial \bar{G}^E}{\partial P}\right)_{T,\,x} = x(1-x)[A'' + B''(2x-1) + C''(2x-1)^2 + \cdots] \tag{6.9}$$

---

[1] MARGULES, M.: s. Fußnote 1 S. 209.

[2] Vgl. hierzu K. WOHL: Trans. Amer. Inst. Chem. Engrs. **42**, 189 (1946), und R. HAASE: s. Fußnote 1 S. 328.

und die partiellen molaren Zusatzvolumina:

$$V_1^E = (1 - x)^2 \left[A'' + B'' (4\,x - 1) + C'' (2\,x - 1)(6\,x - 1) + \cdots \right], \qquad (6.10\,\mathrm{a})$$

$$V_2^E = x^2 \left[A'' + B'' (4\,x - 3) + C'' (2\,x - 1)(6\,x - 5) + \cdots \right]. \qquad (6.10\,\mathrm{b})$$

Die molekularphysikalische Deutung der in diesen Gleichungen auftretenden Parameter ist bisher nur bei besonders ausgeprägten Typen von Mischungen gelungen (vgl. § 83). Wir behandeln daher an dieser Stelle die Größen A, A', A'', B, B', B'' usw. als empirische Funktionen von T und P, die nach den im vorigen Kapitel geschilderten Methoden experimentell ermittelbar sind.

Auch die höheren Ableitungen von $\bar{G}^E$ nach T und P können aus den vorangehenden Gleichungen gebildet werden, z. B. die Größen

$$\bar{C}_P^E = \left(\frac{\partial \bar{H}^E}{\partial T} \right)_{P,x} = T \left(\frac{\partial \bar{S}^E}{\partial T} \right)_{P,x}, \qquad (6.11)$$

$$\bar{V}^E - T \left(\frac{\partial \bar{V}^E}{\partial T} \right)_{P,x} = \bar{V}^E + T \left(\frac{\partial \bar{S}^E}{\partial P} \right)_{T,x} = \left(\frac{\partial \bar{H}^E}{\partial P} \right)_{T,x}. \qquad (6.12)$$

Hierin bedeutet $\bar{C}_P^E$ nach Gl. (1.74) die zusätzliche Molwärme (bei konstantem Druck) der Mischung.

Eine *ideale Mischung* (vgl. § 74) ist gekennzeichnet durch die Bedingungen

$$\bar{H}^E = 0, \quad \bar{S}^E = 0, \quad \bar{V}^E = 0, \quad \bar{G}^E = 0.$$

Im vorliegenden Spezialfalle (binäre Mischungen mit zwei Teilchenarten) sind diese Bedingungen gemäß Gl. (1), (4), (6), (7) und (9) folgenden Aussagen äquivalent:

$$A = 0, \; B = 0, \; C = 0, \; \ldots, \quad A' = 0, \; B' = 0, \; C' = 0, \; \ldots,$$
$$A'' = 0, \; B'' = 0, \; C'' = 0, \; \ldots$$

Auch die höheren Ableitungen von $\bar{G}^E$ nach T und P, z. B. $\bar{C}_P^E$ und $\partial \bar{V}^E / \partial T$, verschwinden hier.

Eine *athermische Mischung* ist charakterisiert durch die Beziehungen

$$\bar{H}^E = 0, \quad \bar{S}^E \neq 0, \quad \bar{V}^E \neq 0, \quad \bar{G}^E = -T \bar{S}^E \neq 0. \qquad (6.13)$$

Da die Aussage $\bar{H}^E = 0$ für einen bestimmten Temperatur- und Druckbereich erfüllt sein muß, damit der Begriff „athermische Mischung" sinnvoll anwendbar ist, verschwinden in diesem Bereich auch die Ableitungen von $\bar{H}^E$ nach T und P. Hieraus folgt mit Gl. (11) und (12):

$$\bar{C}_P^E = 0, \quad \bar{V}^E = \mathrm{const}\; T. \qquad (6.13\,\mathrm{a})$$

Demnach gilt für die Parameter der Gleichungen (1), (4), (6) und (9):

$$\left. \begin{array}{l} A = A'\,T, \quad B = B'\,T, \quad C = C'\,T, \quad \ldots, \\ A'' = A'''\,T, \; B'' = B'''\,T, \; C'' = C'''\,T, \quad \ldots, \end{array} \right\} \qquad (6.14)$$

worin die Größen A', B', C', ..., A''', B''', C''', ... für gegebenen Druck Konstanten sind. Verschwindet außer $\bar{H}^E$ auch $\bar{V}^E$ („halbideale Mischung" nach GUGGENHEIM[1]), so ergibt sich aus Gl. (9): $A''= 0$, $B''= 0$, $C''= 0$, ..., und nach Gl. (4) und (12) werden die Parameter A', B', C'... auch unabhängig vom Druck. Wir kommen auf athermische Mischungen in § 82 zurück.

Eine *reguläre Mischung* ist charakterisiert durch die Bedingungen

$$\bar{H}^E \neq 0, \quad \bar{S}^E = 0, \quad \bar{V}^E = 0 \text{ oder } \bar{V}^E \neq 0, \quad \bar{G}^E = \bar{H}^E \neq 0. \quad (6.15)$$

Die äquivalenten Aussagen bezüglich der hier betrachteten Parameter lauten gemäß Gl. (4):

$$A' = 0, \; B' = 0, \; C' = 0, \; ... \quad (6.16)$$

oder nach Gl. (3) bei konstantem Druck:

$$A = \text{const}, \; B = \text{const}, \; C = \text{const}, \; ... \, (P = \text{const}) \quad (6.17)$$

oder gemäß Gl. (7):

$$a = A, \; b = B, \; c = C, \; .... \quad (6.18)$$

Hier verschwinden gemäß Gl. (11) und (12) die Größen $\bar{C}_P^E$ und $\partial \bar{V}^E / \partial T$. Nach unseren derzeitigen Kenntnissen kommen reguläre Mischungen in der Natur nicht vor[2].

---

[1] GUGGENHEIM, E. A.: s. Fußnote 2 S. 317.

[2] Strenggenommen, kann es auch ideale oder athermische Mischungen nicht geben. Aber innerhalb der derzeitigen Meßgenauigkeit verhalten sich gewisse Systeme ideal (§ 74) oder athermisch (§ 82), während man „regulären Mischungen" nie begegnet, auch nicht in erster Näherung.

Früher machte man fast durchweg bei allen Nichtelektrolytlösungen die Annahme $\bar{S}^E = 0$ und glaubte, dies theoretisch begründen zu können. Bezüglich dieser Vermutung schreibt SCATCHARD[3]: „... the attempts to prove it were often more amusing than convincing."

Der Begriff der „regulären Lösung" geht auf HILDEBRAND[4] zurück, der jedoch ursprünglich eine etwas andere Definition gibt. Im Laufe der Zeit ist diese Definition so oft abgewandelt worden, daß es schwierig ist, alle Begriffsbestimmungen der „regulären Mischung" aufzuzählen. Es sei nur bemerkt, daß in der angelsächsischen Literatur u. a. folgende Typen von Mischungen als „regular solutions" bezeichnet werden:

1. „streng reguläre Lösungen" im Sinne einer molekularstatistischen Definition, die wir in § 83 geben,

2. Mischungen, die dem HERZFELD-HEITLERschen Ansatz (28) gehorchen und die gleichzeitig dem einfachsten Typ einer „regulären Mischung" und einer „streng regulären Lösung" entsprechen (vgl. unten),

3. Mischungen, die den SCATCHARD-HILDEBRANDschen Ansatz (118) bzw. (119) befolgen (vgl. § 84),

4. Mischungen, die dem PORTERschen Ansatz (19) gehorchen.

Die Typen 3 und 4 sind nach unseren Begriffsbestimmungen weder „regulär" noch „streng regulär".

[3] SCATCHARD, G.: s. Fußnote 3 S. 437.

[4] HILDEBRAND, J. H.: J. Amer. Chem. Soc. **51**, 66 (1929).

b) Einfache Ansätze für binäre Systeme. Der nach der „idealen" und „athermischen" Mischung einfachste Typ von binären Mischphasen, der in der Natur realisiert ist, wird durch folgenden Ansatz beschrieben:

$$\bar{G}^E = A\, x\,(1 - x) \tag{6.19}$$

mit

$$A' \neq 0, \quad A'' \neq 0, \tag{6.19a}$$

woraus mit Gl. (4), (6), (7) und (9) folgt:

$$\bar{S}^E = -\,A'\, x\,(1 - x)\,, \tag{6.20}$$

$$\bar{H}^E = a\, x\,(1 - x) = (A - A'\, T)\, x\,(1 - x)\,, \tag{6.21}$$

$$\bar{V}^E = A''\, x\,(1 - x)\,. \tag{6.22}$$

Diese Beziehungen ergeben sich formal aus Gl. (1), (4), (6) und (9), wenn man ansetzt:

$$B = 0,\ C = 0,\ \ldots,\quad B' = 0,\ C' = 0,\ \ldots,\quad B'' = 0,\ C'' = 0,\ \ldots \tag{6.23}$$

Die Gleichungen (19) bis (22) sind mit den in § 79 und § 80 bereits benutzten Gleichungen (5.287) bis (5.290) identisch. Für die zugehörigen partiellen molaren Größen finden wir aus Gl. (2), (5), (8), (10) und (23):

$$RT \ln f_1 = \mu_1^E = A\,(1 - x)^2\,, \tag{6.24a}$$

$$RT \ln f_2 = \mu_2^E = A\, x^2\,, \tag{6.24b}$$

$$RT \ln \frac{f_1}{f_2} = \mu_1^E - \mu_2^E = A\,(1 - 2\,x)\,, \tag{6.24c}$$

$$S_1^E = -\,A'\,(1 - x)^2\,, \tag{6.25a}$$

$$S_2^E = -\,A'\, x^2\,, \tag{6.25b}$$

$$H_1^E = a\,(1 - x)^2 = (A - A'\, T)\,(1 - x)^2\,, \tag{6.26a}$$

$$H_2^E = a\, x^2 = (A - A'\, T)\, x^2\,, \tag{6.26b}$$

$$V_1^E = A''\,(1 - x)^2\,, \tag{6.27a}$$

$$V_2^E = A''\, x^2\,. \tag{6.27b}$$

Wir bezeichnen Gl. (19) aus historischen Gründen als „Ansatz von PORTER".

PORTER[1] hat mit Hilfe von Gl. (24) bzw. der daraus folgenden Gl. (36) Partialdruckmessungen an mehreren (nach heutiger Kenntnis meist ungeeigneten) Systemen beschrieben, wobei er A als Funktion der Temperatur betrachtete. Vorher hatte schon SAMESHIMA[2] bemerkt, daß beim System Benzol—Schwefelkohlenstoff an-

---

[1] PORTER, A. W.: Trans. Faraday Soc. **16**, 336 (1920).

[2] SAMESHIMA, J.: J. Amer. Chem. Soc. **40**, 1482, 1503 (1918).

nähernde Proportionalität zwischen $\bar{G}^E$ und $\bar{H}^E$ herrscht. Die entsprechende Proportionalität zwischen $\bar{S}^E$ und $\bar{H}^E$ ist später an anderen Systemen noch mehrfach festgestellt worden, so z. B. von KIREJEW[1] und JOST[2]. Der Zusammenhang zwischen diesen verschiedenen Beobachtungen sowie die empirische Tragweite des Ansatzes (19) ist erst später erkannt worden[3].

Der PORTERsche Ansatz gilt besonders für Systeme mit geringen Abweichungen vom idealen Verhalten. Aber auch in vielen anderen Fällen stellt er eine gute Näherung dar (vgl. unten). Die Systeme Tetrachlorkohlenstoff–Cyclohexan und Tetrachlorkohlenstoff–Chloroform gehorchen innerhalb der Meßgenauigkeit dem PORTERschen Ansatz (vgl. unten). Die Systeme Benzol–Tetrachlorkohlenstoff[4] und Benzol–Cyclohexan[5]

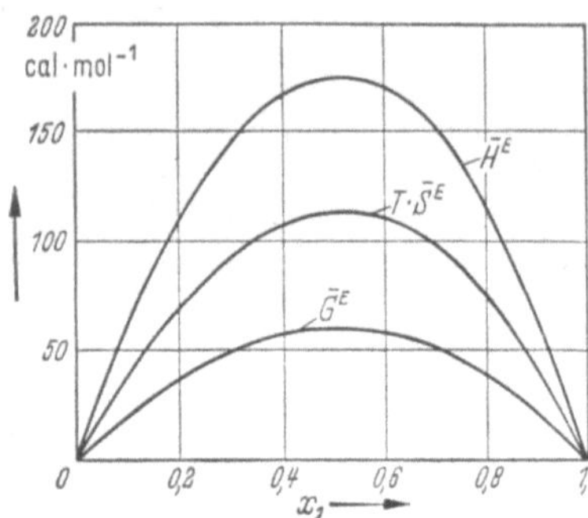

Abb. 34. Benzol (1)—Cyclohexan (2) bei 70° C nach SCATCHARD, WOOD und MOCHEL[5]

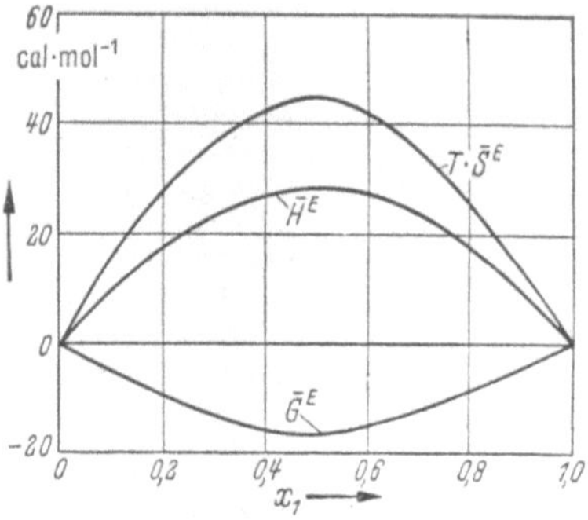

Abb. 35. n-Hexadekan (1)—n-Hexan (2) bei 20° C nach VAN DER WAALS JR[6]

(Abb. 34) lassen sich annähernd durch den Ansatz von PORTER beschreiben, und zwar das erste System besser als das zweite. In allen genannten Fällen gilt:

$$A > 0, \quad A' < 0, \quad A'' > 0.$$

Demnach sind bei diesen Systemen die Funktionen $\bar{G}^E$, $\bar{S}^E$ und $\bar{V}^E$ im gesamten Konzentrationsbereich positiv[7] und weisen ein Maximum bei $x = 0{,}5$ auf. Diese Angaben stützen sich auf Messungen der Partialdrucke

[1] KIREJEW, V.: Acta physicochim. URSS 13, 454, 531, 552 (1940).

[2] JOST, W.: Z. Naturforsch. 1, 576 (1946).

[3] HAASE, R.: s. Fußnote 1 S. 328.

[4] Vgl. G. SCATCHARD, S. E. WOOD u. J. M. MOCHEL: J. Amer. Chem. Soc. 62, 712 (1940), sowie G. SCATCHARD u. L. B. TICKNOR: J. Amer. Chem. Soc. 74, 3724 (1952).

[5] Vgl. G. SCATCHARD, S. E. WOOD u. J. M. MOCHEL: J. Physic. Chem. 43, 119 (1939).

[6] VAN DER WAALS, J. H.: Diss. Groningen 1950; Rec. Trav. chim. Pays-Bas 70, 101 (1951).

[7] Das System Hexadekan–Hexan (Abb. 35), das den Ansatz (19) mit $A < 0$ befolgt, gehört zu den „hochmolekularen" Lösungen (vgl. § 82).

und Dichten bei mehreren Temperaturen sowie auf kalorimetrische Bestimmungen der Mischungswärmen[1].

Wir diskutieren nun die explizite Form der Temperatur- und Druckabhängigkeit des Parameters A.

Der formal einfachste Fall ist:

$$A' = 0, \ A'' = 0, \quad \text{d.h.} \ A = \text{const},$$

woraus mit Gl. (19) bis (22) folgt:

$$\bar{G}^E = \bar{H}^E = \text{const} \ x(1-x), \quad \bar{S}^E = 0, \quad \bar{V}^E = 0. \tag{6.28}$$

Diese Beziehungen kennzeichnen gemäß Gl. (15) den einfachsten Typ einer regulären Mischung. Sie haben nur hypothetische Bedeutung. In der älteren Literatur spielt der Ansatz (28) eine große Rolle; denn er ergibt sich als Sonderfall aus der VAN LAARschen Theorie der flüssigen Gemische sowie als „nullte Näherung" aus der Theorie der „streng regulären Lösung" (vgl. § 83). Da HERZFELD und HEITLER[2] die ersten Autoren waren, welche die Beziehungen (28) aus molekularstatistischen Betrachtungen ableiteten, die unabhängig von der VAN DER WAALS-VAN LAARschen Theorie der Zustandsgleichung waren, bezeichnen wir Gl. (28) als „Ansatz von HERZFELD und HEITLER". Auch HILDEBRAND hat den Ansatz (28) weitgehend diskutiert und angewandt.

Zur quantitativen Beschreibung einer binären Nichtelektrolytlösung, für die der PORTERsche Ansatz gilt, müssen kompliziertere Ausdrücke für die Funktion $A(T, P)$ benutzt werden. Als Beispiel für eine mögliche Form dieser Funktion setzen wir an:

$$A = \alpha_0 + \beta_0 P - \alpha_1 T + \beta_1 PT - \alpha_2 T \ln T. \tag{6.29}$$

Hierin sind $\alpha_0, \alpha_1, \alpha_2, \beta_0$ und β_1 Konstanten, die für jedes Gemisch empirisch zu bestimmen sind. Die Bedeutung dieses Ansatzes sehen wir ein, wenn wir mit Gl. (3) und (7) aus Gl. (29) folgende Ausdrücke ableiten:

$$A' = - (\alpha_1 + \alpha_2 - \beta_1 P + \alpha_2 \ln T),$$
$$a = A - A' T = \alpha_0 + \beta_0 P + \alpha_2 T,$$
$$A'' = \beta_0 + \beta_1 T,$$

woraus sich mit Gl. (19) bis (22) die molaren Zusatzfunktionen ergeben:

$$\bar{G}^E = (\alpha_0 + \beta_0 P - \alpha_1 T + \beta_1 PT - \alpha_2 T \ln T) \ x(1-x), \tag{6.30a}$$
$$\bar{S}^E = (\alpha_1 + \alpha_2 - \beta_1 P + \alpha_2 \ln T) \ x(1-x), \tag{6.30b}$$
$$\bar{H}^E = (\alpha_0 + \beta_0 P + \alpha_2 T) \ x(1-x), \tag{6.30c}$$
$$\bar{V}^E = (\beta_0 + \beta_1 T) \ x(1-x). \tag{6.30d}$$

---

[1] Über die Zusatzvolumina s. S. E. WOOD u. J. P. BRUSIE: J. Amer. Chem. Soc. **65**, 1891 (1943); S. E. WOOD u. A. E. AUSTIN: J. Amer. Chem. Soc. **67**, 480 (1945); S. E. WOOD u. J. A. GRAY III: J. Amer. Chem. Soc. **74**, 3729, 3733 (1952).

[2] HERZFELD, K. F. u. W. HEITLER: Z. Elektrochem. **31**, 536 (1925). — W. HEITLER: Ann. Physik (4) **80**, 630 (1926).

Der Ansatz (29) bedeutet also, wenn wir Gl. (11) beachten[1]:

1. Die zusätzliche Molwärme der Mischung, d. h. der Ausdruck $\alpha_2 x (1 - x)$, ist unabhängig von T und P.

2. Das molare Zusatzvolumen $(\bar{V}^E)$ ist unabhängig von P und eine lineare Funktion von T (mit konstantem Term).

Wir prüfen die Gleichungen (30) an den Systemen Tetrachlorkohlenstoff–Chloroform und Tetrachlorkohlenstoff–Cyclohexan, die nach unseren obigen Ausführungen innerhalb der derzeitigen Meßgenauigkeit den PORTERschen Ansatz befolgen.

McGLASHAN, PRUE und SAINSBURY[2] finden für das System Tetrachlorkohlenstoff–Chloroform im Temperaturbereich zwischen 25° C und 55° C (bei Atmosphärendruck):

$$\bar{G}^E = (930 - 1{,}691\,T)\,x\,(1 - x)\ [\text{Joule mol}^{-1}],$$

$$\bar{S}^E = 1{,}691\,x\,(1 - x)\ [\text{Joule grad}^{-1}\,\text{mol}^{-1}],$$

$$\bar{H}^E = 930\,x\,(1 - x)\ [\text{Joule mol}^{-1}].$$

Diese Ausdrücke sind in Übereinstimmung mit Gl. (30a) bis (30c), wenn man $P = \text{const}$ und $\alpha_2 = 0$ setzt. In diesem Falle sind $\bar{H}^E$ und $\bar{S}^E$ unabhängig von der Temperatur, und die zusätzliche Molwärme der Mischung verschwindet. Die Druckabhängigkeit von A kann nicht nachgeprüft werden, da experimentelle Unterlagen fehlen. Es geht aber aus den Dichtemessungen der genannten Autoren hervor, daß $\bar{V}^E$ bei 25° C und Atmosphärendruck positiv und dem Ausdruck $x\,(1 - x)$ proportional ist, in Übereinstimmung mit Gl. (30d) und unseren obigen allgemeinen Bemerkungen.

GUGGENHEIM und PRUE[3] finden für das System Tetrachlorkohlenstoff–Cyclohexan im Temperaturbereich zwischen 30° C und 70° C (bei Atmosphärendruck):

$$\bar{G}^E = \left(1188 - 3{,}02\,T + 2\,T \ln \frac{T}{303}\right) x\,(1 - x)\ [\text{Joule mol}^{-1}],$$

$$\bar{S}^E = \left(1{,}02 - 2 \ln \frac{T}{303}\right) x\,(1 - x)\ [\text{Joule grad}^{-1}\,\text{mol}^{-1}],$$

$$\bar{H}^E = (1188 - 2\,T)\,x\,(1 - x)\ [\text{Joule mol}^{-1}].$$

Diese Ausdrücke stimmen mit Gl. (30a) bis (30c) überein, wenn man $P = \text{const}$ setzt. WOOD und GRAY[4] erhalten für das molare Zusatzvolumen desselben Systems im Temperaturbereich zwischen 15° C und 75° C (bei Atmosphärendruck) einen im Molenbruch praktisch symmetrischen (positiven) Ausdruck, der nur schwach von der Temperatur ab-

---

[1] Der Ansatz (5.295) in § 79 folgt aus Gl. (29) für $\alpha_2 = 0$, $P = \text{const}$ mit folgenden Abkürzungen: $\alpha_0 + \beta_0 P \equiv \alpha$, $\beta_1 P - \alpha_1 \equiv \beta$.

[2] McGLASHAN, M. L., J. E. PRUE u. I. E. J. SAINSBURY: s. Fußnote 1 S. 329.

[3] GUGGENHEIM, E. A. u. J. E. PRUE: s. Fußnote 1 S. 294.

[4] WOOD, S. E. u. J. A. GRAY: s. Fußnote 1 S. 443.

hängt und sich mit guter Näherung durch Gl.(30d) mit positivem Wert für β_0 und kleinem negativen Wert für β_1 darstellen läßt.

c) Kompliziertere Ansätze für binäre Systeme. Jede genauere Diskussion guter Messungen läßt erkennen, daß man bei größeren Abweichungen vom idealen Verhalten zur analytischen Darstellung der Zusatzfunktionen mehr als einen Parameter in Gl.(1) benötigt. ZAWIDZKI[1] benutzte schon im Jahre 1900 zur mathematischen Beschreibung seiner Partialdruckmessungen an einigen nichtidealen binären Flüssigkeitsgemischen eine MARGULES-Reihe mit zwei Parametern. OTHMER und Mitarbeiter[2] zeigten 50 Jahre später an Literaturdaten für 110 binäre Nichtelektrolytlösungen, daß von diesen innerhalb der jeweiligen Meßgenauigkeit 2 Systeme ideal sind, 28 durch einen Parameter, 34 durch zwei Parameter, 37 durch drei Parameter und 7 durch vier Parameter darstellbar sind. Selbstverständlich wird bei dieser Zusammenstellung, die auch ungenauere Messungen berücksichtigt, oft eine zu kleine Zahl von Parametern gefunden.

Um einen Einblick in die Mannigfaltigkeit der Kurventypen zu geben, zeigen wir in den Abb. 34 bis 40 für einige binäre Nichtelektrolytlösungen den Konzentrationsverlauf der molaren Zusatzfunktionen $\bar{G}^E$, $\bar{H}^E$ und

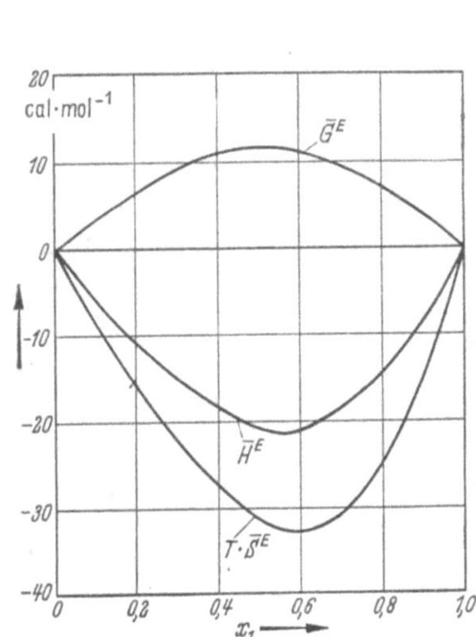

Abb.36. Tetraäthylmethan(1)—n-Oktan(2) bei 50° C nach PRIGOGINE und MATHOT[3]

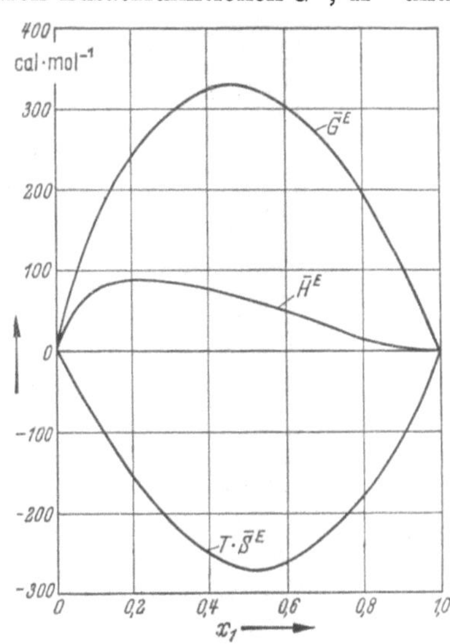

Abb.37. Methanol(1)—Tetrachlorkohlenstoff(2) bei 35° C nach SCATCHARD und TICKNOR[4]

[1] ZAWIDZKI, J. v.: s. Fußnote 1 S. 349.

[2] GILMONT, R., E. A. WEINMAN, F. KRAMER, E. MILLER, F. HASHMALL u. D. F. OTHMER: Ind. Engng. Chem. **42**, 120, 1607 (1950).

[3] PRIGOGINE, I. u. V. MATHOT: J. Chem. Physics **18**, 765 (1950).

[4] SCATCHARD, G. u. L. B. TICKNOR: J. Amer. Chem. Soc. **74**, 3724 (1952).

$T \bar{S}^E$ für jeweils eine Temperatur (bei Atmosphärendruck). Die Daten, aus denen die thermodynamischen Funktionen abgeleitet sind, gehen auf sorgfältig ausgewertete Messungen von Verdampfungsgleichgewichten zurück, vielfach ergänzt durch kalorimetrische Ermittlungen von Mischungswärmen. Die Messungen an den in Abb. 34 bis 40 dargestellten Systemen stammen von Autoren, die ihre Daten zwischen 1938 und 1952

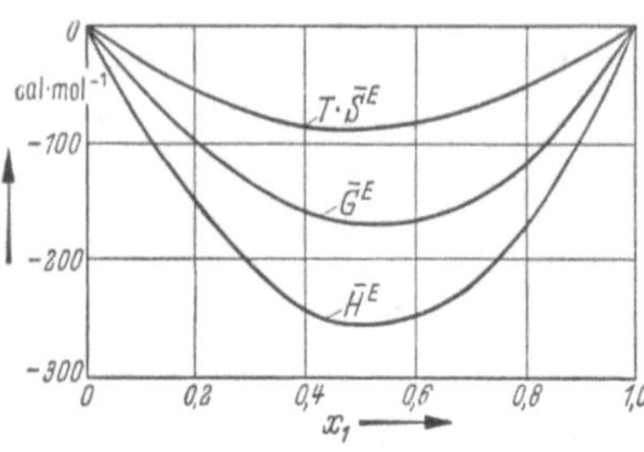

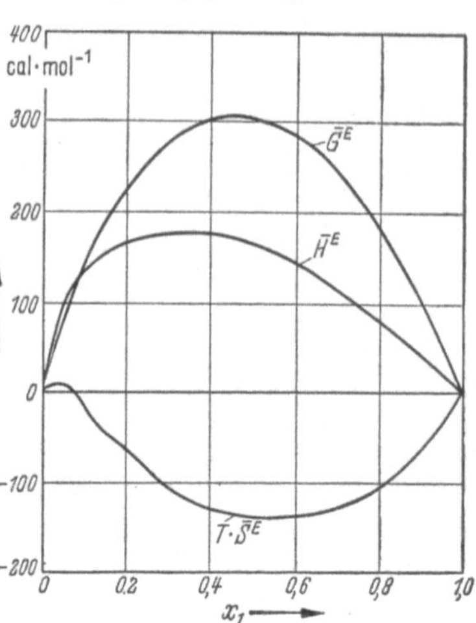

Abb. 38. Wasser(1)—Wasserstoffperoxyd(2) bei 75° C nach SCATCHARD, KAVANAGH und TICKNOR[1]

Abb. 39. Methanol(1)—Benzol(2) bei 35° C nach SCATCHARD und TICKNOR[2]

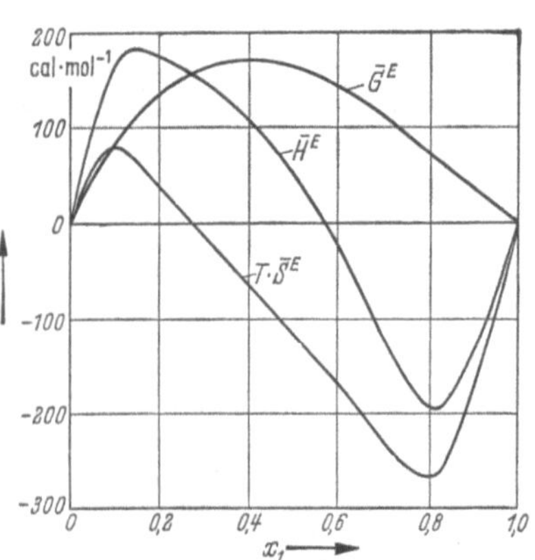

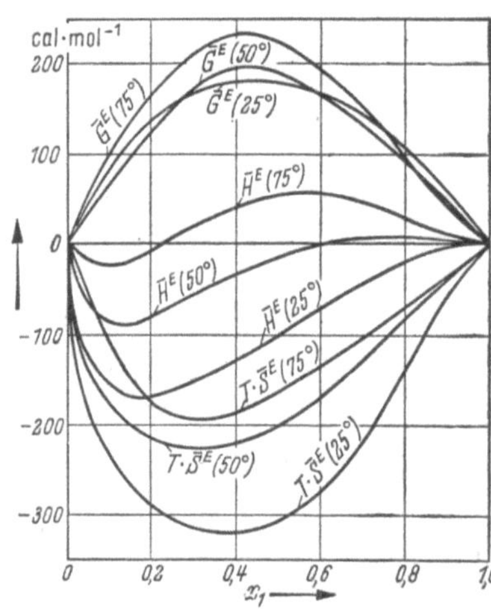

Abb. 40. Äthanol(1)—Chloroform(2) bei 45° C nach SCATCHARD und RAYMOND[3]

Abb. 41. Äthanol(1)—Wasser(2) bei 25° C 50° C und 75° C nach PRIGOGINE und DEFAY[4]

---

[1] SCATCHARD, G., G. M. KAVANAGH u. L. B. TICKNOR: J. Amer. Chem. Soc. **74**, 3715 (1952).

[2] SCATCHARD, G. u. L. B. TICKNOR: s. Fußnote 4 S. 445.

[3] SCATCHARD, G. u. C. L. RAYMOND: J. Amer. Chem. Soc. **60**, 1278 (1938).

[4] PRIGOGINE, I. u. R. DEFAY: Chemical Thermodynamics (übersetzt und revidiert von D. H. EVERETT), London 1954.

veröffentlichten. In Abb. 41 zeigen wir ein System, das starke Temperaturabhängigkeit der Zusatzfunktionen aufweist, bei drei verschiedenen Temperaturen.

Wir verzichten auf eine ausführliche Wiedergabe der analytischen Ausdrücke für die Zusatzfunktionen bei den in Abb. 34 bis 41 dargestellten Systemen und begnügen uns mit einem Beispiel.

Für das System Methanol (1)–Benzol (2) (Abb. 39) gilt im Temperaturbereich zwischen 25° C und 55° C (bei Atmosphärendruck) nach SCATCHARD und TICKNOR[1]:

$$\bar{G}^E = x(1-x)\left[A + B(2x-1) + C(2x-1)^2 + \left.\right. \atop + D(2x-1)^3 + E(2x-1)^4\right], \right\} \qquad (6.31)$$

worin $x(=x_1)$ der Molenbruch des Methanols ist. Dabei sind die fünf Parameter durch folgende Ausdrücke gegeben:

$$A = -841{,}4 + 34{,}88\,T - 4{,}917\,T\ln T \;[\mathrm{cal\,mol^{-1}}]\,,$$

$$B = -250 + 0{,}312\,T \;[\mathrm{cal\,mol^{-1}}]\,,$$

$$C = 0{,}640\,T \;[\mathrm{cal\,mol^{-1}}]\,,$$

$$D = -550 + 1{,}435\,T \;[\mathrm{cal\,mol^{-1}}]\,,$$

$$E = 800 - 2{,}376\,T \;[\mathrm{cal\,mol^{-1}}]\,.$$

Die analytische Form der Funktion $A(T)$ für $P = $ const ist in Übereinstimmung mit dem Ansatz (29). Die Formeln für $\bar{S}^E$ und $\bar{H}^E$ leiten sich aus Gl. (31) gemäß Gl. (3), (4), (6) und (7) durch Differentiation nach T ab. Der Ausdruck für $\bar{H}^E$ ist durch kalorimetrische Messungen direkt bestätigt worden.

d) Empirische Regeln. Die Betrachtung der Abbildungen lehrt, daß $\bar{G}^E$, $\bar{H}^E$ und $\bar{S}^E$ sowohl positiv als auch negativ sein können und daß die verschiedensten Vorzeichenkombinationen dieser Größen vorkommen. In einigen Fällen, besonders bei Systemen mit polaren Komponenten, tritt ein Vorzeichenwechsel bei den Funktionen $\bar{H}^E(x)$ und $\bar{S}^E(x)$ ein. Für das molare Zusatzvolumen $\bar{V}^E$ findet man analoge Kurventypen. Die Durchsicht eines größeren experimentellen Materials[2] ergibt, daß die Funktion $\bar{V}^E(x)$ einen ähnlichen Verlauf wie die Funktion $\bar{S}^E(x)$ hat. Die Parallelität zwischen $\bar{V}^E(x)$ und $\bar{H}^E(x)$, wie sie früher vielfach behauptet wurde, trifft nicht zu, außer in dem (trivialen) Falle, bei dem die Funktionen $\bar{H}^E$ und $\bar{S}^E$ symbat gehen. Auch binäre metallische Lö-

---

[1] SCATCHARD, G. u. L. B. TICKNOR: s. Fußnote 4 S. 445.

[2] Nach G. REHAGE: persönliche Mitteilung.

sungen zeigen im Prinzip die gleichen Gesetzmäßigkeiten wie die in den Abbildungen betrachteten nichtmetallischen Gemische[1].

Bei einigen Systemen fällt der hohe Betrag der molaren Zusatzentropie $\bar{S}^E$ auf. Es gibt sogar Fälle, bei denen der Absolutwert von $\bar{S}^E$ größer als der (stets positive) Idealwert $\Delta \bar{S}^{\mathrm{id}}$ der Mischungsentropie ist:

$$|\bar{S}^E| > \Delta \bar{S}^{\mathrm{id}}. \tag{6.32}$$

Dabei gilt gemäß Gl. (5.259 a) in § 78 für binäre Mischungen:

$$\Delta \bar{S}^{\mathrm{id}} = -R\,[x \ln x + (1-x)\ln(1-x)]. \tag{6.33}$$

Für die molare Mischungsentropie [vgl. Gl. (5.269 b) und Gl. (5.273 c) in § 79]

$$\Delta \bar{S} = \Delta \bar{S}^{\mathrm{id}} + \bar{S}^E \tag{6.34}$$

folgt also bei Gültigkeit der Ungleichung (32):

$$\Delta \bar{S} > 2\,\Delta \bar{S}^{\mathrm{id}} \quad \text{für} \quad \bar{S}^E > 0, \tag{6.35a}$$

$$\Delta \bar{S} < 0 \qquad \text{für} \quad \bar{S}^E < 0. \tag{6.35b}$$

Ein Beispiel für den Fall (35a) findet sich in Abb. 42[2]. Der Fall (35b), der einer negativen Mischungsentropie entspricht, wurde schon in § 78 diskutiert. Von den dort angeführten nichtmetallischen Systemen mit $\Delta \bar{S} < 0$, nämlich Äthanol—Diäthylamin[3], Wasser—Diäthylamin[3], Wasser—Methyldiäthylamin[4] und Wasser—Triäthylamin[3;5], ist das letzte in Abb. 43 dargestellt. Als weitere Beispiele für den Fall (35b) nennen wir die flüssigen Legierungen Magnesium—Wismut[6] und Magnesium—Antimon[6].

Würde man in Abb. 43 die Kurve für $\Delta \bar{S}$ an den Enden ($x_1 \approx 0$ und $x_1 \approx 1$) vergrößert darstellen, so könnte man erkennen, daß $\Delta \bar{S}$ hier positiv wird, entsprechend dem asymptotischen Gesetz (5.259b) in § 78. Approximieren wir zum Zwecke einer rohen Abschätzung die Funktion $\bar{S}^E(x)$ in Abb. 43 durch den parabolischen Ansatz

$$\bar{S}^E = -14\,x\,(1-x) \;[\text{cal mol}^{-1}\,\text{grad}^{-1}],$$

---

[1] Über metallische Lösungen s. J. CHIPMAN: Discuss. Faraday Soc. 4, 23 (1948). — C. WAGNER: Thermodynamics of Alloys, Cambridge (Mass.) 1952. — F. WEIBKE u. O. KUBASCHEWSKI: Thermochemie der Legierungen, Berlin 1943. — O. KUBASCHEWSKI u. E. LL. EVANS: Metallurgical Thermochemistry, London 1956.

[2] Die Kurven in Abb. 42 wurden aus Entmischungsdaten gewonnen und besitzen daher in quantitativer Hinsicht nicht denselben Grad von Sicherheit wie die Zustandsfunktionen in den übrigen Abbildungen. Teile der Kurven verlaufen im Entmischungsgebiet und sind als analytische Fortsetzungen der für das homogene Gebiet geltenden Kurven zu interpretieren. Das System Methanol—Cyclohexan hat einen oberen kritischen Entmischungspunkt bei etwa 46°C.

[3] COPP, J. L. u. D. H. EVERETT: Discuss. Faraday Soc. 15, 174 (1953).

[4] COPP, J. L.: Trans. Faraday Soc. 51, 1056 (1955).

[5] KOHLER, F.: Mh. Chem. 82, 913 (1951).

[6] VETTER, F. A. u. O. KUBASCHEWSKI: Z. Elektrochem. 57, 243 (1953).

so erhalten wir aus Gl. (33) und (34) mit $R \approx 2$ cal mol⁻¹ grad⁻¹:

$$\Delta \bar{S} = -2\,[x \ln x + (1-x) \ln (1-x)] - 14\,x\,(1-x)\ [\text{cal mol}^{-1}\ \text{grad}^{-1}].$$

Dieser Ausdruck ist im Hauptteil des Konzentrationsintervalls zwischen $x = 0$ und $x = 1$ negativ, hat bei $x = 0{,}5$ den kleinsten Wert $(-2{,}113)$ und verschwindet außer bei $x = 0$ und $x = 1$ auch in der Nähe der Punkte $x = 0{,}001$ und $x = 0{,}999$. Zwischen diesen Punkten und den Kurvenenden ist $\Delta \bar{S}$ positiv und durchläuft ein Maximum.

Noch ein anderer Umstand ist bei Durchsicht des experimentellen Materials bei binären niedrigmolekularen Nichtelektrolytlösungen auffallend: Die Funktion $\bar{G}^E(x)$ zeigt stets nahezu oder völlig symmetrischen (parabolischen) Verlauf, auch dann, wenn $\bar{S}^E(x)$ und $\bar{H}^E(x)$

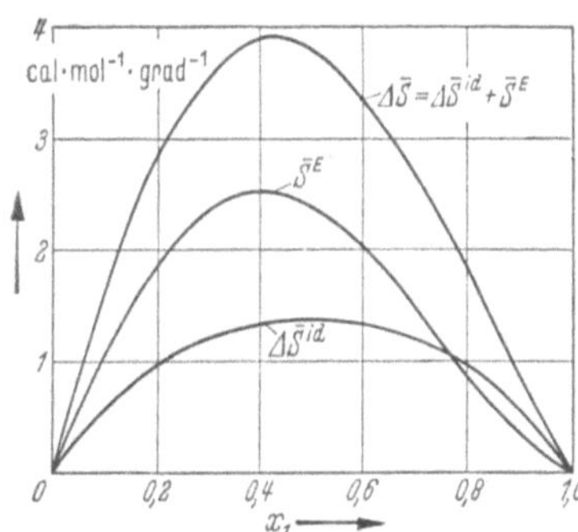

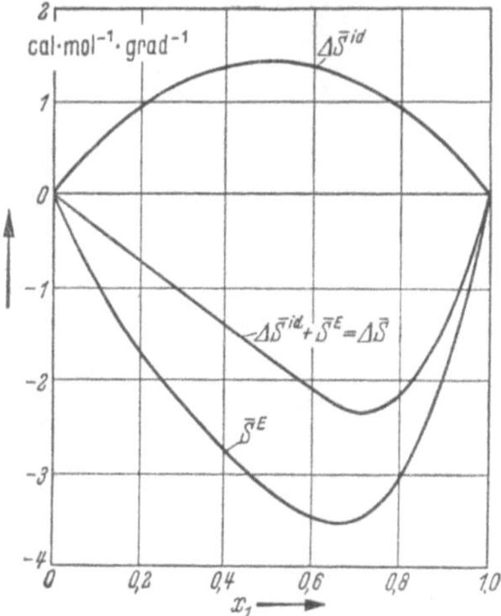

Abb. 42. Methanol (1)—Cyclohexan (2) bei 40°C nach Wood[1] | Abb. 43. Wasser (1)—Triäthylamin (2) bei 10°C nach Kohler[2]

unsymmetrischen (z. T. s-förmigen) Kurven entsprechen. Diese Gesetzmäßigkeit[3] trifft bei Systemen mit unpolaren Komponenten in höherem Grade zu als bei Systemen mit polaren Komponenten. Schon bei den wenigen Beispielen unserer Abbildungen ist dies deutlich erkennbar[4].

c) Konsequenzen des Porterschen Ansatzes. Die zuletzt genannte Regel hat eine wichtige praktische Folgerung: Alle Eigenschaften binärer niedrigmolekularer Nichtelektrolytlösungen, die durch die Funktion $\bar{G}^E$, nicht aber durch ihre Ableitungen nach T und P ($\bar{S}^E$, $\bar{H}^E$, $\bar{V}^E$ usw.) oder höhere Ableitungen nach x ($\partial^2 \bar{G}^E / \partial x^2$ usw.) bedingt sind, lassen sich mit guter oder leidlicher Näherung durch den Porterschen Ansatz (19)

$$\bar{G}^E = A\,(T, P)\,x\,(1-x)$$

<hr>

[1] Wood, S. E.: J. Amer. Chem. Soc. **68**, 1963 (1946).

[2] Kohler, F.: Mh. Chem. **82**, 913 (1951).

[3] Haase, R.: s. Fußnote 1 S. 328.

[4] Ein Wendepunkt ohne Vorzeichenwechsel in der $\bar{G}^E(x)$-Kurve, der einem Extremum der Funktionen $\ln f_1(x)$ und $\ln f_2(x)$ entspricht, kommt bei Äthanol—Chloroform (Abb. 40) vor.

darstellen, auch wenn $\bar{S}^E$, $\bar{H}^E$, $\bar{V}^E$ usw. deutlich vom symmetrischen Konzentrationsverlauf abweichen. So können isotherme Verdampfungsgleichgewichte oft recht gut durch die aus Gl. (5.90) und Gl. (24) folgenden Beziehungen ($p = $ Dampfdruck, $p_i = $ Partialdruck der Komponente i, $p_{0\,i} = $ Dampfdruck der reinen Komponente i, $x' = $ Molenbruch der Komponente 1 im Dampf)

$$p_1 = p\, x' = p_{0\,1}\, x \exp \frac{A\,(1-x)^2}{RT}, \tag{6.36a}$$

$$p_2 = p\,(1-x') = p_{0\,2}\,(1-x)\exp\frac{A\,x^2}{RT} \tag{6.36b}$$

wiedergegeben werden. Diese Tatsache dürfte auch der Grund für den Erfolg des PORTERschen Ansatzes bei der quantitativen Diskussion der binären azeotropen Punkte (vgl. § 80) sein.

Aus den Beziehungen (36) leitet man mit der Abkürzung

$$\alpha_{12}^0 \equiv \frac{p_{0\,1}}{p_{0\,2}} \tag{6.37}$$

für den „Trennfaktor" („relative volatility" in der angelsächsischen Literatur)

$$\alpha_{12} \equiv \frac{x'}{1-x'} \bigg/ \frac{x}{1-x} \tag{6.38}$$

folgenden Ausdruck ab:

$$\alpha_{12} = \alpha_{12}^0 \exp \frac{A\,(1-2\,x)}{R\,T}. \tag{6.39}$$

Die Größe α_{12} ist für Probleme der Destillation und Rektifikation[1] wichtig. Das Dampfdruckverhältnis α_{12}^0 stellt nach Gl. (39) den Trennfaktor für ideale Gemische ($A = 0$) dar.

Auch der explizite Ausdruck für die Dampfzusammensetzung ergibt sich aus den vorangehenden Gleichungen:

$$x' = \frac{\alpha_{12}^0\, x \exp \dfrac{A(1-2\,x)}{RT}}{1 - x + \alpha_{12}^0\, x \exp \dfrac{A(1-2\,x)}{RT}}. \tag{6.40}$$

Diese Formel ist, wie Gl. (36) und (39), als Näherungsbeziehung bei binären Gemischen aus niedrigmolekularen Nichtelektrolyten sehr nützlich.

Schließlich folgen aus Gl. (36) die Grenzgesetze für die Partialdrucke:

$$\lim_{x \to 1} \frac{p_1}{x} = p_{0\,1}, \qquad \lim_{x \to 0} \frac{p_2}{1-x} = p_{0\,2}, \tag{6.41}$$

$$\lim_{x \to 0} \frac{p_1}{x} = p_{0\,1} \exp \frac{A}{RT}, \qquad \lim_{x \to 1} \frac{p_2}{1-x} = p_{0\,2} \exp \frac{A}{RT}. \tag{6.42}$$

---

[1] Vgl. z. B. E. KIRSCHBAUM: Destillier- und Rektifiziertechnik, Berlin 1950, sowie G. KORTÜM u. H. BUCHHOLZ-MEISENHEIMER: Die Theorie der Destillation und Extraktion von Flüssigkeiten, Berlin, Göttingen, Heidelberg 1952.

Wie der Vergleich mit Gl. (5.166) bzw. (5.167) bei Beachtung der Definition $x \equiv x_1$ zeigt, verifiziert Gl. (41) bzw. (42) das RAOULTsche bzw. HENRYsche Grenzgesetz. Die HENRYschen Konstanten k_1 und k_2 enthalten im vorliegenden Falle den Parameter A des PORTERschen Ansatzes:

$$k_1 = p_{01} \exp \frac{A}{RT} , \qquad (6.43\,\text{a})$$

$$k_2 = p_{02} \exp \frac{A}{RT} , \qquad (6.43\,\text{b})$$

und das Verhältnis k_1/k_2 ist gleich dem Dampfdruckverhältnis $p_{01}/p_{02} = \alpha_{12}^0$.

Den Parameter A kann man mit Gl. (36) bis (40) für jede Temperatur aus dem isothermen Dampfdruckdiagramm berechnen. Im Prinzip genügt ein einziger Meßpunkt, der auch ein singulärer Punkt, z. B. ein azeotroper Punkt [vgl. Gl. (5.351) in § 80], sein kann.

Die Gesetzmäßigkeiten, die sich bei Zugrundelegung des PORTERschen Ansatzes für die Entmischung in binären Systemen bzw. für die binären azeotropen Punkte ergeben, wurden schon in § 79 bzw. § 80 diskutiert.

Auf Drei- und Mehrstoffgemische kann man den Ansatz (1) sinngemäß erweitern[1]. Das Analogon zum PORTERschen Ansatz bei ternären Systemen lautet[2]:

$$\bar{G}^E = A_{12}\, x_1\, x_2 + A_{13}\, x_1\, x_3 + A_{23}\, x_2\, x_3 , \qquad (6.44)$$

worin x_i den Molenbruch der Komponente i und A_{ik} eine (von T und P abhängige) Konstante bedeutet, die für das binäre Gemisch $i + k$ charakteristisch ist. Die aus diesem Ansatz folgenden Gesetzmäßigkeiten für Entmischung in ternären Systemen[3] und für ternäre azeotrope Punkte[4] sind interessant, sollen aber hier nicht näher besprochen werden.

§ 82. Hochmolekulare Nichtelektrolytlösungen

Flüssige Gemische, deren einzelne Teilchenarten merklich verschiedene Molekülgröße aufweisen und in denen keine Ionen enthalten sind, bezeichnen wir als „hochmolekulare Nichtelektrolytlösungen". Ein typisches Beispiel ist eine Lösung von Kautschuk in Benzol oder eine solche von Polystyrol in Toluol. Den Übergang zwischen niedrigmolekularen und hochmolekularen Lösungen bilden Flüssigkeitsgemische wie Benzol—Diphenyl oder Hexan—Hexadekan. Da sowohl die Erfahrung als auch

---

[1] Vgl. O. REDLICH u. A. T. KISTER: s. Fußnote 2 S. 437.

[2] Vgl. A. W. PORTER: Trans. Faraday Soc. 18, 19 (1922). — W. JOST: s. Fußnote 2 S. 442. — R. HAASE: s. Fußnote 1 S. 328.

[3] Vgl. R. HAASE: s. Fußnote 1 S. 157. — J. L. MEIJERING: s. Fußnote 3 S. 181.

[4] Vgl. R. HAASE: s. Fußnote 1 S. 222.

die Statistische Mechanik (vgl. § 83) zeigt, daß die charakteristischen Abweichungen vom idealen Verhalten bei hochmolekularen Lösungen im wesentlichen auf der Differenz der Molekülgrößen beruhen, weisen schon diese Übergangssysteme die typischen Merkmale hochmolekularer Lösungen auf[1].

a) Ideal-athermische Lösungen. Bei niedrigmolekularen Nichtelektrolytlösungen (§ 81) wählten wir die ideale Mischung (§ 74) als Bezugssystem. Die Freie Enthalpie G einer aus n_1 Molen der Teilchensorte 1 und n_2 Molen der Teilchensorte 2 bestehenden binären idealen Mischung ist nach Gl. (5.14), (5.20) und (5.118 d) durch den Ausdruck

$$G = n_1 \mu_{01} + n_2 \mu_{02} + RT \left(n_1 \ln \frac{n_1}{n_1 + n_2} + n_2 \ln \frac{n_2}{n_1 + n_2} \right) \qquad (6.45)$$

gegeben, worin μ_{0i} das chemische Potential der reinen flüssigen Komponente i (bei den betrachteten Werten von T und P) und R die Gaskonstante bedeutet. Bei hochmolekularen Lösungen ist es zweckmäßiger, als Bezugssystem einen anderen Mischungstyp zu wählen[2], der durch folgenden Ansatz charakterisiert ist:

$$G = n_1 \mu_{01} + n_2 \mu_{02} + RT \left(n_1 \ln \frac{n_1}{n_1 + r\,n_2} + n_2 \ln \frac{r\,n_2}{n_1 + r\,n_2} \right). \qquad (6.46)$$

Hierin ist die Komponente 1 der niedrigmolekulare Stoff (das „Lösungsmittel"), die Komponente 2 der hochmolekulare Stoff (der „gelöste Stoff") und r der „Polymerisationsgrad", d.h. die Zahl der „Grundmoleküle" in einem Molekül der hochmolekularen Substanz. Z. B. stellt beim System Benzol(1)—Diphenyl(2) der Phenylrest das Grundmolekül dar, so daß $r = 2$ ist, während beim System Toluol(1)—Polystyrol(2) der Styrolrest[3] als Grundmolekül aufzufassen ist, so daß r eine große positive ganze Zahl wird. Wenn das Grundmolekül des hochmolekularen Stoffes annähernd die Gestalt und Größe der Lösungsmittelmolekel hat — wie dies bei den obigen Beispielen der Fall ist —, dann ist r ungefähr gleich dem Verhältnis der Molvolumina der reinen Stoffe 2 und 1.

---

[1] Der Kürze halber behandeln wir nur binäre Systeme mit zwei Teilchenarten, wobei die eine Teilchenart einen niedrigmolekularen Stoff (das „Lösungsmittel") und die andere Teilchenart einen hochmolekularen Stoff von einheitlichem Polymerisationsgrad (eine „monodisperse" hochmolekulare Substanz) darstellt. Über polydisperse Hochpolymere und hochmolekulare Lösungen mit drei oder mehr Komponenten vgl. HILDEBRAND u. SCOTT: s. Fußnote 2 S. 187.

[2] Vgl. G. REHAGE: Diss. Aachen 1955; Z. Elektrochem. **59**, 78 (1955).

[3] Genauer: der Rest $-CH-CH_2-$

Für $r = 1$ geht Gl. (46) in Gl. (45) über. Wie unten gezeigt wird, ist der durch Gl. (46) beschriebene Mischungstyp ein Spezialfall einer athermischen Mischung (§ 81), der zwar selten oder gar nicht in der Natur vorkommt, aber in gewissem Sinne eine „ideale" hochmolekulare Lösung darstellt. Daher bezeichnen wir flüssige Gemische, die dem Ansatz (46) gehorchen, als (binäre) „ideal-athermische Lösungen".

Auf die molekularstatistische Bedeutung des Ansatzes (46) kommen wir in § 83 zurück. Hier sei nur vorausgeschickt, daß Gl. (46) von FLORY[1] und HUGGINS[2] mit Hilfe der Statistischen Mechanik abgeleitet wurde.

Es gelten die allgemeinen thermodynamischen Beziehungen (1.241), (1.242), (1.243) und (1.245):

$$\left(\frac{\partial G}{\partial T}\right)_{P,n_1,n_2} = -S, \quad G + TS = H, \quad \left(\frac{\partial G}{\partial P}\right)_{T,n_1,n_2} = V, \qquad \left.\begin{matrix} \\ \\ \end{matrix}\right\}$$
$$\left(\frac{\partial G}{\partial n_i}\right)_{T,P,n_j} = \mu_i \quad (i,j = 1,2; \; i \neq j), \tag{6.47}$$

worin S die Entropie der Lösung, H die Enthalpie der Lösung, V das Volumen der Lösung und μ_i das chemische Potential der Komponente i in der Lösung bedeutet. Somit finden wir aus Gl. (46) für eine „ideal-athermische Lösung":

$$S = n_1 S_{01} + n_2 S_{02} - R\left(n_1 \ln \frac{n_1}{n_1 + r n_2} + n_2 \ln \frac{r n_2}{n_1 + r n_2}\right), \tag{6.48}$$

$$H = n_1 H_{01} + n_2 H_{02}, \tag{6.49}$$

$$V = n_1 V_{01} + n_2 V_{02}, \tag{6.50}$$

$$\mu_1 = \mu_{01} + RT\left(\ln \frac{n_1}{n_1 + r n_2} + \frac{(r-1) n_2}{n_1 + r n_2}\right), \tag{6.51a}$$

$$\mu_2 = \mu_{02} + RT\left(\ln \frac{r n_2}{n_1 + r n_2} - \frac{(r-1) n_1}{n_1 + r n_2}\right). \tag{6.51b}$$

Hierbei ist S_{0i} die molare Entropie, H_{0i} die molare Enthalpie und V_{0i} das Molvolumen der reinen flüssigen Komponente i bei den vorgegebenen Werten von T und P.

Aus Gl. (48) bis (50) folgt, daß sowohl die Mischungswärme als auch die Volumenänderung beim isotherm-isobaren Mischen verschwindet, während die Mischungsentropie von der einer idealen Mischung verschieden ist. Es handelt sich also um den als „halbideale Mischung" bezeichneten Spezialfall einer athermischen Mischung (§ 81), wobei außerdem

[1] FLORY, P. J.: J. Chem. Physics **9**, 660 (1941); **10**, 51 (1942); **13**, 453 (1945).
[2] HUGGINS, M. L.: J. Chem. Physics **9**, 440 (1941); J. Physic. Chem. **46**, 151 (1942); Ann. N. Y. Acad. Sci. **41**, 11 (1942); J. Amer. Chem. Soc. **64**, 1712 (1942).

die Entropie die sehr einfache Gestalt (48) hat, die an die Entropie einer idealen Mischung erinnert und mit dieser für $r = 1$ identisch wird.

Wir führen bei hochmolekularen Lösungen als Konzentrationsvariable außer den Molenbrüchen

$$x \equiv x_2 = \frac{n_2}{n_1 + n_2}, \quad 1 - x \equiv x_1 = \frac{n_1}{n_1 + n_2} \tag{6.52}$$

die „Grundmolenbrüche" der beiden Komponenten ein[1]:

$$\left. \begin{aligned} \varphi = \varphi_2 &\equiv \frac{r\,n_2}{n_1 + r\,n_2} = \frac{r\,x}{1 + (r-1)\,x}, \\ 1 - \varphi = \varphi_1 &\equiv \frac{n_1}{n_1 + r\,n_2} = \frac{1-x}{1 + (r-1)\,x}. \end{aligned} \right\} \tag{6.53}$$

---

[1] Wir benutzen in der gesamten Monographie folgende Vereinbarung: Wenn in einer binären Lösung, entsprechend dem üblichen Sprachgebrauch, zwischen „Lösungsmittel" und „gelöstem Stoff" unterschieden wird, so bezeichnen wir das Lösungsmittel als Komponente 1 und den gelösten Stoff als Komponente 2. Ferner haben wir bisher in allen Formeln für binäre Systeme, in denen der Molenbruch x vorkommt, die Definition $x \equiv x_1$ zugrunde gelegt. Von dieser letzten Vereinbarung weichen wir bei hochmolekularen Lösungen und bei Elektrolytlösungen (7. Kapitel) ab; denn hier ist es zweckmäßig, den Molenbruch des gelösten Stoffes (Komponente 2), d.h. der hochmolekularen Substanz bzw. des Elektrolyten, als unabhängige Variable einzuführen. Wir setzen daher in diesen Fällen

$$x \equiv x_2$$

und verwenden entsprechende Definitionen für andere Konzentrationsvariable (Grundmolenbruch, Molarität usw.).

Bei hochmolekularen Lösungen benutzt man außer dem Grundmolenbruch $\varphi\,(\equiv \varphi_2)$, der durch Gl.(53) definiert ist, noch folgende Konzentrationsvariable:

$$\varphi' \equiv \frac{r'x}{1 + (r'-1)\,x} \quad \text{mit} \quad r' \equiv \frac{V_{02}}{V_{01}} \tag{6.53a}$$

und

$$\varphi'' \equiv \frac{r''x}{1 + (r''-1)\,x}. \tag{6.53b}$$

Hierin ist r'' die Zahl der in einem Molekül der hochmolekularen Substanz vorhandenen „Segmente", deren Größe so bemessen ist, daß jedes Segment mit einem Lösungsmittelmolekül (in Gedanken) den Platz tauschen kann. r'' ist also eine molekulartheoretische Größe, die speziell beim Modell der „quasikristallinen Struktur" für Flüssigkeiten die Zahl der „Gitterplätze" bedeutet, die eine Molekel der hochmolekularen Substanz besetzt (vgl. § 83). Wenn das „Grundmolekül", wie es oben im Haupttext definiert wurde, in Größe und Gestalt mit dem Molekül des Lösungsmittels übereinstimmt, fallen die drei Konzentrationsvariablen φ, φ' und φ'' zusammen. Andernfalls muß man zwischen diesen drei Größen unterscheiden, wobei allerdings meist nur φ (aus der chemischen Formel) und φ' (aus den Dichten und Molekulargewichten der reinen Komponenten) eindeutig angebbar sind. Man bezeichnet φ' als „Volumenbruch" der Komponente 2. In der angelsächsischen Literatur wird für φ'' der Ausdruck „site fraction" benutzt. Viele Autoren nennen alle drei Größen „volume fraction".

Damit ergibt sich aus Gl. (51) für die chemischen Potentiale der beiden Komponenten einer binären „ideal-athermischen Lösung":

$$\left.\begin{aligned}\mu_1 &= \mu_{01} + RT\left[\ln\frac{1-x}{1+(r-1)\,x} + \frac{(r-1)\,x}{1+(r-1)\,x}\right]\\ &= \mu_{01} + RT\left[\ln\,(1-\varphi) + \left(1-\frac{1}{r}\right)\varphi\right],\end{aligned}\right\} \quad (6.54\,\mathrm{a})$$

$$\left.\begin{aligned}\mu_2 &= \mu_{02} + RT\left[\ln\frac{r\,x}{1+(r-1)\,x} - \frac{(r-1)\,(1-x)}{1+(r-1)\,x}\right]\\ &= \mu_{02} + RT\left[\ln\varphi - (r-1)\,(1-\varphi)\right].\end{aligned}\right\} \quad (6.54\,\mathrm{b})$$

Gemäß Gl. (5.8), (5.153 a) und (52) gilt für die Aktivitätskoeffizienten f_i bzw. die zusätzlichen chemischen Potentiale μ_i^E der beiden Komponenten:

$$\mu_1^E = RT\ln f_1 = \mu_1 - \mu_{01} - RT\ln\,(1-x)\,, \qquad (6.55\,\mathrm{a})$$

$$\mu_2^E = RT\ln f_2 = \mu_2 - \mu_{02} - RT\ln x\,. \qquad (6.55\,\mathrm{b})$$

Die molare Freie Zusatzenthalpie $\bar{G}^E$, die molare Zusatzentropie $\bar{S}^E$, die molare Zusatzenthalpie (molare Mischungswärme) $\bar{H}^E$ und das molare Zusatzvolumen $\bar{V}^E$ sind nach Gl. (5.286) durch folgende Ausdrücke gegeben:

$$\bar{G}^E = (1-x)\,\mu_1^E + x\,\mu_2^E\,, \qquad (6.56\,\mathrm{a})$$

$$\bar{S}^E = -\left(\frac{\partial\bar{G}^E}{\partial T}\right)_{P,\,x}, \qquad (6.56\,\mathrm{b})$$

$$\bar{H}^E = \bar{G}^E + T\bar{S}^E\,, \qquad (6.56\,\mathrm{c})$$

$$\bar{V}^E = \left(\frac{\partial\bar{G}^E}{\partial P}\right)_{T,\,x}. \qquad (6.56\,\mathrm{d})$$

Durch Einsetzen der speziellen Beziehungen (54) in die allgemeinen Gleichungen (55) und (56) leiten wir die Ausdrücke für die Zusatzfunktionen einer ideal-athermischen Lösung ab:

$$\mu_1^E = RT\ln f_1 = RT\left[\ln\frac{1}{1+(r-1)\,x} + 1 - \frac{1}{1+(r-1)\,x}\right], \quad (6.57\,\mathrm{a})$$

$$\mu_2^E = RT\ln f_2 = RT\left[\ln\frac{r}{1+(r-1)\,x} + 1 - \frac{r}{1+(r-1)\,x}\right], \quad (6.57\,\mathrm{b})$$

$$\bar{G}^E = -T\bar{S}^E = RT\left[(1-x)\ln\frac{1-\varphi}{1-x} + x\ln\frac{\varphi}{x}\right]$$

$$= RT\left\{x\ln r - \ln\left[1+(r-1)\,x\right]\right\}, \qquad (6.58)$$

$$\bar{H}^E = 0\,, \quad \bar{V}^E = 0\,. \qquad (6.59)$$

Die molare Zusatzentropie $\bar{S}^E$ ist für $r > 1$ stets positiv (vgl. Abb. 45 auf S. 465), so daß für $\bar{G}^E$ negative Werte resultieren. Es ist interessant, daß bei allen wirklichen hochmolekularen Lösungen mit hohen Polymerisationsgraden diese qualitative Aussage bestehen bleibt.

Bei genügend hoher Verdünnung in bezug auf den gelösten Stoff können wir voraussetzen: $y \equiv (r-1)\,x < 1$. Dann lassen sich die Ausdrücke (57) in Potenzreihen nach der Variablen y entwickeln[1]:

$$\ln f_1 = -\frac{1}{2}\,y^2 + \frac{2}{3}\,y^3 - \frac{3}{4}\,y^4 + \cdots , \tag{6.60a}$$

$$\left. \begin{aligned} \ln f_2 = \ln r - (r-1) + (r-1)\,y - \left(r - \frac{1}{2}\right)y^2 + \left(r - \frac{1}{3}\right)y^3 - \\ - \left(r - \frac{1}{4}\right)y^4 + \cdots . \end{aligned} \right\} \tag{6.60b}$$

Diese Reihenentwicklungen sind in Übereinstimmung mit unseren allgemeinen Sätzen in § 75, wobei, wie bei allen Nichtelektrolytlösungen (vgl. § 81), nur ganze Zahlen (0, 1, 2, ...) als Exponenten auftreten. Damit ist auch für ideal-athermische Lösungen die Gültigkeit der Grenzgesetze für unendliche Verdünnung (§ 76) verifiziert.

Die Partialdrucke p_1 und p_2 der beiden Komponenten einer binären ideal-athermischen Lösung ergeben sich aus Gl. (5.90), (52), (53) und (57):

$$\left. \begin{aligned} p_1 = p_{01}\,(1-x)\,f_1 = p_{01}\,\frac{1-x}{1+(r-1)\,x}\,\exp\frac{(r-1)\,x}{1+(r-1)\,x} \\ = p_{01}\,(1-\varphi)\,\exp\left[\left(1-\frac{1}{r}\right)\varphi\right], \end{aligned} \right\} \tag{6.61a}$$

$$\left. \begin{aligned} p_2 = p_{02}\,x\,f_2 = p_{02}\,\frac{r\,x}{1+(r-1)\,x}\,\exp\frac{(1-r)\,(1-x)}{1+(r-1)\,x} \\ = p_{02}\,\varphi\,\exp\left[(1-r)\,(1-\varphi)\right]. \end{aligned} \right\} \tag{6.61b}$$

Hierin bedeutet p_{0i} den Dampfdruck der reinen flüssigen Komponente i. Die „Realgaskorrektur" ist vernachlässigt. Gl. (61a) geht auf FLORY[2] zurück.

Bei sehr großen Werten des Polymerisationsgrades r ist die Komponente 2 (der hochmolekulare Stoff) nicht flüchtig, so daß der Partialdruck p_1 der Komponente 1 (des Lösungsmittels) gleich dem Dampfdruck p der Lösung wird. In der Tat finden wir formal aus Gl. (61) für $r \to \infty$:

$$p_1 \to p_{01}\,(1-\varphi)\,e^{\varphi}\,, \quad p_2 \to 0\,.$$

Betrachten wir daher die Lösung eines hochmolekularen Stoffes von sehr hohem Polymerisationsgrad, so können wir näherungsweise ansetzen:

$$p = p_1 = p_{01}\,(1-\varphi)\,e^{\varphi}\,. \tag{6.62}$$

---

[1] Vgl. E. A. GUGGENHEIM: s. Fußnote 1 S. 21.
[2] FLORY, P. J.: s. Fußnote 1 S. 453.

Diese Näherung gilt gemäß Gl. (61a) für den gesamten Konzentrationsbereich, ausgenommen den Bereich höchster Verdünnung, bei dem der Grundmolenbruch φ des Hochpolymeren vergleichbar mit oder kleiner als r^{-1} wird. Im Falle einer idealen Mischung würde anstelle von Gl. (62) das RAOULTsche Gesetz (5.123a) gelten, das sich mit den aus Gl. (53) folgenden Beziehungen

$$x = \frac{\varphi}{r - (r-1)\,\varphi}\,, \qquad 1 - x = \frac{1-\varphi}{1 - \left(1 - \dfrac{1}{r}\right)\varphi} \tag{6.63}$$

in der Gestalt

$$p = p_1 = p_{01}(1-x) = p_{01}\,\frac{1-\varphi}{1 - \dfrac{r-1}{r}\,\varphi} \tag{6.64}$$

schreiben läßt. Die FLORYsche Beziehung kann in der Form (62) dem RAOULTschen Gesetz in der Gestalt (64) gegenübergestellt werden.

Zur Prüfung unserer Ansätze betrachten wir die experimentellen Daten für das System Toluol (1)—Polystyrol (2), bei dem Messungen der Dampfdrucke für mehrere Temperaturen[1], der Lösungswärmen[2] und der Dichten bei mehreren Temperaturen[3] vorliegen. Zunächst ergibt sich aus den Meßdaten, daß $\bar{H}^E$ verschwindet und $\bar{V}^E$ in einem bestimmten Temperaturbereich (bei gegebenem Druck) der Temperatur proportional ist. Damit ist erwiesen, daß es sich zwar um eine athermische Mischung [vgl. Gl. (13) und (13a) in § 81], nicht aber um eine ideal-athermische Lösung handelt. Auch die Dampfdruckmessungen bestätigen dieses Resultat: Die experimentellen Punkte in Abb. 44 fallen nicht auf die aus Gl. (62) berechnete Kurve b, zeigen aber, daß p/p_{01} praktisch unabhängig von der Temperatur ist, was gemäß Gl. (5.13) und (5.90) einer athermischen Mischung entspricht. Immerhin geht aus Abb. 44 hervor, daß die

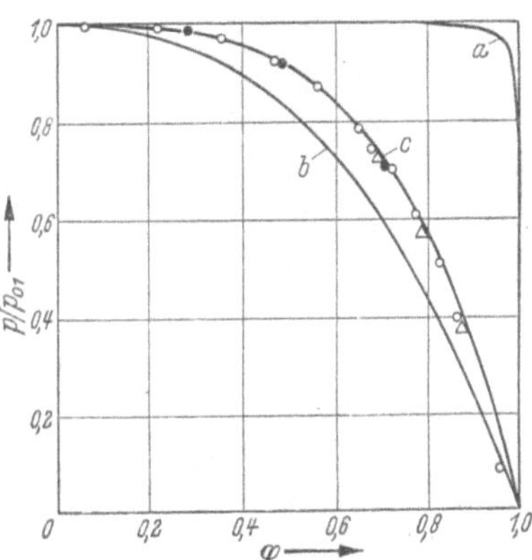

Abb. 44. Dampfdruckverhältnis p/p_{01} einer binären hochmolekularen Lösung als Funktion des Grundmolenbruches φ des Hochpolymeren nach GUGGENHEIM[4]: a) RAOULTsches Gesetz (64) für $r = 1000$; b) FLORYsche Beziehung (62); c) Gleichung (93) für $\chi = 0{,}38$.

Meßpunkte ($\bigcirc$ 25°C, $\triangle$ 60°C, $\bullet$ 80°C) für Toluol (1)—Polystyrol (2) nach BAWN, FREEMAN und KAMALIDDIN[1]. Kurve a würde mit dem realistischeren Wert $r = 3000$ sich noch enger an die Koordinatenachsen anschmiegen

<hr>

[1] Vgl. C. BAWN, R. FREEMAN u. A. KAMALIDDIN: Trans. Faraday Soc. 46, 677, 862 (1950), sowie K. SCHMOLL: Diss. Aachen 1954 und K. SCHMOLL u. E. JENCKEL: Z. Elektrochem. (im Druck).

[2] Vgl. K. GORKE: Diss. Aachen 1954. – E. JENCKEL u. K. GORKE: Z. Elektrochem. (im Druck). Über die Berücksichtigung der „Einfrierwärme" s. Anhang 2.

[3] Vgl. G. REHAGE: Diss. Aachen 1955; Z. Elektrochem. 59, 78 (1955).

[4] GUGGENHEIM, E. A.: Mixtures, Oxford 1952.

FLORYsche Beziehung (62) das isotherme Dampfdruckdiagramm erheblich besser als das RAOULTsche Gesetz (64) (Kurve a) wiedergibt. Das System kann also nicht entfernt als ideale Mischung, wohl aber in bemerkenswerter Näherung als ideal-athermische Lösung beschrieben werden. Ähnliches findet man bei anderen hochpolymeren Systemen, auch bei solchen, die erwiesenermaßen nicht athermisch sind. Es ist daher vernünftig, die ideal-athermische Lösung als Bezugssystem für beliebige hochmolekulare Lösungen einzuführen.

b) Allgemeine Reihenentwicklungen. Wir definieren zunächst eine „grundmolare Zustandsfunktion":

$$\overline{\overline{Z}} \equiv \frac{Z}{n_1 + r\,n_2}, \tag{6.65}$$

worin Z eine beliebige extensive Funktion (z. B. $V^{\bullet}, H, S, G$) bedeutet. Die Größe $\overline{\overline{Z}}$ vertritt bei hochmolekularen Lösungen die molare Zustandsfunktion

$$\overline{Z} \equiv \frac{Z}{n_1 + n_2}, \tag{6.66}$$

die wir bisher benutzt haben. In ähnlicher Weise übernimmt bei hochmolekularen Lösungen die Größe[1]

$$\overline{\overline{Z}}^E \equiv \overline{\overline{Z}} - \overline{\overline{Z}}^{\text{id-ath}} \tag{6.67}$$

die Rolle der molaren Zusatzfunktion

$$\overline{Z}^E \equiv \overline{Z} - \overline{Z}^{\text{id}}. \tag{6.68}$$

Hierin bezieht sich der Index „id—ath" auf eine ideal-athermische Lösung und der Index „id", wie früher, auf eine ideale Mischung. Wir wollen die Größe $\overline{\overline{Z}}^E$ als „grundmolare Zusatzfunktion" bezeichnen. Sie mißt die Abweichungen im thermodynamischen Verhalten einer beliebigen hochmolekularen Lösung von dem einer ideal-athermischen Lösung.

Aus Gl. (46), (48), (49), (50), (53) und (65) leiten wir ab:

$$\overline{\overline{G}}^{\text{id-ath}} = (1 - \varphi)\,\mu_{01} + \frac{\varphi}{r}\,\mu_{02} + RT\left[(1 - \varphi)\ln(1 - \varphi) + \frac{\varphi}{r}\ln\varphi\right], \tag{6.69a}$$

$$\overline{\overline{S}}^{\text{id-ath}} = (1 - \varphi)\,S_{01} + \frac{\varphi}{r}\,S_{02} - R\left[(1 - \varphi)\ln(1 - \varphi) + \frac{\varphi}{r}\ln\varphi\right], \tag{6.69b}$$

$$\overline{\overline{H}}^{\text{id-ath}} = (1 - \varphi)\,H_{01} + \frac{\varphi}{r}\,H_{02}, \tag{6.69c}$$

$$\overline{\overline{V}}^{\text{id-ath}} = (1 - \varphi)\,V_{01} + \frac{\varphi}{r}\,H_{02}. \tag{6.69d}$$

Die entsprechenden Ausdrücke für $\overline{G}^{\text{id}}$, $\overline{S}^{\text{id}}$, $\overline{H}^{\text{id}}$ und $\overline{V}^{\text{id}}$ ergeben sich aus Gl. (45), (47), (52) und (66). Sie gehen aus den obigen Beziehungen formal hervor, wenn man $(1 - \varphi)$ durch $(1 - x)$ und φ/r durch x ersetzt.

---

[1] Vgl. G. REHAGE: s. Fußnote 2 S. 452.

Es liegt daher nahe, bei hochmolekularen Lösungen für $\overline{\overline{G}}{}^E$ einen Ansatz zu machen, der dem REDLICH-KISTERschen Ansatz (1) für $\bar{G}^E$ analog ist, aber anstelle der Variablen x bzw. $(1-x)$ die Variable φ bzw. $(1-\varphi)$ enthält:

$$\overline{\overline{G}}{}^E = \varphi\,(1-\varphi)\,[A + B\,(2\,\varphi - 1) + C\,(2\,\varphi - 1)^2 + \cdots].\qquad(6.70)$$

Hierin sind A, B, C, ... empirische Parameter, die von der Temperatur T und vom Druck P abhängen.

Die übrigen „grundmolaren Zusatzfunktionen" folgen gemäß Gl. (47), (65) und (67) durch einfache Differentiationsprozesse aus der Funktion $\overline{\overline{G}}{}^E\,(T, P, \varphi)$:

$$\overline{\overline{S}}{}^E = -\left(\frac{\partial \overline{\overline{G}}{}^E}{\partial T}\right)_{P,\,\varphi} = -\varphi\,(1-\varphi)\,[A' + B'\,(2\,\varphi - 1) + C'\,(2\,\varphi - 1)^2 + \cdots],$$
$$(6.71\,\mathrm{a})$$

$$\overline{\overline{H}}{}^E = \overline{\overline{G}}{}^E + T\,\overline{\overline{S}}{}^E = \varphi\,(1-\varphi)\,[a + b\,(2\,\varphi - 1) + c\,(2\,\varphi - 1)^2 + \cdots],\quad(6.71\,\mathrm{b})$$

$$\overline{\overline{V}}{}^E = \left(\frac{\partial \overline{\overline{G}}{}^E}{\partial P}\right)_{T,\,\varphi} = \varphi\,(1-\varphi)\,[A'' + B''\,(2\,\varphi - 1) + C''\,(2\,\varphi - 1)^2 + \cdots].\quad(6.71\,\mathrm{c})$$

Dabei wurden folgende Abkürzungen benutzt:

$$A' \equiv \left(\frac{\partial A}{\partial T}\right)_P,\qquad B' \equiv \left(\frac{\partial B}{\partial T}\right)_P,\qquad C' \equiv \left(\frac{\partial C}{\partial T}\right)_P,\ldots\qquad(6.72\,\mathrm{a})$$

$$A'' \equiv \left(\frac{\partial A}{\partial P}\right)_T,\qquad B'' \equiv \left(\frac{\partial B}{\partial P}\right)_T,\qquad C'' \equiv \left(\frac{\partial C}{\partial P}\right)_T,\ldots\qquad(6.72\,\mathrm{b})$$

$$a \equiv A - A'\,T,\qquad b \equiv B - B'\,T,\qquad c \equiv C - C'\,T,\ldots\qquad(6.72\,\mathrm{c})$$

Die Formeln für die Umrechnung von den grundmolaren Zusatzfunktionen $\overline{\overline{Z}}{}^E(\varphi)$ auf die molaren Zusatzfunktionen $\bar{Z}^E(x)$ findet man aus Gl. (52) und Gl. (65) bis (68):

$$\bar{Z}^E = \frac{n_1 + r\,n_2}{n_1 + n_2}\,\overline{\overline{Z}}{}^E + \bar{Z}^{\mathrm{id\text{-}ath}} - \bar{Z}^{\mathrm{id}} = [1 + (r-1)\,x]\,\overline{\overline{Z}}{}^E + (\bar{Z}^E)^{\mathrm{id\text{-}ath}}.\qquad(6.73)$$

Es gilt gemäß Gl. (58) und (59):

$$\left.\begin{aligned}(\bar{G}^E)^{\mathrm{id\text{-}ath}} &= -T\,(\bar{S}^E)^{\mathrm{id\text{-}ath}} = RT\,\{x\ln r - \ln\,[1 + (r-1)\,x]\},\\[4pt](\bar{H}^E)^{\mathrm{id\text{-}ath}} &= 0,\qquad (\bar{V}^E)^{\mathrm{id\text{-}ath}} = 0.\end{aligned}\right\}\qquad(6.74)$$

Demnach ergeben sich die expliziten Umrechnungsbeziehungen:

$$\bar{G}^E = [1 + (r-1)\,x]\,\overline{\overline{G}}{}^E + RT\,\{x\ln r - \ln\,[1 + (r-1)\,x]\},\qquad(6.75\,\mathrm{a})$$

$$\bar{S}^E = [1 + (r-1)\,x]\,\overline{\overline{S}}{}^E - R\,\{x\ln r - \ln\,[1 + (r-1)\,x]\},\qquad(6.75\,\mathrm{b})$$

$$\bar{H}^E = [1 + (r-1)\,x]\,\overline{\overline{H}}{}^E,\qquad(6.75\,\mathrm{c})$$

$$\bar{V}^E = [1 + (r-1)\,x]\,\overline{\overline{V}}{}^E.\qquad(6.75\,\mathrm{d})$$

Dabei sind $\overline{\overline{G}}^E$, $\overline{\overline{S}}^E$, $\overline{\overline{H}}^E$ und $\overline{\overline{V}}^E$ zweckmäßigerweise als Funktionen von x zu schreiben. Legen wir den Ansatz (70) zugrunde, so erhalten wir aus Gl. (53), (70) und (71):

$$[1 + (r-1)\,x]\,\overline{\overline{G}}^E = \frac{r\,x\,(1-x)}{1+(r-1)\,x}\,[A + B\,\xi + C\,\xi^2 + \cdots]\,, \qquad (6.76\,\mathrm{a})$$

$$[1 + (r-1)\,x]\,\overline{\overline{S}}^E = -\frac{r\,x\,(1-x)}{1+(r-1)\,x}\,[A' + B'\,\xi + C'\,\xi^2 + \cdots]\,, \qquad (6.76\,\mathrm{b})$$

$$[1 + (r-1)\,x]\,\overline{\overline{H}}^E = \frac{r\,x\,(1-x)}{1+(r-1)\,x}\,[a + b\,\xi + c\,\xi^2 + \cdots]\,, \qquad (6.76\,\mathrm{c})$$

$$[1 + (r-1)\,x]\,\overline{\overline{V}}^E = \frac{r\,x\,(1-x)}{1+(r-1)\,x}\,[A'' + B''\xi + C''\xi^2 + \cdots] \qquad (6.76\,\mathrm{d})$$

mit

$$\xi \equiv -\frac{1-(r+1)\,x}{1+(r-1)\,x}\,. \qquad (6.77)$$

Die chemischen Potentiale μ_1 und μ_2 bzw. die Aktivitätskoeffizienten f_1 und f_2 der beiden Komponenten einer beliebigen hochmolekularen Lösung leiten wir aus $\overline{\overline{G}}^E$ (T, P, φ) gemäß Gl. (47), (53), (55), (63), (65) und (67) mit Hilfe folgender Beziehungen ab:

$$\mu_1 - \mu_1{}^{\text{id-ath}} = \overline{\overline{G}}^E - \varphi\left(\frac{\partial \overline{\overline{G}}^E}{\partial \varphi}\right)_{T,\,P}\,, \qquad (6.78\,\mathrm{a})$$

$$\mu_2 - \mu_2{}^{\text{id-ath}} = r\,\overline{\overline{G}}^E + r\,(1-\varphi)\left(\frac{\partial \overline{\overline{G}}^E}{\partial \varphi}\right)_{T,\,P}\,, \qquad (6.78\,\mathrm{b})$$

$$\ln f_1 = \frac{\mu_1 - \mu_{01}}{RT} - \ln\frac{r\,(1-\varphi)}{r-(r-1)\,\varphi}\,, \qquad (6.79\,\mathrm{a})$$

$$\ln f_2 = \frac{\mu_2 - \mu_{02}}{RT} - \ln\frac{\varphi}{r-(r-1)\,\varphi}\,, \qquad (6{,}79\,\mathrm{b})$$

wobei die Größen $\mu_1^{\text{id-ath}}$ und $\mu_2^{\text{id-ath}}$ durch die Gleichungen (54) gegeben sind. Tragen wir den Ansatz (70) in diese Beziehungen ein und beachten Gl. (54), so finden wir [vgl. Gl. (2a) und (2b) in § 81]:

$$\mu_1 = \mu_{01} + RT\left[\ln(1-\varphi) + \left(1-\frac{1}{r}\right)\varphi\right] + \varphi^2\,[A + B\,(4\varphi-3) + \\ + C\,(2\,\varphi-1)\,(6\,\varphi-5) + \cdots]\,, \qquad (6.80\,\mathrm{a})$$

$$\mu_2 = \mu_{02} + RT\,[\ln\varphi - (r-1)\,(1-\varphi)] + \\ + r\,(1-\varphi)^2\,[A + B\,(4\,\varphi-1) + C\,(2\,\varphi-1)\,(6\,\varphi-1) + \cdots]\,, \qquad (6.80\,\mathrm{b})$$

$$\ln f_1 = \ln\left[1 - \left(1-\frac{1}{r}\right)\varphi\right] + \left(1-\frac{1}{r}\right)\varphi + \\ + \varphi^2\left[\frac{A}{RT} + \frac{B}{RT}\,(4\,\varphi-3) + \frac{C}{RT}\,(2\,\varphi-1)\,(6\,\varphi-5) + \cdots\right]\,, \qquad (6.81\,\mathrm{a})$$

$$\ln f_2 = \ln[r-(r-1)\,\varphi] - (r-1)\,(1-\varphi) + \\ + r\,(1-\varphi)^2\left[\frac{A}{RT} + \frac{B}{RT}\,(4\varphi-1) + \frac{C}{RT}\,(2\,\varphi-1)\,(6\,\varphi-1) + \cdots\right]\,. \qquad (6.81\,\mathrm{b})$$

Die beiden ersten Terme der rechten Seite in Gl. (81) stellen die Ausdrücke für $\ln f_i$ bei ideal-athermischen Lösungen ($A=0$, $B=0$, $C=0$, ...) dar, wie auch direkt mit Gl. (53) und (57) verifiziert werden kann. Sie sind gemäß Gl. (60) in Reihen nach nicht-negativen ganzen Potenzen von x entwickelbar, ebenso wie die Terme mit φ^2 bzw. $(1-\varphi)^2$. Daher gehorchen die Beziehungen (81) den allgemeinen Sätzen in § 75, wie es sein muß, damit die universellen Grenzgesetze für unendliche Verdünnung (§ 76) gültig bleiben.

Die physikalische Bedeutung der Parameter A, B, ..., A', B', ... usw. kann wiederum nur mit Hilfe einer molekularstatistischen Theorie (vgl. § 83) geklärt werden. Wie in § 81, behandeln wir diese Parameter zunächst als empirische Größen.

Ehe wir spezielle Systeme diskutieren, leiten wir aus unseren Reihenentwicklungen die allgemeinen Formeln für die Partialdrucke und für den osmotischen Druck ab; denn die Messungen des Dampfdruckes und des osmotischen Druckes sind, neben der kalorimetrischen Ermittlung von Mischungswärmen, die wichtigsten Methoden zur eindeutigen Bestimmung der thermodynamischen Eigenschaften von hochmolekularen Lösungen.

c) Partialdrucke. Vernachlässigen wir die „Realgaskorrektur", so folgt aus Gl. (5.90) mit Gl. (63) und (81) für die Partialdrucke p_1 und p_2 der beiden Komponenten:

$$p_1 = p_{01}(1-x)f_1 = p_{01}(1-\varphi)\exp\left[\left(1-\frac{1}{r}\right)\varphi + \psi_1\right], \quad (6.82\,\mathrm{a})$$

$$p_2 = p_{02}\,x f_2 = p_{02}\,\varphi\exp\left[(1-r)(1-\varphi) + \psi_2\right]. \quad (6.82\,\mathrm{b})$$

Hierin sind die Funktionen ψ_1 und ψ_2 durch folgende Gleichungen gegeben:

$$\psi_1 \equiv \frac{\varphi^2}{RT}[A + B(4\varphi - 3) + C(2\varphi - 1)(6\varphi - 5) + \cdots], \quad (6.83\,\mathrm{a})$$

$$\psi_2 \equiv \frac{r(1-\varphi)^2}{RT}[A + B(4\varphi - 1) + C(2\varphi - 1)(6\varphi - 1) + \cdots]. \quad (6.83\,\mathrm{b})$$

Ordnen wir in dem später allein interessierenden Ausdruck (83a) die Terme nach Potenzen von φ, so finden wir:

$$\psi_1 = \frac{A - 3B + 5C\ldots}{RT}\cdot\varphi^2 + \frac{4B - 16C\ldots}{RT}\cdot\varphi^3 + \cdots \quad (6.84)$$

Für $A = 0$, $B = 0$, $C = 0$, ... (ideal-athermische Lösung) gehen die Beziehungen (82) und (83) in die Gleichungen (61) über. Mit Hilfe von Gl. (53) verifiziert man leicht, daß für die Grenzübergänge $x \to 0$ und $x \to 1$ das RAOULTsche Grenzgesetz (5.166) bzw. das HENRYsche Grenzgesetz (5.167) erfüllt ist.

d) Osmotischer Druck. Der osmotische Druck Π einer binären hochmolekularen Lösung ergibt sich aus Gl. (5.43) mit Hilfe von Gl. (5.10), (5.11), (72 b) und (80 a):

$$\left.\begin{aligned}
\Pi V_1 &= \Pi\{V_{01} + \varphi^2[A'' + B''(4\varphi - 3) + C''(2\varphi - 1)(6\varphi - 5) + \cdots]\} \\
&= -RT\ln(1 - \varphi) - RT\left(1 - \frac{1}{r}\right)\varphi - \\
&\quad - \varphi^2[A + B(4\varphi - 3) + C(2\varphi - 1)(6\varphi - 5) + \cdots],
\end{aligned}\right\} \quad (6.85)$$

wobei die Kompressibilität vernachlässigt ist. Hierin bedeutet V_1 bzw. V_{01} das partielle Molvolumen des Lösungsmittels in der Lösung bzw. das Molvolumen des reinen Lösungsmittels. Wir entwickeln nun den Logarithmus und ordnen nach Potenzen von φ nach dem Vorbild von Gl. (83a) und (84):

$$\left.\begin{aligned}
\Pi V_1 &= \Pi[V_{01} + (A'' - 3B'' + 5C''\ldots)\varphi^2 + \\
&\quad + (4B'' - 16C''\ldots)\varphi^3 + \cdots] \\
&= \frac{RT}{r}\varphi + \left(\frac{RT}{2} - A + 3B - 5C\ldots\right)\varphi^2 + \\
&\quad + \left(\frac{RT}{3} - 4B + 16C\ldots\right)\varphi^3 + \cdots
\end{aligned}\right\} \quad (6.86)$$

Mit Hilfe von Gl. (53) überzeugt man sich leicht davon, daß für $x \to 0$ das VAN'T HOFFsche Grenzgesetz (5.159) erfüllt ist.

Von nun an beschränken wir unsere Betrachtungen auf ein- und zweiparametrige Ausdrücke, da das bisherige experimentelle Material für eine Diskussion von Reihenentwicklungen mit mehr als zwei Parametern nicht genau und vollständig genug ist.

e) Einparametriger Ansatz. Wenn in Gl. (70) sämtliche Parameter außer A verschwinden, haben wir das Analogon zum PORTERschen Ansatz (19) vor uns. Dann ergibt sich mit der Definition

$$\chi \equiv \frac{A}{RT} \tag{6.87}$$

aus Gl. (70), (75a) und (76a) für die Freie Zusatzenthalpie:

$$\frac{\bar{G}^E}{RT} = \chi\,\varphi(1 - \varphi), \tag{6.88a}$$

$$\frac{\bar{G}^E}{RT} = x\ln r - \ln[1 + (r - 1)x] + \chi\frac{r x(1 - x)}{1 + (r - 1)x}, \tag{6.88b}$$

aus Gl. (80) für die chemischen Potentiale:

$$\frac{\mu_1 - \mu_{01}}{RT} = \ln(1 - \varphi) + \left(1 - \frac{1}{r}\right)\varphi + \chi\,\varphi^2, \tag{6.89a}$$

$$\frac{\mu_2 - \mu_{02}}{RT} = \ln\varphi - (r - 1)(1 - \varphi) + r\chi(1 - \varphi)^2, \tag{6.89b}$$

aus Gl. (81) für die Aktivitätskoeffizienten:

$$\ln f_1 = \ln\left[1 - \left(1 - \frac{1}{r}\right)\varphi\right] + \left(1 - \frac{1}{r}\right)\varphi + \chi\,\varphi^2 , \qquad (6.90\,\text{a})$$

$$\ln f_2 = \ln\left[r - (r-1)\,\varphi\right] - (r-1)(1-\varphi) + r\chi(1-\varphi)^2 , \qquad (6.90\,\text{b})$$

aus Gl. (82) und (83) für die Partialdrucke:

$$p_1 = p_{01}(1-\varphi)\exp\left[\left(1 - \frac{1}{r}\right)\varphi + \chi\,\varphi^2\right] , \qquad (6.91\,\text{a})$$

$$p_2 = p_{02}\,\varphi\,\exp\left[(1-r)(1-\varphi) + r\chi(1-\varphi)^2\right] , \qquad (6.91\,\text{b})$$

aus Gl. (85) für den osmotischen Druck:

$$\frac{\Pi\,V_1}{RT} = -\ln(1-\varphi) - \left(1 - \frac{1}{r}\right)\varphi - \chi\,\varphi^2 . \qquad (6.92)$$

Gl. (89) oder (90) ist der sog. halbempirische Ansatz von HUGGINS[1]. Es sei darauf hingewiesen, daß der Name „Wechselwirkungskonstante" für χ oder $k\,T\chi$ (k = BOLTZMANNsche Konstante), der sich manchmal in der Literatur findet, im allgemeinen unzutreffend ist. Auch die Behauptung, χ sei in einen „Enthalpieterm" und einen „Entropieterm" zerlegbar, ist falsch, wenn man nicht eine ganz spezielle Temperaturabhängigkeit von χ voraussetzt (vgl. unten).

Der HUGGINSsche Ansatz verallgemeinert den PORTERschen Ansatz (§ 81) auf Systeme mit Komponenten unterschiedlicher Molekülgröße. Daß diese Generalisierung auch für kleine Werte des Polymerisationsgrades r [wobei r durch die Größe r' in Gl. (53 a) zu ersetzen ist] eine gewisse Bedeutung hat, wird in § 84 am Beispiel der kritischen Entmischung gezeigt.

Bei hohen Polymerisationsgraden wird der Partialdruck p_1 des Lösungsmittels praktisch gleich dem Dampfdruck p der Lösung. Schließen wir außerdem den Bereich höchster Verdünnung aus, so finden wir aus Gl. (91 a) mit $\varphi \gg r^{-1}$:

$$p = p_{01}(1-\varphi)\exp(\varphi + \chi\,\varphi^2) . \qquad (6.93)$$

Wenn wir die entsprechende Näherung für den osmotischen Druck einführen und gleichzeitig den Logarithmus in Gl. (92) in eine Reihe entwickeln, so erhalten wir:

$$\frac{\Pi\,V_1}{RT} = \left(\frac{1}{2} - \chi\right)\varphi^2 + \frac{1}{3}\,\varphi^3 + \frac{1}{4}\,\varphi^4 + \cdots \qquad (6.94)$$

Diese Beziehung kann man auch direkt aus Gl. (86) mit $\varphi \gg r^{-1}, A = RT\chi,$ $B = 0, C = 0, \ldots$ ableiten.

---

[1] HUGGINS, M. L.: Ann. N. Y. Acad. Sci. **44**, 431 (1943); Ind. Engng. Chem. **35**, 216 (1943).

Bezüglich der Temperaturabhängigkeit von A bzw. χ zeigt die Erfahrung, daß die vom theoretischen Standpunkt einfachste Näherung

$$\chi = \alpha + \frac{\beta}{T} \quad (P = \text{const}) \tag{6.95 a}$$

oder

$$A = \alpha\,R\,T + \beta\,R \quad (P = \text{const}) \tag{6.95 b}$$

mit den beiden empirischen Konstanten α und β auch in praktischer Hinsicht am nützlichsten ist. Der Ansatz (95) entspricht temperaturunabhängigen Werten der Zusatzentropie und der Mischungswärme. Aus Gl. (71), (72), (75) und (76) folgt nämlich mit Gl. (95):

$$\frac{\bar{\bar{S}}^{E}}{R} = -\,\alpha\,\varphi\,(1 - \varphi)\,, \tag{6.96 a}$$

$$\frac{\bar{S}^{E}}{R} = \ln\,[1 + (r - 1)\,x] - x\ln r - \alpha\,\frac{r\,x\,(1 - x)}{1 + (r - 1)\,x}\,, \tag{6.96 b}$$

$$\frac{\bar{\bar{H}}^{E}}{R} = \beta\,\varphi\,(1 - \varphi)\,, \tag{6.96 c}$$

$$\frac{\bar{H}^{E}}{R} = \beta\,\frac{r\,x\,(1 - x)}{1 + (r - 1)\,x}\,. \tag{6.96 d}$$

Die Konstante α tritt also nur in der Zusatzentropie, die Konstante β nur in der Zusatzenthalpie auf. Demnach darf man hier — und nur hier — von einer Zerlegbarkeit des Parameters χ in einen „Entropieterm" (α) und einen „Enthalpieterm" (β/T) sprechen[1]. Im Sonderfalle

$$\alpha = 0\,, \quad \chi = \frac{\beta}{T} \tag{6.97}$$

---

[1] Aus Gl. (71a), (71b) und (88a) folgt:

$$\bar{\bar{S}}^{E} = -\,R\,(\chi + \chi'\,T)\,\varphi\,(1 - \varphi)\,,$$

$$\bar{\bar{H}}^{E} = -\,R\,T^{2}\,\chi'\,\varphi\,(1 - \varphi)$$

mit

$$\chi' \equiv \left(\frac{\partial \chi}{\partial T}\right)_{P}\,.$$

Machen wir anstelle von Gl. (95) den nächsteinfachen Ansatz (vgl. § 81 und Anhang 3)

$$\chi = \alpha + \frac{\beta}{T} + \gamma \ln T \quad (P = \text{const})\,,$$

worin γ eine weitere empirische Konstante ist, so ergibt sich:

$$\bar{\bar{S}}^{E} = -\,R\,[\alpha + \gamma\,(1 + \ln T)]\,\varphi\,(1 - \varphi)\,,$$

$$\bar{\bar{H}}^{E} = R\,(\beta - \gamma\,T)\,\varphi\,(1 - \varphi)\,.$$

Da die Konstante γ hier sowohl in $\bar{\bar{S}}^{E}$ als auch in $\bar{\bar{H}}^{E}$ auftritt, kann von einer Aufspaltbarkeit des Parameters χ in einen „Enthalpieterm" und einen „Entropieterm" nicht mehr die Rede sein.

verschwindet der Entropieterm, und jetzt kann χ oder $kT\chi$ oder β als „Wechselwirkungskonstante" bezeichnet werden. Im Spezialfalle

$$\beta = 0, \quad \chi = \alpha \tag{6.98}$$

enthält der Parameter χ nur den Entropieterm, und wir haben nach Gl. (13) und (96 d) eine „athermische Mischung" vor uns, die aber gemäß Gl. (74) und (96) nicht „ideal-athermisch" ist.

Das System Toluol (1)–Polystyrol (2) ist ein Beispiel für die Gültigkeit des HUGGINSschen Ansatzes. Abb. 44 (S. 457) zeigt, daß Dampfdruckmessungen im Temperaturbereich zwischen 25° C und 80° C durch Gl. (93) mit dem konstanten Wert $\chi = 0,38$ beschrieben werden können. Neuere Bestimmungen des Dampfdruckes[1] im Intervall von 20 bis 60° C ergeben: $\chi = 0,485$, ebenfalls unabhängig von der Temperatur. Experimentell ermittelte osmotische Drucke[2] bei 25° C lassen sich durch Gl. (94) mit $\chi = 0,443$ wiedergeben[3]. Demnach ist das System Toluol–Polystyrol, wenigstens im Rahmen der derzeitigen Meßgenauigkeit und in einem beschränkten Temperaturbereich, durch die Bedin-

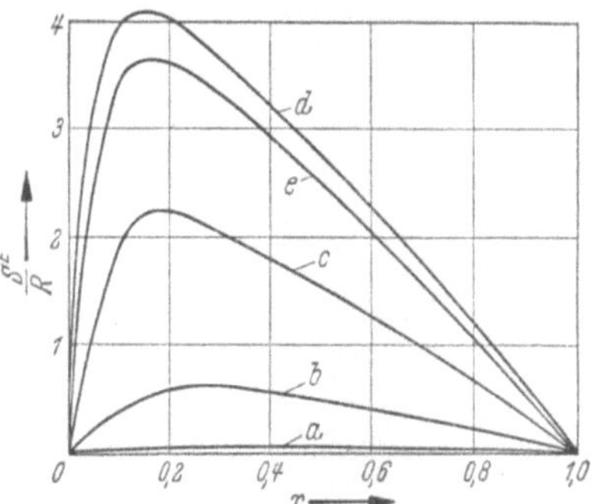

Abb. 45. Molare Zusatzentropie $\bar{S}^E$, dividiert durch die Gaskonstante R, als Funktion des Molenbruches x des hochmolekularen Stoffes: a) Gl. (99) mit $r = 2$; b) Gl. (99) mit $r = 10$; c) Gl. (99) mit $r = 100$; d) Gl. (99) mit $r = 1000$; e) Gl. (96 b) mit $r = 1000$, $\alpha = 0,5$

gung (98) charakterisiert und stellt eine athermische Mischung dar, wie auch aus den früher (S. 457) genannten kalorimetrischen und volumetrischen Messungen hervorgeht.

Wir haben in Abb. 45 mit den Zahlenwerten $\alpha = 0,5$, $r = 1000$, wie sie annähernd dem System Toluol–Polystyrol entsprechen, die Funktion $\bar{S}^E/R$ nach Gl. (96 b) dargestellt (Kurve e). Gleichzeitig haben wir den entsprechenden Ausdruck für eine ideal-athermische Lösung, d. h. gemäß Gl. (58) oder (74) die Funktion

$$\frac{\bar{S}^E}{R} = \ln\left[1 + (r-1)\,x\right] - x\ln r, \tag{6.99}$$

für mehrere Werte von r abgebildet. Man erkennt, daß bei hohen Polymerisationsgraden die Funktion (99) so große positive Werte annimmt, daß sie sich nur noch wenig von der Funktion (96 b) unterscheidet.

Auch bei Systemen mit niedrigen Polymerisationsgraden ist Gl. (99) häufig eine gute Näherung. Als Beispiel nennen wir das System Hexan—

---

[1] SCHMOLL, K. u. E. JENCKEL: s. Fußnote 1, S. 457.

[2] BAWN, C., R. FREEMAN u. A. KAMALIDDIN: s. Fußnote 1 S. 457.

[3] Vgl. E. A. GUGGENHEIM: s. Fußnote 4 S. 457.

Hexadekan (Abb. 35, S. 442), bei dem auch, wie bei echten Lösungen von Hochpolymeren, die Funktion $\bar{G}^E$ negativ ist[1].

Für das System Benzol(1)–Kautschuk(2) liegen experimentelle Ergebnisse von GEE und Mitarbeitern[4] über Dampfdrucke und osmotische Drucke bei 25°C vor. Die Messungen können durch Gl. (93) bzw. (94) beschrieben werden, wenn man $\chi = 0{,}43$ bzw. $\chi = 0{,}41$ setzt[5]. In Abb. 46 sind die Daten für die osmotischen Drucke wiedergegeben. Die (etwas unsicheren) kalorimetrischen Ermittlungen der Mischungswärmen[5, 6] führen annähernd auf die Beziehung (97). Sollte sich dieser Befund bestätigen, so würde ein Analogon zu einer regulären Mischung und speziell zum HERZFELD-HEITLERschen Ansatz (§ 81) vorliegen: Die Mischungsentropie wäre gleich derjenigen einer ideal-athermischen Lösung und damit durch Gl. (99) gegeben. Die mehrfach in der Literatur diskutierten Komplikationen bei hohen Verdünnungen[7] sollen hier nicht erörtert werden, da wirklich zuverlässiges Versuchsmaterial noch nicht vorzuliegen scheint.

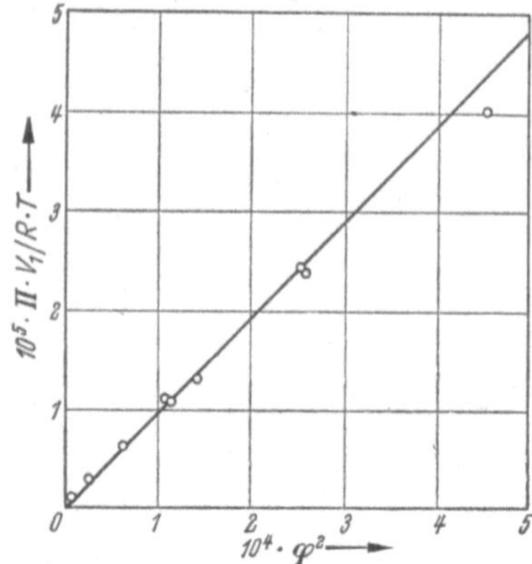

Abb. 46. Osmotischer Druck Π als Funktion des Grundmolenbruches φ des Hochpolymeren nach GUGGENHEIM[5]: ○ experimentelle Daten für Benzol(1)–Kautschuk(2), ——— berechnete Kurve nach Gl. (94) mit $\chi = 0{,}41$

---

[1] Die Kurven in Abb. 35 gehen auf Dampfdruckmessungen und kalorimetrische Ermittlungen der Mischungswärme zurück, die VAN DER WAALS JR.: s. Fußnote 6 S. 442, ausgeführt hat. Die Daten lassen sich — wahrscheinlich zufällig — durch den PORTERschen Ansatz (19) bis (21) mit $A < 0$, $A' < 0$, $a > 0$ wiedergeben. SCATCHARD und Mitarbeiter[2] kombinieren ihre — vermutlich genaueren — kalorimetrischen Messungen mit Dampfdruckbestimmungen von BRÖNSTED u. KOEFOED[3] und finden, daß die Mischungswärme durch einen zweiparametrigen Ausdruck, die Mischungsentropie aber annähernd durch Gl. (99) beschrieben wird. Dies bedeutet in unserer Darstellungsweise, daß der Ansatz (101) mit Gl. (106) gilt, wobei $\alpha_1 \approx 0$, $\alpha_2 \approx 0$ ist [vgl. Gl. (107)].

[2] SCATCHARD, G., L. B. TICKNOR, J. R. GOATES u. E. R. McCARTNEY: J. Amer. Chem. Soc. 74, 3721 (1952).

[3] BRÖNSTED, J. N. u. J. KOEFOED: Det Kgl. Danske Videnkabernes Selskab 22 (1946), Nr. 17.

[4] GEE, G. u. L. R. G. TRELOAR: Trans. Faraday Soc. 38, 147 (1942). — G. GEE u. W. J. C. ORR: Trans. Faraday Soc. 42, 507 (1946).

[5] Vgl. E. A. GUGGENHEIM: s. Fußnote 4 S. 457.

[6] Vgl. G. GEE: J. Chem. Soc. [London] 1947, 280.

[7] Vgl. z. B. P. J. FLORY: Principles of Polymer Chemistry, New York 1953. — A. MÜNSTER: Statistische Thermodynamik hochmolekularer Lösungen, in: H. A. STUART: Die Physik der Hochpolymeren, Springer-Verlag, 1953, Bd. 2.

f) Zweiparametriger Ansatz. Wir betrachten schließlich den Fall, bei dem in Gl. (70) sämtliche Parameter außer A und B verschwinden. Dann ergibt sich mit den Definitionen

$$\chi_1 \equiv \frac{A - 3B}{RT}, \qquad \chi_2 \equiv \frac{4B}{RT} \tag{6.100}$$

aus Gl. (70), (75a), (76a) und (77) für die Freie Zusatzenthalpie:

$$\frac{\bar{G}^E}{RT} = \varphi(1 - \varphi)\left[\left(\chi_1 + \frac{3}{4}\chi_2\right) + \frac{1}{4}\chi_2(2\varphi - 1)\right], \tag{6.101a}$$

$$\left.\begin{aligned}
\frac{\bar{G}^E}{RT} &= x\ln r - \ln[1 + (r - 1)x] + \\
&+ \frac{r x (1 - x)}{1 + (r - 1)x}\left[\left(\chi_1 + \frac{3}{4}\chi_2\right) - \frac{1}{4}\chi_2\frac{1 - (r + 1)x}{1 + (r - 1)x}\right]
\end{aligned}\right\} \tag{6.101b}$$

aus Gl. (80) für die chemischen Potentiale[1]:

$$\frac{\mu_1 - \mu_{01}}{RT} = \ln(1 - \varphi) + \left(1 - \frac{1}{r}\right)\varphi + \chi_1\varphi^2 + \chi_2\varphi^3, \tag{6.102a}$$

$$\left.\begin{aligned}
\frac{\mu_2 - \mu_{02}}{RT} &= \ln\varphi - (r - 1)(1 - \varphi) + r\left(\chi_1 + \frac{3}{2}\chi_2\right)(1 - \varphi)^2 - \\
&- r\chi_2(1 - \varphi)^3,
\end{aligned}\right\} \tag{6.102b}$$

aus Gl. (81) für die Aktivitätskoeffizienten:

$$\ln f_1 = \ln\left[1 - \left(1 - \frac{1}{r}\right)\varphi\right] + \left(1 - \frac{1}{r}\right)\varphi + \chi_1\varphi^2 + \chi_2\varphi^3, \tag{6.103a}$$

$$\left.\begin{aligned}
\ln f_2 &= \ln[r - (r - 1)\varphi] - (r - 1)(1 - \varphi) + \\
&+ r\left(\chi_1 + \frac{3}{2}\chi_2\right)(1 - \varphi)^2 - r\chi_2(1 - \varphi)^3,
\end{aligned}\right\} \tag{6.103b}$$

aus Gl. (82) und (83) für die Partialdrucke:

$$p_1 = p_{01}(1 - \varphi)\exp\left[\left(1 - \frac{1}{r}\right)\varphi + \chi_1\varphi^2 + \chi_2\varphi^3\right], \tag{6.104a}$$

$$p_2 = p_{02}\,\varphi\exp\left[(1 - r)(1 - \varphi) + r\left(\chi_1 + \frac{3}{2}\chi_2\right)(1 - \varphi)^2 - r\chi_2(1 - \varphi)^3\right], \tag{6.104b}$$

aus Gl. (85) und (86) für den osmotischen Druck:

$$\left.\begin{aligned}
\frac{\Pi V_1}{RT} &= -\ln(1 - \varphi) - \left(1 - \frac{1}{r}\right)\varphi - \chi_1\varphi^2 - \chi_2\varphi^3 \\
&= \frac{\varphi}{r} + \left(\frac{1}{2} - \chi_1\right)\varphi^2 + \left(\frac{1}{3} - \chi_2\right)\varphi^3 + \frac{1}{4}\varphi^4 + \cdots
\end{aligned}\right\} \tag{6.105}$$

---

[1] Diesen Ausdruck diskutierte schon H. Tompa: Mh. Chem. **83**, 1356 (1952).

30*

Für die Temperaturabhängigkeit der Parameter χ_1 und χ_2 setzen wir an, in Analogie zu Gl. (95a):

$$\chi_1 = \alpha_1 + \frac{\beta_1}{T}, \quad \chi_2 = \alpha_2 + \frac{\beta_2}{T} \quad (P = \text{const}), \qquad (6.106)$$

wobei α_1, β_1, α_2 und β_2 empirisch zu ermittelnde Konstanten sind. Durch Kombination von Gl. (100) und (106) mit Gl. (71), (72), (75), (76) und (77) finden wir:

$$\frac{\bar{\bar{S}}^E}{R} = -\varphi(1-\varphi)\left[\left(\alpha_1 + \frac{3}{4}\alpha_2\right) + \frac{1}{4}\alpha_2(2\varphi - 1)\right], \qquad (6.107\,\text{a})$$

$$\left.\frac{\bar{S}^E}{R} = \ln[1+(r-1)x] - x\ln r - \\ - \frac{rx(1-x)}{1+(r-1)x}\left[\left(\alpha_1 + \frac{3}{4}\alpha_2\right) - \frac{1}{4}\alpha_2\frac{1-(r+1)x}{1+(r-1)x}\right],\right\} \qquad (6.107\,\text{b})$$

$$\frac{\bar{\bar{H}}^E}{R} = \varphi(1-\varphi)\left[\left(\beta_1 + \frac{3}{4}\beta_2\right) + \frac{1}{4}\beta_2(2\varphi - 1)\right], \qquad (6.107\,\text{c})$$

$$\frac{\bar{H}^E}{R} = \frac{rx(1-x)}{1+(r-1)x}\left[\left(\beta_1 + \frac{3}{4}\beta_2\right) - \frac{1}{4}\beta_2\frac{1-(r+1)x}{1+(r-1)x}\right]. \qquad (6.107\,\text{d})$$

Wir erkennen also die physikalische Bedeutung des Ansatzes (106): Zusatzentropie und Mischungswärme sind unabhängig von der Temperatur, und die Konstanten α_1 und α_2 treten in der Zusatzentropie, die Konstan-

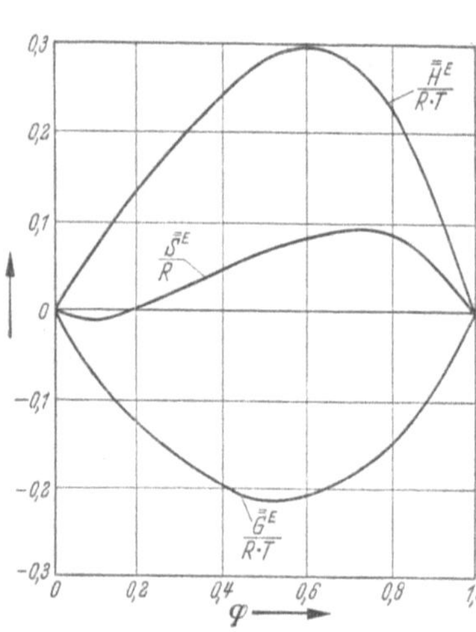

Abb. 47. Grundmolare Zusatzfunktionen ($\bar{\bar{G}}^E$, $\bar{\bar{H}}^E$ und $\bar{\bar{S}}^E$) für das System Cyclohexan (1)—Polystyrol (2) bei 40°C in Abhängigkeit vom Grundmolenbruch φ des Polystyrols nach Gl. (101a), (106), (107a) und (107c) mit den im Text angegebenen Werten für die Konstanten

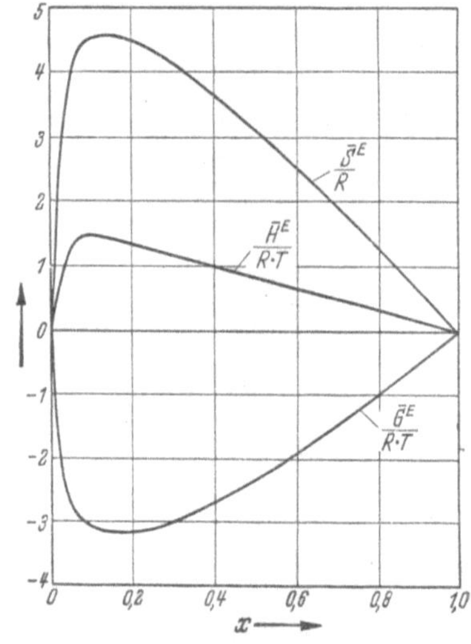

Abb. 48. Molare Zusatzfunktionen ($\bar{G}^E$, $\bar{H}^E$ und $\bar{S}^E$) für das System Cyclohexan (1)—Polystyrol (2) bei 40°C in Abhängigkeit vom Molenbruch x des Polystyrols nach Gl. (101b), (106), (107b) und (107d) mit $r = 1000$ und den im Text angegebenen Werten für die übrigen Konstanten

ten β_1 und β_2 aber in der Zusatzenthalpie auf. Nur unter diesen speziellen Voraussetzungen darf man den Parameter χ_1 bzw. χ_2 als eine Summe aus einem „Entropieterm" und einem „Enthalpieterm" betrachten.

Als Beispiel führen wir das System Cyclohexan (1)–Polystyrol (2) an, für das Dampfdruckmessungen[1] im Temperaturbereich zwischen 25°C und 55°C sowie Entmischungsdaten[2] vorliegen. Die Dampfdruckmessungen lassen sich durch Gl. (104a) wiedergeben, wenn man den Konstanten in Gl. (106) folgende Werte zuordnet[1]:

$$\alpha_1 = 1{,}008, \quad \beta_1 = -162{,}9°K, \quad \alpha_2 = -1{,}726, \quad \beta_2 = 688{,}1°K.$$

Die mit diesen Zahlenwerten nach Gl. (107) berechneten grundmolaren bzw. molaren Zusatzfunktionen sind in Abb. 47 bzw. Abb. 48 in Abhängigkeit vom Grundmolenbruch φ bzw. Molenbruch x des Polystyrols bei 40°C dargestellt. Die Kurve für $\overline{\overline{H}}^E$ ist in qualitativer Übereinstimmung mit kalorimetrischen Messungen[3].

§ 83. Ergebnisse der Statistischen Mechanik

Seitdem VAN DER WAALS und VAN LAAR die thermodynamischen Eigenschaften flüssiger Mischungen mit Hilfe der erweiterten VAN DER WAALSschen Zustandsgleichung (vgl. § 62) zu interpretieren suchten, ist die Kette der Versuche, das Gleichgewichtsverhalten der Nichtelektrolytlösungen molekularstatistisch zu deuten, nicht abgerissen. Ein Blick in moderne Monographien[4] oder Tagungsberichte[5] zeigt, daß die hier auftretenden Probleme so kompliziert und mannigfaltig sind, daß man von einer befriedigenden Lösung noch weit entfernt ist. Insbesondere ist das schon von den holländischen Forschern gesteckte Ziel einer Berechnung der thermodynamischen Eigenschaften einer Mischung aus denjenigen der reinen Komponenten noch lange nicht erreicht, wenn man von einigen Sonderfällen absieht. Wie bereits in § 62 ausgeführt, ist dieses Problem sogar im Falle schwach realer Gasgemische nur unvollkommen gelöst.

Qualitativ erlangen wir einen gewissen Einblick in die Verhältnisse, wenn wir uns die in § 74 genannten molekulartheoretischen Voraussetzungen für die Existenz einer idealen Mischung einzeln vergegenwärtigen:
1. Die Moleküle der verschiedenen Teilchenarten haben ähnliche Gestalt.
2. Die Moleküle der verschiedenen Teilchenarten sind annähernd gleich groß.

---

[1] Vgl. K. SCHMOLL u. E. JENCKEL: s. Fußnote 1 S. 457.

[2] SHULTZ, A. R. u. P. J. FLORY: J. Amer. Chem. Soc. 74, 4760 (1952). — E. JENCKEL, K. SCHMOLL u. G. BUTENUTH: Z. Elektrochem. (im Druck).

[3] Vgl. E. JENCKEL u. K. GORKE: s. Fußnote 2 S. 457.

[4] Vgl. z. B. J. H. HILDEBRAND u. R. L. SCOTT: s. Fußnote 2 S. 187, sowie E. A. GUGGENHEIM: s. Fußnote 4 S. 457.

[5] Vgl. Discuss. Faraday Soc. 15 (1953).

3. Die Wechselwirkungsenergie für verschiedenartige Teilchen ist gleich dem arithmetischen Mittel aus den Wechselwirkungsenergien für gleichartige Teilchen.

Bei einer Verfeinerung des molekularen Bildes, wie sie für eine statistische Durchrechnung im konkreten Einzelfalle notwendig ist, müssen den genannten drei Voraussetzungen noch weitere Bedingungen für die Existenz einer idealen Mischung hinzugefügt werden, z.B. die Voraussetzung der Unabhängigkeit der inneren Bewegungen der Moleküle (der intramolekularen Schwingungen und Rotationen) und der Bewegungen der Molekeln um ihre Gleichgewichtslagen (der „zwischenmolekularen Schwingungen") von der Zusammensetzung der Mischung. Dies läuft praktisch darauf hinaus, daß die Bedingung 3 durch folgende, eingeschränktere Aussage ersetzt wird:

3a. Die Moleküle der verschiedenen Teilchenarten haben nahezu gleiche Kraftfelder.

Bei der idealen Mischung ist das eingangs genannte Ziel vollständig erreicht: Man kann die thermodynamischen Eigenschaften der Mischung aus denen der reinen Komponenten berechnen. Da die in der Natur vorkommenden Gemische selten oder, strenggenommen, nie ideal sind, konzentriert sich die Problemstellung auf die Durchführung von molekularstatistischen Rechnungen für solche Fälle, bei denen die Voraussetzungen 1 bis 3 nicht mehr zutreffen. Man erleichtert sich dabei die Aufgabe dadurch, daß man untersucht, welche Resultate sich ergeben, wenn man zunächst *eine* der drei genannten Bedingungen aufgibt. Da wir Nichtelektrolytlösungen, d.h. flüssige Gemische ohne geladene Teilchen, betrachten, können wir dabei von „Fernordnung" — wie man sie bei Kristallen beobachtet — und von „weitreichenden Kräften" — wie sie bei Elektrolytlösungen infolge der elektrostatischen Felder auftreten — vollständig absehen. Wir haben es also nur mit „Nahordnung" und mit Kräften kurzer Reichweite zu tun.

Geben wir zunächst die Bedingung 3 auf, jedoch unter der Voraussetzung, daß die Kraftfelder der Molekeln kugelsymmetrisch und die inneren Bewegungen und zwischenmolekularen Schwingungen der Moleküle unabhängig von der Zusammensetzung der Mischung sind, so gelangen wir zum Typ der *streng regulären Lösung* nach GUGGENHEIM: annähernd gleich große, nahezu kugelsymmetrische Teilchen ohne bevorzugte Orientierung im reinen Zustande oder in der Mischung und ohne gegenseitige Beeinflussung der inneren Bewegungen und zwischenmolekularen Schwingungen. Für eine solche Lösung ergibt sich eine von Null verschiedene molare Mischungswärme (Zusatzenthalpie) $\bar{H}^E$ allein auf Grund der Tatsache, daß die Wechselwirkungsenergie für verschiedenartige Teilchen vom arithmetischen Mittel der Wechselwirkungsenergien für gleichartige Teilchen abweicht bzw. daß — in der detaillierteren, aber eingeschränkteren Modellvorstellung — die Kraftfelder der einzelnen Teilchenarten voneinander verschieden sind. Die Mischungswärme kann positiv oder negativ sein, während das molare Zusatzvolumen $\bar{V}^E$ verschwindet. Die molare Zusatzentropie $\bar{S}^E$ ist stets negativ; denn durch die bevorzugten Wechselwirkungen entweder zwischen gleichartigen oder zwischen verschiedenartigen Molekeln in der Lösung muß eine Abweichung von der regellosen Verteilung, wie sie bei idealen Mischungen vorliegt, im Sinne einer lokalen Ordnung auftreten, und dies muß auf die Aussage $\bar{S}^E < 0$ führen, da alle anderen Ursachen für Abweichungen der Entropie vom Idealwert (Orientierungen, gegenseitige Beeinflussungen der Schwingungen usw.) voraussetzungsgemäß ausgeschlossen wurden.

Das Modell der streng regulären Lösung ist — meist in Verbindung mit der Annahme einer „quasikristallinen Struktur" für die flüssige Phase — in verschiedenen Näherungen durchgerechnet worden[1]. Da dieses Modell aber gewisse, bei wirklichen Mischungen häufig auftretende Effekte nicht einmal qualitativ zu deuten weiß[2], wie etwa positive Zusatzentropien, untere kritische Entmischungspunkte, Volumeneffekte usw., und in quantitativer Hinsicht ebenfalls versagt, z.B. viel zu kleine Absolutwerte der Zusatzentropien liefert, können wir uns auf die Diskussion der „nullten Näherung" (bei der die Moleküle in der Lösung regellos verteilt sind) beschränken, zumal die höheren Näherungen numerisch kaum ins Gewicht fallen. Im Rahmen der nullten Näherung wird die molare Freie Zusatzenthalpie $\bar{G}^E$ gleich der molaren Zusatzenthalpie $\bar{H}^E$, so daß gemäß Gl. (15) eine „reguläre Mischung" vorliegt.

Bei binären Gemischen mit zwei Teilchenarten (1 und 2) führt die nullte Näherung der Theorie der streng regulären Lösung auf den HERZFELD-HEITLERschen Ansatz (28), spezifiziert aber die darin auftretende Konstante:

$$\bar{G}^E = \bar{H}^E = N\,w\,x\,(1-x)\,, \qquad (6.108\,\text{a})$$

$$\bar{S}^E = 0\,, \quad \bar{V}^E = 0\,. \qquad (6.108\,\text{b})$$

Hierin bedeutet N die LOSCHMIDTsche Konstante und x den Molenbruch einer der beiden Komponenten. Die Größe w hängt weder von der Temperatur T noch vom Druck P noch von der Zusammensetzung x ab. Die Konstante w, die wir als „Wechselwirkungsparameter" bezeichnen wollen, ist folgendermaßen definiert: Vertauscht man ein Molekül der Sorte 1 mit einem solchen der Sorte 2 im Inneren der Lösung, wobei alle Molekeln in ihrer Ruhelage bleiben, so ist die Zunahme der gesamten Energie der Lösung $2w$. Für $w = 0$ wird der betrachtete Mischungstyp zu einer idealen Mischung (vgl. Bedingung 3).

---

[1] Vgl. E. A. GUGGENHEIM: s. Fußnote 4 S. 457.
[2] Vgl. A. MÜNSTER: Z. physik. Chem. **195**, 67 (1950).

Nach einem spezielleren Modell, das die zwischenmolekularen Kräfte als LONDONsche Dispersionswechselwirkung deutet und noch weitere Vereinfachungen einführt[1], gilt:

$$N w = \left(\sqrt{\lambda_1} - \sqrt{\lambda_2}\right)^2, \qquad (6.109)$$

worin λ_i die molare Verdampfungsenergie der reinen Komponente i bedeutet:

$$\lambda_i \equiv U'_{0i} - U''_{0i} = H'_{0i} - H''_{0i} - P(V'_{0i} - V''_{0i}) = L_{0i} - P(V'_{0i} - V''_{0i}). \qquad (6.110)$$

Hierbei ist U_{0i} die molare innere Energie, V_{0i} das Molvolumen, P der Gleichgewichtsdruck, H_{0i} die molare Enthalpie [vgl. Gl. (1.40) in § 5] und L_{0i} die molare Verdampfungsenthalpie (Verdampfungswärme) des reinen Stoffes i [vgl. Gl. (3.13) in § 45). Der Index ′ bezieht sich auf den Dampf, der Index ″ auf die koexistente Flüssigkeit. Mit der Näherung [vgl. Gl. (3.32) in § 45]

$$V'_{0i} - V''_{0i} \approx \frac{RT}{P}$$

können wir schreiben:

$$\lambda_i = L_{0i} - RT. \qquad (6.111)$$

Gemäß Gl. (108), (109) und (111) wären die thermodynamischen Eigenschaften einer Mischung aus denen der reinen Komponenten ableitbar, wenn das zugrunde liegende Modell zutreffen würde. Eine ideale Mischung würde sich in diesem Falle nach Gl. (108) und (109) dann ergeben, wenn $\lambda_1 = \lambda_2$ ist, d. h. in molekulartheoretischer Interpretation: wenn die Kraftfelder der beiden Teilchenarten gleich sind (vgl. Bedingung 3 a).

Der Ansatz (108), gegebenenfalls mit der zusätzlichen Beziehung (109), ist nur dann in sich widerspruchsfrei, wenn die Temperaturabhängigkeit von w bzw. diejenige von λ_1 und λ_2 ignoriert wird; denn andernfalls würde aus der thermodynamischen Beziehung [vgl. Gl. (4) in § 81]

$$\bar{S}^E = - \left(\frac{\partial \bar{G}^E}{\partial T}\right)_{P,\,x}$$

ein von Null verschiedener Wert für die molare Zusatzentropie $\bar{S}^E$ folgen, der mit den eingangs genannten Voraussetzungen nicht verträglich ist, da das Modell der streng regulären Lösung in der nullten Näherung auf regellose Verteilung der Molekeln in der Mischung und damit auf $\bar{S}^E = 0$ führt. Nur wenn man eine der obigen Voraussetzungen, z. B. die der Unabhängigkeit der zwischenmolekularen Schwingungen von der Zusammensetzung oder die der Kugelsymmetrie der molekularen Kraftfelder, fallen läßt, kann w temperaturabhängig und damit — auch bei regelloser Anordnung der Molekülschwerpunkte — $\bar{S}^E \neq 0$ werden. Dann muß aber die gesamte statistische Theorie von vornherein anders durchgeführt werden, wobei außer w noch weitere Parameter auftreten (vgl. unten).

---

[1] Vgl. J. H. HILDEBRAND u. R. L. SCOTT: s. Fußnote 2 S. 187.

An dieser Stelle sei auf einen in der Literatur bei semiquantitativen Betrachtungen weitverbreiteten Fehler hingewiesen: Man setzt $\bar{S}^E = 0$ voraus, gewinnt einen theoretischen Ausdruck für $\bar{H}^E$, in dem temperaturabhängige Größen enthalten sind, leitet hieraus mit $\bar{G}^E = \bar{H}^E$ alle thermodynamischen Funktionen der Lösung ab und behauptet dann, die Mischung sei „regulär“. Es ist nach obigem klar, daß ein temperaturabhängiger Wert von $\bar{H}^E$ nicht mit der Voraussetzung $\bar{S}^E = 0$ verträglich ist. Dies erkennt man auch direkt aus der allgemeinen Beziehung [vgl. Gl. (11) in § 81]

$$\left(\frac{\partial \bar{H}^E}{\partial T}\right)_{P,x} = T\left(\frac{\partial \bar{S}^E}{\partial T}\right)_{P,x},$$

welche die Temperaturabhängigkeit von $\bar{H}^E$ mit derjenigen von $\bar{S}^E$ verknüpft.

Eine Möglichkeit für eine bessere molekularstatistische Beschreibung von Lösungen mit Teilchenarten von annähernd gleicher Form und Größe besteht in der Berücksichtigung von Orientierungseffekten. In diesem Falle werden nicht mehr kugelsymmetrische, sondern anisotrope Kraftfelder vorausgesetzt. Es kommen sowohl bevorzugte räumliche Ausrichtungen der Moleküle in den reinen Phasen als auch teilweise gegenseitige Orientierungen verschiedenartiger Molekeln in der Mischung in Frage. Im ersten Falle ergeben sich, wie auch qualitativ zu erwarten, positive Werte, im zweiten Falle negative Werte der Zusatzentropie, und zwar bereits in der „nullten Näherung“, d.h. in einem Ausdruck der Form (20)

$$\bar{S}^E = -A'\, x\,(1-x) \quad \text{mit} \quad A' > 0 \quad \text{oder} \quad A' < 0,$$

in Übereinstimmung mit dem PORTERschen Ansatz, der gemäß § 81 bei gewissen binären Lösungen eine gute Näherung darstellt. Durch Überlagerung der verschiedenen Orientierungseffekte lassen sich auch komplizicrtere Kurven für die Zusatzfunktionen (Abb. 37, Abb. 39, Abb. 40, Abb. 41 usw.), wenigstens in qualitativer Hinsicht, deuten. Dabei treten in den statistisch abgeleiteten Ausdrücken neben dem „Wechselwirkungsparameter“ w und einer „Koordinationszahl“ noch weitere Konstanten („Orientierungsparameter“) auf, die der Tatsache Rechnung tragen, daß die Lagen der Moleküle in verschiedenen Raumrichtungen nicht mehr energetisch gleichwertig sind. Die quantitative Diskussion ist kompliziert und ohne näheres Eingehen auf statistische Theorien nicht verständlich. Wir begnügen uns daher mit dem Hinweis auf die Originalarbeiten von MÜNSTER[1], BARKER[2], TOMPA[3] und POPLE[4].

Während diese Untersuchungen noch an den Formalismus der streng regulären Lösung anknüpfen, geht eine zweite Methode, diejenige von

[1] MÜNSTER, A.: Trans. Faraday Soc. **46**, 165 (1950); Z. physik. Chem. **196**, 106 (1950); Z. Elektrochem. **54**, 443 (1950).

[2] BARKER, J. A.: J. Chem. Physics **20**, 794, 1526 (1952). — J. A. BARKER, I. BROWN u. F. SMITH: Discuss. Faraday Soc. **15**, 142 (1953).

[3] TOMPA, H.: J. Chem. Physics **21**, 250 (1953).

[4] POPLE, J. A.: Discuss. Faraday Soc. **15**, 35 (1953).

PRIGOGINE und Mitarbeitern[1], vom „Zellenmodell" der Flüssigkeiten aus, wie es für reine flüssige Stoffe schon von LENNARD-JONES und DEVONSHIRE[2] entwickelt wurde. Der Grundgedanke besteht hier in folgendem: Die zwischenmolekularen Schwingungen (oder genauer: die Bewegungen der Molekeln in den Kraftfeldern der Nachbarmoleküle) hängen von der Zusammensetzung der Mischung ab, so daß die unterschiedliche Wechselwirkung für gleichartige und verschiedenartige Teilchen sich nicht nur auf die Verteilung der Molekeln auf die „Gitterplätze", wie bei der Theorie der streng regulären Lösung, sondern auch auf die Schwingungsbewegung der Moleküle um ihre Ruhelagen auswirkt. Dieses Modell wird mit Hilfe eines definierten Kraftansatzes für die molekularen Wechselwirkungen, z.B. des Ansatzes (4.49) in § 57, quantitativ ausgewertet. In die Formeln für die Zusatzfunktionen bei binären Gemischen gehen zwei Parameter ein, von denen der eine, wie die Wechselwirkungskonstante w, ein Maß für den Unterschied zwischen der Wechselwirkungsenergie für zwei verschiedenartige Moleküle und dem arithmetischen Mittel der Wechselwirkungsenergien für zwei gleichartige Teilchen ist, während die andere Konstante die Unterschiede in der Wechselwirkung zwischen den gleichartigen Molekeln mißt. Wenn beide Parameter verschwinden, d.h. die Wechselwirkungen zwischen allen Teilchen gleich sind, resultiert eine ideale Mischung, entsprechend der Bedingung 3a.

Die Theorie von PRIGOGINE ergibt, mindestens in qualitativer Hinsicht, befriedigende Übereinstimmung mit der Erfahrung, obwohl sie nur für Molekeln mit kugelsymmetrischen Kraftfeldern gilt. Insbesondere liefert sie auch die Zustandsgleichung für Mischungen und gestattet somit eine quantitative Diskussion des Zusatzvolumens bei binären Gemischen[3]. Die Proportionalität zwischen $\bar{S}^E$ und $\bar{V}^E$, die erfahrungsgemäß in erster Näherung zutrifft (vgl. § 81), wird ebenfalls von dieser Theorie vorausgesagt. Schließlich gelingt in manchen Fällen, besonders bei Dispersionswechselwirkung, die Zurückführung der Eigenschaften der Mischung auf diejenigen der reinen Komponenten, wobei ähnliche Ausdrücke wie in Gl. (109) auftreten.

Die in § 78 und in § 81 genannten binären Systeme mit negativer Mischungsentropie lassen sich zur Zeit nur qualitativ diskutieren. Es liegen hier wahrscheinlich ungewöhnlich starke Orientierungseffekte in der Lösung vor, die schon teilweise den Charakter einer chemischen Bindung annehmen. Bei den Gemischen der Amine mit Wasser oder Alkohol

---

[1] PRIGOGINE, I. u. V. MATHOT: J. Chem. Physics **20**, 49 (1952). — I. PRIGOGINE: Nederl. Tijdschr. Natuurkunde **19**, 301 (1953).

[2] LENNARD-JONES, J. E. u. A. F. DEVONSHIRE: Proc. Roy. Soc. [London] **A 163**, 53 (1937); **A 165**, 1 (1938). Vgl. auch J. G. KIRKWOOD: J. Chem. Physics **18**, 380 (1950).

[3] Vgl. I. PRIGOGINE: Bull. Soc. chim. Belg. **62**, 125 (1953). — I. PRIGOGINE u. R. DEFAY: s. Fußnote 2 S. 80.

tritt zweifellos eine ausgeprägte Wasserstoffbrückenbindung auf, die teilweise zur Ausbildung definierter Solvate führen kann. Im Falle der Magnesiumlegierungen liegen die Minima der Mischungsentropie in der Nähe der Zusammensetzungen der intermetallischen Verbindungen Mg_3Bi_2 und Mg_3Sb_2, die im festen Zustand bekannt sind.

Überhaupt bilden die Systeme mit starken Wechselwirkungen zwischen den einzelnen Teilchenarten einen allmählichen Übergang zu Systemen mit chemischen Reaktionen in der flüssigen Phase. Daher führt bei solchen Systemen die formale Behandlung der Abweichungen vom idealen Verhalten als „Assoziation" oder „Solvatation" häufig zu einer guten quantitativen Beschreibung der thermodynamischen Eigenschaften, wenn man die übrigen („physikalischen") Ursachen für das nichtideale Verhalten nicht gänzlich übersieht (vgl. § 74)[1].

Wir haben bei der Besprechung der statistischen Theorien bisher vorausgesetzt, daß die verschiedenen Teilchenarten annähernd gleiche Gestalt und Größe haben, daß also die Bedingungen 1 und 2 bei den betrachteten nichtidealen Gemischen erfüllt sind. Da der Einfluß unterschiedlicher geometrischer Formen bei den einzelnen Molekülen quantitativ schwer zu erfassen ist, begnügen wir uns mit einer Skizzierung des Problems, das sich ergibt, wenn man die Bedingung 1 beibehält, die Voraussetzung 2 aber aufgibt. Es handelt sich dann um Gemische mit Teilchenarten unterschiedlicher Größe, bei denen gewisse Grundeinheiten („Segmente") einander so ähnlich sind, daß sie (in Gedanken) miteinander vertauscht werden können, wie etwa bei einer Mischung aus Benzol und Diphenyl oder einer Lösung von Polystyrol in Toluol.

Wir beginnen mit dem einfachsten Fall: Von den eingangs genannten Voraussetzungen für die Existenz idealer Mischungen lassen wir nur die Bedingung 2 fallen, betrachten also den reinen „Größeneffekt". Da die Bedingung 3 beibehalten wird, handelt es sich (praktisch) um „athermische Mischungen" ($\bar{H}^E = 0$, vgl. § 81 und § 82).

Selbst mit diesen vereinfachenden Annahmen ist das molekularstatistische Problem des „Größeneffekts" kompliziert und bisher keineswegs exakt gelöst[2]. HUGGINS[4], MILLER[5] und GUGGENHEIM[6] haben, wieder bei

---

[1] Vgl. I. PRIGOGINE, V. MATHOT u. A. DESMYTER: Bull. Soc. chim. Belg. **58**, 547 (1949). — I. PRIGOGINE u. A. DESMYTER: Trans. Faraday Soc. **47**, 1137 (1951). — L. SAROLÉA-MATHOT: Trans. Faraday Soc. **49**, 8 (1953). — C. B. KRETSCHMER u. R. WIEBE: J. Chem. Physics **22**, 1697 (1954).

[2] Vgl. die zusammenfassenden Darstellungen bei FLORY: s. Fußnote 7 S. 466; GUGGENHEIM: s. Fußnote 4 S. 457; HILDEBRAND u. SCOTT: s. Fußnote 2 S. 187; MILLER[3] und MÜNSTER: s. Fußnote 7 S. 466.

[3] MILLER, A. R.: Theory of Solutions of High Polymers, Oxford 1948.

[4] HUGGINS, M. L.: s. Fußnote 2 S. 453.

[5] MILLER, A. R.: Proc. Cambridge Philos. Soc. **38**, 109 (1942); **39**, 54, 131 (1943).

[6] GUGGENHEIM, E. A.: Proc. Roy. Soc. [London] **A 183**, 203, 213 (1944).

Zugrundelegung des quasikristallinen Modells, geschlossene Formeln für athermische Lösungen abgeleitet[1]. In diesen Beziehungen tritt außer dem Polymerisationsgrad r [der, strenggenommen, durch die Größe r'' in Gl. (53b) zu ersetzen ist, vgl. § 82] als freier Parameter eine „Koordinationszahl" z auf, d.h. die Zahl der nächsten Nachbarn eines Segments im Quasigitter. Für $z \to \infty$ gehen die Formeln in die Gleichungen für die „ideal-athermische Lösung" (§ 82) über, wie sie FLORY[2] angegeben hat[3]. Selbst im günstigsten Falle, nämlich beim System Toluol–Polystyrol, das innerhalb der Meßgenauigkeit athermisch ist (vgl. § 82), läßt sich eine quantitative Übereinstimmung der theoretischen Formeln mit dem Experiment nicht erzielen. Eine annähernde Beschreibung der Versuchsergebnisse ist allenfalls mit physikalisch unplausiblen Werten für z, z.B. mit $z = 3$, zu erreichen[4]. Wir sahen schon in § 82, daß für eine genaue Wiedergabe der Meßdaten für das genannte System ein empirischer Ansatz erforderlich ist. Soweit es sich aber um eine näherungsweise Beschreibung handelt, ist die FLORYsche Beziehung ($z \to \infty$) fast genau so gut wie die komplizierteren Formeln. Wir sehen daher von einer Diskussion dieser Formeln ab[5].

Es ist in diesem Zusammenhang interessant, daß die FLORYsche Näherung noch auf einem ganz anderen Wege gewonnen werden kann, der keinen Gebrauch vom Gittermodell macht: Für eine Mischung aus langen Kettenmolekülen, die aus demselben Grundmolekül aufgebaut sind, folgt unter bestimmten molekulartheoretischen Voraussetzungen (die wahrscheinlich nur bei starker Verknäuelung der Kettenmoleküle hinfällig werden) die Formel für ideal-athermische Lösungen, wie LONGUET-HIGGINS[6] gezeigt hat. Eine experimentelle Verifizierung dieses Resultats ist nicht leicht, da z.B. im Falle einer binären Lösung beide Komponenten lange Kettenmoleküle mit identischen Segmenten sein müßten.

Für nichtathermische Mischungen aus Molekülen verschiedener Größe, d.h. bei gleichzeitiger Aufgabe der Bedingungen 2 und 3, wird das statistische Problem der Berechnung der thermodynamischen Funktionen noch weit schwieriger. Hier überlagern sich den „Größeneffekten" diejenigen Effekte, die schon bei Teilchenarten gleicher Größe zu berück-

---

[1] Die erste statistische Durchrechnung der Eigenschaften einer athermischen Lösung (für $r = 2$) geht auf R. H. FOWLER u. G. S. RUSHBROOKE: Trans. Faraday Soc. **33**, 1272 (1937), zurück.

[2] FLORY, P. J.: s. Fußnote 1 S. 453.

[3] Den ersten statistischen Rechnungen von FLORY: s. Fußnote 1 S. 453, und HUGGINS: s. Fußnote 2 S. 453, aus dem Jahre 1941 war eine qualitative Betrachtung von K. H. MEYER: Z. physik. Chem. **B 44**, 383 (1939), vorausgegangen.

[4] Vgl. hierzu K. SCHMOLL u. E. JENCKEL: s. Fußnote 1 S. 457.

[5] Interessante neuere Beiträge zur Statistik athermischer Lösungen stammen von G. S. RUSHBROOKE, H. I. SCOINS u. A. J. WAKEFIELD: Discuss. Faraday Soc. **15**, 57 (1953), sowie E. A. GUGGENHEIM: Discuss. Faraday Soc. **15**, 66 (1953).

[6] LONGUET-HIGGINS, H. C.: Discuss. Faraday Soc. **15**, 73 (1953).

sichtigen sind, nämlich die „Konfigurationseffekte", wie sie in der Theorie
der streng regulären Lösung durch Einführen des „Wechselwirkungspara-
meters" zum Ausdruck kommen und wie sie bei hochmolekularen Lösungen von ORR[1] und GUGGENHEIM[2] behandelt werden, die „Orientierungseffekte", die von MÜNSTER[3] diskutiert werden, und schließlich der
Effekt der Abhängigkeit der zwischenmolekularen Schwingungen von
der Zusammensetzung der Mischphase, der auch hier wieder mit Hilfe
des „Zellenmodells" von PRIGOGINE und Mitarbeitern[4] der Rechnung zugänglich gemacht wird[5].

Von den empirischen Ansätzen für binäre hochmolekulare Lösungen
in § 82 ist die einparametrige Gleichung (88) noch am ehesten einer theoretischen Deutung zugänglich. LONGUET-HIGGINS[6] hat gezeigt, daß eine
mit plausiblen Annahmen durchgeführte statistische Rechnung auf den
Ansatz (88) führt, wenn man voraussetzt, daß die Mischphase aus zwei
Teilchenarten besteht, die lange Ketten darstellen, deren Segmente ähnlich aufgebaut sind. Ein Beispiel für eine solche Mischphase ist etwa das
System

$$CH_3(CH_2)_mCH_3 + CF_3(CF_2)_nCF_3 \, ,$$

wobei m und n große Zahlen sind. Der empirische Parameter χ in Gl. (88)
erhält hierbei eine molekulartheoretische Deutung, auf die wir nicht eingehen können. Der wesentliche Zug der Überlegungen von LONGUET-
HIGGINS ist der, daß die Größe χT — auf eine im allgemeinen nicht
näher spezifizierte Art — temperaturabhängig wird, während alle früheren
Theorien vergleichbarer Einfachheit die Größe χkT als „Wechselwirkungskonstante" — in Analogie zu w in Gl. (108) — deuten (vgl. § 82)[7].

§ 84. Gemeinsame empirische Beschreibung von niedrigmolekularen und hochmolekularen Lösungen

a) Allgemeines. Es gibt eine Reihe von binären Nichtelektrolytlösungen, bei denen es zweifelhaft ist, ob man sie nach dem Schema der niedrigmolekularen Lösungen (§ 81) oder nach dem Schema der hochmolekularen
Lösungen (§ 82) beschreiben soll, da einerseits die beiden Komponenten
merklich verschiedene Molekülgrößen aufweisen, so daß ein „Größen-

---

[1] ORR, W. J. C.: Trans. Faraday Soc. **40**, 320 (1944); **43**, 12 (1947).

[2] GUGGENHEIM, E. A.: s. Fußnote 6 S. 475.

[3] MÜNSTER, A.: J. Chim. physique **49**, 128 (1952).

[4] PRIGOGINE, I. u. A. BELLEMANS: Discuss. Faraday Soc. **15**, 80 (1953). — I. PRI-
GOGINE, N. TRAPPENIERS u. V. MATHOT: Discuss. Faraday Soc. **15**, 93 (1953).

[5] BELLEMANS, A. u. C. COLIN-NAAR: J. Polymer Sci. **15**, 121 (1955), wenden die
PRIGOGINEsche Theorie mit gutem Erfolg auf binäre Mischungen von Benzol mit
Diphenyl, Diphenylmethan, Dibenzyl und Tolan an.

[6] LONGUET-HIGGINS, H. C.: s. Fußnote 6 S. 476.

[7] Vgl. auch M. L. HUGGINS: J. Polymer Sci. **16**, 209 (1955).

effekt" (§ 83) zu erwarten ist, bei denen aber andererseits ein „Polymerisationsgrad" r [oder auch eine Größe r'' gemäß Gl. (53 b) in § 82] nicht eindeutig definierbar ist. Ferner ist bei Lösungen von Hochmolekularen, die keine Kettenmoleküle, sondern kompakte Molekeln enthalten (Beispiel: Eiweißstoffe), die Einführung eines Polymerisationsgrades nicht mehr sinnvoll. Der einzige für das Molekülgrößenverhältnis charakteristische Parameter, der sich in jedem Falle eindeutig angeben läßt, ist der Quotient r' der Molvolumina der beiden reinen flüssigen Komponenten bei den vorgegebenen Werten von T und P, also die Größe

$$r' \equiv \frac{V_{02}}{V_{01}}. \tag{6.112}$$

Damit werden wir gemäß Gl. (53 a) auf den „Volumenbruch" φ' als Konzentrationsvariable geführt [1].

Wir wollen daher eine gemeinsame empirische Behandlung der thermodynamischen Eigenschaften aller binären niedrigmolekularen und hochmolekularen Nichtelektrolytlösungen dadurch ermöglichen, daß wir anstelle der „Molenbrüche" bzw. „Grundmolenbrüche" die „Volumenbrüche" φ_1' und φ_2' einführen:

$$\varphi_1' \equiv \frac{n_1}{n_1 + r' n_2} = \frac{x_1}{r' - (r' - 1) x_1} = \frac{V_{01} x_1}{V_{01} x_1 + V_{02} x_2}, \tag{6.113 a}$$

$$\varphi_2' \equiv \frac{r' n_2}{n_1 + r' n_2} = \frac{r' x_2}{1 + (r' - 1) x_2} = \frac{V_{02} x_2}{V_{01} x_1 + V_{02} x_2}. \tag{6.113 b}$$

Dabei ist n_i die Molzahl und x_i der Molenbruch der Komponente i ($i = 1, 2$). Setzen wir also in allen Gleichungen in § 82 anstatt r die Größe r' und anstatt $1 - \varphi$ bzw. φ die Größe φ_1' bzw. φ_2' ein, so erhalten wir Beziehungen, die uns eine formale Beschreibung aller Typen von binären Nichtelektrolytlösungen gestatten. Für $r' = 1$ (gleiche Molvolumina der beiden Komponenten) gehen diese Beziehungen in die Formeln für niedrigmolekulare Lösungen (§ 81) über.

b) Ansatz von HUGGINS. Wir lernten in § 82 den empirischen Ansatz von HUGGINS kennen und sahen in § 83, daß er sich für hochmolekulare Lösungen unter gewissen Bedingungen molekularstatistisch begründen läßt. Außerdem erfuhren wir, daß er eine Verallgemeinerung des PORTERschen Ansatzes (§ 81) darstellt, der für binäre niedrigmolekulare Nichtelektrolytlösungen meist eine gute erste Näherung ist. Wenn auch eine allgemeinere Prüfung des HUGGINSschen Ansatzes an zuverlässigen, den gesamten Konzentrationsbereich erfassenden Messungen noch aussteht, so werden wir doch erwarten, daß dieser Ansatz für Systeme mit Teilchenarten unterschiedlicher Molekülgröße eine ähnliche empirische Trag-

---

[1] Vgl. G. REHAGE: Z. Elektrochem. (im Druck).

weite hat wie der PORTERsche Ansatz für Systeme aus annähernd gleich großen Teilchen. Wir nehmen daher den HUGGINSschen Ansatz in der Form (89) mit den genannten Substitutionen zum Ausgangspunkt unserer weiteren Betrachtungen:

$$\frac{\mu_1 - \mu_{01}}{RT} = \ln \varphi_1' + \left(1 - \frac{1}{r'}\right) \varphi_2' + \chi \, \varphi_2'^{\,2}, \qquad (6.114\,\text{a})$$

$$\frac{\mu_2 - \mu_{02}}{RT} = \ln \varphi_2' - (r' - 1) \varphi_1' + r' \chi \, \varphi_1'^{\,2}. \qquad (6.114\,\text{b})$$

Hierin ist μ_i das chemische Potential der Komponente i in der Mischung, μ_{0i} das chemische Potential des reinen flüssigen Stoffes i bei den vorgegebenen Werten von T und P, χ ein empirischer Parameter und R die Gaskonstante.

Da gemäß Gl. (113) für die Umrechnung von φ_i' auf x_i oder umgekehrt nur das Verhältnis $r' = V_{02}/V_{01}$ bekannt zu sein braucht und dieses im allgemeinen weniger temperaturabhängig als die einzelnen Größen V_{01} und V_{02} sein wird, genügt es, wenn wir r' für irgendeine Temperatur kennen und dann als konstant ansehen. Die Druckabhängigkeit von r' können wir dann erst recht vernachlässigen.

Betrachten wir nur Probleme bei konstantem Druck (wie im folgenden immer), so ist der Parameter χ bzw. die mit ihm nach Gl. (87) definitionsgemäß verknüpfte Größe

$$A \equiv RT\chi \qquad (6.115)$$

eine Funktion der Temperatur.

c) **Ansatz von SCATCHARD und HILDEBRAND.** An dieser Stelle seien einige Hinweise auf einen Ansatz eingeschaltet, der formal aus Gl. (114) als Spezialfall hervorgeht, obwohl er auf ganz anderem Wege gewonnen wurde. Wir definieren die Größen

$$\delta_1 \equiv \left(\frac{\lambda_1}{V_{01}}\right)^{\frac{1}{2}}, \quad \delta_2 \equiv \left(\frac{\lambda_2}{V_{02}}\right)^{\frac{1}{2}}, \qquad (6.116)$$

worin λ_i die molare Verdampfungsenergie des reinen Stoffes i bei der jeweils betrachteten Temperatur bedeutet, also durch Gl. (110) exakt und durch Gl. (111) angenähert gegeben ist. Der Ausdruck δ_i^2 heißt, entsprechend seiner molekularphysikalischen Interpretation, nach SCATCHARD „Kohäsionsenergiedichte". Die Größe δ_i wird, entsprechend ihrer praktischen Bedeutung (vgl. unten), nach HILDEBRAND als „Löslichkeitsparameter" bezeichnet. Setzen wir nun formal

$$RT\chi = A = V_{01}(\delta_1 - \delta_2)^2, \qquad (6.117)$$

so erhalten wir bei Beachtung von Gl. (112) folgende Gleichungen für die chemischen Potentiale:

$$\mu_1 - \mu_{01} = RT \ln \varphi_1' + RT \left(1 - \frac{1}{r'}\right) \varphi_2' + V_{01}(\delta_1 - \delta_2)^2 \varphi_2'^2, \quad (6.118\,\mathrm{a})$$

$$\mu_2 - \mu_{02} = RT \ln \varphi_2' - RT (r' - 1) \varphi_1' + V_{02}(\delta_1 - \delta_2)^2 \varphi_1'^2. \quad (6.118\,\mathrm{b})$$

Dies ist der Ansatz von SCATCHARD[1] in der von HILDEBRAND[2] verallgemeinerten Form. Hierin sind V_{01}, V_{02}, δ_1 und δ_2 Funktionen von T. Für kleine Werte von r' ($r' \leq 2$) ist die Summe der beiden ersten Terme der rechten Seite von Gl. (118a) bzw. (118b) numerisch kaum von $\ln x_1$ bzw. $\ln x_2$ verschieden. Wir können daher als Näherung für kleine Werte von r' schreiben:

$$\mu_1 - \mu_{01} = RT \ln x_1 + V_{01}(\delta_1 - \delta_2)^2 \varphi_2'^2, \quad (6.119\,\mathrm{a})$$

$$\mu_2 - \mu_{02} = RT \ln x_2 + V_{02}(\delta_1 - \delta_2)^2 \varphi_1'^2. \quad (6.119\,\mathrm{b})$$

Dies ist der ursprüngliche Ansatz von SCATCHARD.

Da die ursprüngliche molekulartheoretische Deutung der Formeln von SCATCHARD und HILDEBRAND heute nicht mehr als stichhaltig gilt und auch die früher vermutete empirische Tragweite dieser Ansätze einer sorgfältigen Nachprüfung nicht standhält, haben die Beziehungen (118) und (119) die zentrale Stellung, die sie bis vor kurzem in der Literatur über Nichtelektrolytlösungen[3] inne hatten, verloren. Man wird ja auch von vornherein erwarten, daß die obigen Gleichungen mit ihren starren Vorzeichenregeln[4] der Wirklichkeit weit weniger entsprechen als der HUGGINSsche Ansatz, der den empirischen Parameter χ nicht näher spezifiziert. Wenn es sich andererseits darum handelt, aus den Eigenschaften der reinen Stoffe das thermodynamische Verhalten einer binären Mischung vorauszusagen, so ist, wie die Erfahrung zeigt, Gl. (118) bzw. (119) manchmal im Sinne einer Näherung brauchbar. Wir werden dazu unten ein Beispiel anführen.

d) Entmischung. Als erstes Beispiel für die Anwendbarkeit der hier besprochenen Ansätze diskutieren wir Probleme der Entmischung (bei konstantem Druck) bei binären flüssigen Systemen.

Gemäß Gl. (2.212a) und (113) gilt für den kritischen Entmischungspunkt in einem beliebigen binären System:

$$\left(\frac{\partial \mu_1}{\partial \varphi'}\right)_{T,P} = 0, \quad \left(\frac{\partial^2 \mu_1}{\partial \varphi'^2}\right)_{T,P} = 0. \quad (6.120)$$

---

[1] SCATCHARD, G.: Chem. Reviews **8**, 321 (1931).

[2] HILDEBRAND, J. H.: Chem. Reviews **44**, 37 (1949).

[3] Vgl. J. H. HILDEBRAND u. R. L. SCOTT: s. Fußnote 2 S. 187.

[4] Der Koeffizient von $\varphi_i'^2$ in Gl. (118) und (119) ist stets positiv. Damit folgt im Falle des Ansatzes (119) aus Gl. (55): $f_i > 1$. Bei negativen Abweichungen vom RAOULTschen Gesetz (5.123), bei denen gilt: $f_i < 1$, kann also der Ansatz (119) von vornherein nicht zutreffen.

Hierbei kann für φ' der Volumenbruch einer der beiden Komponenten und anstelle von μ_1 auch die Größe μ_2 eingesetzt werden [vgl. Gl. (1.283) in § 27].

Tragen wir den HUGGINSschen Ansatz (114) in die Gleichungen (120) ein, so erhalten wir nach Auflösung des Gleichungssystems[1]:

$$\varphi'_{2K} = \frac{1}{1 + (r')^{\frac{1}{2}}}, \tag{6.121}$$

$$\chi_K = \frac{A_K}{R\,T_K} = \frac{1}{2}\left(1 + \frac{1}{(r')^{\frac{1}{2}}}\right)^2, \tag{6.122}$$

worin φ'_{2K} den kritischen Volumenbruch der Komponente 2, T_K die kritische Entmischungstemperatur und χ_K bzw. A_K den Wert von χ bzw. A für $T = T_K$ bedeutet. Mit Gl. (113) folgt hieraus für den kritischen Molenbruch x_{2K} der Komponente 2:

$$x_{2K} = \frac{1}{1 + (r')^{\frac{3}{2}}}. \tag{6.123}$$

Da Gl. (114) für $r' = 1$ in den PORTERschen Ansatz übergeht, müssen die Beziehungen (5.293) in den obigen Formeln als Sonderfälle enthalten sein. In der Tat ergibt sich aus Gl. (121) bis (123) mit $r' = 1$:

$$\chi_K = 2, \quad T_K = \frac{A_K}{2R}, \quad \varphi'_{2K} = x_{2K} = \frac{1}{2}. \tag{6.124}$$

Der zweite Grenzfall ist der eines Hochpolymeren mit $r' \to \infty$. Hierfür finden wir aus Gl. (121) bis (123):

$$\chi_K = \frac{1}{2}, \quad T_K = \frac{2A_K}{R}, \tag{6.125 a}$$

$$\varphi'_{2K} = x_{2K} = 0. \tag{6.125 b}$$

Die Aussage (125b) bedeutet, daß der hochmolekulare Stoff (die Komponente 2) im Grenzfalle eines unendlich großen Polymerisationsgrades in der kritischen Phase überhaupt nicht mehr enthalten ist, der kritische Entmischungspunkt also völlig zur Seite des reinen Lösungsmittels (der Komponente 1) verschoben ist. Diese Aussage entspricht der Erfahrung.

Noch einen weiteren Schluß können wir aus den obigen Formeln ziehen: Bei kleinen Werten von r' wird der kritische Volumenbruch φ'_{2K} durch den Wert 1/2, der streng nur für $r' = 1$ gilt, besser approximiert als der kritische Molenbruch x_{2K}. Wir erhalten z. B. aus Gl. (121) und (123):

$$r' = 2: \quad \varphi'_{2K} \approx \frac{1}{2{,}41}, \quad x_{2K} \approx \frac{1}{3{,}83},$$

$$r' = 3: \quad \varphi'_{2K} \approx \frac{1}{2{,}73}, \quad x_{2K} \approx \frac{1}{6{,}20},$$

$$r' = 4: \quad \varphi'_{2K} = \frac{1}{3}, \quad x_{2K} = \frac{1}{9}.$$

---

[1] Vgl. P. J. FLORY: s. Fußnote 1 S. 453.

Wenn also der Ansatz (114) zutrifft, wird die Entmischungskurve für kleine Werte von r' in bezug auf den Volumenbruch φ' praktisch symmetrisch sein, nicht aber bezüglich des Molenbruches x. Je ein Beispiel für den Fall eines oberen und eines unteren kritischen Punktes findet man in Abb. 49 und 50. Außerdem sind in Tabelle 10 auf S. 485 experimentelle und nach Gl. (121) bzw. (123) berechnete Werte der kritischen Konzentrationen für mehrere binäre Nichtelektrolytlösungen einander gegenüber-

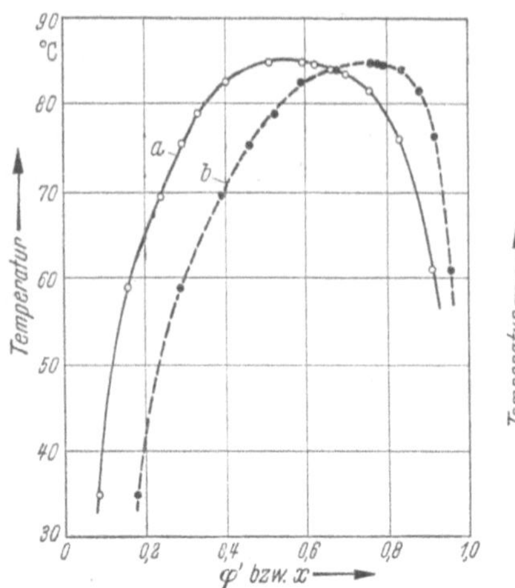

Abb. 49. Isobares Entmischungsdiagramm für das System Benzol—Perfluormethylcyclohexan mit dem Volumenbruch φ' des Benzols (Kurve a) bzw. Molenbruch x des Benzols (Kurve b) als Konzentrationsvariable. Nach HILDEBRAND und SCOTT[1]

Abb. 50. Isobares Entmischungsdiagramm für das System Wasser—Methyldiäthylamin mit dem Volumenbruch φ' (Kurve a) bzw. Molenbruch x (Kurve b) des Methyldiäthylamins als Konzentrationsvariable. Nach COPP[2]

gestellt. Die Übereinstimmung ist bei unpolaren Systemen recht gut. Der HUGGINSsche Ansatz stellt also hinsichtlich der Entmischungserscheinungen einen wesentlichen Fortschritt gegenüber dem PORTERschen Ansatz dar, der stets auf $x_{2\,K} = 1/2$ führt.

Will man auch die kritische Entmischungstemperatur T_K berechnen, so muß man die Temperaturabhängigkeit von χ kennen. Setzt man die einfache Näherung (95) voraus, findet man aus Gl. (122):

$$\frac{1}{T_K} = \frac{1}{2\,\beta}\left[\left(1 + (r')^{-\frac{1}{2}}\right)^2 - 2\,\alpha\right].\qquad(6.126)$$

Diese Beziehung ist nur dann von Nutzen, wenn man die empirischen Konstanten α und β aus anderen Messungen, z. B. aus Dampfdruckdaten, kennt. Außerdem ist ihr Gültigkeitsbereich beschränkter als derjenige der Formeln für die kritische Konzentration, da die vorausgesetzte spezielle Form der Temperaturabhängigkeit des Parameters χ nicht allge-

---

[1] HILDEBRAND, J. H. u. R. L. SCOTT: s. Fußnote 2, S. 187.

[2] COPP, J. L.: Trans. Faraday Soc. **51**, 1056 (1955).

mein zutreffen wird. Für den Grenzfall $r' \to \infty$ [vgl. Gl. (125)] folgt aus Gl. (126) die einfache Formel:

$$T_K = \frac{2\,\beta}{1 - 2\,\alpha}. \qquad (6.126\,\mathrm{a})$$

Der SCATCHARD-HILDEBRANDsche Ansatz (118) führt, da er ein Spezialfall des HUGGINSschen Ansatzes ist, auf dieselben Ausdrücke für die kritische Zusammensetzung[1]. Die aus Gl. (118) oder (119) abgeleiteten Formeln für die kritische Temperatur[2] erweisen sich als unbrauchbar, wenn man von einigen — wohl zufälligen — Ausnahmefällen absieht.

e) Löslichkeit. Wir wenden uns schließlich Fragen der Löslichkeit zu und betrachten die Koexistenz einer reinen kristallinen Phase, die aus der Komponente 2 (dem „gelösten Stoff") besteht, mit einer Lösung, die außer dem gelösten Stoff noch die Komponente 1 (das „Lösungsmittel") enthält. Der Druck sei stets konstant.

Die allgemeine Gleichung für die Löslichkeit lautet im vorliegenden Falle gemäß Gl. (5.65):

$$\ln x_2 = \frac{\bar{\Lambda}_2}{R}\left(\frac{1}{T_2} - \frac{1}{T}\right) - \ln f_2. \qquad (6.127)$$

Hierin ist x_2 der Molenbruch der Komponente 2 (des „gelösten Stoffes") in der gesättigten Lösung bei der Temperatur T, f_2 der Aktivitätskoeffizient des Stoffes 2 in der gesättigten Lösung bei der Temperatur T, T_2 der Schmelzpunkt der reinen Komponente 2 und $\bar{\Lambda}_2$ ein Mittelwert der molaren Schmelzwärme des reinen Stoffes 2, gemittelt über den Temperaturbereich von T bis T_2. In den meisten Fällen ist man, mangels genauerer Daten, auf folgende Näherung für $\bar{\Lambda}_2$ angewiesen [vgl. Gl. (5.57) in § 67]:

$$\bar{\Lambda}_2\left(\frac{1}{T_2} - \frac{1}{T}\right) = \Lambda_{0\,2}\left(\frac{1}{T_2} - \frac{1}{T}\right) - \Delta\,C_2^0\left(1 - \frac{T_2}{T} + \ln\frac{T_2}{T}\right), \qquad (6.128)$$

worin $\Lambda_{0\,2}$ die molare Schmelzwärme der reinen Komponente 2 am Schmelzpunkt (T_2) und ΔC_2^0 die Differenz zwischen der Molwärme (bei konstantem Druck) des reinen flüssigen Stoffes 2 und derjenigen des reinen festen Stoffes 2 am Schmelzpunkt bedeutet. Liegt die Schmelztemperatur T_2 des gelösten Stoffes weit oberhalb der Lösungstemperatur T, so kann die Näherung (128) eine große Unsicherheit in der Auswertung von Löslichkeitsmessungen bedingen.

Für eine ideale Mischung (Index ^{id}) gilt nach Gl. (5.115) und (127) [vgl. Gl. (5.127a) in § 74]:

$$\ln x_2^{\mathrm{id}} = \frac{\bar{\Lambda}_2}{R}\left(\frac{1}{T_2} - \frac{1}{T}\right). \qquad (6.129)$$

---

[1] Der vereinfachte SCATCHARD-HILDEBRANDsche Ansatz (119) ergibt für die kritische Konzentration einen komplizierteren Ausdruck[2], der gegenüber Gl. (121) oder (123) auch in empirischer Hinsicht keine Verbesserung darstellt.

[2] Vgl. J. H. HILDEBRAND u. R. L. SCOTT: s. Fußnote 2 S. 187.

Wir können nun jeder wirklichen gesättigten Lösung einen „idealen" Sättigungsmolenbruch x_2^{id} gemäß Gl. (129) zuordnen. Für einen bestimmten gelösten Stoff 2 ist x_2^{id} bei vorgegebener Temperatur T eine Konstante, die aus den Daten für die reine Komponente 2 berechnet werden kann. Wir finden nach Gl. (127) und (129) für den Sättigungsmolenbruch x_2 in einer nichtidealen Mischung:

$$\ln \frac{x_2^{\mathrm{id}}}{x_2} = \ln f_2 . \tag{6.130}$$

Hieraus ergibt sich mit Gl. (52) und (55b):

$$\frac{\mu_2 - \mu_{02}}{RT} = \ln x_2 f_2 = \ln x_2^{\mathrm{id}} . \tag{6.131}$$

Daraus folgt mit Gl. (114b) für den HUGGINSschen Ansatz:

$$\ln x_2^{\mathrm{id}} = \ln \varphi_2' - (r' - 1)\, \varphi_1' + r'\, \chi\, \varphi_1'^{\,2} , \tag{6.132}$$

mit Gl. (118b) für den SCATCHARD-HILDEBRANDschen Ansatz:

$$\ln x_2^{\mathrm{id}} = \ln \varphi_2' - (r' - 1)\, \varphi_1' + \frac{V_{02}\,(\delta_1 - \delta_2)^2}{RT}\, \varphi_1'^{\,2} , \tag{6.133}$$

mit Gl. (119b) für den vereinfachten SCATCHARD-HILDEBRANDschen Ansatz:

$$\ln x_2^{\mathrm{id}} = \ln x_2 + \frac{V_{02}\,(\delta_1 - \delta_2)^2}{RT}\, \varphi_1'^{\,2} . \tag{6.134}$$

In diesen Formeln bedeutet φ_1' bzw. φ_2' den Volumenbruch der Komponente 1 bzw. 2 in der gesättigten Lösung.

Mit Hilfe von Gl. (133) oder (134) können, soweit der SCATCHARD-HILDEBRANDsche Ansatz gültig ist, Löslichkeiten aus den Daten für die reinen Komponenten vorausberechnet werden.

Überraschend gute Ergebnisse erhält man mit Gl. (134) für Lösungen von Jod (Komponente 2) in verschiedenen Lösungsmitteln bei 25°C (Tabelle 11) nach HILDEBRAND und SCOTT[1]: Die aus den gemessenen Löslichkeiten (x_2) und den Daten für die reinen Komponenten $(V_{01},\ \delta_1,\ V_{02},\ x_2^{\mathrm{id}})$ gewonnenen Werte für den Löslichkeitsparameter δ_2 des Jods variieren nur wenig und stimmen recht gut mit dem gemäß Gl. (116) aus den Daten für reines Jod berechneten Wert überein, obwohl der Aktivitätskoeffizient f_2 des Jods in der gesättigten Lösung zwischen 3,3 und 1400 variiert. Bei großen Unterschieden der Molvolumina V_{01} und V_{02} wurde die Berechnung auch mit Hilfe von Gl. (133) durchgeführt, was jedoch zu keinen wesentlichen Änderungen führte.

Wirklichen Aufschluß über die Gültigkeit des SCATCHARD-HILDEBRANDschen Ansatzes in solchen Fällen können allerdings nur isotherme

---

[1] HILDEBRAND, J. H. u. R. L. SCOTT: s. Fußnote 2 S. 187.

Dampfdruckmessungen geben, da diese für jede Temperatur einen größeren Konzentrationsbereich erfassen und von zusätzlichen Annahmen, wie z. B. der Näherung (128), unabhängig sind.

Tabelle 10
Kritische Daten für binäre flüssige Systeme.

$$t_K = T_K - 273{,}16, \quad x_K = x_{1K}, \quad \varphi'_K = \varphi'_{1K}.$$

Der zuerst genannte Stoff ist die Komponente 1. Wenn nicht anders angegeben, gilt r' für die kritische Temperatur t_K. (U) bedeutet unteren kritischen Punkt. Nach REHAGE *(unveröffentlicht)*

System	$r' = \dfrac{V_{02}}{V_{01}}$	gemessen			berechnet	
		$t_K(°C)$	x_K	φ'_K	x_K	φ'_K
SnI_4–$SiCl_4$	0,76 (25°C)	139,0	0,40	0,47	0,40	0,47
SnI_4–n-C_6H_{14}	0,87 (25°C)	149,4	0,42	0,46	0,44	0,48
SnI_4–n-C_7H_{16}	0,98 (25°C)	136,8	0,48	0,49	0,49	0,50
SnI_4–n-C_8H_{18}	1,08 (25°C)	132,0	0,52	0,50	0,53	0,51
SnI_4–iso-C_8H_{18}	1,10 (25°C)	195,3	0,52	0,50	0,53	0,51
SnI_4–Dicetyl	3,73 (25°C)	194,0	0,90	0,71	0,88	0,66
C_7F_{14}–C_6H_6	0,458 (25°C)	85,5	0,24	0,41	0,23	0,40
C_7F_{14}–$CHCl_3$	0,414 (25°C)	50,5	0,23	0,42	0,21	0,39
Schwefel–Benzol	0,75	163,0	0,38	0,45	0,39	0,46
Schwefel–Benzol (U)	0,81	225	0,48	0,53	0,42	0,47
Schwefel–Benzylchlorid	0,89	136	0,48	0,51	0,46	0,49
Schwefel–Senfgas	0,92	143	0,48	0,50	0,47	0,49
Schwefel–Pyridin	0,65	161	0,37	0,48	0,35	0,45
SO_2–$SiCl_4$	2,5	−4,8	0,70	0,49	0,80	0,61
CH_3COOH–CS_2	1,05	3,9	0,52	0,51	0,52	0,51
Wasser–Triäthylamin (U)	7,7	18,0	0,93	0,63	0,95	0,75
Zink–Blei	1,93	945	0,72	0,57	0,73	0,58
Zink–Wismut	2,09	820	0,78	0,63	0,75	0,59

Tabelle 11

Löslichkeit von Jod (Komponente 2) in verschiedenen Lösungsmitteln (Komponente 1) bei 25°C ($V_{02} = 59{,}0$ cm³ mol⁻¹, $x_2^{id} = 0{,}258$) nach HILDEBRAND *und* SCOTT[1]. *Löslichkeitsparameter δ_1 und δ_2 in* $(\text{cal cm}^{-3})^{\frac{1}{2}}$

Lösungsmittel	V_{01} cm³ mol⁻¹	Mol-Proz. Jod in Lösung	$f_2 = \dfrac{x_2^{id}}{x_2}$	δ_1	δ_2 nach Gl. (134)	δ_2 nach Gl. (133)
1,2-$C_2H_4Br_2$	86,6	7,82	3,30	10,4	14,1	
CS_2	60,6	5,46	4,73	9,9	14,1	
$CHCl_3$	80,7	2,28	11,3	9,3	14,3	
CCl_4	97,1	1,147	22,5	8,6	14,2	
n-C_7H_{16}	147,5	0,679	38,0	7,4	13,4	13,6
iso-C_8H_{18}	166,1	0,592	43,6	6,9	13,1	13,4
n-C_6H_{14}	131,6	0,456	56,6	7,3	13,7	13,8
n-C_7F_{16}	227	0,0185	1400	5,7	14,2	14,6

Durchschnittswert von δ_2 bei Einschluß weiterer Daten: 14,1; Wert von δ_2 gemäß Gl.(116): 13,6.

---

[1] HILDEBRAND, J. H. u. R. L. SCOTT: s. Fußnote 2 S.187.

7. Kapitel

Elektrolytlösungen

§ 85. Einleitung

Flüssige Mischungen, bei denen eine oder mehrere Komponenten in „Ionen", d. h. elektrisch geladene Teilchen, zerfallen, bezeichnet man als „Elektrolytlösungen". Beispiele sind: geschmolzene Salzgemische wie $KCl + NaCl$, bei denen beide Komponenten „Elektrolyte" sind, wäßrige Lösungen von HCl, $Ca(OH)_2$ oder Na_3PO_4, bei denen Wasser das „Lösungsmittel" und die Säuren, Basen oder Salze die „Elektrolyte" darstellen, usw.[1]

Über Salzschmelzen liegt bei weitem nicht so vollständiges Versuchsmaterial wie über die anderen Typen von Elektrolytlösungen vor. Wir haben außerdem die wichtigsten Gesetzmäßigkeiten für flüssige Salzmischungen schon in § 74 bzw. in § 76 im Zusammenhang mit den Gesetzen für ideale Mischungen bzw. mit den Grenzgesetzen für unendliche Verdünnung kennengelernt. Daher beschränken wir die Diskussion in diesem Kapitel auf folgenden Fall: Die Komponente 1, das „Lösungsmittel", ist praktisch ein Nichtelektrolyt, wie Wasser, Methanol, Aceton usw., während die Komponenten 2, 3, ..., die „gelösten Stoffe", Elektrolyte sind. Den Fall „gemischter Lösungsmittel", bei denen in der flüssigen Mischung mehrere Nichtelektrolyte (z. B. Wasser und Methanol) enthalten sind, wollen wir der Einfachheit halber nicht behandeln. Auch werden wir häufig nur Lösungen mit einem einzigen Elektrolyten, der zwei Teilchenarten liefert, betrachten.

Ein Elektrolyt, aus dem bei der Dissoziation zwei Arten von Ionen, also eine Kationensorte und eine Anionensorte, hervorgehen, heißt „binär", ein solcher mit drei Ionenarten „ternär", usw. So stellt KCl oder K_2SO_4 oder Na_3PO_4 einen binären Elektrolyten dar, während ein Stoff wie $KHSO_4$ oder Na_2HPO_4 als ternärer Elektrolyt zu bezeichnen ist, falls man die Dissoziation in der letzten Stufe ($KHSO_4 \rightarrow K^+ + H^+ + SO_4^{--}$ oder $Na_2HPO_4 \rightarrow 2\,Na^+ + H^+ + PO_4^{---}$) berücksichtigt. Ein binärer Elektrolyt, bei dem die Kationen und Anionen gleiche Wertigkeit haben, so daß bei der Dissoziation gleich viele Kationen und Anionen entstehen, heißt „symmetrisch", während alle anderen binären Elektrolyte „unsymmetrisch" genannt werden. So ist KCl oder $CaSO_4$ oder $AlPO_4$ ein symmetrischer, K_2SO_4 oder $Ca(OH)_2$ oder Na_3PO_4 oder $AlCl_3$ hingegen ein unsymmetrischer binärer Elektrolyt. Außerdem bezeichnet man Elektro-

---

[1] Über die Anfänge der Theorie der elektrolytischen Dissoziation vgl. M. PLANCK: Z. physik. Chem. **1**, 577 (1887), und S. ARRHENIUS: Z. physik. Chem. **1**, 631 (1887).

lyte wie KCl oder HNO_3 als „ein-einwertig", solche wie $CaSO_4$ als „zwei-zweiwertig", solche wie K_2SO_4 als „ein-zweiwertig", solche wie $Ca(OH)_2$ als „zwei-einwertig", usw. Nach dieser Nomenklatur ist ein „ein-einwertiger Elektrolyt" ein Sonderfall eines „binären symmetrischen Elektrolyten"[1].

Ein beliebiges Ion einer Elektrolytlösung kennzeichnen wir durch den Index i, das Lösungsmittel, das nur die Teilchenart 1 enthalten soll, durch den Index 1. Liegt nur ein einziger binärer Elektrolyt vor, so benutzen wir für die Kationen den Index $+$ und für die Anionen den Index $-$. Die Molzahl des Ions i (Grammionenzahl) in der Lösung sei n_i, die Molzahl des Lösungsmittels n_1, die wahren Molzahlen der undissoziierten Anteile der Elektrolyte seien n_2, n_3, ..., die stöchiometrischen Molzahlen der Elektrolyte n_2^*, n_3^*, ... Die elektrochemische Valenz eines Ions i bezeichnen wir mit z_i. Sie stellt eine positive oder negative ganze Zahl dar. So gilt für K_2SO_4: $z_+ = z_{K^+} = 1$, $z_- = z_{SO_4^{--}} = -2$. Die Zahl der Kationen bzw. Anionen, in die eine Molekel eines binären Elektrolyten zerfällt, sei ν_+ bzw. ν_-. So gilt für K_2SO_4: $\nu_+ = 2$, $\nu_- = 1$.

Die Bedingung der elektrischen Neutralität für das Innere der Elektrolytlösung fordert:

$$\sum_i z_i n_i = 0, \tag{7.1}$$

wobei die Summe über alle Ionenarten zu erstrecken ist. Für die Lösung eines einzigen binären Elektrolyten folgt:

$$z_+ n_+ + z_- n_- = 0. \tag{7.2}$$

Außerdem gilt in diesem Falle, da die Elektrolytmolekel elektrisch neutral ist:

$$z_+ \nu_+ + z_- \nu_- = 0. \tag{7.3}$$

Ist α der „Dissoziationsgrad"[2] eines binären Elektrolyten, der als einziger Elektrolyt (Komponente 2) in einer Lösung vorkommt, so ergibt sich aus unseren obigen Definitionen:

$$n_+ = \alpha\, \nu_+ n_2^*, \quad n_- = \alpha\, \nu_- n_2^*, \tag{7.4a}$$

$$n_2 = (1 - \alpha)\, n_2^*. \tag{7.4b}$$

Bei vollständiger Dissoziation ($\alpha = 1$) erhalten wir:

$$n_+ = \nu_+ n_2^*, \quad n_- = \nu_- n_2^*, \tag{7.5a}$$

$$n_2 = 0. \tag{7.5b}$$

Wir erkennen aus Gl. (4a), daß die Beziehung (3) auch formal aus Gl. (2) folgt.

---

[1] Es gibt noch andere Bezeichnungsweisen in der Literatur. So wird z. B. der Ausdruck „binärer Elektrolyt" häufig zur Kennzeichnung eines binären *symmetrischen* Elektrolyten benutzt.

[2] Allgemein versteht man unter dem „Dissoziationsgrad" einer Verbindung das Verhältnis der Zahl der dissoziierten Mole zur Zahl der stöchiometrisch ermittelten Mole der Verbindung.

§ 86. Konzentrationsvariable

Bei Elektrolytlösungen verwendet man drei Arten von Konzentrationsvariablen: den Molenbruch, die Molarität und die molare Volumenkonzentration (vgl. § 77).

Eine beliebige Teilchenart der Lösung, also entweder das Lösungsmittel (1) oder eine Molekelart des undissoziierten Anteils eines Elektrolyten (2, 3, ...) oder eine Ionensorte (i), sei durch den Index j, eine beliebige Teilchenart der gelösten Stoffe (der Elektrolyte) durch den Index β charakterisiert, so daß β alle Teilchenarten der Lösung außer dem Lösungsmittel bezeichnet. Dann gilt definitionsgemäß [vgl. Gl. (5.208) in § 77] für den Molenbruch:

$$x_j = \frac{n_j}{n}, \tag{7.6a}$$

für die Molarität:

$$m_\beta = \frac{n_\beta}{M_1 n_1}, \tag{7.6b}$$

für die molare Volumenkonzentration:

$$c_\beta = \frac{n_\beta}{V}. \tag{7.6c}$$

Hierin bedeutet M_1 die Molmasse (das „Molekulargewicht") des Lösungsmittels (meist gemessen in kgr mol^{-1}), V das Volumen der Lösung (meist gemessen in l) und n die gesamte Molzahl der Lösung:

$$n \equiv n_1 + n_2 + n_3 + \cdots + \sum_i n_i = n_1 + \sum_\beta n_\beta = \sum_j n_j. \tag{7.7}$$

Aus Gl. (6a) und (7) folgt die Identität:

$$x_1 + x_2 + x_3 + \cdots + \sum_i x_i = x_1 + \sum_\beta x_\beta = \sum_j x_j = 1. \tag{7.8}$$

Da für jede ungeladene Teilchenart (1, 2, 3, ...) $z_j = 0$ ist, können wir die Elektroneutralitätsbedingung (1) mit Gl. (6) auch folgendermaßen schreiben:

$$\sum_i z_i x_i = \sum_\beta z_\beta x_\beta = \sum_j z_j x_j = 0, \tag{7.9a}$$

$$\sum_i z_i m_i = \sum_\beta z_\beta m_\beta = 0, \tag{7.9b}$$

$$\sum_i z_i c_i = \sum_\beta z_\beta c_\beta = 0. \tag{7.9c}$$

Die Verknüpfung der verschiedenen Konzentrationsvariablen für die Teilchenarten der Elektrolyte folgt unmittelbar aus Gl. (6) [vgl. Gl. (5.209) in § 77]:

$$x_\beta = M_1 x_1 m_\beta = V c_\beta, \tag{7.10}$$

worin

$$\bar{V} \equiv \frac{V}{n} \qquad (7.11)$$

das Molvolumen der Lösung ist. Bei *hoher Verdünnung* ($x_1 \approx 1$, $\bar{V} \approx V_{01}$) ergibt sich [vgl. Gl. (5.210) in § 77]:

$$x_\beta = M_1 m_\beta = V_{01} c_\beta . \qquad (7.12)$$

Hierin bedeutet V_{01} das Molvolumen des reinen Lösungsmittels.

Wir betrachten jetzt speziell die Lösung eines einzigen binären Elektrolyten, also eine Elektrolytlösung, die nur die Teilchenarten 1 (Lösungsmittel), 2 (undissoziierter Elektrolyt), + (Kationen) und − (Anionen) enthält. Dann gilt gemäß Gl. (6) bis (9):

$$x_1 = \frac{n_1}{n}, \quad x_2 = \frac{n_2}{n}, \quad x_+ = \frac{n_+}{n}, \quad x_- = \frac{n_-}{n}, \qquad (7.13\,\mathrm{a})$$

$$n = n_1 + n_2 + n_+ + n_- , \qquad (7.13\,\mathrm{b})$$

$$x_1 + x_2 + x_+ + x_- = 1 , \qquad (7.13\,\mathrm{c})$$

$$m_2 = \frac{n_2}{M_1 n_1}, \quad m_+ = \frac{n_+}{M_1 n_1}, \quad m_- = \frac{n_-}{M_1 n_1}, \qquad (7.13\,\mathrm{d})$$

$$c_2 = \frac{n_2}{V}, \quad c_+ = \frac{n_+}{V}, \quad c_- = \frac{n_-}{V}, \qquad (7.13\,\mathrm{e})$$

$$z_+ x_+ + z_- x_- = 0 , \qquad (7.14\,\mathrm{a})$$

$$z_+ m_+ + z_- m_- = 0 , \qquad (7.14\,\mathrm{b})$$

$$z_+ c_+ + z_- c_- = 0 . \qquad (7.14\,\mathrm{c})$$

Da bei einer solchen Lösung die Konzentrationen der Kationen und Anionen miteinander durch die Elektroneutralitätsbedingung (14) verknüpft sind, die Konzentrationen der undissoziierten Elektrolytmolekeln durch das Dissoziationsgleichgewicht und die Konzentration der Lösungsmittelmolekeln durch die Identität (13 c) bestimmt sind, gibt es nur eine unabhängige Variable, durch welche die Zusammensetzung der Elektrolytlösung makroskopisch festgelegt wird. Die Wahl dieser Variablen richtet sich danach, ob man als Konzentrationsmaß für die einzelnen Teilchenarten des Elektrolyten den Molenbruch, die Molarität oder die molare Volumenkonzentration zugrunde gelegt hat.

Wir beginnen mit den Konzentrationsvariablen in der „Molenbruchskala". Unter dem „stöchiometrischen Molenbruch" des Elektrolyten (der Komponente 2) versteht man nach Gl. (5.22) die Größe

$$x_2^* \equiv \frac{n_2^*}{n_1 + n_2^*}, \qquad (7.15)$$

da die stöchiometrische Molzahl n_1^* des Lösungsmittels (der Komponente 1) mit der wahren Molzahl n_1 der Lösungsmittelmolekeln (der Teilchenart 1) zusammenfällt. Nach Gl. (4), (5), (13) und (15) ist der Zusammenhang zwischen x_2, x_+, x_- und x_2^* bei beliebigen Konzentrationen recht kompliziert, auch wenn man vollständige Dissoziation voraussetzt. Man führt daher als Konzentrationsvariable die Größe

$$x \equiv \frac{n_2^*}{n} \tag{7.16}$$

ein, die man schlechthin als „Molenbruch des Elektrolyten" bezeichnet. Dann gelten gemäß Gl. (4), (13a) und (16) die einfachen Zusammenhänge:

$$x_2 = (1 - \alpha)\, x, \quad x_+ = \alpha \nu_+ x, \quad x_- = \alpha \nu_- x \tag{7.17}$$

oder bei vollständiger Dissoziation ($\alpha = 1$):

$$x_2 = 0, \quad x_+ = \nu_+ x, \quad x_- = \nu_- x. \tag{7.18}$$

Daneben benutzt man — aus später ersichtlichen Gründen — den „mittleren Molenbruch der Ionen" $x_\pm$, definiert durch die Beziehung:

$$x_\pm^\nu \equiv x_+^{\nu_+} x_-^{\nu_-} \tag{7.19}$$

mit

$$\nu \equiv \nu_+ + \nu_-. \tag{7.20}$$

Aus Gl. (17) bis (20) ergibt sich die wichtige Verknüpfung

$$x_\pm = \nu_\pm \alpha\, x \tag{7.21}$$

mit

$$\nu_\pm^\nu \equiv \nu_+^{\nu_+} \nu_-^{\nu_-} \tag{7.22}$$

oder bei vollständiger Dissoziation:

$$x_\pm = \nu_\pm\, x. \tag{7.23}$$

Die Größe $\nu_\pm$ nennen wir „Wertigkeitsfaktor". Für symmetrische Elektrolyte ($\nu_+ = \nu_- = 1$) ist $\nu_\pm = 1$, wenn man Fälle wie $A_2 B_2 \to 2\,A^+ + 2\,B^-$ ausschließt. Für andere Elektrolyttypen finden sich die Werte von $\nu_\pm$ in Tabelle 12. (Die Abkürzung $a : b$ bezeichnet einen a–b-wertigen Elektrolyten.)

Wir besprechen nun die Konzentrationsvariablen in der „Molaritätsskala". Man führt hier die Größe

$$m \equiv \frac{n_2^*}{M_1\, n_1} \tag{7.24}$$

ein, die „Molarität des Elektrolyten" genannt wird. Aus Gl. (4), (13d) und (24) folgen die einfachen Zusammenhänge:

$$m_2 = (1 - \alpha)\, m, \quad m_+ = \alpha \nu_+ m, \quad m_- = \alpha \nu_- m \tag{7.25}$$

Tabelle 12

Wertigkeitsfaktor $v_\pm$ für mehrere Typen von unsymmetrischen binären Elektrolyten

Elektrolyttyp	Beispiel	$v_\pm$
$1:2$	K_2SO_4	$\sqrt[3]{4}$
$1:3$	Na_3PO_4	$\sqrt[4]{27}$
$1:4$	$K_4Fe(CN)_6$	$\sqrt[5]{256}$
$2:1$	$CaCl_2$	$\sqrt[3]{4}$
$2:3$	$Ca_3(PO_4)_2$	$\sqrt[5]{108}$
$3:1$	$LaCl_3$	$\sqrt[4]{27}$
$3:2$	$Al_2(SO_4)_3$	$\sqrt[5]{108}$
$4:1$	$Th(NO_3)_4$	$\sqrt[5]{256}$

oder bei vollständiger Dissoziation:

$$m_2 = 0, \quad m_+ = v_+ m, \quad m_- = v_- m. \tag{7.26}$$

Daneben benutzt man die „mittlere Molarität der Ionen" $m_\pm$, definiert durch die zu Gl. (19) analoge Beziehung:

$$m_\pm^v \equiv m_+^{v_+} m_-^{v_-}. \tag{7.27}$$

Die Verknüpfung zwischen $m_\pm$ und m resultiert aus Gl. (20), (25) und (27) mit der Abkürzung (22):

$$m_\pm = v_\pm \alpha m \tag{7.28}$$

oder bei vollständiger Dissoziation:

$$m_\pm = v_\pm m. \tag{7.29}$$

Wir betrachten schließlich die Konzentrationsvariablen in der „Volumenkonzentrationsskala". Hier definiert man

$$c \equiv \frac{n_2^*}{V} \tag{7.30}$$

als „molare Volumenkonzentration des Elektrolyten". Daraus ergibt sich mit Gl. (4) und (13e):

$$c_2 = (1 - \alpha)c, \quad c_+ = \alpha v_+ c, \quad c_- = \alpha v_- c \tag{7.31}$$

oder bei vollständiger Dissoziation:

$$c_2 = 0, \quad c_+ = v_+ c, \quad c_- = v_- c. \tag{7.32}$$

Für die „mittlere Volumenkonzentration der Ionen"

$$c_\pm^v \equiv c_+^{v_+} c_-^{v_-} \tag{7.33}$$

folgt mit Gl. (20), (22) und (31):

$$c_\pm = \nu_\pm \, \alpha \, c \tag{7.34}$$

oder bei vollständiger Dissoziation:

$$c_\pm = \nu_\pm \, c \, . \tag{7.35}$$

Den allgemeinen Zusammenhang zwischen x, m und c erhält man aus Gl. (16), (24) und (30) bei Beachtung von Gl. (11) und (13a):

$$x = M_1 \, x_1 \, m = \bar{V} \, c \, . \tag{7.36}$$

Bei *vollständiger Dissoziation* finden wir aus Gl. (5), (11), (13a), (13b), (16), (20) und (24):

$$x_1 = \frac{1}{1 + M_1 \, \nu \, m} = 1 - \nu \, x \, , \tag{7.37}$$

$$\bar{V} = \frac{M_1}{\varrho} \, \frac{1 + M_2 \, m}{1 + M_1 \, \nu \, m} \, , \tag{7.38}$$

worin M_2 die Molmasse (das „Molekulargewicht") des Elektrolyten und

$$\varrho \equiv \frac{M_1 \, n_1 + M_2 \, n_2^*}{V} \tag{7.39}$$

die Dichte der Lösung bedeutet. Die aus der Einwaage und dem Volumen der Elektrolytlösung direkt bekannten Größen sind m, ϱ und c. Man wird daher x durch diese Größen auszudrücken suchen. Dies gelingt mit Hilfe von Gl. (36) bis (38) für den Fall vollständiger Dissoziation:

$$x = \frac{M_1 \, m}{1 + \nu \, M_1 \, m} = \frac{1 + M_2 \, m}{1 + \nu \, M_1 \, m} \, \frac{M_1 \, c}{\varrho} \, . \tag{7.40}$$

Gl. (36) vereinfacht sich, wenn wir *hohe Verdünnung* ($x_1 \approx 1, \bar{V} \approx V_{01}$) voraussetzen:

$$x = M_1 \, m = \frac{M_1}{\varrho_0} \, c = V_{01} \, c \, . \tag{7.41}$$

Hierin ist ϱ_0 die Dichte des reinen Lösungsmittels:

$$\varrho_0 \equiv \frac{M_1}{V_{01}} \, . \tag{7.42}$$

Gl. (41) gilt auch bei unvollständiger Dissoziation.

Aus Gl. (37), (38) und (42) folgt ein Zusammenhang, der *für beliebige Konzentrationen bei vollständiger Dissoziation* gültig ist und später benötigt wird:

$$\frac{\bar{V}}{V_{01} \, x_1} = \frac{\varrho_0}{\varrho} \, (1 + M_2 \, m) \, . \tag{7.43}$$

Es ist darauf zu achten, daß m die Dimension mol kgr^{-1}, c die Dimension mol l^{-1} und ϱ bzw. ϱ_0 die Dimension kgr l^{-1} oder gr cm^{-3} erhält, wenn man, wie bei Elektrolytlösungen üblich, M_1 und M_2 in kgr mol^{-1} und V in l mißt.

§ 87. Chemische Potentiale

Die chemischen Potentiale μ_j der einzelnen Teilchenarten einer Elektrolytlösung sind durch folgende allgemeine Beziehungen miteinander verknüpft: die Bedingungen für das Dissoziationsgleichgewicht der verschiedenen Elektrolyte und die GIBBS-DUHEMsche Gleichung. Wir begnügen uns hier damit, diese Beziehungen für Lösungen eines einzigen binären Elektrolyten zu diskutieren.

Für das Dissoziationsgleichgewicht zwischen dem undissoziierten Anteil des Elektrolyten (Teilchenart 2) und den beiden Ionensorten (Teilchenarten + und −) gilt gemäß Gl. (5.24) und (5.25):

$$\mu_2 = \nu_+\mu_+ + \nu_-\mu_- . \tag{7.44}$$

Bei vollständiger Dissoziation bedeutet μ_2 das chemische Potential der Komponente 2, d.h. das makroskopische chemische Potential des Elektrolyten (μ_2^* in § 65).

Die GIBBS-DUHEMsche Beziehung kann im vorliegenden Falle in zwei Formen geschrieben werden, nämlich entweder für die einzelnen Teilchenarten (1, 2, + und −) oder für die beiden Komponenten (1 und 2) der Elektrolytlösung [vgl. Gl. (5.97) in § 70 sowie Gl. (6a) und (15) in § 86]:

$$n_1 d\mu_1 + n_2 d\mu_2 + n_+ d\mu_+ + n_- d\mu_- = 0 \quad (T, P \text{ const}) \tag{7.45 a}$$

oder

$$n_1 d\mu_1 + n_2^* d\mu_2 = 0 \quad (T, P \text{ const}). \tag{7.45 b}$$

Die Äquivalenz dieser beiden Gleichungen läßt sich mit Hilfe von Gl. (4) und Gl. (44) verifizieren.

Mit Gl. (13d) bzw. (24) folgt aus Gl. (45a) bzw. (45b):

$$d\mu_1 + M_1 (m_2 d\mu_2 + m_+ d\mu_+ + m_- d\mu_-) = 0 \quad (T, P \text{ const}) \tag{7.46 a}$$

oder

$$d\mu_1 + M_1 m\, d\mu_2 = 0 \quad (T, P \text{ const}). \tag{7.46 b}$$

Für spätere Rechnungen werden die Beziehungen (44) und (46b) von Bedeutung sein.

In allen Formeln, die meßbare Größen mit chemischen Potentialen verknüpfen, treten nur die chemischen Potentiale von elektrisch neutralen Molekülarten bzw. von Komponenten der Lösung (hier: μ_1 und μ_2) auf, nicht aber die chemischen Potentiale einzelner Ionensorten (hier: μ_+ und μ_-). So kommt z.B. in den Beziehungen (2.65) bis (2.67) für die meßbare Potentialdifferenz einer Konzentrationskette entweder das chemische Potential eines Elektrolyten oder dasjenige des Lösungsmittels vor. Gl. (2.55) hingegen, die chemische Potentiale einzelner Ionen enthält, bezieht sich auf die nicht meßbare „Galvanispannung" zwischen zwei aneinander grenzenden Leitern verschiedener chemischer Beschaffenheit (vgl. § 35).

§ 88. Aktivitätskoeffizienten und osmotische Koeffizienten

Für das chemische Potential μ_1 des Lösungsmittels einer beliebigen Elektrolytlösung schreibt man gemäß Gl. (5.220b) bzw. (5.222) bzw. (5.223b):

$$\frac{\mu_1 - \mu_{01}}{RT} = \ln x_1 f_1 = g \ln x_1 = -\varphi M_1 \sum_\beta m_\beta \, . \qquad (7.47)$$

Hierin bedeutet R die Gaskonstante und μ_{01} das chemische Potential des reinen flüssigen Lösungsmittels bei der betrachteten Temperatur T und beim betrachteten Druck P. Die durch Gl. (47) eingeführten Funktionen f_1 („Aktivitätskoeffizient des Lösungsmittels"), g („rationeller osmotischer Koeffizient") und φ („praktischer osmotischer Koeffizient") hängen bei vorgegebener Temperatur T und vorgegebenem Druck P von der Zusammensetzung der Elektrolytlösung ab. Sie sind durch die Beziehung

$$\ln f_1 = (g - 1) \ln x_1 = -\varphi M_1 \sum_\beta m_\beta - \ln x_1 \qquad (7.48)$$

miteinander verknüpft. Für ihre Grenzwerte bei unendlicher Verdünnung $(x_1 \to 1)$ gilt nach Gl. (5.221), (5.222a) und (5.224):

$$\lim_{x_1 \to 1} (f_1, g, \varphi) = 1 \, . \qquad (7.49)$$

Entsprechend kann eine ideal verdünnte Elektrolytlösung gemäß Gl. (5.227) durch die Bedingungen

$$f_1 = 1, \quad g = 1, \quad \varphi = 1 \quad \text{(ideal verdünnte Lösung)} \qquad (7.50)$$

beschrieben werden.

Enthält die Elektrolytlösung nur einen einzigen binären Elektrolyten, so bleiben die obigen Beziehungen bestehen, wobei aber der Summenausdruck in Gl. (47) und (48) mit Hilfe von Gl. (20) und (25) in der Form

$$\sum_\beta m_\beta = m_2 + m_+ + m_- = [1 + (v - 1)\alpha] m \qquad (7.51)$$

geschrieben werden kann. Bei vollständiger Dissoziation $(\alpha = 1)$ folgt aus Gl. (47), (48) und (51) bei Beachtung von Gl. (37):

$$\left. \begin{aligned} \mu_1 &= \mu_{01} + RT \ln (1 - v\,x) f_1 = \mu_{01} - g\,RT \ln (1 + M_1 v m) \\ &= \mu_{01} - RT\,M_1 v m \varphi \, , \end{aligned} \right\} \qquad (7.52)$$

$$\ln f_1 = (1 - g) \ln (1 + M_1 v m) = -\varphi M_1 v m + \ln (1 + M_1 v m) \, . \qquad (7.53)$$

Die Molarität m und der praktische osmotische Koeffizient φ sind bei Lösungen eines einzigen binären Elektrolyten die meist benutzten Größen. Der Übergang zu unendlicher Verdünnung $(x_1 \to 1)$ kann auch durch den Grenzübergang $m \to 0$ beschrieben werden. Wir finden daher aus Gl. (49):

$$\lim_{m \to 0} \varphi = 1 . \qquad (7.54)$$

Die Größen f_1, g und φ sind dimensionslos. Als Zahlenbeispiel geben wir ihre Werte für eine wäßrige Lösung von Kaliumchlorid (KCl) bei $25°C$ für $m = 2$ [mol kgr^{-1}] an[1]:

$$f_1 = 1{,}004, \quad g = 0{,}944, \quad \varphi = 0{,}912 .$$

Wie schon in § 66 angedeutet, sind die osmotischen Koeffizienten (insbesondere die Größe φ) dem Aktivitätskoeffizienten f_1 in praktischer Hinsicht vorzuziehen, da es bei einer wirklichen Elektrolytlösung auf die Abweichungen vom Grenzwert 1 ankommt.

Für das chemische Potential μ_i irgendeiner Ionensorte i einer beliebigen Elektrolytlösung schreiben wir gemäß Gl. (5.220a) bzw. (5.223a) bzw. (5.226):

$$\mu_i = \mu_{i0} + RT \ln x_i f_i^0 = \mu_{i0}' + RT \ln m_i \gamma_i = \mu_{i0}'' + RT \ln c_i y_i . \qquad (7.55)$$

Hierin bedeutet, wie in § 77 näher ausgeführt, μ_{i0} bzw. μ_{i0}' bzw. μ_{i0}'' einen Standardwert des chemischen Potentials der Ionenart i. Die durch Gl. (55) eingeführten Größen f_i^0 („rationeller Aktivitätskoeffizient" der Ionensorte i), γ_i („praktischer Aktivitätskoeffizient" der Ionensorte i) und y_i („c-Aktivitätskoeffizient" der Ionensorte i) sind bei vorgegebenen Werten von T und P Funktionen der Zusammensetzung der Elektrolytlösung. Die drei Standardwerte bzw. die drei Arten von Aktivitätskoeffizienten sind nach Gl. (5.212) bzw. Gl. (5.226b) durch folgende Beziehungen miteinander verknüpft:

$$\mu_{i0} = \mu_{i0}' - RT \ln M_1 = \mu_{i0}'' - RT \ln V_{01} , \qquad (7.56)$$

$$\gamma_i = x_1 f_i^0 = \frac{x_1 V_{01}}{\overline{V}} y_i . \qquad (7.57)$$

Für die Grenzwerte der Aktivitätskoeffizienten bei unendlicher Verdünnung gilt gemäß Gl. (5.221), (5.224) und (5.226a):

$$\lim_{x_1 \to 1} (f_i^0, \gamma_i, y_i) = 1 . \qquad (7.58)$$

Entsprechend kann eine ideal verdünnte Elektrolytlösung nach Gl. (5.227) durch die Bedingungen

$$f_i^0 = 1, \quad \gamma_i = 1, \quad y_i = 1 \quad \text{(ideal verdünnte Lösung)} \qquad (7.59)$$

beschrieben werden.

---

[1] Wird der Druck nicht spezifiziert, so ist stets Atmosphärendruck gemeint.

Für die undissoziierten Elektrolytmolekeln (Teilchenarten 2, 3, ...) führt man im allgemeinen keine besonderen Aktivitätskoeffizienten ein[1]. Man ordnet vielmehr der Komponente 2, 3, ..., d.h. dem Elektrolyten der Sorte 2, 3, ..., nach dem Vorbild von Gl.(5.39) einen „mittleren Aktivitätskoeffizienten" zu. Zerfällt z.B. eine Molekel des Elektrolyten 2 in ν_{2i} Ionen der Sorte i, so wird durch die Gleichungen

$$\bar{\gamma}_2^{\nu_2} \equiv \prod_i \gamma_i^{\nu_{2i}}, \qquad \nu_2 \equiv \sum_i \nu_{2i} \tag{7.60}$$

ein „mittlerer praktischer Aktivitätskoeffizient" $\bar{\gamma}_2$ des Elektrolyten 2 definiert. Enthalten verschiedene Elektrolyte einer Lösung gemeinsame Teilchenarten, so sind nicht alle mittleren Aktivitätskoeffizienten voneinander unabhängig. Doch gehen wir hierauf nicht näher ein, sondern wenden uns sogleich dem wichtigsten Spezialfalle zu.

Wir behandeln wiederum Lösungen eines einzigen binären Elektrolyten, der als Komponente 2 betrachtet wird. Dann definiert man einen „mittleren rationellen Aktivitätskoeffizienten" $f_\pm$ bzw. „mittleren praktischen Aktivitätskoeffizienten" $\gamma_\pm$ bzw. „mittleren c-Aktivitätskoeffizienten" $y_\pm$:

$$f_\pm^\nu = \left(f_+^0\right)^{\nu_+}\left(f_-^0\right)^{\nu_-}, \qquad \gamma_\pm^\nu = \gamma_+^{\nu_+}\gamma_-^{\nu_-}, \qquad y_\pm^\nu = y_+^{\nu_+}y_-^{\nu_-}. \tag{7.61}$$

Den Zusammenhang zwischen diesen drei Größen leitet man direkt mit Hilfe von Gl.(20) und (57) ab:

$$\gamma_\pm = x_1 f_\pm = \frac{x_1 V_{01}}{\bar{V}}\, y_\pm. \tag{7.62}$$

Bei vollständiger Dissoziation des Elektrolyten folgt hieraus mit Gl.(37), (40) und (43):

$$f = (1 + M_1\nu m)\,\gamma, \tag{7.63a}$$

$$y = \frac{\varrho_0}{\varrho}(1 + M_2 m)\,\gamma = \frac{\varrho_0 m}{c}\,\gamma, \tag{7.63b}$$

wobei wir die Abkürzungen

$$f_\pm \equiv f, \qquad \gamma_\pm \equiv \gamma, \qquad y_\pm \equiv y \qquad \text{(vollständige Dissoziation)} \tag{7.64}$$

benutzt haben. Für die Grenzwerte bei unendlicher Verdünnung ($x_1 \to 1$, $m \to 0$) gilt gemäß Gl.(58), (61) und (64):

$$\lim_{m \to 0} (f_\pm, f, \gamma_\pm, \gamma, y_\pm, y) = 1. \tag{7.65}$$

Entsprechend kann man nach Gl.(59), (61) und (64) eine ideal verdünnte Elektrolytlösung durch folgende Bedingungen beschreiben:

$$\left.\begin{array}{l} f_\pm = 1,\ f = 1, \quad \gamma_\pm = 1,\ \gamma = 1, \quad y_\pm = 1,\ y = 1 \\ \text{(ideal verdünnte Lösung).} \end{array}\right\} \tag{7.66}$$

---

[1] Vgl. jedoch § 90.

Das chemische Potential μ_2 des Elektrolyten läßt sich gemäß Gl. (19), (20), (27), (33), (44), (55) und (61) mit Hilfe der Abkürzungen

$$\left. \begin{aligned} \nu_+ \mu_{+0} + \nu_- \mu_{-0} &\equiv \mu_{20}, \quad \nu_+ \mu'_{+0} + \nu_- \mu'_{-0} \equiv \mu'_{20}, \\ \nu_+ \mu''_{+0} &+ \nu_- \mu''_{-0} \equiv \mu''_{20} \end{aligned} \right\} \tag{7.67}$$

auf einfache Weise ausdrücken:

$$\left. \begin{aligned} \mu_2 = \mu_{20} + \nu\,R\,T \ln x_\pm f_\pm &= \mu'_{20} + \nu\,R\,T \ln m_\pm \gamma_\pm \\ &= \mu''_{20} + \nu\,R\,T \ln c_\pm\, y_\pm \,. \end{aligned} \right\} \tag{7.68}$$

Diese Beziehungen sind das Gegenstück zu Gl. (47) und gelten für beliebige Lösungen eines binären Elektrolyten. Für vollständige Dissoziation ergeben sich hieraus bei Verwendung der Abkürzungen

$$\left. \begin{aligned} \mu_{20} + \nu\,R\,T \ln \nu_\pm &\equiv \mu_2^0, \quad \mu'_{20} + \nu\,R\,T \ln \nu_\pm \equiv \mu_2^{0\prime}, \\ \mu''_{20} &+ \nu\,R\,T \ln \nu_\pm \equiv \mu_2^{0\prime\prime} \end{aligned} \right\} \tag{7.69}$$

mit Gl. (23), (29), (35) und (64) folgende Gleichungen:

$$\mu_2 = \mu_2^0 + \nu\,R\,T \ln x\,f = \mu_2^{0\prime} + \nu\,R\,T \ln m\,\gamma = \mu_2^{0\prime\prime} + \nu\,R\,T \ln c\,y\,. \tag{7.70}$$

Diese Beziehungen bilden das Gegenstück zu Gl. (52).

Die Standardwerte in Gl. (68) und (70) sind nur Funktionen der Temperatur T und des Druckes P. Ist einer der sechs Standardwerte gegeben, so lassen sich die übrigen fünf Größen daraus ableiten; denn es gilt nach Gl. (20), (56), (67) und (69):

$$\mu_{20} = \mu'_{20} - \nu\,R\,T \ln M_1 = \mu''_{20} - \nu\,R\,T \ln V_{01}, \tag{7.71a}$$

$$\mu_2^0 = \mu_2^{0\prime} - \nu\,R\,T \ln M_1 = \mu_2^{0\prime\prime} - \nu\,R\,T \ln V_{01}, \tag{7.71b}$$

$$\mu_2^0 = \mu_{20} + \nu\,R\,T \ln \nu_\pm\,. \tag{7.71c}$$

Wir gewinnen nun einen Zusammenhang zwischen dem praktischen osmotischen Koeffizienten und dem mittleren praktischen Aktivitätskoeffizienten. Es folgt zunächst aus Gl. (47) und (51):

$$\mu_1 = \mu_{01} - R\,T\,M_1 \left[1 + (\nu - 1)\,\alpha\right] m\,\varphi \tag{7.72a}$$

sowie aus Gl. (28), (68) und (69):

$$\mu_2 = \mu_2^{0\prime} + \nu\,R\,T \ln (\alpha\,m\,\gamma_\pm)\,. \tag{7.72b}$$

Wenden wir auf diese Gleichungen die GIBBS-DUHEMsche Beziehung in der Form (46b)

$$d\mu_1 + M_1 m\,d\mu_2 = 0 \quad (T, P \text{ const})$$

an, so werden die Ergebnisse sehr kompliziert, weil nicht nur φ und $\gamma_\pm$, sondern auch α von m abhängt. Da außerdem α im allgemeinen nicht von vornherein bekannt ist, haben die Resultate kaum praktische Bedeutung. Wir beschränken daher die weitere Diskussion auf den Spezialfall der vollständigen Dissoziation ($\alpha = 1$). Dann gehen die Beziehungen (72) in die Gleichungen (52) und (70) über, und wir finden mit Hilfe der obigen Spezialform der GIBBS-DUHEMschen Beziehung:

$$d\,(m\,\varphi) = m\,d\ln\,(m\,\gamma)$$

oder

$$d\,(m\,\varphi) = d\,m + m\,d\ln\gamma\,.$$

Integration von $m = 0$, $\varphi = 1$ [Gl. (54)] bis zu einem beliebigen Wertepaar m, φ ergibt:

$$\varphi = 1 + \frac{1}{m}\int\limits_0^m m\,d\ln\gamma\,. \tag{7.73}$$

Die vorletzte Gleichung kann auch in der Form

$$d\ln\gamma = d\varphi + \frac{\varphi-1}{m}\,d\,m$$

geschrieben werden, woraus wir durch Integration von $m = 0$, $\gamma = 1$ [Gl. (65)] bis zu einem beliebigen Wertepaar m, γ erhalten:

$$\ln\gamma = \varphi - 1 + \int\limits_0^m (\varphi - 1)\,d\ln m\,. \tag{7.74}$$

Ist demnach der mittlere praktische Aktivitätskoeffizient γ im Konzentrationsbereich zwischen 0 und m bekannt, so läßt sich daraus der praktische osmotische Koeffizient $\varphi(m)$ ermitteln, und umgekehrt. Die übrigen Aktivitätskoeffizienten und osmotischen Koeffizienten lassen sich für den Fall vollständiger Dissoziation ebenfalls leicht ableiten [Gl. (53) und (63)]. Kennen wir z. B. allein die Funktion $\varphi(m)$, etwa aus Dampfdruckmessungen (vgl. § 94), oder allein die Funktion $\gamma(m)$, etwa aus EMK-Messungen (vgl. §§ 97 bis 99), so können wir daraus alle übrigen Funktionen gewinnen.

Die Größe $f_\pm$ (f) ist dimensionslos, während $\gamma_\pm$ (γ) und $y_\pm$ (y) eine (in der Literatur meist ignorierte) Dimension haben. Es gilt gemäß Gl. (68) bzw. (70) bei Zugrundelegung der bei Elektrolytlösungen üblichen Einheiten:

$$[\gamma_\pm] = [\gamma] = \text{kgr mol}^{-1}\,,$$

$$[y_\pm] = [y] = \text{l mol}^{-1}\,.$$

Als Beispiel für Zahlenwerte betrachten wir eine wäßrige Lösung von KCl bei 25° C für $m = 2$ [mol kgr^{-1}], wobei wir die schon vorher genannten Werte wiederholen[1]:

$$f_1 = 1{,}004,\quad g = 0{,}944,\quad \varphi = 0{,}912,$$

$$f = 0{,}614,\quad \gamma = 0{,}573\ [\text{kgr mol}^{-1}],\quad y = 0{,}607\ [\text{l mol}^{-1}]\,.$$

---

[1] Starke Elektrolyte wie KCl, HCl usw. sind bei niedrigen Konzentrationen in Wasser praktisch vollständig dissoziiert.

§ 89. Partielle molare Volumina, Entropien und Enthalpien

Wenden wir Gl. (1.275) bis (1.277) auf die beiden Komponenten 1 und 2 der Lösung eines einzigen binären Elektrolyten an, so erhalten wir die partiellen Molvolumina V_1 und V_2, die partiellen molaren Entropien S_1 und S_2 und die partiellen molaren Enthalpien H_1 und H_2 des Lösungsmittels (1) und des Elektrolyten (2). Der bei den partiellen Differentiationen nach T und P in § 26 auftretende Index x zeigt sinngemäß die Konstanz der stöchiometrischen Molenbrüche der Komponenten an, bedeutet also in der hier benutzten Schreibweise: $x_2^* = \text{const}$, wobei nach Gl. (15) gilt:

$$x_2^* = \frac{n_2^*}{n_1 + n_2^*} . \qquad (7.75)$$

Halten wir die makroskopische Zusammensetzung einer Elektrolytlösung und damit x_2^* konstant und variieren die Temperatur T oder den Druck P, so bleiben Größen wie n_2^*/n_1 oder $n_2^*/(n_1 + \nu n_2^*)$ unverändert, während Größen wie x_+, x_-, $x_\pm$ und x ihre Werte ändern, da in diesen der Dissoziationsgrad α des Elektrolyten auftritt (vgl. §§ 85 und 86), der von T und P abhängt. Aber auch bei vollständiger Dissoziation ($\alpha = 1$) sind nicht alle Konzentrationsvariablen nur Funktionen der makroskopischen Zusammensetzung der Mischphase. Die molare Volumenkonzentration c hängt z. B. gemäß Gl. (30) über das Volumen V von T und P ab. Beschränken wir uns der Einfachheit halber auf den Fall vollständiger Dissoziation und benutzen nur den Molenbruch x und die Molarität m des Elektrolyten als Konzentrationsvariable, so folgt aus Gl. (5), (13b), (16), (20) und (24):

$$x = \frac{n_2^*}{n_1 + \nu n_2^*} , \qquad m = \frac{n_2^*}{M_1 n_1} . \qquad (7.75\,\text{a})$$

Diese Variablen können anstelle des stöchiometrischen Molenbruches x_2^* zur Charakterisierung der makroskopischen Zusammensetzung der Lösung eingeführt werden, so daß wir mit Gl. (1.275) bis (1.277) finden:

$$V_k = \left(\frac{\partial \mu_k}{\partial P}\right)_{T,\,x} = \left(\frac{\partial \mu_k}{\partial P}\right)_{T,\,m} \qquad (k = 1, 2), \qquad (7.76)$$

$$S_k = -\left(\frac{\partial \mu_k}{\partial T}\right)_{P,\,x} = -\left(\frac{\partial \mu_k}{\partial T}\right)_{P,\,m} \qquad (k = 1, 2), \qquad (7.77)$$

$$H_k = \mu_k + T S_k \qquad (k = 1, 2). \qquad (7.78)$$

Es ergibt sich aus Gl. (52) und (76) für das partielle Molvolumen des Lösungsmittels:

$$\left.\begin{aligned} V_1 &= V_{01} + RT \left(\frac{\partial \ln f_1}{\partial P}\right)_{T,\,x} = V_{01} - RT \ln(1 + M_1 \nu m)\left(\frac{\partial g}{\partial P}\right)_{T,\,m} \\ &= V_{01} - RT M_1 \nu m \left(\frac{\partial \varphi}{\partial P}\right)_{T,\,m} \end{aligned}\right\} \qquad (7.79)$$

und aus Gl. (70), (71 b) und (76) für das partielle Molvolumen des Elektrolyten:

$$V_2 = V_{20} + \nu R T \left(\frac{\partial \ln f}{\partial P}\right)_{T,\,x} = V_{20} + \nu R T \left(\frac{\partial \ln \gamma}{\partial P}\right)_{T,\,m}. \qquad (7.80)$$

Hierin bedeutet V_{01} das Molvolumen des reinen Lösungsmittels und V_{20} gemäß Gl. (65) den Grenzwert des partiellen Molvolumens des Elektrolyten für unendliche Verdünnung ($x_2^* \to 0$, $x \to 0$, $m \to 0$):

$$V_{20} = \lim_{m \to 0} V_2. \qquad (7.81)$$

Liegt ein theoretischer Ausdruck für die Druckabhängigkeit von f_1, g, φ, f oder γ vor, der mit experimentellen Daten verglichen werden soll, so ermittelt man zunächst die Dichte ϱ der Elektrolytlösung als Funktion von x_2^*, berechnet daraus nach Gl. (15) und (39) das „stöchiometrische Molvolumen"

$$\bar{V}^* \equiv \frac{V}{n_1 + n_2^*} = \frac{M_1 (1 - x_2^*) + M_2 x_2^*}{\varrho} \qquad (7.82)$$

und bestimmt schließlich mit Hilfe der Beziehungen (1.274)

$$V_1 = \bar{V}^* - x_2^* \left(\frac{\partial \bar{V}^*}{\partial x_2^*}\right)_{T,\,P}, \qquad (7.83\,\text{a})$$

$$V_2 = \bar{V}^* + (1 - x_2^*) \left(\frac{\partial \bar{V}^*}{\partial x_2^*}\right)_{T,\,P} \qquad (7.83\,\text{b})$$

entweder graphisch (vgl. § 26) oder analytisch die partiellen Molvolumina der beiden Komponenten der Elektrolytlösung[1].

Wir erhalten aus Gl. (52) und (77) für die partielle molare Entropie des Lösungsmittels:

$$\left.\begin{aligned}
S_1 &= S_{01} - R \ln (1 - \nu x) f_1 - R T \left(\frac{\partial \ln f_1}{\partial T}\right)_{P,\,x} \\
&= S_{01} + R \ln (1 + M_1 \nu m) \left[g + T \left(\frac{\partial g}{\partial T}\right)_{P,\,m}\right] \\
&= S_{01} + R M_1 \nu m \left[\varphi + T \left(\frac{\partial \varphi}{\partial T}\right)_{P,\,m}\right]
\end{aligned}\right\} \qquad (7.84)$$

und aus Gl. (70), (71) und (77) für die partielle molare Entropie des Elektrolyten:

$$\left.\begin{aligned}
S_2 &= S_{20} - \nu R \ln (\nu_\pm x f) - \nu R T \left(\frac{\partial \ln f}{\partial T}\right)_{P,\,x} \\
&= S_{20} - \nu R \ln (M_1 \nu_\pm m \gamma) - \nu R T \left(\frac{\partial \ln \gamma}{\partial T}\right)_{P,\,m}
\end{aligned}\right\} \qquad (7.85)$$

---

[1] Die partiellen Molvolumina einiger Salze, z. B. von Magnesiumsulfat ($MgSO_4$), in verdünnten wäßrigen Lösungen zeigen die Besonderheit, daß sie negative Werte annehmen ($V_2 < 0$).

Hierin bedeutet S_{01} die molare Entropie des reinen Lösungsmittels und S_{20} den zu μ_{20} gehörigen Standardwert der partiellen molaren Entropie des Elektrolyten.

Schließlich finden wir aus Gl. (52), (78) und (84) für die partielle molare Enthalpie des Lösungsmittels:

$$
\left.
\begin{aligned}
H_1 &= H_{01} - R T^2 \left(\frac{\partial \ln f_1}{\partial T}\right)_{P,x} \\
&= H_{01} + R T^2 \ln (1 + M_1 \nu m)\left(\frac{\partial g}{\partial T}\right)_{P,m} \\
&= H_{01} + R T^2 M_1 \nu m \left(\frac{\partial \varphi}{\partial T}\right)_{P,m}
\end{aligned}
\right\}
\qquad (7.86)
$$

und aus Gl. (70), (71), (78) und (85) für die partielle molare Enthalpie des Elektrolyten:

$$
\left.
\begin{aligned}
H_2 &= H_{20} - \nu R T^2 \left(\frac{\partial \ln f}{\partial T}\right)_{P,x} \\
&= H_{20} - \nu R T^2 \left(\frac{\partial \ln \gamma}{\partial T}\right)_{P,m}
\end{aligned}
\right\}
\qquad (7.87)
$$

Hierin bedeutet H_{01} die molare Enthalpie des reinen Lösungsmittels und H_{20} gemäß Gl. (65) den Grenzwert der partiellen molaren Enthalpie des Elektrolyten für unendliche Verdünnung:

$$
H_{20} = \lim_{m \to 0} H_2 . \qquad (7.88)
$$

Gl. (86) bzw. (87) verknüpft die Temperaturabhängigkeit der Aktivitätskoeffizienten und osmotischen Koeffizienten mit den Größen

$$
H_1^E \equiv H_1 - H_{01} \qquad (7{,}89\,\text{a})
$$

und

$$
\bar{L}_2 \equiv H_2 - H_{20}, \qquad (7.89\,\text{b})
$$

von denen die erste nach § 6 die partielle molare Zusatzenthalpie (Mischungswärme) des Lösungsmittels oder „differentielle Verdünnungswärme" darstellt, während die zweite als „relative partielle molare Enthalpie" des Elektrolyten bezeichnet wird. Der Zusammenhang dieser Funktionen mit direkt meßbaren Größen ist komplizierter als bei den Volumeneffekten und soll daher ausführlicher besprochen werden.

Zunächst ergeben alle experimentellen Methoden, die bei einer bestimmten Temperatur die Aktivitätskoeffizienten oder osmotischen Koeffizienten für mehrere Konzentrationen liefern und bei verschiedenen Temperaturen anwendbar sind (Dampfdruck, EMK von Konzentrationsketten usw.), die Temperaturkoeffizienten in Gl. (86) und (87) und damit auch die Größen (89). Genauer sind jedoch kalorimetrische Messungen der Verdünnungs- und Lösungswärmen (vgl. § 6 und Anhang 2). Die hierbei direkt gemessenen Größen sind die „integrale Lösungswärme" L und die „integrale Verdünnungswärme" L'. Bedenken wir, daß x_k in § 6 den stöchiometrischen Molenbruch x_k^* der Komponente k bedeutet und daß gemäß Gl.(75) und (75a) der Zusammenhang

$$x_2^* = 1 - x_1^* = \frac{M_1 m}{1 + M_1 m} \tag{7.90}$$

gilt, so leiten wir aus Gl.(1.51a), (1.57) und (1.60) bzw. aus Gl.(1.53), (1.57), (1.59a), (1.60) mit Gl.(88) und (89b) folgende Beziehungen ab:

$$H_1^E = M_1 m^2 \left(\frac{\partial L'}{\partial m}\right)_{T,P}, \tag{7.91a}$$

$$\bar{L}_2 = L_2 - L_0 = - L' - \frac{H_1^E}{M_1 m} = - \left[L' + m \left(\frac{\partial L'}{\partial m}\right)_{T,P}\right]. \tag{7.91b}$$

Hierin bedeutet L_2 die „differentielle Lösungswärme" und L_0 die „erste Lösungswärme":

$$L_0 = \lim_{m \to 0} L_2. \tag{7.92}$$

Ist die integrale Verdünnungswärme L' in Abhängigkeit von der Molarität m des Elektrolyten bekannt, so lassen sich nach Gl.(91) die differentielle Verdünnungswärme H_1^E und die relative partielle molare Enthalpie $\bar{L}_2$ des Elektrolyten als Funktionen von m gewinnen. Wir finden ferner aus Gl.(1.60) für die integrale Lösungswärme:

$$L = L_0 - L', \tag{7.93}$$

so daß aus L und L' die Konstante L_0 und damit nach Gl.(91b) auch die differentielle Lösungswärme L_2 ermittelbar ist. Der explizite Ausdruck für den Zusammenhang der integralen Verdünnungswärme L' mit dem praktischen osmotischen Koeffizienten φ und dem mittleren praktischen Aktivitätskoeffizienten γ lautet gemäß Gl.(86), (87), (89) und (91b):

$$L' = \nu R T^2 \left[\left(\frac{\partial \ln \gamma}{\partial T}\right)_{P,m} - \left(\frac{\partial \varphi}{\partial T}\right)_{P,m}\right]. \tag{7.94}$$

Tabelliert und graphisch dargestellt werden außer $L'(m)$ auch die Funktionen $L(m)$, $L_2(m)$, $\bar{L}_2(m)$ und $H_1^E(m)$ (vgl. Abb. 58 und 59, S. 541).

In Tabelle 13 sind für Salzsäure bei 25° C einige Werte der Funktionen $L'(m)$ und $\bar{L}_2(m)$ wiedergegeben. Die kalorimetrisch ermittelten Werte von $\bar{L}_2$ wurden mit Hilfe von Gl.(91b) aus den gemessenen integralen Verdünnungswärmen L' abgeleitet. Die aus EMK-Daten gewonnenen Werte von $\bar{L}_2$ stammen von Messungen an der galvanischen Kette

$$H_2 \,|\, HCl(m) \,|\, AgCl \,|\, Ag$$

mit variablem Gehalt (m) an HCl in wäßriger Lösung. Durch Bestimmung der EMK dieser Kette bei mehreren Temperaturen erhält man den mitt-

Tabelle 13

Integrale Verdünnungswärme L' [cal mol^{-1}] und relative partielle molare Enthalpie $\bar{L}_2$ [cal mol^{-1}] aus kalorimetrischen Daten (kalorim.) und aus Messungen der elektromotorischen Kraft von galvanischen Ketten (EMK) für wäßrige Lösungen von HCl bei mehreren Werten der Molarität m [mol kgr^{-1}] bei 25° C nach HARNED und OWEN[1]

m	L' (kalorim.)	$\bar{L}_2$ (kalorim.)	$\bar{L}_2$ (EMK)
0,1	− 140	202	160
0,2	− 191	273	238
0,5	− 290	430	402
1,0	− 414	645	626
1,5	− 526	853	840
2,0	− 633	1055	1040
3,0	− 847	1484	1510

leren praktischen Aktivitätskoeffizienten γ von HCl für jede Konzentration bei mehreren Temperaturen (vgl. § 98) und daraus nach Gl. (87) und (89 b) die relative partielle molare Enthalpie $\bar{L}_2$ von HCl.

§ 90. Dissoziationsgleichgewicht

Wenn wir Lösungen „starker Elektrolyte" (Salze, Alkalihydroxyde, Säuren wie HCl, HNO_3, $HClO_4$ usw.) in Wasser bei höheren Konzentrationen oder in Lösungsmitteln geringerer Dielektrizitätskonstante oder Lösungen „schwacher Elektrolyte" (z. B. organischer Basen und Säuren) betrachten, müssen wir der Tatsache Rechnung tragen, daß neben Ionen auch undissoziierte Molekülarten auftreten. Wir haben bisher diesen Umstand nur durch formale Einführung des Dissoziationsgrades α des Elektrolyten berücksichtigt. Wir werden jetzt das Problem des Dissoziationsgleichgewichtes genauer diskutieren, wobei wir der Einfachheit halber lediglich Lösungen eines einzigen binären Elektrolyten behandeln und von Reaktionen mit dem Lösungsmittel („Solvolyse" und „Solvatation") absehen.

Anwendung des „verallgemeinerten Massenwirkungsgesetzes" auf das Dissoziationsgleichgewicht eines binären Elektrolyten ergibt gemäß Gl. (5.250 b), wenn wir die Molaritäten als Konzentrationsvariable benutzen:

$$\frac{m_+^{\nu_+} m_-^{\nu_-}}{m_2} \frac{\gamma_+^{\nu_+} \gamma_-^{\nu_-}}{\gamma_2} = K_m. \tag{7.95}$$

Hierin ist γ_2 der praktische Aktivitätskoeffizient der Teilchensorte 2, d. h. der undissoziierten Elektrolytmolekeln, definiert nach Gl. (5.223 a). Die temperatur- und druckabhängige, dimensionslose Größe K_m heißt „Dis-

---

[1] HARNED, H. S., u. B. B. OWEN: s. Fußnote 1 S. 320.

soziationskonstante". Mit Hilfe der Beziehungen (20), (22), (25) und (61) können wir in Gl. (95) die individuellen Molaritäten m_2, m_+ und m_- sowie die Aktivitätskoeffizienten γ_+ und γ_- der einzelnen Ionen eliminieren und statt dessen die Molarität m des Elektrolyten und den mittleren praktischen Aktivitätskoeffizienten $\gamma_\pm$ einführen:

$$\frac{\alpha^\nu m^{\nu-1}}{1-\alpha} \frac{\left(\nu_\pm \gamma_\pm\right)^\nu}{\gamma_2} = K_m. \qquad (7.96)$$

In dieser Beziehung treten nur noch Aktivitätskoeffizienten auf, die sich auf neutrale Molekülarten oder auf den Elektrolyten als Ganzes beziehen[1].

Für symmetrische Elektrolyte gilt nach § 86: $\nu_\pm = 1$, $\nu = 2$. Damit folgt aus Gl. (96):

$$\frac{\alpha^2 m}{1-\alpha} \frac{\gamma_\pm^2}{\gamma_2} = K_m. \qquad (7.97)$$

Eine weitere Vereinfachung ergibt sich, wenn man sehr verdünnte Lösungen voraussetzt, bei denen die Näherung $\gamma_2 = 1$ erlaubt ist (da Aktivitätskoeffizienten elektrisch neutraler Molekülarten bei abnehmender Konzentration den Grenzwert 1 von höherer Ordnung erreichen als Aktivitätskoeffizienten von Ionen, vgl. § 100):

$$\frac{\alpha^2 m}{1-\alpha} \gamma_\pm^2 = K_m. \qquad (7.98)$$

In dieser speziellen Form findet man das Gesetz für das Dissoziationsgleichgewicht eines binären Elektrolyten meist in der neueren Literatur.

Endlich gilt für eine ideal verdünnte Lösung eines symmetrischen Elektrolyten gemäß Gl. (5.227) bzw. Gl. (66): $\gamma_2 = 1$, $\gamma_\pm = 1$, also nach Gl. (97):

$$\frac{\alpha^2 m}{1-\alpha} = K_m. \qquad (7.99)$$

Dies ist die klassische Gestalt des „Massenwirkungsgesetzes" für Dissoziationsgleichgewichte, die in der älteren Literatur eine große Rolle spielt. Die Unhaltbarkeit von Gl. (99) für starke Elektrolyte (die ja nach heu-

---

[1] Man muß, wie aus Gl. (96) ersichtlich, streng zwischen dem Aktivitätskoeffizienten des undissoziierten Anteils des Elektrolyten (f_2^0, γ_2, y_2) und dem mittleren Aktivitätskoeffizienten ($f_\pm$, $\gamma_\pm$, $y_\pm$) unterscheiden. Die letzte Größe kann nach ihrer Definition in Gl. (61) oder gemäß ihrem Auftreten im Ausdruck für das chemische Potential des Elektrolyten, Gl. (68) bzw. (70), entweder als „mittlerer Aktivitätskoeffizient der Ionen" oder — wie in § 88 — als „mittlerer Aktivitätskoeffizient des Elektrolyten" bezeichnet werden. Für die Verknüpfung zwischen f_2^0, γ_2 und y_2 gilt gemäß Gl. (5.226 b) eine zu Gl. (57) analoge Beziehung:

$$\gamma_2 = x_1 f_2^0 = \frac{x_1 V_{01}}{V} y_2. \qquad (7.96\,\text{a})$$

tiger Kenntnis in wäßriger Lösung bei geringer Konzentration praktisch vollständig dissoziiert sind) wurde schon frühzeitig, die Unzulänglichkeit im experimentell zugänglichen Konzentrationsgebiet für schwache Elektrolyte erst später erkannt.

Die Ermittlung der Dissoziationskonstanten geschieht z. B. mit Hilfe von Leitfähigkeitsmessungen oder EMK-Messungen durch Vergleich der experimentellen Werte mit berechneten Werten, die von der elektrostatischen Theorie der interionischen Wechselwirkungen (vgl. § 100) für den Fall vollständiger Dissoziation geliefert werden. Auch optische und kernmagnetische Methoden werden benutzt[1]. Wir begnügen uns hier mit der Mitteilung einer Auswahl von K_m-Werten für einige Säuren in wäßriger Lösung (Tabelle 14).

Die in der Literatur, besonders in älteren Darstellungen, häufig tabellierte Größe [vgl. Gl. (5.250 c) sowie Gl. (20), (22), (31) und (61)]

$$\frac{\alpha^\nu c^{\nu-1}}{1-\alpha} \frac{(\nu_\pm y_\pm)^\nu}{y_2} = K_c \qquad (7.100)$$

wird ebenfalls als „Dissoziationskonstante" bezeichnet und hängt nach Gl. (5.252) und Gl. (42) mit K_m wie folgt zusammen[2]:

$$K_c = K_m \left(\frac{M_1}{V_{01}}\right)^{\nu-1} = K_m \varrho_0^{\nu-1}. \qquad (7.101)$$

Es ergibt sich also für symmetrische Elektrolyte:

$$\frac{\alpha^2 c}{1-\alpha} \frac{y_\pm^2}{y_2} = K_c = \varrho_0 K_m \qquad (7.102)$$

und speziell für ideal verdünnte Lösungen symmetrischer Elektrolyte:

$$\frac{\alpha^2 c}{1-\alpha} = K_c = \varrho_0 K_m. \qquad (7.103)$$

Für Wasser als Lösungsmittel ist in der Nähe der Zimmertemperatur ϱ_0 von 1 nicht sehr verschieden, so daß hier K_c und K_m fast zusammenfallen.

---

[1] Vgl. hierzu O. REDLICH: Mh. Chem. **86**, 329 (1955).

[2] Die Größe $\bar{\nu}$ in Gl. (5.252) ist die algebraische Summe der stöchiometrischen Koeffizienten in der Reaktionsgleichung. Für eine Dissoziationsreaktion eines binären Elektrolyten gilt also: $\bar{\nu} = \nu_+ + \nu_- - 1 = \nu - 1$. Die Größen K_m und K_c scheinen gemäß Gl. (5.252) dimensioniert zu sein, während sie nach Gl. (96) und (100) dimensionslos sind, da wir den Aktivitätskoeffizienten γ und y die zu m und c reziproke Dimension zugeordnet haben. Der Widerspruch verschwindet, wenn wir bedenken, daß Gl. (5.252) auf Gl. (5.212) beruht, in der die Ausdrücke $\ln M_1$ und $\ln V_{01}$ vorkommen, so daß für M_1 und V_{01} überall dort die bloßen Zahlenwerte ohne Dimensionen einzusetzen sind, wo es sich um Umrechnungsbeziehungen für Standardgrößen und Gleichgewichtskonstanten handelt. In Gl. (101) bedeutet also ϱ_0 eine dimensionslose Zahl, die das Verhältnis der Dichte des betrachteten Lösungsmittels zur Maximaldichte von Wasser (1 gr cm^{-3}) angibt. Gl. (101) kann auch aus Gl. (36), (62), (96), (96a) und (100) abgeleitet werden.

Tabelle 14

Dissoziationskonstanten K_m von Säuren („Aciditätskonstanten") in wäßriger Lösung bei mehreren Temperaturen nach HARNED *und* OWEN[1]

Säure		Tabellierte Größe	0° C	25° C	50° C
Salpetersäure		K_m	—	21	—
Trichloressigsäure		K_m	—	0,2	—
Dichloressigsäure		K_m	—	0,14	—
Schwefelsäure (2. Stufe)		K_m	—	0,01	—
Monochloressigsäure		$10^3\ K_m$	1,528	1,379	—
Ameisensäure		$10^4\ K_m$	1,638	1,772	1,650
Essigsäure		$10^5\ K_m$	1,657	1,754	1,633
Malonsäure (2. Stufe)		$10^6\ K_m$	2,140	2,014	1,575
Kohlensäure:	1. Stufe	$10^7\ K_m$	2,64	4,45	5,19
	2. Stufe	$10^{11}K_m$	2,36	4,69	6,73
Phosphorsäure:	1. Stufe	$10^3\ K_m$	8,968	7,516	5,495
	2. Stufe	$10^8\ K_m$	4,85	6,34	6,55
Zitronensäure:	1. Stufe	$10^4\ K_m$	6,03	7,45	8,04
	2. Stufe	$10^5\ K_m$	1,45	1,73	1,75
	3. Stufe	$10^7\ K_m$	4,05	4,02	3,28
Borsäure		$10^{10}K_m$	—	5,79	8,32

Für die Äquivalentleitfähigkeit Λ einer beliebigen Lösung eines binären Elektrolyten gilt:

$$\Lambda = \alpha\,\mathfrak{F}\,(u_+ + u_-)\,, \tag{7.104}$$

worin u_+ bzw. u_- die (konzentrationsabhängige) Beweglichkeit der Kationen bzw. Anionen (vgl. Anhang 4) und $\mathfrak{F}$ die FARADAYsche Konstante bedeutet. Diese Formel unterscheidet sich von Gl. (A 38), die im Anhang 4 für vollständige Dissoziation abgeleitet wird, nur durch das Auftreten des Dissoziationsgrades α des Elektrolyten. Gehen wir in Gl. (104) zur Grenze unendlicher Verdünnung ($m \to 0$) über, so erhalten wir mit $\alpha \to 1$:

$$\Lambda_0 \equiv \lim_{m \to 0} \Lambda = \mathfrak{F}\,(u_+^0 + u_-^0)\,, \tag{7.105}$$

wobei u_+^0 bzw. u_-^0 den Grenzwert der Beweglichkeit der Kationen bzw. Anionen für unendliche Verdünnung darstellt. Aus Gl. (104) und (105) folgt:

$$\alpha = \frac{\Lambda}{\Lambda_0}\,\frac{u_+^0 + u_-^0}{u_+ + u_-}\,. \tag{7.106}$$

Diese Beziehung ist eine der Grundlagen für das moderne Verfahren der Ermittlung von Dissoziationskonstanten.

Früher ignorierte man, besonders bei schwachen Elektrolyten, die Konzentrationsabhängigkeit der Beweglichkeiten, setzte also eine ideal verdünnte Lösung mit

$$u_+ = u_+^0\,, \qquad u_- = u_-^0$$

voraus und fand dementsprechend:

$$\alpha = \frac{\Lambda}{\Lambda_0}\,. \tag{7.107}$$

Durch Kombination von Gl. (103), die für ideal verdünnte Lösungen von symmetrischen Elektrolyten gilt, mit Gl. (107) leitet man das „OSTWALDsche Verdünnungsgesetz" ab[2]:

$$\frac{\Lambda^2 c}{\Lambda_0\,(\Lambda_0 - \Lambda)} = K_c\,. \tag{7.108}$$

---

[1] HARNED, H. S., u. B. B. OWEN: s. Fußnote 1 S. 320.

[2] OSTWALD, W.: Z. physik. Chem. **2**, 36, 270 (1888).

Nun sind auch bei schwachen Elektrolyten die Lösungen im experimentell zugänglichen Konzentrationsgebiet nie ideal verdünnt. Aber die Fehler, die man bei Ersatz der exakten Beziehungen (102) und (106) durch die Näherungsgleichungen (103) und (107) bei symmetrischen schwachen Elektrolyten begeht, heben sich teilweise auf, so daß man im Rahmen der früheren Meßgenauigkeit das OSTWALDsche Verdünnungsgesetz (108) meist bestätigt fand. Genauere Untersuchungen[1] haben ergeben, daß die mit Hilfe von Gl. (108) berechneten „Dissoziationskonstanten" einen kleinen, aber systematischen Gang mit der Konzentration aufweisen, auch wenn man sich auf hochverdünnte Lösungen von schwachen Elektrolyten beschränkt.

Für weitere Details in dem sehr umfangreichen Gebiet der chemischen Gleichgewichte in Elektrolytlösungen (Dissoziation, Solvolyse, Redoxgleichgewicht usw.) sei auf moderne Lehrbücher der Elektrochemie verwiesen[1].

§ 91. Löslichkeitsprodukt

Ist eine Lösung, die einen binären Elektrolyten (Komponente 2) enthält, im Gleichgewicht mit der reinen kristallinen Komponente 2 (dem reinen festen Elektrolyten), so gilt gemäß Gl. (5.27) und (5.28):

$$\mu'_{02} = \mu_2 = \nu_+\mu_+ + \nu_-\mu_- , \tag{7.109}$$

worin μ'_{02} das chemische Potential des reinen festen Elektrolyten bedeutet, das nur von der Temperatur T und vom Druck P abhängt. Diese Beziehung gilt unabhängig davon, ob die Dissoziation in der Lösung vollständig oder unvollständig ist und ob neben dem betrachteten Elektrolyten 2 noch andere Elektrolyte in der Lösung vorkommen oder nicht. Wenn wir die Definitionen (20), (27) und (61) auch für den allgemeineren Fall beliebig vieler Elektrolyte beibehalten [vgl Gl. (60)], so folgt aus Gl. (55) und (67):

$$\mu_2 = \nu_+\mu_+ + \nu_-\mu_- = \mu'_{20} + \nu RT \ln m_\pm \gamma_\pm , \tag{7.110}$$

worin μ'_{20} ein nur von T und P abhängiger Standardwert ist. Diese Beziehung ist formal mit Gl. (68) identisch. Bei Anwesenheit mehrerer Elektrolyte in der Lösung sind aber die mittlere Ionenmolarität $m_\pm$ und der mittlere (praktische) Aktivitätskoeffizient $\gamma_\pm$ des Elektrolyten 2 nicht allein Funktionen der Konzentration des Elektrolyten 2, sondern hängen auch von den Konzentrationen der übrigen Elektrolyte ab. Durch Eintragen von Gl. (110) in Gl. (109) finden wir:

$$(m_\pm \gamma_\pm)^\nu = \exp \frac{\mu'_{02} - \mu'_{20}}{RT} = p_\pm . \tag{7.111}$$

---

[1] Vgl. hierzu D. A. McINNES: The Principles of Electrochemistry, New York 1939, HARNED, H. S., u. B. B. OWEN: s. Fußnote 1 S. 320, sowie R. A. ROBINSON u. R. H. STOKES: Electrolyte Solutions, London 1955. Für numerische Auswertungen von Versuchsergebnissen sei das Studium des Buches von GUGGENHEIM u. PRUE: s. Fußnote 1 S. 294, empfohlen, das über Elektrolytgleichgewichte viele moderne Daten enthält.

Die Größe $p_\pm$, die nur von T und P abhängt, wird als „Löslichkeitsprodukt" des betrachteten Elektrolyten bezeichnet.

Mit Hilfe der Beziehungen (77) und (78) leiten wir aus Gl. (71a) und (111) für die Temperaturabhängigkeit des Löslichkeitsprodukts folgenden Ausdruck ab:

$$\left(\frac{\partial \ln p_\pm}{\partial T}\right)_P = \frac{H'_{20} - H'_{02}}{RT^2} = \frac{H_{20} - H'_{02}}{RT^2},$$

worin H'_{02} die molare Enthalpie des reinen festen Elektrolyten und H_{20} nach Gl. (88) den Grenzwert der partiellen molaren Enthalpie des Elektrolyten in der Lösung für unendliche Verdünnung bedeutet:

$$H_{20} = \lim_{m \to 0} H_2.$$

Hieraus folgt bei Beachtung von Gl. (1.53) und Gl. (92):

$$\lim_{m \to 0} (H_2 - H'_{02}) = H_{20} - H'_{02} = L_0,$$

wobei L_0 die „erste Lösungswärme" ist. Demnach erhalten wir schließlich:

$$\left(\frac{\partial \ln p_\pm}{\partial T}\right)_P = \frac{L_0}{RT^2}. \tag{7.112}$$

Ist der betrachtete Elektrolyt vollständig dissoziiert und sind die aus ihm stammenden Ionensorten (Teilchenarten + und −) in keinem anderen Elektrolyten der Lösung enthalten, so können wir Gl. (29) übernehmen:

$$m_\pm = \nu_\pm\, m.$$

Hierin ist $\nu_\pm$ der „Wertigkeitsfaktor", definiert durch Gl. (22), und m die Molarität des Elektrolyten. Einsetzen in Gl. (111) ergibt:

$$(\nu_\pm\, m\, \gamma)^\nu = p_\pm, \tag{7.113}$$

wobei wir die abgekürzte Schreibweise (64) benutzt haben. In Gl. (113) ist m die „Sättigungsmolarität". Sie ist aus der Löslichkeit des Elektrolyten experimentell ermittelbar. Da das Löslichkeitsprodukt $p_\pm$ bei gegebenen Werten von T und P eine Konstante darstellt, kann man den mittleren (praktischen) Aktivitätskoeffizienten γ des als Bodenkörper auftretenden Elektrolyten für alle möglichen Zusammensetzungen des Elektrolytgemisches bestimmen, wenn man den Wert von γ für die von Fremdelektrolyten freie gesättigte Lösung kennt. Für symmetrische Elektrolyte ($\nu_\pm = 1$, $\nu = 2$) gilt gemäß Gl. (113):

$$m^2 \gamma^2 = p_\pm. \tag{7.113a}$$

Für Silberchlorid (AgCl) in wäßriger Lösung bei $25°C$ ergeben sich z. B. folgende Werte der Sättigungsmolarität m_0 (für reines Wasser) und des zugehörigen mittleren Aktivitätskoeffizienten γ_0, ermittelt nach verschiedenen Methoden[1]:

$$m_0 = 1{,}33 \cdot 10^{-5}\,[\text{mol kgr}^{-1}]\,, \quad \gamma_0 = 0{,}996\,[\text{kgr mol}^{-1}]\,.$$

Daraus folgt mit Gl. (113a) für das Löslichkeitsprodukt $p_\pm$ und für beliebige Wertepaare m, γ (bei Fremdelektrolytzusatz) bei $25\,^\circ$C:

$$p_\pm = m_0^2\,\gamma_0^2 = m^2\,\gamma^2 = 1{,}76 \cdot 10^{-10}\,.$$

§ 92. Temperaturabhängigkeit der Löslichkeit

Wir betrachten das Gleichgewicht zwischen der Lösung eines einzigen binären Elektrolyten (Komponente 2) mit dem reinen festen Elektrolyten in Abhängigkeit von der Temperatur bei konstantem Druck. Als Konzentrationsvariable verwenden wir die Molarität m des Elektrolyten, die jetzt die Bedeutung einer „Sättigungsmolarität" hat und daher ein Maß für die „Löslichkeit" des Elektrolyten im reinen Lösungsmittel darstellt. Es wird sich zeigen, daß für die Temperaturabhängigkeit der Löslichkeit eine andere Gesetzmäßigkeit gilt als für diejenige des „Löslichkeitsprodukts" (§ 91).

Wir beginnen mit der Ableitung der Differentialgleichung für die Temperaturabhängigkeit der Löslichkeit. Führen wir die Variable m anstelle von x_2 in Gl. (3.68b) ein, so finden wir [vgl. Gl. (5.238) in § 77]:

$$\frac{dm}{dT} = \frac{L_{S2}}{T\,(\partial\mu_2/\partial m)_{T,P}} \quad (P = \text{const})\,. \tag{7.114}$$

Hierin bedeutet L_{S2} die „letzte Lösungswärme" des Elektrolyten, d. h. den Wert von L_2 (vgl. § 89) für die gesättigte Lösung. Aus Gl. (72b) folgt:

$$\left(\frac{\partial\mu_2}{\partial m}\right)_{T,P} = \frac{\nu RT}{m}\left[1 + \left(\frac{\partial\ln\alpha}{\partial\ln m}\right)_{T,P} + \left(\frac{\partial\ln\gamma_\pm}{\partial\ln m}\right)_{T,P}\right]\,. \tag{7.115}$$

Für einen vollständig dissoziierten Elektrolyten ($\alpha = 1$) verschwindet der Term mit dem Dissoziationsgrad in Gl. (115), und wir können für die letzte Lösungswärme gemäß Gl. (87), (89b) und (91b) schreiben:

$$L_{S2} = L_0 - \nu RT^2\left(\frac{\partial\ln\gamma}{\partial T}\right)_{P,m}\,, \tag{7.116}$$

wobei L_0 die „erste Lösungswärme" des Elektrolyten ist. Demnach erhalten wir aus Gl. (112) und (114) für vollständige Dissoziation ($\gamma_\pm \equiv \gamma$):

$$\frac{d\ln m}{dT} = \frac{L_0 - \nu RT^2(\partial\ln\gamma/\partial T)_{P,m}}{\nu RT^2[1 + (\partial\ln\gamma/\partial\ln m)_{T,P}]} = \frac{(\partial\ln p_\pm/\partial T)_P - \nu(\partial\ln\gamma/\partial T)_{P,m}}{\nu[1 + (\partial\ln\gamma/\partial\ln m)_{T,P}]}\,. \tag{7.117}$$

---

[1] Vgl. E. A. GUGGENHEIM u. J. E. PRUE: s. Fußnote 1 S. 294.

Hierin ist $p_\pm$ das in Gl. (113) definierte Löslichkeitsprodukt des Elektrolyten.

Für eine ideal verdünnte Elektrolytlösung [$\gamma = 1$, vgl. Gl. (66) in § 88] ergibt sich:

$$\frac{d\ln m}{dT} = \frac{L_0}{\nu\,RT^2}\,. \tag{7.117a}$$

Dieser Ausdruck ist nach Gl. (90) in Übereinstimmung mit Gl. (5.244) in § 77.

Wir können für die Temperaturabhängigkeit der Löslichkeit eines Elektrolyten auch eine integrierte Beziehung ableiten, die der Gleichung für die Gefrierpunktserniedrigung (§ 93) analog ist. Wir gehen von Gl. (5.66) in § 67 aus, die, auf unser Problem spezialisiert, folgende Gestalt annimmt:

$$\frac{\bar{\varLambda}_2}{R}\left(\frac{1}{T_2} - \frac{1}{T}\right) = \nu_+ \ln x_+ f'_+ + \nu_- \ln x_- f'_-\,. \tag{7.118}$$

Hierin ist T_2 die Schmelztemperatur des reinen Elektrolyten, $\bar{\varLambda}_2$ ein über den Temperaturbereich von T bis T_2 gemittelter Wert der molaren Schmelzwärme des reinen Elektrolyten [vgl. Gl. (5.51) bis (5.57) in § 67 und Gl. (6.128) in § 84], x_+ bzw. x_- der wahre Molenbruch der Kationen bzw. Anionen in der gesättigten Lösung bei der Temperatur T und f'_+ bzw. f'_- der zugehörige Aktivitätskoeffizient der Kationen bzw. Anionen, definiert gemäß (5.37) in § 65:

$$\mu_i = \mu^0_{0\,i} + RT \ln x_i + RT \ln f'_i \quad (i = +\,,\,-)\,, \tag{7.119}$$

wobei $\mu^0_{0\,i}$ das chemische Potential der Ionensorte i im (hypothetischen) reinen flüssigen Elektrolyten bei der Temperatur T bedeutet (vgl. S. 315). Wir haben den Strich bei f'_i deshalb eingeführt, weil nach unserer Verabredung in § 77 nur die durch Gl. (5.219) definierten Aktivitätskoeffizienten mit dem Symbol f_i bezeichnet werden und die in Gl. (119) auftretenden Größen mit keinem der in § 77 behandelten Aktivitätskoeffizienten identisch sind. Den Zusammenhang zwischen f_i und f'_i leiten wir durch Gegenüberstellung von Gl. (119) zu Gl. (5.219) ab:

$$\mu_i = \mu^0_{0\,i} + RT \ln x_i + RT \ln f'_i = \mu_{0\,i} + RT \ln x_i + RT \ln f_i, \tag{7.120}$$

worin $\mu_{0\,i}$ das chemische Potential der (hypothetischen) reinen Ionensorte i im flüssigen Zustande bei der Temperatur T bedeutet. Gehen wir in Gl. (120) zur Grenze $x_i \to 1$ über, so finden wir [vgl. Gl. (5.219a) in § 77]:

$$\lim_{x_i \to 1} \mu_i = \mu^0_{0\,i} + RT \ln C'_i = \mu_{0\,i} \tag{7.121}$$

mit

$$C'_i \equiv \lim_{x_i \to 1} f'_i\,. \tag{7.121a}$$

Durch Einsetzen von Gl. (121) in (120) erhalten wir:

$$f_i' = C_i' f_i.$$ (7.122)

Aus Tabelle 8 (S. 392) liest man ab:

$$x_i f_i' = C_i C_i' M_1 m_i \gamma_i,$$ (7.123)

worin γ_i den praktischen Aktivitätskoeffizienten der Ionensorte i und C_i gemäß Gl. (5.228a) den Grenzwert von f_i für unendliche Verdünnung ($m \to 0$) bedeutet:

$$C_i = \lim_{m \to 0} f_i.$$ (7.123a)

Mit der Abkürzung

$$(C_+ C_+')^{\nu_+} (C_- C_-')^{\nu_-} (M_1 \nu_\pm)^\nu = C$$ (7.124)

folgt aus Gl. (123) mit Gl. (27), (28) und (61):

$$(x_+ f_+')^{\nu_+} (x_- f_-')^{\nu_-} = C (\alpha m \gamma_\pm)^\nu,$$ (7.125)

wobei C für gegebene Temperatur eine a priori nicht näher bekannte Konstante darstellt. Durch Kombination von Gl. (118) mit Gl. (125) resultiert schließlich die gesuchte Beziehung für die Sättigungsmolarität m:

$$\nu \ln m = \frac{\bar{\Lambda}_2}{R} \left(\frac{1}{T_2} - \frac{1}{T} \right) - \nu \ln (\alpha \gamma_\pm) - \ln C.$$ (7.126)

Die Größe C kann bei flüchtigen Elektrolyten aus Partialdruckmessungen (§ 94) für jede Temperatur ermittelt werden. Ist der Dissoziationsgrad α in Abhängigkeit von Temperatur und Zusammensetzung bekannt oder ist die Dissoziation vollständig ($\alpha = 1$), so kann mit Hilfe von Gl. (126) für jedes Wertepaar T, m der mittlere praktische Aktivitätskoeffizient $\gamma_\pm$ gefunden werden. Weil aber zu jedem Wert von T nur ein Wert von m gehört und die Bestimmung von C aus Partialdrucken sehr ungenau und umständlich ist, hat Gl. (126) für die Ermittlung von Aktivitätskoeffizienten kaum praktische Bedeutung.

§ 93. Gefrierpunktserniedrigung und Siedepunktserhöhung

Aus Gl. (5.59) und Gl. (47) folgt für die isobare Gefrierpunktserniedrigung bei einer beliebigen Elektrolytlösung:

$$\frac{\bar{\Lambda}_1}{R} \left(\frac{1}{T_1} - \frac{1}{T} \right) = - \varphi M_1 \sum_\beta m_\beta.$$ (7.127)

Dabei ist T_1 die Schmelztemperatur des reinen Lösungsmittels (der Komponente 1), das den Bodenkörper bildet, $\bar{\Lambda}_1$ ein über den Temperaturbereich von T bis T_1 gemittelter Wert der molaren Schmelzwärme des reinen Lösungsmittels [vgl. Gl. (5.51) bis (5.57) in § 67], M_1 die Molmasse (das „Molekulargewicht") des Lösungsmittels, m_β die Molarität der Teilchenart β (die eine Ionensorte oder eine neutrale Molekülart eines Elektrolyten sein kann) und φ der praktische osmotische Koeffizient für die bei der Temperatur T gesättigte Lösung. Enthält die Lösung nur einen einzigen binären Elektrolyten, so ergibt sich aus Gl.(51) und (127):

$$\frac{\bar{A}_1}{R}\left(\frac{1}{T_1} - \frac{1}{T}\right) = -M_1[1 + (\nu - 1)\alpha]\,m\,\varphi, \qquad (7.128)$$

worin α den Dissoziationsgrad und m die Sättigungsmolarität des Elektrolyten bedeutet.

Obwohl nach Gl. (128) der osmotische Koeffizient φ nur am jeweiligen Gefrierpunkt T der Lösung bestimmt werden kann — wenn der Dissoziationsgrad als bekannt vorausgesetzt werden darf —, hat Gl. (128) doch große praktische Bedeutung, weil die Technik der Gefrierpunktsmessungen bis zu hoher Präzision entwickelt worden ist[1-4]. Um die Werte von φ bei jeder Konzentration für eine andere Temperatur als den Gefrierpunkt der Lösung zu erhalten, müssen wir gemäß Gl.(86) und (89a) die differentielle Verdünnungswärme in Abhängigkeit von Temperatur und Zusammensetzung (aus kalorimetrischen Daten) kennen.

Für die isobare Siedepunktserhöhung resultiert aus Gl.(5.68) und Gl. (47) für eine Lösung mit beliebig vielen Elektrolyten:

$$\frac{\bar{L}_{01}}{R}\left(\frac{1}{T} - \frac{1}{T_{01}}\right) = -\varphi\,M_1\sum_\beta m_\beta \qquad (7.129)$$

und nach Gl.(51) für eine Lösung eines einzigen binären Elektrolyten:

$$\frac{\bar{L}_{01}}{R}\left(\frac{1}{T} - \frac{1}{T_{01}}\right) = -M_1[1 + (\nu - 1)\alpha]\,m\,\varphi. \qquad (7.130)$$

Hierin ist T_{01} der Siedepunkt des reinen Lösungsmittels, das den Dampf bildet, und $\bar{L}_{01}$ die (entsprechend zu $\bar{A}_1$) gemittelte molare Verdampfungswärme des reinen Lösungsmittels.

Obwohl sich hier der osmotische Koeffizient φ nur beim jeweiligen Siedepunkt T der Lösung ermitteln läßt und die praktische Durchführung der Siedepunktsmessungen schwieriger als die der Gefrierpunktsbestimmungen ist, hat die auf Gl.(130) beruhende Methode einen großen Vorteil: Durch Änderung des Druckes kann für jede Konzentration der Lösung die Siedetemperatur variiert werden, so daß — da der Einfluß des Druckes auf den osmotischen Koeffizienten gering ist — eindeutige isotherme Meßwerte für mehrere Konzentrationen abgeleitet wer-

<hr>

[1] WHITE, W. P.: J. Amer. Chem. Soc. **36**, 1859, 1876, 2011, 2292, 2313 (1914)
[2] RANDALL, M., u. A. P. VANSELOW: J. Amer. Chem. Soc. **46**, 2418 (1924).
[3] ROBERTSON, C. u. V. K. LA MER: s. Fußnote 1 S.323.
[4] SCATCHARD, G., P. T. JONES u. S. S. PRENTISS: s. Fußnote 2 S.323.

den können, wie bei isothermen Dampfdruckmessungen (§ 94). Durch Entwicklung der Technik der Siedepunktsermittlungen[1] wurden z. B. die sonst schwer zugänglichen Werte der osmotischen Koeffizienten bzw. Aktivitätskoeffizienten für wäßrige Lösungen von Alkalihalogeniden im Temperaturbereich zwischen 60° und 100°C mit großer Genauigkeit bekannt.

§ 94. Partialdrucke

Wir betrachten das Verdampfungsgleichgewicht einer Lösung, die einen einzigen binären Elektrolyten enthält. Der Dampf der reinen Komponente 1 (des reinen Lösungsmittels) bzw. der reinen Komponente 2 (des reinen flüssigen Elektrolyten) enthalte nur die Teilchenart 1 (die Lösungsmittelmolekeln) bzw. die Teilchensorte 2 (die Moleküle des undissoziierten Elektrolyten). Der Spezialfall eines nichtflüchtigen Elektrolyten ist dann hierin eingeschlossen. Ferner sei von der „Realgaskorrektur" abgesehen. Unter diesen Voraussetzungen gelten für die Partialdrucke p_1 und p_2 des Lösungsmittels und des Elektrolyten die Beziehungen (5.186) in § 76, wobei p'_{01} bzw. p'_{02} durch den Dampfdruck p_{01} bzw. p_{20} des reinen Lösungsmittels bzw. des reinen flüssigen Elektrolyten zu ersetzen ist und der Index β sich auf die Dissoziationsprodukte der Komponente 2, d.h. auf die Kationen $(+)$ und die Anionen $(-)$ bezieht:

$$p_1 = p_{01}\, x_1 f_1 , \tag{7.131a}$$

$$p_2 = p_{02}\, (x_+ f'_+)^{\nu_+}\, (x_- f'_-)^{\nu_-} . \tag{7.131b}$$

Hierin haben die Aktivitätskoeffizienten f'_+ und f'_- die bei Gl. (118) erklärte Bedeutung, während f_1 der Aktivitätskoeffizient des Lösungsmittels ist, wie wir ihn in § 88 eingeführt haben.

Mit Hilfe von Gl. (47) und (51) bzw. von Gl. (125) können der wahre Molenbruch x_1 und der Aktivitätskoeffizient f_1 des Lösungsmittels bzw. die wahren Molenbrüche x_+ und x_- und die Aktivitätskoeffizienten f'_+ und f'_- der beiden Ionensorten durch die Molarität m des Elektrolyten, den Dissoziationsgrad α des Elektrolyten und den praktischen osmotischen Koeffizienten φ bzw. durch m, α und den mittleren praktischen Aktivitätskoeffizienten $\gamma_\pm$ ausgedrückt werden. Damit ergibt sich aus Gl. (131):

$$p_1 = p_{01} \exp\{- M_1 [1 + (\nu - 1)\alpha]\, m\,\varphi\}, \tag{7.132a}$$

$$p_2 = p_{02}\, C\, (\alpha\, m\, \gamma_\pm)^\nu . \tag{7.132b}$$

---

[1] SMITH, R. P.: J. Amer. Chem. Soc. **61**, 497 (1939). — R. P. SMITH u. D. S. HIRTLE: J. Amer. Chem. Soc. **61**, 1123 (1939). — G. C. JOHNSON u. R. P. SMITH: J. Amer. Chem. Soc. **63**, 1351 (1941). Vgl. auch F. G. COTTRELL: J. Amer. Chem. Soc. **41**, 721 (1919); E. W. WASHBURN u. J. W. READ: J. Amer. Chem. Soc. **41**, 729 (1919), sowie W. SWIETOSLAWSKI: s. Fußnote 3 S. 323.

Beachten wir die Sätze 1 und 2 in § 75 sowie die Definitionen und Grenzwerte der Aktivitätskoeffizienten und osmotischen Koeffizienten in § 88, so finden wir für den Grenzübergang zu unendlicher Verdünnung $(x_1 \to 1,\, m \to 0,\, \alpha \to 1)$: $x_1 f_1 \to x_1$, $m\varphi \to m$, $\alpha m \varphi \to m$, $\alpha m \gamma_\pm \to m$. Demnach folgt aus Gl. (131) und (132):

$$\lim_{m \to 0} \frac{p_1}{m} = -M_1 \nu p_{01}, \qquad (7.133\,\text{a})$$

$$\lim_{m \to 0} \frac{p_2}{m} = 0, \qquad (7.133\,\text{b})$$

$$\lim_{x_1 \to 1} \frac{p_1}{x_1} = p_{01}, \qquad (7.133\,\text{c})$$

$$\lim_{m \to 0} \frac{p_2}{m^\nu} = C p_{02}. \qquad (7.133\,\text{d})$$

Gl. (133 a) entspricht dem Grenzgesetz (5.188 a) in § 76, Gl. (133 b) der ersten Alternative des Grenzgesetzes (5.188 b) und Gl. (133 c) dem RAOULTschen Grenzgesetz in der Form (5.188 c). Gl. (133 b) bzw. (133 d) bestätigt den in § 76 (S. 370) gegebenen Hinweis, nach dem die Partialdruckkurve eines flüchtigen Elektrolyten nicht dem HENRYschen Grenzgesetz gehorcht, sondern bei der Konzentration Null die Abszisse (Konzentrationsachse) berührt (vgl. Abb. 26, S. 370).

Gelingt es, den Partialdruck des Elektrolyten bei kleinen Konzentrationen genau zu messen, so kann durch eine Extrapolation nach Gl. (133 d) die Größe $C p_{02}$ und damit gemäß Gl. (132 b) bei jeder Konzentration $\alpha \gamma_\pm$ bestimmt werden. Ist auch der Dampfdruck p_{02} des reinen flüssigen Elektrolyten bei der betrachteten Temperatur bekannt, dann läßt sich die Konstante C, die schon in Gl. (126) auftrat, ebenfalls ermitteln. Andererseits ergibt sich durch Messung des Lösungsmittelpartialdruckes nach Gl. (132 a) die Größe $[1 + (\nu - 1)\alpha]\varphi$. So können durch Partialdruckmessungen, insbesondere bei vollständiger Dissoziation $(\alpha = 1)$, der praktische osmotische Koeffizient φ und der mittlere praktische Aktivitätskoeffizient $\gamma_\pm$ gefunden werden.

Die experimentelle Ermittlung der Partialdrucke für Lösungen flüchtiger Elektrolyte, besonders bei niedrigen Konzentrationen, bei denen p_2 sehr kleine Werte annimmt, stößt auf erhebliche Schwierigkeiten. Die wenigen zuverlässigen Messungen beziehen sich auf wäßrige Lösungen von Halogenwasserstoffsäuren bei höheren Konzentrationen. Aus diesen können nur Relativwerte von φ und $\gamma_\pm$ abgeleitet werden, da Extrapolationen zu ungenau sind. Als Beispiel ist in Abb. 51 das isotherme Dampfdruckdiagramm des Systems H_2O–HCl wiedergegeben.

Von größerer praktischer Bedeutung ist die Bestimmung des Dampfdruckes p bei Lösungen eines nichtflüchtigen Elektrolyten $(p = p_1,$

$p_2 = 0$). Hier spielt die von BOUSFIELD[1] eingeführte „isopiestische Methode" eine große Rolle[2]: Zwei Lösungen mit verschiedenen Elektrolyten im gleichen Lösungsmittel stehen über den Dampfraum so lange miteinander in Verbindung, bis durch isotherme Destillation des Lösungsmittels Dampfdruckgleichheit eingetreten ist. Wird auf diese Weise eine Lösung mit unbekannten Eigenschaften (ungestrichene Lösung) ins Gleichgewicht mit einer zweiten (gestrichenen) Lösung gebracht, deren thermodynamisches Verhalten entweder aus Absolutbestimmungen des Dampfdruckes oder aus andern Messungen bekannt ist, so gilt gemäß Gl. (132 a) bei vollständiger Dissoziation ($\alpha = 1$):

$$\nu\, m\, \varphi = \nu'\, m'\, \varphi'.$$

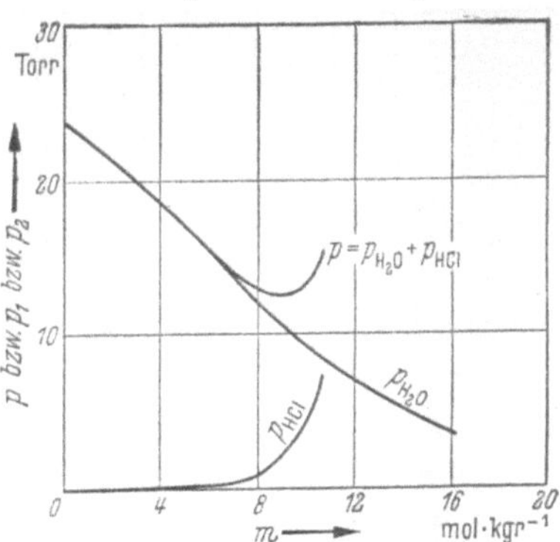

Abb. 51. Isothermes Dampfdruckdiagramm für das System Wasser (H_2O)—Chlorwasserstoff (HCl) bei 25°C nach Meßdaten von LINHART[3] sowie BATES und KIRSCHMAN[4]. Ordinate: Partialdrucke der Komponenten (p_{H_2O} und p_{HCl}) bzw. Gesamtdruck (Dampfdruck p der Lösung). Abszisse: Molarität m von HCl. Im HCl-reichen Konzentrationsgebiet tritt Entmischung ein (vgl. S. 406)

Diese Methode liefert also nur Relativwerte des osmotischen Koeffizienten (φ/φ'). Als „Bezugslösungen" benutzt man z. B. wäßrige Natriumchlorid- und Kaliumchloridlösungen. Für diese bringen wir in Tabelle 15 die „relative Dampfdruckerniedrigung"

$$p_{\mathrm{rel}} = \frac{p_0 - p}{p_0\, m} \tag{7.134}$$

Tabelle 15

Die Größen p_{rel}, $x_1 f_1$, φ und γ [kgr mol^{-1}] für wäßrige Lösungen von Natriumchlorid (NaCl) und Kaliumchlorid (KCl) bei 25° C für mehrere Molaritäten m [mol kgr^{-1}]. log bezeichnet den dekadischen Logarithmus. Nach ROBINSON und STOKES[2]

1. Natriumchlorid

m	p_{rel}	$x_1 f_1$	φ	$1 + \log \gamma$
0,1	0,03354	0,996646	0,9324	0,8912
0,5	0,03290	0,98355	0,9209	0,8332
1,0	0,03314	0,96686	0,9355	0,8175
2,0	0,03420	0,9316	0,9833	0,8245
3,0	0,03560	0,8932	1,0453	0,8535
4,0	0,03713	0,8515	1,1158	0,8939
5,0	0,03864	0,8068	1,1916	0,9415
6,0	0,04003	0,7598	1,2706	0,9940

[1] BOUSFIELD, W. R.: Trans. Faraday Soc. 13, 401 (1918).
[2] Vgl. R. A. ROBINSON u. R. H. STOKES: Electrolyte Solutions, London 1955.
[3] LINHART, G. A.: J. Amer. Chem. Soc. 39, 2601 (1917).
[4] BATES, S. J., u. H. D. KIRSCHMAN, J. Amer. Chem. Soc. 41, 1991 (1919).

Tabelle 15 (Fortsetzung)

2. Kaliumchlorid

m	p_{rel}	$x_1 f_1$	φ	$1 + \log \gamma$
0,1	0,03332	0,996668	0,9266	0,8864
0,5	0,03212	0,98394	0,8989	0,8124
1,0	0,03182	0,96818	0,8974	0,7809
2,0	0,03180	0,9364	0,9124	0,7580
3,0	0,03210	0,9037	0,9367	0,7550
4,0	0,03245	0,8702	0,9647	0,7610
4,8	0,03273	0,8429	0,9883	0,7693

und die daraus mit Hilfe von Gl. (131a), (132a) und (74) unter der Annahme $\alpha = 1$ berechneten Werte von $x_1 f_1$ („Aktivität des Wassers"), φ und γ ($\equiv \gamma_{\pm}$) bei 25°C. Der Dampfdruck p_0 des reinen Wassers bei 25°C wurde mit $p_0 = 23{,}756$ Torr angesetzt.

§ 95. Osmotischer Druck

Bei Vernachlässigung der Kompressibilität und unter Voraussetzung der Undurchlässigkeit der Membran für Elektrolyte gilt für den osmotischen Druck Π einer beliebigen Elektrolytlösung gemäß Gl. (5.44) und Gl. (47):

$$\frac{\Pi V_1}{RT} = \varphi M_1 \sum_\beta m_\beta, \qquad (7.135)$$

worin V_1 das partielle Molvolumen des Lösungsmittels in der Lösung bedeutet. Ist nur ein einziger binärer Elektrolyt vorhanden, so finden wir mit Hilfe von Gl. (51):

$$\frac{\Pi V_1}{RT} = M_1 [1 + (\nu - 1)\alpha] m \varphi. \qquad (7.136)$$

Bei Elektrolytlösungen kommen Messungen des osmotischen Druckes nur in Frage, wenn es sich entweder um Elektrolyte mit hohem Molekulargewicht, wie z. B. Calciumferrocyanid [$Ca_2Fe(CN)_6$] oder hochmolekulare Elektrolyte („Polyelektrolyte"), handelt oder wenn die Methode von WILLIAMSON (§ 66) benutzt wird. Einige nach der klassischen Me-

Tabelle 16

Osmotischer Druck Π, praktischer osmotischer Koeffizient φ aus osmotischen Messungen (osm.) und aus Dampfdruckmessungen für wäßrige Lösungen von Calciumferrocyanid bei 0°C nach ROBINSON *und* STOKES[1]

m [mol kgr^{-1}]	Π [atm]	φ (osm.)	φ (Dampfdruck)
1,075	41,22	0,557	0,562
1,353	70,84	0,756	0,759
1,469	87,09	0,853	0,854
1,617	112,84	0,995	1,004
1,711	130,66	1,086	1,100

[1] ROBINSON, R. A., u. R. H. STOKES: s. Fußnote 2 S. 515.

thode ermittelte Werte von Π und die daraus mit Hilfe von Gl. (136) für $\alpha = 1$ berechneten Werte von φ sind in Tabelle 16 zusammengestellt, wo auch die aus Dampfdruckmessungen bestimmten Werte von φ zum Vergleich beigefügt sind.

§ 96. Donnan-Gleichgewicht

Wir untersuchen das Gleichgewicht zwischen zwei Lösungen, die mehrere Elektrolyte in demselben Lösungsmittel enthalten und voneinander durch eine semipermeable Membran getrennt sind. Diese sei für das Lösungsmittel (Index 1) und gewisse Ionenarten (Index i) durchlässig, für alle übrigen Teilchensorten aber undurchlässig. Ein solches (partielles) Gleichgewicht ist nur möglich, wenn die Drucke in beiden Lösungen verschieden sind. Andererseits wird, da es sich um die Verteilung von Ionen zwischen zwei verschieden zusammengesetzten Phasen handelt, eine elektrische Potentialdifferenz zwischen den beiden Lösungen auftreten. Wir haben demnach eine Kombination von „osmotischem Gleichgewicht" und „elektrochemischem Gleichgewicht" vor uns. Die Bedingungen für ein solches Gleichgewicht sind für gewisse einfache Fälle zuerst von DONNAN[1] formuliert worden, weshalb man von einem „DONNAN-Gleichgewicht" spricht[2].

Kombinieren wir die Betrachtungen in § 31 mit denen in § 35, so gelangen wir zu dem Ergebnis, daß die Gleichgewichtsbedingungen (2.52) und (2.54) bestehen bleiben, während Gl. (2.53) entfällt. In den beiden Lösungen (Indices ' und '') zu beiden Seiten der Membran müssen also die Temperaturen (T' und T'') sowie die elektrochemischen Potentiale aller Teilchenarten, welche die Membran passieren können, gleich sein, während die Drucke (P' und P'') für die beiden Lösungen verschieden sind. Es gilt demnach mit $T' = T'' = T$, wenn wir das elektrische Potential mit ψ bezeichnen (zwecks Unterscheidung vom praktischen osmotischen Koeffizienten):

$$\mu_1'(T, P', x') = \mu_1''(T, P'', x''), \qquad (7.137\,\text{a})$$

$$\mu_i'(T, P', x') + z_i \mathfrak{F} \psi' = \mu_i''(T, P'', x'') + z_i \mathfrak{F} \psi''. \qquad (7.137\,\text{b})$$

Hierin kennzeichnen die Symbole x' und x'' die verschiedenen Zusammensetzungen der beiden Lösungen. Die erste Gleichung enthält wegen $z_1 = 0$ nur das chemische Potential μ_1 des Lösungsmittels, während in der zweiten Gleichung das elektrochemische Potential ($\mu_i + z_i \mathfrak{F} \psi$) der Ionensorte i (z_i = elektrochemische Valenz des Ions i, $\mathfrak{F}$ = FARADAYsche Konstante) auftritt.

---

[1] DONNAN, F. G.: Z. Elektrochem. **17**, 572 (1911).
[2] Vgl. auch F. G. DONNAN u. E. A. GUGGENHEIM: s. Fußnote 3 S. 317.

Vernachlässigen wir der Kürze halber die Kompressibilität der Flüssigkeit, betrachten also die partiellen Molvolumina V_1 und V_i als unabhängig vom Druck, wie in Gl. (135), so erhalten wir aus Gl. (1.277) für die chemischen Potentiale:

$$\mu_1(T,\,P,\,x) = \mu_1(T,\,0,\,x) + V_1\,P,$$

$$\mu_i(T,\,P,\,x) = \mu_i(T,\,0,\,x) + V_i\,P.$$

Daraus ergibt sich mit Gl. (47) und (55):

$$\mu_1(T,\,P,\,x) = \mu_{01}(T,\,0) + P V_1 - \varphi\,R\,T\,M_1 \sum_\beta m_\beta,$$

$$\mu_i(T,\,P,\,x) = \mu'_{i0}(T,\,0) + P V_i + R\,T \ln m_i \gamma_i,$$

wobei wir die Molaritäten m_β der einzelnen Teilchensorten der gelösten Stoffe als Konzentrationsvariable eingeführt haben. Der praktische osmotische Koeffizient φ und der praktische Aktivitätskoeffizient γ_i gelten für den Druck $P = 0$ und weichen numerisch kaum von ihren Werten bei Atmosphärendruck ab.

Tragen wir die letzten Beziehungen in die Gleichgewichtsbedingungen (137) ein und bedenken, daß wir zu beiden Seiten der Membran dasselbe Lösungsmittel vorausgesetzt haben und daher die Standardwerte μ_{01} und μ'_{i0} für beide Lösungen gleich sind, so finden wir bei Vernachlässigung der Konzentrationsabhängigkeit der partiellen Molvolumina ($V'_1 = V''_1 \equiv V_1$, $V'_i = V''_i \equiv V_i$) folgende Beziehungen[1]:

$$P'' - P' = \frac{M_1\,R\,T}{V_1} \left(\varphi'' \sum_\beta m''_\beta - \varphi' \sum_\beta m'_\beta \right), \qquad (7.138\,\text{a})$$

$$\psi'' - \psi' = \frac{R\,T}{z_i\,\mathfrak{F}} \ln \frac{m'_i\,\gamma'_i}{m''_i\,\gamma''_i} + \frac{M_1\,R\,T}{z_i\,\mathfrak{F}} \frac{V_i}{V_1} \left(\varphi' \sum_\beta m'_\beta - \varphi'' \sum_\beta m''_\beta \right). \qquad (7.138\,\text{b})$$

Die Gleichgewichtsdruckdifferenz ($P'' - P'$) ist gleich der Differenz der osmotischen Drucke ($\Pi'' - \Pi'$) der beiden einzelnen Lösungen [s. Gl. (135) in . § 95]. Die Gleichgewichtspotentialdifferenz ($\psi'' - \psi'$), die auch „DONNAN-Potential" genannt wird, entspricht einer „Galvanispannung" zwischen den beiden Lösungen. Da eine solche elektrische Potentialdifferenz (vgl. § 35), ebenso wie das Verhältnis γ'_i/γ''_i der Aktivitätskoeffizienten für die Ionensorte i, einer direkten Messung unzugänglich ist, hat Gl. (138 b) nur dann praktische Bedeutung, wenn sie entweder mit anderen Potentialdifferenzen zu einer meßbaren EMK einer galvanischen Kette kombiniert wird oder wenn wir einen theoretischen Ausdruck für γ_i zur Verfügung haben (vgl. § 100).

Ein DONNAN-Gleichgewicht kann nur auftreten, wenn die Membran mindestens zwei Ionensorten entgegengesetzter Ladung durchläßt;

---

[1] Vgl. E. A. GUGGENHEIM: s. Fußnote 1 S. 21.

denn anderenfalls würde nach einem kurzen Aufladungsprozeß ohne analytisch feststellbare Konzentrationsänderung in den Lösungen der Ionenfluß durch die Membran sofort zum Stillstand kommen. Wir betrachten z. B. die Lösung eines Polyelektrolyten, der in das Kation Na^+ und das hochmolekulare Anion X^- zerfällt, und denken uns eine Membran, die diese Lösung vom reinen Lösungsmittel trennt und nur das Kation, nicht aber das Anion des Elektrolyten passieren läßt. Dann können die Natriumionen nicht in makroskopisch merklicher Menge durch die Membran wandern. Ersetzen wir aber das reine Lösungsmittel durch eine Lösung von Natriumchlorid ($Na^+ + Cl^-$) und ist die Membran auch für die Chlorionen durchlässig, so kann ein makroskopischer Stofftransport von Ionen durch die Membran erfolgen, da nun die Teilchenarten Na^+ und Cl^- in äquivalenten Mengen aus der Natriumchloridlösung in die andere Lösung übertreten können. Greifen wir allgemein zwei Ionensorten heraus, die einer elektrisch neutralen Kombination entsprechen, so dürfen wir von einem „durch die Membran wandernden Elektrolyten" sprechen. Dieser Elektrolyt sei je Molekel aus ν_+ Kationen und ν_- Anionen der Sorte + bzw. − zusammengesetzt. Dann können wir nach dem Vorbild von Gl. (27) bzw. (61) eine „mittlere Ionenmolarität" $m_\pm$ und einen „mittleren praktischen Aktivitätskoeffizienten" $\gamma_\pm$ für den speziell betrachteten Elektrolyten einführen (vgl. § 91):

$$m_\pm^\nu = m_+^{\nu_+} m_-^{\nu_-}, \qquad \gamma_\pm^\nu = \gamma_+^{\nu_+} \gamma_-^{\nu_-} \qquad (\nu = \nu_+ + \nu_-).$$

Wir müssen aber bedenken, daß in mindestens einer der beiden Lösungen noch wenigstens ein weiterer Elektrolyt enthalten ist und daß die Ionensorten + und − nicht auf den betrachteten Elektrolyten beschränkt zu sein brauchen.

Wir schreiben Gl. (138 b) sowohl für die Teilchenart + als auch für die Teilchenart − an, multiplizieren die erste Gleichung mit $z_+ \nu_+$, die zweite Gleichung mit $z_- \nu_-$ und addieren. Dann finden wir mit der Elektroneutralitätsbedingung (3)

$$z_+ \nu_+ + z_- \nu_- = 0$$

und mit den obigen Definitionen eine Beziehung, aus der die elektrische Potentialdifferenz eliminiert ist[1]:

$$\frac{m_\pm' \gamma_\pm'}{m_\pm'' \gamma_\pm''} = \exp\left[\frac{M_1 (\nu_+ V_+ + \nu_- V_-)}{\nu V_1} \left(\varphi'' \sum_\beta m_\beta'' - \varphi' \sum_\beta m_\beta' \right) \right]. \quad (7.139)$$

Diese Gleichung beschreibt die Gleichgewichtsverteilung des betrachteten Elektrolyten zwischen den beiden Lösungen. Sind die Ionensorten + und − in keinem der übrigen Elektrolyte enthalten, so folgt aus

---

[1] Vgl. E. A. Guggenheim: s. Fußnote 1 S. 21.

Gl. (1.260) mit Gl. (5) und (29) bei vollständiger Dissoziation des betreffenden Elektrolyten:

$$\nu_+ V_+ + \nu_- V_- = V_2\,,$$

$$m_\pm = \nu_\pm m\,,$$

worin V_2 das partielle Molvolumen des Elektrolyten und m die Molarität des Elektrolyten bedeutet. Dann vereinfacht sich Gl. (139) mit $\gamma_\pm \equiv \gamma$:

$$\frac{m'\gamma'}{m''\gamma''} = \exp\left[\frac{M_1 V_2}{\nu V_1}\left(\varphi'' \sum_\beta m''_\beta - \varphi' \sum_\beta m'_\beta\right)\right]. \tag{7.140}$$

Bei hoher Verdünnung schließlich kann der Ausdruck im Exponenten so klein werden, daß wir ihn gleich Null setzen dürfen. In diesem Falle ergibt sich aus Gl. (139) bzw. (140) die sehr einfache Beziehung:

$$m'_\pm\,\gamma'_\pm = m''_\pm\,\gamma''_\pm \tag{7.139a}$$

bzw.

$$m'\,\gamma' = m''\,\gamma''\,. \tag{7.140a}$$

§ 97. Konzentrationsketten ohne Überführung

In einer „Konzentrationskette ohne Überführung" (§ 35) sei derjenige Stoff, der in den beiden Halbketten in verschiedenen Konzentrationen vorliegt (Komponente j in § 35), ein Elektrolyt (Komponente 2), der sich in Lösung befindet. Dann gilt für die meßbare elektrische Potentialdifferenz (EMK) der Konzentrationskette gemäß Gl. (2.65):

$$\Phi_{\mathrm{I,\,II}} = -\frac{\nu_2}{\mathfrak{F}}\left[\mu_2\,(\mathrm{I}) - \mu_2\,(\mathrm{II})\right]. \tag{7.141}$$

Hierin ist $\mathfrak{F}$ die FARADAYsche Konstante, ν_2 der stöchiometrische Koeffizient des Elektrolyten in der Gleichung für die chemische Gesamtreaktion in einer Halbkette, formuliert für einen Äquivalentumsatz, und $\mu_2(\mathrm{I})$ bzw. $\mu_2(\mathrm{II})$ das chemische Potential des Elektrolyten in der Halbkette I bzw. II.

Wir betrachten zur Erläuterung drei Beispiele.

In der Konzentrationskette[1]

$$\mathrm{Pt(H_2)\,|\,HCl\,(m_I)\,|\,Pt(Cl_2)\,|\,HCl\,(m_{II})\,|\,Pt(H_2)} \tag{7.142}$$

liegt Salzsäure in der Halbkette I bzw. II mit der Konzentration (Molarität) m_I bzw. m_{II} vor, während die Elektroden mit Wasserstoff (H_2) bzw. Chlor (Cl_2) bei gegebenem Druck gesättigte Platinelektroden („Platin–Wasserstoffelektrode" bzw. „Platin–Chlorelektrode") darstellen. Die

---

[1] Wenn wir bei einer Elektrolytlösung das Lösungsmittel nicht angeben, ist stets Wasser gemeint.

Gleichung für die Gesamtreaktion in einer der beiden Halbketten, bezogen auf einen Äquivalentumsatz (für den „Durchgang von 1 Faraday"), lautet[1]:

$$\frac{1}{2}\,H_2 + \frac{1}{2}\,Cl_2 \rightarrow HCl\,.\tag{7.142a}$$

Folglich ist $v_2 = 1$.

Bei der Konzentrationskette

$$Ba,\,Hg \mid BaCl_2\,(m_\mathrm{I}) \mid AgCl \mid Ag \mid AgCl \mid BaCl_2\,(m_\mathrm{II}) \mid Ba,\,Hg\tag{7.143}$$

besteht die Elektrolytlösung in einer wäßrigen Lösung von Bariumchlorid ($BaCl_2$), in die Bariumamalgamelektroden (mit vorgegebener Zusammensetzung) und eine Silber—Silberchloridelektrode eintauchen. Hier ist die Reaktionsgleichung für einen Äquivalentumsatz in einer Halbkette:

$$\frac{1}{2}\,Ba\,(Amalgam) + AgCl \rightarrow \frac{1}{2}\,BaCl_2 + Ag\,.\tag{7.143a}$$

Folglich gilt: $v_2 = \dfrac{1}{2}$.

Für die Konzentrationskette

$$In \mid In_2(SO_4)_3\,(m_\mathrm{I}) \mid Hg_2SO_4 \mid Hg \mid Hg_2SO_4 \mid In_2(SO_4)_3\,(m_\mathrm{II}) \mid In\tag{7.144}$$

mit wäßriger Lösung von Indiumsulfat [$In_2(SO_4)_3$] als Elektrolytlösung, in die Indiumelektroden und eine Quecksilber—Quecksilber(I)sulfatelektrode tauchen, lautet die entsprechende Reaktionsgleichung:

$$\frac{1}{3}\,In + \frac{1}{2}\,Hg_2SO_4 \rightarrow \frac{1}{6}\,In_2(SO_4)_3 + Hg\,.\tag{7.144a}$$

Folglich gilt hier: $v_2 = \dfrac{1}{6}$.

Die Zahl der in einem Mol eines binären Elektrolyten enthaltenen Äquivalente beträgt $z_+ v_+ = - z_- v_-$ [vgl. Gl.(3) in § 85]. Da bei einem Äquivalentumsatz einer chemischen Reaktion, an der ein solcher Elektrolyt beteiligt ist, v_2 Mole des Elektrolyten entstehen[2], folgt der Zusammenhang:

$$\frac{1}{v_2} = z_+ v_+ = - z_- v_-\,.\tag{7.145}$$

---

[1] In der zweiten Halbkette (der mit der höheren HCl-Konzentration) findet die umgekehrte Reaktion statt, so daß im Gesamtergebnis der Elektrolyt HCl von der höher konzentrierten Lösung zu der weniger konzentrierten Lösung transportiert wird.

[2] Bei negativen Werten von v_2 (Abscheidung des Elektrolyten aus der Lösung in der isolierten Halbkette) kehren sich in allen folgenden Formeln die Vorzeichen um. Wir kümmern uns hier nicht um das Vorzeichen von $\Phi_\mathrm{I,II}$, da dieses sowieso davon abhängt, welche Halbkette mit I bzw. II bezeichnet wird.

Für die obigen Beispiele verifizieren wir dieses Ergebnis leicht:

Reaktion (142a): $\nu_2 = 1$, $z_+ = 1$, $\nu_+ = 1$; $z_- = -1$, $\nu_- = 1$.

Reaktion (143a): $\nu_2 = \dfrac{1}{2}$, $z_+ = 2$, $\nu_+ = 1$, $z_- = -1$, $\nu_- = 2$.

Reaktion (144a): $\nu_2 = \dfrac{1}{6}$, $z_+ = 3$, $\nu_+ = 2$, $z_- = -2$, $\nu_- = 3$.

In unseren späteren Formeln wird das Produkt [vgl. Gl. (20) in § 86]

$$(\nu_+ + \nu_-)\,\nu_2 = \nu\,\nu_2$$

auftreten. Wir erhalten mit Hilfe von Gl. (145):

$$\nu\,\nu_2 = \frac{\nu_+ + \nu_-}{z_+ \nu_+} = -\frac{\nu_+ + \nu_-}{z_- \nu_-} = \frac{\nu_+}{z_+ \nu_+} - \frac{\nu_-}{z_- \nu_-} = \frac{z_- - z_+}{z_+ z_-}. \tag{7.146}$$

Numerische Werte dieses (stets positiven) Ausdrucks finden sich in Tabelle 17 für mehrere Elektrolyttypen.

Da aus unseren früheren Ausführungen ersichtlich ist, welche Ausdrücke für μ_2 einzusetzen sind, wenn es sich um Lösungen mit beliebig vielen Elektrolyten bei beliebigen Dissoziationsverhältnissen handelt,

Tabelle 17. *Die Größe (146) für mehrere Typen von binären Elektrolyten*

Elektrolyttyp	Beispiel	$\dfrac{z_- - z_+}{z_+ z_-}$
1:1	KCl	2
1:2	K_2SO_4	3/2
2:1	$CaCl_2$	3/2
2:2	$CaSO_4$	1
1:3	K_3PO_4	4/3
3:1	$LaCl_3$	4/3
2:3	$Ca_3(PO_4)_2$	5/6
3:2	$In_2(SO_4)_3$	5/6
3:3	$InPO_4$	2/3

beschränken wir uns hier der Kürze halber auf Lösungen eines einzigen binären Elektrolyten, der vollständig dissoziiert ist, zumal dieser Fall auch bei der späteren Behandlung der Konzentrationsketten mit Überführung (§ 99) vorausgesetzt wird. Wir betrachten also Konzentrationsketten vom Typ der oben genannten Beispiele, wobei die Lösungen nur „starke Elektrolyte" von hinreichend geringer Konzentration enthalten. Es gilt dann gemäß Gl. (70):

$$\mu_2\,(\mathrm{I}) - \mu_2\,(\mathrm{II}) = \nu\,R\,T \ln \frac{m_{\mathrm{I}}\gamma_{\mathrm{I}}}{m_{\mathrm{II}}\gamma_{\mathrm{II}}},$$

woraus mit Gl. (141) und (146) folgt:

$$\Phi_{\mathrm{I,\,II}} = \frac{z_- - z_+}{z_+ z_-}\,\frac{R\,T}{\mathfrak{F}} \ln \frac{m_{\mathrm{II}}\gamma_{\mathrm{II}}}{m_{\mathrm{I}}\gamma_{\mathrm{I}}}. \tag{7.147}$$

Ist demnach der mittlere (praktische) Aktivitätskoeffizient γ_I für eine Lösung der Molarität m_I bekannt, so kann der mittlere Aktivitätskoeffizient γ_{II} für eine zweite Lösung der Molarität m_{II} aus EMK-Messungen ermittelt werden. Wie man Absolutwerte von γ aus EMK-Messungen gewinnt, werden wir in § 98 zeigen.

Für eine ideal verdünnte Lösung eines ein-einwertigen Elektrolyten erhält man mit Gl. (41), (66) und Tabelle 17 die klassische Formel von NERNST[1]:

$$\Phi_{I,II} = 2\,\frac{R\,T}{\mathfrak{F}}\,\ln\frac{c_{II}}{c_I}\,. \tag{7.148}$$

Für praktische Zwecke benutzt man in Gl. (147) statt des natürlichen Logarithmus (ln) den dekadischen Logarithmus (log). Neben der bereits tabellierten Größe (146) tritt daher der Ausdruck

$$k \equiv \frac{R\,T}{\mathfrak{F}}\,\ln 10 \tag{7.149}$$

in unseren Formeln so häufig auf, daß wir in Tabelle 18 für das Temperaturintervall von 0°C bis 100° C einige numerische Werte von k wiedergeben.

Tabelle 18. *Werte von* k *gemäß Gl.*(149) *nach* ROBINSON *und* STOKES[2]

Temperatur (°C)	k (internat. Volt)	k (abs. Volt)
0	0,054179	0,054197
5	0,055171	0,055189
10	0,056163	0,056182
15	0,057154	0,057173
18	0,057749	0,057768
20	0,058146	0,058165
25	0,059138	0,059158
30	0,060129	0,060149
40	0,062113	0,062133
50	0,064096	0,064117
75	0,069055	0,069078
100	0,074013	0,074037

§ 98. Standardwerte der EMK

Für die meßbare elektromotorische Kraft (EMK) Φ einer beliebigen reversiblen galvanischen Kette gilt gemäß Gl. (2.51) und (2.63):

$$\mathfrak{F}\,\Phi = -\,\Delta G = -\sum_\alpha \sum_k \nu_k\,\mu_k^\alpha\,. \tag{7.150}$$

Hierbei ist ΔG die Freie Reaktionsenthalpie, bezogen auf einen Äquivalentumsatz, ν_k der stöchiometrische Koeffizient des Stoffes k in der

<hr>

[1] NERNST, W.: Z. physik. Chem. **2**, 613 (1888); **4**, 129 (1889).
[2] ROBINSON, R. A., u. R. H. STOKES: s. Fußnote 2 S. 515.

für einen Äquivalentumsatz angeschriebenen Gleichung der chemischen Bruttoreaktion und μ_k^α das chemische Potential der Komponente k in der Phase α.

Wenn an der Gesamtreaktion ein binärer Elektrolyt (Index 2) in einer Lösung beteiligt ist, der als einziger Bestandteil der Kette veränderliche Konzentration aufweist und als einziger Elektrolyt in der betrachteten Lösung enthalten ist, können wir bei Beachtung von Gl. (68) schreiben:

$$\mathfrak{F}\,\Phi = -\,\Delta G^0 - \nu\,\nu_2\,R\,T \ln m_\pm\,\gamma_\pm\,, \tag{7.151}$$

$$\Delta G^0 \equiv \sum_\alpha \sum_l \nu_l \mu_l^\alpha + \nu_2 \mu_{20}' \,. \tag{7.152}$$

Hierin bedeutet μ_{20}' einen Standardwert des chemischen Potentials des betrachteten Elektrolyten in der betreffenden Lösung, $m_\pm$ bzw. $\gamma_\pm$ die mittlere Ionenmolarität bzw. den mittleren praktischen Aktivitätskoeffizienten für diese Lösung, während der Index l anzeigt, daß die Summe über alle reagierenden Bestandteile mit Ausnahme des betrachteten Elektrolyten (des Stoffes 2) zu erstrecken ist. Wie aus Gl. (150) und (152) ersichtlich, bedeutet ΔG^0 einen nur von der Temperatur T und vom Druck P abhängigen Standardwert der Freien Reaktionsenthalpie der zu der galvanischen Kette gehörigen chemischen Reaktion. Die Größe

$$-\frac{\Delta G^0}{\mathfrak{F}} \equiv \Phi^0 \tag{7.153}$$

ist also bei gegebenen Werten von T und P eine Konstante. Sie wird als *Standardwert der EMK* der betreffenden galvanischen Kette bezeichnet. Sie ist gemäß Gl. (151) der Wert von Φ für $m_\pm = 1$, $\gamma_\pm = 1$ („hypothetische ideal verdünnte Lösung" der mittleren Ionenmolarität Eins, vgl. § 77).

Aus Gl. (146), (151) und (153) ergibt sich die wichtige Beziehung:

$$\Phi = \Phi^0 - \frac{z_- - z_+}{z_+ z_-} \frac{R\,T}{\mathfrak{F}} \ln m_\pm\,\gamma_\pm \tag{7.154}$$

oder mit Gl. (28):

$$\Phi = \Phi^0 - \frac{z_- - z_+}{z_+ z_-} \frac{R\,T}{\mathfrak{F}} \ln (\nu_\pm\,\alpha\,m\,\gamma_\pm)\,. \tag{7.155}$$

Hierin ist $\nu_\pm$ der in § 86 (Tabelle 12, S. 491) tabellierte Wertigkeitsfaktor, α der Dissoziationsgrad und m die Molarität des Elektrolyten.

Bei vollständiger Dissoziation ($\alpha = 1$, $\gamma_\pm \equiv \gamma$) folgt:

$$\Phi = \Phi^0 - \frac{z_- - z_+}{z_+ z_-} \frac{R\,T}{\mathfrak{F}} \ln (\nu_\pm\,m\,\gamma)\,. \tag{7.156}$$

Wenn wir zwei Gleichungen der Form (156) mit zwei verschiedenen Werten von $m\gamma$ voneinander subtrahieren, erhalten wir direkt Gl. (147)

für eine Konzentrationskette ohne Überführung. Tatsächlich entspricht dieser Subtraktionsprozeß dem Gegeneinanderschalten zweier einfacher galvanischer Ketten vom Typ der Halbketten in (142), (143) oder (144) zu einer kombinierten galvanischen Kette (Konzentrationskette).

Wir erkennen aus Gl. (154) bis (156), daß wir die mittleren Aktivitätskoeffizienten absolut — nicht nur relativ wie bei den Konzentrationsketten — ermitteln können, wenn wir in der Lage sind, außer Φ auch Φ^0 experimentell zu bestimmen.

Aus Gl. (65) und (154) oder (156) finden wir für den Grenzübergang zu unendlicher Verdünnung ($m \to 0$, $m_\pm \to 0$):

$$\lim_{m \to 0} \left(\Phi + \frac{z_- - z_+}{z_+ z_-} \frac{RT}{\mathfrak{F}} \ln m_\pm \right) = \Phi^0 \tag{7.157}$$

oder bei vollständiger Dissoziation:

$$\lim_{m \to 0} \left(\Phi + \frac{z_- - z_+}{z_+ z_-} \frac{RT}{\mathfrak{F}} \ln \nu_\pm m \right) = \Phi^0. \tag{7.158}$$

Wir müssen also die Funktion $\Phi(m)$ bei kleinen Konzentrationen messen und auf $m = 0$ extrapolieren, um Φ^0 zu erhalten. Eine solche Extrapolation ist jedoch unsicher, wenn man nicht das Gesetz kennt, nach dem Φ von m abhängt.

Wir bezeichnen die für *kleine* Werte von m gültige Funktion $\gamma(m)$ mit γ' ($\gamma' \to 1$ für $m \to 0$). Dann erhalten wir aus Gl. (149), (156) und (158) bei vollständiger Dissoziation:

$$\Phi = \Phi^0 - \frac{z_- - z_+}{z_+ z_-} k \log (\nu_\pm m \gamma), \tag{7.159}$$

$$\Phi^0 = \lim_{m \to 0} \Phi' \tag{7.160}$$

mit

$$\Phi' = \Phi + \frac{z_- - z_+}{z_+ z_-} k \log (\nu_\pm m \gamma'). \tag{7.161}$$

Kennen wir für γ' einen theoretischen Ausdruck (vgl. § 100), so können wir die Funktion $\Phi'(m)$ aus gemessenen Werten von Φ gewinnen und durch Extrapolation auf $m = 0$ den Standardwert Φ^0 finden. Gl. (159) liefert uns dann für jede Molarität m den mittleren praktischen Aktivitätskoeffizienten γ. Diese Methode ist eines der meist benutzten Verfahren zur Bestimmung von Aktivitätskoeffizienten.

In Tabelle 19 sind die Standardwerte Φ^0 der EMK für einige galvanische Ketten des hier besprochenen Typs zusammengestellt. Die metallischen Ableitungen („Endphasen") sind dabei nicht angegeben, weil ihre Natur keinen Einfluß auf die gemessene EMK hat.

Tabelle 19. *Standardwerte der EMK einiger galvanischer Ketten für mehrere Temperaturen* $t(= T - 273{,}16)$. Φ^0 *ist positiv, wenn die rechte Seite der Kette der positive Pol ist. Nach* ROBINSON *und* STOKES[1]. *Wasserstoffdruck:* 1 atm

Kette	Lösungsmittel	t (°C)	Φ^0 (abs. Volt)
$Pt(H_2) \mid HCl \mid Hg_2Cl_2 \mid Hg$	Wasser	25	0,26797
$Pt(H_2) \mid HBr \mid Hg_2Br_2 \mid Hg$	Wasser	25	0,13956
$Pt(H_2) \mid HI \mid Hg_2I_2 \mid Hg$	Wasser	25	$-$ 0,0405
$Pt(H_2) \mid HCl \mid AgCl \mid Ag$	Wasser	0	0,23655
		15	0,22857
		25	0,22234
		50	0,20449
		95	0,1651
	Methanol	15	0,0014
		25	$-$ 0,0103
		35	$-$ 0,0228
$Pt(H_2) \mid HBr \mid AgBr \mid Ag$	Wasser	25	0,07131
	Methanol	25	$-$ 0,1328
$Pt(H_2) \mid HI \mid AgI \mid Ag$	Wasser	25	$-$ 0,15225
$Pt(H_2) \mid H_2SO_4 \mid Hg_2SO_4 \mid Hg$	Wasser	25	0,61515
	Methanol	25	0,5392
$Pt(H_2) \mid H_2SO_4 \mid PbSO_4 \mid PbO_2(Pt)$	Wasser	25	1,68488
		60	1,69861

Setzt man eine ideal verdünnte Lösung eines ein-einwertigen Elektrolyten ($\nu_\pm = 1$) mit vollständiger Dissoziation voraus, so erhält man aus Gl. (156) mit Gl. (66) und Tabelle 17, S. 522:

$$\Phi = \Phi^0 - 2\frac{RT}{\mathfrak{F}}\ln m \qquad (7.162)$$

oder mit Gl. (41):

$$\Phi = \Phi^{0\prime} - 2\frac{RT}{\mathfrak{F}}\ln c, \qquad (7.163)$$

worin die Größe

$$\Phi^{0\prime} \equiv \Phi^0 + 2\frac{RT}{\mathfrak{F}}\ln \varrho_0 \qquad (7.163\,\mathrm{a})$$

ein neuer Standardwert der EMK ist ($\varrho_0 =$ Dichte des reinen Lösungsmittels). Gl. (163) ist die klassische Beziehung von NERNST[2].

Als Beispiel für die explizite Form der exakten Beziehungen (154) bis (156) in einem komplizierteren Falle betrachten wir den Ausdruck für die EMK der Kette [vgl. die Kette (144) in § 97]

$$In \mid In_2(SO_4)_3\,(m) \mid Hg_2SO_4 \mid Hg .$$

Wir setzen wäßrige Lösungen bei nicht zu hoher Konzentration voraus. Dann dürfen wir die Dissoziation von Indiumsulfat als vollständig ansehen und Gl. (156) benutzen. Aus Tabelle 12, S. 491 und Tabelle 17, S. 522 lesen wir ab:

$$\nu_\pm = \sqrt[5]{108}, \qquad \frac{z_- - z_+}{z_+ z_-} = \frac{5}{6}.$$

Somit ergibt sich:

$$\Phi = \Phi^0 - \frac{RT}{6\,\mathfrak{F}}\ln[108\,(m\gamma)^5].$$

---

[1] ROBINSON, R. A., u. R. H. STOKES: s. Fußnote 2 S. 515.
[2] NERNST, W.: s. Fußnote 1 S. 523.

§ 99. Konzentrationsketten mit Überführung

Eine „Konzentrationskette mit Überführung" ist eine irreversible galvanische Kette vom Typ (vgl. § 35)

$$\text{Ag} \mid \text{AgNO}_3\,(m_\text{I}) \mid \text{AgNO}_3\,(m_\text{II}) \mid \text{Ag} \tag{7.164}$$

oder

$$\text{Ag} \mid \text{AgCl} \mid \text{NaCl}\,(m_\text{I}) \mid \text{NaCl}\,(m_\text{II}) \mid \text{AgCl} \mid \text{Ag}\,. \tag{7.165}$$

Unter der Voraussetzung, daß in den „Brückenlösungen" zwischen den verschieden konzentrierten Elektrolytlösungen keine Konzentrationssprünge auftreten und in der gesamten Kette nur ein einziger, vollständig dissoziierter, binärer Elektrolyt in einem einzigen Lösungsmittel vorkommt, ergibt sich für die (bei Stromlosigkeit gemessene) Potentialdifferenz Φ einer solchen Kette gemäß Gl. (2.66) und (2.67) in § 35, wie im Anhang 4 bewiesen wird:

$$z_+ \nu_+ \mathfrak{F}\,\Phi = -z_- \nu_- \mathfrak{F}\,\Phi = \pm \int_{m_\text{I}}^{m_\text{II}} (1 - t_i)\,d\mu_2 = \mp \int_{m_\text{I}}^{m_\text{II}} \frac{1 - t_i}{M_1\,m}\,d\mu_1\,. \tag{7.166}$$

Dabei gilt das obere Vorzeichen, wenn das Ion i, für das die Elektroden reversibel sind, das Kation des binären Elektrolyten ist, wie in der Kette (164), und das untere Vorzeichen, wenn das Ion i das Anion ist, wie in der Kette (165). t_i ist die „Überführungszahl" des Ions i, wobei die Identität

$$t_+ + t_- = 1$$

die Überführungszahlen der beiden Ionen miteinander verknüpft (vgl. Anhang 4).

Explizitere Formeln ergeben sich, wenn wir das chemische Potential μ_2 des Elektrolyten bzw. das chemische Potential μ_1 des Lösungsmittels durch den mittleren praktischen Aktivitätskoeffizienten γ bzw. durch den praktischen osmotischen Koeffizienten φ ausdrücken, wobei die Molarität m des Elektrolyten als Konzentrationsvariable auftritt.

Wir leiten aus Gl. (70), (146) und (166) ab[1]:

$$\Phi = \pm \frac{z_- - z_+}{z_+ z_-}\,\frac{RT}{\mathfrak{F}} \int_{m_\text{I}}^{m_\text{II}} (1 - t_i)\,d\ln m\,\gamma\,. \tag{7.167}$$

Das Integral in Gl. (167) kann für den allgemeinen Fall nicht vereinfacht werden, da sowohl t_i als auch γ von m abhängt. Wenn aber die Überführungszahlen nur wenig konzentrationsabhängig sind oder der Konzentrationsbereich zwischen m_I und m_II sehr klein ist, können wir die Voraussetzung $t_i = \text{const}$ einführen, so daß wir finden:

$$\Phi = \pm \frac{z_- - z_+}{z_+ z_-}\,\frac{RT}{\mathfrak{F}}\,(1 - t_i)\ln \frac{m_\text{II}\,\gamma_\text{II}}{m_\text{I}\,\gamma_\text{I}}\,. \tag{7.168}$$

---

[1] Vgl. R. Haase: Z. Elektrochem. **57**, 87, 448 (1953).

Diese vereinfachte Beziehung unterscheidet sich von der Formel (147) für eine Konzentrationskette ohne Überführung lediglich durch den Faktor $(1 - t_i)$.

Für ein-einwertige Elektrolyte (vgl. S. 522) resultiert aus Gl. (167):

$$\Phi = \pm 2 \frac{RT}{\mathfrak{F}} \int\limits_{m_\mathrm{I}}^{m_\mathrm{II}} (1 - t_i)\, d\ln m\,\gamma \tag{7.169}$$

bzw. aus der spezielleren Gl. (168):

$$\Phi = \pm 2 \frac{RT}{\mathfrak{F}} (1 - t_i) \ln \frac{m_\mathrm{II}\gamma_\mathrm{II}}{m_\mathrm{I}\gamma_\mathrm{I}}. \tag{7.170}$$

Gl. (169), die sich schon bei Lewis und Randall[1] findet, würde z. B. mit dem positiven Vorzeichen und $1 - t_i = 1 - t_+ = t_- = t_{\mathrm{NO_3^-}}$ für die Kette (164) und mit dem negativen Vorzeichen und $1 - t_i = 1 - t_- = t_+ = t_{\mathrm{Na^+}}$ für die Kette (165) gelten.

Ein Beispiel für einen komplizierteren Fall ist die Kette

$$\mathrm{Hg\,|\,Hg_2SO_4\,|\,In_2(SO_4)_3\,(m_I)\,|\,In_2(SO_4)_3\,(m_{II})\,|\,Hg_2SO_4\,|\,Hg}. \tag{7.171}$$

Für diese Konzentrationskette folgt aus Gl. (167) und Tabelle 17, S. 522:

$$\Phi = - \frac{5}{6} \frac{RT}{\mathfrak{F}} \int\limits_{m_\mathrm{I}}^{m_\mathrm{II}} t_{\mathrm{In^{+++}}}\, d\ln m\,\gamma. \tag{7.172}$$

Wenn der Elektrolyt flüchtig ist (Beispiel: HCl), können wir bei Vernachlässigung der „Realgaskorrektur" $(p_i^* = p_i)$ gemäß Gl. (5.98) und (166) den Partialdruck p_2 des Elektrolyten einführen:

$$\Phi = \pm \frac{RT}{z_+ \nu_+ \mathfrak{F}} \int\limits_{m_\mathrm{I}}^{m_\mathrm{II}} (1 - t_i)\, d\ln p_2, \tag{7.173}$$

woraus sich für den Spezialfall eines ein-einwertigen Elektrolyten ergibt:

$$\Phi = \pm \frac{RT}{\mathfrak{F}} \int\limits_{m_\mathrm{I}}^{m_\mathrm{II}} (1 - t_i)\, d\ln p_2. \tag{7.173a}$$

Aus Gl. (52), (146) und (166) erhalten wir die zu Gl. (167) analoge Formel mit φ anstatt γ:

$$\Phi = \pm \frac{z_- - z_+}{z_+ z_-} \frac{RT}{\mathfrak{F}} \int\limits_{m_\mathrm{I}}^{m_\mathrm{II}} (1 - t_i)\,(d\varphi + \varphi\, d\ln m), \tag{7.174}$$

---

[1] Lewis, G. N., u. M. Randall: s. Fußnote 2 S. 101.

eine Beziehung, die auch direkt aus Gl. (167) mit der GIBBS-DUHEMschen Gleichung in der Form (vgl. § 88)

$$d\ln m\gamma = d\varphi + \varphi\,d\ln m \tag{7.175}$$

ableitbar ist. Da Gl. (174) gegenüber Gl. (167) keinerlei Vorteile bietet, verzichten wir auf eine weitere Diskussion.

Aus historischen Gründen interessant ist der Zusammenhang zwischen Φ und dem Partialdruck p_1 des Lösungsmittels, weil diese Beziehung für einen Spezialfall schon im Jahre 1878 von HELMHOLTZ[1] gefunden wurde und somit die älteste Formel für die Potentialdifferenz einer Konzentrationskette darstellen dürfte. Wir finden aus Gl. (5.98) und (166) mit $p_i^* = p_i$ (Vernachlässigung der „Realgaskorrektur") den allgemeinen Zusammenhang[2]:

$$\Phi = \mp\, \frac{RT}{z_+\, \nu_+\, M_1\, \mathfrak{F}} \int\limits_{m_\mathrm{I}}^{m_\mathrm{II}} \frac{1 - t_i}{m}\, d\ln p_1\,. \tag{7.176}$$

Daraus ergibt sich für den Spezialfall eines ein-einwertigen Elektrolyten:

$$\Phi = \mp\, \frac{RT}{M_1\, \mathfrak{F}} \int\limits_{m_\mathrm{I}}^{m_\mathrm{II}} \frac{1 - t_i}{m}\, d\ln p_1\,. \tag{7.176a}$$

Ist der Elektrolyt nicht flüchtig, so daß der Dampfdruck p der Lösung mit dem Partialdruck p_1 des Lösungsmittels identisch wird, und sind die Elektroden für das Kation reversibel, dann folgt aus Gl. (176a):

$$\Phi = -\, \frac{RT}{M_1\, \mathfrak{F}} \int\limits_{m_\mathrm{I}}^{m_\mathrm{II}} \frac{t_-}{m}\, d\ln p\,. \tag{7.176b}$$

Dies ist die Formel von HELMHOLTZ. Sie würde z. B. auf die Kette (164) zutreffen.

Endlich betrachten wir noch den „klassischen" Fall: eine ideal verdünnte Lösung eines ein-einwertigen Elektrolyten. Dann gilt:

$$t_i = \mathrm{const}\,, \quad \gamma = 1\,.$$

Wir finden also aus Gl. (170) mit Gl. (41):

$$\Phi = \pm\, 2\, \frac{RT}{\mathfrak{F}}\, (1 - t_i) \ln \frac{c_\mathrm{II}}{c_\mathrm{I}}\,, \tag{7.177}$$

aus Gl. (173a):

$$\Phi = \pm\, \frac{RT}{\mathfrak{F}}\, (1 - t_i) \ln \frac{p_2(m_\mathrm{II})}{p_2(m_\mathrm{I})} \tag{7.178}$$

---

[1] HELMHOLTZ, H. VON: Wied. Ann. Physik **3**, 201 (1878).
[2] HAASE, R.: s. Fußnote 1 S. 527.

und schließlich aus Gl.(177) mit Gl.(5.232a), (37) und (41):

$$\Phi = \pm \frac{2\,RT}{\mathfrak{F}}\,(1 - t_i)\ln\frac{p_{01} - p_1\,(m_{\mathrm{II}})}{p_{01} - p_1\,(m_{\mathrm{I}})}\,, \tag{7.179}$$

worin p_{01} den Dampfdruck des reinen Lösungsmittels und $p_k\,(m_{\mathrm{I}})$ bzw. $p_k\,(m_{\mathrm{II}})$ den Partialdruck der Komponente k über der Lösung der Molarität m_{I} bzw. m_{II} bedeutet. Gl.(177) geht auf NERNST[1] zurück.

Gl.(167) eignet sich zur experimentellen Ermittlung von Relativwerten des mittleren Aktivitätskoeffizienten γ, wenn die Überführungszahl t_+ bzw. t_- als Funktion der Molarität m bekannt ist. Umgekehrt kann bei Kenntnis der Konzentrationsabhängigkeit des mittleren Aktivitätskoeffizienten aus Gl.(167) die Überführungszahl bestimmt werden.

Ist das Gesetz der Konzentrationsabhängigkeit von γ für kleine Werte von m bekannt (vgl. § 100), so kann durch ein ähnliches Extrapolationsverfahren, wie es in § 98 beschrieben wurde, für jeden Wert von m im experimentell zugänglichen Konzentrationsgebiet der absolute Wert von γ aus Messungen der Potentialdifferenz der Kette und der Überführungszahl gefunden werden. So haben z.B. BROWN und McINNES[2] die Potentialdifferenz der Kette (165) bei 25°C gemessen, wobei m_{I} den konstanten Wert 0,1 [mol kgr^{-1}] hat, während $m_{\mathrm{II}}\,(\equiv m)$ variabel ist. Die Überführungszahl t_{Na^+} des Natriumions ist von LONGSWORTH[3] bestimmt worden. Wir bringen in Tabelle 20 einige dieser experimentellen Daten sowie die

Tabelle 20

Potentialdifferenzen Φ [abs. Millivolt] der Kette (165), Überführungszahlen t_{Na^+} des Natriumions und mittlere Aktivitätskoeffizienten γ [kgr mol^{-1}] des Natriumchlorids (in wäßriger Lösung) für mehrere Werte der Molarität m [mol kgr^{-1}] bei 25°C. Nach GUGGENHEIM *und* PRUE[4]

m	Φ	t_{Na^+}	$-\log\gamma$	γ
0,005	56,469	0,3930	0,0329	0,929
0,010	43,040	0,3918	0,0448	0,902
0,020	29,814	0,3902	0,0603	0,870
0,040	16,824	0,3883	0,0794	0,833
0,060	9,320	0,3870	0,0918	0,810
0,080	4,057	0,3861	0,1012	0,792
0,100	0	0,3855	0,1085	0,779

daraus nach der skizzierten Methode unter Verwendung von Gl. (169) ermittelten Werte des mittleren Aktivitätskoeffizienten γ nach einer Neuberechnung von GUGGENHEIM und PRUE[4].

---

[1] NERNST, W.: s. Fußnote 1 S.523.
[2] BROWN, A. S., u. D. A. McINNES: J. Amer. Chem. Soc. **57**, 1356 (1935).
[3] LONGSWORTH, L. G.: J. Amer. Chem. Soc. **54**, 2741 (1932).
[4] GUGGENHEIM, E. A., u. J. E. PRUE: s. Fußnote 1 S. 294.

Nach GUGGENHEIM und PRUE kann die Konzentrationsabhängigkeit des mittleren Aktivitätskoeffizienten γ in diesem Falle durch die Funktion

$$\log \gamma = - \frac{A\sqrt{m}}{1 + \sqrt{m}} + 0{,}136\, m \qquad (7.180)$$

beschrieben werden, worin

$$A = 0{,}5085 \left[\mathrm{kgr}^{\frac{1}{2}} \mathrm{mol}^{-\frac{1}{2}} \right]$$

der theoretische Wert der DEBYE-HÜCKELschen Theorie (vgl. § 100) und der zweite Zahlenwert eine empirische Größe ist.

§ 100. Analytische Form der thermodynamischen Funktionen

Wir haben bisher von den gegenseitigen Verknüpfungen und den Methoden der experimentellen Ermittlung der thermodynamischen Funktionen bei Elektrolytlösungen gesprochen. Wir wollen nun untersuchen, welche analytische Form diese Funktionen haben. Der Einfachheit halber beschränken wir unsere Ausführungen auf Lösungen eines einzigen binären Elektrolyten, der, wie HCl oder K_2SO_4, zur Klasse der „starken Elektrolyte" gehört, d.h. bei niedrigen Konzentrationen, mindestens in Wasser, vollständig dissoziiert ist.

Wir betrachten zunächst eine hochverdünnte binäre Lösung, bei der die Komponente 1 (das „Lösungsmittel") undissoziiert und unassoziiert, die Komponente 2 (der „gelöste Stoff") aber vollständig in ν_a Teilchen der Sorte a und ν_b Teilchen der Sorte b (je Molekül des Stoffes 2) zerfallen ist. Dabei kann es sich hinsichtlich der Komponente 2 sowohl um einen Nichtelektrolyten als auch um einen Elektrolyten handeln. Der Spezialfall eines undissoziierten Nichtelektrolyten wird formal durch die Bedingung $a = b$, $\nu_a = \nu_b = 1/2$ beschrieben. Führen wir mit Gl. (5.39) und (5.40) den „mittleren Aktivitätskoeffizienten" $\bar{f}_2$ der Komponente 2 ein:

$$\left(\bar{f}_2 \right)^\nu \equiv (f_a^0)^{\nu_a} (f_b^0)^{\nu_b}, \quad \nu \equiv \nu_a + \nu_b,$$

wobei f_a^0 und f_b^0 die nach Gl. (5.220) definierten „rationellen Aktivitätskoeffizienten" der Teilchenarten a und b sind, so folgt aus Gl. (5.179), (5.221) und (90):

$$\ln f_1 = A_1 m^{r_1} + \cdots, \qquad (7.181\,\mathrm{a})$$

$$\ln \bar{f}_2 = A_2 m^{r_2} + \cdots \qquad (7.181\,\mathrm{b})$$

Hierin bedeutet f_1 den Aktivitätskoeffizienten des Lösungsmittels, A_1 bzw. A_2 eine Konstante (bei gegebenen Werten von T und P), m die Molarität des gelösten Stoffes und r_1 bzw. r_2 den niedrigsten Exponenten in der Reihenentwicklung von $\ln f_1$ bzw. $\ln \bar{f}_2$ nach Potenzen von m. Gemäß Gl. (5.180) gilt:

$$r_1 > 1, \quad r_2 > 0. \tag{7.181c}$$

Durch die Aussagen (181) werden die beiden allgemeinen Sätze in § 75 und damit die universellen Grenzgesetze für unendliche Verdünnung (§ 76) verifiziert. Die Beziehungen (181) gelten in gleicher Weise für hochverdünnte Lösungen von Nichtelektrolyten und für solche von Elektrolyten.

Aus Gl. (181a) und (181c) ergibt sich sofort [vgl. Gl. (5.181) in § 76][1]:

$$\left(\frac{\partial \ln f_1}{\partial m}\right)_{m=0} = 0. \tag{7.182}$$

Dieses Grenzgesetz ist unabhängig davon, welchen Wert der Exponent r_1 hat, solange die allgemeine Bedingung $r_1 > 1$ erfüllt ist. Ob der entsprechende Grenzwert der Ableitung von $\ln \bar{f}_2$ nach m verschwindet bzw. endlich oder unendlich wird, hängt davon ab, ob r_2 größer als Eins, gleich Eins oder kleiner als Eins ist.

Für *Nichtelektrolytlösungen* erhält man gemäß § 81 und § 82 bei Beachtung von Gl. (90):

$$r_1 = 2, \quad r_2 = 1. \tag{7.183}$$

Damit leiten wir aus Gl. (181b) ab:

$$\left(\frac{\partial \ln \bar{f}_2}{\partial m}\right)_{m=0} = A_2. \tag{7.184}$$

Führen wir auch bei Nichtelektrolytlösungen den praktischen osmotischen Koeffizienten φ und den mittleren praktischen Aktivitätskoeffizienten γ ein, so finden wir aus Gl. (53) und (63a) für beliebige hochverdünnte Lösungen[2] mit $\nu \equiv \nu_a + \nu_b$:

$$\ln f_1 = M_1 \nu m (1 - \varphi), \quad \bar{f}_2 = \gamma. \tag{7.185}$$

Hierin ist M_1 die Molmasse des Lösungsmittels. Durch Anwendung der Beziehung (175), die eine unmittelbare Folge der GIBBS-DUHEMschen Gleichung ist, auf Gl. (181) bei Beachtung von Gl. (185) verifiziert man, daß die in Gl. (183) angegebenen Werte für r_1 und r_2 miteinander verträglich sind. Setzt man ferner so hohe Verdünnung voraus, daß die Potenzreihen in Gl. (181) nach dem ersten Term abgebrochen werden können, so findet man mit Gl. (175), (183) und (185) einen Zusammenhang zwischen den beiden Konstanten:

$$A_1 = -\frac{1}{2} M_1 \nu A_2. \tag{7.186}$$

---

[1] Alle partiellen Differentiationen beziehen sich auf die Variablen T, P und m.
[2] $\bar{f}_2$ entspricht dem mittleren rationellen Aktivitätskoeffizienten f in § 88.

Wir erhalten demnach aus Gl. (181), (183) und (185) für Nichtelektrolytlösungen:

$$\ln f_1 = -\frac{1}{2} M_1 \nu A_2 m^2, \tag{7.187 a}$$

$$1 - \varphi = -\frac{A_2}{2} m, \tag{7.187 b}$$

$$\ln \overline{f}_2 = \ln \gamma = A_2 m. \tag{7.187 c}$$

Damit ergibt sich:

$$\left(\frac{\partial \varphi}{\partial m}\right)_{m=0} = \frac{A_2}{2}, \tag{7.188 a}$$

$$\left(\frac{\partial \ln \gamma}{\partial m}\right)_{m=0} = A_2, \tag{7.188 b}$$

in Übereinstimmung mit Gl. (184). Trägt man demnach bei Nichtelektrolytlösungen φ bzw. $\ln\gamma$ für gegebene Werte von T und P als Funktion von m auf, so erhält man eine Kurve, deren Grenzneigung bei $m = 0$ positiv oder negativ endlich ist. Dies gilt auch für den Fall ohne Dissoziation

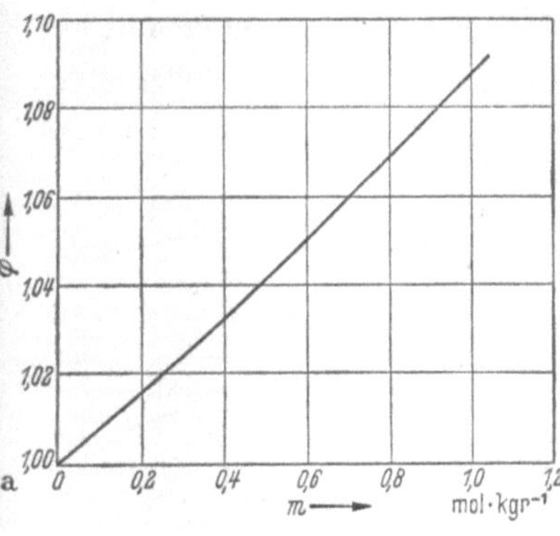

<table>
<tr><td>

Abb. 52 a

Praktischer osmotischer Koeffizient φ für wäßrige Lösungen von Rohrzucker als Funktion der Molarität m des Zuckers bei 25° C. Nach Daten von ROBINSON und STOKES[1]

</td><td>

Abb. 52 b

Praktischer Aktivitätskoeffizient γ [kgr mol^{-1}] des Zuckers für wäßrige Rohrzuckerlösungen, wie in Abb. 52a. log bezeichnet den dekadischen Logarithmus

</td></tr>
</table>

($\nu = 1$), wobei γ einfach den praktischen Aktivitätskoeffizienten des gelösten Stoffes bedeutet. In Abb. 52 ist dies am Beispiel von wäßrigen Zuckerlösungen ($A_2 > 0$) veranschaulicht.

Bei *Elektrolytlösungen* hingegen findet man für die Logarithmen der mittleren Aktivitätskoeffizienten Ausdrücke der Form (180) oder ähnlicher Gestalt, so daß bei hoher Verdünnung stets gilt [vgl. Gl. (63) in § 88]:

$$\ln \overline{f}_2 = \ln f = \ln y = \ln \gamma = A_2 m^{\frac{1}{2}}. \tag{7.189}$$

---

[1] ROBINSON, R. A., u. R. H. STOKES: Electrolyte Solutions, London 1955.

Hierin ist y der mittlere c-Aktivitätskoeffizient und A_2 eine negative Größe. Setzen wir diese Funktion in Gl. (73) ein, so leiten wir ab:

$$1 - \varphi = - \frac{A_2}{3}\, m^{\frac{1}{2}}. \tag{7.190}$$

Daraus folgt durch Vergleich mit Gl. (181a) und (185):

$$A_1 = - \frac{1}{3}\, M_1 \nu A_2, \tag{7.191}$$

$$\ln f_1 = - \frac{1}{3}\, M_1 \nu A_2 m^{\frac{3}{2}}. \tag{7.192}$$

Diese Formeln sind den Beziehungen (186) und (187) gegenüberzustellen. Aus Gl. (189) und (190) ergibt sich mit $A_2 < 0$:

$$\frac{\partial \ln \gamma}{\partial m} \to -\infty \quad \text{für} \quad m \to 0, \tag{7.193a}$$

$$\frac{\partial \varphi}{\partial m} \to -\infty \quad \text{für} \quad m \to 0, \tag{7.193b}$$

in scharfem Gegensatz zu Gl. (188). Trägt man demnach bei Elektrolytlösungen φ bzw. $\ln\gamma$ für gegebene Werte von T und P gegen m auf, so findet man eine Kurve, deren Grenzneigung bei $m = 0$ negativ unendlich

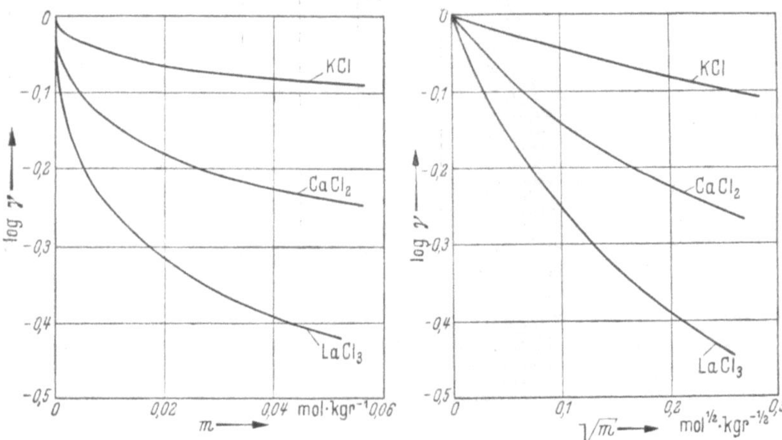

Abb. 53. Mittlerer praktischer Aktivitätskoeffizient γ [kgr mol^{-1}] für wäßrige Lösungen von Kaliumchlorid (KCl), Calciumchlorid (CaCl$_2$) und Lanthanchlorid (LaCl$_3$) als Funktion der Molalität m [mol kgr^{-1}] des Elektrolyten bei 25°C. Nach Daten von Robinson und Stokes[1]

Abb. 54. Dieselben Daten wie in Abb. 53 mit $\sqrt{m}$ als Abszisse

wird. Stellt man φ bzw. $\ln\gamma$ als Funktion von $\sqrt{m}$ dar, so erhält man gemäß Gl. (190) bzw. Gl. (189) eine Kurve, deren Grenztangente die Steigung $A_2/3$ bzw. A_2 hat. In Abb. 53 bzw. Abb. 54 ist dies am Beispiel der

---

[1] Robinson, R. A., u. R. H. Stokes: s. Fußnote 1 S. 533.

wäßrigen Lösungen von drei starken Elektrolyten für die Größe $\log \gamma$ veranschaulicht.

Dieses auffällige Verhalten der verdünnten Elektrolytlösungen ist bereits frühzeitig erkannt und auch schon versuchsweise auf die elektrostatischen Wechselwirkungen zwischen den Ionen zurückgeführt worden[1]. Aber erst DEBYE und HÜCKEL[2] gelang im Jahre 1923 eine befriedigende molekularstatistische Deutung der Eigenschaften von Elektrolytlösungen bei hoher Verdünnung.

Die DEBYE-HÜCKELsche Theorie ergibt einen expliziten Ausdruck für die Freie Energie einer hochverdünnten Elektrolytlösung als Funktion der Temperatur, des Volumens und der Molzahlen der einzelnen Teilchenarten. In diesem Ausdruck kommen nur bekannte Konstanten und Eigenschaften des Lösungsmittels vor. Wir können daher die Relativwerte der chemischen Potentiale und die Aktivitätskoeffizienten einzelner Ionenarten für hochverdünnte Elektrolytlösungen berechnen, was für die Ermittlung gewisser nicht meßbarer Potentialdifferenzen, z. B. des DONNAN-Potentials (138 b), von Bedeutung ist. Für den Vergleich zwischen Theorie und Experiment kommen aber nur Größen in Frage, die sich auf elektrisch neutrale Kombinationen von Ionen bzw. auf den Elektrolyten als Ganzes beziehen. Wir geben deshalb im folgenden die Resultate der DEBYE-HÜCKELschen Theorie (und alle daran anschließenden Formeln) lediglich in Form von Gleichungen für die mittleren Aktivitätskoeffizienten oder osmotischen Koeffizienten an.

Bei sehr hoher Verdünnung kann die Lösung eines einzelnen binären Elektrolyten, der vollständig dissoziiert ist, vom molekularstatistischen Standpunkt als ein System mit folgenden Eigenschaften behandelt werden: Zwei entgegengesetzt geladene Teilchenarten, die sich in einem Kontinuum von der Dielektrizitätskonstanten des Lösungsmittels bewegen und deren Ausdehnung für die Eigenschaften der Lösung keine Rolle spielt; Wechselwirkungen kurzer Reichweite existieren nicht zwischen den Ionen, so daß eine ideal verdünnte Lösung vorliegen würde, wenn die weitreichenden (elektrostatischen) Kräfte nicht vorhanden wären. Die Durchrechnung dieses Modells führt auf das „DEBYE-HÜCKELsche Grenzgesetz", das von der Gestalt der Beziehung (189) ist:

$$\ln f = \ln y = \ln \gamma = a\, z_+ z_- \left(\frac{z_+^2\, v_+ + z_-^2\, v_-}{2} \right)^{\frac{1}{2}} m^{\frac{1}{2}} \qquad (7.194)$$

<hr>

[1] Von den älteren Arbeiten seien genannt: N. BJERRUM: Z. Elektrochem. **24**, 321 (1918); Z. anorg. allg. Chem. **109**, 275 (1920). — I. C. GHOSH: Z. physik. Chem. **98**, 211 (1921). — G. N. LEWIS u. M. RANDALL: J. Amer. Chem. Soc. **43**, 1112 (1921). — R. MALMSTRÖM: Z. Elektrochem. **11**, 797 (1905). — R. MILNER: Phil. Mag. **23**, 551 (1912); **25**, 743 (1913). — A. A. NOYES u. K. G. FALK: J. Amer. Chem. Soc. **32**, 1011 (1910). — W. SUTHERLAND: Phil. Mag. (6) **3**, 167 (1902); **7**, 1 (1906).

[2] DEBYE, P., u. E. HÜCKEL: Physik. Z. **24**, 185 (1923).

mit

$$a \equiv (2\,\pi\,N\,\varrho_0)^{\frac{1}{2}} \left(\frac{e^2}{\varepsilon\,k\,T}\right)^{\frac{3}{2}}. \tag{7.195}$$

Hierin ist z_+ bzw. z_- die elektrochemische Valenz der Kationen bzw. Anionen, ν_+ bzw. ν_- die Zahl der Kationen bzw. Anionen, die aus einer Elektrolytmolekel entstehen. Ferner bedeutet

$$N = 6{,}023\,80 \cdot 10^{23}\ \mathrm{mol}^{-1}$$

die LOSCHMIDTsche Konstante,

$$k = \frac{R}{N} = 1{,}380\,57 \cdot 10^{-16}\ \mathrm{erg\ grad}^{-1}$$

die BOLTZMANNsche Konstante,

$$e = 4{,}802\,23 \cdot 10^{-10}\ \mathrm{Franklin}[1]$$

die Elementarladung, ϱ_0 die Dichte des reinen Lösungsmittels, gemessen in kgr cm^{-3}, wenn m in mol kgr^{-1} angegeben wird, und ε die Dielektrizitätskonstante des reinen Lösungsmittels, gemessen in Franklin^2 erg^{-1} cm^{-1}.

Tabelle 21

Werte der Konstanten A und A' für Wasser bei mehreren Temperaturen nach MANOV, BATES, HAMER *und* ACREE[2]

Temperatur (°C)	$A \left(\dfrac{\mathrm{kgr}}{\mathrm{mol}}\right)^{\frac{1}{2}}$	$A' \left(\dfrac{1}{\mathrm{mol}}\right)^{\frac{1}{2}}$
0	0,4883	0,4883
5	0,4921	0,4921
10	0,4960	0,4961
15	0,5000	0,5002
18	0,5025	0,5028
20	0,5042	0,5046
25	0,5085	0,5092
30	0,5130	0,5141
40	0,5221	0,5241
50	0,5319	0,5351
75	0,5596	0,5668
100	0,5929	0,6056

In Tabelle 21 haben wir die Größe

$$A \equiv \frac{a}{\ln 10}, \tag{7.196}$$

---

[1] Nach einem Vorschlag von E. A. GUGGENHEIM: Nature **148**, 751 (1941), wird die elektrostatische Ladungseinheit mit „Franklin" bezeichnet. Damit wird betont, daß auch im modernen Begriffssystem, das die elektrische Ladung als neue Grundgröße einführt, die alten Einheiten beibehalten werden können. Es gilt [vgl. Gl. (1.233) in § 23]:　1 abs. Coul. $= 2{,}997\,902 \cdot 10^9$ Franklin.

Der Zahlenfaktor hängt mit der Lichtgeschwindigkeit c im Vakuum zusammen:

$$c = 2{,}997\,902 \cdot 10^{10}\ \mathrm{cm\ sec}^{-1}.$$

[2] MANOV, G. G., R. G. BATES, W. J. HAMER u. S. F. ACREE: J. Amer. Chem. Soc. **65**, 1765 (1943).

die bei numerischen Rechnungen wichtig ist (vgl. unten), für Wasser bei mehreren Temperaturen tabelliert. A hat dieselbe Dimension wie a, nämlich $\mathrm{kgr}^{1/2}\,\mathrm{mol}^{-1/2}$.

Wir benutzen weiterhin die Abkürzung

$$Z \equiv z_+ z_- \left(\frac{z_+^2\, \nu_+ + z_-^2\, \nu_-}{2} \right)^{\frac{1}{2}} \tag{7.197}$$

und führen mit LEWIS und RANDALL[1] die „Ionenstärke"

$$I \equiv \frac{1}{2}\,(z_+^2\, \nu_+ + z_-^2\, \nu_-)\, m \tag{7.198}$$

als neue Konzentrationsvariable ein. Damit erhalten wir aus Gl. (194) bei Beachtung von Gl. (196) folgende Ausdrücke für die natürlichen bzw. dekadischen Logarithmen (ln bzw. log) der verschiedenen mittleren Aktivitätskoeffizienten im Gültigkeitsbereich des DEBYE-HÜCKELschen Grenzgesetzes:

$$\ln f = \ln y = \ln \gamma = a\,Z\,m^{\frac{1}{2}} = a\,z_+ z_-\,I^{\frac{1}{2}}\,, \tag{7.199a}$$

$$\log f = \log y = \log \gamma = A\,Z\,m^{\frac{1}{2}} = A\,z_+ z_-\,I^{\frac{1}{2}}\,. \tag{7.199b}$$

Gemäß Gl. (181) ist der Ausdruck (194) bzw. (199) der Beginn einer Reihenentwicklung der Logarithmen der Aktivitätskoeffizienten nach Potenzen von m. Wir können daher ganz allgemein den Koeffizienten von $\sqrt{m}$ experimentell bestimmen, wenn wir bei gemessenen Kurven für die Aktivitätskoeffizienten in Abhängigkeit von der Zusammensetzung der Elektrolytlösung die Neigung der Grenztangente ermitteln, z. B. in Form des Ausdrucks

$$\left(\frac{\partial \log \gamma}{\partial m^{\frac{1}{2}}} \right)_{m=0} = A\,Z\,. \tag{7.200}$$

Man erhält auf diese Weise für alle Typen von Elektrolytlösungen die Größe $A\,Z$ und findet, daß sie mit dem theoretischen Wert übereinstimmt. A ist bei vorgegebenem Lösungsmittel eine Konstante, während Z vom Elektrolyttyp abhängt. Es gilt z. B. gemäß Gl. (197) für die in Abb. 53 und 54 (S. 534) betrachteten Elektrolyte:

$$\mathrm{KCl}\colon\ Z = -1\,,$$

$$\mathrm{CaCl_2}\colon\ Z = -2\sqrt{3}\,,$$

$$\mathrm{LaCl_3}\colon\ Z = -3\sqrt{6}\,.$$

Trägt man hingegen die Größe

$$-\frac{\log \gamma}{z_+ z_-} = \frac{\log \gamma}{|\,z_+ z_-\,|}$$

---

[1] LEWIS, G. N., u. M. RANDALL: s. Fußnote 1 S. 535.

gegen $I^{1/2}$ auf (Abb. 55), so verschwinden nach Gl. (199) die individuellen Unterschiede: Die Grenzneigung ist bei allen Elektrolyttypen $-A$.

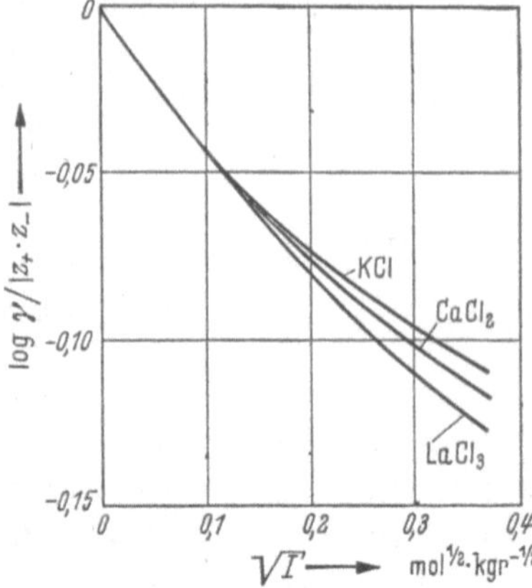

Abb. 55. Dieselben Daten wie in Abb. 53 mit $\log \gamma/|z_+ z_-|$ als Ordinate und $\sqrt{I}$ als Abszisse. $I\,[\text{mol kgr}^{-1}] = $ Ionenstärke

In vielen Darstellungen wird anstelle der Molarität m die molare Volumenkonzentration c und anstelle der Ionenstärke I die „ionale Konzentration"

$$\Gamma \equiv \frac{1}{2}\,(z_+^2\,\nu_+ + z_-^2\,\nu_-)\,c \qquad (7.201)$$

als Konzentrationsvariable benutzt[1]. Bei den hier betrachteten hohen Verdünnungen gilt nach Gl. (41) der Zusammenhang:

$$c = \varrho_0\,m, \qquad (7.202)$$

womit aus Gl. (198) und (201) folgt:

$$\Gamma = \varrho_0\,I. \qquad (7.203)$$

Messen wir c in mol l^{-1}, m in mol kgr^{-1}, so ist jetzt ϱ_0 in kgr l^{-1} oder gr cm^{-3} einzusetzen. Demgemäß hat die Größe

$$A' \equiv A\,\varrho_0^{-\frac{1}{2}} \qquad (7.204)$$

die Dimension l$^{1/2}$ mol$^{-1/2}$. Mit Gl. (202) bis (204) finden wir aus Gl. (199 b):

$$\log f = \log y = \log \gamma = A'\,Z\,c^{\frac{1}{2}} = A'\,z_+\,z_-\,\Gamma^{\frac{1}{2}}. \qquad (7.205)$$

Auch für A' haben wir in Tabelle 21 (S. 536) numerische Werte angegeben.

Für den praktischen osmotischen Koeffizienten φ leiten wir aus Gl. (189) und (190) ab:

$$\ln \gamma = 3\,(\varphi - 1). \qquad (7.206)$$

Damit erhalten wir aus Gl. (199) und (205):

$$\left.\begin{aligned}\varphi - 1 &= \frac{a}{3}\,Z\,m^{\frac{1}{2}} = \frac{a}{3}\,z_+\,z_-\,I^{\frac{1}{2}} = \frac{A'\ln 10}{3}\,Z\,c^{\frac{1}{2}} \\ &= \frac{A'\ln 10}{3}\,z_+\,z_-\,\Gamma^{\frac{1}{2}}.\end{aligned}\right\} \qquad (7.207)$$

Der rationelle osmotische Koeffizient g fällt nach Gl. (53) im hier betrachteten Konzentrationsbereich mit φ zusammen, während der Aktivitätskoeffizient f_1 des Lösungsmittels gemäß Gl. (185) durch den Ausdruck

$$\ln f_1 = M_1\,\nu\,(1 - \varphi)\,m \qquad (7.207\,\text{a})$$

gegeben ist ($\nu \equiv \nu_+ + \nu_-$).

---

[1] Auch Γ heißt manchmal „Ionenstärke".

Wie schon aus unseren früheren Ausführungen ersichtlich, werden als Konzentrationsvariable die Größen m und I, als Aktivitätskoeffizienten bzw. osmotische Koeffizienten die Größen γ und φ am meisten benutzt. Indessen sind, insbesondere im Zusammenhang mit theoretischen Untersuchungen, auch die Größen c, Γ, y und f noch in der Literatur zu finden. Dabei wird aber f nicht als Funktion von x — wie es gemäß § 88 am natürlichsten wäre —, sondern meist in Abhängigkeit von c oder Γ (zuweilen auch von m oder I) betrachtet. Dies hängt damit zusammen, daß in der traditionellen Form der statistischen Theorie primär die Funktion $f(\Gamma)$ gewonnen wird. Es ist darauf zu achten, daß bei höheren Konzentrationen, bei denen auch in m oder c lineare Terme in den Logarithmen der Aktivitätskoeffizienten auftreten (vgl. unten), die Verknüpfungen (206) und (207a) sowie die Gleichheit von f, y und γ bzw. von g und φ nicht mehr zutreffend sind. Es müssen dann die exakten Zusammenhänge (53), (63), (73) und (74) beachtet werden, ebenso wie die strengen Beziehungen (40) für die Konzentrationsvariablen. Für die Umrechnung von f auf γ bzw. von c auf m finden wir z.B. nach Gl.(40) und (63a):

$$\ln f = \ln \gamma + \ln (1 + M_1 \nu m), \qquad (7.208\,\mathrm{a})$$

$$c = \frac{\varrho\, m}{1 + M_2\, m}, \qquad (7.208\,\mathrm{b})$$

worin ϱ die Dichte der Lösung und M_2 die Molmasse des Elektrolyten bedeutet und vollständige Dissoziation vorausgesetzt ist.

In Abb. 56 ist $\log f$ gegen $\sqrt{c}$ für Salzsäure (HCl) in zwei verschiedenen Lösungsmitteln aufgetragen. Die nach Gl.(195), (196), (204) und (205) berechnete Neigung der Grenztangente

$$\left(\frac{\partial \log f}{\partial c^{\frac{1}{2}}}\right)_{c=0} = A'\,Z = Z\,(2\,\pi\,N)^{\frac{1}{2}}\,e^3\,k^{-\frac{3}{2}}\,(\ln 10)^{-1}\,(\varepsilon\,T)^{-\frac{3}{2}} \qquad (7.209)$$

ist wiederum in Übereinstimmung mit den Meßdaten und zeigt deutlich den Einfluß der Dielektrizitätskonstanten ε, die bei Methanol kleiner als bei Wasser ist. (Für HCl ist $Z = -1$.)

Während das DEBYE-HÜCKELsche Grenzgesetz in der Gestalt (194), (199), (205) oder (207) nur für extrem niedrige Konzentrationen annähernd richtig ist[1], bleibt es in der Form (200) oder (209) als Gleichung der Grenztangente universell gültig[2].

Ehe wir das Verhalten der Elektrolytlösungen bei höheren Konzentrationen quantitativ zu beschreiben suchen, wollen wir das qualita-

---

[1] Nach Tabelle 22 (S. 545) erkennt man bereits bei $m = 0,001$ [mol kgr^{-1}] deutlich Abweichungen der gemessenen Werte vom DEBYE-HÜCKELschen Grenzgesetz!

[2] Über eine exakte theoretische Begründung des DEBYE-HÜCKELschen Grenzgesetzes vgl. J. G. KIRKWOOD u. J. C. POIRIER: J. Phys. Chem. **58**, 591 (1954).

tive Bild, das in gewissem Grade schon in Abb.53 bis 56 zum Ausdruck kam, noch weiter ergänzen. In Abb.57 sind die mittleren praktischen Aktivitätskoeffizienten für die wäßrigen Lösungen verschiedener Elektrolyte bei 25°C als Funktion vom $m^{1/2}$ für einen größeren Konzentrationsbereich dargestellt. Wir erkennen, daß bei einigen Elektrolyten die Funktion γ ein Minimum durchläuft und bei höheren Konzentrationen den

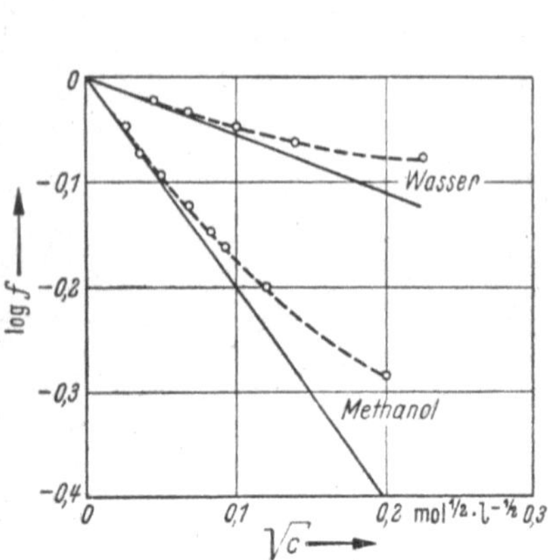

Abb.56. Mittlerer rationeller Aktivitätskoeffizient f für HCl in Wasser (obere Kurve) und in Methanol (untere Kurve) bei 25°C. c = molare Volumenkonzentration von HCl [mol l^{-1}]. Die Kreise sind Meßpunkte, die ausgezogenen Kurven die Grenztangenten nach DEBYE und HÜCKEL. Nach ROBINSON und STOKES[1]

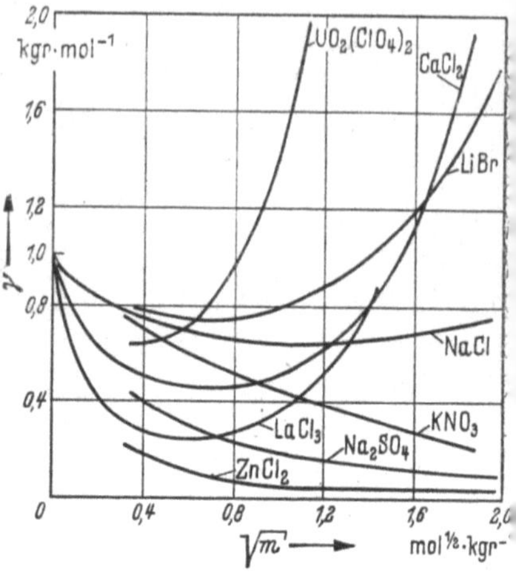

Abb.57. Mittlere praktische Aktivitätskoeffizienten γ [kgr mol^{-1}] für wäßrige Lösungen von mehreren Elektrolyten bei 25°C nach ROBINSON und STOKES[1]. m = Molarität des Elektrolyten [mol kgr^{-1}]

Wert 1 überschreiten kann. Ein Beispiel für einen Extremfall ist Uranylperchlorat [UO$_2$(ClO$_4$)$_2$], bei dem γ den Wert 1510 bei $m = 5{,}5$ erreicht. Andere Elektrolyte zeigen ein monotones Absinken der Aktivitätskoeffizienten. So gilt für Cadmiumjodid (CdI$_2$) bei $m = 2{,}5 : \gamma = 0{,}0168$.

Ein ähnlich mannigfaltiges Bild zeigen die Lösungs- und Verdünnungswärmen starker Elektrolyte, die ja nach § 89 durch die Temperaturableitungen der Aktivitätskoeffizienten und osmotischen Koeffizienten gegeben sind. In Abb.58 bzw. Abb.59 sind die integralen Verdünnungswärmen L' bzw. die differentiellen Verdünnungswärmen H_1^E einiger Elektrolyte in wäßriger Lösung in Abhängigkeit von der Konzentration bei 25°C dargestellt. Mehrere Kurven weisen ein Minimum auf. Das dem Grenzverhalten

$$\lim_{c \to 0}\left(\frac{H_1^E}{c^{\frac{1}{2}}}\right) = 0$$

---

[1] ROBINSON, R. A., u. R. H. STOKES: Electrolyte Solutions, London 1955.

entsprechende Einmünden der $H_1^E(c^{1/2})$-Kurven bei $c = 0$ ist in Übereinstimmung mit der allgemeinen Beziehung (1.59 b).

Wir diskutieren nun das Grenzverhalten der Verdünnungswärme und der relativen partiellen molaren Enthalpie $\bar{L}_2$ des Elektrolyten in Hin-

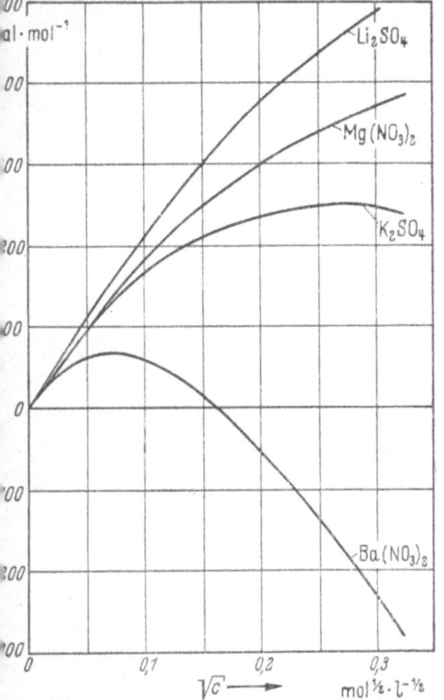

Abb. 58. Integrale Verdünnungswärmen L' einiger Elektrolyte in wäßriger Lösung in Abhängigkeit von der molaren Volumenkonzentration c des Elektrolyten bei 25° C nach LANGE und STREECK[1]

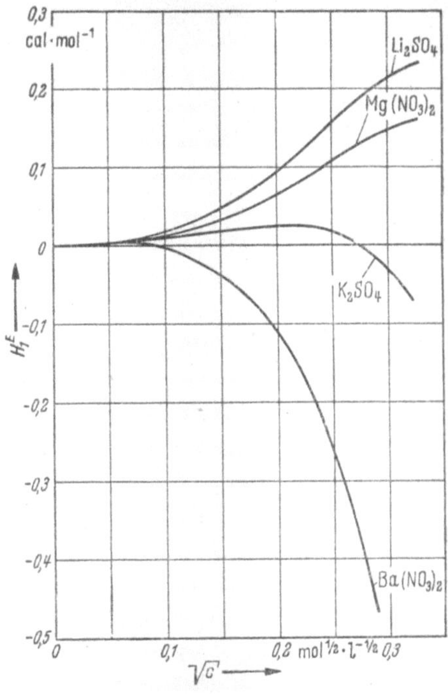

Abb. 59. Differentielle Verdünnungswärmen H_1^E für wäßrige Lösungen einiger Elektrolyte bei 25° C nach LANGE und STREECK[1]

blick auf das DEBYE-HÜCKELsche Grenzgesetz. Dazu differenzieren wir Gl. (195) nach T und beachten Gl. (5.217 b) sowie Gl. (42):

$$\left(\frac{\partial a}{\partial T}\right)_P = -\frac{3}{2}\, a \left[\frac{1}{T} + \frac{1}{\varepsilon}\left(\frac{\partial \varepsilon}{\partial T}\right)_P + \frac{\alpha_{01}}{3}\right]. \tag{7.210}$$

Hierin bedeutet α_{01} den Ausdehnungskoeffizienten des reinen Lösungsmittels. Aus Gl. (199 a) und (207) ergibt sich für den Gültigkeitsbereich des DEBYE-HÜCKELschen Grenzgesetzes:

$$\left(\frac{\partial \ln \gamma}{\partial T}\right)_P = \left(\frac{\partial a}{\partial T}\right)_P Z\, m^{\frac{1}{2}}, \tag{7.211a}$$

$$\left(\frac{\partial \varphi}{\partial T}\right)_P = \left(\frac{\partial a}{\partial T}\right)_P \frac{Z}{3}\, m^{\frac{1}{2}}. \tag{7.211b}$$

---

[1] LANGE, E., u. H. STREECK: Z. physik. Chem. A **157**, 1 (1931).

Setzen wir diese Beziehungen in Gl. (86), (87), (89) und (94) ein, so finden wir mit Gl. (202):

$$H_1^E = \frac{1}{2}\, M_1\, a'\, m^{\frac{3}{2}} = \frac{1}{2}\, M_1\, a'\, \varrho_0^{-\frac{3}{2}}\, c^{\frac{3}{2}}\,, \qquad (7.212\,\text{a})$$

$$\bar{L}_2 = -\frac{3}{2}\, a'\, m^{\frac{1}{2}} = -\frac{3}{2}\, a'\, \varrho_0^{-\frac{1}{2}}\, c^{\frac{1}{2}}\,, \qquad (7.212\,\text{b})$$

$$L' = a'\, m^{\frac{1}{2}} = a'\, \varrho_0^{-\frac{1}{2}}\, c^{\frac{1}{2}}\,, \qquad (7.212\,\text{c})$$

wobei wir die Abkürzung

$$a' \equiv -\nu Z\, a\, R\, T\left[1 + \left(\frac{\partial \ln \varepsilon}{\partial \ln T}\right)_P + \frac{\alpha_{01}\, T}{3}\right] \qquad (7.212\,\text{d})$$

benutzt haben. Aus Gl. (3), (20) und (197) läßt sich ableiten:

$$-\nu Z = \frac{1}{\sqrt{2}}\,(z_+^2\, \nu_+ + z_-^2\, \nu_-)^{\frac{3}{2}}\,.$$

Demnach erhalten wir folgende Grenzgesetze, gültig für beliebige binäre Elektrolyte:

$$\left.\begin{aligned}
\lim_{m \to 0}\frac{L'}{m^{\frac{1}{2}}} &= \varrho_0^{\frac{1}{2}}\lim_{c \to 0}\frac{L'}{c^{\frac{1}{2}}} = -\frac{2}{3}\lim_{m \to 0}\frac{\bar{L}_2}{m^{\frac{1}{2}}} = -\frac{2}{3}\varrho_0^{\frac{1}{2}}\lim_{c \to 0}\frac{\bar{L}_2}{c^{\frac{1}{2}}} \\[2mm]
&= \frac{2}{M_1}\lim_{m \to 0}\frac{H_1^E}{m^{\frac{3}{2}}} = \frac{2}{M_1}\varrho_0^{\frac{3}{2}}\lim_{c \to 0}\frac{H_1^E}{c^{\frac{3}{2}}} = a'\,.
\end{aligned}\right\} \qquad (7.213)$$

In Abb. 58, in der nur Elektrolyte mit demselben Wert von $\nu Z\,(= -6\sqrt{3})$ dargestellt sind, erfolgt dementsprechend das Einmünden der $L'(c^{1/2})$-Kurven bei $c = 0$ mit gemeinsamer Grenztangente.

Wir besprechen jetzt einige Ansätze, die das thermodynamische Verhalten von Elektrolytlösungen bei höheren Konzentrationen zu beschreiben suchen. Auch hier läßt man sich zunächst von der statistischen Theorie der interionischen Wechselwirkungen und ergänzenden Modellbetrachtungen leiten, muß dann aber einen oder mehrere Parameter der Theorie aus den experimentellen Daten selbst ermitteln, um Übereinstimmung zwischen Theorie und Erfahrung zu erzielen. Es handelt sich also praktisch um semiempirische Ansätze.

Schon DEBYE und HÜCKEL[1] leiteten Formeln ab, in denen der Einfluß der Ausdehnung der Ionen berücksichtigt wird. Behandelt man die Ionen als starre, nicht polarisierbare Kugeln von gleicher Größe, so erscheint der effektive Ionendurchmesser d als Parameter in den Gleichungen. Wir schreiben den DEBYE-HÜCKELschen Ausdruck hier für den mittleren rationellen Aktivitätskoeffizienten an:

$$\ln f = \frac{a\, z_+\, z_-\, I^{\frac{1}{2}}}{1 + b\, d\, I^{\frac{1}{2}}} \qquad (7.214)$$

---

[1] DEBYE, P., u. E. HÜCKEL: s. Fußnote 2 S. 535.

mit
$$b \equiv \left(\frac{8\,\pi\,N\,e^2\,\varrho_0}{\varepsilon\,k\,T}\right)^{\frac{1}{2}}. \qquad (7.215)$$

Da diese Formel bei einer Reihenentwicklung nach Potenzen von m bereits einen in m linearen Term liefert, muß für die Umrechnung auf den mittleren praktischen Aktivitätskoeffizienten γ Gl. (208a) berücksichtigt werden. Es folgt nämlich durch Entwicklung von Gl. (208a) bzw. (214) bei Vernachlässigung aller Terme, die höhere Potenzen als m enthalten, für ein-einwertige Elektrolyte ($z_+ = 1$, $z_- = -1$, $\nu = 2$, $I = m$):

$$\ln \gamma = \ln f - 2\,M_1\,m\,, \qquad (7.216\,\text{a})$$

$$\ln f = -\,a\,m^{\frac{1}{2}} + a\,b\,d\,m\,, \qquad (7.216\,\text{b})$$

worin z. B. für wäßrige Lösungen bei Zimmertemperatur a und bd von der Größenordnung 1 sind und $2\,M_1$ den Wert 0,036 hat, so daß Fortlassen des letzten Terms in Gl. (216a) für den Koeffizienten von m einen Fehler von mehreren Prozent bedingt.

Für sehr kleine Werte von m reduziert sich Gl. (214) wieder auf das DEBYE-HÜCKELsche Grenzgesetz (199a), wie es sein muß. Werden die verschiedenen Größen in (214) und (215) in denselben Einheiten wie auf S. 536 gemessen, so resultiert d in cm.

Gl. (214) gibt bis zu Konzentrationen in der Nähe von $I = 0,1\ [\text{mol kgr}^{-1}]$ bei wäßrigen Lösungen die experimentellen Daten im allgemeinen befriedigend wieder, wenn man für d empirische Werte einsetzt, die nicht immer physikalisch plausibel sind. Daher wird vielfach anstelle von bd ein rein empirischer Parameter B eingeführt, in den zugleich der Einfluß des Umrechnungsterms von f auf γ einbezogen wird, so daß wir für den mittleren praktischen Aktivitätskoeffizienten schreiben können:

$$\ln \gamma = \frac{a\,z_+\,z_-\,I^{\frac{1}{2}}}{1 + B\,I^{\frac{1}{2}}}. \qquad (7.217)$$

Eine von GÜNTELBERG[1] vorgeschlagene Beziehung folgt formal aus Gl. (217) mit $B = 1\ \left[\text{kgr}^{\frac{1}{2}}\,\text{mol}^{-\frac{1}{2}}\right]$:

$$\ln \gamma = \frac{a\,z_+\,z_-\,I^{\frac{1}{2}}}{1 + I^{\frac{1}{2}}}. \qquad (7.218)$$

Dieser Ausdruck, der keinen freien Parameter enthält, gibt bis zu Konzentrationen von $I = 0,1\ [\text{mol kgr}^{-1}]$ das Verhalten vieler Elektrolyte in Wasser näherungsweise wieder und ist darin dem DEBYE-HÜCKELschen Grenzgesetz überlegen. Für eine Abschätzung der thermodynamischen Eigenschaften von verdünnten Elektrolytlösungen ohne Kenntnis experimenteller Daten leistet daher Gl. (218) gute Dienste.

---

[1] GÜNTELBERG, E.: Z. physik. Chem. **123**, 199 (1926).

Für Wasser als Lösungsmittel können die experimentellen Daten bis
zu einer Konzentration von etwa $I = 1$ [mol kgr^{-1}] durch die Formel

$$\ln \gamma = \frac{a\,z_+ z_-\, I^{\frac{1}{2}}}{1 + B I^{\frac{1}{2}}} + \beta I \qquad (7.219)$$

mit den beiden empirischen Parametern B und β dargestellt werden.
Einen Ausdruck dieses Typs leitete aus theoretischen Betrachtungen bereits HÜCKEL[1] ab. Man erkennt bei Vergleich mit Gl. (187), daß der in I
lineare Term nicht nur als Korrektur für die verschiedenen Näherungen
in der ursprünglichen statistischen Theorie der elektrostatischen Wechselwirkungen aufzufassen ist, sondern auch alle Effekte summarisch berücksichtigt, die schon bei ungeladenen Teilchenarten bei hoher Verdünnung

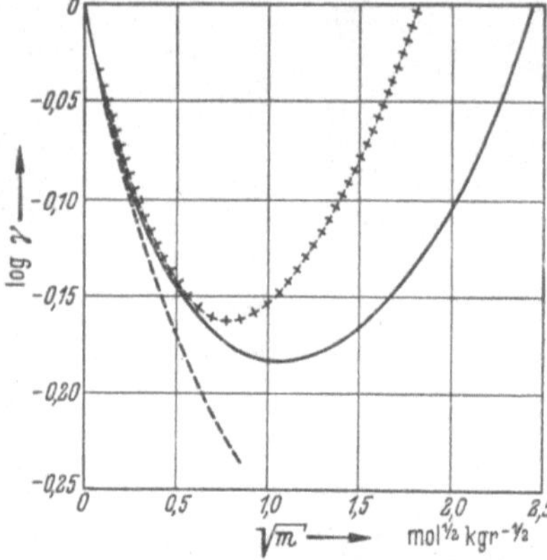

einen zu m proportionalen Term
liefern.

Aus Gl. (219) ergeben sich
mehrere andere empirische Ausdrücke als Sonderfälle. So folgt
mit $\beta = 0$ Gl. (217), mit $B = 1$,
$\beta = 0$ Gl. (218), mit $B = 0$ eine
Formel von BRÖNSTED[2] und mit
$B = 1$ eine Beziehung von GUG-
GENHEIM[3]:

$$\ln \gamma = \frac{a\,z_+ z_-\, I^{\frac{1}{2}}}{1 + I^{\frac{1}{2}}} + \beta I . \qquad (7.220)$$

Abb. 60. Mittlere praktische Aktivitätskoeffizienten γ [kgr mol^{-1}] in Abhängigkeit von der
Molarität m [mol kgr^{-1}] für wäßrige Natrium-
chloridlösungen bei 25°C. ——— experimentelle
Werte nach Tab. 22; — — — nach der GÜNTEL-
BERGschen Formel (218) berechnete Werte; $+\,+\,+$
nach der DAVIESschen Formel (220)—(221) berechnete Werte

Diese Gleichung ist bei wäßrigen
Lösungen bis etwa $I = 0,1$
[mol kgr^{-1}] recht genau gültig.
Ein Beispiel hierfür bietet
Gl. (180) in § 99.

Für Zwecke einer Abschät-
zung von Aktivitätskoeffizienten

ohne Kenntnis experimenteller Daten für Konzentrationen, bei denen
die GÜNTELBERGsche Formel (218) versagt, hat DAVIES[4] die GUGGEN-
HEIMsche Beziehung in einen Ausdruck ohne freie Parameter abgewandelt.
Er setzt an:

$$\frac{\beta}{\ln 10} = -\,0,1\,z_+ z_- \,[\text{kgr mol}^{-1}] . \qquad (7.221)$$

Die Brauchbarkeit der Ansätze von GÜNTELBERG und DAVIES ist in
Abb. 60 an einem Beispiel gezeigt.

[1] HÜCKEL, E.: Physik. Z. **26**, 93 (1925).
[2] BRÖNSTED, J. N.: J. Amer. Chem. Soc. **44, 938** (1922).
[3] GUGGENHEIM, E. A.: Phil. Mag. **19**, 588 (1935).
[4] DAVIES, C. W.: J. Chem. Soc. [London] **1938**, 2093.

In Tabelle 22 findet man für wäßrige Lösungen von Natriumchlorid bei 25°C einen Vergleich zwischen experimentell bestimmten Aktivitätskoeffizienten und Werten, die berechnet sind nach dem DEBYE-

Tabelle 22

Mittlere rationelle bzw. praktische Aktivitätskoeffizienten f bzw. γ [kgr mol^{-1}] als Funktionen der Molarität m [mol kgr^{-1}] bzw. der molaren Volumenkonzentrationen c [mol l^{-1}] für wäßrige Lösungen von Natriumchlorid bei 25°C nach ROBINSON und STOKES[1].

d-Werte in Å (1 Å $= 10^{-8}$ cm). Werte der Parameter in Gl. (222): $B' = 1{,}315 \left(\dfrac{l}{mol}\right)^{\frac{1}{2}}$, $\beta' = 0{,}055\,\dfrac{l}{mol}$

m	c	gemessen		$-\log f$ (berechnet)			
		$-\log \gamma$	$-\log f$	Gl. (205)	Gl. (214)–(215) $d = 4{,}8$	Gl. (214)–(215) $d = 4{,}0$	Gl. (222)
0,001	0,000997	0,0155	0,0155	0,0161	0,0153	0,0155	0,0155
0,002	0,001994	0,0214	0,0214	0,0227	0,0212	0,0214	0,0213
0,005	0,004985	0,0328	0,0327	0,0359	0,0323	0,0328	0,0325
0,01	0,009969	0,0447	0,0446	0,0508	0,0439	0,0449	0,0444
0,02	0,01993	0,0602	0,0599	0,0719	0,0588	0,0606	0,0595
0,05	0,04981	0,0866	0,0859	0,1137	0,0841	0,0879	0,0852
0,1	0,09953	0,1088	0,1072	0,1607	0,1073	0,1136	0,1081
0,2	0,1987	0,1339	0,1308	0,2270	0,1333	0,1431	0,1322
0,5	0,4940	0,1668	0,1593	0,3579	0,1697	0,1860	0,1588
1,0	0,9788	0,1825	0,1671	0,5038	0,1967	0,2189	0,1651
2,0	1,921	0,1755	0,1453	0,7058	0,2215	0,2500	0,1444
4,0	3,696	0,1061	0,0477	0,9787	0,2427	0,2774	0,0741
6,0	5,305	0,0060	$-$0,0789	1,1727	0,2531	0,2911	$-$0,0009

HÜCKELschen Grenzgesetz (205) bzw. nach der DEBYE-HÜCKELschen Beziehung (214) mit zwei verschiedenen Werten für den effektiven Ionendurchmesser d bzw. nach der Gl. (219) entsprechenden Formel

$$\log f = -\frac{A' c^{\frac{1}{2}}}{1 + B' c^{\frac{1}{2}}} + \beta' c \tag{7.222}$$

mit den beiden empirischen Parametern B' und β' [A' ist derselbe Wert wie in Gl. (205), da für NaCl gilt: $z_+ = 1$, $z_- = -1$, $\Gamma = c$]. Man sieht deutlich den verschiedenen Gültigkeitsbereich der betreffenden Ausdrücke und erkennt nebenbei, wie sehr f und γ bzw. c und m bei höheren Konzentrationen voneinander abweichen.

Die molekularstatistische Behandlung der thermodynamischen Eigenschaften von Elektrolytlösungen ist seit DEBYE und HÜCKEL in so großem Umfange revi-

---

[1] ROBINSON, R. A., u. R. H. STOKES: s. Fußnote 1 S. 540.

diert, abgeändert und ergänzt worden, daß es hier unmöglich ist, die Arbeiten über dieses Gebiet auch nur aufzuzählen.

Wir begnügen uns daher mit dem Hinweis auf moderne Monographien [1,2] und zusammenfassende Artikel [3-6].

Es seien schließlich noch hochmolekulare Elektrolytlösungen kurz erwähnt[7]. Der allmähliche Übergang von niedrigmolekularen zu hochmolekularen Lösungen wird in Abb. 61 deutlich. Dort sind die Aktivi-

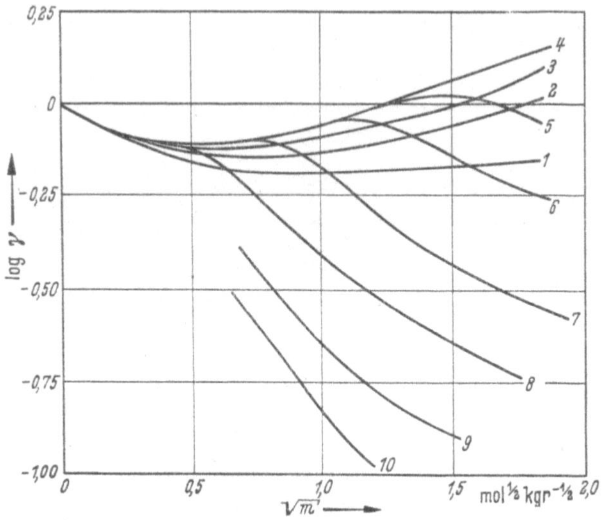

Abb. 61. Mittlere praktische Aktivitätskoeffizienten γ [kgr mol^{-1}] in Abhängigkeit von der Molarität m [mol kgr^{-1}] für wäßrige Lösungen von Natriumsalzen der Mcnocarbonsäuren bei 25° C: Ameisensäure (1), Essigsäure (2), Propionsäure (3), Buttersäure (4), Valeriansäure (5), Capronsäure (6), Önanthsäure (7), Caprylsäure (8), Pelargonsäure (9), Caprinsäure (10). Nach SMITH und ROBINSON[8] in der Darstellung von HARNED und OWEN[9]

tätskoeffizienten für wäßrige Lösungen von Natriumsalzen der Monocarbonsäuren mit Kohlenstoffatomzahlen zwischen C_1 und C_{10} aufgetragen. Vom Salz der Valeriansäure (C_5) an zeigen die Kurven mit zunehmender Kohlenstoffatomzahl in steigendem Maße Abweichungen vom normalen Verhalten (vgl. z. B. Abb. 57, S. 540). Bei den Salzen der höheren Carbonsäuren, die zu hochpolymeren Elektrolyten („Polyelek-

[1] FALKENHAGEN, H.: Elektrolyte, 2. Aufl., Leipzig 1953.

[2] ROBINSON, R. A., u. R. H. STOKES: s. Fußnote 1 S. 540.

[3] FRANK, H. S., u. M.-S. TSAO: Ann. Rev. Phys. Chem. 5, 43 (1954).

[4] KRAUS, C. A.: J. Phys. Chem. 58, 673 (1954).

[5] EIGEN, M., u. E. WICKE: J. Phys. Chem. 58, 702 (1954).

[6] REDLICH, O., u. A. C. JONES: Ann. Rev. Phys. Chem. 6, 71 (1955).

[7] Vgl. P. DEBYE: Ann. N. Y. Acad. Sci. 51, 575 (1949).

[8] SMITH, E. R. B., u. R. A. ROBINSON: Trans. Faraday Soc. 38, 70 (1942).

[9] HARNED, H. S., u. B. B. OWEN: The Physical Chemistry of Electrolytic Solutions, New York 1950.

trolyten") hinüberleiten, pflegt man die Eigenschaften in konzentrierten Lösungen mit der Ausbildung von „Micellen" zu erklären.

Gewisse weitere Fragen, die mit Elektrolytlösungen zusammenhängen, können im Rahmen dieser kurzen Darstellung nicht behandelt werden. Es seien z. B. das Problem des p_H-Begriffs[1] sowie die Frage der Phasengrenzpotentiale[2] genannt.

8. Kapitel

Mischkristalle

§ 101. Einleitung

Ein „Mischkristall" ist eine feste (kristalline) Phase, die zwei oder mehr Komponenten in variablen Mengen enthält.

Man unterscheidet folgende Typen von Mischkristallen:

a) „Substitutionsmischkristalle": Teilchenarten verschiedener Komponenten vertreten (substituieren) einander auf den normalen Gitterplätzen des Kristalls (Beispiel: Kupfer–Gold).

b) „Einlagerungsmischkristalle": In ein gegebenes Kristallgitter werden fremde Teilchenarten eingelagert, die den Raum zwischen den Gitterplätzen bzw. bestimmte Zwischengitterplätze besetzen (Beispiel: Palladium–Wasserstoff).

c) Mischkristalle, die durch das Auftreten von unbesetzten Gitterplätzen („Leerstellen") bei einer annähernd stöchiometrisch zusammengesetzten kristallinen Verbindung zustande kommen und somit einem gewissen Schwankungsbereich in der Zusammensetzung der Verbindung entsprechen (Beispiel: FeO mit Überschuß an O infolge von Leerstellen im Fe-Teilgitter).

Es kommen auch kombinierte Typen vor. So wird z. B. bei Ionenmischkristallen, die aus zwei Komponenten mit gemeinsamen Anionen bestehen, die Substitution einer Kationenart durch eine zweite, anders geladene Kationensorte auf den Gitterplätzen dadurch ermöglicht, daß entweder Leerstellen im Teilgitter der Kationen (Beispiel: $LiCl–MgCl_2$) bzw. im Teilgitter der Anionen (Beispiel: $CeO_2–La_2O_3$) entstehen oder daß Zwischengitterplätze von den Anionen (Beispiel: $CaF_2–YF_3$) bzw. von den Kationen (Beispiel: $ZrO_2–MgO$) besetzt werden[3].

---

[1] Vgl. K. Cruse: Theoretische Grundlagen der p_H-Messung, in: Houben-Weyl: Methoden der Organischen Chemie, 4. Aufl., 1955.

[2] Vgl. K. F. Bonhoeffer: Angew. Chem. **67**, 1 (1955).

[3] Näheres bei W. Jost: s. Fußnote 3 S. 182.

Die Struktur der Mischkristalle ist weitgehend durch Röntgenanalysen, Untersuchungen der Transporterscheinungen[1] und Ergebnisse der Statistischen Mechanik[2] aufgeklärt worden. Wir können jedoch hierauf nicht näher eingehen.

Die Bedingungen für die Existenz von Mischphasen sind bei Kristallen viel schärfer als bei Flüssigkeiten. So müssen z.B. bei binären Substitutionsmischkristallen die beiden Komponenten annähernd gleiche Teilchengrößen aufweisen, damit sie sich gegenseitig auf den Gitterplätzen vertreten können. Daher sind viele Mischkristalle nur in einem beschränkten Konzentrationsbereich existenzfähig. Das Phänomen der Entmischung, das wir in § 79 allgemein behandelt haben, spielt also hier eine große Rolle. Als Beispiel für ein experimentell untersuchtes Entmischungsdiagramm zeigen wir in Abb. 62 die isobare Mischungslücke beim festen System Gold—Platin. Da der Einfluß des Druckes auf die thermodynamischen Eigenschaften von Kristallen gering ist, brauchen wir den Druck in Zukunft nicht näher zu spezifizieren. Bei experimentell ermittelten Diagrammen ist stillschweigend Atmosphärendruck vorausgesetzt.

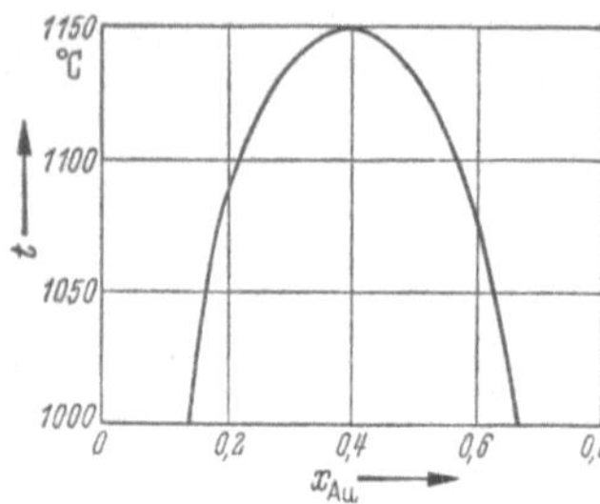

Abb. 62. Entmischungsdiagramm für das feste System Gold (Au)—Platin (Pt) nach SCATCHARD und HAMER[4]

Als systematische Untersuchungsmethoden für das thermodynamische Verhalten von Mischkristallen kommen EMK-Messungen an Konzentrationsketten mit festen Mischphasen als Elektroden (§ 68) und Dampfdruckmessungen (§ 69) in Frage. Das erste Verfahren ist auf metallische Mischkristalle beschränkt und setzt reproduzierbare Eigenschaften der Elektroden und nicht allzu langsame Gleichgewichtseinstellung voraus[3]. Die zweite Methode ist nur bei Temperaturen anwendbar, bei denen ein meßbarer Dampfdruck auftritt. Daher ist die Zahl der auf diesem Wege erhaltenen zuverlässigen Messungen sehr gering. Praktisch leichter durchführbar ist die Ermittlung und Auswertung[4] von Schmelzdiagrammen (vgl. § 103). Doch gehört in diesem Falle zu jeder Temperatur nur *eine* Konzentration des Mischkristalles und *eine* Konzentration der koexistenten flüssigen Mischung, so daß eine eindeutige Ableitung des Konzentrations- und Temperaturverlaufs der thermodynamischen Funktionen aus solchen Messungen nicht möglich ist. Aus ähnlichen Gründen stellt auch

[1] Näheres bei W. JOST: s. Fußnote 3 S. 182.
[2] Vgl. R. H. FOWLER u. E. A. GUGGENHEIM: s. Fußnote 1 S. 3.
[3] Vgl. hierzu C. WAGNER u. G. ENGELHARDT: s. Fußnote 4 S. 323.
[4] Vgl. G. SCATCHARD u. W. J. HAMER: J. Amer. Chem. Soc. 57, 1805, 1809 (1935).

die Analyse von Entmischungsdiagrammen[1] kein sicheres Verfahren zur
Bestimmung der thermodynamischen Eigenschaften von Mischkristallen dar. Dagegen kommen in gewissen Spezialfällen Ermittlungen von
heterogenen chemischen Gleichgewichten (§ 73) in Betracht[2].

§ 102. Ideale und nichtideale Mischkristalle

Der thermodynamisch einfachste Fall ist der eines „idealen Mischkristalles", d.h. einer kristallinen Mischphase, die den Ansatz (5.114) in
§ 74 befolgt. Von binären Systemen, die ideale Mischkristalle bilden, seien
genannt: Chlorbenzol–Brombenzol, p-Dibrombenzol–p-Chlorbrombenzol, Stickstoff–Kohlenoxyd (vgl. Abb. 63, S. 552) und (annähernd) Kupfer–Nickel.

Das einfachste molekularstatistische Modell eines Mischkristalls setzt für die
reinen Komponenten Gitter ohne „Fehlordnung", d.h. ohne Leerstellen und ohne
Besetzung von Zwischengitterplätzen, und für die Mischungen regellose Verteilung
der verschiedenen Teilchensorten über alle normalen Gitterplätze voraus. Sind
außerdem die Teilchenarten einander so ähnlich, daß Energie und Volumen unabhängig von der Zusammensetzung des Mischkristalls sind, so führt die Statistische
Mechanik auf den Ansatz (5.114). Dann haben wir einen idealen Mischkristall
vor uns.

Quantitative Untersuchungen über nichtideale Mischkristalle liegen
vor allem bei binären metallischen Systemen („Legierungen") vor. Solche
Mischungen lassen sich durch den Ansatz (6.1) in § 81 beschreiben, wobei im
Rahmen der derzeitigen Meßgenauigkeit zwei Parameter ausreichend sind.

Von den wenigen exakten Messungen seien diejenigen von SCATCHARD
und WESTLUND[3] am System Silber–Zink genannt. Diese Autoren ermittelten durch optische Absorptionsmessungen an einer Resonanzlinie des
Zinks im Existenzgebiet der α-Legierungen (0 bis 30 Molprozent Zn) für
mehrere Temperaturen (Intervall etwa 850°K bis 1200°K) den Dampfdruck des Zinks. Ähnliche Messungen waren vorher von HERBENAR,
SIEBERT und DUFFENDACK[4] am System Kupfer–Zink (α-Messing) durchgeführt worden. Nach SCATCHARD und WESTLUND kann bei beiden Systemen die molare Freie Zusatzenthalpie $\bar{G}^E$ als Funktion der Temperatur
T und des Molenbruches x des Zinks durch einen zweiparametrigen
Ausdruck der Form (6.1) dargestellt werden[5]:

$$\bar{G}^E = x(1-x)[A + B(2x-1)], \qquad (8.1)$$

wobei für die Parameter A und B gilt:

$$A = a + \alpha T, \quad B = b. \qquad (8.2)$$

---

[1] Vgl. z. B. G. SCATCHARD u. W. J. HAMER: s. Fußnote 4 S. 548.

[2] Vgl. z. B. C. WAGNER: s. Fußnote 1 S. 448.

[3] SCATCHARD, G., u. R. A. WESTLUND JR.: J. Amer. Chem. Soc. 75, 4189 (1953).

[4] HERBENAR, A., C. A. SIEBERT u. O. S. DUFFENDACK: J. Metals 188, 323 (1950).

[5] Über die Definition der Zusatzgrößen s. Gl. (5.272) in § 79.

Hierin sind a, α und b für das jeweilige System charakteristische Konstanten. Für die molare Zusatzentropie $\bar{S}^E$ bzw. molare Zusatzenthalpie (Mischungswärme) $\bar{H}^E$ folgt hieraus mit Gl. (6.3) bis (6.7):

$$\bar{S}^E = - x\,(1 - x)\,\alpha\,, \tag{8.3}$$

$$\bar{H}^E = x\,(1 - x)\,[a + b\,(2\,x - 1)]\,. \tag{8.4}$$

Die Werte der Konstanten für die beiden genannten Systeme sind:

Silber–Zink: $a = -3830$ cal mol^{-1}, $\alpha = -15{,}10$ cal mol^{-1} grad^{-1},
             $b = 7980$ cal mol^{-1}.

Kupfer–Zink: $a = 553{,}7$ cal mol^{-1}, $\alpha = -1{,}753$ cal mol^{-1} grad^{-1},
             $b = -11645$ cal mol^{-1}.

Man erkennt, daß $\bar{S}^E$ positiv und im Falle des Systems Silber–Zink ungewöhnlich groß ist (Maximalwert: $3{,}775$ cal mol^{-1} grad^{-1}, d.h. mehr als doppelt so groß wie der Maximalwert des Idealwertes der molaren Mischungsentropie, vgl. Abb. 42, S. 449). Nach einer Abschätzung von SCATCHARD und WESTLUND bleibt dieser hohe Wert der Zusatzentropie auch bei flüssigen Silber–Zink-Mischungen erhalten.

In den meisten Fällen hat man keine so detaillierte Kenntnis von den thermodynamischen Funktionen bei Mischkristallen. Man wird dann — soweit es sich um binäre unpolare Kristalle handelt — als erste Näherung den PORTERSchen Ansatz (vgl. § 81) zugrunde legen, d.h. Gl. (1) mit $B = 0$ verwenden und für die Temperaturabhängigkeit des Parameters A den einfachen Ansatz (2) voraussetzen:

$$\bar{G}^E = A\,x\,(1 - x)\,, \tag{8.5}$$

$$A = a + \alpha\,T\,. \tag{8.6}$$

Die entsprechenden Ausdrücke für die Aktivitätskoeffizienten f_1 und f_2 lauten gemäß Gl. (6.2) oder (6.24):

$$\ln f_1 = \frac{A}{R\,T}\,(1 - x)^2\,, \tag{8.7a}$$

$$\ln f_2 = \frac{A}{R\,T}\,x^2\,, \tag{8.7b}$$

worin R die Gaskonstante und x den Molenbruch der Komponente 1 bedeutet. Für die molare Zusatzentropie $\bar{S}^E$ bzw. molare Zusatzenthalpie $\bar{H}^E$ gilt nach Gl. (3) und (4) in unserem Falle ($b = 0$):

$$\bar{S}^E = -\alpha\,x\,(1 - x)\,, \tag{8.8}$$

$$\bar{H}^E = a\,x\,(1 - x)\,. \tag{8.9}$$

Ein in der älteren Literatur viel benutzter Ansatz entspricht den obigen Beziehungen mit $\alpha = 0$, $\bar{S}^E = 0$ („reguläre Mischung", Ansatz von HERZFELD und HEITLER, vgl. § 81). Ein solcher Mischungstyp scheint indessen auch bei Mischkristallen nicht zu existieren[1].

Bei Gleichgewichten zwischen binären Mischkristallen und binären flüssigen Mischungen ist es angebracht, den PORTERschen Ansatz auch für die Flüssigkeit (Phase ′) zu verwenden. Wir erhalten dann, in Analogie zu Gl. (7):

$$\ln f_1' = \frac{A'}{RT}\,(1 - x')^2, \tag{8.10 a}$$

$$\ln f_2' = \frac{A'}{RT}\,x'^{\,2}, \tag{8.10 b}$$

wobei wir wiederum, entsprechend der Beziehung (6), ansetzen:

$$A' = a' + \alpha'\,T. \tag{8.11}$$

Hierin sind a' und α' für die flüssige Mischung charakteristische Konstanten.

Die Gleichungen (7) und (10) sind mit den bereits in § 80 benutzten Beziehungen (5.337) identisch.

§ 103. Schmelzdiagramme

Wenn die beiden Komponenten eines binären Systems eine kontinuierliche Reihe von Mischkristallen bilden und in der Flüssigkeit ebenfalls keine Mischungslücke auftritt, beobachtet man drei Typen von Schmelzdiagrammen:

a) Diagramme ohne stationären Punkt (Beispiele: Stickstoff–Kohlenoxyd, Abb. 63, und Silber–Gold, Abb. 64),

b) Diagramme mit Schmelzpunktsminimum (Beispiele: Brombenzol–Jodbenzol, Abb. 65, und Kupfer–Gold, Abb. 66),

c) Diagramme mit Schmelzpunktsmaximum (Beispiel: d-Karvoxim–l-Karvoxim, Abb. 67).

Das System d-Karvoxim–l-Karvoxim (Abb. 67) bietet ein Beispiel für ein Schmelzdiagramm mit vollständiger Symmetrie. Symmetrische Zustandsdiagramme findet man immer bei optischen Antipoden, auch wenn diese keine Mischkristalle bilden (vgl. Abb. 32, S. 427). Gemische aus optischen Antipoden sind der Prototyp für ideale Mischungen. Bestände also der Mischkristall aus regellos über die Gitterplätze verteilten Teilchenarten der Sorten 1 (d-Karvoxim) und 2 (l-Karvoxim) und die flüssige Mischung aus denselben Teilchenarten ohne jede Neigung zur Verbindungs-

---

[1] Schon die EMK-Messungen von WAGNER u. ENGELHARDT: s. Fußnote 4 S. 323, an den festen Legierungen Silber–Gold und Kupfer–Gold zeigen deutlich, daß — bei näherungsweiser Gültigkeit des Ansatzes (7) — der Parameter A temperaturabhängig ist.

bildung, so läge in jeder der beiden Phasen ein binäres ideales Gemisch mit zwei Teilchensorten vor, so daß ein stationärer Punkt auf der Schmelzpunktskurve unmöglich wäre (§ 80) und ein Diagramm mit horizontaler Schmelzpunktskurve resultieren würde (vgl. unten). Es muß daher Bildung einer Additionsverbindung („Racemat") in der flüssigen Phase oder geordnete Struktur im Kristall oder beides gefordert werden. Es ist jedoch nicht zu erwarten, daß bei der Zusammensetzung des Maximums ein undissoziiertes Racemat in der Flüssigkeit bzw. ein Molekülgitter des Racemats in

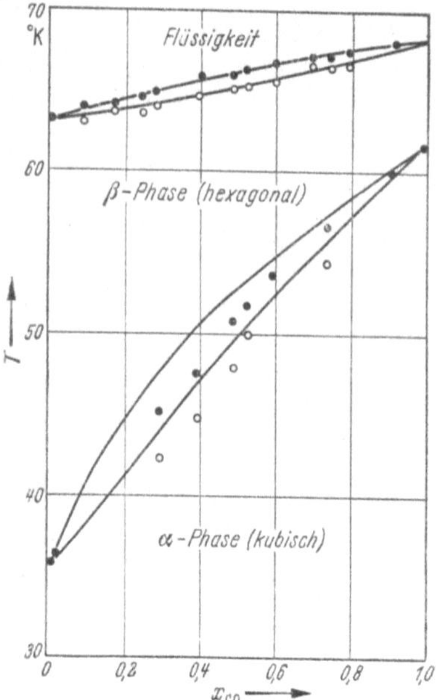

Abb. 63. Schmelzdiagramm und Umwandlungsdiagramm für das System Stickstoff (N_2)–Kohlenoxyd (CO) nach HILDEBRAND und SCOTT[1]. Obere Kurven: ● Meßpunkte der Liquiduskurve; ○ Meßpunkte der Soliduskurve. Untere Kurven: ● Meßpunkte für die eine Umwandlungskurve; ○ Meßpunkte für die andere Umwandlungskurve

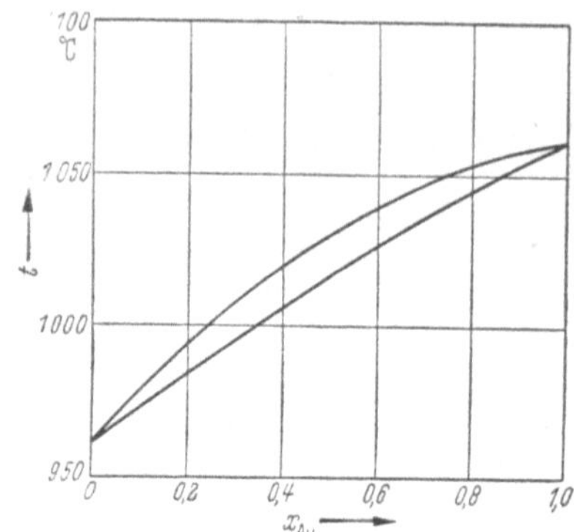

Abb. 64. Schmelzdiagramm für das System Silber (Ag)–Gold (Au) nach HILDEBRAND und SCOTT[1]

der festen Phase vorliegt; denn in diesem Falle würde die Additionsverbindung eine neue (dritte) Komponente darstellen, so daß anstelle des stationären Punktes (des Maximums mit horizontaler Tangente) eine Spitze auftreten müßte (vgl. § 47 und § 80). Wenn auch sonst eine experimentelle Entscheidung zwischen einem steilen Maximum und einer Spitze kaum möglich ist, scheint hier (Abb. 67) doch eindeutig ein stationärer Punkt vorzuliegen.

Wenn wir demnach ein Schmelzdiagramm mit Maximum — „ROOZEBOOM II-Typ" — bei der Zusammensetzung einer möglichen Additionsverbindung finden, lautet die generelle Deutung: In der flüssigen Phase liegt ein Dissoziationsgleichgewicht zwischen der Additionsverbindung und den Komponenten vor, während der Kristall, falls es sich um ein Molekülgitter handelt, eine mehr oder weniger geordnete Mischphase darstellt, in der zwei Molekelarten mehr oder weniger regelmäßig über die Gitterplätze verteilt sind.

Es gibt indessen auch Systeme, bei denen das Schmelzpunktsmaximum keineswegs der Zusammensetzung einer möglichen Additionsverbindung entspricht. Als

[1] HILDEBRAND, J. H., u. R. L. SCOTT: The Solubility of Nonelectrolytes, 3. Aufl. New York 1950.

Beispiele seien genannt: Blei—Thallium, Wismut—Thallium, Phenol—Cyclohexanol und 1, 2, 4, 6-Tribromtoluol—1, 2, 3, 5-Tribromtoluol. In diesen Fällen hat der stationäre Punkt niehts mit Verbindungsbildung zu tun (vgl. auch § 80 und Abb.65 und 66). Damit dürften die Zweifel über die Existenz des „ROOZEBOOM II-Typs" im allgemeinen und über die Interpretation des Diagramms in Abb.67 im besonderen beseitigt sein[1].

Ein Beispiel dafür, daß eine Verbindung als neue Komponente auftritt und so zu einem Kniek in den Sehmelzpunktskurven (allerdings ohne Maximum) führt,

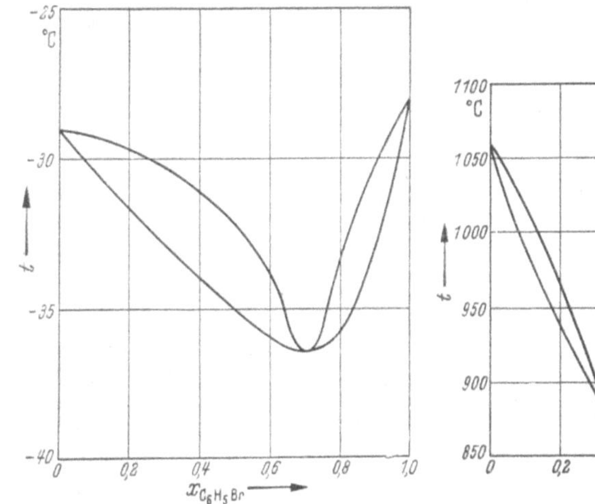

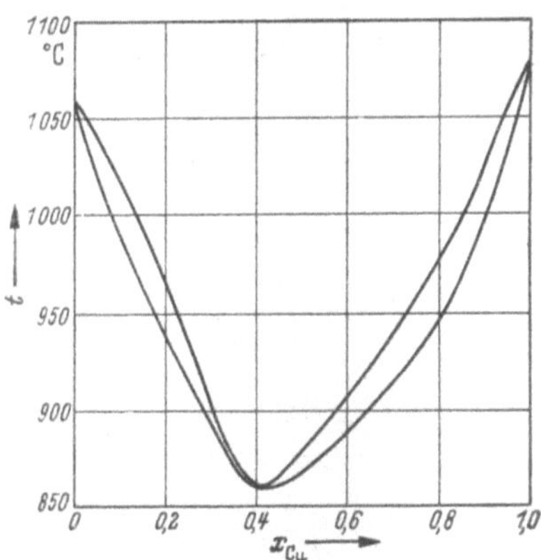

Abb.65. Schmelzdiagramm für das System Jodbenzol (C₆H₅I)—Brombenzol (C₆H₅Br) nach TIMMERMANS[2]

Abb.66. Schmelzdiagramm für das System Gold (Au)—Kupfer (Cu) nach HILDEBRAND und SCOTT[3]

zeigen wir in Abb.68: Das Diagramm läßt sich in zwei Teildiagramme aufspalten, von denen das eine für das System Brom—Jodmonobromid und das andere für das System Jodmonobromid—Jod gilt.

Komplikationen in den Schmelzdiagrammen können durch Mischungslücken in der festen Phase oder in beiden Phasen oder durch Verbindungsbildung auftreten. Wir zeigen in Abb.69 und Abb.70 je einen Typ von Schmelzdiagrammen mit Entmischung in der festen Phase. In Abb. 69 ist das gewöhnliche Schmelzdiagramm vom Typ der Abb. 63 oder 64 durch eine Mischungslücke unterbrochen, so daß bei 60°C zwei binäre Mischkristalle und eine binäre Flüssigkeit koexistieren („peritektischer Punkt"). Abb.70 leitet zu den Schmelzdiagrammen mit eutektischem Punkt ohne Mischkristallbildung über (vgl. Abb.12, S. 202). Hier koexistieren bei 25°C zwei Mischkristalle und eine flüssige Mischung,

---

[1] Vgl. J. TIMMERMANS: Nature [London] **154**, 23 (1944). — J. H. HILDEBRAND u. R. L. SCOTT: s. Fußnote 1 S. 552.

[2] TIMMERMANS, J.: Les Solutions concentrées. Paris 1936.

[3] HILDEBRAND, J. H., u. R. L. SCOTT: s. Fußnote 1 S. 552.

deren Zusammensetzung jetzt aber zwischen den Zusammensetzungen der beiden festen Phasen liegt („eutektischer Punkt").

Die allgemeine Beziehung für das isobare Gleichgewicht zwischen einem binären Mischkristall (der ungestrichenen Phase) und einer binären Flüssigkeit (der

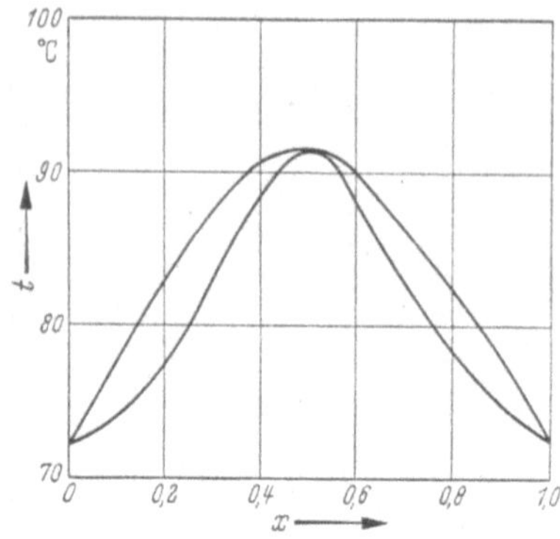

Abb. 67. Schmelzdiagramm für das System d-Karvoxim—l-Karvoxim $E(C_{10}H_{14}NOH)$ nach TIMMERMANS[1]

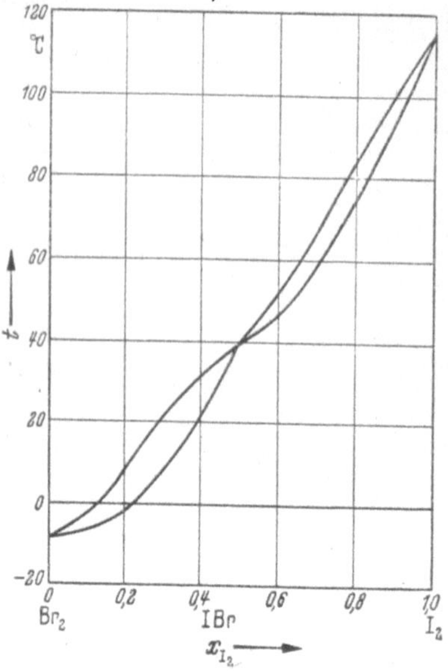

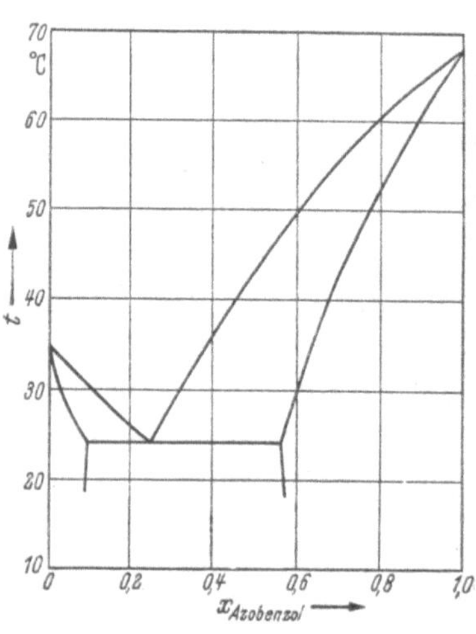

Abb. 68. Schmelzdiagramm für das System Brom (Br$_2$)—Jod (I$_2$) nach HILDEBRAND und SCOTT[2]

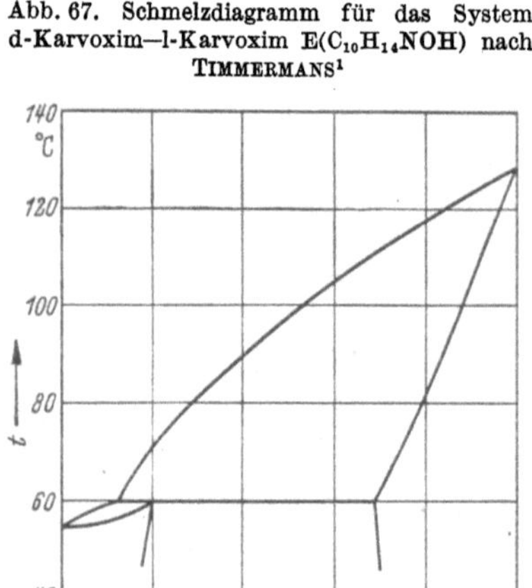

Abb. 69. Schmelzdiagramm für das System p-Chlorjodbenzol—p-Dijodbenzol nach HILDEBRAND und SCOTT[2]

Abb. 70. Schmelzdiagramm für das System Azoxybenzol—Azobenzol nach HILDEBRAND und SCOTT[2]

---

[1] TIMMERMANS, J.: s. Fußnote 2 S. 553.

[2] HILDEBRAND, J. H., u. R. L. SCOTT: The Solubility of Nonelectrolytes, 3. Aufl. New York 1950.

gestrichenen Phase) bei Vorhandensein von zwei Teilchenarten (1 und 2) lautet gemäß Gl. (5.333):

$$\ln \frac{x_1' f_1'}{x_1 f_1} = \int_{T_1}^{T} \frac{\Lambda_1}{R T^2}\, dT, \qquad (8.12\,\text{a})$$

$$\ln \frac{x_2' f_2'}{x_2 f_2} = \int_{T_2}^{T} \frac{\Lambda_2}{R T^2}\, dT, \qquad (8.12\,\text{b})$$

worin T_1 bzw. T_2 den Schmelzpunkt der reinen Komponente 1 bzw. 2 und Λ_1 bzw. Λ_2 die molare Schmelzwärme des (unterkühlten) reinen Stoffes 1 bzw. 2 bei der Temperatur T bedeutet. Der Einfachheit halber setzen wir Λ_1 und Λ_2 im betrachteten Temperaturbereich als konstant voraus:

$$\Lambda_1 = \Lambda_{01}, \qquad \Lambda_2 = \Lambda_{02}. \qquad (8.13)$$

Hierbei ist Λ_{01} bzw. Λ_{02} die molare Schmelzwärme der reinen Komponente 1 bzw. 2 bei der Temperatur T_1 bzw. T_2. Damit folgt:

$$\ln \frac{x_1' f_1'}{x_1 f_1} = \frac{\Lambda_{01}}{R} \left(\frac{1}{T_1} - \frac{1}{T} \right), \qquad (8.14\,\text{a})$$

$$\ln \frac{x_2' f_2'}{x_2 f_2} = \frac{\Lambda_{02}}{R} \left(\frac{1}{T_2} - \frac{1}{T} \right). \qquad (8.14\,\text{b})$$

Liegt sowohl in der festen Phase als auch in der Flüssigkeit eine ideale Mischung vor, so gilt nach Gl. (5.115):

$$f_1 = 1, \quad f_2 = 1, \quad f_1' = 1, \quad f_2' = 1. \qquad (8.15)$$

Wir erhalten für diesen einfachen Fall mit Hilfe der Identitäten

$$x_1 + x_2 = 1, \quad x_1' + x_2' = 1 \qquad (8.16)$$

folgende Beziehungen, die auf VAN LAAR zurückgehen[1]:

$$1 - x_1 = x_2 = \frac{e^{\lambda_1} - 1}{e^{(\lambda_1 - \lambda_2)} - 1}, \qquad (8.17\,\text{a})$$

$$1 - x_1' = x_2' = \frac{e^{\lambda_1} - 1}{e^{\lambda_1} - e^{\lambda_2}} \qquad (8.17\,\text{b})$$

mit den Abkürzungen

$$\lambda_1 \equiv - \frac{\Lambda_{01}}{R} \left(\frac{1}{T_1} - \frac{1}{T} \right), \qquad (8.18\,\text{a})$$

$$\lambda_2 \equiv - \frac{\Lambda_{02}}{R} \left(\frac{1}{T_2} - \frac{1}{T} \right). \qquad (8.18\,\text{b})$$

---

[1] Vgl. auch I. PRIGOGINE u. R. DEFAY: s. Fußnote 2 S. 80.

Gl. (17 a) bezieht sich auf die Soliduskurve, Gl. (17 b) auf die Liquiduskurve.

Das obere Kurvenpaar in Abb. 63 ist nach Gl. (17) berechnet. Die
Meßpunkte liegen ziemlich genau auf den theoretischen Kurven. Das
untere Kurvenpaar bezieht sich auf die Umwandlung der kubischen
α-Mischkristalle in die hexagonalen β-Mischkristalle. Hier koexistiert bei
jeder Temperatur (zwischen den beiden Umwandlungspunkten der reinen
Komponenten) ein binärer α-Mischkristall bestimmter Zusammensetzung
mit einem binären β-Mischkristall bestimmter Zusammensetzung. Gl. (14)
ist also anwendbar, wenn wir z. B. die β-Mischkristalle als ungestrichene
Phase und die α-Mischkristalle als Phase ′ bezeichnen, wobei dann T_1
bzw. T_2 die Umwandlungstemperatur des reinen Stoffes 1 bzw. 2 und
Λ_{01} bzw. Λ_{02} die molare Umwandlungswärme der reinen Komponente 1
bzw. 2 bedeutet. Führen wir auch hier die Berechnung mit Hilfe von
Gl. (17) durch, so erhalten wir das untere Kurvenpaar in Abb. 67, das die
Meßpunkte nicht mehr quantitativ, aber in den wesentlichen Zügen qualitativ richtig wiedergibt.

Ein besonders einfacher Fall liegt vor, wenn die beiden Komponenten
einer idealen Mischung einander so ähnlich sind, daß die Schmelzpunkte
und Schmelzwärmen der reinen Stoffe übereinstimmen. Aus Gl. (14) bis
(16) folgt dann:

$$x_1 = x_1', \quad x_2 = x_2'. \tag{8.19}$$

Die Solidus- und Liquiduskurve fallen zusammen und entarten zu
einer horizontalen Geraden. Beispiele hierfür sind die Systeme d-Cam-
pheroxim—l-Campheroxim und Dichloräthylacetamid—Chlorbromäthyl-
acetamid[1].

Bei nichtidealen unpolaren Mischungen wird man, wie in § 102 be-
sprochen, für die Aktivitätskoeffizienten f_1, f_2 bzw. f_1', f_2' die Ansätze (6)
und (7) bzw. (10) und (11) als erste Näherung zugrunde legen und in Gl. (14)
einsetzen. Schon diese einfachen Ansätze führen, wie in § 79 bzw. § 80
gezeigt wurde, unter bestimmten Bedingungen auf Entmischung in einer
der beiden Phasen oder auch in beiden Phasen bzw. auf Maxima oder
Minima in den Schmelzpunktskurven, so daß im Prinzip alle hier diskutierten Typen von Schmelzdiagrammen an Hand dieser Ansätze reprodu-
ziert werden können.

§ 104. Überstrukturen. Umwandlungen zweiter Ordnung

Mischkristalle können nicht nur mit Flüssigkeiten, sondern auch mit
anderen Mischkristallen im Gleichgewicht sein. Ein Beispiel lernten wir
bei der „Umwandlungskurve" für die hexagonalen und kubischen Misch-

---

[1] Vgl. J. TIMMERMANS: s. Fußnote 2 S. 553.

kristalle des Systems Stickstoff–Kohlenoxyd (Abb. 63) kennen. Während aber solche Umwandlungen den bekannten Phänomenen der „Allotropie" und „Polymorphie" entsprechen (vgl. § 45), gibt es, besonders bei Legierungen, Umwandlungstypen, die nicht notwendig mit einer Änderung des Kristallgittertyps verknüpft sind und die teilweise nicht einmal den Charakter von Phasenumwandlungen im bisher besprochenen Sinne haben. Es handelt sich um das Phänomen der „Überstruktur", das in neuerer Zeit durch die Entwicklung der Statistischen Mechanik eine gewisse Bedeutung erlangt hat[1]. Wir beginnen mit der Diskussion einiger einfacher Beispiele.

In einem Mischkristall, der aus Kupfer und Gold besteht und in seiner Zusammensetzung gerade der chemischen Formel der „Verbindung" Cu_3Au entspricht, sind die Kupfer- und Goldatome in einem kubisch-flächenzentrierten Gitter angeordnet. Hier sind hinsichtlich der Verteilung der beiden verschiedenen Teilchenarten auf die Gitterplätze zwei Extremfälle möglich:

1. Von den vier einfachen kubischen Teilgittern, in die man das kubisch-flächenzentrierte Gitter unterteilen kann, ist eines nur von Goldatomen besetzt, während die übrigen drei nur von Kupferatomen besetzt sind („vollständige Ordnung").

2. Alle Gitterplätze werden regellos von Kupfer- und Goldatomen im Verhältnis 3 : 1 eingenommen („völlige Unordnung" oder „regellose Verteilung").

Der erste Extremfall wird am absoluten Nullpunkt, der zweite bei hohen Temperaturen verwirklicht sein. Bei mittleren Temperaturen wird man einen Zwischenzustand („teilweise Ordnung") vor sich haben. Bei der Röntgenanalyse des Kristalls treten für den teilweise oder vollständig geordneten Zustand gegenüber dem ungeordneten Zustand zusätzliche Linien („Überstrukturlinien") auf, weil Gitterplätze, die bei regelloser Verteilung der Atome für die Reflexion der Röntgenstrahlen ununterscheidbar sind, bei geordneter Struktur sich unterschiedlich verhalten. Bei einer bestimmten Temperatur, der „Umwandlungstemperatur", verschwindet die Überstruktur, so daß bei allen höheren Temperaturen regellose Verteilung der Atome auf den Gitterplätzen vorliegt. Eine Änderung des Gittertyps ist hierbei nicht festzustellen. Die molekularstatistische Durchrechnung ergibt, daß bei der Umwandlungstemperatur die Freie Enthalpie G des Kristalls stetig bleibt, während die Entropie S, die Enthalpie H und das Volumen V einen Sprung aufweisen. Mit Hilfe von Gl. (1.241), (1.242)

---

[1] Vgl. hierzu W. L. Bragg u. E. J. Williams: Proc. Roy. Soc. [London] A 145, 699 (1934); A 151, 540 (1935). — F. C. Nix u. W. Shockley: Rev. Mod. Physics 10, 1 (1938). — R. H. Fowler u. E. A. Guggenheim: s. Fußnote 1 S. 3. — E. A. Guggenheim: s. Fußnote 4 S. 457.

und (1.245) können wir demnach für die Umwandlungstemperatur schreiben:

$$G:\ \text{stetig}, \qquad (8.20\,\text{a})$$

$$\frac{\partial G}{\partial T} = -\,S:\ \text{unstetig}, \qquad (8.20\,\text{b})$$

$$G - T\frac{\partial G}{\partial T} = H:\ \text{unstetig}, \qquad (8.20\,\text{c})$$

$$\frac{\partial G}{\partial P} = V:\ \text{unstetig}. \qquad (8.20\,\text{d})$$

Gemäß § 45 bedeuten diese Bedingungen nichts anderes als Koexistenz zweier Phasen bei der Umwandlungstemperatur unter dem jeweils vorgegebenen Druck. Der Sprung der Enthalpie H entspricht der Umwandlungswärme. Es handelt sich mithin um eine Phasenumwandlung im bisher besprochenen Sinne, bei der die ersten Differentialquotienten der Funktion $G(T, P)$ eine Diskontinuität zeigen („Umwandlung erster Ordnung"). Im Falle des oben betrachteten Systems müssen also zwei Kristalle desselben Gittertyps, aber mit endlich verschiedenen Ordnungsgraden, bei der Umwandlungstemperatur miteinander im Gleichgewicht sein: Es koexistieren eine teilweise geordnete kristalline Phase und eine ungeordnete kristalline Phase.

Auch Kupfer–Gold-Mischkristalle der Zusammensetzungen CuAu und $CuAu_3$ weisen nach der statistischen Theorie Umwandlungen erster Ordnung auf. Die experimentellen Untersuchungen über die Temperaturabhängigkeit der Enthalpie[1] und des Volumens[2] bei Kupfer–Gold-Systemen stehen qualitativ nicht in Widerspruch zu den Ergebnissen der Statistischen Mechanik, obwohl in quantitativer Hinsicht noch keine Übereinstimmung erzielt worden ist[3]. Die beobachteten Umwandlungstemperaturen[3] sind:

$$Cu_3Au:\ 664°\text{K}, \quad CuAu:\ 681°\text{K}, \quad CuAu_3:\ 516°\text{K}.$$

Die Umwandlungswärme für Cu_3Au beträgt[1]: $1{,}26 \pm 0{,}13$ cal gr^{-1}.

Stellt man eine kontinuierliche Reihe von Mischkristallen aus Kupfer und Gold her und bringt sie auf die jeweiligen Umwandlungstemperaturen, so muß man im Prinzip Koexistenzkurven mit zwei Ästen erhalten, die unterhalb der Soliduskurve (vgl. Abb. 66) im Zustandsgebiet der festen Phasen liegen. Diese Umwandlungskurven, die erst teilweise eindeutig festgelegt sind[4], weisen gegenüber dem Umwandlungsdiagramm des Systems Stickstoff–Kohlenoxyd (Abb. 63) erhebliche Komplikationen

---

[1] SYKES, C., u. F. W. JONES: Proc. Roy. Soc. [London] **A 157**, 213 (1936).

[2] NIX, F. C., u. D. McNAIR: Physic. Rev. **60**, 320 (1941).

[3] Vgl. E. A. GUGGENHEIM: s. Fußnote 4 S. 457.

[4] Vgl. M. HANSEN: Der Aufbau der Zweistofflegierungen, Berlin 1936.

auf, die mit den ausgezeichneten Zusammensetzungen Cu_3Au, $CuAu$ und $CuAu_3$ („Verbindungen") des Systems Kupfer–Gold zusammenhängen.

Ein ganz anderes Verhalten zeigt das System Kupfer–Zink. Betrachten wir der Einfachheit halber einen Mischkristall der Zusammensetzung $CuZn$, der ungefähr der Zusammensetzung von β-Messing entspricht. Hier liegt ein kubisch-raumzentriertes Gitter vor, so daß wir folgende Extremfälle für die Verteilung der Atome haben:

1. Von den beiden einfachen kubischen Teilgittern, in die man das kubisch-raumzentrierte Gitter unterteilen kann, wird das eine nur von Kupferatomen und das andere nur von Zinkatomen besetzt („vollständige Ordnung").

2. Alle Gitterplätze werden regellos von Kupfer- und Zinkatomen besetzt („völlige Unordnung" oder „regellose Verteilung").

Auch hier handelt es sich bei tieferen Temperaturen um eine röntgenographisch nachweisbare Überstruktur, die bei einer bestimmten „Umwandlungstemperatur" verschwindet, so daß bei allen höheren Temperaturen regellose Verteilung der Atome auf den Gitterplätzen herrscht. Auch hier findet sich, wie bei Cu_3Au, keine Änderung des Gittertyps bei der Umwandlungstemperatur. Indessen zeigt jetzt die statistische Theorie, daß außer G auch die Funktionen S, H und V bei der Umwandlungstemperatur stetig bleiben. Man stellt erst bei der Wärmekapazität C_P, bei der Kompressibilität χ und beim Ausdehnungskoeffizienten α eine Diskontinuität am Umwandlungspunkt fest. Wir erhalten also für die Umwandlungstemperatur (vgl. § 64):

$$\frac{\partial G}{\partial T} = - S: \text{ stetig}, \qquad (8.21\,\text{a})$$

$$\frac{\partial G}{\partial P} = V: \text{ stetig}, \qquad (8.21\,\text{b})$$

$$\frac{\partial^2 G}{\partial T^2} = - \frac{C_P}{T}: \text{ unstetig}, \qquad (8.22\,\text{a})$$

$$\frac{\partial^2 G}{\partial P^2} = - \chi V: \text{ unstetig}, \qquad (8.22\,\text{b})$$

$$\frac{\partial^2 G}{\partial T \partial P} = \alpha V: \text{ unstetig}. \qquad (8.22\,\text{c})$$

Hier handelt es sich nicht um eine Koexistenz zweier Phasen und damit nicht um eine Phasenumwandlung im bisher erklärten Sinne. Man hat vielmehr bei der Umwandlungstemperatur nur eine einzige Phase vor sich. Da erst die zweiten Differentialquotienten von G nach T und P unstetig sind, spricht man von einer „Umwandlung zweiter Ordnung". Die Form der gemessenen $C_P(T)$-Kurve erinnert an den griechischen

Buchstaben Λ (vgl. Abb. 71). Daher bezeichnet man diese Erscheinung auch als „Lambda-Umwandlung" und die Umwandlungstemperatur als „Lambda-Punkt (T_λ)".

Die für β-Messing gefundenen experimentellen Daten (Abb. 71) stimmen nur schlecht mit den aus der Statistischen Mechanik berechneten Werten überein. Aber der wesentliche Zug der empirischen Befunde, nämlich eine Umwandlung zweiter Ordnung als Folge des Verschwindens bzw. Auftretens einer röntgenographisch nachweisbaren Überstruktur, wird von der Theorie für das System Kupfer—Zink geliefert[2]. Die Abhängigkeit des Lambda-Punktes von der Zusammensetzung im Existenzgebiet von β-Messing ($x_{Zn} = 0,458$ bis $x_{Zn} = 0,489$) ist ebenfalls experimentell und theoretisch untersucht worden[3].

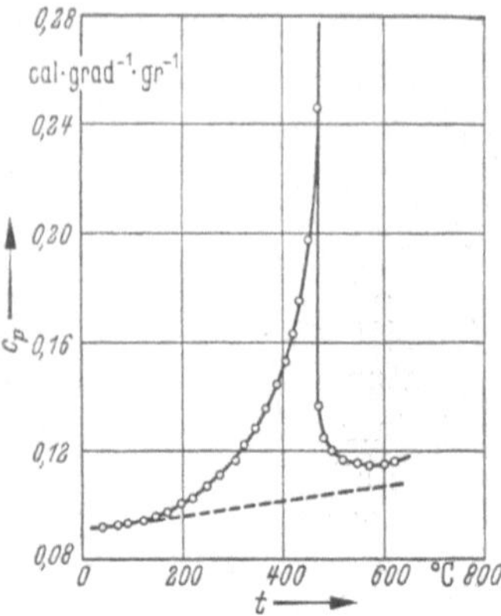

Abb. 71. Spezifische Wärme c_P in Abhängigkeit von der Temperatur t für β-Messing nach Moser[1]

Umwandlungen zweiter (und vielleicht höherer) Ordnung finden sich auch bei anderen Systemen. Beispiele sind: ferromagnetische Stoffe[3] (Lambda-Punkt = „Curie-Punkt"; Beispiel: Eisen, $T_\lambda = 1045°\,\mathrm{K}$), gewisse Kristalle mit „Rotationsumwandlung"[4] (Beispiel: Ammoniumchlorid, $T_\lambda = 243°\,\mathrm{K}$), flüssiges Helium[5] ($T_\lambda = 2,2°\,\mathrm{K}$) und möglicherweise „kristalline" Hochpolymere am „Schmelzpunkt"[6].

Mit einem Lambda-Punkt darf die „Einfriertemperatur" (vgl. Anhang 2) nicht verwechselt werden, obwohl auch hier die spezifische Wärme, der Ausdehnungskoeffizient usw. — in idealisierter Darstellung — einen Sprung aufweisen: Während die von uns im obigen Zusammenhang betrachteten Phasen oberhalb bzw. unterhalb der Umwandlungstemperatur T_λ im inneren Gleichgewicht und demgemäß durch die Variablen

---

[1] Moser, H.: Physik. Z. 37, 737 (1936).

[2] Vgl. E. A. Guggenheim: s. Fußnote 4 S. 457.

[3] Vgl. R. H. Fowler u. E. A. Guggenheim: s. Fußnote 1 S. 3.

[4] Vgl. F. Simon: Ann. Physik (4) 68, 241 (1922) — F. Simon, Cl. von Simson u. M. Ruhemann: Z. physik. Chem. 129, 339 (1927). — T. Nagamiya: Compt. Rend. 2e Réunion Ann. Soc. Chim. Phys. (Changements de Phases), Paris 1952, S. 251, sowie R. A. Pàris u. B. Cochet-Muchy: Compt. Rend. 2e Réunion Ann. Soc. Chim. Phys. (Changements de Phases), Paris 1952, S. 259. In der letzten Arbeit werden experimentelle Daten für die Abhängigkeit des Lambda-Punktes von der Zusammensetzung bei Mischkristallen von Salzen gegeben. Neuere Daten über χ und a für NH_4Cl im Gebiet von T_λ finden sich bei J. G. Marshall, A. K. Staveley u. K. R. Hart: Trans. Faraday Soc. 52, 19 (1956).

[5] Keesom, W. H.: s. Fußnote 1 S. 194.

[6] Jenckel, E., u. H. Rinkens: Z. Elektrochem. (im Druck).

T und P in ihren thermodynamischen Eigenschaften eindeutig bestimmt sind, ist eine „eingefrorene" Phase nicht im inneren Gleichgewicht und dementsprechend makroskopisch nicht mehr durch zwei Variable beschreibbar. Es können allerdings auch bei einer Umwandlung zweiter Ordnung eingefrorene Phasen (z.B. durch schnelles Abkühlen eines Kristalls mit ungeordneter Struktur auf eine Temperatur unterhalb T_λ) realisiert werden, aber gerade dann verschwinden die Diskontinuitäten in C_P usw. Wird umgekehrt bei einem System mit Einfriertemperatur (vgl. Abb.72, S.566) das innere Gleichgewicht abgewartet — was nur wenige Grade unterhalb der Einfriertemperatur möglich ist —, so verschwinden die Unstetigkeiten in C_P usw. Auch gibt es ein rein äußerliches Unterscheidungsmerkmal: Bewegt man sich in Richtung steigender Temperatur, so springt am Lambda-Punkt C_P von einem hohen Wert auf einen niedrigeren Wert (Abb.71), während bei der Einfriertemperatur, wenn man von der eingefrorenen Phase (z.B. einem Glas) ausgeht, C_P einen Sprung nach oben aufweist (Abb.72, S.566).

Die Gleichungen von EHRENFEST[1], die für die Druckabhängigkeit des Lambda-Punktes gelten, lassen sich formal auch auf die Druckabhängigkeit der Einfriertemperatur übertragen[2].

Anhang 1

Zum Wesen der Kalorimetrie

Wir sahen in § 5, daß die „kalorimetrische" Bestimmung der spezifischen Wärme auf folgendes hinausläuft: Eine durch „dissipative Effekte" (vgl. § 8) erzeugte Temperaturerhöhung und die dazu erforderliche, bei thermischer Isolierung am System geleistete Arbeit W', die aus äußeren Quellen (z.B. den Stromquellen für einen Heizdraht) stammt, werden gemessen, woraus mit Gl.(1.44) die spezifische Wärme ermittelt wird.

Wir betrachten nun andere Vorgänge, die in einem „Kalorimeter", d.h. in einem thermisch isolierten Gefäß, ablaufen können, z.B. einen Mischungsvorgang, eine chemische Reaktion usw.

Wenn wir von „Mischungswärme", „Reaktionswärme bei konstantem Druck" usw. sprechen, meinen wir (vgl. § 6 und § 23) die bei dem betreffenden Prozeß bei gegebener Temperatur T und gegebenem Druck P auftretende *Enthalpieänderung*:

$$(\varDelta H)_{T,\,P} = H_{\mathrm{II}} - H_{\mathrm{I}}. \tag{A 1}$$

---

[1] EHRENFEST, P.: Proc. Kon. Akad. Wetensch. Amsterdam **36**, 153 (1933).
[2] PRIGOGINE, I., u. R. DEFAY: s. Fußnote 2 S. 80.

Hierbei entspricht der Zustand I den ungemischten Komponenten, dem Reaktionsgemisch vor der Reaktion usw., der Zustand II der homogenen Mischung, dem abreagierten Reaktionsgemisch usw., jeweils bei denselben Werten von T und P:

$$T_\mathrm{I} = T_\mathrm{II} = T, \quad P_\mathrm{I} = P_\mathrm{II} = P.$$

Lassen wir jetzt einen der genannten Vorgänge in einem Kalorimeter bei konstantem Druck ablaufen, so erfolgt die Zustandsänderung nicht mehr isotherm, sondern adiabatisch. Wir beobachten also eine Temperaturänderung:

$$\Delta T = T_\mathrm{III} - T_\mathrm{II} = T_\mathrm{III} - T_\mathrm{I},$$

durch die das System nicht in den gewünschten Zustand II, sondern in einen anderen Zustand III gebracht wird. Da sich der Zustand III vom Zustand II nur durch die Temperatur ($T_\mathrm{III} \neq T_\mathrm{II}$) unterscheidet und daher gemäß Gl. (1.44) gilt:

$$H_\mathrm{III} - H_\mathrm{II} = m \int_{T_\mathrm{II}}^{T_\mathrm{III}} c_P \, dT, \tag{A 2}$$

können wir mit Gl. (A 1) schreiben:

$$H_\mathrm{III} - H_\mathrm{I} = (H_\mathrm{II} - H_\mathrm{I}) + (H_\mathrm{III} - H_\mathrm{II}) = (\Delta H)_{T,\,P} + m \int_{T_\mathrm{II}}^{T_\mathrm{III}} c_P \, dT, \tag{A 3}$$

worin m die Masse und c_P die spezifische Wärme der Mischung ist, die sich, abgesehen von der Temperatur, im gewünschten Endzustand befindet. Da der adiabatische Prozeß I → III bei konstantem Druck und unter der Bedingung $W' = 0$ (keine Arbeit aus äußeren Quellen) vor sich geht, folgt aus Gl. (1.38):

$$H_\mathrm{III} - H_\mathrm{I} = 0, \tag{A 4}$$

so daß wir mit Gl. (A 3) erhalten:

$$(\Delta H)_{T,\,P} = - \, m \int_{T_\mathrm{II}}^{T_\mathrm{III}} c_P \, dT. \tag{A 5}$$

Die rechte Seite von Gl. (A 5) ist entweder mit Hilfe von gemessenen spezifischen Wärmen oder durch eine direkte Messung der für die Temperaturänderung $T_\mathrm{II} \to T_\mathrm{III}$ erforderlichen elektrischen Arbeit W' (bei thermischer Isolierung) zu ermitteln. In beiden Fällen geht man auf die aus Gl. (1.44) folgende Beziehung

$$m \int_{T_\mathrm{II}}^{T_\mathrm{III}} c_P \, dT = W' \tag{A 6}$$

zurück. Daher kann man sagen, daß die gesuchte Enthalpieänderung $(\Delta H)_{T,\,P}$ durch eine „indirekte" Anwendung von Gl. (1.38 a) gefunden wird (§ 5).

In der obigen Analyse der „Kalorimetrie" kommt die „Wärme", d.h. die Größe Q, überhaupt nicht vor.

Anhang 2

Mischungs-, Lösungs- und Verdünnungswärmen bei binären flüssigen Gemischen

Es seien — mindestens in bestimmten Konzentrationsbereichen — flüssige Mischungen aus den Komponenten 1 und 2 möglich. Die reine Komponente 1 sei bei den vorgegebenen Werten von Temperatur und Druck flüssig. Dann können wir drei praktisch wichtige Fälle unterscheiden: Die reine Komponente 2 ist

1. eine Flüssigkeit[1],
2. ein Kristall[1],
3. ein Glas.

Wir besprechen die einzelnen Fälle der Reihe nach.

1. Die reine Komponente 2 ist eine Flüssigkeit. Am wichtigsten sind in diesem Falle binäre Flüssigkeitsgemische, die aus niedrigmolekularen Nichtelektrolyten bestehen. Man mißt hier direkt die molare Zusatzenthalpie (molare Mischungswärme) $\bar{H}^E$ und findet (vgl. § 81), daß bei gegebener Temperatur und gegebenem Druck folgende Reihenentwicklung für $\bar{H}^E$ als Funktion des Molenbruchs x der Komponente 1 angesetzt werden darf:

$$\bar{H}^E = x\,(1 - x)\,[a + b\,(2\,x - 1) + c\,(2\,x - 1)^2 + \cdots],\qquad (\mathrm{A}\,7)$$

worin $a, b, c, \ldots$ Konstanten sind. Daraus ergibt sich mit Gl. (1.51) für die partiellen molaren Zusatzenthalpien (partiellen molaren Mischungswärmen) der Komponenten 1 und 2:

$$H_1^E = (1 - x)^2\,[a + b\,(4\,x - 1) + c\,(2\,x - 1)\,(6\,x - 1) + \cdots],\qquad (\mathrm{A}\,8)$$

$$H_2^E = x^2\,[a + b\,(4\,x - 3) + c\,(2\,x - 1)\,(6\,x - 5) + \cdots].\qquad (\mathrm{A}\,9)$$

Da manchmal — insbesondere bei hohen Verdünnungen — nicht die molare Mischungswärme, sondern die integrale Verdünnungswärme L' (vgl. § 6) gemessen wird und diese Größe für die Fälle 2. und 3. besonders wichtig ist, leiten wir hier noch die analytische Form der Funktion $L'(x)$ bei Gültigkeit des Ansatzes (A 7) ab.

Aus Gl. (1.57), (1.59) und (1.60) folgt der allgemeine Zusammenhang:

$$L' = \lim_{x_2 \to 0}\left(\frac{\bar{H}^E}{x_2}\right) - \frac{\bar{H}^E}{x_2}\,.\qquad (\mathrm{A}\,10)$$

---

[1] Wenn wir von „Flüssigkeit" oder „Kristall" schlechthin sprechen, meinen wir stets eine stabile Flüssigkeit im inneren Gleichgewicht oder einen stabilen Kristall im inneren Gleichgewicht. Von metastabilen und eingefrorenen Phasen wird weiter unten die Rede sein.

Bei Berücksichtigung des Ansatzes (A 7) finden wir demnach mit $x = 1 - x_2$:

$$L' = (a + 3b + 5c)(1 - x) - (2b + 8c)(1 - x)^2 + 4c(1 - x)^3 + \cdots \quad \text{(A 11)}$$

Man kann also aus der gemessenen Funktion $L'(x)$ auch umgekehrt die Funktion $\bar{H}^E(x)$ ermitteln.

2. Die reine Komponente 2 ist ein Kristall. Dieser Fall ist für Elektrolyte und Nichtelektrolyte gleich wichtig. Deshalb wurde er bereits in § 6 ausführlich behandelt. Mißt man die integrale Mischungswärme H_M^E bzw. die integrale Lösungswärme L und die integrale Verdünnungswärme L' als Funktion der Konzentration, so kann man nicht nur die Funktion $\bar{H}^E(x)$, sondern auch die molare Schmelzwärme $\varLambda_2$ für die unterkühlte Schmelze des reinen Stoffes 2 bestimmen: Aus $L'(x)$ erhält man $\bar{H}^E(x)$, hieraus die Größe $H_1^E(x)$, mit deren Hilfe man gemäß Gl. (1.57) auf Grund der gemessenen Funktion $L(x)$ die differentielle Lösungswärme $L_2(x)$ findet. Da nach Gl. (1.53) gilt: $L_2 = H_2^E + \varLambda_2$ und $H_2^E(x)$ ebenfalls aus $\bar{H}^E(x)$ bekannt ist, erhält man auch $\varLambda_2$.

Es ist zu beachten, daß der Ansatz (A 7) für Elektrolytlösungen nicht gilt.

3. Die reine Komponente 2 ist ein Glas. Dieser Fall ist besonders für Hochpolymere von Bedeutung. Wir beginnen mit einer Erläuterung des Begriffs „eingefrorene Phase".

Eine unterkühlte Flüssigkeit oder ein metastabiler Kristall ist zwar nicht stabil (vgl. § 37), kann aber trotzdem im „inneren Gleichgewicht" sein. Umgekehrt kann ein Kristall, der nicht im inneren Gleichgewicht, also „eingefroren" ist, durchaus stabil in bezug auf Phasenumwandlungen sein: Es gibt dann keine zweite Phase, in die sich der Kristall verwandeln könnte. Welches ist nun das Kriterium dafür, ob eine Phase im inneren Gleichgewicht oder eingefroren ist?

Wir betrachten eine Phase bei vorgegebenen Werten der Temperatur, des Druckes und der Zusammensetzung. Man beobachtet dann in manchen Fällen, daß bestimmte meßbare Größen der Phase (z. B. das Volumen, der Brechungsindex usw.) sich im Laufe der Zeit unter den genannten Bedingungen kontinuierlich ändern („Nachwirkung"). Dies kann nur bedeuten, daß der „Zustand" der Phase nicht eindeutig durch makroskopische Variable, wie Temperatur, Druck und Konzentrationen der einzelnen Stoffe, festgelegt ist. Man führt daher „innere Parameter" als zusätzliche Zustandsvariable ein. Diese haben den Charakter von Reaktionslaufzahlen unbekannter chemischer Reaktionen und kennzeichnen „innere Umwandlungen" oder „Relaxationserscheinungen", deren Art und Mechanismus meist unbekannt sind. Wenn diese inneren Parameter ihre Gleichgewichtswerte erreicht haben, ist offenbar keine weitere Änderung mehr möglich: Die Phase ist im „inneren Gleichgewicht". Haben die inneren Parameter die Gleichgewichtswerte nicht angenommen, so können noch Änderungen von meßbaren Größen eintreten: Man hat es mit einer „eingefrorenen Phase" zu tun. Obwohl in diesem Fall die inneren Parameter prinzipiell stets einer Änderung fähig sind, solange das innere Gleichgewicht noch nicht hergestellt ist, kann infolge von „inneren Hemmungen" jede meßbare Veränderung der Phase aufhören, bevor das innere Gleichgewicht erreicht ist. Die Änderungen meßbarer Größen unter bestimmten Bedingungen sind also ein hinreichendes Kriterium für eine „eingefrorene Phase", jedoch keine notwendige Bedingung: Eine Phase, die diese Änderungen nicht aufweist, kann sowohl „eingefroren" als auch „im inneren Gleichgewicht" sein. Erst ein Studium der gesamten Eigenschaften der Phase im Zusammenhang mit einer molekularstatistischen Analyse[1] gestattet eine Entscheidung darüber, ob eine solche Phase eingefroren oder im inneren Gleichgewicht ist; denn die Übersetzung der Aussage „inneres Gleichgewicht = Zustand, in dem alle inneren Parameter die Gleichgewichtswerte haben" ins Molekularstatistische lautet: Das innere Gleichgewicht ist der Zustand der statistischen Gleichgewichtsverteilung und -anordnung der atomaren Bausteine der Phase[2].

Die am besten bekannten „eingefrorenen Phasen" sind entweder Kristalle bei sehr tiefen Temperaturen, bei denen die Gleichgewichtsanordnung (z.B. bezüglich der Orientierung der Molekeln) im Gitter nicht erreicht ist (Beispiele: CO, NO, N_2O und H_2O), oder eingefrorene unterkühlte Flüssigkeiten, die man als „Gläser" bezeichnet. Den letzten Fall wollen wir näher betrachten.

Wir denken uns eine reine unterkühlte Flüssigkeit im inneren Gleichgewicht, z.B. bei einer Temperatur wenig unterhalb des Schmelzpunktes, bei gegebenem Druck. Wir messen das Volumen V, die Enthalpie H oder den Brechungsindex n. Sodann wird die Probe „schnell" abgekühlt — so schnell, wie es bei den Dimensionen der Probe möglich ist —, und die genannten Größen werden als Funktion der Temperatur bestimmt. Man findet: Bei einer (ungefähr reproduzierbaren) Temperatur T_e zeigen die Kurven für V, H und n in Abhängigkeit von der Temperatur T einen Knickpunkt (in idealisierter Darstellung). Dieser Knickpunkt entspricht einer Unstetigkeit der Differentialquotienten, also z.B. einem Sprung im Ausdehnungskoeffizienten oder in der spezifischen Wärme. Man findet weiter, daß unterhalb der Temperatur T_e die unterkühlte Flüssigkeit eine eingefrorene Phase, also ein „Glas" darstellt. Dieses Verhalten, das in erster Linie von SIMON[3], TAMMANN[4] und JENCKEL[5] studiert wurde, ist

---

[1] Insbesondere die Ermittlung der „konventionellen Nullpunktsentropie" (§ 64).

[2] Der Begriff des „inneren Gleichgewichtes" hat nur einen *relativen* Sinn Kernumwandlungen!).

[3] SIMON, F.: Z. anorg. allg. Chem. **283**, 219 (1931).

[4] TAMMANN, G.: Der Glaszustand, Leipzig 1933.

[5] JENCKEL, E.: Kolloid-Z. **120**, 160 (1951).

besonders für alle hochmolekularen Substanzen typisch, obwohl es auch bei niedrigmolekularen Stoffen (z. B. Selen und Glycerin) vorkommt. Man bezeichnet die Temperatur T_e als „Einfriertemperatur".

In Abb. 72 ist die molare Enthalpie $\bar{H}$ als Funktion der Temperatur T bei gegebenem Druck dargestellt. Die gestrichelte Kurve BE, die für die unterkühlte Flüssigkeit im inneren Gleichgewicht unterhalb der Einfriertemperatur T_e gilt, wird zwar praktisch kaum jemals erreicht; sie hat aber prinzipielle Bedeutung als „Grenzkurve", deren Punkte Zustände darstellen, denen sich die eingefrorenen Phasen (Kurve AE) bei genügend langem Warten nähern.

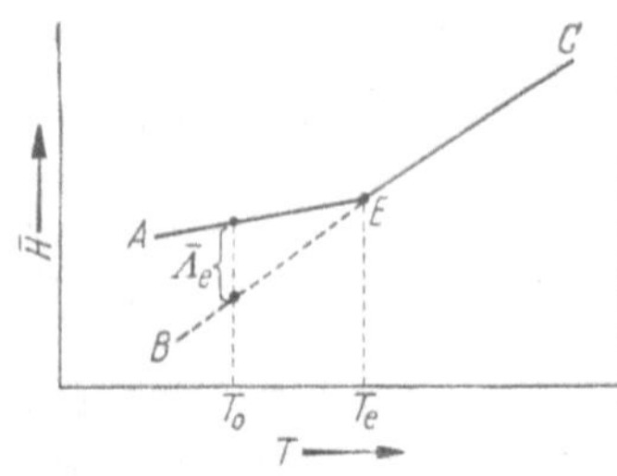

Abb. 72. Molare Enthalpie $\bar{H}$ als Funktion der Temperatur T für System mit Einfriertemperatur (Schema)

Ein solches Diagramm wird auch bei binären Mischungen aus einem Hochpolymeren (Komponente 2) und einem Lösungsmittel (Komponente 1) beobachtet. In Abb. 72 bedeutet dann $\bar{H}$ die molare Enthalpie einer Mischung vorgegebener Zusammensetzung. Man findet, daß die Einfriertemperatur T_e der Mischung eine Funktion der Zusammensetzung ist und mit zunehmender Konzentration des Lösungsmittels abnimmt.

Wenn wir also einen reinen hochpolymeren Stoff oder eine Lösung dieses Stoffes *unterhalb* der jeweiligen Einfriertemperatur, z. B. bei der Temperatur T_0 in Abb. 72, mit einer so großen Menge des Lösungsmittels versetzen, daß die Einfriertemperatur der *entstandenen* Lösung unterhalb der Lösungstemperatur T_0 liegt, so setzt sich die Enthalpieänderung ΔH aus zwei Beträgen zusammen: dem Enthalpieunterschied zwischen der Lösung im inneren Gleichgewicht („Gleichgewichtslösung") bei der Ausgangskonzentration und der eingefrorenen Lösung („glasigen Lösung") bei derselben Konzentration sowie der Enthalpieänderung beim Verdünnen der Gleichgewichtslösung auf die Endkonzentration. Aus meßtechnischen Gründen (genügend große Auflösungsgeschwindigkeit ist nur bei sehr großem Lösungsmittelüberschuß gewährleistet) ist für die Endkonzentration stets ein Wert zu wählen, der praktisch von Null ununterscheidbar ist. Für die gemessene Enthalpieänderung ΔH gilt demnach (vgl. § 6):

$$\Delta H = n_2 L' + \Lambda_e. \qquad \text{(A 12)}$$

Hierin ist n_2 die Zahl der Mole des Hochpolymeren, die bei dem gesamten Lösungsvorgang konstant bleibt. L' ist die integrale Verdünnungswärme und Λ_e die „Einfrierwärme", d. h. der Enthalpieunterschied zwischen der Gleichgewichtslösung und der glasigen Lösung bei der Ausgangskonzentration. Die der Gl. (A 12) zugrunde liegende Idee und der Begriff der „Einfrierwärme" gehen auf JENCKEL und GORKE[1] zurück.

Liegt die Lösungstemperatur T_0 *oberhalb* der Einfriertemperatur der betrachteten Ausgangslösung, dann ist in Gl. (A 12) $\Lambda_e = 0$ zu setzen, so daß direkt die integrale Verdünnungswärme gemessen wird. Ist T_0 größer als die Einfriertemperatur des reinen Hochpolymeren, so kann L' im gesamten Mischungsbereich ermittelt werden.

Sind die Lösungen bei der gegebenen Temperatur T_0 nur in einem bestimmten, sehr kleinen Konzentrationsbereich eingefroren, so kann L' für diesen Bereich eventuell durch Extrapolation gefunden werden, so daß jetzt Λ_e für mehrere Zusammensetzungen bestimmbar ist. Dieses Verfahren ist aber nur bei „athermischen Lösungen" ($L' = 0$) zuverlässig. Interessiert man sich für den Verlauf der Funktion $L'(x)$ bei nicht-athermischen Lösungen, die bei der betrachteten Temperatur teilweise eingefroren sind, so ist der umgekehrte Weg sicherer: Man ermittelt Λ_e aus gemessenen spezifischen Wärmen (s. unten) und gelangt so mit Hilfe der experimentellen ΔH-Werte gemäß Gl. (A 12) zur Funktion $L'(x)$ für den fraglichen Konzentrationsbereich und schließlich mit Ansätzen wie (A 7) und (A 11), die auch für hochmolekulare Lösungen gelten, zur molaren Zusatzenthalpie $\bar{H}^E(x)$. Beide Methoden hat GORKE[2] bei der Auswertung seiner kalorimetrischen Präzisionsmessungen benutzt.

Gemäß Abb. 72 ist die Einfrierwärme Λ_e stets negativ. Beim isotherm-isobaren „Auftauen" der glasigen Lösung wird also Wärme abgegeben: Der Auftauvorgang ist „exotherm", der Einfriervorgang „endotherm".

Die Einfrierwärme der reinen Komponente 1 bzw. 2 bei der Temperatur T_0 sei Λ_{e1}^0 bzw. Λ_{e2}^0. Da wir die Komponente 1 als „Lösungsmittel" vorausgesetzt haben, bezieht sich Λ_{e1}^0 auf den fiktiven Zustand, in dem sich das reine Lösungsmittel befinden würde, wenn bei der Temperatur T_0 Lösungen aller Konzentrationen eingefroren wären.

Offensichtlich müssen wir allgemein ansetzen:

$$\Lambda_e = \Lambda_e(T, P, n_1, n_2),$$

worin n_i die Molzahl der Komponente i bedeutet. Wir definieren daher eine „molare Einfrierwärme" der Lösung

$$\bar{\Lambda}_e \equiv \frac{\Lambda_e}{n_1 + n_2}$$

und „partielle molare Einfrierwärmen" der Komponenten in der Lösung

$$\Lambda_{e1} \equiv \left(\frac{\partial \Lambda_e}{\partial n_1}\right)_{T, P, n_2}, \qquad \Lambda_{e2} \equiv \left(\frac{\partial \Lambda_e}{\partial n_2}\right)_{T, P, n_1}.$$

---

[1] JENCKEL, E., u. K. GORKE: Z. Naturforsch. **7 a**, 630 (1952).

[2] GORKE, K.: Diss. Aachen 1954. – E. JENCKEL u. K. GORKE, Z. Elektrochem. (im Druck).

Dann folgt [vgl. Gl. (1.265)]:

$$\bar{\Lambda}_e = x_1 \Lambda_{e1} + x_2 \Lambda_{e2} . \tag{A 13}$$

Hierin ist x_i der Molenbruch des Stoffes i.

Betrachten wir nun eine Lösung im inneren Gleichgewicht, die „athermisch" (vgl. § 81) ist. Dann sind die partiellen molaren Enthalpien der Komponenten in der Mischung gleich den molaren Enthalpien der reinen flüssigen Komponenten bei denselben Werten von Temperatur und Druck. Ist in einem solchen Falle auch die glasige Lösung, die durch Einfrieren aus der betrachteten Lösung hervorgeht, athermisch?

Wir können nach unseren obigen Ausführungen für binäre Systeme, bei denen die Lösungen im inneren Gleichgewicht athermische Lösungen ($L' = 0$) darstellen, die molare Einfrierwärme $\bar{\Lambda}_e$ bei gegebenen Werten von T und P als Funktion von x experimentell ermitteln. Wären auch die eingefrorenen Lösungen athermisch, so müßten die partiellen molaren Enthalpien der Komponenten in diesen Lösungen gleich den molaren Enthalpien der reinen Komponenten im Glaszustand sein. Demnach würde in diesem Falle gelten:

$$\Lambda_{e1} = \Lambda_{e1}^0 , \quad \Lambda_{e2} = \Lambda_{e2}^0 .$$

Dies wäre gemäß Gl. (A 13) gleichbedeutend mit der linearen Beziehung:

$$\bar{\Lambda}_e = x_1 \Lambda_{e1}^0 + x_2 \Lambda_{e2}^0 .$$

Nach den Messungen von GORKE[1] an den Systemen Polystyrol–Toluol und Polystyrol–Äthylbenzol ist aber diese Beziehung nicht erfüllt. Demnach können hier die glasigen Lösungen nicht athermisch sein, obwohl die Lösungen im inneren Gleichgewicht athermisch sind.

Wir leiten schließlich den Zusammenhang zwischen der Einfrierwärme und dem Sprung der spezifischen Wärme ab[2]. Wenn T_0 die Lösungstemperatur und T_e die Einfriertemperatur der betrachteten Lösung ist, so muß nach der Definition der Einfrierwärme und Gl. (1.41) bei vorgegebenem Druck und vorgegebener Konzentration gelten:

$$\bar{\Lambda}_e(T_e) = \bar{\Lambda}_e(T_0) + \int_{T_0}^{T_e} \Delta \bar{C}_P \, dT ,$$

worin $\Delta \bar{C}_P$ die Differenz der Molwärmen der Gleichgewichtslösung und der glasigen Lösung bedeutet. Nun ist definitionsgemäß (vgl. Abb. 72):

$$\bar{\Lambda}_e(T_e) = 0 .$$

Demnach folgt:

$$\bar{\Lambda}_e(T_0) = - \int_{T_0}^{T_e} \Delta \bar{C}_P \, dT .$$

---

[1] GORKE, K.: s. Fußnote 2 S. 567.
[2] Vgl. E. JENCKEL u. K. GORKE: s. Fußnote 1 S. 567.

Mißt man $\Delta \bar{C}_P$ als Funktion von T und x (wobei die Molwärme der Gleichgewichtslösung gegebenenfalls durch Extrapolation von höheren Temperaturen ermittelt werden muß) sowie T_e als Funktion von x, so erhält man für jede Lösungstemperatur T_0 und jede Konzentration x die molare Einfrierwärme $\bar{\Lambda}_e$ der Lösung.

Ähnliche Überlegungen, wie wir sie hier für die *Enthalpie* binärer Systeme mit Glasbildung angestellt haben, hat REHAGE[1] für das *Volumen* solcher Systeme durchgeführt.

Anhang 3

Geschlossene Mischungslücke bei binären Systemen im einfachsten Falle

Wie in § 79 bis § 81 im einzelnen ausgeführt wurde, leistet der Ansatz für die molare Freie Zusatzenthalpie $\bar{G}^E$ als Funktion von Temperatur T, Druck P und Molenbruch x:

$$\bar{G}^E = A\,(T, P)\,x\,(1 - x) \tag{A 14}$$

bei binären niedrigmolekularen Nichtelektrolytlösungen gute Dienste. Betrachten wir insbesondere Probleme bei konstantem Druck, so kommt es auf die Temperaturabhängigkeit des Parameters A an. Der einfachste Ansatz, der — wenigstens für ein beschränktes Temperaturintervall — in der Natur verwirklicht ist, nämlich die Beziehung (vgl. § 79 und § 81)

$$A = \alpha + \beta\,T \quad (P = \text{const}), \tag{A 15}$$

entspricht temperaturunabhängigen Werten der Mischungswärme und Zusatzentropie. Der erfahrungsgemäß nächsteinfache Ansatz (vgl. § 81)

$$A = \alpha + \beta\,T + \gamma\,T\ln T \quad (P = \text{const}) \tag{A 16}$$

bedeutet, daß die zusätzliche Molwärme der Mischung (vgl. § 81)

$$\bar{C}_P^E = -\,\gamma\,x\,(1 - x) \tag{A 17}$$

nicht von der Temperatur abhängt.

Im Zusammenhang mit Problemen der Entmischung (bei konstantem Druck) ist die Frage interessant, ob einer der genannten Ansätze auf eine geschlossene Mischungslücke führen kann. Wie aus unseren Ausführungen in § 79 hervorgeht, kann die Beziehung (A 15) zwar entweder einen oberen oder einen unteren kritischen Entmischungspunkt, aber niemals beide Punkte gleichzeitig liefern. Wir wollen nun zeigen, daß und unter welchen

---

[1] REHAGE, G.: Diss. Aachen 1955.

Bedingungen der Ansatz (A 16) eine geschlossene Mischungslücke ergeben kann.

Wir bezeichnen den oberen bzw. unteren kritischen Punkt eines Systems mit geschlossener Mischungslücke mit K_1 bzw. K_2 (vgl. Abb. 30, S. 406). Dann folgt gemäß Gl. (5.293) für die kritischen Temperaturen bzw. Konzentrationen bei Gültigkeit der Beziehung (A 14):

$$T_{K_1} = \frac{A_{K_1}}{2R}, \quad T_{K_2} = \frac{A_{K_2}}{2R}, \quad x_{K_1} = x_{K_2} = \frac{1}{2}. \tag{A 18}$$

Hierin ist A_{K_1} bzw. A_{K_2} der Wert von A für $T = T_{K_1}$ bzw. $T = T_{K_2}$. Setzen wir ferner

$$A' \equiv \left(\frac{\partial A}{\partial T}\right)_P \tag{A 19}$$

und bezeichnen den Wert von A' für $T = T_{K_1}$ bzw. $T = T_{K_2}$ mit A'_{K_1} bzw. A'_{K_2}, so gelten nach (5.299) bzw. (5.300) die Bedingungen:

$$A'_{K_1} < 2R, \quad A'_{K_2} > 2R. \tag{A 20}$$

Mit dem speziellen Ansatz (A 16) ergibt sich aus Gl. (A 19):

$$A' = \beta + \gamma (1 + \ln T). \tag{A 21}$$

Damit erhalten wir aus den Ungleichungen (A 20):

$$\beta + \gamma (1 + \ln T_{K_1}) < 2R, \quad \beta + \gamma (1 + \ln T_{K_2}) > 2R. \tag{A 22}$$

Da die absoluten Temperaturen T_{K_1} und $T_{K_2} (< T_{K_1})$ in allen praktisch interessierenden Fällen so hoch liegen, daß ihre Logarithmen positiv sind, genügen nur folgende Vorzeichenkombinationen den Bedingungen (A 22):

$$\beta > 0, \quad \gamma < 0. \tag{A 23}$$

Die Aussage $\gamma < 0$ bedeutet nach Gl. (A 17), daß $\bar{C}_P^E$ positiv sein muß. Ferner gilt gemäß Gl. (A 16) und (A 18) für beide kritische Punkte:

$$A_K = \alpha + \beta T_K + \gamma T_K \ln T_K = 2R T_K. \tag{A 24}$$

Mit (A 23) ergibt sich aus (A 24) mit $T_K > 1$:

$$\alpha + \beta T_K > |\gamma T_K \ln T_K|. \tag{A 25}$$

Wenn also den Ungleichungen (A 23) und (A 25) genügt wird, kann es zwei positive Werte von $T_K (T_{K_1}$ und $T_{K_2})$ geben, für die Gl. (A 24) erfüllt ist, so daß eine geschlossene Mischungslücke im isobaren $T(x)$-Diagramm resultiert, falls die beiden Temperaturen noch zum flüssigen Zustand der betrachteten Mischphase gehören.

Anhang 4

Diffusionspotential und Diffusionskoeffizient in Lösungen eines binären Elektrolyten

Die in § 35 angegebene und in § 99 diskutierte Formel für die Potentialdifferenz einer Konzentrationskette mit Überführung wird seit HELMHOLTZ[1] und LEWIS und RANDALL[2] meist mit Hilfe „quasithermodynamischer" Überlegungen abgeleitet. Man kann zeigen, daß eine solche Herleitung nicht einwandfrei ist[3]. Eine nach heutiger Kenntnis befriedigende Deduktion wird durch die Methoden der „Thermodynamik der irreversiblen Prozesse" (vgl. § 19) geliefert, wobei der „Reziprozitätssatz" von ONSAGER[4] eine entscheidende Rolle spielt[5].

Wir betrachten die Lösung eines einzigen binären Elektrolyten (Komponente 2), der vollständig dissoziiert ist, in einem neutralen Lösungsmittel (Komponente 1) bei konstanter Temperatur und konstantem Druck. Herrscht in der Elektrolytlösung ein Konzentrationsgradient, so findet eine Diffusion der beiden Ionensorten statt, die infolge der im allgemeinen verschiedenen Beweglichkeiten zur Ausbildung eines elektrischen Feldes im Inneren der Lösung führt, das wiederum einen Bremsvorgang zur Folge hat, der für gleiche Geschwindigkeiten der beiden Ionen sorgt. So sind Diffusion und „Diffusionspotential" in Elektrolytlösungen miteinander gekoppelt. Aber auch die Fragen der Wanderung der Ionen in äußeren elektrischen Feldern, also die Probleme der Leitfähigkeit und Überführung, gehören in denselben Erscheinungskreis. Wir werden im folgenden sehen, wie diese verschiedenen Phänomene durch rein makroskopische Betrachtungen miteinander verknüpft werden können.

a) **Allgemeines.** Wir definieren die „Diffusionsströme" der beiden Ionensorten:

$$\vec{J}_{+} \equiv c_{+}\left(\vec{v}_{+} - \vec{v}_{1}\right), \tag{A 26 a}$$

$$\vec{J}_{-} \equiv c_{-}\left(\vec{v}_{-} - \vec{v}_{1}\right), \tag{A 26 b}$$

d.h. die Vektoren der Diffusionsstromdichten der Kationen und Anionen. Hierin bedeutet c_{+} bzw. c_{-} die molare Volumenkonzentration und $\vec{v}_{+}$ bzw. $\vec{v}_{-}$ die mittlere Geschwindigkeit (in vektorieller Schreibweise) der Kat-

---

[1] HELMHOLTZ, H. VON: s. Fußnote 1 S. 529.
[2] LEWIS, G. N.. u. M. RANDALL: s. Fußnote 2 S. 101.
[3] Vgl. E. H. WIEBENGA: Recueil Trav. chim. Pays-Bas **65**, 273 (1946).
[4] ONSAGER, L.: s. Fußnote 1 S. 78.
[5] Vgl. z.B. R. HAASE: s. Fußnote 6 S. 78.

ionen bzw. Anionen. $\vec{v_1}$ stellt die mittlere Geschwindigkeit der Lösungsmittelmolekeln dar. [Dadurch wird einer eventuellen Konvektion[1] $(\vec{v_1} \neq 0)$ Rechnung getragen.]

Es sei μ_+ bzw. μ_- das chemische Potential der Kationen bzw. Anionen, z_+ bzw. z_- die elektrochemische Wertigkeit des Kations bzw. Anions, φ das elektrische Potential im Inneren der Lösung (das nicht meßbar ist) und $\mathfrak{F}$ die FARADAYsche Konstante. Dann können wir, gemäß den Methoden der Thermodynamik der irreversiblen Prozesse, die Diffusionsstromdichten $\vec{J_+}$ und $\vec{J_-}$ als homogene lineare Funktionen der Gradienten der elektrochemischen Potentiale, $\mu_+ + z_+\mathfrak{F}\varphi$ und $\mu_- + z_-\mathfrak{F}\varphi$ (vgl. § 35), ansetzen. Wir schreiben also für ein beliebig herausgegriffenes Volumenelement einer Elektrolytlösung, in dem sowohl ein Konzentrationsgefälle als auch ein (inneres oder äußeres) elektrisches Feld herrscht[2]:

$$-\vec{J_+} = a_{11}\,(\mathrm{grad}\,\mu_+ + z_+\,\mathfrak{F}\,\mathrm{grad}\,\varphi) + a_{12}\,(\mathrm{grad}\,\mu_- + z_-\,\mathfrak{F}\,\mathrm{grad}\,\varphi), \quad \text{(A 27a)}$$

$$-\vec{J_-} = a_{21}\,(\mathrm{grad}\,\mu_+ + z_+\,\mathfrak{F}\,\mathrm{grad}\,\varphi) + a_{22}\,(\mathrm{grad}\,\mu_- + z_-\,\mathfrak{F}\,\mathrm{grad}\,\varphi). \quad \text{(A 27b)}$$

Die Größen a_{11}, a_{12}, a_{21} und a_{22} sind phänomenologische Koeffizienten, deren Werte wir für die nachfolgenden Betrachtungen nicht zu kennen brauchen. Die Beziehungen (A 27) heißen „phänomenologische Ansätze" und können auch ohne näheres Eingehen auf die Thermodynamik der irreversiblen Prozesse plausibel gemacht werden: Die Diffusionsströme sind den Gradienten der elektrochemischen Potentiale proportional, weil diese die „treibenden Kräfte" für die irreversiblen Vorgänge der Diffusion und Elektrizitätsleitung darstellen; denn in einem elektrochemischen System herrscht erst dann Gleichgewicht in bezug auf Stoff- und Elektrizitätstransport, wenn das elektrochemische Potential jedes Ions überall denselben Wert hat (vgl. § 35).

Die „elektrischen Ströme" $\vec{I_+}$ und $\vec{I_-}$, d.h. die Vektoren der elektrischen Stromdichten der Kationen und Anionen, sind definitionsgemäß:

$$\vec{I_+} = z_+\,\mathfrak{F}\,\vec{J_+}, \quad \vec{I_-} = z_-\,\mathfrak{F}\,\vec{J_-}. \quad \text{(A 28)}$$

Für die gesamte Stromdichte gilt:

$$\vec{I} = \vec{I_+} + \vec{I_-}. \quad \text{(A 29)}$$

Die Größe $\vec{I}$ verschwindet bei reiner Diffusion, während bei reiner Elektrizitätsleitung die Ausdrücke $\mathrm{grad}\,\mu_+$ und $\mathrm{grad}\,\mu_-$ Null werden.

---

[1] Allerdings sind nur in verdünnten Lösungen die durch Gl. (26) definierten Diffusionsströme mit den wirklich gemessenen Diffusionsströmen identisch; denn in konzentrierten Lösungen ist Fehlen der Konvektion nicht einfach durch die Bedingung $\vec{v_1} = 0$ beschreibbar.

[2] Vgl. L. ONSAGER u. R. M. FUOSS: J. Physic. Chem. **36**, 2689 (1932).

b) Elektrizitätsleitung. Wir behandeln zuerst die reine Elektrizitätsleitung, bei der $-\operatorname{grad}\varphi$ die Feldstärke des äußeren elektrischen Feldes bedeutet. Wir finden für diesen Fall aus Gl. (A 26), (A 27) und (A 28) mit $\operatorname{grad}\mu_+ = \operatorname{grad}\mu_- = 0$:

$$c_+\left(\vec{v}_+ - \vec{v}_1\right) = \frac{1}{z_+\mathfrak{F}}\,\vec{I}_+ = -\left(z_+\,a_{11} + z_-\,a_{12}\right)\mathfrak{F}\operatorname{grad}\varphi\,, \qquad \text{(A 30 a)}$$

$$c_-\left(\vec{v}_- - \vec{v}_1\right) = \frac{1}{z_-\mathfrak{F}}\,\vec{I}_- = -\left(z_+\,a_{21} + z_-\,a_{22}\right)\mathfrak{F}\operatorname{grad}\varphi\,. \qquad \text{(A 30 b)}$$

Die ,,Beweglichkeit'' u_+ bzw. u_- des Kations bzw. Anions ist folgendermaßen definiert:

$$u_+ \equiv \frac{\vec{v}_+ - \vec{v}_1}{-\operatorname{grad}\varphi}\,, \qquad u_- \equiv \frac{\vec{v}_- - \vec{v}_1}{\operatorname{grad}\varphi}\,. \qquad \text{(A 31)}$$

Die verschiedenen Vorzeichen im Nenner kommen dadurch zustande, daß die Beweglichkeiten definitionsgemäß positive Größen sind und der Vektor $\vec{v}_+$ dieselbe Richtung wie der Vektor der Feldstärke $(-\operatorname{grad}\varphi)$, $\vec{v}_-$ aber entgegengesetzte Richtung wie die Feldstärke hat. Aus (A 30) und (A 31) ergibt sich der Zusammenhang der Beweglichkeiten mit den phänomenologischen Koeffizienten:

$$u_+ = \frac{\mathfrak{F}}{c_+}\left(z_+\,a_{11} + z_-\,a_{12}\right)\,, \qquad \text{(A 32 a)}$$

$$u_- = \frac{\mathfrak{F}}{c_-}\left(z_+\,a_{21} + z_-\,a_{22}\right)\,. \qquad \text{(A 32 b)}$$

Für die gesamte Stromdichte $\vec{I}$ gilt gemäß Gl. (A 29), (A 30) und (A 32):

$$\left.\begin{aligned} \vec{I} &= -\left[z_+^2\,a_{11} + z_+ z_-\,(a_{12} + a_{21}) + z_-^2\,a_{22}\right]\mathfrak{F}^2\operatorname{grad}\varphi \\ &= -\left(z_+ c_+ u_+ - z_- c_- u_-\right)\mathfrak{F}\operatorname{grad}\varphi\,. \end{aligned}\right\} \qquad \text{(A 33)}$$

In Gl. (A 33) ist das Oнмsche Gesetz in der Form

$$\vec{I} = -\varkappa\operatorname{grad}\varphi \qquad \text{(A 34)}$$

enthalten, wie die linearen Ansätze (A 27) von vornherein erwarten lassen. Die Größe $\varkappa$ ist die ,,spezifische Leitfähigkeit'' der betrachteten Elektrolytlösung. Durch Vergleich von Gl. (A 33) mit Gl. (A 34) finden wir:

$$\varkappa = \left[z_+^2\,a_{11} + z_+ z_-\,(a_{12} + a_{21}) + z_-^2\,a_{22}\right]\mathfrak{F}^2 = \left(z_+ c_+ u_+ - z_- c_- u_-\right)\mathfrak{F}\,. \qquad \text{(A 35)}$$

Mit Hilfe der Elektroneutralitätsbedingung (7.14 c)

$$z_+ c_+ + z_- c_- = 0 \qquad \text{(A 36)}$$

und der Abkürzung

$$\frac{\varkappa}{z_+ c_+} = -\frac{\varkappa}{z_- c_-} \equiv \Lambda \qquad \text{(A 37)}$$

folgt aus Gl. (A 35):

$$\Lambda = \mathfrak{F}(u_+ + u_-). \qquad \text{(A 38)}$$

Da $z_+ c_+ = - z_- c_-$ bei vollständiger Dissoziation nichts anderes als die „Äquivalentkonzentration" des Elektrolyten darstellt, bezeichnet man Λ als „Äquivalentleitfähigkeit". Gl. (A 38), die beliebige Konzentrationsabhängigkeit der Beweglichkeiten u_+ und u_- zuläßt, ist offensichtlich nur eine Folge des Oнmschen Gesetzes bei Elektrolytlösungen und daher — ausgenommen sehr hohe Feldstärken, bei denen auch die Ansätze (A 27) nicht mehr richtig wären — allgemeingültig, sofern man vollständige Dissoziation voraussetzt.

Für die „Überführungszahl" t_+ bzw. t_- des Kations bzw. Anions gilt definitionsgemäß:

$$t_+ \equiv \frac{\vec{I}_+}{\vec{I}}, \quad t_- \equiv \frac{\vec{I}_-}{\vec{I}}. \qquad \text{(A 39)}$$

Man erhält bei Vergleich von Gl. (A 29) und (A 30) mit (A 39):

$$t_+ = \frac{z_+^2 a_{11} + z_+ z_- a_{12}}{z_+^2 a_{11} + z_+ z_- (a_{12} + a_{21}) + z_-^2 a_{22}}, \qquad \text{(A 40 a)}$$

$$t_- = 1 - t_+ = \frac{z_+ z_- a_{21} + z_-^2 a_{22}}{z_+^2 a_{11} + z_+ z_- (a_{12} + a_{21}) + z_-^2 a_{22}}. \qquad \text{(A 40 b)}$$

Daraus ergibt sich bei Beachtung von Gl. (A 32) und (A 36):

$$t_+ = \frac{u_+}{u_+ + u_-}, \quad t_- = 1 - t_+ = \frac{u_-}{u_+ + u_-}. \qquad \text{(A 41)}$$

Auch diese Beziehungen gelten für beliebige Konzentrationen. Mit Hilfe von Gl. (A 38) und (A 41) kann man Beweglichkeiten von Ionen experimentell bestimmen.

Die Gln. (A 32), (A 35) und (A 40) zeigen den Zusammenhang zwischen den phänomenologischen Koeffizienten einerseits und meßbaren Größen wie Beweglichkeiten, Leitfähigkeit und Überführungszahlen andererseits. Die Beziehungen (A 38) und (A 41) können auch auf anderem Wege gewonnen werden und beweisen so die innere Widerspruchsfreiheit der hier benutzten Methode, die von den Ansätzen (A 27) ausgeht.

c) **Diffusionspotential.** Wir betrachten nun den Fall der reinen Diffusion. Dann gelten die Ansätze (A 27) mit grad $\mu_+ \neq 0$, grad $\mu_- \neq 0$ und der zusätzlichen Bedingung [vgl. Gl. (A 29)]

$$\vec{I} = \vec{I}_+ + \vec{I}_- = 0$$

oder [vgl. Gl. (A 28)]

$$z_+ \vec{J}_+ + z_- \vec{J}_- = 0.$$ (A 42)

Jetzt bedeutet $-\operatorname{grad}\varphi$ die Feldstärke des durch die Ionenwanderung entstandenen inneren elektrischen Feldes, das zur Ausbildung eines „Diffusionspotentials" führt. Einsetzen von Gl. (A 27) in Gl. (A 42) und Auflösen nach $\operatorname{grad}\varphi$ ergibt einen Ausdruck für den Gradienten des (nicht meßbaren) Diffusionspotentials:

$$-\mathfrak{F}\operatorname{grad}\varphi = \frac{(z_+ a_{11} + z_- a_{21})\operatorname{grad}\mu_+ + (z_+ a_{12} + z_- a_{22})\operatorname{grad}\mu_-}{z_+^2 a_{11} + z_+ z_- (a_{12} + a_{21}) + z_-^2 a_{22}}.$$ (A 43)

Diese Gleichung werden wir sowohl für die Ableitung der Formel für die meßbare Potentialdifferenz einer Konzentrationskette mit Überführung als auch für die weitere Diskussion der Diffusion benutzen.

Der Nenner in Gl. (A 43) ist zwar nach Gl. (A 35) durch die spezifische Leitfähigkeit $\varkappa$ ausdrückbar, die phänomenologischen Koeffizienten im Zähler sind aber zunächst nicht auf meßbare Größen zurückführbar. An dieser Stelle ist der anfangs erwähnte „Reziprozitätssatz" von ONSAGER entscheidend. Er besagt in unserem Falle:

$$a_{12} = a_{21}.$$ (A 44)

Mit Hilfe der Reziprozitätsbeziehung (A 44) folgt sofort aus Gl. (A 40) und (A 43):

$$-\mathfrak{F}\operatorname{grad}\varphi = \frac{t_+}{z_+}\operatorname{grad}\mu_+ + \frac{t_-}{z_-}\operatorname{grad}\mu_-.$$ (A 45)

Auf diese Weise gelangen die Überführungszahlen t_+ und t_- in den Ausdruck für das Diffusionspotential φ, das wir nun der Deutlichkeit halber durch das Symbol φ_{Diff} kennzeichnen wollen. Für ein eindimensionales Problem (Konzentrationsgradient und Diffusionspotential in einer Raumrichtung) gilt gemäß Gl. (A 45):

$$-\mathfrak{F}\,d\varphi_{\mathrm{Diff}} = \frac{t_+}{z_+}\,d\mu_+ + \frac{t_-}{z_-}\,d\mu_-$$ (A 46)

oder nach Integration längs der betreffenden Raumkoordinate von einer Stelle I, an der die Molarität m des Elektrolyten den Wert m_{I} hat, bis zu einer Stelle II, an der $m = m_{\mathrm{II}}$ ist:

$$-\mathfrak{F}\varDelta\varphi_{\mathrm{Diff}} = \int\limits_{m_{\mathrm{I}}}^{m_{\mathrm{II}}}\left(\frac{t_+}{z_+}\,d\mu_+ + \frac{t_-}{z_-}\,d\mu_-\right),$$ (A 47)

wobei man sich μ_+ und μ_- als Funktionen von m zu denken hat. Die (nicht meßbare) Potentialdifferenz

$$\varDelta\varphi_{\mathrm{Diff}} = (\varphi_{\mathrm{Diff}})_{\mathrm{II}} - (\varphi_{\mathrm{Diff}})_{\mathrm{I}}$$

bezeichnen wir von jetzt an der Kürze halber als „*Diffusionspotential*"[1].

Wir führen mit Gl. (7.55) die Molarität m_+ bzw. m_- und den (praktischen) Aktivitätskoeffizienten γ_+ bzw. γ_- der Kationen bzw. Anionen ein. Dann erhalten wir aus Gl. (A 47):

$$\Delta \varphi_{\text{Diff}} = -\frac{RT}{\mathfrak{F}} \int\limits_{m_{\text{I}}}^{m_{\text{II}}} \left(\frac{t_+}{z_+} d \ln m_+ \gamma_+ + \frac{t_-}{z_-} d \ln m_- \gamma_- \right). \qquad \text{(A 48)}$$

Bedeutet ν_+ bzw. ν_- die Zahl der Kationen bzw. Anionen, die bei der Dissoziation aus einer Elektrolytmolekel entstehen, so gilt gemäß Gl. (7.26) bei vollständiger Dissoziation:

$$m_+ = \nu_+ m , \quad m_- = \nu_- m . \qquad \text{(A 49)}$$

Wenn der Konzentrationsbereich zwischen m_{I} und m_{II} so klein ist, daß t_+ und t_- als konstant angesehen werden dürfen, ergibt sich aus Gl. (A 48) und (A 49):

$$\Delta \varphi_{\text{Diff}} = -\frac{RT}{\mathfrak{F}} \left[\left(\frac{t_+}{z_+} + \frac{t_-}{z_-} \right) \ln \frac{m_{\text{II}}}{m_{\text{I}}} + \frac{t_+}{z_+} \ln \frac{(\gamma_+)_{\text{II}}}{(\gamma_+)_{\text{I}}} + \frac{t_-}{z_-} \ln \frac{(\gamma_-)_{\text{II}}}{(\gamma_-)_{\text{I}}} \right] . \qquad \text{(A 50)}$$

Bei *ideal verdünnten Lösungen* gilt:

$$t_+ = \text{const} , \quad t_- = \text{const} , \quad \gamma_+ = \gamma_- = 1 . \qquad \text{(A 51)}$$

Aus Gl. (A 50) und (A 51) folgt für das Diffusionspotential in einer ideal verdünnten Elektrolytlösung:

$$\Delta \varphi_{\text{Diff}} = \frac{RT}{\mathfrak{F}} \left(\frac{t_+}{z_+} + \frac{t_-}{z_-} \right) \ln \frac{m_{\text{I}}}{m_{\text{II}}} . \qquad \text{(A 52)}$$

---

[1] Bei beliebig vielen Ionenarten (Index i) ergibt sich anstelle von Gl. (A 47) bzw. (A 48) für das Diffusionspotential:

$$\left. \begin{aligned} -\mathfrak{F} \Delta \varphi_{\text{Diff}} &= \sum_i \int\limits_{\text{I}}^{\text{II}} \frac{t_i}{z_i} d\mu_i = RT \sum_i \int\limits_{\text{I}}^{\text{II}} \frac{t_i}{z_i} d \ln m_i \\ &\quad + RT \sum_i \int\limits_{\text{I}}^{\text{II}} \frac{t_i}{z_i} d \ln \gamma_i. \end{aligned} \right\} \qquad \text{(A 47 a)}$$

Während das Integral in Gl. (A 47) bzw. (A 48) eindeutig bestimmt ist, da alle darin vorkommenden Größen nur von einer einzigen Variablen (der Konzentration des betrachteten Elektrolyten) abhängen, sind die Integrale in Gl. (A 47a) für mehr als zwei Teilchenarten von der Konzentrationsverteilung der Ionen in der Diffusionsschicht und damit vom speziellen Aufbau der „Brückenlösungen" abhängig. Die bekannten Formeln von PLANCK und HENDERSON gestatten bei bestimmten Annahmen über die Ionenverteilung in der Diffusionsschicht eine Auswertung der Integrale in Gl. (A 47a), wenn man ideal verdünnte Lösungen mit einwertigen Ionen voraussetzt. Entsprechende Rechnungen für mehrwertige Ionen finden sich bei H. PLEIJEL: Z. physik. Chem. 72, 1 (1910), und R. SCHLÖGL: Z. physik. Chem., N. F., 1, 305 (1954).

Enthält die ideal verdünnte Lösung speziell einen ein-einwertigen Elektrolyten ($z_+ = - z_- = 1$), so findet man aus Gl. (A 41) und (A 52) bei Berücksichtigung der Beziehung (7.41) für die molare Volumenkonzentration c des Elektrolyten:

$$c = \text{const} \cdot m \quad (T, P \text{ const}) \tag{A 53}$$

die Formel von NERNST[1]:

$$\Delta \varphi_{\text{Diff}} = \frac{RT}{\mathfrak{F}} (t_+ - t_-) \ln \frac{m_{\text{I}}}{m_{\text{II}}} = \frac{RT}{\mathfrak{F}} \frac{u_+ - u_-}{u_+ + u_-} \ln \frac{c_{\text{I}}}{c_{\text{II}}} . \tag{A 54}$$

d) Konzentrationskette mit Überführung. Wir kehren nun wieder zur allgemeinen Beziehung (A 47) zurück und betrachten die Anwendung dieser Formel auf eine Konzentrationskette mit Überführung, d. h. auf eine galvanische Kette des Typs (vgl. § 35):

Elektrode	Lösung I (m_{I})	Brücken-lösungen	Lösung II (m_{II})	Elektrode
Phase III	Phase I		Phase II	Phase IV
Potential φ_{III}	Potential φ_{I}		Potential φ_{II}	Potential φ_{IV}

Die beiden Elektroden seien für das Ion i (das entweder das Kation oder das Anion des binären Elektrolyten ist) reversibel. Dann können wir die Elektrodenpotentiale durch Anwendung der allgemeinen Bedingung (2.55) für das elektrochemische Gleichgewicht berechnen und das Diffusionspotential

$$\Delta \varphi_{\text{Diff}} = \varphi_{\text{II}} - \varphi_{\text{I}} \tag{A 55}$$

aus Gl. (A 47) ermitteln. Aus Gl. (2.55) folgt für die Phasengrenzen III/I und II/IV:

$$\varphi_{\text{I}} - \varphi_{\text{III}} = \frac{(\mu_i)_{\text{III}} - (\mu_i)_{\text{I}}}{z_i \mathfrak{F}} , \quad \varphi_{\text{IV}} - \varphi_{\text{II}} = \frac{(\mu_i)_{\text{II}} - (\mu_i)_{\text{IV}}}{z_i \mathfrak{F}} .$$

Da die beiden Elektroden (Phasen III und IV) aus demselben Stoff bestehen, gilt:

$$(\mu_i)_{\text{III}} = (\mu_i)_{\text{IV}} ,$$

und wir finden:

$$\left(\varphi_{\text{IV}} - \varphi_{\text{II}} \right) + \left(\varphi_{\text{I}} - \varphi_{\text{III}} \right) = \frac{(\mu_i)_{\text{II}} - (\mu_i)_{\text{I}}}{z_i \mathfrak{F}} = \frac{1}{z_i \mathfrak{F}} \int_{m_{\text{I}}}^{m_{\text{II}}} d\mu_i . \tag{A 56}$$

Die meßbare Potentialdifferenz Φ der galvanischen Kette

$$\Phi \equiv \varphi_{\text{IV}} - \varphi_{\text{III}} = \left(\varphi_{\text{IV}} - \varphi_{\text{II}} \right) + \left(\varphi_{\text{I}} - \varphi_{\text{III}} \right) + \left(\varphi_{\text{II}} - \varphi_{\text{I}} \right) \tag{A 57}$$

---

[1] NERNST, W.: s. Fußnote 1 S. 523.

ergibt sich aus Gl. (A 47), (A 55) und (A 56). Wir müssen dabei zwei Fälle unterscheiden:

1. Das Ion i ist das Kation $(+)$. Dann gilt gemäß Gl. (A 47), (A 55) bis (A 57):

$$-\mathfrak{F}\,\Phi = \int\limits_{m_\mathrm{I}}^{m_\mathrm{II}} \left(\frac{t_+}{z_+}\,d\mu_+ + \frac{t_-}{z_-}\,d\mu_- - \frac{1}{z_+}\,d\mu_+ \right)$$

oder mit Gl. (A 41):

$$-\mathfrak{F}\,\Phi = \int\limits_{m_\mathrm{I}}^{m_\mathrm{II}} t_- \left(\frac{d\mu_-}{z_-} - \frac{d\mu_+}{z_+} \right). \tag{A 58}$$

Nach Gl. (7.44) ist das chemische Potential μ_2 des Elektrolyten mit den chemischen Potentialen μ_+ und μ_- der beiden Ionensorten durch den Zusammenhang

$$\mu_2 = \nu_+\mu_+ + \nu_-\mu_- \tag{A 59}$$

verknüpft. Wir finden also mit der Elektroneutralitätsbedingung (7.3)

$$z_+\nu_+ + z_-\nu_- = 0 \tag{A 60}$$

folgende Beziehung:

$$\frac{\mu_2}{z_+\nu_+} = -\frac{\mu_2}{z_-\nu_-} = \frac{\mu_+}{z_+} - \frac{\mu_-}{z_-}$$

oder

$$\frac{d\mu_+}{z_+} - \frac{d\mu_-}{z_-} = \frac{d\mu_2}{z_+\nu_+}. \tag{A 61}$$

Aus Gl. (A 58), (A 60) und (A 61) folgt:

$$z_+\nu_+\mathfrak{F}\,\Phi = -z_-\nu_-\mathfrak{F}\,\Phi = \int\limits_{m_\mathrm{I}}^{m_\mathrm{II}} t_-\,d\mu_2. \tag{A 62}$$

2. Das Ion i ist das Anion $(-)$. Dann gilt gemäß Gl. (A 41), (A 47), (A 55) bis (A 57) anstelle von Gl. (A 58):

$$-\mathfrak{F}\,\Phi = \int\limits_{m_\mathrm{I}}^{m_\mathrm{II}} t_+ \left(\frac{d\mu_+}{z_+} - \frac{d\mu_-}{z_-} \right), \tag{A 63}$$

woraus sich mit Gl. (A 60) und (A 61) ergibt:

$$z_+\nu_+\mathfrak{F}\,\Phi = -z_-\nu_-\mathfrak{F}\,\Phi = -\int\limits_{m_\mathrm{I}}^{m_\mathrm{II}} t_+\,d\mu_2. \tag{A 64}$$

Sowohl in Gl. (A 62) als auch in Gl. (A 64) hat man sich μ_2 als Funktion von m zu denken. Faßt man beide Gleichungen zusammen, so erhält man die allgemeine Beziehung für die *Potentialdifferenz einer Konzentrations-*

kette mit Überführung bei Anwesenheit eines einzigen, vollständig dissoziierten, binären Elektrolyten[1]:

$$z_+ \nu_+ \,\mathfrak{F}\, \Phi = - z_- \nu_- \,\mathfrak{F}\, \Phi = \pm \int\limits_{m_\mathrm{I}}^{m_\mathrm{II}} (1 - t_i)\, d\mu_2 , \qquad (\text{A 65})$$

wobei das positive bzw. negative Vorzeichen gilt, wenn das Ion i das
Kation $(t_i = t_+ = 1 - t_-)$ bzw. das Anion $(t_i = t_- = 1 - t_+)$ ist. Damit
haben wir Gl. (2.66) bzw. Gl. (7.166) unter Benutzung des ONSAGERschen
Reziprozitätssatzes bewiesen. Die Diskussion von Gl. (A 65) für mehrere
Spezialfälle erfolgt in § 99.

e) Diffusionskoeffizient. Wir leiten jetzt einen allgemeinen Ausdruck
für den Diffusionskoeffizienten in der Lösung eines einzigen, vollständig
dissoziierten, binären Elektrolyten ab.

Aus Gl. (A 26) und (A 42) folgt für die reine Diffusion:

$$z_+ c_+ \left(\vec{v}_+ - \vec{v}_1 \right) + z_- c_- \left(\vec{v}_- - \vec{v}_1 \right) = 0$$

oder mit Gl. (A 36):

$$z_+ c_+ \left(\vec{v}_+ - \vec{v}_- \right) = 0$$

oder

$$\vec{v}_+ = \vec{v}_- = \vec{v}_2 , \qquad (\text{A 66})$$

wobei wir $\vec{v}_2$ als Diffusionsgeschwindigkeit des Elektrolyten schlechthin
bezeichnen können. Dieses Resultat hatten wir bereits eingangs durch
qualitative Überlegungen gewonnen.

Wir definieren einen (prinzipiell meßbaren) „Diffusionsstrom" des
Elektrolyten, d. h. einen Vektor der Diffusionsstromdichte des Elektrolyten:

$$\vec{J} = c \left(\vec{v}_2 - \vec{v}_1 \right) . \qquad (\text{A 67})$$

Gemäß Gl. (7.32) gilt bei vollständiger Dissoziation:

$$c_+ = \nu_+ c , \quad c_- = \nu_- c . \qquad (\text{A 68})$$

Damit ergibt sich der Zusammenhang zwischen $\vec{J}$ und den Diffusionsströmen $\vec{J}_+$ und $\vec{J}_-$ der einzelnen Ionen, wenn man die Definitionen (A 26)
beachtet:

$$\vec{J} = \frac{\vec{J}_+}{\nu_+} = \frac{\vec{J}_-}{\nu_-} = \frac{\vec{J}_+ + \vec{J}_-}{\nu_+ + \nu_-} . \qquad (\text{A 69})$$

Setzt man die linearen phänomenologischen Beziehungen (A 27) in
Gl. (A 69) ein und eliminiert grad φ durch Gl. (A 43), so findet man:

$$(\nu_+ + \nu_-)\, \vec{J} = \frac{(z_+ - z_-)(a_{12} a_{21} - a_{11} a_{22})}{z_+^2 a_{11} + z_+ z_- (a_{12} + a_{21}) + z_-^2 a_{22}} \; (z_+ \operatorname{grad} \mu_- - z_- \operatorname{grad} \mu_+) .$$

---

[1] Vgl. R. HAASE: Z. Elektrochem. **57**, 87, 448 (1953).

Nun gilt nach Gl. (A 60) und (A 61):

$$\frac{z_+ - z_-}{\nu_+ + \nu_-} = - \frac{z_-}{\nu_+} = \frac{z_+}{\nu_-} ,$$

$$z_+ \operatorname{grad} \mu_- - z_- \operatorname{grad} \mu_+ = - \frac{z_-}{\nu_+} \operatorname{grad} \mu_2 = \frac{z_+}{\nu_-} \operatorname{grad} \mu_2 .$$

Mit der Abkürzung[1]

$$q \equiv \frac{z_+}{\nu_-} = - \frac{z_-}{\nu_+} \tag{A 70}$$

folgt aus den obigen Gleichungen:

$$\vec{J} = - \frac{(a_{11} a_{22} - a_{12} a_{21})\, q^2}{z_+^2 a_{11} + z_+ z_- (a_{12} + a_{21}) + z_-^2 a_{22}} \operatorname{grad} \mu_2 . \tag{A 71}$$

Da wir eine isotherm-isobare Diffusion betrachten, können wir schreiben:

$$\operatorname{grad} \mu_2 = \left(\frac{\partial \mu_2}{\partial c} \right)_{T,\,P} \operatorname{grad} c . \tag{A 72}$$

Wir erkennen also, daß unsere Ansätze auf das „1. FICKsche Gesetz" in der Form

$$\vec{J} = - D \operatorname{grad} c \tag{A 73}$$

führen. Dabei ist der „Diffusionskoeffizient" D, der im allgemeinen von der Konzentration abhängt, gemäß Gl. (A 71) und (A 72) durch folgenden Ausdruck gegeben:

$$D = \frac{(a_{11} a_{22} - a_{12} a_{21})\, q^2}{z_+^2 a_{11} + z_+ z_- (a_{12} + a_{21}) + z_-^2 a_{22}} \left(\frac{\partial \mu_2}{\partial c} \right)_{T,\,P} . \tag{A 74}$$

Bisher haben wir die ONSAGERsche Reziprozitätsbeziehung (A 44)

$$a_{12} = a_{21}$$

nicht benutzt. Aber selbst wenn wir sie auf Gl. (A 74) anwenden und schreiben[2]:

$$D = \frac{(a_{11} a_{22} - a_{12}^2)\, q^2}{z_+^2 a_{11} + 2 z_+ z_- a_{12} + z_-^2 a_{22}} \left(\frac{\partial \mu_2}{\partial c} \right)_{T,\,P} , \tag{A 75}$$

können wir die phänomenologischen Koeffizienten nicht vollständig durch meßbare Größen ausdrücken, abgesehen davon, daß wir den Nenner in Gl. (74) oder (75) nach Gl. (A 35) durch $\varkappa/\mathfrak{F}^2$ ersetzen können. Die Bedeutung von Gl. (74) bzw. (75) beruht im wesentlichen darauf, daß wir darüber Auskunft erhalten, wie sich der Diffusionskoeffizient aus den thermodynamischen Eigenschaften der Elektrolytlösung (Faktor $q^2\, \partial \mu_2/\partial c$) und rein kinetischen Größen (a_{11}, a_{12}, a_{22}) zusammensetzt. Wenn uns also eine kinetische Theorie der Elektrizitätsleitung in Elektrolyt-

---

[1] Beispiele: Für $NaCl$, H_2SO_4, K_3PO_4, $CaCl_2$, $AlCl_3$ ist $q = 1$, für $CuSO_4$ ist $q = 2$, für $AlPO_4$ ist $q = 3$, usw.

[2] Vgl. R. HAASE: Trans. Faraday Soc. **49**, 724 (1953). Vgl. insbesondere S. 728, 1. Fußnote.

lösungen, etwa die Theorie von ONSAGER und FUOSS[1], die phänomenologischen Koeffizienten a_{11}, a_{12} und a_{22} liefert, können wir ohne zusätzliche Hypothesen allein mit Hilfe der thermodynamischen Eigenschaften der Elektrolytlösung den Diffusionskoeffizienten aus Gl. (75) berechnen. Außerdem sind wir, wie sogleich ersichtlich wird, in der Lage, die bisher in der Literatur angegebenen Zusammenhänge zwischen D und Größen wie u_+ und u_-, die für *verdünnte* Lösungen gelten, aus Gl. (75) abzuleiten.

Es sei noch bemerkt, daß der positiv-definite Charakter der „lokalen Entropieerzeugung" auf die Vorzeichenaussagen

$$a_{11} > 0, \quad a_{22} > 0, \quad a_{11} a_{22} - a_{12}^2 > 0$$

führt. Daher ist auch der Nenner in Gl. (A 75), der eine quadratische Form mit den Koeffizienten a_{11}, a_{12} und a_{22} darstellt, positiv-definit. Bedenken wir schließlich, daß die Stabilitätsbedingung (2.136) in der Form[2]

$$\left(\frac{\partial \mu_2}{\partial c}\right)_{T,P} > 0$$

geschrieben werden kann, so erkennen wir, daß die Ungleichung

$$D > 0$$

für stabile Lösungen stets erfüllt ist (vgl. S. 182).

Wie die kinetische Theorie der Elektrizitätsleitung in Elektrolytlösungen zeigt, gibt es bei verdünnten Lösungen ein Konzentrationsgebiet, in dem der Koeffizient a_{12} ($= a_{21}$) vernachlässigbar ist, obwohl es sich noch nicht um ideal verdünnte Lösungen handelt. Für diesen Fall folgt aus Gl. (A 32) und (A 75) mit $a_{12} = a_{21} = 0$ bei Beachtung von Gl. (A 36), (A 68) und (A 70):

$$D = \frac{u_+ u_-}{z_+ \nu_+ \mathfrak{F}(u_+ + u_-)}\, c \left(\frac{\partial \mu_2}{\partial c}\right)_{T,P}. \tag{A 76}$$

Diese Beziehung geht auf ONSAGER und FUOSS[1] zurück[3].

---

[1] ONSAGER, L., u. R. M. FUOSS: s. Fußnote 2 S. 572.

[2] Aus Gl. (2.136), (7.30), (7.75), (7.82) und (7.83a) folgt mit $x_2^* = x_2$ ($=$ stöchiometrischer Molenbruch des Elektrolyten):

$$\left(\frac{\partial \mu_2}{\partial x_2^*}\right)_{T,P} = \left(\frac{\partial \mu_2}{\partial c}\right)_{T,P} \left(\frac{\partial c}{\partial x_2^*}\right)_{T,P} = \left(\frac{\partial \mu_2}{\partial c}\right)_{T,P} \frac{V_1}{(\bar{V}^*)^2} > 0,$$

worin V_1 das partielle Molvolumen des Lösungsmittels und $\bar{V}^*$ das Molvolumen der Lösung (bezogen auf ein stöchiometrisches Mol der Mischung) bedeutet. Da V_1 stets positiv ist (nur das partielle Molvolumen V_2 des Elektrolyten ist manchmal, z.B. bei einer wäßrigen Lösung von Magnesiumsulfat, negativ), finden wir aus der obigen Ungleichung:

$$\left(\frac{\partial \mu_2}{\partial c}\right)_{T,P} > 0.$$

[3] Eine ähnliche Gleichung findet sich schon bei G. S. HARTLEY: Philos. Mag. J. Sci. 12, 473 (1931).

Führen wir gemäß Gl. (7.70) den mittleren Aktivitätskoeffizienten y des Elektrolyten durch die Beziehung

$$\mu_2 = \text{const} + (\nu_+ + \nu_-)\, R\,T \ln c\,y$$

ein, so finden wir:

$$\left(\frac{\partial \mu_2}{\partial c}\right)_{T,\,P} = (\nu_+ + \nu_-)\,\frac{RT}{c}\left[1 + \left(\frac{\partial \ln y}{\partial \ln c}\right)_{T,\,P}\right]. \tag{A 77}$$

Ferner gilt nach Gl. (A 60):

$$\frac{\nu_+ + \nu_-}{z_+\,\nu_+} = \frac{z_- - z_+}{z_+\,z_-}. \tag{A 78}$$

Da $z_+ > 0$, $z_- < 0$, ist der Ausdruck (A 78) stets positiv. Durch Einsetzen von (A 77) und (A 78) in (A 76) erhalten wir:

$$D = \frac{z_- - z_+}{z_+\,z_-}\,\frac{u_+\,u_-}{u_+ + u_-}\,\frac{RT}{\mathfrak{F}}\left[1 + \left(\frac{\partial \ln y}{\partial \ln c}\right)_{T,\,P}\right]. \tag{A 79}$$

Gemäß Satz 1 in § 75 sowie Gl. (7.61) und Gl. (7.63) verschwindet der Ausdruck

$$\left(\frac{\partial \ln y}{\partial \ln c}\right)_{T,\,P} = c\left(\frac{\partial \ln y}{\partial c}\right)_{T,\,P}$$

beim Übergang zu unendlicher Verdünnung $(c \to 0)$. Demnach folgt aus Gl. (A 79):

$$\lim_{c \to 0} D = D_0 = \frac{z_- - z_+}{z_+\,z_-}\,\frac{u_+^0\,u_-^0}{u_+^0 + u_-^0}\,\frac{RT}{\mathfrak{F}}. \tag{A 80}$$

Hierin ist u_+^0 bzw. u_-^0 der Grenzwert der Beweglichkeit des Kations bzw. Anions bei unendlicher Verdünnung $(c \to 0)$. D_0 bedeutet, wie aus Gl. (A 79) ersichtlich, gleichzeitig den Diffusionskoeffizienten in einer ideal verdünnten Lösung[1] $[u_+ = u_+^0,\ u_- = u_-^0,\ y = 1]$.

Für eine ideal verdünnte Lösung eines ein-einwertigen Elektrolyten $(z_+ = -z_- = 1)$ finden wir:

$$D = 2\,\frac{u_+\,u_-}{u_+ + u_-}\,\frac{RT}{\mathfrak{F}}. \tag{A 81}$$

Diese Gleichung geht auf NERNST[2] zurück.

Die verschiedenen "NERNSTschen Formeln", wie etwa Gl. (7.148) für eine Konzentrationskette ohne Überführung, Gl. (A 54) für das Diffusionspotential, Gl. (7.177) für eine Konzentrationskette mit Überführung und Gl. (A 81) für den Diffusionskoeffizienten einer Elektrolytlösung, *gelten nur für ideal verdünnte Lösungen eines ein-einwertigen Elektrolyten.*

---

[1] Gl. (A 80) wird in der Literatur meist NERNST zugeschrieben. Tatsächlich geht sie aber auf A. A. NOYES zurück, dessen Schüler R. HASKELL: Physic. Rev. (1) **27**, 145 (1908), die Formel zuerst veröffentlicht hat.

[2] NERNST, W.: s. Fußnote 1 S. 523.

Setzt man die (gegebenenfalls solvatisierten) Ionen als Kugeln vom Radius r_+ bzw. r_- voraus, die groß im Vergleich zu den Lösungsmittelmolekeln sind, so kann man auf die stationäre Wanderung der Ionen in einem elektrischen Felde im Grenzfalle unendlicher Verdünnung das STOKESsche Gesetz anwenden. Man findet dann für die Grenzwerte der Beweglichkeiten:

$$u_+^0 = \frac{z_+\,e}{6\,\pi\,\eta\,r_+}\,, \qquad u_-^0 = -\frac{z_-\,e}{6\,\pi\,\eta\,r_-}\,, \tag{A 82}$$

worin e die Elementarladung und η die Viskosität des Lösungsmittels bedeutet. Einsetzen von Gl. (A 82) in Gl. (A 80) ergibt mit $\mathfrak{F} = N\,e$:

$$D_0 = \frac{z_+ - z_-}{z_+\,r_- - z_-\,r_+}\,\frac{k\,T}{6\,\pi\,\eta}\,. \tag{A 83}$$

Hierbei ist N die LOSCHMIDTsche Konstante und $k = R/N$ die BOLTZMANNsche Konstante. Wir führen einen „mittleren Ionenradius"

$$\bar{r} = \frac{z_+\,r_- - z_-\,r_+}{z_+ - z_-} = \frac{|z_+|\,r_- + |z_-|\,r_+}{|z_+| + |z_-|} \tag{A 84}$$

ein[1]. Dann folgt:

$$D_0 = \frac{k\,T}{6\,\pi\,\eta\,\bar{r}}\,. \tag{A 85}$$

Diese Beziehung entspricht der Formel von EINSTEIN[2], die bei Lösungen eines *Nichtelektrolyten*, dessen Molekeln Kugeln vom Radius r und groß im Vergleich zu den Molekülen des Lösungsmittels sind, für den auf unendliche Verdünnung extrapolierten Diffusionskoeffizienten D_0 folgenden Ausdruck liefert:

$$D_0 = \frac{k\,T}{6\,\pi\,\eta\,r}\,. \tag{A 86}$$

---

[1] Im Falle symmetrischer Elektrolyte ($z_+ = -z_-$) wird $\bar{r}$ das arithmetische Mittel aus r_+ und r_-.

[2] EINSTEIN, A.: Ann. Physik (4) **19**, 289 (1906); **31**, 591 (1911).

Namenverzeichnis

Es sind nur diejenigen Seiten angeführt, auf denen die Literaturzitate
zum ersten Male gegeben werden

Sachverzeichnis